兽医公共卫生系列教材

食品病原微生物学

柳增善　任洪林　孙鸿斌　主编

科 学 出 版 社
北 京

内 容 简 介

食品病原微生物是引发食品安全问题的主要因素及核心问题，占食品安全问题的60%～70%，是食品安全永恒的主题和刚性需求。本书以全新的框架和理论系统地论述了食品病原微生物学的基本理论、新现病原和发展趋势，鸟瞰了当今世界食品中病原生物与食品的相互关系及全貌，明晰了食品病原的界限并使食品病原微生物学理论系统化，对食品的生物安全因子做了全面论述。全书共分7部分，分别对食品病原微生物的分类、分布，食品内外环境因素与微生物生长的关系，食物传播性病原微生物的致病性与感染，食物中毒性病原微生物，食物感染性病原微生物，食物感染性寄生虫，食品病原微生物检验的理论基础等内容做了系统阐述。本书在病原种类上做了最为全面的介绍，特别是介绍了新近发现的一些与食品安全相关的病原，丰富了食品安全的系统理论；对食物中毒性毒蕈进行了简要介绍，但因篇幅所限，对常见毒蘑菇只列名称，其内容省略；对食品病原微生物检验的基本理论做了简要论述，从而指导检验的正规实施。本书采用了大量图片，使读者能直观、形象地理解病原的形态特征，便于识别和检验鉴别，也方便教学和学生使用（如果教学需要相关图片，可向 zsliu1959@sohu.com 索取）。

本书适合作为食品安全、预防医学、公共卫生、兽医公共卫生、动物医学、动植物检疫、动物科学、生物技术、环境保护、临床医学、医学检验、野生动物保护等相关专业研究生教材使用；同时也是疾病控制中心、动物防疫检疫、动物临床、医学临床、医学检验、环境保护、食品安全等工作者和教师的参考书。

图书在版编目(CIP)数据

食品病原微生物学/柳增善，任洪林，孙鸿斌主编. —北京：科学出版社，2015.11

兽医公共卫生系列教材

ISBN 978-7-03-046468-2

Ⅰ.①食… Ⅱ.①柳…②任…③孙… Ⅲ.①食品微生物-病原微生物-高等学校-教材 Ⅳ.①TS201.3

中国版本图书馆CIP数据核字(2015)第277235号

责任编辑：林梦阳 / 责任校对：钟 洋

责任印制：张 伟 / 封面设计：庆全新光

科学出版社 出版

北京东黄城根北街16号

邮政编码：100717

http://www.sciencep.com

北京凌奇印刷有限责任公司 印刷

科学出版社发行 各地新华书店经销

*

2015年11月第 一 版 开本：890×1240 1/16

2022年11月第七次印刷 印张：22 3/4

字数：700 000

定价：88.00元

（如有印装质量问题，我社负责调换）

编写人员名单

主　　编　柳增善　任洪林　孙鸿斌

副 主 编　刘明远　吴广智　胡　盼　柳溪林　孟宪荣　黄金林

白　雪　卢士英　李岩松　张　英

编写人员（按姓氏汉语拼音排序）

白　雪（吉林大学）
崔　成（吉林大学）
段　铭（吉林大学）
冯小丽（中国科学院昆明动物所）
盖冬雪（吉林大学）
关振宏（吉林大学）
胡　盼（吉林大学）
黄金林（扬州大学）
金　雯（吉林大学）
李　宏（吉林大学中日联谊医院）
李　萌（吉林大学）
李岩松（吉林大学）
李兆辉（吉林大学）
刘明远（吉林大学）
刘楠楠（吉林大学）
刘文森（军事医学科学院军事兽医研究所）
刘晓雷（吉林大学）
刘艳艳（吉林大学）
柳溪林（吉林大学中日联谊医院）
柳增善（吉林大学）
卢　强（吉林大学）
卢士英（吉林大学）
鲁会军（军事医学科学院军事兽医研究所）
孟宪梅（吉林工商学院）
孟宪荣（华中农业大学）
任洪林（吉林大学）
孙鸿斌（吉林大学中日联谊医院）
孙　宇（吉林大学）
佟伟华（吉林大学第一临床医院）
王　琳（吉林大学）
王新平（吉林大学）
王学林（吉林大学）
王　洋（吉林大学）
吴广智（吉林大学中日联谊医院）
杨　丽（吉林大学）
尹继刚（吉林大学）
于　录（吉林大学）
于师宇（福建出入境检验检疫局）
张俊辉（吉林大学）
张茂林（吉林大学）
张　嵩（吉林大学）
张　英（吉林大学）
张媛媛（吉林大学）
周　玉（吉林大学）

前　言

食品病原微生物和生物毒素种类繁多、来源广泛、危害巨大，是引发食品安全问题的主要因素及核心问题，不仅严重危害人类健康，而且也是确保食品安全永恒的主题和刚性需求。只要有生物的环境就会存在食品病原的安全问题，且不会因社会变更、历史阶段、人为和环境因素等改变而消失。就食品安全规律而言，越是发达的国家，食品病原微生物问题越突出。在全国食品安全形势总体向好、法律法规和监控措施不断完善的情况下，生物性食品安全问题必将越来越显现其重要地位。我国的各种类型食品安全评价中，食品病原微生物都是首检和必检项目，是食品安全的重要评价指标。包括病原微生物在内的食品安全是长期的、复杂的、艰巨的综合性社会问题。相对于食品化学性污染而言，食品病原微生物是食品安全的"重中之重"。

病原微生物引发的食品安全问题在防控上具有群发、暴发、宿主范围广、传播速度快、社会影响大和控制难度大等特点，严重时会危及社会稳定。食品病原微生物导致的食源性疾病和食品安全已经成为我国重大的公共卫生问题。每年因食品病原微生物污染和食源性疾病给农业、养殖业、食品产业和进出口贸易等造成巨大损失。随着环境压力、人们生活方式的改变，病原也在不断变异，引起人类疾病的模式也在不断更新，防控难度越加困难。一些小规模发生的病原、混合发生的病原以往注意不够，现在可能突出出来或扩大发生范围；一些原来致病性不强的或非致病性病原现在获得了致病性基因，也成为流行较为广泛的食源性病原。还有一些生物毒素我们认识的也不充分，随着环境变化，对人类的毒性也是备受世界食品安全界重视。

食品病原微生物是威胁人类健康和社会经济发展的重要公共卫生问题。近5年，我国每年微生物和生物毒素引起的食源性疾病报告起数和发病人数均占全部报告数的60%以上，仍然是食品安全防控的重中之重(发达国家食品病原微生物问题更加突出)，是一个必须持续关注的重要食品安全问题。2008～2012年原卫生部(网络)直报共收到食源性疾病暴发事件1244起，累计发病44 856人，死亡749人。其中微生物和生物毒素引起的食源性疾病暴发事件数、患者数和死亡人数分别占71%、79.6%和62%。食物中毒主要包括沙门菌、副溶血性弧菌等7种细菌，还有毒蘑菇、真菌毒素、细菌毒素等。食品和水源性病毒感染也是重要的食品安全问题，包括禽流感病毒、诺如病毒、手足口病病毒、甲型肝炎病毒、戊型肝炎病毒等，2014年2月浙江省嘉兴市因桶装饮用水污染诺如病毒感染511人。食源性寄生虫安全问题也理应得到普遍关注，是食品安全的重要问题。

生物性病原引起的食源性疾病为食品卫生与安全问题的重要组成部分，通过食入、饮水或接触等途径而使人患病。对于一些还不能十分确定的病原，是否为食源性质还在进一步探讨；有些较大规模暴发的疾病肯定与食品有关的病原体，如SARS病毒、禽流感病毒、猪链球菌等病原；有些食品病原人们还不是很熟悉，如产毒藻类和有毒蕈；还有些食品病原目前还难以用常规的或实验室方法分离获得，对其形态鉴别还很困难，只能用免疫学方法或分子生物学方法检测等。因此，食品病原的范围在扩大，所累及的食品、传播方式在更新，内容在扩展。有必要对这些病原或新出现的病原进行系统研究，特别是食品安全专业的学生，更应该系统学习和研究。

人们食用的食品种类繁多，通过食物所传播的病原也各种各样，有细菌、病毒、立克次体、产毒藻类、寄生虫及蕈等大型真菌等不同种类，有些肉眼看不见，非常微小，甚至用电子显微镜才能看到；而有些病原体十分巨大，如绦虫、毒蕈，直径或长度可达几米；产生的毒素形式繁多，大的毒素如肉毒毒素达13万Da，有些藻类毒素只有一百至几百道尔顿。本书是一部主要针对经食品入口而引起疾病的病原教材，但对经食品媒介传播感染人类也作了相关介绍，对已经确定传播途径的病原收录入内，对其传播途径还有争议的病原没有收录。现有的相关专著、教科书对真菌毒素的描述较为详细，但对病原体本身却鲜有描述，在实际工作中对这类病原的检验往往是先分离出病原后再进行毒素的检测。这为病原体的鉴别带来很多困难，即使是很专业的人员也很难对这些不常见的病原体进行鉴定，本书对真菌菌体进行了较为详细描述。检验技术方面，本书以常规检验技术和最基本技术为主，并简要介绍一些最新的快速检验技术。一些过去认为对人不致病或不能通过食品传播的病原，现在却被认为是重要的食品致病微生物，如坂崎杆菌、立克次体、食物中毒性藻类和一些鲜为人知的寄生虫等，尤其是产毒藻类的生物学特性和毒素基本特性、图片等，在本书中都作了系统的论述，这是以往教材中很少见到的。本书共收集了500多种食品病原微生物，主要对其基本生物学特性进行描述，并对每一个病原体配备图片，增加了感性认识，具有较高的参考价值。本书所收集的病原微生物是现在已知并确定为食品传播、对人有致病性的微生物，种类相对齐全，是相关大专院校教师、学生，尤其是食品质量与安全专业学生，以及进出口检验检疫、疾病控制中心、各类食品卫生与安全工作者实用的教科书或参考书。

本书在经典理论基础上，力求反映国际上最新动态，也包括很多以往著作中没有涉及的病原体，希望为食品卫生与安全工作者提供有价值的参考资料和基本信息。虽然编者著书态度认真，付出了较大努力，力求全面反映食品病原微生物学更多的科学问题，但由于目前学术资料和个人能力的局限，难免有不足之处，恳请各位批评指正，提出宝贵建议(发至邮箱：zsliu1959@sohu.com)，深表谢意！如果因教学等需要书中图片，可向该电子邮箱索取。

本书的出版得到吉林大学“优秀研究生教材出版资助计划”出版基金的支持，并在全体编写人员的鼎力支持下完成，在此深表感谢。同时也感谢科学出版社编辑的精心指导。

柳增善

2015年8月于吉林大学

目　　录

前言

1　食品病原微生物的分类、分布 ………… 01

1.1　食品病原性细菌的分类 ………… 01

1.1.1　种 ………… 01

1.1.2　变种 ………… 01

1.1.3　亚种 ………… 01

1.1.4　型 ………… 01

1.1.5　菌株 ………… 02

1.1.6　群 ………… 02

1.1.7　生理学与生物化学分类法 ………… 02

1.1.8　遗传学分类法 ………… 02

1.1.9　微生物命名 ………… 03

1.2　食品传播性病毒的分类 ………… 03

1.2.1　病毒的分类规则 ………… 03

1.2.2　病毒的命名规则 ………… 04

1.2.3　病毒的命名 ………… 04

1.3　食品产毒性真菌的分类 ………… 05

1.3.1　分类的目的和依据 ………… 05

1.3.2　真菌分类名称和等级 ………… 05

1.3.3　真菌的命名 ………… 06

1.4　食品传播性寄生虫的分类 ………… 06

1.4.1　寄生虫的分类 ………… 06

1.4.2　寄生虫命名规则 ………… 06

1.5　藻类分类 ………… 07

1.6　食品微生物的分布 ………… 07

2　食品内外环境因素与微生物生长的关系 ………… 08

2.1　食品内环境因素对微生物的影响 ………… 08

2.1.1　食品中的酸碱环境 ………… 08

2.1.2　含水量 ………… 09

2.1.3　氧化还原电势 ………… 09

2.1.4　营养成分 ………… 09

2.1.5　抗微生物成分 ………… 09

2.1.6　生物结构 ………… 010

2.2　食品的外在因素 ………… 010

2.2.1　食品的贮藏温度 ………… 010

2.2.2　环境的相对湿度 ………… 010

2.2.3　环境中的气体 ………… 010

2.2.4　其他微生物及其活性 ………… 011

3　食物传播性病原微生物的致病性与感染 ………… 012

3.1　构成病原菌的毒力因素 ………… 012

3.1.1　细菌的侵袭力 ………… 012

3.1.2　细菌的毒素 ………… 012

3.2　病毒感染 ………… 013

3.2.1　病毒对细胞的损伤作用 ………… 013

3.2.2　构成机体病毒感染的因素 ………… 014

3.2.3　病毒感染的类型和机制 ………… 014

3.3　真菌的毒性因素 ………… 015

3.3.1　真菌产毒特点 ………… 015

3.3.2　真菌毒素的毒性作用 ………… 016

3.4　引起人中毒和感染的必要条件 ………… 016

3.5　中毒和感染的类型和结局 ………… 016

3.6　食源性病原流行病学 ………… 016

3.6.1　食源性疾病流行特点 ………… 016

3.6.2　引起食源性疾病暴发因素 ………… 017

3.7　食品致病菌的卫生标准 ………… 017

3.7.1　动物性食品的安全性评价体系 ………… 017

3.7.2　食源性病原微生物风险评估 ………… 019

4　食物中毒性病原微生物 ………… 022

4.1　食物中毒的概念及分类 ………… 022

4.1.1　食物中毒及食物中毒性细菌 ………… 022

4.1.2　食物中毒分类及细菌性食物中毒特点 … 022

4.2　食物中毒的调查处理 ………… 022

4.2.1　食物中毒现场调查 ………… 022

4.2.2　样品采集和检验 ………… 022

4.2.3　食物中毒现场的最后处理 ………… 023

4.3　食物中毒性细菌 ………… 023

4.3.1　沙门菌属 ………… 024

4.3.2　变形杆菌属(*Proteus*) ………… 031

4.3.3　致病性大肠杆菌(*Pathogenic E. coli*) ………… 035

4.3.4　小肠结肠炎耶尔森氏菌(*Yersinia enterocolitica*) ………… 042

4.3.5　副溶血性弧菌(*Vibrio parahaemolyticus*) ………… 046

4.3.6　空肠弯曲菌(*Campylobacter jejuni*) ………… 050

4.3.7　蜡样芽胞杆菌(*Bacillus cereus*) ………… 053

4.3.8　金黄色葡萄球菌(*Staphylococcus aureus*) ………… 055

4.3.9 肉毒梭菌(*Clostridium botulinum*) …… 058
4.3.10 魏氏梭菌(*Clostridium welchii*) …… 062
4.3.11 志贺氏菌属(*Shigella*) …… 067
4.3.12 坂崎肠杆菌(*Enterobacter sakazakii*) … 071
4.3.13 链球菌(*Streptococcus*) …… 076
4.3.14 猪链球菌(*Streptococcus suis*) …… 079
4.3.15 粪链球菌(*Streptococcus faecalis*) … 081
4.3.16 椰毒假单胞菌酵米面亚种(*Pseudomonas cocovenenans* subsp. *farinofermentans*) …… 082
4.3.17 河弧菌(*Vibro fluvialis*) …… 086
4.3.18 拟态弧菌(*Vibro mimicus*) …… 089
4.3.19 创伤弧菌(*Vibrio vulnificus*) …… 090
4.3.20 霍利斯弧菌(*Vibrio hollisae*) …… 092
4.3.21 溶藻弧菌(*Vibro alginolyticus*) …… 094
4.3.22 嗜水气单胞菌(*Aeromonas hydrophila*) …… 095
4.3.23 类志贺邻单胞菌(*Plesiomonas shigelloides*) …… 098
4.3.24 香港海鸥形菌(*Laribacter hongkongensis gen.* nov. sp. nov.) …… 101
4.3.25 弓形菌(*Arcobacter*) …… 102
4.3.26 克雷伯氏菌(*Klebsiella*) …… 104
4.3.27 柠檬酸杆菌(*Citrobacter*) …… 105
4.3.28 爱德华氏菌(*Edwardsiella*) …… 106
4.3.29 哈夫尼亚菌(*Hafnia*) …… 107
4.4 中毒性真菌及其毒素 …… 109
4.4.1 黄曲霉(*Aspergillus flavus*)及黄曲霉毒素 …… 115
4.4.2 赭曲霉(*Aspergillus ochraceus*)及赭曲霉毒素 …… 119
4.4.3 烟曲霉(*Aspergillus fumigatus*)及烟曲霉毒素 …… 121
4.4.4 杂色曲霉(*Aspergillus versicolor*) …… 122
4.4.5 寄生曲霉(*Aspergillus parasiticus*) … 124
4.4.6 硫色曲霉(*Aspergillus sulphureus*) … 124
4.4.7 棒曲霉(*Aspergillus clavatus*) …… 125
4.4.8 巨大曲霉(*Aspergillus giganteus*) …… 126
4.4.9 酱油曲霉(*Aspergillus soyae*) …… 126
4.4.10 炭黑曲霉(*Aspergillus carbonarius*) …… 127
4.4.11 佩特曲霉(*Aspergillus petrakii*) …… 128
4.4.12 菌核曲霉(*Aspergillus sclerotiorum*) …… 128
4.4.13 孔曲霉(*Aspergillus ostianus*) …… 129
4.4.14 蜂蜜曲霉(*Aspergillus melleus*) …… 129
4.4.15 洋葱曲霉(*Aspergillus alliaceus*) …… 130
4.4.16 黑曲霉(*Aspergillus niger*) …… 131
4.4.17 土曲霉(*Aspergillus terreus*) …… 131
4.4.18 白曲霉(*Aspergillus candidus*) …… 132
4.4.19 米曲霉(*Aspergillus oryzae*) …… 133
4.4.20 构巢曲霉(*Aspergillus nidulans*) …… 133
4.4.21 焦曲霉(*Aspergillus ustus*) …… 134
4.4.22 链霉菌(*Streptomyces*) …… 135
4.4.23 青霉菌属(*Penicillium*)及相关毒素 …… 136
4.4.24 黄绿青霉(*Penicillium citreo-viride*) …… 136
4.4.25 岛青霉(*Penicillium islandicum*) …… 137
4.4.26 橘青霉(*Penicillium citrinum*) …… 138
4.4.27 展青霉(*Penicillium patulum*) …… 140
4.4.28 圆弧青霉(*Penicillium cyclopium*) … 141
4.4.29 皱褶青霉(*Penicillium rugulosum*) …… 142
4.4.30 产紫青霉(*Penicillium purpurogenum*) …… 142
4.4.31 红色青霉(*Penicillium rubrum*) …… 143
4.4.32 娄地青霉(*Penicillium roqueforti*) … 144
4.4.33 普通青霉(*Penicillium commune*) …… 144
4.4.34 纯绿青霉(*Penicillium viridicatum*) …… 145
4.4.35 疣孢青霉(*Penicillium verruculosum*) …… 146
4.4.36 变幻青霉(*Penicillium variabile*) …… 146
4.4.37 镰刀菌(*Fusarium*)及其毒素 …… 147
4.4.38 禾谷镰刀菌(*Fusarium graminearum*) …… 147
4.4.39 梨孢镰刀菌(*Fusarium poae*) …… 148
4.4.40 拟枝孢镰刀菌(*Fusarium sporotrichioides*) …… 149
4.4.41 三线镰刀菌(*Fusarium tricinctum*) …… 149
4.4.42 串珠镰刀菌(*Fusarium moniliforme*) …… 150
4.4.43 雪腐镰刀菌(*Fusarium nivale*) …… 152
4.4.44 尖孢镰刀菌(*Fusarium oxysporum*) …… 153
4.4.45 茄病镰刀菌(*Fusarium solani*) …… 153
4.4.46 木贼镰刀菌(*Fusarium equiseti*) …… 154
4.4.47 镰刀菌毒素及其检测 …… 155
4.4.48 麦角菌属(*Claviceps*) …… 159
4.4.49 甘薯黑斑病霉(*Ceratostomella fimbriata*) …… 160
4.4.50 葡萄穗霉(*Stachybotrys*) …… 162
4.4.51 交链孢霉(*Alternaria*) …… 163
4.4.52 木霉属(*Trichoderma*) …… 164
4.4.53 头孢霉属(*Cephalosporium*) …… 164
4.4.54 单端孢霉属(*Trichothecium*) …… 165
4.4.55 节菱孢属(*Arthrinium*) …… 165
4.4.56 降低真菌毒素污染食品的良好农业操作规范 …… 166
4.5 食物中毒性藻类及其毒素 …… 167

4.5.1 藻类及其毒素的食品卫生学意义概述 …… 167
4.5.2 双鞭甲藻(*Dinoflagellate*)及其毒素 …… 168
4.5.3 甲藻贝毒素 …… 175
4.5.4 甲藻贝毒素的综合防制 …… 182
4.5.5 硅藻(*Diatom*)及其毒素 …… 182
4.5.6 蓝藻(*Cyanophyta*)及其毒素 …… 184
4.6 食物中毒性毒蕈(蘑菇) …… 188
4.6.1 毒蕈中毒类型 …… 197
4.6.2 蕈的基本形态 …… 198
5 食物感染性病原微生物 …… 200
5.1 霍乱弧菌(*Vibrio cholera*) …… 200
5.1.1 食品卫生学意义 …… 200
5.1.2 生物学特性 …… 201
5.1.3 检验和控制 …… 202
5.2 炭疽杆菌(*Bacillus anthracis*) …… 202
5.2.1 食品卫生学意义 …… 202
5.2.2 生物学特性 …… 202
5.2.3 检验和控制 …… 204
5.2.4 卫生评价与处理 …… 205
5.3 结核分枝杆菌(*Mycobacterium tuberculosis*) …… 206
5.3.1 食品卫生学意义 …… 206
5.3.2 生物学特性 …… 206
5.3.3 致病性 …… 206
5.3.4 检测和控制 …… 208
5.3.5 卫生评价和处理 …… 208
5.4 布鲁氏菌(*Brucella*) …… 208
5.4.1 食品卫生学意义 …… 208
5.4.2 生物学特性 …… 209
5.4.3 检验和控制 …… 210
5.5 鼻疽杆菌(*Bacillus mallei*) …… 211
5.5.1 食品卫生学意义 …… 211
5.5.2 生物学特性 …… 211
5.5.3 致病性 …… 212
5.5.4 抵抗力 …… 212
5.5.5 细菌学检验 …… 212
5.5.6 卫生评价与处理 …… 213
5.6 土拉杆菌(*Francisella tularense*) …… 213
5.6.1 食品卫生学意义 …… 213
5.6.2 生物学特性 …… 213
5.6.3 细菌学检验 …… 214
5.6.4 卫生评价与处理 …… 214
5.7 单核细胞增多性李氏杆菌(*Listeria monocytongenes*) …… 214
5.7.1 食品卫生学意义 …… 214
5.7.2 生物学特性 …… 214
5.7.3 细菌学检验 …… 217
5.7.4 卫生评价与处理 …… 217
5.8 猪丹毒杆菌(*Erysipelothrix rhusiopathiae*) …… 218
5.8.1 食品卫生学意义 …… 218
5.8.2 生物学特性 …… 218
5.8.3 细菌学检验 …… 219
5.8.4 卫生评价与处理 …… 219
5.9 钩端螺旋体属(*Leptospira*) …… 219
5.9.1 食品卫生学意义 …… 219
5.9.2 生物学特性 …… 220
5.9.3 细菌学检验 …… 221
5.9.4 卫生评价与处理 …… 222
5.10 假单胞菌属(*Pseudomonas*) …… 222
5.10.1 食品卫生学意义 …… 222
5.10.2 形态特征和培养特性 …… 223
5.10.3 生化特性 …… 223
5.10.4 抵抗力 …… 223
5.10.5 致病性 …… 223
5.10.6 细菌学检验 …… 224
5.11 粪产碱杆菌(*Alcaligenes faecalis*) …… 224
5.11.1 食品卫生学意义 …… 224
5.11.2 形态特征和培养特性 …… 224
5.11.3 生化特性 …… 224
5.11.4 抵抗力 …… 224
5.11.5 致病性 …… 224
5.11.6 细菌学检验 …… 224
5.12 黏质沙雷氏菌(*Serratia marcescens*) …… 225
5.12.1 食品卫生学意义 …… 225
5.12.2 形态特征与培养特性 …… 225
5.12.3 生化特性 …… 225
5.12.4 致病性 …… 225
5.12.5 抵抗力 …… 225
5.12.6 细菌学检验 …… 226
5.13 阴沟肠杆菌(*Enterobacter cloacae*) …… 226
5.13.1 食品卫生学意义 …… 226
5.13.2 形态特征与培养特性 …… 226
5.13.3 生化特性 …… 226
5.13.4 抵抗力 …… 226
5.13.5 致病性 …… 226
5.13.6 细菌学检验 …… 227
5.14 慢生黄分枝杆菌(*Mycobacterium lentiflavum*) …… 227
5.14.1 食品卫生学意义 …… 227
5.14.2 形态特征与培养特性 …… 227
5.14.3 生化特性 …… 227
5.14.4 致病性 …… 228
5.14.5 抵抗力 …… 228
5.14.6 细菌学检验 …… 228
5.15 食品传播性病毒概述 …… 228
5.16 诺如病毒(*Norovirus*, *Norwalk virus*, NV) …… 229

5.16.1 食品卫生学意义 …… 229
5.16.2 主要特征 …… 230
5.16.3 微生物学检测 …… 230
5.16.4 预防 …… 231
5.17 轮状病毒(*Rota virus*,RV) …… 231
5.17.1 食品卫生学意义 …… 231
5.17.2 主要特征 …… 231
5.17.3 微生物学检测 …… 232
5.18 肠腺病毒(*Enteric adenovirus*) …… 232
5.18.1 食品卫生学意义 …… 232
5.18.2 主要特征 …… 232
5.18.3 微生物学检测 …… 232
5.19 嵌杯样病毒(*Calicivirus*) …… 232
5.19.1 食品卫生学意义 …… 232
5.19.2 主要特征 …… 233
5.19.3 微生物学检测 …… 233
5.20 冠状病毒(*Coronavirus*) …… 233
5.20.1 食品卫生学意义 …… 233
5.20.2 主要特征 …… 234
5.20.3 微生物学检测 …… 235
5.20.4 控制策略 …… 235
5.21 口蹄疫病毒(*Foot and mouth disease virus*, FMDV) …… 235
5.21.1 食品卫生学意义 …… 235
5.21.2 主要特征 …… 236
5.21.3 检测和控制 …… 236
5.22 甲型肝炎病毒(*Hepatitis virus* A,HAV) …… 237
5.22.1 食品卫生学意义 …… 237
5.22.2 主要特征 …… 237
5.22.3 检测和控制 …… 238
5.23 戊型肝炎病毒(*Hepatitis virus* E,HEV) …… 239
5.23.1 食品卫生学意义 …… 239
5.23.2 生物学主要特征 …… 239
5.23.3 微生物学检测 …… 240
5.24 脊髓灰质炎病毒(*Poliomyelitis virus*,PV) …… 240
5.24.1 食品卫生学意义 …… 240
5.24.2 主要特征 …… 240
5.24.3 微生物学检测 …… 241
5.25 柯萨奇病毒(*Coxsackie virus*) …… 242
5.25.1 食品卫生学意义 …… 242
5.25.2 主要特征 …… 242
5.25.3 微生物学检测 …… 243
5.26 埃可病毒(*Enteric cytopathogenic human orphan virus*,ECHO virus) …… 243
5.26.1 食品卫生学意义 …… 243
5.26.2 主要特征 …… 243
5.26.3 检测和控制 …… 243
5.27 禽流感病毒(*Avian influenza virus*, AIV) …… 244
5.27.1 食品卫生学意义 …… 244
5.27.2 主要特征 …… 245
5.27.3 微生物学检测 …… 246
5.27.4 防疫措施 …… 247
5.28 朊病毒(朊蛋白颗粒,prion) …… 247
5.28.1 食品卫生意义 …… 247
5.28.2 主要特性 …… 248
5.28.3 致病性 …… 248
5.28.4 微生物学检测 …… 250
5.29 肾综合征出血热(hemorrhagic fever with renal syndrome,HFRS)病毒 …… 251
5.29.1 食品卫生学意义 …… 251
5.29.2 主要特征 …… 251
5.29.3 检测和控制 …… 252
5.30 立克次体(*Rickettsia*) …… 253
5.30.1 食品卫生学意义 …… 253
5.30.2 主要特征 …… 253
5.30.3 检测和控制 …… 256
5.31 爱知病毒(*Aichi virus*,AiV) …… 256
5.31.1 食品卫生学意义 …… 256
5.31.2 主要特征 …… 257
5.31.3 检测和控制 …… 257
6 食物感染性寄生虫 …… 258
6.1 食源性寄生虫概述 …… 258
6.1.1 控制食源性寄生虫病的措施 …… 259
6.1.2 寄生虫的生活史 …… 260
6.2 溶组织内阿米巴(*Entamoeba histolytica*) …… 260
6.2.1 食品卫生学意义 …… 260
6.2.2 生物学特性 …… 261
6.2.3 致病性 …… 262
6.2.4 检测和控制 …… 263
6.3 迪斯帕内阿米巴(*Entamoeba dispar*) …… 263
6.3.1 食品卫生学意义 …… 263
6.3.2 生物学特性 …… 264
6.3.3 致病性 …… 264
6.3.4 检测和控制 …… 264
6.4 小颊犬内阿米巴(*Entamoeba chattoni*) …… 264
6.4.1 食品卫生学意义 …… 264
6.4.2 生物学特性 …… 264
6.4.3 致病性 …… 265
6.4.4 检测和控制 …… 265
6.5 侵袭性内阿米巴(*Entamoeba invadens*) …… 266
6.5.1 食品卫生学意义 …… 266
6.5.2 生物学特性 …… 266
6.5.3 致病性 …… 266
6.5.4 检测和控制 …… 266
6.6 波列基内阿米巴(*Entamoeba polecki*) …… 266
6.6.1 食品卫生学意义 …… 266
6.6.2 生物学特性 …… 266
6.6.3 致病性 …… 266
6.6.4 检测和控制 …… 266

6.7　迈氏唇鞭毛虫(*Chilomastix mesnili*) ……… 267
6.7.1　食品卫生学意义 ……… 267
6.7.2　生物学特性 ……… 267
6.7.3　致病性 ……… 267
6.7.4　检测和控制 ……… 267
6.8　人肠滴虫(*Enteromonas hominis*) ……… 267
6.8.1　食品卫生学意义 ……… 267
6.8.2　生物学特性 ……… 267
6.8.3　致病性 ……… 267
6.8.4　检测和控制 ……… 268
6.9　蓝氏贾第鞭毛虫(*Giardia lamblia*) ……… 268
6.9.1　食品卫生学意义 ……… 268
6.9.2　生物学特性 ……… 268
6.9.3　致病性 ……… 269
6.9.4　检测和控制 ……… 269
6.10　结肠小袋纤毛虫(*Balantidium coli*) ……… 269
6.10.1　食品卫生学意义 ……… 269
6.10.2　生物学特性 ……… 269
6.10.3　致病性 ……… 270
6.10.4　检测和控制 ……… 270
6.11　贝氏等孢球虫(*Isospora belli*) ……… 270
6.11.1　食品卫生学意义 ……… 270
6.11.2　生物学特性 ……… 270
6.11.3　致病性 ……… 270
6.11.4　检测和控制 ……… 271
6.12　刚地弓形虫(*Toxoplasma gondii*) ……… 271
6.12.1　食品卫生学意义 ……… 271
6.12.2　生物学特性 ……… 271
6.12.3　致病性 ……… 272
6.12.4　检测和控制 ……… 273
6.13　环孢子虫(*Cyclospora*) ……… 274
6.13.1　食品卫生学意义 ……… 274
6.13.2　生物学特性 ……… 274
6.13.3　致病性 ……… 275
6.13.4　检测和控制 ……… 275
6.14　微孢子虫(*Microsporidia*) ……… 276
6.14.1　食品卫生学意义 ……… 276
6.14.2　生物学特性 ……… 276
6.14.3　致病性 ……… 276
6.14.4　检测和控制 ……… 277
6.15　肉孢子虫(*Sarcocystis*) ……… 277
6.15.1　食品卫生学意义 ……… 277
6.15.2　生物学特性 ……… 277
6.15.3　致病性 ……… 278
6.15.4　检测和控制 ……… 278
6.16　微小隐孢子虫(*Cryptosporidium parvum*) ……… 278
6.16.1　食品卫生学意义 ……… 278
6.16.2　生物学特性 ……… 279
6.16.3　致病性 ……… 279
6.16.4　检测和控制 ……… 280
6.17　十二指肠钩虫(*Ancylostoma duodena*) ……… 281
6.17.1　食品卫生学意义 ……… 281
6.17.2　生物学特性 ……… 281
6.17.3　致病性 ……… 282
6.17.4　检测和控制 ……… 282
6.18　异尖线虫(*Anisakis* spp.) ……… 283
6.18.1　食品卫生学意义 ……… 283
6.18.2　生物学特性 ……… 283
6.18.3　致病性 ……… 283
6.18.4　检测和控制 ……… 284
6.19　广州管圆线虫(*Angiostrongylus cantonensis*) ……… 284
6.19.1　食品卫生学意义 ……… 284
6.19.2　生物学特性 ……… 284
6.19.3　致病性 ……… 285
6.19.4　检测和控制 ……… 285
6.20　脊形管圆线虫(*Angiostrongylus costaricensis*) ……… 286
6.20.1　食品卫生学意义 ……… 286
6.20.2　生物学特性 ……… 286
6.20.3　致病性 ……… 286
6.20.4　检测和控制 ……… 286
6.21　人蛔虫(*Ascaris lumbricoides*) ……… 286
6.21.1　食品卫生学意义 ……… 286
6.21.2　生物学特性 ……… 286
6.21.3　致病性 ……… 287
6.21.4　检测和控制 ……… 287
6.22　肝毛细线虫(*Capillaria hepatica*) ……… 287
6.22.1　食品卫生学意义 ……… 287
6.22.2　生物学特性 ……… 287
6.22.3　致病性 ……… 288
6.22.4　检测和控制 ……… 288
6.23　菲律宾毛细线虫(*Capillaria philippinensis*) ……… 288
6.23.1　食品卫生学意义 ……… 288
6.23.2　生物学特性 ……… 288
6.23.3　致病性 ……… 288
6.23.4　检测和控制 ……… 289
6.24　对盲囊虫属(*Contracaecum* spp.) ……… 289
6.24.1　食品卫生学意义 ……… 289
6.24.2　生物学特性 ……… 289
6.24.3　致病性 ……… 289
6.24.4　检测和控制 ……… 289
6.25　肾膨结线虫(*Dioctphyme renale*) ……… 290
6.25.1　食品卫生学意义 ……… 290
6.25.2　生物学特性 ……… 290
6.25.3　致病性 ……… 291
6.25.4　检测和控制 ……… 291
6.26　麦地那龙线虫(*Dracucculus medinesis*) ……… 291
6.26.1　食品卫生学意义 ……… 291

6.26.2 生物学特性 …… 291
6.26.3 致病性 …… 292
6.26.4 检测和控制 …… 292
6.27 棘头线虫属(*Echinocehpalus* spp.) …… 292
6.27.1 食品卫生学意义 …… 292
6.27.2 生物学特性 …… 292
6.27.3 致病性 …… 293
6.27.4 检测和控制 …… 293
6.28 蠕形住肠线虫(*Enterobius vermicularis*) …… 293
6.28.1 食品卫生学意义 …… 293
6.28.2 生物学特性 …… 293
6.28.3 致病性 …… 294
6.28.4 检测和控制 …… 294
6.29 颚口线虫属(*Gnathostoma* spp.) …… 294
6.29.1 食品卫生学意义 …… 294
6.29.2 生物学特性 …… 294
6.29.3 致病性 …… 295
6.29.4 检测和控制 …… 296
6.30 兽比翼线虫(*Mammomonogamus* spp.) …… 296
6.30.1 食品卫生学意义 …… 296
6.30.2 生物学特性 …… 296
6.30.3 致病性 …… 297
6.30.4 检测和控制 …… 297
6.31 艾氏同小杆线虫(*Rhabditis rhabditella*) …… 297
6.31.1 食品卫生学意义 …… 297
6.31.2 生物学特性 …… 297
6.31.3 致病性 …… 298
6.31.4 检测和控制 …… 298
6.32 犬弓首蛔虫(*Toxocara canis*)和猫弓首蛔虫(*Toxocara cati*) …… 298
6.32.1 食品卫生学意义 …… 298
6.32.2 生物学特性 …… 298
6.32.3 致病性 …… 299
6.32.4 检测和控制 …… 299
6.33 旋毛虫(*Trichinella*) …… 299
6.33.1 食品卫生学意义 …… 299
6.33.2 生物学特性 …… 299
6.33.3 致病性 …… 300
6.33.4 检测和控制 …… 301
6.34 毛首毛首线虫(*Trichuris trichiura*) …… 302
6.34.1 食品卫生学意义 …… 302
6.34.2 生物学特性 …… 302
6.34.3 致病性 …… 302
6.34.4 检测和控制 …… 302
6.35 毛圆线虫(*Trichostrongylus* spp.) …… 303
6.35.1 食品卫生学意义 …… 303
6.35.2 生物学特性 …… 303
6.35.3 致病性 …… 303
6.35.4 检测和控制 …… 303
6.36 美洲重翼吸虫(*Alaria americana*) …… 303
6.36.1 食品卫生学意义 …… 303
6.36.2 生物学特性 …… 303
6.36.3 致病性 …… 304
6.36.4 检测和控制 …… 304
6.37 齿形背茎吸虫(*Appophalus donicus*) …… 304
6.37.1 食品卫生学意义 …… 304
6.37.2 生物学特性 …… 304
6.37.3 致病性 …… 304
6.37.4 检测和控制 …… 304
6.38 台湾棘带吸虫(*Centrocestus formosanus*) …… 305
6.38.1 食品卫生学意义 …… 305
6.38.2 生物学特性 …… 305
6.38.3 致病性 …… 305
6.38.4 检测和控制 …… 305
6.39 中华分支睾吸虫(*Clonorchis sinensis*) …… 305
6.39.1 食品卫生学意义 …… 305
6.39.2 生物学特性 …… 305
6.39.3 致病性 …… 306
6.39.4 检测和控制 …… 306
6.40 舌隐穴吸虫(*Cryptocotyle lingua*) …… 307
6.40.1 食品卫生学意义 …… 307
6.40.2 生物学特性 …… 307
6.40.3 致病性 …… 307
6.40.4 检测和控制 …… 307
6.41 伊族棘口吸虫(*Echinostoma ilocanum* 或 *iliocenum*) …… 307
6.41.1 食品卫生学意义 …… 307
6.41.2 生物学特性 …… 307
6.41.3 致病性 …… 307
6.41.4 检测和控制 …… 307
6.42 林多恩斯棘口吸虫(*Echinostoma lindoense*) …… 308
6.42.1 食品卫生学意义 …… 308
6.42.2 生物学特性 …… 308
6.42.3 致病性 …… 308
6.42.4 检测和控制 …… 308
6.43 矛形双腔吸虫(*Dicrocoelium dendriltium*) …… 308
6.43.1 食品卫生学意义 …… 308
6.43.2 生物学特性 …… 308
6.43.3 致病性 …… 309
6.43.4 检测和控制 …… 309
6.44 曲领棘口吸虫(*Echinoparyphium recurvatum*) …… 309
6.44.1 食品卫生学意义 …… 309
6.44.2 生物学特性 …… 309
6.44.3 致病性 …… 309
6.44.4 检测和控制 …… 309
6.45 卷棘口吸虫(*Echinostoma revoltum*) …… 310
6.45.1 食品卫生学意义 …… 310

6.45.2　生物学特性 …… 310
6.45.3　致病性 …… 310
6.45.4　检测和控制 …… 310
6.46　胰阔盘吸虫(*Eurytrema pancreaticum*) … 310
6.46.1　食品卫生学意义 …… 310
6.46.2　生物学特性 …… 310
6.46.3　致病性 …… 311
6.46.4　检测和控制 …… 311
6.47　大片形吸虫(*Fasciola gigantica*) …… 311
6.47.1　食品卫生学意义 …… 311
6.47.2　生物学特性 …… 311
6.47.3　致病性 …… 311
6.47.4　检测和控制 …… 312
6.48　肝片形吸虫(*Fasciola hepatica*) …… 312
6.48.1　食品卫生学意义 …… 312
6.48.2　生物学特性 …… 312
6.48.3　致病性 …… 312
6.48.4　检测和控制 …… 313
6.49　布氏姜片形吸虫(*Fasciolopsis buski*) …… 313
6.49.1　食品卫生学意义 …… 313
6.49.2　生物学特性 …… 313
6.49.3　致病性 …… 314
6.49.4　检测和控制 …… 314
6.50　长菲策吸虫(*Fischoederius elongates*) …… 315
6.50.1　食品卫生学意义 …… 315
6.50.2　生物学特性 …… 315
6.50.3　致病性 …… 315
6.50.4　检测和控制 …… 315
6.51　拟人腹盘吸虫(*Gastrodiscoides hominis*) …… 315
6.51.1　食品卫生学意义 …… 315
6.51.2　生物学特性 …… 315
6.51.3　致病性 …… 315
6.51.4　检测和控制 …… 315
6.52　徐氏拟裸茎吸虫(*Gymnophalloides seoi*) …… 316
6.52.1　食品卫生学意义 …… 316
6.52.2　生物学特性 …… 316
6.52.3　致病性 …… 316
6.52.4　检测和控制 …… 316
6.53　异形异形吸虫(*Heterophyes heterophyes*) …… 316
6.53.1　食品卫生学意义 …… 316
6.53.2　生物学特性 …… 316
6.53.3　致病性 …… 317
6.53.4　检测和控制 …… 317
6.54　诺氏异形线虫(*Heterophyes nocens*) …… 317
6.54.1　食品卫生学意义 …… 317
6.54.2　生物学特性 …… 317
6.54.3　致病性 …… 317
6.54.4　检测和控制 …… 317
6.55　拟异形吸虫(*Heterophyopsis continua*) … 317
6.55.1　食品卫生学意义 …… 317
6.55.2　生物学特性 …… 317
6.55.3　致病性 …… 317
6.55.4　检测和控制 …… 317
6.56　锥状低颈棘口吸虫(*Hypoderaeum conoideum*) …… 318
6.56.1　食品卫生学意义 …… 318
6.56.2　生物学特性 …… 318
6.56.3　致病性 …… 318
6.56.4　检测和控制 …… 318
6.57　横川后殖吸虫(*Metagonimus yokogawai*) …… 318
6.57.1　食品卫生学意义 …… 318
6.57.2　生物学特性 …… 318
6.57.3　致病性 …… 318
6.57.4　检测和控制 …… 318
6.58　并殖吸虫属(*Paragonimus*) …… 319
6.58.1　食品卫生学意义 …… 319
6.58.2　生物学特性 …… 319
6.58.3　致病性 …… 320
6.58.4　检测和控制 …… 320
6.59　麝猫后睾吸虫(*Opisthorchis viverrini*) … 321
6.59.1　食品卫生学意义 …… 321
6.59.2　生物学特性 …… 321
6.59.3　致病性 …… 321
6.59.4　检测和控制 …… 322
6.60　猫后睾吸虫(*Opisthorchis felineus*) …… 322
6.60.1　食品卫生学意义 …… 322
6.60.2　生物学特性 …… 322
6.60.3　致病性 …… 323
6.60.4　检测和控制 …… 323
6.61　珍珠新穴吸虫(*Neodiplostomum seoulensis*) …… 323
6.61.1　食品卫生学意义 …… 323
6.61.2　生物学特性 …… 323
6.61.3　致病性 …… 323
6.61.4　检测和控制 …… 323
6.62　斜睾吸虫属(*Plagiorchis* spp.) …… 324
6.62.1　食品卫生学意义 …… 324
6.62.2　生物学特性 …… 324
6.62.3　致病性 …… 324
6.62.4　检测和控制 …… 324
6.63　原角囊吸虫属(*Procerovum* spp.) …… 324
6.63.1　食品卫生学意义 …… 324
6.63.2　生物学特性 …… 324
6.63.3　致病性 …… 325
6.63.4　检测和控制 …… 325
6.64　斑皮吸虫(*Stictodora fuscata*) …… 325

6.64.1 食品卫生学意义 …… 325
6.64.2 生物学特性 …… 325
6.64.3 致病性 …… 325
6.64.4 检测和控制 …… 325
6.65 大复殖孔绦虫(*Diplogonoporus grandis*) …… 325
6.65.1 食品卫生学意义 …… 325
6.65.2 生物学特性 …… 325
6.65.3 致病性 …… 325
6.65.4 检测和控制 …… 326
6.66 阔节裂头绦虫(*Diphyllobothrium latum*) …… 326
6.66.1 食品卫生学意义 …… 326
6.66.2 生物学特性 …… 326
6.66.3 致病性 …… 327
6.66.4 检测和控制 …… 327
6.67 犬复孔绦虫(*Dipylidium caninum*) …… 327
6.67.1 食品卫生学意义 …… 327
6.67.2 生物学特性 …… 327
6.67.3 致病性 …… 328
6.67.4 检测和控制 …… 328
6.68 布氏双线绦虫(*Digramma brauni*) …… 328
6.68.1 食品卫生学意义 …… 328
6.68.2 生物学特性 …… 328
6.68.3 致病性 …… 328
6.68.4 检测和控制 …… 328
6.69 多房棘球绦虫(*Echinococcus multilocularis*) …… 328
6.69.1 食品卫生学意义 …… 328
6.69.2 生物学特性 …… 328
6.69.3 致病性 …… 329
6.69.4 检测和控制 …… 330
6.70 细粒棘球绦虫(*Echinococcus granulosus*) …… 330
6.70.1 食品卫生学意义 …… 330
6.70.2 生物学特性 …… 330
6.70.3 致病性 …… 332
6.70.4 检测和控制 …… 332
6.71 缩小膜壳绦虫(*Hymenolepis diminuta*) …… 332
6.71.1 食品卫生学意义 …… 332
6.71.2 生物学特性 …… 332
6.71.3 致病性 …… 333
6.71.4 检测和控制 …… 333
6.72 微小膜壳绦虫(*Hymenolepis nana*) …… 333
6.72.1 食品卫生学意义 …… 333
6.72.2 生物学特性 …… 333
6.72.3 致病性 …… 334
6.72.4 检测和控制 …… 334
6.73 猪带绦虫(*Taenia solium linnaeus*) …… 335
6.73.1 食品卫生学意义 …… 335
6.73.2 生物学特性 …… 335
6.73.3 致病性 …… 335
6.73.4 检测和控制 …… 336
6.74 牛带绦虫(*Taenia saginata*) …… 336
6.74.1 食品卫生学意义 …… 336
6.74.2 生物学特性 …… 336
6.74.3 致病性 …… 337
6.74.4 检测和控制 …… 337
6.75 曼氏迭宫绦虫(*Spirometra mansoni*) …… 337
6.75.1 食品卫生学意义 …… 337
6.75.2 生物学特性 …… 337
6.75.3 致病性 …… 338
6.75.4 检测和控制 …… 338
6.76 多头绦虫(*Multiceps multiceps*) …… 338
6.76.1 食品卫生学意义 …… 338
6.76.2 生物学特性 …… 338
6.76.3 致病性 …… 338
6.76.4 检测和控制 …… 339
6.77 中殖孔绦虫属(*Mesocetoides* spp.) …… 339
6.77.1 食品卫生学意义 …… 339
6.77.2 生物学特性 …… 339
6.77.3 致病性 …… 339
6.77.4 检测和控制 …… 340
6.78 德墨拉瑞列绦虫(*Raillietina demeraiensis*) …… 340
6.78.1 食品卫生学意义 …… 340
6.78.2 生物学特性 …… 340
6.78.3 致病性 …… 340
6.78.4 检测和控制 …… 340
7 食品病原微生物检验的理论基础 …… 341
7.1 食品卫生微生物检验的特点和基本要求 …… 341
7.2 食品卫生微生物检验的质量控制 …… 342
7.3 食品卫生微生物检验样品的采取、送检和处理 …… 342
7.3.1 检验样品的采取 …… 342
7.3.2 检样采取的要求和注意事项 …… 343
7.3.3 检样的送检 …… 343
7.3.4 检验与处理 …… 343
7.4 食品加工中受伤病原细菌检验的有关问题 …… 343
7.5 致病和产毒微生物检测培养 …… 344
7.6 动物和动物产品食源性病原采样技术 …… 344
7.6.1 简单随机采样(SRS) …… 344
7.6.2 分层次随机采样 …… 346
7.6.3 系统性采样 …… 346
7.6.4 集成采样或两阶段采样 …… 346
主要参考文献 …… 348

1

食品病原微生物的分类、分布

人类食物的绝大部分来源于动物和植物，了解动植物自身的生长环境及其与相关微生物之间的相互关系，对食品的生产和安全十分重要。如果知道自然状态下与动植物相关的微生物类型，就可以预测随后加工食品中可能存在的微生物一般状况；同时也能根据食品从农场到餐桌的生产、流通、贮藏及食用等过程与微生物之间特殊关系的特点来防止致病性微生物或病原微生物的污染。**食品病原微生物是指通过食品媒介能够引起人类机体各种损伤乃至死亡的微生物。食品病原微生物学就是研究能通过食品媒介引起人类疾病的相关微生物的生物学特性、微生物与食品的相互关系及如何鉴别和防控的知识与技术的系统科学**。食品中常见的病原微生物包括细菌、病毒、寄生虫、真菌、立克次体、产毒藻类等。食品病原微生物引起人类的伤害主要指食物感染或食物中毒两大类。

1.1 食品病原性细菌的分类

细菌的分类就是按每种细菌各自的特点，以亲缘关系分门别类，以不同的等级编排成系统。命名（nomenclature）是在分类的基础上，给予每种细菌一个科学名称；鉴定是分类的系统实验过程；分类、命名及鉴定统称为分类学。随着分子生物技术手段的不断进步，对细菌的分类在过去的十几年间增添了新的方法和手段，使细菌的分类更加系统和科学化，也改变了一些原来的分类菌群，产生了许多新的分类群。目前对细菌的分类包含如下方法：①DNA 同源性和 DNA 中 G+C 的含量；②23S rRNA、16S rRNA 和 5S rRNA 序列的类似性；③寡核苷酸种类；④菌体形态及生理生化特征或全可溶性蛋白的数值分类法；⑤细胞壁成分分析；⑥血清学反应（是细菌致病性的重要指标）；⑦细胞脂肪酸组成。

细菌分类等级为：界（kingdom）、门（division）、纲（class）、目（order）、科（family）、属（genus）、种（species）。在两个等级之间可添加次要或更细的鉴别或分类单位，如亚门、亚纲、亚属、亚种等。科与属之间还可添加族（tribe）这一分类单位。一般分类单位所用的拉丁语（书写要斜体）字尾比较固定，常采用：

目	拉丁语字尾是-ales
亚目	拉丁语字尾是-ineae
科	拉丁语字尾是-aceae
亚科	拉丁语字尾是-oideae
族	拉丁语字尾是-eae
亚族	拉丁语字尾是-inae

群或组（group）不是正式的分类单位，是指具有某种共同特征的一群（组）不同个体，任何一级都可借用。种是最基本的分类单位，相近的种归为一属，相近的属归为一科，依次类推。种以下还有亚种、变种（varietas）、型（types）、株（strains）等。型是按细菌某些细微特征在种内区分，按区分方法的不同，又分为血清型、噬菌体型、细菌素型、生物型及毒素型等。株为来源不同的相同的种或型。

1.1.1 种

种（species）是细菌分类中最基本的分类单位，是细菌进化的特定阶段。种代表一群在形态、生理特性和组成成分彼此十分相似或彼此性状差异微小的个体。同一种的细菌由于环境条件的变化，在形态特征、生理特性方面发生了一些极微细的差异变化，但总的特征还是一致的。

1.1.2 变种

变种（varietas or var.）即同一菌种之间有一定差异的一群个体。一个菌种的某种特征出现了明显改变，与典型种的某一特性出现差异，而其余特征又完全符合，若这一变异特征能够稳定下去，这种变异的菌种称为典型种的变种。

1.1.3 亚种

科学家将在实验室所获得的变异型称为亚种（subspecies）或小种，如 *Escherichia coli* 野生型的一个品系 K_{12}，这个菌种是不需要某种氨基酸的。通过实验室人工诱变，可以从 K_{12} 中获得某种氨基酸的营养缺陷型，即出发株不需要该种氨基酸就能生长，而诱变株缺乏该种氨基酸不能生长，这就称为 K_{12} 的亚种。

1.1.4 型

型（types）被用于变种以下的细分。根据同一种内的细菌中有一些个别特征或特殊性状上不同，如抗原结构的差异，可将同种内的菌分成不同的血清型。例如，根据对噬菌体或抗生素敏感的不同，可分成噬菌体型或抗生素型。

1.1.5 菌株

菌株（strains）指种内的单个或克隆的菌落培养物，自然分离到的每一个微生物单个菌落培养物都称为菌株或品系。

1.1.6 群

微生物在进化过程中，由一个种变成另外一个种，其间要产生一系列过渡类型，因此自然界中有些微生物种类特征介于两种微生物之间，彼此之间难以区分开来，把这两种微生物和介于它们之间的种类统称为一个群（group）。

1.1.7 生理学与生物化学分类法

过去很长时间和现在都是以细菌的生理生化特征作为分类的主要依据，包括细菌的形态、染色、细菌的特殊附属结构，这些特征是细菌最早和最基本的分类依据。例如，细菌的形态可分为球菌、杆菌、弧菌、螺菌等。根据染色特征可分为革兰氏阳性和革兰氏阴性，而细菌的染色特征又与细菌细胞壁的结构有关，根据细胞壁特性又将细菌分为厚壁细菌和薄壁细菌；细菌的芽胞、鞭毛的结构也作为分类的依据。

细菌的生理生化项目很多，包括生长条件、色素观察、抵抗力的测定、糖类代谢、有机酸盐和氨盐利用试验、蛋白质和氨基酸代谢试验、呼吸酶类试验、毒性酶类试验及其他消化及水解试验等。特殊项目包括主要代谢途径试验，如能量代谢、糖代谢中间途径及丙酮酸代谢途径，终末代谢产物的测定等；测定细菌本身的成分如细胞壁化学组分、脂肪酸、磷酸类脂等；测定细菌的分解产物及细菌的致病性和毒力等。抗原结构分析可用免疫血清如凝集、沉淀、琼脂扩散、免疫电泳、荧光抗体及酶标记抗体等方法确定细菌的种或型，细菌的精确抗原分析对致病型细菌的鉴定是最准确的方法之一；用免疫化学方法测定某些细菌抗原的结构、末端单糖及核心多糖以确定细菌的群。

以生理生化学作为细菌分类被广泛采用的方法有两种，即传统分类法和数值分类法。

1.1.7.1 传统分类法

传统分类的原则是将生物的基本性质分为主要和次要，然后按这个主次顺序一级一级分下去，直至最小区分。目前将细菌细胞壁的结构特点作为最高一级的分类依据，如原核生物界分为4个菌门：薄壁菌门、厚壁菌门、疵壁菌门、柔膜菌门。将细胞形态、革兰氏染色特征、鞭毛及代谢特点等作为较高一级的分类依据，而科、属、种水平的分类主要依靠生化特性和抗原结构。

1.1.7.2 数值分类法

本法是将一系列细菌的基本特征不分主次，放在相同的地位上进行比较，测定其相似率，区分种群，并确定各种细菌的亲缘关系。一般选择100～200项生理生化指标，逐一进行比较，才有分类学意义。

1.1.7.3 生理生化分型和遗传学分型

多是作为种或种以上分类依据，如果要求细菌种内进一步细分，即分型，就需要更细致的研究。由于目前并不是所有细菌都作了基因组测定，因此，细菌的一些特殊性质的决定基因不是都清楚，还需要作其他鉴定来细分，可用抗原分型、噬菌体分型及细菌毒素分型。抗原分型是利用细菌细胞壁多糖的不同，鞭毛蛋白的差异和荚膜多糖组成特点在同一种内进行分型；噬菌体对菌体具有严格的专一性，以这种高度专一性或特异性能够很好地区分相应的细菌；细菌毒素可根据受影响的菌体敏感性分型。近年来，通过分析细菌细胞壁多糖分子和黏附分子的化学组成、细胞壁中脂肪酸的组成和细胞可溶性蛋白质电泳分析等手段对细菌进行分类，进展也很快，多数被综合成快速鉴定仪器而获得普遍使用。

1.1.8 遗传学分类法

细菌生理生化特征均是由遗传基因所决定的，表型的差别是遗传物质在结构上差异的体现。利用遗传关系作细菌分类有如下优点：①可能给细菌的种有一个比较系统的概念；②根据遗传关系的分类比较稳定；③细菌根据遗传关系分类之后可设计出可靠的鉴定方案；④所得资料对于了解不同类别的细菌是如何发展起来的和如何按照它们原始亲缘关系排列是有用的。比较稳定的技术有以下几种。

1.1.8.1 DNA的G+C mol%含量测定

DNA分子是由4种不同碱基组成的核苷酸，4种碱基的总分子量为100，测定其中的鸟嘌呤和胞嘧啶的G+C mol%含量，或测定腺嘌呤和胸腺嘧啶的A+T mol%含量，能了解各种细菌DNA分子同源性程度。亲缘关系接近的细菌，它们的G+C mol%含量相同或近似。一个菌种的G+C mol%含量相当稳定。目前较常用加热变性法、浮力密度法测定G+C mol%含量。

1.1.8.2 DNA-DNA相关度测定

亲缘相近的菌属，其DNA的G+C mol含量相同或近似；反之，DNA的G+C mol含量相同或近似的细菌，其亲缘关系却不一定相近。DNA-DNA相关度测定就是看细菌的核苷酸碱基排列顺序是否相同，相同程度如何，就是两种细菌DNA相关度的测定。使不同菌株的DNA裂解变性，标记一种菌的DNA，再复性，测定两种菌的DNA分子的结合率。本菌的结合率为100%，种内结合率为60%～100%，组内结合率为80%～90%。

1.1.8.3 rRNA的碱基顺序

RNA分子是一条多核苷酸单链。嘌呤碱基及嘧啶碱基与DNA分子相同；嘌呤碱基包括腺嘌呤（A）、鸟嘌呤（G），嘧啶碱基包括胞嘧啶（C）、胸腺嘧啶（T）、尿嘧啶（U）。RNA的碱基是由DNA转录过来的，具有完全对应关系。提取并分离细菌细胞内的16S rRNA，以T_1核糖核酸酶消化，可获得细菌寡核苷酸上的碱基编码，作为细菌学分类的一种标记。由于广泛地使用16S rRNA序列相似法，食品传播的新微生物分类群就是通过这种分类法与其他的信息相结合而创立出来，特点是简便快速。

1.1.8.4 核糖体蛋白的组成分析

用蔗糖密度梯度离心法分离30S和50S的核糖体蛋白的亚单位，再经羧甲基纤维素层析法，比较其中所含核糖体蛋白的种类及其含量，可将被鉴定菌株分为类群，并绘制系统发生图，其结果与DNA-DNA相关度测定的结果是基本符合的。

1.1.8.5 16S rDNA鉴定

16S rDNA是细菌染色体上编码16S rRNA相对应的DNA序列，存在于所有细菌染色体基因中，处于稳定状态。16S rDNA鉴定是指利用细菌16S rDNA序列测序的方法对细菌进行种属鉴定，因为每种细菌的16S rDNA都是相对保守的，包括细菌基因组DNA提取、16S rDNA特异引物PCR扩增、扩增产物纯化、DNA测序、序列比对等步骤，是一种快速获得细菌种属信息的方法。

1.1.9 微生物命名

微生物的名称有两种，一种为俗名或代号，另一种为学名，即国际名称。国际名称是按照瑞典生物学家林奈（Linnaeus）于1753年首先使用的双名法（属名在前，种名在后）来定名，由两个拉丁字或希腊字或者拉丁化了的其他文字组成。有时还在种名后附有命名者的姓，排除"同名异物"或"同物异名"之类的误解。属名是拉丁字的名称词，字首字母要大写，用以描述微生物的主要特征。种名用的是一个拉丁字形容词或名称所有格，用以描述次要特征，并要求斜体。但有时属名或种名也有用人名或地名来表示的。在学名之后有时还要附命名人的姓和年代，如金黄色葡萄球菌的学名：*Staphylococcus aureus* Rosenbach 1939。泛指某一属的微生物而不特定指某一具体种，或没有种名时，可在属名后面加sp.（species的单数）或spp.（复数）表示。如果当初所定的学名后来经人改过，则在学名后的括号内注明首先发现该菌的人，然后将改正人的姓写在后面。

1.2 食品传播性病毒的分类

病毒的数量繁多，目前已确定的病毒数量可达3600余种，且新的病毒还在不断地被发现，与食品有关或通过食品这个媒介传播给人的病毒有20～30种。为了系统地研究和比较其特性，就必须对病毒进行分类。病毒的分类主要依据其化学组成、形态及复制方式等生物学特性。常用的分类方法是由国际微生物学会的国际病毒命名委员会（International Committee on Taxonomy of Viruses，ICTV）提出并一致公认的，将病毒分为DNA病毒和RNA病毒两大类，再按以下标准进行分类：①衣壳的对称性；②有无包膜；③基因组（单股或双股核酸）；④病毒个体的大小和形状；⑤二十面体对称性病毒的壳粒数和螺旋对称型病毒的螺旋直径；⑥对理化因素的敏感性；⑦免疫学特性；⑧传播方式；⑨亲宿主细胞特性；⑩病理和临床症状。

1.2.1 病毒的分类规则

1.2.1.1 病毒形态学

病毒粒子的大小和形状，呈球形、子弹状、砖形、卵形或杆状、丝状或多形态；有无表面纤突的特征；有无囊膜；衣壳对称性和结构；立体对称、螺旋对称，还是复合对称；立体对称病毒粒子的壳粒数目或螺旋对称病毒的核衣壳直径。

1.2.1.2 理化学特性

病毒粒子的相对分子质量、浮密度、沉降系数；对酸碱的稳定性；对热的稳定性；对两价离子的稳定性；对脂溶剂的稳定性；对去污剂的稳定性；对辐射的稳定性。

1.2.1.3 基因组

核酸类型（DNA或RNA）；基因组大小；是单股还是双股、线状还是环状；正义、负义或双义；是整个的还是分节段的，节段的大小和数目；核酸序列或部分序列，是否具有重复序列，是否具有同聚物，G+C含量；5′端帽的存在与否和类型；5′端共价结合蛋白存在与否，3′端多聚A尾的存在与否。

1.2.1.4 基因组的组成和复制策略

开放阅读框架的数目和位置，转录特征，翻译特征，翻译后加工。

1.2.1.5 蛋白质

结构蛋白的数目、大小和功能活性，非结构蛋白的数目、大小和功能活性；蛋白质的特殊功能活性，尤其是转录酶、反转录酶、血凝素、神经氨酸酶和融合特性；氨基酸序列或部分序列；糖基化、磷酸化、豆蔻酸化的程度；表位图谱。

1.2.1.6 脂质含量和特性

糖类含量和特性。

1.2.1.7 在细胞培养中的生长特性

细胞种类的特异性；病毒蛋白的聚集场所；病毒粒子的装配场所；病毒粒子成熟和释放的部位和性质。

1.2.1.8 抗原特性

与其他相关病毒血清学关系。

1.2.1.9 生物学特性

自然宿主范围、传播方式、传播载体、地理分布、致病性及与疾病的关系；组织嗜性、病理学和组织病理学。

1.2.2 病毒的命名规则

1.2.2.1 一般规则

(1) 病毒的分类和命名应是国际性的，应普遍适用于所有病毒。

(2) 通用的病毒分类系统采用目、科、亚科、属和种的等级制度，在种的命名尚不完善的情况下，许多病毒可用国际通用的俗名。

(3) ICTV不统一规定种以下的分类和命名。关于血清型、基因型、病毒株、变异株等的命名由公认的国际专家决定。

(4) 对人工产生的病毒和实验室杂交株不予分类考虑，这些病毒的命名也同样由国际公认的专家组决定。

(5) 当典型病毒经过充分鉴定并在发表的文献上描述后，才能建立一个类，以便与相似的类区别。同样，命名一个病毒时，该病毒必须经过充分鉴定并在文献上发表以明确区别类似的病毒。

1.2.2.2 关于类及病毒的命名规则

(1) 现有的类及病毒名称无论是否适用均应予以保留。

(2) 在类及病毒的命名中不遵守优先率。

(3) 不使用人名。

(4) 类及病毒的名称应便于使用，容易记忆，最好使用听起来悦耳的名称。

(5) 不使用上标、下标、连字符、斜杠和希腊字母。

(6) 新名称不应与已通过的名称有重复，应选用与正在使用的或过去使用的名称不相近的名称。

(7) 如果缩拼词对病毒学家有意义，且得到公认的国际专家组的推荐，可以接受作为类的名称。

(8) 由一个类或病毒的名称所隐含的任何意义都会因名称中涉及不是所有成员或潜在成员所具有的特征，以及不是均等地使用于不同类的特征而排斥该类中的合适成员病毒，这种情况应当避免。

(9) 新名的选用应考虑国家或民族敏感性问题。应采用那些被病毒学家在科学杂志上发表的工作中常用的名称作为命名的基础，此时可不考虑国家来源；在有一个以上候选名称时，相应的研究组或分委会向ICTV执行委员会提出建议，由执行委员会决定选用哪一个名称。

(10) 新的名称和名称的变更应以分类建议格式提交给ICTV。

(11) 病毒种是组成一个复制系并占有一个特定生态环境的一类多原则病毒。

(12) 种名应由少而实用的字组成。

(13) 种名，通常与株名一起，必须表示明确特征，不涉及属名或科名。

(14) 已经广泛使用的数字、字母及其组合可用作种名性质形容词。但新提出的连续数字、字母或其组合不单独接受作为种名性质形容词。

(15) ICTV通过新提议的种、种名和型名的程序分两步：首先，给予暂时性通过，这样的建议将发表在ICTV报告中；然后，经过三年的等候期，如果不撤销或修正，该建议将得到最后通过。

1.2.2.3 关于属的规则

(1) 属是一组具有某些共同特征的种。

(2) 属名应是一个以“-virus”结尾的词。

(3) 通过一个属名的同时需通过一个代表种。

1.2.2.4 关于亚科的规则

(1) 亚科是一组具有某些共同特征的属。只有当需要处理复杂等级结构问题的同时，才使用亚科。

(2) 亚科名应是一个以“-virinae”结尾的单词。

1.2.2.5 关于科的规则

(1) 科是一组具有某些共同特征的属。

(2) 科名应是一个以“-viridae”结尾的单词。

(3) 通过一个科名的同时需通过一个属名。

1.2.2.6 关于目的规则

(1) 目是一组具有某些共同特性的科。

(2) 目名应是一个以“-virales”结尾的单词。

1.2.3 病毒的命名

病毒种的名称大多引用其所引起疾病的名称，后加病毒两字，如脊髓灰质炎病毒；再加上宿主种类，如猪瘟病毒；也有的在病名前加上最初发现该病毒的地名，如日本乙型脑炎病毒；还有的甚至直接用地名命名病毒，如柯萨奇病毒和马尔堡病毒（*Marburg virus*），某些病毒直接用人名命名，如马立克病毒。

科和属的名称比较混乱。现有病毒科（属）的名称，有的是依据病毒粒子的形态和理化特性，如小RNA病毒；有的是依据该病毒科的病原性质及其引起病变的性质，如疱疹病毒科和痘病毒科；有的是以病毒酶作用基质的种类命名，如正黏病毒科；有的病毒科来自该病毒最初分离部位，如腺病毒科；有的以感染宿主的部位命名，如鼻病毒属和肠病毒属；有的以几个属名的缩拼词作为科名，如乳多空病毒科等。

对于病毒株的命名，应该是：型别/分离地点/分离序号/分离时间/血凝素和神经氨酸酶的序号，如禽流感病毒：A/Hongkang/1/68（H3N2）。

1.3　食品产毒性真菌的分类

真菌无根、茎、叶之分，无叶绿素，不能进行光合作用，但人们认为它和植物细胞一样都有细胞壁，又不能运动，因此一向被列入植物界，称为原叶状植物。但原核生物与真核生物有着本质的区别。真核细胞以有丝分裂方式进行分裂、有性生殖系统包含有基因互换。

1.3.1　分类的目的和依据

分类的目的首先是根据国际上已被承认的分类系统来给每一个物种命名，以便互相交流有关真菌各方面的知识。其次是尽可能地指出每一个种与已知菌种间的亲缘关系。真菌的分类是以真菌的形态学、细胞学、生理学、核酸、生化和生态学等特征为依据的，尤其是以有性生殖阶段的形态特征为依据的。

1.3.2　真菌分类名称和等级

真菌和所有生物一样，按界、门、纲、目、科、属、种依次排列的。属以上的单位都有一定的词尾，如门-mycota，亚门-mycotina，纲-mycetes，亚纲-mycetidae，目-ales，科-aceae。

界以下的分类，我国真菌学家将真菌分为三纲：藻状菌纲、子囊菌纲、担子菌纲。一类：半知菌类。另外，马丁（1950年）的分类系统：藻状菌纲，子囊菌纲，担子菌纲，半知菌型纲，在我国也沿用。目前国际上广泛应用的是Anisworth分类系统，该系统将真菌界分为两个门：裸菌门、真菌门，真菌门又分为5个亚门：鞭毛菌亚门、接合菌亚门、子囊菌亚门、担子菌亚门、半知菌亚门。下面介绍相关亚门特征。

鞭毛菌亚门：无性生殖产生具鞭毛游动孢子的一大类低等真菌。单细胞，不形成菌丝或菌丝不发达，较高级种类形成无横隔、多核的分枝菌丝，有性生殖经同配、异配或卵配，形成休眠孢子囊或卵孢子。无性生殖在菌丝顶端产生孢子囊，或整个细胞发育为原孢子囊堆，再产生游动孢子。大多种类水生，少数陆生，腐生或寄生于鱼类、藻类。陆生型也包括腐生和寄生于高等植物的种类。

接合菌亚门：本亚门的菌为陆生、水生，绝大多数为腐生于土壤或粪土，少数可寄生于人类、动物、植物和其他真菌上，营养体为无隔管状或有隔的菌丝体，绝大多数为无隔多核菌丝体，有的菌丝形成蔓丝、假根、吸器、吸盘；有的表面能分泌黏性物质。无性繁殖，多数是在孢子囊内产生不动的孢囊孢子，有的是单细胞的孢子囊，其作用如同分生孢子。少数形成厚壁孢子、芽孢子和酵母样孢子。例如，毛霉属、根霉属都是人类致病菌，可引起脑、神经系统和内脏等深部真菌病，也可引起过敏。

子囊菌亚门：本亚门的菌是腐生和寄生，它们的生活习性和形态特征都比较复杂，但其最基本的特征是具有子囊和子囊孢子（典型的是8个）。营养体为单细胞如酵母，菌丝体分枝繁茂，有隔，菌丝组织有子囊果、菌核和子座。无性繁殖是通过裂殖、芽殖、菌丝断裂、粉孢子、后壁孢子和分生孢子等方式进行。有性繁殖最简单的是由两个营养细胞配合后直接形成子囊，在高等子囊菌中，是异形配子囊接触，雄性的称为雄器，雌性的称为长囊器。雄器中的细胞质和核通过受精丝进入产囊器，两个核不结合，成对地靠近进行质配，有些子囊菌虽有雄器但不起作用，而以孤雌生殖方式进行生殖。有些子囊菌无性器官，有性生殖是由营养丝的两个体细胞配合进行的。有些子囊菌在性孢子器内或在特殊的菌丝上形成单细胞的性孢子（精子），性孢子与产囊器配合形成产囊丝，核经几次分裂而形成多核。

担子菌亚门：属于高等真菌，寄生或腐生。典型的特征是具有担子、担孢子，而典型的担孢子具有4个单细胞的担孢子。菌丝体发达，并具桶状隔膜，有三种类型即单核的初生菌丝、双核的次生菌丝和三生菌丝。单核菌丝体来源于担孢子，经过质配产生双核菌丝体，并在其上产生担子，在担子内进行核配和减数分裂形成担孢子。双核菌丝体长有锁状联合。有性生殖产生的各种类型的担子果的形态和结构是分类的重要依据。许多大型的担子菌是食用真菌，也有一部分是毒蕈，人误食可中毒。

半知菌亚门：所谓半知菌是指这一类菌在自然条件下或培养条件下尚未发现有性繁殖阶段。可能的原因大概有：根本不形成有性阶段，或者是缺乏相对性系的异宗配合菌丝，或者是失去生长功能性的雄性菌系，从而不能进入有性生殖及产生有性孢子，只能产生无性生殖孢子。许多半知菌具有准性生殖（parasexuality），实际就是指真菌无性繁殖阶段的一种遗传性状的重新组合。这种重组不靠有性生殖，而与有性生殖相似。准性生殖与有性生殖的主要区别，前者是质配→核配→单倍体化，后者是质配→核配→减数分裂。由于只了解其生活史的一半，因此统称为半知菌。本亚门菌腐生，寄生，几乎所有对人、动物、植物有害的菌都属于此亚门。除接合菌外，一切无完全子实期的种都划归此亚门。它们只用无性孢子或菌丝断片进行繁殖。一旦发现其有性阶段，则应根据有性生殖的特点而归属于相当的类群，一般是多属于子囊菌，少数属于担子菌。

本亚门多数菌具有隔膜的菌丝体，菌丝体发育良好，分枝繁茂，有些种只有假菌丝或酵母状细胞。无性生殖方式繁殖，即从营养菌丝上分化出分生孢子梗，在梗上再形成分生孢子。有些半知菌，特别是动物和人的致病性菌还可产生其他类型的无性孢子，如小型分生孢子、节孢子和芽孢子。这些类型的孢子萌发后都形成菌丝体，其功能与分生孢子相同。也有少数菌不产生任何类型的孢子，是以菌丝的方式生存和繁殖*。

Anisworth（1977）的分类，将亚门下设三个纲（芽生菌纲、丝孢菌纲、腔孢纲）、8 目、12 科、1880 属、约 2600 种。其中芽生菌纲的隐球菌、球拟酵母、假丝酵母、马拉色菌；丝孢菌纲的小孢子菌、孢子丝菌、组织胞浆菌、青霉、曲霉、拟青霉、着色真菌、瓶霉、外瓶霉、枝孢、链格孢、毛癣菌、镰刀菌等均属于人类致病菌、条件致病菌或产毒、致癌真菌。

1.3.3 真菌的命名

也是采用林奈的双名制，一种真菌的学名是由拉丁文的两个词组成，第一个词是属名，用拉丁文的名词，单数第一格，属名第一个字母必须大写。第二个词是种名，一般是形容词，单数第一格或单（复）数第二格名词，种名一律用小写。一种菌只能有一个属名和种名，如果一种菌有无性阶段和有性阶段，则按照有性阶段所定的名称是合法的。例如，曲霉属就是采用无性阶段的名称，因为半知菌只有无性阶段。由于林奈的命名原则在真菌分类上有一定混乱，后采用 1912 年的“国际植物命名法规”。

最新的“国际植物命名法规”是 2005 年 7 月第十七届国际植物学会议（在奥地利维也纳举办）通过的“维也纳法规”（Vienna Code）。具体内容如下。

（1）每种植物只能有一个合法的拉丁学名。

（2）每种植物的拉丁学名包括属名和种加词，另加命名人名；

（3）一种植物如已见有两个或两个以上的拉丁学名，应以最早发表的，并且是按“法规”正确命名的名称为合理名称；

（4）一个属中的某一个种确应转移到另一属时，可以采用新属的属名，而种加词不变，原来的名称称为基本异名。例如，白头翁［*Pulsatilla chinensis*（Bge.）Regel］的基本异名为 *Anemone chinensis* Bge.，原命名人的名字加括号后移入新的名称中；

（5）对于科或科以下各级新类群的发表，必须指明其命名模式，才算有效。模式标本是由命名人指定的，用作新种描述、命名和绘图的标本；

（6）学名有效发表的条件是必须出版的印刷品，并可通过出售、交换或赠送，到达公共图书馆或者至少一般植物学家能去的研究机构的图书馆。

（7）对不符合命名法规的名称，按理应不使用，但历史上惯用已久，可经国际植物学会议讨论通过作为保留名。例如，某些科名词尾不是-aceae，如伞形科（*Umbelliferae*）也可写为 *Apiaceae*，禾本科（*Gramineae*）也可写成 *Poaceae*，豆科（*Leguminosae*）也可写成 *Fabaceae*；

（8）杂交种可以用两个种加词之间加×表示。例如，加拿大杨（*Populus deltoides*×*P. nigra*）为三角杨（*P. deltoides*）和黑杨（*P. nigra*）之间的杂交种。但也可以另取一名，用×分开，如 *Populus*×*canadensis*；

（9）栽培植物有专门的命名法规，基本方法是在种以上的分类单位与自然植物命名法相同，种下设品种（cultivar，cv.）。

1.4 食品传播性寄生虫的分类

1.4.1 寄生虫的分类

寄生虫分类的基本单位是种，指有一定形态学特征和一定遗传学性质的生物群。把近缘的种集合起来称为属，近缘的属集合起来称为科，依此类推，继而建立起目、纲、门等各分类体系。进一步需要细分时，在各阶段之间设有亚种或变种、亚属、亚科、亚目、亚纲、亚门等。在种的中间，把具有一定遗传特性的群，称为品系或株。寄生虫分类的目的是认识虫种并反映各种寄生虫之间的亲缘关系，追溯各种寄生虫演化的线索，比较全面而准确地认识各个虫群和虫种，并了解寄生虫和人类之间的相互关系。

根据动物分类系统，人体和动物寄生虫分别隶属于动物界（Kingdom Animalia）的无脊椎动物中的扁形动物门（Phylum platyhelminthes）、线形动物门（Phylum Nemathelminthes）、棘头动物门（Phylum Acanthocephala）与节肢动物门（Phylum Arthropoda），以及单细胞的原生动物亚界（Subkingdom Protozoa）中的肉足鞭毛门（Sarcomastigophora）、顶复门（Api-complexa）和纤毛门（Ciliophora）。

1.4.2 寄生虫命名规则

寄生虫命名规则是双命名法，即寄生虫的学名按动物的命名，系用二名制名或亚种名之后者的姓与命名年份（论文正式发表的年份）。第一个字是寄生虫的属名，第二个字是其种名，学名用拉丁文，必要时还把命名者

* 强调微生物休眠繁殖体的描述：细菌的休眠繁殖体为“芽胞”，其他微生物称之为“孢子”或“芽孢”，利于区别。

和命名年代写在学名的后面。如果有时需要表示亚属时，则把亚属的名写在属的后面的括弧内；同时在表示亚种时，则在种名后面写上亚种名。例如，溶组织阿米巴（*Entamoeba histolytica* Schaudinn，1903）；恶性疟原虫[*Plasmodium falciparum*（welch，1987）Schaudinn，1902]，标示 Schaudinn（1902）又确定此学名。在寄生虫双命名法提出后，对寄生虫病的命名法又提出了按病原体的属名来给寄生虫命名的方法。将属名的最后一个音节，从母音字母开始去掉，然后加上-osis。如果病原体不能鉴定到属，只能鉴定到某一科，病名就依科或目名来定。

1.5 藻类分类

藻类是原生生物界一类真核生物（有些也为原核生物，如蓝藻门的藻类）。主要水生，无维管束，能进行光合作用。体型大小各异，小至长 1μm 的单细胞的鞭毛藻，大至长达 60m 的大型褐藻。一些权威专家继续将藻类归入植物或植物样生物，但藻类没有真正的根、茎、叶，也没有维管束。除依生物学命名法外，还可按照临床症状、发病原因、病理变化等来命名。藻类植物并不是一个单一的类群，各分类系统对它的分类也不尽一致，藻类的分类有其特殊性，由于它们均无根、茎、叶等器官的分化，因此它们的分类一般只能根据形态结构、细胞内所含色素、贮藏养料、细胞壁成分、鞭毛数目、鞭毛位置、生殖方式及生活史等特征来进行。

藻类植物共约为 2100 属，27 000 种。根据所含色素、细胞构造、生殖方法和生殖器官构造的不同，分为绿藻门、裸藻门、轮藻门、眼虫藻门、金藻门、黄藻门、硅藻门、甲藻门、蓝藻门、褐藻门和红藻门。原核生物界中的藻类有蓝绿藻和一些生活在无机动物中的原核绿藻。属于原生生物界中的藻类有甲藻门（或称涡鞭毛藻）、隐藻门、金黄藻门（包括硅藻等浮游藻）、红藻门、绿藻门和褐藻门。而生殖构造复杂的轮藻门则属于植物界。属于大型藻者一般仅有红藻门、绿藻门和褐藻门等为大型肉眼可显而易见的固着性藻类。此类大型藻几乎 99%以上的种类栖息于海水环境中，故大型藻多以海藻称之。另外，有些肉眼可见的固着性蓝绿藻和少数硅藻严格而言应该也属于大型藻的范围。藻类可进行营养繁殖（通过细胞分裂或断裂）、无性繁殖（通过释出游动孢子或其他孢子）或有性繁殖。有性繁殖通常发生于生活史中的艰难时期（如于生长季节结束时或处于不利的环境条件下）。

1.6 食品微生物的分布

土壤和水　土壤和水是细菌和真菌（包括藻类）聚集最多的地方，由于风的作用，土壤中的微生物会进入空气中，下雨时再进入水体中。土壤中的微生物也会进入水体中，这样水体和土壤中的微生物会有相同的种类。但是有些水体中微生物在土壤中无法存留，尤其是水生海洋微生物。有些微生物能够生成芽胞（或孢子）等特殊生存形式，在土壤中可存活数十年，是常在污染源，如炭疽杆菌。水有淡水和咸水之分，不同微生物适合生存于不同水体环境，如弧菌主要生存于海水或海产品中。

植物和植物产品　水和土壤中的微生物大多数都能黏到植物上，但实际上只有极少数的微生物适合在植物环境中生存。由于它们具有附着在植物表面、不易被洗去的特点，能够获得所需营养，因此，能够在植物环境中生存。很多产毒真菌如黄曲霉、青霉都很适合在植物上生长。沙门菌、李氏杆菌及金黄色葡萄球菌都易在施用有机肥料的蔬菜上着染，如番茄、瓜果等。

食品器皿和用具　收获粮食或食品必须使用容器，将蔬菜收放在容器或用具中，就会发现蔬菜表面的某些或所有微生物污染容器。在肉类市场上切割肉块的刀具和绞肉机，污染微生物数量十分巨大，形成了数量相当稳定的肉制品传播微生物。

人与动物的胃肠道　胃肠道是病原微生物最集中的场所之一，在屠宰动物时，如果胃肠道破溃，肠内容物就会污染肉品等。所有的肠道菌都可以在粪便中发现，也包括很多病原菌。

食品生产者　食品生产者的手、衣服及皮肤等可能沾染有来自土壤、水、尘埃和其他环境中的微生物。鼻孔、口腔等处的污染物可以通过不卫生的操作进入食品中。

饲料　动物性饲料是家禽和家畜病原微生物的重要来源，如沙门菌；青贮饲料是乳品和肉品单核细胞增多性李氏杆菌的主要来源。

畜皮　对于奶牛，鲜乳中的微生物主要来自奶牛乳房及生存环境中的微生物，其中金黄色葡萄球菌、链球菌都是常见的微生物品种。对处理干性皮张时，还会遇到炭疽杆菌等强致病性微生物。

空气和尘埃　食品加工环境中的空气和尘埃能够发现很多致病性微生物，包括细菌、霉菌和一些酵母。空气和尘埃也是微生物重要来源。

2

食品内外环境因素与微生物生长的关系

人们所食用的食品基本都来自于动物和植物，而动物和植物的内外环境因素对相应的微生物生长具有重要的影响，微生物对不同种类食品也有相应的嗜好，具有相对固定的菌群。动物和植物在长期进化过程中形成了自己独特的防止微生物侵染和繁殖的机制，有些还影响到新鲜食品。人们能够充分了解这些机制，并能够有效利用其中的一些机制来防止或延缓微生物对动植物性食品的腐败或引起人们的疾病。

2.1 食品内环境因素对微生物的影响

动植物组织本身固有的因素是食品的内在因素，包括pH、含水量、氧化还原电势、营养成分、抗微生物成分、生物结构等。

2.1.1 食品中的酸碱环境

大多数细菌、尤其是致病性细菌在pH7.0左右时生长和产毒最好，个别的在pH4.0以下也能生长。细菌对pH要求比酵母和霉菌苛刻，病原菌更加苛刻，霉菌适应范围宽泛一些。pH低于3.5已经低于大多数食物中毒菌生长的最低pH。大多数的肉和海产食品的pH是5.6左右或以上。因此，不仅细菌对食品中的酸碱度非常敏感，霉菌也非常敏感，这类近中性食品是致病菌最常见的传播途径之一。

食品传播性病原细菌的生长pH范围：金黄色葡萄球菌4～10，沙门菌4～9，大肠杆菌4～9，小肠结肠炎耶尔森氏菌4.5～9，肉毒梭菌5～8，蜡样芽胞杆菌4.8～9.2，副溶血性弧菌5～11，产气荚膜梭状芽胞杆菌5.4～8.7，空肠弯曲菌6～9，弧菌6～9（表2-1～表2-3）。

表2-1 食品传播性病原微生物生长的最低pH环境

微生物种类	最低生长pH
嗜水气单胞菌	6.00
蜡样芽胞杆菌	2.00
肉毒梭菌Ⅰ组	4.90
肉毒梭菌Ⅱ组	4.60
产气荚膜梭状芽胞杆菌	5.00
大肠杆菌O157：H7	4.50
单核细胞增多性李氏杆菌	4.10
类志贺邻单胞菌	4.50
沙门菌	4.05
费氏志贺氏菌	5.50
索氏志贺氏菌	5.00
副溶血性弧菌	4.80
小肠结肠炎耶尔森氏菌	4.18
结核杆菌	5.00

表2-2 各种动物性食品的pH环境

食品种类	食品pH环境
猪肉	5.3～6.9
牛肉	5.1～6.2
羊肉	5.4～6.7
鱼	6.6～6.8
鸡肉	6.2～6.4
蛤肉	6.5
蟹肉	7.0
牡蛎肉	4.8～6.3
小虾	6.8～7.0
牛乳	6.5～6.7

表2-3 新鲜水果和蔬菜的pH环境

食品种类	食品pH环境
豆（青刀豆、利马豆）	4.6～6.5
甜菜	4.2～4.4
茎椰菜	6.5
球茎甘蓝	6.3
包心菜	5.4～6.0
胡萝卜	4.9～5.2
苹果	2.9～3.3
香蕉	3.6～3.8
柠檬	1.8～2.0
花椰菜	5.6
玉米	7.3
黄瓜	3.8
茄子	4.5
莴苣	6.0
橄榄	3.6～3.8
洋葱	5.3～5.5
马铃薯	5.3～5.6
菠菜	5.5～6.0
番茄	4.2～4.3

食品在微生物作用下主要以产酸为主。有些食品本身就带有酸性，而其他食品的酸性则是由某些微生物作用产生的。微生物作用产生的酸为生物酸性。肉比蔬菜具有较高的耐酸缓冲力，主要是因为肉中含有大量的蛋白质，而蔬菜含蛋白质的量比较低。食品的酸碱度对微生物的影响主要在于使微生物呼吸的酶作用和细胞营养物的运输受到抑制。微生物的细胞质膜对 H^+ 和 OH^- 通透性是不同的，DNA 和 ATP 等重要物质需要中性环境，当菌体处于酸性环境时，氨基酸脱羧酶会自动地调整 pH 趋于中性，氨基酸脱羧酶的最适 pH 为 4.0，在 pH5.5 时该酶几乎没有活力。在碱性范围内，由于有机酸的积累，最适 pH 为 8.5 的一类氨基酸脱胺酶能够将 pH 自动地向中性环境调节。对于营养物的运输，细菌细胞趋于带有残留的负电荷，因此，非离子的化合物就能够进入细胞，而离子化合物则不能进入。在中性或碱性 pH 条件下，有机酸无法进入细胞，但在酸性 pH 条件下，有机酸是非离子型就能够进入带有负电荷的细胞。侧链离子化基团的离子特征会受到每一个中性侧链的影响，结果就导致细胞膜和传递链的变性。

H^+ 与菌体细胞质膜上的酶之间的作用，可影响微生物正常生命活动。有些微生物的形态受 pH 影响。当 pH 增高到 6.0 以上，产黄青霉在连续培养时，其菌丝的长度会减短。改变食品的酸碱环境是抑制病原微生物的有效方式之一。

2.1.2 含水量

没有水微生物就无法生长，微生物对水分的要求一般用水分活度来表示。水分活度（A_w）的定义是食物中水蒸气的压力与同温度条件下的纯水蒸气压的比值。大多数新鲜食品的水分活度都在 0.99，每种微生物生长和产毒都需要一个最低的水分活度。细菌的生长比霉菌生长要求更高的水分活度，革兰氏阴性菌对水分活度的要求比革兰氏阳性菌要高（表 2-4）。对于食物中毒的细菌来讲，金黄色葡萄球菌在 A_w 低于 0.86 还能够生长，而肉毒梭菌在 A_w 低于 0.94 时就不能生长，霉菌在 A_w 低于 0.8 时也能够生长。在各种细菌中，最低的 A_w 的细菌是嗜盐菌，其 A_w 为 0.75。

表 2-4 食品中部分病原微生物生长的最低 A_w 值

食品中细菌病原微生物的种类	生长的最低 A_w 值
E 型肉毒梭菌	0.98
AB 型肉毒梭菌	0.97
蜡样芽胞杆菌	0.97
变形杆菌	0.96
大肠杆菌	0.95
沙门菌	0.95
弧菌属	0.95
粪链球菌	0.94
金黄色葡萄球菌	0.90
青霉、曲霉	0.80

水分活度对微生物的死亡有很大影响，一般是随着食品中水分减少微生物的抗热性就会增加。例如，鱼粉中的沙门菌的水分活度在 0.58 以上时其抗热性变化不大，而在 0.58 以下时沙门菌就很难死亡。同样，食品中水分越少，微生物产毒能力也就下降。动物性食品水分活度高，细菌等常见；而植物性食品水分活度低，真菌类常见。

2.1.3 氧化还原电势

氧化还原电势（O/R）就是物质失去或得到电子的难易程度。当元素或化合物失去电子时，说明物质被氧化；获得电子就是被还原。有些细菌在开始生长时要求还原条件，而其他细菌生长则要求正的 O/R 条件。需氧菌、微需氧菌和厌氧菌对氧化还原电势的要求是不一样的，厌氧菌需要还原条件，需氧菌需要氧化条件。在食品自身的营养物中，植物和水果中的抗坏血酸和还原糖及肉食中的-SH 基团是最为主要和重要的营养成分。培养基中存在适量的氧化-还原剂，对所有微生物生长和活性是十分重要的。

食品中如果有氧存在，对厌氧菌具有抑制作用；反之，厌氧食品环境对需氧微生物也有抑制作用。

2.1.4 营养成分

为了生长和一般生理需要，食品中的微生物需要如下的营养成分：水分、能源、氮源、维生素及相关的生长因子、矿物质。食品病原微生物能够利用糖、醇、氨基酸作为能源。还有很少的微生物能够利用淀粉和纤维素这样的复杂大分子。脂肪也可以被微生物作为能源，但是脂肪只能被相当少数的食品微生物所利用。异养微生物主要以氨基酸及其他含氮化合物作为氮源。动物性食品较植物性食品营养更为丰富，酸碱度适中，病原微生物污染和生长风险高，特别是病原性细菌更喜欢这样的营养环境。霉菌等真菌因植物性食品含水量少，含糖分多，在植物性食品中生长比细菌好一些。微生物致病性不仅靠病原体的特殊性，同时也要一定的数量，食品营养丰富时，微生物生长和数量增加就快，危险性也增加。

2.1.5 抗微生物成分

对微生物的生命活动，有些食品对其表现了非敏感特性，主要原因是食品具有天然的抗菌能力。如具有抗菌功能的油，包括丁子香酚、大蒜素、肉桂醛、介子油、麝香草酚；牛乳中也有多种抗微生物成分，包括乳铁蛋白、凝集素、过氧化酶系统；鸡蛋中的溶菌酶；十字花科植物的硫代葡萄糖苷；乳过氧化酶系统包括乳过氧化酶、硫氰酸和过氧化氢。革兰氏阴性菌对乳过氧化酶系统很敏感，乳过氧化酶系统在 30℃ 条件下比 10℃ 条件下更有效力，对细菌的作用效果会随着酸性的增强而增加，细胞质膜似乎是作用的目标，对控制大肠杆菌十分有效。在热存在的情况下，食品成分对细菌的抵抗作用将加强，在57℃条件下能够将单核细胞增多性李氏杆菌的热力学D值降低80%，在55℃条件下将金黄色葡萄球菌的热力学D值降低86%。虽然对提高热破坏能力的机制尚不清楚，但可以对其含义进行展望。

2.1.6 生物结构

有些食品本身的固有结构能够赋予食品应对微生物的入侵及在微生物破坏中起到极好的抵抗作用。这些结构包括种子的种皮、水果外皮、坚果外壳、动物皮毛及鸡蛋的壳等。例如，坚果的外壳一旦破碎，坚果的肉就会受到霉菌侵染；鸡蛋的外壳破坏，就有可能被细菌或霉菌污染。

上述6个因素结合在一起是防止动植物（食品）受到微生物侵染的自然途径或方法。通过观察每个因素在食品中的实际情况，人们可以预测可能生长微生物的一般类型和致病性微生物污染及生长风险的高低，也能预测这种食品的稳定性。

2.2 食品的外在因素

对食品传播的微生物产生重要影响的一些外在因素包括：贮藏温度、环境的相对湿度、环境中气体及浓度、其他微生物及其活性等。

2.2.1 食品的贮藏温度

微生物对温度适应性，无论从微生物个体还是其群体来说，都能在很广的温度范围内生长。因此，只能以食品中重要微生物的生长温度范围作为选择不同食品适宜贮藏温度的主要依据。据资料报道，微生物最低生长温度是−34℃，最高可超过110℃。通常将微生物对温度的依赖程度分为三类：在小于等于7℃条件下能够很好生长的、最适生长温度为20～30℃的微生物称为**嗜冷性微生物**；在20～45℃条件下能够很好生长、最适生长温度为30～40℃的微生物称为**嗜温性微生物**；在大于等于45℃条件下能够生长、最适生长温度为55～65℃的微生物称为**嗜热微生物**。

嗜冷性微生物中具有致病性的细菌包括假单胞菌属、粪链球菌属、梭状芽胞杆菌属、沙门菌属、单核细胞增多性李氏杆菌、耶尔森氏菌、变形杆菌、肉毒梭菌等，另外，一些霉菌也能在较低温度下生长产毒。大多数致病菌属嗜温性微生物。

当食品处于20℃以下时，对冷藏温度敏感的微生物就不能激发其DNA复制或各种氨基酸的产生，也难以利用各种能量物质或合成功能性核糖体。因此，冷藏对微生物有一定的致死作用，但大多数微生物对冷不敏感。如果温度从37℃迅速降至1℃，细菌细胞破裂，胞质膜渗透作用加强，渗漏显著，使一些氨基酸和腺苷三磷酸泄露，这种作用称为冷击（cold shock）。对革兰氏阴性菌作用明显，如大肠杆菌、绿脓假单胞菌、伤寒沙门菌等。冷击的使用对乳品来说效果更好。有时冷冻能够造成致病菌的损伤。

只有在冷冻的情况下形成冰晶，才能有效地杀灭一些微生物类群。冷冻时菌体细胞内游离水形成冰晶，冰晶体扰乱细胞质的胶体状态，能机械地损伤菌体细胞膜与细胞壁。另外，游离水被冷冻，游离水减少，使可溶性成分浓缩，水活性下降，菌体无可利用的水分，造成干燥状态。此时，胞质浓缩而黏度增大，电解质浓度增高，胞质的pH和胶体状态发生改变，也可引起胞内蛋白质的部分变性，使微生物死亡。

食品在热加工时可使菌体关键蛋白质、核酸、酶系统都直接受到破坏作用，使菌体产生致死作用。高温保藏时对微生物的作用受食品中微生物菌群数量、食品中的水分、脂肪含量、盐浓度、碳水化合物、蛋白质等因素的影响。

2.2.2 环境的相对湿度

食品贮藏的相对湿度对食品的A_w值和食品表面微生物的生长非常重要，食品放置环境不能吸收周围的水分，否则，表面的微生物就能够生长。总的说来，温度越高，相对湿度就越低，反之也是如此。

2.2.3 环境中的气体

贮藏环境增加CO_2浓度达10%的气体为可控气体贮藏或气调贮藏，通过气体贮藏，一方面是为了防止腐败微生物的生长或防止食品的腐败，另一方面通过控制微生物生长也控制了致病性微生物的生长和数量。气调可通过CO_2、臭氧、氮气或混合气体来控制。贮藏在高CO_2的环境中，革兰氏阴性菌比革兰氏阳性菌敏感，其中假单胞菌最为敏感，厌氧菌具有抗性。在气调环境中要注意空肠弯曲菌，因为该菌最适合的气体环境是10%的CO_2、5%的氧气、85%的氮气。对金黄色葡萄球菌、产气荚膜杆菌（魏氏梭菌）最有效、最安全的混合气体是75% CO_2、15%氮气、10%氧气。CO_2抑制微生物的机制包括以下几方面：①阻碍了微生物的新陈代谢；②影响了微生物群体的酶法脱羧；③影响细胞膜的通透性。各种微生物对CO_2的敏感性是不同的。例如，在0.1MPa的CO_2压力下，生胞梭状芽胞杆菌和产气梭状芽胞杆菌的内生孢子的发芽受到刺激，而蜡样芽胞杆菌芽胞的发芽则受到抑制。CO_2的抑制是由于CO_2积累在磷脂双层中，结果增加了液体的流动性。肉毒梭菌在适当温度和0.1MPa条件下贮藏，有可能出现肉毒梭菌发芽，用CO_2覆盖的培养基培养时能够增强肉毒梭状芽胞杆菌A型和B型芽胞的发芽。将肉与肉毒梭菌的芽胞共同培养时，贮藏在15%～75% CO_2中，并进行低剂量辐射，在15%～30%条件下会迅速产生毒素，而保持在45%～75%CO_2条件下的猪肉，污染微生物毒素的产生则被推迟了。在蒸馏水中，对单核细胞增多性李氏杆菌用 CO_2 高压处理 2h，对该菌是致死性的，同样条件如果用氮气取代 CO_2 处理，就不会对其产生致死作用。对于一些食品，如果用 13.6×10^6 Pa 的 CO_2 在 35℃条件下对沙门菌和单核细胞增多性李氏杆菌处理 2h，可以观察到致死率能够达 95%～100%。

2.2.4 其他微生物及其活性

有些食品传播性微生物会对其他微生物有抑制或致死性作用，如抗生素、杀细菌素、过氧化氢和有机酸等。在冷冻饼上的一些自然微生物菌群抑制人工接种的金黄色葡萄球菌、大肠杆菌，这主要受微生物菌群数量的影响，当新鲜碎牛肉上金黄色葡萄球菌自身微生物群达到 10^5/g 的浓度时就不能生长。其他微生物对食品中单核细胞增多性李氏杆菌和致病性大肠杆菌具有一般拮抗活性，足够多的需氧菌群对肉中肉毒梭菌具有很好的抑制作用，新鲜碎牛肉中细菌菌群对酵母和霉菌同样具有抑制作用。食品中乳酸拮抗作用、杀细菌素、pH 的抑制、有机酸、过氧化氢、双乙酰及其他物质对病原菌和食品腐败菌都能产生抑制作用。干涉菌群通常是不同菌群，可能是通过对营养物质的竞争、吸附或附着位点的竞争、提供不良环境或几个因素的综合作用。

3 食物传播性病原微生物的致病性与感染

3.1 构成病原菌的毒力因素

食物传播性细菌的致病性可分为侵袭力和毒素两方面，有的致病菌以侵袭为主，有的以毒素为主。

3.1.1 细菌的侵袭力

侵袭力（invasiveness）是指病原菌突破机体防御机制的能力，包括细菌的吸附和侵入、在体内生长繁殖、蔓延扩散的能力。细菌侵袭力也与机体抵抗力有密切关系，当机体抵抗力弱时，有些常在菌或平时非致病菌也有侵袭力，因此，这部分细菌也称为机会致病菌或条件致病菌，也就是说条件致病菌的致病能力与机体的免疫力强弱直接相关。病原细菌侵袭力主要靠细菌表面的结构物质和细菌胞外酶。细菌的生理特性受到种群密度及与其他微生物相互作用的极大影响，而附着性是其显著特征之一。

3.1.1.1 细菌表面结构物质

与侵袭力有关的细菌表面结构包括荚膜与菌毛。细菌的荚膜多是一些酸性多糖物质，具有抵抗吞噬及体液杀菌物质的作用。细菌的菌毛广泛存在于革兰氏阴性菌的表面，有些革兰氏阳性菌也有此结构。它能使细菌吸附到黏膜上皮细胞上，并使其集居在这些细胞上引起损伤。吸附的机制与宿主细胞上的特异性受体及细菌产生的黏附素有关。

3.1.1.2 细菌胞外酶

致病性细菌多数都能产生酶，分泌到菌体外，其本身无直接毒性作用，但对细菌致病性起到了重要的协同作用。

（1）胶原酶：此酶能分解胶原蛋白，促进细菌在组织中的扩散。

（2）血浆凝固酶：能够使血浆中的纤维蛋白原变为纤维蛋白而发生凝固。血浆凝固酶有利于在病灶周围形成纤维蛋白屏障，以保护细菌不被消灭。这种酶也是一些致病菌抗吞噬的重要物质。

（3）溶血酶：这种酶能够破坏宿主细胞壁，使细胞破坏或能够使细菌进入细胞，发挥致病作用。例如，单核细胞增多性李氏杆菌产生的李氏溶血素就是其重要的致病因子。

（4）透明质酸酶：又称扩散因子，可溶解机体结缔组织中的透明质酸，使结缔组织疏松，通透性增加，可使病原菌在组织中容易扩散。

（5）链激酶：其作用是激活溶纤维蛋白酶原成为溶纤维蛋白酶，而使纤维蛋白凝块溶解。

除上述外，还有很多细菌产生的酶与致病性有关。

3.1.2 细菌的毒素

3.1.2.1 外青素

直接分泌到菌体外的毒性物质称为细菌外毒素。产生外毒素的细菌主要是某些革兰氏阳性菌，少数革兰氏阴性菌也能产生。将这些细菌的液体培养物通过细菌滤器去掉菌体，即可获得外毒素。外毒素的毒性强，各种细菌产生的外毒素对组织的毒性有高度选择性，引起不同的特殊病变和临床症状。外毒素的化学性质是蛋白质，易被酸、碱、热及蛋白酶等灭活。外毒素用甲醛脱毒，可制成类毒素，类毒素无毒性，但保留抗原性。

外毒素通常具有酶活性，如白喉毒素、霍乱毒素、破伤风毒素、大肠杆菌产生的 Vero 毒素等。这类毒素通常具有两种结构部分，一部分功能与敏感细胞吸附、转运毒素有关，另一部分是毒性成分，损伤细胞或导致死亡。例如，霍乱毒素含有 A 和 B 两个组分，A 有两个亚单位，B 含有 5 个亚单位，二者以非共价键形式结合。A 亚单位是毒性的活性部分；B 亚单位与小肠黏膜上皮细胞受体结合，使 A 亚单位穿过细胞膜与胞内膜的腺苷酸环化酶作用，促使细胞内 ATP 变成 cAMP，使细胞内 cAMP 浓度增加，导致肠细胞分泌大量肠液，引起呕吐、腹泻、失水和电解质紊乱等症状。溶血素也是致病菌常见外毒素，能够损伤红细胞膜，导致溶血，发挥毒性作用，如李氏杆菌溶血素 O。

细菌外毒素的主要毒性作用介绍如下。①引起食物中毒的毒素：肉毒杆菌外毒素、金黄色葡萄球菌肠毒素、蜡样芽胞杆菌肠毒素和呕吐毒素等，它们所导致的疾病不是经过传染，而是由于食用了含有毒素的食品引起的中毒。②作用于全身的毒素：白喉毒素、链球菌的红疹毒素等。③作用于局部的毒素：霍乱弧菌毒素、大肠杆菌产生的 Vero 毒素主要作用于小肠上皮细胞，引起呕吐和腹泻，造成失水、酸中毒和休克。

细菌生物膜（bacteria biofilm，BF）是细菌及其产生的细胞外大分子多聚物所形成的一种特殊的具有高度组织化的多细胞结构。细菌生物膜对于抗菌药物和宿主的防御体系具有天然抵抗力，即生物膜状态下细菌相对其浮游状态具有显著增强耐药性特点。细菌耐药基因越来越普遍，耐药菌谱也越来越广泛。有的动物实验证明具有广谱耐药菌其致病力也增强，主要表现在直接致病力增强上。至于详细机制目前还不是十分明了，需要进一步探讨。

3.1.2.2 内毒素

内毒素是革兰氏阴性细菌如大肠杆菌、沙门菌等的细胞壁外部结构成分，其化学成分是磷脂多糖蛋白复合物。这些成分在细菌活的状态下不释放出来，但当细菌自溶或使用人工方法使细菌裂解后才释放出来，故称为内毒素。内毒素性质稳定、耐热，毒性较外毒素弱。其脂多糖是主要结构成分，由三部分组成，最外层是O特异性多糖即O抗原，系由几个单糖组成的许多个同样重复单位链接而成，与细菌的侵袭力和血清学特异性有关；中间层是核心多糖，这种多糖同种之间是相同的；内层是脂类A，主要起毒性作用，无种属特异性。内毒素生物学效应包括发热、休克、糖和蛋白质代谢紊乱、抗吞噬细胞、激活补体、丝裂原和佐剂等。

3.2 病毒感染

病毒感染是指病毒侵入机体、增殖，并与机体相互作用的总和，可以引起显性感染和隐性感染。

3.2.1 病毒对细胞的损伤作用

病毒对细胞的损伤作用随病毒种类不同而有明显区别，某些病毒呈现高度的杀（溶）细胞作用，细胞在感染病毒后迅速因代谢障碍而死亡，细胞死亡后大量感染性病毒释出于细胞外体液中。也有一些病毒虽然能在细胞内增殖，但似乎并不严重影响细胞生命活动，被感染细胞甚至还能正常繁殖。病毒粒子借出芽方式释出或呈细胞到细胞的方式传播。病毒与细胞之间的这类相互关系，称为稳定态感染。一些病毒在某个发育阶段或某种特定条件下，病毒核酸整合于细胞染色体内，并随细胞分裂而增殖，成为细胞转化或恶性变化的原因。

病毒与细胞之间的感染关系可概括为三个类型：杀（溶）细胞性感染、稳定态感染和整合性感染。

3.2.1.1 细胞死亡

病毒引起细胞死亡是病毒感染的直接作用效果之一。其原因比较复杂，病毒粒子可以直接以理化学障碍或毒性作用引起死亡，也可以通过细胞发生病变后的自身性继发作用。细胞在感染病毒后，其本身蛋白质和核酸代谢发生障碍，在病毒遗传信息的命令下，细胞核糖体成了病毒蛋白质的加工厂，原来核酸的合成机构也转而生产病毒的DNA或RNA。细胞在感染某些病毒后，细胞内出现了大量病毒粒子堆积。这些作用，都对细胞正常生命活动造成严重危害，以致引起死亡。各种病毒抑制细胞代谢方式不同，如T_4噬菌体在其DNA进入敏感菌体几分钟后，宿主细胞DNA合成即被抑制。这是由于产生了脱氧胞嘧啶二磷酸酶和脱氧胞嘧啶三磷酸酶，将DNA的前体转变为单磷酸酯；另外也由于原来用于细胞合成的DNA和蛋白质用于病毒合成而使细胞DNA合成受到抑制。

病毒还可以抑制宿主细胞蛋白质合成，细胞被抑制后没有足够的酶类用于自身DNA合成。很多病毒在感染细胞后，都能抑制由RNA聚合酶Ⅱ负责的细胞蛋白质转录。腺病毒感染细胞后，细胞自身RNA转录、加工并不受影响，但宿主细胞mRNA却无法转运到细胞质中。病毒也可以通过影响宿主细胞RNA合成后的加工，抑制细胞翻译过程。例如，禽流感病毒在宿主细胞核中转录病毒mRNA时，病毒编码一种核酸内切酶，能够从宿主细胞mRNA 5′端水解一段宿主细胞RNA片段作为引物来合成病毒mRNA，因此宿主细胞mRNA不能翻译成自身的蛋白质。又如脊髓灰质炎病毒感染细胞后，宿主细胞mRNA停止翻译，病毒mRNA翻译开始进行。

病毒物质的直接毒性作用已在很多病毒中得到证实。将病毒用紫外线、热或γ射线等物理因素灭活以后，加入细胞培养物内或用其注射动物，可见到明显的毒性反应。流感病毒囊膜上两个糖蛋白，神经氨酸酶和血凝素，是一对毒性蛋白，神经氨酸酶可直接作用于血凝素，使血凝素对蛋白酶敏感，被分解的血凝素是一种毒性很强的蛋白质。

细胞继发性作用主要是指细胞自身酶活性活动。溶酶体膜在病毒感染过程中通透性增加，甚至发生溶崩，溶酶体内的活性酶类大量释放出，对细胞成分呈现自身消化作用。因细胞膜通透性增加而发生细胞混浊肿胀，以及核染色质浓缩及其集中分布于核膜附近的所谓边缘化现象，都可能是细胞发生病变后或细胞死亡以后的非特异性变化。

细胞感染病毒后的另一个后果就是核型紊乱，如染色体破损、断裂、形态结构异常及数目改变等。细胞在感染病毒后，细胞抗原成分特别是其表面抗原经常发生改变。

3.2.1.2 包涵体

病毒感染细胞后，于细胞质和细胞核内出现特殊结构称为包涵体。包涵体染色后可在光学显微镜下看到，形态各异。包涵体是病毒核酸和病毒蛋白质在细胞内集中合成及装配病毒粒子的场所或病毒粒子发生的部位。一些包涵体由完整病毒粒子组成，另外一些包涵体则由病毒粒子某些成分组成。在某种意义上说，包涵体是某些病毒对一定机体或细胞的病理学特征，具有一定程度种属（型）性，可以用于某些病毒特殊鉴定中。

3.2.1.3　细胞融合

人和动物在许多疾病过程中出现多核细胞现象，如结核、球孢子虫病等。宿主细胞被病毒粒子吸附后，发生细胞凝集。几分钟至几十分钟后，病毒粒子从细胞表面消失，而且就在这个部位，邻接细胞的细胞膜融合，胞质得以相互交流，最后形成融合细胞。在多个细胞发生融合时，细胞核有时呈车轮状排列。一般认为，细胞融合是细胞发生病毒感染的一种伴随现象。细胞膜被病毒崩解的部位为邻接细胞融合创造了条件，或者是病毒外膜在细胞之间呈现架桥作用，随后由于细胞膜自身酶的作用而完成融合过程。近年来已发现了一些在细胞融合现象中起主要作用的蛋白质。细胞融合现象对细胞生命活动呈现损害作用，因为融合细胞大多数丧失功能，并且最后死亡。

3.2.1.4　红细胞凝集

有些病毒具有囊膜突起——血凝素（糖蛋白），这种血凝素与红细胞表面黏蛋白受体发生结合，结果形成红细胞-病毒-红细胞复合体，表现为红细胞凝集。有关病毒血凝作用在病毒感染中的致病意义还不明了。

3.2.1.5　细胞转化

某些病毒有使细胞发生转化的能力。转化细胞具有高度生长和增殖势能，分裂周期缩短，并能够无限制地旺盛生长，也就是成为无限连续传代的传代细胞。转化细胞的形态异常，染色体变形，细胞表面或细胞内部出现新的病毒特异抗原，同时由于“接触性抑制”丧失，细胞生长方向杂乱，经常交叉重叠。转化细胞的最大威胁就是能够转变为肿瘤，但不是所有转化细胞都能成为肿瘤。

3.2.2　构成机体病毒感染的因素

机体内病毒感染表现形式和结果，由病毒、机体（细胞）和环境条件三者的相互影响而定。

3.2.2.1　病毒

病毒的质和量是决定病毒感染和发病的重要因素，最重要的是病毒毒力，不同病毒致病力是不同的。病毒数量是另一个必要条件。其数量与毒力有关，如口蹄疫病毒其水疱液的 10^{-7} 稀释液 1mL，即可使牛感染，而乙型脑炎病毒皮下感染三周龄的小鼠，需要 $10^{-1}\sim10^{-2}$ 稀释液 1mL 才能引起发病和死亡。病毒自然感染途径和在体内传播方式是病毒长期适应环境的结果。各种病毒都有其各自比较严格的侵入和体内传播途径，食物传播性病毒病多数经消化道感染。病毒自然感染途径和传播方式并不是绝对的，还取决于病毒种类、毒力和宿主细胞的免疫功能状态等条件，而且经常可以人为地改变。病毒在细胞间的传播方式也是决定机体内病毒感染的重要因素。病毒对敏感细胞的感染结果（如细胞融合、溶细胞、整合性感染等）不同，病毒传播到其他敏感细胞的方式就有所不同。可将这些不同方式归纳为以下 4 种。①细胞外传播：病毒由感染细胞释放后，通过体液再侵入其他敏感细胞。具有溶细胞作用的急性病毒感染大都呈现这种传播方式，如脊髓灰质炎病毒。芽生病毒可能不破坏细胞，释放后也通过体液传播途径传播给其他敏感细胞，但出现于细胞表面的芽生病毒抗原，在遇到病毒特异性抗体或免疫活性细胞时，也会导致细胞破坏及病毒释放。②细胞间传播：病毒在敏感细胞内增殖后不释放出来，通过细胞间桥直接传播给相邻敏感细胞，病毒不必离开细胞即可传播。③细胞亲-子代传播：病毒感染细胞后，病毒基因组整合到宿主细胞染色体中，成为前病毒（provirus），前病毒可以随着细胞分裂增殖传播给子代细胞。许多反转录病毒引起的持续性感染呈现这种传播方式；由于机体产生的抗病毒抗体不能进入细胞，因此体液免疫在这类病毒感染中不起重要作用。④多种方式传播：有些病毒呈现多种传播方式。

3.2.2.2　机体

机体抵抗力是决定病毒感染的另一个重要因素。年龄是影响机体病毒感染的一个因素，幼年比成年对病毒易感，可能是免疫机制不健全的缘故。神经活动对病毒感染有重要影响，表现在发病率和症状严重程度上。激素特别是可的松制剂，常有激发病毒感染的作用。X 射线等也有提高机体对病毒感染的敏感性作用。机体体温对病毒感染也有很大影响，体温增高对抵抗病毒病具有较好的增强作用。外界环境条件直接影响病毒感染，如气候条件、地理环境等。

3.2.3　病毒感染的类型和机制

病毒感染是一个极其复杂和不断变化的生物学和病理学过程，目前关于机体病毒感染的所谓各种不同类型，都是从某个侧面或某个角度加以描述，不能全面反映事物的本来面目。下面所谓的分型也是相对的，只是便于记忆。

3.2.3.1　阴性感染

阴性感染包括一切不引起临床症状的病毒感染，可能是病毒不能最后侵犯或到达靶器官，因而不呈现或极少呈现临床症状。这类感染最为常见，是人与动物自动获得抗病毒特异性免疫力的主要来源。同时阴性感染具有重要的流行病学意义，阴性感染仍具有向外界散布病毒成为进一步感染源的危险。阴性感染发生，既决定于病毒性质，也决定于机体免疫状态。正常人体内可能存在有像正常菌谱那样的病毒谱。

3.2.3.2　显性感染

显性感染是具有临床症状的病毒感染。

（1）急性感染：一般潜伏期短，发病急，恢复或者死亡也快，如口蹄疫、禽流感。

（2）持续性感染：病毒在宿主体内持续存在，达数月甚至终生，但不一定持续增殖和持续引起症状，特点是长达几个月至几年潜伏期；病原体长期持续存在；病变和症状与免疫病理或免疫缺陷有关，发病后常继续呈进行性，愈后大多不良；除少数外，自然感染病例的宿主范围极窄，临床症状和病理变化也较严重。持续感染是病毒与机体相互之间的一种复杂特殊的关系，经常表现为：①持续性感染的病毒在适当条件下被激活而引起急性发作；②病毒与抗体形成抗原-抗体复合物，沉积在血管基底膜等部位，引起肾小球肾炎等，或因致敏淋巴细胞或浆细胞浸润引起实质细胞坏死等多种免疫病理性疾病；③由于病毒及病毒核酸长期存在及整合性感染，可能使原癌基因激活，导致肿瘤形成；④持续性感染的人或动物反复不断地排出感染性病毒。持续性感染又可分为慢性感染、潜伏感染和慢病毒感染。慢病毒感染又称长程感染，是指潜伏期长，发病慢性进行性，最后转归于死亡的一种病毒感染，如疯牛病，潜伏期可长达10年以上。

构成持续性感染病毒方面的原因包括：①病毒基因组整合到宿主细胞DNA中，少数整合的病毒可能持续复制，从而形成持续性感染；②病毒侵犯免疫细胞或在有掩护的部位或细胞内增殖；③病毒抗原发生变异；④缺损干扰颗粒出现，缺损干扰颗粒是一种普遍存在的不完全病毒颗粒，简称DI颗粒（defective interfering particle），它在抗原性上与完整病毒相似，但其基因组缺乏某些部分或片段，因此只含部分病毒基因组，不能进行正常复制，在有同种或密切相关的感染性病毒存在时，则可复制，并因强烈竞争病毒聚合酶而降低感染性病毒产量。

构成持续性病毒感染的机体因素：①免疫耐受，对某一病毒具有不反应性或反应性低，造成病毒持续性感染；②抗体功能异常或引起靶细胞表面病毒抗原的改变；③干扰素产生能力低下；④细胞免疫应答低下；⑤宿主细胞遗传因素。

（3）局部感染：由病毒引起的真正局部感染不多见，局部病变或局部症状大多是全身感染的局部表现。

a. 皮肤感染：只侵害表皮细胞。

b. 呼吸道感染：呼吸道感染大致可分为4种类型：一是某些病毒经呼吸道侵入机体，病毒在呼吸道内增殖，引起轻度呼吸道症状，并向外界排毒，并不引起明显的全身症状；二是某些病毒经呼吸道侵入，随即散布到机体其他部位，引起全身感染，呼吸道症状不明显；三是某些病毒经呼吸道侵入后，就在呼吸道内大量增殖并引起病变，呈现明显呼吸道症状及发热等全身反应；四是某些病毒在侵入呼吸道后，并不在呼吸道内进行最后增殖，而是在颈部淋巴组织内出现，随后扩展到其他淋巴组织中，增殖后在皮肤、呼吸道等上皮细胞内出现，并引起相应病变和症状。

c. 消化道感染：虽然消化道是病毒侵入的主要途径，但是真正局限于消化道内的病毒感染并不多。

d. 神经系统感染：某些全身性病毒感染可能侵犯神经系统而呈现脑症状，如脊髓灰质炎病毒、疯牛病病毒。全身性病毒感染和脑炎病毒主要通过血源性途径侵入中枢神经系统。

（4）全身性感染：全身性病毒感染虽然都有病毒血症和病毒广泛分布于全身内脏器官的特征，但却呈现极不相同的病理和临床症状。

3.3　真菌的毒性因素

通过食品引起真菌毒素中毒或引起真菌病，也是一个较为严重的问题。构成真菌毒力的因素主要是真菌毒素，能够产生毒素的真菌主要是霉菌。就含义较广的真菌毒素来说，一些是真菌在食品中生长、繁殖过程中产生的代谢产物；还有些是某些真菌使食品成分转变为有毒物质。

3.3.1　真菌产毒特点

只有极少数霉菌产毒，同一霉菌中存在产毒能力不同的菌株主要决定于菌株本身生物学特性还是决定于外界环境，或两者兼有，目前还不清楚。产毒菌种所产生的霉菌毒素，并没有严格专一性，即一种菌或菌株可以产生几种不同的毒素，而同一霉菌毒素也可由几种霉菌产生。例如，杂色曲霉素，可由杂色曲霉、黄曲霉和构巢曲霉产生；岛青霉可以产生黄天精、红天精和岛青霉素及环氯素等几种毒素。

产毒霉菌产生毒素需要一定条件，主要是指基质（食品）、水分、湿度、温度及空气流通情况等。粮食水分为17%～18%是霉菌繁殖产毒的最适宜条件，因此霉菌毒素中毒表现为明显的季节性与地方性。水分在80%以下：干生性霉菌（灰绿曲霉、局限青霉、白曲霉）。80%～90%：中生性霉菌（大部分曲霉、青霉、镰刀菌属）。90%以上：湿生性霉菌（毛霉、酵母）。主要产毒霉菌，曲霉属包括黄曲霉、赭曲霉、杂色曲霉、烟曲霉、构巢曲霉、寄生曲霉等；青霉属包括岛青霉、桔青霉、黄绿青霉、红色青霉、扩张青霉、圆弧青霉、纯绿青霉、展开青霉、斜卧青霉等；镰刀菌属包括禾谷镰刀菌、三线镰刀菌、玉米赤霉、梨孢镰刀菌、尖孢镰刀菌、雪腐镰刀菌、串珠镰刀菌、拟枝孢镰刀菌、木贼镰刀菌、茄病镰刀菌、粉红镰刀菌等。

主要真菌毒素有200多种，较为重要的有黄曲霉毒素、赭曲霉毒素、杂色曲霉素、岛青霉素、黄天精、环氯素、展青霉素、桔青霉素、皱褶青霉素、黄绿青霉素、青霉酸、圆弧青霉偶氮酸、二氢雪腐镰刀菌烯醇、F-2毒素、伏马毒素等。对于霉菌毒素的分类目前还没有更好的办法，有人按霉菌毒素对动物毒性作用分为肝脏毒、肾脏毒、神经毒、光致敏皮炎和其他5类。此种分类法有很多缺陷，因为一种毒素可能表现两种或更多的毒性作用，而且有的毒素对人体毒性作用尚未完全明了。暂时仍按产毒真菌来源分类。

3.3.2 真菌毒素的毒性作用

真菌产生毒素后通过食品引起人中毒，特别是粮食与油料作物及发酵食品等。真菌毒素对热不敏感，一般烹调加热处理不能将毒素破坏去除，没有抗原性，是小分子化学物质，不能引起机体产生抗体或抗毒素。真菌毒素中毒与传染病不同，没有传染性流行。霉菌毒素中毒的临床表现多种多样，较为复杂，有急性中毒，也有少量长期食入含有真菌毒素的食品而引起的慢性中毒，诱发癌症或致癌作用，致畸作用和引起体内遗传物质的突变（致突变作用）等。例如，T_2 毒素能够引起食物中毒性白细胞缺乏症，黄曲霉毒素 B_1 引起肝癌等。

3.4 引起人中毒和感染的必要条件

能够引起食物中毒或感染的决定因素主要由两方面条件来决定，即病原和人体。引起食源性疾病暴发的因素通常与影响病原物质在食物中污染、增殖或残存的各种因素有关，食品中仅存少量病原体（如有些食品最初即有少量病原菌的污染）一般不足以引起疾病暴发，但如果食品基质适合微生物生长，有适宜的水分和温度，加上存放时间较长，就有可能使食品中的微生物数量达到中毒或感染剂量。能够引起人体感染或毒性反应所需病原物质的最低含量或数量称为最低感染剂量或最小中毒剂量（minimum infective dose，MID）。

对于病原体，在致病能力方面不同的病原体存在很大差异。例如，小肠结肠炎耶尔森氏菌引起食物中毒需要上万个菌，而志贺氏菌引起食物感染仅需10个菌即可。因此，每种病原体的MID都是不同的，而每种病原体MID是引起食物中毒或食物感染最基本条件之一。致病性微生物的致病能力强弱也是引起中毒或感染的最重要因素之一，因为即使是同种细菌其致病能力也存在巨大差异，如沙门菌，有些是不致病的，而有些则能引起食物中毒。有些食物中毒是由细菌或真菌毒素引起，毒素毒力强弱也有很大差异。例如，肉毒毒素毒性极强，而金黄色葡萄球菌肠毒素仅能引起人的呕吐或腹泻，一般没有生命危险。

是否引起人食物中毒或感染也因人而异，这主要是个体抵抗力差异所致。当机体免疫能力下降或缺乏某种特殊抗体时，就容易被感染或中毒，当身体健康、免疫力强盛时，对致病力弱的病原体侵袭便能够耐受。另外，与食入途径和方式也有很大关系。例如，生鲜食品直接食入，可能发病就快一些，而经过其他加工方式的食品，其中的病原体受到一定损伤，发病就慢或弱一些。食入也是必要条件之一。在食源性疾病发生当中，机体状态也是疾病是否发生的决定因素之一。

3.5 中毒和感染的类型和结局

菌类病原所引起的食物中毒有急性和慢性，有呕吐型、腹泻型、神经毒型、过敏型和其他（包括毒素性）中毒型；食物感染性疾病有细菌性、病毒性和寄生虫性等。其临床表现各异，一般的结局是：细菌性食物中毒多数预后良好，死亡很少，但毒素性和神经性中毒结局多数较为严重，如肉毒毒素中毒；毒蕈中毒结局往往严重；过敏性中毒发病剧烈，后果也较为严重，如变形杆菌过敏性中毒；真菌毒素中毒虽然发生较慢，但可引起人的严重疾病，如黄曲霉毒素中毒，可引起肝炎、肝癌等。食物感染性疾病由于种类繁多，类型各异，结局差别较大：细菌性感染后果有轻微性的，也有较为严重的，例如，单核细胞增多性李氏杆菌可引起脑炎、脑膜炎、死胎等后果，致病性大肠杆菌和沙门菌的侵袭性感染主要表现为腹泻，治疗及时，后果一般良好；寄生虫性感染后果一般都不严重，但寄生部位特殊，也将引起严重后果，如囊虫，如果不寄生在脑部，不容易引起人死亡；病毒性感染后果往往比较严重，如禽流感、SARS、疯牛病等。

3.6 食源性病原流行病学

疾病通过食物传播的方式引起流行，由食物引起流行性疾病称为食源性流行（foodborne epidemic）。食源性疾病流行是指某种食源性疾病在一特定时间、空间发生的发病性状相同、发病规模明显超过以往正常预计水平，且与食用某种食物有关联。当同时存在以下三种情况时，常有食源性疾病流行的危险：①存在或将会传入可引起食物传播流行的某种病原因子；②存在对某种食源性疾病易感人群；③存在引起大规模传播流行的条件。例如，广泛分发供应被某种病原体污染的食品。

3.6.1 食源性疾病流行特点

食源性疾病流行表现有一定地方性。例如，海产食品引起的食物中毒多发生在沿海地区，它是指某种食源性疾病在某一地区或社区范围内长期持续存在，其发病规模或病例数量尚未达到流行的一种疾病现象。其病例可多可少，有时甚至仅发生少数散发病例。例如，从海里钓鱼后直接进行烧烤，烧烤的不彻底，可能有活的寄生虫存在，造成食源性寄生虫感染，或者在吃火锅时加热不彻底，也可感染旋毛虫，所发生病例就少。病原存在或污染也具有一定特点，如沙门菌、空肠弯曲菌等通常在动物性食品中污染较多，其中空肠弯曲菌在禽类产品上污染检出率可达 50%～90%；而蜡样芽胞杆菌则多存在于植物性食品当中，因此，发病也常见于这些食品。这种情况通常与病原因子、环境因素和人群免疫水平三者互相作用与影响有关。如果三个条件发生了变化，并存在引起上述流行的条件时，以地方性为发病特点的某种食源性疾病就有可能在一定范围内引起流行。

经食物传播的流行病学特点：①患者有食用同一污染食物史；②流行波及范围与污染食物供应范围一致；③停止污染食物的供应，流行即告终止。

食源性疾病流行的另一个特点是暴发性，食源性疾病发生时通常以暴发或散发形式出现。暴发通常是指在多人食用同一食物后出现相似疾病的发病事件，同一疾病暴发事件所涉及的患者存在人、时间、地点之间的关联。发病人数的多少与进食人数多少有关，也就是某一人群共同进食某种食物或某些食物后，在较短时间内突然出现许多症状相似患者。散发是指已知患有某种疾病的患者在时间、地点的分布及病例相互之间并无关联的一种发病表现形式，患者通常以单个病例分布形式存在。

3.6.2 引起食源性疾病暴发因素

引起食源性疾病暴发因素往往与影响病原在食品中污染、增殖或残存的各种因素有关，食品中如果存在病原数量太少，一般不足以引起疾病暴发。但因为食品富含丰富营养物质，一旦保存条件适合病原生长，如温度和湿度提高，就有可能达到引起发病的数量。

3.6.2.1 影响病原污染的因素

(1) 某些病原喜爱在一些食品中生存或容易污染。例如，沙门菌、空肠弯曲菌、产气荚膜杆菌、小肠结肠炎耶尔森氏菌、单核细胞增多性李氏杆菌最容易污染生鲜畜肉或禽肉；海产品经常有副溶血性弧菌、霍乱弧菌；大米常见蜡样芽胞杆菌污染等，造成食品原料来源污染。

(2) 感染者与食品加工。病原携带者接触食品或是食品加工者，可将病原污染到食品中。

(3) 食品加工设备未彻底清洗，如绞肉机、劈半机等，引起更多食品污染。

(4) 某些食品不是十分安全，如鱼贝类、生乳、用含金属涂料的食品包装容器包装的食品，存放条件不当时，容易造成病原数量增加。

(5) 生食或半生食已被病原污染的食品或辅料。

(6) 食品包装材料破损、保存方式不当，都易造成病原污染。

3.6.2.2 影响病原增殖因素

影响病原增殖的因素有：①食物存放在较高温度下；②食物冷却方法不当；③食物制作与供应间隔超时；④腌制食品盐含量不足或腌制时间短；⑤发酵食品发酵时间不足或发酵速度缓慢，产酸量不足；⑥食品水分活性增高；⑦气体保藏条件受到破坏；⑧食品在烹饪或加热制作过程中所用温度不足或时间过短。

3.7 食品致病菌的卫生标准

3.7.1 动物性食品的安全性评价体系

动物性食品的安全性评价是指对动物性食品及其原料进行污染源、污染种类和污染量的定性、定量评定，确定其食用安全性，并制定切实可行的预防措施的过程。其评价体系包括各种检验规程、卫生标准建立，及其对人体潜在危害性评估。常用的一些食品卫生指标有安全系数、日许量、最高残留限量、休药期、菌落总数、大肠菌群 MPN、致病性微生物、食品安全风险性评估等，通过这些卫生指标可以有效地确定动物性食品对人体的安全性。

3.7.1.1 安全系数和日许量

1) 安全系数

在对食品进行安全性评价时，由于人类和实验动物对某些化学物质的敏感性有较大差异，为安全起见，由动物数值换算成人的数值（如以实验动物无作用剂量来推算人体每日允许摄入量）时，一般要缩小 100 倍，这就是安全系数（safety factor）。它是根据种间毒性相差约 10 倍，同种动物敏感程度个体差异相差约 10 倍定出来的。实际应用中常根据不同化学物质选择不同的安全系数。

2) 日许量

人体每日允许摄入量简称日许量（acceptable daily intake，ADI），是指人终生每日摄入同种药物或化学物质，对健康不产生可觉察的有害作用剂量。以相当于人体每日每千克体重摄入的毫克数表示（mg/kg bow）。ADI 值是根据当时已知的所有资料而制定的，并随获得新的资料而修正。制订 ADI 值的目的是规定人体每日可从食品中摄入某种药物或化学物质而不引起可觉察危害的最高量。为使制订出的 ADI 值尽量适用，应采用与人生理状况近似的动物进行喂养实验。

3.7.1.2 最高残留限量

最高残留限量（maximum residue limit，MRL）：是指允许在食品中残留化学物质或药物的最高量或浓度，又称允许残留量或允许量（tolerance level），具体指在屠宰、加工、贮存和销售等特定时期，直到被消费时，食品中化学物质或药物残留的最高允许量或浓度。过去常称允许残留量或允许量，1976 年 WHO 决定改为最高残留限量。

3.7.1.3 休药期

休药期（withdrawal time）：是指畜禽停止给药到屠宰和准予其产品（蛋、乳）许可上市的间隔时间，又称廓清期或消除期。凡供食用动物应用的药物或其他化学物质，均须规定休药期。休药期的规定是为了减少或避免供人食用的动物组织或产品中残留药物或其他化学物质超量。在休药期间，动物组织或产品中存在的具有毒理学意义的残留可逐渐消除，直至达到"安全浓度"，即低于"最高残留限量"。

3.7.1.4 菌落总数

天然食品内部没有或仅有很少的细菌，食品中的细菌主要来源于生产、贮藏、运输、销售等各个环节的污染。食品中的细菌数量对食品的卫生质量具有极大的影响，食品中细菌数量越多，食品腐败变质的速度就越快，甚至可引起食用者的不良反应。有人认为食品中的细菌数量通常达到 100 万～1000 万个/g 时，就可能引起食物中毒；而有些细菌数量达到 10～100 个/g 时，就可引起食物中毒，如志贺氏菌。因此，食品中的细菌数量对食品的卫生质量具有极大的影响，它反映了食品受微生物污染的程度。细菌数量的表示方法因所采用的计数方法不同而有两种：菌落总数和细菌总数。

1）菌落总数

菌落总数是指一定重量、容积或面积的食物样品，在一定条件下（如样品的处理、培养基种类、培养时间、温度等）进行细菌培养，使适应该条件的每一个活菌必须而且只能形成一个肉眼可见菌落，然后进行菌落计数所得的菌落数量。通常以 1g 或 1mL 或 $1cm^2$ 样品中所含菌落数量来表示。

2）细菌总数

细菌总数是指一定重量、容积或面积的食物样品，经过适当处理（如溶解、稀释、揩拭等）后，在显微镜下对细菌进行直接计数。其中包括各种活菌数和尚未消失的死菌数。细菌总数也称细菌直接显微镜数。通常以 1g 或 1mL 或 $1cm^2$ 样品中的细菌数来表示。

在实际运用中，不少国家包括我国，多采用菌落总数来评价微生物对食品的污染。因显微镜直接计数不能区分活菌、死菌，菌落总数更能反映实际情况。食品的菌落总数越低，表明该食品被细菌污染的程度越轻，耐放时间越长，食品的卫生质量较好，反之亦然。

3.7.1.5 大肠菌群 MPN

大肠菌群（coliform group）：是指一群在 37℃能发酵乳糖、产酸、产气、需氧或兼性厌氧的革兰氏阴性的无芽胞杆菌。从种类上讲，大肠菌群包括许多细菌属，其中有埃希氏菌属、枸橼酸菌属（柠檬酸杆菌属）、肠杆菌属和克雷伯氏菌属等，以埃希氏菌属为主。大肠菌群 MPN（most probable number）是指在 100g（mL）食品检样中所含的大肠菌群最近似或最可能数。食品受微生物污染的危害是多方面的，但其中最重要、最常见的是肠道致病菌污染与危害。因此，肠道致病菌在食品中存在与否及其存在数量是衡量食品卫生质量的标准之一。但是肠道致病菌不止一种，而且各自检验方法不同，因此选择一种指示菌，并通过该指示菌，来推测和判断食品是否已被肠道致病菌所污染及其被污染的程度，从而判断食品的卫生质量。

（1）食品污染程度指示菌应该具有以下条件：①和肠道致病菌来源相同，且在相同来源中普遍存在及数量甚多，易于检出；②在外界环境中的生存时间与肠道致病菌相当或稍长；③检验方法比较简便。

（2）大肠菌群表示方法有两种，即大肠菌群 MPN 和大肠菌群值：①大肠菌群 MPN 是采用一定的方法，应用统计学原理所测定和计算出的一种大肠菌群最近似值；②大肠菌群值是指在食品中检出一个大肠菌群细菌时所需要的最少样品量，故大肠菌群值越大，表示食品中所含大肠菌群细菌的数量越少，食品卫生质量也就越好。目前国内外普遍采用大肠菌群 MPN，而大肠菌群值逐渐趋于不用。

3.7.1.6 致病性微生物

对于食品首先应该考虑的是其安全性，其次才是可食性。食品安全包含多种指标，但食物中致病菌是食品安全检验或评价中必须包含的指标。根据食品卫生要求和国家食品安全标准规定，食品中均不能有致病菌存在，这是一项非常重要的卫生质量指标，是绝对不能缺少的项目。食品中一旦含有危害人体健康的致病性微生物，其安全性就随之丧失，当然其食用性也就不复存在。就安全性而言，尽管食品中致病性微生物存在与疾病发生很多情况下并不一定存在着对等关系（与食用者的抗病能力有关），但与菌落总数和大肠菌群相比，致病性微生物与食物中毒和疾病发生的关系已不再是推测性和潜在性的，而是肯定性和直接的。因此，各国卫生部门和食品安全部门对致病性微生物都作了严格规定，把它作为食品安全质量最重要指标之一。

由于食品种类繁多，加工贮藏条件不同，如肉类、蛋类及其制品、乳和乳制品等；致病性微生物也有很多种，包括细菌及其毒素、真菌毒素、病毒及寄生虫等。在实际操作上不能用少数几种方法将多种致病菌全部检出，而且在大多数情况下，污染食品的致病菌数量不多。因此，在食品中致病菌检验时，不可能将所有病原菌都列为重点检验，只能根据不同食品特点，选定某个种类或某些种类致病菌作为检验重点对象。例如，蛋类、禽类、肉食品类以沙门菌检验为主，罐头食品以肉毒毒素检验为主，牛乳以结核杆菌和布鲁氏菌检验为主。在不同情况下，还可以根据需要有重点地增加一定致病菌检验项目。对于食品中致病菌最终指标就是不得检出，也就是说食品中有一个致病菌与有1万个致病菌的意义是一样的。因此，任何食品都不得检出致病菌。有些种属细菌仅部分种具有致病性，如沙门菌含2400多个血清型，大约有100个种有致病性，当检出沙门菌以后，必须鉴定其是否为致病性血清型。有些产毒菌种，当检出以后，还要鉴定其是否产毒素。

3.7.1.7 风险评估

风险评估是食品安全评价中逐渐被采用的一种重要方式（具体见3.7.2）。

从中可以看出食品安全评价体系主要包含7项指标，其中5项与微生物有关，食品微生物安全问题是食品安全的重中之重。食品微生物安全还体现在经常性、长远性、广泛性、经济越发达重要性越突出等特点，是食品安全的长期需求，不因为社会结构特点、历史阶段等而失去其重要性。只要人类存在，这种类型的食品安全就会永远存在。

3.7.2 食源性病原微生物风险评估

3.7.2.1 概述

食品安全风险是指人们接触了不利事件或环境后可能患病或死亡的可能性（概率）。政府作用之一是使人们免受不能控制的风险，这些风险包括公共卫生、环境风险、工作场所风险、公路风险等。所有涉及食品的部门都有权利和义务保护好食品供应和安全。风险概念历史早已有之，但风险评价方法提出只是近些年的事，如HACCP就是一种系统地减少食品中细菌的防范方法。

世贸组织使用的《实施动植物卫生检疫措施的协议》（SPS），因为其中方法的复杂性成为很多国家拒绝贸易风险评估的基础，风险评估方法与程序的发展对进出口食品的安全性十分关键。风险评估和成本效益分析在西方发达国家早已受到广泛的重视。例如，美国1994年国会已经批准以法律形式实施，国家每年拨款10亿美元落实该计划；1995年美国农业部又发起了食品微生物风险评估法规建设。食品微生物风险评估是继食品残留、化学物质、物理风险后的食品安全风险评估。在国际范围内微生物导致的食品食源性疾病占食品安全事件的50%以上，美国占80%，我国占60%～70%。现在的微生物性食品安全和风险评估主要关注急性发病（率）和死亡率，并不太关心长期感染的慢性病。例如，细菌、病毒及原虫等都可以诱发癌症，沙门菌和其他细菌可以引起反应性关节炎，空肠弯曲菌与40%格林-巴利综合征（Guillain-Barré Syndrome，急性迟缓性瘫痪）有关，副结核分枝杆菌与牛的Johne病和人的Crohn病有关，微生物风险评估必须关注这些慢性病。

监管风险评估通常开始于危险源的识别。风险是指负向结果的可能性和负向后果，风险特征构成两个风险评估主要成分，即暴露评估和剂量反应评估。风险分析的相关术语还比较混乱，但各个国家已对相关定义进行了比较、规范、确定。当暴发报告确定食品风险后，技术人员必须确定宿主和微生物传染之间的关系，也就是暴露（或接触）风险评估。从食品安全角度看，微生物是食源性病原，通常使用流行病学方法确定特定食品和影响人们消费这些食品中微生物安全的评估。

在暴露（接触）评估方面，微生物生长模式提供微生物风险评估的数量风险，这包括食品中存在有多少微生物、生长速度如何、生长基质如何，在人们消费这些食品前存放的温度和时间。根据对摄食食源性病原完全剂量反应评估来评价消费者卫生安全。这种评估需要了解消费者是否有医疗保健、是否住过院、存活和其他相关情况。食品网能够提供暴露和剂量反应评估的有用信息。针对微生物食源性疾病的每一种情况，食品网都会给出引起疾病和食品传播媒介的确定微生物，如果可能，要记录发病率和死亡率及年龄和一般健康状况的相关信息。流行病学研究能够提供暴发来源和原因信息。

利用风险识别的暴露和剂量反应两个风险特征去共同完成风险评估。风险特征给予分析者和处理者一个综合信息来判断特定病原和不同病原所产生食源性风险比较。因为食源性微生物是自然的一部分，无处不在，对食品生产系统（从农场到餐桌）必须进行跟踪、评估、预防和减少食源性病原微生物的影响。

3.7.2.2 食源性病原微生物风险评估

1）危害识别

危害识别（hazard identification）是病原或化学物质的物理识别，是特殊风险（或副效应）与病原关联性识别。

对于化学物质和毒素的识别方法已经成熟和标准化了，能够自动化快速准确定性和定量。而微生物识别方法存在的问题多一些，在发展更多方法和标准化方面缓慢一些。新的方法和技术如微阵列方法、PCR和斑点检测等方法都使检测方法更加快速和准确，然而一些微生物仍然依靠培养的方式进行识别，实验室中微生物识别方法的标准化还没有完全成功。已知食品中可存在几百种有害微生物，但更多的微生物，人们并不了解。复杂的是许多无害共生微生物可能突然作为食品中的病原，现在还不可能利用遗传和自然选择信息来预测新的病原。

化学物质容易量化，而微生物量化相对困难。因为食品微生物数量可能是动态的，全部微生物群体的本底信息还不清楚，环境因条件不同，其中的微生物可能繁殖、死亡或有不同行为。例如，微生物群体的稀释实际上就是放大，因为稀释过程扩散了个体，提供了空间和其他微生物生长资源，为基于少量微生物在短时间发展为更大群体提供机会。

2）暴露（接触）评估

暴露（接触）评估（exposure assessment）描述的是病原和受体生物之间的关联，包括接触将如何发生的评价。化学物质暴露是一个复杂过程，可以通过任何或所有方式发生：摄入、吸入、皮肤接触或黏膜接触。而食源性微生物暴露途径是有限的，一般仅经过食物和水的摄入而接触到，从而使人们更容易评估其暴露途径。然而，微生物的实际暴露情况可能更为复杂，每次呼吸、每一杯水和每一口食物都会和很多微生物发生接触，包括已知的和未知的。关键是找出哪些是致命的，哪些是正常生命伴随菌。不能保证所有食品、水或空气是无菌的，也不能每个批次都进行检验。因此，存在于食品中无数不同种类细菌连续进入人们的身体而不能被检测也不能被定量。

微生物很难预测，微生物可能获得外源性移动或漂移的遗传因素，从而改变微生物致病性或者形成突变，也改变了原来固有身份。因为微生物生态学是一个崭新领域，还缺乏预测微生物在环境中的去向、存活、转运的基本知识。在环境中微生物是活的可以运动的，这种运动特性使它们得以快速扩散。这种运动性与其生活基质的液化状态有关。例如，在非常厚实量大的食品基质中（如肉馅），致病性微生物“贮藏窝点”就会存在并能感染食用者，而其他部分没有病原，也不存在致病风险。溯源从农场到餐桌的微生物行踪对确定微生物去向和转运是一个重要环节。暴露评估前需要了解食品生产系统中微生物存活路径，病原可以在很多“点”进入生产系统，进入点和再次进入时间、温度、条件都能影响暴露系数。微生物是以离散的方式分布于环境和食品中的，但在风险评估中很容易计算，也是作为连续变量来处理。如果微生物数量非常巨大也是合理的，如果数量非常小时，这种方法可能就不是最佳的了。

3）剂量反应评估

剂量反应评估（dose-response assessment）主要是评估食品中与微生物数量有关的因素。微生物具有不可预测的剂量反应关系。例如，有时剂量反应因菌株而异，甚至培养条件的差异都可能出现不同剂量反应关系。同一个体不同时间会产生不同变化的剂量反应，或者是同一时间的两个个体间剂量反应是不同的。微生物剂量反应的差异部分原因难以精确计算剂量，而且在胃肠道转运时剂量是不断变化的。例如，一些微生物在上消化道能够存活，在转运过程中可能增加或减少其数量；应急条件下产生毒素，产生毒素的食品被摄食前是不会表现出异样的；一些差异也与消化食品成分和数量有关，食品成分影响微生物存活和生长及个体对微生物反应。病原被摄入的时间与用餐时间有关。例如，一餐中较早摄入病原体与较晚摄入其影响是不同的。

微生物剂量反应关系是高度不同的，与个体免疫状态、年龄、性别、已患病状态、遗传变化、先前接触和接触时间都有关系。年幼、年老和免疫抑制个体对食源性病原易感，怀孕妇女属于免疫抑制状态对病原易感。个体遗传差异影响对食源性病原反应的易感性。人的免疫系统是动态的，越来越多证据证明先前接触过病原及接触时间可能影响随后的接触反应。早期接触一定微生物可以促进免疫系统发展而在随后接触中很少使人患病。

个体的医疗状态也影响其对食源性病原剂量的反应。例如，胃酸环境明显抑制一些细菌生长，在到达下部肠道前基本能杀死胃中的这些微生物。如果服用抗酸药物或降酸药物就容易使人患有食源性疾病。服用腹泻药物使食物快速通过胃肠道，也会影响食源性病原的剂量反应。抗感染的抗生素在胃肠道中也排除掉了重要共生菌，这也为病原侵入创造了有利条件，因为缺乏竞争力。一些相对无害的细菌居住在胃肠道中也能引起严重的健康问题。这些变化的纯效应是剂量反应的代表，作为微生物风险评估模型系数，与化学风险评估相比具有更大不确定性，也更复杂。

4）风险特征

风险特征（risk characterization）是在综合了暴露评估和剂量评估各种信息风险特征基础上来确定危害健康事件发生的概率和严重程度，或对健康产生潜在不良影响的定性和/或定量评估的过程。有些人认为风险特征应该与从风险评估到管理决策过程具有更加本质联系。例如，微生物风险评估，对食品摄入调查可以了解实际上的食品摄入措施、食品供应商分布和生产商信息。食品网提供以往暴发的最低数据，但还没有一个满意的方式去估计群体风险的存在。

3.7.2.3 食源性病原微生物风险评估的其他考虑

相比较食品中化学物质而言，微生物风险评估历史更短，但却是以精确预测为发展目标。微生物风险评估很少使用默认（或缺省）假设，要求以数据和专家意见为基础，甚至使用类比微生物或类似环境方式。微生物风险评估的每一步都表示着不确定性概率密度函数所提出的科学疑问、测定错误和生物学变化，微生物风险评估实践活动贯穿这种信息的全部。因此，微生物风险评估能够明确描述最可能期望的死亡人数、住院人数、病例数及相关不确定性。就食源性病原风险评估而言，只要人类的饮食和生活不断，一些病原暴露或接触是不可避免的。

随着国际农业贸易中的植物和动物卫生需求不断扩大，微生物风险评估实践的发展会越来越快，国际农业贸易一直受“监管疾病”的制约，虽然是一些植物和动物的不严重疾病，但却可以作为贸易壁垒的手段来使用。WTO实施《实施动植物卫生检疫措施的协议》针对农业贸易中植物、家畜禽和食品中存在的风险实行透明、科学的风险评估。

作为管理者，最困难的是面对难以选择的风险作出最直接的反应，这将使用风险评估手段对可能发生的风险按高低程度排列。但由于化学物质和微生物风险评估采取的方法不同，其结果是不可比的。

食源性病原微生物给人们提出更多的挑战，这些微生物在食品和环境之间运动，通过和存在于许多宿主中，这些运动使它们有机会获得耐药基因。作为生命有机体，微生物存活、繁殖、死亡和对环境压力的反应等，针对这些因素控制食源性病原微生物就是人们的目的，使用风险评估来评价与控制问题和相关挑战。

4 食物中毒性病原微生物

4.1 食物中毒的概念及分类

4.1.1 食物中毒及食物中毒性细菌

食物中毒是指人们误食了被某些食物中毒性微生物及其毒素、有毒化学物质污染的食品，或其他有毒生物组织（如甲状腺、肾上腺、毒鱼等），致使人们发生急性或慢性中毒性疾病，称为食物中毒。凡因食用污染的动物性食品而发生食物中毒者，称为**食肉中毒**。

人类生活在巨大的自然体系中，天然食物中的致病因子首先是有害微生物污染。细菌性食物中毒是食物中毒的主要原因，美国FDA曾指出，95%的食品安全问题与动物性食物有关。出血性大肠杆菌（O157：H7）、沙门菌、肉毒杆菌、单核细胞增多性李氏杆菌、空肠弯曲菌、副溶血性弧菌等引起的食物中毒已成为主要的食品安全问题。例如，沙门菌污染鱼、肉、禽、蛋和奶制品；每年全球有100～600万人被空肠弯曲菌感染和中毒，系因食用不洁的乳、肉类食品等所致。

现在基于食物中毒而发展的一个新概念称为**食源性疾病**（foodborne disease），通常是指食物中毒，但食源性疾病涵盖的面要比食物中毒宽泛，它还应包括食物感染性疾病。食源性疾病一词有逐渐取代食物中毒的趋势。食源性疾病的概念具有以下三个基本特征：①在食源性疾病暴发或传播流行过程中食物起了传播病原的媒介作用；②引起食源性疾病的病原物质是食物中所含有的各种致病因子；③摄入的食物中所含致病因子可以引起中毒性或感染性两类临床综合征。

4.1.2 食物中毒分类及细菌性食物中毒特点

食物中毒按致病原因分类，主要有细菌性食物中毒、微生物毒素食物中毒、有毒化学物质食物中毒、有毒生物组织食物中毒、过敏性食物中毒。而食源性疾病还包括食源性病毒感染、食源性寄生虫感染等。

细菌性食物中毒一般都具有以下特点：①发病暴发性，误食污染食物后在较短时间内出现患者，并迅速形成高峰；②发病具有季节性，一般发生在4～11月，6～9月是高峰季节；③患者分布有局限性，仅吃该食物的人发病；④中毒症状的特殊性或相似性，细菌性食物中毒基本都表现为潜伏期短、发病率高、发热、呕吐、腹痛、腹泻等急性胃肠炎症状，中毒者本身不具有传染性；⑤从患者与食物中均可分离出同样的病原菌。

4.2 食物中毒的调查处理

4.2.1 食物中毒现场调查

对于食物中毒应首先急救，在急救的同时做现场调查。

4.2.1.1 调查的目的

(1) 确定是否为食物中毒，是哪种食物中毒。

(2) 为患者的救治提供可靠依据，并对已采取的急救措施进行纠正。

(3) 查明食物中毒发生、发展的原因，以便控制其继续发展，并提出今后预防食物中毒的措施。

4.2.1.2 调查的步骤和方法

(1) 到达现场后，应首先了解中毒发生的经过和简要情况，吃过哪些食物、进食与中毒人数、中毒的发展趋势、已经采取的紧急措施等。

(2) 详细了解患者的表现及治疗效果。判定潜伏期和中毒特点；确定中毒场所，确定中毒餐次和中毒食物；中毒食物确定后，封存中毒食物。

(3) 中毒发生原因调查。对食物加工、管理人员了解原料来源、卫生状况、存放容器、烹调方法、加热时间和温度，食物制好后有无污染，贮存的温度、时间和条件等。还应了解加工人员的卫生状况。对灶房的卫生状况进行调查。

4.2.2 样品采集和检验

通过调查，立即开始采样，采样应及时、准确、有代表性。检验项目除理化、微生物指标外，对于一些有毒食物尚不明了其毒性的，可以进行简易动物试验，以判定其毒性。

(1) 剩余食物：最好立即采集餐桌剩余食物，可用灭菌镊子采集，置于灭菌容器内。如无剩余食物，可采集容器的灭菌生理盐水洗液，或用消毒棉拭在盛可疑食物的容器内涂擦，然后置于装有少量灭菌生理盐水的试管内。体积较大的鱼类及肉食，表面消毒后取内部样品，置于灭菌容器内。必要时也可取半成品及原料。

（2）炊具、容器：与所食食物有关的所有容器用棉拭蘸灭菌生理盐水反复涂擦，然后置于灭菌容器内。

（3）患者呕吐物、粪便及咽喉涂抹标本：采取患者的新鲜呕吐物和排泄物。

（4）血液：可疑为沙门菌、变形杆菌、致病性大肠杆菌等食物中毒时，在中毒患者急性期（3d 以内）和恢复期（两周左右），从肘静脉取血 2～3mL，分出血清，送检。

（5）尸体解剖：采取死亡患者胃肠内容物、脏器、肠系膜淋巴结及血液，送检。

（6）采样数量：肉及制品 500g，流体及半流体食物 200g，呕吐物 50～100g，粪便 50～100g，容器洗涤水 100～200g，血液 5～10mL，尸体标本 10～20g（每种脏器）。鱼类样品可取数份，大鱼可采两三个不同部位数量 500g。

（7）送检样品注意事项：采集的样品最好立即送检，一般应不超过 4h；夏季送检时应注意冷藏，但不得加入防腐剂；应附详细送检单，包括样品名称、件数、重量、来源、送检时间、中毒表现、送检要求、采样的条件；样品必须标明名称、编号、采样日期，严密封闭包装；各种样品的采取，要注意无菌操作，防止污染，以免影响检验结果。

4.2.3 食物中毒现场的最后处理

对于引起中毒的食物，采样后，应进行煮沸 15min 后掩埋或焚烧；液体食品可与漂白粉混合消毒；容器、炊具等用 2%碱水或肥皂水煮沸消毒；患者排泄物可用 20%石灰乳或漂白粉溶液消毒。对初步进行的救治方案进行必要纠正。然后进行资料整理和总结。

4.3 食物中毒性细菌

常见食源性病原菌、主要特性及其污染食品等相关信息见表 4-1。

表 4-1 重要食源性病原菌和相关食品

细菌	革兰氏染色＋/－	形状	生物化学反应	食品
Acinetobacter	－	杆状	氧化酶－，严格厌氧	冷鲜食品
Aeromonas	－	杆状	糖发酵产气	鱼类产品
Alcaligenes	－	杆状	石蕊牛乳中产碱反应	鲜乳、禽产品
Alteromonas	－	杆状	严格厌氧	海产品
Arcobacter	－	弯曲状/S 形	耐氧，氧化酶＋	禽、鲜乳、牛猪产品
Bacillus	＋	杆状	需氧嗜中性	蔬菜
Brochothrix	＋	杆状	鼠李糖和那尿酸＋	加工肉
Campylobacter	－	螺旋形弯曲杆状	微需氧	禽、鱼、猪肉
Carnobacterium	＋	杆状	催化酶－，异型发酵	真空包装肉、鱼、禽肉
Citrobacter	－	杆状	缓慢乳糖发酵，枸橼酸（柠檬酸）发酵	蔬菜和鲜肉
Clostridium	＋	杆状	厌氧	罐头
Corynebacterium	＋	杆状	兼性厌氧	蔬菜和肉产品
Enterobacter	－	杆状	兼性厌氧	婴儿食品
Enterococcus	＋	球状	兼性厌氧	发酵食品
Erwinia	－	杆状	兼性厌氧，催化酶－，氧化酶＋	水果、蔬菜
Escherichia	－	杆状	兼性厌氧，氧化酶－，催化酶＋	碎牛肉、鲜肉
Flavobacterium	－	杆状	产生黄色到红色色素	冷藏水果、蔬菜、鱼
Hafnia	－	杆状	赖氨酸－，鸟氨酸＋	冷鲜肉和蔬菜
Kocuria	＋		氧化酶－，微需氧，催化酶＋	发酵食品
Lactobacillus	＋	杆状	催化酶－，微需氧	乳、苹果、梨、冷藏和真空肉
Lactococcus	＋	球状	催化酶	非巴氏消毒乳
Leuconostoc	＋	球状	催化酶－，异形发酵	干酪、乳产品

续表

细菌	革兰氏染色+/-	形状	生物化学反应	食品
Listeria	+	球杆状	催化酶+，氧化酶	非巴氏消毒干酪，乳，即食食品
Micrococcus	+	球状	催化酶+	高盐食品
Moraxella	-	杆状	氧化酶+	肉、禽、内脏、鱼、海产品、方便食品
Paenibacillus	+	杆状	芽胞，需氧	熟食冷藏食品
Pantoea	-	杆状	运动	水
Pediococcus	+	球状	同型发酵，催化酶-，运动	肉发酵物
Proteus	-	杆状	运动	大批蔬菜和肉产品
Pseudomonas	-	杆状	蓝绿色色素	新鲜食品、肉、蔬菜、禽、海产品
Psychrobacter	-	球杆状	不运动，催化酶和氧化酶+	非葡萄糖发酵高盐产品、鱼
Salmonella	-	杆状	催化酶+，氧化酶-	禽、肉、蔬菜
Serratia	-	杆状	需氧蛋白溶解，红色色素	冷肉和蔬菜
Shewanella	-	直或弯杆状	非发酵，不运动，氧化酶+	水产品
Shigella	-	杆状	兼性厌氧，不运动，利用葡萄糖、色拉	鲜蔬菜、禽、乳品
Staphylococcus	+	球状	催化酶+	高盐食品
Vagococcus	+	球状	运动，催化酶-，硫化氢+	鱼和水
Vibrio	-	直或弯杆菌	氧化酶+	鱼产品、海产品
Weisella	+	球杆菌	发酵产气	发酵食品
Yersinia	-	直杆状	兼性需氧	猪肉、牛乳

注：+. 阳性；-. 阴性

4.3.1 沙门菌属

4.3.1.1 食品卫生学意义

沙门菌属（*Salmonella*）是肠杆菌科中的一个大属，至今已发现近2463个血清型。它们是在形态结构、培养特性、生化特性和抗原构造等方面极相似的一群革兰氏阴性杆菌。主要由动物和胃肠道携带而污染环境及食品。

沙门菌与食品卫生和人类健康息息相关，知道该菌可以引起人类疾病已经有100多年的历史了，沙门菌最早由一名叫Salmon美国人发现，并从此而命名。据我国和世界各国的统计资料证明，沙门菌引发的食物中毒在细菌性食物中毒占据首位，现已成为食品公共卫生方面的重要问题。为此，在食品卫生检验，特别是动物性食品的检验或致病菌检验中，将沙门菌的检验列为重要的检验项目之一。

沙门菌广泛存在于自然界，包括各种家畜、家禽、野生动物、鼠类等体表、肠道和内脏及被动物粪便污染的水和土壤中。有的畜禽生前患有沙门菌病、外伤、疲劳、消瘦以致抵抗力下降时，这些细菌就进入动物血液和肌肉内呈全身感染，在其肉及内脏中则会带有更大量的沙门菌，通过畜禽屠宰、加工、运输、贮存、销售、烹调等各个环节污染食品。另外，饮食行业从业人员也是沙门菌病患者或带菌者的一个重要污染源。饲料被污染，导致动物带菌或感染；水产品受到水源污染。食品被沙门菌污染后，在适宜环境条件下增殖，当人们食入含有一定数量沙门菌的食品后，即可发生感染和中毒。一般认为中毒菌量为10^5以上。沙门菌虽然型别较多，但能够引起人类疾病的也就100多种血清型，因此，鉴定沙门菌致病与否也是一项很困难的工作。

沙门菌属可分为肠道沙门菌和邦戈尔沙门菌两个种，肠道沙门菌几乎包括了所有对人和温血动物致病的各种血清型菌种。但通常沙门菌的命名仍用通用命名法，即以该菌所致疾病、最初分离地名或抗原三种方式命名。据调查统计，引起人类食物感染与中毒的沙门菌常见有28个血清型，重要的有鼠伤寒沙门菌、猪霍乱沙门菌、肠炎沙门菌、都柏林沙门菌、汤卜逊沙门菌、纽波特沙门菌、爪哇沙门菌、海德堡沙门菌等，它们占沙门菌食物中毒的60%～70%。在2004年美国CDC调查的5942例沙门菌分离株中（占总沙门菌实验室鉴定菌株的92%），有5个血清型占到56%，其中鼠伤寒沙门菌1170例（20%），肠炎沙门菌865例（15%），纽波特沙门菌585例（10%），爪哇沙门菌406例（7%），海德堡沙门菌 304 例（5%）。2009 年中国 CDC 报告对 2004～2007 年全国 652 起微生物性食物中毒事件中，中毒 28 638 人，死亡 47 人，由沙门菌引起的起数占 18.71%，中毒人数占 24.27%，为中毒起数第二位，中毒人数第一位；以 B 群和 D 群血清群出现频率最高。

根据沙门菌对宿主的适应性可分为三类。①对人适应：一些血清型如伤寒沙门菌和副伤寒沙门菌对人类高度适应，没有其他自然宿主。②对人和动物均适应：该类菌具有广泛宿主范围，具有重要食品卫生学意义，占据本菌属大多数，如鼠伤寒沙门菌和肠炎沙门菌，它们宿主范围宽，可感染大多数动物宿主。③对某些动物适应：如猪霍乱沙门菌，这类菌只有很窄宿主范围，偶尔可感染人类，不过这类细菌不能忽视。当猪霍乱沙门菌感染人类时，通常表现为侵袭性感染，最常见的临床症状是组织动脉瘤，感染猪则引起猪副伤寒，表现为肠炎和败血病症状，对畜牧业造成严重经济损失。猪霍乱沙门菌感染人类后抗生素治疗是非常重要的治疗方法，但该菌株对氨苄西林和氯霉素及甲氧氨苄嘧啶已经出现了明显抗性。

引起沙门菌感染和中毒的食品因地区而有不同，主要是动物性食品，包括各种肉类、蛋类、乳类、水产品等，我国以肉类为主，日本则以鱼类为多。健康家畜沙门菌带菌率为 2%～15%，鸡、鸭、鹅带菌率也较高，鸡带菌率为 12%～14%，鼠带菌率为 2%～4%，大型肉类加工厂，牛肉为 6.2%，猪肉为 9%，鸡肉为 19.5%；分散屠宰带菌率高，牛肉为 42.1%，猪肉为 33.6%，羊肉为 14.3%，鸡蛋为 2.6%～7%。因地区和环境不同，流行的菌株也有所不同。

4.3.1.2 主要特征

1）形态及染色特征

该菌属的形态与肠杆菌中其他菌属细菌相似，为两端钝圆的短杆菌，长 1～3μm，宽 0.4 ～0.9μm，无芽胞，一般无荚膜，具有周身鞭毛，能运动（鸡白痢沙门菌和鸡伤寒沙门菌除外，无菌毛，不能运动），多数具有纤毛（鸡白痢沙门菌、鸡伤寒沙门菌、仙台沙门菌、伤寒沙门菌、甲型副伤寒沙门菌除外），能吸附于细胞表面和凝集豚鼠红细胞。普通苯胺染料容易着染，革兰氏染色阴性，见图 4-1 和图 4-2。

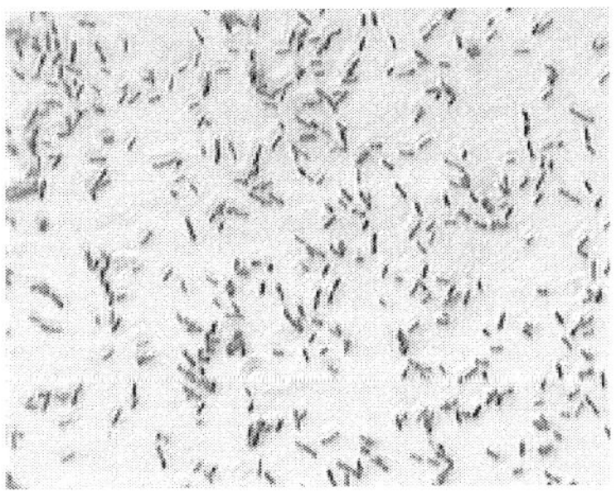

图 4-1 沙门菌革兰氏染色光镜照片

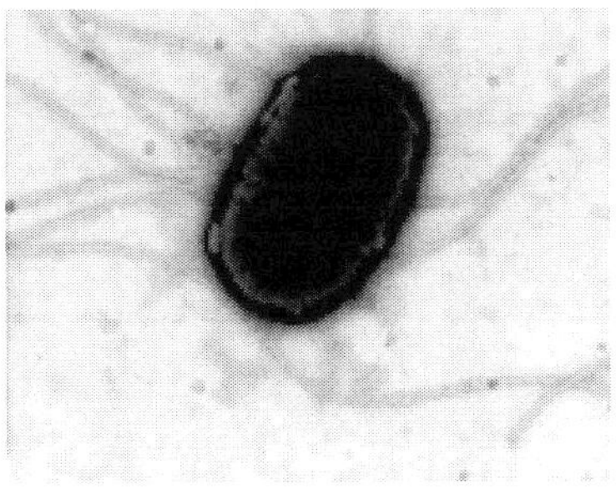

图 4-2 沙门菌电镜照片

2）生长要求及培养特性

本菌属为需氧或兼性厌氧菌，生长温度范围为 10～42℃，最适生长温度为 37℃，最适宜 pH 为 6.8～7.8。对营养要求不高，在普通培养基上均能良好生长。

普通琼脂：在 37℃培养 24h，形成中等大小、圆形或近似圆形、表面光滑、无色、半透明、边缘整齐的菌落。菌落大小为 2～3mm，继续培养猪霍乱沙门菌、肠炎沙门菌，有时出现黏液，其中鸡伤寒沙门菌、鸡白痢沙门菌、羊流产沙门菌等生长的菌落较小。

S. S 琼脂：由于 S. S 琼脂中含有胆盐及煌绿，可抑制大多数大肠杆菌的生长，而沙门菌则能生长，因沙门菌不分解乳糖，而形成无色或浅粉红色、半透明的圆形菌落。产生硫化氢的菌株，菌落中心呈黑色（图 4-3）。

亚硫酸铋琼脂（BS）：产硫化氢菌株的菌落为黑色有金属光泽或棕褐色，或灰色，菌落周围培养基也呈黑色或棕色；不产生硫化氢的菌株，菌落呈灰绿色，培养基周围无变化（图 4-4）。

DHL 琼脂（deoxycholate hydrogen sulfide lactose agar）：菌落呈无色半透明。产硫化氢的菌株，菌落中心或几乎整个菌落呈黑色。

HE 琼脂（hektoen enteric agar）：菌落呈蓝绿色或蓝色，产硫化氢的菌株，菌落中心或整个菌落呈黑色。

普通肉汤：生长良好，均等混浊，无菌膜，有时有少量沉淀物。

血液琼脂：菌落形态与普通琼脂上的菌落相似，稍大，部分菌株在菌落周围产生 β 型溶血环，如图 4-3 所示。

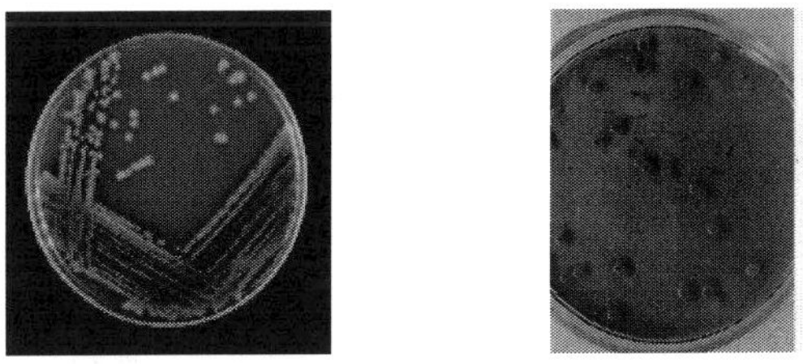

沙门菌在血液琼脂平板菌落形态　　黄色为沙门菌,红色大肠杆菌

图 4-3 血液琼脂和 S. S 琼脂上沙门菌

沙门菌显色培养基：多年以来国内外还发展了许多沙门菌显色培养基，这些培养基是经过改良的选择性培

养基，使目标菌在改良培养基上的菌落显示出一定颜色，便于识别。这类培养基主要代表有法国生物梅里埃公司的 SMID 和法国科玛嘉的沙门菌显色培养基。SMID 上生长为粉红色，法国科玛嘉培养基上典型菌落为紫色。XLD（xylose lysine desoxycholate medium）琼脂上产硫化氢菌落呈黑色菌落。

BS琼脂上产硫化氢菌落 XLD琼脂上菌落 HE琼脂上菌落

图 4-4 三种琼脂上沙门菌形态

3）生化特性

沙门菌属虽有 2463 个以上血清型，但绝大多数血清型的细菌生化特性非常一致。因此，生化特性对沙门菌鉴定具有重要意义。其基本生化特性如表 4-2 所示。

表 4-2 沙门菌属基本生化特性

物质	反应	物质	反应
葡萄糖	+	靛基质	−
乳糖	−/×	H_2S	+/−
蔗糖	−	尿素酶	−
麦芽糖	+	明胶液化	d
甘露醇	+	在 KCN 中生长	−
山梨醇	+	苯丙氨酸脱氨酶	−
卫矛醇	d	丙二酸钠	−/+
水杨苷	−	赖氨酸脱羧酶	+
甲基红	+	精氨酸水解酶	+/（+）
V-P	−	鸟氨酸脱羧酶	+

注：+. 阳性；（+）. 迟缓阳性；×. 迟缓不规则阳性或阴性；−. 阴性；d. 有不同的生化型；+/−. 多数阳性，少数阴性；−/+. 多数阴性，少数阳性；−/×. 多数阴性，少数不定；+/（+）. 多数阳性，少数不定

绝大多数沙门菌发酵糖类时均有产气现象，但伤寒沙门菌、鸡伤寒沙门菌及部分鸡白痢沙门菌不产气。

根据生化特性，沙门菌属分为 5 个亚属，其中亚属Ⅰ是生化特性典型和最常见沙门菌，亚属Ⅱ、Ⅲ、Ⅳ、Ⅴ均为不典型生化特性沙门菌，亚属Ⅲ是亚利桑那菌，这 5 个亚属生化特性见表 4-3。亚利桑那菌分解乳糖，S. S 和 DHL 上菌落为红色，与其他沙门菌的无色透明及生化反应结果相差较大。亚利桑那菌最早是 Caldwell 和 Reyerson 于 1939 年在冷血动物中发现的，与沙门菌在生化和抗原上有一定相似性，但又有较大差异，在检验时往往因与其他沙门菌差别较大而漏检。其抵抗力特征与沙门菌差不多，广泛存在于禽类、哺乳类动物、爬虫类和环境中，并且可感染人类，引起人的胃肠炎。

表 4-3 沙门菌属各亚属的生化特性

项目	亚属				
	Ⅰ	Ⅱ	Ⅲ	Ⅳ	Ⅴ
乳糖	−	−	+/×	−	−
卫矛醇	+	+	−	−	+
β-半乳糖苷酶（ONPG 实验）	−	−	+	−	+
d-酒石酸盐	+	−/×	−/×	−/×	−
丙二酸钠	−	+	+	−	−
KCN	−	−	−	+	−
明胶	−	+	+	+	−
黏液酸盐	+	+	×	−	+

注：+. 阳性；−. 阴性；×. 迟缓或不规则

4.3.1.3 抵抗力

沙门菌属对热、消毒药及外界环境抵抗力不强，60℃加热 15～20min 即可被杀死，100℃立即死亡。在禽舍中，37℃可存活两周，23℃时存活 18～19 个月，7℃以下生存 20 个月。在−25℃低温冷冻，可存活 10 个月以上，因此冷冻保存食品对本菌无杀灭作用。在水中能存活 2～3 周，在冰或人粪便中可存活 1～2 个月，在牛乳及肉类中能存活数月，在含 10%～15%食盐的腌肉中能存活 2～3 个月，当水煮或油炸大块鱼、肉、香肠时，食品内沙门菌达不到足以杀灭温度的情况下，细菌仍能存活，肉表面沙门菌在温度适当时一昼夜可向肉的深部侵入 1～2cm，往往成为食物中毒的原因。在 5%苯酚、0.2%升汞液、2%烧碱水等消毒液中 5min 即能致死。对胆盐、亚硫酸钠等化学药品及煌绿、孔雀绿等染料抵抗力强于其他肠道杆菌，故在沙门菌增菌和分离的培养基中，加上这类化学物质，可抑制其他肠道杆菌，沙门菌仍能生长。

沙门菌与大肠杆菌一样，耐药菌株日益增多，许多耐药菌株具有耐药质粒，不仅抵抗一种抗菌药物，甚至抵抗多种抗菌药物。目前，大多数菌株能抵抗青霉素、链霉素、土霉素、磺胺类药等，对庆大霉素、氯霉素、呋喃唑酮等有较高敏感性。

4.3.1.4 致病性

近年来，随着分子生物学的发展，对沙门菌基因组的研究不断取得新的进展，多个沙门菌全基因组被解析，其重要毒力因子及其致病机制被揭示，这些成果对沙门菌的感染及防治具有重要意义。

1）基因组

目前，伤寒沙门菌 Ty2、CT18 和鼠伤寒沙门菌 LT2 的全基因组测序工作已经完成，还有一些血清型沙门菌完成了部分基因组测序工作。伤寒沙门菌 Ty2 菌株于 20 世纪 70 年代分离，不含质粒，没有药物抗性，该菌基因组测序的完成为其突变弱毒菌株 Ty21a 和

CVD908等成为沙门菌疫苗奠定了基础，这些弱毒活疫苗已经进入试验阶段。伤寒沙门菌CT18是2000年分离的，其携带一个多种药物抗性的大质粒和一个与鼠疫耶氏菌密切相关的质粒。鼠伤寒沙门菌LT2于20世纪40年代分离，最早用于沙门菌噬菌体转导的研究，而后成为用于沙门菌细胞生物学和分子生物学研究的主要菌株。

对沙门菌基因组的研究使其致病机制和毒性因子的研究更为深入，也为其疫苗发展奠定了基础。

2）致病岛

沙门菌致病岛是指沙门菌在进化过程中形成的、主要决定其致病作用的基因组区域，它位于细菌的染色体上，至少由60个基因组成的长基因序列，包括SPI-1、SPI-2、SPI-3、SPI-4、SPI-5，决定沙门菌全部毒力的基因一部分位于质粒上，大多数由染色体上的致病岛编码。

主要致病岛PAI：有一个致病岛是伤寒沙门菌特有的，在其他肠炎沙门菌亚类中没有，命名为主要致病岛。大小为146.9kb，与pheU tRNA基因相连，主要致病岛包含几个毒性因子：①*viaB*基因合成伤寒沙门菌的Vi荚膜多糖；②sopE前噬菌体含有的*sopE*基因，编码SPI-1系统的一种效应蛋白；③基因簇编码伤寒沙门菌具有侵袭上皮细胞功能的4种菌毛蛋白；④主要致病岛含有与DNA迁移有关的几个基因，形成多种水平传播获得的镶嵌结构。

SGI-1：多种抗性菌株如DT104的出现是沙门菌感染治疗的一大难题，对这些分离株抗性因子的特性进行研究，鉴定了多种抗性菌株沙门菌*Typhimurium*和*Agona*的基因岛（即沙门菌基因岛SGI-1），SGI-1大小为43kb，在DR侧面。多种与DNA迁移率有关的因素如转座酶、整合酶和切除酶基因均在SGI-1内发现，有5种抗性表型的基因聚集在多种药物抗性区，与质粒编码的抗生素抗性因子比较，在缺乏抗生素抗性的情况下位于染色体的SGI-1明显稳定，在肠道沙门菌*Agona*中也检测到基因岛SGI-1，这表明SGI-1在其他血清型之间也可能发生传播。

3）中毒表现

潜伏期一般为12～36h，短者6h，长者48～72h，大多集中在48h内，超过72h者不多。潜伏期短者，病情较重。中毒初期表现为头痛、恶心、食欲缺乏，以后出现呕吐、腹泻、腹痛。腹泻一日数次至十余次，或数十次不等，主要为水样便，少数带有黏液或血。体温升高，为38～40℃，或更高，一般在发病2～4d体温下降。多数患者在2～3d后胃肠炎症状消失。较重者可出现烦躁不安、昏迷、抽搐等中枢神经系统症状，也可能出现尿少、呼吸困难等症状。同时还可能出现面色苍白、口唇青紫、四肢发凉、血压下降等衰竭症状，甚至休克，如不及时救治，最后可因衰竭而死亡。沙门菌食物中毒有多种表现，一般可分为5种类型。

胃肠炎型：突然发病，发烧，体温可达38℃以上，伴有恶寒、恶心、呕吐、腹泻、腹痛。主要是由鼠伤寒沙门菌、肠炎沙门菌等引起。

类伤寒型：病情缓和，突出有高烧，体温可达40℃以上，头痛、全身无力、四肢痛、腓肠肌痛或痉挛、腰痛及神经系统功能紊乱。多数由甲型副伤寒沙门菌、乙型副伤寒沙门菌、丙型副伤寒沙门菌所引起。

类霍乱型：剧烈腹泻、呕吐。体温升高、恶寒、全身无力、腹痛。可出现严重脱水以至循环衰竭。

类感冒型：体温升高、恶寒、全身不适、四肢及腰部疼痛、鼻塞、咽喉炎等上呼吸道症状。

败血症型：起病突然，有高烧、恶寒、出冷汗和轻重不一的胃肠炎症状，主要由猪霍乱沙门菌引起。

沙门菌食物中毒发病率较高，高者可达80%～90%，一般为40%～60%。一般病程为3～7d，病死率通常为0.3%～0.5%。

4.3.1.5　抗原构造

沙门菌具有复杂的抗原构造，一般可分为菌体（O）抗原、鞭毛（H）抗原、表面包膜（K）抗原和菌毛抗原。O抗原和H抗原是沙门菌主要抗原，构成沙门菌血清型鉴定的基础，其中O抗原是每个菌株必有成分。

1）O抗原

O抗原是存在于沙门菌细胞壁表面上的一种抗原，多数菌株具有一个以上O抗原。其化学组成为类脂-多糖-多肽复合物，O抗原决定簇由该侧链上末端单糖及多糖链上的单糖排列顺序所决定，O抗原性质较稳定，耐热性强，100℃煮沸2～3h不被破坏，能抵抗乙醇或0.1%苯酚。

O抗原由许多成分组成，共有60余种，以阿拉伯数字1、2、3、4等代表，每种细菌常含有数种菌体抗原，其中一群细菌独有的，其他菌群没有的，这部分抗原称为主要抗原，如2、4、7、8、9、3、10、11等。以这些主要抗原为基础，将整个沙门菌属分为42个群，即OA～OZ和O51～O67。详见表4-4。还有一些抗原是两群或几群细菌所共有的，这些抗原则称为次要抗原，如1、5、12等。从人及其他哺乳动物中分离的沙门菌，98%以上均属于A～E群。沙门菌已有2463个血清型被发现，我国已发现26个菌群、161个血清型。O抗原见表4-4。

在这些菌群中，对人致病的沙门菌通常为属于A～F各O群的常见菌型，占90%～95%。

虽然沙门菌血清型很多，但是多数国家从人体、动物和食品中分离出的沙门菌仅有 40～50 个血清型，而在一个国家一定时期内只有约 10 个血清型是比较常见的。在很多国家沙门菌食物中毒多由鼠伤寒沙门菌、猪霍乱沙门菌、肠炎沙门菌所引起，我国也是如此。

表 4-4　沙门菌属抗原表

O 群	O 抗原	O 群	O 抗原	O 群	O 抗原
A	1，2，12	I	16	其	1，15
B	1，4，5，12	J	17	他	52
	1，4，12，27	K	18	O	53
C_1	6，7	L	21	群	54
C_2	6，8	M	28		55
C_3	8，20	N	30		56
C_4	6，7，14	O	35		57
D_1	1，9，12	P	38		58
D_2	9，46	Q	39		59
E_1	3，10	R	1，40		60
E_2	3，15	S	41		61
E_3	3，15，34	T	1，42		62
E_4	1，3，19	U	43		63
F	11	V	44		64
G_1	1，13，22	W	45		65
G_2	1，13，23	X	1，47		66
H	1，6，14，24	Y	48		67
	1，6，14，25	Z	50		

O 抗原有时会发生变异，一是 S-R 或 S-T-R 变异，即光滑型（S）-粗糙型（R）变异，S 型菌含有典型 O 抗原，R 型菌则不含正常 O 抗原。有时 S 型菌 O 抗原也不一定是完整的，这是因为沙门菌发生 S-T-R 变异，T 型菌也不含正常 O 抗原，而其菌落是 S 型；二是 O 抗原量改变，即有些菌落的细菌含有多量抗原，与 O 血清作用时，凝集明显，而有些菌落的细菌 O 抗原量少，与 O 血清作用时，呈弱凝集或不凝集，还有就是沙门菌被某些温和性噬菌体感染而溶源化，结果导致其 O 抗原因子也发生相应改变。能使本属菌 O 抗原发生溶源性变异的噬菌体已有 10 余种。

2）H 抗原

H 抗原存在于鞭毛之中，称为鞭毛抗原，其化学成分为蛋白质，其特异性由多肽链的氨基酸排列顺序及空间构型所决定，不耐热，加热 60℃经 30～60min 即可被破坏。乙醇也能破坏其抗原性，具有鞭毛的细菌经甲醛固定后，其菌体抗原即全部被遮盖，不能与菌体抗体发生凝集反应。

沙门菌鞭毛抗原有两种，称为第一相和第二相。第一相具有较高的特异性，仅为少数沙门菌所独有，称为特异相。用小写英文字母 a、b、c、d……z 表示。第二相鞭毛抗原特异性较低，为多种沙门菌所共有，称为非特异相，用阿拉伯数字 1、2、3、4 等表示。但也有少数细菌例外，含有第一相鞭毛抗原中的 e、n、x、z 等抗原成分。

凡具有两相抗原的细菌，既具有第一相鞭毛抗原，又具有第二相鞭毛抗原，称为双相菌，大多数沙门菌均属此类。如鼠伤寒沙门菌（1、4、5、12：i：1.2）；有的只含一相鞭毛抗原，称为单相菌，如肠炎沙门菌（1.9、12g.m：—）、马流产沙门菌（4、12：—：enx）。沙门菌中有极少数无鞭毛细菌，两相鞭毛抗原都没有，称为无相菌，如鸡白痢沙门菌（9、12：—：）。H 抗原分类及命名详见表 4-5。

表 4-5　沙门菌属 H 抗原表

类别	H 抗原
双相抗原	
第一相抗原	a，b，c，d，eh，i，k，r，r（i），y，Z，Z_{10}，Z_{20}，Z_{35}，Z_{39}，Z_{41}
L 复合体	I，v；I，Z_{13}；I，Z_{13}；Z_{28}；I，Z_{28}
第二相抗原	Z_{42}，Z_{52}，Z_{53}，Z_{54}，Z_{55}，Z_{56}，Z_{57}，Z_{61}
L 复合体	1，2；1，5；1，6；1，7；Z_6
en 复合体	e，n，x；e，n，Z_{15}；e，n，x，Z_{15}
L 复合体	1，W
单相抗原	Z_{36}，Z_{38}
G 复合体	f，g；f，g，s；f，g，t；g，m；g，m，q；g，m，s；g，m，s，t；g，m，t；g，p；g，p，s；g，p，u；g，q；g，s，t；g，t；g，Z_{51}；g，Z_{62}；m，p，t，u；m，t
Z_4 复合体	Z_4，Z_{23}；Z_4，Z_{23}；Z_{32}；Z_4，Z_{24}；Z_4，Z_{32}

3）Vi 抗原

Vi 抗原位于菌体最表面，是一种 *N*-乙酰-半乳糖醛酸聚合物，属于 K 抗原范畴。不耐热，经 60℃加热 1h，1N HCl 37℃处理 30min，0.05N NaOH 室温处理 4h，以及 50%乙醇作用均可破坏其凝集性，或经多次传代培养后，Vi 抗原容易消失。Vi 抗原可阻止 O 抗原与相应抗体结合，只有当 Vi 抗原消失后，方能出现 O 凝集反应。本属细菌中只有少数菌具有 Vi 抗原，如伤寒沙门菌、丙型副伤寒沙门菌。

根据 Kauffmann 与 White 的抗原分类表，先根据 O 抗原的种类分为若干群，用 A、B、C、D、E、F 等，再根据 H 抗原的组成，将每群菌分为若干个血清型或变种。常见沙门菌抗原构造见表 4-6。

表 4-6 常见沙门菌抗原构造

群别	血清型	O 抗原	H 抗原	
			第一相	第二相
A	甲型副伤寒杆菌（*S. paratphi* A）	1，2，12	A	—
B	马流产杆菌（*S. abortus equi*）	4，12	—	e，n，x
	乙型副伤寒杆菌（*S. paratphi* B）	1，4，5，12	B	1，2
	牛流产杆菌（*S. abortus* bovis）	1，4，12，27	B	e，n，x
	绵羊流产杆菌（*S. abortus* ovis）	4，12	C	1，6
	德尔俾杆菌（*S. derby*）	1，4，12	f，g	—
	海德堡杆菌（*S. heidelberg*）	4，5，12	R	1，2
	鼠伤寒杆菌（*S. typhimurium*）	1，4，5，12	I	1，2
C_1	猪霍乱杆菌（*S. cholera* suis）	6，7	C	1，5
	猪霍乱杆菌 Kunzendorf 变种	6，7	—	1，5
	丙型副伤寒杆菌（*S. paratphi* C）	6，7，vi	C	1，5
	猪伤寒杆菌（*S. typhi* suis）	6，7	C	1，5
	猪伤寒杆菌 Voldagsen 变种	6，7	—	1，5
	汤卜逊杆菌（*S. thompson*）	6，7	K	1，5
C_2	纽波特杆菌（*S. newport*）	6，8	e，h	1，2
D	仙台杆菌（*S. sendai*）	1，9，12	A	1，5
	伤寒杆菌（*S. typhi*）	9，12，vi	D	—
	肠炎杆菌（*S. enteritidis*）	1，9，12	g，m	—
	都柏林杆菌（*S. dublin*）	1，9，12	g. p	—
	罗斯托克杆菌（*S. rostock*）	1，9，12	g，b，u	—
	莫斯科杆菌（*S. moscow*）	9，12	g，q	—
	鸡伤寒杆菌（*S. gallinarum*）	1，9，12	—	—
	鸡白痢杆菌（*S. paratphi* A）	9，12	—	—
E	鸭杆菌（*S. anatum*）	3，10	e，h	1，6
	伦敦杆菌（*S. london*）	3，10	1，v	1，6
F	阿伯丁杆菌（*S. aberdeen*）	11	I	1，2

注：“—”表示缺乏

4.3.1.6 毒素

本属细菌均不产生外毒素，但许多细菌能产生毒力较强的内毒素和肠毒素。

肠毒素：已知有些沙门菌血清型可以产生肠毒素。在鼠伤寒沙门菌中发现一种热敏的、细胞结合型的霍乱毒素样肠毒素，它在结构、功能和抗原性上与霍乱弧菌和肠产毒性大肠杆菌的 LT1 相似，可引起 CHO 细胞伸长，在兔结扎肠中诱导液体分泌，与 GM1 神经结苷脂结合，可提高兔肠细胞内 cAMP 和前列腺素 E2 水平，其生物学活性可被抗 CT 抗体所中和，有 A 和 B 两种亚单位，分子质量可能分别为 25 000u 和 12 000u。在本菌中还发现另一种肠毒素，引起 CHO 细胞伸长，并致兔肠积液，但其活性不被 CT 抗血清中和。Kuhn 等报告几个沙门菌的培养滤液在幼鼠试验和兔肠袢试验中都诱发了液体积累反应，这种肠毒素不耐热，在 100℃，10min 即被破坏。

细胞毒素：因为沙门菌感染可引起肠黏膜损伤，有几个血清型沙门菌全细胞超声波裂解液含有一种不耐热的细胞毒素，是一种与志贺毒素类似的细胞毒素，可广泛引起 Vero 细胞脱落，可以抑制 Vero 细胞蛋白质合成。

4.3.1.7 细菌学检测

沙门菌检验方法很多，根据不同的检测对象，采用不同的检测程序和方法。对未污染被检组织可直接在普通琼脂、血琼脂或鉴别培养基平板上划线分离。但已污染的被检材料如饮水、粪便、饲料、肠内容物和已败坏组织等，因含杂菌数量远超过沙门菌，故常需要选择性增菌培养基增菌后再行分离。增菌培养基最常用亮绿-胆盐-四硫磺酸钠肉汤、四硫磺酸盐增菌液、亚硒酸盐增菌液及亮绿-胱氨酸-亚硒酸氢钠增菌液等。鉴别培养基常用麦康凯、伊红亚甲蓝、S. S、去氧胆盐钠-枸橼酸盐和 HE 等琼脂，必要时还可用亚硫酸铋和亮绿中性红等琼脂。

1）食品的沙门菌检验

由我国国家卫生与计划生育委员会（以下简称国家卫生计生委）统一颁布的标准检验方法《食品卫生微生物学检验　沙门菌检验》（GB 4789・31—2013）（图 4-5），适用于食品和中毒样品中沙门菌检验。该标准规定，对冻肉、蛋品、乳品及其他加工食品均应用缓冲蛋白胨水进行前增菌，然后移种于四硫磺酸钠煌绿增菌液（TTB）和亚硒酸盐胱氨酸增菌液（SC）内进行增菌。而对鲜肉、鲜蛋、鲜乳或其他未加工的食品不必经过前增菌。因为加工过的食品对其中沙门菌具有一定损伤，这些受伤的沙门菌在一定条件下又可恢复其致病力，因此，要把这部分菌鉴定出来。该标准还明确了噬菌体检验标准方式。

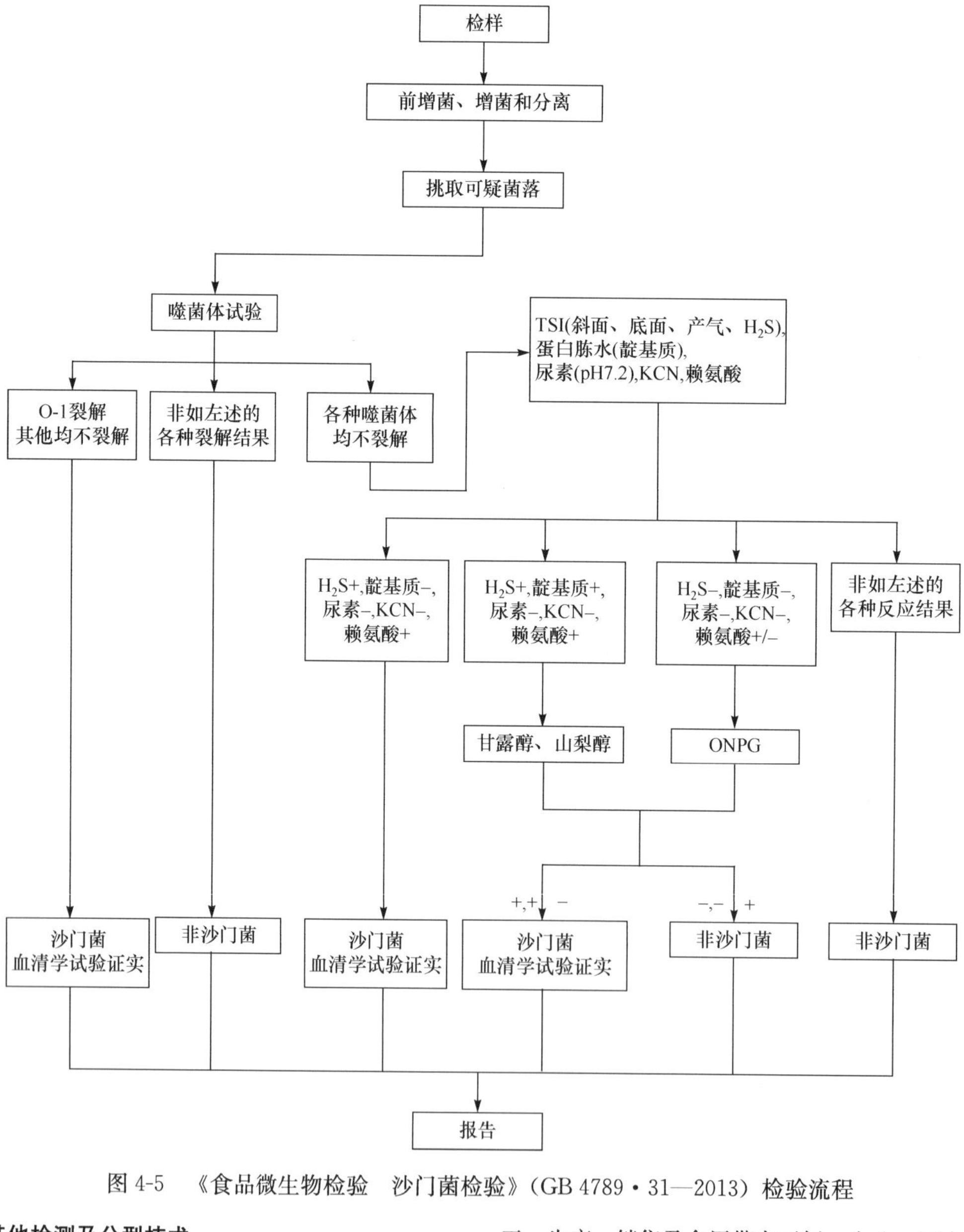

图 4-5　《食品微生物检验　沙门菌检验》(GB 4789・31—2013）检验流程

2）其他检测及分型技术

由于沙门菌常规检验程序繁杂，需时较长，给加工、生产、销售及食用带来不便。为此，国内外对沙门菌的快速检验进行了大量研究工作，许多方法正在逐步推广应用。

荧光抗体技术：国内曾使用A-F群或A-61群多价诊断血清制备的荧光抗体检测样品中沙门菌，与常规法相比阳性符合率约为90%，具有快速、敏感的优点。

ELISA：用沙门菌单抗-夹心ELISA法对人工污染A-F群沙门菌样品只需增菌18h即可检出，对现场肉样能在24～48h内准确报告结果。

单克隆抗体技术：A-F群沙门菌主要O抗原的单克隆抗体，以及抗沙门菌共同鞭毛蛋白的属特异性单克隆抗体，用直接凝集、免疫荧光和ELISA等方法检测A-F群沙门菌。近来又用酶标记的属特异性单克隆抗体和O9单克隆抗体建立了单克隆抗体竞争ELISA，几乎能鉴别出现有已知的各种血清型沙门菌，这为沙门菌检验提供了一种简单、快速的血清学诊断方法。

国内外也有使用多种商品化的生化快速检测系统，如API系统、R/B系统、肠管（enterotube）系统等，其中以API系统应用较为广泛。近年来，BAX系统在许多国家用于沙门菌的快速检测，对生产过程和流通环节的食品进行检测，使食品生产过程中的污染发生率尽量减小。

沙门菌分子生物学分型方法主要有：脉冲场电泳（PEGE）分子分型、扩增片断长度多态性（AFLP）分型、限制片断长度多态性（RFLP）分型、随机扩增多态DNA（RAPD）分型和核糖体分型技术等。PEGE方法在流行病学调查中较常用。例如，调查1997～1998年Finland地区纽波特沙门菌暴发情况就使用了PEGE方法（*Xba* Ⅰ酶切）。

探针检测目前已经有商品化的基因探针试剂盒，此外，近十多年来，国外不少学者还研究了多种快速鉴定本属菌的方法，如抗体包被的有色乳胶颗粒凝集试验、C8脂酶快速法、PG琼脂推断性鉴定法等。

4.3.1.8　食品生产的综合控制

由于沙门菌传播的广泛性、血清型多样性及大量耐药菌株的存在与流行，使得沙门菌感染的防治成为食品行业的一大难题。没有疫苗能够完全防止沙门菌感染，动物性食品都可能被沙门菌污染。为此人们在日常生活中不要吃生肉或没有烹饪的鸡蛋及没有杀菌的牛奶，这样可以减少沙门菌感染的机会，此外防止交叉污染也是控制沙门菌污染的重要措施。

食品加工厂引入HACCP管理模式，在减少成品中食物源性病原体方面已经取得了显著成效。在美国对所有食品厂的要求是：如果适合都应当建立HACCP管理体系，生产单位须具有追踪食源性病原体的能力。在我国一些食品企业，HACCP管理体系也在大力推行，对于关键控制点。关键界限或评价关键界限的监控步骤的建立，应根据各企业实际情况自行确定。改善动物性食品的卫生安全，首先通过对养鸡场和养猪场进行管理，有一些公司根据本公司情况确定了一些关键控制点。总的来讲可能出现问题的环节包括带菌动物、健康动物与粪便接触、环境卫生管理、使用循环水的卫生、饲用污染的饲料、用污染的水浇灌牧草、未处理粪肥的传播、感染的鸟类和啮齿类动物，选择确定关键控制点可以从这些环节入手。其次，在畜禽屠宰过程、包装及运输过程中良好的管理都有助于控制食品污染，此外还需要对食品工业工人进行基本的食品安全教育，防止食品交叉污染和其他导致食物中毒暴发的发生，未来可以使用辐射灭菌或其他处理方法减少生肉的污染，熟肉制品要注意保存条件，食用前充分加热。

沙门菌疫苗的研制开发：目前应用和正在研制的沙门菌疫苗多限于预防各种家畜特有的沙门菌病，如猪副伤寒沙门菌、马流产沙门菌、牛都柏林沙门菌、羊都柏林沙门菌的灭活菌苗，在国内外均已应用。兽用沙门菌疫苗一方面可以减少畜禽产品中沙门菌的带菌率，减少人类感染沙门菌的机会，另一方面可以减少动物疾病的发病率，提高由于沙门菌感染给畜牧业造成的经济损失。

国外在沙门菌防治方面做的工作：在美国，沙门菌感染的发病率是由疾病预防控制中心（Center for Disease Control，CDC）负责监测，CDC协助调查各地区沙门菌暴发事件，制定控制该菌污染的方法，指导相关部门对沙门菌进行检测鉴定，FDA（Food and Drug Administration）负责检测进口食品及牛奶，改善食品在餐厅和生产加工过程中的制备技术，FDA还控制调整动物性食品中抗生素的使用，美国农业部检查食用动物的健康，控制屠宰厂和肉制品加工生产过程的质量，美国环境保护机构负责控制和监控饮用水的安全。

4.3.2　变形杆菌属（*Proteus*）

4.3.2.1　食品卫生学意义

本菌属曾包括普通变形杆菌（*P. vulgaris*）、奇异变形杆菌（*P. mirabilis*）、摩根变形杆菌（*P. morganii*）、雷极变形杆菌（*P. rettgeri*）及无恒变形杆菌（*P. inconstans*）。后根据表型和基因的差异研究，将变形杆菌属分为三个独立菌属，即变形杆菌属、摩根菌属和普罗菲登斯菌属。将雷极变形杆菌和无恒变形杆菌引入普罗菲登斯菌属，而摩根变形杆菌变为摩根菌属。现在的变形杆菌属共包括普通变形杆菌、奇异变形杆菌、彭纳变形杆菌和产黏液变形杆菌4种。最新又增加豪氏变形杆菌（*P. hauser* sp. nov.），也就是原来普通变形杆菌的生物群3，与普通变形杆菌区别在于吲哚阳性、水杨苷利用和七叶苷水解阴性。与食物中毒有关的变形杆菌是普通变形杆菌、奇异变形杆菌和摩根变形杆菌。

变形杆菌为腐物寄生菌，在自然界分布较广，如水、土壤、腐败有机物及人和动物肠道中均有变形杆菌存在，所以食品受其污染的机会多。据调查报告，动物带菌率为0.9%～62.7%，食品污染率为3.8%～

8.0%，食品污染率高低与食品新鲜度、运输、贮存的卫生条件有密切关系，特别是不遵守操作规程，肉用动物屠宰解体时割破胃肠道等情况下，肉类及其产品污染率更高。被污染的食品在夏秋高温季节，变形杆菌大量生长繁殖，食用时极易引发食物中毒。

变形杆菌食物中毒也是一种比较常见的细菌性食物中毒，特别是熟肉类和凉拌菜，以及病死畜禽肉而引起变形杆菌食物中毒更是常有发生。因为变形杆菌是条件致病菌，只在特定条件下可引起人的原发性感染，是人类尿道感染最多的病原之一，也是伤口中较常见的继发感染菌。变形杆菌在一般情况下对人体无害，因此，仅从食品中检出变形杆菌没有什么意义，在检验时，除了进行一般的分离和鉴定变形杆菌外，还需做每克食品中变形杆菌的数量测定。

4.3.2.2 主要特征

1）形态及染色特征

本菌属为革兰氏阴性，两端钝圆的小杆菌，无芽胞，无荚膜，长1～3μm，宽0.4～0.6μm。有明显的多形性，有时呈球形、杆状、长而弯曲或长丝状，有周身鞭毛，运动活泼，如图4-6所示。

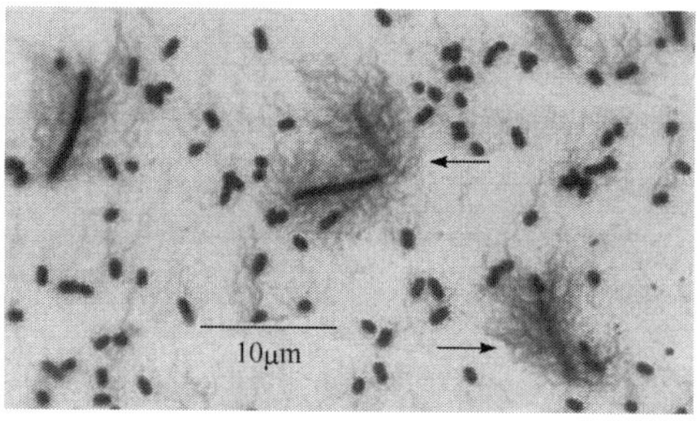

图4-6 变形杆菌鞭毛染色

2）生长要求及培养特性

本菌为需氧或兼性厌氧菌，对营养要求不高，在普通培养基上生长良好。在10～45℃时均可生长，最适生长温度为34～37℃。

普通营养琼脂：变形杆菌在固体培养基上呈扩散生长，以间距性环形运动而形成不同层次的同心环，使琼脂表面形成一层波形薄膜，称为迁徙生长现象，这是本属菌生长的一个重要特征（图4-7）。如在培养基中加入0.1%苯酚、0.4%硼酸、0.01%叠氮钠，或将琼脂浓度提高到6%，或将培养温度提高到40℃，可抑制其扩散生长，不出现迁徙生长现象，而得到单个菌落。

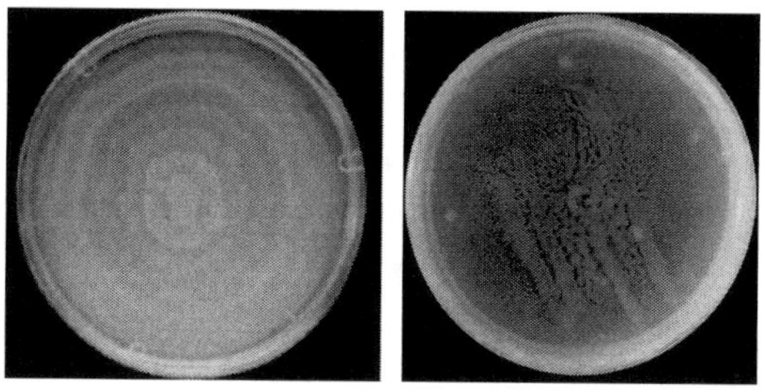

图4-7 奇异变形杆菌在普通营养琼脂上的菌落形态

S.S琼脂：形成圆形、扁平、半透明、淡粉红色小菌落，易与沙门菌等相混淆。

肉汤培养基：呈均等混浊生长，表面有菌膜。

在血琼脂平板上有溶血现象。能迅速分解尿素。

3）生化特性

本菌属在鉴定上具有重要意义的有苯丙氨酸脱氨酶为阳性，能迅速分解尿素（2～4h），普通变形杆菌和奇异变形杆菌能迅速产生大量硫化氢，明胶液化明显。各种变形杆菌的主要生化特性见表4-7。

表4-7 变形杆菌属的生化特性

菌属	糖发酵试验									靛基质	硫化氢	尿素酶	鸟氨酸脱羧酶	苯丙氨酸脱氨酶	明胶液化（22℃）	氰化钾	V-P	甲基红（MR）
	葡萄糖	乳糖	甘露糖	木糖	蔗糖	麦芽糖	甘露醇	侧金盏花醇	肌醇									
普通变形杆菌	+	−	−	+	+	+	−	−	−	+	+	+	−	+	+	−/(+)	−	+
奇异变形杆菌	+	−	−	+	(+)	−	−	−	−	−	+	+	+	+	+	+	d	+
摩根变形杆菌	+	−	+	−	−	−	−	−	−	+	−	+	+	+	−	−	−	+
雷极变形杆菌	−	−	+	−	(+)/−	−	−	+	+	+	−	+	−	+	−	+	−	+
碱化普罗菲登斯菌	+	−	+	−	(+)	−	−	+	−	+	−	−	−	+	−	+	−	+
司氏普罗菲登斯菌	−	−	+	−	(+)	−	−/+	−	+	+	−	−	−	+	−	+	−	+

注：+. 阳性；−. 阴性；（+）. 迟缓阳性；−/+. 多数阴性、少数阳性；（+）/−. 多数迟缓阳性、少数阴性；+/（+）. 多数阳性，少数迟缓阳性；−/（+）. 多数阴性，少数迟缓阳性；d. 不同生化型

4.3.2.3 抵抗力

本菌属抵抗力中等，与沙门菌类似，对巴氏灭菌及常用消毒药敏感，对一般抗生素不敏感。

4.3.2.4 致病性

变形杆菌属能在人体内不同部位致病。侵袭因子包括菌毛、鞭毛、外膜蛋白、脂多糖、荚膜抗原、脲酶、免疫球蛋白A（IgA）蛋白酶、溶血素、氨基酸脱氨酶等多种因子，其最重要的特性迁徙生长能够使其定居并存活于更高级组织中。变形杆菌的毒力因子及致病作用见表4-8。

表4-8 变形杆菌的毒力因子及致病作用

毒力因子	在致病中的作用
菌毛	细菌向上皮细胞的黏附
鞭毛（丛集现象）	细菌从输尿管进入肾脏
尿素酶	细菌生长过程中pH上升导致结石形成，抗HRPTEC细胞毒素
IgA蛋白酶	破坏IgA
氨基酸脱氨酶	产生α-酮酸，作用是铁载体
侵袭因子	细菌与宿主细胞作用并向其渗透
溶血素（HpmA和HlyA）	细胞毒性
CPS	生物膜和结石的形成
LPS（内毒素）	内毒素

1）中毒过程及表现

变形杆菌食物中毒分为急性胃肠炎型中毒和过敏型中毒两种。

急性胃肠炎型中毒是由于大量变形杆菌随同食物进入胃肠道，并在小肠内繁殖引起感染过程。同时，变形杆菌可以产生肠毒素，肠毒素为蛋白质和碳水化合物的复合物，具有抗原性。由肠毒素引起中毒性胃肠炎。变形杆菌食物中毒潜伏期短，发病快，一般为3～5h，最短者仅1h。主要表现为恶心、呕吐、腹痛剧烈如刀割、腹泻、头痛、发热、全身无力等。腹泻一日数次至数十次。多为水样便，有恶臭，少数带黏液。病程较短，一般为1～3d。1997年6月山东黄岛某企业职工食堂因被奇异变形杆菌污染的凉拌鸡胗引起食物中毒，就餐3938人，发病3528人。

过敏型中毒主要是因为摩根变形杆菌产生很强的脱羧酶，使食品中的组氨酸脱羧形成组胺。如在微酸性（pH5～6）条件下，鱼肉中的游离组氨酸即可生成组胺。摩根变形杆菌可引起过敏反应，潜伏期一般为30～60min，也可短至5min或长达数小时。主要表现颜面潮红、酒醉状、头痛、血压下降、心搏过速等。有时也伴有发热、呕吐、腹泻等症状，多在12h内恢复。水产品引起这类中毒较多，主要是由于摩根变形杆菌在微酸性（pH5～6）条件下，鱼肉中的游离组氨酸被细菌脱羧酶作用，产生组胺。当组胺积蓄到一定量时，人食后即发生过敏性食物中毒。

2）基因组

目前关于变形杆菌属全基因组的研究相对较少，该菌属还没有菌株完成全基因组的序列测定。奇异变形杆菌是引起尿路感染的主要细菌，研究人员分离编码奇异变形杆菌的菌毛基因*PMF*，并进行DNA测序，*PMF*长5655bp，有5个多肽，分别是PmfA（18 921u）、PmfC（93 107u）、PmfD（28 208u）、PmfE（38 875u）、PmfF（19 661u），在序列中调节基因或调节元素还没有证明。*PMF*基因簇具备很多其他肠道菌菌毛基因的共同特征，但也有其独特特征。

普通变形杆菌中三个菌株的16S rRNA基因已完成测序，利用16S rRNA基因测序结果进行系统发生分析是非常好的分类方法，详细资料见GenBank。

3）毒素

变形杆菌可以产生肠毒素，引起中毒性胃肠炎，肠毒素具有抗原性。彭纳变形杆菌能产生一种钙依赖性溶血素，在多数临床分离株中溶血素在对数生长早期分泌于培养基中，能裂解几种动物包括人的红细胞及人嗜中性粒细胞和人胚胎肺纤维原细胞，该溶血素是一个107ku的蛋白质，与大肠杆菌溶血素同样大小，能与大肠杆菌溶血素HlyA抗血清反应。由于其与大肠杆菌毒性因子溶血素大小、抗原性和作用范围类似，可以确定彭纳变形杆菌HlyA是该菌的重要毒性因子。

变形杆菌LPS除了引起广泛的致病作用，如发热、低血压、血栓和致死性休克外，已经证明S型或R型变形杆菌的LPS能抑制小鼠肝脏细胞色素P_{450}的活性。Larsson和Olling等报道从慢性肾脏综合征患者的尿液中分离到R型黏附表型奇异变形杆菌17301，该菌能合成Rc化学型LPS，小鼠血液感染模型实验结果显示该菌能够在肾脏存活，导致感染者发病或肾衰竭。

4.3.2.5 抗原构造

变形杆菌含有菌体（O）抗原和鞭毛（H）抗原。在Kauffmann-Perch二氏的抗原体系中，普通变形杆菌和奇异变形杆菌包括49个O抗原和19个H抗原分型，详见表4-9。在49个O抗原中，17个是普通变形杆菌，27个是奇异变形杆菌，5个是两种菌共有的。最常见的是O_3、O_6、O_{10}奇异变形杆菌，在19个H抗原中，最常见的是H_1、H_2、H_3。摩根变形杆菌属分为34个O抗原群和25个H抗原。

表 4-9　普通变形杆菌和奇异变形杆菌简化抗原

O 抗原群	H 抗原	O 抗原群	H 抗原
1	1 (1)	26	2 (2), 3 (2), 6 (1)
2	1 (1)	27	2 (2), 3 (2)
3	1 (2), 2 (2)	28	2 (2), 3 (2)
4	1 (1), 8 (1), 16 (1)	29	13 (2)
5	1 (2), 3 (2)	30	1 (2), 2 (2), 4 (2), 13 (2), 15 (2)
6	1 (2), 2 (2), 3 (2)	31	1 (2), 2 (2)
7	1 (2), 3 (2), 4 (2)	32	1 (1), 3 (2), 5 (1)
8	1 (1)	33	3 (2)
9	1 (2), 2 (2)	34	6 (1)
10	1 (2), 2 (2), 3 (2), 4 (2), 5 (2)	35	2 (2)
11	1 (2), 2 (2), 4 (2), 6 (2)	36	3 (2), 7 (1)
12	1 (1), 2, (2)	37	17 (1)
13	1 (2), 2 (2), 3 (2), 4 (2)	38	1 (2), 2 (2)
14	1 (2), 3 (2)	39	18 (1)
15	1 (1), 7 (1)	40	4 (2)
16	1 (2), 9 (2), 14 (2)	41	1 (2), 2 (2)
17	1 (2), 10 (1)	42	1 (1)
18	1 (2)	43	2 (2)
19	1 (1), 3 (2), 11 (1)	44	11 (1), 19 (1)
20	1 (2), 2 (2)	45	11 (1)
21	1 (1)	46	17 (1)
22	1 (1)	47	1 (1)
23	1 (2), 2 (2), 3 (2), 12 (2)	48	1 (2)
24	1 (2), 3 (2), 4 (2), 13 (2)	49	2 (2)
25	1 (1)		

注：(1)．普通变形杆菌；(2)．奇异变形杆菌

4.3.2.6　细菌学检测

分离培养：将检样接种于肠道选择培养基（S.S琼脂或D.C琼脂）及鉴别培养基（伊红美兰琼脂或麦康凯琼脂）平板各一个。并同时接种GN增菌液一管，于37℃培养18～24h后，再接种选择培养基和鉴别培养基。平板于37℃培养18～24h后，取出观察，变形杆菌在鉴别培养基上为无色、透明、蔓延生长或不呈蔓延生长，在选择培养基上形成孤立的菌落，有时边缘略呈扩散状态。

生化试验：用白金耳挑取可疑菌落接种于苯丙氨酸琼脂斜面上，于37℃培养6～8h，苯丙氨酸斜面变为棕黑色，即为苯丙氨酸脱氨酶阳性。涂片镜检为革兰氏阴性菌，即认为变形杆菌，再进一步做其他生化反应检验，以鉴定其菌属。

在高成本的商品化鉴定方法中，点滴实验是既经济有效又快速的方法，在羊血琼脂平板上游散生长的菌落且氧化酶阴性，如果吲哚点滴试验反应阴性，培养物是奇异变形杆菌或彭纳变形杆菌的可能性很高；进一步区分这两个菌属，鸟氨酸脱氢酶阳性是奇异变形杆菌；如果吲哚点滴试验和苯丙氨酸脱氨酶是阳性，培养物很有可能是普通变形杆菌。在多数情况下，快速点滴试验鉴定后不需要进行其他鉴定。近些年国家没有制定变形杆菌检测标准，国家质检总局颁布的《变形杆菌食物中毒诊断标准及处理原则》(WS/T9-1996) 时间也很久远。

目前国内外商品化自动或半自动的鉴定系统产品较多，其中Vitek产品和Biolog系统联合使用可完成普通变形杆菌和彭纳变形杆菌的鉴定。还有资料报告，利用商业化的鉴定系统进行三个变形杆菌菌属鉴定，报告准确率100%的有Crystal ID-E/NF系统、GNI系统、

GNI+系统、API 20E系统及Rapid Neg ID3系统，报告准确率95%的有Rapid Neg ID3系统，准确率97%的有Vitek GNI系统，因为这些系统需要酶作为底物，在实验室检验不可能达到完全精确，有时可能会有小的误差。

血清学检查：目前仅普通变形杆菌及奇异变形杆菌有统一分型方法，而其他变形杆菌尚无统一方法。进行血清分型时，用已知的标准血清进行血清分型，白金耳挑取细菌纯培养物进行玻片凝集反应，根据血清凝集情况，查对抗原表判定菌落。

变形杆菌数的测定：将检样制成悬液，再以无菌生理盐水按原检样量稀释成1∶100、1∶1000、1∶10 000、1∶100 000等各种稀释度。分别吸取每种稀释度的悬液0.1mL，接种于琼脂斜面底部凝集水内，切勿接触培养基表面。经37℃培养24～48h，观察生长情况。变形杆菌可自下向上弥漫生长，以出现生长的最高稀释度乘以10，即为每克检样中变形杆菌的最近似数。

动物实验：将可疑检样和分离的变形杆菌培养物，分别饲喂小鼠或豚鼠、家兔等，观察动物是否发病，如寒战、竖毛、腹泻等。

此外，各国研究人员还建立了一些该菌属的分子生物学鉴定和分型方法，在对一些已知的普通变形杆菌和奇异变形杆菌DNA测序的基础上选择β内酰胺酶和16S rRNA作为靶基因扩增片断，发展了变形杆菌多重PCR检测方法。2003年，Sabbuba等用脉冲场电泳NotI-PFGE分子分型技术对从医院环境和患者中分离的54株奇异变形杆菌进行分型，有52株有不同的脉冲型，与经典的Dienes分型法进行比较发现，NotI-PFGE技术有更强的区分能力。

4.3.2.7　食品生产的综合控制

变形杆菌在生产上的综合控制与其他肠杆菌属的控制方法相近，水产品引起变形杆菌食物中毒较多。国外有研究证明Grovac方法在鲶鱼生产过程中可以有效减少腐败菌和致病菌的数量（也包括变形杆菌），Grovac方法包括在生产过程中使用含有维生素C和氯化钠的溶液进行产品处理，产品进行抽真空包装等，实验结果表明这些措施在工厂生产过程中可有效减少腐败微生物和肠道致病菌的数量，延长食品货架期，微生物学监测数据可作为危害分析和关键控制过程的主要控制点。还有人提出良好农业实践的方案（good agriculture practices）用于控制食品中变形杆菌的污染，主要包括危害分析，确定可能存在的问题，制定程序文件并培训操作者正确工作等。另外，快速、准确的食品检测和监测系统也是这一计划的一部分。

疫苗研制：奇异变形杆菌能引起尿路感染（urinary tract infection，UTI），能形成尿路结石，而尿素酶阴性的奇异变形杆菌突变株不能形成尿路结石且很少在肾脏定居，为此研制开发以一种奇异变形杆菌的表面黏附素MR/P纤毛为抗原的疫苗是很有希望的疫苗候选株，用于防止变形杆菌定居和尿路结石形成。

4.3.3　致病性大肠杆菌（*Pathogenic E. coli*）

4.3.3.1　食品卫生学意义

大肠埃希氏菌（*Escherichia coli*）通常简称为大肠杆菌，它主要寄居于人和动物肠道内。由于人和动物活动的广泛性，决定了本菌在自然界分布的普遍性，如水、土壤、空气等环境都有不同程度的存在。属于条件致病菌，其中有些血清型能使人类发生感染和中毒，一些血清型能致畜禽疾病。致病性大肠杆菌是指能引起人和动物发生感染和中毒的一群大肠杆菌。致病性大肠杆菌与非致病性大肠杆菌在形态特征、培养特性和生化特性上是不能区别的，只能用血清学方法根据抗原性质不同来区分。致病性大肠杆菌根据其致病特点进行分类，目前分类方法尚不统一，一般分为6类：肠产毒素大肠杆菌（enterotoxigenic *E. coli*，ETEC）、肠侵袭性大肠杆菌（enteroinvasive *E. coli*，EIEC）、肠致病性大肠杆菌（enteropathogenic *E. coli*，EPEC）、肠出血性大肠杆菌（enterohemorrhagic *E. coli*，EHEC）、肠黏附性大肠杆菌（enteroadhesive *E. coli*，EAEC）和弥散黏附性大肠杆菌（diffusely adherent *E. coli*，DAEC）。

致病性大肠杆菌主要是通过牛奶、家禽及禽蛋、猪、牛、羊等肉类及其制品、水产品、水及被该菌污染的其他食物导致人们的食物感染与中毒，致病性大肠杆菌常见血清型较多，其中较为重要的是EHEC O157∶H7，属于肠出血性大肠杆菌，能引起出血性或非出血性腹泻，出血性结肠炎（HC）和溶血性尿毒综合征（HUS）等全身性并发症。据美国疾病控制中心（CDC）估计，在美国每年EHEC O157∶H7可引起约两万人发病，死亡人数可达250～500人。近年来，在非洲、欧洲、英国、加拿大、澳大利亚、日本等许多国家均有EHEC O157∶H7引发的感染，有的地区呈不断上升趋势。我国自1987年以来，在江苏、山东、北京等地也有陆续发生O157∶H7散发病例的报导。

健康人肠道致病性大肠埃希氏菌带菌率一般为2%～8%，高者达44%；成人肠炎和婴儿腹泻患者的带菌率较健康成人高，为29%～52.1%；饮食业、集体食堂的餐具、炊具，特别是餐具易被大肠埃希氏菌污染，其检出率高达50%左右，致病性菌株检出率为0.5%～1.6%。食品中致病性大肠埃希氏菌检出率高低不一，低者1%以下，高者达18.4%。猪、牛的致病性大肠埃希氏菌检出率为7%～22%。

4.3.3.2　主要特征

1）形态及染色特征

本菌属为两端钝圆，散在或成对中等大杆菌，长2～3μm，宽0.4～0.6μm，多数菌株有5～8根周生鞭毛，运动活泼，周身有菌毛。少数菌株能形成荚膜或微荚膜，不形成芽胞。对一般碱性染料着色良好，有时菌体两端着色较深，革兰氏染色阴性，见图4-8。

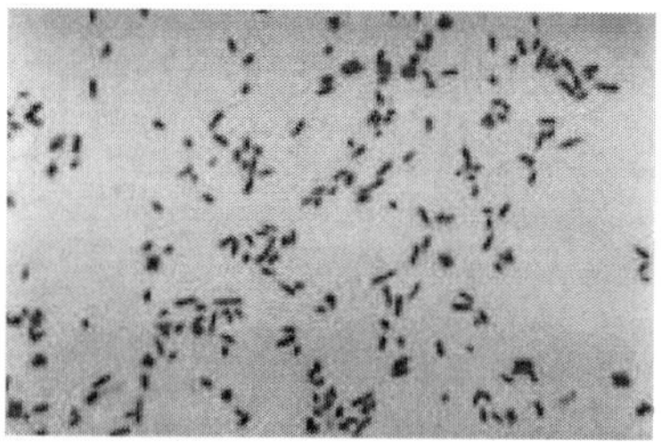

图 4-8 大肠杆菌革兰氏染色

2）生长要求及培养特性

大肠杆菌为需氧或兼性厌氧菌，对营养要求不高，在普通培养基上能良好生长。15～42℃能发育繁殖，最适生长温度为 37℃，最适生长 pH 为 7.2～7.4。

普通琼脂：培养 18～24h，形成凸起、光滑、湿润、乳白色，边缘整齐，直径 2～3mm 的圆形菌落。

血液琼脂：菌落形态与普通琼脂上菌落相似，稍大，部分菌株在菌落周围产生 β 型溶血环。如图 4-9 所示。

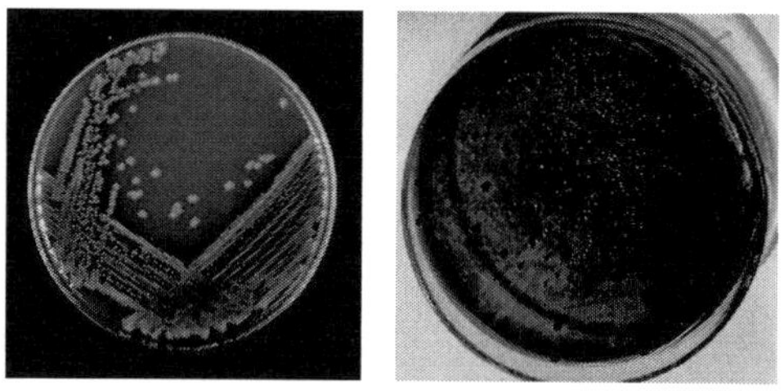

图 4-9 大肠杆菌在血液琼脂（左）和伊红美兰琼脂（右）上的菌落形态

伊红美兰琼脂：菌落形态与普通琼脂上的菌落相似，呈紫黑色表面带金属光泽。

S. S 琼脂：本菌多数不生长，少数生长菌株，菌落较小，因发酵乳糖产酸，产生红色菌落。

普通肉汤：呈均等混浊生长，很少形成菌膜，管底有黏性沉淀，振摇后沉淀容易分散，培养物有特殊的粪臭味。

EHEC O157 在山梨醇/麦康凯琼脂（SMAC）培养基上，长成白色半透明表面光滑的菌落。在加钙的绵羊血液琼脂平板（WSBA-Ca）上，经 37℃培养 18～24h，可见小而混浊的溶血环。

3）生化特性

本菌属基本生化特性如表 4-10 所示。

表 4-10 大肠杆菌基本生化特性

物质	反应	物质	反应
葡萄糖（产酸产气）	+	水杨苷	d
乳糖	+或×	侧金盏花醇	−
蔗糖	d	肌醇	−
甘露醇	+	靛基质	+
卫矛醇	d	甲基红	+

续表

物质	反应	物质	反应
VP	−	在 KCN 中生长	−
枸橼酸铵	−	苯丙氨酸脱氨酶	−
葡萄糖铵	+	丙二酸钠	−
H_2S	−	赖氨酸脱羧酶	+/−
尿素酶	−	精氨酸双水解酶	（+）/−
明胶液化（22℃）	−	鸟氨酸脱羧酶	+/−

注："+"表示阳性；"−"表示阴性；"×"表示迟缓不规则阳性或阴性；"d"表示有不同生化型；"+/−"表示多数阳性，少数阴性；"（+）/−"表示多数迟缓阳性，少数阴性

本菌属细菌能发酵多种糖类产酸产气，也有不产气的生化型，大多数菌株可迅速发酵乳糖，仅极少数迟缓发酵或不发酵，约半数菌株不分解蔗糖。

4.3.3.3 抵抗力

大肠埃希氏菌在自然界生存力较强，在土壤、水中可存活数月，在寒冷干燥的环境中可存活较久，而在潮湿温暖的环境中，存活不到一个月。对热抵抗力不强，60℃加热 30min 即可被杀死。本菌培养物在室温中可存活数周，密封条件下在黑暗室温（20～22℃）中至少能保存一年，冻干菌种置低温（−20℃以下）至少能活 10 年。对常用消毒剂抵抗力不强，5%～10%漂白粉、3%来苏尔、5%苯酚等均能迅速杀死大肠杆菌，对氯很敏感，在含有 0.2ppm* 游离氯的水中，可很快死亡。对强酸和强碱较敏感。本菌对抗菌药物的敏感性日益降低，耐药菌株也越来越多，不同国家和地区、不同动物性大肠杆菌菌株对抗生素类药物的敏感性也不同。

4.3.3.4 致病性

大肠杆菌病原性是许多致病因子综合作用的结果，包括黏附因子、宿主细胞的表面结构、侵袭素和许多不同毒素及分泌这些毒素的系统。

1）中毒表现

急性胃肠炎型：潜伏期一般为 10～15h，短者 6h，长者 74h。为 ETEC 型大肠杆菌所致，是致病性大肠埃希氏菌食物中毒的典型症状，比较常见。主要表现为腹泻、上腹痛和呕吐。粪便呈水样或米汤样，每日 4～5 次。部分患者腹痛较为剧烈，可呈绞痛。吐、泻严重者可出现脱水，乃至循环衰竭。发热，38～40℃，头痛等。病程 3～5d。

急性菌痢型：潜伏期 48～72h。由 EIEC 型大肠杆菌引起，主要表现为血便、脓血、脓黏液血便，里急后重、腹痛、发热，部分患者有呕吐。发热，38～40℃，可持续 3～4d。病程 1～2 周。

* ppm 为非标准单位，1ppm=1×10^{-6}=1μL/L=1mg/kg=1mg/L。

出血性肠炎型：潜伏期一般为3～4d，短者1d，长者8～10d。主要由O157：H7引起，主要表现为突发剧烈腹痛、腹泻，先水样便后血便，甚至全为血水。也有低热或不发热者。严重者出现溶血性尿毒综合征（HUS），血小板减少性紫癜等，老人和儿童多见。病程10d左右，病死率为3%～5%。

2）基因组

目前已经完成了出血性大肠杆菌EHEC O157：H7菌株EDL933和Sakai及尿路感染大肠杆菌UPEC菌株CFT073染色体基因组测序。

EHEC O157：H7菌株EDL933基因组序列于2001年公布，O157：H7 EDL933是1982年从Michigan地区暴发病例中分离出的，与大肠杆菌K12基因组比较，在大肠杆菌O157：H7 EDL933中发现1387个新基因。其中包括一些毒力因子、几个前噬菌体和其他新功能基因。

日本宫崎医科大学报道了EHEC O157：H7分离株Sakai全基因序列，Sakai是从1996年日本大规模暴发的EHEC O157感染者中分离到的。基因组全长5 498 450bp，基因组上共有24个前噬菌体和前噬菌体序列。基因组共有5301个蛋白质编码基因、7个拷贝的rRNA、102个tRNA、1个mRNA及13个sRNA。该分离株携带两个质粒，pO157和pOSAKI。这个菌株和EDL933一样能产生两种志贺毒素Stx1和Stx2。

UPEC菌株CFT073全基因组序列与大肠杆菌K12及EDL933基因组比较，CFT073缺乏Ⅲ型分泌系统的基因，缺乏噬菌体或质粒编码的毒素基因，但有丰富的菌毛黏附素自动转运系统、离子吸收系统及重组酶基因。

3）致病岛

肠出血性大肠杆菌和肠致病性大肠杆菌的特征性病变是"黏附与脱落病变"（attaching and effacing，A/E），引起这种病变的基因基础是均具有被称为肠细胞脱落位点的致病岛（the locus of enterocyte effacement，LEE）。LEE致病岛是位于染色体上的编码毒力因子的基因群，它含有编码A/E损伤的所有基因及一些其他毒力基因。LEE含有的基因主要包括以下几种类型：编码Ⅲ型分泌系统（esc或sep）、分泌型蛋白质（esp）及其分子伴侣、外膜蛋白紧密素（eae）和紧密素易位受体（tir）等基因。

Elliott等测出了EPEC E2348/69菌株LEE致病岛的全序列，并进行了初步分析。LEE致病岛上的主要致病基因有以下几种。

（1）*eae*基因：引起A/E损伤最主要的一个蛋白就是由*eae*（*E. coli* attaching and effacing）基因编码，*eae*基因位于LEE致病岛上，编码一个94 000～97 000u称为紧密素（intimin或eae）的外膜蛋白，是肠道黏附因子。紧密素黏附是由紧密素介导的细菌与肠上皮细胞膜紧密结合，大肠杆菌EHEC O157特征性A/E病变的发生，紧密素起非常重要的作用。

（2）*tir*基因：*tir*基因紧位于*eae*前面，它编码Tir蛋白，即紧密素易位受体。最初人们把Tir蛋白当作宿主细胞膜上的一个酪氨酸磷酸化蛋白质而称为"Hp90"。后来发现Tir蛋白是由细菌LEE编码的一个分子质量为90ku的细菌蛋白质，它由Ⅲ型分泌系统分泌后经转运进入上皮细胞细胞膜，插入膜蛋白中，然后经过磷酸化后作为紧密素的受体。

（3）编码Ⅲ型分泌系统及其分泌蛋白的基因：Ⅲ型分泌系统是一个由多组分蛋白复合体形成的跨膜孔状通道，它是许多病原菌用来分泌毒力蛋白，或把这些毒力蛋白直接注入宿主细胞以起始生化信息传导的结构。Ⅲ型蛋白质分泌系统可以分泌和转移一些主要毒力决定因子。

在LEE致病岛上还有*espA*、*espB*、*espD*和*espF*基因，它们编码着Ⅲ型分泌系统分泌的蛋白质，*espA*、*espB*和*espD*中任何一个基因突变都会使菌株丧失A/E表型，它们是引起A/E损伤所必需的。当细菌黏附肠上皮细胞以后，EspA、EspB和EspD中的一种或几种蛋白质可以经过Ⅲ型分泌系统进入肠上皮细胞。这三种蛋白质参与激活宿主上皮细胞信号传导途径，细菌与上皮细胞的紧密黏附，以及A/E损伤的形成。*espA*、*espB*和*espD*基因突变菌株不能产生致A/E损伤的信号传导。

LEE致病岛除含有编码功能性的Ⅲ型分泌系统、分泌型蛋白质和紧密素的基因外，还含有一些以前不知道的基因，这些基因可能编码一些新蛋白质，它们参与形成Ⅲ型分泌通道，形成新的分泌型蛋白质、分子伴侣、调节子或抑制子等。

4）LEE致病岛的调节

A/E大肠杆菌如果要在肠上皮细胞表面形成A/E损伤，就需要LEE致病岛上所有基因在环境因素刺激下能够协同表达。但直到现在，人们对EPEC和EHEC LEE致病岛表达的调控仍知之甚少。LEE致病岛的基因可分为4个多顺反子，分别为LEE1、LEE2、LEE3和LEE4，*per*只能直接激活LEE1的表达，LEE1中含有*ler*基因，*ler*基因产物转而又激活LEE2、LEE3和LEE4的表达。这样，在EPEC中就形成了一个对LEE致病岛的级联调节形式。但是对于EHEC LEE致病岛的调节方式目前还不太清楚，因为在EHEC中并没有发现*per*或其类似物的存在。

5）常见致病性大肠杆菌的致病特征

（1）产肠毒素大肠杆菌（ETEC）：产肠毒素大肠杆菌（ETEC）主要对人群致病，是发展中国家儿童和旅行者腹泻的主要致病因素之一，污染水和食物是主要感染源。在志愿者实验中给予10^8CFU口服剂量ETEC活菌就可导致感染者高发病率。感染的临床症状有些表现为温和型腹泻，也有些发展为严重的霍乱样症状。该菌的两个主要毒力因子是黏附素和肠毒素。最常见的黏附素是菌毛，ETEC黏附并定居于肠道黏膜首先需要通过菌毛介导，ETEC菌毛致病有重要特征，即有种特异性，如表达K99的ETEC菌株对牛、羊、猪致病，表达K88的ETEC可引起猪致病，含有决定定居的菌毛CFA的ETEC分离株对人致病。

ETEC感染的致病机制在过去的20年间被广泛研究，ETEC导致感染者腹泻主要是通过肠毒素的作用。肠毒素按照抗原和生物学特性不同可分成不耐热肠毒素（heat labile enterotoxin，LT）和耐热肠毒素（heat stable enterotoxin，ST），ETEC菌株有些只表达LT或只表达ST，或者两者都表达。大肠杆菌LT是低聚物毒素，其结构和功能与霍乱毒素（CT）相近，它们之间存在许多共同特性，如全毒素的结构、蛋白质序列、主要受体特性、酶活性及在动物和细胞培养实验中的特性等，但这两种毒素的产生和分泌过程及辅助T淋巴细胞反应却不同。LT可分成两个血清组LT-Ⅰ和LT-Ⅱ，大肠杆菌LT-Ⅰ对动物和人均致病，LT-Ⅱ主要对动物致病，很少对人致病，它们之间没有免疫交叉反应。ST可激活小肠上皮细胞的鸟苷酸环化酶，使胞内cGMP增加，在空肠部分改变液体的运转，使肠腔积液而引起腹泻。ST与霍乱毒素无共同的抗原关系。

ETEC检测主要针对其肠毒素LT或ST进行检测。

（2）肠致病性大肠杆菌（EPEC）：肠致病性大肠杆菌（EPEC）是发展中国家婴儿腹泻的主要致病菌，其流行病学最显著特征是EPEC主要引起2岁以下儿童发病，成人感染剂量则需要达到10^8～10^{10} CFU。流行病学研究发现一些EPEC感染的患者有临床症状，一些感染携带患者却不表现临床症状，还有患者在症状停止后两周粪便中还能分离到EPEC。EPEC主要引起急性腹泻，也有报道该菌可引起慢性腹泻，Rothbaum等就报道患者感染病程为21～120d。该菌主要组织病理学特征是能在感染肠上皮细胞或在组织培养细胞表面形成特征性组织病理学损伤，这种损伤称为黏附与脱落（attaching and effacing，A/E），其病理学变化是细菌与肠上皮细胞紧密黏附，肠微绒毛消失，并使细菌黏附部位肠上皮细胞骨架发生改变，丝状肌动蛋白聚集等。引起A/E损伤最主要一个蛋白就是由*eae*基因编码的被称为紧密素（intimin）外膜蛋白，EPEC菌株能在肠黏膜产生典型A/E损伤病变。此外，EPEC胞外分泌蛋白中至少有三种对A/E损伤非常重要，EspA（25ku）、EspB（38ku）和EspD（40ku），EPEC菌株*espA*、*espB*或*espD*基因突变后则丧失在上皮细胞产生信号转导的能力，不能形成A/E损伤。

EPEC检测也同其他病原菌一样主要依据其标志性特征，EPEC的重要特征是EPEC能致A/E损伤、含有EAF质粒且不产生志贺毒素。该菌表型检测通过荧光蛋白集聚（FAS）试验，利用HEp-2或HeLa细胞培养方法进行鉴定。电镜观察肠组织样本或培养的上皮细胞，特征是EPEC对HEp-2或HeLa细胞呈局灶性黏附。EPEC的基因型检测发展了DNA探针并建立了PCR检测方法，典型的EPEC含有*eae*基因能致A/E损伤。该菌携带EAF质粒，EAF探针或bfp序列检测阳性能够说明EAF质粒的存在，EAF探针已用于世界范围的流行病学调查中。当然在临床分离株中也分离到非典型的EPEC菌株，通常含有*eae*基因却没有EAF质粒。

（3）出血性大肠杆菌（EHEC）：出血性大肠杆菌主要包括O157∶H7、O26∶H11和O111∶MN。其中血清型O157∶H7是引起出血性结肠炎的主要致病菌。关于EHEC发病机制和流行病学的多数认识都来源于对该血清型的研究。

大肠杆菌O157感染暴发以食源性传播为主，水源性传播和接触传播也是重要传播途径，有些暴发可以多途径并存。据报道，由于O157：H7感染力强，100～200个O157细菌就能突破胃酸屏障，在肠道内大量繁殖，引起感染。而其他致病性大肠杆菌需要100万个以上细菌才能引起发病。流行病学研究资料表明，在家畜中，主要是反刍动物（牛、羊）被认为是天然带菌动物。但是，其具体传播途径是复杂多样的。感染人群中儿童和老年人最易发病且症状较为严重，容易并发溶血性尿毒综合征和血小板减少性紫癜。EHEC O157：H7是EHEC的代表菌株，能引起出血性腹泻或非出血性腹泻、出血性结肠炎（HC）和溶血性尿毒综合征（HUS）等全身性并发症。其致病机制可分两个方面，黏附于上皮细胞产生A/E病变和产生志贺毒素（Stx）引起靶器官损伤。

EHEC O157：H7的主要致病因子包括志贺毒素、LEE致病岛编码的黏附因子和溶血素（hemolysin）。Kaper等（1998）提出了A/E大肠杆菌致病作用的三步模型：第一步，局灶性黏附，细菌与细菌间借助与BFP菌毛黏着成簇，细菌与肠上皮细胞在BFP的参与下发生相互作用。第二步，细菌Ⅲ型分泌系统基因被激活并表达相应蛋白。Tir蛋白通过蛋白通道进入上皮细胞并定位于细胞膜上，并引发一系列信号传导过程。第三步，紧密素介导的细菌与细胞间的紧密黏附，引发典型的A/E病变。

EHEC O157检测已经发展了很多快速有效的检测方法，山梨醇/麦康凯琼脂（SMAC）实验证实是一种有效的EHEC O157分离培养基。该菌Stx毒素检测有多种方法，其中简便方法是乳胶凝集试验，目前国外（日本、美国等）有成套试剂出售。血清学检测对于流行病学调查来说是极为有用的，最常用ELISA法，抗原为全菌体抗原、LPS抗原、亲和蛋白抗原、Stx抗原等，利用这些抗原检测血清中相应抗体水平，进而了解本病流行病学情况。对EHEC O157检测和诊断，已建立了许多分子生物学方法，如利用Stx对Vero和Hela细胞的特征性细胞毒性作用，建立了毒素抗体中和试验，特异性诊断EHEC O157感染；针对*stx*基因、*eae*基因及针对O157型特异性基因而发展起来PCR诊断技术和基因芯片技术；利用特异性噬菌体对大肠杆菌裂解特性，建立了EHEC O157噬菌体分型技术；根据大肠杆菌染色体组特定限制性酶切位点分布特性，建立了脉冲场凝胶电泳（PFEG）分析技术；利用单克隆抗体建立的ELISA及免疫磁性分离技术等。其中在EHEC O157诊断上应用最为广泛的是PCR诊断技术，采用多重PCR法，对靶位基因选择上多集中于*stx*基因、*eaeA*基因、*fliC*（H7抗原）基因等，人们已经合成了许多特异性PCR引物。

（4）肠侵袭性大肠杆菌（EIEC）：1971年DuPont等最早在志愿者试验中发现侵袭性大肠杆菌EIEC能引起腹泻，该菌在发展中国家感染发病率相对较低。主要引起大龄儿童和成年人腹泻，有暴发流行的报道，已经暴发的EIEC感染通常是食物源性或水源性的，其症状主要表现为水样腹泻，少数人出现痢疾症状。该菌主要侵袭大肠上皮细胞，临床上表现出类似痢疾症状。该菌生化特性与志贺氏菌接近，志愿者感染实验证明EIEC感染剂量高于志贺氏菌STEC。EIEC主要的毒力基因是编码Ⅲ型分泌系统蛋白的*mxi*和*spa*基因，该菌携带的与侵袭有关质粒pInv，Nataro等克隆EIEC质粒中的*sen*基因，其编码一个63ku蛋白质，突变*sen*基因的菌株可引起致病菌肠毒素活性明显降低，这表明*sen*基因在该菌致泻过程中起重要作用。侵袭性大肠杆菌（EIEC）的某些血清型与痢疾杆菌有共同抗原，因此常易误诊为细菌性痢疾。

EIEC具有侵袭上皮细胞的能力，并在细胞间扩散，可引起豚鼠角膜炎，常用此方法检测大肠杆菌侵袭力。与毒力相关特征是在Hela细胞单层中形成噬菌斑。

区分EIEC和志贺氏菌STEC的两个检测探针，对EIEC菌株具有非常好的敏感性和特异性。

（5）肠聚集性大肠杆菌（EAEC）：许多大肠杆菌能黏附于Hep2细胞，区分黏附显性的主要特征是：EPEC呈局灶性黏附（LA），非EPEC菌株呈现弥散性黏附（DA）。弥散型黏附又分成两类：聚集性黏附（AA）和弥散性黏附（DA），按此黏附类型进行分类的两类大肠杆菌分别是：肠聚集性大肠杆菌（EAEC）和弥散黏附性大肠杆菌（DAEC）。

EAEC是一种新出现的肠道致病菌，主要发生于旅行者或发展中国家和工业化国家地方性腹泻，EAEC感染后主要症状是长时间腹泻（≥14d），有散发和暴发报道。症状主要是呕吐和水样便、黏液样腹泻，无发热症状。该菌通常不分泌肠毒素LT或ST，AA型能黏附于Hep2细胞，重要的组织病理学变化是EAEC菌株能增强黏膜肠液分泌。

有人提出EAEC三步致病模型：第一步，细菌黏附于肠内黏膜，AAF/Ⅰ和AAF/Ⅱ起主要作用，有利于最初定居；第二步，黏液产生增多；第三步，细胞毒素产生，损坏上皮细胞。

EAEC感染诊断通过分离大肠杆菌并在Hep2细胞黏附实验中证实是AA型黏附，也可以通过DNA探针鉴定。

（6）弥散黏附性大肠杆菌（DAEC）：弥散黏附性大肠杆菌（DAEC）最初是指能黏附于Hep2细胞但不形成EPEC的微菌落型黏附大肠杆菌，随着EAEC发现，多数人认为DAEC是致泻性大肠杆菌的一个独立类别。但目前对DAEC导致腹泻的病理特征了解得还很有限。最近在圣地亚哥一项调查中发现DAEC致病与年龄有很大关系，DAEC感染引起的腹泻从1岁至4～5岁儿童发生的危险较大，原因还不清楚。典型DAEC菌株是含有*AfaE-Ⅰ*、*AfaE-Ⅱ*、*AfaE-Ⅲ*、*AfaE-Ⅴ*、*Dr*、*Dr-Ⅱ*、*F1845*等鞭毛基因和NFA-Ⅰ黏附素（Afa/Dr DAEC）的大肠杆菌；这些菌株可能连接于人衰变加速因子（DAF）［Afa/Dr（DAF）亚属］和癌胚抗原（CEA）。DAEC检测通常通过Hep2细胞黏附实验，呈DA型黏附。Bilge等克隆的该菌表面鞭毛基因*F1845*，该基因探针进行DAEC检测阳性符合率能达到75%。

总之，随着上述6类大肠杆菌的研究不断深入，对其毒力因子和致病机制的研究不断取得新的进展，发展了很多快速有效的分子生物学诊断方法，这些工作取得的成绩有利于更好地进行流行病学监控，在预防和治疗这些疾病方面有重要意义。

4.3.3.5 抗原构造

大肠杆菌抗原比较复杂，主要包括菌体抗原（O）、鞭毛抗原（H）和包膜抗原（K）三部分。

O抗原：大肠杆菌菌体抗原，为耐热多糖-磷脂-蛋白质复合物，100℃或121℃加热2h均不能破坏其抗原性。具有抗乙醇和稀酸作用。致病性大肠杆菌菌株常与其O群抗原密切相关，也就是O抗原是大肠杆菌血清分群的基础。因而在大肠杆菌鉴定时O抗原显得比H抗原和K抗原更为重要。目前已发现本菌共有164种O抗原，但排序已至171。O抗原以阿拉伯数字表示。

H抗原：即鞭毛抗原，是一种不耐热的蛋白质抗原。一般一种大肠杆菌只有一种H抗原，没有鞭毛或失去鞭毛的变种，也就失去了H抗原。经水浴加热60℃以上或用乙醇即可逐渐被破坏。H抗原共有57种，但排序到59，其中H_{13}和H_{22}被鉴定为枸橼酸杆菌而被删除。

K抗原：系包于菌细胞外部对热不稳定的多糖或蛋白质物质，存在于荚膜、被膜或菌毛中，又称荚膜抗原、被膜抗原、表面抗原。K抗原是大肠杆菌几种表面抗原的总称，由于K抗原存在于O抗原外周，因此，凡是具有K抗原的大肠杆菌均可抑制活菌相应O血清的凝集性。根据K抗原物理性质，将K抗原又分为L、A和B三种。L和B是不耐热抗原，具有L和B抗原的菌株不具荚膜，A抗原是耐热抗原，具有A抗原菌株则具有荚膜。

（1）L抗原：对热敏感，100℃加热1h，即可破坏其抗原性，并失去在相应抗体中的凝集性，主要存在于细胞被膜中，偶见于荚膜。

（2）A抗原：加热100℃，1～2.5h，或121℃加热2h，可破坏其抗原性和O不凝集，而仍具有与相应抗体的结合能力。此抗原存在于荚膜中。

（3）B抗原：100℃加热1h即能破坏其抗原性和与相应抗体的凝集性，它是荚膜或被膜组分。

O抗原、K抗原、H抗原是大肠杆菌血清学分型的基础，按不同组合方式组成不同大肠杆菌血清型，大肠杆菌抗原式如 O_8：K_{25}：H_9。

4.3.3.6 毒素

在大肠杆菌致病过程中起重要作用的是其产生的毒素。这些毒素包括内毒素、肠毒素、细胞毒素等。

内毒素：由脂多糖与蛋白质复合而成，分子质量大于100 000Da，耐热，160℃，2～4h才被破坏，毒性较小，200～400μg才能杀死小白鼠，无特异性，具有免疫原性，经甲醛处理后，不能变成类毒素。该毒素具有多种毒性反应，如致热性，引起人和动物发热；白细胞增多（小剂量）或减少（大剂量）；血糖增高，损伤微循环及引起小白鼠死亡。

肠毒素：是某些大肠杆菌在生长繁殖过程中产生并释放出来的一种外毒素，按肠毒素对热耐受力分为耐热性肠毒素（ST）和不耐热肠毒素（LT）。

（1）耐热性肠毒素（ST）：对热稳定，100℃加热30min不被破坏，仍保持其活性，是由分子质量小于5000Da多肽组成，可透析，对酸、胰酶、蛋白酶K和链霉蛋白酶均有抗性，无免疫原性或免疫原性极弱。

（2）不耐热性肠毒素（LT）：对热不稳定，60℃加热30min即被灭活。分子质量为80 000Da或86 500Da的蛋白质，不能透析，不易分离，有抗原性。硫酸铵或丙酮能使其沉淀，经甲醛溶液处理，可变成类毒素。LT主要刺激肠腺使其分泌能力增强，作用缓慢持久，可导致肠管中液体缓慢蓄积。与霍乱弧菌肠毒素（CT）极其相似，并具有共同抗原关系。

细胞毒素：它是一种能致Vero细胞病变的毒性物质，故称Vero细胞毒素（VT），因它的毒性作用相似于痢疾志贺氏菌毒素，故又称志贺氏样毒素（SLT）。后来在人EHEC O157：H7菌株中又发现一种对Hela和Vero细胞均有毒性的细胞毒素，亦称志贺毒素（Stx）。此毒素对肾上腺细胞及中国地鼠卵巢细胞（CHO）无毒性，不引起兔回肠的积液效应，不耐热，98℃加热15min即被破坏，有抗原性，但与肠毒素不同，见表4-11。

表4-11 各种组织细胞对志贺毒素（Stx）的敏感性

细胞株	来源	杀死50%细胞相对剂量	参考文献
HelaS3	人子宫颈癌	1	Keusch；1972 Gentry；1980 Olsnes；1980
Vero	非洲绿猴肾癌	10	Olsnes；1980
Hep2	人表皮样喉癌	10 000	Gentry；1980
人黑色素瘤	黑色素瘤	无反应	Olsnes；1980
CHO	中国地鼠卵巢	无反应	Olsnes；1980

注：无反应，即任何剂量的毒素的杀死率都小于50%

此外，大肠杆菌的某些菌株还能产生血管渗透因子（VPF）、大肠杆菌神经毒素、β-溶血素等。

4.3.3.7 细菌学检测

1）常规检测

大肠杆菌普遍存在于人和动物肠道内，不断随粪便排出体外，成为环境和食品的污染源。为此，世界各国都确定了以大肠杆菌、大肠菌群、粪大肠杆菌作为食品和生活饮用水中粪便污染的指标菌，并制定了国家统一检验方法及各种食品和饮用水的卫生指标，以判定食品和饮用水的卫生状况。目前我国国家标准中大肠杆菌检测方法主要有：食品安全国家标准《食品微生物学检验　沙门氏菌、志贺氏菌和致泻大肠埃希氏菌的肠杆菌科噬菌体诊断检验》（GB 4789.31—2013），见图4-10。

2）分子生物学检测方法

基因探针和PCR技术广泛用于致病性大肠杆菌的快速检测中，用LT、ST-Ⅰ、ST-Ⅱ三种基因探针可进行分子流行病学调查和菌株肠毒素的鉴定，可替代其他繁琐的检测和动物模型毒素检测方式。通常有两种方法进行核酸探针鉴定，第一种方法将纯培养物点种到琼脂平板，每个平板上点种30～50个，转膜后用特异性探针进行菌落杂交。该方法缺点在于如果在分离步骤没有得到致病菌纯培养物，则检测不到正确阳性结果。第二种方法直接将粪便样品点种在置于培养平板的硝化纤维素膜上，过夜培养后，用滤膜进行菌落杂交，该方法的优点是致病性大肠杆菌不必从粪便中分离出来，但存在大量杂菌影响检测敏感性。在临床诊断上应用最为广泛的是PCR技术，具有简便、快速、敏感性高的特点。EHEC O157的PCR诊断一般采用多重PCR方法，其灵敏度为 10^4～10^5CFU/g。用多重PCR检测，同时检测溶血素Hly和肠毒素SLT特异性基因，能快速检测和鉴定EHEC菌株，并与EPEC区分开来。多重PCR检测的主要毒力基因还有 *aggR*、*lt*、*st*、*vt*、*eaeA*、*astA*、*iroE* 等。

基因芯片。Chizhikov等将6个编码大肠杆菌抗原和毒力的特异基因探针（EaeA、SltⅠ、SltⅡ、FliC、RfbE、IpaH）点样在玻片上，取多重PCR扩增产物与之杂交，用于同时检测和鉴定食物中毒相关的肠道病原体，该芯片可同时检测15种沙门菌、志贺氏菌和大肠杆菌的毒力因子。

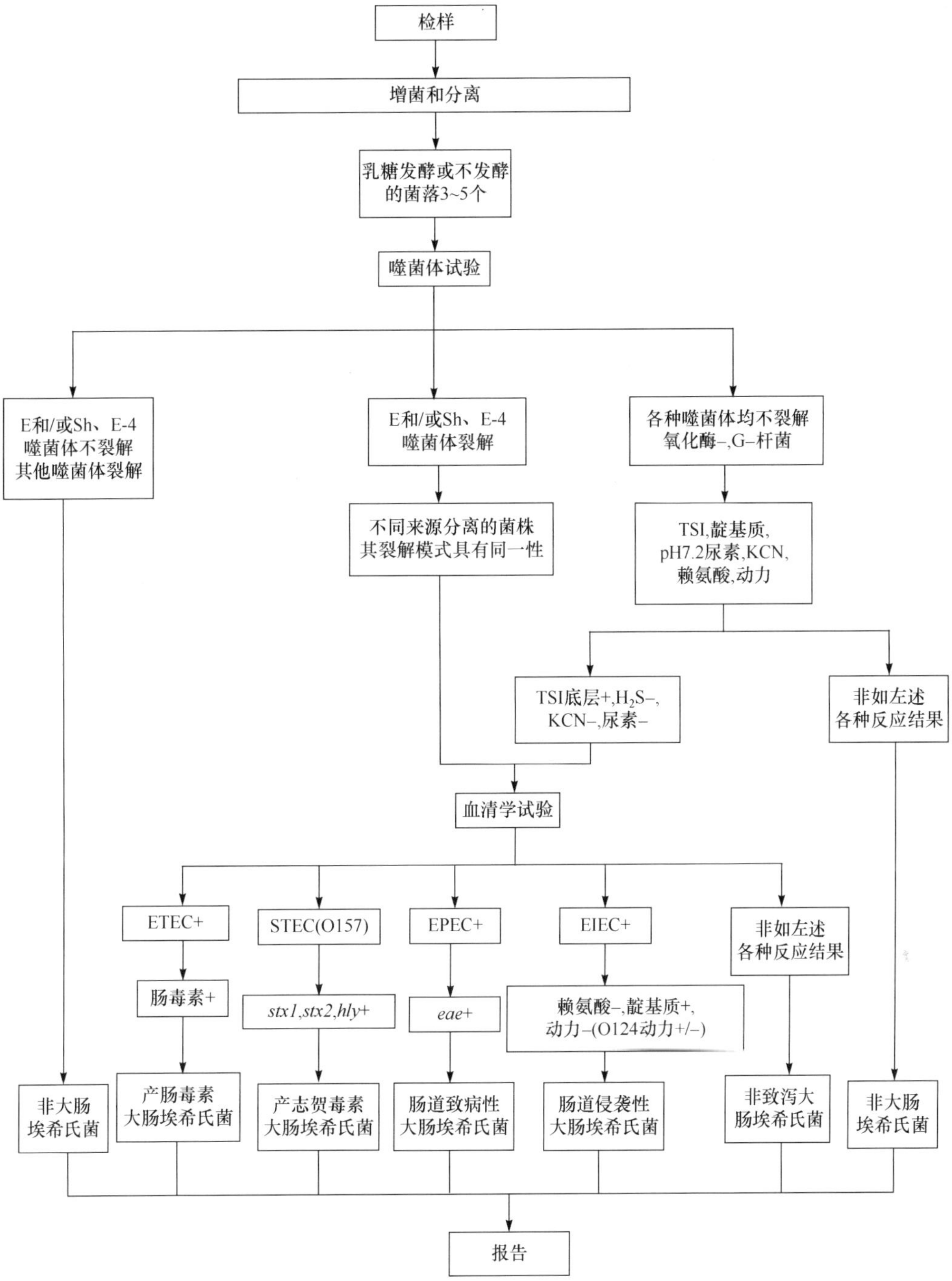

图 4-10 致泻性大肠杆菌国家标准检验程序

3）其他检验方法

检测大肠杆菌及其肠毒素的新技术、新方法很多。例如，用 K_{88} 单抗血清对粪中 K_{88}^{+} 菌检出率比常规培养法提高一倍，最小检测菌量为 10 000CFU/mL。987P 酶标单抗对粪便和肠内容物最小检出菌量为 2000CFU/mL，但这些方法在实际应用中各有利弊。用免疫磁珠分离法检测牛粪便和食品标本的大肠杆菌 O157：H7，可提高大肠杆菌 O157：H7 感染病例的检出率。美国佛罗里达大学使用纳米粒子技术检测大肠杆菌，即使样本里只有一个大肠杆菌也能检测出来，整个过程只需要 20min。

4）分子流行病学分型方法

血清型分型技术：按照常规方法主要对 O 抗原、K 抗原、H 抗原进行鉴定。分子生物学分型技术：用核糖体分型和脉冲肠电泳技术（PFGE）分型，可对急性分泌型腹泻患者中分离的 ETEC 病原菌分析，美国国家公共卫生实验室已完成了 PFGE 标准化流程的制定。随机引物扩增 DNA 多态性（RAPD）和扩增片段长度多态性（FAFLP）分析分型技术也可用于致病性大肠杆菌分型。

4.3.3.8 食品生产的综合控制

致病性大肠杆菌的生产综合控制与其他肠道致病菌基本相同，但 EHEC O157 感染是致病性大肠杆菌中发病率高、致病力强的细菌感染。该菌的感染与防治有其特殊性，抗生素治疗能增加毒素的释放，有可能加重病情，为此，防止 EHEC O157 感染是控制致病性大肠杆菌感染的重点。

1）通过免疫带菌动物以减少病原菌传播

牛和其他动物（包括野生鹿）是出血性大肠杆菌（EHEC）的主要携带者，它们成为该菌传播给人类的主要来源。从流行病学考虑，有效的动物疫苗接种必然缩短细菌定居时间，直接控制疾病的方法是对牛及其他反刍动物进行免疫，这一防治策略将解决问题的重点放到了带菌动物身上，这样动物性食品的最终产品将更加安全。另外，通过大面积免疫肉用动物来防止食源性疾病，还很少有成功的先例，进行这方面的尝试无疑对于预防本疾病和其他食物源性疾病的传播意义重大。根据 EHEC 感染和传播特点，EHEC 疫苗研制主要包括两方面：动物用疫苗和人用疫苗。由于 EHEC 主要宿主是牛和其他反刍动物，反刍动物和人接种疫苗需要用不同方法，前者接种的目的是缩短动物体中该菌定居时间和阻断对人传播，而对目标人群进行免疫的目的则是预防原发感染和在阻止严重后遗症的发生。正在研制的疫苗有减毒活菌苗、全菌体死疫苗、多糖-蛋白结合疫苗和 Stx 类毒素亚单位疫苗。

2）主动免疫防止感染人类的免疫策略

有一些间接证据表明，人接种菌苗对预防 EHEC 感染有效。已经进行的大量动物研究表明，虽然免疫接种对细菌定居影响较小，但可预防疾病发生和发展。在发展中国家 EHEC 病发病率低的一种可能的解释是，在幼年经常接触肠致病性大肠杆菌可预防 EHEC 病，因为两者具有交叉反应性毒力决定簇，如外膜黏附素。鉴于 O157∶H7 的高发病率、严重性及可以丧失生产力，抗生素治疗还可能加重病情，导致肾脏出血综合征，为此有效的免疫预防是控制其感染发病的主要手段，其中以有效的疫苗接种为免疫预防的重要内容之一。肾脏综合征是 O157∶H7 最严重的疾病，在尚无有效治疗方法的情况下，针对目标人群实施免疫是控制该病发生的最实际选择。

4.3.4 小肠结肠炎耶尔森氏菌（*Yersinia enterocolitica*）

4.3.4.1 食品卫生学意义

小肠结肠炎耶尔森氏菌是国际上引起重视的人畜共患病原菌之一，也是一种非常重要的食源性病原菌。耶氏菌共有 4 个亚属，小肠结肠炎耶尔森氏菌是其中一个亚属，其他还有鼠疫耶氏菌（*Yersinia pestis*）、假结核耶氏菌（*Yersinia pseudotuberculosis*）和鱼红嘴疫耶氏菌（*Yersinia ruckeri*）。而小肠结肠炎耶尔森氏菌包括 4 种，即典型小肠结肠炎耶尔森氏菌、弗氏耶氏菌（*Y. frederiksenii*）、中间型耶氏菌（*Y. intermedia*）、克氏耶氏菌（*Y. kristensenii*），前者是致病的，后三者均为非致病的。一般人们说小肠结肠炎耶氏菌即是指典型小肠结肠炎耶尔森氏菌。

本菌主要存在于人和动物肠道中，从人和猪、牛、羊、马、犬、猴、猫、骆驼等许多哺乳动物，鸡、鸭、鹅、鸽等多种禽类，鱼、虾等水生动物，蛙、蜗牛等冷血动物，昆虫均曾分离到本菌。食用动物带菌率较高，通过食品加工过程造成对食品污染也较严重，德国市场出售的鸡肉带菌率为 28.9%、猪肉为 34.5%、牛肉为 10.8%，有的国家报告猪肉检出率为 10.8%、鸡肉为 34.5%、牛肉为 14.6%，我国的情况类似。

由于本菌分布广泛，食品污染率高，因此对人体健康造成严重威胁，除引起皮肤结节红斑、丹毒样皮疹、关节炎和假阑尾综合征等感染性疾病外，还经常引起暴发性食物中毒。世界上越来越多国家报导发生小肠结肠炎耶尔森氏菌感染和中毒的事例。动物性食品常常被该菌污染，常见有肉类、奶类食品。我国 1987～2010 年报道 5 起，在所有食物中毒事件比例为 0.33%（居第 17 位），主要涉及小肠结肠炎耶尔森氏菌和假结核耶尔森氏菌。1987 年 3 月沈阳市某中等专科学校食堂就餐 545 人，351 人发生耶氏菌食物中毒，发病率 64.4%，病原为 O：9 型小肠结肠耶尔森氏菌。

本菌在外界环境中不仅具有长期保存生命力的特性，而且可以生长繁殖，是**典型嗜冷菌**，在 4℃下存活 18 个月，冷藏食品可防止其他病原菌繁殖，而本菌在 0～4℃仍能继续繁殖并产生毒素，冰箱存放的污染食品对人仍具有感染性，对这种可通过食物传播而又具有嗜冷性的致病菌必须给予足够的重视。世界许多国家已将本菌列入食品检验法规。例如，1978 年美国把本菌列入食物中毒原因菌，日本中央法规（1983 年）中列入了本菌的检验。1985 年我国卫生部颁布了食品中本菌的检验方法（国家标准），2008 年最新版国家标准检验方法《食品卫生微生物学检验　小肠结肠炎耶尔森氏菌检验》颁布。

4.3.4.2 主要特征

1）形态及染色特征

本菌为短小、卵圆形或杆状革兰氏阴性杆菌，单在、短链或成堆排列（图 4-11），22～25℃幼龄培养物主要呈球形，大小为（0.99～3.45）μm×（0.52～1.27）μm，无芽胞，无荚膜。30℃以下培育有鞭毛，37℃则无鞭毛。25℃生长培养细菌具有 1～8 根周鞭毛，其鞭毛数根据生物型的不同而多少不一，生物 1～3 型菌株有 2～6 根鞭毛，多者达 18 根鞭毛，生物 4～5 型菌株多数只有 1 根鞭毛，动力不活泼，在陈旧培养物呈多形性，普通碱性染料易于着色，美兰染色可显示两极浓染（图 4-12）。

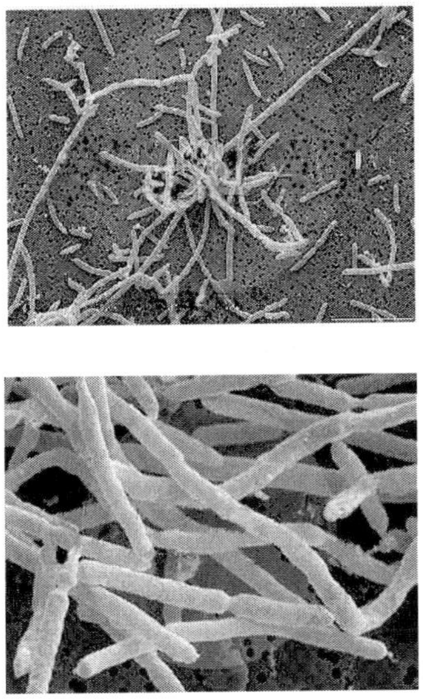

图 4-11 小肠结肠炎耶尔森氏菌电镜照片

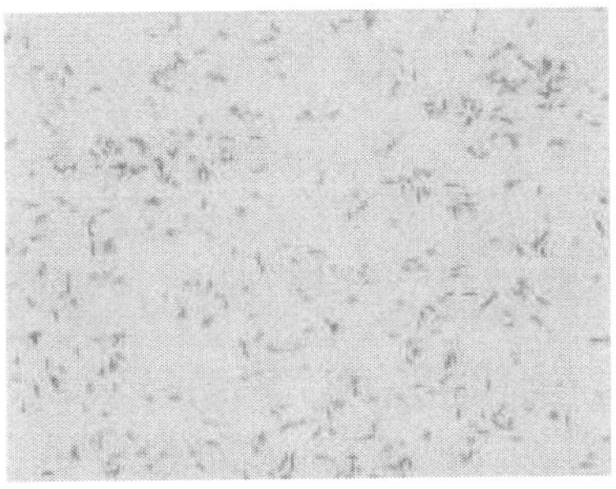

图 4-12 小肠结肠炎耶尔森氏菌革兰氏染色

2）生长要求与培养特性

本菌为需氧和兼性厌氧菌，生长温度范围为 0～45℃，最适生长温度 25～30℃。生长的 pH 范围 4～10，最适生长 pH 为 7.2～7.4。对营养要求不高，在普通培养基上均能生长，但生长缓慢，对胆盐、煌绿、结晶紫、孔雀绿及氯化钠均有一定耐受性，所以在常用肠道选择培养基上均能生长。

普通琼脂：培养 24～48h，菌落呈圆形，光滑，稍隆起，透明或半透明，大小为 0.5～2mm。继代培养后，容易变异，形成 R 型。

SS 琼脂：菌落呈圆形，光滑，稍突起，略呈浅橘红色，或淡粉色，大小比普通琼脂小，24h 为 0.1～0.3mm，48h 可增大到 0.4mm。

麦康克琼脂：菌落呈圆形，光滑，透明或半透明，略扁平，淡粉色，大小比 S.S 琼脂稍大，48h 为 0.5～0.7mm。

普通肉汤：呈均匀混浊，偶有薄膜或少量沉淀物。

3）生化特性

本菌生化特性不稳定，25℃和 37℃反应结果有差异，能发酵葡萄糖、甘露醇、蔗糖、山梨醇。尿素酶阳性，鸟氨酸脱羧酶阳性，β-半乳糖苷酶阳性，MR 试验阳性，V-P 试验（22℃）阳性，V-P 试验（37℃）阴性，不分解乳糖、鼠李糖，苯丙氨酸脱氢酶、细胞色素氧化酶、H_2S 阴性，不利用枸橼酸盐。

Bergey 细菌分类手册介绍的生物型分类见表 4-12。

表 4-12 小肠结肠炎耶尔森氏菌生物型鉴别

特性	生物型				
	1	2	3	4	5
脂酶（吐温 80）	+	−	−	−	−
脱氧核糖核酸酶	−	−	−	+	+
靛基质产生	+	+	−	−	−
硝酸盐还原	+	+	+	+	−
产酸：D-木糖	+	+	+	−	−
蔗糖	+	+	+	+	d
D-海藻糖	+	+	+	+	−

注：+. 阳性；−. 阴性；d. 不定

4.3.4.3 抵抗力

本菌对热敏感，60℃，30min 或 65℃，1min 即可杀死，曾经从澳大利亚两个乳品厂的巴氏消毒牛乳和奶油中分离出本菌，这说明牛乳中耶氏菌通过巴氏灭菌不能完全被杀死。对低温有较强的耐受性，在 4℃下可活存 18 个月，在−20～−18℃冷藏肉保藏过程中，菌数明显减少。辐射对本菌有一定杀灭作用。用紫外线照射 20min，不能全部杀灭耶氏菌，在碎牛肉中耶氏菌经 60krad 照射后，约有 25%存活菌。在 0.5% KOH 液中能存活 10～15min，胆盐对耶氏菌的抑制作用与胆盐种类、浓度、血清型及培养基中成分有关，3 号胆盐加至 5%浓度耶氏菌发育不受影响，但有的血清型在较低浓度胆盐溶液中也很敏感。有少数菌株在 10% NaCl 中仍能生长。本菌对抗生素敏感性不定，但对青霉素、红霉素、先锋霉素、氨苄西林不敏感。

4.3.4.4 致病性

小肠结肠炎耶尔森氏菌已经明确的毒力因子包括有 V 抗原和 W 抗原、两种侵袭素（inv 和 ail）及肠毒素和 LPS 内毒素等，另外质粒编码的温度诱导性外膜蛋白 Yops 和染色体编码的高分子量铁诱导蛋白 HWMP2 也对其致病性有重要影响。

1）中毒表现

潜伏期短者 1～3d，一般 3～5d，长者 10d。中毒表现以消化道症状为主，腹痛、腹泻、发热、水样便，少数患者软便，体温 38～39.5℃。其次是恶心、呕吐、头痛等表现。病程一般为 2～5d，长者可达两周。儿童发病率比成人高，通常为50%。

中毒表现多种多样，且随着年龄不同而不同，两岁以下腹痛、发热、胃肠炎为主；儿童和青少年以类似急性阑尾炎表现，成人可出现不同感染症状，结节性红斑、关节炎等常见；如出现败血症，可致死亡，病死率可高达34%～50%。

2）基因组

目前三种主要致病性耶氏菌中，鼠疫耶氏菌的三个菌株KIM、CO92、91001已完成了全基因组序列测定，小肠结肠炎耶尔森氏菌仅8081菌株完成全基因组序列测定。染色体全长4 615 899bp，G+C含量为47.27%，携带一个质粒pYVe808167，721bp，G+C含量为43.92%。

3）致病岛

致病性耶氏菌可分为低致病菌株和高致病菌株，低致病菌株感染后导致人类温和的肠道感染，低剂量对小鼠无致病性；高致病菌株可引起人类系统感染，低剂量可引起小鼠致死，这种毒力水平差别取决于一个大染色体片段存在与否，这个与高致病基因型表达相关区域称为高致病岛HPI。HPI存在于鼠疫耶氏菌、假结核耶氏菌和小肠结肠炎耶尔森氏菌中，在低毒性血清型耶氏菌中不存在。

耶氏菌高致病岛HPI的特性：通常HPI是不稳定的致病岛，鼠疫耶氏菌丢失的频率为2×10^{3}，假结核耶氏菌为1×10^{4}，但小肠结肠炎耶尔森氏菌中HPI较为稳定。HPI由一个保守的核心区域及无确定功能部分组成，保守核心部分包括Ybt生物合成、调控和摄取的基因，是一个对HPI整合或剪切具有重要意义的区域，致病性耶尔森氏菌的突出特征之一是通过Ybt的铁载体从宿主摄取铁，这也被认为是HPI的主要功能。小肠结肠炎耶尔森氏菌HPI已鉴定出24个编码序列，其中*irp1-irp9*、*ybtA*和*fyuA*组成HPI的核心，与Ybt的生物合成、传输调控有关，类似P_4噬菌体整合酶基因的*intB*基因也位于该核心上。

有很多报道证实HPI在耶氏菌致病中的重要作用，通过对大量耶氏菌调查表明HPI特异性基因存在与这些自然分离株致病性相关联。将分离小肠结肠炎耶尔森氏菌IB，通过Tn5转座子使致病岛突变，该突变株则失去产生耶氏菌细菌素的能力。

4.3.4.5 抗原构造

本菌具有耐热菌体（O）抗原，不耐热鞭毛（H）抗原和被膜（K）抗原，O抗原有84个因子，用阿拉伯数字1、2、3、4等表示，H抗原有20个因子，用小写英文字母a、b、c、d等表示，K抗原只有1个因子。根据O抗原，结合H抗原和K抗原，将本菌分成50余个血清型，目前我国采用49个O因子血清分群，其组成见表4-13。

表4-13 我国使用的49种O因子血清群

C，（1、2、3）	14	40
4、32	15	41、42
4、33	16	41、43
5	16、29	44
5、27	17	44、45
6、30	18	46
6、31	19、8	47
7、8	20	48
8	21	49、51
9	22	50、51
10	25、35	52
10（K_1）	28	52、53
11、23	35	52、54
11、24	36	55
12、25	37	57
12、26	38	
13、7	39	

多数菌株只含一个O抗原因子，部分菌株含有两个以上O抗原因子。Ahnman发现小肠结肠炎耶尔森氏菌O_9型与牛布鲁氏菌有交叉反应，还与革兰氏阴性肠道杆菌脂多糖O抗原具有共同抗原，能与沙门菌O：30、O：12、O：47、大肠杆菌、变形杆菌、志贺氏菌及霍乱弧菌稻草叶型等发生交叉反应，与野兔热杆菌也呈弱交叉反应，在进行血清学鉴定时，要注意鉴别。

小肠结肠炎耶尔森氏菌血清型随地区、人群和动物种类不同而有差别，如美国和加拿大最常见者为O：8型，在非洲和日本主要是O：3型，其次是O：5、O：9型。我国发现的菌型为O：3、O：7、O：8、O：10、O：16、O：9、O：21。已知感染人的主要血清型是O：3、O：5、O：8、O：9。

毒力抗原（VW抗原）：已知该菌某些菌株具有与鼠疫耶氏菌和假结核耶氏菌在免疫学上相同的VW抗原。在37℃生长时需要钙，而在25℃生长时不需要钙的菌株即含VW抗原。Karmali等将从患者粪便检出O：21血清型自凝阳性菌株，在草酸镁琼脂上于35℃培养不生长，用于口服小鼠则产生腹泻。可见自凝阳性与缺钙培养基上35℃无生长能力是一致的，能使小鼠发生腹泻。

4.3.4.6 毒素

小肠结肠炎耶尔森氏菌部分菌株能产生一种耐热性肠毒素，分子质量为10 000～50 000Da，该毒素在

121℃，30min 不被破坏，4℃放置 7 个月不失其活性。pH 1～11 环境中不被破坏，肠毒素只在室温（25℃）下培养能迅速产生，37℃则不产生。肠毒素可在食品中形成，在食品加工和储存中存留，并不受胃酸环境影响，被人食用后，即可发生中毒。

此外，毒力抗原是耶氏菌重要的毒力因子，它是一种蛋白质-脂蛋白复合物。有致病性小肠结肠炎耶尔森氏菌均能产生 VW 抗原，VW^+ 阳性菌株不论是皮下接种或饮食均能感染小鼠，使其发生腹泻和死亡。而 VW 阴性菌株则不能。

4.3.4.7　细菌学检测

1）小肠结肠炎耶尔森氏菌国家常规检验方法

国家标准检验方法《食品卫生微生物学检验　小肠结肠炎耶尔森氏菌检验》（GB/T 4789・8—2008）适用于食品中小肠结肠炎耶尔森氏菌的检验（图 4-13）。

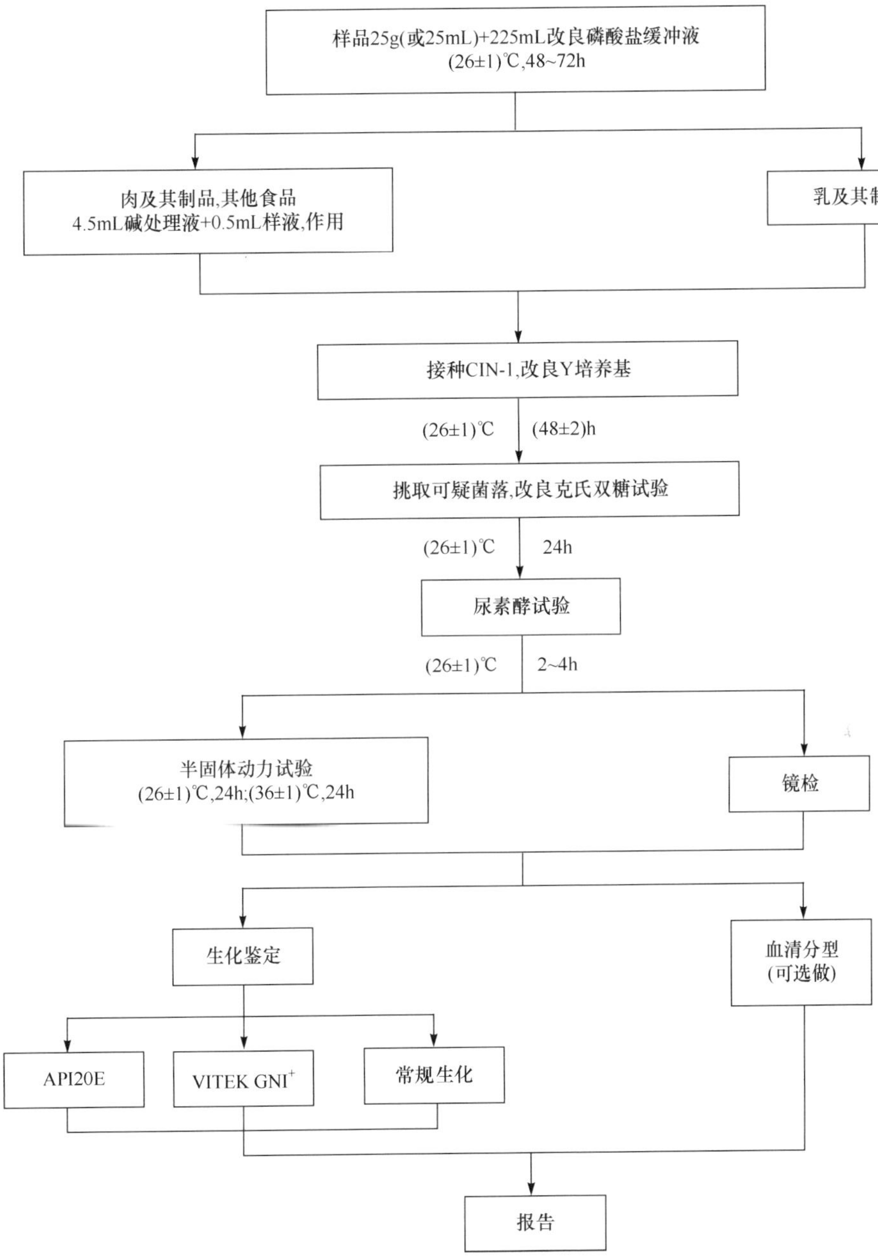

图 4-13　小肠结肠炎耶尔森氏菌检验程序

2）其他检验方法

在食品或环境中由于致病性小肠结肠炎耶尔森氏菌存在数量较少，直接在选择性培养基上培养往往难以直接分离到，为了增加小肠结肠炎耶尔森氏菌在这些样品中的数量，可先在液体培养基中进行富集。有以下几种方法可以利用：①冷富集，小肠结肠炎耶尔森氏菌不同于其他肠道菌，有耐冷的自然属性，为此可以在 4℃不同培养基中延长培养期进行增菌 2～4 周，PSB 和 PBS

是广泛用于食品或环境样品中小肠结肠炎耶尔森氏菌冷富集培养基。为了限制其他非致病菌生长可加入KOH。②选择培养，在普通培养温度中进行小肠结肠炎耶尔森氏菌分离培养，可通过选择性培养基，如Wauters等制备的MRB或TTC，可以将样品在25℃培养2～4d，用于血清型4/O：3增菌。Schiemann等用BOS增菌分离血清型IB/O：8，Landgraf等用TSB和TSPN在18℃培养3d分离牛奶中小肠结肠炎耶尔森氏菌。③选择性琼脂平板，选择性琼脂平板常用MAC（麦康克）、CIN、SSDC等。其中CIN琼脂是分离样品尤其是粪便样品中小肠结肠炎耶尔森氏菌选择性最强的培养基（但血清型3/O：3在CIN中则生长被抑制）。④鉴定，在CIN琼脂上单个菌落进行生化鉴定。商业上快速鉴定系统API20E系统已广泛使用，该系统可以对28℃培养的小肠结肠炎耶尔森氏菌进行鉴定，符合率达93%。⑤致病性检测，由于分离的小肠结肠炎耶尔森氏菌需要进行致病性与非致病性鉴定，表型鉴定不仅费时而且不完全可靠，因此以DNA为基础的方法进行小肠结肠炎耶尔森氏菌鉴定的研究较多，菌落杂交方法使用基因探针主要是根据该菌的毒性质粒和染色体上已知毒性功能的特异性DNA片断而设计的，PCR技术在检测微生物纯培养物时非常有效，但在一些样品如食品、血液、粪便中PCR方法检测的敏感性则受到抑制。有几种前处理方法包括富集、稀释、过滤、离心、吸收等，可针对不同样品使用，然后进行DNA提取和样品的PCR检测，可获得较好的检测结果。有一些研究利用PCR方法检测质粒Pyv中特异性基因，但质粒在传代培养和贮存时可能发生丢失，为此利用PCR技术检测染色体上毒力基因的检测方法更为常用，越来越多的多重PCR进行毒力基因检测。快速诊断可通过选择性培养基初筛后，再用抗该菌外膜蛋白单克隆抗体检测或利用提纯的外膜蛋白进行抗体检测。

RAPD核糖体分型：PFGE等分子生物学方法已经广泛用于流行病学分析。其中PFGE方法是最理想的，即每一株与流行的无关菌株都有独特的酶切图谱，而流行株酶切图谱是共同的。

血清学分型：根据本菌O抗原可将其进行血清型分群。目前国内采用49种O因子血清进行玻片凝集试验，同时以盐水作对照排除自凝菌。引起食源性疾病常见的是O：3、O：5B、O：6、O：7、O：8、O：9、O：21和O：22等。吖啶橙免疫荧光菌团法可进行初筛，荧光显微镜低倍镜下观察，见有疏松网团状或细砂粒样集合体，形状不规则，呈鲜苹果绿色的荧光，而周围较暗者为阳性结果。把阳性培养物移种至琼脂平板上继续分离培养，鉴定。未来可以考虑利用RT-PCR方法进行该菌检测来加强整个检测过程的自动性，使其成为食品工业、实验室诊断和流行病学研究中成熟的应用方法。

4.3.4.8 食品生产综合控制

小肠结肠炎耶尔森氏菌分布很广，可存在于生的蔬菜、乳和乳制品、肉类、豆制品、沙拉、牡蛎、蛤和虾，也存在于环境中，如湖泊、河流、土壤和植物。已从家畜、犬、猫、山羊、灰鼠、水貂和灵长类动物的粪便中分离出该菌。在港湾周围，许多鸟类包括水禽和海鸥可能是带菌者，猪的带菌率较高，日本报告检出率为4%，加拿大为3.6%，丹麦为10%～17%。该菌最易在猪扁桃腺中发现，由于大多数待宰猪扁桃体都携带此菌，因此在屠宰场中控制此菌的传播比较困难，健康猪携带者大量存在及广泛传播使该问题更加恶化。猪屠宰加工质量明显影响着小肠结肠炎耶尔森氏菌的传播，因而改进屠宰加工技术可阻止该菌传播，其中最重要的是加强对猪头和下水的处理。此外，对该菌快速检测方法进行研究用于食品生产综合控制和流行病学研究对防止污染有特别重要意义。

4.3.5 副溶血性弧菌（*Vibrio parahaemolyticus*）

4.3.5.1 食品卫生学意义

副溶血性弧菌属于弧菌属的一种嗜盐杆菌（嗜盐弧菌），主要是存在于海水和海产品中的海洋性细菌。引起中毒食物主要是海产品，如梭子鱼、乌贼、海鱼，小海产品如蛤蜊、牡蛎、黄泥螺、海蜇等，鱼体带菌率低者达20%、高者达90%；其次是蛋品、肉类或蔬菜。其中以各种海产品带菌情况较为普遍，墨鱼最高，带菌率93%，梭子鱼78%，带鱼41.2%；黄鱼27.3%；淡水鱼中也有该菌存在。当致病性菌株污染产品被人不慎食用后，可引起胃肠炎，该菌也是沿海地区食物中毒暴发的主要病原菌之一。最早在日本引起发病的食物主要是海产品，其后在我国沿海地带及岛屿地带均有发现，是沿海地区食物中毒之首。

副溶血性弧菌中毒一般是暴发性，较少是散发现象。大多发生于6～10月气候炎热季节，寒冷季节则极少见。潜伏期最短仅1h，一般在3～20h，食物中毒临床上表现为：上腹部疼痛、腹泻、恶心、呕吐等；腹泻多为水样便，也有大便脓血；随后腹部剧烈疼痛，持续1～2d。主要病变在十二指肠、空肠和回肠上部，如痢疾者，一般病后3～5d痊愈，但重症者也可造成脱水、休克。发生无年龄、种族差异，而主要与地域和饮食习惯有很大关系。本菌引起的食物中毒主要是生食海产品，烹调加热不足或交叉污染引起。另外，如果食用同样污染的食物，经常接触该菌的人较不易发病。

4.3.5.2 主要特征

1）形态及染色特征

本菌为革兰氏阴性弯曲球杆菌，或呈弧菌，两端有浓染现象，其中间着色较淡或不着色。一端有鞭毛，运动活泼，菌周也有菌毛。大小为0.7～1.0μm，有时有丝状菌体，可长达15μm。本菌在不同的生长环境中出现菌体形态也有些差异，呈现多形性。主要形态有球状、球杆状、卵圆形和丝状。本菌排列不规则，多数散在，有时成对存在（图 4-14）。

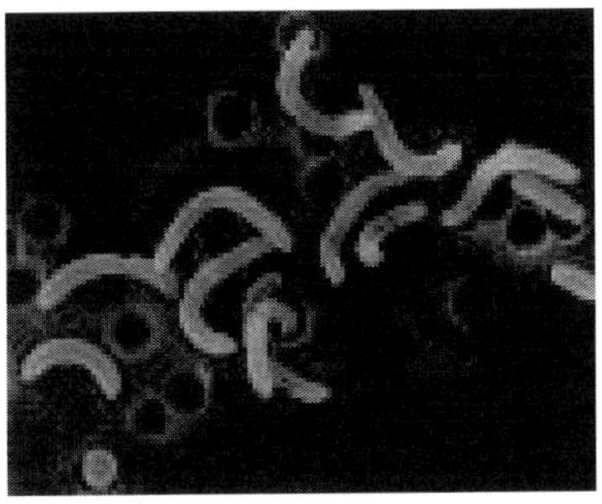

图 4-14 副溶血性弧菌

在 S.S 琼脂和血平板上培养，细菌大多数呈卵圆形，少数呈杆状或丝状，两端浓染，中间着色淡甚至不着色。在嗜盐琼脂上，本菌主要为两头小而中间稍胖的球杆菌，在罗氏双糖培养基上，24h 菌体基本一致，48h 的培养物菌体形态的变化很大，有球状、丝状、杆状、弧状或逗点状等，其大小及染色特征差异也很大。

2）生长要求和培养特性

本菌为需氧菌，需氧性很强，对营养要求不高，但在无盐环境中不能生长。在含盐 0.5%培养基中即能生长，所以在普通琼脂上或蛋白胨水中都能生长，而本菌在含盐 3%～3.5%培养基上生长最好。其生长适宜 pH 为 7.0～9.5，而最适 pH 为 7.4～8.0，适应温度范围 15～48℃，生长发育最适宜温度为 30～37℃，在液体培养基中呈现混浊，表面形成菌膜，R 型菌发生沉淀。在固体培养基上菌落通常为隆起、圆形、稍混浊不透明，表面光滑湿润，传代之后常出现不圆整、粗糙型菌落，或灰白色半透明或不透明菌落。从腹泻患者中分离的菌落多较典型，从食品中分离的细菌多为 R 型，在血琼脂平板上菌落周围可见溶血环。

在 S.S 平板上菌落中等大小，1～2mm 圆形，扁平，无色透明黏性菌落，不易被接种环挑起。在氯化钠蔗糖琼脂上，菌落 1～2mm，稍隆起，混浊、无黏性、绿色、湿润、中心绿色菌落，**具有扩散性菌落**是本菌一个生长特点，主要是因为细菌生长太快（图 4-15）。本菌在伊红美兰琼脂上不生长，某些菌株在麦康凯上生长，生长菌落呈圆形、平坦、半透明或混浊，略带红色。在 3.5%食盐琼脂平板上，37℃，24h 培养多呈蔓延状生长，菌落边缘不整齐、圆形、隆起，稍混浊、不透明、表面光滑湿润。如培养基中含有胆酸盐则能对细菌蔓延有一定抑制作用。细菌在生长过程中形成色素。

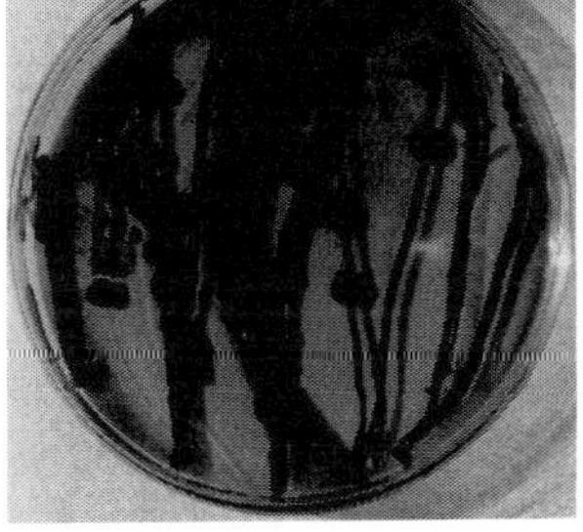

图 4-15 氯化钠蔗糖琼脂上的扩散性菌落

3）生化特性

副溶血性弧菌能分解发酵葡萄糖、麦芽糖、甘露醇、淀粉和阿拉伯胶糖产酸不产气。不能发酵乳糖、蔗糖、纤维二糖、木糖、卫矛醇、肌醇、水杨苷。产生靛基质，液化明胶，硝酸盐还原为亚硝酸盐。过氧化氢酶和卵磷脂酶为阳性，尿素酶阴性，V-P 试验阴性，不产生硫化氢。能分解淀粉和酪蛋白。甲基红试验阳性。对弧菌抑制剂三氨基二异丙基喋啶敏感。见表 4-14。

表 4-14 副溶血性弧菌的生化特性

生化项目	结果
葡萄糖	+
乳糖	−
蔗糖	−
甘露醇	+
阿拉伯胶糖	+/−
麦芽糖	+
覃糖	+
H_2S	−
吲哚	+
V-P 试验	−
赖氨酸脱羧酶	+
硝酸盐还原	+
明胶液化	+
10%氯化钠蛋白胨水中生长	−
菌落扩散	−
溶血性（人血）	+/−

注：+. 阳性；−. 阴性

副溶血性弧菌溶血试验有些特殊，从患者样品中分离的菌株在含有人血和家兔红细胞的培养基中生长，能产生 β 溶血，而从海水中及海产品中分离的菌株则不溶血，一般称此现象为神奈川（Kanagawa）现象。而能在神奈川培养基上产生 β 型溶血者，称为神奈川试验阳性。而从患者样品分离出的细菌神奈川阳性率为 96.5%，阴性只有 3.5%。相反，从海水及海产品中分离的菌株，阴性占 99%，阳性只占 1%。在对志愿者口服时，神奈川现象阳性菌 2×10^5～3×10^7 个菌就能引胃肠炎，而阴性者食入 1×10^6～2×10^6 个菌也不能引起发病。副溶血弧菌此种溶血性与肠道致病性有关。

本菌与海水中溶藻性弧菌的生化特性十分相似，但通过 V-P 反应、蔗糖发酵及在 10%氯化钠蛋白胨水中生长情况加以区别，前者均阴性反应，后者则呈阳性反应。与溶藻性弧菌和其他类似弧菌进行比较的情况见表 4-15 和表 4-16。

表 4-15　副溶血性弧菌主要性状与类似弧菌比较

名称	氧化酶	赖氨酸	精氨酸	鸟氨酸	明胶	脲酶	V-P	42℃生长	蔗糖	D-纤维二糖	乳糖	阿拉伯糖	D-甘露糖	D-甘露醇	ONPG	嗜盐性实验 氯化钠含量/%				
																0	3	6	8	10
副溶血性弧菌 (*V. parahaemolyticus*)	+	+	−	+	+	V	−	+	−	V	−	+	+	+	−	−	+	+	+	−
创伤弧菌 (*V. vulnificus*)	+	+	−	+	+	−	−	+	−	+	+	−	+	V	+	−	+	+	−	−
溶藻弧菌 (*V. alginolyticus*)	+	+	−	+	+	−	+	+	+	−	−	−	+	+	−	−	+	+	+	+
霍乱弧菌 (*V. cholerae*)	+	+	−	+	+	−	V	+	+	−	−	−	+	+	+	+	+	−	−	−
拟态弧菌 (*V. mimicus*)	+	+	−	+	+	−	−	+	−	−	−	−	+	+	+	+	+	−	−	−
河弧菌 (*V. fluvialis*)	+	−	+	−	+	−	−	V	+	+	−	+	+	+	+	−	+	+	V	−
弗氏弧菌 (*V. furnissii*)	+	−	+	−	+	−	−	−	+	−	−	+	+	+	+	−	+	+	+	−
梅氏弧菌 (*V. metschnikovii*)	−	+	+	−	+	−	+	V	+	−	−	−	+	+	+	−	+	+	V	−
霍利斯弧菌 (*V. hollisaen*)	+	−	−	−	−	−	−	nd	−	−	−	+	+	−	−	−	+	+	−	−

注：+. 阳性；−. 阴性；nd. 未试验；V. 可变

表 4-16　副溶血性弧菌与几种单胞菌属的比较

性状	弧菌属	气单胞菌属	假单胞菌属	绺毛单胞菌属
球形体形成	+	−	−	−
多形性	+	−	−	−
偏端单鞭毛	+	不定	不定	不定
紫外线下的荧光性	−	+	−	−
pH9.0 生长	+	−	不定	不定
0/129 感受性	−	−	−	−
氧化发酵类型测定	发酵	发酵	氧化	产碱
葡萄糖产气	−	+	−	−
霍乱红实验	不定	−	−	−

注：0/129 为三氨基二异丙基喋啶，为弧菌的强抑制剂，可抑制弧菌生长

对青霉素和磺胺嘧啶等药物有耐药性，对四环素、氯霉素、合霉素、头孢曲松、环丙沙星、庆大霉素、米若环素、萘啶酸、呋喃妥因、诺氟沙星、氧氟沙星、替卡西林棒酸、妥布霉素、复方新诺明等抗生素完全敏感。对β-内酰胺族（如青霉素及头孢等）部分或完全耐药，对头孢呋辛新酯、头孢呋辛、头孢噻吩和头孢唑啉有极高的耐药率，均在50%以上；对氨苄西林、羧卡西林、阿莫西林克拉维酸的耐药性分别为49.17%、43.33%、32.50%。

4.3.5.3　抵抗力

副溶血性弧菌在自然界不同水中生存时间很不一致，在淡水中1d左右即死亡，在海水中则能存活47d以上。在pH6.0以下即不能生长，但在含盐6%的酱菜中，虽pH降至5.0，仍能存活30d以上。本菌对热敏感，65℃，5～10min或90℃，3min即可将其杀死。15℃以下生长即受抑制，但在−20℃保持于蛋白胨水中，经11周仍能继续存活。该菌对酸抵抗力较弱，2%乙酸和食醋中1min即死亡。对氯、苯酚、来苏尔抵抗力较弱，如在0.5mg/L氯中，1min死亡。

4.3.5.4　致病性

1）中毒表现

由本菌引起食物中毒的潜伏期为2～26h，最短者仅为1h，一般为6～10h，主要症状为腹痛、腹泻、呕吐、发热等。本病多发生在夏秋季，病程1～7d，一般恢复较快。病后带菌时间短，不超过一周，健康人带菌率为1%左右，但海产作业有关人员带菌率稍高。

2）抗原特性

本菌有三种抗原成分，一种为H抗原，又称不耐热抗原，经100℃加热30min即被破坏。另一种是O抗原，又称耐热性抗原，加热100℃仍有活力，保持其抗原性。再一种为K抗原，存在于活菌的表面，可阻止

抗菌体血清与O抗原发生凝集，但K抗原也不耐热，并在菌种保存过程中往往发生变异。目前已知O抗原被分成12个群。K抗原则有近70种。通过对副溶血性弧菌进行免疫及抗原分析，利用吸收试验将O抗原分成28个因子，1因子是共同因子，2～27因子经过吸收试验可做单因子血清，2～16因子只占总数的2.1%，2～16因子血清能与绝大部分不同来源的菌株发生凝集。

3）副溶血性弧菌基因组

副溶血性弧菌基因组也是由大小2条环状染色体组成，大小分别为2.9Mb和1.88Mb，两者G+C含量均为45.4%。rRNA操纵子有11个，10个位于大染色体，1个位于小染色体。据鉴定，共有4832条编码序列，大小染色体上各有3080条和1752条，其中约有40%根据其他细菌的基因序列注释了可能编码蛋白。大部分细菌存活生长需要的基因位于大染色体，但小染色体中也有数个与关键代谢有关基因。小染色体比大染色体含有更多转录调节基因和底物转运基因，提示小染色体在适应环境变化中起着一定作用。

超级整合子岛（一种基因捕获系统）在副溶血性弧菌中位于大染色体上。除了共有2个*relB*基因外，此两种超级整合子岛中所含的其他基因几乎完全不同。

编码副溶血性弧菌耐热直接溶血素（thermo-stable，dithemolysin）的基因组被发现位于小染色体上一个80kb的毒力岛内。此毒力岛中还发现有数个与细菌毒力有关的基因及一组Ⅲ型分泌系统基因。

4）致病菌株

本菌食物中毒的发病机制目前尚不十分清楚，家兔肠结扎试验是阳性反应，受结扎肠管膨隆表面呈红色或暗红色，肠管内有大量渗出物积滞，肠壁出血变薄，皱襞消失。与菌株毒力有关的因素有：①耐热性溶血素；②不耐热性溶血素；③磷脂酶；④溶血磷脂酶；⑤霍乱原样毒素；⑥胃肠毒素等。组织切片显微镜检查证明细菌可穿过回肠上皮侵入固有层，在死亡患者尸体解剖时可看到肠上皮炎症反应。发现肠管有轻度糜烂，胃黏膜发炎，各脏器淤血等，完全出现肠毒素样病变。因此，有报道证实，其中毒与该菌产生的溶血素有关。耐热性溶血素可使小鼠、豚鼠的回肠段、心肌细胞发生变性，是一种心脏毒素。

4.3.5.5　细菌学检验

副溶血性弧菌检验按GB 4789.7—2013进行，见图4-16。

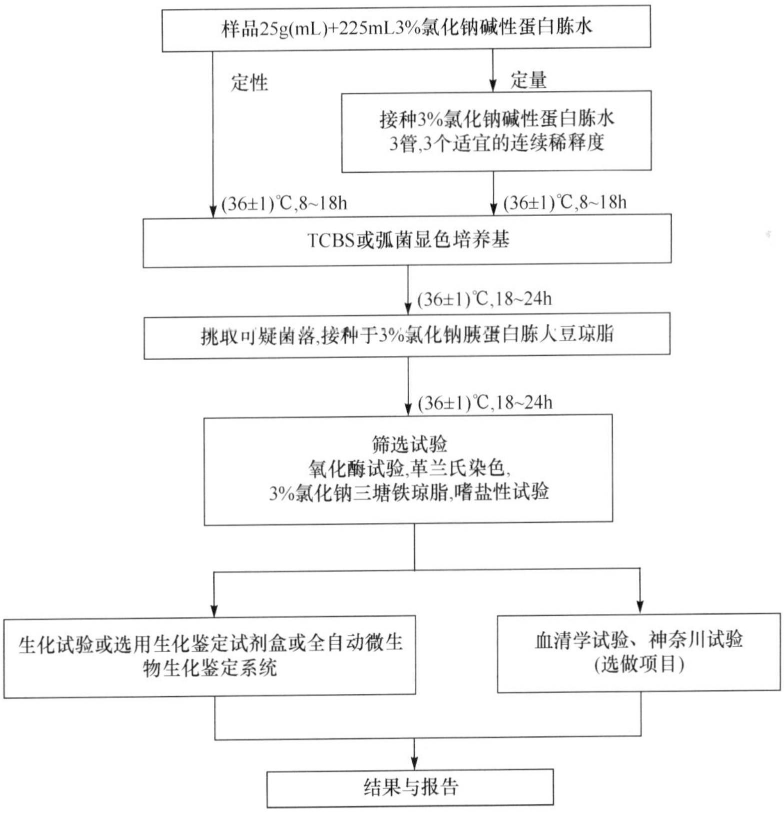

图4-16　副溶血性弧菌检验程序（GB 4789.7—2013）

1）样品的采集

鱼类最好是表面组织、肠或腮；贝类动物全部内容物；甲壳类尽可能取全动物或动物内脏部分，包括肠和腮。捣碎后称50g作为检验用样品。

2）增菌培养和分离培养

首先将样品接种于氯化钠蔗糖琼脂（或嗜盐菌选择性培养基）和S.S琼脂平板各一块；同时接种氯化钠结晶紫增菌液，37℃培养8～16h以后，再接种上述平板分离。分离平板培养18～24h取出观察。也可接种于TCBS上分离培养。在氯化钠蔗糖琼脂平板上菌落呈绿色，较大，无黏性，呈扩散性菌落。S.S琼脂平板上菌落中等大，有黏性不易挑起。

3）三糖铁实验

挑取可疑菌落转种3.5%氯化钠三糖铁琼脂斜面上，37℃培养18～24h观察结果。培养基底层变黄（葡萄糖分解产酸不产气），上层斜面不变色（乳糖不分解）。有动力，不产生硫化氢者，进行镜检。

4）涂片染色镜检

将三糖铁琼脂斜面上可疑菌落涂片，革兰氏染色镜检。应为革兰氏阴性，多形态，无芽胞杆菌。如符合上述特性，要进一步做嗜盐性试验和其他生化反应。

5）嗜盐性试验

嗜盐性试验：将上述可疑培养物接种于无盐蛋白胨水、7%及11%氯化钠蛋白胨水，37℃培养24h后观察生长情况。在无盐及11%氯化钠蛋白胨水中不生长，7%氯化钠蛋白胨水中生长良好者，继续进行鉴定。副溶血性弧菌在不同培养基中生长的菌落特征见表4-17。

表4-17 副溶血性弧菌在不同培养基中生长的菌落特征

培养基	菌落大小	边缘	隆起度	透明度	黏稠度	颜色	其他
嗜盐菌选择琼脂	大多数的直径2.55mm，一般呈扩散生长	圆整，扩散的边缘不整	隆起，扩散的平坦	混浊	无黏性	无色	湿润
S.S琼脂	直径2mm	圆整	扁平，有时菌落中央一点突起	透明	菌落不易挑起有的呈黏丝状	无色	
血琼脂	直径3mm	圆整	隆起	混浊	无黏性	灰色或略带微黄色	湿润，某些菌株形成α与β之间溶血
普通琼脂	直径1.5mm	圆整，个别菌株不整齐	略隆起，扩散的，平坦	混浊	无黏性	无色	湿润
碱性胆盐琼脂	直径1.5mm	圆整	平坦	半透明	无黏性	无色	湿润

6）动物试验

凡符合副溶血性弧菌生化反应的菌株，一般均有毒力。如需做动物试验，将菌株接种在3.5%氯化钠蛋白胨水中培养16～18h，小鼠腹腔注射0.3mL，观察2～3d，死亡小鼠剖检和分离培养。如需测定毒力，不同剂量如0.3mL、0.1mL、0.03mL、0.01mL接种小鼠腹腔，每个剂量接种3只小鼠，观察发病及死亡情况。

接种后的小鼠，一般于次日出现竖毛，运动不活泼，食欲缺乏，呼吸困难，步履蹒跚，有时发生痉挛性跳动，四肢抽搐和尾部痉挛颤动，多数于24～48h死亡。

4.3.5.6 食品生产中的综合控制

注意控制菌体繁殖条件和杀灭病原菌。对水产品烹调要格外注意，应煮透煮熟，切勿生吃。加强生鲜海产食品卫生监督和检验，梭子鱼、螃蜞、海蜇等水产品宜用饱和盐不浸渍保藏（并可加醋调味杀菌），食前用冷开水反复冲洗。由于副溶血性弧菌对酸抵抗力较弱，可食醋拌渍。动物性食品、肉块要小，应该充分煮透煮熟，防止里生外熟。器具要分开，注意消毒，防交叉污染。因该菌对温度抵抗力弱，故海产品或熟食品应低温冷藏。

4.3.6 空肠弯曲菌（*Campylobacter jejuni*）

4.3.6.1 食品卫生学意义

空肠弯曲菌为弯曲菌属中的一个种，是引起散发性细菌性肠炎最常见的菌种之一。该菌常通过污染饮食、牛奶、水源等被食入，或与动物直接接触被感染。由于空肠弯曲菌对胃酸敏感，经口食入至少10^4个以上细菌才有可能致病，该菌在小肠内繁殖，侵入肠上皮引起炎症。

空肠弯曲菌广泛存在于家禽、鸟类、犬、猫、牛、羊等动物体中，猪盲肠带菌率为59.9%、牛盲肠为26.5%、鸡为60%～90%。苏州调查显示鸡带菌率为89.3%、犬为75%、猪为61.5%、鸭为79.2%。肉品污染也是严重的，英国检查6169个牛肉样和猪肉样，总阳性率为1.6%，屠宰场肉样为4%。日本调查猪肘子本菌检出率为10%，肝脏16.6%。吉林省某地肉联厂屠宰猪胴体表面阳性检出率为56.1%；江苏半净膛鸡阳性率为10%。临床表现为痉挛性腹痛、腹泻、血便或果酱样便，量多；头痛、不适、发热。通常该病自限，病程5～8d。

本菌对人体健康危害是比较严重的，在英国、日本、美国及其他一些国家均有本菌引起食物中毒的报道，如英国（1981）因饮用污染本菌的生乳，暴发病例达2500人。日本发生一次性污染水源引起的7751人发病。近期我国的调查情况说明该菌是我国主要食物中毒菌之一。

4.3.6.2 主要特征

1）形态及染色特征

本菌在感染组织中呈弧形，撇形或“S”形，经常见两菌连接为海鸥展翅状，偶尔为较长的螺旋状。在培养物中，幼龄时较短，大小为（0.2～0.5）μm×（1.5～2.0）μm；老龄者较长，一般可达8μm，有的长度可超过整个视野。另外，在老龄培养物中也可见到球状体。不形成芽胞或荚膜，但某些菌株特别是直接采自动物体病料内的细菌，具有荚膜。撇形者为一端单鞭毛，“S”形者可为两端鞭毛，运动甚为活泼，在暗视野相差显微镜下观察，呈螺旋形滚动，如投掷标枪式迅速前进。DNA中的G+C含量为31%。

染色时，用沙黄不易着色，5倍稀释苯酚复红效果较佳。革兰氏染色阴性。见图4-17。

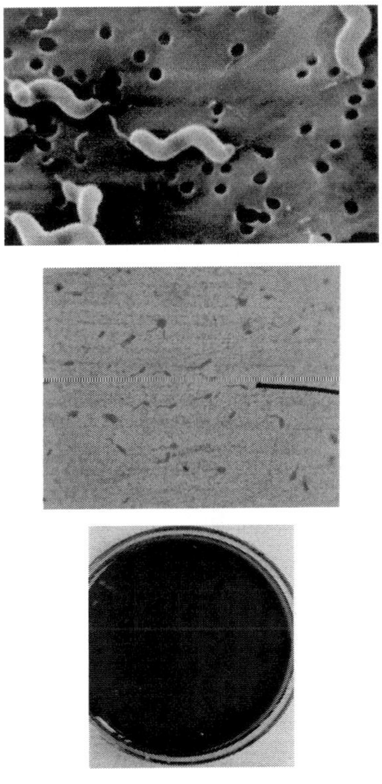

图4-17 空肠弯曲菌和血琼脂上生长状况

2）生长要求及培养特性

本菌系微需氧菌，在大气和绝对无氧环境中不能生长，以在5%氧气、85%氮气与10%二氧化碳环境中生长最为适宜。生长温度为37.0～43.0℃，但以42～43℃生长最好，25℃不生长，在其最适温度中培养既有利于本菌生长发育，又可抑制肠道部分杂菌生长。新鲜组织或胃内容物等培养基生长良好。

常用的液体培养基有硫乙醇酸钠肉汤和布氏肉汤等，固体培养基有Skirrow培养基、Butzler培养基、mCCD（改良弯曲杆菌基础培养基）、硫乙醇酸钠琼脂等。

在固体培养基上，经过48h孵育后，出现两种菌落：一种为透明或半透明、扁平、光滑、湿润、有光泽、边缘不整齐的菌落，在湿润培养基上多见；另一种为灰白色、圆形、边缘整齐、光滑、隆起、有光泽、水滴状菌落（图4-17）。

在一般肠道培养基上不生长，在麦康凯琼脂上不生长。在液体培养基呈混浊生长，但底层可见沉淀。

4.3.6.3 生化特性

本菌生化反应不活泼，**不发酵糖类**，在呼吸代谢中无酸性或中性产物，从氨基酸或三羧酸循环中获得能量。MR试验、V-P试验、靛基质试验均阴性，不分解尿素，不液化明胶，无酯酶活性，不产生色素，氧化酶和接触酶阳性。

4.3.6.4 抵抗力

抵抗力较弱。培养物放置冰箱中很快死亡，56℃，5min即被杀死，干燥、日光也可迅速致死，培养物放室温可存活2～24周。但冷冻干燥可保存其生活力达13～16个月。

对常用的药物大都比较敏感，对部分药物有耐药性。一般对庆大霉素、四环素族、氯霉素族、卡那霉素、链霉素等敏感；而对青霉素类、万古霉素、杆菌肽、多黏菌素及磺胺药等有耐药性。

4.3.6.5 致病性

1）中毒表现

潜伏期短者1d，长者10d，一般3～5d。突然发生腹泻和腹痛，腹痛可呈绞痛，腹泻一般为水样便或黏液便，重症患者有血便，每日腹泻数次至10余次，带有腐臭味。发热，38～40℃，特别是当有菌血症时出现高热，也有仅腹泻而不发热者。还有头痛、倦怠、呕吐等，偶有重者死亡。病程一般一周左右。

空肠弯曲菌是一种重要的人畜共患病病原菌，它可引起羊流产，猪、犬、猫、猴等动物肠炎，牛乳房炎，禽类肝炎及人类腹泻和败血症等。本菌还可以作为致病菌和正常菌群成员存在于动物肠道中，尤其是鸡和猪的带菌率很高，可以达到80%～100%。随粪便排出体外，污染环境、水源。多种动物性食品及水源被污染，可以引起人类空肠弯曲菌肠炎的流行。

2）毒素

本菌致病因素主要是侵袭力、耐热性肠毒素（ST）及内毒素。经口感染本病后，通过胃防御屏障到达小肠，细菌借助于表面物质黏附定居于肠上皮细胞，起初位于肠绒毛隐窝处，此处为微需氧环境，适于本菌繁殖，所以在病初粪便中菌量少，粪便检查往往为阴性。由于细菌本身及毒素的作用，刺激肠壁蠕动加快，肠内容物流动快，致使肠道微环境的厌氧情况改善，为空肠弯曲菌繁殖提供了有利条件，此时，粪便中菌量大大增加。另外本菌还可以产生致 Hela 细胞和 CHO（中国苍鼠卵巢）细胞致死毒素（cytolethal distending toxin，CDT），分子质量为 1.2～1.4kDa。

4.3.6.6 细菌学检查

GB/T 4789.9—2008 国家标准检验方法见图 4-18。

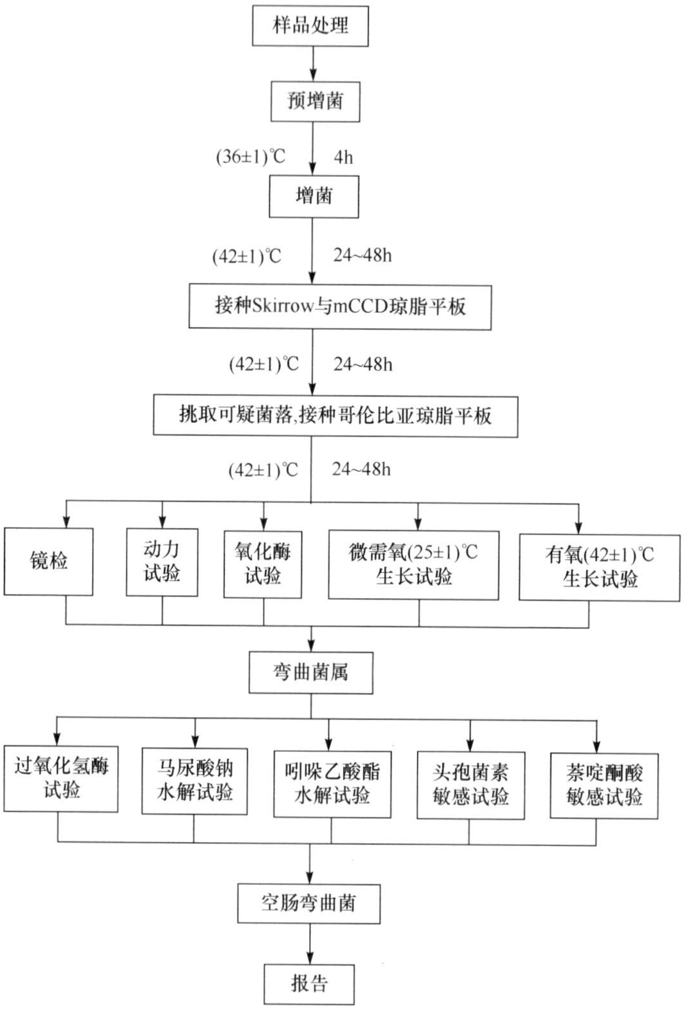

图 4-18 空肠弯曲菌检验程序

可以用棉拭子直接挑取新鲜粪便或用肛拭子采集标本，食物样品直接无菌采取，立即送入实验室分离培养，或在 4℃中不超过 24h 送检。若不能及时送往实验室，可将标本插入半固体保存培养基内，置于 4℃冰箱中，于三天内送往实验室，标本应在服用抗菌药物之前采取。

1）细菌学检查

（1）涂片镜检：取送检标本直接涂片，用革兰氏染色或 5 倍稀释的石炭酸复红染色，发现本菌典型形态（海鸥展翅状）可初步定为本菌。也可以暗视野显微镜直接检查，观测其动力。

（2）分离培养：将被检标本直接或增菌后，接种于选择培养基上，置于微氧环境中培养 48～72h，取出观察。发现相似菌落，可做苯酚复红染色。氧化酶及过氧化酶试验，本菌均为阳性，对符合者，再做 1%甘氨酸、3.5%氯化钠、硫化氢产生、25℃与 42℃生长试验，即可根据本菌特点做鉴定。

2）血清学检查

（1）血清学分型：目前国际上主要有两种分型方法，一是间接血凝试验，系以耐热抗原为基础，将细菌悬液先经 100℃加热 1h，提取可溶性耐热抗原，然后致敏绵羊红细胞，以此做间接血凝试验，至少可将本菌分为 64 个血清型；二是玻片凝集反应，系以不耐热抗原为基础，先用甲醛溶液抗原免疫动物制成抗血清；再先后用同型耐热抗原进行吸收与异型菌不耐热抗原进行吸收，制成特异的不耐热抗原血清，然后取活菌作为玻片凝集反应，可将本菌分为 60 多个血清型。

(2) 抗原或抗体检测：目前已应用的试验有试管凝集反应、间接血凝试验、荧光菌团试验、免疫酶染色法、酶联免疫吸附测定法等。用于病原检测，以免疫荧光试验、间接酶联免疫吸附测定法效果为好。如间接酶联免疫吸附测定的敏感性可达 32 万个菌/mL，且具有较强特异性，并可于 28h 内报道结果。

抗空肠弯曲菌单克隆抗体和抗空肠弯曲菌共同抗原单克隆抗体，均可用于本菌检验。

4.3.6.7 食品生产的综合控制

注意饮水和食品卫生，尤其是禽类肉品含菌量较高，防止生熟交叉污染。加强人、畜、禽类的粪便管理。

1）控制传染源

空肠弯曲菌病最重要的传染源是动物，因此要把对畜禽产品中空肠弯曲菌污染控制的焦点放在首要环节——养殖场。通过建立良好畜禽生活环境，对养殖场环境卫生、畜体卫生、饮水和饲料卫生等所有环节进行严格控制，从源头上控制空肠弯曲菌传播。

2）切断传播途径

切断传播途径一是要加强对畜禽产品加工、流通环节监管。要求生产加工企业严格遵循畜产品安全生产技术规程，降低生产加工过程中畜禽产品被空肠弯曲菌污染的危险。二是应严格执行有关畜产品安全的法律法规，以法律手段来约束整个畜禽产品生产链所有参与者的行为，尽量避免食用污染有空肠弯曲菌的畜禽产品而引起食物中毒发生。

3）减少易感人群

努力劝导消费者养成良好卫生饮食习惯和个人卫生习惯。

4.3.7 蜡样芽胞杆菌（*Bacillus cereus*）

4.3.7.1 食品卫生学意义

蜡样芽胞杆菌为需氧芽胞属成员，在自然界分布广泛，常存在于土壤、灰尘和污水中，植物和许多生熟食品中常见。已从多种食品中分离出该菌，包括肉、乳制品、蔬菜、鱼、土豆、糊、酱油、布丁、炒米饭及各种甜点等。1950 年，Hauge 在对挪威奥斯陆某医院职工和病员进食甜食后引起的食物中毒研究中，首次明确指出蜡样芽胞杆菌的致病作用。在美国，炒米饭是引发蜡样芽胞杆菌呕吐型食物中毒的主要原因；在欧洲大陆由甜点、肉饼、色拉、奶、肉类食品引起；在我国主要与受污染的米饭或淀粉类制品有关。蜡样芽胞杆菌在食品上，于 20℃以上环境中放置能迅速繁殖并产生肠毒素，同时，由于致病性蜡样芽胞杆菌不分解蛋白质，因此，食品在感官上无明显变化，无异味，很容易误食而发生中毒。

据报道在 533 件肉和肉制品上阳性率为 13%；136 件以肉为基础的调味料，阳性率为 3%；1049 件乳及乳制品，阳性率为 23%；523 件饼干，阳性率为 12%。引起食物中毒的食品必须含有大量菌体，每克或毫升食品中约需含 10^7 个以上蜡样芽胞杆菌才能引起食物中毒。我国 1973～2013 年中毒事件 198 起，占所有细菌食物中毒事件构成比 12.95%（居第二位）。食物中毒分两种类型：①呕吐型，由耐热肠毒素引起，于进餐 1～6h 发病，主要是恶心、呕吐，仅有少数有腹泻，类似于葡萄球菌食物中毒，病程平均不超过 10h；②腹泻型，由不耐热肠毒素引起，进食后发生胃肠炎症状，主要为腹痛、腹泻和里急后重，偶有呕吐和发热。此外，该菌有时也是外伤后眼部感染的常见病原菌，引起全眼球炎。在免疫功能低下或应用免疫抑制药的患者中还可引起心内膜炎、菌血症和脑膜炎等。

4.3.7.2 主要特征

1）形态及染色特征

蜡样芽胞杆菌为革兰氏阳性大杆菌，菌体正直或稍弯曲，大小为（1～1.3）μm×（3～5）μm，兼性需氧，形成芽胞，**芽胞不突出菌体**，菌体两端较平整，多数呈链状排列，与炭疽杆菌相似（图 4-19）。菌体内有异染颗粒、球状类脂颗粒或空泡样构造，具周身鞭毛，能运动，不形成荚膜，芽胞呈椭圆形，位于菌体中央，芽胞发芽形成菌体后，芽胞衣迅速崩解。DNA 中 G+C 含量为 31.7%～40.1%。引起食物中毒的菌株多为周鞭毛，有动力。

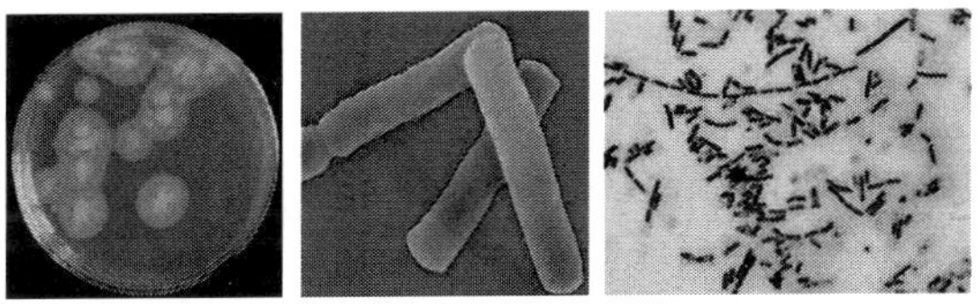

卵黄琼脂上的菌落　　　蜡样芽胞杆菌菌体

图 4-19 蜡样芽胞杆菌

2）生长要求及培养特性

蜡样芽胞杆菌生长温度为 25～37℃，最佳温度 30～32℃。在肉汤中生长混浊有菌膜或壁环，振摇易乳化。在普通琼脂上生成菌落较大，直径 3～10mm，灰白色、不透明，表面粗糙似毛玻璃状或融蜡状，故名，边缘常呈扩展状。偶有产生黄绿色色素，有的菌株产生淡红褐色弥散性色素，也有菌株在含铁丰富的淀粉培养基上产生红色色素，在 MYP（甘露醇卵黄多黏菌素琼脂）平板上菌落通常是伊红粉色，随着培养时间延长则更明显（图 4-19）。在血液琼脂生长迅速，呈草绿色溶血。于马铃薯斜面上呈奶油状生长，有时产生淡粉红色色素。在普通肉汤中呈均等大混浊状生长，并有容易散开沉淀物，有的形成菌膜。

3）生化特性

分解葡萄糖、麦芽糖、淀粉、蔗糖、蕈糖、水杨苷产酸，不分解乳糖、甘露醇、伯胶糖、鼠李糖、木糖、肌醇、山梨醇、侧金盏花醇、木胶糖，靛基质试验阳性，硫化氢试验为阴性，尿素酶阴性，V-P试验阳性，KCN试验阳性，枸橼酸盐及卵磷脂酶阳性。还原亚甲蓝，紫乳迅速胨化。能在24h液化明胶。见表4-18。

表4-18 蜡杆芽胞杆菌生化特性及其与近缘菌的比较

特性	蜡样芽胞杆菌	苏云金杆菌	蕈状芽胞杆菌	炭疽杆菌	巨大芽胞杆菌
革兰氏染色	+a	+	+	+	+
过氧化氢酶	+	+	+	+	+
动力	+/−b	+/−	−c	−	+/−
硝酸盐还原	+	+/−	+	+	−/d
分解酪氨酸	+	+	+/−	−/d	+/−
抗溶菌酶	+	+	+	+	−
卵黄反应	+	+	+	+	−
厌氧利用葡萄糖	+	+	+	+	−
V-P反应	+	+	+	+	−
甘露醇产酸	−	−	−	−	+
溶血（羊红细胞）	+	+	+	−/d	−
已知致病特性	产肠毒素	晶体内毒素对昆虫致病	根状生长	人畜共患	

注：a+. 90%～100%菌株是阳性；b+/−. 50%菌株是阳性，50%菌株为阴性；c−. 90%～100%菌株是阴性；−/d. 绝大多数菌株是阴性；“+/−”. 多数阳性，少数阴性

4.3.7.3 抵抗力

蜡样芽胞杆菌在4℃、pH4.3、盐浓度18%的条件下仍能存活或生长。耐热，其37℃、16h肉汤培养物的*D*值（80℃）（在80℃时使细菌数减少90%所需时间）为10～15min；使肉汤中细菌（2.4×10^7/mL）全部杀死需100℃、20min。其游离芽胞能耐受100℃、30min，而干热灭菌需120℃、60min才能杀死。

4.3.7.4 致病性

蜡样芽胞杆菌引起食物中毒是由于该菌产生肠毒素。已知有三种毒素，即溶血（haemolysin）致死性肠毒素BL（Hbl）、非溶血性肠毒素（non-haemolytic enterotoxin，Nhe）和细胞毒性肠毒素（cytotoxin，CytK）。引起腹泻型综合征的是一种大分子量蛋白，此毒素不耐热，能在各种食物中形成；而引起呕吐型综合征的被认为是一种小分子量、热稳定多肽，称为cereulide（cyclic dodecadepsipeptide），由核糖体肽酶合成，由*ces*基因编码，100℃，30min不能破坏，常在米饭中存在。cereulide主要阻止人的自然杀伤细胞，因此具有免疫调节作用。致呕吐（emetic）型综合征肠毒素和致腹泻型综合征肠毒素已提纯，基因已克隆。其纯化肠毒素分子质量为5.5×10^3～6.0×10^3u。致腹泻型肠毒素能使小白鼠致死。潜伏期短，一般为2～3h，最短为30min，最长为5～6h。中毒症状：呕吐100%，腹痉挛100%，而腹泻则少见，约33%。一般经过8～10h而治愈。腹泻型中毒由各种食品中不耐热肠毒素引起，潜伏期在6h以上，一般为6～14h。中毒特点：腹泻96%，且腹泻次数多，腹痉挛75%，而呕吐却不常见，约为23%。病呈24～36h，两型均少见体温升高，愈后良好。致腹泻型肠毒素与致呕吐型肠毒素主要特征见表4-19。

表4-19 蜡样芽胞杆菌致腹泻型肠毒素与致呕吐型肠毒素的主要特征

性状	致腹泻型肠毒素	致呕吐型肠毒素
分子质量	5.5×10^3～6.0×10^3u	＜5000u
稳定性	56℃、5min、pH3或pH11、2h毒性消失	115℃、10min、pH2或pH11、2h毒性残存
活性	致猴腹泻，对胰蛋白酶敏感	致猴呕吐，对胃蛋白酶、胰蛋白酶耐受
抗原性	特异性抗体中和试验阳性	无抗原性

4.3.7.5 细菌学检测

发生食物中毒时采取可疑食物或收集粪便及呕吐物进行检验。除进行分离培养外，须做活菌计数，因暴露于空气中的食物会在一定程度上受本菌污染，故不能因分离出蜡样芽胞杆菌就认为是食物中毒的病原菌。根据形态、染色、菌落特征（甘露醇卵黄多黏菌素琼脂平板）及生化反应型、血清型和噬菌体分型做鉴定。蜡样芽胞杆菌分离物应符合下述条件：①革兰氏阳性产芽胞大杆菌，其芽胞不突出菌体；②在MYP琼脂上产生卵磷脂酶而不发酵甘露醇；③厌氧培养生长，发酵葡萄糖产酸；④还原硝酸盐；⑤V-P实验阳性；⑥分泌L-酪氨酸；⑦在含0.001%溶菌酶的培养基中能生长。要鉴别典型蜡样芽胞杆菌和蜡样芽胞杆菌群的其他种还需进一步进行动力试验、根状生长试验、溶菌活性试验和蛋白质毒素结晶试验，蜡样芽胞杆菌具有动力、强溶血、不形成根状菌落，或不产生蛋白质毒素结晶。

食品中该菌检验按照国家标准常规检验方法GB/T 4789.14—2010（图4-20）。

1）菌数测定

活菌计数是取样品25g（或25mL），用灭菌生理盐水225mL稀释后，分别制成1∶10、1∶100、1∶1000

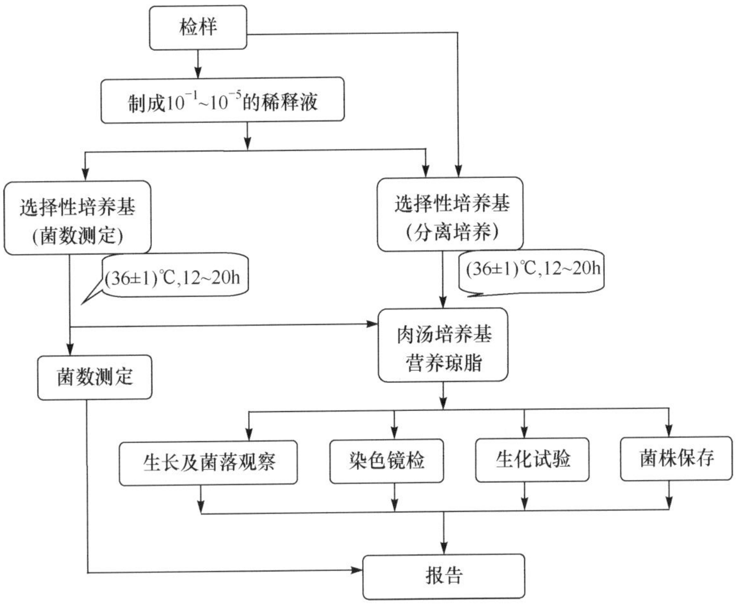

图 4-20 蜡样芽胞杆菌检验程序

稀释液，取各稀释度 0.1mL，接种在 10%卵黄琼脂或 MYP 琼脂上，涂匀后，置 37℃温箱中培养 12～20h 后，选取菌落数在 30 个左右者计数。蜡样芽胞杆菌在卵黄琼脂上呈粉红色菌落，周围有乳白色混浊环。

计算后，从中挑取 5 个典型菌落做证实试验。根据证实试验为蜡样芽胞杆菌的菌落计算该皿内菌落数，然后乘其稀释倍数，即得每克或毫升样品中所含蜡样芽胞杆菌数。

2）分离培养

将检样或其稀释液接种于血琼脂或 MYP 琼脂平板，置 37℃温箱培养 12～20h，挑取可疑菌落接种于肉汤和营养琼脂纯培养，以备证实试验用。

3）证实试验

本试验包括形态观察，培养特性，生化性状：有动力，产生卵磷脂酶和酪蛋白酶，过氧化氢酶试验阳性；溶血，不发酵甘露醇和木糖；液化明胶，还原硝酸盐，在厌氧条件下发酵葡萄糖。

4）动物试验

将蜡样芽胞杆菌的 24h 肉汤培养物接种于 2 只 18～20g 小鼠腹腔，每只 0.3～0.5mL，于 12～18h 后死亡，由死鼠心脏血液可分离到该菌。

4.3.7.6 食品生产的综合控制

蜡样芽胞杆菌食物中毒通常以夏秋季（6～10 月）最高。引起中毒的食品常于食用前由于保存温度不当、放置时间较长或食品经加热而残存的芽胞生长繁殖，因而导致中毒。但也有在可疑食品中找不到蜡样芽胞杆菌而引起食物中毒的情况，一般认为是由于蜡样芽胞杆菌产生的热稳定毒素所致。通过高温杀菌或适当的冷藏可以控制蜡样芽胞杆菌增殖。

4.3.8 金黄色葡萄球菌（*Staphylococcus aureus*）

4.3.8.1 食品卫生学意义

金黄色葡萄球菌为葡萄球菌属成员，在自然界中无处不在，空气、水、灰尘及人和动物排泄物中都可找到，因而，食品受其污染机会很多。近年来，美国疾病控制中心报告由金黄色葡萄球菌引起的感染占第二位，仅次于大肠杆菌。金黄色葡萄球菌肠毒素是世界性公共卫生问题，在美国，由金黄色葡萄球菌肠毒素引起的食物中毒占整个细菌性食物中毒的 33%，加拿大则更多，占 45%，我国每年发生此类中毒事件也非常多，1957～2012年我国发生 106 起，占所有细菌性食物中毒事件构成比的 6.93%（居第 6 位）。金黄色葡萄球菌流行病学一般有如下特点：季节分布，多见于春夏季；中毒食品种类多，如奶、肉、蛋、鱼及其制品。此外，剩饭、油煎蛋、糯米糕及凉粉等引起的中毒事件也有报道。上呼吸道感染患者鼻腔带菌率 83%，因此人畜化脓性感染部位常成为污染源。金黄色葡萄球菌可通过以下途径污染食品：食品加工人员、炊事员或销售人员带菌，造成食品污染；食品在加工前本身带菌，或在加工过程中受到污染，产生了肠毒素，引起食物中毒；熟食制品包装不严，运输过程受到污染；奶牛患化脓性乳腺炎或禽畜局部化脓时，对机体其他部位污染。

另外，白色葡萄球菌（*S. albus*）和里昂葡萄球菌（*S. lugdunensis*）都引起过食物中毒，如 2002 年东莞某公司因四季豆炒猪肝引起 40 名员工里昂葡萄球菌食物中毒，以胃肠道症状为主，表现头痛、恶心、呕吐、腹泻、腹痛、发热等；2007 年山东菏泽马岭岗镇某企业因吃白葡萄球菌污染的熟牛肉引起食物中毒，13 人发病，不同程度腹泻，发热。

4.3.8.2 主要特征

1）形态及染色特征

典型金黄色葡萄球菌为球形，直径 0.8～1μm 左右，致病性葡萄球菌一般较非致病性为小。细菌繁殖时，呈多个平面不规则分裂，堆积，显微镜下排列成葡萄串状（图 4-21）。在培养基中，常呈双球或短链排列，容易误认为链球菌。金黄色葡萄球菌无芽胞、鞭毛，大多数无荚膜，革兰氏染色阳性。易被一般碱性染料着染。

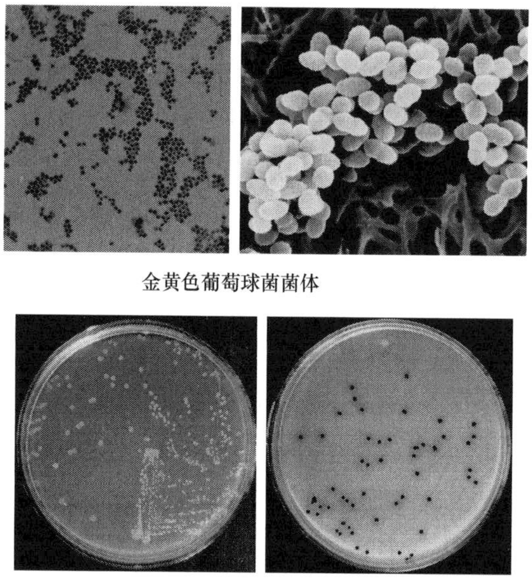

金黄色葡萄球菌菌体

营养琼脂上的菌落　Baird-Parker氏培养基上的菌落

图 4-21　金黄色葡萄球菌

2）生长要求及培养特性

金黄色葡萄球菌营养要求不高，在普通培养基上生长良好，需氧或兼性厌氧，在 20%二氧化碳环境中，有利于毒素产生。最适生长温度 37℃，最适生长 pH7.4。平板上菌落厚、有光泽、圆形凸起，直径 1～2mm。高度耐盐，可在 10%～15% NaCl 肉汤中生长。

普通琼脂培养 18～24h 后，形成圆形、凸起、边缘整齐、表面光滑、湿润、不透明的中等大菌落，直径一般为 1～2mm。不同型菌株产生不同颜色，使菌落呈不同颜色。

Baird-Parker 氏培养基上菌落为圆形、光滑、凸起、湿润，直径为 2～3mm，颜色呈灰色到黑色，边缘为淡色，菌落周围有一混浊带，在其外围有一透明带。

血平板菌落周围形成透明的溶血环。非致病性菌无溶血现象。

普通肉汤培养 24h 后，呈均匀混浊生长，2～3d 后能产生菌膜，培养时间更长，则在管底形成多量黏稠沉淀物。

3）生化特性

可分解葡萄糖、麦芽糖、乳糖、蔗糖，产酸不产气。不产生靛基质，甲基红反应阳性，V-P 反应弱阳性，许多菌株可分解精氨酸，水解尿素，还原硝酸盐，液化明胶。凝固牛乳，有时被胨化，能产生氨和少量硫化氢。

4.3.8.3 抵抗力

在无芽胞细菌中，葡萄球菌抵抗力最强。较高耐热性，70℃、1h 或 80℃、30min 不被杀死，在干燥脓汁中能存活数月。在 5%苯酚、0.1%升汞水中 10～15min 死亡。对某些染料极为敏感，尤其是甲紫，其（1∶100 000）～（1∶200 000）浓度即可抑制其生长。故临床上用 1%～3%甲紫溶液治疗由本菌引起的化脓，效果很好。1∶20 000 洗必泰、消毒净、苯扎溴铵，1∶10 000 度米芬在 5s 内就可将其杀死。对青霉素、金霉素和红霉素高度敏感，对链霉素中等敏感。近年来因广泛使用抗生素耐药菌株逐年增多，目前金黄色葡萄球菌对青霉素 G 的耐药菌株高达 90%以上，但这些耐药菌株对庆大霉素和先锋霉素是比较敏感的。

此外，本菌对磺胺类药物中等度敏感。对黄连、黄芩、紫花地丁、白头翁、金银花、连翘等中草药也较敏感。对氯化钠有较强抵抗力，因耐高盐故常用含高浓度食盐培养基分离本菌。

4.3.8.4 致病性

金黄色葡萄球菌是人类化脓感染中最常见的病原菌，可引起局部化脓感染，也可引起肺炎、伪膜性肠炎、心包炎等，甚至败血症、脓毒症等全身感染。金黄色葡萄球菌致病力强弱主要取决于其产生的毒素和侵袭性酶。①溶血毒素。外毒素，分 α、β、γ、δ4 种，能损伤血小板，破坏溶酶体，引起机体局部缺血和坏死。②杀白细胞素：可破坏人白细胞和巨噬细胞。③血浆凝固酶：当金黄色葡萄球菌侵入人体时，该酶使血液或血浆中的纤维蛋白沉积于菌体表面或凝固，阻碍吞噬细胞的吞噬作用；葡萄球菌形成感染易局部化与此酶有关。④脱氧核糖核酸酶：产生的脱氧核糖核酸酶能耐受高温，可用来作为依据鉴定金黄色葡萄球菌并间接推断是否为致病菌。⑤肠毒素：能产生数种引起急性胃肠炎的蛋白质性肠毒素，分为 A、B、C、D、E 及 F 5 种经典血清型，C 还可以分 C_1、C_2 和 C_3。最新证实 SEG-SET、肠毒素样（SEL）毒素 U 到 X（SELU 到 SELX）、毒素休克综合征毒素-1（TSST-1），共计 23 个分型，三个 C 型算一类。共同特点是致呕毒性和超级抗原，动物试验没毒性。肠毒素形成条件：存放温度，在 37℃基础上，温度越高，产毒时间越短；存放地点，通风不良，氧分压低易形成肠毒素；食物种类，含蛋白质丰富，水分多，同时含一定量淀粉的食物，肠毒素易生成，如乳类食品、肉类、鱼类和罐头等食品。肠毒素可耐受 100℃煮沸 30min 而不被破坏。它引起的食物中毒症状是呕吐。此外，金黄色葡萄球菌还产生溶表皮素、明胶酶、蛋白酶、脂肪酶、肽酶等。

葡萄球菌食物中毒是最急性的，特征是突然发病，来势凶猛。通常在进食有毒素的食物 1～4h 即发病，主要呈急性胃肠炎症状，剧烈反复呕吐、恶心、急性腹痛，动物试验几乎没有腹泻，腹泻可能是继发引起，严重者呕吐物和大便内有血液和黏液。通常在急性阶段就很快恢复（2～5h），但食欲和腹泻症状会持续1～2d，一般体温不高，这与沙门菌不同之处。年龄越小对毒素越敏感。

4.3.8.5　细菌学检测

金黄色葡萄球菌检验可以根据形态、染色性、培养和菌落特征作鉴定，还可以进行血浆凝固酶试验和耐热核酸酶试验，金黄色葡萄球菌均为阳性。金黄色葡萄球菌肠毒素检测主要有动物试验、血清学试验、免疫荧光试验及酶联免疫吸附等方法。

1）国家标准检验方法（GB 4789.10—2010）

检样按图4-22检验程序进行增菌培养和分离培养，然后挑取可疑菌落做涂片染色镜检，观察溶血情况和血浆凝固酶试验，凡形态和菌落特征典型，溶血，血浆凝固酶阳性，即可报告为金黄色葡萄球菌。

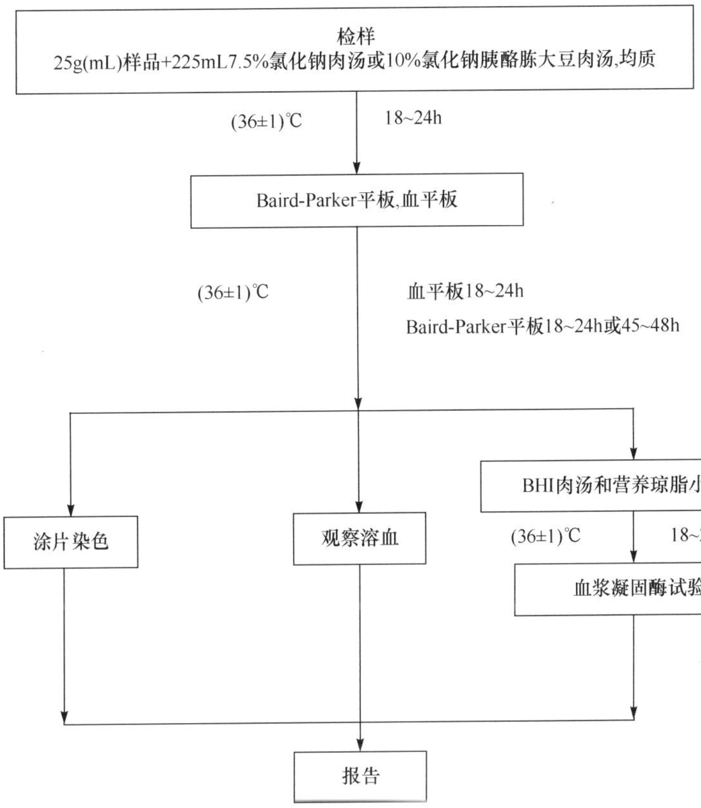

图4-22　葡萄球菌国家标准检验程序

血浆凝固酶试验：吸取1∶4新鲜兔血浆0.5mL，放在小试管内，再加入24h的葡萄球菌肉汤培养物0.5mL，振荡混匀，放（36±1)℃温箱或水浴内，每半小时观察一次，观察6h，如呈现凝块即为阳性。同时以已知阳性和阴性葡萄球菌菌株及肉汤作为对照。

2）耐热核酸酶测定

葡萄球菌肠毒素特异抗血清制备比较困难，耐热核酸酶的最适pH为9.0，与其他细菌的此类酶不同，可作为鉴定葡萄球菌特性之一。

（1）细菌培养物耐热核酸酶测定。甲苯胺蓝核酸琼脂的配制方法如下。

0.05mol/L tris pH9.0缓冲液	1000mL
脱氧核糖核酸	0.3g
琼脂	10g
0.01mol/L $CaCl_2$	1.0mL
氯化钠	10g

以上混合物煮沸到琼脂和脱氧核糖核酸完全溶解，稍后加入3.0mL 0.1mol/L甲苯胺蓝，分装小瓶或试管，用橡皮塞塞紧后置冰箱，至少可用一年。

在干净玻片上加注3mL熔化的甲苯胺蓝核酸琼脂。凝固后用2mm直径打孔器，每片打4～8个孔。每孔加入煮过的培养物一小滴。放37℃ 3h，看粉红色圈大小。同时滴加未接种培养物和其他细菌的培养物作为对照。

（2）食品中耐热核酸酶测定。

取食品20g加水40mL，搅拌成匀浆，调pH4.5后低温离心15min，抽取上清液，加入3mol/L三氯乙酸，低温高速离心15min，倾去上清液，溶解沉淀，调pH至8.5，煮15min，冷却。将处理液加入到小孔中，放37℃孵育3h，琼脂板小孔周围出现粉红色为核酸酶阳性。灵敏度为0.005g/mL，金黄色葡萄球菌生长到50万～100万个/g即能测出核酸酶。

4.3.8.6 食品生产的综合控制

1）防止金黄色葡萄球菌污染食品

防止带菌人群对各种食物污染：定期对生产加工人员进行健康检查，患局部化脓性感染（如疥疮、手指化脓等）、上呼吸道感染。（如鼻窦炎、化脓性肺炎、口腔疾病等）人员要暂时停止其工作或调换岗位。

防止金黄色葡萄球菌对奶及其制品污染。例如，牛奶厂要定期检查奶牛乳房，不能挤用患化脓性乳腺炎的牛奶；奶挤出后，要迅速冷至10℃以下，以防毒素生成、细菌繁殖。奶制品要以消毒牛奶为原料，注意低温保存。

对肉制品加工厂，患局部化脓感染的禽、畜尸体应除去病变部位，经高温或其他适当方式处理后进行加工生产。

2）防止金黄色葡萄球菌肠毒素生成

在低温和通风良好条件下贮藏食物，以防肠毒素形成；在气温高的春夏季，食物置冷藏或通风阴凉地方也不应超过6h，并且食用前要彻底加热。

4.3.9 肉毒梭菌（*Clostridium botulinum*）

4.3.9.1 食品卫生学意义

肉毒梭菌为厌氧芽胞杆菌属成员，为严格厌氧菌，是一种腐物寄生菌，在自然界中分布广泛，遍布于土壤、江、河、湖、海沉积物等中，水果、蔬菜、畜、禽、鱼制品中也可发现，偶尔见于动物粪便中。一般认为土壤是肉毒梭菌的主要来源。在我国肉毒中毒多发地区土壤中该菌的检出率为22.2%，未开垦荒地土壤带菌率更高。污染食品主要存在于密闭比较好的包装食品中，在厌氧条件下产生极其强烈的肉毒毒素（botulinus neurotoxins，BoNTs），其毒性作用是目前已知化学毒物和生物毒素中最为强烈的一种，比氰化钾毒力还大10 000倍。小鼠LD_{50}为0.001μg/kg，对人致死量为10^{-9}mg/kg，0.072μg即可致一成年人死亡。肉毒梭菌中毒症简称肉毒中毒。1896年，van Ermengem从保存不良的熏火腿中和死于此病的一个病理组织中发现该病原体。我国于1958年发现人发生本病，是世界上发病数最高的国家。人类肉毒中毒可分为4种类型：食物性肉毒中毒（即毒素型肉毒中毒）；婴儿肉毒中毒；创伤性肉毒中毒；吸入性肉毒中毒。我国主要存在的是食物性肉毒中毒，其中以A型、B型和E型毒素中毒较为常见，F型较少；L型毒素所表现的毒性作用往往较M型毒素为大。肉毒中毒集中发生在北纬30～70°区域内，在毒素型别上具有地域性差别，美国主要为A型，欧洲为B型，日本为E型。在国外，引起肉毒中毒主要食品多为肉类及各种鱼类及鱼肉制品，火腿、腊肠，以及豆类、蔬菜和水果罐头，在蜂蜜食品中也有发现。中毒食品种类往往与饮食习惯有关。例如，欧洲各国主要中毒食品为火腿、腊肠和其他兽肉、禽肉等。美国主要是家庭水果罐头，而火腿、腊肠等畜禽加工食品仅占7.7%。前苏联和日本的鱼制品中毒者最多，尤其是日本，几乎全部是鱼制品的E型中毒。在我国也有肉毒中毒的报导，由肉类食品及罐头食品引起中毒的较少，据新疆肉毒科研协作组223起肉毒中毒调查统计，由于臭豆腐、豆豉、面酱、红豆腐、烂土豆等植物性食品引起中毒事件共有204起，占91.48%；其余19起是动物性食品，包括熟羊肉、羊油、猪油、臭鸡蛋、臭鱼、咸鱼、腊肉、干牛马肉等。由于诊断手段趋于完备，我国肉毒中毒的发现面越来越广，迄今至少已殃及20个省区。新疆基本上都是A型，有少数B型。而其他省区除有少数A型和个别地区的E型外，均为B型。表明我国肉毒中毒的型别具有某种地域倾向性。尤其E型肉毒中毒在我国更显示出与国外不同的特征。我国E型肉毒中毒发现较晚，第一例是1965年发生于吉林省磐石县一起臭豆腐引起的食物中毒。这是全国首次发现的E型肉毒中毒，也是东北平原首次发现的肉毒中毒事件。肉毒中毒虽然中毒发生较少，但致死率高，人类如食用了该毒素污染的食品可引起严重肉毒中毒，如果不及时治疗死亡率高达70%。

4.3.9.2 主要特征

1）形态及染色特征

肉毒梭菌为革兰氏阳性粗大杆菌，长4～6μm，宽0.9～1.2μm。多单在，偶见成双链或短链，菌体两端钝圆。周身有4～8根鞭毛，能运动，无荚膜。芽胞偏短为椭圆形，A型与B型芽胞大于菌体，位于菌体近端（图4-23），使菌体呈匙形或网球拍状（图4-24）；C型及另外4型菌的芽胞一般不超过菌体宽度d，4～8根周毛，运动力弱。

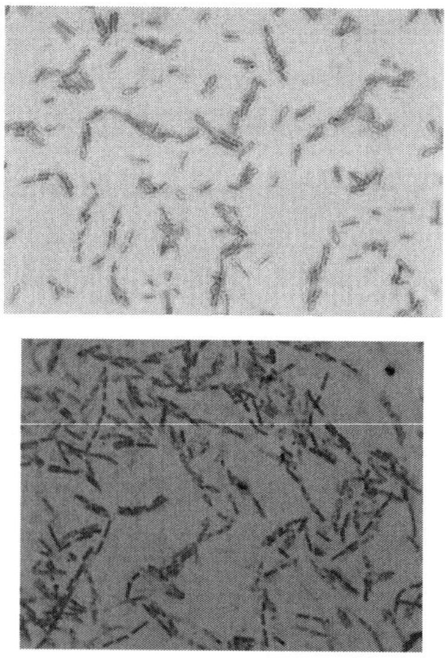

图4-23 肉毒梭菌A型和B型革兰氏染色菌体

2）生长要求及培养特性

该菌为严格厌氧菌，生长发育时为厌氧或兼性厌氧，对营养要求不高，在普通培养基上就可以生长。在食品中于适宜条件下（无氧、20℃和必要的营养物质）

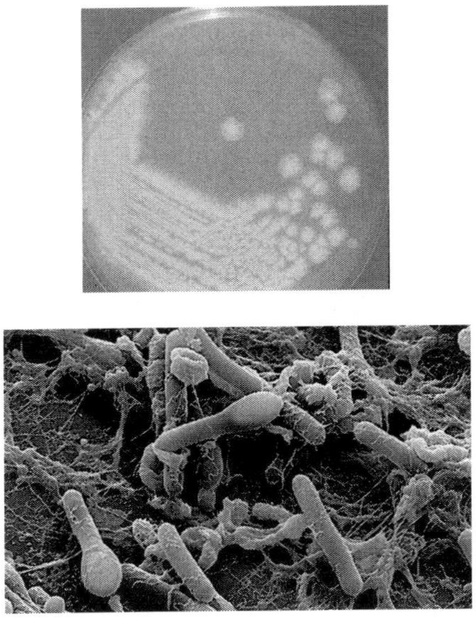

图4-24　卵黄琼脂肉毒梭菌菌落和电镜下菌体

可大量繁殖，产生一种以神经毒为特征的可溶性毒素。生长发育最适温度为28～37℃，pH6.8～7.6，产毒最适pH为7.8～8.2。20～25℃A型和B型肉毒梭菌形成大于菌体、位于菌体次末端的芽胞。当pH低于4.5或大于9.0时，或当环境温度低于15℃或高于55℃时，肉毒梭菌芽胞不能繁殖，也不产生毒素。

血清琼脂或普通琼脂：培养48～72h，形成中央隆起、边缘不整齐、灰白色、半透明、表面粗糙的绒球状菌落，呈绒毛状、向外扩散的菌落。直径可达5～10mm。

血液琼脂：菌落周围有溶血区。

肉渣肉汤：呈均匀混浊生长，肉渣可被A型、B型和F型菌消化溶解成烂泥状，并发黑，产生腐败恶臭气味，从第三天起，菌体下沉，肉汤变清。在肉渣培养基和半固体培养基中，大量产气。

3）生化特性

本菌生化特性很不规律，一般能分解葡萄糖、麦芽糖、果糖产酸产气。对明胶、凝固蛋白均有分解作用，并引起液化。不形成靛基质，能产生硫化氢，但因型、株不同而有差异，见表4-20。

表4-20　各型肉毒梭菌的生化反应

反应	型别					
	A	B	C	D	E	F
葡萄糖发酵	+	+	+	+	+	+
麦芽糖发酵	+	+	(+−)	(+−)	(+)	+
乳糖发酵	−	−	−	−	−	−
蔗糖发酵	(+−)	(+−)	(+−)	(+−)	(+−)	(+−)
靛基质产生	−	−	(−)	(−)	(−)	−
明胶液化	(+)	(+)	(+−)	(+−)	(+−)	(+)
牛奶胨化	+	(+−)	−	−	−	(+)

注：+．阳性；−．阴性；(+−)．视菌株而异；(+)．迟缓阳性；(−)．多为阴性

肉毒梭菌根据其毒素的免疫学特性，可分为A～G 7个毒素型，C型包括C_1和C_2两个亚型。引起人食物中毒主要是A型、B型、E型及F型，C_2型和D型主要对家畜致病，C_1型主要引起野水禽中毒。

我国A、B、E三型均有发生，但以A型、B型为主，E型有资料记载只发生7起。各型毒素基因序列有很高同源性，且与破伤风毒素基因有较高同源性，但其同源程度有一定差异，可达31.6%～98.1%不等。各型之间抗原性不同，其毒性只能被相应抗毒素所中和。肉毒梭菌按其生理特征还可分为三个群：Ⅰ群为蛋白质分解性，能水解凝固蛋白质，其菌株培养最适温度为35℃，包括A型、B型和F型；Ⅱ群为非蛋白质分解性，不能水解凝固蛋白质，其菌株培养最适温度为26℃，包括E型、B型和F型；Ⅲ群包括C型和D型，也为非蛋白质分解性。

4.3.9.3　抵抗力

肉毒梭菌抵抗力一般，所有菌株在45℃以上都受到抑制，80℃加热20～30min或100℃加热10min可将其杀死。但其芽胞抵抗力很强，可耐煮沸1～6h，于180℃干热5～15min，或121℃高压蒸气10～20min，或100℃ 5h才能杀死芽胞，10%盐酸须经1h才能破坏，在乙醇中能存活2个月。其中以A型、B型菌芽胞抵抗力最强，这一点对于罐头食品的灭菌很重要，若芽胞深藏于食品中，或者数量过多，虽经高温灭菌，有时也不易杀死芽胞。肉毒毒素虽然是蛋白质，但抵抗力也很强，80℃、30min或100℃、10min才能完全将其破坏。正常胃液和消化酶于24h不能将其破坏，可被胃肠道吸收而中毒。蛋白质分解性的肉毒梭菌芽胞比非蛋白分解性肉毒梭菌芽胞对热具有更强抵抗力。例如，A型菌芽胞加热100℃、360min或120℃、4min方可被灭活，而E型菌80℃、20min才能被杀灭。

4.3.9.4　致病性

肉毒梭菌致病性主要是其产生的肉毒毒素引起的。正常情况下，肉毒梭菌在机体内不能生长繁殖，即使进入人和动物消化道，也随粪便排出。在适当营养的厌氧环境中，可生长繁殖并产生肉毒毒素。肉毒毒素是迄今已知毒物中最毒的一种，极微量即可引起人的死亡，据估计人的最小口服致死量为$5\times10^{-9}\sim5\times10^{-6}$ mg/kg（对人的最小致死量为0.1μg）。毒素进入体内后，在正常胃液中24h不被破坏，大部分在小肠上部被吸收，通过淋巴管和胸管进入血循环，选择性地作用于运动神经与副交感神经，主要作用点为神经末梢和神经肌肉交接处，抑制神经传导介质-乙酰胆碱的释放，因而使肌肉发生弛缓性瘫痪。生理学研究已经证明，肉毒毒素对突触结构电位活动、突触内外离子浓度、突触后结构均有影响。可阻止神经细胞内外离子交换，阻断Ca^{2+}诱导

的囊泡分泌作用，从而不使乙酰胆碱释放出来；神经细胞内 Ca^{2+} 浓度明显下降，突触囊泡对 Ca^{2+} 的敏感性下降；终板区胆碱酯酶活力明显下降，而且电镜下观察可发现神经肌肉接头处出现新的运动终板或神经分布。肉毒神经毒素是一种锌肽链内切酶，它的作用底物为神经末梢突触膜突触小泡的内膜蛋白 synaptobrevin-2，此蛋白主要负责运输神经介质，经内切酶（即毒素）作用后，即毒素作用于胆碱能神经末梢的突触，通过毒素的重链与突触前膜毒素受体-神经节苷脂的结合，肽链被切断，不能识别神经介质，失去了运输神经介质的能力，从而抑制乙酰胆碱释放，妨碍神经冲动传导而引起肌肉松弛性麻痹和神经功能不全。

临床观察表明，A 型肉毒中毒比其他型可引起更严重病症和更高死亡率。作为人类致病原，A 型肉毒毒素受到了极大关注。引起肉毒中毒主要是食入含有肉毒毒素的食品，这些食品是在调制加工、运输、贮存过程中，污染了肉毒梭菌芽胞，在适宜条件下发芽、增殖并产生毒素所造成的。肉毒毒素中毒潜伏期长短不一，短者 2h，长者数天，一般为 12～24h。中毒症状，早期为瞳孔放大、虚弱、晕眩，继而出现视觉不清和雾视，越来越感到说话和吞咽困难，通常还可见到呼吸困难。体温一般正常，胃肠道症状不明显。病程一般为 2～3d，也有长达 2～3 周之久。肉毒中毒死亡率较高，据报道可达 30%～50%。死亡主要是由于呼吸麻痹及心肌瘫痪。如早期使用型特异或多价抗血清治疗，死亡率可降至 10%～15%。

肉毒毒素的形成是先在菌体内合成前体毒素，前体毒素以多种复合体的形式表现。菌体裂解释放至细胞外时再被蛋白酶活化而成。在 pH7.2 或以上条件处理前体毒素，则毒素的毒性成分被分离出来，即毒素衍化物。毒素衍化物由两条多肽链组成，即重链和轻链，两肽链彼此由一个或一个以上的二硫键相连接。肉毒梭菌繁殖和毒素产生随 pH 下降，通常在 pH4.6 以下停止。

肉毒毒素均为大分子蛋白质，为不耐热毒素，抵抗力较强，80℃加热 30min 或煮沸 10～20min 可破坏其毒性。A 型毒素由 19 种氨基酸组成，为含有神经毒蛋白和红细胞凝集素两种抗原的不同蛋白质复合体，B、E、F 各型均含有神经毒蛋白和无毒蛋白两种成分。液体毒素需煮沸 15～20mim，固体中则需要 2h 才被破坏。

现已公认，任何型的毒性成分都是作为单一多肽链被产生的，但蛋白分解酶，不管是内源性或外源性的能把毒素切割为双链而显示其毒性。重链与细胞受体结合，轻链进入细胞内发挥毒性作用。被切毒素的两个多肽链间至少有一个二硫键连接，二硫键的作用在于维护毒素的完整性及其毒性。用木瓜蛋白酶处理重链可降解为 B 和 C 两个片段，其中 C 片段对动物无毒性，但却具有较好的免疫原性，B 片段有一定毒性；轻链毒性更大，因此只有重链 C 片段（BoNTaHc）可作为免疫原。A、B、C、D、E 和 F 各型神经毒素分子的氨基酸序列已经测出。目前已知，每一血清型神经毒素的 N 端残基均为脯氨酸残基。每型蛋白质分子的 38～43 位氨基酸存在有亮氨酸-酪氨酸残基对。A 型肉毒毒素是最早制成的结晶毒素，是由 19 种氨基酸所构成的蛋白质。A 型肉毒毒素由染色体基因编码，全长 3942bp，分轻链和重链区两部分。A 型肉毒毒素的分子质量约 150kDa，此毒素首先以单链形式合成，然后被蛋白酶在 N 端 1/3 处分割为由二硫键连接的两条单链：轻链 L 和重链 H，轻链 50kDa，重链 100kDa 重链的 N 端是最保守的区域。A 型肉毒毒素神经毒位点在重链上。轻链和重链在分开、分离时它们的构型并无明显的不可逆变化，再连接的双链重新获得毒力。

肉毒毒素 A、B、C、D、E、F 抗原性各不相同，具有广泛的异质性。肉毒毒素具有与破伤风毒素很多相似之处：①超强毒性，人的 LD_{50} 为 0.1～1ng/kg；②多肽单链以无毒性菌体毒素形式合成；③被蛋白酶水解激活后成毒性蛋白，具有活性的神经毒素为两条亚单位链，两链以二硫键相连。肉毒梭菌本身缺乏相应的蛋白酶，菌体产生的神经毒素首先是以单链形式释放出来，毒性低，被机体摄入后，由宿主的蛋白酶水解而成具有毒素活性的双链结构构型。肉毒毒素 B 的分子结构为典型的三叶草构型，中间部分（Hc）为跨膜区，两侧分别为细胞结合区（H_N）和催化活性区（毒性区，L）。

C_2 毒素是 C 型肉毒梭菌产生的一种非神经毒素，在结构和功能上与神经毒素完全不同，它属于一种细胞毒素。胰酶激活 C_2 毒素的适宜 pH 为 7.5～8.0，比激活 E 型毒素的 pH 明显高。C_2 毒素毒力（致死性、红斑和血管通透性）由两种免疫学蛋白成分诱导，组分Ⅰ分子质量为 55ku，具有 ADP 核糖基酶活性；组分Ⅱ为 105ku，具有介导细胞结合和运转功能，将组分Ⅰ运送至细胞内，使 G-肌动蛋白在 Arg-177 处发生 ADP 核糖基化，而引起 G 肌动蛋白单纤维聚合。

4.3.9.5 细菌学检测

肉毒梭菌检验以检测肉毒毒素为重点，肉毒梭菌菌体检查一般意义不大，因为自然界和人畜肠道平常就有肉毒梭菌存在，如果首先做细菌培养即使得到阳性结果，也不宜对中毒作出肯定的诊断。只有检出毒素，才能争取时间，判明毒素类型，采取有效措施，防止食物中毒。如果目的是为了证实肉毒梭菌的存在，如罐头食品的细菌学检验或细菌分布调查，就要进行一系列细菌学试验。但最终还是要根据产毒试验来鉴定细菌及其型别。因此，肉毒毒素的检出被看作肉毒中毒实验室诊断的最根本方法。检验按国家标准检验法（GB/T 4789.12—2003，图 4-25）进行。

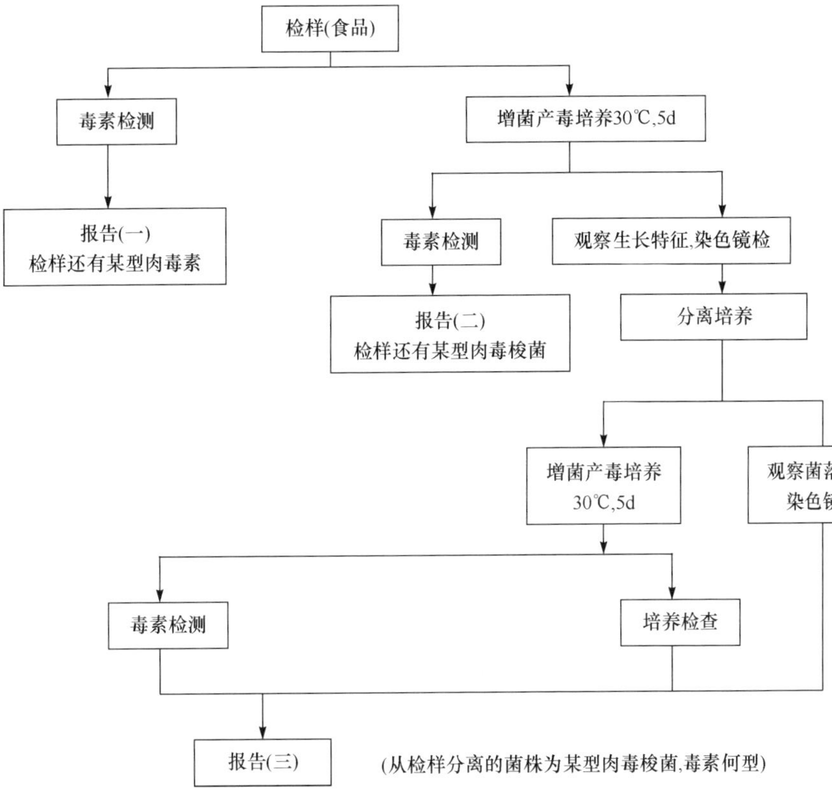

图 4-25　肉毒梭菌及其毒素检验程序

1）肉毒梭菌常规检验方法

检样经均质处理后及时接种培养，同时进行毒素检测试验。毒素检测试验结果证明有无肉毒毒素及有何型毒素存在。对增菌培养物一方面做一般生长特征观察，同时检测肉毒毒素的产生情况。肉毒毒素检测在实验室中一般采用生物学方法，常用的有小白鼠肉毒毒素检测试验和毒素中和试验。将可疑液体样品的离心上清或固体样品的浸出液腹腔注射小白鼠，如样品中含有肉毒毒素，则注射后 24h 内小白鼠发病死亡。被检样品与等量多型混合抗毒素或单型抗毒素分别混合，中和作用后腹腔注射小白鼠，根据小白鼠发病死亡或保护情况，可以鉴定出肉毒毒素的型别。

（1）检样采集：可疑肉毒中毒时，要及时收集可疑食品，如无可疑食品可采患者的呕吐物或其胃洗液，若患者血中疑有毒素，可采集血液。

（2）检样处理：肉毒毒素在偏酸溶液里尤其在含明胶的溶液中比较稳定，故一般最好用 pH6.2～6.8 明胶磷酸盐缓冲盐水稀释检样。对固体、膏状、半流体状样品，如肉块、土壤、尸体的内脏、患者呕吐物及其粪便、豆酱、臭豆腐及其他各种固体食品或牲畜饲料等，称取所需量，加入 5～10 倍量（按容量计）上述稀释剂等。

2）肉毒毒素检测

将上述稀释的检样经浸泡、研碎、离心；液体检样可直接离心，取上清做检测。另取部分上清液，调 pH6.2，每 9 份加 10% 胰酶（活力 1∶250）水溶液 1 份，并不断轻轻搅动，37℃作用 60min，进行检测。以小白鼠腹腔注射法为标准法。

（1）检出试验：取上述离心上清液及其胰酶激活处理液分别注射小白鼠 2 只，0.5mL/只，观察 4d。液中若有肉毒毒素，小白鼠一般多于 24h 内发病死亡。主要症状为竖毛、四肢瘫软，呼吸困难呈风箱式，腰部凹陷，宛若蜂腰，最终死于呼吸麻痹。如小白鼠猝死，或症状不明显时，可将注射液适当稀释，重做试验。

（2）确证试验：不论上清液或其胰酶激活处理液，凡不能致小白鼠发病、死亡的，取待检样分成 3 份做试验。1 份加等量多型混合肉毒抗毒素诊断血清，混匀，37℃作用 30min；1 份加等量明胶盐酸缓冲液，混匀，煮沸 10min；1 份加等量明胶盐酸缓冲液混匀，不作其他处理。3 份加混合液分别注射小白鼠各 2 只，0.5mL/只，观察 4d，若注射加诊断血清与煮沸加热 2min 混合液的小白鼠均存活，而注射未经处理的混合液小白鼠以特有症状死亡，即可判定检样中有肉毒毒素，必要时可进行毒力测定及定型。

（3）毒力测定：将判定含有毒素制备液上清，用明胶磷酸盐缓冲液稀释，5×10^1～5×10^3 梯度；各稀释度注射 2 只小鼠，每只 0.5mL，观察 4d。可根据稀释剂量判断其毒素含量。

(4) 定型试验：根据毒力测定结果，用明胶磷酸盐缓冲液将检样上清液稀释至所含毒素的毒力为 10～1000LD/mL（5、50、500 倍稀释全部死亡，5000 倍稀释全部存活）的范围，分别与各单型肉毒抗毒素血清等量混合，37℃作用 30min，各注射小鼠 2 只，每只 0.5mL，观察 4d。应同时做阴性对照。能保护动物免于发病、死亡的血清型别，即为检样中所含有肉毒毒素的型别。

3）肉毒梭菌检验

增菌产毒培养试验：取疱肉培养基 3 支，煮沸 10～15min 除氧。再做如下处理：第一支，急速冷却，接种检样均质液 1～2mL；第二支，冷却至 60℃，接种检样，继续于 60℃保温 10min，急速冷却；第三支，接检样，继续煮沸加热 10min，急速冷却。以上接种物于 30℃培养 5d，若无生长，继续再培养 10d。到期若有生长，取培养液离心，取上清液作毒素检测，方法同前，阳性结果证明检样中有肉毒梭菌。

分离培养：亦可将检样匀质液接种于明胶琼脂半固体培养基和 TPGYT 中。接种后的培养基于 30～37℃厌氧培养 4～5d。若无菌生长。继续培养同样时间有肉毒梭菌生长，培养基混浊，并显著产气，染色镜检可见到革兰氏阳性两端钝圆的大杆菌，芽胞位于菌体近端，宽于菌体。有肉毒梭菌生长的，要进行毒素测定，将培养液离心，取其上清检测，方法同前，应做到定型。

选取经毒素检测试验证实含有肉毒梭菌的前述增菌产毒培养物（必要时可重复一次适宜的加热处理）接种卵黄琼脂平板，35℃厌氧培养 48h。该菌在卵黄琼脂平板上生长时，菌落及其周围培养基表面覆盖着特有的虹彩样（或珍珠层样）薄层，但 G-型菌无这些现象。

根据菌落及菌体形态挑取可疑菌落，接种庖肉培养基，于 30℃培养 5d，做毒素检测，方法同前；并做培养检查确证试验：接种卵黄平板，分成 2 份，分别于 37℃需氧和厌氧条件下 48h，观察生长情况及菌落特征。

4）其他快速检测方法

食品中肉毒毒素检测除常规生物学方法外，还有免疫学方法、PCR 方法、基因探针法、自动化检测等。免疫学方法包括沉淀反应、颗粒吸附试验、固相放射免疫试验（RIA）、酶联免疫吸附试验（ELISA）和免疫印迹等方法。目前沉淀反应、固相吸附血凝法、ELISA 技术、免疫印迹等均用于检测肉毒梭菌和肉毒毒素。DNA 探针和 PCR 技术不仅可以特异性检测所有肉毒毒素基因，而且可以针对不同型毒素基因进行分型检测和鉴定，或结合 ELISA 方法进行检测。

4.3.9.6 食品加工过程中的综合控制

肉毒中毒的预防措施包括：①防止肉毒梭菌污染食品，食品制作的原料应新鲜，充分洗净并灭菌，食品制作、烹调、加工所需器具、器材等应洗净后灭菌；②对食品进行灭菌，防止肉毒梭菌生长繁殖，罐头、罐装食品等真空食品，必须严格执行《罐头厂卫生规范》（GB 8950—88），罐装后要彻底灭菌，其中心温度须经 120℃、4min 以上彻底灭菌，对有肉毒梭菌增殖危险性的食品，应严格遵守低温保存和运输规定，如鱼、肉、火腿、腊肠等，须在 10℃以下，通风凉快地方保存，避免加工后再污染，在贮藏过程中有产气膨胀罐头时，不能食用；③进食前充分加热，加热 80℃、30min 或 100℃、10～20min 可破坏毒素，因此，对可疑食品彻底加热是预防肉毒中毒的可靠措施。另外，有针对性地进行宣传教育，改革家庭食品传统的制备方法及饮食习惯，也是杜绝肉毒中毒的有效措施。

4.3.10 魏氏梭菌（*Clostridium welchii*）

4.3.10.1 食品卫生学意义

魏氏梭菌又称产气荚膜梭（杆）菌（*C. perfingens*），为厌氧芽胞杆菌属成员。它在自然界分布广泛，在空气、灰尘、土壤、垃圾、污水中都存在，在人和动物的肠道内也经常发现，据报道健康人的肠道内带菌率 2%～15%，动物粪便检出率 1.7%～18.4%，土壤的分离率可达 50%，在猪、鼠粪便中约有 20%能找到本菌。魏氏梭菌属条件致病菌，能引起多种动物发病，是近年来我国大量发生“家畜猝死症”的主要病因之一，是人和动物创伤（急性）感染（气性坏疽）的重要病原菌，也是比较常见的食物中毒菌。可引起人的食物中毒和非食源性胃肠道疾病，如抗生素相关性腹泻（ADD）和散发性腹泻。近年来研究结果发现，并不是所有魏氏梭菌都对人有致病性，只是能够产生肠毒素的魏氏梭菌才对人致病。魏氏梭菌污染食品后，其产生的肠毒素和外毒素可引起食物中毒，特别在美国和英国，被认为是当前最重要的三种食物中毒菌之一。在美国每年占食物中毒患者总数的 30%左右，我国发生较少，仅有 10 起报道，中毒人数 4018 人，涉及牛肉、马肉、鸡肉、鸭肉、犬肉、卤肉各一起，发病率大约 49%，其他情况统计不详。国外引起此类食物中毒的食品多为鸡肉、兔肉和其他肉类，据调查在猪肉及牛肉检出率为 15%～20%。因其芽胞耐热，经过一定的温度加热，并不能被完全杀死，芽胞在熟肉的贮存过程中，在适宜温度下会大量繁殖，产生毒素，人们食用后即可引起食物中毒。魏氏梭菌食物中毒一般多由 A 型菌引起，其次是 F 型。有人报道，魏氏梭菌食物中毒的症状出现一般需要 10^8 个以上活菌数。A 型魏氏梭菌食物中毒，其潜伏期为 10～12h，最短 6h，长的达 20h。临床症状为急性胃肠炎，有腹痛、腹泻，伴有发热和恶心，病程较短，多数在一天内即可恢复。F 型所引起的中毒症状较严重，潜伏期短，其症状表现严重的下腹部疼痛，重度腹泻，粪便中有血液，严重者常引起脱水和循环衰竭而死。

4.3.10.2　主要特征

1）形态及染色特征

魏氏梭菌是一种革兰氏阳性粗大杆菌，为梭状芽胞属条件致病菌。菌体长 4～8μm，宽 0.8～1.0μm，两端钝圆，单在或成双排列，也有成短链排列者。芽胞呈卵圆形，小于菌体，位于菌体中央或次极（近）端。在机体内可形成明显的荚膜，无鞭毛，不能运动。厌氧培养时一般很少形成芽胞。在陈旧的培养物中，菌体往往呈革兰氏阴性，见图 4-26。

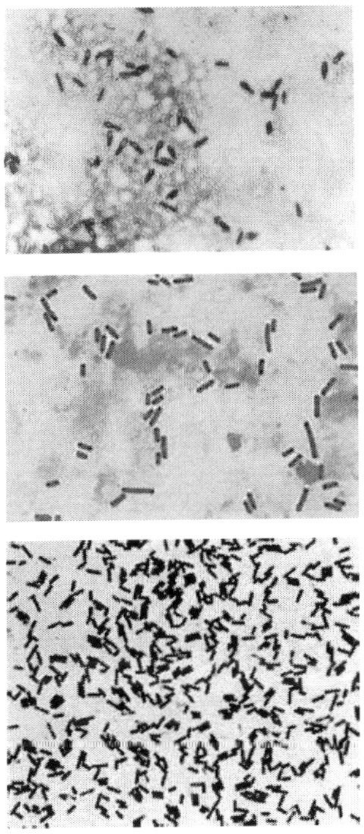

图 4-26　魏氏梭菌

2）生长要求及培养特性

本菌为厌氧菌，但对厌氧条件并非十分严格，生长繁殖的温度范围广（20～50℃），在 40mmHg（1mmHg≈0.133kPa）氧压力下仍能生长，对营养要求不高，在一般普通培养基上均能生长。菌落半透明，表面光滑，边缘整齐。在血琼脂平板上，多数菌株有双层溶血环，内环完全溶血是 θ 毒素的作用所致，外环不完全溶血则是 α 毒素所致。在蛋黄琼脂平板上，该菌产生的 α 毒素可分解蛋黄中的卵磷脂，使菌落周围出现乳白色混浊圈，这一现象称为 Nagler 反应，是一种简易的鉴定细菌并测定该菌是否产生 α 毒素方法。若在培养基中加入 α 毒素抗血清，则菌落周围不出现乳白色混浊圈（图 4-27）。

普通琼脂：呈灰白色不透明、表面光滑、边缘整齐的菌落，直径为 2～5mm。

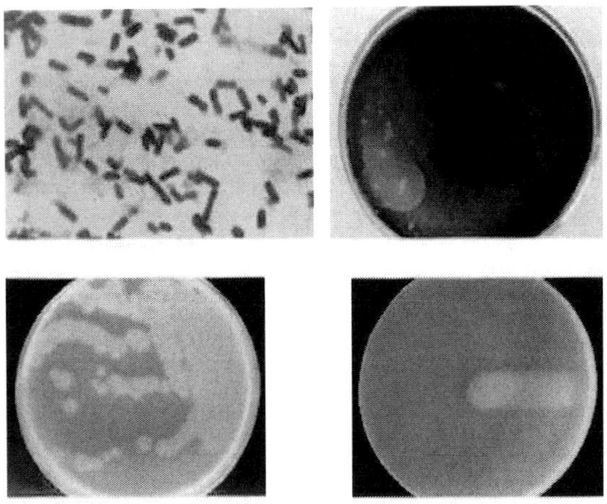

图 4-27　魏氏梭菌培养基生长状态

亚硫酸盐-多黏菌素-磺胺嘧啶（SPS）琼脂：圆形、表面光滑的黑色菌落。

葡萄糖血清琼脂：形成中央隆起或圆盘样的大菌落，菌落表面有放射状条纹，边缘锯齿状、灰白色、半透明，外观似“勋章”样。

血琼脂培养基：形成灰白色、圆形、边缘呈锯齿状的大菌落，周围有明显 β 形溶血环。

肉渣培养基：发育迅速，肉渣变成红色，并产生气体，肉渣不被消化。

肝片肉汤：发育迅速，5～6h 后即变混浊，并产生大量气体。

牛乳培养基：培养 8～10h 后，能分解乳糖产酸，将酪蛋白凝固，同时产生大量气体。冲散凝固的酪蛋白，使之变成海绵状，气势凶猛，被称为“汹涌发酵（stormy fermentation）”现象（图 4-28），是本菌特点之一，可用于快速诊断。

图 4-28　魏氏梭菌在牛乳培养基中的汹涌发酵现象

3）生化特性

本菌对糖分解作用极强，大多数糖，如葡萄糖、麦芽糖、蔗糖、乳糖、果糖、半乳糖、棉子糖、淀粉、糊精、甘油等可被分解，产酸产气，不分解菊糖、甘露醇及水杨苷。在疱肉培养基中也因分解肉渣中糖类而产生大量气体，能缓慢液化明胶。产生硫化氢，不产生靛基质。对凝固蛋白及血清无消化能力。该菌在牛乳培养基中产生“汹涌发酵”（或“暴烈发酵”）现象是本菌特征性的生化试验。与其他梭状芽胞杆菌生化鉴别见表 4-21。

表 4-21　魏氏梭菌生化反应鉴定表

菌名	铁质牛乳	糖发酵					硫化氢	靛基质	明胶液化	亚硝酸盐	外毒素	对鼠致病性
		葡萄糖	麦芽糖	蔗糖	乳糖	水杨苷						
产气荚膜梭（杆）菌	ACGS	⊕	⊕	⊕	⊕	⊕/−	+	−	+	+	+	(+)
肉毒梭菌	A	⊕	⊕	−	−		+	+	+	+	+	+
破伤风梭菌	C	−	−	−	−	−	+	−	+	−	+	+
水肿梭菌	CG（D）	⊕	+/−	−	−	⊕	+	−	+	−	+	+
腐败梭菌	ACG	⊕	⊕	−	⊕	−	+	−	+	+	+	+
溶组织梭菌	CD	−	−	−	−	−	+	−	+	−	+	(+)
产芽胞梭菌	D	⊕	⊕	−	−	⊕	++	−	+	−	+	−
谲诈梭菌	ACG	⊕	⊕	⊕	⊕	−	+	−	−	+	+	(+)
第三梭菌	ACG	⊕	⊕	⊕	⊕	−	+	−	−	+	+	−

注：A. 产酸；C. 凝固；D. 消化；G. 产气；S. 汹涌发酵现象 ；+. 阳性；−. 阴性；⊕. 产酸产气；(+). 迟缓阳性

4.3.10.3　抗原结构及血清型

用凝集反应不能区分出明显的菌型，表现出抗原的重叠性，而凝集原与可溶性抗原鉴定的菌型之间没有明显关系。熟知的可溶性抗原有 α、β、γ、η、δ、ε、ι、θ、κ、λ、μ 和 ν 12 种，其性状和分布见表 4-22。这些可溶性抗原都是蛋白质，分子质量大约在 4kDa 以上，其中 α、β、ε 和 ι 是主要致死毒素，也是主要抗原。魏氏梭菌根据其产生主要致死性毒素 α、β、ε 和 ι 与其抗毒素的中和试验分成 A、B、C、D 和 E 5 个型。另外还提出一个第 6 型，F 型，也有人认为它是 C 型。对人致病主要为 A 型，引起气性坏疽和食物中毒。C 型中有些菌株可引起坏死进行性肠炎。其他型别则在动物中引起腹泻和肠炎等。魏氏梭菌这 5 个型，根据细胞或菌落形态、生化反应或最终代谢产物脂肪和有机酸的气-液色谱分析，是不能确实区别的，确实分型需用毒素来确定。魏氏梭菌按毒素型分类见表 4-23。

表 4-22　魏氏梭菌毒素的性质及其分布

菌型	致病性	主要致死毒素				次要致死和非致死毒素							
		α	β	ε	ι	Γ	Δ	η	θ	κ	λ	μ	ν
		致死、坏死、溶血	致死、坏死	致死、坏死	致死、坏死	致死	致死、溶血	致死	溶血不耐气	胶原酶	蛋白酶	透明质酸梅	脱氧核糖核酸酶
A	人气性坏疽、 食物中毒	+++ +++	−										
B	羔羊痢疾 山羊、绵羊出血性肠炎（伊朗）	+++ +++	+++ +++										

表 4-23　魏氏梭菌按毒素型分类

魏氏梭菌（型）	产生的毒素			
	α	β	ε	ι
A	+	−	−	−
B	+	+	+	−
C	+	+	−	−
D	+	−	+	−
E	+	−	−	+
F				

注：+. 产生；−. 不产生

4.3.10.4　抵抗力

在含糖厌气肉肝汤培养物中，因产酸几周内菌体即可死亡，而在无糖厌气肉肝汤培养物中菌体能生存几个月。芽胞在 90℃、30min 或 100℃、5min 死亡，而食物中毒型菌株芽胞，能耐煮沸 1～3h。魏氏梭菌肠毒素为分子质量较低的蛋白质，为 3.6ku 左右，对热抵抗力不大，在 50μg/mL 时，加热 55℃、88min，57℃、37min，60℃、4min，可破坏其间接血凝反应性，100% 灭活，加热 100℃立即灭活。对碱有抵抗力，在 pH10 以内不被破坏，对酸抵抗力则较小，在 pH4 以下立即被破坏。

4.3.10.5 致病性

魏氏梭菌在自然界分布比其他梭菌更为广泛，其致病性也较为广泛。魏氏梭菌能产生多种强烈的外毒素和酶类，如致死毒素、坏死毒素、溶血毒素及肠毒素，卵磷脂酶、纤维蛋白酶、透明质酸酶、胶原酶、明胶酶和脱氧核糖核酸酶。这些致病物质与组织分解、坏死、产气、水肿及病变扩散和全身中毒症状有关。在形成芽胞的同时产生一种引起肠膨胀物质称为肠毒素，并推断为食物中毒起因。根据魏氏梭菌形成毒素及动物致病性特点，目前可将本菌分为6型，即A、B、C、D、E和F，对人致病的主要是A型和F型，其他4种主要对各种动物呈现致病作用。引起食物中毒的主要是A型，其次是C型。魏氏梭菌的毒性物质分为12种，见表4-22。毒素尤其是α、β、ε和ι 4种主要致死性毒素具有良好的免疫原性。

A型菌主要是人气性坏疽和食物中毒的病原菌，也引起动物的少数气性坏疽病例，A型菌产生各种毒素，动物的病理过程与这些毒素活性有关，α毒素破坏细胞壁，使组织死亡，增强血管通透性，引起水肿等。引起食物中毒的A型菌产生肠毒素，而气性坏疽病原菌则不产生肠毒素。A型食物中毒潜伏期一般在10～12h，最短为6h，长的达24h。临床症状为急性胃肠炎，腹痛、腹泻（呈水样便或带黏液及血液大便），伴有发热和恶心，病程较短，多数在一天内即可恢复。C型所引起的中毒症状较严重，潜伏期较短，其症状表现为严重腹部疼痛、重度腹泻，粪便中有血液及黏液，严重者常可引起严重脱水和循环衰竭而死亡。

魏氏梭菌肠毒素二级结构80%为β折叠，20%为无规则卷曲。该蛋白毒素含有319个氨基酸，Michael等对肠毒素的N端的66个氨基酸序列进行研究后认为该区中存在两个胰酶活化位点，它们分别是15LyS-16Glu和LyS25-Thr。

魏氏梭菌肠毒素对热和pH均不稳定，对蛋白酶敏感，对胰蛋白酶不敏感。魏氏梭菌肠毒素（CPE）具有与别的肠毒素不同的独特作用方式，可以与抗毒素产生免疫反应，发生中和作用，但其生物学活性却不能被A、B、C、D、E定型诊断血清所中和。研究结果表明，采用CPE特异性抗体能够使A型魏氏梭菌引起的食物中毒症状消除。

CPE作用的分子机制：CPE给人、猴、犬等口服时，能引起腹泻，能使羊羔及家兔的结扎肠道膨胀，对小白鼠有致死作用，对豚鼠皮内注射，能引起红肿反应。用肠毒素处理鼠回肠，可引起与吸收过程相反的物质运输，大量分泌液体，NaCl丢失。肠毒素首先与靶细胞膜上的特异受体结合，继而破坏细胞表面结构，导致胞内物质渗漏，并影响细胞代谢，最终导致细胞死亡。有研究结果证实，将毒素加至单层Vero细胞液中，30min内即可见细胞结构损伤，大量空泡聚集在细胞质膜面，35～40min细胞存活率下降50%。CPE具有潜在细胞毒活性，主要包括肠黏膜通透性改变、新陈代谢紊乱、组织学损伤及细胞内大分子合成于肠毒素接触后30min内完全受到抑制，最终导致肠黏膜损伤而发病。

CPE能够迅速作用于十二指肠、空肠和回肠引起组织损伤，小肠对CPE最为敏感，出现严重的组织损伤。肠细胞经CPE处理后，CPE很快在细胞膜刷状缘上出现可见肠黏膜损伤，迅速地改变正常哺乳动物细胞的膜通透性。这种通透性的改变最初仅限于分子质量在200kDa以下的小分子物质通过，从而导致细胞胶体渗透压平衡的破坏，使细胞裂解或使细胞的基础代谢过程受到抑制，从而引起细胞死亡。目前已研究清楚CPE引起细胞膜通透性改变是一个独特的多步骤过程，首先，CPE与一种肠道上皮细胞蛋白质受体结合，形成小分子复合体，大小为40～50ku，然后小分子复合体会与其他蛋白进一步在细胞膜上形成一种更大的包含有CPE二级复合体，大小约160ku，这种大分子复合体则引起通常所见的细胞膜通透性改变。目前已知各种大分子复合体中至少还包括一种45～50ku真核生物蛋白及另一种65～70ku的真核生物蛋白。而且各种大分子复合体能在细胞膜上形成一种孔状结构，细胞膜能够充分保护其免受蛋白酶作用。这种保护效应是由于位于大分子复合体的CPE插入细胞膜脂双层，形成了细胞膜孔道。

CPE作用对Ca^{2+}有依赖性：肠毒素的生物学作用包括两个相互衔接的过程，第一步是温度依赖阶段，不需Ca^{2+}参与，主要是肠毒素与细胞的结合，一般结合30～60min后，将无法从细胞上洗脱肠毒素；第二步是Ca^{2+}依赖阶段，最终导致细胞上气泡和气囊形成。EDTA、胰酶处理不会影响细胞对毒素敏感性，但蔗糖能推迟这些生物学作用的出现，并对毒素作用有部分抑制。

CPE具有超抗原性：魏氏梭菌肠毒素主要诱导一些（非全部）CTL细胞复合性地非限制性杀伤组织相溶性白细胞二类抗原阳性靶细胞，采用“锚”聚合酶链反应证明CPE选择性地刺激5位正常供体的含T细胞Vβ6.9和Vβ22受体的外周血淋巴细胞，对Vβ24、Vβ21、Vβ15和Vβ6.1～5的刺激作用则很小，抗原并不需要加工过程，CPE即可诱导细胞增殖。肠毒素的超抗原性与其生物学特性可能是紧密联系的。

4.3.10.6 细菌学检测

食品中魏氏梭菌检验的主要目标是食品被该菌污染的程度，检验重点项目包括细菌计数及确证试验。

依据《食品安全国家标准 食品微生物学检验 产气荚膜梭菌检验》（GB 4789.13—2012）具体检验方法如下（图4-29）。

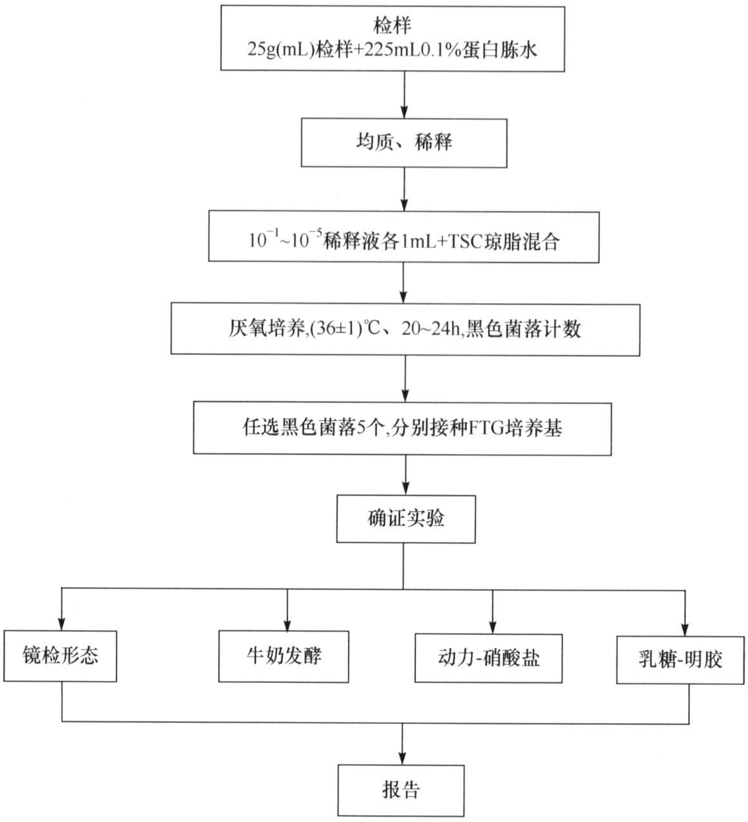

图 4-29　魏氏梭菌检验程序

1）活菌计数

培养以无菌操作取食品检样 25g（mL）放入均质器中，加 0.1%蛋白胨水稀释剂 225mL 低速搅动 1～2min，使之匀质化，作为 1∶10 稀释液。再递增稀释成 10^{-1}～10^{-6}的系列稀释液。吸取各稀释液 1mL 分别放于 2 个灭菌平皿内，每个平皿浇注约 50℃的 TSC（胰胨-亚硫酸盐-环丝氨酸琼脂）或 SPS 琼脂 10～20mL，使稀释液和琼脂充分混匀。上述琼脂平板凝固后置于厌氧环境中于（36±1)℃培养 24h。选取生长有 30～300 个黑色菌落的平板，计算黑色菌落数。

2）确证试验

（1）从单个平板上任选 5 个（小于 5 个全选）黑色菌落，分别接种到 FTG 培养基，(36±1)℃培养 18～24h。

（2）用上述培养液涂片，革兰氏染色镜检并观察其纯度。魏氏梭菌为革兰氏阳性粗短杆菌，有时可见芽胞。如果培养液不纯，应划线接种 TSC 琼脂平板进行分纯，（36±1)℃培养 20～24h，挑取单个典型黑色菌落接种到 FTG 培养基，（36±1)℃培养 18～24h，用于后续的确证试验。

（3）取生长旺盛的 FTG 培养液 1mL 接种于含铁牛乳培养基，在（46±0.5)℃水浴中培养 2h 后，每小时观察一次有无“暴烈发酵”现象，该现象特点是乳凝结物破碎后快速形成海绵样物质，通常会上升到培养基表面。5h 内不发酵者为阴性。魏氏梭菌发酵乳糖，凝固酪蛋白并大量产气，呈“暴烈发酵”现象，但培养基不变黑。

（4）用接种环取 FTG 培养液穿刺接种缓冲动力-硝酸盐培养基，于（36±1)℃培养 24h。在透射光下检查细菌沿穿刺线的生长情况，判定有无动力。有动力的菌株沿穿刺线呈扩散生长，无动力菌株只沿穿刺线生长。然后滴加 0.5mL 试剂甲和 0.2mL 试剂乙以检查硝酸盐的存在。15min 内出现红色者，表明硝酸盐被还原为亚硝酸盐。魏氏梭菌无动力，能将硝酸盐还原为亚硝酸盐。

（5）用接种环取 FTG 培养液穿刺接种乳糖-明胶培养基，（36±1)℃培养 24h，观察结果。如发现产气和培养基由红变黄，表明乳糖被发酵并产酸。将试管于 5℃左右放置 1h，检查明胶液化情况，如果培养基呈固态，于（36±1)℃再培养 24h，重复检查明胶是否液化。魏氏梭菌能发酵乳糖，液化明胶。

3）家兔试验

取 18～24h 液体培养物 0.5mL，注入家兔耳静脉内，10min 后，将家兔处死，置 37℃温箱 5～8h 后动物体内充满气体，腹部膨胀。剖检时，可见各脏器内有许多气泡，尤以肝脏为甚，故常称为“泡沫肝”或“海绵肝”，然后以肝脏进行涂片染色镜检和细菌分离培养。

4.3.10.7 食品生产综合控制

由于此菌的耐热性芽胞在人、畜粪便中常有发现，因此应注意肉品污染问题。另外温度与其代谢作用关系密切，故加工制备的肉品及其他食品在贮藏和运销过程中要注意冷却措施。

4.3.11 志贺氏菌属（*Shigella*）

4.3.11.1 食品卫生学意义

志贺氏菌属是人类及灵长类动物细菌性痢疾（简称菌痢）最为常见的病原菌，俗称痢疾杆菌（dysentery bacterium）。本属包括痢疾志贺氏菌（*S. dysenteriae*）、福氏志贺氏菌（*S. flexneri*）、鲍氏志贺氏菌（*S. boydii*）、宋内志贺氏菌（*S. sonnei*），共4群44个血清型。4群均可引起痢疾，主要致病特点是能侵袭结肠黏膜上皮细胞，引起自限性化脓性感染病灶。但各群志贺氏菌致病的严重性和病死率及流行地域有所不同，本菌只引起人的痢疾。我国主要以福氏志贺氏菌和宋内志贺氏菌痢疾流行为常见，年统计病例为200万左右，发病率有逐年下降趋势，但仍居24种法定传染病的首位。引起人食物中毒或感染的主要是对环境抵抗力较强的宋内志贺氏菌。食物中毒的主要原因是食品加工、集体食堂、饮食行业的从业人员中患有痢疾或者是痢疾带菌者。在他们与食品接触过程中污染了食品，特别是液体或湿润状态的食品，在适宜的温度下细菌大量繁殖，临食前未充分加热就有可能引起食物中毒。据资料报道感染剂量为20～10 000个细菌，最低可达10个菌，属于致病较强的菌种。志贺氏菌食物中毒潜伏期一般为10～12h，最短者为6h，主要呈现突然剧烈腹痛，呕吐、频繁的腹泻，初期部分或全部水样便，以后在便中混有血液和黏液。发热、体温可达40℃以上。

4.3.11.2 主要特征

1）形态及染色特征

志贺氏菌形态与一般肠道杆菌无明显区别，大小为（0.5～0.7）μm×（2.0～3.0）μm，为革兰氏阴性短小杆菌（图4-30）。长2.0～3.0μm，宽0.5～0.7μm。无芽胞，无荚膜，有菌毛。长期以来人们认为志贺氏菌无鞭毛、无动力。最近重新分离志贺氏菌，电子显微镜证实有鞭毛、有动力（图4-30）。

2）生长要求及培养特性

志贺氏菌为需氧或兼性厌氧菌，对营养要求不高，在普通培养基上生长良好，形成半透明光滑型菌落。最适生长温度为37℃，最适pH为7.2～7.8。

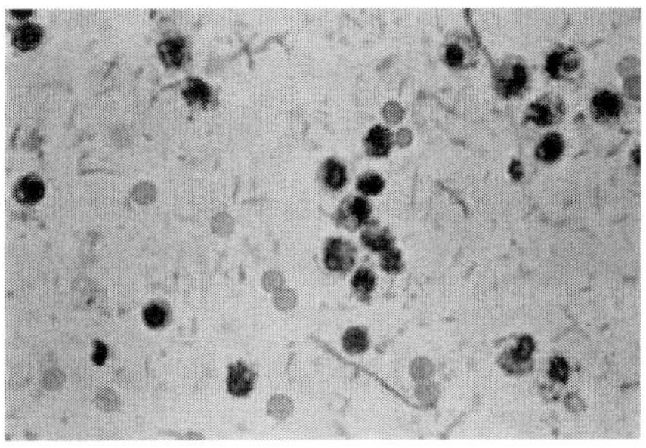

图4-30 志贺氏杆菌及其透射电镜照片

普通琼脂：37℃培养18～24h，菌落呈圆形、微凸、光滑湿润、无色半透明、边缘整齐，直径约2mm。宋内志贺菌菌落一般较大，不很透明，并常出现扁平粗糙的菌落。

S.S琼脂：菌落形态和沙门菌相似，为无色半透明中等大或较小的菌落，边缘整齐，光滑、稍隆起。由于志贺氏菌不产生硫化氢，故在S.S琼脂培养基上的菌落中心不形成黑色。

普通肉汤：呈均匀混浊生长，无菌膜。

3）生化特性

本菌属都能分解葡萄糖，产酸不产气。除宋内志贺氏菌个别菌株迟缓发酵乳糖（一般需3～4d）外，均不分解乳糖。甲基红试验阳性，V-P试验阴性，不分解尿素，不产生H_2S，对甘露醇分解和产生靛基质能力因菌种而异。根据生化反应可进行初步分类，志贺氏菌属细菌对甘露醇分解能力不同可分为两组：不发酵甘露醇的为A群，即痢疾志贺氏菌1～10血清型；发酵甘露醇的三个群，B群即福氏志贺氏菌1～7型，C群即鲍氏志贺氏菌1～15型，还有D群，即宋内志贺氏菌。再根据乳糖分解与否及靛基质产生，进一步分型。

生化试验：经KI、MIU于35℃培养18～24h后，生化试验符合表4-24和表4-25，做氧化酶试验并与志贺氏多价、单价血清凝集，阳性者，初步定为志贺氏菌属。

表4-24 志贺氏菌初步鉴定

KI			MIU				氧化酶	志贺氏菌抗血清凝集	
斜面乳糖	底层葡萄糖	气体	H_2S	动力	吲哚	脲酶		多价	单价*
−	+	−/+	−	−	−/+	−	−	+	+

注：*. 与某一志贺氏菌单价血清发生凝集；+. 阳性；−. 阴性

表 4-25　志贺氏菌的生化特性

菌群型		葡萄糖	乳糖	蔗糖	麦芽糖	伯胶糖	鼠李糖	木糖	甘露醇	卫矛醇	山梨醇	吲哚
A群痢疾志贺氏菌	1	+	−	−/（+）	−/（+）	−	−	−	−	−	−	−
	2	+	−	−/（+）	V	−/（+）	+/V	−	−	−	+/（+）	+
	3	+	−	−	−/（+）	+/（+）	+	−	−	−	−/（+）	−
	4	+	−	−	−/（+）	−/（+）	−/（+）	−	−	−	−/（+）	−
	5	+	−	−	−	+	−	−	−	（+）/+	V	−
	6	+	−	−	−/（+）	+	−	−	−	−	−/（+）	−
	7	+	−	−	（+）	+	（+）	−	−	−	−	+
	8	+	−	−	+	+	+/−	+/（+）	−	−	−/（+）	+
	9	+	−	−	（+）	+	（−）	（+）	−	−	+	−
	10	+	−	−	（+）	+	（−）	+	−	−	+	−
B群福氏志贺氏菌	1	+	−	−/（+）	（+）/−	V	−/（+）	−	+	−	−	−/+
	2	+	−	−/（+）	V	V	−/（+）	−	+	−	−/V	−/+
	3	+	−	−/（+）	V	V	（+）/−	−	+	−	+/V	−/+
	4	+	−	−/（+）	（+）/−	V	（+）/−	−	+	−	V	−/+
	5	+	−	−/（+）	（+）/−	V	−/（+）	−	+	−	−/+	+/−
	6	+	−	−	V	−/（+）	−	−	+	（+）/−	−/V	−
	7	+	−	−/（+）	V	−/（+）	−	−	−	（+）/−	−	−
C群鲍氏志贺氏菌	1	+	−	（+）/−	（+）/−	+	−	V	+	−	+	−
	2	+	−	V	V	+/（+）	−	−/+	+	−/（+）	−/（+）	−
	3	+	−	−	−	+	−	+/（+）	+	V	+	−
	4	+	−	V	V	+/（+）	−	−	+	V	−/（+）	−
	5	+	−	−	−	（+）/+	−	（+）	+	−	+	+
	6	+	−	−	−	+	−	（+）	+/V	（+）	+	−
	7	+	−	（+）/−	（+）/−	+	−	+	+	−	+/−	+
	8	+	−	（+）	（+）	+	−	（+）	+	−	+/（+）	−
	9	+	−	（+）/−	（+）/−	−/+	（+）	−	+	−	+	+/−
	10	+	−	−/（+）	−/（+）	+	−	（+）	+	（+）/+	+	−
	11	+	−	（+）/−	（+）/−	+	−	+	+	−	−/（+）	+
	12	+	−	−	−	+	−−	−	+	−	−	−
	13	+	−	−	−	+	−	−	+	−	+	+
	14	+	−	+	+	+	−	（+）	+	−	+	−
	15	+	−	−	−	（+）	−	−	+	−	−	+
D群宋内志贺氏菌	+	（+）	（+）/−	+/（+）	+	+V	−/（+）	+	−	−/+	−	

注：*. 某些福氏志贺氏菌 6 型某些菌株可发酵产气（新城亚种和 *Manchester*），其他志贺氏菌不产气；+. 阳性；−. 阴性；（+）. 迟缓阳性；V. 反应不定；+/−. 多数阳性，少数阴性；−/+. 少数阳性，多数阴性；d. 有不同生化型

福氏志贺氏菌 6 型生化特性与 A 或 C 群相似，并为甘露醇阴性。福氏志贺氏菌 1、2、3、5 型，鲍氏志贺氏菌 3、14 型有个别菌株为甘露醇阴性。

4.3.11.3　抗原和血清学特性

志贺氏菌属细菌有 O 和 K 两种抗原，缺少 H 抗原，其抗原结构主要由 O 抗原组成。O 抗原是分类依据，分群特异抗原和型特异抗原，根据生化反应和 O 抗原结构的差别，将志贺氏菌分为 A、B、C 和 D 4 个群及 40 多个血清型（包括亚型），见表 4-26。

表 4-26　志贺氏菌的抗原分类

菌种	群型	亚型
痢疾志贺氏菌	A1-10	8a，8b，8c
福氏志贺氏菌	B1-6，X，Y 变型	1a，1b，2a，2b，3a，3b，3c，4a
鲍氏志贺氏菌	C1-18	4b，5a，5b
宋内志贺氏菌	D1	

A 群即痢疾志贺氏菌（*S. dysenteriae*），不分解甘露醇，有 10 个血清型，其中 8 型尚可分为 3 个亚型。

B群即福氏志贺氏菌（*S. flexneri*），均发酵甘露醇，现有15个血清型（包括变型和亚型），各型间有交叉反应。我国以2a型为最常见血清型。

C群即鲍氏志贺氏菌（*S. boydii*），生化反应近似于福氏志贺氏菌，有18个血清型，各型间无交叉反应。

D群即宋内志贺氏菌（*S. sonnei*），抗原单一，只有一个血清型，发酵甘露醇。宋内志贺氏菌有Ⅰ相和Ⅱ相两个交叉变异相。Ⅰ相呈S型菌落，对小鼠有致病力，多从急性期感染患者标本中分离获得。Ⅱ相为R型菌落，对小鼠不致病，常从慢性患者或带菌者检出。Ⅰ相抗原受控于一个140Mu的大质粒，若质粒丢失，Ⅰ相抗原不能合成，菌则从有毒的Ⅰ相转变为无毒的Ⅱ相。

主要抗原包括：①型特异性抗原，型多糖抗原为菌体抗原的一种，是光滑型菌株所含有的重要抗原，可用于鉴别各菌株的型别；②群特异性抗原，为光滑型菌的次要抗原，也是菌体抗原的一种，特异性较低，常在数种近似菌内出现；③表面抗原（K），在新分离的某些菌体表面含有此种抗原。不耐热，100℃加热1h即被破坏。具有此种抗原的菌株，可阻止菌体抗原与相应免疫血清发生凝集。

4.3.11.4 抵抗力

志贺氏菌属对外界环境的各种因素抵抗力不完全一样，以宋内志贺氏菌最强，福氏志贺氏菌次之，痢疾志贺氏菌最弱。对理化因素抵抗力较弱，对酸性环境也较敏感。在污染物品及瓜果、蔬菜上，志贺氏菌可存活10～20d。在适宜温度下可在水及食品中繁殖，引起水源型或食物型暴发流行。一般50℃加热15min或60℃加热10min及阳光照射30min均能杀死志贺氏菌。对酸敏感，在粪便中有其他产酸菌即可使志贺氏菌在数小时内死亡。因此，粪检必须及时，否则不易检出。志贺氏菌对各种消毒剂敏感，如1%苯酚、1%漂白粉或苯扎溴铵（新洁尔灭）15～30min均能有效杀死。由于磺胺及抗生素类药物的广泛应用，志贺氏菌耐药株日益增多，即便是边远地区分离的志贺氏菌也常见4～8种抗药谱，耐药性主要由R质粒决定，严重影响临床疗效。

4.3.11.5 致病性

人类对志贺氏菌敏感，儿童和成人易感染，特别是儿童，易引起侵袭性或感染性痢疾。大肠杆菌属和志贺氏杆菌属被认为是密切相关的，并且在有些情况下，它们被认为是非常相似的，因而被认为是同一种属。一般引起中毒的菌量为200～1000个/g。

1）致病因子

（1）侵袭力：志贺氏菌有菌毛，能黏附于回肠末端和结肠黏膜上皮细胞。继而穿入上皮细胞内生长繁殖。一般在黏膜固有层内繁殖形成感染灶，引起炎症反应。入侵结肠黏膜上皮细胞是各群志贺氏菌的主要致病特性，细菌侵入血流罕见。各群志贺氏菌的侵袭相关基因都定位于一个140Mu的大质粒上。而侵袭基因的完全表达则受质粒和染色体上多个基因的正、负调控。志贺氏菌穿透上皮细胞的能力由质粒编码的ipaB、ipaC和ipaD蛋白介导，病菌在细胞内外的播散则由质粒上的*virG*（*icsA*）基因控制。志贺氏菌只有侵入肠黏膜后才能致病。否则，即使菌量再大也不引起疾病。

（2）内毒素：志贺氏菌所有菌株都有强烈的内毒素。内毒素作用于肠黏膜，使其通透性增高，进一步促进对内毒素吸收，引起发热、神志障碍，甚至中毒性休克等一系列症状。内毒素破坏肠黏膜，可形成炎症、溃疡，呈现典型脓血黏液便。内毒素尚能作用于肠壁自主神经系统，使肠功能发生紊乱，肠蠕动失调和痉挛，尤其是直肠括约肌痉挛最明显，因而出现腹痛、痢疾等症状。

（3）志贺毒素（shiga toxin，STX）：系外毒素，多由痢疾志贺氏菌1型和2型产生。ST能引起Vero细胞病变，故称Vero毒素（vero toxin，VT）。STX的DNA序列、氨基酸序列与EHEC的VT-Ⅰ基本相同；与VT-Ⅱ则有60%同源性，痢疾志贺氏菌产生的ST属VT-Ⅰ型。ST具有三种生物学活性：①肠毒性，像大肠埃希氏菌VT毒素一样引起腹泻；②细胞毒性，阻止小肠上皮细胞对糖和氨基酸的吸收；③神经毒性，在痢疾志贺氏菌引起的重症感染者可作用于中枢神经系统，造成昏迷或脑膜炎。ST由位于染色体上的*stxA*和*stxB*基因编码；同EHEC产生的ST一样也由1个A亚单位和5个B亚单位组成。B亚单位与宿主细胞糖脂（Gb3）结合，导入细胞内的A亚单位作用于60S核糖体亚单位的28S rRNA，阻止与氨酰tRNA的结合，致使蛋白质合成中断。

志贺氏菌侵入宿主后，机体内的IL-1、IL-6、TNF-α和INF-γ等细胞因子将增多。IL-1和TNF-α可提高ST受体在内皮细胞表面的表达，因而内皮细胞成为ST攻击的主要靶细胞。ST和内毒素有协同作用，两者在体外可加重对人血管内皮细胞的损伤。在志贺氏菌感染的溶血性尿毒综合征（HUS）等并发症中，ST和内毒素的持续存在的联合作用可能与之有关。Ⅰ型痢疾志贺氏菌感染的临床症状较重，除血便、高烧外，常伴有血尿综合征和白血病样反应，病死率较高。

2）所致疾病

志贺氏菌引起细菌性痢疾。传染源是患者和带菌者（包括恢复期带菌者、慢性带菌者和健康带菌者），无动物宿主。主要通过粪便传播。志贺氏菌随饮食进入肠道，潜伏期一般为1～3d。痢疾志贺氏菌感染患者病情较严重，宋内志贺氏菌多引起轻型感染，福氏志贺氏菌感染易转变为慢性，病程迁延。我国主要的流行型为福氏志贺氏菌和宋内志贺氏菌。志贺氏菌感染有急性和慢性两种类型，病程在两三个月以上者属慢性。急性细菌性痢疾常有发热、腹痛、里急后重等症状，并有脓血黏液便。若及时治疗，预后良好。如治疗不彻底，有10%～20%患者可转为慢性。症状不典型者，易被误诊，影响治疗而成慢性或带菌者。急性感染中有一种中毒性痢疾，以小儿为多见。无明显消化道症状，主要表现为全身中毒症状。因其内毒素致使微血管痉挛、缺血和缺氧，导致DIC、多器官功能衰竭、脑水肿，死亡率高，各型志贺氏菌都可能引起。

3）免疫特性

志贺氏菌感染局限于肠黏膜层，一般不入血，故其抗感染免疫主要是消化道黏膜表面的分泌型IgA（SIgA）。病后免疫期短，也不巩固。

4.3.11.6 细菌学检测

食品中志贺氏菌检验，我国国家卫生计生委颁布了统一的标准检验方法（GB 4789.31—2013），其检验程序如图4-31所示。

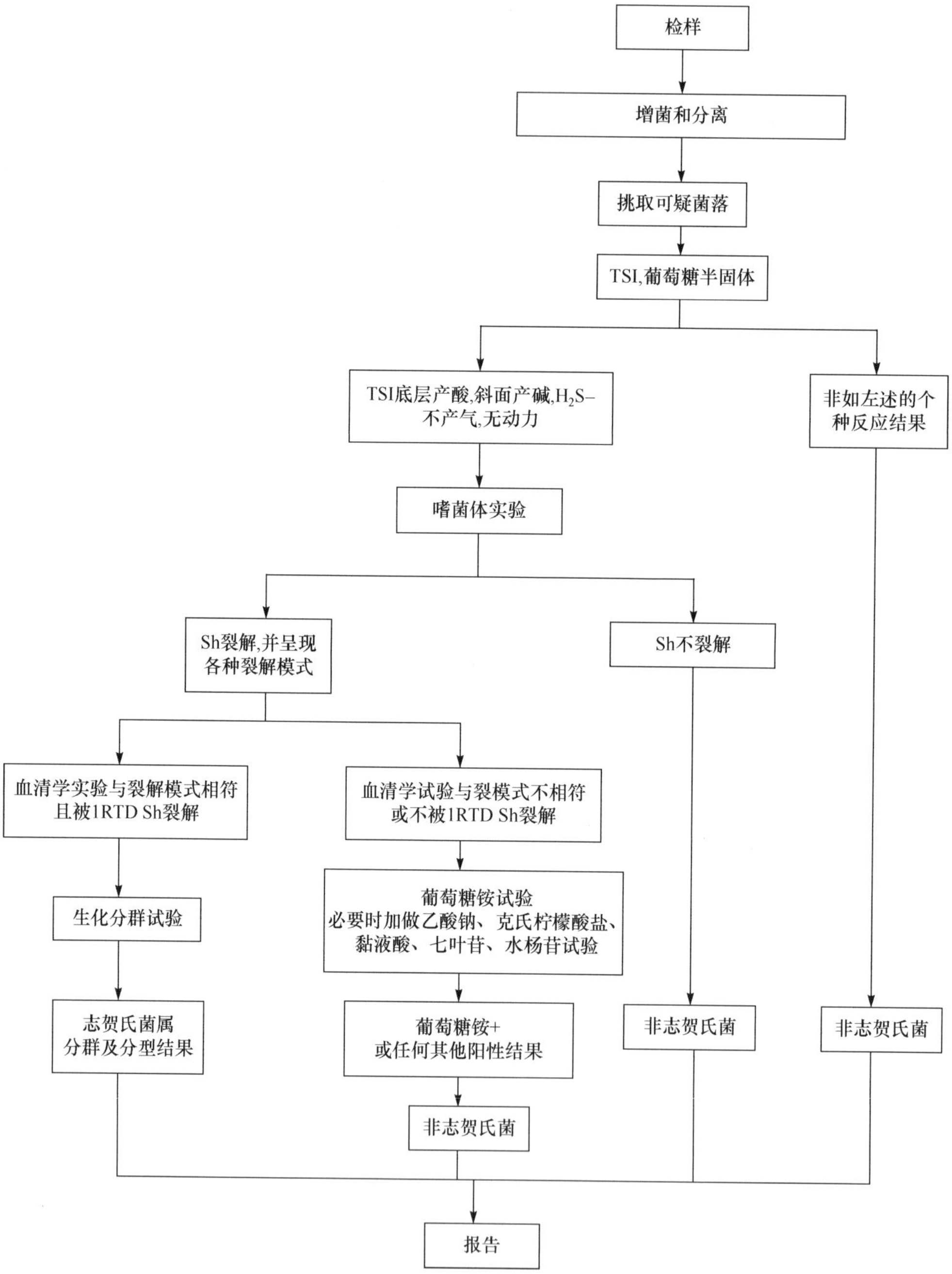

图4-31 食品中志贺氏菌的检验程序

1）样品

患者或带菌者粪便取材，挑取粪便的脓血或黏液部分。应迅速送检培养。若不能及时送检，将标本保存在30%甘油缓冲盐水或专门运送培养基内。中毒性痢疾患者可取肛拭。

2）分离培养与鉴定

标本接种于肠道杆菌选择培养基或鉴别培养基上，常用S.S培养基。37℃培养18～24h，挑无色半透明可疑菌落，作生化反应和血清学试验，以确定其菌群（种）和菌型。

3）毒力试验

测定志贺氏菌的侵袭力可用Senery试验。系将受试菌18～24h的固体培养物，以生理盐水制成9×10^8CFU/mL悬液，接种于豚鼠眼结膜囊内，若发生角膜炎，则Senery试验为阳性，表明受试菌有侵袭力。志贺氏菌ST的测定，可用Hela细胞或Vero细胞，也可用PCR技术直接检测其产毒基因*stxA*、*stxB*。

4）噬菌体裂解试验

按《食品安全国家标准　食品微生物学检验　沙门氏菌、志贺氏菌和致泻大肠埃希氏菌的肠杆菌科噬菌体诊断检验》（GB 4789.31—2013）（2014-6-1实施）进行操作。

5）快速诊断法

（1）免疫染色法：将粪便标本与志贺氏菌抗血清混匀，在光镜下观察有无凝集现象。

（2）免疫荧光菌球法：将标本接种于含有荧光素标记的志贺氏菌免疫血清液体培养基中，37℃培养4～8h，发现带有荧光的菌球为阳性。若标本中含有相应型别的志贺氏菌，则生长繁殖后与荧光抗体凝集成小球，在荧光显微镜下易被检出。

（3）协同凝集试验：是以志贺氏菌IgG与Cowan Ⅰ葡萄球菌结合成为试剂，用来检测患者粪便中有无志贺氏菌可溶性抗原。

（4）乳胶凝集试验：用志贺氏菌抗血清致敏乳胶，使其与粪便中的志贺氏菌抗原起凝集反应。也可用志贺氏菌抗原致敏胶乳，来诊断粪便中有无志贺氏菌抗体。

（5）分子生物学方法：PCR技术、基因探针检测140Mu的大质粒。

4.3.11.7 食品生产的综合控制

预防菌痢，除应对患者及时诊断、隔离和彻底治疗外，还应切断传染途径，包括加强粪便管理、水源管理及食品卫生监督等。一是食品从业人员每年进行一次健康检查是必要的，仍是一种保证食品安全卫生的手段之一。二是要对食品从业人员、无病患者和病原携带者加强管理，对痢疾患者和带菌者在治愈后经三次大便培养阴性方可恢复工作。三是要加强健康教育，做好食品从业人员的卫生知识培训，注意卫生操作，加强食品卫生执法检查，强调消毒观念，食品加工佐料应新鲜制作，隔夜食品必须冷藏并重新煮沸后食用，确保食品的安全卫生。四是福氏志贺氏菌食物中毒不但夏秋季容易发生，冬季也有可能发生，应引起重视。

治疗志贺氏菌感染的药物颇多，但菌很易出现多重耐药菌株，同一菌株可对5～6种甚至更多药物耐药，给防治工作带来很大困难。

4.3.12 坂崎肠杆菌（*Enterobacter sakazakii*）

4.3.12.1 食品卫生学意义

坂崎肠杆菌为肠杆菌属的一个种，是人和动物肠道内寄生的一种革兰阴性无芽胞杆菌，也是环境中的正常菌属。曾被称为黄色阴沟肠杆菌，直到1980年才被命名为坂崎肠杆菌。作为一种新型食源性条件致病菌，由于坂崎肠杆菌对所有年龄段的人群都有感染性，但主要是侵袭婴儿，因此引起了广泛关注。一般对成人影响不大，对婴儿危害极大，尤其是早产儿、出生体重偏低（2500g以下），身体状况较差的新生儿，感染引发脑膜炎、脓血症和小肠结肠坏死，并且可能引起神经功能紊乱，造成严重的后遗症和死亡。也有小部分成人感染骨髓炎和菌血症的报道，成人患病与婴儿相比显著轻微。由坂崎肠杆菌引发的婴儿、早产儿脑膜炎、败血症及坏死性结肠炎散发和暴发病例已在全球范围内相继出现，在某种情况下由其引发疾病而致死的病例可高达40%～80%。1961年，英国两位科学家Urmenyi和Franklin首次报道两例由坂崎肠杆菌引起的脑膜炎病例，随后美国、希腊、荷兰、冰岛、加拿大、比利时等国家相继报道了新生儿坂崎肠杆菌感染事件。从调查病例的分析中，婴儿暖箱、孕妇产道、婴儿配方奶粉为可疑的感染源。2002年美国FDA从惠氏公司生产的婴儿配方奶粉中检出坂崎肠杆菌，2003年美国美赞臣公司自动召回一批检出极微量坂崎肠杆菌的罐装早产儿特殊配方奶粉后，配方奶粉中坂崎肠杆菌污染问题成为世界瞩目的焦点，引起世界多国相关部门的重视。目前科学家还不是十分清楚坂崎肠杆菌的污染来源，但多数研究报告表明婴儿配方奶粉是目前发现的主要感染渠道。

最近的流行病学调查研究显示，该菌广泛存在于食品厂（奶粉、巧克力、谷物类食品、马铃薯和面食）和家庭、医院的食品、水和环境中，干燥婴幼儿配方奶粉是致病的主要来源。坂崎肠杆菌引起感染有散发，也有暴发。在许多案例中，这些暴发事件均是由被污染的婴幼儿配方奶粉引起，特别是容易发生在新生儿加护病房。婴儿配方奶粉与疾病的暴发相关，这可能与婴儿配方奶粉的生产方式有关，因为有的这类食品不经过高温加工，有可能残留坂崎肠杆菌。

Muytiens等曾对35个国家生产的141份婴儿配方奶粉进行检测，在20份试样中检出了坂崎肠杆菌，检出率为14%。M. chantal kandhai等从产自4个奶粉生产厂的68份试样中检出14份坂崎肠杆菌阳性样品，检出率为20.6%。一份来自Joint FAO/WHO workshop关于婴儿配方奶粉中坂崎肠杆菌和其他细菌的未公开发表的调查报告，列出了婴儿配方奶粉中所用干燥成分中坂崎肠杆菌的污染情况。在脱脂奶粉、乳糖、香蕉粉/片、甘橙粉/片、卵磷脂、淀粉均污染有坂崎肠杆菌，除淀粉中坂崎肠杆菌污染率达2.88%，甘橙粉/片为1.64%、其他成分污染率较低，分别为0.009%～

0.95%。

2004年中国安徽阜阳劣质婴儿配方奶粉事件引起了我国政府的高度重视。从87份阜阳劣质奶粉样品中检测到11份坂崎肠杆菌阳性样品，污染阳性率为12.6%，用API 20E和Qualicon BAX（R）系统鉴定出有11株坂崎肠杆菌阳性，这是国内首次从婴儿配方奶粉中分离到坂崎肠杆菌菌株。2004年天津出入境检验检疫局对产自12个省市、46个品牌52种婴儿配方奶粉及其他类乳品共计91份样品进行了坂崎肠杆菌污染情况调查，结果表明：仅有3份婴儿配方奶粉中检出坂崎肠杆菌，检出量为0.3～2.1CFU/100g，其余试样均未检出坂崎肠杆菌。2012年任立松等从新疆进出口食品中分离出6株坂崎肠杆菌，并分析了致病因子。2007年黄忠梅等利用PCR方法对新疆进出口食品中的11大类、253批次进行初筛，用传统方法进行分离，最后用VITEK全自动生化分析仪进行鉴定。结果分别从饼干巧克力类、方便面类、谷物类、儿童食品类、干果类和其他类食品中检出阳性率分别为13.43%、8.16%、15.79%、75.00%、11.11%、11.11%。

4.3.12.2 主要特征

1）形态及染色特征

坂崎肠杆菌为革兰氏阴性、无芽胞的棒状杆菌，有动力，大小只有（0.6～1.1）μm×（1.2～3.0）μm，不具荚膜，6～8条鞭毛（图4-32）。

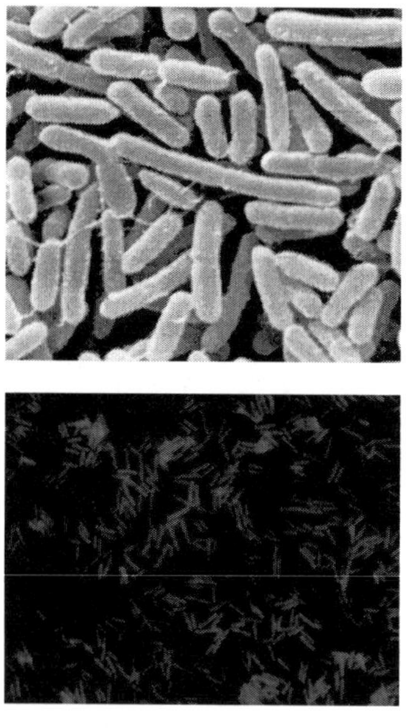

图4-32 坂崎肠杆菌

2）生长要求及培养特性

坂崎肠杆菌兼性厌氧，营养要求不高，能在营养琼脂、血平板、麦康凯琼脂，MAQ琼脂、伊红亚甲蓝琼脂、脱氧胆酸琼脂等多种培养基上生长繁殖。典型的坂崎肠杆菌的菌落形态包括VRBG琼脂上紫色的菌落周围伴随着紫色的胆汁酸沉淀光环；TSA琼脂上典型菌落出现黄色色素沉着，见图4-33和图4-34。所有的坂崎肠杆菌都能在胰蛋白酶大豆琼脂（TSA）上36℃快速生长，24h后形成直径2～3mm的菌落；25℃生长24h后形成直径1～1.5mm的菌落，48h后形成直径2～3mm的菌落。Farmer等发现坂崎肠杆菌在结晶紫中性红胆盐葡萄糖琼脂（violet red bile glucose agar，VRBG）平板上首次划线分离时，24h后可生成两种或两种以上的菌落形态：一种干燥或黏液样，周边呈放射状，用接种环触碰可发现菌落极富弹性；另一种是典型的光滑型菌落，极易被接种环移动。目前，尚不清楚这两种不同菌落是否存在毒力和其他表型上差别。在TSA平板上培养24h后，所有坂崎肠杆菌都产生大量沉淀物，像是包含团状细胞和无定形组织。

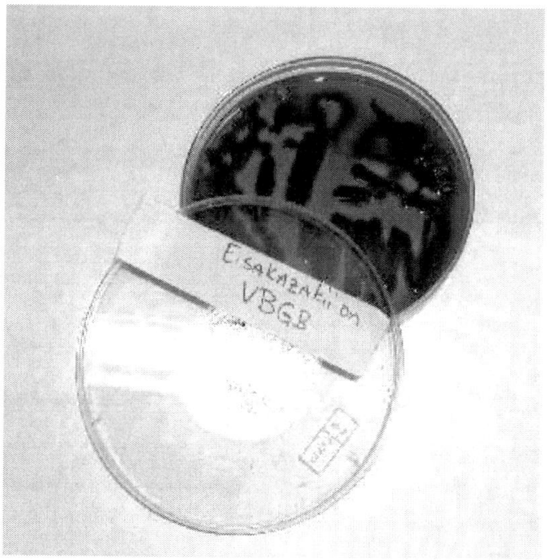

图4-33 坂崎肠杆菌的菌落形态（VRBG琼脂）

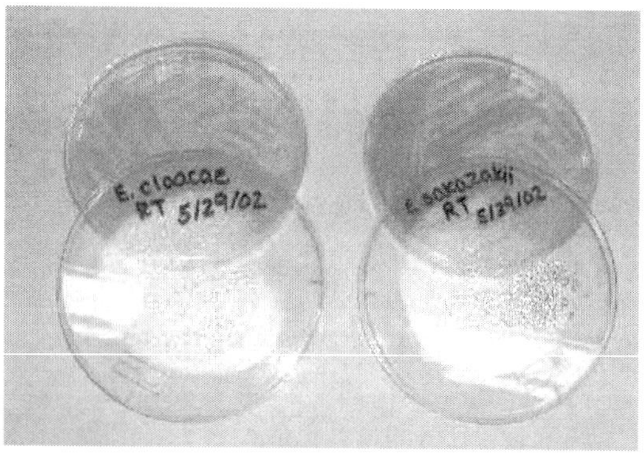

图4-34 坂崎肠杆菌的菌落形态（TSA琼脂）

坂崎肠杆菌能够在冷藏温度接触到婴幼儿奶粉的进料设备处生长。此外，还能够在乳汁、聚碳酸酯、硅和不锈钢上附着和生长。坂崎肠杆菌在室温下重新溶解的婴儿配方奶粉中生长得非常快，它的最适生长温度为37～44℃，某一种菌株显示出耐受性增加，在50～60℃时还能生长，在婴幼儿奶粉中生长最低温度为6℃。所有坂崎肠杆菌株在均能在（45℃±0.5)℃生长。

3）生化特性

坂崎肠杆菌 α-葡萄糖苷酶活性均为阳性，缺少磷酰胺酶，α-葡萄糖苷酶阳性，有吐温 80 脂酶的活性。大量的研究结果表明，坂崎肠杆菌生化反应与阴沟肠杆菌相似（表 4-27，表 4-28）。氧化酶阴性，D-山梨醇阴性，产生吐温 80 脂酶，细胞外 DNAse 阳性并形成黄色菌落。

表 4-27 坂崎肠杆菌及相近肠道条件致病菌生化反应比较

试验	生化反应				
	坂崎肠杆菌	阴沟肠杆菌	产气肠杆菌	成团肠杆菌	日勾维肠杆菌
赖氨酸脱羧酶	−	+	+	−	+
精氨酸双水解酶	+	+	−	−	−
鸟氨酸脱羧酶	+	+	+	−	+
KCN 生长	+	+	+	v	+
蔗糖	+	+	+	(+)	+
卫矛醇	−	(−)	+	−	−
核糖醇	−	(−)	+	−	−
棉子糖	+	+	+	v	+
D-山梨醇	−	+	+	v	−
X-甲基-葡萄糖甙	+	(+)	−	−	−
D-阿拉伯糖醇	−	(−)	+	−	+
黄色素	+	−	−	(+)	−

注：+. 90%～100%阳性；（+）. 75%～89%阳性；v. 25%～74%阳性；（−）. 10%～24%阳性；−. 0～9%阳性

表 4-28 坂崎肠杆菌生化特性

性状	结果	性状	结果	性状	结果
革兰氏染色（24h）	−	氧化酶（24h）	−	柠檬酸盐（Simmons）	+
甲基红	−	V-P	+	苯丙氨酸脱氨酶（24h）	−
硫化氢	−	脲酶水解	−	鸟酸氨脱羧酶	+
赖氨酸脱羧酶	−	精氨酸双水解酶	+	KCN 生长	+
运动性	+	明胶液化（22℃）	+	葡萄糖产气	+
丙二酸利用	+	葡萄糖产酸	+	纤维二糖产酸	+
D-阿东醇产酸	−	D-阿拉伯糖产酸	+	间-肌醇产酸	−
卫矛醇产酸	−	甘油产酸	+	D-甘露醇产酸	+
乳糖产酸	+	麦芽糖产酸	+	α-甲基 D 葡萄糖苷产酸	+
D-甘露糖产酸	+	蜜二糖产酸	+	水杨苷产酸	+
棉子糖产酸	−	L-鼠李糖产酸	+	海藻糖产酸	+
D-山梨醇产酸	+	蔗糖产酸	−	酒石酸盐（Jordans）产酸	−
D-木糖产酸	+	黏液酸盐产酸	+	硝酸盐还原	+
七叶灵水解	+	乙酸盐利用	−	ONPG	+
DNase（25℃）	−	脂酶	−	接触酶产生（24h）	+
色素 d	−	鞭毛排列	周毛		
氧化-发酵	发酵	吲哚	−		

注：色素 d 包括 B 棕色、O 橙色、R 红或粉、Y 黄色

4.3.12.3 抵抗力

Breeuwer 等研究发现坂崎肠杆菌并非具有特殊的耐热性，但能耐受一定程度的渗透压和干燥。另有研究结果证明，坂崎肠杆菌的耐热性不足以使该菌经标准的巴斯德消毒后幸存，产品的污染很可能发生在干燥和罐装阶段。坂崎肠杆菌能在婴儿配方奶粉中长期存活。

坂崎肠杆菌对常用抗菌药敏感。坂崎肠杆菌对氨苄西林、庆大霉素、妥布霉素、氯霉素和卡那霉素敏感，该菌具有多重耐药性，包括氨苄西林、庆大霉素和头孢霉素，但对环丙沙星（MIC<0.5μg/mL）、亚胺培南、妥布霉素和磺胺甲异恶唑敏感。

4.3.12.4 致病性

坂崎肠杆菌的污染及人群感染。坂崎肠杆菌是人和动物肠道内寄生菌，该菌在自然界的污染来源尚不清楚，但在一定条件下可引起人和动物致病，因而被称为条件致病菌。坂崎肠杆菌引发的婴儿、新生儿脑膜炎、败血症和坏死性小肠结肠炎散发和暴发的病例在世界范围内多有报道，致死的病例可高达40%～80%。有关坂崎肠杆菌的毒力因子和致病性知之甚少。但有研究表明，并非所有坂崎肠杆菌均具有致病性。

坂崎肠杆菌具有很强的增殖能力。坂崎肠杆菌的传代时间在6℃、21℃、37℃分别是13.7h、1.7h、19～21min。对坂崎肠杆菌进行危险性评估发现，与本底相比，25℃放置6h该菌的相对危险性可增加30倍；25℃放置10h可增加30 000倍。因此，即使婴儿配方奶粉中只有极微量的坂崎肠杆菌污染，在配方奶粉食用前的冲调期和储藏期该菌也可能会大量繁殖。2004年2月FAO/WHO在日内瓦召开的婴儿配方奶粉中坂崎肠杆菌专家研讨会上提出婴儿配方奶粉中微量的坂崎肠杆菌（<3CFU/100g）污染也能导致感染的发生。因此，对奶粉和婴儿配方奶粉的加工制作过程、家庭/医院的灭菌过程及婴儿配方奶粉的储存和食用等关键控制点进行严格管理，是减少该类产品潜在危险性的重点。

1）毒力因子

Pagotto等在2003年首次描述了某些坂崎肠杆菌可能产生一种毒力因子——类肠毒素样化合物，组织培养发现一些菌株可产生细胞毒效应。腹腔注射剂量达10^8CFU/只时，18株试验株均可在3d内导致哺乳期小鼠死亡。经口灌胃，只有2株能引起哺乳期小鼠致死性损伤。SK92（肠毒素阳性）和MNW6（肠毒素阴性）腹腔注射致死剂量最小，而在最大口服剂量时仍不能引起小鼠的致死性损伤。由此看来，坂崎肠杆菌之间的毒性存在明显不同，而且，某些菌株可能是非致病性的，这在某种程度上可能与细菌在胃的酸性环境中存活能力有关。现在已陆续发现一些该菌的新毒素性物质。

2）临床表现

坂崎肠杆菌感染的大多数病例都是婴儿，特别是早产儿、出生体重偏低等身体状况较差的新生儿，主要引起脑膜炎、脓血症、坏死性小肠结肠炎。坂崎肠杆菌引起的脑膜炎常引起脑梗死、脑脓肿和脑膜炎等并发症，并且可引起神经系统后遗症或迅速死亡。除了感染新生儿外，该菌偶尔还可引起成人局部感染和菌血症等。

新生儿脑膜炎：1961年英国的Fonklin等首次报道两例由坂崎肠杆菌（当时被描述为产黄色素阴沟肠杆菌）引起的脑膜炎病例。两名婴儿2d内先后死于无显著特征的感染性疾病，在脑组织中发现了病理变化。1965年丹麦的Joke等报道了一例新生儿病例，该患者在出生后4d内身体状况良好，4d后出现脑膜炎症状，并出现脑脓肿和脑积水等并发症。经Urlnenyi和Fonkhn会诊后，Joke判定分离到的细菌是一种不常见的肠杆菌，与Fonklin等从两例新生儿脑膜炎患儿脊髓液中分离到的细菌大致相同。1981年报道了美国印第安纳州一名由坂崎肠杆菌感染引起的严重的新生儿脑膜炎病例，在针对该患儿的病例研究中，研究人员确定了坂崎肠杆菌的致病性。

新生儿菌血症：1979年Monr和Tift首次报道了坂崎肠杆菌感染但无脑膜炎症状的新生儿菌血症。感染发生在患儿出生后6d，用氨苄西林治疗后疗效显著。1984年报道了一例早产儿由于坂崎肠杆菌感染引起的致命性菌血症。该事件发生的一个月内，同一新生儿护理室的11名其他新生儿也相继出现了严重的脓血症，其中4人死亡。1990年Noriega等从出生6个月院内感染菌血症的婴儿体内分离到坂崎肠杆菌和肠膜明串珠菌。

新生儿小肠结肠炎：2001年Acke等报道了比利时一家医院Mcu中坂崎肠杆菌引起的坏死性小肠结肠炎暴发事件，1998年，6～7个月间共12例新生儿患坏死性小肠结肠炎，其中一对孪生兄弟因病情严重不治而亡。

成年人感染：大多数文献报道的坂崎肠杆菌感染的都是新生儿。然而，也有成年人感染坂崎肠杆菌的报道。1982年Inene等报道了由坂崎肠杆菌感染引起的1名76岁老人尿脓血症。1985年从1名糖尿病患者足部溃疡部位分离到3种细菌，其中包含坂崎肠杆菌。3例成人患者分别用氨曲南、氨苄西林和庆大霉素、头孢曲松治疗后康复。2001年Lai等报道了马萨诸塞州州立大学医学中心1995～1996年4例成人坂崎肠杆菌感染事件。在这4名成人患者中，有2名患肺炎，2名患菌血症。尽管使用抗生素治疗，但仍有3名患者死亡。2002年从1名64岁的外周血管病患者的伤口上分离到坂崎肠杆菌。2002年Ollgodi等报道了坂崎肠杆菌引起匈牙利1名26岁女患者阴道感染。

4.3.12.5 细菌学检测

参考国家标准GB 4789.40—2010进行检验（图4-35）。GB 4789.40—2010中坂崎肠杆菌的检测方法有两种：坂崎肠杆菌的检测；坂崎肠杆菌的计数。

也可以根据美国FDA公布的最新的坂崎肠杆菌检验方法进行检验。FDA的坂崎肠杆菌的检验程序是符合它作为肠杆菌属的一个种类这一属性的。该方法具有快速、特异、灵敏的特点，既经典又结合了现代API生化鉴定系统的优势，值得普及和推广。

1）培养基和试剂

①胰化大豆蛋白琼脂（TSA）；②结晶紫中性红胆盐葡萄糖琼脂（VRBG）；③肠杆菌增菌肉汤（EE肉汤）；④氧化酶试剂（N，N，N'，N'-四甲基对苯二胺·HCl），该试剂最好现用现配，试剂装在黑色瓶子放在冰箱里，可以保存7d。

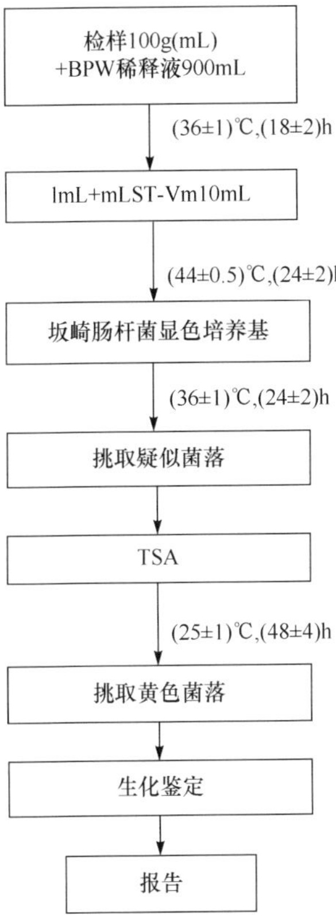

图 4-35 坂崎肠杆菌国家标准检测方法

2）坂崎肠杆菌的鉴定

整个试验基于“三管”增菌法，因此产品中数量极少的微生物可以被检测和定量，整个试验至少需要333g样品。

（1）按“三管法”分别无菌称取 1g、10g、100g 婴儿配方奶粉，依次加至 125mL、250mL、2L 大小的锥形瓶中，分别加入 9 份无菌蒸馏水（1：10 稀释比），预热至 45℃，用手缓缓地摇动至充分溶解。36℃ 培养过夜。

（2）分别移取以上混合液 10mL 转种至 90mL 无菌 EE 肉汤的 160mL 稀释瓶中，36℃培养过夜。

（3）充分混合每个瓶子中的溶液，可采用以下方法进行分离培养。

直接涂布法：每一个增菌培养物接种两个 VRBG 平板，每一个 VRBG 平板各加 0.1mL，用无菌玻璃棒涂布（如果估计婴儿配方奶粉有很高的坂崎肠杆菌数量，则增菌培养物须用无菌的 EE 肉汤稀释至 10^{-4}～10^{-6}后涂布）。

直接划线法：每一增菌培养物用 3mm 的接种环（10μL）分别划两个 VRBG 平板。至少将平板分成三块，以便分离出单个菌落。

（4）将上述平板放置 36℃过夜后，观察平板上的坂崎肠杆菌的典型菌落形态。

（5）挑取 5 个坂崎肠杆菌可疑菌落，分别划线接种至 5 个 TSA 琼脂平板，25℃培养 48～72h。

（6）在 TSA 琼脂平板上挑取黄色无光泽的菌落按 API20E 生化鉴定操作说明进行确证。阳性结果还须做氧化酶试验。

（7）根据每一稀释度出现的阳性确证结果数来估计坂崎肠杆菌 MPN 值。

3）调查检测方法（参照美国 FDA 推荐的 MPN 法）

（1）取样。液体样品：反转样品包装数次，以使样品均匀，但应避免形成泡沫，以无菌操作打开包装取样。粉状样品：反转样品包装数次，以使样品均匀，以无菌操作打开包装取样，若样品装得过满，则应将其置入较大的容器中混匀。固体样品：以无菌操作，随机抽取有代表性样品，充分剪碎并搅拌均匀后取样。

（2）制样及增菌培养。液体样品：以无菌操作，一式三份量取混匀后的试样 100mL、10mL、1mL，分别接种于装有 900mL、90mL、9mL 并预热至 45℃灭菌蒸馏水的锥形瓶中。充分振摇使其溶解。36℃过夜培养后，分别移取上述培养液 10mL 转种至装有 90mL EE 肉汤的锥形瓶中，36℃过夜培养。粉状/固体样品：以无菌操作，一式三份称取试样 100g、10g、1g，分别接种于装有 900mL、90mL、9mL 并预热至 45℃灭菌蒸馏水的锥形瓶中，充分振摇使其溶解。36℃过夜培养后，分别移取上述培养液 10mL 转种至装有 90mL EE 肉汤的锥形瓶中，36℃过夜培养。

（3）分离及鉴别。用直径 3mm 接种环取各培养物一环，分别划线于结晶紫-中性红-胆盐-葡萄糖琼脂（VRBGA）平板。36℃培养 24h，自每个平板上至少挑取 5 个典型或可疑菌落，分别接种于 TSA 琼脂平板，于 25℃ 培养 48～72h，挑取产黄色素的菌落，用 API20E 试条及氧化酶试验进行生化试验及确认，根据 MPN 表，由所确认的阳性瓶数估算每 100g（mL）试样中坂崎肠杆菌的最近似值。

PCR 和荧光 PCR 方法都可作为快速筛选方法。

4.3.12.6 食品生产的综合控制

1996 年第 29 次 CCFH 大会明确了关于食品中微生物的安全控制不应停留在终产品的检测上，应该控制食品的生产、加工、贮存、制备、销售等全过程，强调运用 GMP 和 HACCP 等科学管理体系，以保证出厂产品的安全性。除了对婴儿配方食品的营养成分进一步科学规范和严格监督外，也不应忽视婴儿配方奶粉中坂崎肠杆菌的污染及其健康危害。

以下三种主要途径可以导致婴儿配方奶粉中坂崎肠杆菌的污染：①通过生产婴儿配方奶粉的原料带入；②在巴氏杀菌后，配方粉污染或其他添加剂干粉带入；③婴儿食用前被污染。为了控制婴儿配方食品中坂崎肠杆菌的危险性，FAO 和 WHO 专家建议：应对不能进行母乳喂养的婴幼儿，特别是高危人群提出警示，配方乳粉并不是灭菌产品，可能被病原污染并引起疾病。

婴儿配方奶粉制作过程中可能导致坂崎肠杆菌污染主要有两个环节：①通过配方制造过程中未进行热处理

的成分污染——干法和混合法；②从干燥步骤加工环境中污染，也就是热处理后，在干燥或包装间被污染——干法、湿法、混合法。国外对相关配方产品进行的生产原料调查资料表明，在配方奶粉生产中使用的配方原料中，淀粉被致病性微生物污染的危险性更高。要保证配方奶粉的安全性，一定要按严格标准选择原料供应商，批批检验，以确保各成分的安全性。建立国家标准，也是对外国奶粉进入中国市场的一种技术壁垒。

4.3.13 链球菌（*Streptococcus*）

4.3.13.1 食品卫生学意义

链球菌是化脓性球菌中的另一大类常见细菌，广泛分布于自然界，水、乳、尘埃、人及动物粪便、肠道及其皮肤病灶中和健康人鼻咽部均有存在。能使多种动物感染发病，尤其是猪。美国、英国、法国、日本、俄罗斯、丹麦、荷兰、爱尔兰、安哥拉、加拿大等 20 多个国家先后报道过猪链球菌病，我国也不例外。猪链球菌病作为人与猪之间的人畜共患传染病，已有人类感染链球菌的多次报道。链球菌引起人类疾病有各种化脓性炎症、猩红热、新生儿败血症、细菌性心内膜炎和风湿热、肾小球肾炎等超敏反应性疾病，人与猪的临床病理基本类似。对人类来说猪链球菌是条件致病菌。

本菌具有一种群特异性抗原，又称“C”抗原，兰氏（Lancefield）用酸浸出这种抗原，与特异抗血清做沉淀试验，将链球菌分成 A 至 U 等 19 个血清群（缺 I、J 群）。每个群又分为若干个型或亚型。现将其中较为重要的血清群致病概况介绍如下。

A 群：只对人类致病，如猩红热、扁桃体炎、丹毒及各种炎症和败血症。对动物致病性不强，但在公共卫生上意义重大。

B 群：致牛乳房炎，对人无致病性，如无乳链球菌等。

C 群：主要对各种动物致病，共有 20 多型。其中一部分对人有致病性。

D 群：寄生于人、畜及禽类肠道中，属肠球菌的一部分，一般不致病，偶尔可引起小猪心内膜炎、关节炎、羔羊心内膜炎、肺炎。一般与食物中毒有关，如粪链球菌、尿链球菌等。

E（R）群：寄生于牛猪阴道，对组织侵入能力不强，又称猪链球菌，可引起猪颈部淋巴结脓肿、化脓性支气管炎、脑膜炎及一部分乳房炎等。近来，发现猪链球菌对人也有很强致病性，并可引起人死亡。

由于在自然界分布广泛，是食物污染的重要原因。许多食物媒介引起链球菌猩红热，多为 A 群链球菌引起；α 溶血性链球菌经肉、乳等食品引起食物中毒；猪链球菌病是近年来特别关注的重要人畜共患病。因此，链球菌在公共卫生上具有十分重要意义。

海豚链球菌（*Streptococcus iniae*）也是链球菌属成员，是鱼类和人共感染病原菌，具有人畜共患性质。分布广泛，包括北美、中东和亚太地区。偶尔通过鱼类等水产品使人感染，也是食源性感染菌。

4.3.13.2 主要特征

1）形态及染色特征

链球菌为不产生芽胞的链状革兰氏阳性细菌，直径为 0.5 ～2.0μm，球形或卵圆形（球杆状），细胞呈对或呈链状排列（图 4-36）。链的长短与菌种类及生长环境有关，短者由 4～5 个菌体组成，长者可达 20～30 个甚至上百个。致病性链球菌链一般较长，非致病性或毒力弱的菌株链较短，在液体培养中易呈长链，在固体培养基上常呈短链，易与葡萄球菌混淆。革兰氏阳性，衰退型菌常转为 G^-，化脓性链球菌不形成芽胞，不能运动，无鞭毛，但 D 群和 X 群中某些菌株有鞭毛和菌毛。有的菌种在幼龄期（2～4h）形成透明质酸荚膜，可抵抗吞噬，当培养时间延长，荚膜即逐渐消失。

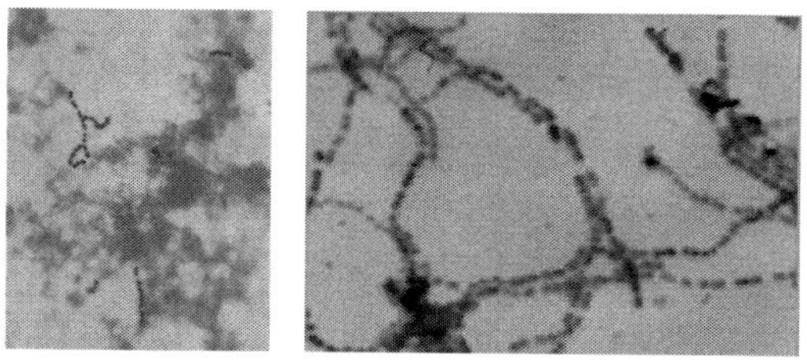

图 4-36 乳汁中链球菌和纯培养菌体

链球菌用普通苯胺染料易于着染，自病灶分离的链球菌为革兰氏阳性，但若长时间培养，或被吞噬细胞吞噬后，革兰氏染色常可为阴性。

2）生长要求及培养特性

本菌为化能异养，生长要求复杂。为需氧或兼性厌氧菌，部分为厌氧菌。例如，消化链球菌为厌氧链球菌，营养要求较高，在普通培养基上生长不良，在补充有血液、血清、葡萄糖等成分的培养基上生长良好。多数致病菌株的营养要求较高，在普通培养基上生长不良，必须有血液等方能生长好。生长温度为 25～45℃，最适生长温度为 37℃，D 群的大多数菌株，虽低至 10℃，高达 45℃ 仍能生长，N 群株最适生长温度为 30℃。最适 pH 为 7.4～7.6。在血清肉汤中易形成长链，管底呈絮状沉淀。在血琼脂平板上，形成灰白色、表面光滑、边缘整齐、直径 0.5～0.75mm 的细小菌落，不同菌株溶血不一。

链球菌在不同培养基上生长特点简介如下。

血琼脂平板：37℃经 18～24h，形成灰白色，半透明或不透明，表面光滑，有乳白色光泽，直径 0.5～0.75mm 的细小菌落。在血琼脂平板上，不同菌株菌落周围可有不同溶血现象，有的完全溶血，在菌落周围形成透明溶血环；有的不完全溶血，形成草绿色溶血环；有的不发生溶血，无溶血环可见。

血清肉汤：一般呈颗粒状生长，大多沉于管底。生长状况与链的长短有关，溶血性链球菌形成的链一般较长，呈典型絮状或颗粒状生长，或黏附于管壁上。不溶血菌株链较短，或呈双球菌状，呈均匀混浊。

马铃薯培养基：非致病性链球菌发育良好，而致病性链球菌则生长不良。

3）生化反应

能分解葡萄糖，产酸不产气。对乳糖、甘露醇、水杨苷、蔷薇醇和蕈糖的分解随不同菌株而异，一般不分解乳糖和菊糖，不被胆汁溶解，据此可用来鉴定甲型溶血性链球菌和肺炎链球菌。产生触酶，与葡萄球菌不同。多数A群链球菌能产生淀粉酶，不仅分解淀粉，也可以水解肝糖和淀粉黏胶质。链球菌可在6.5%氯化钠葡萄糖肉汤、40%胆汁肉汤、pH9.6葡萄糖肉汤和0.1%美兰牛乳培养基中生长，能在10℃和45℃下生长，可作为肠链球菌与其他链球菌的鉴别试验。

（1）按溶血能力分类，根据链球菌在血液琼脂平板上菌落周围的溶血现象，分为三类：①α型溶血链球菌，在菌落周围形成不透明的草绿色溶血环，故又名草绿色链球菌；②β型溶血链球菌，又称化脓性链球菌，在菌落周围形成完全透明的溶血环；③γ型链球菌，无溶血现象，如肠球菌。

（2）按抗原组成成分主要有三种：①多糖抗原（C抗原或群抗原），多糖抗原作为细菌壁的组成成分具有族特异性，是Lancefield血清学分类（A～T族）的依据。对人致病的90%属于A族，其次为B族，其他族少见。α型链球菌致病力一般较弱，多引起局部化脓性炎症。R群α型猪链球菌可感染人和在人畜共患病及职业病方面具有重要意义。对人和动物有致病作用的各种血清型链球菌中较为重要的是溶血性链球菌、绿色链球菌、猪链球菌、屎链球菌和粪链球菌，还有海豚链球菌。②表面蛋白抗原（或型特异性抗原），除M蛋白抗原外，还有T、R和S及表面蛋白抗原。具有型特异性，是链球菌细胞壁的蛋白质抗原，位于C抗原外层，同族链球菌可根据表面抗原不同进行分型，如A族链球菌可据此分为60多型。M蛋白是A族链球菌一种重要毒力因子，具有抗吞噬作用。M蛋白与心肌肌浆蛋白有共同抗原表位，故与风湿性心肌炎发生有关。③核蛋白抗原（P抗原），无种、属、群、型特异性，各种链球菌均相同，与葡萄球菌和肺炎球菌的核蛋白有交叉。（3）按抗原结构分类。根据族特异性C抗原不同，将链球菌分为A、B、C、D、E、F、G、H、K、L、M、N、O、P、Q、R、S、T 18个族。对人致病的大多属于A族。A族又称为化脓性链球菌（*Streptococcus pyogenic*）。

（4）根据对氧需求不同又可分为需氧、兼性厌氧和厌氧三类链球菌。

（5）致病血清群。链球菌属中对人和动物有致病作用的血清群主要有A、B、C、D、E和R 6群：①A群主要对人类致病，如猩红热、扁桃体炎及各种炎症和败血症，其中的化脓性链球菌最为典型，在自然界分布广，也常存在于人的皮肤或黏膜表面、口腔、呼吸道及各种病灶中，可引起人类多种疾病；②B群过去认为对人无致病性，但是，Maxapob认为对人有致病作用的各种血清型链球菌中便有B群；③C群有20多个型，部分对人致病，但比较轻，不甚重要；④D群引起食物中毒最常见的是粪链球菌和屎链球菌，美国长岛8个鸭饲养场小北京鸭感染粪链球菌，李国江等报道了鸽粪链球菌病，说明粪链球菌分布较广，值得重视；⑤E群主要是猪链球菌，心内膜炎链球菌是E群的，它可致亚急性心内膜炎。猪链球菌感染的资料多来源于荷兰、丹麦等欧洲国家，被感染者所表现出的临床特征与淋巴结炎、脑膜脑炎、关节炎、化脓性咽炎和急性败血症相似，我国2005年暴发猪链球菌病，导致40多人死亡；⑥R群链球菌感染人类的报道极少。链球菌中多种血清群（A、B、C、D、E等群）对人均有致病作用，尤其是A群和D群的致病性最明显。另外，肺炎链球菌为人类的大叶性肺炎、脑膜炎等疾患的病原体，但血清群未定。

4.3.13.3 抵抗力

链球菌抵抗力不强。对热比较敏感，55℃可杀死大部分链球菌，但少数肠链球菌、粪链球菌在60℃、30min方可杀死，煮沸立即致死。一般消毒剂均有效，对干燥有一定的抵抗力，在干燥尘埃中可存活数日，对青霉素、红霉素、氯霉素、四环素等均敏感，耐药性低。在脓汁和渗出物中可存活数周。

4.3.13.4 致病性

1）毒素和酶

（1）溶血素。有溶解红细胞、杀白细胞及毒害心脏的作用。溶血素分O及S两种。

溶血素O：A、C、G群的多数菌株能产生此种毒素。溶血素O是含有-SH的蛋白质，对氧敏感，遇氧被氧化成-SS-，暂时失去溶血能力。若加入0.5%亚硫酸钠或半胱氨酸，又能重新恢复溶血作用。溶血素O有较强的心脏毒，对白细胞有细胞毒作用，破坏红细胞和血小板。溶血素O具有抗原性，各群链球菌的溶血素O的抗原性都相同，感染链球菌后可检出抗溶血素O抗体。

溶血素S：对氧稳定，但对热和酸敏感，不易保存，抗原性低。链球菌在血液琼脂上的溶血现象是S溶血素的作用结果。溶血素S较溶血素O的作用缓慢，也能破坏白细胞和血小板，对组织培养细胞有变性作用。给动物静脉注射此种溶血素可迅速致死，剖检可见血管内溶血及肾小管坏死等病变。

（2）红疹毒素。主要是A群链球菌产生的，C、G群的某些菌株也可产生。此毒素为蛋白质，分子质量约为2.7kDa，有抗原性。小剂量注入人或家兔的皮内，可使局部出现红疹；大剂量时可致全身红疹。据文献报道只有A、C、G群致病性链球菌能产生红疹毒素，使易感者出现发热、头痛、皮肤红疹、恶心、呕吐，但由B群乙型链球菌引起的食物中毒事件中，部分中毒者也出现了皮肤发痒、红疹等过敏症状，推测部分B族致病性链球菌变异株同样具有温和噬菌体，能产生红疹毒素。

(3) 链激酶。又称为溶纤维蛋白酶，耐热，100℃加热 50min 仍保持活性，能使血浆蛋白溶酶原变为血浆蛋白酶，溶解血块或阻止血浆凝固，以利于细菌在组织中扩散。

(4) 链道酶。又称为脱氧核糖酶，有 A、B、C、D 4 个血清型，具有抗原性。能分解黏液性的 DNA，以利于细菌在组织中的扩散。

(5) 透明质酸酶。也称扩散因子，有抗原性。此酶可溶解结缔组织间隙的黏合质—透明质酸，增加组织间隙的通透性，便于细菌和毒素向周围组织扩散，以提高细菌的侵袭力。

(6) 脂磷壁酸（LTA）。与细菌黏附于宿主细胞表面有关，大多数 LAT 位于细胞膜和肽聚糖之间，通过肽聚糖孔伸展至细菌细胞表面，人类口腔黏膜和皮肤上皮细胞、血细胞等细胞膜上均有 LAT 的结合位点。

2）致病性

链球菌的致病作用见 4.3.13.1。海豚链球菌通过水产品或鱼类感染人，包括罗非鱼等很多鱼类感染，感染后海豚呈皮下脓肿，罗非鱼等呈脑膜炎、全眼球炎，高发病率和死亡率（5%～50%）。人因伤口接触鱼类而感染，常见于手蜂窝织炎、脑脓肿、菌血症、关节炎等。

3）免疫特性

链球菌抗原构造比较复杂，感染后可以产生多种抗体，但只有抗 M 蛋白抗体具有保护作用。然而 M 蛋白有许多型，且各型之间又不交叉，因此感染某一型细菌所形成的免疫，不能对其他型感染产生保护作用，一般来说免疫效果都不够理想。但我国目前试制的猪羊链球菌疫苗，免疫效果良好，保护率达 80%以上。

4.3.13.5 细菌学检测

根据链球菌所致疾病不同，可采取脓汁、咽拭、血液和食物等标本送检。D 群链球菌分类及鉴定程序见图 4-37。

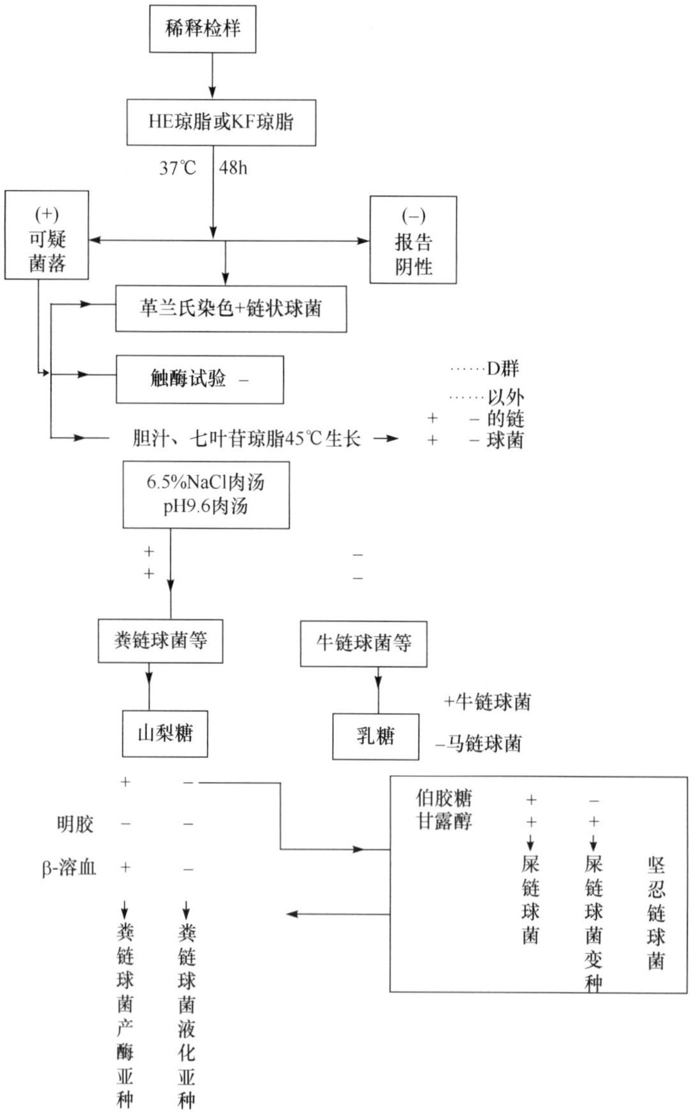

图 4-37 D 群链球菌分离及鉴定程序

1）直接涂片镜检

脓汁等可直接涂片，革兰氏染色镜检。发现革兰氏阳性呈链状排列的典型链球菌时，就可以初步诊断。如脓汁中有链球菌而培养阴性时，则应怀疑有厌氧链球菌存在。

2）分离培养

取脓汁或咽拭子直接在血液琼脂平板上分离培养；血液标本则必须先用葡萄糖肉汤增菌后再分离培养。食物样品的增菌培养：称取检样加入灭菌生理盐水制成混悬液进行增菌培养。一般鉴定主要依据形态、染色、菌落特征、溶血情况等进行。如需要可用沉淀反应做血清学分族和分型。脓汁或棉拭直接划线接种在血琼脂平板上，培养后观察有无链球菌菌落。根据溶血性不同可区分为甲型、乙型或丙型链球菌。有β溶血的菌落，应与葡萄球菌区别；α溶血的菌落，要和肺炎球菌鉴别。疑有败血症的血标本，应先在葡萄糖肉汤中增菌后再在血平板上分离鉴定。心内膜炎病例，培养草绿色链球菌宜孵育三个星期以上。

3）血清学试验

抗链球菌溶血素O试验（anti-streptolysin O test，ASO test）简称抗O试验。常用于风湿热的辅助诊断。患者血清中的抗O大多在250单位左右，最高者一般超过400单位。Dick试验猩红热患者早期阳性，病后转阴。

4）快速检查

已有快速检查咽拭子中化脓性链球菌抗原试验的试剂盒，即用酶或化学方法提取咽拭子中抗原，经ELISA检查4h就可得出结果。

4.3.13.6 食品生产中的综合控制

防控措施是加强对食品保存环境的消毒灭菌及对食品从业人员的健康体检工作，加强卫生防病知识的宣传，提高人们对食物中毒的认识和预防，确保人民身体健康。由于链球菌分布广泛，应加强对各类食品的卫生监督，尤其是近年来猪链球菌对人的危害，在接触猪和食用猪肉时注意防范。海豚链球菌的预防主要是避免有伤口时期接触鱼类。

链球菌感染的防治原则与葡萄球菌相同。食物中毒以外的链球菌主要通过飞沫传染，应对患者和带菌者及时治疗，以减少传染源。空气、器械、敷料等注意消毒。对急性咽喉炎和扁桃体炎患者，尤其是儿童，须治疗彻底，防止变态反应疾病的发生。所有溶血性A链球菌对磺胺、青霉素及红霉素等都敏感。其他族细菌对抗生素的敏感不同，临床应用最好做药物敏感试验。

4.3.14 猪链球菌（*Streptococcus suis*）

4.3.14.1 食品卫生学意义

猪链球菌是一种重要人畜共患病病原菌，猪链球菌病是由C、D、E、L及R群链球菌引起猪的多种疾病的总称。自然感染的部位是上呼吸道、消化道和伤口，表现为急性出血性败血症、心内膜炎、脑膜炎、关节炎、哺乳仔猪下痢和孕猪流产等（图4-38），属国家规定的二类动物疫病，养猪业发达国家如美国、英国、荷兰及爱尔兰等常有此病发生。猪链球菌广泛存在于自然界，一般在猪的体表、呼吸道、消化道等处都可发现。而在以往猪的疾病检测中，30%的猪链球菌都是2型，据报道这个检出率在国外更高，能达到70%以上。猪链球菌灭活苗虽然有效但免疫效果或预防效果还有待深入探讨。我国于1958年就有猪链球菌病报道，1976年南方几省曾一度广泛流行，20世纪80年代初加拿大猪链球菌引起疾病开始增加，当时有9种荚膜血清型，其中2型是最常见的。

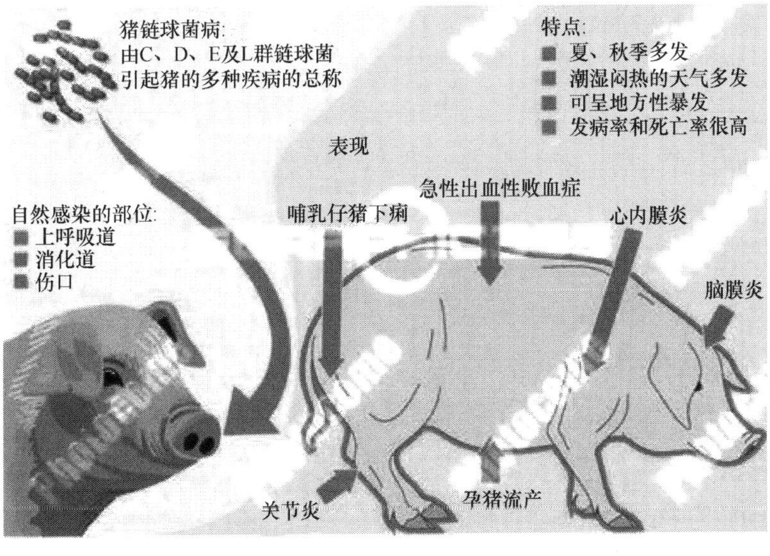

图4-38 猪链球菌病

病猪和带菌猪是本病的重要传染源，病猪的鼻液、尿液、血液、肌肉、内脏和关节内均可检出病原体。未经无害化处理的病死猪肉、内脏及废弃物是散播此病的重要原因，呼吸道是主要传播途径。一年四季均可发生，但以4～10月发生较多。常为地方性流行性，多呈败血性，短期波及全群，如不进行及时防治，则发病率、病死率很高，慢性常为地方性散发性传染。通过病原菌分离试验、血清学鉴定、致病力试验、保护力试验、细菌回收试验、药敏试验等，可对猪链球菌进行诊断。

近年来，猪链球菌对人的致病性似乎增强了，对人致死率增加了，因此，备受人们的关注。2005年7月，卫生部报告四川内江和资阳发生猪链球菌病，人感染131例，其中实验室确诊8例，临床诊断76例，可疑47例。这些病例中，出院11例，病危21例，死亡27例。死亡病猪469头，羊1只。另外，成都市发现12例，自贡市发现8例，遂宁市3例，泸州市1例，绵阳市1例。整个四川省的病例分布在7个市的23个县（市、区）、91个乡镇（街道）、155个村（居委会），累计206例，其中实验室确诊13例，临床诊断99例，疑似51例，病危24例，死亡38例。这次首发病例是因一家死了一头猪觉得扔掉可惜，于是吃掉了猪肉。随后，该家人出现高热、乏力、恶心、呕吐等症状。凡是发病者均有与病猪接触史。其致病菌株已分离到，基因序列测序已完成，与国外报道的完全一致，从猪体分离的菌株和与人体分离的菌株序列完全相同。同时在广东潮安县感染1例，香港发现1例。

人感染情况通常是散发，人感染猪链球菌并发病非常少见，目前全球只有200多例报告，四川这次是规模最大的一次。私自屠宰、并密切接触病猪（宰杀、加工）和食用病猪肉是传播的主要途径。还可以通过伤口或蚊虫叮咬传播。吃了病死猪肉的患者不如直接接触病死猪的严重。此次收治的不明疾病患者及死亡者中，大多在发病之前有接触过病死猪或死羊的情况。宰杀过病死猪及直接接触过病死猪的发病者中，要比吃了病死猪肉的人发病情况更要严重。许多患者迅速出现了严重休克现象，并引发了肾脏、肝脏、肺脏、心脏等多脏器功能衰竭，很多患者来不及抢救就死亡了。

4.3.14.2　主要特征

1）形态及染色特征

菌体球形或卵圆形，直径0.6～1.0μm，呈链状排列，短者4～8个细菌组成，长者有20～30个细菌组成。幼龄培养物大多可见到透明质酸形成的荚膜。无芽胞，无鞭毛，革兰氏染色阳性，在病料、鲜血琼脂培养物多呈单个、双球或短链状排列，在匹克氏增菌液及血清肉汤培养物中多呈长链状（图4-39）。

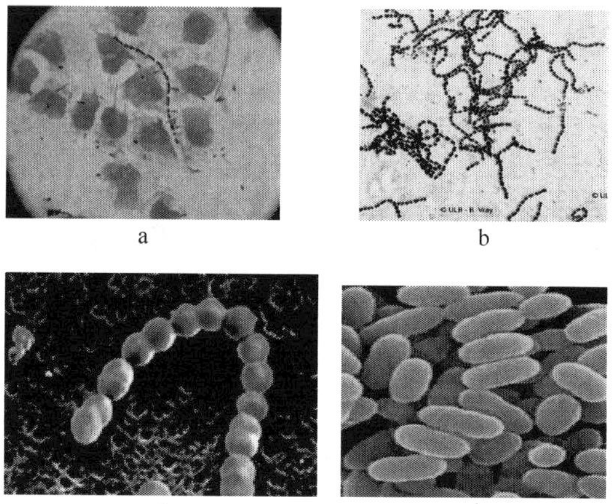

图4-39　猪链球菌的菌体

2）生长要求及培养特性

37℃培养24h后，在鲜血琼脂平板上形成表面光滑、隆起的灰绿色小菌落，外层有明显的β溶血环。该菌在匹克氏增菌液中底部有沉淀，在血清肉汤中先均匀混浊，后在试管底部形成沉淀，上部澄清，不形成菌膜。需氧或兼性厌氧，有些为厌氧菌。营养要求较高，普通培养基中需加有血液、血清、葡萄糖等才能生长。最适温度37℃，最适pH7.4～7.6，血琼脂平板上形成灰白、光滑、圆形突起小菌落，不同菌株有不同溶血现象。

3）生化反应

能发酵简单的糖类，产酸不产气。一般不分解菊糖，不被胆汁或1%去氧胆酸钠所溶解。这两种特性用来区别甲型溶血型链球菌和肺炎球菌。生化试验结果参考4.3.13和表4-29。

表4-29　猪链球菌分离菌生化试验结果

鉴定项目	蔗糖	山梨醇	棉子糖	葡萄糖	甘露醇	蕈糖	乳糖	菊糖	水杨苷	马尿酸钠	淀粉	七叶苷
菌株	+	−	−	+	+	+	+	+	+	−	+	+

注：+. 阳性；−. 阴性

4.3.14.3　抵抗力

55℃可杀死大部分猪链球菌，对一般消毒剂敏感，在干燥尘埃中可存活数日，对青霉素、红霉素、氯霉素、四环素等均敏感，耐药性低。敏感的药物依次是头孢菌素、青霉素、万古霉素、亚胺培南；中度敏感的依次是林可霉素和卡那霉素；而对土霉素、链霉素、庆大霉素具有抗药性。

4.3.14.4　致病力

小白鼠注射血清肉汤培养物48h死亡。死亡后，小白鼠皮肤发绀，剖检肝脏、脾脏、肺、心脏出血，呈败血症。背部皮下接种小白鼠，48h后处死，于注射部位有直径0.9～1.1cm的脓肿，脓汁呈黄绿色。

人感染猪链球菌病潜伏期短，平均2～3d，最短为数h，最长为7d，临床上有败血症型、脑膜脑炎型、关节炎型、支气管炎型等。患者感染后发病急，怕寒、发热、头痛、头昏、全身不适、乏力、腹痛、腹泻。外周白血细胞数升高，中性粒细胞比例升高，严重患者发病初期白细胞降低或正常。部分病例表现为脑膜炎、恶心、呕吐，严重者出现昏迷。脑脊液呈脓性改变，皮肤有出血点、淤点、淤斑，休克表现。发病初期表现高热、全身酸痛、高度乏力、食欲下降等症状，伴有轻微恶心、呕吐。

感染猪链球菌病患者的病情轻重取决于以下三个因素：一是感染细菌的毒力，二是感染细菌的数量，三是患者自身免疫力水平。

4.3.14.5　细菌学检测

基本同链球菌，参考《食品卫生微生物学检验 溶血性链球菌检验》（GB/T 4789.11—2003）。首先在血琼脂分离菌株情况下，做生物化学试验，再结合血清学和动物试验来判定猪链球菌。也可以通过PCR方法快速检测猪链球菌。

4.3.14.6　食品加工过程中的综合控制

控制传染源（病死猪等家畜）、切断人与病（死）猪等家畜接触为主。防止宰杀病死猪或吃病死猪肉，对病死猪采取深挖、消毒和掩埋的无害化处理。

4.3.15　粪链球菌（*Streptococcus faecalis*）

4.3.15.1　食品卫生学意义

粪链球菌广泛分布于自然界，如人、动物的肠道中及粪便，植物表面、食品、土壤，特别在屠宰场所，阴沟污水中也有大量的该菌存在。粪链球菌是人和温血动物肠道正常菌群之一，往往和食物中毒有关。其易于在食品和食品加工设备上繁殖，却很少表明为粪便污染。具有重要意义的是粪链球菌为发酵产品有益菌种之一。例如，乳制品制造中，该菌可促使含酪胺的干酪成熟，并具特殊风味。因此对粪链球菌及其亚种的研究需要深入。

粪链球菌及其变种与人肠道的关系比其与动物肠道的关系更为密切，具有高度显示人粪污染指示的特性。尿链球菌、坚忍链球菌在猪肠道内的检出率比粪链球要高。牛链球菌、马链球菌分别在牛、马肠道内检出率较高。人、猪、牛、羊的粪便中粪链球菌的检出率稍高于大肠菌群。粪链球菌还常见于不同温度的牛奶中，并参与牛奶的腐败变质，在10℃以下保存因细菌繁殖较慢牛奶很少出现凝固。高于这一温度时，因凝乳酶和产酸的共同作用，几天内形成凝块。在20℃时，细菌群中约90%由链球菌组成，致使牛乳迅速凝结。有的还参与牛奶的腐败变质。例如，在37～50℃时，粪链球菌参与牛奶变酸；粪链球菌液化亚种参与牛奶蛋白质分解，从而加速了腐败变质。

本菌引起的食物中毒，潜伏期常比沙门菌食物中毒短，但比葡萄球菌食物中毒长，症状比葡萄球菌中毒轻。发病快者仅1～3h，慢的达36h，平均6～12h，病程持续1～2d。主要症状有恶心、腹痛、下痢及偶尔呕吐，可很快恢复。引起粪链球菌食物中毒的食品，常见肉类和乳品，如新鲜肉、碎肉、乳酪、牛奶、冷冻海产、冷冻水果、蔬菜及果汁中均可分离到该菌，以前三种食品中最多。一般对人致病，对猪等没有致病性。

4.3.15.2　主要特征

1）形态及染色特征

本菌为圆形或椭圆形，直径0.5～1.0μm，成双或短链排列，少数菌株有荚膜，无芽胞，肠球菌中有时也出现运动性菌株。革兰氏阳性，老龄培养可呈阴性。

2）生长要求及培养特性

为兼性厌氧菌，可在10～45℃生长，最适温度为37℃，pH为7.5。普通培养基上生长稍差，在培养基中需添加某些矿物质元素（如S、P）、维生素B、氨基酸（丙氨酸、精氨酸、天冬氨酸等）。在血液培养基或腹水培养基上生长良好。

葡萄糖肉汤：于37℃培养18～24h，呈均匀混浊生长。

血琼脂平板：菌落灰色、透明、圆形、凸起，表面光滑。其溶血性不定，有些菌株为β溶血或γ溶血，少数为α溶血（图4-40）。

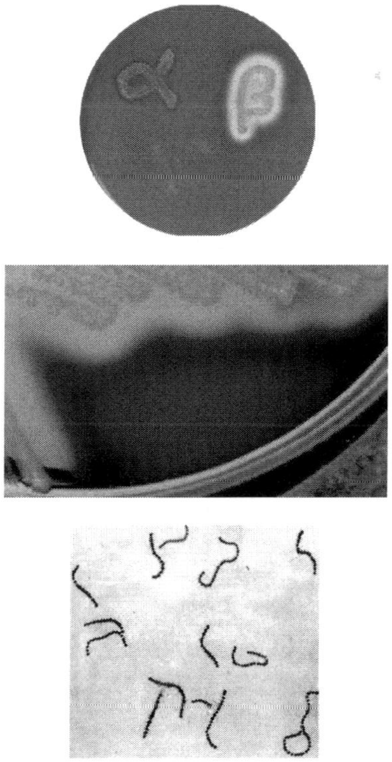

图4-40　链球菌的β溶血（上图）、溶血（中图）及菌体（下图）

M-肠球菌琼脂（Slanetz 或 Bartley）简称 ME 琼脂，KF 链球菌琼脂（Kenner），简称 KF 琼脂。D 群链球菌在这几种平板上的菌落形态基本相同。

(1) 粪链球菌（包括变种）圆形，中央突起，边缘整齐，直径 0.5～2mm，呈紫红色。10 倍放大镜观察，菌落中心为暗紫色，四周有密集的暗紫色颗粒。

(2) 屎链球菌（*S. faecium*）菌落形态、大小与粪链球菌大致相同；菌落中央突起部呈粉红色，周围为灰白色。以 10 倍放大镜观察菌落，菌落中心呈红色，周围无色，其上有稀疏的放射状条纹。

(3) 坚忍链球菌（*S. durans*）与粪链球菌相似，色更淡，呈淡粉红色。

(4) 牛链球菌（*S. bovis*）与屎球菌相似。

(5) 鸟链球菌（*S. avium*）与坚忍链球菌相似，只是菌落更小。

4.3.15.3 致病性

本菌的某些菌株可引起食物中毒。当食品中有大量活菌存在，即每克含有 10^8～10^9 个时，可使人发生中毒症状。本菌还可致泌尿道、胆管、伤口感染及败血症、心内膜炎、腹腔脓肿等病症。本菌对人有致病性，对猪等没有致病性。

4.3.15.4 抵抗力

对不良环境抵抗力：在冰冻食品、干燥食品中生存力强；能在 6.5% NaCl 肉汤中生长，可耐 65℃、30min。因此以肠球菌作为冷冻食品的指示菌具有其优越性。

4.3.15.5 生化特性

葡萄糖发酵产酸不产气，6.5% NaCl 中能够生长，催化酶阳性，吡咯烷酮-β-萘基酰胺（PYR，阳性深红色）和 LAP 阳性，短链菌体，具有 D 抗原。胆汁七叶苷（asculin）反应阳性。

4.3.15.6 粪链球菌检验

食品中粪链球菌可参考图 4-41 肠球菌检验程序进行检验。

1）直接镜检及活菌计数

直接涂片镜检（同其他食物中毒的检验）发现链球菌时，即进行倾注培养做粪链球菌计数。将检样以生理盐水做 1∶10、1∶100、1∶1000 稀释，分别用无菌吸管取各稀释度的悬液 1mL，注入灭菌平皿，再将所制 ME 琼脂降温至 50℃以下倾入已加样的平皿中各 5～20mL，混匀，凝固后翻转平板置 37℃培养 18～24h，取出观察。如发现培养基上有米粒大小红色菌落，有光泽，边缘整齐，没有像溶血环样的圈，即疑为粪链球菌菌落，做好记录，算出每克固体检样的含菌数。

2）分离培养

将检样分别接种于下述培养基。

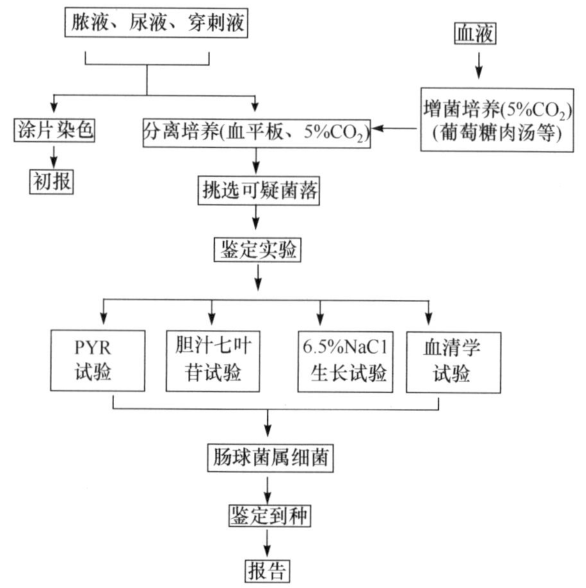

图 4-41 肠球菌检验程序

(1) 血琼脂平板：划线接种后置 37℃培养 18～24h，观察菌落形态，挑选可疑菌落做鉴定。

(2) ME 琼脂和 KF 琼脂：将检样稀释，如碎肉 1g，加入 100mL 0.1%蛋白胨水中，振摇 10min 为母液。用母液做 10 倍稀释，将稀释液以无菌操作分别滴加于这两种琼脂平板表面，每个稀释度各加 0.2mL，用灭菌 L 型玻棒将液滴涂布均匀，等样液干后，置 37℃，培养 48h，观察、记录菌落特征。

(3) 葡萄糖肉汤：将上述可疑菌落做涂片镜检，革兰氏阳性者为链球菌，随即接种于数支葡萄糖肉汤，置不同温度培养，并做胆汁及牛乳美兰还原试验等。

本菌一般对青霉素、链霉素及磺胺类等药物不敏感，而对氯霉素、金霉素和土霉素等较敏感。曾报道有少数急性心内膜炎患者由本菌所致，因此，当血琼脂等培养基上有疑似本菌时，应做鉴别，以便选取有效的抗菌药治疗。

4.3.16 椰毒假单胞菌酵米面亚种（*Pseudomonas cocovenenans* subsp. *farinofermentans*）

4.3.16.1 食品卫生学意义

假单胞菌属（*Pseudomonas*）分类于假单胞菌科。假单胞菌在自然界分布十分广泛，大量存在于空气、土壤、淡水、海水、污水、食物、医院内潮湿的环境，动物和植物体表，种类繁多，到目前为止已超过 200 种，为严格的需氧杆菌，也是人体内的正常菌群。某些菌株对人和动物致病，为条件致病菌，在临床上多见于烧伤、免疫抑制等患者的感染。已证实假单胞菌属的菌种对人和动物原发或条件致病菌有 7 种，即铜绿假单胞菌、荧光假单胞菌、类鼻疽假单胞菌、鼻疽假单胞菌、洋葱假单胞菌、嗜麦芽假单胞菌及腐败假单胞菌。假单胞菌属也常造成鱼肉、蛋、奶的腐败。由于本属有很多嗜冷菌适应低温生长，因而造成冷藏食品变坏，冷藏血浆的污染。本菌对植物的危害也颇广泛。

椰毒假单胞菌（*Pseudomonas cocovenenans*）是假单胞菌属的一个种，是 1960 年从印度尼西亚发酵食物 tempe bongkrek 中毒样品中分离并命名的一种食物中毒菌。椰毒假单胞菌在自然界分布广泛，产毒的椰毒假单胞菌检出率为 1.1%。它主要产生两种毒素：米酵菌酸（bongkrekic acid，BA）和毒黄素（toxoflavin rlavm，TF）。

椰毒假单胞菌酵米面亚种（*Pseudomonas cocovenenans* subsp. *farinofermentans*）简称椰酵假单胞菌，是我国学者 1977 年在东北酵米面中毒食品中发现的一种新的食物中毒菌（曾暂用名为酵米面黄杆菌，1980）。1984 年，刘秀梅首次报道了变质银耳中毒也由该产毒菌引起。1986～1987 年，对全国 21 个省（市）、自治区调查表明，17 个省（区）的酵米面、银耳、玉米及多种食品被椰酵假单胞菌及其毒素污染，占调查区域的 80.95%，而且在非发病区也分离到产毒菌及毒素。据不完全统计，从 1953 至 1994 年年底，我国 16 个省共发生椰毒假单胞菌食物中毒 545 起，中毒人数 3352 人，死亡 1401 人，平均病死率高达 41.8%，是我国病死率最高的一种细菌性食物中毒。1987 年，孟昭赫等将此中毒菌与从英国引进的椰毒假单胞菌进行了生理生化、血清学、产毒性能、DNA 同源性等对比研究，证明这两种菌除生态学及侧金盏花醇分解不同外，其他特性基本相同，故建议命名为椰毒假单胞菌酵米面亚种。研究表明，我国椰酵假单胞菌产毒株存在着多个不同克隆，它们分布地域广，存在于多种食物中，对人类的健康构成了严重的潜在性威胁。

椰毒假单胞菌酵米面亚种及米酵菌酸的污染调查表明，我国相关食品中椰酵假单胞菌的污染严重。按污染程度依次为鲜银耳＞其他谷物＞酵米面＞干银耳。鲜银耳的检菌、检毒阳性率分别高达 4.04%和 8.41%，最高含量达 20mg/g。1992 年，北京地区部分市售玉米面样品（57 份）中，产毒椰酵假单胞菌的分离率高达 59.6%。对外环境土壤及银耳培植环节的跟踪调查表明，椰酵假单胞菌来源于土壤，随加工原料污染食品，在适宜的温度和 pH 条件下生长、产毒而引起食用者中毒。值得注意的是，迄今所发生的椰酵假单胞菌中毒事件中，谷类发酵制品均为家庭手工自制，变质银耳均为个体专业户培植、销售，尚未发现工业化批量生产的谷类发酵制品引起中毒。然而，这恰恰说明了生产、加工方式对中毒发生的重要性。

食物中毒多发生在夏、秋季节，食品因潮湿、阴雨天气，贮存不当变质。毒黄素和米酵菌酸两种外毒素耐热性很强，120℃高温处理 1h 仍保持毒力。进食量与中毒症状的轻重有密切关系，食 150g 以上者发病率 100%，病死率 40%～100%。

4.3.16.2 主要特征

1）形态及染色特征

假单胞菌属是一类革兰氏阴性、直或微弯的需氧杆菌。细胞呈卵圆、短杆状以至长杆状形态（图 4-42）。大小一般为（0.5～1）μm×（1.5～4.0）μm。无柄、鞘和芽胞。以极鞭毛（单鞭毛或多鞭毛）而运动，少数菌无运动性。DNA 的 G+C 含量为 58～70mol%。胞质中含浓染颗粒及空泡。在透射电镜下观察，可见异染颗粒、脂质颗粒、板层状内膜结构等特殊结构。值得注意的是，板层状内膜系统仅见于少数菌属，如紫色光合细菌、硝化细菌、甲烷氧化菌等，其功能与光合作用及氧化磷酸化过程有关，在椰毒假单胞菌中的功能尚不清楚。

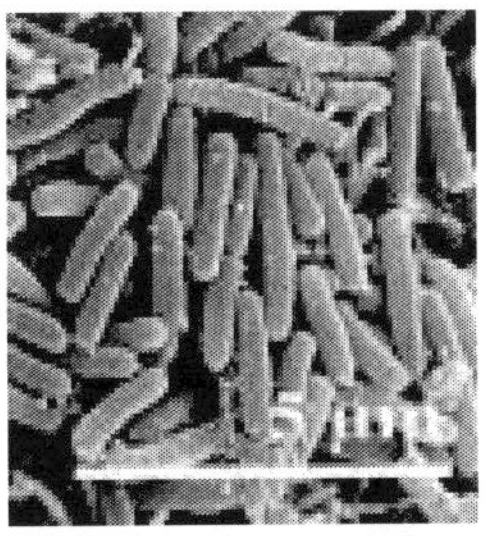

图 4-42 椰毒假单胞菌酵米面亚种

该菌为有机化能异养菌，代谢为呼吸而非发酵，有些是兼性化能自养菌，能利用 H_2 或 CO_2 为能源。分子氧是普遍的电子受体，有些能脱氮而利用硝酸盐为替代的受体。除一些能利用脱氮作用以厌氧呼吸的种外，均为严格或专性需氧菌。菌苔虽不明显呈色，但部分菌可产生水溶性色素和荧光色素。

2）生长要求及培养特性

椰毒假单胞菌的某些菌株在有硝酸盐环境中可呈厌氧生长。营养要求不严格，几乎所有菌群在铵盐和单一碳源环境中均可生长。生长温度为 25～37℃，最适生长温度为 37℃，最适产毒温度为 26℃。PDA 平板上生长，菌落大小为 1～2mm，呈乳白色或灰白色，光滑，湿润，边缘整齐；培养 48h 后，中心有突起，呈草帽状或放射状花纹；菌落周围有黄绿色素产生并扩散到基质中。在 365nm 紫外灯下有黄绿色荧光。卵黄琼脂平板上生长，菌落表面光滑，湿润，48h 后，菌落周围形成乳白色混浊环，斜射日光下可见环的表面呈虹彩现象。S.S 琼脂平板不生长。

以脱脂椰肉为基质，接种椰毒假单胞菌，30℃下培养4d产生的米酵菌酸，可溶于石油醚中，用含PHS的水萃取后调pH至2～3，可再用石油醚或乙醚萃取，如此反复可得到较纯净的米酵菌酸。

3）生化特性

氧化糖类只产生少量的酸。蛋白胨糖水不适用于测定酸的产生，因为产生的酸常被蛋白胨分解产生的碱所中和。用铵盐培养基易测定酸的产生，因在该培养基中糖是唯一碳源。过氧化氢酶阳性。假单胞菌能产生和分泌许多胞外酶，包括蛋白酶、脂酶、卵磷脂酶等。明胶酶的产生对分类很重要。

椰酵假单胞菌具有O、K、H三种抗原，很少发生交叉反应。O抗原为菌体抗原，耐热，凝集反应出现较慢，聚集物呈颗粒状。H抗原为鞭毛抗原，不耐热，凝集反应发生迅速，凝块呈疏松絮状。K抗原为表面抗原。在三种抗原中，研究得最多的是O抗原。迄今已证实该菌具有7种O抗原因子，划分为6种O抗原型。椰毒假单胞菌的血清型目前有O-Ⅲ、O-Ⅳ、O-Ⅴ、O-Ⅵ、O-Ⅶ、O-Ⅷ等。产毒与血清型有关，已知O-Ⅴ、O-Ⅳ、O-Ⅲ产毒。椰酵假单胞菌生理生化反应特性见表4-30。

表4-30　椰毒假单胞菌生理生化反应特性

阳性生化反应	阴性生化反应
动力O/F试验（O型）、葡萄糖	氧化酶发酵
果糖、明胶液化、卵磷脂酶	尿素靛基质
木糖、半乳糖、阿拉伯糖、过氧化氢酶	V-P、MR
甘露糖、淀粉、苯丙氨酸、侧金盏花醇	H_2S产生
柠檬酸盐、精氨酸、石蕊、牛乳、卫矛醇	5℃不生长
硝酸盐还原、37℃生长	41℃不生长

4.3.16.3　抵抗力

在PDA上生长的椰酵假单胞菌对金霉素、土霉素、四环素、庆大霉素较为敏感，对青霉素、红霉素、合霉素、氯霉素、新霉素具有很强的抗性。尤其是对革兰氏阴性菌的广谱抗生素——氯霉素，在适宜浓度下能使椰酵假单胞菌在PDA培基上生长更旺盛，显示了其菌体构造和新陈代谢体系的特殊性。椰酵假单胞菌对一般常用的消毒剂都很敏感，亚硫酸氢钠对椰酵假单胞菌具有较强的抑菌和杀菌作用，可用于某些食品加工过程的消毒。生物学方法抑菌研究发现，该菌的寄生菌k噬菌蛭弧菌和一种特异的瓜子形细菌均可以裂解椰酵假单胞菌。

BA去毒方法的实验室研究表明，次氯酸钙和过氧乙酸去毒效果较好，硫酸、次氯酸铜次之。陈晓明等报道了用日晒法去除银耳中BA的实验结果，鲜银耳日晒2d可去毒95%～97%，干银耳日晒2d去毒57%～62%，日晒8d去毒94%。在实验室条件下证实，短波紫外线照射对BA有明显去毒作用。

4.3.16.4　致病性

1）致病物质

BA和TF均系小分子脂肪酸类毒素。BA具有很强的生物活性，是椰毒假单胞菌引起食物中毒和死亡的主要毒性代谢产物。米酵菌酸的毒性极强，小白鼠经口服LD_{50}为3.16mg/kg（95%可信限为163～615mg/千克体重），达到剧毒化学品的标准，因此由BA污染食品引起食物中毒的病死率高达80%左右。BA毒性比TF强，且在相同条件下，BA产生量远大于TF，是引起酵米面和变质银耳等多种食品中毒致死的主要病因。TF的LD_{50}为8.39mg/kg，也达到强毒化学品之标准，且该毒素耐热性强，一般的烹调方法难以破坏。

BA为一种脂溶性酸性化合物，分子式为$C_{28}H_{38}O_7$，相对分子质量486.61，化学名为3-羧甲基-17-甲氧基6，8，21-三甲基二十二碳-2，4，8，12，14，18，20-七烯二酸。纯净的BA为白色晶体（白色不定形固体），耐热性强，难溶于水，熔点为50～60℃，易溶于乙醚、石油醚、氯仿、甲醇等有机溶剂及碱性水溶液，对热稳定，对酸性条件、氧化剂和日光不稳定，易吸附于活性炭。BA作用于胰腺β细胞抑制葡萄糖酶活性而造成高血糖，此后又可转呈为低血糖，严重者出现低血糖昏迷。BA除对线粒体有破坏作用外，还可使部分巯基酶失活，因此解毒时可使用L-半胱氨酸等巯基化合物恢复由BA所抑制的巯基酶活性，减轻或解除BA的毒害。此外BA具有抑菌作用，对霉菌、酵母及某些细菌均有强烈的抑制和杀灭作用，12.5μg的BA即可在平板上形成明显的抑菌圈。

2）米酵菌酸的中毒机制

BA毒性最早认为是干扰糖代谢，1959年，Welling等通过动物试验发现BA可抑制丙酮酸、α-酮戊二酸和苹果酸的氧化，对磷酸化过程的抑制更为明显。1970年，Henders以大鼠线粒体为材料证明了BA对氧化磷酸化的抑制部位不在呼吸链，而是线粒体膜上的ADP转运过程。Weidemann发现BA增加ADP与线粒体内膜的亲和力，阻断ADP转运。Lauquin则证明BA在线粒体内膜上与ADP载体形成复合物。吴洪娟等认为由于BA与腺嘌呤载体ANT（电压依赖性阴离子通道）的结合，成为ANT的特异性非竞争性抑制剂，阻碍了ADP与ATP在线粒体内膜的交换，使ATP生成减少或消失；由于缺乏ATP，细胞膜上离子泵不能发挥正常功能而效率低下，引起细胞内水钠潴留，细胞水肿；线粒体内膜依赖ATP的机制停止工作，造成水钠潴留，从而引起线粒体肿胀，嵴变短、模糊直至消失。作为细胞内进行呼吸作用和能量交换的重要场所及细胞内主要的供能器官——线粒体，它的功能消失必将导致细胞、机体的死亡。

3）中毒表现

（1）消化系统症状：出现早，常在进食后数小时出现。以胃部不适、恶心、呕吐、腹胀、食欲缺乏为常见。轻微腹泻，部分患者有便秘或血便。呕吐物为臭米面食物，后变为咖啡样物。黄疸在病后 2～3d 出现。此时肝肿大，伴有肝区痛。

(2) 神经系统症状：出现早，最多见为头痛、头晕、精神不振。严重者嗜睡、意识模糊、抽搐，甚至昏迷。部分患者眼球突出、球结膜水肿、脑内压升高等脑水肿症状。神经系统症状常与出血、休克伴随出现，为危重表现之一。

(3) 循环系统症状：以休克、低血压为多见。

(4) 泌尿系统症状：有轻重不等的肾受损。早期有红细胞出现，同时有白细胞尿、蛋白质尿及管型尿出现。重者继而出现少尿、闭尿和血尿，水肿，血压升高。最后肾衰竭而死亡。

(5) 呼吸系统症状：发绀、呼吸困难、出现中枢性呼吸衰竭症状。

(6) 皮下及黏膜出血：消化道、脑膜、肝、肾实质脏器出血。

本菌一旦发生食物中毒，病死率很高，一般在 50%以上，最高可达 100%。死亡最早发生进食后 3～5h，一般多发生在发病后 1～2h。

4.3.16.5 细菌学检查

1) 食品卫生微生物学检验

椰毒假单胞菌酵米面亚种食品卫生微生物学检验的依据为 GB/T 4789.29—2003 (图 4-43)。本标准适用于酵米面、变质鲜银耳及其他淀粉类发酵食品引起食物中毒的病因学诊断及椰毒假单胞菌酵米面亚种的常规检验及菌种鉴定，并进行血清学分型。

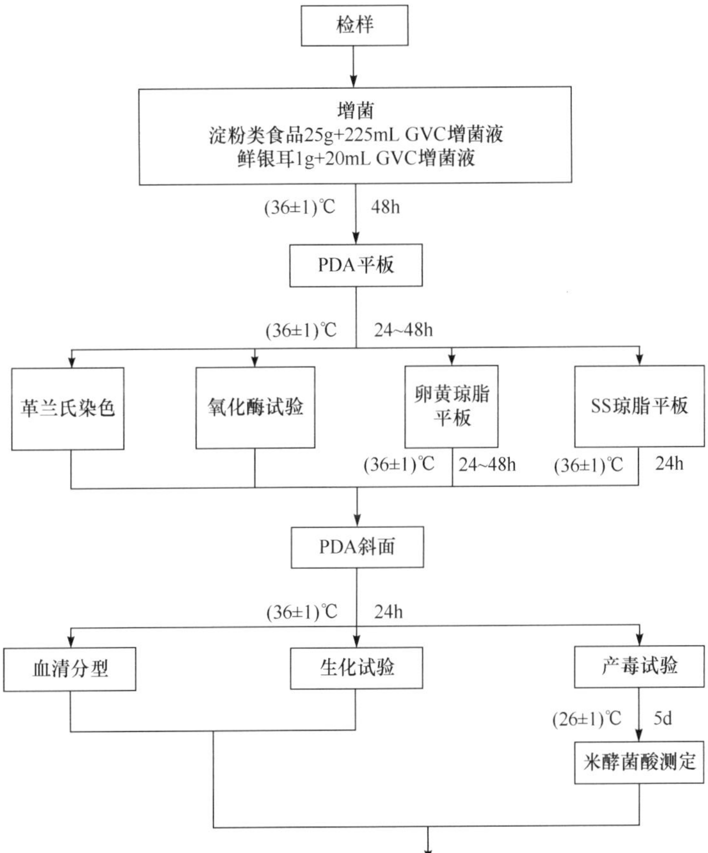

图 4-43 椰毒假单胞菌酵米面亚种检验程序

首先是根据细菌的形态学特征及生理生化性状，然后进行血清学分型鉴定。用多价血清做玻片凝集试验，与多价血清凝集者，依次用 O-Ⅲ、O-Ⅳ、O-Ⅴ、O-Ⅵ、O-Ⅶ等因子血清做试管凝集试验，以判定 O 抗原型。在生理盐水中自凝的菌株不能被分型。生化性状符合，但不能与以上血清凝集者，需进一步做产毒培养和毒素测定。

分离鉴定：将所采取的食物中毒标本接种于 PDA 平板上，同时将检样以 1∶10 接种于 1%葡萄糖肉汤，经 36℃，18～24h 增菌后再划种于 PDA 平板进行分离。平板经 36℃，24～48h 培养，挑选可疑菌落接种 PDA 斜面，36℃，24h 纯培养。典型菌落在 PDA 平板上为灰白色，光滑、湿润、圆形凸起，边缘整齐，产生黄绿色色素，扩散到基质中，室温放置 2～3d，可见到沉淀带。革兰氏染色为阴性小杆菌。

生化反应：将此菌接种于生化培养基，36℃，2～4d培养，结果该菌分解葡萄糖、阿拉伯糖、鼠李糖、肌醇、甘露糖、山梨醇；不分解果糖、蔗糖、乳糖、麦芽糖、木糖；ONPG、尿素、明胶、果胶均为阳性，吐温-80水解，但不水解淀粉；能利用苹果酸、酒石酸和柠檬酸；氧化酶、甲基红、V-P、MR、苯丙氨酸均为阴性；不产生靛基质、H_2S，在5℃和41℃不生长。

动物中毒试验：将疑似中毒鲜银耳直接喂饲兔子，4h后发病，兔子精神萎靡、躁动、走路不稳，肢体瘫痪、血尿、抽搐，9h后死亡。进行解剖，肉眼观察主要内脏器官心、肺、肝、肾广泛水肿，充血、出血。

产毒培养：取已鉴定为椰毒假单胞菌酵米面亚种的菌株接种PDA斜面，(36±1)℃，培养24h，加入3mL灭菌生理盐水，制成约100亿个/mL的菌悬液，用无菌吸管吸取0.5mL，滴在铺好灭菌玻璃纸的半固体PDA平板上，用灭菌"L"形玻璃棒涂布均匀，(26±1)℃培养5d。取下带菌的玻璃纸，将半固体平板放入消毒锅内，100℃流动蒸汽灭菌30min。室温冷却后，置－20～－10℃冰箱过夜。将冰冻好的半固体平板置室温融化，用灭菌吸管取出冻融液，经滤纸过滤放入灭菌试管或锥形瓶中，4℃避光保存，此为粗毒素。

毒力测定：取粗毒素或经水浴蒸发的5～10倍浓缩液0.5mL，灌胃小白鼠3只，体重18～20g，观察7d。若菌株产生米酵菌酸，小白鼠在灌胃后20min～24h内发病、死亡。主要症状为竖毛，萎靡不振，继而躁动，行步蹒跚、肢体麻痹、瘫软、抽搐，呈角弓反张状，呼吸急促、死亡。

米酵菌酸测定：按照GB 11675执行。

2）米酵菌酸的检测方法（分子生物学检测）

刘秀梅等在制备了抗不同血清型菌体抗原的抗体和辣根过氧化物酶结合物的基础上，建立了检测椰酵假单胞菌的间接非竞争、直接非竞争和双抗夹心ELISA法。其中单克隆抗体间接ELISA法初步应用结果表明，经生化试验鉴定为椰酵假单胞菌的菌株，100%含有O-Ⅰ因子。联合使用种间（O-Ⅰ）和型间特异性单克隆抗体进行ELISA检测，可同时定种分型，方法灵敏，快速，重复性良好。

实验室常用薄层层析法或高压液相色谱法鉴定BA。胡文娟等建立了BA的TLc和HPLC测定法，其方法灵敏度为0.25μg/mL；最低检出量为0.2μg与0.4μg。王夏等建立了BA的紫外分光光度测定法，最低检出浓度为2.5μg/mL；标准曲线的线性范围为0.5～30μg/mL。王夏和孟昭赫建立的BA微生物测定方法，以黑曲霉为测定用菌株，用纸片法测定，BA的最低检出量为0.38μg；0.5～9μg时与HPLC结果比较，相对误差平均为±11.2%。此法简便易行，样品无需复杂的纯化处理，便于基层大量样品的筛选。Lin Liming等用线性结合函数紫外分光光度法同时测定BA和TF，提高了同时分析多种化合物的混合物的选择性、灵敏度和精确度。BA和TF的最低检出浓度分别为2.65μg/mL和2.24μg/mL，线性检测范围为2.65～9.28μg/mL和2.24～13.4μg/mL。

4.3.16.6 食品生产的综合控制

椰毒假单胞菌食物中毒是一种细菌毒素性中毒，是我国农村、山区多发的一种食物中毒，其病死率远远高于其他常见细菌性食物中毒。在经济落后、生活水平低下、食物原料单一的地区，居民往往粗粮细作，自制发酵类食品。由于加工方式不当，食入了被椰毒假单胞菌及其毒素污染的食品而导致中毒的发生。这些地区偏离文化中心，不能及时得到预防该类食物中毒科学知识的传播是中毒屡屡发生的原因之一。随着流行区域的不断扩大、不同地区间的居民饮食习惯、食品加工方法的不同，陆续发现的中毒食品大致可分为三大类。应充分发挥我国三级医疗保健网的优势，培训更多基层医疗保健工作者。在实际生活中应注意避免有利于该菌生长、产毒的环境条件和食品加工方式，以预防食物中毒事件的发生。按照汉族糯米粉制作方法，浸泡1d，打粉或磨浆滤水后当日吃，或在太阳下曝晒快速干燥，可避免椰毒假单胞菌酵米面亚种产毒。不用霉变的玉米等制备酵米面，谷类浸泡时要勤换水，保持卫生；注意勿食用变质鲜银耳，存放时要通风、防潮，发好的银耳要充分漂洗，摘除银耳的基底部。彻底改变那种一次大量制作酵米面粉，贮存多日，多次食用的不良风俗，提倡现做现吃，一次食完，是预防酵米面中毒的有效措施。保证食品原料的卫生质量，严格控制适宜该菌生长、产毒的客观条件，并监测食品中米酵菌酸的含量是预防椰酵假单胞菌食物中毒的重要环节。

4.3.17 河弧菌（*Vibro fluvialis*）

4.3.17.1 食品卫生学意义

根据流行病学调查，河弧菌是水产养殖中常见的主要病害之一，自从1975年Furniss等分离到该菌以来，人工养殖的鲍鱼、虾、贝类、鱼等的弧菌病国内外均有报道。河弧菌在弧菌属中仅次于霍乱弧菌和副溶血性弧菌，是沿海地区腹泻病和食物中毒的重要病原菌，尤其是港湾地区，故被认为是全球性港湾地区水源性微生物。河弧菌属不凝集弧菌，广泛分布于海水和稍带盐水的港湾水、河水区域。龙虾和小虾污染最常见，其他如鱼、蟹、牡蛎、蛤、蚶、螺等也存在污染，再就是被海产品或工具污染的熟食品。

食用生鱼或海产品加热不彻底，或食入被海产品、水产品污染的食物，可引起腹泻病的发生。婴幼儿、青少年易感染，也可发生在无海水接触史及未食海产品的患者中，多为散发性腹泻。中毒潜伏期一般为13～14h。症状以腹泻和呕吐为主，腹泻为水样便，可持续1～4d，少数便中有血液和黏液，大多数患者中度脱水。国内报道的食物中毒多为淡水源或淡水产品污染所致。

例如，1983年徐州市两煤矿因供水系统污染，导致780人的河弧菌腹泻；连云港市曾因猪头肉污染而引起几十人中毒。其后在上海、福建闽东地区、新疆等地都有检出。福建省1988年调查指出，共检验729份，海产品46份阳性，占6.3%，其中贝壳类为197份，12份阳性，占6.1%；甲壳类214份，14份阳性，占6.5%；鱼类318份，20份阳性，占6.3%。生物Ⅰ型占89.1%，生物Ⅱ型占10.9%。上海腹泻患者粪便中的分离率为1.2%，近海鱼的带菌率为1.5%～30%。

4.3.17.2 主要特征

1）形态及染色特征

菌株为革兰氏阴性杆状或略弯曲杆菌，有时为短杆状，无芽胞，无荚膜，兼性厌氧。大小为（0.6～0.7）μm×（1.2～1.5）μm，以单根极生鞭毛运动（图4-44）。能产生不耐热肠毒素。悬滴标本观察动力，活动似穿梭样。

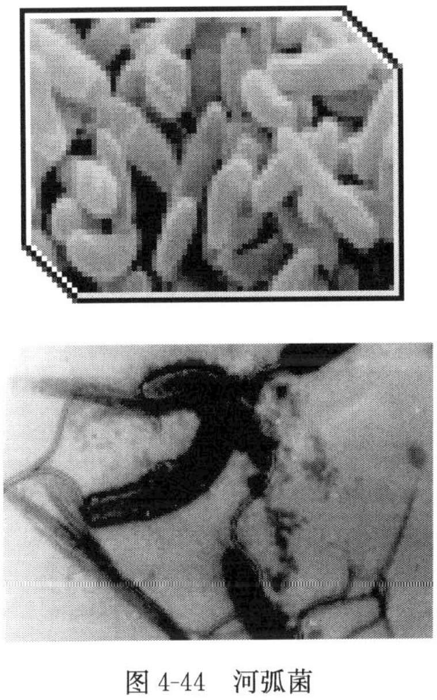

图4-44 河弧菌

2）生长要求和培养特性

生长温度均为15～42℃，最适温度为30～37℃；在pH6～11均可生长，pH为6时生长最佳；菌株可在1%～7% NaCl浓度范围内生长，2%～3% NaCl浓度生长最好，无NaCl的培养基中不生长。

在1%～3%（*W*/*V*）的普通培养基上生长最佳。在S.S琼脂平板上生长，菌落为无色半透明，边缘整齐。直径1mm左右。在TCBS琼脂平板上菌落呈黄色，光滑，边缘整齐，直径1.3mm左右。在碱性胆盐琼脂平板上，菌落呈无色透明，边缘整齐，直径为0.7～1.3mm。

3）生化反应

氧化酶、接触酶、精氨酸双水解酶、葡萄糖的O/F、葡萄糖产酸、硝酸盐还原、黏液丝、蔗糖、阿拉伯糖、甘露糖、甘露醇、精氨酸、3% NaCl、7% NaCl阳性；对O/129（2，4-二氨-6，7-二异丙基喋啶）（150μg）敏感；乳糖、靛基质、水杨素、赖氨酸、鸟氨酸、葡萄糖产气、木糖、肌醇、明胶液化、10% NaCl阴性。见表4-31。

表4-31 河弧菌的生化特性

菌落	鉴定结果	菌落	鉴定结果
氧化酶	+	3% NaCl	+
接触酶	+	7% NaCl	+
精氨酸双水解酶	+	乳糖	−
葡萄糖的O/F	+	靛基质	−
葡萄糖产酸	+	水杨素	−
硝酸盐还原	+	赖氨酸	−
黏液丝	+	鸟氨酸	−
蔗糖	+	葡萄糖产气	−
阿拉伯糖	+	木糖	−
甘露糖	+	肌醇	−
甘露醇	+	明胶液化	−
精氨酸	+	10% NaCl	−
O/129（2，4-二氨-6，7-二异丙基喋啶）（150μg）	+		

注：+. 阳性；−. 阴性

目前，河弧菌分成Ⅰ、Ⅱ两个生物型，发酵葡萄糖不产气，能水解七叶苷者为Ⅰ型，常见于人的粪便；反之为Ⅱ型，又称弗尼斯弧菌（*V. furnissii*），常见于牛、猪、兔的粪便。这些菌株在血琼脂平板上都呈现溶血现象。本菌有特异的O抗原和共同的H抗原，根据本菌的O抗原不同进行血清型分型。国内报道，从人粪便分离出来的血清型有FV_{1}、FV_{7}、FV_{8}、FV_{9}、FV_{11}、FV_{25}、FV_{28}等。

4.3.17.3 抵抗力

药物敏感试验：除对青霉素、氨苄西林和林可霉素耐药外，对链霉素、红霉素中度敏感，对氯霉素、四环素、卡那霉素、头孢霉素、新诺明和萘啶酸等高度敏感。

在水中可存活2周至一个月，对干燥、热、日光及消毒剂敏感，干燥后极易死亡，煮沸100℃立即死亡，直射阳光下数小时死亡。对氯敏感，耐碱，对酸敏感，正常胃酸中仅能存活几分钟。对大多数抗生素敏感，如链霉素、氯霉素及四环素敏感。

4.3.17.4 致病性

河弧菌与气单胞菌在生化性状方面有许多相似之处，而且二者同属于弧菌科，彼此可有部分共同抗原。吸收处理的河弧菌多价血清及单价分型血清发生迅速的强凝集反应。腹泻患者的带菌率为3.75%，健康人带菌率为0.25%。河弧菌引起人的疾病主要是胃肠炎，导致以腹泻、呕吐为主的表现。腹泻为水样便，少数便中有血液和黏液，腹泻可持续 1～4d，大多数 2d 左右。还有的有腹痛、发热，但发热的患者不多。

青岛市北区卫生防疫站、烟台市芝罘区卫生防疫站首次从遗传角度提出霍乱毒素和溶血素为河弧菌致病因子的论据（表 4-32）。

霍乱毒素：小鼠肠袢试验、小鼠致病力试验均为阳性反应。

表 4-32　致病性弧菌的鉴别性状

	TCBS	MCPC	AGS	NaCl 生长					42℃生长	产酸						氧化酶	ONPG	V-P 试验	精氨酸二氢酶	赖氨酸脱羧酶	鸟氨酸脱羧酶	O/129 10μg	O/129 150μg	明胶酶	脲酶
				0%	3%	6%	8%	10%		蔗糖	D纤维二糖	乳糖	阿拉伯糖	D甘露糖	D甘露醇										
溶藻弧菌	Y	NG	KA	−	+	+	+	+	+	+	−	−	−	+	+	+	−	+	−	+	+	R	S	+	−
霍乱弧菌	Y	P	Ka	+	+	−	−	−	+	+	−	−	−	+	+	+	+	V	−	+	+	S	S	+	−
辛辛那提弧菌	Y	nd	nd	−	+	+	−	−	−	+	+	−	+	+	−	+	+	+	−	+	−	R	S	−	−
海鱼弧菌	G	NG	nd	−	+	V	−	−	−	−	+	−	−	+	−	+	−	+	+	V	−	S	S	−	+
河弧菌	Y	NG	KK	−	+	+	V	−	V	+	+	−	+	+	+	+	+	−	+	−	−	R	S	+	−
弗尼斯弧菌	Y	NG	KK	−	+	+	+	−	−	+	−	−	+	+	+	+	+	−	+	−	−	R	S	+	−
鲨鱼弧菌	Y	nd	nd	−	+	+	+	−	nd	+	+	−	−	+	+	+	−	−	−	+	+	R	S	+	+
霍利斯弧菌	NG	NG	Ka	−	+	+	−	−	nd	−	−	−	+	+	−	+	−	−	−	−	−	nd	Nd	−	−
麦氏弧菌	Y	NG	KK	−	+	+	V	−	V	+	−	−	−	+	+	−	+	+	+	+	−	S	S	+	−
拟态弧菌	G	NG	KA	+	+	−	−	−	+	−	−	−	−	+	+	+	+	−	−	+	+	S	S	+	−
副溶血弧菌	G	NG	KA	−	+	+	+	−	+	−	V	−	+	+	+	+	−	−	−	+	+	R	S	+	V
创伤弧菌	G	Y	KA	−	+	+	−	−	+	−	+	+	−	+	V	+	+	−	−	+	+	S	S	+	−
嗜水气单胞菌	Y	NG	KK	+	+	+	−	−	V	V	+	V	V	V	+	+	+	+	+	V	−	R	R	+	−
类志贺邻单胞菌	G	NG	nd	+	+	−	−	−	+	−	−	−	−	−	−	+	−	−	+	+	+	S	S	−	−

注：Y. 黄色；G. 绿色；P. 紫色；NG. 不生长；nd. 不定；K. 碱性；A. 酸性；a. 微酸；+. 80%以上阳性；−. 80%以上阴性；V. 不同的菌株反应不同；S. 敏感；R. 抗性

4.3.17.5　细菌学检测

按 GB 4789.7—2013《食品安全国家标准　食品微生物学检验》参考副溶血性弧菌检验操作（图 4-45）。

25g样品+225mL APW(1% NaCl pH9.0)

↓ 增菌37℃,8~16h

取10mL加入双倍APW

↓ 37℃,6~8h

选择培养基TCBS

↓ 37℃,24h

取黄色或绿色菌落做G染色、氧化酶、动力、O/129(150μg)、D-甘露糖

↓

初步鉴定：0% NaCl、1% NaCl,硝酸盐还原,精氨酸双水解酶,赖氨酸脱羧,鸟氨酸脱羧(氧化酶)分成5组

↓

确证,最后鉴定

图 4-45　副溶血性弧菌检验程序

4.3.17.6　食品加工中的综合控制

主要是对水产品贮藏温度的控制，注意要低温，吃海产品时一定要彻底加热，在海产品加工时要防止再污

染。食品加工时要注意加工水的卫生质量。

4.3.18 拟态弧菌（*Vibro mimicus*）

4.3.18.1 食品卫生学意义

拟态弧菌又称模拟弧菌，在形态和培养特性上与霍乱弧菌相似。拟态弧菌分布很广，多呈散发或暴发，一年四季均有发病，以夏季为多。发病年龄不限，但少儿少见。发病者多有吃生牡蛎、虾蟹史，以牡蛎和小龙虾多见，水螨、贝壳类也能够分离到。该菌引起的食物中毒季节集中在夏秋季，传播媒介主要为海产品。可从美洲的水域和水生贝类动物分离到，还曾在孟加拉、墨西哥、新西兰、关岛、加拿大和亚洲国家及地区分离到。国内山东、福建和江苏等省都有中毒的报道。日本已将此菌列为食物中毒中必须检验的病原菌，我国 1987 年首次从中毒食物中检出并证实为食物中毒病原菌。

4.3.18.2 主要特征

1）形态及染色特征

该菌为革兰氏染色阴性杆菌，单极毛，菌体略弯曲。悬滴标本镜下动力十分活泼。其形态学及 DNA 序列与霍乱弧菌极相似，但生化反应不典型，故取名为拟态弧菌（图 4-46）。

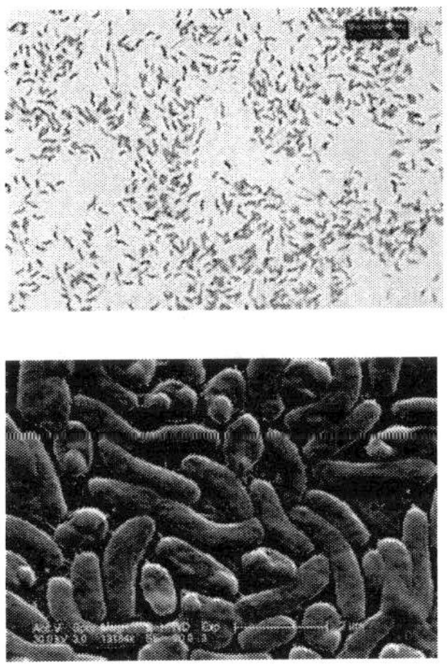

图 4-46 拟态弧菌革兰氏染色

2）生长要求和培养特性

在 S. S 琼脂平板、麦康凯琼脂平板及普通营养琼脂平板上 37℃生长良好。TCBS 琼脂平板上 37℃、48h 生长的菌落为绿色，不分解蔗糖，直径 1.0～2.5mm，圆形、凸起、光滑、湿润，在兔血琼脂平板呈 β 溶血（表 4-33）。

表 4-33 拟态弧菌的菌落形态

培养基	菌落形态
S. S 琼脂平板	生长良好
麦康凯琼脂平板	生长良好
HE 平板	菌落 1～2mm，圆形边整，表面光滑，扁平，蓝绿色，湿润
TCBS 琼脂平板	菌落 1～2mm，圆形边整，表面光滑，中央微凸起，蓝绿色，中央颜色较深，湿润
营养琼脂平板	菌落 1～2mm，圆形边整，表面光滑，湿润、扁平

3）生化特性

在 TCBS 琼脂培养基上不分解蔗糖，菌落呈绿色，运动活泼，氧化酶试验阳性，赖氨酸及乌氨酸脱羧酶阳性，精氨酸水解酶阴性，发酵葡萄糖产酸不产气，V-P 试验阴性，对 150μg O/129 敏感，能在无盐蛋白胨水、3% NaCl 及 6% NaCl 蛋白胨水中生长等特征，见表 4-34。

表 4-34 拟态弧菌的生化特征

生化项目	结果	生化项目	结果
氧化酶	+	O/129	+
黏液丝	+	硝酸盐还原	+
葡萄糖产酸	+	O/F	+
葡萄糖产气	－	乳糖	+
V-P 试验	－	D-半乳糖	+
甘露糖	+	靛基质	+
乌氨酸	+	精氨酸	－
蔗糖	－	甘露醇	+
ONPG	+	赖氨酸	+
水杨苷	－	6%氯化钠胨水	+
0%氯化钠胨水	+	8%氯化钠胨水	－
3%氯化钠胨水	+	10%氯化钠胨水	－

注：+. 阳性；－. 阴性

4.3.18.3 抵抗力

该菌对诺氟沙星、四环素、氯霉素、庆大霉素、链霉素和红霉素等常用抗生素敏感，对多黏菌素 B、青霉素、萘啶酸和卡那霉素耐药。

4.3.18.4 致病性

拟态弧菌的致病性并不是取决于某一毒力因子，而是在病原菌侵袭宿主而致宿主发病过程中各种毒力因子在分子水平上协同作用的结果。目前已知的该菌毒力因子有黏附素、内毒素、外毒素和其他毒力因子。

黏附素：拟态弧菌的黏附素（adhesins）有鞭毛、菌毛、外膜蛋白（OMPS）、血凝素等。拟态弧菌运动活泼，在电镜下观察可见菌体一端有单鞭毛，少数菌体两端各有一根鞭毛，长而柔软，呈波浪状，细菌可借助于鞭毛黏附于消化道（特别小肠）黏膜上皮细胞表面，与其相应受体结合，在局部繁殖而产生其他毒力因子，最终导致宿主感染。其鞭毛具有抗原性，与霍乱弧菌的H-Ag具有共同的抗原决定簇。

内毒素：拟态弧菌的内毒素是其细胞壁中的脂多糖（LPS）成分，由三部分组成：O特异性链、非特异性核心多糖和类脂A。O特异性链为LPS的最外层，具有抗原性，由糖残基组成，称为O-Ag，与霍乱弧菌O多价血清不凝集。核心多糖的分子质量为14～16kDa，具有属特异性。多糖成分仅具有血清学特性，与血凝性有关，因此其血凝性为多糖成分的首要生物学功能。类脂A是其生物学活性主要成分。LPS毒性作用和其他革兰氏阴性菌（GNB）的LPS毒性作用相同。

外毒素：拟态弧菌通过各种黏附素共同作用牢牢固着在宿主细胞上，进行生长繁殖并合成、分泌胞外毒力因子，它是拟态弧菌重要的毒力因子，有毒性酶类、肠毒素和溶血素等，外毒素有耐热和不耐热两种。

胞外酶：拟态弧菌产生的毒性胞外酶种类很多，包括明胶蛋白酶、酪蛋白酶、金属蛋白酶、卵磷脂酶（Tween 80）、几丁质酶、血浆凝固酶等。这些胞外酶在细菌致病中是必不可少的，其致病作用主要包括分解破坏宿主组织成分，以利于病原菌的进一步侵袭；破坏机体血淋巴凝血系统的酶活性，影响红细胞功能；破坏血清的免疫功能等。

肠毒素：拟态弧菌的肠毒素有不耐热肠毒素（CT样毒素）、耐热肠毒素（ST）、ACE和ZOT毒素4种，虽然它们的生物学特性不完全相同，但具有相同的致病性，均能引起小肠内肠液聚集，导致水泻样或痢疾性腹泻。一些拟态弧菌株并不产生肠毒素，但能抵御肠道正常的防御功能而引起宿主发病，原因是细菌产生了小肠集落因子。

溶血素：在拟态弧菌的胞外产物中已分离到耐热溶血素和不耐热的溶血素（VMH）两种。前者与副溶血弧菌所产生的耐热溶血素（TDH）很相近，后者是分子质量为63kDa的多肽，与霍乱弧菌具有肠毒性溶血素抗血清发生交叉反应，对多数哺乳动物红细胞都具有溶血活性，其中对马红细胞活性最高。拟态弧菌不耐热溶血素的溶血作用机制与创伤弧菌溶血素相似。

铁载体：拟态弧菌可产生一种铁载体（siderophore），该物质能吸附和螯合微量铁，以供细菌生长繁殖。拟态弧菌产生的溶血素可使血液中的游离血红蛋白和铁元素增加，因此这两种毒力因子相互作用，使宿主体内的铁消耗增加，从而加重病症。

4.3.18.5 细菌学检测

参考河弧菌或霍乱弧菌检验程序。

4.3.18.6 食品加工中的综合控制

注意餐饮从业人员卫生和食品的采购保存，严格遵守食品卫生法规定。卫生监督人员严格执行食品卫生法，加强监督指导，发现问题严肃处理。顾客在用餐前先看一下食品是否新鲜、有无异味，特别是海产品，要完全煮熟后才能食用；有关媒体也要多宣传一些卫生常识。这样就可大大减少食物中毒的发生，从而提高健康水平。整个控制措施基本同霍乱弧菌和河弧菌。

4.3.19 创伤弧菌（*Vibrio vulnificus*）

4.3.19.1 食品卫生学意义

创伤弧菌与副溶血弧菌很相似，常从海水、鱼类、贝壳类分离到。目前世界上大部分沿海国家都有创伤弧菌感染的病例报告，主要分布于近海和海湾的海水、海底沉积物及内陆咸水湖中。创伤弧菌对人类引起的感染主要有败血症和软组织感染，由于感染途径不同，临床症状也有差别。一是经口感染，能迅速通过肠黏膜侵入血液，引起原发性败血症，表现发热、畏寒、衰竭等症状；二是通过皮肤伤口侵入，首先在伤口周围出现红斑，继而表现急性炎症，皮肤病变明显，最终引起败血症，但没有呕吐、腹泻等副溶血性弧菌的中毒症状。创伤弧菌食物中毒的潜伏期一般在24～48h，消化道外感染后不出现消化道症状为本菌区别于本属其他菌的一大特点，也是一种食源性感染菌。为便于与其他弧菌比较，故放在此处论述。创伤弧菌感染有明显的季节性，主要集中在每年的5～8月，常见于水温20℃，含盐为0.7%～6%的海水中。因这段时间水温较高，有利于细菌的繁殖，感染者多为从事渔业或水上活动爱好者。创伤弧菌易感人群为慢性肝病（如肝硬化、酒精性肝病）、血友病、慢性淋巴细胞性白血病、慢性肾衰、消化性溃疡、滥用甾体类激素、器官移植受体等患者，有这些基础疾病患者感染创伤弧菌的危险性比正常人高80倍。

国内一些海产品带染率为2.1%。食入的半生或生的牡蛎等引起食物中毒。1995年辽宁报道在甲壳类、贝壳类海产品中检出率为2.8%。交叉污染也可引起本菌的食物中毒。

4.3.19.2 主要特征

1）形态及染色特征

该菌染色形态为革兰氏阴性，逗点状，单极端，单鞭毛，无芽胞，无异染颗粒，未发现荚膜（图4-47）。

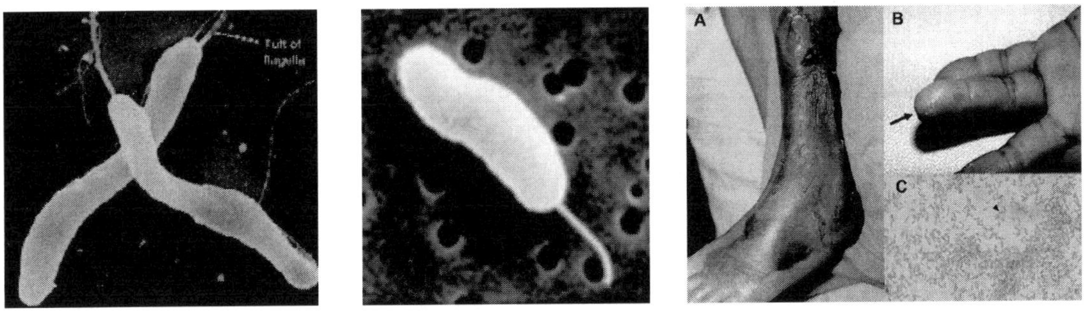

图 4-47 创伤弧菌引起的伤病（图 A、B）和菌体（前两图和图 C）

2）生长要求和培养特性

该菌最适宜的生存条件为 37℃下，10～20g/L 盐度。其生化特征与副溶血性弧菌和溶藻弧菌极为相似，其中最显著的不同点为该菌能发酵乳糖，故曾称其为乳糖发酵弧菌（表 4-35）。初代培养难于形成。在液体培养基中呈均匀混浊生长，在营养及碱性琼脂中生长旺盛，菌落呈圆整突起，光滑湿润，混浊不透明，浅青灰色。在血平板上有较大且明显的溶血环，24h 菌落细小、光滑、边缘整齐、扁平突起。48h 部分菌落顶端凹陷、皱褶、凹陷正中又有一小岛突起，呈双层状，部分仍呈光滑型。皱褶部分进一步扩大成整个菌落，其皱褶特征以 NaCl 肉汤培养物接种更为明显。在 XLD、MC、HE 上生长良好，菌落与典型肠杆菌基本相似。S.S 上不生长，在庆大霉素及 4 号琼脂平板上均生长较好，呈典型弧菌属菌落特征。在 TCBS 培养基上生长良好，为光滑湿润的蓝绿色较大菌落。

表 4-35 霍乱弧菌、副溶血弧菌、创伤弧菌的部分生长特性和耐热参数

	生长参数						热致死参数			
	最低 T	最高 T	最小 pH	最大 pH	最小含盐量	最大含盐量	温度		D 值	介质
							UC	UF		
霍乱弧菌	N/A	45℃	N/A	10	N/A	6	60℃	140℉	2.65	蟹肉
副溶血弧菌	5℃	44℃	4.5	11	0.937	10	49℃	122℉	1.15	盐溶液
创伤弧菌	10℃	N/A	4.5	N/A	N/A	8				

注：N/A. 没有测；UC. 摄氏度；UF. 华氏度

3）生化特性

阳性反应有：氧化酶、接触酶、拉丝试验、43℃半乳糖、硝酸盐还原、水杨素、靛基质、明胶液化、甲基红、枸橼酸盐、赖氨酸、鸟氨酸、动力、葡萄糖产酸、乳糖、纤维二糖、麦芽糖、甘露醇、甘露糖、海藻糖、ONPG，需氧与厌氧均能生长，O/F 葡萄糖为发酵型；与霍乱弧菌和河弧菌不同的是能发酵乳糖。

阴性反应有：V-P、H_2S、尿素酶、苯丙氨酸、精氨酸、丙二酸盐、葡萄糖产气、侧金盏花醇、卫矛醇、赤藓醇、鼠李糖、肌醇、棉子糖、山梨醇、蔗糖、木糖、七叶苷、黏液酸、酒石酸盐、乙酸盐、DNA 酶、黄色素、阿拉伯胶糖（表 4-36）。

表 4-36 创伤弧菌的生化特征

生化项目	结果	生化项目	结果
氧化酶	+	靛基质	+
接触酶	+	明胶液化	+
拉丝试验	+	甲基红	+
43℃半乳糖	+	枸橼酸盐	+
硝酸盐还原	+	赖氨酸	+
水杨素	+	鸟氨酸	+

续表

生化项目	结果	生化项目	结果
动力	+	纤维二糖	+
葡萄糖产酸	+	O/F 葡萄糖发酵型	+
麦芽糖	+	甘露糖	+
海藻糖	+	ONPG	+
甘露醇	+	氧	+/−
V-P	−	乳糖	+
H_2S	−	棉子糖	−
尿素酶	−	山梨醇	−
苯丙氨酸	−	蔗糖	−
精氨酸	−	木糖	−
丙二酸盐	−	七叶苷	−
葡萄糖产气	−	黏液酸	−
侧金盏花醇	−	酒石酸盐	−
卫矛醇	−	醋酸盐	−
赤藓醇	−	DNA 酶	−
鼠李糖	−	黄色素	−
肌醇	−	阿拉伯胶糖	−

注：+. 阳性；−. 阴性

嗜盐性试验：0g/L NaCl 肉汤、80g/L NaCl 肉汤、100g/L NaCl 肉汤不生长，30g/L NaCl 肉汤、60g/L NaCl 肉汤生长。

4.3.19.3 抵抗力

该菌对冷敏感。对青霉素、妥布霉素、苯唑西林、氨苄西林、多黏菌素 B、丁胺卡那霉素、杆菌肽耐药；对四环素、红霉素、麦迪霉素、磺胺类、庆大霉素、羧苄西林、卡那霉素、萘啶酸、先锋霉素 V、氯霉素敏感。

4.3.19.4 致病性

1）毒素

创伤弧菌的致病机制尚不十分清楚，其产生的一种多糖被膜能抵御吞噬细胞的吞噬和消化，可能是其致病力的基础物质。它产生的细胞外蛋白酶、胶原酶、弹性蛋白酶、细胞溶素、细胞毒素等都可能是其致病因子。借助于这些致病因子的作用，创伤弧菌能迅速地穿过肠黏膜入血，引起败血症和蜂窝织炎。

溶细胞毒素：溶细胞毒素是一种创伤弧菌分泌的分子质量为 5.1ku 的水溶性多肽，这种亲水蛋白质不耐热，胆固醇或蛋白酶可使之失活。很多研究表明，溶细胞毒素是创伤弧菌致病的重要因素之一，纯化的溶细胞毒素对多种哺乳动物红细胞有溶细胞作用。

胞外酶：属胞外蛋白酶，加热 60℃、10min 可使之失活。该酶具有出血活性和增强血管通透性的作用，与皮肤损伤有密切关系。

弹性硬蛋白酶：是胞外蛋白酶的一种，有助于病菌侵入含有弹性硬蛋白和骨胶原的组织，该酶与感染局部发生组织坏死有关。

铁载体：创伤弧菌的致病性与其获得的铁密切相关。此种摄铁能力系由菌体的铁载体所介导，使菌能吸附和螯合宿主体内微量铁，以供菌生长繁殖之需。而溶细胞毒素可使血液中的游离血红蛋白和铁元素增加，这两种毒力因子相互协同，使患者体内的铁消耗骤增，提高了患者的死亡率。

2）抗原

创伤弧菌菌株均具有共同的鞭毛抗原和多种菌体抗原，Shimada 等通过对 70 株创伤弧菌的血清学分析已证明了 7 种菌体抗原。血清型的鉴别有利于追踪污染源和传染途径，是流行病学调查方面唯一可靠的方法。

3）中毒表现

食物中毒表现为恶心、呕吐、腹痛、腹泻、水样便，一般无发热。

还有一种比较恶性的感染，初期发热、寒战、痉挛性腹痛、肌肉痛，后为败血症或蜂窝织炎、出血性大疱、休克、甚至死亡。病死率可高达 60%。

4.3.19.5 细菌学检测

食物中毒样品的检测程序与霍乱弧菌或副溶血性弧菌（或河弧菌）相同。

由于所有创伤弧菌抗 O 血清中均含有粗糙凝集素，因此，诊断血清在使用前必须先用粗糙抗原吸附。对分离的菌株要进行血清学试验，发病后 30d 患者血清与分离菌凝集效价 1∶4。对分离的菌株还要进行动物试验，挑取分离菌血平板上菌落以无菌生理盐水制成约 0.9g/mL 菌液，腹腔注射 0.5mL，20～23g 重小白鼠 2 只，后腿肌内注射 1 只，注射后小鼠应该出现俯伏、懒动、毛颤抖等症状，18～24h 小白鼠先后死亡。尸解能够从心、肝、肺、肾分离到注射菌。

该菌小岛型的皱褶菌落与斯氏假单胞菌的平向型和类鼻疽假单胞菌的菊花型也极易区别。而与副溶血弧菌的 R 型菌落相似。

4.3.19.6 综合控制

与海水及海产品接触是导致本病感染的主要途径，减少接触是预防和降低本病发生的有力措施。宣传进食生的或未加工熟的海产品对人健康的危害，特别要提醒肝病等高危人群生食海产品将有生命危险，尤其要避免在温暖季节生食贝甲类海产品；开展创伤弧菌污染和感染现状调查，掌握创伤弧菌食物中毒发生的规律，为预防创伤弧菌食物中毒提供更有针对性的措施；加强对饮食单位的食品卫生管理，防止在加工经营海产品时的交叉污染。

4.3.20 霍利斯弧菌（*Vibrio hollisae*）

4.3.20.1 食品卫生学意义

霍利斯弧菌是广泛分布于海洋、海口和近海岸的重要致病菌，不仅有数量优势且毒力及感染力均占一定强势。20 世纪 80 年代初期发现时原称肠道 EF-13 群弧菌，1982 年经 DNA 杂交研究，被确认为另一个嗜盐病原性弧菌新种，主要引起人类腹泻，有的还有呕吐、发热。

本菌主要存在于沿海水中，食海产品与生牡蛎易染病，患者多为青年，其他还有蛤和小虾等水产品。它不仅可引起肠道感染，还可引起小鼠伤口感染。本病为自限性疾病，较重或有慢性原发病者，应积极用抗生素治疗。霍利斯弧菌虽然毒力略弱，但也可引起肠、肺、肝、肾组织细胞水肿、变性、白细胞渗出、聚集等，应引起足够的重视。

4.3.20.2 主要特征

1）形态及染色特征

本菌为较细小的革兰阴性杆菌，稍呈弯曲，顶端有单根极端鞭毛，动力活泼。

2）生长要求和培养特性

在嗜盐琼脂平板上生长良好，18～24h 长出 1～2mm 光滑、湿润的落。在 TCBS 琼脂上生长较差，37℃培养 18～24h 菌落较小，蓝绿色，凸起。在 S.S 琼脂上，圆形、光滑、扁平、淡灰色菌落。在麦康凯琼脂上，针头大，光滑、圆形、无色透明菌落。

3）生化特性

由于此菌不易在无盐营养肉汤、无盐蛋白胨水及常用的培养基中生长，给检验工作带来一定困难，应摸索一套适用于霍利斯弧菌分离培养、鉴定的常规方法，以减少工作失误。

已经证明的有：氧化酶、甲基红、硝酸盐、O-F +/−、动力、过氧化氢酶、靛基质、葡萄糖、甘露糖、L-阿拉伯糖、赖氨酸和鸟氨酸脱羧酶、精氨酸双水解酶均为阳性，30g/L 和 60g/L 氯化钠肉汤中可生长。鸟氨酸、精氨酸、甘露醇、麦芽糖、乳糖、七叶苷均为阴性（表 4-37）。

表 4-37 霍利斯弧菌的生化特征

生化项目	结果	生化项目	结果
氧化酶	+	精氨酸双水解酶	+
甲基红	+	30g/L 氯化钠肉汤	生长
硝酸盐	+	60g/L 氯化钠肉汤	生长
O-F	+	甘露醇	−
动力	+	鸟氨酸	−
过氧化氢酶	+	精氨酸	−
靛基质	+	麦芽糖	−
葡萄糖	+	乳糖	−
甘露糖	+	七叶苷	−
L-阿拉伯糖	+	赖氨酸	+
鸟氨酸脱羧酶	+		

注：+. 阳性；−. 阴性

由于这类细菌在常用培养基上大多不生长，在常用的生化鉴定中生化特性不明显，往往出现判断错误。国内在这方面的报道也较少，与其他菌的生物化学差别参考表 4-37 和表 4-38。

表 4-38 来自海产品的人致病性弧菌的生物化学特性

		V. alginolyticus	*V. cholerae*	*V. fluvialis*	*V. furnissii*	*V. hollisae*	*V. metschnikovii*	*V. mimicus*	*V. parahaemolyticus*	*V. vulnificus*	*A. hydrophilia*	*P. shigelloides*
TCBS 琼脂		Y	Y	Y	Y	NG	Y	G	G	G	Y	G
mCPC 琼脂		NG	P	NG	NG	NG	NG	NG	NG	Y	NG	NG
CC 琼脂		NG	P	NG	NG	NG	NG	NG	NG	Y	NG	NG
AGS		KA	Ka	KK	KK	Ka	KK	KA	KA	KA	KK	nd
氧化酶		+	+	+	+	+	−	+	+	+	+	+
精氨酸脱氢酶		−	−	+	+	−	+	−	−	−	+	+
鸟氨酸脱羧酶		+	+	−	−	−	−	+	+	+	−	+
赖氨酸脱羧酶		+	+	−	−	−	+	+	+	+	V	+
在盐水中生长（*W*/*V*）	0% NaCl	−	+	−	−	−	−	+	−	−	+	+
	3% NaCl	+	+	+	+	+	+	+	+	+	+	+
	6% NaCl	+	−	+	+	+	+	−	+	+	+	−
	8% NaCl	+	−	V	+	−	V	−	+	−	−	−
	10% NaCl	+	−	−	−	−	−	−	−	−	−	−
在 42℃生长		+	+	V	−	nd	V	+	+	+	V	+
产酸	蔗糖	+	+	+	+	−	+	−	−	−	V	−
	D-纤维二糖	−	−	+	−	−	−	−	V	+	+	−
	乳糖	−	−	−	−	−	−	−	−	+	V	−
	阿拉伯糖	−	−	+	+	+	−	−	+	−	V	−
	D-甘露醇	+	+	+	+	+	+	+	+	+	V	−
	D-甘露糖醇	+	+	+	+	−	+	+	+	V	+	−
	ONPG	−	+	+	+	−	+	+	−	+	+	−
	V-P	+	V	−	−	−	+	−	−	−	+	−

续表

		V. alginolyticus	*V. cholerae*	*V. fluvialis*	*V. furnissii*	*V. hollisae*	*V. metschnikovii*	*V. mimicus*	*V. parahaemolyticus*	*V. vulnificus*	*A. hydrophila*	*P. shigelloides*
敏感性	10μg O/129	R	S	R	R	nd	S	S	R	S	R	S
	150μg O/129	S	S	S	S	nd	S	S	S	S	R	S
	明胶酶	+	+	+	+	−	+	+	+	+	+	−
	尿素酶	−	−	−	−	−	−	−	V	−	−	−

注：Adapted from Elliot *et al*；Y. 黄色；NG. 生长不良；S. 易感；nd. 未做；G. 绿色；V. 菌株变异；R. 抗性；P. 紫色；KK. Slant alkaline/Butt alkaline；KA. Slant alkaline/Butt acidic；Ka. Slant alkaline/ Butt slightly acidic

4.3.20.3 抵抗力

本菌对氯霉素、庆大霉素、卡那霉素、丁胺卡那、链霉素、红霉素、复方磺胺制剂、多黏菌素均敏感。

4.3.20.4 致病性

其毒性因素主要是肠毒素。曾在患有慢性肝病患者的血液中检测到该菌，美国有多起食物中毒报道。主要的毒性是引起中毒胃肠炎，同时也能引起原发性败血症。

毒力试验：动物试验取 11～14g 小白鼠分为 4 组，每组 2 只，将含 10^9/mL 霍利斯弧菌的菌液分别进行腹腔注射（0.1mL 组、0.3mL 组、0.5mL 组），对照组硫酸镁肉汤 0.5mL，注射霍利斯弧菌菌液后，全部试验组小白鼠 8h 开始发病，出现烦躁不安、发烧、呼吸急促等表现。0.1mL 组和 0.3mL 组发病后 4～6h 逐渐好转，0.5mL 组 16h 后全部死亡，对照组正常，死亡动物解剖后，皮下明显出血，心脏淤血，肝脾明显肿大，肠黏膜明显充血水肿，取肝组织做革兰氏染色及培养霍利斯弧菌，将 0.1mL 组和 0.3mL 组动物处死，肝组织未见此菌。

4.3.20.5 细菌学检验

本菌的检验程序同霍乱弧菌或副溶血性弧菌。

4.3.20.6 综合控制

充分烹调食品，保证杀死其中的污染菌体；避免交叉污染；冷冻只能使污染的菌体数量不再增加，但杀不死菌体。因此，冷冻后的加工必须严格，保证食品卫生安全。

4.3.21 溶藻弧菌（*Vibro alginolyticus*）

4.3.21.1 食品卫生学意义

溶藻弧菌是弧菌属中较晚被发现的一个种别，过去曾把它划归为副溶血性弧菌生物 2 型，现在认为是一个独立的菌种。大多数菌株来自创伤和接触海水后的感染伤口及耳、眼部感染等。溶藻弧菌是一种有较强致病能力的弧菌，主要分布于海水和海产品中，可引起脓毒血症、人类创伤感染和败血症（图 4-48），偶尔从急性肠炎患者粪便中检出。这种嗜盐菌曾认为对人无致病性，后发现其可引起人的败血症和创伤感染，纪舒萍等 1989 年首次证实其为食物中毒病原菌。

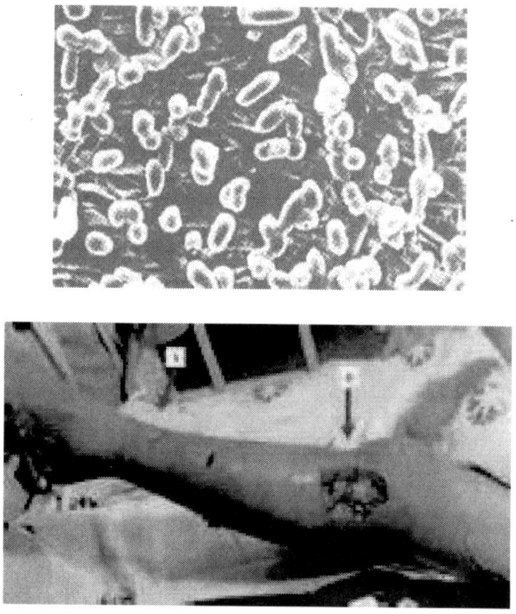

图 4-48 溶藻弧菌菌体及引起人的感染

溶藻弧菌属于条件致病菌，当菌量达到一定量时可以引起食物中毒。在夏秋季节该菌极易在盐分较高的食品中生长繁殖，2h 后即可达到中毒菌量。7～10 月是该菌造成食物中毒的高发季节。在有生食海产品史的人群中出现较多患者成批发病的特点，在人体内的潜伏期短，为 4～17h。中毒患者往往出现腹痛、水样便腹泻及呕吐的症状。

4.3.21.2 主要特征

1）形态及染色特征

革兰氏染色阴性，两端极浓染的粗短杆菌。具鞭毛，无荚膜，无芽胞，小杆状，稍弯曲，运动活泼如穿梭样。兼性厌氧，S.S 平板不生长，pH6～10 最适宜生长，3%～12% NaCl蛋白胨水生长，大于14% NaCl蛋白胨水不生长，在氯化钠琼脂上呈无色半透明，挑之有黏丝。爬行试验阳性，神奈川现象阳性，产生耐热肠毒素。

2）生长要求和培养特性

在氯化钠琼脂平板上该菌菌落为黄色、圆形、隆起、光滑、湿润，直径2～3mm，略带黏性。经37℃、18h培养后，在TCBS平板上出现黄色，直径2～3mm，圆形隆起、光滑、湿润的菌落；室温放置2d后，黄色菌落变为绿色，带黏性，血平板上出现溶血环；还可能出现圆形、蓝绿色，直径2～3mm的菌落。

3）生化特性

溶藻弧菌的生活特性见表4-39。

表4-39 溶藻弧菌的生化特性

生化项目	结果
葡萄糖	+
乳糖	−
蔗糖	+
甘露醇	+
阿拉伯胶糖	−/+
麦芽糖	+
蕈糖	+
H_2S	+
吲哚	+
V-P试验	+
赖氨酸脱羧酶	+
硝酸盐还原	+
明胶液化	+
10%氯化钠蛋白胨中生长	+
菌落扩散	+
溶血性（人血）	−

注：+. 阳性；−. 阴性

4.3.21.3 抵抗力

治疗以敏感抗生素及对症为主。溶藻弧菌分离株已经对林可霉素、乙酰螺旋霉素、万古霉素、克林霉素、制霉菌素完全耐药。对新霉素、四环素、多西霉素、麦迪霉素、奥复星、氯霉素、依诺沙星、呋喃妥因、大观霉素、多黏菌素、复方新诺明、丙诺氟沙星等呈现中等程度耐药。

4.3.21.4 致病性

溶藻弧菌食物中毒的机制目前尚不十分明确，可能与溶藻弧菌能产生耐热肠毒素有关，患者恢复期血清抗体滴度可比发病初期明显增高，目前认为是该菌溶血毒素所致。表现为脓毒血症、人类创伤感染和败血症，也能引起急性肠炎。几种弧菌的致病表现见表4-40。

表4-40 致病性弧菌及所致疾病

弧菌种类	临床表现			
	胃肠炎	创伤感染	耳感染	败血症
O1型霍乱弧菌	+++			
O139型霍乱弧菌	+++	++	+	+
拟态弧菌	++		+	
河弧菌	++			
副溶血性弧菌	+++			+
霍利斯性弧菌	++			+
溶藻弧菌	(+)	++	++	+
弗尼斯菌	(+)	++		++
创伤弧菌	(+)	++		++
麦契尼可夫弧菌	(+)			
海鱼弧菌		++		+
辛辛那提菌				+
鲨鱼弧菌		+		

注：+++. 常见；++. 不常见；+. 罕见；(+). 可伴随发生，但少见

4.3.21.5 细菌学检测

检测程序及方法同霍乱弧菌或河弧菌。

4.3.21.6 食品生产综合控制

生食或食用未煮透受溶藻弧菌污染的鱼、虾、贝类等海产品是引起这种弧菌性食物中毒的主要原因，有时也存在交叉污染的情况，因此，预防的关键在于建立良好的食品卫生观，海产品要煮熟煮透，还要避免交叉污染及细菌在食品内的繁殖。

4.3.22 嗜水气单胞菌（*Aeromonas hydrophila*）

4.3.22.1 食品卫生学意义

嗜水气单胞菌属于气单胞菌科、气单胞菌属，分为有动力嗜温群和无动力嗜冷群。普遍存在于淡水、污水、淤泥、土壤和人类粪便中，对水产动物、畜禽和人类均有致病性，是一种典型人-兽-鱼共患病病原。可引起多种水产动物败血症和人类腹泻，往往给淡水养殖业造成惨重的经济损失，已引起国内外水产界、兽医学界和医学界学者的高度重视。熟肉制品气单胞菌带菌率为39.6%，熟虾为5%，淡菜为11.1%，从牛奶中也能分离出嗜水气单胞菌。淡水及淡水鱼体均可感染，与金鱼接触者或钓鱼者都可因外伤或咬伤而感染。北京和吉林都曾发生过嗜水气单胞菌食物中毒事件，吉林长春曾发生某高校因食用猪肉炒菜食物中毒的，经系统鉴定为嗜水气单胞菌。我国1984～2010年共报道该类食物中毒事件35起，占所有细菌性食物中毒事件的2.29%（居第10位）。

4.3.22.2　主要特征

1）形态及染色特征

气单胞菌属属内明确的有14种、1未定种和7个其他培养物。气单胞菌可分为三个亚种：嗜水亚种（*A. hydrophila* subsp. *hydrphila*）、不产气亚种（*A. hydrophila* subsp. *anaerogenes*）、解胺亚种（*A. hydrophila* subsp. *proteolytica*），前两种是赖氨酸脱羧酶阴性，后一种是赖氨酸脱羧酶阳性。明确的种为：嗜水气单胞菌、异常嗜糖气单胞菌（*A. allosaccharophila*）、兽气单胞菌（*A. bestiarum*）、豚鼠气单胞菌、鳗鱼气单胞菌（*A. encheleia*）、嗜矿泉水气单胞菌（*A. eucrenophila*）、简氏气单胞菌（*A. jandaei*）、中间气单胞菌（*A. media*）、波氏气单胞菌（*A. popoffii*）、杀鲑气单胞菌（*A. salmonicida*）、舒氏气单胞菌、温和气单胞菌、脆弱气单胞菌（*A. trota*）、维氏气单胞菌。杀鲑气单胞菌有5个亚种，维氏气单胞菌含有两个生物型。

该菌为革兰氏阴性、无芽胞、无荚膜或有薄荚膜的短杆菌，有时也可呈双球状或丝状。单个或成对排列，长0.5～1.0μm。极端单生鞭毛，有运动力，兼性厌氧，特殊培养条件下有荚膜产生（图4-49）。

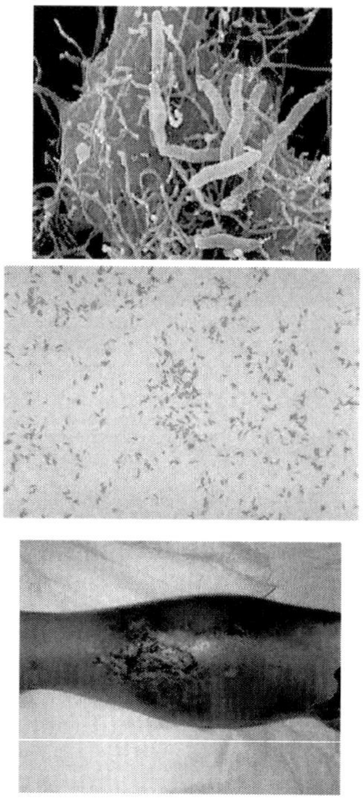

图4-49　嗜水气单胞菌及创伤病例

2）生长要求和培养特性

需氧或兼性厌氧。4～45℃均能生长，最适生长温度为30℃，pH5.5～9。在6.5% NaCl中不生长，营养要求不高，在普通营养琼脂上即可生长，25℃培养48h菌落直径可达2～3mm，表面光滑、形成圆整、隆起、平滑、湿润的菌落，多数菌落可在普通营养琼脂培养基上产生浅黄色色素，少数菌落经4℃进一步培养后表现为淡红色。血琼脂平板上生长旺盛，部分菌株在10℃以下培养也可产生清晰β溶血，形成灰白色、光滑、湿润、凸起、直径2mm的菌落，76%菌株有β溶血环，3～5d后菌落成暗绿色。在肠道选择性培养基上形成乳糖不发酵菌落，较混浊，无臭味。在TCBS平板上不生长，使液体培养基均匀混浊。在麦康克培养基上生长良好，在弧菌选择培养基TCBS或在6% NaCl中不生长，对弧菌抑制剂O/129不敏感，多数不发酵乳糖。

嗜水气单胞菌及杀鲑气单胞菌与霍乱弧菌一样，存在所谓活的非可培养（viable but nonculturable, VBNC）状态，VBNC状态实际上是一种休眠状态，其菌体缩小成球状，耐低温及不良环境，接种培养基在常规培养条件下不生长。一旦温度回升及获得生长所需的营养条件，VBNC状态的细菌又可恢复到正常状态，重新具有致病力。

空气中或5% CO_2中都能很好地生长，液体培养时溶解氧在7.5～10.0mg/L时菌体生长良好；基本培养基中加入Ser时，合成培养基产生菌数最高，其次是Val、Trp、Ala和Phe，它们有较强的促进嗜水气单胞菌生长的能力；镁离子是嗜水气单胞菌生长的必需离子，低浓度铁离子对其生长有一定的促进作用，锌离子抑制其生长；培养的2～4h为生长停滞期，4～8h为生长加速期，8～24h达到对数生长期，28～48h为生长平台期，48～72h细菌逐渐老化。

3）生化特性

关键的生化指标为：葡萄糖产气，发酵甘露醇、蔗糖，利用阿拉伯糖，水解七叶苷、水杨苷，鸟氨酸脱羧酶阴性。如上述6项指标符合，则可初步判定为嗜水气单胞菌。

生化试验阳性的有：V-P试验，精氨酸双水解酶，抗氨苄西林，硫代硫酸钠，硝酸盐还原，产生吲哚，明胶液化，产H_2S，氧化酶和触酶反应都为阳性，KCN中可生长。阴性的有：赖氨酸脱羧酶，鸟氨酸脱羧酶，丙二酸钠，分解山梨醇，分解肌醇，分解鼠李糖，分解乳糖，分解棉子糖，分解侧金盏糖。

表4-41　嗜水气单胞菌的生物化学反应

生化项目	结果	生化项目	结果
氧化酶	+	水解七叶苷	+
苯丙氨酸脱氨酶	+	发酵蔗糖	+A
精氨酸水解酶	+	发酵阿拉伯糖	+A，G
精氨酸双水解酶	+	发酵葡萄糖	+A，G
硫代硫酸钠	+	分解侧金盏糖	−
V-P试验	+	抗氨苄西林	+
发酵甘露醇	+A，G	鸟氨酸脱羧酶	−
硝酸盐还原	+	丙二酸钠	−
产生吲哚	+	分解山梨醇	−
明胶液化	+	分解肌醇	−
赖氨酸脱羧酶	−	分解鼠李糖	−
发酵甘油	+A，G	分解乳糖	−
产H_2S	+	分解棉子糖	−

注：A. 产酸；G. 产气

4.3.22.3　抵抗力

嗜水气单胞菌对50ppm的氯、过乙酸、西波林氯，1600ppm的戊二醛敏感；对氨苄西林、庆大霉素、链霉素、四环素、红霉素、内酰胺、萘啶酸、磷霉素、氯霉素、妥布霉素、氟喹喏酮等敏感。

4.3.22.4　致病性

气单胞菌有广泛的致病性，感染包括冷血动物在内的多种动物，如鱼类、禽类及哺乳类，引致败血症或皮肤溃疡等局部感染，是水生动物尤其是鱼类最常见的致病菌。在水温高的夏季可造成暴发流行。人类感染运动性气单胞菌导致急性胃肠炎等，目前在国外已将本菌纳入腹泻病原菌的常规检测范围，是食品卫生检验的对象。

毒素：普遍存在于水环境中的气单胞菌，并不都有致病性。越来越多的证据表明，具有毒力因子的菌株才有致病性。嗜水气单胞菌存在种内的不同菌株，其毒力表现又和水温及宿主种类、品种有密切关系。其毒力因子有三类，一是胞外产物，如蛋白酶类包括弹性蛋白酶、酪素水解酶、明胶水解酶；酯酶类包括碱性磷酸酯酶、酸性磷酸酯酶、酯酶、乙酰胆碱酯酶；其他酶类有亮氨酸芳香基酰胺酶、脂肪酶、β-葡糖苷酶、淀粉酶等。二是黏附素，如S蛋白型菌毛、外膜蛋白、溶血毒素、细胞毒素、细胞兴奋肠毒素、溶细胞毒素、气溶素和bec毒素等。三是铁载体，如含铁细胞和皮肤坏死因子等。

外毒素（exotoxin)：嗜水气气单胞菌产生的毒素为分子质量5.2kDa左右的蛋白质，称为HEC毒素或气溶素（aerolysin)，具有溶血性、细胞毒性及肠致病性，属于穿孔毒素。还报道了一些性质相近的毒素，应属于同一毒素家族。胞外蛋白酶主要有耐热的金属蛋白酶及不耐热的丝氨酸蛋白酶两种，前者分了质量约5.4kDa，对EDTA敏感，但能耐受56℃、30min。蛋白酶本身对组织可造成直接损伤，此外还能活化毒素前体，因此外毒素是最重要的毒力因子。

胞外蛋白酶（extracellular protease，ECPase)：该酶属于热稳定蛋白酶（TSMP)，根据其相对分子质量将其命名为ECPase54。它的最适pH为7.5，对Vero细胞有毒性（1∶2稀释仍可使Vero细胞变圆)，腹腔注射能致死小白鼠，是一种直接致病因子。关于嗜水气单胞菌所产生毒素与胞外酶的关系需要进一步研究。

菌毛（fimbriae pili)：病原菌感染的第一步，就是在合适宿主的特定组织细胞上定居而不被机体所清除，有利于细菌在体内增殖和发挥毒性作用。在定居过程中，菌毛作为一种主要的黏附素起着重要的作用，是病原菌的毒力因子之一。

表层蛋白（S蛋白）及外膜蛋白（OMP)：致病菌侵入机体后的定居和体内增殖，除与菌毛有关外，也与细菌的表层结构有关。S蛋白由单一亚单位组成，亚单位的分子质量为50～52ku，具显著疏水性，自我组装在菌体最外层，具有抗吞噬、抗补体作用等，此外还证实对宿主细胞有黏附作用。S层覆盖了运动性气单胞菌的LPS侧链，而且S层的抗原型为数甚少。运动性气单胞菌的4型菌毛有单在和束状两类，只有血凝及细胞黏附作用，是公认的毒力因子，与大肠杆菌等的4型菌毛有一定程度的同源性。

内毒素（endotoxin，LPS)：与大多数革兰氏阴性菌的内毒素一样表现相似的毒性作用，如热原性、白细胞数目减少或增多、弥散性血管内凝血、神经症状及休克以致死亡等。

铁载体：嗜水气单胞菌能产生苯盐类及羟基肟盐类两类铁载体，前者含有2，3-二羟基苯甲酸（2，3-DHB）及赖氨酸、甘氨酸、色氨酸（苯丙氨酸)。分泌铁载体的菌体同时还产生相应的OMP条带，作为铁载体的受体。

气单胞菌属的血清型极为复杂，每个基因型及表型包括多种O抗原。人源分离株常见的是O∶11、O∶34及O∶16，我国鱼源株主要有O∶9、O∶11型多见于动物和人的败血症及严重的创伤感染，O∶34型主要导致胃肠炎和败血症。

细胞毒肠毒素基因（cytotoxic enterotoxin gene)：基因*act*是从腹泻分离株SSU中克隆测序发现该基因有一个大的ORF，约有1479bp。成熟的Act为52ku的蛋白质，并具有溶血性、细胞毒性、肠毒性。

溶血毒素基因：迄今为止，人们至少已克隆了6种嗜水气单胞菌的溶血毒素基因，分别是Howar从Ah65菌株得到的气溶素基因，Aoki和Hiran从ATCC 7966得到的*AHH1*和*AHH2*基因，Hirano等从28SA菌株得到的*AHH3*和*AHHd*，以及从AH-1菌株得到的*AHH5*基因。

4.3.22.5　细菌学检测

食物中毒的嗜水气单胞菌检验参考GB/T 18652—2002，如图4-50所示。

从患败血症动物的脏器中分离嗜水气单胞菌，一般较少杂菌污染，可用血平板、麦康凯平板或TSA培养基等直接分离培养。从腹泻粪便中分离则需采用RS等选择培养基。也可采用API50E或API20E等检测试剂盒进行鉴定。分离株是否有致病性，则还需检测胞外蛋白酶等毒力因子，方法可用脱脂奶平板划线，或用相应抗体建立的ELISA试剂盒。

1）采样与细菌分离

采集肝、肾等实质性器官或病变组织，无菌划线接种于普通琼脂平板，28℃培养24h；检测水样时先用加有0.2μm滤膜的灭菌塑料滤器过滤，后将滤膜加入装有碱性蛋白胨水的试管中，28℃培养24h，再划线接种于普通琼脂平板。检样若为待检菌株，可先用普通肉汤复苏，28℃培养24h，再划线接种于普通琼脂平板。

2）形态学鉴定

观察普通琼脂平板上菌落形态，并做革兰氏染色、镜检。

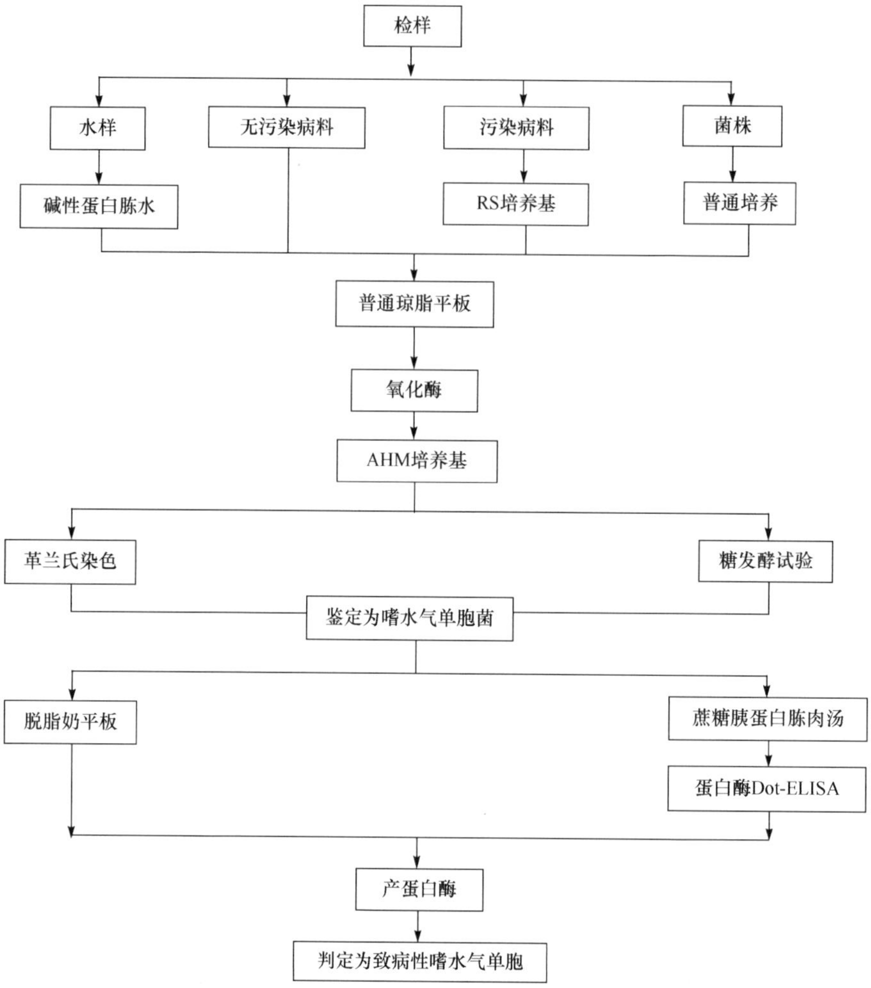

图 4-50　致病性嗜水气单胞菌检验方法

3）选择培养基鉴定

取纯培养物穿刺接种于 AHM 培养基，37℃培养 24h。若为污染菌，可直接接种于 RS 培养基，37℃培养 18～24h，观察结果。

4）细菌学检测结果

（1）形态学鉴定：嗜水气单胞菌是 G-短杆菌，极端单鞭毛，有运动性，兼性需氧型，无芽胞，无荚膜。在普通琼脂平板上生长呈光滑、圆整、透明菌落，无色或淡黄，有特殊气味，血平板上呈明显 β 溶血。

（2）鉴别培养基检测：AHM 培养基的 Ah 阳性检出率为 54.76%（46/84），RS 培养基的 Ah 阳性检出率为 83.54%（66/79），两种方法检测符合率 66.36%（71/107）。

嗜水气单胞菌重要的毒力因子有外毒素、蛋白酶及 S 蛋白，不同菌株毒力因子存在差异性，通过不同菌株对小鼠的致死性试验，选择蛋白酶一项作为检测指标。蛋白酶（ECPase54）的 Dot-ELISA 检测法比蛋白酶平板法灵敏度高。用 Dot-ELISA 检出的仅 ECPase54 一种，而平板法可检出各种蛋白酶。

4.3.22.6　综合控制

嗜水气单胞菌能够引起水生动物疾病，水产品感染率比较高，因此，对水产品处理加工时要注意卫生安全，食用水产品要加热彻底。其他食品如猪肉等也要注意生熟交叉污染，烹调时要加热彻底。

4.3.23　类志贺邻单胞菌（*Plesiomonas shigelloides*）

该菌的命名主要是根据它与志贺氏菌具有共同抗原及类似腹泻感染的关系而定的。1974 年，Bergey’s 细菌鉴定手册第八版将该菌定名为类志贺邻单胞菌，属弧菌科；1980 年又划归为肠杆菌科，邻单胞菌属内唯一的种。

4.3.23.1　食品卫生学意义

类志贺邻单胞菌（*Plesiomonas shigelloides*，PS），是引起沿海城市、热带和亚热带地区散发性或流行性急性传染性腹泻和食物中毒的潜在病因之一，PS 具有一定侵袭力，侵袭肠黏膜引起炎症反应和上皮细胞脱落，产生不同程度腹泻。从 Ferguson 首次由患者粪便检出类志贺邻单胞菌以来，该菌引起的腹泻（偶尔导致新生儿败血症、脑膜炎等）散见于世界各地。近几年发现由该菌引起的集体食物中毒有增多趋势，有的国家已将它规定为食物中毒病原菌，然而，由该菌引起腹泻的机制尚不清楚。该菌以污染水和食物为途径经口感染，夏秋季发病较多，人群普遍易感（图4-51）。

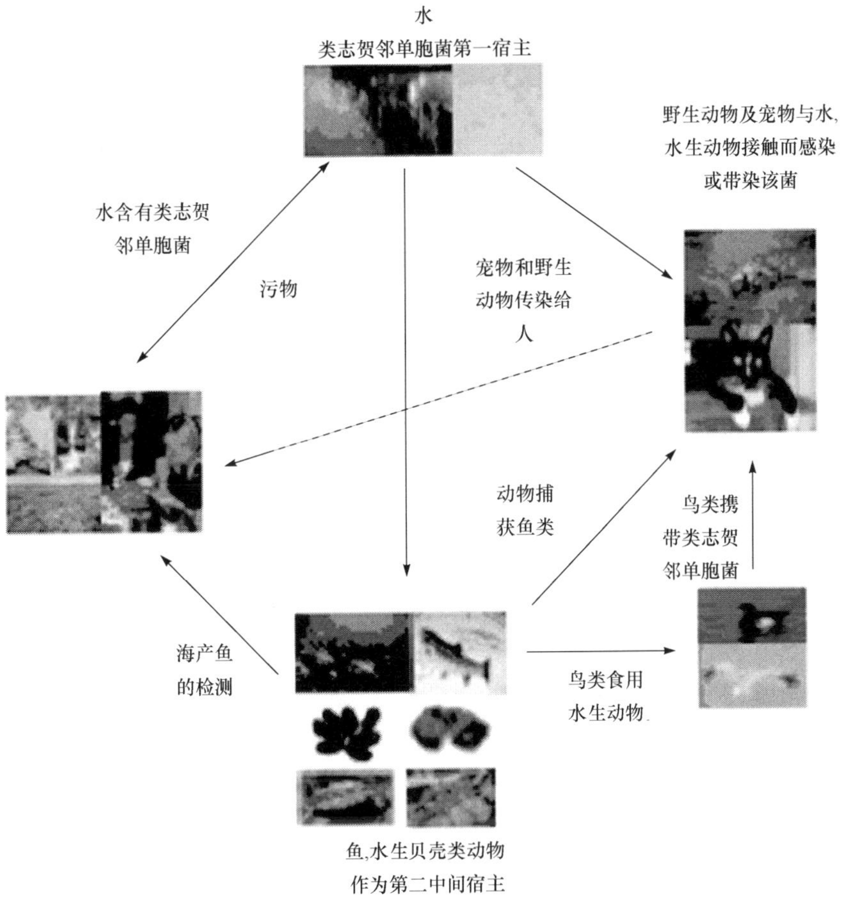

图4-51 类志贺邻单胞菌传播与感染

淡水鱼、禽肉、畜肉及被含本菌淡水污染的海产品等是常被累及食品。国外报道，淡水鱼带菌率为10.2%。国内报道，9种淡水鱼带菌率为44.1%，农贸市场鲢鱼为40%，鲫鱼为37.5%，草鱼为33.3%，猪肉为4.3%，鸭肉为20.9%，鸡肉为13.9%，海产品为8.4%。甲壳类、贝壳类海产品带菌率为12.1%。

人和动物粪便携带本菌污染水源和环境，致使食品受到污染。腹泻患者的带菌率为1.7%～2.7%，观赏动物带菌率为28.2%。我国1987～2006年共报道中毒事件8起，占所有细菌性食物中毒事件的0.52%（并列第16位）。

4.3.23.2 主要特征

1）形态及染色特征

PS为革兰氏阴性、兼性厌氧杆菌，大小为（3×0.8）μm～1.0μm，呈单个排列，两端钝圆，呈单、双或短链状。属偏端丛毛菌，1～5根鞭毛，有动力。电镜下菌体表面有砌砖样组织结构，宽度不一，可能代表此菌的O抗原，无芽胞，微荚膜或胞外黏液物质。生存菌体中有包涵体样结构，可能是菌体处在不利条件时的产物。

2）生长要求和培养特性

本菌在选择性不强的S.S琼脂、麦康凯和改良DC琼脂平板上生长较佳，在30～41℃均能生长，最适生长温度为37℃。在各种肠道培养基上经37℃、24h培养基本为不发酵乳糖、无色、扁平、湿润、半透明、边缘整齐、光滑、中等大小的菌落，1～1.5mm大小。挑取该菌落接种于克氏双糖铁料面（KIA）37℃培养24h后或延长培养时间（48h后），菌落斜面呈碱性反应，发红变大。该菌在麦康凯平板上形成圆形、隆起、无色半透明光滑菌落，大小中等；在S.S琼脂上菌落较小，似痢疾杆菌；改良DC琼脂上可形成扁平、湿润、光滑、圆整并带有同心圈蓝色菌落。在克氏双糖培养基上，底层产酸变黄不产气，有动力，斜面不变色，不产H_2S，此与志贺氏菌相似。做志贺氏菌多价血清凝集试验为阴性，氧化酶试验阳性。

类志贺邻单胞菌适宜pH是6.4～10，最佳pH为8.4。大多数菌可在以氨为唯一氮源，葡萄糖为唯一碳源的无机盐培养基上生长。

3）生化特性

本菌氧化酶、过氧化氢酶、甲基红、靛基质、硝酸盐、β-半乳糖苷酶、鸟氨酸脱羧酶、赖氨酸脱羧酶及精氨酸水解酶试验为阳性；发酵葡萄糖、麦芽糖、蕈糖、肌醇。不发酵甘露醇、甘露糖、棉子糖、鼠李糖、纤维双糖、木胶糖、阿拉伯胶糖、水杨素、山梨醇、卫矛醇、侧金盏花醇、丙二酸盐和枸橼酸盐，液化明胶、V-P试验、尿素酶、H_2S、苯丙氨酸脱氨酶及七叶苷试验等均为阴性；大多菌株对弧菌抑制剂O/129敏感；在6%氯化钠蛋白胨水中不生长（表4-42）。

表4-42　类志贺邻单胞菌的生化特性

生化项目	结果	生化项目	结果
氧化酶	+	β-半乳糖苷酶	+
过氧化氢酶	+	鸟氨酸脱羧酶	+
甲基红	+	赖氨酸脱羧酶	+
靛基质	+	精氨酸水解酶	+
硝酸盐	+	乳糖	+/−
葡萄糖	+	甘露醇	−
麦芽糖	+	甘露糖	−
蕈糖	+	棉子糖	−
肌醇	+	鼠李糖	−
6%氯化钠蛋白胨水	−	纤维双糖	−
弧菌抑制剂O/129	+	木胶糖	−
七叶苷	−	阿拉伯胶糖	−
苯丙氨酸脱氨酶	−	水杨素	−
尿素酶	−	山梨醇	−
V-P试验	−	卫矛醇	−
液化明胶	−	侧金盏花醇	−
枸橼酸盐	−	丙二酸盐	−

注：+. 阳性；−. 阴性

4.3.23.3　抵抗力

药敏试验中本菌株对氯霉素、先锋霉素Ⅰ、呋喃唑酮、复方TMP、四环素为高度敏感，可作为治疗本菌感染的首选药物；对多黏菌素B、丁胺卡那、庆大霉素、卡那霉素、链霉素较敏感；对红霉素、羧苄西林、氨苄西林耐药。

4.3.23.4　致病性

1）动物试验

将分离菌接种肉汤，37℃培养18h，取培养物0.3mL、0.5mL分别注射于小白鼠腹腔，各3只为一组，以肉汤作对照。结果：注射0.3mL组，应于24h内全部死亡；注射0.5mL组，应于6d内全部死亡；两组解剖后均能分离到与接种菌相同的纯菌。

2）毒素

PS菌体裂解后能释放出强烈的内毒素，是引起人体全身反应的因素，如发热、毒血症、休克及大肠黏膜血管收缩、缺血、坏死与溃疡等。除内毒素外，尚可产生外毒素，即耐热性肠毒素（ST）与不耐热肠毒素（LT），用兔肠袢结扎试验和乳鼠饲喂试验验证毒素情况。PS的主要致病因素是侵袭力，通过侵袭力可直接侵入肠黏膜上皮细胞，并在其内生长繁殖。豚鼠与猴的模型试验及人志愿者试验证明，PS不管有无肠毒素，只要具有侵袭肠黏膜上皮细胞能力者均可致病。

细胞溶素（cytolysins）：对Vero细胞、Y1细胞、Hep2细胞、INT407细胞及CHO细胞均表现较为强烈的细胞毒性。

溶血素（haemolysin）：以前对牛、马、羊、兔红细胞琼脂平板不溶血，后来证明该菌溶血需要铁的存在，在铁存在情况下其在人血平板上能看到溶血现象。

另外还产生弹性蛋白分解酶、与致病性有关的质粒、组胺、河鲀毒素等毒性物质。

PS能引起细胞机能障碍和坏死，其致病性具有下述特点。

（1）具有光滑型脂多糖（LPS）体壁O抗原，是该菌与细胞相互作用的因子，是毒力的标志，受质粒所控制。无毒株引入此质粒，可对上皮细胞产生侵袭性。

（2）侵袭上皮细胞，也有在细胞内繁殖的能力。

（3）侵入细胞后能合成毒素。

3）抗原构造

该菌具有菌体（O）抗原和鞭毛（H）抗原，Shimada和Sakazaki（1978）将PS分成40种血清型，现在已经有102种O抗原和51种H抗原（2000年）。PS与志贺氏菌之间有血清学交叉现象，O抗原分离菌均与鲍氏志贺氏菌多价3诊断血清凝集，与沙门菌O-F多价诊断血清不凝集。PSO17与宋内氏志贺氏菌Ⅰ相O抗原有交叉，PS的O11∶H11、O22∶H3、O93∶H2与痢疾志贺氏菌8、7、6分别交叉；PS的O23∶H1a1c1与鲍氏志贺氏菌13型O54∶H2、鲍氏志贺氏菌2型O57∶H3及鲍氏志贺氏菌9型有交叉。另外，PS的某些菌株不仅与志贺氏菌有共同抗原，而且与侵袭性大肠杆菌间也存在抗原关系。因此在做细菌检验工作中不能单凭血清学结果对细菌做出鉴定，必须做具有特征性的鉴别试验，方可确诊（图4-52）。

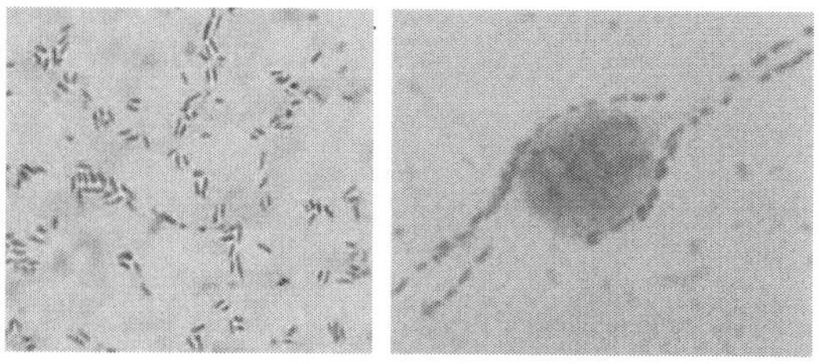

图4-52　类志贺邻单胞菌
左图革兰氏染色，右图INT-407细胞的黏附现象（甲基蓝染色）

4.3.23.5　细菌学检测

细菌阳性率的高低与标本采取时机、培养技术及培养基质量等有密切关系。国外阳性率一般在70%以上；国内则为20%～70%。粪便培养准确可靠，但细菌阳性检出率仍较低，培养时间较长，诊断血清经常受大肠埃希氏菌等的干扰，且不够简便，很难满足临床诊治及流行病学调查的需要。

近年来，国内外已先后采用荧光抗体染色法、玻片固相抗体吸附免疫荧光技术、对流免疫电泳法、粪便凝集试验等方法，均比较快速、简便，且敏感性较好。玻片固相抗体吸附免疫荧光法检测粪便标本具有快速（2h报结果）、经济、简便等优点，有利于流行病学调查及早期确诊；荧光菌球法可在8～12h内得出初步结果；增菌乳胶凝集法的阳性率可超过常规培养，直接乳胶凝集法阳性率略低，但简便快速；免疫染色法快速简便，全部操作可在1h内完成。国内单克隆抗体（McAb）建立的快速检测方法对PS感染的快速诊断，具有较高的敏感性、特异性和快速性，实验程序简便，适合于医院及基层医疗单位，具有重要意义。

常规食品中PS的检验类似河弧菌检验，分离出菌株后用PS的O1～O50及多价血清进行分型鉴定。同时可做小白鼠的动物试验，对动物有致病性。

4.3.23.6　综合控制

鸟类可远距离传播该菌，应注意防止食品被其污染。水产品的该菌污染率较高，食品加工、烹调时要注意加热彻底，防止食物中毒。腹泻患者分离率也较高，注意治疗和传播。

4.3.24　香港海鸥形菌（*Laribacter hongkongensis gen*. nov. sp. nov.）

4.3.24.1　食品卫生学意义

香港海鸥形菌（LH）于2001年在香港一名54岁肝硬化患者的血液和胸腔脓汁中首先分离到，这种细菌可以导致人类发生严重的肠胃炎，属于新发现的菌种，香港海鸥形菌属为奈瑟氏菌科（Neisseriaceae）细菌。香港海鸥形菌主要存在于淡水鱼的肠道内，与社区性肠胃炎和旅行者腹泻相关，该菌在中国香港、大陆、瑞士、日本、非洲等地均已分离出，说明香港海鸥形菌在全球普遍存在。香港大学医学院感染及传染病研究中心发现：25%的淡水鱼和15%的加工过的新鲜鱼肉中，含有香港海鸥形菌。食用了未经煮熟的鱼类，容易感染此病菌。预防感染的最佳方法是将鱼类和加工过的鱼肉彻底煮熟后才进食。不要将未经煮熟的肉类及熟肉放在一起，以防止交叉感染。

对20位受香港海鸥形菌感染患者的调查结果显示：其中80%患者腹泻排泄物呈水状，另外20%的腹泻排泄物中则带血；最严重的患者每天腹泻最高次数可达30次，最严重个案出现腹泻现象持续时间长达90d。在对近期17名患者调查时发现：他们之中有94%曾在出现腹泻前三天内进食过鱼类；29%曾在出现腹泻前三天内进食加工过的鱼肉；59%曾外出旅游。

为初步了解中国鱼类产品中香港海鸥形菌的污染情况，2005年8～10月对广西、广东、福建、浙江和河北5个沿海省份的水产品批发市场、零售市场和饭店采集的鱼类产品进行了香港海鸥形菌监测。草鱼检出率为7.69%（19/247），鲤鱼为0.81%（2/248），其他淡水鱼为0.23%（1/431），海水鱼中未检出（0/171）。采用API 20NE及VITEK全自动微生物分析系统进行鉴定，纸片法进行药敏试验，对河北省淡水鱼香港海鸥形菌的污染状况进行调查，结果：340份淡水鱼检出率为0.6%，其中草鱼的检出率为2.6%。北京市40份草鱼样检出率为18%。污染包括鲩鱼、大鱼、鲮鱼、淡水黑鲈、桂花鲈及非洲鲫，发现25%的淡水鱼及15%的鱼片粥中含有香港海鸥形菌，更在60%鲩鱼、50%大鱼和30%鲮鱼中发现香港海鸥形菌。

4.3.24.2　主要特征

1）形态及染色特征

香港海鸥形菌属革兰氏染色阴性菌，两端生有鞭毛，菌体弯曲似海鸥状或螺旋杆状，大小为（0.79～2.5）μm×1μm（图4-53）。基因组大小为3Mb，16S rRNA基因序列特征与目前已知细菌存在差异。

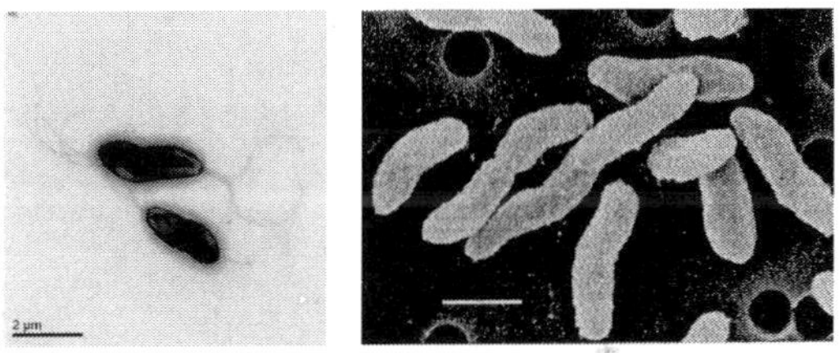

图4-53　香港海鸥形菌电镜照片

2）生长要求和培养特性

香港海鸥形菌是一种嗜温菌，对热和酸的抵抗力较强。该菌适合生长温度是25～42℃，耐盐性为1%～2%，但在含3%以上NaCl环境不能生长，气体要求不明显。在<15℃和>42℃的条件下不能生长，28℃是该菌比较适宜的生长温度；pH5.0～9.5时可以生长，最适生长pH为5.5～6.0。

进行细菌培养时，在营养琼脂和CMA琼脂（麦康凯琼脂加32μg/mL头孢哌酮钠）平板上呈灰白色半透明菌落，扁平状，边缘光滑整齐，直径为0.5～1.0mm的微小菌落。菌苔湿润不易挑取，打开平皿时有特殊腥味。

在选择性培养基上生长呈典型菌落；氧化酶、触酶同时阳性，且三糖铁阴性；经特异引物PCR检测为阳性的菌株，即可判定为LH菌株。

LH实验室诊断技术，包括表型诊断与基因诊断：制备SS、XLD、CCDA、TCBS、MacConkey琼脂（MA）及改良头孢哌酮MacConkey琼脂（CMA）6种培养基。SS、XLD、TCBS、MA及CMA培养皿置

37℃，48h，观察菌落形态，挑取可疑菌落继续鉴定。

培养皿置5% CO_2 环境培养，42℃，48 h。① 挑选CMA琼脂选择性培养基上的典型菌落，加革兰染色阴性（筛选）；②三种简单的生化试验，即氧化酶、触酶与三糖铁试验（筛选）；③ 特异性PCR检测。

3）生化特性

氧化酶阳性，触酶阳性，尿素酶阳性，精氨酸双水解酶阳性，硝酸盐还原试验阳性；能够利用DL-羟基丁酸、己二酸、苹果酸和葵酸盐；壬二酸、葵二酸、辛二酸、丙酸、L-脯氨酸、L-组氨酸、L-精氨酸、*N*-乙酰葡萄糖胺、葡萄糖胺、乳糖、衣康酸、庚酸、柠檬酸、乙酸钠、肌醇、甘露醇、L-天冬氨酸、阿拉伯糖、半乳糖、葡萄糖、麦芽糖、松三糖、甘露糖、蔗糖、海藻糖、木糖等为阴性。为典型的非发酵菌。鸟氨酸脱羧酶、赖氨酸脱羧酶、水解七叶灵、水解明胶、丙二酸钠、山梨醇、葡萄糖酸盐、苯乙酸为阴性。

4.3.24.3 致病性

香港海鸥形菌食物中毒呈典型的腹泻症状，一旦感染香港海鸥形菌，患者均会发生腹泻，其中80%患者腹泻呈水状，20%患者排泄物中带血；严重患者每天腹泻可达30次，腹泻持续时间最长为90d。其他致病性及流行病学资料目前还很有限，需要进一步研究。

4.3.24.4 抵抗力

加热灭活试验表明，香港海鸥形菌在65℃的肉汤中15min、在90℃的肉汤中5min、在100℃的肉汤中1min即可被灭活。

对β-内酰胺类抗生素如氨苄西林、头孢噻吩、头孢他啶、万古霉素、链霉素、头孢曲松等耐药；对布妥霉素、亚胺培南、磺胺、环丙沙星、左氧氟沙星、氯霉素、多黏菌素B等敏感；复方新诺明中度敏感，从鱼类分离株对β-内酰胺类抗生素耐药情况较严重。

4.3.24.5 细菌学检验

采用CMA琼脂 、头孢哌酮血琼脂、SS、XLD、CCDA、TCBS作为分离培养基，以API 20NE鉴定系统鉴定结果作为确认依据，MM琼脂、氧化酶试剂、APPONE生化试纸条、NFC生化鉴定卡、药敏纸片作为快速鉴定方法。

培养24h后，香港海鸥形菌在头孢哌酮血平皿上呈针尖大小、圆形突起微溶血的菌落，在头孢哌酮麦康凯琼脂几乎不生长。经40～48h在头孢哌酮血平皿上生长为浅绿色半透明光滑菌落，大小为1～2mm，不溶血；在CMA琼脂上菌落为无色半透明，菌落周围常有淡淡的黄色。涂片染色镜检为革兰氏阴性无芽胞杆菌，形状呈海鸥状或“S”状。分离得到的菌株进行氧化酶、触酶、三糖铁反应试验，前两项阳性，后一项阴性。

以16S rRNA为扩增对象进行PCR检验，引物为：P1 5′-TTGAGGGTGCCGAACGGGA-3′，P2 5′-CTACCCACTTCTGGCGGATT-3′；反应条件：94℃、5min；94℃、0.5min；55℃、0.5min，72℃、1min，35个循环；72℃、5min。

4.3.24.6 综合控制

由于香港海鸥形菌主要存在于淡水水域和淡水鱼的肠道内，因此，人们应尽量避免喝生水；在吃鱼的时候，应该把鱼彻底加工、炖熟。一旦家中有人发生腹泻、呕吐，应及时到医院的肠道门诊就诊，不要擅自服用止泻药。香港海鸥形菌的治疗方法与一般细菌性胃肠炎相同。

4.3.25 弓形菌（*Arcobacter*）

4.3.25.1 食品卫生学意义

弓形菌（*Arcobacter* spp.）是一种人畜共患的食源性和水源性病原菌，与人类胃肠炎和菌血症有关，可危及老年人生命。目前关于弓形菌的公共卫生意义并不十分清楚，可能是一个独特的细菌，在动物、水、食品和环境中都能检出。形态上与空肠弯曲菌类似，而空肠弯曲菌能从宠物传染给人。弓形菌引起胃肠炎的临床症状与弯曲杆菌病类似，但引起腹泻的频率和持久性比弯曲杆菌更高，且暂时性的感染率难以评估。也可以引起畜类的胃肠炎和流产。

弓形菌过去被称为类弯曲菌（*Campylobacter*-like），是一种与*Campylobacter*形态相似、亲缘关系很近的新型革兰氏阴性致病菌。*Arcobacter*为弯曲菌科的一个属，该属有11种，常见布氏弓形菌（*Arcobacter butzleri*）、嗜低温弓形菌（*Arcobacter cryaerophilus*）、食物弓形菌（*Arcobacter cibarius*）、硝化弓形菌（*Arcobacter nitrofigilis*）和斯氏弓形菌（*Arcobacter skirrowii*）5个致病种和其他非致病种组成，这5种菌能引起人和动物不同疾病。其中，前三种与人类和动物的腹泻、菌血症等疾病密切相关。*Arcobacter*广泛分布于自然界，致病力与弯曲菌相当，且比弯曲菌更易存活。该菌属能在有氧和低温下生长，经水和食品的粪—口途径传播。弓形菌作为人畜共患病病原及流行病学研究情况并不完全清楚，动物致病报告包括农场动物，如牛、猪、马、绵羊和鸡，引起流产、乳房炎和肠炎，肉也有污染。禽类被认为是最大储存库，很多食物弓形菌就是从光鸡等中分离出。伴侣动物调查资料较少，健康猫口腔布氏弓形菌和低温弓形菌检出率为77%，犬为50%，另一个调查为猫25%；猫粪中未见分离到，而其他报告犬粪和口腔检出率分别为1.9%和0.7%。

该菌还大量存在于各种水体中，包括饮用水、湖泊水、地表水、地下水、污水等。它们可通过水体媒介进入人体肠道，引发一系列肠道疾病，危害人类和动物的健康。研究表明弓形菌是城市污水和城市污水化学生物絮凝池活性污泥中的优势菌群，且具有致病性，极有可能成为水源性致病菌。艾明强等发现该菌为大庆油田过渡带文库的细菌群落中的优势菌。*Arcobacter*感染人类的研究相对较少，Taylor等在泰国儿童的腹泻样本中分

离到 *A. butzleri* 占全部菌株数量的 2.4%。除 *A. butzleri* 外，也有从肺炎患者的尿液中分离到 *A. cryaerophilus* 和从 73 岁的持续腹泻两个月的老人主动脉瓣膜上分离出 *A. skirrowii* 的文献报道。

4.3.25.2 主要特性

1）形态及染色特性

Arcobacter 菌体大小为（0.2～0.9）μm×（0.5～3）μm，为革兰氏阴性、无芽胞、无荚膜的弯曲短杆菌，通常呈“S”形或螺旋形，老龄培养物中出现球形、近似球形或疏松螺旋丝状体，可长达 20nm。一端或两端具有单鞭毛，运动活泼，可做“投标状”运动。能够在正常氧气浓度和厌氧环境下生长，但最适生长于微氧（3%～10% O_2）条件，不需要 H_2。最适生长温度为 25～30℃，在 37℃和 42℃生长不定，4℃条件下不能生长（图 4-54）。

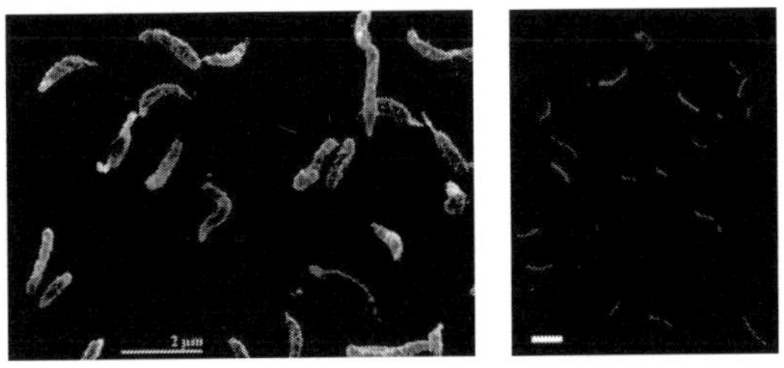

图 4-54 弓形菌形态

2）生化特性

Arcobacter 生化反应不活泼。乙酰甲基甲醇（V-P）试验和甲基红（MR）试验阴性，不发酵且不氧化糖类，能利用有机酸与氨基酸作为碳源，大多数菌株在 0.032%甲基橙存在下可生长，可被 0.1%氯化三苯基四氮唑（TTC）抑制，在 1%牛胆汁、1%甘氨酸、1.5%（或 3.5%）氯化钠及 8%葡萄糖中生长不定。具有氧化酶和触酶活力，多数菌株具有过氧化氢酶活性，无脲酶活力。可还原硝酸盐为亚硝酸盐，吡嗪酰胺水解阴性，不水解明胶、酪蛋白、淀粉、马尿酸和酪氨酸，不产生吲哚和色素。在三糖铁（TSI）琼脂中不产生 H_2S，分解半胱氨酸产 H_2S 情况不定。4 种常见 *Arcobacter* 的主要特征差异见表 4-43。

表 4-43 弓形菌属 4 个种的主要特征差异

项目	*A. nitrofigilis*	*A. butzleri*	*A. cryaerophilus*	*A. skirrowii*
尿素酶	+	−	−	−
α溶血	−	F	−	+
4%氯化钠	+	−	−	+
头孢哌酮（64mg/L）	−	+	+	+
在基本培养基的生长	−	+	−	−
在麦康凯琼脂的生长	−	+	−	−

注：+. 95%～100%菌株呈阳性；−. 0%～11%菌株呈阳性；F. 14%～50%菌株呈阳性

Arcobacter 的系统发育分类：由于在食品安全上该属细菌属于较为新的菌类，这里简单介绍一下该属的分类。*Arcobacter* 属 DNA 的 G+C 比例为 27～42mol%。按照细菌 16S rRNA 基因序列的系统发育相关性水平进行分群归类，β-变形菌纲下为弯曲菌目，弯曲菌目又可分为弯曲菌科、螺杆菌科和 Nautiliaceae。弯曲菌科包括 *Amobacter*、*Campylobacter*、硫磺单胞菌属（*Sulfurospirillum*）和暂未分类的 *Bacteroide sureolyticus*。*Arcobacter* 与弯曲菌科和螺杆菌科的其他细菌之间的系统发育关系见图 4-55。

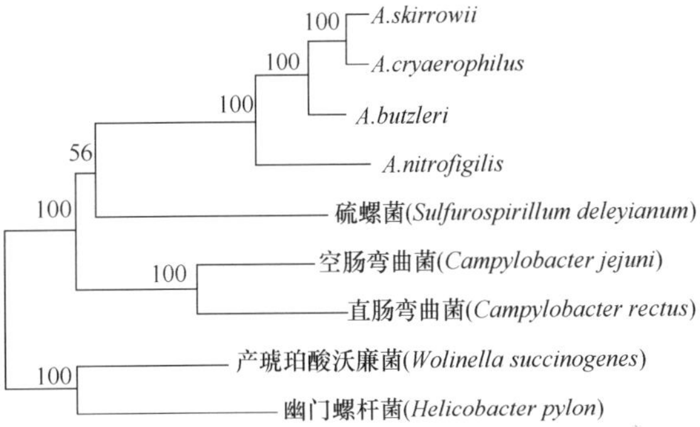

图 4-55 基于 16S rRNA 基因序列的 *Arcobacter* 的系统发育树

4.3.25.3 抵抗力

从肉鸡胴体分离的布氏弓形菌对如下抗菌药物敏感：丁胺卡那霉素、氨苄西林、恩氟沙星、达氟沙星、红霉素、四环素、吡哌酸、庆大霉素、呋喃妥英、土霉素、妥布霉素等。对如下药物具有抗性：羟氨苄西林、羟氨苄西林-克拉维酸、噻肟单酰胺菌素、头孢哌酮、头孢呋辛钠、氯霉素、头孢菌素、美洛西林、甲氯苯异恶唑青霉素、苯甲异恶唑青霉素、青霉素 C、甲氧苄氨嘧啶、磺胺甲基异恶唑等。

4.3.25.4 致病性

Arcobacter 是一种人畜共患的食源性和水源性病原菌，与人类胃肠炎和菌血症有关，可危及老年人生命。与畜类的胃肠炎和流产有关。*Arcobacter* 引起胃肠炎的临床症状与弯曲杆菌病类似，主要表现为持续性腹泻，伴有腹痛、胃痉挛、恶心、呕吐和发热等症状。

目前，国内尚未发现 *Arcobacter* 致病机制和潜在毒力因子的相关报道，国外此方面报道也很少，实验研究主要集中在两方面：①对 Vero 和 CHO 细胞的细胞兴奋型肠毒素、细胞毒素型肠毒素和细胞致死性分析研究；②对 Hela 和 Intestine 407 细胞的黏附、定植能力测试。实验结果表明分离自环境、食品、动物和人体的 *A. cryaerophilus*、*A. butzleri* 和 *A. skirrowii* 均显示出不同程度的致病性表型，某些菌株可能具有潜在的毒力。

4.3.25.5 细菌学检验

1）常规分离培养

Arcobacter 培养要求相对较高，分离时，通常需在选择性培养基中加入血液或血清，同时加入多种抗生素，将温度控制在 24～30℃，以抑制肠道正常菌群，提高分离方法的选择性。自 1977 年 Ellis 等首次建立了该菌属的分离方法以来，现已建立了多种不同增菌、选择性平板和纤维素膜过滤的方法，主要归结为两大类：一步法和两步法。一步法是指直接使用选择性培养基进行分离培养，这类培养基主要有 CIN（cefsulodinirgasan novobiocin）琼脂、CAT（cefoperazone amphotericin teicoplanin）琼脂、Skirrow 琼脂、Butzler 培养基、Campy-BAP 培养基和 mCCD（modified charcoal cefoperazone deoxycholate）琼脂等。两步法是指先使用液体增菌培养基进行富集培养，然后再利用固体选择性培养基或纤维素膜的方法进行分离培养。用于增菌的液体培养基主要有 AB（*Arcobacter* broth）、ASB（*Arcobacter* selective broth）、AEB（*Arcobacter* enrichment broth）和 CAT 等。研究表明，与一步法相比，采用两步法可以提高 *Arcobacter* 的分离率。此外，虽然弓形菌在 mCCDA 和 CAT 培养基上均可生长，但与 mCCDA 相比，CAT 可以更好地支持 *Arcobacter* 中更多种的生长。

2）分子鉴定与分型

传统分离鉴定方法存在步骤复杂和检测周期长等诸多不足。近年来，随着分子生物学技术的不断发展，越来越多快速、特异性检测 *Arcobacter* 的方法应运而生，其主要代表是 PCR 方法。以 16S rRNA 和 23S rRNA 为靶基因的多重 PCR 方法已经成功应用于多种 *Arcobacter* 的同时检测。Kabeya 等基于 *Arcobacter* 23S rRNA 建立多重 PCR 方法，可同时鉴定 *A. butzleri*、*A. cryaerophilus* 1A、*A. cryaerophilus* 1B 和 *A. skirrowii*，弥补了所有表型、生化方法均无法鉴别 *A. cryaerophilus* 两个组的缺陷。全细胞蛋白的 SDS-PAGE 方法也被用于鉴定 *Arcobacter*，并成功鉴别并弥补法国生物梅里埃弯曲杆菌鉴定系统所不能区别 *A. butzerli* 和空肠弯曲菌的不足。

核糖体分型已被证明是鉴定 *Arcobacter* 的可靠和重要技术手段，但在实验室推广应用受到两个因素制约，首先是实验步骤需要根据样本情况进行细致优化；其次，分型操作涉及危险化学品或放射性同位素。目前已开发了采用胍抽提 DNA 法和与非放射性地高辛标记探针杂交的核糖体分型方法。使用 *Pvu*I 或 CI 消化基因组 DNA 的 16S rRNA 探针杂交可以鉴别 *Campylobacter*、*Helicobacter* 和 *Arcobacter* 三个属，或是 *Arcobacter* 内的不同种。

4.3.25.6 控制措施

Arcobacter 感染途径可能包括人对人（宿主对宿主）的直接接触、食入被污染的饮用水或食物，其中家禽产品污染率极高，此外，未经杀菌处理的奶类制品也是造成 *Arcobacter* 传播至人类重要途径之一。因此，在预防控制 *Arcobacter* 引发人类疾病的措施上，建议从消灭或减少食物链中 *Arcobacter* 入手。在屠宰线上屠体受到污染危害与牲畜粪便中携带致病菌密切相关。在日常生产加工中，应依据 HACCP 原则，建立过程控制和定期微生物监测系统，加强对动物性食品加工过程中重点环节的监督管理，加大监测力度，及时掌握食品的动态卫生质量。

同其他致病菌相似，柠檬酸和乳酸可以抑制 *Arcobacter* 的生长繁殖，乳酸链球菌素可杀死 *Arcobacter*。磷酸三钠和 EDTA（单独或与乳酸链球菌素结合）作为一种短期控制手段，对杀灭 *Arcobacter* 纯培养物具有一定效果。需要注意的是，尽管 *Arcobacter* 与 *Campylobacter* 有很多相似点，目前也有许多杀灭和抑制 *Campylobacter* 的方法，但有些方法对控制 *Arcobacter* 的效果却不太理想。

4.3.26 克雷伯氏菌（*Klebsiella*）

4.3.26.1 食品卫生学意义

克雷伯氏菌属为肠杆菌科菌种，本属中肺炎克雷伯氏菌（又称肺炎杆菌，*K. pneumoniae*）、产酸克雷伯氏菌（*K. oxytoca*）、臭鼻克雷伯氏菌（*K. ozaenae*）和鼻硬结克雷伯氏菌（*K. rhinoscleromatis*）与人类关系密切。产酸克雷伯氏菌是抗生素相关性出血性结肠炎的一种病原体。肺炎克雷伯氏菌和产酸克雷伯氏菌在自然界的水、土壤中广泛存在，是人和动物肠道及呼吸道的常居菌，为临床常见条件致病菌，其中尤以肺炎克雷伯氏菌最为重要，其所致疾病占克雷伯氏菌属感染的 95% 以上。肺炎克雷伯氏菌为呼吸道感染的重要病原体，常引起重症肺炎，还可引起泌尿道感染、胆道感染、败血症和化脓性脑膜炎等严重疾病。感染多发生于住院的衰弱患者。

肺炎克雷伯氏菌还可通过不同食品如冰淇淋引起人食物中毒；产酸克雷伯氏菌也可以引起食物中毒。我国 1998～2011 年共有 8 起食物中毒报道事件，占总细菌性食物中毒事件的 0.52%（并列第 16 位）。

4.3.26.2 主要特性

1）形态及染色特征

属肠杆菌科，为革兰氏染色阴性的粗短杆菌。单个或呈短链，大小为 0.5～2μm 或 2～5μm，单独、成双或短链状排列。不运动，有明显荚膜，多数有菌毛，无鞭毛，无芽胞。

2）生长要求和培养特性

营养要求不高，在普通琼脂培养基上形成较大的灰白色黏液菌落，以接种环挑之，易拉成丝，有助鉴别。在肠道杆菌选择性培养基上能发酵乳糖，呈现有色菌落。在 S.S、EMB 平板上可见发酵乳糖的淡红色、

2～4mm大小黏液型菌落，厚实突起。在血平板上可见2～3mm大小灰白色凸起黏液型菌落，不溶血。在TCBS平板上可见2～3mm大小的黄色菌落，厚实凸起黏液型菌落。在这些培养基上用接种针挑起均有长丝状细丝出现（图4-56）。

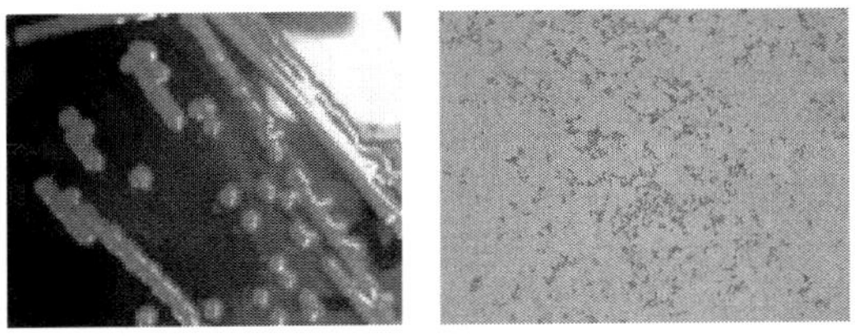

图4-56 麦康克平板上的产酸克雷伯氏菌和革兰氏染色

3）生化特性

产酸克雷伯氏菌能分解葡萄糖、乳糖、蔗糖等，产酸产气，氧化酶、H_2S、苯丙氨酸、鸟氨酸脱羧酶、明胶液化和DNA酶为阴性；葡萄糖酸盐、靛基质、枸橼酸盐、MR、V-P、赖氨酸脱羧酶、尿素酶、肌醇、甘露醇、麦芽糖、木糖、ONPG、棉子糖等为阳性。

与肠杆菌科其他细菌一样，具O抗原和K抗原（即菌体抗原和荚膜抗原），后者可进一步用以分型。利用荚膜肿胀试验，本属K抗原可分为82型，肺炎克雷伯氏菌属3型和12型；臭鼻克雷伯氏菌主要属4型，少数为5型或6型；鼻硬结克雷伯氏菌一般属3型，但并非所有3型均为该菌。

4.3.26.3 致病性

1998年7月在济南某酒店开会人员因食用草莓冰淇淋而发生一起64人肺炎克雷伯氏菌食物中毒事件，参加会议人员455人，患者出现腹痛、腹泻，少数患者伴有低烧。患者平均潜伏期为11h，均有腹痛、腹泻、稀水样便，8例患者出现低烧，5例患者出现轻度脱水症状。病程最短2h，最长24h，无一例死亡。2006年北京宣武区一食堂15人就餐8人中毒，潜伏期33～46h，表现腹痛、腹泻、呕吐等典型食物中毒症状。累及食品包括酱肘花、四川泡菜、糯米藕；病原为肺炎克雷伯氏菌。2001年沈阳一食堂发生15例因吃生炒鸡块引起产酸克雷伯氏菌中毒，4～24h后表现恶心、呕吐、发热，阵发性下腹部绞痛等症状。

用12～16h肉汤培养物，5只小白鼠腹腔注射0.5mL，5只小白鼠胃饲0.5mL；用同剂量的灭菌肉汤分设对照组饲喂小白鼠。4h后注射组小白鼠精神倦怠，活动减少，继而出现卷缩、震颤、竖毛，伴有粪便变软、粘连成团等症状。胃饲组6h后应该出现与注射组同样反应，无死亡，24h后逐渐恢复。对照组应该没有任何异常。在哺乳动物和昆虫中存在，在人体内易于存在于结肠和咽喉黏膜出及皮肤上，当然也会存在于人体的任何部位。

4.3.26.4 抵抗力

克雷伯氏菌对外界抵抗力强，对多数抗生素易产生耐药性。在健康人的呼吸道和肠道正常菌丛中，自然界水和谷物中均能分离到克雷伯氏菌。本属细菌55℃、30min被杀死，在培养基上可存活数周至数月。产酸克雷伯氏菌对庆大霉素、呋喃西林、头孢哌酮、环丙沙星、诺氟沙星、氯霉素、阿米卡星、头孢唑啉等药物敏感，对氨苄西林耐药。能分解环境中氰化物释放的氨而解毒。

4.3.26.5 细菌学检验

检验方法按GB/T 4789—2003方法进行：将检样直接划线拌种于SS、EMB、TCBS、血平板，36℃，24h培养，观察菌落形态；同时，将剩余食物和肛拭再分别用SC增菌液、GN增菌液、肠道菌增菌肉汤、氯化钠结晶紫增菌液、7.5%氯化钠肉汤增菌液等培养基增菌，增菌后，再划线于上述琼脂平板上，36℃，24h培养后观察菌落形态。乳粉中克雷伯氏菌的PCR方法能够准确鉴定该菌。

4.3.27 柠檬酸杆菌（*Citrobacter*）

柠檬酸杆菌属（*Citrobacter*）为肠杆菌科成员。柠檬酸杆菌原译为枸橼酸杆菌，因枸橼酸是日本字，在化学品中已改为柠檬酸，故枸橼酸杆菌应改为柠檬酸杆菌。柠檬酸杆菌属具有致病意义的包括弗氏柠檬酸杆菌（*C. freundii*）、布氏柠檬酸杆菌（*C. braakii*）和科泽氏柠檬酸杆菌（*C. koseri*）。柠檬酸杆菌属是肠道细菌中常见的非致病菌，由于该菌与沙门菌十分相似，故在肠道细菌的分类鉴定中非常重要。

4.3.27.1 食品卫生学意义

我国1986～2011年共有10起食物中毒事件，在所有细菌性食物中毒事件的构成比为0.65%（居第14位），主要涉及弗氏柠檬酸杆菌和布氏柠檬酸杆菌。潜伏期最短0.5h，表现有腹泻、恶心、呕吐、发热、头痛、抽搐、四肢麻木等。2000年深圳在两位患者的肛拭子及一份食品（凉拌三丝）样品中均检出弗氏柠檬酸杆菌，2008年哈尔滨因涮羊肉导致5人中的4人发病，因布氏柠檬酸杆菌引起。累及食品包括炒羊肉、熟鸡蛋、猪肉、凉拌菜、海蛎包子、米饭等。

4.3.27.2 主要特性

1）形态及染色特征

柠檬酸杆菌为直杆菌，长2.0～6.0μm，单个和成对存在，革兰氏阴性，一般不产生荚膜。通常以周生鞭毛运动。兼性厌氧，有呼吸和发酵两种类型的代谢。在普通肉胨琼脂上的菌落一般直径为2～4mm，光滑、低凸、湿润、半透明或不透明、灰色、表面有光泽、边缘整齐、偶尔可见黏液或粗糙型。

2）生化特性

氧化酶阴性，触酶阳性。化能有机营养，能利用柠檬酸盐作为唯一碳源。硝酸盐还原为亚硝酸盐，没有赖氨酸脱羧酶，不产生苯丙氨酸脱氨酶、明胶酶、脂肪酶和DNA酶。不分解藻朊酸盐和果胶酸盐，发酵葡萄糖产酸产气。分解L-阿拉伯糖、纤维二糖、甘油、麦芽糖、D-甘露糖、L-鼠李糖、D-山梨糖、海藻糖和D-木糖等碳水化合物。甲基红试验阳性，V-P试验阳性。DNA中G+C含量为50～52（T_m）。柠檬酸杆菌可通过合成磷酸盐来吸收铀，体内的铀含量可以达到周围环境的300倍。

该菌抗原体系包括42个O群抗原和90个H抗原。费氏柠檬酸杆菌中许多血清变型抗原与许多沙门菌属和埃希氏菌菌株的抗原有关。从澳洲白蚁后肠和造纸厂水中分离出费氏柠檬酸杆菌，其中一些菌株在厌氧条件下可固氮（表4-44）。

表4-44　费氏柠檬酸杆菌、差异柠檬酸杆菌和无丙二酸柠檬酸杆菌的其他性状

特征	费氏柠檬酸杆菌	差异柠檬酸杆菌	无丙二酸柠檬酸杆菌
吲哚	−	+	+
H_2S的产生	+	−	−
精氨酸双水解酶	d	+	+
鸟氨酸脱羧酶	d	+	+
KCN生长	+	−	−
丙二酸盐利用	−	+	−
D-阿东醇产酸	−	+	−
DNA的G+C含量/%	50～51	51～52	51～52

注：+. 阳性；−. 阴性；d. 不同生化型

4.3.27.3　抵抗力

见于人和动物的粪便中，是很多动物和人的正常肠道栖居菌。时常作为条件致病菌分离自临床样品。也见于土壤、水、污水和食物中。对哌拉西林、头孢唑啉、庆大霉素、头孢呋辛、复方磺胺甲恶唑耐药率超过50%；对亚胺培南、阿米卡星、头孢吡肟敏感。

4.3.27.4　致病性

柠檬酸杆菌在我国儿童腹泻检出率为7.2%，对人感染，主要引起某些组织器官或系统（尤其是尿道及呼吸道系统）的炎性感染，也可导致败血症。还可引起脑膜炎、脊髓炎、中耳炎、心内膜炎等。食物中毒呈现典型的胃肠道症状，腹泻、腹痛、呕吐、发热等。对动物如河蟹、鳖、红螯螯虾、鲤等感染，发病率和死亡率都很高。

4.3.27.5　细菌学检验

因为还没有国家标准，使用常规细菌分离鉴定。用普通琼脂或肠道菌选择培养基分离，37℃培养24h，挑取可疑菌落做生化鉴定。也可用16S rDNA基因序列测定对柠檬酸杆菌进行鉴定。

4.3.28　爱德华氏菌（*Edwardsiella*）

爱德华氏菌（*Edwardsiella*）属于肠杆菌科，爱德华氏菌属包括迟钝爱德华氏菌（*E. tarda*）、鮰鱼爱德华氏菌（*E. ictaluri*）和保科爱德华氏菌（*E. hoshinae*）三个种，其中迟钝爱德华氏菌是一种人畜共患病病原菌，也是条件致病菌。迟钝爱德华氏菌又称迟缓爱德华氏菌或缓慢爱德华氏菌，是爱德华氏菌属细菌家族中较早发现的成员之一，该菌是爱德华氏菌属的模式种。

4.3.28.1　食品卫生学意义

我国仅2003年发生一起食物中毒事件，属于条件致病菌。在列车上因吃污染迟钝爱德华氏菌的荷包蛋和烧鸭而引起，潜伏期2～9h，表现腹痛、腹泻（水样便）、恶心、呕吐、低热、头晕、呼吸困难等。人的其他感染包括败血症、脓肿、脑膜炎、心膜炎、各种感染等，从人的粪便中也能分离出该菌。

4.3.28.2　主要特性

1）形态及染色特征

爱德华氏菌为短杆状或小直杆菌，大小为（0.5～1）μm×（1～3）μm，具周鞭毛，有动力，无荚膜和芽胞，革兰氏染色阴性（图4-57）。兼性厌氧，繁殖温度为15～42℃，最适温度为31℃左右，在含盐0%～4%时均能生长，pH为5.5～9.0。鮰鱼爱德华氏菌喜欢较低的温度。

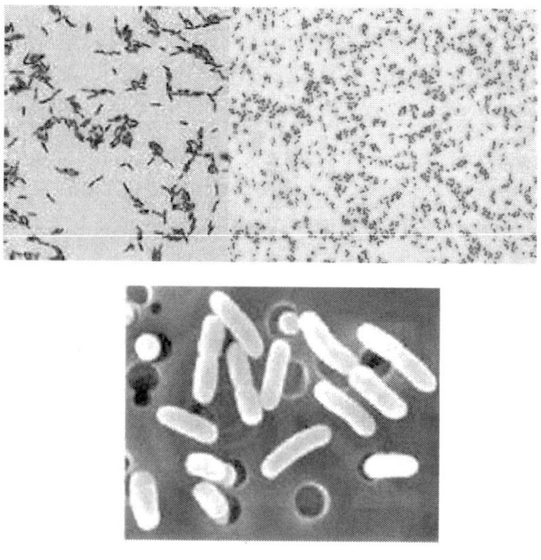

图4-57　迟钝爱德华氏菌革兰氏染色和电镜照片

2）生长要求和培养特性

在不同琼脂平板上发育缓慢，可在营养琼脂上培养。在血琼脂平板上在菌落周围形成狭窄的β溶血环，在麦康凯琼脂、胆盐硫化氢乳糖琼脂（DHL）、SS琼脂等肠道菌选择性培养基上可形成较小菌落，因其产生H_2S能使菌落中央为黑色。在亚硫酸铋琼脂（BSA）培养基上形成灰色、带棕色光晕和金属光泽的菌落。在胰胨大豆琼脂（TSA）培养基上可形成圆形、光滑、湿润、半透明的灰白色小菌落。在乳糖胆盐（LB）培养基上也能很好地生长。

3）生化特性

发酵D-葡萄糖及其他一些碳水化合物产酸产气，但与肠杆菌科中大多数其他种类相比其活性差得多；氧化酶阴性，接触酶阳性，赖氨酸及鸟氨酸脱羧酶阳性，还原硝酸盐为亚硝酸盐。迟钝爱德华氏菌为模式株，DNA中G+C含量为55～58（T_m、Bd）。

4.3.28.3　抵抗力

常分离于冷血动物肠道及其他环境、尤其是淡水中，在温血动物和人也可被分离到。分布于中国沿海室内工厂化养殖场和网箱养殖区，日本也有分布。对氨苄西林、环丙沙星、诺氟沙星、卡那霉素、氯霉素、土霉素、四环素、红霉素、呋喃唑酮、多西环素敏感。

4.3.28.4　致病性

爱德华氏菌宿主范围很广，养殖鲻鱼、鲷鱼、牙鲆、狮鱼等均可被感染；淡水养殖的鳗鲡、斑点叉尾鮰、罗非鱼等也能被感染。对鳗鲡、鲇鱼和其他动物致病，Regalla（1982）还报道了由该菌引起海豹的发病。除此外，该菌还可感染两栖类动物如牛蛙（*Rana catesbeiana*）和爬行类动物如中华鳖（*Trionyx sinensis*）等。随受感染鱼的不同病状有差别，鳞鱼生病时，腹部及两侧发生大面积溃疡，溃疡的边缘出血，放出强烈的恶臭味，腹腔内充满气体使腹部膨胀（图4-58）。牙鲆患此病时，摄食量下降，腹部膨胀，解剖病鱼内有鸡蛋清样腹水，肾肿大，并有许多小白点。助齿鲷、真鲷，皮肤发生出血性溃烂，脾、肾上有许多小白点。流行季节为夏季和秋初高温期。

对人属罕见的条件致病菌，但如果不及时治疗会有生命危险。妇科感染引起新生儿生产过程感染多见，在妇女的生殖道能够分离到该菌，可能是孕妇接触污染水源而感染。2003年以来已经有超过300例感染迟钝爱德华氏菌，其中约83%表现胃肠炎症状。迟缓爱德华氏菌作用的靶器官主要是肝和肾。

1）黏附和侵袭

鞭毛作为一种黏附素，协助细菌黏附到细胞表面，并通过诱发微丝重排而侵入细胞内部。致病相关因子：血溶素、溶血素、铁载体、黏附素和侵袭素等，细胞外产物和菌体成分均含有毒素。

通过口腔灌注、肌内注射和腹腔注射等方法均可使

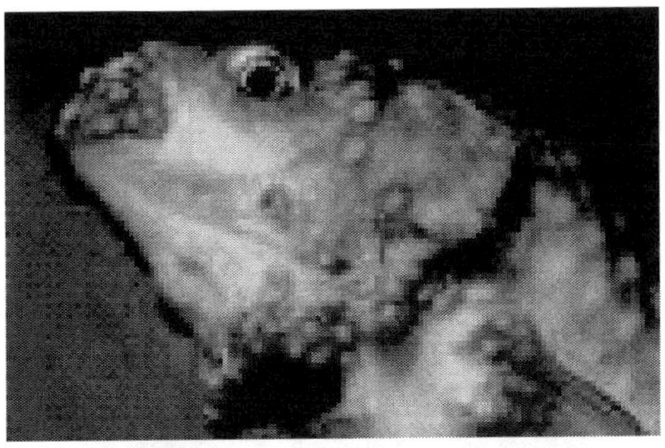

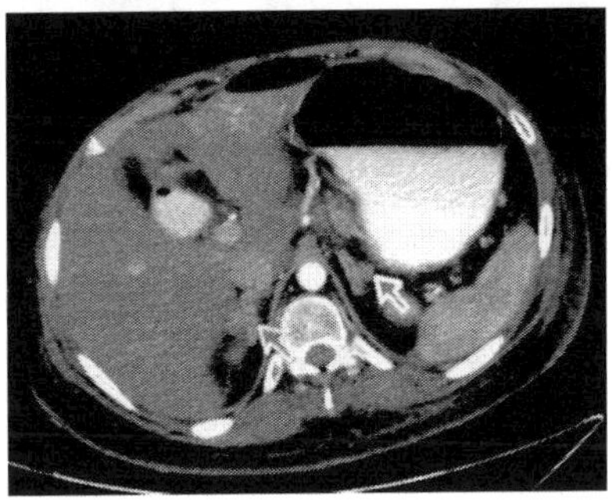

图4-58　迟钝爱德华氏菌感染鱼和人的感染性肝脓肿

牙鲆感染迟缓爱德华氏菌，说明可以通过食物和体表的伤口多种途径感染。

2）分泌毒素

Ullah Arai发现迟钝爱德华氏菌中含有两种外毒素，它们可引起兔皮肤红斑和兔水肿及溃疡性红斑；Chung发现对磷脂酰乙酰胺、磷脂酰胆碱和鞘磷脂为有特异活性的外毒素；葛艳等发现迟钝爱德华菌的外毒素能致Hep2细胞产生病变，变圆，脱落等。

4.3.28.5　细菌学检验

通过分离培养、形态特征检查、生理生化特性检查对迟钝爱德华氏菌进行初步检验与鉴定。然后以血清进行分型；以PCR方法进行鉴定，也可以用16S rRNA进行鉴定；间接荧光抗体技术检测菌体。

4.3.29　哈夫尼亚菌（*Hafnia*）

哈夫尼菌属（*Hafnia*）为肠杆菌科成员，其中的蜂房哈夫尼（*H. alvei*）是人的条件致病菌，能够引起家畜禽、鱼类等的感染。

4.3.29.1　食品卫生学意义

我国1995年发生一起食物感染性病例。临床上偶可引起人的泌尿道感染、呼吸道感染、小儿化脓性脑膜炎和败血症；也是人类肠道病原菌，可以引起溶血性尿毒综合征，曾发生一起小儿尿道感染和脓毒败血症。近年来我国从肠炎、败血症、化脓性脑膜炎、眼内炎等病例及化脓性血液、腹腔积液等临床材料中检出蜂房哈夫尼菌。西班牙、意大利都发生过养禽业鸡只发病，表现无食欲，产蛋下降，腹泻，暴发性败血症等，致死率20.7%。

从哺乳动物、鸟类、爬行动物、鱼、土壤、废物、水、食品中能够分离到该菌，是动物胃肠道，特别的哺乳动物胃肠道的常在菌。澳大利亚从有袋类食肉动物、啮齿类动物分离较多，从公园小路的动物粪便、熊粪、鸟都分离到该菌。真空包装牛肉、猪肉、碎牛肉、零售牛肉、乳、冰淇淋（14%）、肉沫样品（34%）、鲜鱼（12%）和鸟类（3%～16%）都分离到该菌。干酪和蜂蜜也能检出。爬行动物中的蛇、蜥蜴，无脊椎动物、昆虫、蝙蝠等都分离到。有些从青花鱼科水产品中能够检测组胺产生，是否与鲭科鱼（scombroid）中毒有关现在并不知道。

4.3.29.2 主要特征

1）形态及染色特征

直杆状，长2.5～5.0μm，无荚膜和芽胞，革兰氏阴性。30℃时周生鞭毛运动，但也可能出现不运动的菌株。兼性厌氧，有呼吸和发酵两种类型的代谢。在一般培养基上容易生长，在营养琼脂上的菌落直径一般是2～4mm，形态呈光滑、潮湿、半透明、灰色、表面光泽、边缘整齐。

2）生化特性

氧化酶阴性，接触酶阳性，化能有机营养。大部分菌株利用柠檬酸盐、乙酸盐和丙二酸盐作为唯一碳源（接种3～4d后）。还原硝酸盐为亚硝酸盐。在Kligle铁琼脂的高层中不产生 H_2S。不产生明胶酶、脂肪酶和DNA酶。不利用藻朊酸盐，不分解果胶酸盐，不产生苯丙氨酸脱氨酶，赖氨酸和鸟氨酸脱羧酶试验阳性，但精氨酸双水解酶试验阴性。发酵葡萄糖产酸产气，D-山梨醇、棉子糖、蜜二糖、D-阿东醇和间-肌醇不产酸。MR试验35℃阳性，22℃则是阴性。通常在22～28℃由葡萄糖产生乙酰甲基甲醇，但在35℃时不产生。DNA的G+C含量为48～49（T_m，Bd）。有68个O抗原群和34个H抗原，O抗原可以分为01～07。与沙门菌有交叉凝集现象。

4.3.29.3 抵抗力

分布在人和动物包括鸟类的粪便，也分布在污水、土壤、水和乳制品中。蜂房哈夫尼亚菌对卡那霉素、丁胺卡那霉素及氯霉素、庆大霉素高敏；对青霉素、苯唑西林、氨苄西林、羧苄西林、红霉素、林可霉素耐药。

4.3.29.4 致病性

对人偶然感染。对动物可引起鸡和鱼类感染，鸡感染时表现食欲减退，产蛋率下降，卡他性肠炎，败血症等；牛乳房炎。引起虹鳟鱼、马苏大马哈鱼、石斑鱼等的感染和死亡（图4-59）。在61例患者中共分离出80株蜂房哈夫尼菌，主要从呼吸道、胃肠道、泌尿生殖道、皮肤和导尿管中分离出来，93.4%表现有临床症状。

4.3.29.5 细菌学检验

参考国家食品卫生检验标准GB/T 4789—2008方法进行。常规分离培养，快速生化鉴定，血清学鉴定，用O抗原和H抗原血清进行鉴定。也可以用16S rRNA或PCR方法鉴定。

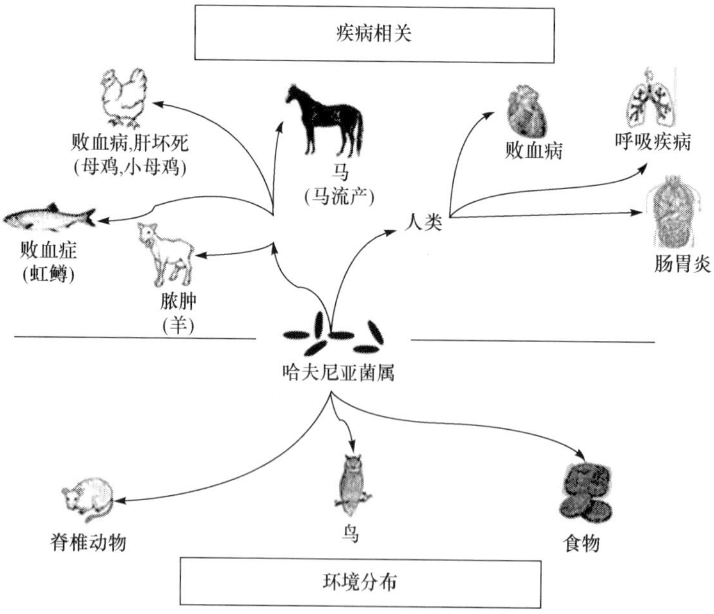

图4-59 哈夫尼菌在环境中的分布及相关疾病

4.4 中毒性真菌及其毒素

真菌广泛分布于自然界，种类多，数量庞大，与人类关系十分密切，绝大多数真菌对人类是有益的，而有些真菌对人类是有害的。有些真菌污染食品或在农作物上生长繁殖，使食品发霉变质或使农作物发生病害，不仅造成巨大经济损失，有些霉菌在各种基质上生长时产生有毒代谢产物——真菌毒素（mycotoxin），这些毒素引起人和动物发生各种疾病，称为真菌毒素中毒症（mycotoxicoses）。

自从发现黄曲霉毒素以来，霉菌与霉菌毒素对食品的污染日益引起重视。迄今为止，发现的霉菌毒素已达几百种，有些与人畜急性或慢性中毒及产生肿瘤有关。因此，在食品卫生学中，将霉菌及霉菌毒素作为一类重要的食品污染因素。

真菌性食物中毒主要是指真菌毒素的食物中毒。其中产毒素的真菌以霉菌为主。霉菌在自然界产生各种孢子，很容易污染食品。霉菌污染食品后能产生各种酶类，不仅会造成食品腐败变质，而且有些霉菌在一定条件下还可产生毒素，误食霉菌毒素造成人畜中毒，并产生各种中毒症状。霉菌毒素是霉菌产生的一种有毒的次生代谢产物。霉菌毒素相对分子质量小，通常具有耐高温、无抗原性、主要侵害实质器官，而且霉菌毒素多数还具有致癌性。

Hesseltine 通过对瑞典、苏丹、印度尼西亚、美国、波兰、匈牙利、南斯拉夫、中国大陆及台湾地区、日本、荷兰、法国、意大利、德国、南非、印度等 30 个国家和地区调查，结果表明，按真菌毒素的重要性及危害性排列，排在第一位的是黄曲霉毒素，以下依次排列为赭曲霉毒素、单端孢霉烯族化合物、玉米烯酮、橘霉素、杂色曲霉素、展青霉素、圆弧偶氮酸等（表 4-45）。

表 4-45 主要真菌毒素分类

毒素种类	毒素名称	主要产毒菌株	毒性作用	自然中毒或试验动物中毒
肝脏毒素	黄曲霉毒素（aflatoxin）	黄曲霉 寄生曲霉	急性中毒、慢性中毒、致癌。肝小叶周围或中心坏死，胆管异常增殖	火鸡X病、鳟鱼肝癌，鸭、牛、猪、犬、猫、兔、鱼、大鼠、小鼠、豚鼠、地鼠、羊、猴
	杂色曲霉素（versicolorin）	杂色曲霉 构巢曲霉	急性中毒，致肝、肾坏死（大鼠、猴） 慢性中毒：肝癌（大鼠）	大鼠、小鼠、猴
	黄天精（luteoskyrin）	冰岛青霉	急性中毒：肝小叶中心性坏死，慢性中毒：肝硬化、肝癌	大鼠、小鼠、小鸡、猴、“黄变米中毒”
	岛青霉毒素（islanditoxin）	冰岛青霉	肝细胞坏死出血	小鼠
	赭曲霉毒素（ochratoxin）	赭曲霉	肝严重脂肪变	雏鸭中毒
	皱褶青霉素（rugulosin）	皱褶青霉 缓生曲霉	肝损害（脂肪变、肝硬化） 肾变性肾病	小鼠
	红青霉毒素（rubratoxin）	红青霉 紫青霉	肝、肾损害，脏器出血	犬X肝炎，小鼠、牛、猪
	灰黄霉素（griseofolvim）	灰黄青霉 黑青霉	肝大、肝细胞坏死、肝癌	小鼠、大鼠
肾脏毒素	橘青霉素（citrinin）	橘青霉、暗蓝青霉、错乱青霉、展青霉、土青霉、自曲霉	肾损害，肾小管上皮变性	大鼠、小鼠、“黄变米中毒”
	曲酸（kojiacia）	米曲霉、溜曲霉 黄曲霉、构巢曲霉、白曲霉、寄生曲霉	慢性肾损害	大鼠、犬

续表

毒素种类	毒素名称	主要产毒菌株	毒性作用	自然中毒或试验动物中毒
神经毒素	展青霉素（patulin）棒曲霉素（claviformin）	展青霉、荨麻青霉、扩展青霉、棒状曲霉、土曲霉	中枢神经系统出血 上行性麻痹 心肌及肝细胞变性	牛中毒、小鼠
	黄绿青霉素（ireoviridin）	黄绿青霉	中枢神经系统出血、脊髓及延髓运动神经元受损、上行性麻痹、呼吸麻痹	牛X病、上行性麻痹症、小鼠、犬、猴
	麦芽米曲霉素（maltoryzine）	米曲霉小孢子变种	中枢神经损害、肌肉麻痹、肝脂肪变、肝坏死	奶牛中毒、小鼠
造血组织毒素	拟枝孢镰刀菌素（sporofususariogenin）	犁孢镰刀菌 禾谷镰刀菌	食物中毒性白细胞缺乏症、造血组织坏死	牛、马、猪、犬
	雪腐镰刀菌烯酮（nivalenol）	雪腐镰刀菌	造血障碍	牛、马
	葡萄穗霉毒素（satratoxin）	黑葡萄穗霉	葡萄穗霉毒素中毒白细胞减少、组织出血坏死也包括黄曲霉毒素	人、马、羊、犬、猪、小鼠
	杆孢霉素（roridins）	露湿漆斑菌		
光过敏性皮炎毒素	孢子素（aporidesmin）	纸皮思霉	光敏感性皮炎	羊、牛
	菌核病核盘毒素（psoralen）	菌核病盘霉	光敏感性皮炎	家畜
其他	木霉素（trichodermin）	绿色木霉	内脏出血	牛、猪、家禽
	豆类丝核菌毒素（slaframin）	豆类丝核菌	下痢、食欲缺乏、软弱	牛、猪、羊
	赤霉菌毒素（zearalenone）	小麦赤霉菌	赤霉病变中毒	猪、羊

表4-46为主要致癌性真菌毒素。表4-47为霉菌生长与产生毒素的最低A_W。表4-48为几类食品中霉菌菌落总数的国家标准。

表4-46　致癌性真菌毒素

真菌毒素	致癌部位	敏感动物	产毒真霉
AFB_1	肝、肾、肺（癌）	大鼠	黄曲霉、寄生曲霉
AFG_1	肝、肾、肺（癌）	大鼠	黄曲霉、寄生曲霉
AFM_1	肝（癌）	大鼠	黄曲霉、寄生曲霉
杂色曲霉素	肝（癌、肉瘤）皮下组织（肉瘤）	大鼠	杂色曲霉、构巢曲霉
黄天精	肝（癌）	小鼠	冰岛曲霉
环氯素	肝（癌）	小鼠	冰岛曲霉
皱褶青霉素	肝（癌）	小鼠	皱褶青霉、缓生曲霉
灰黄霉素	肝（癌）	小鼠	灰棕青霉、黑青霉等
赭曲霉毒素	肾、肝（癌）	小鼠	赭曲霉、纯绿青霉等

续表

真菌毒素	致癌部位	敏感动物	产毒真霉
纯绿青霉素	肺（腺瘤、癌）	小鼠	纯绿青霉
麦角碱	耳（神经纤维瘤）	大鼠	麦角菌
T-2 毒素	胃肠（腺癌）	大鼠	三线镰刀菌
展青霉素	皮下组织（肉瘤）	大鼠	展青霉等
青霉酸	皮下组织（肉瘤）	大鼠	圆弧青霉、赭曲霉等
念珠毒素	皮下组织（肉瘤）	小鼠	白色念珠菌等
伏马菌素 B1	肝、肾（癌）等	大鼠、小鼠	串珠镰刀菌等

表 4-47 霉菌生长与产生毒素的最低 A_W

霉菌	最低 A_W	
	生长	产毒
黄曲霉	0.78	0.84（黄曲霉毒素）
	0.80	0.83～0.87
生曲霉	0.82	0.87（黄曲霉毒素）
曲霉（咖啡气发酵霉菌）	0.83	0.85（棕曲霉毒素）
	0.77	0.83～0.87
圆弧青霉	0.81	0.87～0.90（棕曲霉毒素）
	0.82	0.85
	0.87	0.97（青霉酸）
鲜绿青霉	0.83	0.83～0.86（棕曲霉毒素）
棕曲霉菌	0.81	0.88（青霉酸）
	0.76	0.80（青霉酸）
	0.76	0.85（棕曲霉毒素）
马丁氏青霉	0.83	0.99（青霉酸）
冰岛青霉	0.79	0.83
展青霉	0.83～0.85	0.95（棒曲霉素）
	0.81	0.83～0.85
苹果青霉	0.83～0.85	0.99（棒曲霉素）
棒曲霉	0.83～0.85	0.99（棒曲霉素）
雪白丝衣霉	0.84	
粉红单端孢霉	0.90	
黑葡萄状穗霉	0.94	0.94（黑葡萄穗霉毒素）

表 4-48 几类食品中霉菌菌落总数的国家标准

标准号	标准名称	项目	指标
GB 5420—1985	硬质干酪卫生标准	霉菌，CFU/g	≤50
GB 7101—1994	固体饮料卫生标准	霉菌，CFU/g	≤50
GB 14884—1994	蜜饯食品卫生标准	霉菌，CFU/g	≤50
GB 14891.2—1994	辐照花粉卫生标准	霉菌，CFU/g	≤100
GB 14891.4—1994	辐照香辛料卫生标准	霉菌，CFU/g	≤100

续表

标准号	标准名称	项目	指标
GB 14963—1994	蜂蜜卫生标准	霉菌，CFU/g	≤200
GB 2759.2—1994	碳酸饮料卫生标准	霉菌，CFU/g	≤10
GB 10327—1996	乳酸菌饮料卫生标准	霉菌，CFU/g	≤30
GB 17324—1998	瓶装饮用水卫生标准	霉菌，CFU/g	不得检出
GB 17325—1998	食品工业用浓缩果蔬汁（浆）卫生标准	霉菌，CFU/g	≤20
GB 17399—1998	胶姆糖卫生标准	霉菌，CFU/g	≤20
GB 7099—1998	糕点、面包卫生标准	霉菌，CFU/g	≤50

真菌毒素还有如下特点：一种真菌可以产生几种毒素，一种毒素可由几种或几类真菌产生，具体见表4-49。例如，宛氏拟青霉（*Paecilomyces variotii*）、扩展青霉（*Penicillium expansum*）、灰黄青霉（*P. griseofulvum*）、娄地青霉（*P. roquefortii*）等，可产生肾毒素或肾溶素（*nephrotoxin*）；环孢素（*cyclosporin*）是由多孔木霉（*Tolypocladium inflatum*）产生的免疫抑制剂；黄曲霉毒素主要有黄曲霉和杂色曲霉产生，肝毒和致癌原；橘青霉素主要由橘青霉和纯绿青霉产生的肾毒；伏马菌素为致癌原、肾毒，主要由串珠镰刀菌、层生镰刀菌产生；赭曲霉素A为致癌原，主要由赭曲霉、纯绿青霉产生；棒曲霉素是蛋白合成抑制剂，主要由土曲霉产生；杂色曲霉素是致癌原、肝毒，主要由构巢曲霉产生（表4-49）。

真菌毒素可对人体和动物体产生系统或全身性毒性、长期毒性如致癌等。按系统可见于：①心血管系统，增加血管脆性，组织和肺组织出血，黄曲霉毒素、黑葡萄穗霉毒素、杆孢霉素等都可引起；②消化系统，腹泻、呕吐、肠出血，肝毒如肝坏死、纤维化，黏膜损伤效应，可由T-2毒素、呕吐毒素引起；③呼吸系统，肺出血、呼吸窘迫，可由单端孢霉烯族化合物引起；④神经系统，震颤，功能障碍，神经功能抑制，头痛，可由震颤毒素、单端孢霉烯族化合物引起；⑤皮肤体系，皮疹，皮肤灼伤感脱落，光敏感，可由单端孢霉烯族化合物引起；⑥泌尿系统，肾毒，可由赭曲霉毒素、橘青霉素引起；⑦生殖系统，不孕不育，生殖周期变化，可由T-2毒素引起；⑧免疫系统，出现变化或免疫抑制，可由环孢菌素引起。

表4-49　真菌毒素及其产生的真菌（Susan Lillard）

真菌毒素	产毒真菌
乙酰氧镰刀菌烯二醇（acetoxyscirpenediol）	*Fusarium moniliforme*，*F. equiseti*，*F. oxysporum*，*F. culmorum*，*F. avenaceum*，*F. roseum*，*F. nivale*
乙酰脱氧雪腐镰刀菌烯醇（acetyldeoxynivalenol）	*Fusarium moniliforme*，*F. equiseti*，*F. oxysporum*，*F. culmorum*，*F. avenaceum*，*F. oseum*，*F. nivale*
乙酰新茄病镰刀菌烯醇（acetylneosolaniol）	*Fusarium moniliforme*，*F. equiseti*，*F. oxysporum*，*F. culmorum*，*F. avenaceum*，*F. roseum*，*F. nivale*
乙酰T-2毒素（acetyl T-2 toxin）	*Fusarium moniliforme*，*F. equiseti*，*F. oxysporum*，*F. culmorum*，*F. avenaceum*，*F. roseum*，*F. nivale*
黄曲霉毒素（aflatoxin）	*Aspergillus flavus*，*A. parasiticus*
黄曲霉震颤毒素（aflatrem）	*Aspergillus flavus*
间链孢霉酸（altenuic acid）	*Alternaria alternata*
格链孢醇（alternariol）	*Alternaria alternata*
焦曲霉二醇（austdiol）	*Aspergillus ustus*
焦曲霉胺（austamide）	*Aspergillus ustus*
焦曲霉细胞毒素（austocystin）	*Aspergillus ustus*
燕麦镰孢菌素（avenacein+1）	*Fusarium moniliforme*，*F. equiseti*，*F. oxysporum*，*F. culmorum*，*F. avenaceum*，*F. roseum*，*F. nivale*

续表

真菌毒素	产毒真菌
白僵菌素（beauvericin+2）	*F. moniliforme*，*F. equiseti*，*F. oxysporum*，*F. culmorum*，*F. avenaceum*，*F. roseum*，*F. nivale*
丁烯酸内脂（bentenolide）	*Monographella nivalis*
短酰胺（brevianamide）	*Aspergillus ustus*
丁烯酸内脂（butenolide）	*Fusarium moniliforme*，*F. equiseti*，*F. oxysporum*，*F. culmorum*，*F. avenaceum*，*F. roseum*，*F. nivale*
丽赤壳素（calonectrin）	*Fusarium moniliforme*，*F. equiseti*，*F. oxysporum*，*F. culmorum*，*F. avenaceum*，*F. roseum*，*F. nivale*
球形毛壳菌素（chaetoglobosin）	*Chaetomium globosum*
橘青霉素（citrinin）	*Aspergillus carneus*，*A. terreus*，*Penicillium citrinum*，*P. hirsutum*，*P. verrucosum*
黄绿青霉素（citreoviridin）	*Aspergillus terreus*，*Penicillium citreoviride*
可皆霉素（cochliodinol）	*Chaetomium cochliodes*
扁虫菌素（crotocin）	*Acremonium crotocinigenum*
细胞松弛素（cytochalasin E）	*Aspergillus clavatus*
环匹阿尼酸（cyclopiazonic acid）	*Aspergillus versicolor*
脱乙酰丽赤壳素（deacetylcalonectrin）	*Fusarium moniliforme*，*F. equiseti*，*F. oxysporum*，*F. culmorum*，*F. avenaceum*，*F. roseum*，*F. nivale*
脱氧雪腐镰刀菌烯醇乙酸酯（deoxynivalenol diacetate）	*Fusarium moniliforme*，*F. nivale*
脱氧雪腐镰刀菌烯醇单乙酸酯（deoxynivalenol monoacetate）	*Fusarium moniliforme*，*F. culmorum*，*F. avenaceum*，*F. roseum*，*F. nivale*
二乙酰氧藨草镰刀菌烯醇，蛇形菌素（diacetoxyscirpenol）	*Fusarium moniliforme*，*F. equiseti*
腐败菌素（destruxin B）	*Aspergillus ochraceus*
恩镰孢菌素（enniatins）	*Fusarium moniliforme*，*F. avenaceum*，*F. roseum*，*F. solani*，*F. nivale*
果镰刀菌素（fructigenin+1）	*Fusarium moniliforme*，*F. culmorum*，*F. avenaceum*，*F. Roseum*
烟曲霉素（fumagilin）	*Aspergillus fumigatus*
伏马毒素（fumonisin）	*Fusarium moniliforme*，*F. culmorum*，*F. avenaceum*，*F. nivale*
烟曲霉酸（fusaric acid）	*Fusarium moniliforme*
镰刀菌素（fusarin）	*Fusarium moniliforme*
木霉素（gliotoxin）	*Alternaria*，*Aspergillus fumigatus*，*Penicillium*
HT-2 toxin	*Fusarium moniliforme*，*F. culmorum*，*F. avenaceum*，*F. nivale*
甘薯宁（ipomeanine）	*Fusarium moniliforme*，*F. culmorum*，*F. avenaceum*，*F. nivale*
岛青霉素（islanditoxin）	*Penicillium islandicum*
暗红素（lateritin+1）	*Fusarium moniliforme*，*F. culmorum*，*F. avenaceum*，*F. nivale*
番茄菌肽（lycomarasmin+1）	*Fusarium moniliforme*
畸形素（malformin）	*Aspergillusniger*
麦芽米曲霉素（maltoryzine）	*Aspergillus* spp.

续表

真菌毒素	产毒真菌
串珠镰刀菌毒（moniliformin）	*Fusarium moniliforme*，*F. equiseti*，*F. oxysporum*，*F. culmorum*，*F. avenaceum*，*F. roseum*，*F. nivale*
单乙酰氧化镰刀菌烯醇（monoacetoxyscirpenol）	*Fusarium moniliforme*，*F. equiseti*，*F. oxysporum*，*F. culmorum*，*F. avenaceum*，*F. roseum*，*F. nivale*
新茄病镰刀菌烯醇（neosolaniol）	*Fusarium moniliforme*，*F. solani*，*F. culmorum*，*F. avenaceum*，*F. roseum*
瓜萎镰刀菌醇（nivalenol）	*Fusarium moniliforme*，*F. equiseti*，*F. oxysporum*，*F. culmorum*，*F. avenaceum*，*F. roseum*，*F. nivale*
NT-1 toxin	*Fusarium moniliforme*，*F. equiseti*，*F. oxysporum*，*F. culmorum*，*F. avenaceum*，*F. roseum*，*F. nivale*
NT-2 toxin	*Fusarium moniliforme*，*F. equiseti*，*F. oxysporum*，*F. culmorum*，*F. solani*，*F. avenaceum*，*F. roseum*，*F. nivale*
赭曲霉毒素（ochratoxin）	*Aspergillus ochraceus*，*Penicillium viridictum*
草酸（oxalic acid）	*Aspergillusniger*
棒曲霉素（patulin）	*Aspergillus clavatus*，*Penicillium expansum*，*Botrytis*，*P. roquefortii*，*P. claviforme*，*P. griseofulvum*
青霉酸（penicillic acid）	*Aspergillus ochraceus*
青霉震颤素（penitrem）	*Penicillium crustosum*
杆孢霉素 E（roridin E）	*Myrothecium roridum*（露湿漆斑菌），*M. verrucaria*，*Dendrodochium* spp.，*Cylindrocarpon* spp.，*Stachybotrys* spp.
红色青霉毒素（rubratoxin）	*Penicillium rubrum*
瑰天精（rubroskyrin）	*Penicillium* spp.
红硫素（rubrosulphin）	*Penicillium viridicatum*
皱褶青霉素（rugulosin）	*Penicillium brunneum*，*P. kloeckeri*，*P. rugulosum*
接骨青苷（sambucynin+1）	*Fusarium moniliforme*，*F. equiseti*，*F. oxysporum*，*F. culmorum*，*F. solani*，*F. avenaceum*，*F. roseum*，*F. nivale*
葡萄穗霉毒素 F，G，H（satratoxins，F，G，H）	*Stachybotrys chartarum*，*Trichoderma viridi*
镰刀菌烯三醇（scirpentriol）	*Fusarium moniliforme*，*F. equiseti*，*F. oxysporum*，*F. culmorum*，*F. solani*，*F. avenaceum*，*F. roseum*，*F. nivale*
根霉菌胺（slaframine）	*Rhizoctonia leguminicola*
柄曲霉素（sterigmatocystin）	*Aspergillus flavus*，*A. nidulans*，*A. versicolor*，*Penicillium rugulosum*
T-1 toxin	*Fusarium moniliforme*，*F. equiseti*，*F. culmorum*，*F. solani*，*F. avenaceum*，*F. roseum*，*F. nivale*
T-2 toxin	*Fusarium moniliforme*，*F. equiseti*，*F. culmorum*，*F. solani*，*F. avenaceum*，*F. roseum*，*F. nivale*
三乙酰氧藨草镰刀菌醇（triacetoxyscirpendiol）	*Fusarium moniliforme*，*F. equiseti*，*F. avenaceum*，*F. roseum*，*F. nivale*
木霉素（trichodermin）	*Trichoderma viride*
单端孢霉菌素（trichothecin）	*Trichothecium roseum*
毛囊壳素（trichoverrins）	*Stachybotrys chartarum*

续表

真菌毒素	产毒真菌
毛囊壳醇（trichoverrols）	*Stachybotrys chartarum*
色氨震颤素（tryptoquivalen）	*Aspergillus clavatus*
疣孢菌素（verrucarin）	*Myrothecium verrucaria*，*Dendrodochium* spp.，*Stachybotrys chartarum*
疣孢霉菌原（verruculogen）	*Aspergillus fumigatus*，*Stachybotrys chartarum*
紫红紫素（viopurpurin）	*Trichophyton* spp.，*Penicillium viridicatum*
紫黄素（viomellein）	*Aspergillus* spp.，*Penicillium aurantiogriseum*，*P. crustosum*，*P. viridicatum*
绿毛霉毒素（绿垂毒素）（viriditoxin）	*Aspergillus fumigatus*
青黄霉素（xanthocillin）	*Eurotium chevalieri*
爪哇毒素（yavanicin+1）	*Fusarium culmorum*，*F. graminearum*，*F. oxysporum*，*F. roseum*，*F. moniliforme*，*F. avenaceum*，*F. equiseti*，*Scytonema javanicum*（爪哇伪枝藻）
玉米烯酮（zearalenone）	*Fusarium culmorum*，*F. graminearum*，*F. oxysporum*，*F. roseum*，*F. moniliforme*，*F. avenaceum*，*F. equiseti*，*F. nivale*

4.4.1 黄曲霉（*Aspergillus flavus*）及黄曲霉毒素

4.4.1.1 食品卫生学意义

黄曲霉菌（*Aspergillus flavus*）为真菌门、半知菌亚门、丛梗孢科、曲霉属，在自然界分布十分广泛，其中30%～60%的黄曲霉菌株能够产生黄曲霉毒素（aflatoxin），寄生曲霉和温特曲霉等也能产生黄曲霉毒素。这些菌株主要在花生、玉米等谷物上生长，并同时产生毒素。也有报道在鱼粉、肉制品、咸干鱼、奶和肝中发现黄曲霉毒素。我国很早就制定了食品中黄曲霉毒素允许量标准。黄曲霉毒素在化学上是蚕豆素的衍生物，已明确结构的有十余种，其中以 B_1 毒性最强，产生的量也最多，G_1、B_2次之。一般所指主要是指 B_1。将黄曲霉毒素污染的饲料用于畜牧业，使毒素积于动物组织中，用这种饲料喂养的畜禽，能在肝、肾和肌肉组织中测出黄曲霉毒素 B_1。

在奶牛场，如饲料中含有黄曲霉毒素，饲喂奶牛后可转变为一种存在于乳中的黄曲霉毒素代谢产物——黄曲霉毒素 M_1，这种代谢产物同其母体化合物一样，是一种强致癌物质。研究证明，饲料中含黄曲霉毒素超过60μg/kg时，就能造成奶的污染。例如，黄曲霉毒素 B_1 浓度约为100μg/kg时，就会使牛奶含黄曲霉毒素的浓度达到1μg/kg。当小鸡所食用的饲料含100μg/kg黄曲霉毒素时，即能发现烧烤小鸡的肝和肌肉组织中有黄曲霉毒素 B_1 的残留。当人们经常进食每公斤含有几微克的黄曲霉毒素的食物时，就足以引起原发性肝癌，这种威胁在我国南方地区（因潮湿）较为严重。

从流行病学资料看，全球黄曲霉毒素污染是较为严重的，如非洲国家，食用花生中有15%的样品污染黄曲霉毒素达1000μg/kg，有2.5%样品可达10 000μg/kg，美国玉米样品有7.1%含有黄曲霉毒素，泰国食用花生有49%污染黄曲霉毒素，玉米35%，其含量有的高达1000～5000μg/kg，最高达10 000μg/kg。对人体的危害也有很多实际例子。例如，1974年印度两个邦中200个村庄暴发黄曲霉毒素中毒性肝炎，397人发病，106死亡。非洲曾报道一个15岁男孩，进食污染黄曲霉毒素1.7ppm的木薯饼，发生急性肝炎坏死而死亡。我国台湾地区曾报道三家农民共39人，其中25人因吃霉大米发生黄曲霉毒素中毒。

根据联合国粮食与农业组织（FAO）估计全球每年约25%的谷物被霉菌毒素污染，2%的农产品因污染严重而失去营养和经济价值。我国于1972～1974年进行了食品中黄曲霉毒素 B_1 的普查工作，共调查22个省（市、自治区）粮油食品中的黄曲酶毒素 B_1 的污染水平，共检测20 000多份。发现黄曲霉毒素的污染有地区和食品品种的差异，南方各省污染较重一些，北方各省轻微或没有。各类食品中，花生、花生油、玉米污染严重，大米、小麦、面粉污染较轻，豆类很少受到污染。近些年来，由于贮藏条件的改善，食品中污染的黄曲霉及其毒素较以往降低很多。我国近10年来饲料及饲料原料中霉菌毒素污染的平均检出率高达50%，阳性超标率平均在20%。2010年针对广州某茶叶市场的调查显示，湿仓贮存普洱茶黄曲霉毒素（AFB_1）超标率11.43%，脱氧雪腐镰刀菌烯醇超标率高达90%。2013年调味品黄曲霉毒素的检出率为10%。

由于黄曲霉毒素具有很强的毒性和致癌性，其限量标准：食品中黄曲霉毒素 B_1 为5μg/kg，食品中黄曲霉毒素 B_1、B_2、G_1 和 G_2，总和为10μg/kg 和 20μg/kg，牛乳中的黄曲霉毒素 M_1 为0.05μg/kg 和 0.5μg/kg；乳牛饲料中的黄曲霉毒素 B_1 为10μg/kg。

4.4.1.2 形态特征与培养特性

1）形态特征

基本形态包括营养菌丝体、分生孢子梗、分生孢子头、顶囊、瓶梗及梗基、分生孢子等结构（图 4-60，图 4-61）。

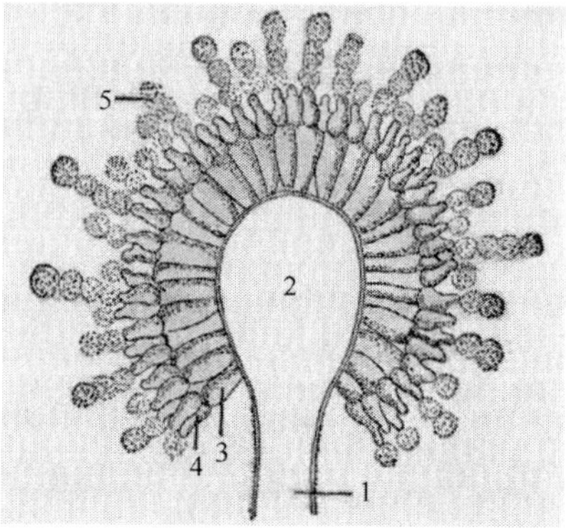

图 4-60 黄曲霉分生孢子头（孙鹤龄）

1. 分生孢子梗；2. 顶囊；3. 梗基；4. 瓶梗；5. 分生孢子

营养菌丝体：由具有横隔的分枝菌丝构成，无色或明亮的颜色。

分生孢子梗：大部分无横隔，壁厚，无色，光滑，不分枝，长度一般小于 1mm，顶囊下的分生孢子梗的直径为 10～20μm，粗糙或有麻点。

分生孢子头：由顶囊、瓶梗、分生孢子链构成一个头状体结构，称为分生孢子头。典型放射状，偶呈圆柱状，为 300μm×50μm（图 4-60）。分生孢子头呈球形放射状，大部分菌株为 300～400μm，顶囊下的分生孢子梗的直径为 10～20μm，顶囊早期稍长，晚期呈烧瓶形或近似球形，直径 10～65μm，一般为 25～45μm。分生孢子呈球形或近似球形。

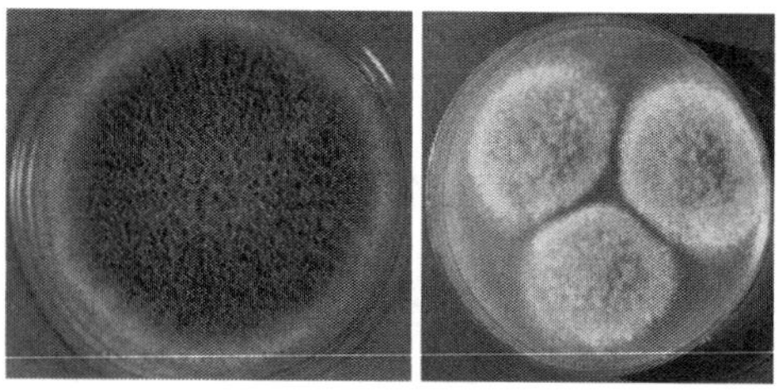

察氏琼脂黄曲霉菌落　　察氏琼脂菌落

分子孢子(电镜)

图 4-61 黄曲霉菌落及分生孢子

顶囊：在分生孢子梗顶端膨大成球形，早期狭长，晚期呈烧瓶形或近球形。直径 10～65μm，一般为 25～45μm，顶囊与分生孢子梗上部相通。

瓶梗及梗基：在顶囊上生出一层或两层小梗，下面一层为梗基，从梗基上再生出两个或几个瓶梗。有的仅有一层小梗。

分生孢子：瓶梗成熟后，在其顶端开始形成一串分生孢子。分生孢子为单细胞，主要呈球形或近球形、洋梨形。

菌核：有些菌系产生褐色菌核。

2）培养特性

在察氏培养基上生长较快，于 24～26℃培养 10d，菌落直径可达 4～6cm，生长较慢的直径也可达 3～4cm，通常由薄而质地紧密的基部菌丝及直立的分生孢子梗上的分生孢子头组成。一般呈扁平状，但偶尔也出现放射沟状或皱褶，呈脑迴状。最初带黄色，然后变为黄绿色，再后颜色变暗。反面无色或带淡褐色。有些含菌核的菌株，呈暗红褐色，无气味。

4.4.1.3 黄曲霉毒素

黄曲霉毒素的性质：黄曲霉毒素是一类结构类似的化合物，其基本结构都是二氢呋喃杂萘邻酮的衍生物，它包括一个二呋喃环和香豆素（氧杂萘邻酮）。根据在紫外线照射下发出的不同荧光颜色，将黄曲霉毒素分为两类：一类为蓝色荧光的 B（blue）类，包括 B_1、B_2、$B_2\alpha$；另一类为绿色荧光的 G（green）类，包括 G_1、G_2、$G_2\alpha$、M_1、M_2、P_1、GM_1、毒醇、四氢脱氧黄曲霉毒素 B_1 等。构象关系研究发现，二呋喃环末端有双键者毒性较强，并具有致癌性，其中黄曲霉毒素 B 类的毒性和致癌性最强，在天然污染的食品中也最常见，因此在食品检测中通常以黄曲霉毒素 B_1 作为污染的指标（图 4-62）。

黄曲霉毒素的纯品为无色结晶，低浓度的纯毒素在紫外线下易被分解破坏。黄曲霉毒素能被强碱（pH9～10）和氧化剂分解，毒素在水中溶解度低，溶于油及一些有机溶剂，如氯仿、甲醇，但不溶于乙醚、石油醚及正己烷。

黄曲霉毒素对热稳定，一般烹调加工温度不能将其破坏，裂解温度在 280℃以上。

4.4.1.4 致病性

黄曲霉毒素的致病性分为肝毒性和致癌性。

1）毒性

（1）急性毒性。根据黄曲霉毒素对动物的半数致死量来看，它属于剧毒毒物，毒性比氰化钾还高。黄曲霉毒素对动物毒性因动物种类、年龄、性别及营养状况等不同而有差异。年幼动物、雄性动物较敏感。最敏感的动物是雏鸭，其 LD_{50} 为 0.24mg/kg（表 4-50）。

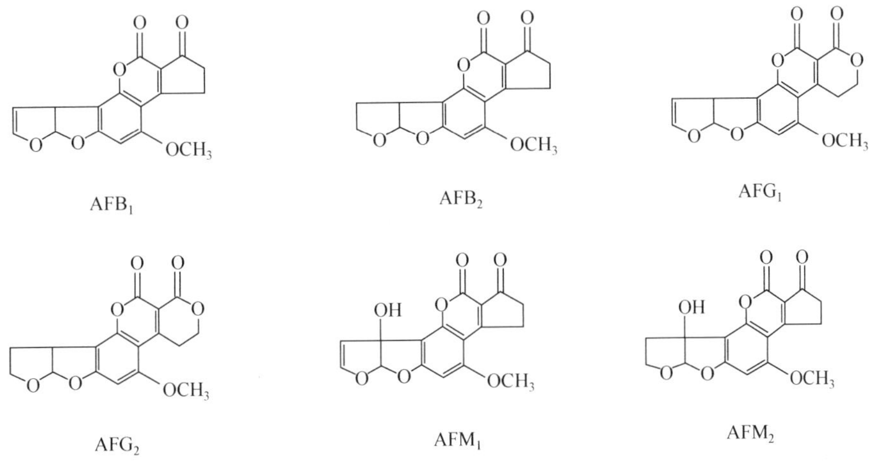

图 4-62　黄曲霉毒素化学结构

表 4-50　大鼠及其他动物的 AFB_1 的 LD_{50}（一次，经口）

动物种类	LD_{50}/（mg/kg）
新生大鼠	0.56～1.00
断乳大鼠	5.50～7.40
成年大鼠	7.20～17.90
小鼠	0.90
猫	0.55
猪	0.62
犬	1.00
鳟鱼	0.80
豚鼠	1.40
地鼠	10.20

雏鸭肝急性中毒病变具有一定特征，可作为生物学鉴定的指标。一次口服中毒剂量后，可出现：①肝实质细胞坏死，24h 可出现病变，48～72h 病变更明显；②肝细胞脂质消失延迟，鸭雏孵出后肝有大量脂质，但正常者在孵出 4～5d 可逐渐消失，而黄曲霉中毒者，脂质消退延迟；③胆管增生，中毒后 48～72h 病变明显，剂量不同增生程度有差异；④肝出血，中毒者肝出血，中毒死亡者出血更为严重。

其他组织如脾、胰等也可有病变，但不如肝明显。黄曲霉毒素对肝损伤，若是小剂量则是可逆的，如剂量过大或多次重复感染毒素，则病变不能恢复。

（2）慢性毒性。黄曲霉毒素持续摄入所造成的慢性毒性，在某种意义上说比急性中毒更有意义、更为重要。慢性中毒表现为动物生长障碍，肝出现亚急性或慢性损伤。表现为：①肝功能变化，血中转氨酶、碱性磷酸酶、异柠檬酸脱氢酶的活力和球蛋白升高，白蛋白、非蛋白氮、肝糖原和维生素 A 降低；②肝组织变化，肝实质细胞变性，坏死。胆管上皮细胞增生，纤维细胞增生，形成再生结节，猴可形成肝硬化，有些动物在低蛋白条件下可出现肝硬化；③其他症状，食物利用率下降，体重减轻，生长发育缓慢，母畜不孕或产仔少。

2）致癌性

黄曲霉毒素能引起多种动物和人发生癌症，主要是表现为诱发肝癌。实验证明，小剂量反复摄入或大剂量一次摄入均可引起癌症。黄曲霉毒素可诱发鱼类、鸟类、哺乳类和灵长类动物肝癌。但不同动物的致癌剂量差别很大，其中以鳟鱼最为敏感，用含有 15μg/kg 黄曲霉毒素 B_1 的饲料喂大鼠，68 周时 12 只雄鼠全部出现肝癌，80 周时 13 只雌鼠也全部出现癌症。黄曲霉毒素致癌性非常强，其致癌能力约为奶油黄（二甲基偶氮苯）的 900 倍，二甲基亚硝胺的 75 倍。

黄曲霉毒素不仅引发动物的肝癌，在其他部位也可引发肿瘤，如胃腺癌、肾癌、肺癌、直肠癌及乳腺、卵巢、小肠肿瘤。

黄曲霉毒素 B_1 无论在有无 S_9（大鼠肝的体外活化系统）的情况下都能使人体成纤维细胞发生程序性 DNA 合成，导致突变；黄曲霉毒素 B_1 还可使鼠伤寒杆菌 TA98、TA100 菌株和枯草杆菌发生阳性致突变反应；妊娠的鼠接触 AFB_1 可导致胎鼠畸形或死亡。另外 AFG_1 和黄曲霉毒醇也具有致突变性。

黄曲霉毒素对多种实验动物具有致癌性已为大量实验所证实，在国内外也有不少流行调查资料证实其与人类癌症，尤其是肝癌存在必然关系。在非洲和东南亚地区，尤其是在高温、高热地区，黄曲霉产毒株检出率比较高。在这些地区，黄曲霉毒素污染食品较为严重，肝癌发病率也相对较高。国内外这方面的研究资料说明 AFB_1 是人类肝癌发病的重要因素。

4.4.1.5　检测

产毒黄曲霉的检测鉴定主要是通过镜检观察霉菌的菌丝和孢子形态特征、孢子排列，以及菌落生长特征等方式进行；在鉴定出菌株的基础上再进行毒素检测，黄曲霉毒素检测方法主要包括薄层色谱法（TLC）、高效液相色谱法（HPLC）、微柱筛选法或微柱层析法、酶联免疫吸附法（ELISA）、免疫亲和柱-荧光分光光度法、免疫亲和柱-HPLC法及生物测定法等。具有法律依据的应该是GB/T 4789.16—2003检测方法。

下面主要介绍几种常用的检测方法。

1）黄曲霉毒素总量和黄曲霉毒素B_1快速检测方法

（1）免疫亲和柱-荧光分光光度法和免疫亲和柱-HPLC法：免疫亲和柱（immunoaffinity column，IAC）和免疫亲和柱-HPLC法是检测食品中黄曲霉毒素总量和黄曲霉毒素B_1的一种常用方法。黄曲霉毒素免疫亲和柱-荧光光度计法是以单克隆免疫亲和柱为分离手段，用荧光计、紫外灯作为检测工具的快速分析方法。检测限可达到1μg/kg，达到黄曲霉毒素限量值以下，测定范围为1～300μg/kg。

黄曲霉毒素免疫亲和柱-高效液相色谱法比传统的方法更安全、可靠，灵敏度和准确度高；采用单克隆抗体免疫技术，可以特效性地将黄曲霉毒素或其他真菌毒素分离出来，分离效率和回收率高。

分析原理：试样中的黄曲霉毒素用一定比例的甲醇和水提取，提取液经过过滤、稀释后，用免疫亲和柱净化，以甲醇将亲和柱上的黄曲霉毒素淋洗下来，在淋洗液中加入溴溶液衍生，以提高测定灵敏度，然后用荧光分光光度计进行定量。也可以将甲醇-黄曲霉毒素淋洗液的一部分注入HPLC中，对黄曲霉毒素B_1、黄曲霉毒素B_2、黄曲霉毒素G_1、黄曲霉毒素G_2分别进行定量分析。免疫亲和柱是用大剂量的黄曲霉毒素单克隆抗体固化在水不溶性的载体上，然后装柱而成。该方法的测定范围为1～300μg/kg。

（2）酶联免疫吸附法测定黄曲霉毒素B_1：酶联免疫吸附法具有简便、敏感、特异的特点，可作为多种抗原或抗体的定量测定。下面介绍竞争性酶联免疫吸附间接法检测黄曲霉毒素B_1。

分析原理：将已知抗原吸附在固态载体表面，洗除未吸附的抗原，加入一定量抗体与待测样品（含有待测抗原）提取液的混合液，竞争培养后，在固相载体表面形成抗原抗体复合物。洗除多余抗体成分，然后加入酶标记的抗球蛋白的第二抗体结合物，与吸附在固体表面的抗原抗体复合物相结合，再加入酶的底物。在酶的催化作用下，底物发生降解反应，产生有色物质，通过酶标检测仪测出酶底物的降解量，从而推知被测样品中抗原量。

（3）微柱筛选法：微柱筛选法可以用来半定量测定各种食品中黄曲霉毒素B_1、黄曲霉毒素B_2、黄曲霉毒素G_1、黄曲霉毒素G_2的总量。

分析原理：样品提取液中的黄曲霉毒素被微柱管内硅镁型吸附剂层吸附后，在波长365nm紫外灯光灯下显示蓝紫色荧光环，其荧光强度与黄曲霉毒素在一定的浓度范围内成正比关系。若硅镁型吸附剂层未出现蓝紫荧光，则样品为阴性（方法灵敏度为5～10μg/kg）。由于在微柱上不能分离黄曲霉毒素B_1、黄曲霉毒素B_2、黄曲霉毒素G_1、黄曲霉毒素G_2，因此测得结果为总的黄曲霉毒素含量。

2）黄曲霉毒素M_1快速测定技术

黄曲霉毒素M_1是黄曲霉毒素B_1在体内的代谢产物，一部分从尿中排出体外，一部分残留在体内，其中以乳中的残留最常见，且在乳和乳制品中黄曲霉毒素M_1在贮存和加工过程中相对稳定，不能被巴氏消毒法破坏。

下面介绍免疫亲和柱-净化荧光计测定法和免疫亲和柱净化-高效液相色谱法测定牛奶和奶粉中黄曲霉毒素M_1的含量。

（1）免疫亲和柱-净化荧光计快速测定法的测定原理：试样经过离心、脱脂、过滤后，滤液经过键合有黄曲霉毒素M_1特殊抗体的免疫亲和柱净化，此抗体对黄曲霉毒素M_1有专一性识别能力，黄曲霉毒素M_1键合在分离柱中的抗体上，用甲醇∶水（10∶90）将免疫亲和柱上杂质除去，以甲醇∶水（80∶20）通过分离柱洗脱，加入溴溶液衍生，以提高测定灵敏度。衍生化后的洗脱液于荧光光度计中测定黄曲霉毒素M_1。

（2）免疫亲和柱净化-高效液相色谱法的使用范围：适用于测定牛奶、奶粉，以及低脂牛奶、脱脂牛奶、低脂奶粉和脱脂奶粉中黄曲霉毒素M_1的含量。奶粉中的最低检测限是0.08μg/kg，牛奶中的最低检测限是0.008μg/kg。

分析原理：试样通过免疫亲和柱时，黄曲霉毒素M_1被提取。与亲和柱上含有特异性的抗体结合，形成抗体抗原复合体。停留在亲和柱上的所有样品上其他杂质用水清洗掉。然后用淋洗液将亲和柱上的黄曲霉毒素M_1洗脱下来，收集洗脱液。用带有荧光检测器的高效液相色谱仪（HPLC）测定洗脱液中黄曲霉毒素M_1的含量。

4.4.1.6 综合控制

预防黄曲霉毒素危害人类健康的主要措施，是防止黄曲霉菌及其毒素对食品的污染，并尽量减少人类摄入黄曲霉毒素的可能性。为此，根本的问题是加强对食品的防霉去毒（表4-51）。

表4-51 部分国家食品和饲料中黄曲霉毒素的最高允许量（单位：μg/kg）

国家	食品种类	AFB_1的允许量	备注
中国	玉米	20	
	花生及其制品	20	
	大米	10	国家卫生标准

续表

国家	食品种类	AFB_1的允许量	备注
中国	食用油	10	国家卫生标准
	其他食品、豆类及发酵食品	5	
	婴儿代乳食品	不得检出	
日本		0	
	所有食品	0	小鸡、小牛、小猪
	饲料	20	乳牛
		40	其他家畜、家禽
美国	一般食品	20	AF（B_1、B_2、G_1、G_2）总量
	花生食品	15	AF（B_1、B_2、G_1、G_2）总量
	带壳花生	25	AF（B_1、B_2、G_1、G_2）总量
法国		0	
	食品	50	绵羊、山羊、成年羊
	饲料	20	成年猪、鸡、乳牛
		0	其他家禽

食品防霉：防霉是预防食品被黄曲霉毒素及其他霉菌毒素污染的最根本的措施。最主要的防霉措施是控制温度和湿度，即粮食油料和其他食品中的水分和粮食储存环境中的湿度和温度。对粮食油料的防霉工作要从田间做起，粮粒如迅速降至安全水分以下而粮库的湿度又低，则粮食在储存过程中将不会发霉。各种粮粒的安全水分不尽相同，一般粮粒含水量在13%以下，玉米在12.5%以下，花生仁在8%以下。霉菌不易繁殖的水分称为安全水分。影响霉变的三个主要因素是温度、湿度和氧气，如能有效控制三者之一既可达到防霉目的。但一般情况下，主要是粮食收获后迅速降低粮粒水分至安全水分以下，采用机械烘干是最有效的防霉措施。

去毒：粮食被黄曲霉污染并产生毒素后，应设法将毒素破坏或去除。由于黄曲霉毒素耐热，一般烹调加工温度达不到去毒的目的。去毒的方法主要有挑选霉粒法（多用于玉米和花生）、碾轧加工法（多用于玉米和大米）。去毒即去除含毒较高的米糠和玉米的谷皮及胚部和植物油。加碱去毒法（用于植物油），因为在碱性条件下，黄曲霉毒素的内酯环被破坏，形成易溶于小香豆素的钠盐，再用水将毒素洗掉。除此之外，也可在含毒植物油中加入活性白陶土或活性炭等吸附剂来吸附毒素，或在淘洗大米时用力搓洗，弃去悬浮物，均可达到去毒的目的。其他去毒的方法还有加氨、紫外照射、有机溶剂提取等方法，也有人试探用生物降解毒素方法，也能取得一定效果。

制定食品中黄曲霉毒素最高允许量标准：限制各种食品中黄曲霉毒素含量，也是防止毒素对人体危害的一项重要措施。1966年，世界卫生组织、联合国粮食与农业组织和国际儿童福利基金会联合制定了食品中黄曲霉毒素的最高允许量为30μg/kg，1970年世界卫生组织决定降至20μg/kg，1975年降至15μg/kg。国际上制定的粮食中最高含量标准总趋势在逐渐降低，各国根据不同的情况，对不同种类粮食和饲料中的黄曲霉毒素的最高标准做出不同的规定。

4.4.2 赭曲霉（*Aspergillus ochraceus*）及赭曲霉毒素

赭曲霉又称棕曲霉，其毒素又称棕曲霉毒素。棕曲霉属于棕曲霉群，为半知菌纲、壳霉目、杯霉科。常寄生于谷类，特别是在贮藏中的高粱、玉米及小麦麸皮上。

4.4.2.1 食品卫生学意义

赭曲霉菌主要侵染玉米、高粱等植物性谷物，并产生赭曲霉毒素A。瑞典、法国、英国、波兰等国均从饲料或谷物中分离出了赭曲霉毒素。实验地食入含赭曲霉毒的饲料，于各种组织内（肾、肝、肌肉、脂肪）均可检出残留毒素。在瑞典有25%、丹麦有35%的宰猪场，发现猪肾中有赭曲霉毒素A的残留，含量为2～104μg/kg，肌肉组织中残留达30μg/kg。另外，在花生、胡椒、火腿、鱼制品、棉籽、咖啡、香烟等中都分离出产毒的赭曲霉菌，赭曲霉菌能在小麦、裸麦、稻米、荞麦、大豆及花生上生长并产毒，赭曲霉毒素A最高污染含量达631.7μg/kg。丹麦1986～1992年共检测各种污染谷物721份，裸麦受污染情况最严重，其毒性作用主要为肝、肾毒性作用，引起变性坏死等病理变化，毒素引起肾病的人死亡率可达22%。阿尔及利亚及突尼斯的人类肾病与摄入赭曲霉毒素量的增加有关，所造成的肾损伤主要表现为肾缩小、肾间质纤维化、肾小管变性及皮质上部的肾小球透明变性。保加利亚的泌尿系统肿瘤高发生率与肾病有关，包括肾盂癌、输尿管癌等。南斯拉夫的地方肾病一部分（12.8%）与包括谷物、玉米和猪肉等食品有关，猪肉中的赭曲霉毒素 A 含量为 5μg/kg，而猪肾中达 27μg/kg。

4.4.2.2 形态特征与培养特性

1）形态特征

分生孢子头幼龄时为球形，老后分裂为 2～3 个分叉，其整体直径为 750～800μm。分生孢子梗一般长为 1～1.5mm，直径为 10～14μm，呈明显的黄色，壁厚，极粗糙，有明显的麻点。顶囊呈球形，壁薄，无色，直径 30～50μm。小梗覆盖于全部顶囊，密集而生，属双层小梗系，大小不一，多为（15～20）μm×（5～6）μm。分生孢子着生在小梗上，呈链状球形，一般直径为 2.5～3μm。多数菌产生菌核，呈乳酪色、淡黄色、淡红色等。产生菌核的菌系分生孢子头较少。有些菌系不产生菌核，但产生的分生孢子头甚多（图 4-63）。

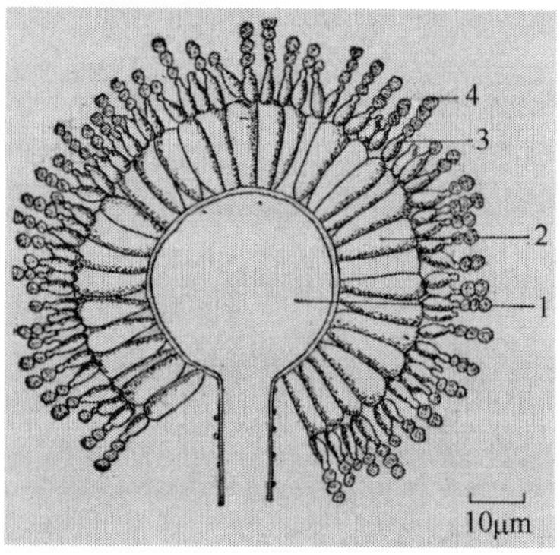

图 4-63 赭曲霉分生孢子头

1. 顶囊；2. 梗基；3. 瓶梗；4. 分生孢子

2）培养特性

本菌在察氏琼脂培养基上菌落生长稍局限，室温培养发育较慢，于 24～26℃培养 10～14d，菌落直径 3～4cm，菌落硫黄色、米黄色至褐色，表面绒状，反面带黄褐色至绿色。通常扁平或略有皱纹，有时或多或少地在边缘形成环带，褐色或浅黄色。基质中菌丝无色或具有不同程度黄色或紫色。微具蘑菇气味（图 4-64）。

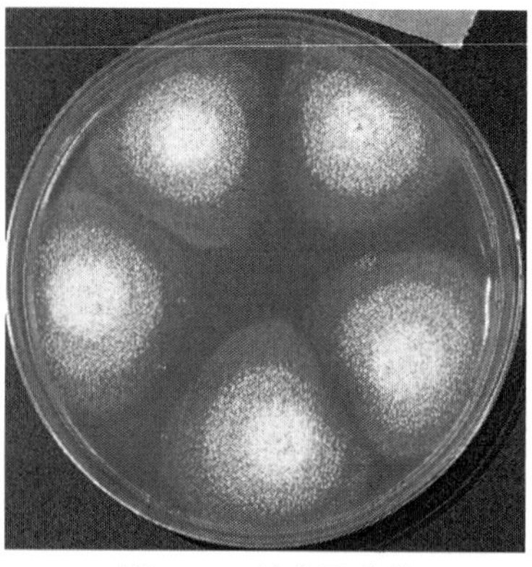

图 4-64 赭曲霉菌落

4.4.2.3 毒素

赭曲霉毒素（Ochratoxin，OA）因其结构不同，又可分为赭曲霉毒素 A、赭曲霉毒素 B 两组，A 组毒性较大。产生毒素的适宜基质是玉米、大米和小麦，培养适宜温度是 20～30℃，在 30℃和水活性值，即微生物作用物，如谷物、食品、溶液或培养基中的水分，A_w = 0.953 时产毒最多，在 15℃时要求水活性值为 0.997。赭曲霉毒素含 7 种结构类似化合物。1969 年，美国首先在 183 份市售玉米样品中检出赭曲霉毒素 A，含量为 110～150μg/kg，以后各国在大麦、小麦、咖啡、花生、棉籽、发霉饲料、干豆、胡椒、鱼制品、火腿等中都检出了赭曲霉毒素 A。在我国调查的 130 份不同种类粮食和食品中，共检出阳性为 8 份，其中小麦 5 份，最高达 1000μg/kg；玉米 2 份，最高含量为 80μg/kg；黄豆 1 份，最高含量为 66μg/kg。

赭曲霉毒素是由赭曲霉、硫色曲霉（*A. sulphureus*）、蜂蜜曲霉（*A. mellous*）及青霉属的鲜绿青霉（*P. viridicatum*）、徘徊青霉（*P. palitans*）和圆弧青霉（*P. rubrum*）等真菌产生的一类毒素。赭曲霉毒素 B 除了可以由赭曲霉毒素 A 衍生外，还可由红色青霉（*P. rubrum*）产生，而鲜绿青霉在 5～10℃即可产生赭曲霉毒素 A。

淡黄褐曲霉（*Aspergillus alutaceus*）和淡黄褐曲霉淡黄褐变种（*Aspergillus alutaceus* var. *alutaceus*）也能产生赭曲霉毒素，红、黄、赭、白色变种中以白色变种产毒最高。

赭曲霉毒素 A 纯品为无色结晶，其分子式为 $C_{20}H_{12}O_6NCl$（图 4-65），相对分子质量为 403，熔点为 94～96℃，易溶于氯仿、甲醇、乙烷、苯及冰醋酸等有机溶剂，微溶于水。赭曲霉毒素 A、B、C 三种的差异在于赭曲霉毒素 B 是赭曲霉毒素 A 的氯原子被氢原子取代，赭曲霉毒素 C 是赭曲霉毒素 A 的乙酯化合物。已发现的赭曲霉毒素有 5 种衍生物，依毒性强弱，依次为 A、C、B、α、β，在紫外线下呈蓝色荧光。赭曲霉毒素是异香豆素环与苯丙氨酸相连接的一种化合物，在异香豆素环上有一个羟基和一个氯原子。赭曲霉毒素 A 的水解产物 α 的毒性明显降低，构象关系表明异香豆素环上酚性羟基对赭曲霉毒素 A 的毒性是至关重要的。当粮食中的产毒菌株处于 28℃的温度时，产生的赭曲霉毒素 A 含量最高，在温度低于 15℃或高于 37℃时产生的毒素极低。

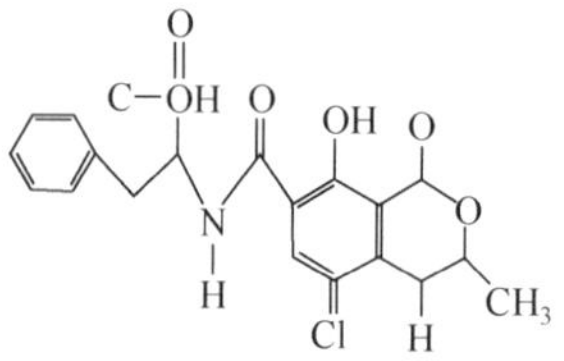

图4-65 赭曲霉毒素 A 的化学结构式

4.4.2.4 致病性

赭曲霉毒素具有较强的肾毒性和肝毒性，还可导致肺部病变。慢性接触可诱发鼠的肝、肾肿瘤。赭曲霉毒素A对大鼠经口LD_{50}为32～46mg/kg，一日龄大鼠为3.7mg/kg，一日龄雏鸭每只为25ng，一般雏鸭为150μg，对猴的LD_{50}为32～46mg/kg。

赭曲霉毒素A污染饲料后可引起猪和家禽肾炎，呈地方病流行，死亡率较高。另外，毒素A与人慢性肾病有关。巴尔干肾病主要发生在前南斯拉夫、罗马尼亚和保加利亚等某些地区，呈地方性，主要沿着溪谷的村庄发生，某些地区的死亡率高达22%，在多发地区居住10～15年以上的人易患该病。给猪食入赭曲霉毒素A后，肾病变、肾功能改变、病理变化与巴尔干肾病极其相似，而且流行地区的食品中赭曲霉毒素A的含量高于非流行地区。

4.4.2.5 检测

赭曲霉菌落一般为棕黄色，有时产生紫色菌核，分生孢子梗上生出为粉红色的两列小梗，壁为黄色。分生孢子光滑，多为球形至椭圆形。

赭曲霉毒素A检测方法有薄层色谱法、高效液相色谱法、酶联免疫吸附法、免疫亲和柱-荧光法、免疫亲和柱-高效液相法等。下面主要介绍薄层色谱法、高效液相色谱法和酶联免疫吸附法。

1）薄层色谱法

原理：用三氯甲烷、磷酸或石油醚、甲醇/水提取样品中的赭曲霉毒素A，样品提取液经净化、浓缩、薄层展开后，在波长365nm紫外光下产生黄绿色荧光，根据其在薄层板上显示的荧光与标准比较测定含量。

2）高效液相色谱法

原理：用三氯甲烷和磷酸提取样品中的赭曲霉毒素A，样品提取液经净化、浓缩、液-液分配后，OA进入碳酸氢盐的水溶液中，经C_{18}柱提取，用荧光检测口杯-反相液相色谱测定，以形成赭曲霉毒素甲酯方法进行确定。

3）酶联免疫吸附法

原理：直接法是将已知抗原固定在固相载体表面，洗除未吸附的抗原，加入一定量的酶标记抗体与样品（含抗原）提取液的混合液，竞争温育后，在固相载体表面形成抗原-抗体-酶复合物。洗除多余部分，加入酶的底物在酶的催化作用下，底物发生降解反应，产生有色物质，通过酶标检测仪，测出酶标底物的降解量。间接法是将已知抗原吸附在固相载体表面，洗除未结合抗原，加入一定量抗体与待测样品（含抗原）提取液的混合液，竞争温育后，在固相载体表面形成抗原抗体复合物。洗除多余抗体成分，然后加入酶标抗球蛋白二抗复合物，与吸附在固体表面的抗原抗体复合物相结合，再加入酶底物，在酶催化作用下，底物发生降解反应，伴随颜色产生，从而推知被测样品中的抗原量。

4.4.2.6 综合控制

同黄曲霉。

4.4.3 烟曲霉（*Aspergillus fumigatus*）及烟曲霉毒素

4.4.3.1 食品卫生学意义

烟曲霉为半知菌纲、壳霉目、杯霉科、烟曲霉属，广泛分布于自然界，常存在于禽舍的地面、垫草和发霉谷物中。人和动物因大量吸入其孢子或误食烟曲霉污染的食物而中毒。烟曲霉在玉米、大麦、小麦等粮食中常见，可寄生于人及动物的肺内，发生肺结核样症状，引起人的死亡。动物试验证明，给20g小白鼠腹腔内注射烟曲霉毒素4mg，30min死亡；腹腔局部皮下注射200mg引起局部坏死，肾皮质坏死，肺支气管炎症，在肺、肝可形成肉芽肿。

4.4.3.2 形态特征与培养特性

烟曲霉由孢子和菌丝构成（图4-66）。分生孢子球形或近球形，细刺，大部分直径为2.5～3.0μm。分生孢子头短柱状，长短不一，最长可达400μm，直径为50μm。分生孢子梗短、光滑，可长达300μm，直径5～8μm，常带绿色。菌丝分枝分隔，接触培养基的菌丝分化成厚壁的足细胞，在足细胞上生长出直立的分生孢子柄，分生孢子柄顶端膨大形成烧瓶状顶囊，直径20～30μm，绿色。小梗单层，生于顶囊上部，密集，一般为（6～8）μm×（2.5～3.0）μm。菌落生长迅速，绒毛状或呈一定的絮状，暗绿色，老后变得更深，反面无色或带黄褐色。

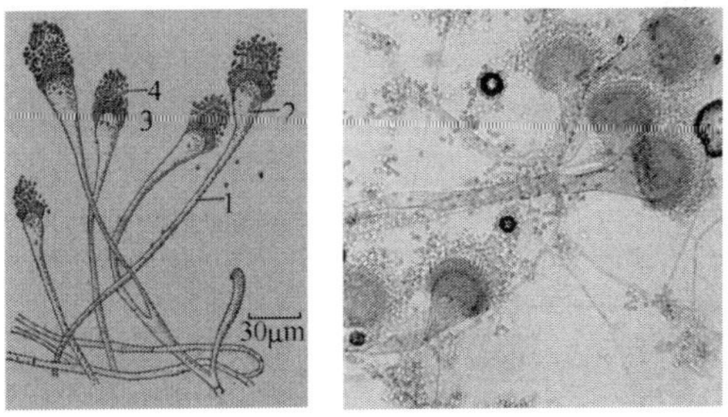

图4-66 烟曲霉

1. 分生孢子梗；2. 顶囊；3. 小梗；4. 分生孢子

在沙堡劳葡萄糖琼脂、血琼脂等培养基上25～37℃培养，能迅速生长。菌落初期为白色绒毛状或棉花样丝状菌落，随着培养时间的延长，菌落颜色变为绿色、暗墨色，以致接近黑色丝绒状。嗜高温，45℃或更高温度生长茂盛。察氏培养基上菌落生长旺盛，有些菌株的菌落呈绒毛状或直立的气生菌丝丰富，最初产生白色分生孢子头，或微带蓝色，有的呈绿色；老龄菌落则呈黑褐色；基质不着色或呈黄色，老龄菌落可呈暗红色（图4-67）。

烟曲霉菌分生孢子对外界理化因素作用有较强抵抗

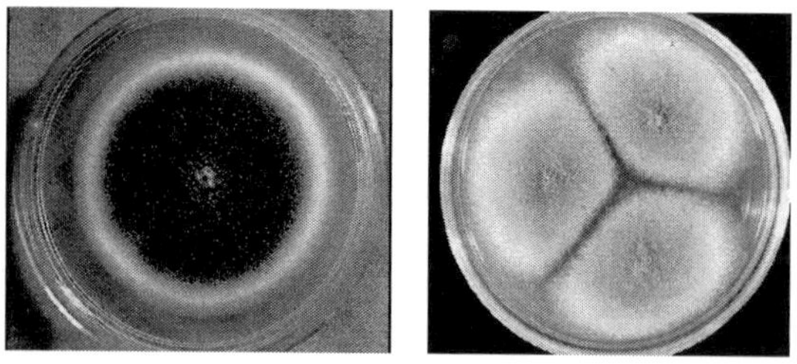

图 4-67 烟曲霉菌落

力，煮沸 5min 后被杀死，一般消毒液要经 1～3h 作用方能灭活分生孢子。

4.4.3.3 毒素

烟曲霉可产生烟曲素醌（fumigatin）、烟曲霉素（fumigallin）、TR-2、烟曲霉酸（fumigacin）和烟曲霉震颤素（fumitremorgins，FT）等。烟曲霉震颤素主要由烟曲霉产生，是一系列毒素，包括 A～N 种，其中最重要的为 A、B、C 三种，对实验动物有较强毒性，结构类似的震颤性真菌毒素还有疣孢青霉原和 TR-2 毒素等。费氏新密丝明孢曲霉（*Sartorya*）的培养物中分离出 FTA 和 FTB。产生该毒素的菌还有焦曲霉（*A. ustus*）、羊毛状青霉（*P. lanosum*）、鱼肝油青霉（*P. piscarium*）、丛簇曲霉（*A. caespitosus*）、微紫青霉（*P. janthinellum*）和短密青霉（*P. brevi-compactum*）。

烟曲霉产毒培养基多选用天然培养基，如大麦、玉米和小麦等。除天然培养基外，人工合成培养基中某些组分的添加与否对毒素产生至关重要。例如，在培养基中添加 L-色氨酸就可以显著地促进 FTB 的产生。国内刘江等在产毒培养过程中选用高低温交替培养的方法也可以促进 FTB 的产生。

FT 被认为与串珠霉症（moniliosis）、燕麦草蹒跚症（ryegrass sragger）和伐木工人病（woodtrimmer disease）等有关。燕麦草蹒跚症是大批（群）放牧的马、牛、羊、鹿等家畜大量摄入燕麦草后出现剧烈神经症状，包括震颤、共济失调、对外界刺激高度敏感、强直性痉挛等。轻者可恢复，重者导致死亡。伐木工人病是大量摄入高浓度气源性孢子后引起的人类过敏性肺炎，急性症状包括发烧、震颤、咳嗽、呼吸困难，一般在接触 4～8h 发病，24h 恢复，反复接触可导致慢性症状，如进行性呼吸困难和肺纤维化。

FTA 和 FTB 对小鼠、大鼠、蟾蜍、猪、羊等都能引起强烈的痉挛。小鼠腹腔注射引起痉挛的 ED_{50} 为 FTA 177μg/kg，FTB 为 3500μg/kg。小鼠静脉注射 FTA 的 LD_{50} 为 185μg/kg。随着剂量的增加和实验时间的延长，实验动物可出现震颤、阵发性痉挛、体位呈袋鼠状。强直性肌肉痉挛，直至死亡。

4.4.3.4 检测和控制

菌落蓝绿和产生柱形分生孢子，一列蓝色小梗，分生孢子柄上有泡囊。菌落反面为蓝到黑色。

毒素常采用 TLC 和 HPLC 方法进行检测。TLC 检测中常用的展开剂为苯-丙酮，显色剂为 10%硫酸。烘烤 15～20min，紫外灯下观察。HPLC 方法采用 C_{18} 反相色谱柱，流动相为乙腈-水或甲醇-水，紫外检测器 225nm 或 278nm。

控制措施基本同黄曲霉。

4.4.4 杂色曲霉（*Aspergillus versicolor*）

4.4.4.1 食品卫生学意义

杂色曲霉为半知菌纲、壳霉目、杯霉科，广泛分布于自然界，空气、土壤、腐败的植物体和贮存的粮食，如大米、玉米、小麦、白面、红薯干、花生和面粉等中都曾分离到杂色曲霉。可通过污染的食品使人发生中毒，引起人及动物的急性毒性、慢性毒性和致癌性。损伤肝、肾，导致肝、肾坏死。杂色曲霉素能转变成黄曲霉毒素 B_1。在我国少数地区的粮食中占一定比例，如某省杂色曲霉占霉菌总检出率的 52.4%。

4.4.4.2 形态特征与培养特性

本菌形态如图 4-68 和图 4-69 所示，分生孢子头呈粗糙半球形、放射状，直径 100～125μm，有不同颜色，但一般为绿色或蓝绿色。分生孢子梗无色或略带黄色，

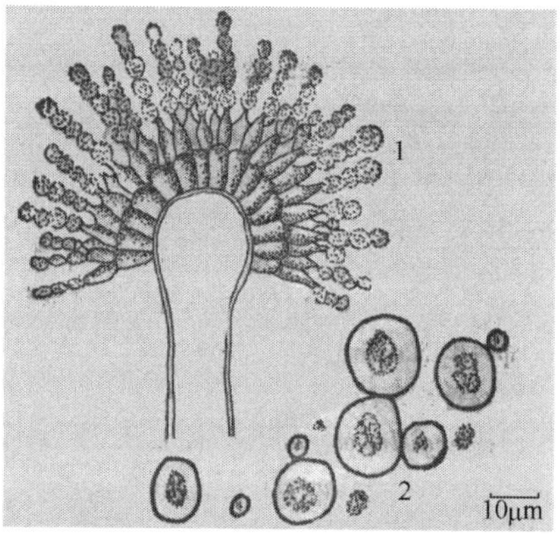

图 4-68 杂色曲霉的分生孢子

1. 分生孢子头；2. 壳细胞

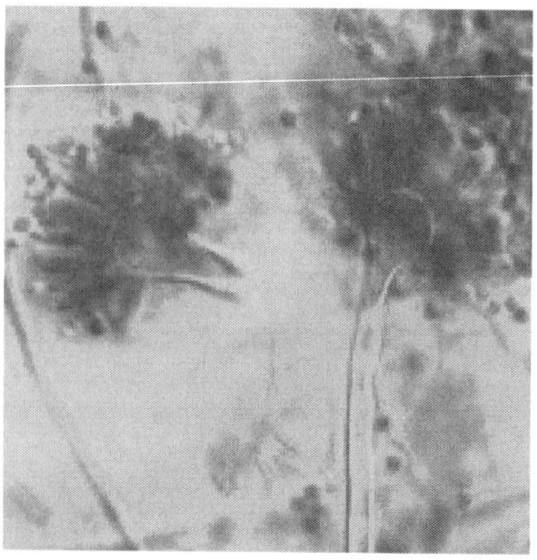

图 4-69 杂色曲霉

一般为绿色或蓝绿色，壁厚，光滑，长的可达 500～700μm，直径 12～16μm，直或弯曲。顶囊半椭圆形至半球形，顶囊上生有双层小梗，小梗双层，梗基（5.5～8）μm×3μm，着生于顶囊上半部 3/4 处；瓶梗（5～7.5）μm×（2～2.5）μm。分生孢子具有小刺、呈链状着生，直径为 2.5～3μm。无菌核，有些菌株可产生球形壳细胞。

在察氏培养基上生长较慢，菌落生长局限，于 24～26℃培养两周，菌落直径为 2.0～3.0cm。呈绒毛状、絮状或两者同时存在，中心部分较高，形成放射状的皱纹。颜色变化很大，不同菌株可呈黄绿-黄-橙黄，深绿-灰绿，浅黄，粉红色。背面从无色至黄色、玫瑰色、粉红色至紫红色。检测时要注意与聚多曲霉的菌落区别，聚多曲霉菌落多呈蓝绿色，并以带蓝色为其特点，而杂色曲霉菌落多呈绿色而不带蓝色。

4.4.4.3 毒素及致病性

杂色曲霉素是 1954 年从杂色曲霉菌丝中首次分离到的，也是第一个被发现的含有双氢呋喃苯并呋喃系统的天然产物。直到 AF 的强烈毒性和致癌性发现后，因其结构与 AFB_1 很相似，才引起足够的重视。

产生杂色曲霉素的菌种有杂色曲霉（*Aspergillus versicolor*）、构巢曲霉（*A. nidulans*）、焦曲霉（*A. uslus*）、端芽离蠕孢曲霉（*Bipolaris sorokininana*）和鲜绿青霉（*Penicillium viridicarum*）等。现已发现有 20 多种曲霉能够产生杂色典霉素，在杂色曲霉和构巢曲霉中产毒株占 80%以上，而且产毒量很高。端芽离蠕孢曲霉是植物致病菌，一般很少引起人的感染，偶有感染皮肤的状况。

有人在玉米上接种杂色曲霉，27℃经 21d 培养每千克可得杂色曲霉素 1.2g 以上，产毒素明显高于黄曲霉。有人从 100g 干的杂色曲霉菌丝中提到出 1.3g 毒素。

杂色曲霉素的纯品为淡黄色针状结晶，分子式为 $C_{18}H_{12}O_6$（图 4-70），熔点为 246℃，耐高温，在 246℃才裂解。易溶于氯仿、吡啶和二甲基亚砜等有机溶剂，不溶于水及强碱性溶液，在紫外光下呈橙黄色荧光。在酸性条件下，甲醇和乙醇均可与杂色曲霉素的己烯醚基反应而分别生成双氢甲氧基杂色曲霉素和双氢基杂色曲霉素。本菌还可产生圆弧偶氮酸，也有致癌性。

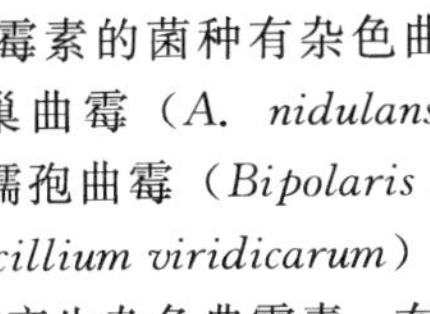

图 4-70 杂色曲霉素的化学结构式

杂色曲霉素和去甲基杂色曲霉素具有急性、慢性毒性和致癌性，主要损伤肝、肾。杂色曲霉素对大鼠的 LD_{50} 雄性为 166mg/kg（经口），50mg/kg（静脉注射，溶剂为二甲基甲酰胺），雌性为 120mg/kg（经口），65mg/kg（静脉注射）；对小鼠 LD_{50} 为 800mg/kg（经口）以上，对猴 LD_{50} 为 32mg/kg（腹腔注射）。

喂大鼠含 100mg/kg 杂色曲霉素饲料，经 16 周，可见肝病变和再生，随后肝内可发现再生性结节，肝细胞多形性及胆管增生等病理变化，与莫桑比克人类肝炎相似。

Ames 试验、DNA 损伤修复试验、微核试验、姊妹染色体交换试验等一系列的生物学短期试验证实了杂色曲霉素具有强致突变性和遗传毒性，且所诱发的肿瘤种类繁多。

杂色曲霉素引起的病症主要是肝、肾实质器官的坏死。可引起实验动物的肝癌、肾癌、皮肤癌、肺癌，以及其他肿瘤，其致癌性仅次于 AF。去甲基杂色曲霉素也具有致癌性。

4.4.4.4 杂色曲霉检测及毒素测定方法

菌落暗绿色，但经常有较高的菌丝，菌丝也经常出现各种颜色。菌落反面紫色，分生孢子梗上有两列小梗，光滑；无色，有小泡囊，分生孢子略粗糙。

杂色曲霉素的危害性大于黄曲霉毒素。目前，杂色曲霉的检测方法有薄层层析法（TLC）、气相色谱法（GC）、气质联用法（GCMS）和高效液相色谱法（HPLC）。下面主要介绍薄层色谱法测定杂色曲霉素。

1）原理

样品中的杂色曲霉素经浸取、净化、浓缩、薄层展开后，用三氯化铝显色，再经加热产生一种在紫外光下显示黄色荧光的物质。根据其在薄层上显示的荧光，确定样品中杂色曲霉素的含量。

2）薄层层析

（1）点样：上述挥干物用苯或氯仿溶解后，配成苯或氯仿含量为 5mg/mL 粗毒素的溶液，供薄层层析用。硅胶薄层析（10cm×10cm）2 块，临用前 105℃活化 2h；在距下端 0.3～1cm 基线上加样，每板加两个样点，第一点在距左边缘 0.8～1cm 处滴加标准液（0.4μg/mL）10μL，第二点在距左边缘 4cm 处滴加样液 8μL，然后在第二块板的样点上加滴标准液 10μL。在滴加样液时吹冷风，边吹边加。

（2）展开：用双身薄层展开。

横向展开：在展开槽内加入乙醚：正己烷：苯：氯仿：甲酸（20：60：10：10：4，*V/V/ V/V*）溶液 15mL，将上述点好的薄层板靠近左边标准点的一边从槽的斜对角位置放入展开，刚展开至板端时，取出挥干。

纵向展开：将近干的薄层板靠近标准点与样点的一边以苯：甲醇：乙酸溶液（90：8：2，*V/V/V*）15mL 展开至刚到板端时，取出挥干。

（3）显荧光：于薄层板上喷 20%三氯化铝（$AlCl_3 \cdot 6H_2O$）乙醇溶液，迅速将板放置于 80℃加热 10min，取出后立即在 365nm 波长的紫外光下观察，待薄层板冷却后再喷第二次（不需要加热），可直接观察结果。

（4）确证：第一次展开后，在样品类似杂色曲霉素的样点上，以及杂色曲霉素标准样点上，各滴加 5μL 无水三氟乙酸，用苯∶甲醇（9∶1）横向展。用 20% $AlCl_3$ 乙醇溶液喷雾，紫外线下观察有无黄色荧光光点，三氟乙酸与杂色曲霉素的反应物 R_f 值为 0.3 左右。

（5）样品定量方法：按上法测得的杂色曲霉素 R_f 值约为 0.6。如果在第一块薄层板上杂色曲霉标准品与样品中的杂色曲霉素荧光强度相当，则样品中的杂色曲霉含量为 12.5ng/g。若样品中的杂色曲霉素的荧光比标准荧光强，则可减少样液的点加量或稀释后点样，直到样品的杂色曲霉素荧光点强度与杂色曲霉素标准一致为止，计算样品中杂色曲霉素的含量，计算公式如下。

$$杂色曲霉素含量（\mu g/kg）=最低检出量 V\times D/C\times 1000/m$$

式中，D 为样液总稀释倍数；V 为与最低检出量荧光强度相当的样液点加体积数（mL）；m 为样品质量；C 为杂色曲霉标准品浓度。

本方法杂色曲霉素的最低检出量为 0.005μg。当降低到 0.002μg 尚可看到，但亮黄色发暗。

4.4.4.5 综合控制

杂色曲霉为条件致病菌，主要应该注意个人卫生，食品卫生。杂色曲霉主要存在于植物性食品上，控制措施及去毒处理参考黄曲霉。

4.4.5 寄生曲霉（*Aspergillus parasiticus*）

4.4.5.1 食品卫生学意义

寄生曲霉能产生黄曲霉毒素，其食品卫生学意义和致病性同黄曲霉毒素。除形态略有差异外，基本的生物学特性同黄曲霉。

4.4.5.2 形态特征及培养特性

本菌属黄曲霉群。分生孢子头呈疏松的放射头，直径可达 400～500μm。分生孢子长短不一，一般为 300～400μm，壁无色，显微镜观察分生孢子梗光滑或粗糙。顶端近似球形、烧瓶形或乳钵棒形，直径为 20～35μm。小梗呈一列，密集排列于顶囊的表面，无色或呈淡黄绿色。在小梗分生孢子呈链状着生，球形，周围有小的突起，孢子直径为 3.5～5.5μm。无菌核和闭囊壳（图 4-71）。

察氏培养基上生长缓慢，于 24～26℃培养 8～10d，菌落直径为 2.4～4.0cm，呈短羊毛状。菌落一般扁平或稍具有放射沟状，幼龄时带黄色，老时呈暗浊黄绿色，反面奶油色至淡褐色。渗出液很少，气味不明显。

4.4.5.3 毒素

本菌比黄曲霉更嗜干燥物质，几乎所有菌株均能产生黄曲霉毒素。寄生曲霉产生的黄曲霉毒素 G_1、黄曲霉毒素 G_2 比黄曲霉毒素 B_1、黄曲霉毒素 B_2 更多。

图 4-71　寄生曲霉菌落及分生孢子

4.4.5.4 检测及控制措施

与黄曲霉颜色相同，但没有菌核。分生孢子梗仅有一列小梗，柄仅尖部为粉红色；球形粉红色分生孢子。控制措施参考黄曲霉。

4.4.6 硫色曲霉（*Aspergillus sulphureus*）

4.4.6.1 食品卫生学意义

硫色曲霉为半知菌纲、壳霉目、杯霉科，能够产生赭曲霉毒素，其食品卫生学意义与赭曲霉一样。其毒素主要侵害肾，具有致癌、致畸和免疫毒性。

4.4.6.2 形态特征与培养特性

菌落在察氏琼脂上 25℃，7d，直径为 20～25mm，10～14d，直径为 40～60mm；质地丝绒状，微现不规则皱纹，中央稍隆起；分生孢子结构中部较密，边缘较稀；颜色为浅黄至奶油色，近于象牙浅黄色到那不勒斯黄，芥末黄或群浅黄色，偶有颜色稍深者；渗出液无色至淡褐色，大小不均，散在于菌落中；有时形成菌核，多少不等，多时影响菌落外观；菌落反面呈带绿色的紫色或脏褐色。分生孢子头疏松辐射形，直径 150～500μm，少数呈疏松短柱形，（125～250）μm×（75～100）μm；分生孢子梗生自基质，孢梗茎（250～1500）μm×（5～8.8）μm，稍弯曲，近于光滑或粗糙；顶囊球形，15～28μm，全部表面可育；产孢结构双层，梗基为（4.5～10.4）μm×（3～4）μm；瓶梗（5～8）μm×（1.8～2.4）μm；分生孢子球形或近球形，2～2.5μm，壁光滑；菌核球形或近球形，白色至奶油色，直径 700～1000μm（图 4-72）。

菌落在察氏酵母膏琼脂上 25℃，7d，直径为 38～42mm；质地线绒状至微呈絮状，特征与察氏培养基上相同；菌核较多；菌落反面淡橙黄到淡橙褐色（图 4-72）。

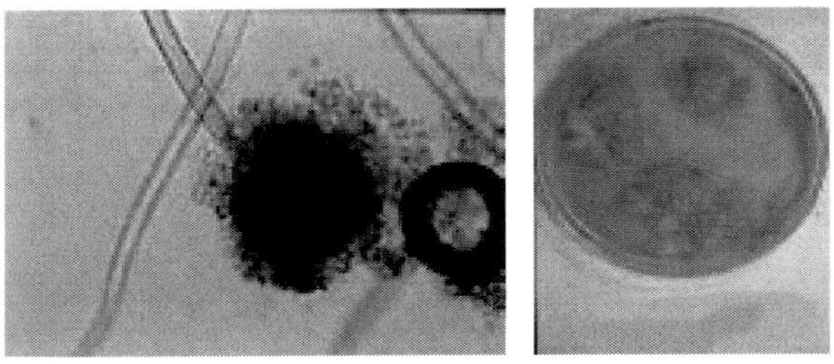

图 4-72 硫色曲霉

菌落在麦芽汁琼脂上生长较快，25℃，7d，直径为45～50mm，10～14d 直径为 60～70mm；质地为线绒状至絮状，具明显的辐射沟状；分生孢子结构多少不等，浅黄色近于浅淡黄色至奶油色；菌落反面呈黄褐色，37℃生长微弱。

4.4.6.3 毒素

硫色曲霉能够产生赭曲霉毒素，使动物和人的肝和肾发生病变，产生变性和坏死，在脾、扁桃体、胸腺和淋巴结等部位都会产生坏死性变化。

4.4.6.4 检测和控制

除了进行菌落形态区别和鉴定外，毒素及致病特性检测基本同赭曲霉。

4.4.7 棒曲霉（*Aspergillus clavatus*）

4.4.7.1 食品卫生学意义

棒曲霉为半知菌纲、壳霉目、杯霉科，霉变的苹果和其他水果都有可能产生棒曲霉毒素或展青霉素，棒曲霉毒素是一种具有致癌作用的真菌毒素，且在许多经过霉菌腐败的水果中都可以发现，而苹果最易产该种毒素，苹果原汁、各种稀释过的苹果浓缩汁及苹果酒里常常含有棒曲霉毒素。棒曲霉所产生的棒曲霉毒素是致实验动物发生肝癌的致癌物质。棒曲霉也能产生展青霉素，产毒量在 10mg/L 以上，是展青霉素的主要产毒种类。在烂梨和谷物、面粉、麦芽饲料等干性粮食等食品中存在并产毒。

4.4.7.2 形态特征与培养特性

菌落在察氏琼脂上 25℃，7d，直径为 23～30mm，12d 达 30～60mm；质地丝绒状至粉粒状，有环形及辐射形沟纹；菌丝体白色，分生孢子结构呈暗蓝绿色，近于艾绿至百合绿色，有时分生孢子区中心部出现土黄；渗出液有或无，无色或淡褐色；无明显气味，有的菌株则具强烈的腐臭；菌落反面无色或淡黄色。分生孢子头幼时为棒形，长度可达 300μm，直径可达 150μm，老后裂成几个致密的圆柱体；分生孢子梗生于基质，孢梗茎长短不一，短者 300～400μm，长者可达 3000μm，直径 20～50μm，壁较薄，光滑无色；顶端由孢梗茎顶端逐渐膨大成为棍棒形，长度可达 250μm，直径为 50～60μm；产孢结构单层；瓶梗密集着生于顶端的全部表面，一般为（8～12）μm×（2～3）μm，生于顶囊基部较为短小；分生孢子为椭圆形，（3～4.5）μm×（2.5～3）μm，壁光滑；未见菌核及有性阶段。

菌落在察氏酵母膏琼脂上 25℃，7d，直径为 35～55mm，质地丝绒状，平、薄或稍厚；分生孢子结构多，边缘较稀，呈灰蓝色，近于鼠尾草绿色至灰橄榄绿色；渗出液有或无，无色或带微黄色；菌落反面无色至淡褐色。

菌落在麦芽汁琼脂上生长较快，37℃生长。25℃，7d，直径为 30～40mm，10～12d 可达 60～70mm，平坦，质地粉粒状，分生孢子结构多，近于艾绿色，菌落反面带黄褐色（图 4-73）。

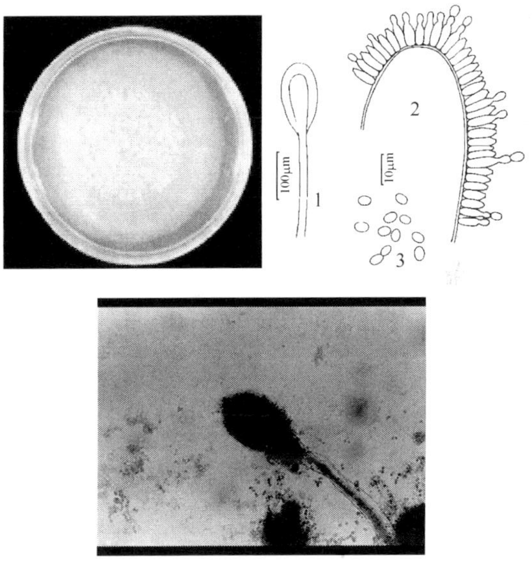

图 4-73 棒曲霉、分生孢子头和棒曲霉苯胺蓝染色

1. 分生孢子梗和分生孢子头；2. 产孢结构；3. 分生孢子

4.4.7.3 毒素

棒曲霉毒素为杂环内酮结构，也可经由其他一些青霉和某些曲霉代谢产生。棒曲霉毒素是致肝癌物质，且在许多因霉菌腐败的水果中都可以发现，而苹果最易产该种毒素。棒曲霉也能产生展青霉素（patulin），导致食物中毒，引起恶心，器官中毒（肝、肾、肺等）及胚胎毒性等。棒曲霉还能产生细胞松弛素 E、色氨酸震颤素、去甲色氨酸震颤素、脱氧色氨酸震颤素、脱氧色氨酸震颤酮等，作用机体后发生中毒。棒曲霉毒素还能引起中枢神经水肿、心肌和肝的坏死，使全身的代谢发生紊乱。

4.4.7.4 检测和控制

苹果汁易受该菌及其毒素污染，因此面临的危险很大。所以有必要规定受污染的食品中棒曲霉毒素的最大含量，从而保护公众健康。欧洲委员会在最近采纳了新措施，补充决议 466/2001，对一系列苹果类产品设定了棒曲霉毒素的最高含量限定，目前的最高含量限定是50μg/kg。

检测基本同黄曲霉，但菌落要区别清楚。

4.4.8 巨大曲霉（*Aspergillus giganteus*）

4.4.8.1 食品卫生学意义

巨大曲霉为半知菌纲、壳霉目、杯霉科，能够产生展青霉素（patulin），也称为棒曲霉素，可导致食物中毒的食品包括水果、果汁、柑橘酱，以及腐烂的苹果、梨、桃子、葡萄、榅等，在小麦、大麦、大米、发霉的面包及饲料中都曾检出有展青霉素；这种毒素除急性毒性外，还具有慢性毒性，具有致癌性。在酸性环境中展青霉素非常稳定，加热也不容易被破坏；果酒和果醋在发酵过程中能够破坏该毒素，热处理也能适当降低展青霉素的含量，但巴氏杀菌法对它无效。

4.4.8.2 形态特征与培养特性

菌落在察氏琼脂上25℃，7d，直径为28～35mm，10～12d长至40～50mm，初期平薄，而后产生大量分生孢子结构，质地丝绒状，蓝灰色，近于浅灰橄榄色，老龄后变成淡褐色，近于浅肉桂褐色；菌落置于散射光下有些分生孢子梗很长，有趋光性，在边缘处尤为显著；渗出液有或无，无明显气味；菌落反面呈现褐色，近于锈色；分生孢子梗直接生自基质，孢梗茎在菌落中部者较短，一般不超过5mm，边缘者较长，在散射光下可达10mm以上（试管培养物也可达10mm以上），直径26～40μm，壁光滑；顶囊由孢梗茎逐渐膨大形成棒状，大者可达（300～400）μm×（70～90）μm；产孢结构单层：瓶梗（9～12）μm×（2～2.5）μm，在顶囊基部者较小；分生孢子椭圆形，（3.5～4.5）μm×（2.5～3）μm，壁光滑。

菌落在察氏酵母膏琼脂上25℃，7d，直径为50～60mm，埋生菌丝超越于气生部分之外2～3mm，初期平薄，继而变厚，具不规则皱纹；分生孢子结构、颜色与察氏琼脂基本相同；无明显气味；菌落反面近于无色。菌落在麦芽汁琼脂上生长更快，25℃，7d，直径达60～70mm；质地丝绒状；分生孢子结构多，颜色与在察氏琼脂上相同；在散射部孢梗茎较长，无渗出液，菌落无色。37℃生长较差（图4-74）。

4.4.8.3 毒素和致病性

产毒菌株在5～25℃时就能产生毒素，当温度为20～25℃时，所产生的展青霉素含量最高。英国食品、消费品和环境中化学物质致突变委员会已将展青霉素划为致突变物质，FAO/WHO食品添加剂委员会（JECFA）的一份研究报告表明，展青霉素没有可再生作用或致畸作用，但是对胚胎有毒性，同时还伴随有母本毒性。

致病性：20世纪60年代末和70年代初，国外学者报道过展青霉素的毒性，展青霉素小鼠经口LD_{50}为雄性小鼠29～48mg/kg bw，雌性小鼠46.3mg/kg bw；雄

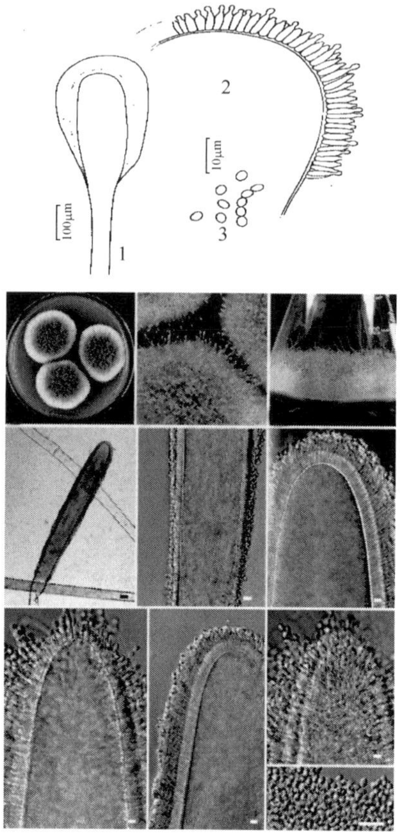

图4-74 巨大曲霉

上图：1. 分生孢子梗和分生孢子头；2. 产孢结构；3. 分生孢子；下图：CYA培养基上的菌落及各种结构图（7d，25℃）

性大鼠经口LD_{50}为30.53～55mg/kg bw，雌性大鼠为27.8mg/kg bw。

急性中毒表现为躁动、痉挛、呼吸困难、肺充血、水肿、胃肠道溃疡、充血和扩张。每日或隔日灌胃Swiss IRC雄性小鼠0mg/kg bw、24mg/kg bw和36mg/kg bw，而喂饲展青霉素14d可观察到动物体重减轻，胃肠道上皮变性，出血，胃黏膜溃疡，十二指肠有渗出物和脱屑。

4.4.8.4 检测和控制

检测基本同黄曲霉，但注意菌落的区别。控制措施主要是果汁等加工时控制毒素的产生及按国家标准控制相关食品中毒素的最高含量。

4.4.9 酱油曲霉（*Aspergillus soyae*）

4.4.9.1 食品卫生学意义

酱油曲霉为半知菌纲、半知菌亚门、杯霉科、壳霉属，能够产生赭曲霉毒素和3-硝基丙酸，食品卫生学意义同赭曲霉。酱油曲霉、节菱孢能在霉变甘蔗中产生3-硝基丙酸。品质好的甘蔗肉质清白、味甘甜；未成熟的甘蔗收割后如果储藏不当会发生霉变，霉变的甘蔗外皮失去光泽，质地较软，瓤部颜色比正常甘蔗深，一般呈酒糟味或酸霉味，这时易产生霉变和产毒。

中毒症状：霉变甘蔗含有神经毒素3-硝基丙酸，中毒后的临床症状以中枢神经系统损伤为主，一般在进食甘蔗2～8h后发病。中毒最初的临床症状为呕吐、头晕、头疼、视力障碍，进而出现眼球偏侧凝视、复视、阵发性抽搐，四肢强直、屈曲、内旋，手呈鸡爪状，大小便失禁，严重者呼吸衰竭甚至死亡。

4.4.9.2 形态特征与培养特性

在察氏琼脂上25℃，7d，菌落直径为35～40mm，12～14d达40～55mm；质地丝绒状，中部稍现絮状，具不明显的沟纹；颜色初为黄绿色，近于浅水芹绿或暗草绿色，后变深，近于雪松绿至翡翠绿色，老龄后带褐色，近于深橄榄色；菌落反面无色至微褐色。分生孢子梗大多生自基质，孢梗茎（140～1400）μm×（4.8～10.4）μm，壁光滑或有时在近顶囊处粗糙；顶囊近球形，小者棒形，13～41μm；产孢结构单层，瓶梗（6.2～12）μm×（3.6～4.8）μm；分生孢子球形或近球形，4.2～8.4μm，具粗疏小刺。

菌落在察氏酵母膏琼脂上25℃，7d，直径为60～65mm；质地丝绒状，较薄，中央有气生菌丝，具辐射状沟纹；颜色为暗草以至褐橄榄色；菌落反面无色。

菌落在麦芽汁琼脂上25℃，7d，直径为65～70mm；质地线绒状，较薄，中央絮状；颜色为暗草绿色；菌落反面无色。37℃生长良好（图4-75）。

图4-75 酱油曲霉分生孢子头及酱油曲霉菌落（察氏琼脂）

4.4.9.3 毒素

能够产生赭曲霉毒素和3-硝基丙酸，赭曲霉毒素特性如前述。非产毒株酱油曲霉和米曲霉常用于酱油等风味料的生产并作为主要发酵菌种使用，这种产物偶有发生砷中毒现象。

4.4.9.4 检测和控制

酱油曲霉从颜色和分生孢子表面特征及单层的产孢结构等方面与寄生曲霉相近，主要特征是分生孢子梗茎光滑和分生孢子具小突起，与寄生曲霉相比，颜色更暗，老后变褐，分生孢子较大及不产生黄曲霉毒素等。

4.4.10 炭黑曲霉（*Aspergillus carbonarius*）

4.4.10.1 食品卫生学意义

炭黑曲霉为半知菌纲、半知菌亚门、杯霉科、壳霉属，能够产生赭曲霉毒素，炭黑曲霉是新鲜葡萄、葡萄干、葡萄酒和咖啡中赭曲霉毒素A（Ochratoxins A，OA）的主要产生菌，是主要危及人和动物肾的有毒代谢产物，分为A、B、C、D 4种化合物，其中OA分布最广、产毒量最高、毒作用最大、农作物污染最重、与人类关系最密切，是一种强力的肝毒和肾毒，并有致畸、致突变和致癌作用。属于不常见致病菌种。

4.4.10.2 形态特征与培养特性

菌落在察氏琼脂上生长迅速，25℃，7d，直径为40～60mm，平坦；质地线绒状，有的菌株有较多的气生菌丝；分生孢子数量较多，有时在边缘处或近边缘较少，孢子头纯黑色；具少量无色渗出液或无；略有霉味；菌落反面淡黄色至黄褐色，或在中部呈黄褐至黑褐色。分生孢子头初为球形，直径100～500μm，老时分裂成几个圆柱状结构，直径达1000μm或更大；分生孢子梗发生于基质，孢子梗茎（2000～4500）μm×（20～40）μm，无色透明，老时近顶囊部分带黄色或淡褐色，壁平滑；顶囊球形或近球形，直径70～120μm，老时带褐色；产孢结构双层，梗基在一定时间范围内随菌龄的增加而增大，（20～50）μm×（5～13）μm，大者可长达80μm，老时呈褐色；瓶梗（8～15）μm×（3～8）μm；分生孢子球形、近球形，直径6～9μm，壁显著粗糙，老后呈尖疣状或疣状。文献报道偶产生菌核（图4-76）。

菌落在察氏酵母膏琼脂上生长更为迅速，25℃，7d，直径为70～75mm，平坦或在近边缘处有辐射状沟纹；质地丝绒状，有的菌株在边缘或近边缘处有较多至大量的气生菌丝；分生孢子结构多，或仅中部较多，黑色；无渗出液，无气味或轻霉味；菌落反面呈不同程度的黄褐色或中心红褐色。

菌落在麦芽汁琼脂上生长迅速，25℃，7d，直径达70～75mm，平坦；质地丝绒状或在边缘、近边缘处有

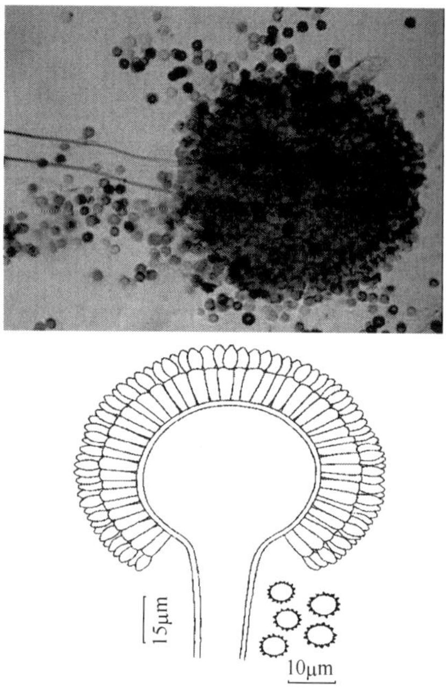

图 4-76　炭黑曲霉分生孢子头

较多的气生菌丝，分生孢子数量较多，或仅中部产生较多的气生菌丝；孢子头黑色；无渗出液、无气味或轻霉味；菌落反面呈不同程度的黄褐色。

4.4.10.3　毒素

炭黑曲霉产生赭曲霉毒素，毒素特性见赭曲霉毒素。

4.4.10.4　检测和控制

同赭曲霉。

4.4.11　佩特曲霉（*Aspergillus petrakii*）

4.4.11.1　食品卫生学意义

佩特曲霉为曲霉属真菌，能产生赭曲霉毒素，食品卫生学意义同赭曲霉。从黑色橄榄和绿色咖啡豆中分离出该菌，也能够产生青霉酸、展青霉素等。在孵出小鸭的蛋壳上也曾分离到该菌。

4.4.11.2　形态特征与培养特性

菌落在察氏琼脂上 25℃，12d，直径为 39～45mm，中心隆起，具有或不具有短辐射状沟纹，较薄，中心呈絮状，其他部分丝绒状；分生孢子结构形成较迟缓，但大量产生，微红黄色，近于肉桂淡黄色到粉红肉桂色；无渗出液；无气味，反面橙褐色到紫褐色。分生孢子头幼时放射状，直径 30～200μm，老时疏松散乱；分生孢子梗多发生于基质，少数发生于气生菌丝，孢梗茎（50～200）μm×（2.5～10）μm，直或弯曲，老时粗糙，黄或褐色顶囊球形或长形，6.0～32μm；产孢结构双层；梗基（8.0～259）μm×（3.2～8.0）μm，老时膨大，甚至球形，偶尔无梗基，瓶梗（98.0～110）μm×（2.0～2.5）μm；分生孢子一部分椭圆形，（2.8～3.5）μm×（2.0～2.8）μm；一部分球形或近球形，直径 2.5～3.2μm，壁平滑。

菌落在察氏酵母琼脂上 25℃，7d，直径为 42～45mm，具大量辐射状皱纹，中心呈絮状灰白色的凸起，其他部分丝绒状；分生孢子结构带微红浅褐色，近于淡黄褐色；无渗出液；无气味；反面紫褐色。菌落在麦芽汁琼脂上 25℃，10d，直径可达 70mm，中心凸起，其他部分平坦、薄，质地丝绒状；分生孢子带红赭黄色，近于浅赭黄色，37℃生长良好（图 4-77）。

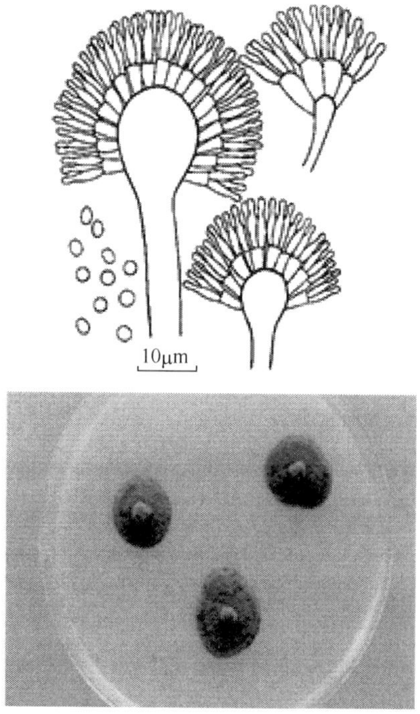

图 4-77　佩特曲霉分生孢子头和 SDA 琼脂上菌落

4.4.11.3　毒素

佩特曲霉产生的赭曲霉毒素除了潜在的遗传毒性和致癌性外，赭曲霉毒素 A 也是一种具有免疫抑制、神经毒性及致畸性的物质，属于不常见产毒菌种。

4.4.11.4　检测和控制

同赭曲霉。

4.4.12　菌核曲霉（*Aspergillus sclerotiorum*）

4.4.12.1　食品卫生学意义

菌核曲霉为壳霉目、杯霉科真菌，能产生赭曲霉毒素，常见于热带和亚热带土壤中，食品卫生学意义同赭曲霉，含过敏原。

4.4.12.2　形态特征与培养特性

菌落在察氏琼脂上 25℃，7d，直径为 30～40mm，

10～14d，直径可达50～60mm；生长速度相当慢，质地丝绒状，具不规则的皱纹；分生孢子结构生长较稀疏，浅黄色，近于那不勒斯黄至芥子黄，有的近于蜡黄或奶油浅黄色；有的菌落全面产生大量菌核或仅部分扇形区域产生大量菌核，影响菌落外观，现颗粒状；菌核初为白色，继而变成淡肉色，近于浅赭鲑色，并伴有无色至淡黄色的渗出液；菌落反面近于无色或呈极淡的褐色。分生孢子头球形至辐射形，50～500μm，球形者老后裂成几个致密的柱状体，也有少数呈疏松柱形者；分生孢子梗生自基质，孢梗茎（200～1000）μm×（6～11）μm，壁厚可达1.2μm，近于光滑中显著粗糙，黄褐色；顶囊球形或近球形10～35μmm；产孢结构双层；梗基（5～16）μm×（2～9.5）μm，瓶梗（5～11）μm×（2～3）μm，壁光滑；菌核多为球形或近球形，直径700～1500μm（图4-78）。

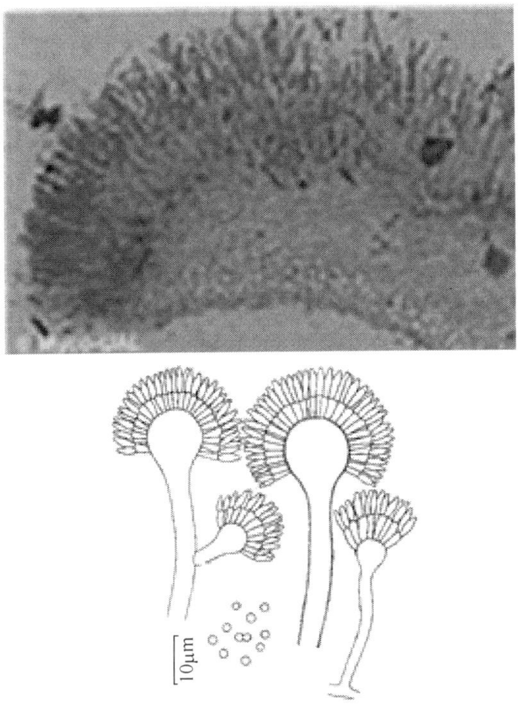

图4-78 菌核曲霉和分生孢子头

菌落在察氏酵母膏琼脂上25℃，7d，直径达40～50mm；质地丝绒状，浅黄色，近于那不勒斯黄至奶油浅黄褐色；形成菌核；菌落反面浅褐色。

菌落在麦芽汁琼脂上25℃，7d，直径为40～50mm，10～14d，直径可达65～70mm；质地絮状；分生孢子结构稀少，主要集中在菌落中央，淡黄色，近于那不勒斯黄至浅黄褐色；老后在絮状菌丝中出现大量白色菌丝团块，而后形成菌核；菌落反面淡黄色。37℃生长微弱。

4.4.12.3 毒素

能产生赭曲霉毒素，特性同赭曲霉毒素。

4.4.12.4 检测和控制

同赭曲霉。

4.4.13 孔曲霉（*Aspergillus ostianus*）

4.4.13.1 食品卫生学意义

孔曲霉为壳霉目、杯霉科真菌，产生赭曲霉毒素，也能产生黄曲霉毒素，食品卫生学意义同赭曲霉和黄曲霉，但不是常见产毒菌种。

4.4.13.2 形态特征与培养特性

菌落在察氏琼脂上25℃，7d，直径为28～32mm，10～14d，直径可达45～55mm；质地丝绒状，平薄或微皱；分生孢子结构多，赭黄色近于蜜黄至赭黄褐色；渗出液无色或黄褐色，无气味，菌落反面呈黄褐色至紫褐色。分生孢子头球形或辐射形，50～250μm，老后裂成柱状，可达500μm；分生孢子梗生自基质，孢梗茎（300～1000）μm×（7.5～13）μm，带黄褐色，壁厚1.5μm，明显粗糙；顶囊球形11～40μm；产孢结构双层：梗基（6.5～24）μm×（4～6.5）μm，瓶梗（8～14）μm×（2～2.5）μm；分生孢子稍大，椭圆形至洋梨形，（4～5）μm×（3～4）μm，少球形，3.5～4.5μm，壁粗糙，也有近于光滑者；有的菌株产生球形或近球形的菌核，650～1000μm，奶油黄色。

菌落在察氏酵母膏琼脂上25℃，7d，直径为40mm；10～14d，直径为65～75mm；质地丝绒状，稍厚，中央部分隆起，具辐射状沟纹；分生孢子数量较多，赭黄色，近于麂皮色至蜜黄色；菌落反面黄褐色。37℃生长微弱（图4-79）。

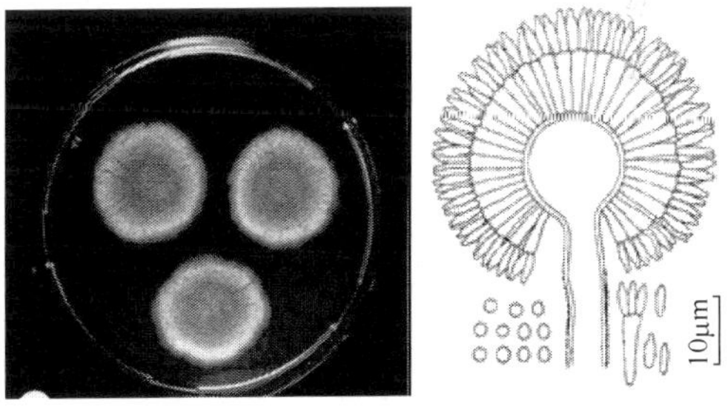

图4-79 孔曲霉菌落和分生孢子头（CZ培养基）

4.4.13.3 毒素

能够产生赭曲霉毒素和黄曲霉毒素。不是常见的产毒菌种。

4.4.13.4 检测和控制

除菌落特征外，其他类似赭曲霉。

4.4.14 蜂蜜曲霉（*Aspergillus melleus*）

4.4.14.1 食品卫生学意义

蜂蜜曲霉为壳霉目、杯霉科真菌，产生赭曲霉毒素，食品卫生学意义同赭曲霉。

4.4.14.2　形态特征与培养特性

菌落在察氏琼脂上 25℃，12d，直径为 50～56mm，气生菌丝少，边缘埋生型菌丝超越菌落面达 4～5mm；有大量的菌核而使菌落呈颗粒状，初为粉红色，后变成黄色、微褐黄色近于锑黄色，或赭黄褐色，并有光泽；分生孢子结构少，不影响菌落外观，但中心相对较多，淡黄色，近于暖浅黄色或浅赭鲑色；无渗出液；无气味；表面浅褐黄色至紫褐色。分生孢子头幼时呈放射状至球形，直径达 200μm，老时大头裂成几个柱状体，小头呈疏松的圆柱状或松散；分生孢子梗多发自气生菌丝，少发生于基质，孢梗茎（150～500）μm×（3.2～12）μm，大者直，小者弯曲，平滑或粗糙，老时均粗糙且呈褐色；顶囊球形，近球形或稍长形，直径 8～20μm，大者全部表面可育，小者 1/2 的表面或仅顶部可育；产孢结构双层；梗基（6.0～24）μm×（2.5～12）μm，瓶梗（6.0～8.0）μm×（2.0～2.5）μm，分生孢子多椭圆形，少球形或近球形，（3.0～3.5）μm×（2.2～2.8）μm，壁平滑，菌核近球形到椭圆形，（50～800）μm×（400～650）μm（图 4-80）。

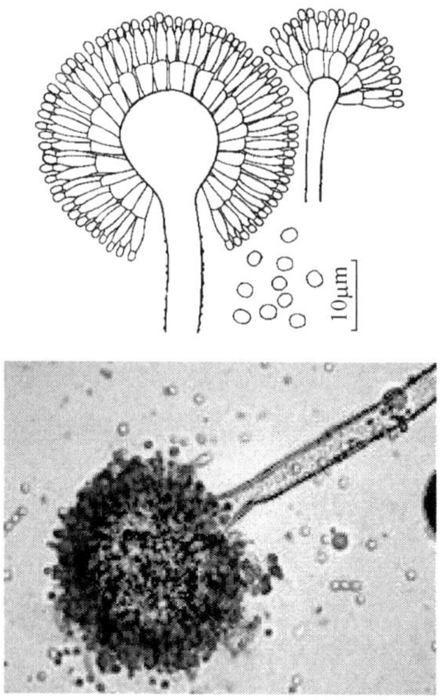

图 4-80　蜂蜜曲霉产孢结构和分生孢子

在察氏酵母膏琼脂上 25℃，7d，直径为 45～50mm，具少量放射状沟纹或平坦，中心有凸起，产生大量的菌核而呈颗粒状，红褐色，近于赭黄褐色至肉桂褐色；分生孢子结构稀少，不影响菌落外观，在中心部分相对较多，浅黄色，近于肉桂淡黄色，无渗出液，无气味；菌落反面紫红色。

菌落在麦芽汁琼脂上 25℃，12d，直径为 70mm，中部较厚，质地絮状，有较多的分生孢子结构，微褐赭黄色，近于蜜黄色；边缘分生孢子结构少，但有较多的菌核散生于基质表面，带褐赭黄色，无渗出液，具霉味，反面黄褐色。37℃生长。

4.4.14.3　毒素

产生赭曲霉毒素，特性同赭曲霉毒素。

4.4.14.4　检测和控制

参考赭曲霉。

4.4.15　洋葱曲霉（*Aspergillus alliaceus*）

4.4.15.1　食品卫生学意义

洋葱曲霉为壳霉目、杯霉科真菌，从土壤、仙人掌、果树核、坚果、无花果、洋葱和大蒜中分离到，产生赭曲霉毒素，特性同赭曲霉毒素，并不是常见产毒菌种。

4.4.15.2　形态特征与培养特性

菌落在察氏琼脂上 25℃，7d，直径为 40～50mm，10～14d，直径可达 50～70mm；质地絮状，白色，中央部分稍现皱纹；有大量类似菌核样的子座形成，表生，初为白色，很快变成暗褐色至黑色；分生孢子结构生长稀疏，淡黄褐色，初为锶黄至蜡黄色，后呈蜜黄色；无色的渗出液伴随子座而形成；菌落反面无色至淡黄褐色。子座形状大小不一，近球形者一般 500～1000μm，长形者（1000～3000）μm×（500～1300）μm，直立，其内形成几个闭囊壳，成熟迟缓，一般需要几个月的时间，有的则不能成熟，始终保持菌核样；闭囊壳球形或近球形，53.0～300μm，褐色；子囊球形或近球形，15～20μm，子囊孢子无色，椭圆形，（5～9）μm×（4～7）μm，壁光滑，赤道部分具有明显的浅沟。分生孢子头初为球形，150～300μm，老后裂成几个致密的柱状体，可达 500～800μm；分生孢子梗生自基质或气生菌丝，孢子梗茎长短不等，一般（800～2300）μm×（8～14）μm，少数可达 4000μm，稍带黄色，壁光滑；顶囊球形或近球形，直径一般 40～80μm；产孢结构双层，梗基（8～15）μm×（3～5）μm，瓶梗（6～12）μm×（1.5～2）μm；分生孢子球形或近球形者直径 2.5～3μm，椭圆形者（3.2～4）μm×（2.5～3）μm，壁光滑。

菌落在察氏酵母膏琼脂上 25℃，7d，扩及全皿，质地厚，絮状；分生孢子结构较稀，浅黄褐色，近于粉褐色；菌核样子座，初为白色，后呈黑色，分而不均匀，有时伴有无色渗出液；菌落反面具不规则的辐射状皱纹，稍带淡褐色，生子座处呈黑色斑点。

菌落在麦芽汁琼脂上 25℃，7d，扩及全皿，质地絮状生在大量而稀疏分布的菌核样子座，初为白色，迅速变成黑色或赭褐色；菌落反面淡黄褐色。37℃生长良好（图 4-81）。

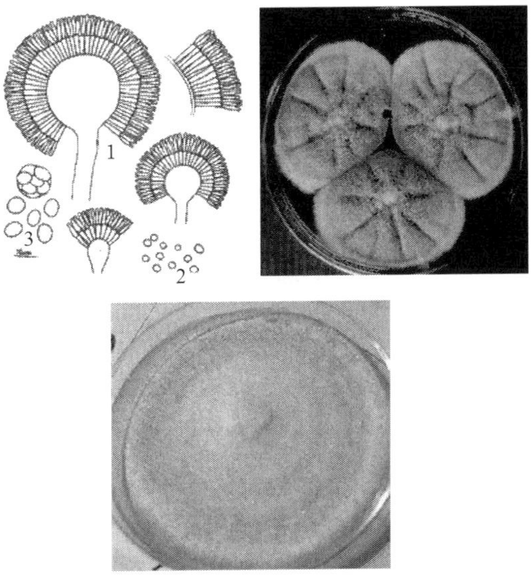

图 4-81 洋葱曲霉分生孢子头和菌落
1. 产孢结构；2. 分生孢子；3. 子囊和子囊孢子

4.4.15.3 毒素

产生赭曲霉毒素，特性同赭曲霉毒素。并不是常见产毒菌种。

4.4.15.4 检测和控制

参考赭曲霉。欧洲国家限制咖啡和食品中的赭曲霉毒素 A，一些情况下严格控制在 5μg/kg（5ppb）。

4.4.16 黑曲霉（*Aspergillus niger*）

4.4.16.1 食品卫生学意义

黑曲霉为半知菌亚门、半知菌纲、壳霉目、杯霉科真菌，是环境中常见的霉菌，广泛分布于土壤和植物中，也常见于一些污染的食品中。常在器皿、谷物、水果和蔬菜中分离到。其 A_w 为 0.77，最适水分活性＞0.97，是人的已知过敏原，通常见于继发细菌感染后，引起人肺部疾病和免疫缺陷的患者感染。能够产生赭曲霉毒素，其食品卫生学意义同赭曲霉。非产毒黑曲霉菌种广泛地应用于食品、饲料的发酵加工，是常用的工业用菌种。原来以为黑曲霉不是一种主要的产毒菌种，但最近的研究发现在一些食品上黑曲霉可能是主要的产毒菌种。例如，在酒、葡萄干和咖啡等食品中产生真菌毒素——赭曲霉毒素主要由该菌产生。产毒种和非产毒种形态上无法区分。

4.4.16.2 形态特征与培养特性

分生孢子梗长 200～400μm，也有长达几毫米者，宽 10～20μm，壁厚而光滑，无色或分生孢子梗上部略带黄色。顶囊呈球形或近球形，直径 45～75μm，无色或带黄褐色。顶囊表面凸凹不平。小梗为双层结构，密生于顶囊全部表面，呈放射状，褐色。梗基 400～500个，一般（20～30）μm×（5～6）μm，长者可达 60～70μm，宽 8～10μm，有时具横隔；瓶梗较短，（7～10）μm×（3～3.5）μm。分生孢子呈球形，直径 4～5μm，表面因褐色色素沉积于内壁和外壁之间，呈短柱状或块状，表面极度粗糙。分生孢子头幼龄时球形，无色，逐渐呈放射状或裂成几个放射状的柱形物，直径为 700～800μm，褐黑色。有些种产生菌核，从不定形到圆形，白色，直径约 1mm（图 4-82）。

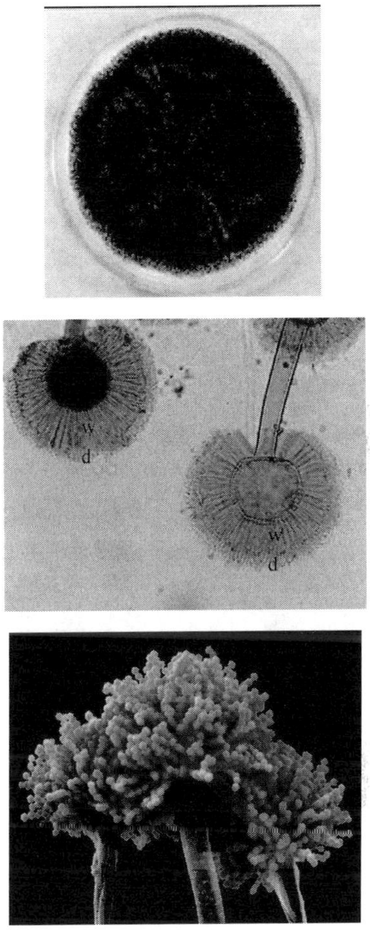

图 4-82 黑曲霉菌落及分生孢子头

4.4.16.3 毒素

产生赭曲霉毒素，致病性同赭曲霉毒素。

4.4.16.4 检测和控制

菌落具有较明显特征，毒素检测同赭曲霉毒素。作为生产菌种要注意与野生产毒菌种鉴别，因为黑曲霉在生产实践中应用较广，对食品和饲料污染后不容易引起注意。

4.4.17 土曲霉（*Aspergillus terreus*）

4.4.17.1 食品卫生学意义

土曲霉属于半知菌纲、壳霉目、杯霉科真菌，产生赭曲霉毒素和展青霉素。展青霉素主要存在于霉烂苹果和苹果汁、变质的梨、谷物、面粉、麦芽饲料中，其他畜产品和食物中也有存在。在酸性环境中展青霉素非常稳定，加热也不被破坏。展青霉素急性中毒表现为躁动、痉挛、呼吸困难、肺充血、水肿、胃肠道溃疡、充血和扩张。每日或隔日灌胃 Swiss IRC 雄性小鼠 0mg/千克体重、24mg/千克体重和 36mg/千克体重展青霉素 14d，可观察到动物体重减轻，胃肠道上皮变性，出血，胃黏膜溃疡，十二指肠有渗出物和脱屑。

4.4.17.2 形态特征与培养特性

本菌的分生孢子梗光滑、无色，微弯曲，(100～250) μm×(4.5～6) μm，近顶囊处稍膨大。顶囊半球形，10～16μm 直径。小梗双层，梗基（5～7）μm×(2～2.5) μm，平行密生于顶囊表面的 2/3 处，瓶梗（5.5～7.5）μm×（1.5～2）μm，顶囊的顶部之半至 3/2 处密生小梗。分生孢子呈球形至椭圆形，小而光滑，肉桂色或橙褐色，直径 2μm，表面光滑无棘。分生孢子头呈紧密的直柱状，(150～500) μm×(30～50) μm，肉桂色。无菌核，有的菌种可形成类似壳细胞的厚壁细胞。孢子梗长达 500μm，直径 30～50μm。

在察氏培养基上，菌落生长较快，25℃，10d 直径可大 3.5～5cm，呈圆形，初平坦，或有放射状皱纹，渐渐表面呈绒状，偶见絮状，肉桂色或沙褐色。反面基质呈深污秽褐色（图 4-83）。

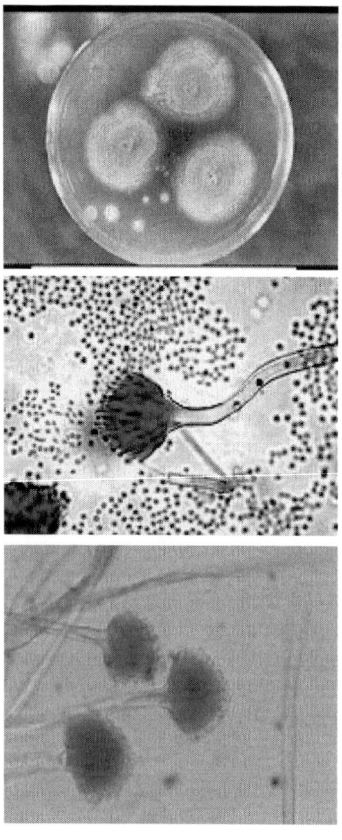

图 4-83 土曲霉

4.4.17.3 毒素

产生赭曲霉毒素、橘青霉毒素和展青霉素。此菌在人体常寄生于外耳道，引起外耳道曲霉菌病和皮肤病。橘青霉素能引起动物肾肿大，尿量增加，上皮细胞变性、死亡等，具有较弱的致癌性。赭曲霉毒素和展青霉素见赭曲霉和展青霉。

4.4.17.4 检测和控制

分生孢子为柱形，无色，光滑，有小泡囊；两列小梗。菌落为黄褐色至亮灰褐色。其余参考赭曲霉。

4.4.18 白曲霉（*Aspergillus candidus*）

4.4.18.1 食品卫生学意义

白曲霉属于半知菌纲、壳霉目、杯霉科真菌，该菌属干生性菌，稻谷和大米在贮藏期的真菌包含白曲霉，能引起含水量低的粮食发热霉变，陈粮易染病。对湖南省 6 个地区的几十家饲料厂和养殖场共 121 份畜禽配合饲料检测中，白曲霉检出率为 55.4%。有些白曲霉菌株能够产生 3-硝基丙酸（3-NPA），常污染谷类、大米、大麦、玉米，为神经毒素，进食 2～8h 后会出现以中枢神经系统损伤为主的中毒症状，最初为呕吐、头晕、头疼、视力障碍，进而出现阵发性抽搐，严重者出现昏迷、呼吸衰竭、死亡。

4.4.18.2 形态特征与培养特性

分生孢子头大小不一，直径 100～250μm。初期球形，后期分裂为几个疏松的短柱。分生孢子梗长短不一，光滑，无色或顶端呈淡黄色；顶囊球形或近球形，小梗双层，在顶囊全部着生，顶层小梗（5～8）μm×(2～3) μm。分生孢子球形至近球形，光滑，大小 2.5～3.5μm。分生孢子头始终呈白色或渐变乳白色，球形但有时近乎圆筒形，分生孢子头直径 100～250μm。能在含水分极少的基质上生长。部分株系产生紫色至黑色的菌核。

受害花生或粮粒上菌落初为白色，后变乳黄色，菌落生长受限。

在 CYA 上生成直径 15～20mm、扁平、短到中等深度、紧密的绒状菌落，菌丝体白色，分生孢子头密实，有时有渗出物，反面是橘黄色。在 MEA 上形成直径10～25mm、类似 CYA 上的菌落，但反面为暗棕色。最适生长温度 28℃，相对生长湿度为 72%～75%（图 4-84）。

4.4.18.3 毒素

能够产生 3-硝基丙酸，为神经毒素，为无色针状结晶，熔点为 66.7～67.5℃，溶于水、乙醇、乙酸乙酯、丙酮、乙醚和热的三氯甲烷，不溶于食油醚和苯。3-硝基丙酸主要产生菌为节菱孢、黄曲霉、米曲霉、酱油曲霉和链霉菌等，白曲霉并不属于常见产毒菌。3-硝基丙酸导致神经系统、肝、肾和肺损伤。

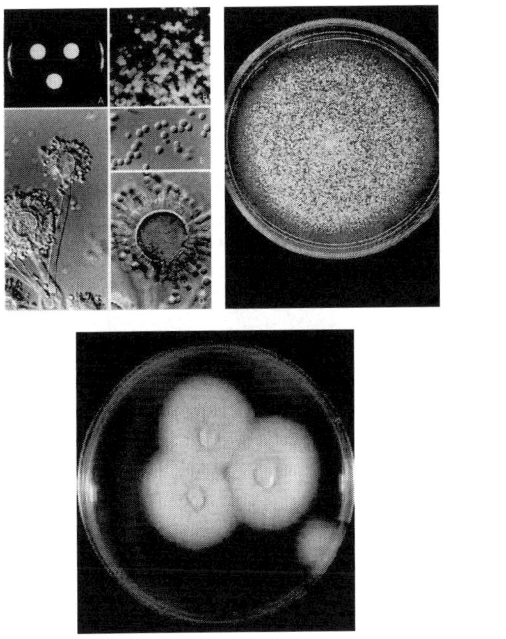

图 4-84 白曲霉

4.4.18.4 检测和控制

检测时主要是分离菌体，注意菌落特征，测 3-硝基丙酸。防霉限量。

4.4.19 米曲霉（*Aspergillus oryzae*）

4.4.19.1 食品卫生学意义

米曲霉属半知菌亚门、丝孢纲、丝孢目、从梗孢科真菌，主要分离自土壤、蔬菜等植物、种子和棉纺织品等。多数菌株用于食品工业发酵。近年来发现个别菌株产生 3-硝基丙酸和圆弧偶氮酸，对食品卫生构成威胁。

4.4.19.2 形态特征与培养特性

在察氏培养基上菌落呈绒状，表面黄绿色，老后褐绿色，背面无色或略带黄褐色。分生孢子头球状、放射状或柱状、大小不一，直径 100～250μm，初球形，后裂为几个疏松的短柱。小梗一列或二列；分生孢子球形，表面光滑或粗糙，大小 2.5～3.5μm。分生孢子梗长短不一，梗壁粗糙或有刺，无色；顶囊球形或近球形，小梗双层，在顶囊全部着生（图 4-85）。

米曲霉与黄曲霉类似，在菌落上难以区分。属中温、中湿性霉菌，生长温度为 6～47℃，生长适温为 30～38℃，生长最低相对湿度为 80%～86%。米曲霉分布极广，常见于发霉的粮油及其他霉腐的有机物上。产毒最适温度为 24～30℃，最适相对湿度为 85%～90%。

4.4.19.3 毒素

3-硝基丙酸、圆弧偶氮酸（cycloplazonlc acid，

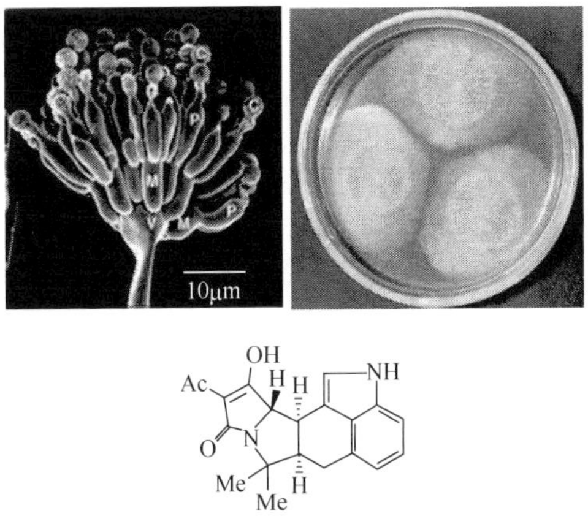

图 4-85 米曲霉及圆弧偶氮酸化学结构

CPA）和曲酸为米曲霉的主要毒性物质。我国疾病预防控制中心营养与食品安全所用两株米曲霉孢子对小鼠尾静脉注射，产生毒性并死亡。*Penicillium griseofulvum*、*Penicillium camemberti*、*Aspergillus flavus* 和 *Aspergillus versicolor* 都能够产生圆弧偶氮酸，只有在高剂量情况下才能显示毒性，是 Ca^{2+}-ATPase 抑制剂。

4.4.19.4 检测和控制

同为黄曲霉，但菌落为黄绿色，一列小梗，分生孢子梗光滑，分生孢子光滑、椭圆形，通常比黄曲霉的大。其余参考黄曲霉。

4.4.20 构巢曲霉（*Aspergillus nidulans*）

4.4.20.1 食品卫生学意义

属于构巢曲霉群，属半知菌亚门、丝孢纲、丝孢目、从梗孢科、曲霉属的一种真菌，产生杂色曲霉素，常侵染大米，米粒的一部分或全部呈橙红色至赭色，但色彩浓淡不均，称为“茶米”，最初在尼加拉瓜所产米上发现，所以又称为“尼加拉瓜茶米”。杂色曲霉主要污染玉米、花生、大米和小麦等谷物，但污染范围和程度不如黄曲霉毒素，不过在肝癌高发区居民所食用的食物中杂色曲霉素污染较为严重；在食管癌高发地区居民喜食的霉变食品中也较为普遍。毒性见杂色曲霉素。

4.4.20.2 形态特征与培养特性

构巢曲霉菌落生长较快，在察氏培养基上，27℃，14d，直径为 5～6cm，菌落最初为光滑绒毛状，呈美丽的清澈绿色，平铺，菌落渐变暗绿色，中心呈粉末样，边缘有绒毛状菌丝，有的菌丝由于产生较多的闭囊壳而显现黄褐色，反面紫红色。分生孢子头短柱形，（40～80）μm×（25～40）μm。分生孢子梗极短，常弯曲，一般 75～100μm，近顶囊处直径 3.5～5μm，褐色，壁光滑。顶囊半球形，直径 8～10μm。小梗双层，梗基（5～6）μm×（2～3）μm，小梗（5～6）μm×（2～

2.5）μm。分生孢子球形，粗糙，直径 3～3.5μm。闭囊壳球形，暗紫红色，直径 135～150μm。子囊孢子双凸镜形，紫红色，约 5μm×4μm，有两个鸡冠状突起。闭囊壳外面包围着一层壳细胞，淡黄色，球形，壁厚，直径约 25μm。有性阶段的子囊内含有 8 个子囊孢子。最适 A_w 为 0.78（图 4-86）。

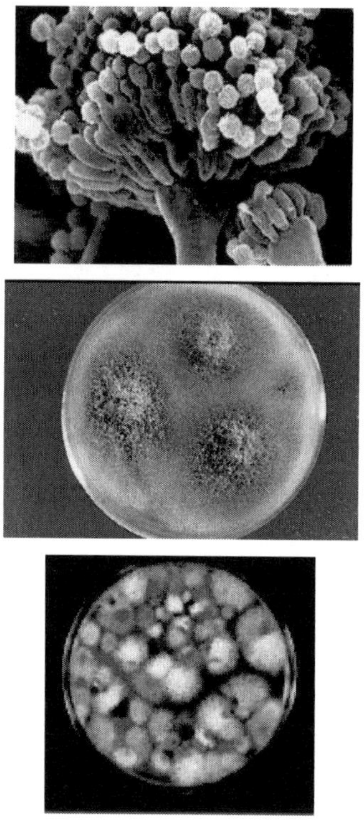

图 4-86 构巢曲霉菌落

4.4.20.3 毒素

构巢曲霉产生杂色曲霉素，损伤人和动物的肝和肾。杂色曲霉素的急性毒性不强，对小鼠的经口 LD_{50} 为 800mg/千克体重以上；杂色曲霉素的慢性毒性主要表现为肝和肾中毒，但该物质有较强的致癌性。以 0.15～2.25mg/只的剂量饲喂大鼠 42 周，有 78%的大鼠发生原发性肝癌，且有明显的量效关系。该物质在 Ames 试验中也显示出强致突变性。

4.4.20.4 检测和控制

菌落暗绿色，具有长柱形分生孢子，类似粉笔或卷烟状。分生孢子梗和分生孢子类似杂色曲霉，但分生孢子柄和泡囊为棕色，有性阶段的闭囊壳被泡状细胞包围，外围再绕亮红的子囊孢子。其余参考杂色曲霉。

4.4.21 焦曲霉（*Aspergillus ustus*）

4.4.21.1 食品卫生学意义

焦曲霉（*A. ustus*）为半知菌纲、半知菌亚门、壳霉目、杯霉科真菌，分布于土壤、粮食（玉米、小米、四季豆、荞麦）、臭米面、羊油、鱼粉、药材（怀牛膝、石斛）、牛筋革、马铃薯、甜菜根、甘蔗、果脯、坚果、干酪、柠檬汁、种子、介壳虫及牛粪等中。37℃不生长，极少数菌株微弱生长，主要存在于热带和亚热带区域的土壤中，但环境中普遍存在。

目前有关焦曲霉侵袭性红肉毒素的毒性研究还比较少，认识不是太深刻。

4.4.21.2 形态特征与培养特性

菌落在察氏琼脂上 25℃，7d，直径为 25～40mm，10～14d 达 40～55mm；质地大多为絮状，少数丝绒状，平坦或现辐状沟纹。分生孢子结构分布于全部菌落或作不均匀分布，边缘较多，有时呈现同心环纹，颜色为不同程度的茶褐色，近于灰褐色，阴暗灰褐色，深茶褐色，暗褐灰色或淡墨色，边缘仍为白色；渗出液有或无，无色或淡黄色；有的菌株老后出现白色或淡黄色的壳细胞团块。菌落反面无色或不均匀的黄褐色至暗褐色。分生孢子头幼时为球形，老后成为辐射形，60～100（最长 150）μm，或疏松短柱形；分生孢子梗生自基质或气生菌丝，前者的孢梗茎较长，可达 700μm，后者一般较短，40～280μm，直径 3～7μm，具褐色，壁光滑，有的稍弯曲；顶囊近球形或半球形，直径 6～20μm，颜色与孢梗茎相同，可育表面约 3/4；产孢结构双层：梗基（4～9）μm×（3～4）μm，瓶梗（4～9）μm×（2～3.2）μm；有的菌株从气生菌丝生出短而不完整的小分生孢子结构；分生孢子球形或近球形，2.7～4.8μm，明显粗糙，具刺或小突起，带褐色；许多菌株产生壳细胞，形状为不规则的卵形、长形或弯曲状不等，有时集成团块，肉眼可见。

菌落在麦芽汁琼脂上 28℃，7d，直径为 26～42mm，10～14d 达 50～70mm；质地絮状，厚度中等或较厚；有的稍现辐射状沟纹；分生孢子结构少或较多，分布不均匀，颜色为灰褐色，近于暗橄榄褐色，肉桂浅褐色或暗褐灰色，有的菌株形成白色的壳细胞团块；菌落反面无色或淡褐色（图 4-87）。

4.4.21.3 毒素

焦曲霉能产生焦曲二醇（austdiol）、焦曲霉酸（ustic acid）、焦曲霉卵囊素（austocystin）、杂色曲霉素（versicolorin）、焦曲霉酰胺（austamide）、柄曲霉素样化学物质（a sterigmatocystin-like chemical）和构巢霉醇（nidulol）。焦曲二醇是一种肠胃毒素，在造血干细胞移植病例中有 15 例感染侵袭性焦曲霉。在人灰指甲、耳炎等常见，其他感染少见，是免疫抑制群体的条件致病菌，致死率可达 50%。

4.4.21.4 检测和控制

检测和控制同黄曲霉。

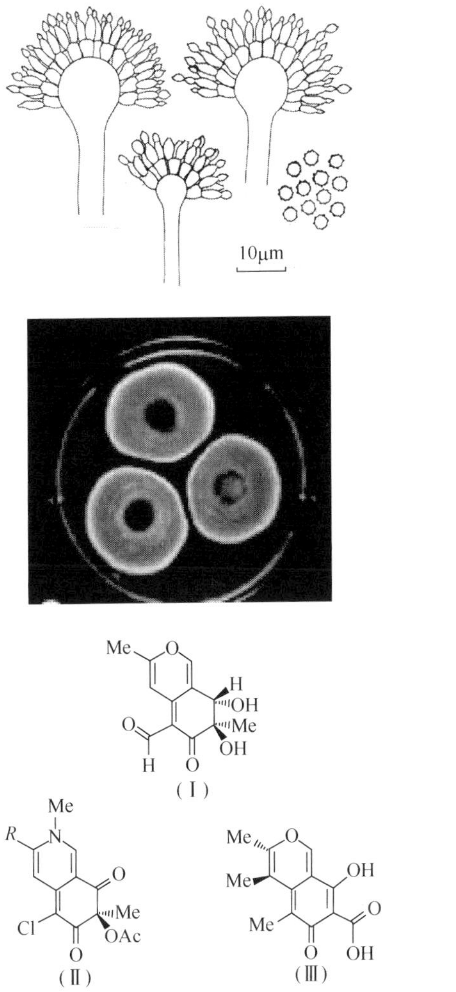

图 4-87 焦曲霉分生孢子头结构、CZ 培养基上菌落和焦曲二醇结构

4.4.22 链霉菌（*Streptomyces*）

链霉菌为放线菌目、链霉菌亚目、链霉菌科、链霉菌属（*Streptomyces*）。

培养基内菌丝不断裂，气生菌丝通常发育良好，形成长（有时短）的孢子丝。孢子不能运动，外鞘上常有疣、刺或毛发等饰物。链霉菌科分 6 属，其中链霉菌属的基内菌丝多分枝，常产生各种水溶性或脂溶性色素，本属菌数量较多，因许多种链霉菌是抗生素的产生菌，而且产生抗生素的种类最多而著名（如链霉素等）。

4.4.22.1 食品卫生学意义

有些链霉菌能够产生 3-硝基丙酸，对人产生毒性危害。3-硝基丙酸（β-nitropropionic acid）主要存在于发红的甘蔗中，有毒，人误食后严重者可致死。3-硝基丙酸是流行于我国河北、河南、山东、山西、新疆、青海、宁夏、辽宁等 13 个省的变质甘蔗中毒的病因，该中毒症的主要表现为中枢神经系统受损。急性期的症状有呕吐、眩晕、阵发性抽搐、眼球偏侧凝视、昏迷，甚至死亡，后遗症主要为锥体外系的损害，主要症状有屈曲、扭转、痉挛、肢体强直，静止时张力降低等。

4.4.22.2 形态特征与培养特性

链霉菌属的基内菌丝体纤细，直径 0.5～0.8μm，有的 1～1.2μm。无横隔，多分枝，伸入培养基内或在其表面上。气生菌丝体较基内菌丝体粗约二倍，形成各种形状的孢子丝，呈直、波曲、螺旋或轮生状。孢子成熟后呈横隔分裂，孢子萌发后先长出 1～3 个芽管，芽管延长而发展为繁密交织的菌丝体。菌落紧密、多皱、皮壳状或光滑、有各种颜色。气生菌丝体覆盖在菌落表层，呈粉状、绒状和茸毛状。孢子呈不同颜色（图 4-88，图 4-89）。

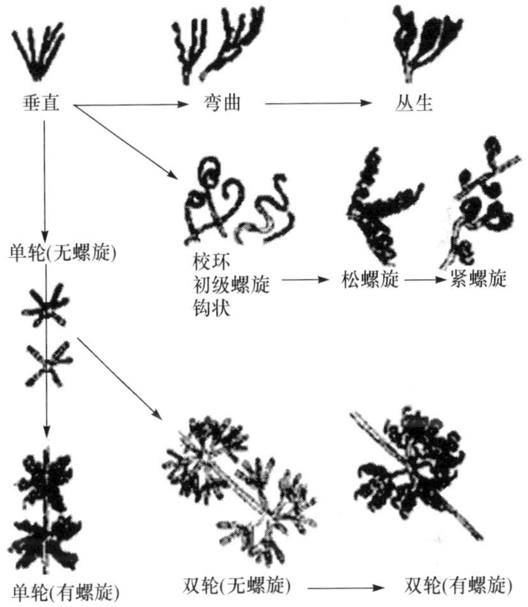

图 4-88 链霉菌菌丝和孢子

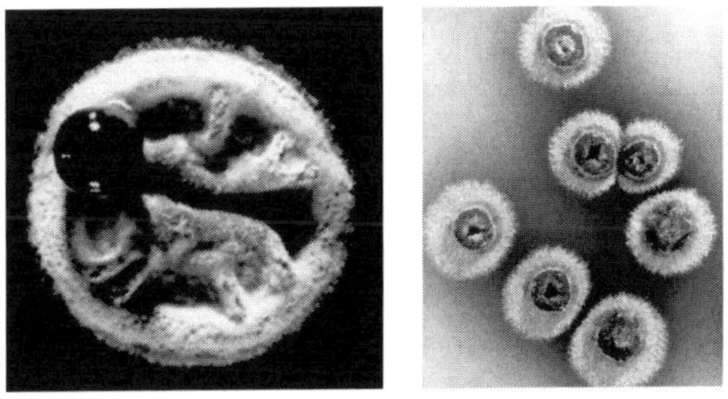

图 4-89 链霉菌菌落

链霉菌能同化无机氮、各种碳水化合物、糖、有机物、糊精、淀粉等。还能同化脂肪和类脂化合物，能分解纤维素等。

4.4.22.3 毒素

产毒株能产生 3-硝基丙酸，为神经毒素；曲酸、圆弧偶氮酸。毒性参考有关章节。

4.4.22.4 检测和控制

链霉菌在自然界分布较广，绝大多数是对人有利的，如产生抗生素等，产生有害物质的极少见。

4.4.23 青霉菌属（*Penicillium*）及相关毒素

青霉菌属属于半知菌亚门、丝孢纲、丝孢目、丛梗科。本菌属种类很多，分布广，有些菌株能够产生毒素，危害人和动物的身体健康。

青霉菌属的基本特征是营养菌丝体无色或有鲜明的颜色，具有横隔，为埋伏型、部分埋伏型或部分气生型。气生型菌丝呈密毡状、松絮状，部分集结成菌丝索。分生孢子梗由菌丝生出，具有横隔，单独直立或某种程度的集合，甚至密集成一定的菌丝束或孢梗束。分生孢子梗顶端生有扫帚状的分枝结构，称为帚状枝。帚状枝由单轮或两轮到多轮分枝系统构成，对称或不对称。最后节分枝即产孢细胞，称为瓶梗。着生瓶梗的细胞是梗基，支持梗基的细胞是副枝。分生孢子自瓶梗上生出形成不分枝的链，为球形、椭圆形或短柱形，光滑或粗糙。因种不同分生孢子可产生不同的颜色，如黄色、绿色或灰绿色。少数种产生闭囊壳，还有少数产生菌核（图 4-90）。

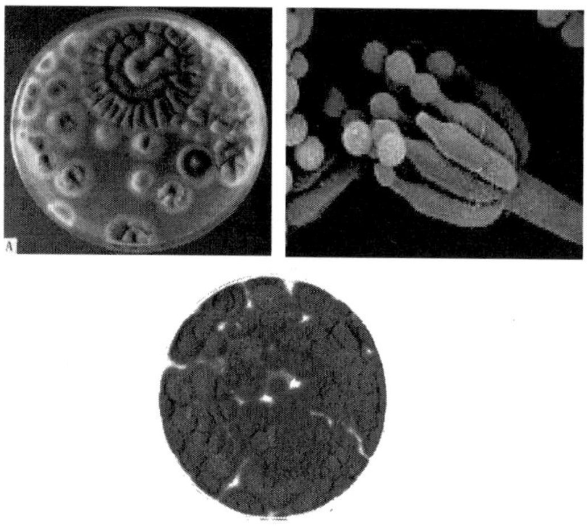

图 4-90 青霉的菌落和分生孢子头

据帚状枝形态不同可分为以下 4 组。

（1）单轮青霉组：帚状枝由单轮小梗构成。

（2）对称双轮组：帚状枝在分生孢子梗上，紧密轮生梗基，每个梗基着生几个细长尖锐的小梗，全部帚状枝与分生孢子梗大体对称、紧密，像漏斗状。分生孢子多为椭圆形。

（3）不对称青霉组：包括帚状枝有两次或更多次分枝，与分生孢子梗不对称，如果接近对称时，也没有双轮组那样的紧密结构及细长渐变尖锐的小梗。

（4）多轮青霉组：帚状枝极为复杂，多次分枝而且常是对称的，此组菌极少。

青霉菌在 25～28℃生长较快，菌落颜色主要表现在分生孢子区域，大多数为蓝色或灰绿色。气生菌丝大多为无色，少数有色。菌落的形态有绒状、絮状、绳状及束状。

绒状菌落很少有气生菌丝，分生孢子由基质菌丝或紧贴基质的菌丝层上长出。絮状菌落气生菌丝疏松，并纠缠成气生菌丝团。绳状菌落可见于气生菌丝纠缠为绳索状。束状菌落分生孢子梗大部分由基质长出，与绒状菌落的区别是其分生孢子梗分布不均匀，或多或少地成簇，使菌落呈现粒状或粉状，甚至大部分的分生孢子梗集合成束。

4.4.24 黄绿青霉（*Penicillium citreo-viride*）

4.4.24.1 食品卫生学意义

黄绿青霉又称为毒青霉（*P. toxicarum*），为半知菌亚门、丝孢菌纲、丝孢菌目、丛梗孢科真菌，黄绿青霉最初是由黄变米中分离出来的，稻米水分在 14.6% 时最适于黄绿青霉生长繁殖，并使米霉变发黄。黄绿青霉素（citreoviridin）能引起人和动物的肝肿瘤，中枢神经麻痹和贫血。

4.4.24.2 形态特征与培养特性

黄绿青霉分生孢子梗自紧贴于基质表面的菌丝生出，壁光滑，一般为（50～100）μm×（1.6～2.2）μm，有时也可从基质上产生，较长，可达 150μm。帚状枝大多数为单轮生，偶尔有一两次分枝，（9～12）μm×（2.2～2.8）μm。小梗密集成簇，有 8～12 个。分生孢子呈球形，直径 2.2～2.8μm，壁薄，光滑或近于光滑。黏成链时，具有明显的孢隔，链长可达 50μm 以上。

黄绿青霉属单轮青霉组，斜卧青霉系。本菌在察氏培养基上生长局限，10～12d 直径 2～3cm，表面皱褶和纽扣状，有的中央凸起或凹陷，由柔韧的菌丝组成绒毯状，厚度在 100～200μm 以上，边缘逐渐变薄。淡黄灰色，仅具微绿色，表面绒状或稍现絮状，营养菌丝细，带黄色。渗出液很少或没有，反面培养基呈现亮黄色。大部分菌株呈明显的柠檬黄色乃至黄绿色，约经 14d 后变成浊灰色（图 4-91）。

4.4.24.3 毒素

黄绿青霉的代谢产物为黄绿青霉素，该毒素是一种很强的神经毒。黄绿青霉毒素主要由黄绿青霉、赭鲑色青霉（*P. ochrosalmoneum*）、垫状青霉（*P. pulvillorum*）和瘿青霉（*P. fellutanum*）等产生。黄绿青霉素纯品为橙黄色星芒状集合结晶体，分子式为 $C_{23}H_{30}O$，相对分子质量为 402，熔点为 107～110℃。易溶于乙醇、乙醚、苯、三氯甲烷和丙酮中，不溶于水和乙烷。紫外线照射 2h，大部分毒素被破坏，此毒素耐热，加热至270℃时才能失去毒性，在紫外线下呈黄色荧光，有特殊臭味（图4-92）。

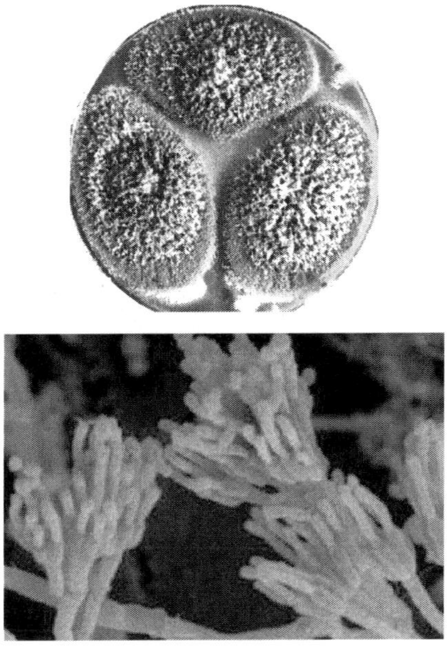

图4-91 黄绿青霉

黄绿青霉素是一种很强烈的神经毒，主要损害神经系统。毒素主要分布在脑、肝、肾、脾中。黄绿青霉素黄变米的乙醇提取物可使动物急性中毒，典型症状是上行性进行性神经麻痹，其他症状包括呕吐、痉挛和呼吸系统紊乱，进一步发展为心血管系统损害、肌肉麻痹、体温下降，进而为呼吸系统紊乱导致的呼吸困难和昏迷，重者可引起死亡。

黄绿青霉素对雄大鼠的 LD_{50} 为11mg/kg（静脉注射），7.5mg/kg（腹腔注射）和20mg/kg（口服）。雌性大鼠 LD_{50} 为3.6mg/kg（皮下注射）。不论何种途径给毒，均在短时间内致死。

4.4.24.4 检测和控制

通过镜检观察菌丝和孢子的形态特征、孢子的排列，菌落生长特征，确定菌种名称。检测时注意与其他青霉菌的区别：菌落生长局限，具皱褶，表面绒状，黄绿色；单轮青霉，帚状枝大部分单轮；分生孢子梗壁光滑；小梗聚集成簇，分生孢子球形，呈链状排列。毒素检测主要利用微柱层析，根据荧光强度测定毒素含量；也可用液相色谱仪进行测定。

控制措施主要是防霉限量。

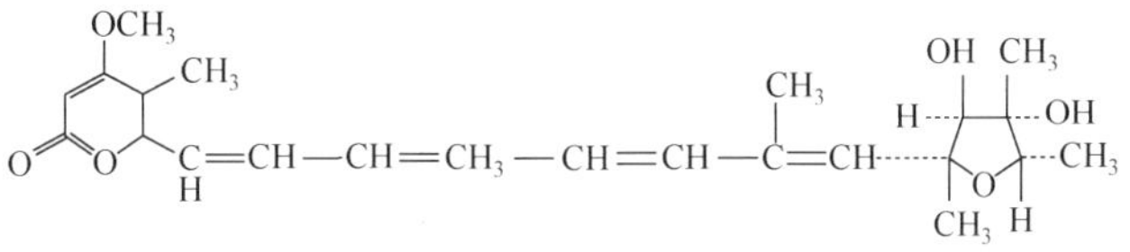

图4-92 黄绿青霉素化学结构

4.4.25 岛青霉（*Penicillium islandicum*）

4.4.25.1 食品卫生学意义

岛青霉又称冰岛青霉，半知菌亚门、丝孢菌纲、丝孢菌目、丛梗孢科真菌，产生岛青霉素（islandicin or islanditoxin）、黄天精、环氯素及红天精等，这些毒素均为肝毒，能引起动物的肝损害，并能引起肝癌。1959年首先由日本佐藤在黄变米中分离出来。本菌对谷物的污染比较严重，主要在大米、玉米、大麦中生长产生毒素。毒素属于肝毒，主要引发肝癌、肝硬化变。

4.4.25.2 形态特征与培养特性

本菌属双轮对称青霉群，绳状青霉系。分生孢子梗短，一般为50～75μm，几乎完全成为分枝形式，从隆起的气生菌丝或菌丝索上产生，偶尔从基质产生。大小为（100～150）μm×（2.5～3）μm。帚状枝为双轮对称，小梗平行密集，每簇5～8个，较短，顶端骤尖。大小（7～9）μm×（1.8～2.2）μm，分生孢子为椭圆形，（3.0～3.5）μm×（2.5～3.0）μm，壁厚，光滑，产生短的结节状的分生孢子链。

在察氏培养基上生长缓慢，菌落生长局限，于室温培养14d，菌落直径可达2.5～3.0cm。通常具有显著的环带及轻微放射状皱纹。菌落呈黄色、橘黄色、褐色及暗绿色等多种颜色。菌落边缘为粉红色或橘红色，宽1～4mm。背面呈浊橙色乃至红色，最后变成浊红褐色。渗出液多少不等。没有固定的气味（图4-93）。

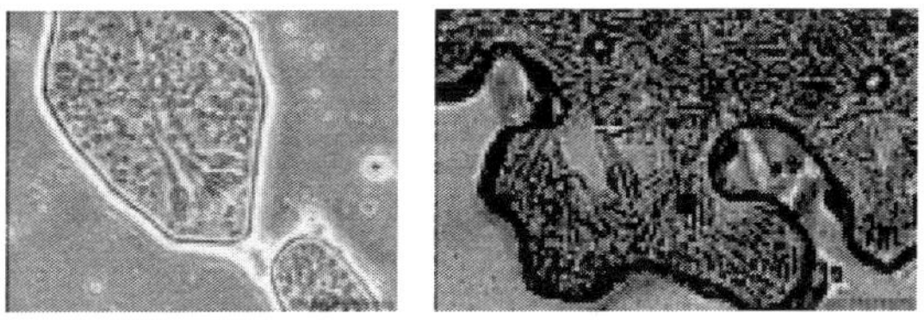

图4-93 岛青霉

4.4.25.3 毒素

岛青霉可产生多种毒素，分别为黄天精（luteoskyrin）、环氯青霉素（cyclochlorotine）、岛青霉素及红天精等。

黄天精纯品为黄色六面体的针状结晶，熔点为287℃，分子式为 $C_{30}H_{22}O_{12}$，相对分子质量为574。在苯溶液重结晶后呈黄色六面针状结晶（图4-94）。黄天精易溶于丙酮、甲烷、正丁醇及乙醚等有机溶剂，不溶于水。在某些溶剂中对光敏感易分解。黄天精是一种强烈的肝毒，急性中毒表现为肝损害，以肝细胞中心性坏死和脂肪降解为特征。用接种岛青霉经培养制成的霉大米，按不同比例掺入饲料中喂给小鼠，结果以 100%霉料饲喂的小鼠，于 3～8d 内大部分死于急性肝萎缩，少数死于肝纤维组织增生和腹水，30%和 10%霉米组，除少数死于肝萎缩，大部分于 300d 后，出现明显的肝硬化和弥漫性肝萎缩。

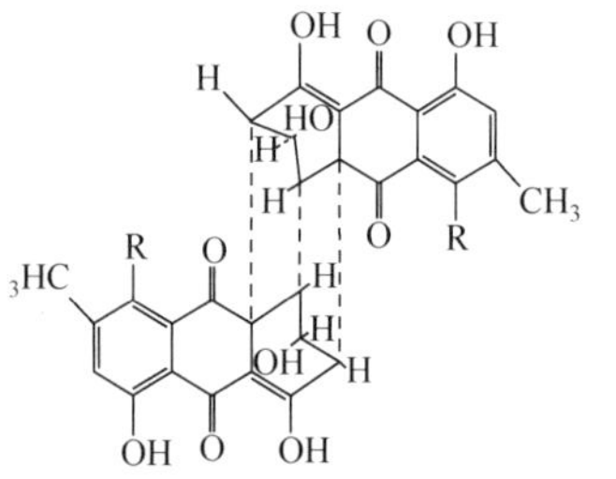

图 4-94　黄天精和褶皱青霉素

黄天精（R=OH）；褶皱青霉素（R=H）

环氯素和岛青霉素：两者的元素组成一样，分子式均为 $C_{24}H_{31}O_7N_5Cl_2$，相对分子质量为 571，但在结构上有所差异。在两者没有明显区别以前统称为含氯肽（chlorine-containing peptide）。

环氯素是岛青霉产生的另一种毒。纯品为白色针状结晶，在紫外下呈蓝色荧光，熔点为 251℃，呈水溶性（图 4-95）。环氯素也是一种肝毒，它对动物的作用与黄天精相似，但比黄天精急骤。能干扰糖原代谢，病理变化主要见于肝的空泡变性、坏死，有时小叶周围可见出血，特别严重的整个小叶有出血。环氯素对小鼠的 LD_{50} 为 0.33mg/kg（腹腔注射），0.47mg/kg（皮下注射）和 6.55mg/kg（经口）。

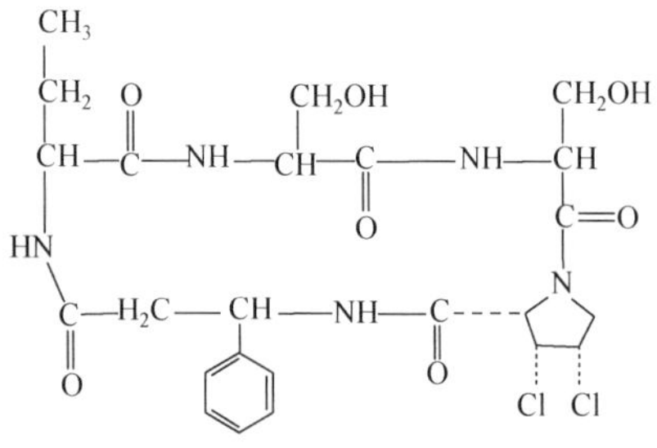

图 4-95　环氯素化学结构

岛青霉素在理化性质和生物学作用上与环氯素相似，两者在结构上的不同仅在于氨基酸序列不同（图 4-96）。其急性中毒和慢性中毒的结果与环氯素极其相似。对肝损害的病理学表现为肝细胞降解和肝血液循环阻滞。

红天精是从岛青霉分离出来的红色色素，纯品为橘红色结晶。熔点 130～133℃，相对分子质量为 455。易溶于氯仿、甲醇、苯、乙酸和吡啶中，在乙醚、乙烷和石油醚中溶解度较小。红天精对小鼠腹腔 LD_{50} 为 60mg/千克体重，绝对致死量（LD_{100}）为 600mg/千克

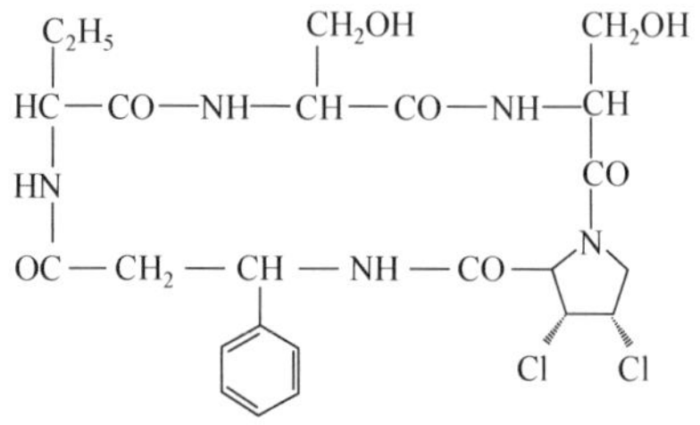

图 4-96　岛青霉素的结构

体重。中毒时，动物多出现麻痹、昏迷，然后死亡。主要损伤肝，并有肾、淋巴结、脾、胸腺等损害。

4.4.25.4　检测和控制

通过镜检观察岛青霉的菌丝和孢子的形态特征、孢子的排列，以及菌落生长特征，确定菌种名称。检测时注意与其他青霉菌的区别：菌落局限，表面丛状，橙红与绿褐色混合，背面红至红褐色；帚状枝双轮对称，分生孢子梗较短，梗基 4～6 个呈轮生状，小梗密集成束，分生孢子椭圆形，壁光滑。

毒素检测主要利用微柱层析，根据荧光强度测定毒素含量；也可用液相色谱仪进行测定。

控制措施主要是防霉限量。

4.4.26　橘青霉（*Penicillium citrinum*）

4.4.26.1　食品卫生学意义

橘青霉属于不对称青霉群，绒状青霉亚群，橘青霉系。自然界分布广泛，是粮食常见的污染霉菌之一。1931 年，Raistrick 等从橘青霉中首次分离到该橘青霉素，从泰国、缅甸、意大利和中国的大米中均检出过。本菌侵染大米后产生橘青霉素（citrinin），形成有毒的黄变米。最初在黄变米中发现，后来在许多粮食和饲料中都有分离的报道，且往往与赭曲霉毒素同时存在。橘青霉素属于肾毒，主要致肾小管上皮变性。橘青霉素除由橘青霉产生外，纠缠青霉（*P. implicatum*）、暗蓝青霉（*P. lividium*）、瘿青霉（*P. fellutanum*）、詹森青霉（*P. jenseni*）、黄绿青霉、扩展青霉（*P. expansum*）、点青霉（*P. natatum*）、变灰青霉（*P. caneocens*）、白曲霉（*A. candidus*）、土曲霉（*A. terrus*）和雪白曲霉（*A. niveus*）等都可产生。

4.4.26.2　形态特征与培养特性

本菌分生孢子梗大部分自基质上产生，也有自菌落中央气生菌丝上生出的。一般为（50～200）μm×（2.2～3.0）μm，壁光滑，多数不分枝。帚状枝由 3～4 个轮生而略微散开的梗基构成，大小为（12～20）μm×（2.2～3.0）μm。每个梗基上簇生 6～10 个略密集平行的小梗，每个小梗为（8～11）μm×（2～2.8）μm。分生孢子呈球形或近似球形，直径一般为 2.2～3.2μm，壁光滑或近似光滑，产生分生孢子链。

在察氏培养基上生长局限，于20～26℃培养10～14d，菌落直径一般为2.0～2.5cm，具有典型的放射状皱纹，大多数菌株为绒状，有的菌株则为絮状，呈艾绿色，反面黄色至橙色，培养基颜色相仿或略带粉红色，渗出液丰富，常为淡黄色（图4-97）。有些菌株有明显的蘑菇气味，有的则不明显。

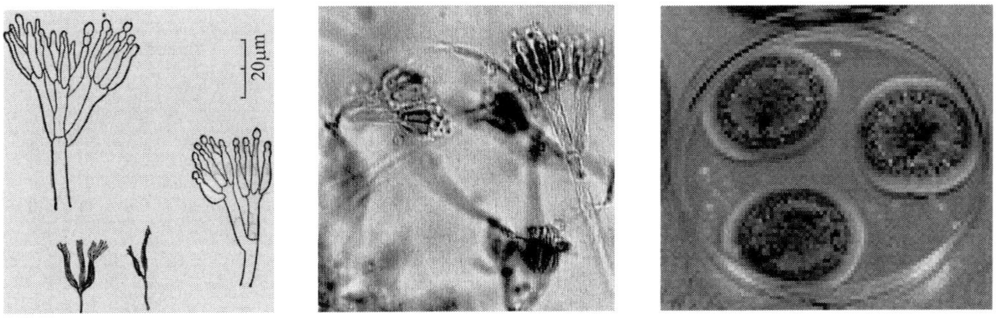

图4-97 橘青霉分生孢子头结构及橘青霉菌落

4.4.26.3 毒素

橘青霉素为柠檬针状结晶，分子式为 $C_{13}H_{14}O_5$，相对分子质量为250。从不同溶剂获得的结晶熔点不一样。易溶于乙醚、三氯甲烷和无水乙醇中，难溶于水。在紫外线下呈现黄色荧光。橘青霉素对荧光敏感，在酸性及碱性条件下皆可溶解。

橘青霉素具有很强的肾毒，主要引起肾功能和形态学改变。包括肾肿大，肾重增加，尿量增加，汉韧襻以下肾单位变性及扩张；皮髓质交界处，肾小管上皮细胞增生变性脱落，并可堵塞肾小管管腔。毒素的代谢情况见图4-98。

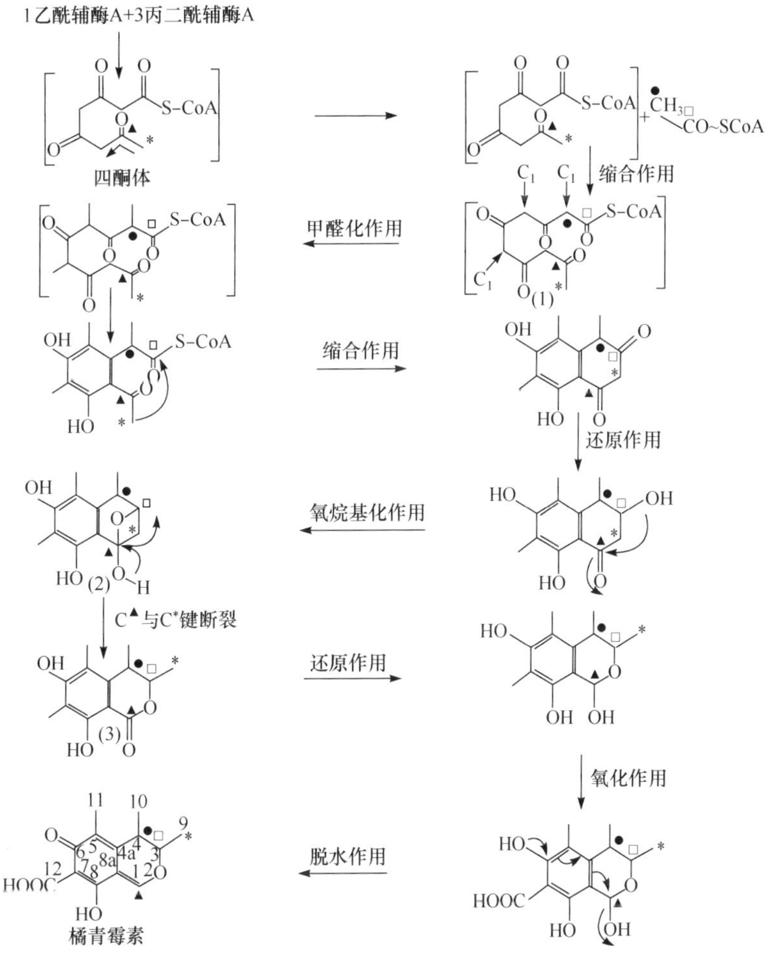

图4-98 橘青霉素代谢

橘青霉素对大鼠的 LD_{50} 为 50mg/kg（经口），67mg/kg（皮下注射），对小鼠 LD_{50} 为 58mg/kg（腹腔注射）和 60mg/kg（皮下注射），兔经口的 LD_{50} 为 19mg/kg；豚鼠皮下注射为 37mg/kg。橘青霉培养物及橘青霉污染的大米对动物均有损害，但菌丝对动物无损害。

4.4.26.4　检测和控制

通过镜检观察菌丝和孢子的形态特征、孢子的排列，以及菌落生长特征，确定菌种名称。检测时注意与其他青霉菌的区别：菌落局限，表面绒毛状，局限性放射状沟纹，灰绿色，背面黄色，表面常产生黄色小滴，培养基着色；帚状枝不对称，梗基 3～4 轮生，分生孢子梗通常无分枝，瓶形小梗，分生孢子球形，光滑，2.2～3.2μm；寄生米上，使米变黄。

控制上主要是防霉限量。

4.4.27　展青霉（*Penicillium patulum*）

4.4.27.1　食品卫生学意义

展青霉又名荨麻青霉（*Penicillium urticae*），本菌属于不对称青霉组，束状青霉亚组，圆弧青霉系。本菌分布较广，寄生在大米上，使大米呈赤饴糖色，有毒性。束状亚组的特点是产生分生孢子梗形成的菌丝束，在 25～50 倍的显微镜下即可看到。本菌可产生展青霉素、灰黄霉素，具有蓄积作用，使肺、肝、脾、肾等器官出血性中毒表现，致神经系统出血、麻痹。

展青霉主要在水果及其制品中检出，已在苹果及其制品、山楂及其制品、梨、桃、菠萝等水果中检出该菌。在美国、新西兰、波兰等国家的水果（以苹果常见）及其制品中均检出展青霉素，阳性率为 50%左右。我国在 1989～1990 年，对山东、大连等 9 个省、市的污染调查表明，在 401 份样品中，39 份水果制品的半成品（原汁、原酱）中阳性率为 76.9%，含量为 18～953μg/L，平均含量为 214μg/L；362 份水果制的成品中，阳性率为 19.6%，展青霉素的含量为 4～262μg/kg，平均含量为 28μg/kg。以上调查表明，展青霉素对水果及其制品的污染是比较严重的。1953 年日本发生的一起奶牛展青霉素中毒，表现为上行性神经麻痹、中枢神经水肿及灶性出血。人摄入展青霉素可引起呕吐和胃刺激症状，1% 含量的展青霉素油膏可引起人皮肤过敏。

4.4.27.2　形态特征与培养特性

帚状枝双轮不对称，疏松散开，可具 3～4 层分枝，其大小和复杂程度差别很大，一般有两次分枝，也可有 3～4 次分枝，一般 40～55μm，极限 20～80μm。分生孢子梗从营养菌丝上生出，一部分单生，一部分集结成束，多弯曲，壁光滑，一般（200～400）μm×（3.0～3.5）μm，光滑，多弯曲。副枝散开，大多（15～20）μm×（3～3.5）μm。梗基较短，（15～30）μm×（2.5～3.4）μm。小梗短呈放射状着生，在其末端着生链状分生孢子，分生孢子椭圆至近圆形，直径为 3～4μm，光滑或略粗糙，呈分散链状（图 4-99）。

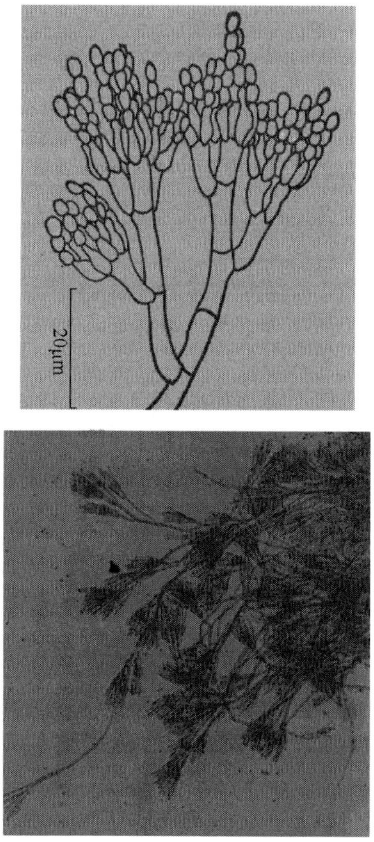

图 4-99　展青霉

在察氏琼脂培养基上，菌落生长局限，12～14d 直径 2～2.5cm，大多有放射状沟纹，边缘陡峭，中央稍凸起，表面呈粒状，有些在边缘有明显的菌丝束，有的则呈现絮状，厚密，灰绿色至亮灰色。有的菌系产生近于无色的渗出液，气味不明显。反面暗黄色渐变为橙褐色乃至红褐色，稍扩散于培养基中，分生孢子链略散开，长达 50～100μm。

4.4.27.3　毒素

展青霉素是由 Glister 发现、分离并纯化的。除展青霉能产生展青霉素外，还有扩张青霉、棒状青霉、荨麻青霉、岛青霉、灰黄青霉、圆弧青霉、羊毛状青霉、土壤青霉、新西兰青霉、产黄青霉、粒状青霉、梅林青霉、娄地青霉、石状青霉、木瓜青霉及某些曲霉、雪白衣丝霉，如棒曲霉、巨大曲霉和土曲霉等不同种属真菌均可产生。

展青霉素的纯品为无色结晶，熔点为 110℃，在 70～100℃可真空升华，分子式为 $C_7H_6O_4$，相对分子质量为 154。可溶于水和乙醇，在碱性条件下不稳定，在酸性条件下稳定，耐热（图 4-100）。

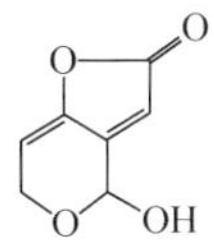

图4-100 展青霉素化学结构

展青霉素的 LD_{50}，小鼠为 17～48mg/kg（经口），5.7～25mg/kg（静脉注射），8～15mg/kg（皮下注射）大鼠为 15～25mg/kg（皮下注射），25～50mg/kg（静脉注射），仓鼠为 10mg/kg（静脉注射），23mg/kg（皮下注射）和 31.5mg/kg（经口），犬为 10.4mg/kg（皮下注射），4 日龄鸡每个鸡胚为 2.35μg。小鼠中毒死亡，主要病变为肺水肿和出血，肺、肝、脾和肾淤血。中枢神经系统也有水肿和充血。大鼠中毒后尿量明显减少。

展青霉素能改变细胞膜的通透性，利于 K^+ 外流。在某种程度上，展青霉素引起的主要毒性损伤包括大分子物质合成的抑制，可能是由对细胞膜本身的抑制作用引起的。展青霉素可引起非蛋白质巯基耗竭，增加 $^{86}Rb^+$ 外流等，最终导致细胞活性丧失，而抗氧化剂不能防止这些变化。

展青霉素对免疫系统的影响表现在抑制腹腔巨噬细胞的化学反应，降低淋巴细胞特别是 B 细胞的数量。展青霉素对免疫系统的抑制是可逆的，对免疫球蛋白的影响有时间依赖性。

展青霉素有潜在的致癌性，将其溶解在花生油中，给两月龄的雄鼠皮下注射，每次 0.2mg，每天两次，从 58 周起在皮下注射部位发生局部肉瘤。经口发生染毒的动物未发现有致癌作用。同时，展青霉素可抑制恶性肿瘤细胞的生长。

展青霉素的毒性作用机制，目前认为它能不可逆地与细胞膜上的巯基基团（-SH）结合，抑制含有巯基的酶活性，并抑制网状细胞依赖钠离子的甘氨酸转运系统。体外实验证实，展青霉素抑制酶活性具有简单的剂量反应关系。展青霉素对大鼠卵细胞内层粒细胞的谷胱甘肽（GSH）具有耗竭作用，并与剂量与作用时间有关。展青霉素的毒性作用可能包括对细胞 GSH 水平、线粒体功能和细胞膜的直接作用。

鉴于展青霉素毒性及其污染状况，有十几个国家制定了水果制品中的最高允许量标准（MRLs），一般为 50μg/kg。我国水果及其制品中展青霉素的污染相当严重，根据具体情况也制定了相应的最高允许标准，即山楂和苹果半成品中最高允许量定为 100μg/kg，果汁、果酱、果酒、罐头和糖果为 50μg/kg，并提醒消费者不食用有霉变或腐烂的水果，以保证身体健康。

4.4.27.4 检测和控制

通过镜检观察展菌丝和孢子形态特征、孢子的排列，以及菌落生长特征，确定菌种名称。检测时注意与其他青霉菌的区别：菌落局限，厚密，表面颗粒状，边缘束状。菌落灰绿色，背面暗黄至红褐色；帚状枝不对称，疏松散开，分生孢子梗光滑，多弯曲，梗基短，小梗短，分生孢子椭圆形至近球形，壁光滑。

展青霉素的检测可采用薄层色谱法、薄层扫描法、气相色谱法、液相色谱法进行。

控制主要是防霉限量。

4.4.28 圆弧青霉（*Penicillium cyclopium*）

4.4.28.1 食品卫生学意义

圆弧青霉是粮食上常见的一种污染霉菌。产生圆弧青霉素（cyclopenin）、圆弧菌醇（cyclopenol）和圆弧青霉偶氮酸（cyclopiazonic acid）、青霉酸、圆弧青霉肽、脱氢圆弧青霉肽等。这些毒性物质具有对肝、肾、肠道、脾毒性作用。本菌属于不对称青霉组，束状青霉亚组，圆弧青霉系。本亚组的特点是菌落可产生直立的分生孢子梗束，一般在菌落边缘容易看到。菌落呈现蓝绿色，表面呈颗粒状，培养基产生强烈的霉味。青霉酸（penicillic acid）在玉米、干豆的霉变样品中分离浓度可达到5～230μg/kg。我国 1992 年曾发生一起干柿饼圆弧青霉素中毒，共 114 人，潜伏期 2～4h，表现胃痛、腹泻、头晕及乏力等，2～3d 就恢复。经检测干柿饼污染 49 000个菌/g。

4.4.28.2 形态特征与培养特性

本菌帚状枝不对称，紧密，有三层分枝。分生孢子梗较短，但也有一些菌系近于光滑，一般为 50～74μm，上生纠缠分生孢子链。副枝（15～30）μm×（2.5～3.5）μm，梗基 4～6 个呈轮生状，（10～15）μm×（2.5～3.3）μm。小梗密集成束，5～8 个簇生，（7～10）μm×（2.2～2.8）μm。分生孢子椭圆形，（3～3.5）μm×（2～3.5）μm，壁光滑或略现粗糙，形成纠结链状。

在察氏培养基上 12～14d，菌落直径为 4.5～5cm，略带放射状皱纹，老后或显现环纹，暗蓝绿色，在生长期有宽 1～2mm 白色边缘，质地绒状或粉粒状，但在较幼区域为显著束状。渗出液无或较多，色淡。反面无色或初期带黄色，继变为橙褐色。通常有显著环纹及轻微的放射状皱纹。分生孢子梗通常从绳状或束状菌丝生出（图 4-101）。表面菌丝致密丛状，颜色呈红、橙及暗绿三色混合杂色。背面为橙红色至红褐色。

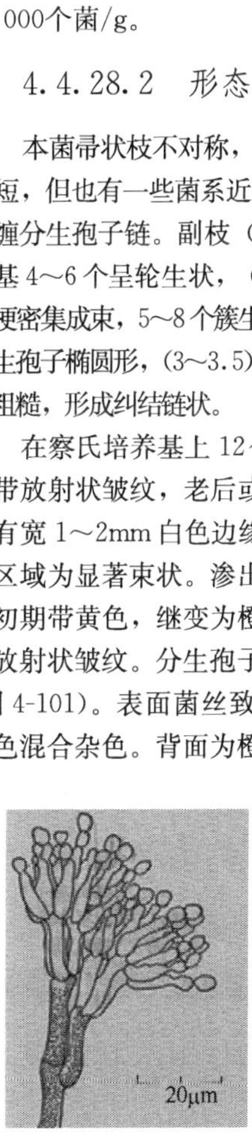

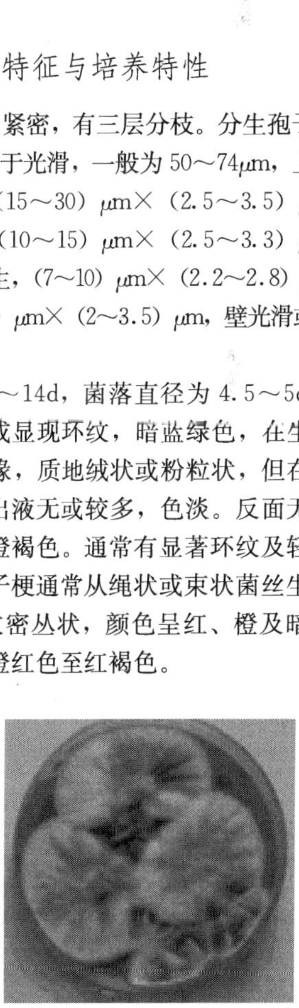

图 4-101 圆弧青霉

4.4.28.3 毒素

圆弧青霉可产生多种有毒代谢产物，除赭曲霉毒素及青霉酸外，还可产生一些致震颤毒素（tremorgenic toxins）和有类似结构的生物碱及其他物质。

致震颤毒素中有青霉震颤素A（penitrem A）、青霉震颤素B及青霉震颤素C。青霉震颤素A相对分子质量为638，分子式为$C_{37}H_{44}O_6NCl$。青霉震颤素B相对分子质量为583，分子式为$C_{37}H_{45}O_5N$。青霉震颤素A使小鼠发生震颤的剂量为0.25mg/kg，青霉震颤素B则为1.3mg/kg。青霉震颤素A及青霉震颤素B的小鼠经腹腔LD_{50}分别为1.05mg/kg及5.84mg/kg。青霉震颤素C的毒性较小。

青霉震颤素A除具有很强的神经毒性外，还可引起肾功能损害。给动物口服青霉震颤素A后，动物可出现过敏、四肢无力、眼球突出、震颤、呼吸急促、腹泻、多尿、角膜反射消失、瞳孔散大和流泪等。如剂量过大，则震颤加重而抽搐，甚至死亡。

圆弧青霉偶氮酸、圆弧青霉偶氮酸亚胺（cyclopiazonic acid imine）、双支脱氢圆弧青霉偶氮酸（bissecode hyduocyclopiazonic acid）及圆弧青霉胺（cyclopiamine）是圆弧青霉产生的一组有类似结构的化合物。其中圆弧青霉偶氮酸可能是某些菌株的主要产物，其分子式分别为$C_{20}H_{20}N_2O_3$、$C_{20}H_{21}N_3O_3$、$C_{20}H_{22}N_2O_3$及$C_{26}H_{33}N_3O_5$。

给雄性大鼠腹腔注射圆弧青霉偶氮酸2.3mg/kg，可发生抽搐等神经系统症状而很快死亡。但口服可引起抽搐，主要为肝、肾和脾损害，肝、肾和脾都可出现坏死、出血和变性。腹腔注射和口服症状不同，可能由于在胃内不易吸收。雄性大鼠口服LD_{50}为36mg/kg，雌性为63mg/kg。

圆弧青霉还可产生另一类化合物，其中有圆弧青霉素、圆弧青霉肽（cyclopeptin）、脱氢圆弧青霉肽（dehydrocyclopeptin）、圆弧青霉醇（cyclopenol）、青霉酸（penicillic acid）等，青霉酸具有致癌作用。除试验动物外，马、牛、羊及家禽等吃圆弧青霉污染的饲料或粮食也可造成死亡。

4.4.28.4 检测和控制

通过镜检观察菌丝和孢子的形态特征、孢子的排列，以及菌落生长特征，确定菌种名称。检测时注意与其他青霉菌的区别：菌落轮廓圆形，似圆弧状，在25倍显微镜下可以见到分生孢子梗束组成的菌丝束。表面绿色，正反面常产生褐红色小滴，背面黄至淡红色；产生强烈的霉味。帚状枝不对称，有三层分枝，分生孢子梗粗糙；分生孢子球形，呈纠缠链状排布。

圆弧青霉素的检测可用薄层色谱法、薄层扫描法、气相色谱法、液相色谱法检测。

控制主要是防霉限量。

4.4.29 皱褶青霉（*Penicillium rugulosum*）

4.4.29.1 食品卫生学意义

皱褶青霉产生皱褶青霉素（rugulosin）和杂色曲霉素（sterigmatocystin），皱褶青霉毒素是一种肝毒，杂色曲霉素可引起肝癌和胃癌。国家食品卫生检测标准GB/T 4789.16—1994规定对食品霉菌检测包括该菌。黄变米中也经常见到该菌，皱褶青霉主要寄生于比较干燥的谷类上，在白米上寄生，则变成淡暗黄色，无光泽，易碎，在糙米上产生棠花色斑点。

湖南省畜禽全价配合饲料中霉菌的调查中，皱褶青霉检出率为50.4%。

4.4.29.2 形态特征与培养特性

属于对称二轮青霉组，皱褶青霉系。菌落生长局限，12～14d直径1.0～1.5cm，多为绒毛状至一定的絮状，浓绿继变为稍灰色。反面最初无色，慢慢变为深色至橙色的点状及块状，在斜面培养时尤以边缘为明显。帚状枝大部分典型，但也常常不规则。梗基长短不一。分生孢子梗光滑，直径2.5～3μm。小梗（10～12）μm×（1.8～2）μm。分生孢子呈椭圆形，（3～3.5）μm×（2.5～3）μm，显著粗糙，生成纠缠链状（图4-102）。

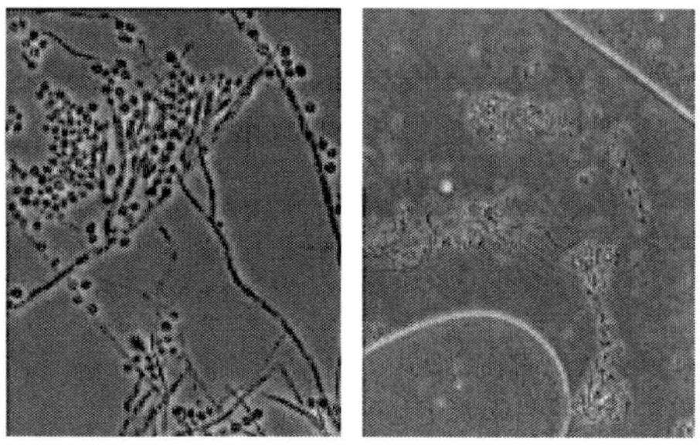

图4-102 皱褶青霉

4.4.29.3 毒素

皱褶青霉产生皱褶青霉素，与黄天精化学结构非常类似（结构见黄天精），该毒素是一种肝毒，除急性毒性外，能引起肝癌。皱褶青霉还能产生杂色曲霉素，对人和动物可引起肝癌和胃癌。

4.4.29.4 检测和控制

参考橘青霉。

4.4.30 产紫青霉（*Penicillium purpurogenum*）

4.4.30.1 食品卫生学意义

国家食品卫生检测标准GB/T 4789.16—2003规定对食品霉菌检测包括该菌。在自然界分布很广，在粮谷、豆类、花生、玉米、糠麸和葵花子中都能分离到该菌，本菌产生红色青霉素，为肝毒和肾毒。

4.4.30.2 形态特征与培养特性

属于对称二轮青霉组，产紫青霉系。菌落生长稍局限，12～14d 直径 1.5～2.5cm，绒状或稍呈现絮状；孢子多，在黄色至橙红色菌丝体上为深绿色，继而变为深暗绿色。反面深红色至紫红色并扩散于培养基中。分生孢子梗多自基质生出，（100～150）μm×（2.5～3.5）μm，自气生菌丝分枝而出者则较短、光滑。帚状枝为典型的双轮对称型，紧密。梗基 5～8 个轮生，（10～14）μm×（2.5～3）μm。小梗细长，端尖，4～6 个成为紧密而平行的一簇，（10～12）μm×（2～2.5）μm。分生孢子呈椭圆形至近球形，具厚壁，大多数菌系是粗糙的，偶尔光滑，（3～3.5）μm×（2.5～3）μm（图 4-103）。

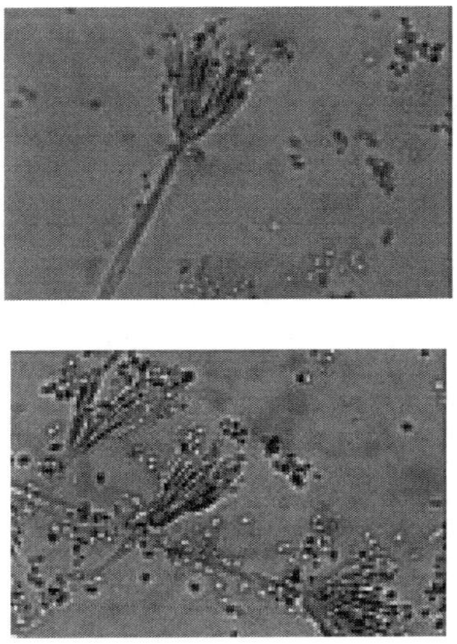

图 4-103 产紫青霉

4.4.30.3 毒素

产紫青霉产生红色青霉素，为肝毒和肾毒。

4.4.30.4 检测和控制

双轮生，暗绿色菌落，反面具有丰富的红色和和亮红色小滴扩散至周围琼脂中。分生孢子类似于疣孢青霉。分生孢子球形，粉红色。控制主要是防止粮食等的污染。

4.4.31 红色青霉（*Penicillium rubrum*）

4.4.31.1 食品卫生学意义

红色青霉与产紫青霉很类似，其区别在于红色青霉具有较淡的灰绿色，在自然界分布很广，由谷类粮食、豆类、花生、玉米、糠麸和葵花子都能分离到该菌。本菌产生红色青霉素，为肝毒和肾毒，引起腹痛、黄疸、痉挛。

4.4.31.2 形态特征与培养特性

属于对称二轮青霉组，产紫青霉系。菌落生长稍局限，12～14d 直径 1.5～2.5cm，绒状或稍呈现絮状；孢子多，菌落最终为较淡的灰绿色，反面深红色至紫红色并扩散于培养基中。分生孢子梗多自基质生出，（100～150）μm×（2.5～3.5）μm，自气生菌丝分枝者则较短、光滑。帚状枝为典型的双轮对称型，紧密。梗基5～8 个轮生，（10～14）μm×（2.5～3）μm。小梗细长，端尖，4～6 个成为紧密而平行的一簇，（10～12）μm×（2～2.5）μm。分生孢子呈椭圆形至近球形，具厚壁，大多数菌系是粗糙的，偶尔光滑，（3～3.5）μm×（2.5～3）μm（图 4-104）。

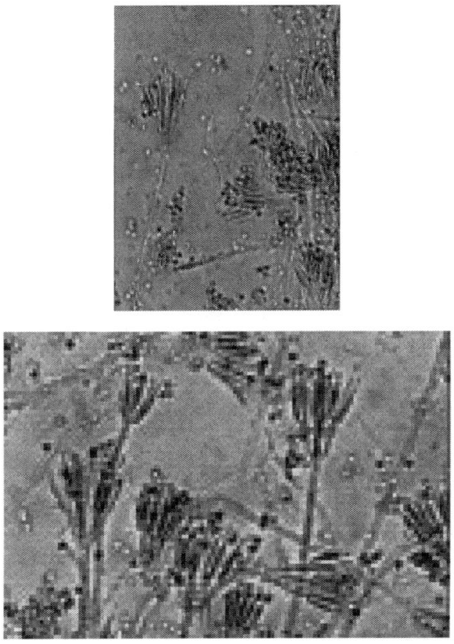

图 4-104 红色青霉

4.4.31.3 毒素

产紫青霉和红色青霉均产生红青霉毒素（rubratoxin），按化学结构分为红青霉毒素 A、红青霉毒素 B 两种，该毒素为肝毒。由红色青霉所产生的毒性物质中可分离出红青霉毒素 A 及红青霉毒素 B 结晶，主要产物为红色青霉毒素 B，其毒性也较大。红青霉毒素 A、红青霉毒素 B 的相对分子质量分别为 520 及 518。红青霉毒素的纯结晶在水中的溶解度不大，可溶于醇类和酯类中。红青霉毒素 A 在乙醇中较红青霉毒素 B 易溶，在乙酸乙酯中则相反，借此可在混合状态下将二者分离。

红青霉毒素纯品对小鼠 LD_{50}（经腹腔），A 为 6.6mg/千克体重，B 为 3.0mg/千克体重；所以红青霉毒素 B 的毒性较红青霉毒素 A 为高。红青霉毒素 B 对大鼠 LD_{50} 经口为 400～450mg/千克体重。有研究认为红青霉毒素 B 有致突变性及致畸性。牛、羊中毒主要表现肝炎、胃肠炎和出血综合征。

4.4.31.4 检测和控制

参考橘青霉。

4.4.32 娄地青霉（*Penicillium roqueforti*）

4.4.32.1 食品卫生学意义

属于不对称青霉组，绒状青霉亚组，娄地青霉系，条件致病菌。广泛分布于自然界，常见的腐生菌。常从土壤、腐败有机物和植物中分离到。不产毒的菌种在工业上常用作发酵剂，如制作干酪、生产脂肪酸用于医药；产生风味物质、多糖、蛋白酶和抗菌物质等，也可产生生物碱和毒素物质，包括娄地青霉毒素（PR）及其衍生物（图 4-105）。有报道称用娄地青霉制作的干酪食用后引起人咳嗽、呼吸困难、不适，肺活量减少等。在蓝色干酪中发现极少量娄地青霉毒素。

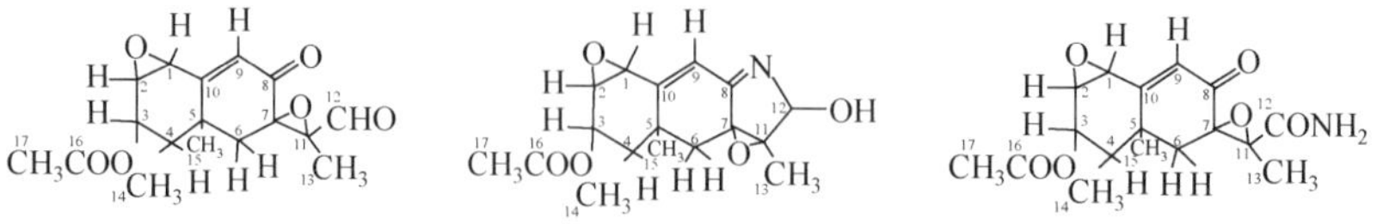

PRToxin(Ⅰ)　PR-imine(Ⅱ)　PR-amide(Ⅲ)

图 4-105　PR Toxin（Ⅰ）娄地青霉毒素、PR-imine（Ⅱ）娄地青霉亚胺和 PR-amide（Ⅲ）娄地青霉酰胺的化学结构

4.4.32.2 形态特征与培养特性

帚状枝显著不对称，常有三次分枝。分生孢子梗极粗糙，直径 4～6μm，梗基也粗糙，小梗直径 3～3.5μm。分生孢子呈球形，壁厚而光滑，直径 4～6μm。分生孢子链呈直柱状纠缠的链状（图 4-106）。

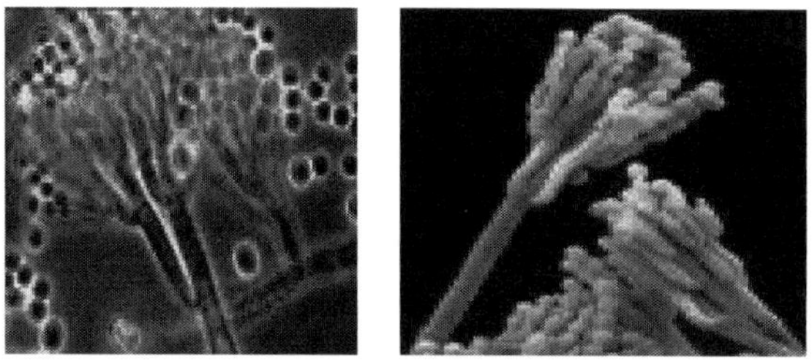

图 4-106　娄地青霉

在察氏培养基上，室温 10～12d 其菌落可长到 5.0～6.0cm 大小，菌落生长蔓延，扩展。表面光滑，呈绒状，有不规则的“珠网状”边缘。“珠网状”由分生孢子梗向各方向生长形成的菌丝束组成。表面开始蓝绿色，以后转为暗绿色，背面无色或暗绿色。

4.4.32.3 毒素

产生异烟曲霉棒曲麦角酸 C、青霉酸、展青霉素、橘青霉素、娄地青霉毒素和球二孢菌素（botryodiploidin），这些毒性物质具有致突变和致癌作用，作用于肝、肾和神经系统，引起损害。娄地青霉毒素抑制 RNA 和蛋白合成，娄地青霉毒素的 LD_{50} 为 10mg/千克体重，雄鼠 LD_{50} 为 169mg/千克体重，雌鼠为 184mg/千克体重。注射此毒素后损伤神经系统，引起瘫痪；能够引起大白鼠、小白鼠死亡，口服致死剂量 115mg/千克体重；主要是引起靶细胞 RNA、蛋白质的合成，进而影响细胞功能。球二孢菌素能够抑制细胞繁殖。

4.4.32.4 检测和控制

参考橘青霉。

4.4.33 普通青霉（*Penicillium commune*）

4.4.33.1 食品卫生学意义

在干制肉品中常见。产生赭曲霉毒素（ochratoxin A，OA）和圆弧青霉偶氮酸，在最适生长条件 20～25℃，水分活性 0.96～0.97 为产毒最佳条件，为重要的食品贮藏伴随菌，可寄生在食品、粮食及饲料中并产毒。赭曲霉毒素可污染玉米、大麦、小麦，大米、荞麦、大豆花生、棉籽等各种食品原料及其制品，火腿、鱼制品及饲料也有一定程度的污染。在谷物上 20～25℃、含水率高于 16%时污染更严重。污染饲料的毒素在动物肝、肾、脂肪中蓄积较多，这是肉食污染的重要原因。

4.4.33.2 形态特征与培养特性

小梗单层，在分枝或不分枝的分生孢子梗上有瓶梗，分生孢子链呈刷状；不分枝的分生孢子链一次轮生，两次分枝，对称轮生，如果不对称则多轮生。分生孢子球形，光滑至粗糙，直径 2～5μm，绿色至蓝绿色。菌丝体白色，直径 1.5～5μm，无色透明，具横隔，分枝。分生孢子梗分枝或不分枝，光滑或粗糙，透明或有色，100～250μm（图 4-107）。气生菌丝少，呈绒状。菌落下的培养基有的着色，有的不着色。普通青霉的分生孢子呈黄色、黄绿色或绿色等。在察氏培养基中培养初期孢子萌发，长出白色菌丝体，形成小的绒状菌落。2～3d 后从菌落中心开始产生绿色或黄绿色的分生孢子，菌落中心为绿色，外圈为白色。菌落扩展有局限性。培养基下面有的产生色素，有的则不产生。

4.4.33.3 毒素

普通青霉能够产生赭曲霉毒素、烟曲霉棒麦角素 A 和烟曲霉棒麦角素 B（SM-2）和圆弧青霉偶氮酸，还能产生一些毒性生物碱，赭曲霉毒素是一种相当稳定的化合物，在乙醇溶液中置冰箱保存一年以上不被破坏。OA 的含量最高，且毒性最强，主要侵害肾，是一种烈性肾毒，当人和畜禽持续摄入含毒食物及饲料时，不仅会出

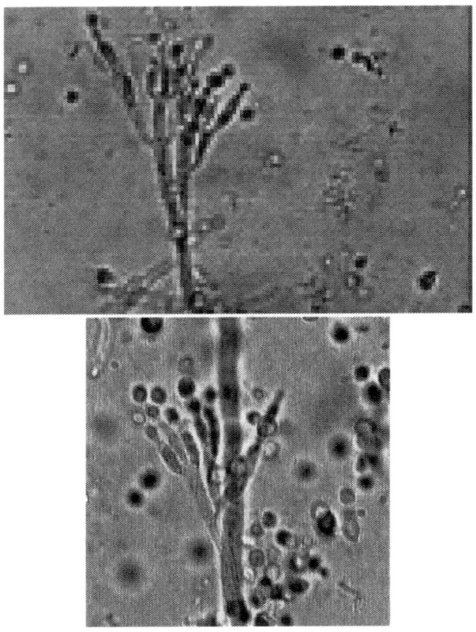

图 4-107 普通青霉

现急性症状，也可形成严重的慢性中毒、致癌、致畸等。

4.4.33.4 检测和控制

分离培养：常用察氏培养基分离产毒菌。在谷物培养基中，以碎小麦为基质的产毒效果最好。产毒霉菌在25～28℃，高湿度、阴暗静置条件下培养1～2周产毒效果较好。

赭曲霉毒素检验方法与AFT基本相似，主要有生物学、化学和免疫学方法。

1）生物学方法

（1）鸡胚试验：将提取的OA用5%碳酸钠水溶液作不同倍数稀释，分别接种于5日龄健康鸡胚气室内（或卵黄内）0.1mL，接种后每天观察鸡胚死亡情况直至21日龄。根据记录计算出LD_{50}所需毒素量。

（2）其他动物试验：用大白鼠、小白鼠、雏鸡、雏鸭等动物进行饲喂试验，均可检验OA。

（3）其他试验也可利用抑菌试验、荧光反应、斑点试验等生物学方法检验OA。

2）免疫学方法

（1）抗体的制备：OA为半抗原物质，必须与大分子载体结合后才具有免疫原性。将偶合抗原透析纯化与福氏完全佐剂乳化，免疫家兔即获得OA抗体。

（2）检测：由于OA在食品中含量都较低，用一般化学和生物学检测方法常缺乏特异性或灵敏度不高，用免疫学检测法能克服这些缺点。

Michael（1983）利用酶联免疫吸附法（ELISA）检测大麦中的OA。另外，还采用斑点酶联免疫吸附法（Dot-ELISA）对OA进行了检测，也获得了满意的结果。液相、质谱方法是常规方法。

控制措施主要是防霉限量。

4.4.34 纯绿青霉（*Penicillium viridicatum*）

4.4.34.1 食品卫生学意义

也称为鲜绿青霉，主要见于坚果仁、苹果、葡萄、红胡椒、无花果、壳类、小麦、干豆、可可、咖啡豆、大豆等食品中。能够产生赭曲霉毒素。纯绿青霉产OA的能力较赭曲霉强，农产品（粮食、咖啡豆等）中OA的污染水平一般不高，而以纯绿青霉为主要污染；荷兰、挪威、瑞典、巴西、美国、大麦、英国、乌拉圭、中国的谷物中OA的污染率和污染水平较低。由于纯绿青霉和OA等产生菌广泛分布于自然界，因此多种农作物和食品均可被OA污染。

动物饲料中OA的污染也非常严重，进食被OA污染的饲料后导致动物体内OA的蓄积，由于OA在动物体内非常稳定，不易被代谢降解，因此动物性食品中尤其是猪的肾、肝、肌肉、血液、奶和奶制品等中常有OA检出。

4.4.34.2 形态特征与培养特性

属于不对称青霉组，束状青霉亚组，纯绿青霉系。菌落生长局限，在察氏培养基上12～14d直径2.5～3.5cm，亮黄绿色，有时有狭窄带蓝绿色带紧邻于白色边缘的内侧，极厚，通常为显著的粒状，老龄时变为浊褐色。反面纯淡黄色至纯褐色。帚状枝正常的有三层分枝，常常副枝及梗基生在同一高度。分生孢子梗大部分直径3.5～4.5μm，但有时达6μm，粗糙至很粗糙。小梗（7～10）μm×（2.5～3）μm。分生孢子椭圆形，达4.5μm×3.3μm，或亚球形，直径约3.5μm，略粗糙，成纠缠链状或不确定的直柱状（图4-108）。纯绿青霉的最低水分活性为0.83～0.86。

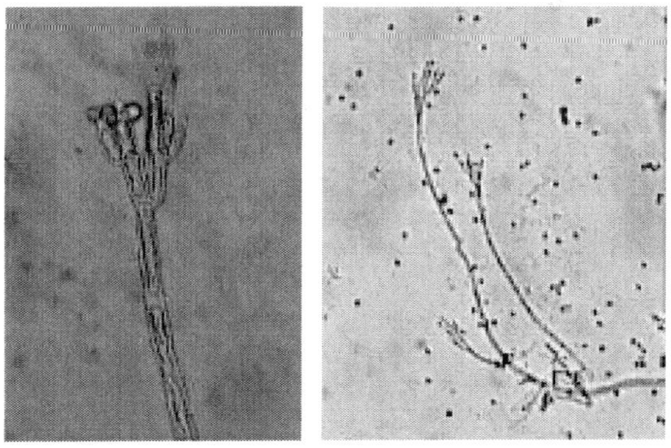

图 4-108 纯绿青霉

4.4.34.3 毒素

纯绿青霉产生赭曲霉毒素和橘青霉素。产生的毒性物质还有黄麦格素（xanthomegnin）、紫蜂蜜霉素（viomellein）、紫黄嘌呤（vioxanthin）和黄绿曲霉素（xanthoviridicatin）等代谢产物，可引起肺癌。

4.4.34.4 检测和控制

菌落呈淡黄绿色，分生孢子梗粗糙，其余参考橘青霉。

4.4.35 疣孢青霉（*Penicillium verruculosum*）

4.4.35.1 食品卫生学意义

疣孢青霉产生赭曲霉毒素、橘青霉素、黄曲霉毒素和疣孢青霉原（verruculogen），环境中分布十分广泛，在土壤、湖水、小麦种子、苹果、榛子、皮毛、马铃薯、谷物、酒、橘子汁和药片中均发现有该菌。疣孢青霉还能够产生青霉震颤素 A、疣孢菌醇、verrucosidin 等毒素。能够引起 DNA 的损伤。疣孢青霉原可阻止钙离子通道，激活钾离子通道。

4.4.35.2 形态特征与培养特性

与变幻青霉极为相似，为双轮生分枝，但黄色菌丝量较变幻青霉少；分生孢子球形，表面具有丰富的刺状结构，粉红色（图 4-109）。

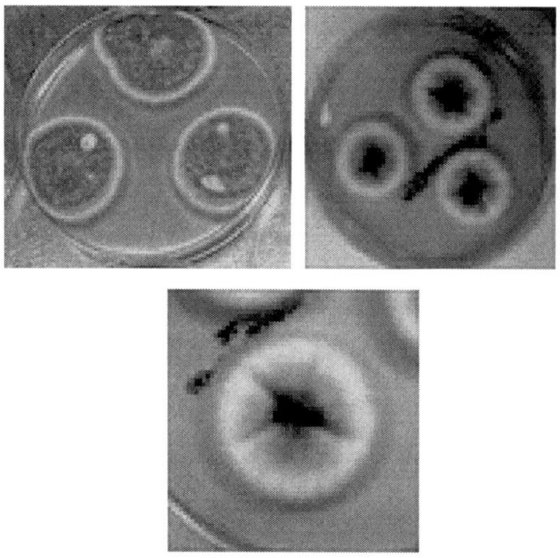

图 4-109 疣孢青霉菌落

4.4.35.3 毒素

疣孢青霉能够产生疣孢青霉原、青霉震颤素 A（penitrem A）、疣孢菌醇（verrucarol），疣孢青霉原为无色块状结晶，都易溶于氯仿、乙酸乙酯、丙酮，微溶于甲醇，不溶于水、正己烷，相对分子质量 511，分子式 $C_{27}H_{33}N_3O_7$。疣孢青霉原和烟曲震颤原（fumitremorgin）B 为顺式构象，都属于致震颤真菌毒素（tremorgenic mycotoxin），为神经毒素（图 4-110）。烟曲霉也能产生此毒素。疣孢青霉原和烟曲震颤原 B 在相应位置具有羟基，此位羟基可能是致震颤活性所必需的。在发酵的肉制品中能够发现 5 种震颤真菌毒素，包括疣孢青霉原、青霉震颤素 A、网褶菌素（paxilline）、verrucosidin、青霉震颤素 B。这几种毒素损伤人的淋巴细胞 DNA，以 verrucosidin 毒性最强。

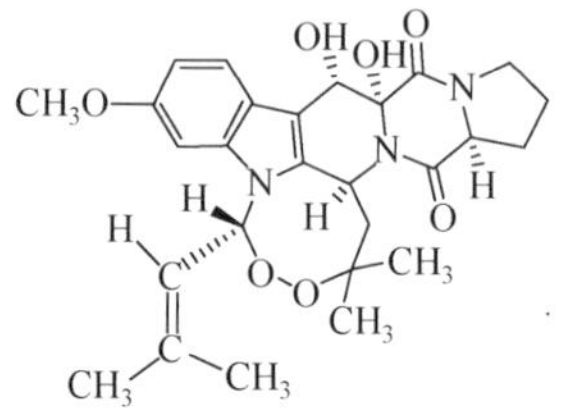

图 4-110 疣孢青霉原

4.4.35.4 检测和控制

二轮生，黄色菌丝少，分生孢子球形，粉红色。其余参考橘青霉。

4.4.36 变幻青霉（*Penicillium variabile*）

4.4.36.1 食品卫生学意义

该菌产生展青霉素和震颤真菌毒素，在 CYA 培养基中可产生丰富的毒素，而在 YES 培养基中产生少量的毒素。变幻青霉可在土壤、淀粉含量丰富的谷物及棉织物上多见。

4.4.36.2 形态特征与培养特性

菌落中产生气生菌丝处呈黄色，背面橘红色、橙黄色或绿褐色；分生孢子梗较短，直径 2.5～3.0μm，壁光滑；间枝单层，5～7 个，长 7.5～10μm；小梗披针形，（10～12）μm×（1.8～2.2）μm；分生孢子椭圆形，两端稍尖，3.0～3.5（7～8）μm×（2.0～2.5）μm。产生绿色而边缘有红晕的菌落（图 4-111）。

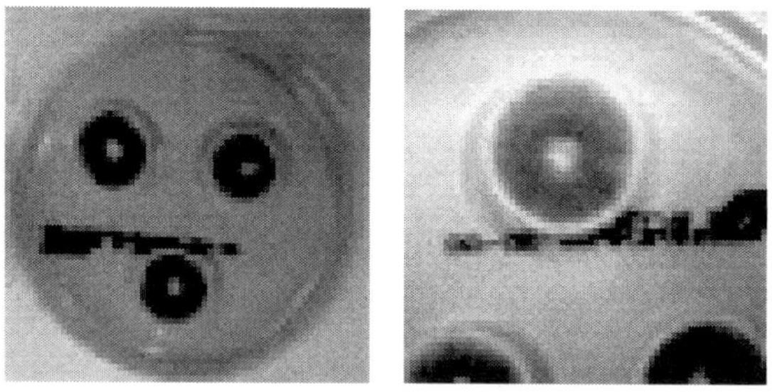

图 4-111 CYA 上变幻青霉菌落

4.4.36.3 毒素

变幻青霉产生展青霉素和致震颤神经毒素。

4.4.36.4 检测和控制

黄色菌丝上具有暗绿色，尤其是菌落边缘，分生孢子梗与岛青霉的最主要区别是小梗长而呈锥状，而不是瓶状。毒素用液相色谱法检测比较准确。

除上述几种青霉菌与食物中毒有关外，还有一些青霉也能产生引起食物中毒的青霉毒素，但由于报道的不多，资料也相对较少，不能形成完整的描述，在食物中毒性疾病报道中还没有报道，如赭鲑色青霉（*P. ochrosalmoneum*）、垫状青霉（*P. pulvillorum*）、瘿青霉（*P. fellutanum*）、纠缠青霉（*P. implicatum*）、暗蓝青霉（*P. lividum*）、变灰青霉（*P. canescens*）、詹森青霉（*P. jensenl*）等，其食品卫生学意义有待于今后加强研究。

4.4.37 镰刀菌（*Fusarium*）及其毒素

镰刀菌属种类多，分布广，从平原到珠穆朗玛峰的高山，从海洋到高空，从植物到动物均可检出本菌属的菌株。其中许多是危害各种作物的病原菌，如引起小麦、水稻、玉米和蔬菜等病害及各种作物的病原菌。有些寄生在植物上，如粮食及饲料上，使其霉变，产生毒素，人和动物食后发生中毒。

镰刀菌属的分类与曲霉和青霉相比更加困难，属于子囊菌亚门、核菌纲、肉座菌目、丛赤壳属、丽赤壳属、赤霉属、隐壳霉属等。镰刀菌属在马铃薯-葡萄糖琼脂或察氏培养基上气生菌丝发达，高达 0.5～1.0cm，较低的为 0.3～0.5cm，或者气生菌丝稀疏，甚至完全无气生菌丝。由营养菌丝组成的集团组织称为子座。通常子座上生长分生孢子梗座，分生孢子梗座产生大量分生孢子时，黏聚成的黏团，称为黏孢团。

孢子的形态是分类依据之一。分生孢子有两种类型，即大分生孢子和小分生孢子。大分生孢子由气生菌丝或分生孢子座产生，或产生在黏孢团中，形态多种多样，有镰刀形、线形、纺锤形、披针形、柱形、腊肠形、蠕虫形、鳝鱼形等。顶细胞形态不一，呈短喙形、锥形、钩形、线形、柱形等。大分生孢子为多细胞、多隔。小分生孢子生于分枝和不分枝的分生孢子梗上，小分生孢子的形态也不一样，呈卵形、梨形、椭圆形、圆形、纺锤形等，一般是单细胞，少数有 1～3 个隔。通常小分生孢子的量比大分生孢子多。

气生菌丝、黏孢团、子座、菌核可呈现各种颜色，基质也可被染成各种颜色。菌丝与大分生孢子上有时有厚垣孢子，厚垣孢子间生或顶生，单个或多个成串，或呈结节状。有时生于大分生孢子的孢室中，无色或有色，光滑或粗糙。

有些镰刀菌具有有性繁殖器官，即产生闭囊壳，其内含有子囊及 8 个子囊孢子。子囊壳产生于子座上，子囊壳卵圆形或圆形，深蓝色至黑紫色，粗糙或光滑，子囊孢子椭圆形、梭形或新月形，无隔或可有三个隔，无色。

在镰刀菌属中，很多菌种都可产生毒素，导致人畜中毒，而且许多种可同时产生多种毒素，其中重要的产毒菌有：禾谷镰刀菌（*F. graminearum*）、梨孢镰刀菌（*F. poae*）、拟枝孢镰刀菌（*F. sporotrichioides*）、雪腐镰刀菌（*F. nivale*）、三线镰刀菌（*F. tricinctum*）和串珠镰刀菌（*F. moniliforme*）。

4.4.38 禾谷镰刀菌（*Fusarium graminearum*）

4.4.38.1 食品卫生学意义

禾谷镰刀菌是小麦赤霉病的主要致病菌，也可引起人畜中毒。此菌分布全国各地，尤其是江苏、浙江、湖北、安徽、黑龙江等省分布最广。小麦、玉米、土壤等常见。产生赤霉烯酮、雪腐镰刀菌烯醇和镰刀菌烯酮-X，该菌能引起田间禾本科作物病害，如引致小麦赤霉病。该菌在贮粮病害中，能使小麦、玉米等粮食作物发热霉变。在粮食中生长、产毒，引起人和动物中毒。

4.4.38.2 形态特征与培养特性

本菌属于变色组中唯一一个产毒种。菌丝分枝，有隔、透明、玫瑰色，直径 1.5～5μm。一般野生型菌株在培养基上不产生孢子，但菌丝中存在膨大细胞。膨大细胞呈球形或卵形，单个或成串，顶生或间生，壁薄，透明，直径 6～14μm。

大分生孢子近似镰刀形、纺锤形、披针形、椭圆形，弯曲或稍直，顶端逐渐变细，细胞较长，大多数为 3～5 个隔，极少数 1～2 个隔或 6～9 个隔。无色，聚集时呈粉色。大分生孢子的大小，3 隔者为 41μm×4.3μm；5 隔者为 51μm×4.9μm；7 隔者为 73μm×5.4μm。无小分生孢子。一般无厚垣孢子，如有也极少。菌核呈各自深浅不同的紫红色，暗紫红色、鲜亮玫瑰色或无色。有性繁殖：子囊壳散生或聚生，卵圆形或圆形，深蓝色。子囊棍棒状，无色，内有 8 个纺锤形子囊孢子（图 4-112）。

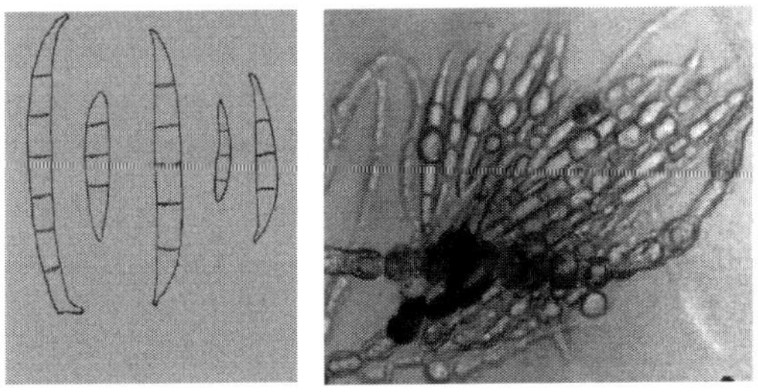

图 4-112 禾谷镰刀菌

本菌在马铃薯-葡萄糖琼脂上，菌丝呈棉絮状，生长茂盛，长度可达 5～7mm。初期白色，然后呈白玫瑰色、赭玫瑰色、洋红至紫红色，中央常有黄色气生菌丝区。反面洋红色或淡砖红色至赭色。通常无厚垣孢子，但在菌丝中可见膨大细胞。膨大细胞呈球形或卵形，单个或成串，顶生或间生，壁薄，透明，直径 6～12μm。该菌属好氧嗜中温菌，生长发育和繁殖适温为 20～40℃（图 4-113，图 4-114）。

4.4.38.3 毒素

本菌主要寄生在禾本科植物上，一般侵染大米、麦类、玉米，并产生玉米赤霉烯酮、T-2 毒素、雪腐镰刀

图 4-113　玉米上的禾谷镰刀菌

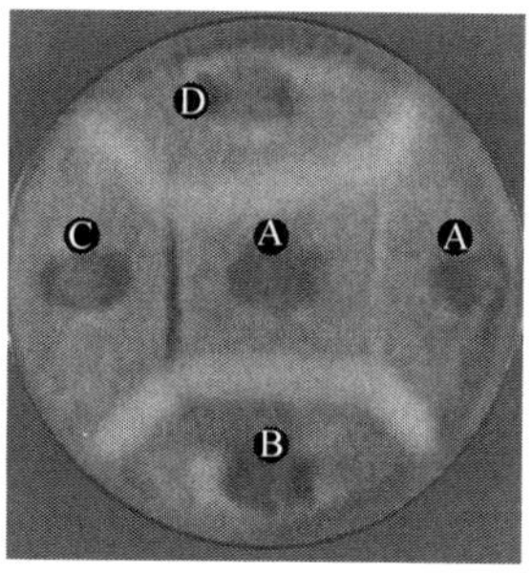

图 4-114　小麦培养基上的禾谷镰刀菌菌落

菌烯醇和镰刀菌烯酮-X 等有毒物质。禾谷镰刀菌是赤霉病麦的主要病原菌，主要引起小麦、大麦和元麦的赤霉病。

4.4.38.4　检测和控制

菌体可用形态结构特征鉴别。毒素用薄层层析法、液相色谱法、生物检测法（包括皮肤反应法、兔网状红细胞法、小鼠致死毒性法、原虫致死毒性法、鸡胚法、鸭雏呕吐法和抑菌法等）进行检测。

4.4.39　梨孢镰刀菌（*Fusarium poae*）

4.4.39.1　食品卫生学意义

梨孢镰刀菌在燕麦、甜瓜、小麦和玉米上分布，也可从少数饲料中检出。可产生梨孢镰刀菌素，引起食物中毒、动物饲料中毒症、消化道如食管、胃的恶性肿瘤；所产生的单端孢霉烯族化合物还可引起食物性白细胞缺乏症。

4.4.39.2　形态特征与培养特性

本菌属于枝孢镰刀菌组。分生孢子梗呈树枝状分枝，在其端部密枝多生，上面着生大分生孢子。菌丝及分生孢子梗的分枝常对生及轮生。大分生孢子甚少，为镰刀形、纺锤-椭圆形、新月形、窄瓜子形、稍弯曲或稍直，通常有 1～3 个隔、光滑、透明，生于气生菌丝中，无分生孢子梗座。脚细胞不明显，少数有乳头状突起的脚细胞，2～5 个隔，壁光滑，透明。2 隔大型分生孢子（15～30）μm×（2.5～5）μm；3 隔的为（19～30）μm×（3.5～5）μm；5 隔的为（30～36）μm×（4～5.2）μm。瓶状小梗细长，短的呈酒瓶状，着生小分生孢子。小分生孢子主要呈球形、梨形、柠檬形、倒卵形或椭圆形，也有纺锤形、窄瓜子形的，不分隔或有 1 个隔，无色透明，生于桶状的瓶形小梗上，通常呈假头状着生，绝大多数为间生，少数顶生，单个、成串及结节状，有时呈短链状。球形小型孢子直径 4～8μm，其他小形分生孢子无隔，（8～10）μm×（3～6）μm；1 个隔的卵形、梨形小型分生孢子（10.5～16）μm×（4.5～7.4）μm；纺锤形、椭圆形的小型分生孢子（12～22.5）μm×（3.6～4.5）μm。小型分生孢子的数量多于大型分生孢子的数量。瓶形小梗（1.5～2.0）μm×2.5μm。厚壁孢子圆形或拟椭圆形，大多间生，少数顶生，单数或数个成串，或呈结节状，赭黄色、无菌核（图 4-115）。

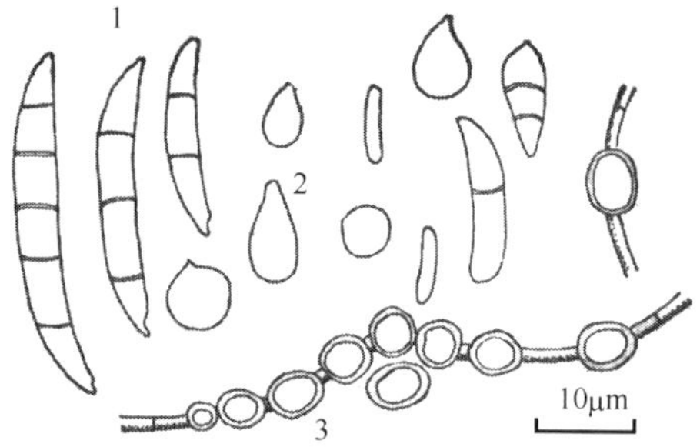

图 4-115　梨孢镰刀菌（孙鹤龄）

1. 大分生孢子；2. 小分生孢子；3. 厚壁孢子

在马铃薯-葡萄糖琼脂培养基上生长良好，菌落呈蛛丝状、丝状或絮状，有时略呈粉状，气生菌丝一般为白色或玫瑰色，淡黄色至黄橙色。背面呈深浅不同的洋红色，或黄色至灰黄橙色，无黏孢团或非常稀少。菌落扩散速度快，5d 直径可达 7.2cm，高达 7～8mm。菌落发育良好时，白色菌丝较少，分生孢子梗短；发育良好时，模糊的白色菌丝或略呈粉红，具有强烈的甜味或水果味（图 4 116）。

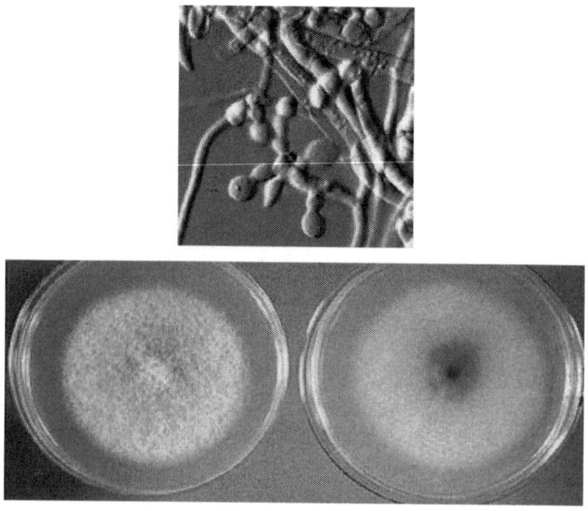

图 4-116　梨孢镰刀菌及其菌落（PDA）

4.4.39.3 毒素

本菌产生梨孢镰刀毒素、T-2 毒素、HE-2 毒素、新茄病镰刀菌烯醇、乙酰 T-2 毒素、单端孢霉烯族化合物等有毒物质。本菌主要从麦类或玉米类检出，也可从少数饲料中检出。

4.4.39.4 检测和控制

主要鉴定依据为培养和镜检特征。应该与拟枝孢镰刀菌区别，梨孢镰刀菌厚壁孢子较少，大分生孢子 1～3 个隔者多，5 个隔者少，拟枝孢镰刀菌则相反。控制措施主要是防霉去毒。

4.4.40 拟枝孢镰刀菌（*Fusarium sporotrichioides*）

4.4.40.1 食品卫生学意义

拟枝孢镰刀菌主要寄生于燕麦、小麦、玉米、稻、甜瓜、豆壳等粮食作物和产品上，产生拟枝孢镰刀菌素、T-2 毒素、丁烯酸内酯和新茄病镰刀菌烯醇。浙江曾发生一起因玉米秆污染该菌饲喂牛中毒事件，发病 61 头，死亡 33 头。病牛表现反刍食欲减退、精神沉郁、腹泻、结膜充血、里急后重、角弓反张、肌肉震颤等，最后死亡。

4.4.40.2 形态特征与培养特性

本菌为枝孢镰刀菌组的菌种之一。从营养菌丝分出树枝状的分生孢子梗，从细尖的瓶状小梗分出大分生孢子。大型分生孢子产于气生菌丝或分生孢子梗座中，镰刀形、纺锤至镰刀形、披针形，弯曲，有脚细胞，3～5 隔。3 个隔，(22～35) μm×(3.6～4.7) μm；5 个隔，(37～45) μm×(4.0～5.2) μm。两端逐渐变窄。基部有脚细胞，有 1～5 个隔。小分生孢子生于气生菌丝的分生孢子梗的多芽细胞上，通常稍稍稀疏，呈椭圆形、球形、梨形、近披针形、近镰刀形、纺锤形或卵形，透明。壁光滑，无隔或有 1 个隔。厚垣孢子生于菌丝，间生，数量多，单个或成串，球形，壁光滑、透明。成熟时变为淡褐色。菌核呈紫色或无菌核。

本菌在马铃薯-葡萄糖培养基上，气生菌丝生长茂盛，菌落呈棉絮状，有绢丝状的光泽。初为白色，很快变成樱桃红色。菌落反面呈粉红色至紫红色（图 4-117，

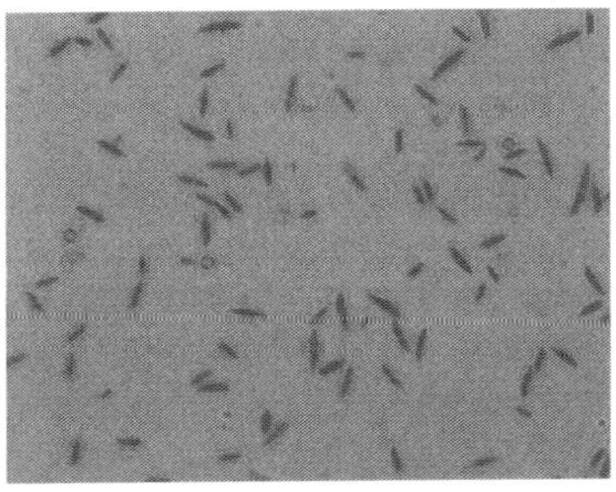

图 4-117 拟枝孢镰刀菌大分生孢子

图 4-118 和图 4-119）。

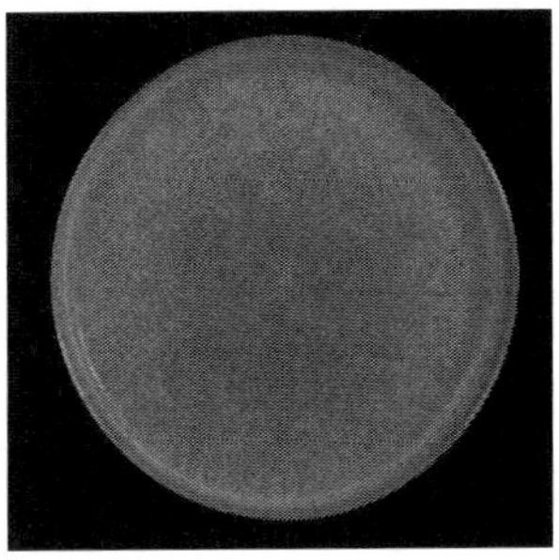

图 4-118 拟枝孢镰刀菌菌落（SNA）

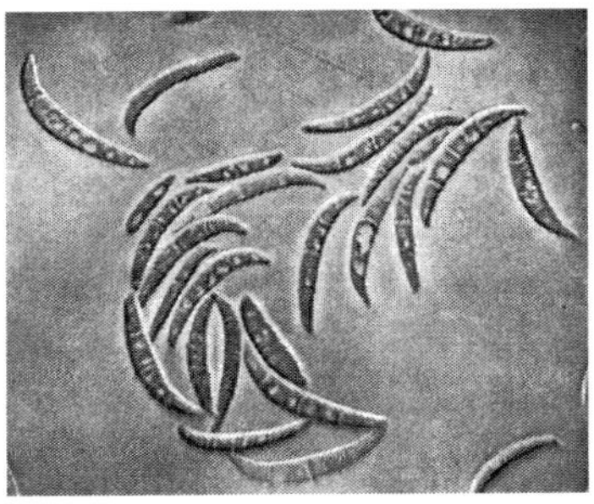

图 4-119 拟枝孢镰刀菌大分生孢子

4.4.40.3 毒素

产生的有毒代谢产物有：拟枝孢镰刀菌素、T-2 毒素、新茄病镰刀菌烯醇、二乙酸、丁烯酸内酯、玉米赤霉烯酮等。

4.4.40.4 检测和控制

主要是通过镜检观察拟枝孢镰刀菌的菌丝和孢子的形态特征包括大型分生孢子、孢子排列，以及菌落生长特征。毒素检测可用薄层层析法、液相色谱法及核酸检测法等进行检测。控制措施是防霉限量。

4.4.41 三线镰刀菌（*Fusarium tricinctum*）

4.4.41.1 食品卫生学意义

本菌主要寄生于玉米、豆类和小麦的种子上，可产生 T-2 毒素、丁烯酸内酯、二乙酸镳草镰刀菌烯醇和玉米赤霉烯酮，可引起人食物中毒或动物饲料中毒。

4.4.41.2 形态特征与培养特性

本菌为枝孢镰刀菌组中的菌种之一。大分生孢子长在分生孢子座和黏分生孢子团内，镰状弯曲或椭圆形弯曲，脚细胞很明显，呈镰刀至纺锤形，有 1～5 个隔，常见的为 3～5 个隔。小型分生孢子散生在气生菌丝中或聚成假头状，梨形或柠檬形、卵形至椭圆形，纺锤近披针形或稍呈镰刀形，无或 1 个隔。3 个隔（26～38）μm×（3～4.7）μm；5 个隔（34～53）μm×（3～4.8）μm。厚垣孢子间生，单个或成串，球形、壁薄，

透明（图 4-120）。

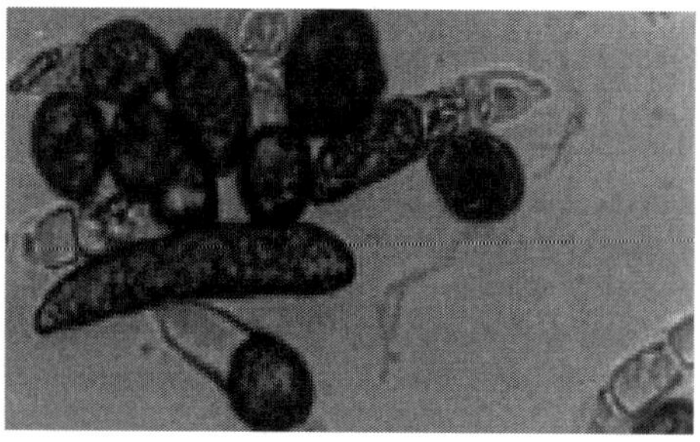

图 4-120　三线镰刀菌

本菌在马铃薯-葡萄糖琼脂培养基上，菌落呈棉絮状，洋红色，背面呈不同的浅粉红色至红紫色（图 4-121）。

图 4-121　PDA 上三线镰刀菌菌落

4.4.41.3　毒素

本菌常从土壤、豆类、玉米和小麦中检出。主要产生 T-2 毒素、玉米霉烯、HT-2 毒素、二乙酸镳草镰刀菌烯醇、玉米赤霉烯酮、丁烯酸内酯等代谢产物。T-2 毒素经呼吸道吸入中毒报道很少，主要是经口中毒，T-2 毒素经黏膜的吸收率较高，并可直接破坏黏膜的毛细血管，使其通透性增加。新生或未成年动物比成年动物对毒素更敏感。

4.4.41.4　检测和控制

主要是通过镜检观察三线镰刀菌的菌丝和孢子形态特征包括大型分生孢子、孢子排列，以及菌落生长特征。毒素检测可用薄层层析法、液相色谱法及核酸检测法等进行检测。

改进粮食保存措施，改变饮食习惯。

4.4.42　串珠镰刀菌（*Fusarium moniliforme*）

4.4.42.1　食品卫生学意义

在我国从食管癌高发地区如河南林县、辉县，河北省武安县、涉县；胃癌高发区的山东省蓬莱等地的粮食如玉米、小米、小麦粉、稻谷、甘蔗、玉米和高粱及胃液中分离出该菌。其代谢产物为串珠镰刀菌素和玉米赤霉烯酮。串珠镰刀菌有合成亚硝基化合物的作用，与食管癌、胃癌的发生有密切关系。

4.4.42.2　形态特征与培养特性

本菌小分生孢子呈卵圆形、椭圆形、腊肠形、近披针形，无隔或有 1 个隔，直或稍弯曲，透明；(3～7) μm×(2～4.8) μm；集结成链状或偶见假头状。瓶状小梗较细长，(20～30) μm× (2～3) μm。大分生孢子生于子座、黏孢团或气生菌丝上，呈锥形或镰刀形、纺锤形、棍棒形、线形，平直或弯曲，透明，壁薄。孢子两端逐渐变细，或粗细均匀一致，或顶细胞长而窄、弯，基部有脚细胞，椭圆形弯曲或几乎平直，呈楔状；一般多为 3～5 个隔，3 个隔的大小为 (30～60) μm× (2.5～3.5) μm，5 个隔为 49μm×3.1μm。6 隔的大小平均为 (56～60) μm× (4.5～4.8) μm。孢子成堆时呈微白至赭色，赭至玫瑰色。无厚垣孢子，有些菌株可以形成菌核。有子座及菌核（球形，80～100μm），呈黄、褐或紫色（图 4-122）。

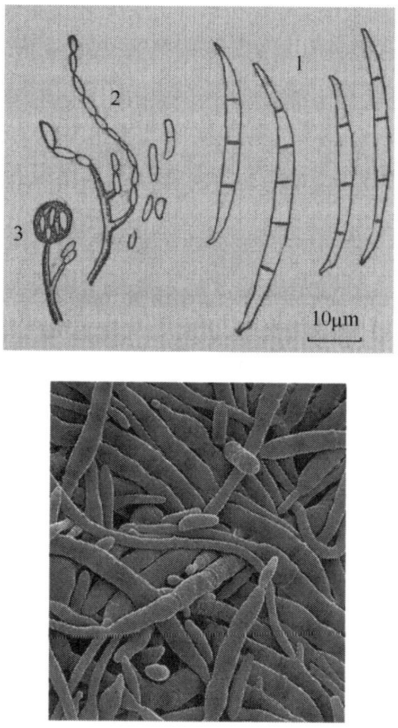

大分子孢子

图 4-122　串珠镰刀菌分生孢子（电镜）

1. 大分生孢子；2. 小分生孢子（串珠状）；3. 假头状着生（小分生孢子）

在马铃薯-葡萄糖琼脂培养基上，菌落呈棉絮状，气生菌丝高为 0.2～0.5cm，有些菌株平铺或局部低凹。菌落的颜色为白色、浅粉色、淡紫色；背面为较浅的黄、赭、紫红乃至蓝色。试管壁或菌落中央有一定程度绳状或束状趋势。气生菌丝色泽随菌株及培养基而异：白色、浅粉红色、淡紫色。基质反面为较淡的黄、赭、紫红乃至蓝色，或它们之间的颜色。野生型菌株一般产孢子良好，在气生菌丝层上见有一层稍稍反光的、松散的细粉就是散落成堆的孢子。某些菌株在菌落中央产生粉红色、粉红至肉桂色的黏孢团，个别菌株为暗蓝色，黏孢团含大量小型分生孢子及较多的大型分生孢子（图 4-123）。

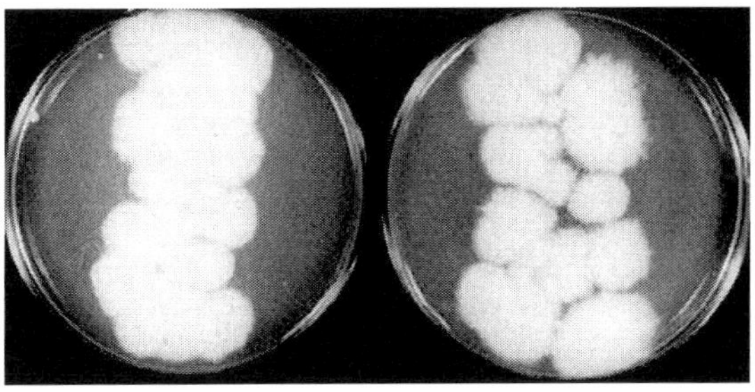

图 4-123　串珠镰刀菌菌落

4.4.42.3　毒素

1）串珠镰刀菌素

由寄生于玉米、燕麦、小麦、水稻等禾本科植物上的串珠镰刀菌产生，包括赤霉菌素及串珠镰刀菌素等有毒代谢产物。串珠镰刀菌素（moniliformin，MON）主要由串珠镰刀菌、燕麦镰刀菌、尖孢镰刀菌、木贼镰刀菌、半裸镰刀菌、镰状镰刀菌、同色镰刀菌和锐顶镰刀菌等产生。目前为止，已发现有 20 多种镰刀菌能产生 MON。

MON 纯品为黄色针状结晶，分子式 C_4HO_3R（R=H/Na/K），其自由酸的化学名称为 3-羟基环丁-3 烯-1，2 二酮。MON 在自然界中常以钠盐或钾盐形式存在，呈水溶性。

MON 对实验动物有强烈的毒性，对 7 日龄北京鸭的 LD_{50} 为 3.64mg/kg，对雌性和雄性大鼠的 LD_{50} 分别为 41.57mg/kg 和 50.0mg/kg（经口）。主要是心肌损害形成的症状。MON 除对实验动物有较强的毒性作用外，对植物还有长期调节和毒性作用。

2）伏马菌素

伏马菌素（Fumonisin，FB）是一种霉菌毒素，是由串珠镰刀菌（*Fusarium moniliforme*）和多育镰刀菌（*F. proliferatum*）等产生的水溶性代谢产物，是一类由不同多氢醇和丙三羧酸组成的结构类似的双酯化合物（图 4-124，图 4-125）。主要污染谷物，以玉米为主。

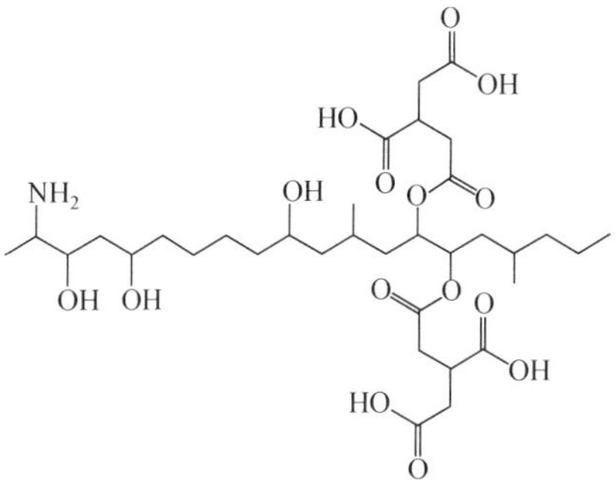

图 4-124　伏马毒素 B1

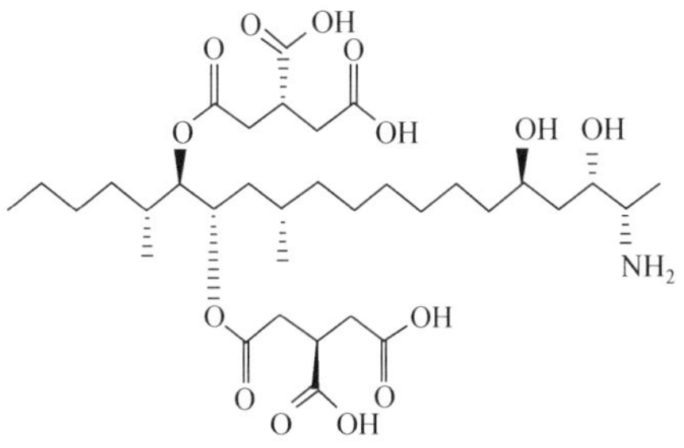

图 4-125　伏马菌素 B2

（1）伏马菌素的来源与发生：1988 年，南非和美国的研究人员 Gelderblon 等首次从串珠镰刀菌培养液中分离出伏马菌素。随后，Laurent 等又从伏马菌素中分离出伏马菌素 B1（FB1）和伏马菌素 B2（FB2）。粮食在加工、贮存、运输过程中易受上述两种真菌污染，特别是当温度适宜时，更利于其生长繁殖，从而产生出一类结构性质相似的毒素，伏马毒素可以通过粮食加工、饲料生产等过程对畜牧业乃至人类健康产生较严重的危害。

伏马菌素还可以来自 *F. napiforme*、*F. thapsinum*、*F. anthophilum*、*F. verticillioides*、*F. dlamin*、*F. fujikuroi*、*F. globosum*、*F. oxysporum* 和 *F. proliferatum* 等菌。

（2）伏马毒素的种类和特性：到目前为止，全球共发现的伏马菌素有 FA1、FA2、FB1、FB2、FB3、FB4、FC1、FC2、FC3、FC4 和 FP1 共 11 种，其中 FB1、FB2 和 FB3 是其主要组分。FB1 对食品污染的情况在世界范围内普遍存在，主要污染玉米及玉米制品。伏马毒素纯品为白色针状结晶，除水溶性外，对热稳定，不易被蒸煮破坏。

（3）粮食污染：粮食中伏马菌素的污染较为普遍，国内外学者研究最多的是玉米。Kpodo 等在对来自加纳首都阿克拉的 4 个市场和加工场所的玉米样品进行 FB1、FB2 和 FB3 污染的分析中发现，所有的样品均含有伏马菌素，其中 1 份明显霉变的玉米中总伏马菌素的含量高达 52.670mg/kg，其余 14 份样品总伏马菌素污染水平为 0.070～4.222mg/kg。

玉米的污染水平受国家和地区、玉米品种、季节的影响。1995～1996 年 Amra 等对从埃及不同省份收集的 120 份样品进行了检测，结果显示，冬季收集的白玉米和黄玉米 FB1 污染率均为最高。伏马菌素还可以污染其他粮食及其制品，且不同地区污染状况也存在差异。我国玉米、小麦等粮食作物中有不同程度 FB1 污染，对长春地区调查显示，新鲜玉米普遍污染伏马菌素，一般在 3%～5%。我国食道癌高发区林县的玉米伏马菌素污染率为 48%。因此，人们怀疑该地区食道癌高发与食用污染此毒素玉米相关。该毒素已被世界卫生组织列为近年来首先进行研究的几种霉菌毒素之一。

（4）伏马菌素的毒性：伏马菌素对人、畜具有促癌和致癌作用，并与我国和南非部分地区高发的食道癌有关。动物试验和流行病学资料已表明，伏马菌素主要损害肝、肾功能，能引起马脑白质软化症和猪肺水肿等。对马引起神经失调性疾病，1988 年南非研究人员每天以 0.125mg/千克体重的水平给马进行皮下注射，大约 7 天后马开始发疯、发狂，冲撞栏杆而死，解剖发现马的大脑呈现白质软化症状。1989 年，美国有很多州陆续发生猪肺水肿、胸积水，还可造成猪生殖系统的紊乱，如早产、流产、死胎和发情周期异常等；马大脑白质软化症等动物疾病的暴发和流行，并且这些疾病均集中发生在位于美国中西部地区玉米种植带上的各个州，并且通过这些州输出的玉米饲料又扩大了疾病流行的地区和延长了流行时间。这种病在南非、阿根廷、巴西均有发现。

1991 年南非科研人员对小鼠进行了伏马毒素的毒理试验，试验结果表明，以 50mg/千克体重水平饲养小鼠，18～26 个月后，发现肝肿瘤患病率急剧上升，这是首次发现伏马毒素引发肝癌的证据。1998 年又对大鼠进行了伏马毒素毒理试验，获得相同的结果。

目前国内对于伏马菌素对人体危害性的具体情况还不清楚。早在 1988 年南非科学家就对食道癌发病率高和低的地区进行过调查，结果发现食道癌高发地区的主食玉米受伏马毒素的污染情况比低发区严重，食道癌发病率与伏马毒素污染呈正相关，进一步的动物试验也得到了相同的结果。1994 年中国学者和日本学者对食道癌高发区的河南省林县进行了一次调查，发现该地区主食玉米中伏马毒素水平高达 30～50mg/kg，发霉玉米中伏马毒素最高值达 118.4mg/kg。目前伏马毒素引发食道癌的机制还不清楚，需进一步确证和研究。

4.4.42.4 检测和控制

主要是通过镜检观察串珠镰刀菌的菌丝和孢子的形态特征，包括大型分生孢子、孢子排列，以及菌落生长特征。毒素检测可用薄层层析法、气相色谱法、酶联免疫法（ELISA）、高效液相色谱法（HPLC）及核酸检测法等进行检测。饲料中伏马毒素的检测先后使用过薄层色谱法、气相色谱法、酶联免疫法（ELISA）、高效液相色谱法（HPLC）等，目前研究和应用得最多的是利用免疫亲和柱净化后的荧光仪检测法和 HPLC 法。

控制种植过程中的镰刀菌污染，改进粮食保存措施，改变饮食习惯。

4.4.43 雪腐镰刀菌（*Fusarium nivale*）

4.4.43.1 食品卫生学意义

雪腐镰刀菌分布很广，土壤中较多见，在小麦、大麦和玉米等谷物上可以生长。可产生镰刀菌烯酮-X、雪腐镰刀菌烯酮、丁烯酸内酯、玉米赤霉烯酮（2EN）、雪腐镰刀菌烯醇（DON）和二乙酸雪腐镰刀菌烯醇等有毒代谢产物。安徽、河南两省玉米、小麦中的 DON 和 ZEN 含量平均值分别为 424.0μg/kg 和 187.2μg/kg，检出率分别为 76.7%和 75.3%。其他省份的玉米、小麦中 DON 和 ZEN 含量的平均值为 52.2μg/kg 和 24.1μg/kg，检出率分别为 60%和 70%。我国北方地区的玉米、小麦、大豆、油菜等均不同程度地受到雪腐镰刀菌等镰刀菌的污染，冰雹灾害后受损的玉米苞叶和未成熟的玉米粒更易污染。

4.4.43.2 形态特征与培养特性

分生孢子梗呈树枝状，小梗上着生分生孢子。大型分生孢子生于气生菌丝，较少产生于分生孢子梗座或黏孢团中，顶端细胞逐渐变窄呈圆形，弯曲，无脚细胞，0～3 个隔。无厚壁孢子或菌核。分生孢子直接产生于气生菌丝中，但在某些菌株中，分生孢子可自小的分生孢子梗座上生出，黏孢团呈鲑橙色、浅橙色，干时呈肉桂色。菌丝直径 1.5～5μm，瓶状小梗（7～9）μm×（2.5～3）μm。分生孢子纺锤-镰刀至香肠形弯曲，两端渐变窄，末端钝圆，基部无脚细胞，有时呈楔状，典型的有 1～3 个隔。无隔的大小为（5～8）μm×（2～4）μm，1 个隔（9～23）μm×（2.2～4.5）μm，3 个隔（13～16）μm×（2.3～4.5）μm。本菌子座小，透明，呈粉红至砖红色，后期变为革褐色。子囊阶段：雪腐丽赤壳（图 4-126）。

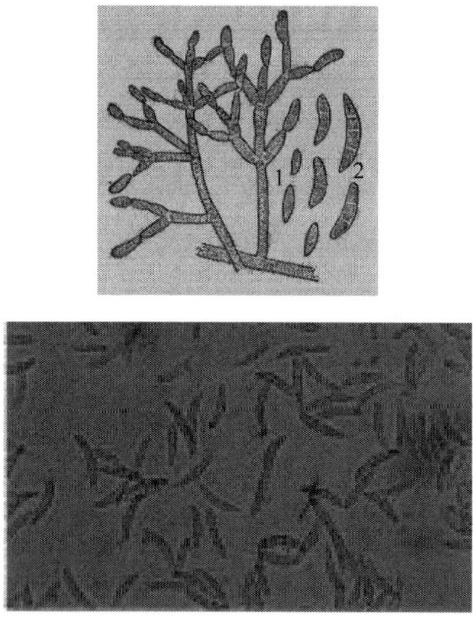

大分子孢子

图 4-126 雪腐镰刀菌

1. 小分生孢子；2. 大分生孢子

在马铃薯-葡萄糖琼脂培养基上，菌落为致密的羊毛状，白色、玫瑰-苍白色、黄色至褐色。反面苍白色-桃红色至粉红色。菌落 5d 大小为 1.4cm。菌丝呈稀疏的棉絮状、蛛丝状。生长速度：4d 后平均菌落直径超过 1cm 以上，在 4℃低温发育良好，培养 7～10d 可见分生孢子。

4.4.43.3 毒素

雪腐镰刀菌可产生镰刀菌烯酮-X、雪腐镰刀菌烯酮、玉米赤霉烯酮、丁烯酸内酯、雪腐镰刀菌烯醇和二乙酸雪腐镰刀菌烯醇等有毒代谢产物。丁烯酸内酯(butenolide，BUT)对心脏有很强的毒性作用，能引起HepG2细胞死亡，能引起猪、牛的不孕。

4.4.43.4 检测和控制

检测的主要依据是培养及镜检特征。控制措施针对粮食等保存控制镰刀菌的生长。

4.4.44 尖孢镰刀菌（*Fusarium oxysporum*）

4.4.44.1 食品卫生学意义

尖孢镰刀菌可寄生于玉米、小米、小麦、高粱、小麦、燕麦和大麦的种子上及奶中，可产生玉米赤霉烯酮、恩镰孢菌素和T-2毒素。玉米赤霉烯酮是世界上污染范围最广的镰刀菌毒素之一。世界性分布，亚洲、非洲、澳洲、太平洋岛国、加勒比、中南美等国家和地区均有分布，是植物疾病的病原菌，特别是种植橡胶地区更是常见。

4.4.44.2 形态特征与培养特性

小型分生孢子生于气生菌丝中，假头状着生，或生于黏孢团中。小型分生孢子形状可以是椭圆形、纺锤-椭圆形、近柱形，窄腊肠形、逗点形、拟肾形、卵形，具0～1个隔，光滑，有的多达7个隔。3个隔大小为(23～45) μm×(2.5～3.5) μm；5个隔(30～40) μm×(3～4) μm；6～7个隔(50～55) μm×(3～4) μm。大型分生孢子纺锤形、镰刀形、椭圆形弯曲，顶端细胞较长，逐渐窄细、稍尖、很尖或稍窄钝，脚细胞有或无。孢壁薄，有1～5个隔，菌丝中的厚垣孢子顶生或间生，单细胞或双细胞，光滑或粗糙或有疣状突起，单细胞的厚垣孢子圆形或矩圆形，直径5～16μm。菌核有或无，如有则为绿-蓝黑色或其他色，直径为0.5～0.6mm。气生菌丝有隔，分枝，透明，直径1.5～5μm(图4-127)。

菌株在马铃薯-葡萄糖琼脂培养基上，气生菌丝生长良好，棉絮状或蛛丝状，通常白色、苍白-玫瑰色、浅奶油黄色、浅玫瑰-赤红色、浅紫或苍白-浅紫色。反面无色、浅赭色或微灰-浅紫色、浅赭-玫瑰色。气生菌丝有或无编结成绳状的趋势，在气生菌丝上的黏孢团有或无。黏孢团无色或浅玫瑰、赭、蓝色。

4.4.44.3 毒素

尖孢镰刀菌可产生T-2毒素、镰刀菌烯酮-X、二乙酸雪腐镰刀菌烯醇、玉米赤霉烯酮、伏马毒素等毒素，可引起动物及人的中毒，对人的致癌性现在并不确定。粉红镰刀菌(*Fusarium roseum*)及禾谷镰刀菌(*Fusarium graminearum*)也能产生玉米赤霉烯酮。除食物

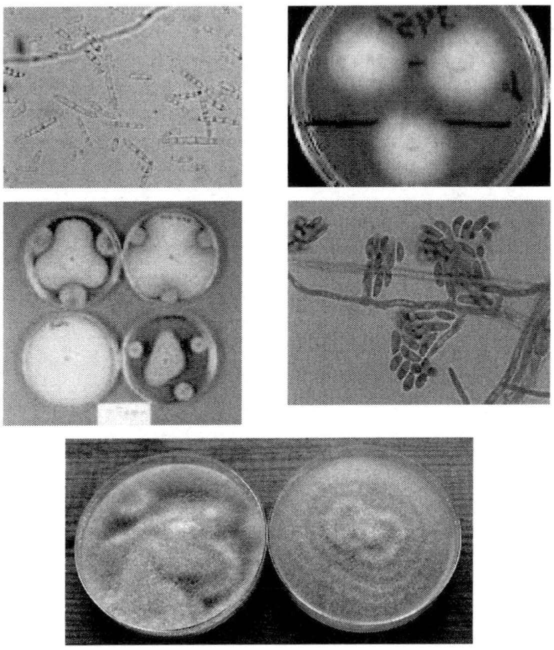

图4-127 尖孢镰刀菌大型分生孢子和菌落

中毒外，外伤感染包括皮肤、皮下和指甲等。

4.4.44.4 检测和控制

检测主要依据培养和镜检特性。控制粮食等中毒素的产生。

4.4.45 茄病镰刀菌（*Fusarium solani*）

4.4.45.1 食品卫生学意义

茄病镰刀菌可引起蚕豆的枯萎病，还可造成多种栽培作物如花生、甜菜、马铃薯、番茄、芝麻、玉米和小麦的根腐、茎腐和果实干腐等，并能产生新茄病镰刀菌烯醇、T-2毒素、二乙酸镳草镰刀菌烯醇、丁烯酸内酯和玉米赤霉烯酮。这类毒素能够引起植物疾病，人和动物的急、慢性中毒性疾病。

4.4.45.2 形态特征与培养特性

小型分生孢子假头状着生，椭圆形、卵圆形、长椭圆形、短腊肠形、逗点形，0～1个隔，光滑。(4～15) μm×(3～5) μm [变化幅度(3～19) μm×(2～6) μm]。大型分生孢子近镰刀形、纺锤-镰刀形、纺锤披针形、纺锤-柱形、稍弯，极个别菌株有双曲线弯曲的大型分生孢子，在很大距离的长度上直径相等。顶端细胞短，稍窄细或变钝，脚细胞有或无。大型分生孢子壁显著厚，2～7个隔，1个隔居多。3个隔大小为(17～52) μm×(4～7) μm，4～5个隔(35～60) μm×(4.5～7) μm，6～7个隔(45～70) μm×(5～7.2) μm。厚垣孢子在察氏培养基上产生，顶生或间生，单细胞或双细胞，在较少数的菌株则呈短链或结节状，表面光滑或小疣状突起，浅黄赭色，或无色，单细胞的厚

垣孢子通常圆形或椭圆形，直径为（7～16）μm。子囊阶段：红壳赤壳（图 4-128）。

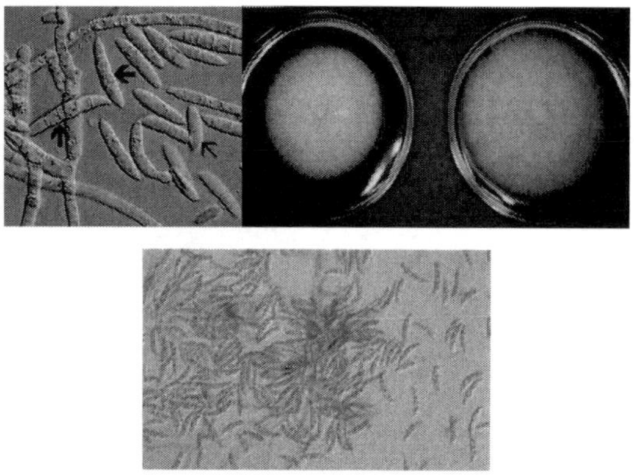

图 4-128　茄病镰刀菌和茄病镰刀菌菌落

菌株在马铃薯-葡萄糖琼脂（PDA）培养基上，气生菌丝生长良好，棉絮状、低平，或蛛丝状、稍高。在试管壁上常有编结成菌丝绳的趋势，白色、苍白-浅紫色、苍白-浅赭色、苍白-浅黄色。反面浅赭色、浅赭-暗蓝色、浅黄奶油色。气生菌丝的黏孢团有或无，如有则呈白、褐、黄、蓝、绿色或它们之间的颜色。

4.4.45.3　毒素

茄病镰刀菌能产生新茄病镰刀菌烯醇、T-2 毒素、二乙酸镳草镰刀菌烯醇、丁烯酸内酯、环孢素和玉米赤霉烯酮等毒性产物。除食物中毒外，还可引起人腿部溃疡、坏疽性脓皮病、角膜溃疡、手部脓肿、溃疡，急性髓性白血病、移植感染等。

4.4.45.4　检测和控制

茄病镰刀菌是条件致病菌，分离获得该菌后须做动物试验、动物组织病理组织检查，以及皮内试验等，均呈阳性才可确定，主要是确定是否产生毒素。菌体依据培养和镜检特征可确定。

4.4.46　木贼镰刀菌（*Fusarium equiseti*）

4.4.46.1　食品卫生学意义

木贼镰刀菌主要寄生于大豆种子和幼苗、小麦、大麦和黑麦上，能产生二乙酸镳草镰刀菌烯醇、玉米赤霉烯酮、新茄病镰刀菌烯醇和丁烯酸内酯。由这些毒素发挥毒性作用，引起食物中毒及其他疾病。

4.4.46.2　形态特征与培养特性

缺乏真正的小型分生孢子。大型分生孢子纺锤-镰刀形、弧弓形、披针形，鳗状弯曲、抛物线形弯曲、双曲线形弯曲或近于直，中央细胞明显膨大，顶端细胞窄细，呈长刺或线状，脚细胞明显，4～7 隔。3 个隔的大小为（22～45）μm×（3.5～5）μm；5 个隔大小为（40～58）μm×（3.7～5）μm；7 个隔大小为（42～60）μm×（4～5.9）μm。厚垣孢子间生于菌丝中，成串或成结节状，有极粗的疣状突起或光滑，黄褐色或透明，单个厚垣孢子直径 6～10μm（图 4-129）。子囊阶段：错综赤霉。

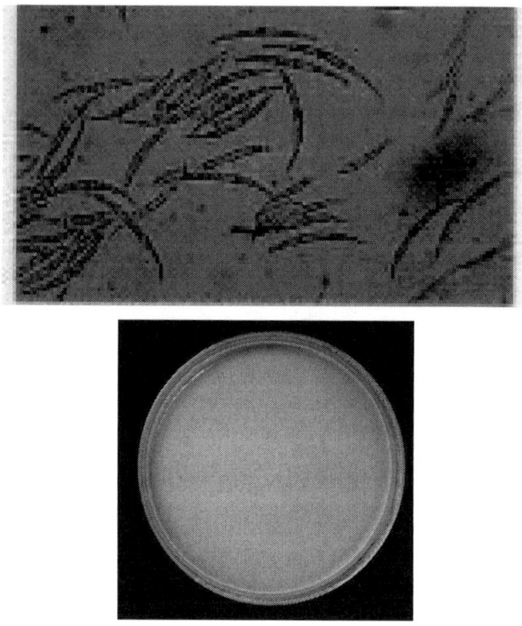

图 4-129　木贼镰刀菌大分生孢子和菌落（PDA）

在马铃薯-葡萄糖琼脂培养基上，气生菌丝生长较快，棉絮状，白色、乳黄色至褐色。

4.4.46.3　毒素

木贼镰刀菌能产生二乙酸镳草镰刀菌烯醇、玉米赤霉烯酮、新茄病镰刀菌烯醇和丁烯酸内酯等毒性物质。这些毒素具有引起人畜急、慢性中毒，还具有致癌、致畸、致突变的潜在危害。

4.4.46.4　检测和控制

菌体依据培养和镜检特征可确定。控制措施主要是对粮食和饲料中菌体生长繁殖条件进行控制。

另外还有很多能够引起植物疾病同时又能产生一些毒素，引起人类和动物中毒性疾病的镰刀菌不断被发现。但由于相关的流行病学资料和毒理学研究相对较少，资料较少，需要以后继续关注。例如，大刀镰刀菌（*Fusarium culmorum*）呈世界性分布，引起小麦等萎蔫、腐根、头蔫等疾病，也能产生 DON 和 NIV（nivalenol）等镰刀菌毒素，引起人及动物中毒。节孢状镰刀菌（*Fusarium arthrosporioides*）产生恩镰孢菌素（enniatine）A、恩镰孢菌素 A1、恩镰孢菌素 B、恩镰孢菌素 B1，恩镰孢菌素 B1 菌素为一种氧化磷酸化的解偶联剂；环孢素 A、环孢菌素 B、环孢菌素 C、环孢菌素 D 表现强烈的肝肾毒性等。

4.4.47 镰刀菌毒素及其检测

镰刀菌毒素主要通过霉变的粮食和饲料引起人和动物中毒性损害。由于镰刀菌在自然界中分布广泛，且产毒菌株与产生毒素种类很多，对这些毒素的检测是比较困难的工作。镰刀菌引起的人和家畜中毒症比较常见，1882 年俄国远东地区曾发生由镰刀菌霉变谷物而导致人和动物中毒，称为“醉谷病”。在 1913 年和第二次世界大战末期前后，俄国西伯利亚地区发生因谷物被拟枝孢镰刀菌和梨孢镰刀菌侵染而产生强烈毒素，致使人食后发生皮肤出血、粒性细胞缺乏、坏死性咽炎、骨髓再生障碍等病症，中毒致死率可达 50%～60%，称为食物中毒性白细胞缺乏症（alimentary toxic aleukia, ATA）。镰刀菌毒素主要分为单端孢霉烯族化合物（又称为单端孢霉素类）（trichothecenes）、玉米赤霉烯酮（zearalenone）、串珠镰刀菌素（moniliformin）、伏马菌素（fumonisin）及丁烯酸内酯（butenolide）等毒素。常引起人和动物中毒的毒素有：玉米赤霉烯酮、T-2 毒素、镰刀菌烯酮-X、雪腐镰刀菌烯酮、新茄病镰刀菌烯醇和丁烯酸内酯等。

4.4.47.1 单端孢霉毒素

单端孢霉烯族化合物是由雪腐镰刀菌、禾谷镰刀菌、梨孢镰刀菌、拟枝孢镰刀菌、*F. armeniacum*、*F. avvenaceum*、*F. bullatum*、*F. concolor*、*F. camptoceras*、*Trichothecium roseum*、*F. musarium*、*F. scirpis*、*F. robustum*、*F. tumidum* 等多种菌产生的一类生物活性和化学结构相似的毒素（图 4-130），它是引起人畜中毒最常见的一类镰刀菌毒素。此类毒素包括 40 多种真菌毒素，化学组成上均含有 C、H、O 三种元素，且均有倍半萜烯（sesquiterpene）结构，又称为 12，13-环氧单端孢霉素（12，13-epoxytrichothecenes），12，13-环氧基结构是此类毒素毒性的化学结构基础（表 4-52，图 4-131）。

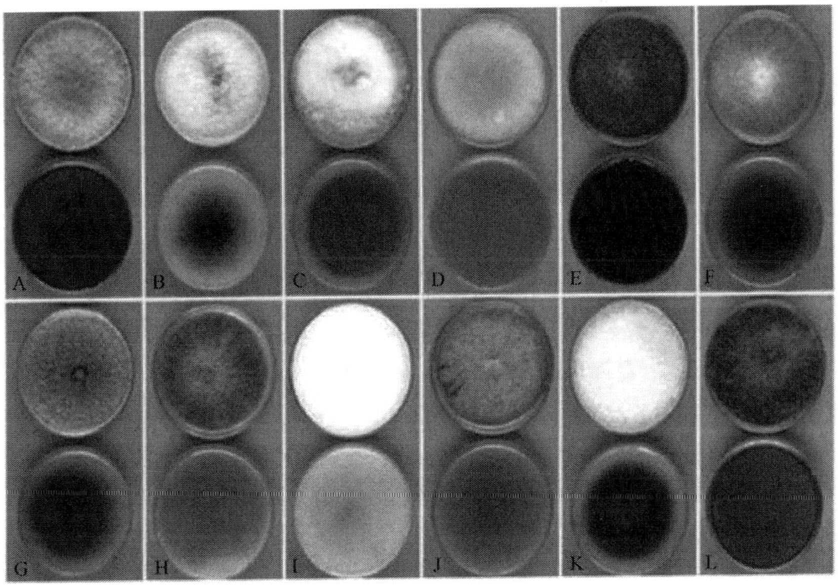

图 4-130 主要产毒镰刀菌的菌落特征

在马铃薯-葡萄糖琼脂上的镰刀菌菌落形态，每对菌上面平板是正面观察，下面平板是反面观察；A. 梨孢镰刀菌（*F. poae*）；B. 尖孢镰刀菌（*F. oxysporum*）；C. 尖锐镰刀菌（*F. acuminatum*）；D. 黑松镰刀菌（*F. nelsonii*）；E. 次黏镰刀菌（*F. subglutinas*）；F.（*F. nygami*）；G.（*F. pseudorrygamai*）；H. 转红镰刀菌（*F. lateritium*）；I.（*F. thapsinum*）；J. 多孢镰刀菌（*F. decemecel lulare*）；K. 类轮生镰刀菌（*F. verticillioides*）；L. 黄色镰刀菌（*F. culmorum*）

表 4-52 单端孢霉毒素类的化学结构

型别	毒素名称	R_1	R_2	R_3	R_4	R_5
A 型	T-2 毒素	OH	OAC	OAC	H	$(CH_3)_2CHCH_2OCO$
	HT-2 毒素	OH	OH	OAC	H	$(CH_3)_2CHCH_2OCO$
	二乙酸镳草镰刀菌烯醇	OH	OAC	OAC	H	H
	新茄病镰刀菌烯醇	OH	OAC	OAC	H	OH
B 型	雪腐镰刀菌烯醇	OH	OH	OH	OH	=O
	镰刀菌烯醇-X	OH	OAC	OH	OH	=O
	二乙酰雪腐镰刀菌烯醇	OH	OAC	OAC	OH	=O

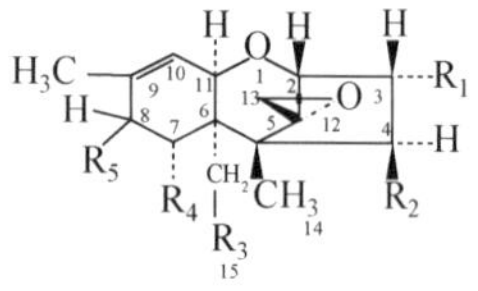

图 4-131　单端孢霉毒素类的化学结

单端孢霉毒素化学性质稳定，一般能溶于中等极性的有机溶剂，微溶于水。在实验室条件下长期保存不变，在烹调过程中不易破坏。根据环上 R_1 至 R_5 上的取代基的不同，区分为若干不同的毒素，有 A、B、C、D 4 型，主要分为 A 型和 B 型两种。

1）A 型毒素

A 型毒素主要有 T-2 毒素、HT-2 毒素、二乙酸镳草镰刀菌烯醇和新茄病镰刀菌烯醇。

T-2 毒素最初是从带菌玉米中分离出来的，产生该毒素的真菌有三线镰刀菌、拟枝孢镰刀菌、梨孢镰刀菌、半裸镰刀菌、木贼镰刀菌及黄色镰刀菌等。T-2 毒素纯品为白色针状结晶体，分子式为 $C_{24}H_{34}O_9$，熔点为 151～152℃。T-2 毒素对大鼠的 LD_{50} 为 3.8mg/kg（腹腔注射），染毒后的实验动物可引起呕吐反应。T-2 毒素可引起血液中白细胞减少，现已肯定为食物中毒性白细胞缺乏症的病原物质。其毒性作用机制是抑制蛋白质在多聚核糖体上合成时的起始阶段。T-2 毒素猫急性中毒的症状主要表现为呕吐、腹泻、厌食、后肢供给失调等，慢性中毒主要表现为白细胞减少。尸检可见骨髓、小肠、脾和淋巴结等部位广泛细胞损伤、脑脊膜出血、肺出血，以及肾小管空泡性降解等。此外，T-2 毒素还可引起皮肤坏死和口腔损伤。T-2 毒素是单端孢霉烯族真菌毒素中一个具有代表性的毒素。T-2 毒素的检测方法有薄层色谱法、气相色谱法、酶联免疫吸附法、免疫亲和柱-荧光计法。

产生二乙酸镳草镰刀菌烯醇（DAS）的菌主要是草镰刀菌和木贼镰刀菌。该毒素与 T-2 毒素有许多相似之处，如损害实验动物骨髓等造血器官、白细胞持续减少、心肌退变出血等。此外，它还可使脑与中枢神经细胞变性，淋巴结、睾丸与胸腺受损害。发生胃肠炎、眼和体腔水肿及动物抗体减少等。

产生新茄病镰刀菌烯醇的菌有：茄病镰刀菌、梨孢镰刀菌、拟枝孢镰刀菌、燕麦镰刀菌（*F. avenaceum*）及黄色镰刀菌等。

新茄病镰刀菌烯醇的熔点为 171～172℃，对小鼠腹腔注射 LD_{50} 为 14.5mg/kg。引起马、骡和驴等动物的中毒病，发生痉挛、狂躁、呼吸障碍及脑出血等症状。

2）B 型毒素

B 型毒素主要有雪腐镰刀菌烯醇、脱氧雪腐镰刀菌烯醇及镰刀菌烯酮-X。

脱氧雪腐镰刀菌烯醇（DON），也称为致呕毒素（vomitoxin），能产生该毒素的镰刀菌有禾谷镰刀菌、黄色镰刀菌和雪腐镰刀菌等。该毒素对动物的急性毒性属于剧毒或中等毒性。DON 是赤霉病的病原物质，其毒性作用主要是致呕吐。DON 对皮肤坏死作用小于其他单端孢霉烯族化合物，多数研究证明 DON 有明显的胚胎毒性和一定的致畸和致突变作用，其致癌作用尚无报道。肾可能是 DON 排泄的主要途径之一，DON 在体内有一定蓄积作用，但无特异靶器官。

雪腐镰刀菌烯醇和镰刀菌烯酮-X：雪腐镰刀菌烯醇（图 4-132）可由雪腐镰刀菌、单隔镰刀菌产生；镰刀菌烯酮可由单隔镰刀菌、雪腐镰刀菌、水生镰刀菌、尖孢镰刀菌等产生。雪腐镰刀菌烯醇为白色长方形结晶，相对分子质量为 312.3，熔点为 222～223℃。易溶于水、甲醇、氯仿和二氯甲烷。不溶于已烷和正戊烷。

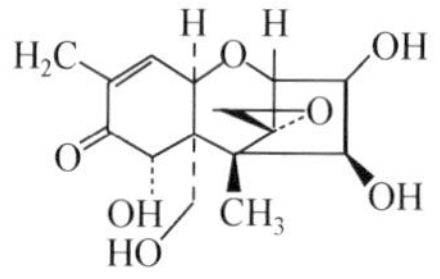

图 4-132　雪腐镰刀烯

雪腐镰刀菌烯醇和镰刀菌烯酮-X 可引起人的恶心、呕吐、疲倦，头痛；引起大鼠与小鼠体重下降，肌肉张力下降与腹泻。此外还有与二乙酸镳草镰刀菌烯醇相似的作用，如骨髓与中枢神经损害、脑毛细血管扩张及脑膜、肠道和肺出血等。雪腐镰刀烯醇对小鼠的 LD_{50} 腹腔注射为 4.1mg/kg，镰刀烯酮-X 对小鼠的 LD_{50} 为 3.4mg/kg（腹腔注射）。

单端孢霉毒素类在食品卫生学上的意义比较重要。已经阐明它引起食物中毒性白细胞缺乏症，也定义为是赤霉病麦中毒的病原物质。此外，它也和某些地方病及原因不明的中毒有关。单端孢霉素类涉及的产毒菌甚多，产毒条件复杂，所以在食品中出现的机会较多，急性毒性较强，是最危险的食品污染物。

下面主要介绍免疫亲和柱-荧光柱法和薄层色谱法。

3）免疫亲和-荧光柱法

原理：试样中的 T-2 毒素用甲醇提取后，提取液经过滤、稀释后，加入 T-2 毒素衍生液，以甲醇将亲和柱上的 T-2 毒素淋洗后收集于小试管中，用荧光计进行测定，T-2 毒素在紫外灯下显示荧光。

试剂及设备：一系列真菌毒素专用荧光计、均质器（250mL）、微量移液器（0.5mL）、涡流混合器、塑料注射器（60mL）、VICAMT-2 毒素亲和柱、聚乙二醇（PEG）（相对分子质量为 80 000）、色谱级甲醇、PBS 缓冲液、氯化钠、VICAMT-2 毒素衍生液、VICAMT-2 毒素标定用溶液、0.02%吐温/PBS 缓冲液（0.1mL 吐温-20＋9.9mL PBS 缓冲液＋490mL 水）。

检测步骤如下。

（1）样品提取：称取 50g 样品、5g 氯化钠、10g PEG 置于均质杯中，加入 150mL 25%的甲醇，高速均质 1min。用折叠式滤纸过滤，收集 25mL 滤液于干净的烧杯中，用25mL水将滤液稀释一倍。将T-2毒素亲和柱与塑料注射器相连，取40mL T-2毒素标定用溶液加入塑料注射器中。

（2）样品制备：在塑料注射器中加入0.5mL的T-2毒素衍生液，用硅胶塞塞好，重复振摇4～5次，然后再置于操作架上。

（3）色谱柱分离测定：将空气泵与亲和柱相连，使注射器中溶液以1～2滴/s的速度通过亲和柱。用0.02%吐温－20/PBS缓冲液以1～2滴/s的速度通过亲和柱，用2mL色谱级的甲醇以1滴/s的速度通过亲和柱，滤液收集于测试管中，将测试管置于荧光计中进行测定。

注：该方法的检测限为0.15mg/kg，测定范围为0～5.0mg/kg。

4）薄层色谱法

原理：样品经乙腈提取、二氯甲烷净化后，样液滴加在硅胶薄层板上经展开剂展开后，再喷以硫酸甲醇溶液，加热，使毒素在紫外灯下产生一种具有蓝色荧光的物质，根据在薄层板上显示荧光的最低检出量与标准点样比较进行定量测定。

试剂和设备：展开槽、紫外线分析仪、硅胶G薄层板（5cm×10cm）、微量注射器、吹风机等；T-2毒素标准溶液（用T-2毒素标准品配制成1mg/mL的无水乙醇溶液，取此液再以无水乙醇稀释成含T-2毒素为4μg/mL的使用液，置于4℃下保存）。

检测步骤如下。

（1）提取与净化：称取粉碎过20目筛的样品20g，置于200mL具塞锥形瓶中，加乙腈50mL左右，提取20min（振摇几次），用折叠式滤纸过滤到200mL烧杯中。

残渣再用乙腈提取2次，每次25mL，合并乙腈，置水浴上将溶液蒸至50mL左右，转移至250mL分液漏斗中，加己烷50mL，振摇1min，放出下层溶液于原烧瓶中。置水浴上将溶液浓缩至10mL左右。

于另一烧杯中加入50mL水、5mL 15%三氯化铁溶液，边搅拌边加入氢氧化钠溶液产，使pH达4.6左右，此时液体呈胶状，将配制好的铁胶溶液（约2/3）加入样品中，充分混匀，静止数分钟过滤至75mL蒸发皿中，用剩余的铁胶溶液充分淋洗烧杯，过滤，滤液一并加入蒸发皿中，置水浴上浓缩至乙腈完全蒸发（约10min）。剩下的水溶液在室温下冷却，转移到分液漏斗中，用15mL二氯甲烷淋洗蒸发皿后加入分液漏斗，轻轻振摇30s，静置分层，放二氯甲烷层于75mL蒸发皿中，水层再用二氯甲烷提取2次，每次15mL，合并二氯甲烷于蒸发皿中，置水浴上通风挥发干，再于冰浴中冷却，准确加入丙酮1mL，充分混合，转移至具塞小瓶中，供薄层层析用。

（2）测定：具体分为以下几步。点样：用微量注射器在硅胶G薄层板上距下端1cm处各点三处，标准溶液、样品提取液、样品提取液加标准液各10μL，边点样边用吹风机吹干。展开：在展开槽内加乙酸乙酯-甲苯（3∶1，体积比）15mL，将薄层板浸入溶剂中，展至18cm处，取出挥干。显荧光：于薄层板上喷一层均匀的20%硫酸甲醇溶液，置110℃下10min，取出后在紫外光分析仪下观察。

（3）观察与判定：应用长波紫外光（365nm）和短波紫外光（275nm）观察。如点样处与标准点相近位置上未出现蓝色荧光点，则样品中T-2毒素的含量在200μg/kg乙腈；若出现荧光点的强度比标准点的最低检出量强，则将样液稀释后再点加，直至样液点的荧光强度与最低检出量的荧光强度一致为止。

（4）计算：计算公式如下。

T-2毒素含量（μg/kg）$=0.04\times V_1/V_2\times n\times 1000/m$

式中，0.04为T-2毒素最低检出标准量（μg）；V_1为加入丙酮的体积（mL）；V_2为出现最低荧光时滴加样液的体积（mL）；n为样液的总稀释倍数；m为丙酮溶解时相当样品质量。

4.4.47.2　玉米赤霉烯酮

玉米赤霉烯酮（zearalenone，ZEN）可由多种菌产生，如禾谷镰刀菌、黄色镰刀菌、粉红镰刀菌、串珠镰刀菌、三线镰刀菌、茄病镰刀菌、木贼镰刀菌、尖孢镰刀菌等。

玉米赤霉烯酮的纯品为一种白色结晶，化学名称为6-（10-羟基-6氧基-1-十一碳烯基）β-雷琐酸-u-内酯[6-（10-hydroxy-b-oxo-1-undecenyl）β-resorcylic acid-u-lactone]。其化学结构如图4-133所示，相对分子质量为318，熔点为164～165℃。不溶于水，溶于碱性水溶液、乙醚、苯、二氯甲烷、乙腈和乙醇，微溶于石油醚。

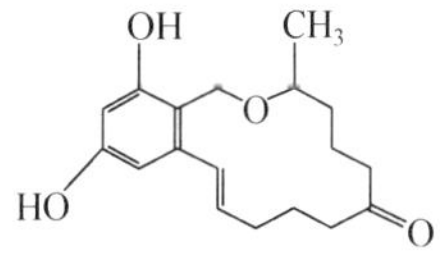

图4-133　玉米烯酮化学结构式

玉米赤霉烯酮可使畜、禽和啮齿类动物发生雌性激素亢进症。在性未成熟的雌猫和雌性幼鼠可引起子宫肥大和阴道肿胀及乳腺隆突，但长期给予可使卵巢萎缩，在雄猪可引起乳房突起。此外还可引起牛不孕与流产和孕猪流产。与雌酮相比，其活力较弱，约为雌酮的1/1000（皮下注射）和1/100（经口）。

玉米赤霉烯酮具有较强的生殖毒性和致畸作用，可引起雌动物发生雌流毒亢进症，导致动物不孕或流产。如果人食用了含赤霉烯酮的面粉也可引起中枢神经系统的中毒症状，如恶心、发冷、头疼、精神抑郁、共济失调等。ZEN由口进入血液，7d后可在尿中检出。

目前玉米赤霉烯酮的测定方法有免疫亲和柱-荧光测定法、薄层色谱法、气相色谱法、高效液相色谱法等。现在主要介绍免疫亲和柱-荧光测定法。

免疫亲和柱-荧光测定法

试样中的 ZEN 用一定比例的甲醇/水提取，提取液经过滤、稀释后，用亲和柱净化，以甲醇将亲和柱上 ZEN 淋洗下来，在淋洗液中加入显色剂，然后用荧光计进行定量测定，ZEN 在紫外线下显蓝绿色。

(1) 标定值的设置：使用真菌毒素通用标定标准物。

(2) 实验准备情况如下。

标定荧光计：确认延时间为 5min；1 倍 0.1%吐温-20/PBS 缓冲液（每月配制一次）。

提取液：乙腈∶水（90∶10，体积比）或者甲醇∶水（80∶20，体积比）。

空白试验：2mL 纯水置于测试管中，荧光计读数应为 0。

(3) 样品提取与稀释：称 20g 磨细的样品，2g 氯化钠置于搅拌杯中；加入 50mL 甲醇∶水（80∶20）溶液或者乙腈∶水（90∶10）；盖上搅拌杯的盖子，高速搅拌 2min；取下盖子将提取物倒入折叠滤纸上，滤液收集于干净的容器中。吸取 10mL 滤液，置于干净的容器中，用 40mL 1 倍 0.1%吐温-20/PBS 缓冲液稀释，混匀；稀释液通过玻璃微纤维滤纸过滤，滤液收集于玻璃注射器中。

(4) 色谱柱操作与测定：①取 10mL 滤液以 1～2 滴/s 的流速全部通过亲和柱，直至空气进入亲和柱中；②取 10mL 0.1% 吐温-20/PBS 缓冲液以 1～2 滴/s 的速度通过亲和柱；③取 10mL 纯水以 1～2 滴/s 的流速通过亲和柱，直至空气进入亲和柱里面；④用 1.0mL HPLC 级的甲醇以 1 滴/s 的流速淋洗亲和柱，将所有样品淋洗液（1mL）收集于玻璃测试管中；⑤将 1.0mL Zearala Test 显色剂加到测试管的淋洗液中，混匀后，将测试管置于已标定好的荧光计中，5min 后读数。

4.4.47.3 丁烯酸内酯

丁烯酸内酯（butenolide）为棒状结晶，其化学结构式如图 4-134 所示，相对分子质量为 138，熔点为 113～118℃。易溶于水，微溶于二氯甲烷和氯仿，在碱性水溶液中极易水解。

产生丁烯酸内酯的菌主要有三线镰刀菌、雪腐镰刀菌、木贼镰刀菌、拟枝孢镰刀菌和梨孢镰刀菌、粉红镰刀菌、砖红镰刀菌和半裸镰刀菌等。

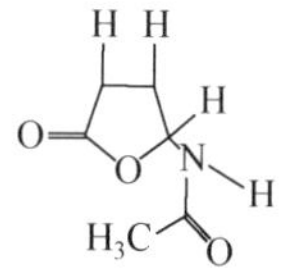

图 4-134 丁烯酸内脂

三线镰刀菌在沙氏加麦芽糖液体培养基上，3℃暗处培养 20～30 周，或 15℃，8 周，可产生三种毒素，其中丁烯酸内酯为最多。可用二氯甲烷提取，去除溶媒后即得结晶。

丁烯酸内酯的简易测定法是将产毒菌株培养物经如上提取，在薄板上层析，遇硫酸呈蓝荧光，喷以 2，4-二硝基苯肼呈黄色。

此毒素主要引起牛烂蹄病，牛吃了三线镰刀菌污染的牧草而引起。此种牧草俗称酥油草［学名苇状羊草（*Festuca arundinacea*）］，故此病也称为酥油草烂蹄症。

丁烯酸内酯是血液毒，对家兔、小鼠和牛有毒性。由于此物为五圆环内酯，故不能排除具有致癌作用的可能。本品除对家兔涂皮有明显反应外，小鼠经口 LD_{50} 为 275mg/kg。

4.4.47.4 伏马菌素

伏马菌素（fumonisins）目前发现有 11 种异构体，在短期内促癌生物分析试验中，伏马素 B1（fumonisinB1 FB1）表现出促癌活性，能明显诱发肝 γ-谷胱苷肽转移酶阳性的形成。说明 FB1 对大鼠的促癌作用与毒性作用密切相关。FB1 引起的病理改变表现为进行性肝炎样毒性。随喂养时间的延长，大鼠的肝炎病变进行性加重。

FB1 污染粮食作物的情况比较严重（表 4-53），从意大利、西班牙、波兰和法国等地的玉米、高粱、小麦和大麦中均分离到数种镰刀菌。产毒培养物通过喂饲养马，脑部病理学检查发现有明显的肝病样改变和延髓水肿。给马静脉注射 FB1，每天用量为 0.125mg/kg，每周两次，共 7 次。在第 8 天出现明显神经症状，包括精神紧张、偏向一侧的蹒跚、震颤、共济失调、行动迟缓、下嘴唇和舌轻度瘫痪等。FB1 对大鼠具有肝毒性，并且在较低浓度时对大鼠具有肾皮质损伤作用。

表 4-53 世界部分国家或地区玉米及其制品中 FB1 污染情况

品种	国家或地区	阳性样品数/总样品数	FB1 含量/（mg/kg）
玉米	加拿大、美国	324/729	0.08～37.9
玉米粉、粗玉米粉	加拿大、美国	73/87	0.05～6.23
各种玉米食品	美国	66/162	0.004～1.21
玉米饲料	美国	586/684	0.1～330
玉米	阿根廷、乌拉圭、巴西	126/138	0.17～27.05

续表

品种	国家或地区	阳性样品数/总样品数	FB1 含量/（mg/kg）
玉米粉、碱处理玉米粒	秘鲁、委内瑞拉	5/17	0.07～0.66
	乌拉圭、美国得克萨斯州-墨西哥边界	63/77	0.15～0.31
玉米	奥地利、克罗地亚、意大利、匈牙利、德国、波兰、捷克、瑞士、英国	248/714	0.007～250
玉米粥、粗玉米、粗面粉	奥地利、保加利亚、意大利、西班牙、法国、德国、荷兰、捷克、瑞士、英国	181/258	0.008～16
各种玉米食品	捷克、法国、德国、荷兰、意大利、西班牙、瑞典、瑞士、英国	167/437	0.008～6.1
进口玉米	德国、荷兰、瑞士	143/165	0.02～70
玉米	贝宁、肯尼亚、马拉维、莫桑比克、津巴布韦、坦桑尼亚、赞比亚、南非	199/260	0.02～117.5
玉米粉、粗玉米粉	博茨瓦纳、埃及、肯尼亚、南非、赞比亚、津巴布韦	73/90	0.05～3.63
各种玉米食品	博茨瓦纳	8/17	0.03～0.35
玉米	中国、印度尼西亚、泰国、菲律宾、尼泊尔、越南	361/614	0.01～155
玉米粉、粗玉米粉、面筋	中国、印度、日本、泰国、越南	44/53	0.06～2.6
各种玉米食品	日本、中国台湾地区	52/199	0.07～2.39
玉米	澳大利亚	67/70	0.3～40.6
玉米粉	新西兰	0/12	

伏马菌素检测方法主要有免疫亲和柱-荧光测定法、免疫亲柱-HLPC法、毛细管电泳法、液相色谱/质谱法和单抗ELISA法。

4.4.47.5 镰刀菌素C

Zelolanes和Weibe等从串珠镰刀菌的培养物中分离出一种具有致突变性的有毒物质，命名为镰刀菌素C（fusarinC）。镰刀菌素C不耐热，在100℃下不稳定，在高pH条件下迅速降解，并可由GSH所分解。

该毒素的分子式为$C_{24}H_{29}O_7$，与其结构相似的还有镰刀菌素A和镰刀菌素D。镰刀菌素C是一种具有高度致突变性的物质，其致突变性质与AFB_1和杂色曲霉素相似，而镰刀菌素A和镰刀菌素D不具有致突变性。用镰刀菌素C处理裸鼠食管上皮细胞后有细胞恶性转化的特征出现，可以在无表皮生长因子的选择性培养基和半固体琼脂上生长形成细胞集落，染色体数量增加，致基因c-*myc*和*v-erb-B*表达增强。

4.4.48 麦角菌属（*Claviceps*）

4.4.48.1 食品卫生学意义

麦角菌属属于子囊菌纲、麦角菌科中的一属真菌，其中包括黑麦麦角菌（*Claviceps purpurea*）和草麦麦角菌（*Claviceps paspali*）等。它是一种植物病原菌，一般寄生在黑麦、大麦、小麦、杂草及其他禾谷类牧草的子房内，将子房变为菌核，形如麦种，比麦粒大一些，故称为麦角（图4-135）。我国多见于东北和西北的

图4-135 寄生黑麦麦角菌的麦子和麦角

一些省区。家畜如误食有麦角菌寄生禾谷类杆植物或采食混有麦角的糠麸及谷物可引起中毒。人若食用有麦角的面粉制成的面包，也会发生中毒。当人误食含有麦角毒素的粮食后，可发生呕吐、腹痛、腹泻及头晕、头痛、耳鸣、乏力等中毒症状，重症者知觉异常、抽搐、四肢坏疽、流产等，也可发生死亡。家畜误食后，表现流涎、呕吐、腹泻和腹痛，或出现强直性痉挛，最后陷于虚脱。慢性中毒可呈现耳尖、尾部、乳房及四肢末端的皮肤性坏疽。

4.4.48.2 形态特征与培养特性

麦角的形成：首先是麦角菌的菌丝侵入植物子房中，在其中形成大量的分生孢子。孢子呈卵圆形，两端钝圆，长 7～8μm，宽 3.5～4μm，此时子房即变成为菌核（麦角）。麦角外表为紫灰色至黑色，内部呈污灰白色。菌核成熟前，子房仍保持原有形状，但外表形成椭圆形分生孢子，这些分生孢子可由昆虫将其向四处散播，最后子房全部或部分形成坚实的菌核，较原来菌核大 6 倍左右。菌核形状依植物子房的形态不同而有差异，一般多呈棒状，稍弯曲，上面带有纵沟。

菌核成熟后落地越冬，春天萌发产生有长柄的子座，一个菌核上可生出数个至数十个红色或灰白色子座，其柄细长而弯曲。子座头部近圆形，直径 1～2mm。将子座头部纵切后可看到沿着外层有一层排列整齐的子囊壳。因此，在成熟子座表面可看到许多小突起。子囊壳瓶状，子囊长圆柱形，子囊孢子线状。

4.4.48.3 毒素

麦角中含有多种生物碱，一般分为麦角胺（ergotamine）、麦角新碱（ergometrine）和麦角毒（ergotoxin）三类。据研究认为，麦角中毒主要与麦角胺有关。急性中毒为恶心、呕吐、腹痛、腹泻，心力衰竭、昏迷等，慢性中毒有不同症状。

4.4.48.4 检测和控制

依据形态可初步判断。对食品中毒素或麦角胺的检测还没有标准化方法，但可以用液相色谱-电喷雾串联质谱法测定血浆中二氢麦角胺，用反相 HPLC 法、高效液相色谱法分离鉴定食品中的麦角胺。

4.4.49 甘薯黑斑病霉（*Ceratostomella fimbriata*）

4.4.49.1 食品卫生学意义

甘薯黑斑病霉菌属子囊纲中的一种霉菌。本菌主要侵害甘薯的虫害部分或表皮的损伤部位。甘薯受侵害后表皮干枯、凹陷、坚实、有圆形或不规则的暗黑色斑点，与周围界限明显。贮藏一定时间后，病变部表面密生刚毛，带有甘臭（带甜味的臭）、味苦、变黑、干硬。

黑斑病甘薯有毒，当家畜误食后，可发生中毒。中毒主要症状是呼吸困难，发生间质性肺气肿。尚有肝肿大及胰坏死。牛发病较多，羊次之，猪发生较少。甘薯黑斑病中毒的发生是由于甘薯黑斑病毒素所致。所以在实践中应注意，如选用粉丝渣、酒糟、饴糖粕等作饲料时，应检查其所用薯块有无黑斑病。在人，临床上也曾发现因食入黑斑病病死畜禽而发病的情况。病初发生恶心、呕吐及腹痛、腹泻，严重者发生高热、神志不清、昏迷、肺水肿至死亡。目前还没有特效药治疗，急性者可于 1～3d 内死亡。

4.4.49.2 形态特征与培养特性

甘薯黑斑病霉菌形态是在刚毛的基部呈球状膨大，状如长颈瓶，此即为本菌的子囊壳（perithecium），子囊内有 8 个无色透明椭圆形子囊孢子。菌丝生在细胞内或细胞间隙，多数有隔。幼龄时为无色透明，老龄时呈深绿色至褐色，其内容物具有明显的颗粒状。无性系列产生两种孢子，一种为无色、圆柱形、单细胞的分生孢子；另一种呈褐色、圆形或椭圆形的厚垣孢子（图 4-136～图 4-141）。

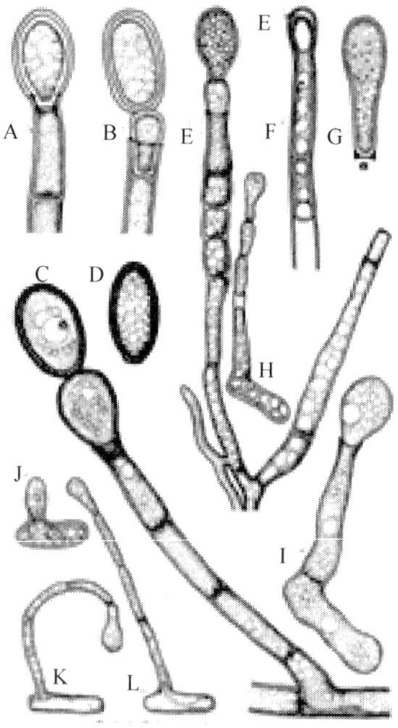

图 4-136 甘薯黑斑病霉菌

A～D. 厚壁孢子；E～L. 无色透明孢子；E. 透明分生孢子梗在基部融合；A～H. 分生孢子梗分隔后为初始分生孢子；H～L. 分生孢子

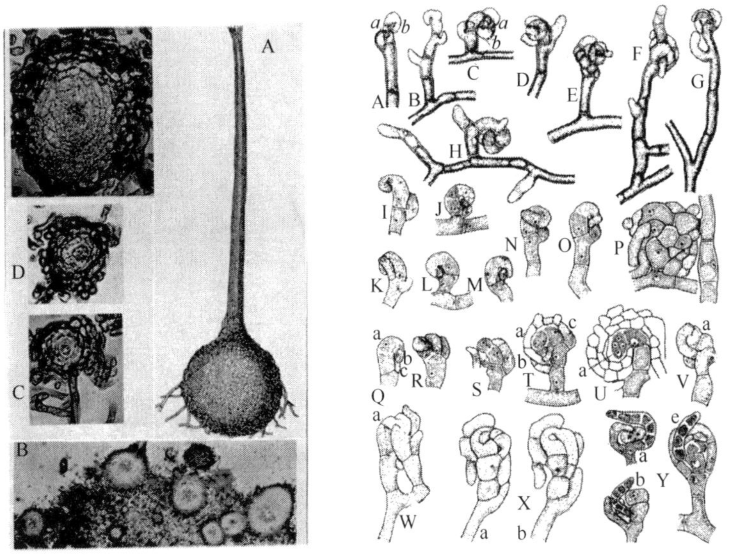

图 4-137　甘薯黑斑病霉菌子囊壳

左图：子囊壳发育实体照片；右图：子囊壳发育示意图

A～H. 子囊壳的初始器官，a 为雄性，b 为藏卵器分枝；I～O. 染色切片的初始器官；P. 一个单芯的两个子囊壳初始化；Q. 具有三个子囊的子囊壳初始化；R，S. 包绕藏卵器的外膜菌丝生长的后期；T. 三个子囊的子囊壳初期；U. 幼时的子囊壳；V～X. 发育不全的子囊壳；Y. 子囊壳初始化

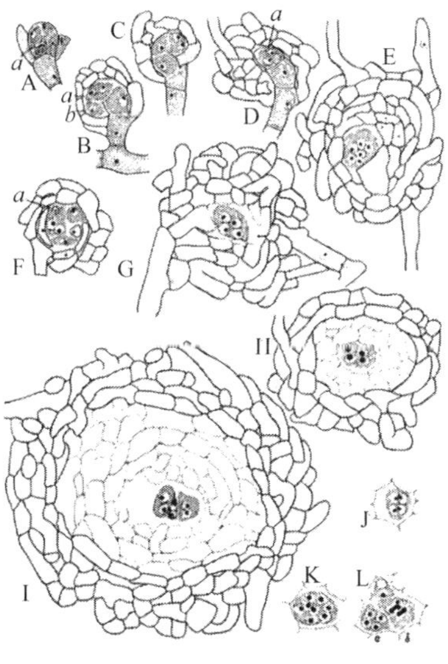

图 4-138　子囊壳的发育过程

A. 初始子囊壳；B，C. 年轻子囊壳；D. 老龄菌丝壁的早期阶段；E. 藏卵器的后期阶段；F. 子囊体早期；G. 藏卵器第一次核分裂后年轻子囊壳；H. 细胞分裂前的藏卵器；I. 第一次分隔；J. 4 核阶段藏卵器；K. 8 核阶段藏卵器；L. 藏卵器分化而来的产子囊细胞

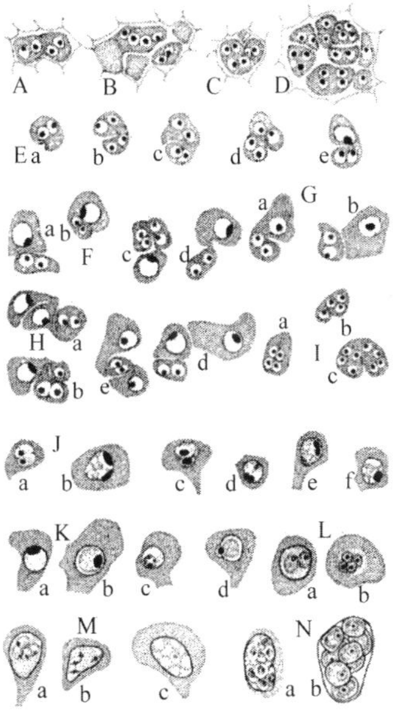

图 4-139　产子囊细胞分列和子囊成熟

A～D. 藏卵器早期阶段，细胞 4 个核；E. 产子囊细胞的分裂阶段；F，G. 产子囊细胞的进一步繁殖；H. 分裂后子囊和产子囊细胞的连接；I. 非规则性细胞分裂；J. 子囊的核融合；K. 子囊的核浓缩；L. 子囊的第一次核分裂；M. 子囊核膜的进一步扩展；N. 子囊孢子成熟

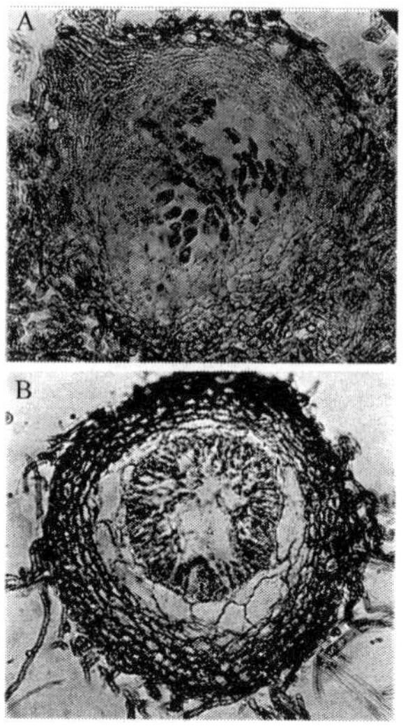

图 4-140　不成熟的子囊壳

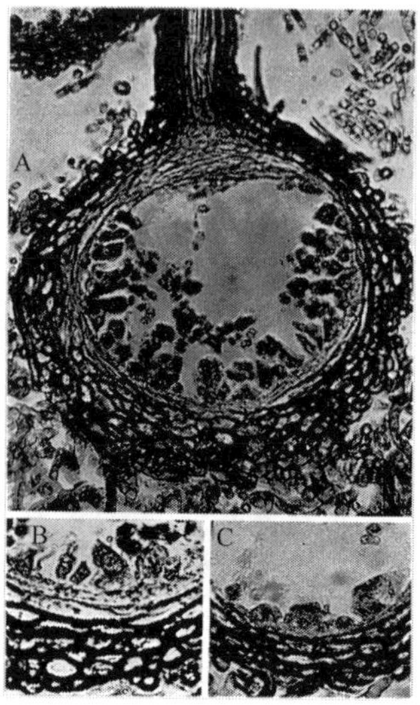

图 4-141　成熟的子囊壳

A. 果实体；B，C. 内泡的子囊

本菌在 1%蔗糖水中，25～28℃培养孢子易发芽生长，3～5d 后生出子囊壳。在鲜薯片上用孢子或病组织涂抹接种，25℃下 24～40h 出现分生孢子层，48～72h 出现子囊壳，90～96h 出现子囊孢子团块。

4.4.49.3　毒素

本菌在甘薯上能产生多种毒素，目前确定的有甘薯酮（ipomeamarone）、甘薯宁（ipomeanine）和甘薯醇（ipmeamaronol）等。这些毒物质抗高温能力强，虽经烘烤、蒸煮等高温处理，均不容易被破坏，性质相当稳定。误食染毒甘薯可引起牛、羊、猪、马等动物及人的中毒。因此，病甘薯虽经晒干、磨粉、酿酒后的酒糟均含有一定数量的毒素，饲喂家畜均可发病。

检测用高效薄层色谱法，最低检测限量：纯品为 0.002μg，粗品为 0.01μg。

4.4.50　葡萄穗霉（*Stachybotrys*）

4.4.50.1　食品卫生学意义

葡萄穗霉广泛分布于自然界，在土壤、种子、草食动物粪便、潮湿的干草、藁杆、杂草上和贮存的粮食上均可发现。动物食入含有本菌毒素的牧草和藁草，即会发生中毒现象，称为葡萄穗霉毒素中毒。人食入污染的粮食引起食物中毒，中毒表现为腹泻、呕吐、炎症、致死性。中毒症状一般分为典型和非典型两种，非典型中毒是在吃了大量毒物后发生，特点是神经损害，出现休克。中毒动物呈现过度兴奋或沉郁，发病后 72h 内死亡。典型症状初期为流涎，颌下淋巴结肿胀，眼、口腔、黏膜、口唇充血，以后黏膜龟裂。中期造血器官损害，开始白细胞增多，继之，血小板减少，血凝时间延长。末期体温上升，腹泻、脱水、血小板显著减少，机体抵抗力降低。口腔、齿龈、舌系带、硬腭黏膜、软腭黏膜、口唇等处产生坏死。随后 1～6d 死亡。在动物流行本病的地区的居民中，特别是与牧草接触的人中，时常发生中毒症。主要症状皮炎、卡他性咽炎、出血性鼻炎、胸闷等。

4.4.50.2　形态特征与培养特性

本菌营养菌丝直立、匍匐、蔓延、有隔、分枝、透明或稍有色，于菌丝上生出分生孢子梗，分生孢子梗从菌丝直立生出，最初透明然后烟褐色，规则地互生分枝或不规则分枝，每个分枝的末端生瓶状小梗，透明或浅褐色，在分枝末端单生、两个对生至数个轮生。在接近基底细胞上分出 2～3 个分生孢子。在分生孢子梗的周围有比较大的突起，在其顶上分出 5～8 个小梗，大小为（5～8.4）μm×15μm，呈长卵圆形。在小梗上着生分生孢子，大体呈卵形，近柱形或卵形，其宽度比小梗略粗，大小为 7×10μm，褐色，具有纵向条纹，光滑，有刺状突起（图 4-142，图 4-143）。

本菌属的代表为黑葡萄穗霉（*Stachybotrys atra* 或 *Stachybotrys chartarum*），后者也称为纸板葡萄穗霉。黑葡萄穗霉为专性需氧菌，生长温度为 2～40℃，最适生长温度为 20～25℃，要求相对湿度为 30%～40%，对营养要求不高。

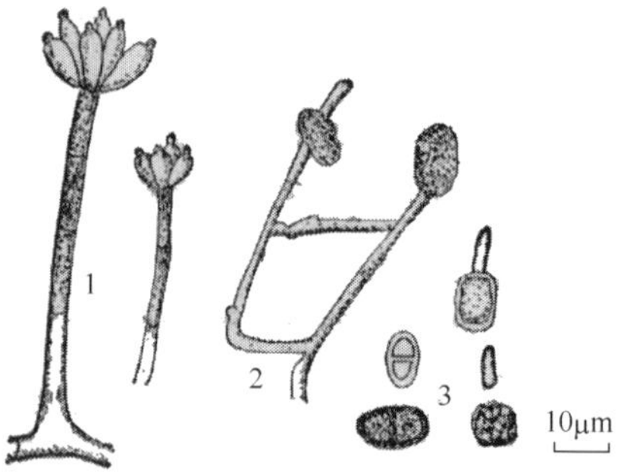

图 4-142　葡萄穗霉

1. 分生孢子梗；2. 孢子萌发及芽管联结现象；3. 分生孢子

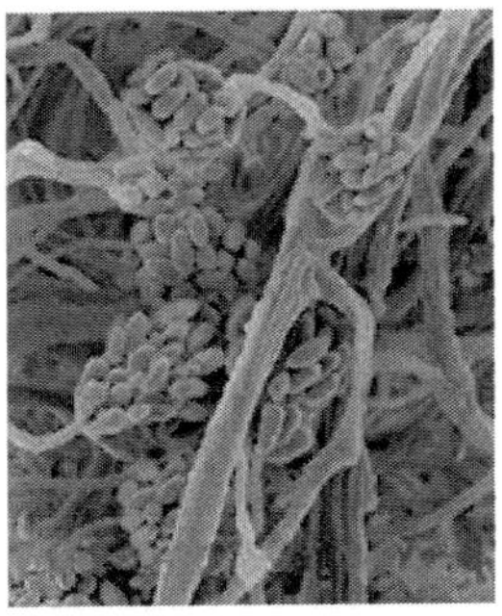

图 4-143 黑葡萄穗霉

在察氏培养基上菌落呈湿絮状，橙棕色，圆形，背面为橙色。在马铃薯-葡萄糖琼脂上生长较局限，呈茸毛状，烟褐色、绿褐色，后期呈黑褐色至黑色。反面颜色相同，培养基不着色。

4.4.50.3 毒素

该菌产生黑葡萄穗霉毒素及单端孢霉素，黑葡萄穗霉毒素（satratoxins）属于 12，13 环氧单端孢霉群单端孢霉烯族化合物，黑葡萄穗霉毒素有 H、F、G 之分，satratoxin H 是一种大环单端孢霉烯族化合物，由纸板葡萄穗霉（*Stachybotrys chartarum*）和绿色木霉（*Trichoderma viridi*）及其他真菌产生。其化学结构如图 4-144所示，熔点为 162～166℃，可溶于各种溶剂，对 120℃高温和酸都稳定。但易被 2%～4%的苛性钠溶液所破坏。毒素无抗原性。致动物流产、损伤免疫功能、使机体对其他病原更加敏感。能使牲畜特别是马中毒，症状是口腔、鼻腔黏膜溃烂，颗粒性白细胞减少，死亡。接触有毒草料的人，出现皮肤炎、咽峡炎、血性鼻炎。现在已经被列为食品中可引起中毒的毒素之一。

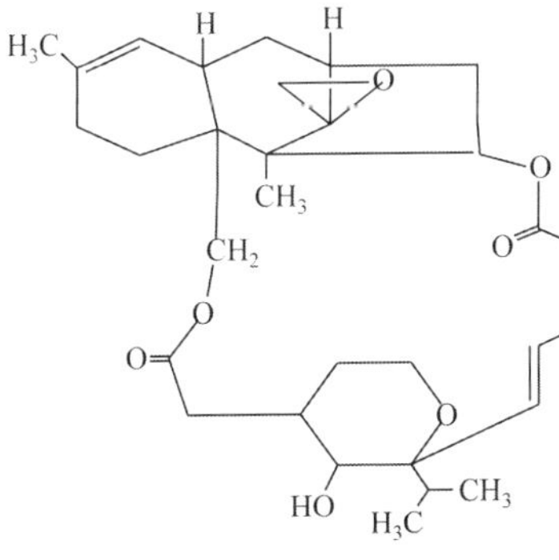

图 4-144 黑葡萄穗霉毒素

4.4.50.4 检测和控制

菌体检测依据形态特征和培养特性可初步确定。毒素检测有免疫吸附法、乳胶凝集法、PCR 法、visual contrast sensitivity exam（VCS exam-对人体检测的方法）、HPLC、细胞毒性（HL-60）等方法。防控主要是注意食品中毒素的检测，不吃霉菌污染食物。

4.4.51 交链孢霉（*Alternaria*）

4.4.51.1 食品卫生学意义

交链孢霉或称为链格孢（*Alternaria*）广泛分布于土壤和空气中，有些是植物病原菌，可引起果蔬腐败变质，产生毒素。交链孢霉是粮食、果蔬中常见的霉菌之一。该菌能产生多种毒素，主要有交链孢霉酚（alternariol，AOH）、交链孢霉甲基醚（alternariol methyl ether，AME）、交链孢霉烯（altenuene，ALT）、细偶氮酸（tenuazoni acid，TeA）。长期食用引起慢性中毒，值得注意，在番茄及番茄酱中、苹果汁和苹果产品中均检出过 TeA。人们食用或饮用含有毒素的食品会影响胎儿和细胞 DNA。

4.4.51.2 形态特征与培养特性

菌丝有横隔，匍匐状生长，分生孢子梗较短，单生或成丛，大多不分枝褐绿色，长可达 50μm，宽 3～6μm。分生孢子壁砖状，3～5 个横隔，褐绿色或黑色，分生孢子梗顶端生长分生孢子，其形状大小不定，形态为桑葚状也有椭圆形或卵圆形，其上有纵横隔膜、顶端延长成喙状，多细胞。孢子褐色，常数个连接成链，大小极不规则，通常（30～36）μm×（14～15）μm。为无性繁殖，交链孢霉的不育菌丝匍匐，分隔。分生孢子梗单生或成簇，大多不分枝，较短，与营养菌丝几乎无区别。分生孢子倒棒状，顶端延长成喙状，淡褐色，有壁砖状分隔，暗褐色，成链生长，孢子形态及大小极不规律（图 4-145）。

菌落在察氏培养基上生长较局限，呈灰褐色或黑色，表面绒毛状，培养基不着色。

4.4.51.3 毒素

该菌能产生 7 种细胞毒素，主要有交链孢霉酚、交链孢霉甲基醚、交链孢霉烯、细偶氮酸，为细胞毒。AOH 和 AME 在交链孢霉代谢产物中产量最高，有致

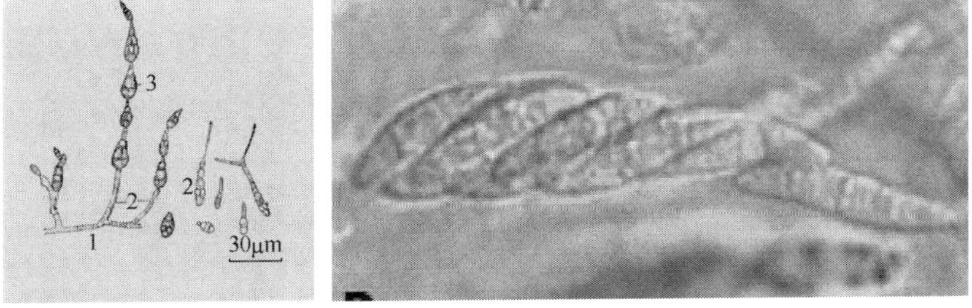

图 4-145 交链孢霉菌

1. 菌丝；2. 分生孢子梗；3. 分生孢子

畸和致突变的作用。这两种毒素的急性毒性很弱，小鼠口服400mg/kg才有中毒症状。给小鼠或大鼠口服50～398mg/kg TeA钠盐，可导致胃肠道出血而死亡。

4.4.51.4 检测和控制

检测使用高效液相色谱法、酶联免疫吸附法、质谱法等对交链孢霉酚、交链孢霉甲基醚等毒素进行检测。

4.4.52 木霉属（*Trichoderma*）

4.4.52.1 食品卫生学意义

有些个别种木霉产生毒素，如绿色木霉（*Trichoderma viride*）产生木霉素（gliotoxin，trichodermin）、木霉醇（trichodermol）、绿色木霉素（viridin）和拉杜木霉素（lathumycin），属于单端孢霉烯族化合物，已经列入食源性中毒毒素，其食品卫生学意义同镰刀菌毒素。

4.4.52.2 形态特征与培养特性

木霉生长迅速，菌落棉絮状或致密丛束状，产孢丛束区常排列成同心轮纹，菌落表面颜色为不同程度的绿色，有些菌株由于产孢子不良几乎为白色。菌落反面无色或有色，气味有或无，菌丝透明，有隔，分枝繁复。厚垣孢子有或无，间生于菌丝中或顶生于菌丝短侧分枝上，球形、椭圆形，无色，壁光滑。分生孢子梗为菌丝的短侧枝，其上对生或互生分枝，分枝上又可继续分枝，形成二级、三级分枝，终而形成似松柏式的分枝轮廓，分枝角度为锐角或几乎直角，束生、对生、互生或单生瓶状小梗。分枝的末端即为小梗，但有的菌株主梗的末端为一鞭状而弯曲不孕菌丝。分生孢子由小梗相继生出而靠黏液把它们聚成球形或近球形的孢子头，有时几个孢子头汇成一个大的孢子头。分生孢子近球形或椭圆形、圆筒形、倒卵形等，壁光滑或粗糙，透明或亮黄绿色（图4-146，图4-147）。

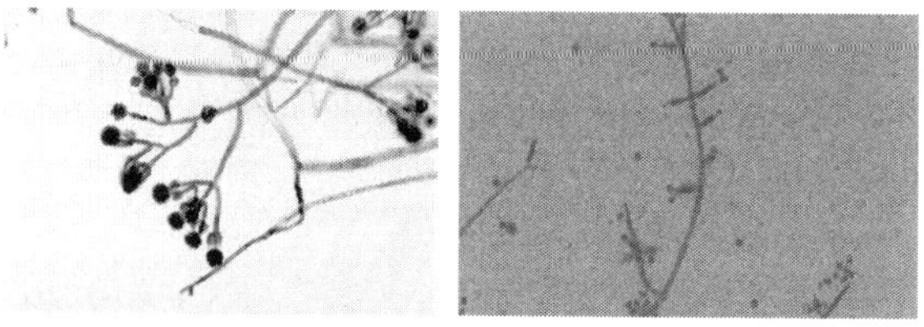

图4-146 绿色木霉

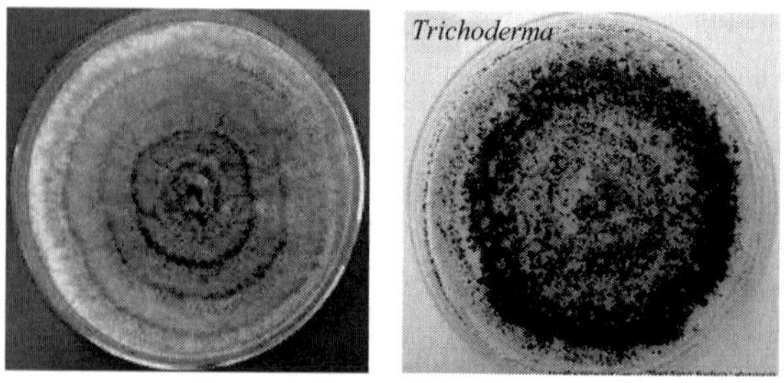

图4-147 绿色木霉有菌核（左图）和无菌核菌落（右图）

4.4.52.3 毒素

与食品卫生有关的是绿色木霉产生木霉素和木霉醇，属于单端孢霉烯族化合物，其毒性作用及食品卫生意义参考单端孢霉烯族化合物。

4.4.52.4 检测与控制

同镰刀菌毒素。

4.4.53 头孢霉属（*Cephalosporium*）

4.4.53.1 食品卫生学意义

头孢霉（也称顶头孢）能够产生单端孢霉烯族化合物如胶霉毒素，主要损害人和动物造血组织等的一类毒素，容易使人、畜急性中毒。头孢霉在植物能引起芹菜、大豆和甘蔗等的植物病害，污染食物将引起食物中毒。引起玉米头孢霉枯萎病和玉米维管束黑腐病。

4.4.53.2 形态特征与培养特性

营养菌丝丝状，有隔，分枝，无色或鲜色或者在少数情况下由于盛产厚垣孢子而呈暗色。菌丝常编结成绳状或孢梗束。分生孢子梗很短，大多数从气生菌丝上生出，基部稍膨大，呈瓶状结构，互生、对生或轮生。分生孢子从瓶状小梗顶端溢出后推至侧旁，靠黏液把它们黏成假头状，遇水即散开，成熟的孢子近圆形、卵形、椭圆形或圆柱形，单细胞或偶尔有一隔，透明。有些种具有性阶段可形成子囊壳。

在合成培养基及马铃薯-葡萄糖琼脂培养基上各个种的菌落类型不一，有些种缺乏气生菌丝，湿润或呈细菌状菌落，有些种气生菌丝发达，呈茸毛状或絮状菌落，或有明显绳状菌丝索或孢梗束。菌落色泽可由粉红至深红、白、灰色或黄色（图4-148～图4-150）。

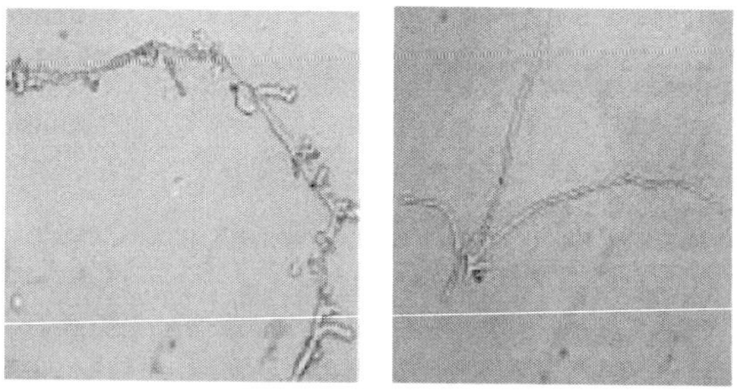

图4-148 头孢霉

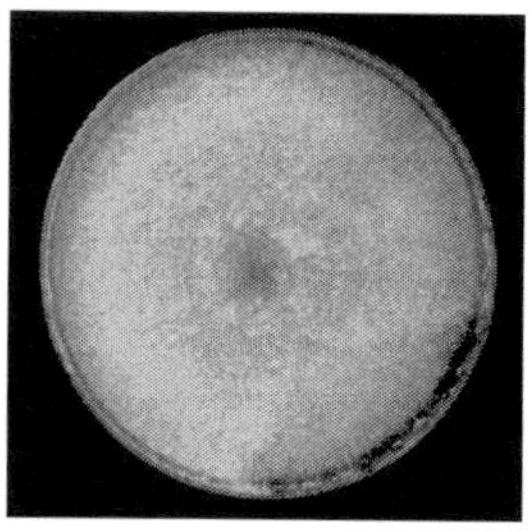

图4-149 在OA上头孢霉

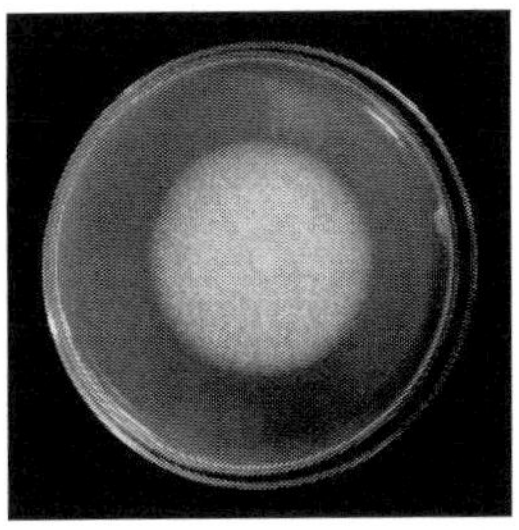

图 4-150 在 PDA 上头孢霉

4.4.53.3 毒素

它所产生的毒素属于单端孢霉烯族化合物，包括 T-2 毒素、胶霉毒素等。

4.4.54 单端孢霉属（*Trichothecium*）

4.4.54.1 食品卫生学意义

单端孢霉属在食品卫生上有意义的属为粉红单端孢霉（*T. roseum*），在玉米梗、穗轴上、贮藏中腐烂苹果及其他果实、土壤中均能分离出来，遍布全国，世界性分布。小麦、玉米和小米常能见到污染。该类菌能产生单端孢霉素（trichothecin），属于有毒性的单端孢霉烯族化合物，具有重要的食品卫生学意义。

4.4.54.2 形态特征与培养特性

单端孢霉菌落较薄，絮状蔓延，分生孢子梗直立，单生，有少数横隔或无隔，不分枝，长 100～600μm，宽 2.5～4μm，梗端 2～2.5μm。分生孢子 2～4 室，透明或淡粉红色。分生孢子是以向基式连续形成的形式产生的，孢子靠着生痕彼此连接成串，梨形或倒卵形，两孢室的孢子上孢室较大，下孢室基端明显收缩变细，着生痕在基端或其一侧（图 4-151）。

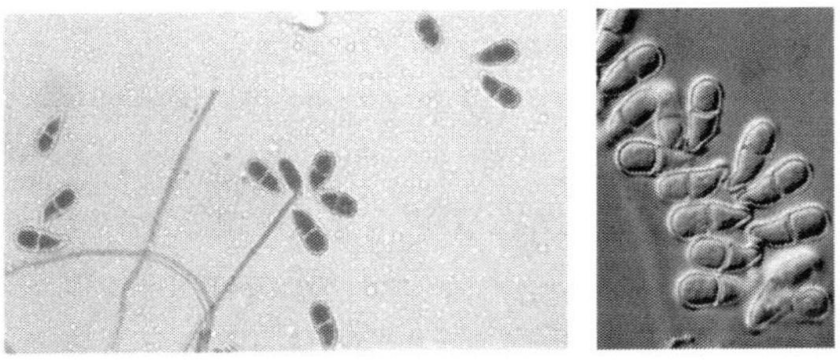

图 4-151 粉红单端孢霉

菌株在马铃薯-葡萄糖琼脂上菌丝蔓延、平铺，扩展较快，绒毛状或粉状、粒状，最初为白色，逐渐转为粉红色或带杏黄色，非常鲜艳，背面颜色相同，但培养基不着色。

4.4.54.3 毒素

该类菌能产生单端孢霉素，属于有毒性的单端孢霉烯族化合物。

4.4.54.4 检测和控制

依据培养及镜检特征极易鉴别。注意饮食卫生，防霉去毒。

4.4.55 节菱孢属（*Arthrinium*）

4.4.55.1 食品卫生学意义

污染发霉甘蔗的真菌有许多种，其中节菱孢能产生 3-硝基丙酸，吃了被这种真菌污染的霉变甘蔗就会发生中毒。中毒表现为神经系统受损，轻者呕吐、头晕、视力障碍，重者四肢强直性抽搐，手呈鸡爪状，最后发生昏迷甚至死亡（多半是儿童）。有的人虽经抢救而幸免一死，但会留下后遗症，造成终身残疾。节菱孢等霉菌流行于我国河北、河南、山东、山西、新疆、青海、宁夏、辽宁、广西、福建等 13 个省的变质甘蔗中。在我国广西、福建、河南及河北等省的甘蔗样品中检出量为 5.1～180mg/kg（3-硝基丙酸）。

4.4.55.2 形态特征与培养特性

分生孢子梗从母细胞垂直于菌丝而生出，分生孢子顶生或侧生，孢子褐色，光滑，双凸镜形，正面直径 6.8～13.3μm，侧面厚度 4.0～10.0μm，有的菌株具有腊肠形孢子，褐色、光滑、大小为（10.6～14.7）μm×（4.0～5.3）μm。

在马铃薯-葡萄糖琼脂培养基上，菌落生长蔓延，5～6d 直径达 9cm，白色或略带黄色絮状，背面（基质菌丝）微黄至深褐。有的菌落中间呈褐色，背面黑褐色，有的菌落带粉红色，有的菌丝较稀疏，并具有大量黑色孢子团。

4.4.55.3 毒素

节菱孢包括甘蔗节菱孢（*Arthrinium sacchari*）、甘蔗生节菱孢（*Arthrinium saccharicola*）、暗孢节菱孢（*Arthrinium phaeospermum*，图 4-152）等，能产生 3-硝基丙酸（图 4-153），引起食物中毒。

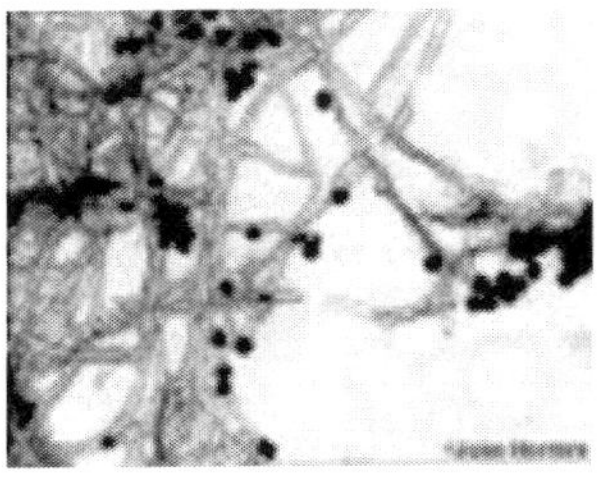

图 4-152 暗孢节菱孢

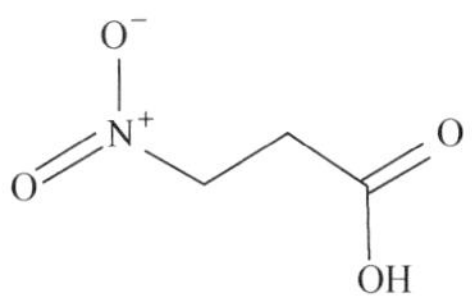

图 4-153 2，3-硝基丙酸

能够产生3-硝基丙酸的其他菌种有黄曲霉、米曲霉、白曲霉、酱油曲霉、深暗纹青霉（*Penicillium atrovenetum*）、链霉菌等。3-硝基丙酸为无色针状结晶，熔点为66.7～67.5℃，溶于水、乙醇、乙酸乙酯、丙酮、乙醚和热的三氯甲烷，不溶于石油醚和苯。3-硝基丙酸对雄性小鼠的LD_{50}（经口）为100mg/kg，雌性小鼠为68.1mg/kg。

4.4.55.4 检测和控制

节菱孢依据形态及培养特性进行鉴定，3-硝基丙酸用薄层色谱法测定。

4.4.56 降低真菌毒素污染食品的良好农业操作规范

4.4.56.1 降低谷物中真菌毒素的措施

1）收获前

建立和维持轮作制度。研究发现，小麦和玉米对镰孢菌特别敏感，因此不要将小麦和玉米两个品种轮种。可轮种非镰孢菌寄主的马铃薯、蔬菜、三叶草、苜蓿等作物，以减少田间的污染。种植新作物前尽量将陈谷物、根和其他残留物犁到地下或清除掉，因这些东西可作产毒真菌的基物。尽可能地应用抗真菌和抗昆虫的农作物品种。种子发芽成熟时，应避免高温和干旱。对不同的作物分别按各自推荐的行距和株间距播种，避免过于密植。适当应用安全有效、经批准使用的杀虫剂和杀真菌剂及良好的操作规范，使昆虫的破坏和真菌的侵染降低到最低程度。利用机械方法或安全有效的、经批准使用的除草剂或其他安全可靠的除草方法控制杂草。耕作时应对作物的机械损伤降低到最小。灌溉时应保证均匀，使田间的所有作物均有充足的水分。由于雨季的降雨会造成镰孢菌种的散播和侵染，因此应避免在扬花期灌溉。应在水分作物完全成熟时收获谷物，除非天气非常热、下雨或干旱前，必须确实做到所有用于收获和储存谷物的设备性能完好。在此关键时刻，任何故障都会影响谷物的质量，并增加真菌毒素形成的危险。田间必须留有足够的空间以保证修理机械的时间不受影响。现场必须有检测水分并经校正的仪器。

2）收获期

新收获的玉米等谷物必须将破损粒挑出，感染的病粒很难用一般的清洗方法去除。种子的清洗可以用重力平台去除部分感染病粒。用于运输收获谷物的运货车、卡车等在用前和再用时必须经清洗、干燥并且无真菌及昆虫污染。收获谷物时必须检测不同点的谷物水分含量，因同一大田收获的谷物水分含量可能不同。收获时尽可能避免谷物的机械损伤并避免土壤污染。田间感染的谷穗、谷壳、茎和碎片必须收集起来并尽可能地减少散布，以免孢子染到新种植的谷物上。收获后的谷物应立即测定其水分含量并应尽量使水分达到可储存的推荐含量。干燥后的谷物必须采用有代表性的方法测定其水分含量以确定同一批粮食中水分含量的差异。为减少同批谷物水分的变异，经干燥后的谷物应运往另外的仓库储存。收获后的玉米必须立刻快速干燥至水分含量不超过10%，可以避免可能在鲜玉米中许多真菌，特别是镰孢菌种的生长。日晒对含水分高的某些谷物可能会导致真菌感染。为减少真菌生长的危险，应避免在干燥或脱粒前后的新鲜、湿谷物过程超过数小时。

3）储存

储存设备应包括干燥和通风良好的设施。为减少真菌生长的危险，储存设备应能防雨、防地下水渗漏及防止啮齿类动物和鸟类进入，并尽量减少温度的波动。应确保储存的谷物无昆虫、无外来物、无破损粒（皱缩或破损），并充分干燥至安全水分水平。用适当的采样和测试方法监测所有准备储存和外运的谷物中真菌毒素的水平。应保证袋装谷物的包装袋清洁、干燥。尽可能将谷物储存在温度最低的仓库。如有可能，在整个储存区用连续循环气体给谷物通风，以维持适宜的温度和湿度。但当空气相对湿度大于70%时，要避免通风。储存过程中，应不时地检测谷物中的水分和温度。储存期间，当温度升高2～3℃时，提示有微生物生长。明显感染的谷物应进行分离和分析，不要用感染的谷物作食品或饲料。通过良好的管理及使用安全有效的杀虫剂和杀真菌剂确保储存设施无昆虫和真菌。记录每个季节收获和储存过程中温度、湿度、水分的测定。这些资料有助于分析真菌生长和真菌毒素产生的原因。运输工具应在使用前和再使用时彻底清洗，确认无真菌生长、无昆虫和任何其他成分污染物。可用安全有效的熏蒸剂或杀真菌剂消毒运输工具。用适当方法，如密封的容器，加盖焦油帆布等措施以保护谷物在装运过程中避免再次受潮，而导致真菌生长和毒素产生。运输时可用防昆虫的容器，可用化学药剂侦查监督和灭鼠，但不能对谷物的最终产品的利用造成危害。

4.4.56.2 减少乳及乳制品中黄曲霉毒素M_1的措施

减少奶牛饲料中的黄曲霉毒素B_1是降低乳及乳制品中黄曲霉毒素B_1最有效的方法。但由于饲料中添加了玉米和棉籽，黄曲霉毒素B_1在其中分布不均匀，因此样品中黄曲霉毒素B_1的变异很大。通过良好的生产工艺和良好的储存工艺可以降低饲料中的黄曲霉毒素B_1。还可以通过搅拌或物理和化学方法处理。物理方法包括应用加热、微波、γ射线、X射线或紫外线及用水合铝二氧化硅钠钙和其他惰性物质吸附。降低饲料中黄曲霉毒素最有效的化学方法是用氨处理，这个方法可降解95%～98%的黄曲霉毒素B_1。

4.4.56.3 减少苹果及其制品中展青霉毒素的措施

展青霉毒素主要存在于霉烂水果中，苹果和苹果汁最易受污染。第34届联合国际食品法规委员会食品添加剂污染物质分会（Codex Committee on Food Additives and Contaminants，CCFAC）提出预防苹果汁和其他饮料中苹果汁成分展青霉毒素的操作规范的建议草案。建议草案分为两部分，即基于 GAP 及 GMP 的建议和基于 HACCP 的建议。

良好的农业生产规范和良好的加工规范如下。

1）收获前

在植物休眠季节，必须剪掉并销毁所有病害树枝及干瘪和皱缩的果实。按良好商业操作将果树修剪成树形，使通气良好、光线透过性强，并使喷水可以达到要求。病虫害可直接引起果实腐烂，并可导致产生展青霉毒素的真菌从昆虫侵入部位侵入果实中。潮湿的天气可能会增加腐烂的危险，必须考虑采取适当的措施以防止孢子繁殖及真菌生长。

2）收获及运输

加工用苹果应轻拿轻放，收获和运输过程中尽可能地减少水果的物理性损伤。必须除去地上掉下的腐烂水果，保证收获的是新鲜的、好的水果。收获后的水果必须在 3d 内运往加工厂。所有运输水果的容器必须清洁、干燥、无任何杂物。鲜果市场的水果，如来自历史记录腐烂水果发生率比较高的果园，收获时小心将其分开，这种水果不宜储存。天气干燥时收获成熟的水果比较理想。收获后的水果应装入便于直接运到仓库的干净箱子或盒子中。箱子或盒子最好用清洁的水喷洗，用肥皂和水擦洗更好，必须除去其中的水果和叶子碎片。避免水果被雨淋，果皮损伤或有破损的及病害水果必须在果园采摘时拒收。被土壤污染的水果拒收，即被雨水溅了的水果或地上的水果不易收购。采摘的水果中必须无树叶、细枝等夹杂物。水果必须在收获后 18h 进冷库，并在采摘后 3～4d 内按不同品种将温度降到 0～4℃不等。运输和储存时必须有避免土壤污染的措施。在果园和仓库之间搬运箱子或盒子时，必须避免这些容器受土壤污染并尽量减少水果有碰伤。收获后的水果不能在果园中停放过夜，必须移到硬的平台上并盖好。

3）搬运及储存

进入鲜果市场或加工用的水果，必须尽可能地轻拿轻放以减少碰伤。苹果生产者和果汁生产者如不具备可控制的仓库，必须保证水果摘采后尽快榨汁。水果收获前必须保证仓库的监测仪器已经校验，仓库在使用前须彻底预冷。根据加工者的建议，可在收获后适当时间使用杀真菌剂。定期检查储存苹果的腐烂情况，至少每月一次。采样时应尽可能地减少仓库中空气变化，抽检的水果样品主要检查腐烂情况，一般状况和货架期。必须在出现大面积损坏之前采取措施剔除有问题的水果。真菌生长一般发生在温度 5℃以下，从装运开始 7～10d 内控制和维持空气的温度和湿度，在后 7d 内仓库内的氧气应低于 1.8%。

4）鲜果市场或果汁加工水果

所有腐烂的水果，尽管面积很小，也应尽可能地剔除。好的水果必须装入一个大的容器中，容器从仓库移出，挑选水果分配作零售，而容器仍用于装榨汁的水果时，必须做好记号并在分类 12h 内送回冷库。应尽量缩短水果在室温的时间。用于榨汁的水果从仓库取出到榨汁前一段时间，温度必须保持在 5℃以下，并尽可能快地加工或利用。任何碰伤均将促使展青霉毒素的形成，因此尽量减少碰伤，特别是榨汁前水果在室温下保存 24h 以上时。

5）根据 GMP 的加工操作

（1）水果的运输、检测和压榨：应在 24h 内将储存的水果从冷库运给加工者，超过 24h，必须在冷藏条件下进行。有的水果品种对核腐特别敏感，必须在榨汁前对这些品种的水果按常规的方法立即检测水果内部的腐烂情况。随机抽检的苹果样品，应从分开的每一批次抽取，顺着苹果的直径切开，检查真菌菌丝生长的迹象。如果核腐的发生率超过允许量，这批水果就只能用于榨汁，如果这部分超过允许的数量，应拒收。到达工厂后必须检验水果的品质，特别是外部和内部真菌破坏的发生率。加工过程中及压榨前，水果必须仔细分类以便剔除可见的霉变水果并用饮用水或处理过的水彻底清洗。根据工业良好操作规范，加工设备一般要用加压水管冲洗及卫生消毒剂消毒，最后用饮用冷水淋洗。在边远生产的某些工厂，最好每班清洗一次或每天清洗一次设备。压榨后样品必须进行检验，代表一批产品的样品必须用适当方法，实验室检验展青霉毒素。水果汁应冷藏至 5℃以下，并一直维持到浓缩、包装或巴氏消毒。展青霉毒素的检验合格后，果汁才能进行进一步包装。

（2）包装和果汁的最终加工：果汁中可能污染具有产生展青霉毒素的真菌及其他真菌和酵母。运输和储存过程中预防这些真菌生长对预防产品的腐败及展青霉毒素的产生非常重要。如果果汁需要保存一段时间，为了降低微生物的污染，温度应维持在 5℃以下或更低。大部分果汁须经加热以破坏其中的酶和腐败微生物。这种加工过程通常也可杀灭真菌孢子和营养菌丝，但不能破坏已经存在的展青霉毒素。

（3）果汁的质量评价：苹果汁和浓缩苹果汁的规格必须包括展青霉毒素的最大允许限量。应建立产品随机采样计划，以保证终产品中展青霉毒素的含量低于最大允许限量。

4.5 食物中毒性藻类及其毒素

4.5.1 藻类及其毒素的食品卫生学意义概述

藻类是一种单细胞低等植物，不开花，不结果，利用孢子进行繁殖。体内含有叶绿素、叶黄素和胡萝卜素等物质，是地球产氧的重要力量，它通过光合作用吸收二氧化碳和盐类作为养料而生长，种类很多。藻类植物是地球上最重要的初级生产者，它们合成的有机碳总量是高等植物的7倍。全世界藻类植物约有40 000种，其中淡水藻类约25 000种，而我国已发现的淡水藻类约9000种，包括：原生动物门的蓝藻门，原生动物门的硅藻门、甲藻门、金藻门、黄藻门、隐藻门、裸藻门及属于植物界的红藻门、褐藻门、绿藻门和轮藻门。海洋藻类种类多，产量大，多数体形微小，也有体形巨大的，如长达2m的海带。

淡水藻类在自然界的分布非常广泛，适应性很强，对环境条件的要求不很严格，就是微不足道的营养和只有微弱的光照强度及较低的温度下也能满足其生长条件。淡水藻类中大多数的种类是水生的，包括浮游的和底栖的各种类群，分布于不同水体中。

静止绿色的池塘和水坑中都含有大量的单胞藻，其中最常见的有绿藻类的栅藻属、盘星藻属等种类。随着数量的多少而决定水色的深浅，呈现黄绿或浓绿。藻体微小，肉眼无法辨认，显微镜下可见其形态。在淡水河流与湖泊中，也有大量藻类生长，主要是硅藻类的小环藻属、直链藻属，蓝藻类的颤藻属，绿藻类的衣藻属、小球藻属、新月藻属或栅藻属及纤维藻属等种类，这些藻类多数生活于富含有机质的水中。小环藻属、直链藻属、颤藻属、绿球藻属、栅藻属等多生长于污染化程度较弱的水体，而衣藻属、裸藻属等多生长于污染化程度较高的水域。根据它们的分布情况，可以作为水质污染度的指示植物。

海洋中有众多的食藻动物以食藻为生，而藻类为了生存往往会产生一些使食藻动物毒化的次级代谢产物——化学毒素，引起人们常说的藻类（或海洋）毒素性中毒。也就是说，某些含有毒素的藻类通过食物链毒化海洋鱼、贝类，人类因摄食被毒化的鱼、贝而发生食物性中毒。此外，毒素也严重地污染了各种水体，导致水体环境的恶化，影响渔业的发展及牲畜和人类健康，是目前公共卫生领域一项值得关注的一个重大问题。与毒素性食物中毒有关的藻类主要是能够引起赤潮的甲藻中大部分有毒种类；其次是某些硅藻。另外由蓝藻引起的水华及释放的毒素对人和动物的长期危害也不容忽视。

常规情况下藻类产生的毒素较少，往往对人及动物危害不大。但近些年随着全球气候变暖，人类生活方式的改变，大量生活废物进入水体，导致海水、淡水富营养化现象十分普遍，在富营养化水环境中藻类会突然大量繁殖，形成“赤潮”、“水华”（淡水）、“蓝藻”、“厄水”（海水变绿褐色）、“苦潮”（水华现象，海水变赤色）、“青潮”（海水变蓝色）等，都是同样性质的现象。水华现象是在特定的环境条件下，海水中某些浮游植物、原生动物或细菌暴发性增殖或高度聚集而引起水体变色的一种有害生态现象。目前，水华现象已成为一种世界性的公害，美国、日本、中国、加拿大、法国、瑞典、挪威、菲律宾、印度、印度尼西亚、马来西亚、韩国、香港等30多个国家和地区水华现象发生都很频繁，发生面积最大达几千平方公里。即使是高原湖泊也同样存在藻类毒素公共卫生安全问题，如贵州高原湖有蓝藻、绿藻、盘星藻等产生多肽肝毒素、生物碱类神经毒素等。南海藻类繁殖旺盛区域呈现鱼类繁殖区＞贝类养殖区＞近岸海域＞远岸海域。

水华现象等的发生破坏了海洋的正常生态结构，因此也破坏了海洋中的正常生产过程，从而威胁海洋生物的生存。有些水华现象发生生物会分泌出黏液，黏在鱼、虾、贝等生物的鳃上，妨碍呼吸，导致窒息而死亡。有些藻类毒素为挥发性的，有些鸟类及其他动物在沿海岸觅食时呼吸到这些毒素而死亡；有些水华现象发生生物分泌水华毒素，当鱼、贝类处于有毒水华现象区域内，摄食这些有毒生物，严重的导致大量鱼类死亡，造成巨大经济损失，我国每年因此直接损失100亿以上；有些虽不能被毒死，但生物毒素可在体内积累，其含量大大超过食用时人体可接受的水平。这些鱼、虾、贝类如果不慎被人食用，就引起人体中毒，严重时可导致死亡。最近国内报道一50多岁妇女喜欢吃鲜贝类海鲜，结果一餐吃了一盘麦螺（织纹螺），因该麦螺含藻类毒素，食后立即昏迷不醒，这类事件在福建已连续发生8起。主要涉及的水产品有水生贝壳类等滤食性动物，如贻贝、扇贝、牡蛎、蚶、青蛤、螺类（织纹螺等），鱼类相对较少。2013年黄海腹泻性贝类毒素检出率为44.26%，超标率为24.59%；毒素高峰含量166.2Mu/g贝肉（Mu为鼠单位，1Mu表示15min内杀死体重20g小白鼠的平均毒素量），毒素主要集中在消化腺，最高可达350.4Mu/g贝肉。分布于日本、菲律宾、澳大利亚的热带或亚热带海洋的蟹类如日本珊瑚扇贝中铜铸热若蟹个体毒素含量为16 500Mu/g，主要含膝沟藻毒素，群体蟹毒素含量在37 500～116 000Mu/g蟹肉，我国台湾及南海海域的蟹类也存在同样的问题。远远超过成人致死剂量5000Mu。贝类产毒具有与真菌毒素类似的特点：一种藻类可产几种毒素，一种毒素可由几种藻类产生；毒素相对分子质量小，无免疫原性；耐热。

由水华现象引发的毒素统称贝毒，目前确定有10余种贝毒其毒素比眼镜蛇毒性高80倍，比一般麻醉剂，如普鲁卡因、可卡因毒性还强10万多倍。贝毒中毒症状为：初期唇舌麻木，发展到四肢麻木，并伴有头晕、恶心、胸闷、站立不稳、腹痛、呕吐等，严重者出现昏迷，呼吸困难。全世界因水华现象的贝类中毒事件有3000多起，死亡300多人，死亡率15%左右。贝类毒素除了引起消化系统、神经系统、呼吸系统等损伤外，还可引起肿瘤、致突变等长期毒性效应，而这些长期毒性效应往往不被人们注意，可能危害更大。本节主要介绍与食物中毒有关的主要微藻及其毒素。

4.5.2 双鞭甲藻（*Dinoflagellate*）及其毒素

4.5.2.1 食品卫生学意义

甲藻广泛分布在全球海洋中，是重要的浮游植物类群，为有机物质的初级生产者，是多种水生动物的饵料。但由于多种因素的影响会使某一种或几种藻类过量繁殖，形成赤潮，甲藻中有120多种能形成赤潮，近60种为有毒种类。赤潮的形成严重毁坏海区的生物资源，改变生物群落组成，破坏渔场饵料基础；而且有些藻类产生的有毒代谢产物，使鱼、虾、贝等生物大量死亡；或是聚积在一些滤食性的海洋生物如鱼、贝、蛤等体内，人类食用了被毒化的鱼、贝等就会引起贝类毒素食物中毒，引起外周神经肌肉系统麻痹，如四肢肌肉麻痹，头痛恶心、流涎发烧、皮疹等，阻断细胞钠离子通道，造成神经系统传输障碍而产生麻痹作用；赤潮毒素有“海洋癌症”之称。因此有关赤潮、赤潮藻及毒素问题的研究备受关注，其毒素检测更具有重要的卫生学意义。

4.5.2.2 生物学特性

双鞭甲藻属于植物界、甲藻门（Pyrrophyta），共分两纲，即横裂甲藻纲（Dinophyceae）、纵裂甲藻纲（Desmophyceae），多为单细胞生物，细胞球形到针状，背腹扁平或左右侧扁；细胞裸露或具细胞壁，壁薄或厚而硬，纵裂甲藻类，细胞壁由左右2片组成，无纵沟或横沟；横裂甲藻类壳壁由许多小板片组成，板片有时具角、刺或乳头状突起，板片表面常具圆孔或窝孔纹。大多数种类具1条横沟和1条纵沟，从横沟分上下壳，纵沟称“腹区”，位于下壳腹面，2条鞭毛，1条带状环绕在横沟中；1条为纵鞭，线状，通过纵沟向后伸出。极少数种类无鞭毛，色素体多个，圆盘状或棒状，色素有叶绿素a、叶绿素c、甲藻素、多甲藻素。贮藏物质为淀粉和油滴。繁殖方法为细胞分裂，有的种类可产生动孢子或不动孢子。

在此，对能够导致藻类毒素食物中毒的甲藻种类介绍如下。

1）链状亚历山大藻（*Alexandrium catenella*）

链状亚历山大藻又称*Gonyaulax catenella*或*Protogonyaulax catenella*，属于横裂甲藻纲（Dinophyceae）、膝沟藻目（Gonyaulacales）、膝沟藻科（Goniodomataceae）、亚历山大藻属（Alexandrium）。细胞略近圆形，体长21～48μm，宽23～52μm。藻体表面光滑，横沟明显左旋；第一顶板无腹孔，后附属孔位于腹区后板的右半部分。壳板薄，孔纹少。常由2、4、8个细胞组成群体。二分裂无性繁殖，也有有性繁殖，在性周期中形成相对的交配型（雌雄异株），配子融合后形成一个游动合子，包在有特色的休眠孢囊内（图4-154）。

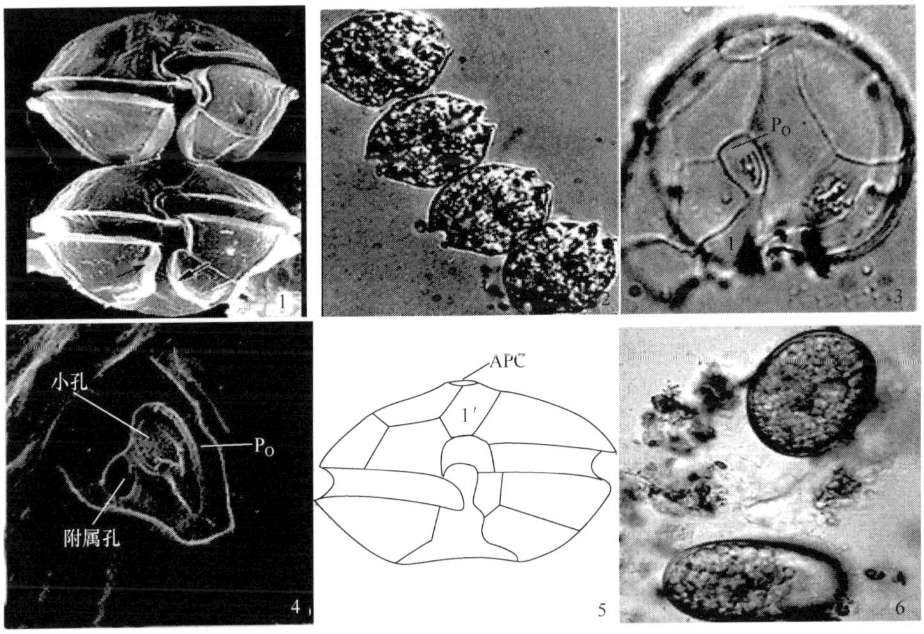

图4-154 链状亚历山大藻

1. SEM腹面观：两细胞链；2. LM，四细胞链；3. LM顶面观，第一顶板（1′）与顶板孔（Po）直接相连；4. SEM顶孔复合物（APC），钩状腹孔与前附属孔（aap）相邻；5. 壳板示意图；6. LM圆形的休眠孢囊

该种分布广，北美、欧洲、南非、智利、阿根廷和亚洲海域均有分布，青岛胶州湾及我国大部分沿海也见有分布。

本种可产生石房蛤毒素（saxitoxins，SXT）和膝钩藻毒素（gonyautoxins，GTX），可引起麻痹性贝毒中毒（PSP）。

2）微小亚历山大藻（*Alexandrium minutum*）

微小亚历山大藻又称*Alexandrium ibericum*或*Alexandrium lusitanicum*，属于横裂甲藻纲（Dinophyceae）、膝沟藻目（Gonyaulacales）、膝沟藻科（Goniodomataceae）、亚历山大藻属（Alexandrium）。细胞小，近似于球形到椭圆形，有的背腹扁平或有时长大于宽。细胞单在，在第一顶板上具有特征性的腹孔。壳板薄，壳表面装饰不同，具有或淡或浓的分散网眼结构（多数仅限于下壳），存在胞间带，细胞大小体长 15～30μm，宽 13～24μm。二分裂无性繁殖，也有有性繁殖，在性周期中形成有特色的休眠孢囊（图 4-155）。

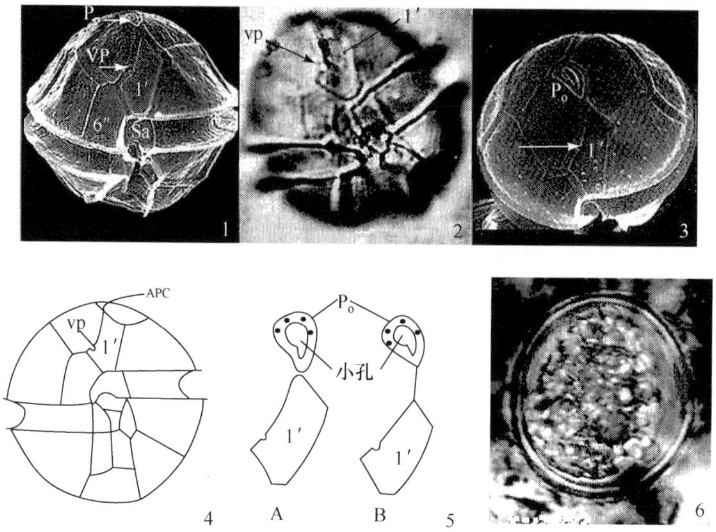

图 4-155　微小亚历山大藻

1. 腹面观，细胞小而椭圆，上壳圆锥形，大于下壳，下壳短而宽，底部斜向扁平，胞间带明显，环带深，具唇，移位于 1 倍宽度，沟浅，顶板孔（Po）直接与 1′板接触；2. 腹面观，腹孔（vp）存在于 1′板上；3. SEM 顶面观，Po 大、窄而成椭圆形，间接与 1′板接触，vp 呈现；4. 为腹面观，1′板纤细而呈长菱形；5. Po 与 1′板接触，A 为直接接触，B 为通过细的缝接触；6. 顶面观圆形孢囊

该种在世界各沿海均有分布，如亚历山大港湾、埃及、意大利、北亚得里亚海、土耳其、西班牙、葡萄牙、法国、南澳大利亚及美国东海岸、我国长江入海口等海域都发现过该藻。

本种可产生膝钩藻毒素（gonyautoxins，GTX）：GTX1，GTX2，GTX3 和 GTX4，引起麻痹性贝毒中毒（PSP）。

3）塔玛亚历山大藻（*Alexandrium tamarense*）

塔玛亚历山大藻又称 *Protogonyaulax tamarensis*、*Gessnerium tamarensis*、*Gonyaulax tamarensis* var. *excavata* 或 *Gonyaulax tamarensis*，也属于横裂甲藻纲（Dinophyceae）、膝沟藻目（Gonyaulacales）、膝沟藻科（Goniodomataceae）、亚历山大藻属（Alexandrium）。细胞略近圆形，上壳与下壳半球形，大小相近。细胞长度为 20～52μm，宽度为 17～44μm；上壳两肩突起，下壳两侧不对称，右半边比左半边短。细胞上、下两端都无刺或突起，下端微凹陷。横沟深，中央位，明显左旋，横沟弯曲下行的长度和横沟宽度相等；纵沟深，后部宽，甲片薄。鞭毛 2 条，藻体呈旋转运动，速度较快。二分裂无性繁殖，也有有性繁殖，在性周期中形成异型配子交配形式，配子横向融合，形成一个游动合子，包在有特色的休眠孢囊内（图 4-156）。

本种在沿海到港湾均有分布，尤其在北美洲、欧洲、日本等地。在较暖的海域里发生赤潮频率较高，我国在大鹏湾、厦门海域和胶州湾均有发现。

本种可产生膝钩藻毒素（gonyautoxins，GTX）包括 GTX1、GTX2、GTX3、GTX4 和 GTX5，以及石房蛤毒素（saxitoxin，SXT）和新石房蛤毒素（neosaxitoxin，neoSXT），引起麻痹性贝毒中毒（PSP）。

4）扁甲（涡鞭毛）藻（*Pyrodinium bahamense* var. *compressum*）

涡鞭毛藻又称 *Gonyaulax schilleri* 或 *Pyrodinium schilleri*，属于横裂甲藻纲（Dinophyceae）、膝沟藻目（Gonyaulacales）、膝沟藻科（Goniodomataceae）、亚历山大藻属（*Alexandrium*）（图 4-157）。涡鞭毛藻产生麻痹性贝类毒素。

涡鞭毛藻一直是造成东南亚地区重大公众健康问题和经济问题的重要藻类物种，是产生石房蛤毒素的主要藻类之一，造成麻痹性贝毒中毒（PSP）。这是一个影响世界上许多国家的严重毒理学问题，轻者，会在 30min 内发生中毒现象；重者，可能在食用中毒贝类后的 2～24h 内由于呼吸系统麻痹而致死。在马来西亚、文莱、菲律宾及印度尼西亚均有关于这种生物大量繁殖的报道。自 1976 年首次在马来西亚沙巴发生以来，东盟—加拿大赤潮网已在 26 个地区记录到 31 次该种生物大量繁殖事件。截至 1999 年受影响最严重的国家是菲律宾，其受影响的地区最多、发生麻痹性贝毒（PSP）事件最多（约 1995 起）。马来西亚报道总共发生 609 起 PSP 事件，造成 44 人死亡，而文莱则记录有 14 起 PSP 事件，但没有死亡事故。印度尼西亚则记录有 427 起 PSP 事件，17 人死亡。在该地区迄今没有开展关于这些大量繁殖事件对生态环境影响的研究。对经济影响的估算表明，损失可高达每天 30 万美元。

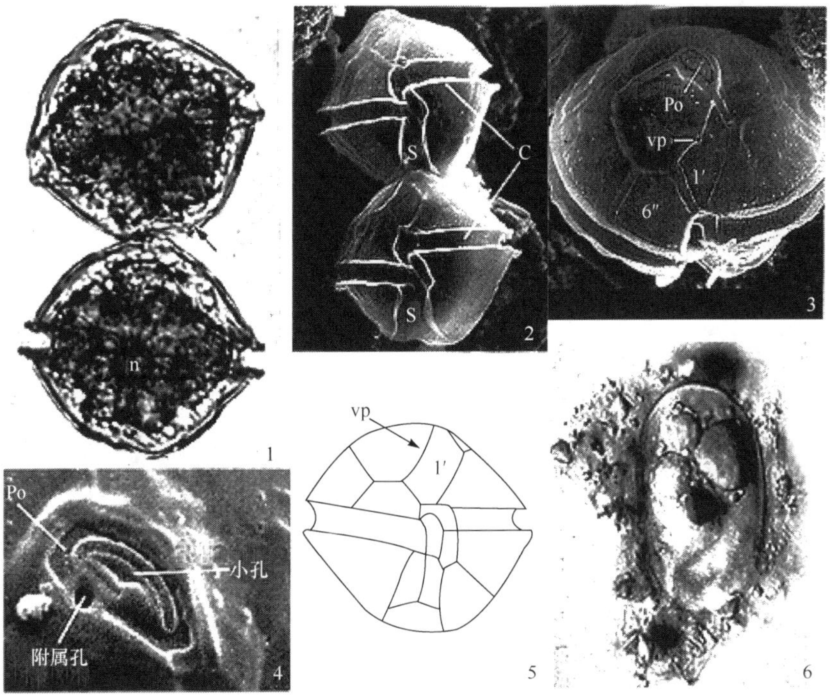

图 4-156 塔玛亚历山大藻

1. LM 两细胞链，细胞小到中等，长稍长于宽，近圆形，环带（C）具齿，左侧下壳裂片比右侧大，胞核（n）可见；2. 两细胞链，环带移位了 1 倍宽度，深沟（S）后部变宽；3. 上壳顶面观，顶板孔（Po）矩形，腹侧狭窄，Po 与第一顶板（1′）直接接触，腹孔位于第一顶板上；4. 顶孔复合物（APC），孔大而成钩状，有小的圆附属孔（aap）；5. 示意图；6. LM 长方形的休眠孢子，具有圆润的末端，粉红色的脂肪体被黏液包裹

图 4-157 扁甲（涡鞭毛）藻

5）具毒冈比甲藻（*Gamibierdiscus toxicus*）

具毒冈比甲藻属于横裂甲藻纲（Dinophyceae）、膝沟藻目（Gonyaulacales）、膝沟藻科（Goniodomataceae）、冈比甲藻属（Gamibierdiscus）。细胞前后稍扁，侧面轮廓像双凸透镜。细胞长 24～60μm，宽 42～140μm。第一顶板与第六沟前板都很小并互相连接。叶绿体明显，沟翅宽，甲板厚有小网眼（图 4-158）。偶然性浮游生物，主要生长在珊瑚礁、浅污水塘和热带亚热带海湾，常黏附于底层水域植物上。我国西沙有本种的分布。

本种可产生西加鱼毒素（ciguatoxin，CTX）引起西加鱼毒素中毒（CFP）。

6）利马原甲藻（*Prorocentrum lima*）

利马原甲藻以往也称 *Exuviaella marina*、*Exuviaella lima*、*Exuviaella marina* var. *lima* 或 *Cryptomonas lima*，属于纵裂甲藻纲（Desmophyceae）、原甲藻目（Prorocentrales）、原甲藻科（Prorocentraceae）、原甲藻属（Prorocentrum）。细胞倒卵形，两甲壳组成，前端有“V”形鞭毛孔，中心有一淀粉核，后部是细胞核，叶绿体大而明显。二分裂无性繁殖，也有有性繁殖形式，通常由多个细胞形成链，被包在一个薄壁的孢囊中，形成像玻璃样的滋养区，一般可容纳 4～32 个细胞，同配生殖或接合生殖，产生大的休眠孢子（图 4-159）。

世界性分布，分布于热带水域直到亚南极水域。附着在河口或沿岸浅海底的海草上及浅海底沙粒上，也可有偶然性浮游生活。我国海南省三亚海区珊瑚礁海域的大型海藻上多有附着。

该种可产生大田软海绵酸（okadaic acid，OA）、鳍藻毒素-1（dinophysistoxin-1，DTX1）、鳍藻毒素-2（dinophysistoxin-2，DTX2）、鳍藻毒素-4（dinophysistoxin-4，DTX4），引起腹泻性贝毒中毒（DSP）。

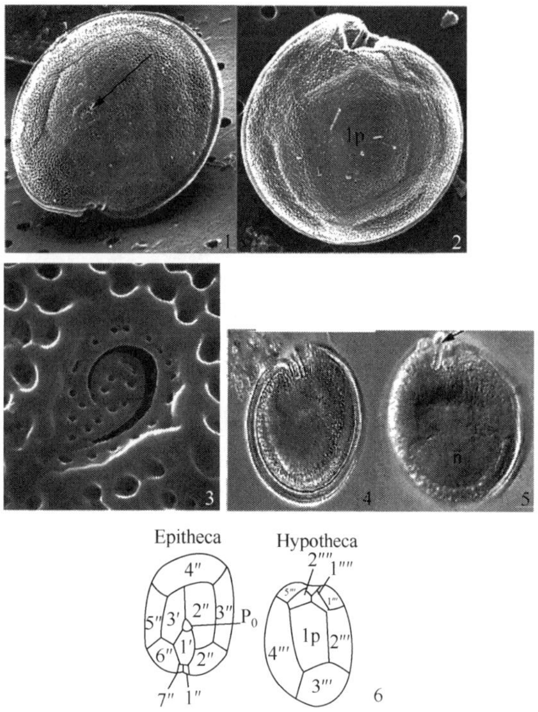

图 4-158　具毒冈比甲藻

1. SEM 上壳，细胞圆到椭圆，前后紧缩，细胞表面具有分散的小孔，顶孔复合物位于顶部箭头；2. SEM 下壳，1P 壳板大而成五角形，有沟的区域深陷；3. SEM 顶孔板具有特征性的钩状顶孔；4. LM 上壳，板带和有沟区；5. LM 下壳，带沟的脊，箭头表示大的新月形的核（n）；6. 壳板排布（epitheca：上壳；hypotheca：下壳）

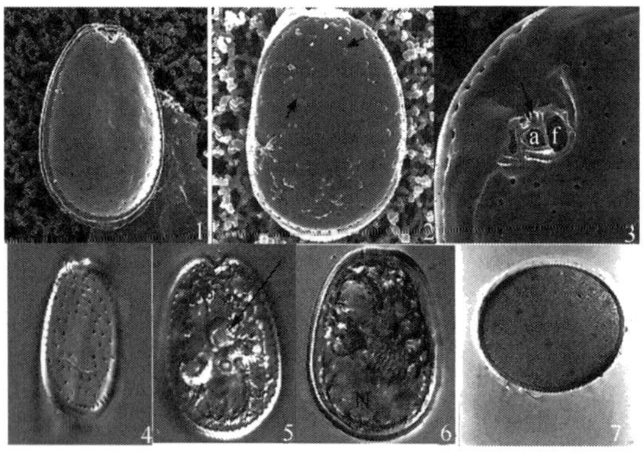

图 4-159　利马原甲藻

1. 右壳，细胞长椭圆形到卵圆形，具有狭窄的前端，存在边缘孔和分散的表面孔，瓣中心无孔，中间的带圆而宽；2. 左壳，细菌吸附（箭头所示）；3. 前端鞭毛区，浅而宽的“V”形鞭毛区靠近右壳，闪光的鞭毛环围绕着附属孔（箭头所示）与大的鞭毛孔（f）相邻；4. 壳孔排布；5. 带有中心淀粉核的右壳；6. 左壳和后部胞核（n）；7. 三层的休眠孢囊

7）渐尖鳍藻（*Dinophysis acuminata*）

渐尖鳍藻又称 *Dinophysis lachmannii*、*Dinophysis borealis* 或 *Dinophysis boehmii*。属于鳍藻目（Dinophysiales）、鳍藻科（Dinophysiaceae）、鳍藻属（*Dinophysis*）。细胞圆形或椭圆形，左右侧扁，具有小的帽式上壳和大一点的下壳，体长 40～50μm，宽 30～42μm。左沟边翅延伸到细胞顶部，长度与宽度相等。细胞表面具小网眼结构。繁殖方式是二分裂的无性繁殖或异形配子融合的有性繁殖（图 4-160）。世界范围分布，分布在寒带与温带浅海海域。北大西洋和太平洋领域及我国沿海均有分布。

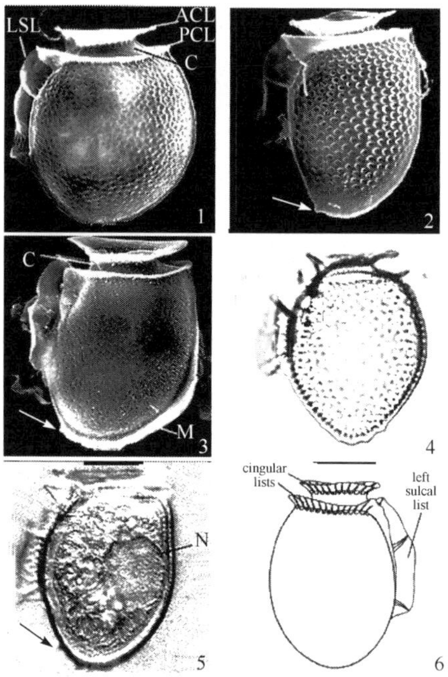

图 4-160　渐尖鳍藻

1. 细胞椭圆形到圆形，壳表面具有浅的凹陷和分散的小孔，左沟边翅（LSL）延伸超过细胞的中点，有发育良好的前环翅（ACL）和后环翅（PCL）；2. 长而狭窄的细胞具有明显的表面网隙，底部渐渐变细并形成偏离中心的突起（箭头所示）；3. 长而狭窄的细胞表面光滑具有分散的小孔，而 M 区无孔，后面的突起在底部（箭头所示）；4. 表面网隙和渐渐变细的底部；5. 背部大的胞核（N），底部小而钝圆的凸起；6. 示意图，left sulcal list 为左沟边翅，lists 为边翅，cingular 为前环翅

该种可产生大田软海绵酸（okadaic acid，OA），引起腹泻性贝毒中毒（DSP）。

8）具尾鳍藻（*Dinophysis caudate*）

具尾鳍藻又称 *Dinophysis homunculus*，属于鳍藻目（Dinophysiales）、鳍藻科（Dinophysiaceae）、鳍藻属（*Dinophysis*）。藻体侧面扁平，体长 70～100μm，宽 39～51μm。壳板厚，表面布满细密的鱼鳞状网纹，每个网纹中有小孔。下壳长，后部延伸成细长而圆的突出。上边翅向上伸展呈漏斗形，具辐射状肋；下边翅窄，向上伸展，无肋，左沟边翅几乎是细胞长度的 1/2，并有三条肋支撑，右沟边翅后端逐渐缩小近似三角形。细胞常成对存在，繁殖方式是二分裂的无性繁殖或有性繁殖，具有性的二态性是其生活史的一部分（图 4-161）。

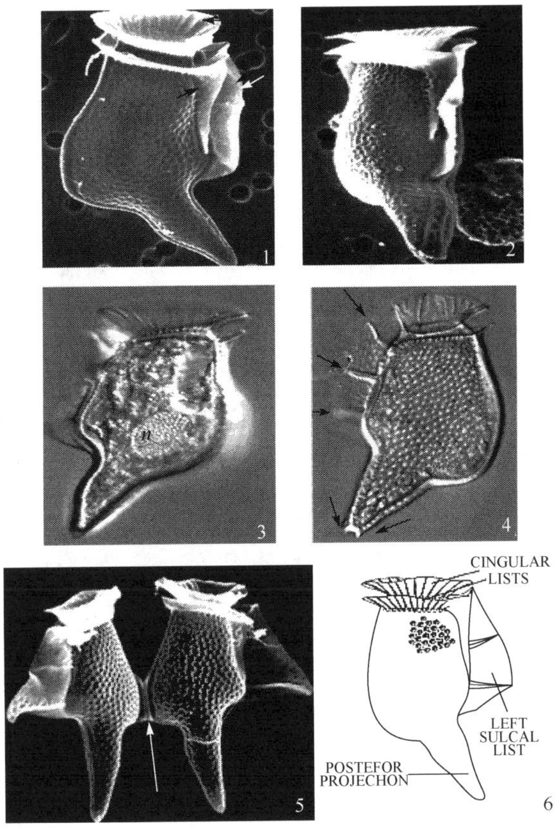

图 4-161 具尾鳍藻

1. 大、长而有特色的细胞腹侧部具有延长的下壳样结构，环带狭窄，边翅由肋支撑（左沟边翅双箭头所示，右沟边翅单箭头所示）；2. 侧面观，细胞左右压缩；3. 后部大的胞核（n）；4. 左沟边翅具有三根肋支持，后面的突起具有小的节样突刺（箭头所示），表面网隙明显；5. 成对的细胞在背部膨胀处结合（箭头所示）；6. 示意图

世界性分布，主要分布在热带、亚热带海域。我国南沙群岛、西沙群岛、海南岛、广东珠江口、大亚湾、大鹏湾等都有分布。日本曾报道赤潮发生前后鱼类因该藻类产毒而引起大量死亡。

本种可产生腹泻性贝毒（DSP）。

9）倒卵形鳍藻（*Dinophysis fortii*）

倒卵形鳍藻属于鳍藻目（Dinophysiales）、鳍藻科（Dinophysiaceae）、鳍藻属（*Dinophysis*）。细胞阔卵圆形，体长 56～83μm，宽 40～54μm。背缘卷曲，腹缘几乎平直。左沟边翅很长，可达整个细胞的 4/5，右沟边翅完全。细胞表面有很多深孔状物质，每个内部均有一小孔（图 4-162）。

本种分布于海洋、浅海，寒带至热带水域，世界范围分布。我国主要分布于渤海。

该种可产生鳍藻毒素-1（dinophysistoxin-1，DTX1）、鳍藻毒素-2（dinophysistoxin-2，DTX2）、大田软海绵酸（okadaic acid，OA），引起腹泻性贝毒中毒（DSP），是第一个被发现与 DSP 有关的种类。

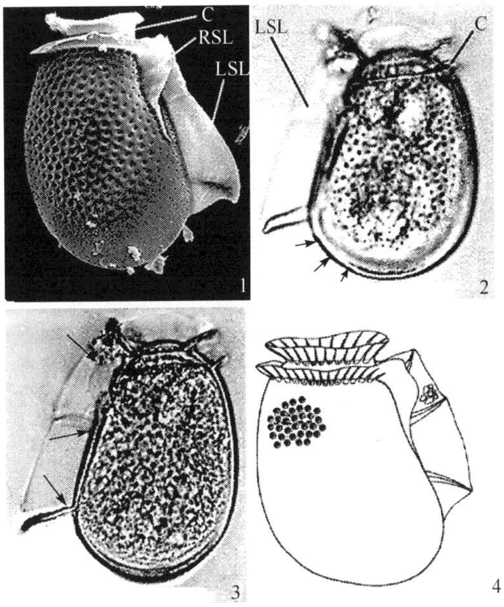

图 4-162 倒卵形鳍藻（www. chbr. noaa. gov）

1. 侧面观，左沟边翅（LSL）长、发育良好，右沟边翅（RSL）呈现，环带（C）模糊不清，低而小的上壳，膜表面具有网隙；2. 细胞近卵形，具有宽阔而圆的后部（背部膨胀）（箭头所示）；3. 左沟边翅由三根肋支持（箭头所示），背部边缘平滑凸起；4. 为示意图

10）帽状秃顶藻（*Dinophysis mitra*）

帽状秃顶藻又称 *Phalacroma rapa*、*Phalacroma mitra* 或 *Phalacroma dolichopterygium*，属于鳍藻目（Dinophysiales）、鳍藻科（Dinophysiaceae）、鳍藻属（*Dinophysis*）。细胞大而宽，呈楔形，腹侧下壳边缘很明显地凹入左沟边翅下，左沟边翅相对较短，只有细胞长度的一半，本种左沟边翅第二支持肋基部最宽，壳很厚具有粗糙的孔隙，网隙较大，一些具有小的中心孔，带由无数肋支持撑。细胞体长 70～95μm，宽 58～70μm。有叶绿体，二分裂无性繁殖（图 4-163）。

本种分布于海洋、浅海，温带至热带水域，是世界范围分布的种类。

该种可产生鳍藻毒素-1（dinophysistoxin-1，DTX1）和大田软海绵酸（okadaic acid，OA），引起腹泻性贝毒中毒（DSP）。

11）三角鳍藻（*Dinophysis tripos*）

三角鳍藻又称 *Dinophysis caudata* var. *tripos*，属于鳍藻目（Dinophysiales）、鳍藻科（Dinophysiaceae）、鳍藻属（*Dinophysis*）。本种较具有特色，细胞大，前后伸长而不对称，具有两个后壳突起，长的腹部和短的背，“V”形突起常于尾部形成齿状（小的节样突刺）。发育良好的左沟边翅（LSL）常在后部增宽，呈网状。壳板厚而多网隙。细胞体长 90～125μm，宽 50～60μm。有叶绿体。二分裂无性繁殖，偶有有性繁殖，具有性的二态性是其生活史的一部分（图 4-164）。

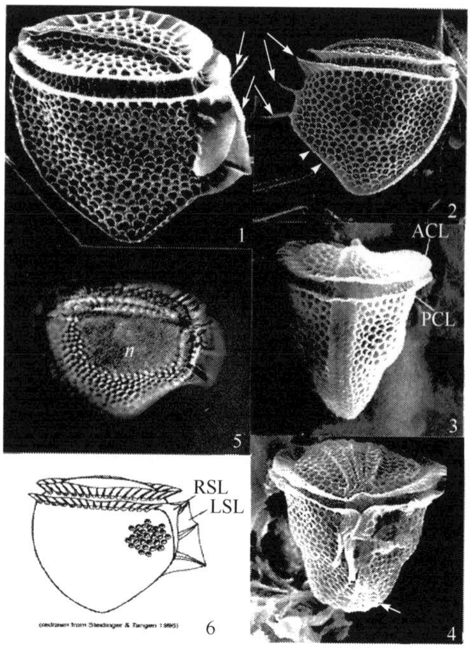

图 4-163 帽状秃顶藻

1. 侧面观，细胞较宽，成楔形，上壳明显，左沟边翅（LSL）较短（箭头所示），右沟边翅较小（箭头所示），壳表面多网隙；2. 上壳帽子结构很简化，LSL 由三根短的支持肋（箭头所示）支撑，腹侧的下壳边缘凹入 LSL 下；3. 背侧观，下壳边缘圆滑的凸面，短的前环带和后环带由无数肋支持；4. 腹面观，正在分裂的细胞，M 区在伸展，上壳、沟、RSL 和 LSL 均可见；5. 大的胞核（n）；6. 示意图

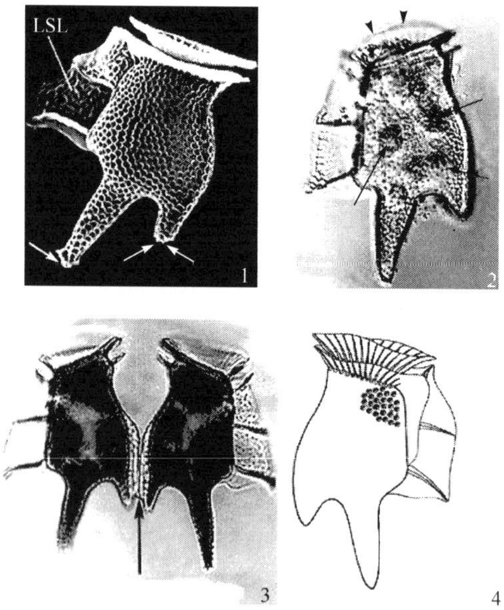

图 4-164 三角鳍藻

1. 侧面观，细胞大，长椭圆形，多网隙，下壳凸起边缘呈齿状（箭头所示），左沟边翅（LSL）是大而宽的网状结构；2. 前环带（ACL）在前部突出使低的上壳模糊不清（箭头所示），环带狭窄，叶绿体可见；3. 成对的细胞，下壳凸起于背部边缘，细胞分裂时，有时可见连接两个子细胞的窄边翅（箭头所示）；4. 示意图

本种分布于港湾、浅海、海洋，温带至热带水域，寒带偶有分布。

该种可产生鳍藻毒素-1（dinophysistoxin-1，DTX1），引起腹泻性贝中毒（DSP）。

12）短裸甲藻（*Gymnodinium breve*）

短裸甲藻又称 *Ptychodiscus brevis* 或 *Karenia brevis*，属于裸甲藻目（Gymnodiniales）、裸甲藻科（Gymnodiniaceae）、裸甲藻属（*Gymnodinium*）。细胞较小，体长一般为 18～40μm，宽为 15～70μm。通常藻体的长度稍短于宽度。背腹扁平，无壳板。腹侧微凹陷，背侧稍凸起，上锥部的顶端小，呈瘤状突起，此小突起的中央有一条凹陷的沟——顶沟，次顶沟是本种最显著的特征，顶沟从腹面顶部中央延伸到背面的顶端。横沟位于细胞的中部，把藻体平分成上体和下体两部分。上壳小于下壳，下壳宽，呈锯齿状，底部呈微小的两裂片状，可见丝胞。环带移位，下降到宽度的两倍，可容纳横位的鞭毛。纵沟延伸到上锥部，并直达顶沟基部。两条鞭毛环绕在沟内，从纵沟和横沟汇合处附近伸出。具有很多黄绿色叶绿体和大淀粉核，胞核球形，位于下壳的左半部，无甲藻素。二分裂无性繁殖，细胞在有丝分裂时斜向分裂；也存在有性繁殖周期，同配生殖，配子融合，形成游动合子，外形酷似滋养层细胞，但较大，配子较圆比滋养层细胞稍小。不良环境下易形成孢子，细胞密集条件下可形成链状（图 4-165）。

本种分布于温带至热带水域，从墨西哥港湾到佛罗里达西海岸及西班牙、希腊、日本和新西兰均有分布。

该种可产生短裸甲藻毒素（brevetoxin，BTX 或 ptychodiscus brevis toxin，PbTX），引起神经毒素性贝毒中毒（NSP）。

环形甲藻（*Heterocapsa circularisquama*）和米氏凯伦藻（*Karenia mikimotoi*）是我国赤潮发生的主要种类，能产生溶血性（hemolytic）毒素和鱼毒（ichthyotoxins），有溶解鱼类细胞（cytolytic）的作用，破坏鱼鳃组织结构，使鱼类和海洋无脊椎动物无法正常呼吸而窒息死亡。长江口夜光菌（*Noctiluca scintillans*）是长江口赤潮的主要菌类之一，主要是造成生态破坏。条纹环沟藻（*Gyrodinium instriatum*）也称环节环沟藻、无纹环沟藻，双胞旋沟藻（*Cochlodinium geminatum*）、血红哈卡藻（*Akashiwo sanguinea*）都是我国江河出海口赤潮的常见藻，没有产毒素报道，主要是影响生态。圆形鳍藻（*Dinophysis rotundatum*）、小型甲藻（*Heterocapsa rotundata*）、赤潮异弯藻（*Heterosigma acashiwo*）、强壮异弯藻（*Heterosigma carterae*）、*Alexandrium cohorticula* 等都可以引起赤潮，有时可以产毒。新的产毒藻类不断被发现和认识，会逐渐丰富相关内容。

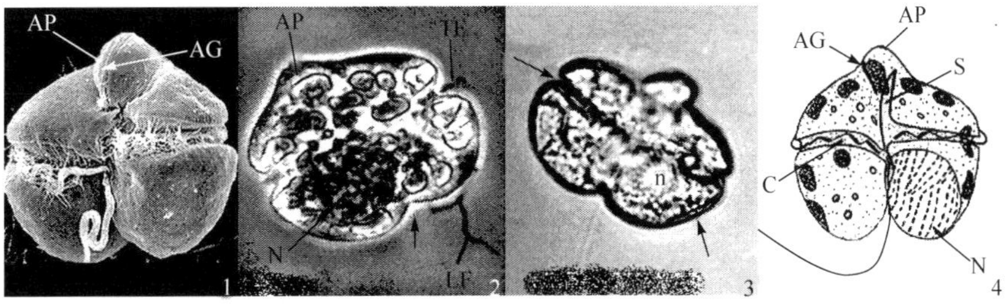

图 4-165 短裸甲藻

1. 腹面观，细胞较小，宽大于长，背腹扁平，轮廓近似于正方形，突出的顶突（AP）指向腹侧，顶沟（AG）在顶突上，与沟相邻；2. 背侧观，大的胞核位于下壳，具有横的（TF）和纵的（LF）鞭毛，下壳两裂片（箭头所示）；3. 腹面观，移位的环带（大箭头）和脂滴（小箭头）；4. 示意图，环带（C）移位下降，长的沟延伸到细胞顶

4.5.3 甲藻贝毒素

甲藻能产生多种毒素，由毒藻产生的毒素往往经贝类、鱼类等传播媒介造成人类中毒，因此这类毒素通常被称为贝毒、鱼毒，而不是直接称为赤潮毒素或藻类毒素。其中常见的危害性较大的几种毒素分别是麻痹性贝毒（paralytic shellfish poisoning，PSP）、腹泻性贝毒（diarrhetic shellfish poisoning，DSP）、神经性贝毒（neurotoxic shellfish poisoning，NSP）、记忆丧失失性贝毒（amnesic shellfish poisoning，ASP）（在硅藻中论述）、西加鱼毒（ciguatera fish poisoning，CFP）及近年来新发现的氨代螺旋酸贝类中毒（azaspiracid shellfish poisoning，AZP）等。

4.5.3.1 麻痹性贝毒

1）PSP 毒素的来源

导致贝类被麻痹性贝毒毒化的藻种主要是亚历山大藻属（*Alexandrium*）［从前也称膝沟藻属（*Gonyaulax*）或（*Protogonyaulax*）］的成员，主要有：北太平洋的链状膝沟藻（*Protogonyaulax/Alexandrium catenella*）、北大西洋的塔玛膝沟藻（*Protogonyaulax/Alexandrium tamarensis*）和热带海域的涡鞭毛藻（*Pyrodinium bahamense*）等。在美国、加拿大、日本等国引起 PSP 的主要贝类包括：紫贻贝（*Mytilus edulis*）、加州贻贝（*M. californianus*）、巨石房蛤（*Saxidomus giganteus*）、扇贝（*Chlamysnipponnensis akazara*）、巨蛎（*Crassostrea gigas*）等瓣鳃纲的贝类，从腹足纲的波纹蛾螺（*Buccinum undatum*）、夜光蝾螺（*Turbo marmorata*）、塔形马蹄螺（*Testus pyramis*）中也曾检出过麻痹性贝类。此外，细菌、蓝藻、红藻中的一些种类也可以产生 PSP 毒素。如淡水蓝藻（*Cylindrospermopsis raciborskii*，*Lyngbya wollei*）和 *Aphanazomenon flos-aquae* 中均发现了 PSP 毒素。不同有毒藻所产生的 PSP 毒素种类和含量存在差异，而同一种有毒藻产生的毒素种类和含量在生物不同的生长阶段也有差别，同时毒素产生状况还受生物因素（如细菌）和非生物因素（如光照、温度、盐度、营养等）影响。

2）PSP 毒素的性质及致病性

赤潮甲藻贝毒素中，麻痹性贝毒（PSP）是到目前为止分布最广、危害最大的一类，主要包括石房蛤毒素（saxitoxin，SXT）及其四氢呋喃衍生物，发现的有近 30 种。根据分子结构中 R_4 基团的不同，可分为 4 类（表 4-54，图 4-166）：①氨基甲酸酯类，包括石房蛤毒素、新石房蛤毒素（neoSaxitoxin，neo-SXT）和膝沟藻毒素（gonyautoxin，GTX1～GTX4）；②*N*-磺酰氨甲酰基类，包括 GTX-5（B1）、GTX-6（B2）和 C1～C4；③脱氨甲酰基类，包括 dcSXT、dcneoSXT、dcGTX1～dcGTX4；④脱氧脱氨甲酰基类，包括 doSXT、doDTX2 和 doDTX3。现在，石房蛤毒素已被收入《化学武器公约》中禁止化学品的第二类清单。我国也将 PSP 毒素列为贝类产品的常规检测指标之一。

表 4-54 PSP 毒素的种类和名称

R_1	R_2	R_3	R_4				
			$-O-C(=O)-NH_2$	$-O-C(=O)-NH-SO_3$	OH	$-O-C(=O)-NH-OH$	H
H	H	H	SXT	GTX5（B1）	dcSXT	hySXT	doSXT
OH	H	H	neoSXT	GTX6（B2）	dcneoSXT	hyneoSXT	—
OH	OSO_2	H	GTX1	C3	dcGTX1	—	—

续表

R_1	R_2	R_3	R_4				
			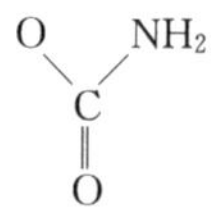	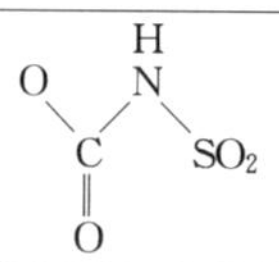	OH	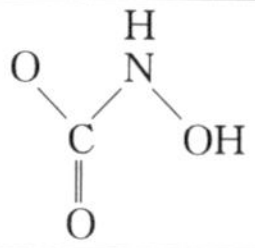	H
H	OSO_2	H	GTX2	C1	dcGTX2	—	doGTX2
H	H	OSO_2	GTX3	C2	dcGTX3	—	doGTX3
OH	H	OSO_2	GTX4	C4	dcGTX4	—	—

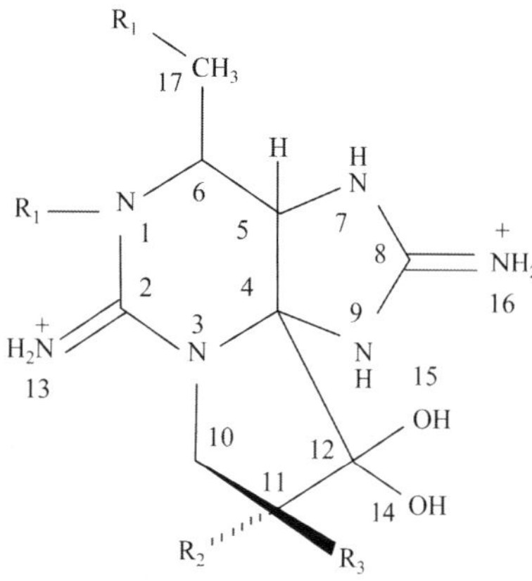

图 4-166　PSP 毒素的基本结构

PSP 毒素是一类神经性毒素，其相对分子质量低，是一种二代盐，白色，碱性，易溶于水，微溶于甲醇和乙醇，不溶于非极性溶剂。它有两个滴定基，pK_a 分别是 8.2 和 11.5。它们之间很容易相互转化，即毒性低的也可转化为毒性高的。在高温和酸性环境中稳定，在碱性环境中不稳定，通常烹调温度不能使其破坏，这一点对食品卫生与安全威胁最大。SXT 是小分子非蛋白质水溶性化合物，是典型的钠离子通道阻滞剂，通过阻滞 Na^+ 通过膜进入细胞内，使膜失去极化状态，从而阻断神经肌肉的传导。LD_{50} 为 9μg/kg bw（小鼠 ip），其毒理作用与河鲀毒素（TTX）基本相同，但化学结构不同，可能不是作用于同一受体。GTX 是一类氨基甲酰类毒素，该毒素为一种水溶性的含双胍基的三环生物碱，也是特异性钠离子通道阻断剂。PSP 主要症状是神经系统受累，发病急骤，潜伏期数分钟至数小时不等。开始唇舌和指尖麻木，继而腿臂和颈部麻木，然后出现运动失调。患者可伴有头痛、头晕、恶心和呕吐，多数患者意识清楚，随着病程的发展，呼吸困难逐渐加重，严重者常在 2～24h 内因呼吸麻痹而死亡。

3）PSP 毒素的检测

（1）小鼠生物测试法：生物测试法是检测 PSP 的传统方法，经过一系列改进后，是现在唯一国际认可的定量检测 PSP 的方法。检测敏感性与小白鼠品系关系很大，因此，测定换算系数（conversion factor，CF）并将最终结果转换成 μgSXTeq/100g 组织为单位是非常重要的。具体方法是将 1mL 贝类的酸抽提液注入 20g 的小鼠，记录死亡所需的时间。高浓度毒物要稀释确保小鼠在 5～15min 死亡。样品毒力根据用标准 SXT 建立的剂量反应曲线计算，用鼠单位（MU）来表达（1MU 是使 20g 小鼠 15min 死亡所注入的毒素的量，相当于 0.18mgSXT）。在多数国家检测超过 400MU/100g 贝样，渔业就要关闭。此法检测的极限是 40μgSXT/100g 贝组织，具有±（15%～20%）的误差。目前，多数国家认同的 PSP 最大摄入量为 80μgSXT/100g 贝组织。抽提时的 pH 是影响测试结果的另一重要因素，大多数 PSP 毒素在 pH3～4 时最稳定。另外，抽提物中大量的盐，主要是 Na^+，也会降低生物测试得到的毒性值。

（2）柱后衍生 HPLC 法（post-column derivatization HPLC methods）：生物测试法的特异性和精确度不高，因此，许多研究者寻找更为灵敏的化学方法来检测 PSP。采用离子交换层析法，可检测出甲藻产生的主要 PSP，如 SXT、neoSXT 和 GTX1～GTX6，但对于后来发现的其他 PSP 分离效果不好。研究发现在碱性条件下，通过氧化作用，可使 PSP 毒素衍生为荧光化合物。将这一氧化反应作为柱后的反应系统与 HPLC 相结合，即可敏感、专一地定量检测各种 PSP 毒素。实验证明，柱后衍生 HPLC 法与生物测试的结果有很好的相关性，灵敏度更高。而且，与其他的检测方法相比，最大的优点是能从少量的粗样中定量分析每种 PSP 毒素。

（3）细胞毒性检测法：细胞毒性检测是利用毒素对细胞的毒性来检测毒素的一种技术。该法较直观，始于 20 世纪 80 年代末。其基本原理是使用小鼠成神经瘤细胞系易被毒素阻断 Na^+ 通道这一特性检测毒素。当加入通道活化剂后，Na^+ 过度内流，造成细胞肿胀，甚至死亡。但加入了拮抗剂毒素，可使细胞存活，从而可确定毒素的存在，进而确定其含量。加拿大 Jellett biotek 公司的 Burbidge 等最近已试验出了一个针对 PSP 的诊断试剂盒-MIST™。该试剂盒在阿拉斯加州对 617 个不同的贝类样品进行了 1300 次测试，结果与 HPLC 等方法的吻合性较好，且能节约时间和成本。该法检测 PSP 能检测到 4ngSXT/100g 贝组织，而且他们最近还研发了一个新试剂盒 MIST Alert™ 用来检测 PSP 所有重要的类似物。该试剂盒是进行定性检测的，即检测结果为有或无被检测的毒素。此法可对被检测样品进行扫描式定性检测，每一样品可在20min内完成检测，非常省时，该技术的前提是要具有良好的细胞培养技术。

（4）神经受体结合检测法：最早的神经受体检测技术是由David等1984发展起来的。主要原理是：藻毒素与其受体作用，其结合程度的高低可体现在生物活性的大小，因而测定活性的大小就可检测出毒素的情况。该法主要针对SXT，用^3H标记的SXT与未标记的进行竞争性替换检测。其对毒素的检测也比较快速，灵敏。此法的缺点：①不能对毒素进行分类，因为它针对的是毒素的功能而非结构；②放射性标记和测定，对仪器和费用要求高，这些限制了其普遍应用。

（5）免疫学检测法：1964年Johnson等首次成功制备了抗SXT的多克隆抗体，后Adachi等用单抗来进行研究。近年来报道了有关PSP毒素测定的免疫学方法的重要进展，包括放射免疫技术（RIA）和酶联免疫技术（ELISA），试纸条法等。免疫测试的灵敏性，如ELISA法要比相应的鼠生物法或HPLC法高得多，检测毒素的含量在pg级，且专一性强。由于藻毒毒素分子较小，其本身缺乏免疫原性，为半抗原（hapten），因此只有连接到其他载体分子上，如BSA（小牛血清蛋白），OVA（卵清蛋白）等，才能成为完全抗原，然后制备单抗或多抗，建立免疫学方法。

（6）生物传感器检测技术：利用生物组织进行PSP毒素检测。因为该类毒素是一种离子通道阻断剂，根据这一原理，Chun等用蛙膀胱膜来测定加入待测样品前后钠离子的变化来检测毒素，该法能检测到非常低量的PSP，如GTX、SXT等。但是此法技术要求较高，如电流与毒素之间转换关系的确定和仪器精确性等。

（7）其他方法：毛细管电泳和质谱联用（capillary electrophoresis-mass spectrometry，CE-MS）的方法前处理过程较简单，检测的用量少，灵敏度高。

4.5.3.2 腹泻性贝毒

1）DSP毒素的来源

产生腹泻性贝毒毒素的藻类在全球主要海域中几乎都有分布，甲藻主要有渐尖鳍藻（*Dinophysis acuminata*）、具尾鳍藻（*Dinophysis caudata*）、倒卵形鳍藻（*Dinophysis fortii*）、利玛原甲藻（*Pyrophacus/Protoperidinium lima*）、帽状秃顶藻（*Dinophysis mitra*）、三角鳍藻（*Dinophysis tripos*）、尖刺拟菱形藻（*Pseudo-Nitzschia pungens*）、多列拟菱形藻（*Pseudo-Nitzschia multiseries*）、柔弱拟菱形藻（*Pseudo-Nitzschia delicatissima*）等。鳍藻的很多种类能产生腹泻性贝毒，甲藻在中国南海常年有分布。在贝类、鱼类和其他动物的滤食或摄食过程中，海水中产生腹泻性贝毒的藻类作为食物转移到它们的胃或食道中，经胃和肠消化、吸收并导致DSP在贝体内的积累。积累这类毒素的贝类有日本栉孔扇贝（*Chlamys nipponesis akazara*）、凹线蛤蜊（*Mactra sulcatria*）、沙海螂（*Mya arenaria*）、紫贻贝（*Mytilus cdulis*）、牡蛎（*Ostrea* sp.）、凤螺（*Strombus* sp.）和锦蛤（*Tapes japonica*）等。

2）DSP毒素的性质及致病性

DSP是几类有毒物质的总称，化学结构是聚醚或大环内酯化合物。根据这些成分的碳骨架结构，可将它们分成三组：①聚醚化合物，包括酸性成分的大田软海绵酸（okadaic acid，OA）及其天然衍生物鳍藻毒素Ⅰ～Ⅲ（dinophysistoxin，DTX1～3）；②大环聚醚内酯化合物，包括中性成分的蛤（扇贝）毒素PTXⅠ～Ⅶ（pectenotoxin，PTX1～6）；③磺化毒物，包括虾夷贝毒素（Yessotoxin，YTX）及其衍生物4，5-羟基虾夷贝毒素（4，5-OH，YTX）。它们是由彼此相连的环醚组成的（图4-167～图4-169）。

国内外研究较多的是大田软海绵酸及其衍生物，它们是一类多环聚醚类的脂肪酸衍生物。结构相似，化学性质十分接近。Tacbibana首次从大田软海绵（*Halichondria okadai*）和隐海绵（*H. melanodocia*）中分离到OA，大田软海绵酸为无色固体，能溶于甲醇、乙醇、氯仿和乙醚等有机溶剂，是一种脂溶性物质，不溶于水，熔点134℃，不吸收紫外线，对于一般性的加热烹调处理毒素仍较稳定。已证实OA是蛋白磷酸酶PP1和PP2A的烈性抑制剂，具有强烈的促肿瘤和致癌作用。

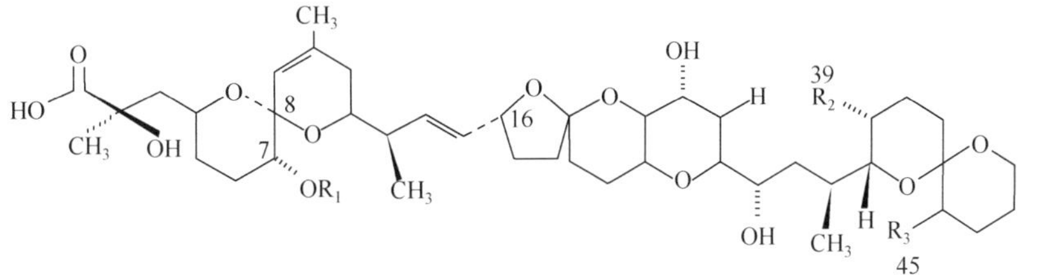

软海绵酸	R_1	R_2	R_3
鳍藻毒素-Ⅰ	H	CH_3	H
鳍藻毒素-Ⅱ	H	CH_3	CH_3
鳍藻毒素-Ⅲ	H	H	CH_3

图4-167 腹泻性贝毒的酸性成分的化学结构

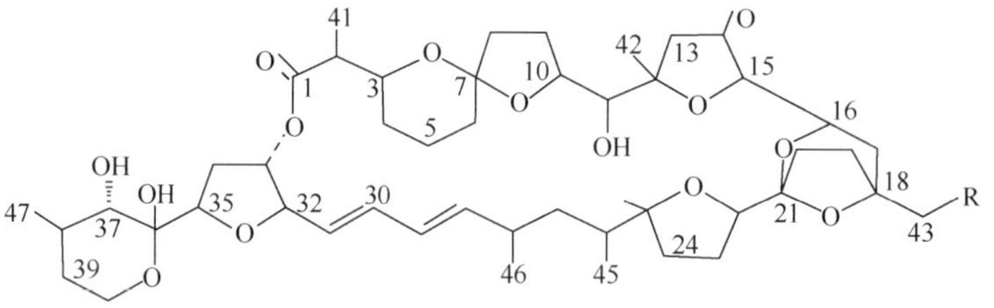

蛤毒素-Ⅰ　R=CH_2OH
蛤毒素-Ⅱ　R=CH_3
蛤毒素-Ⅲ　R=CHO
蛤毒素-Ⅳ　R=COOH

图 4-168　腹泻性贝毒的中性成分的化学结构

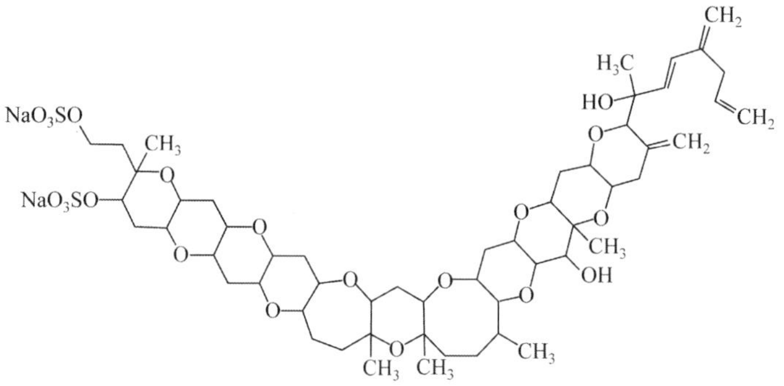

图 4-169　腹泻性贝毒的虾夷贝毒素的化学结构

OA 主要是通过激活肠道细胞 cAMP 介质系统而引起水样泻。当细胞内 cAMP 升高时，依赖 cAMP 的蛋白激酶被激活，致使一种或多种蛋白质发生磷酸化从而刺激肠隐窝细胞大量分泌水、氯及碳酸盐，同时抑制肠绒毛细胞对钠的正常吸收，结果导致严重的水泻。中毒症状包括绞痛、寒战、恶心、呕吐、腹泻，易与细菌性胃肠炎混淆，因此从卫生角度上对它们进行检测特别重要。OA 的 LD_{50} 为 192μg/kg bw（小鼠 ip）；DTX1 的 LD_{50} 为 160μg/kg bw（小鼠 ip）；PTX 主要毒性作用是损伤肝，PTX1～3 的 LD_{50} 为 250～350μg/kg bw（小鼠 ip），PTX4 的 LD_{50} 为 770μg/kg bw（小鼠 ip）；YTX 主要是损伤心肌。

3）DSP 毒素的检测

（1）常规检测法：各国对 DSP 的检测方法不同，相应制定的安全水平也不一致。Lee 认为每克贝类肝胰腺中含有 2.0μg OA 或 1.8μg DTX1 就不宜食用。在各种分析方法中，生物测试最常用，但分析时间长，不够敏感，还受贝类中脂肪酸含量的影响。欧洲一些国家也用大鼠（rat）作为生物材料进行测试。1993 年 Vernoux 等报道了用 Daphniamagna（大型蚤）检测 DSP 毒素的方法，这种方法便宜简单，准确度较高。通常以消化腺为材料，用甲醇、丙酮等有机溶剂提取 DSP 毒素。抽提后，一般先用石油醚或乙烷去除大量脂肪和非极性脂肪酸类物质，再用氯仿纯化。这样得到的提取物包括多种 DSP 毒素和它们的二醇酯类化合物。由于 DSP 含有酰基，一般将其转化为荧光酯类衍生物，再进行检测。Lee 等的方法是用 9-anthryldiazomethane（ADAM）作为荧光增色剂，但需要在衍生化后用硅胶柱进行纯化。Quilliilam 在 1995 年将衍生化后的硅胶柱纯化步骤进行了改进，并用 7-oacetylokadaic acid 作为内在标准物，校正毒素回收率，提高了检测的精确度。ADAM-HPLC 法检测 OA 类物质，可达到 10pg 级。但 DTX3 的相对分子质量很大，且具亲脂性，不能直接用此法分析。最近，Gonzalez 等发展了一种新的 HPLC-FL 方法，与原有 ADAM/HPLC-FL 法有较好一致性。

（2）免疫学检测法：同 PSP 一样，免疫学技术被广泛地应用于 DSP 的检测，多数抗体的制备都与单一腹泻原 OA 有关，目前国外已有多种利用单克隆抗体进行 ELISA 检测 DSP 的试剂盒问世，用于对藻类和贝类样品中 DSP 的监测。针对 OA 的单抗及免疫学方法及试剂盒已经上市（表 4-55）。

表 4-55　几种酶联免疫吸附法（ELISA）毒素检测试剂盒

试剂盒名称	可检毒素	生产商
DSP-CHECK®	OA，DTX1	UBE Industries，Japan
BIO-TECK®	OA，DTX1	Rougier Bio-tech，Ltd.，Canada
SAXITOXIN TEST®	SXT，GTX2，GTX3	Institut armand-Frappier，Canada
RIDASCREEN®	PSP	R-Biopharm，gmbH，Germany
CIGUATECT	CTX	Hawaii Chemtect Inc.，USA

（3）磷酸酶活性抑制检测法：由于 OA、DTX 能

够抑制蛋白磷酸酶 1 及蛋白磷酸酶 2A（PP1，PP2A），由 Holmes 于 1991 年提出，用 ^{32}P 标记酶并与 HPLC 技术结合，通过藻毒对酶活性抑制程度进行检测，灵敏度非常高。最新用酶的底物如 MUP（4-methylumvelliferyl phosphate），经水解后生成 MU（4-methylumbelliferone），它能发荧光，检测荧光的强度，从而推知毒素情况。由于操作简便、廉价，因此该技术很有潜力。已经有成熟试剂盒上市。

4.5.3.3 神经毒素性贝毒

1）NSP 毒素的来源

此类中毒主要是短裸甲藻毒素（brevetoxin，BTX 或 ptychodiscus brevis toxin，PbTX）引起，由短裸甲藻产生，目前已分离出 10 多种短裸甲藻毒素（PbTX-1～PbTX-10），同时还分离出具有细胞毒性的半短裸甲藻毒素（hemibrevetoxin）A、B、C，该藻形成的赤潮经常造成大量鱼、贝类死亡，并使巨蛎和帘蛤等贝类被毒化。人食后可引起以神经麻痹为主要临床特征的食物中毒，因此被命名为神经毒素性贝毒中毒。

2）NSP 毒素的性质及致病性

PbTX 按化学结构分类和命名将毒素分为两种类型，即Ⅰ型和Ⅱ型，Ⅰ型包括 PbTX-2、PbTX-3、PbTX-5、PbTX-6、PbTX-8、PbTX-9；Ⅱ型包括 PbTX-1、PbTX-7、PbTX-10。PbTX-2（B）是Ⅰ型毒素的主链化学结构，PbTX-1（A）是Ⅱ型毒素的主链化学结构，见图 4-170。

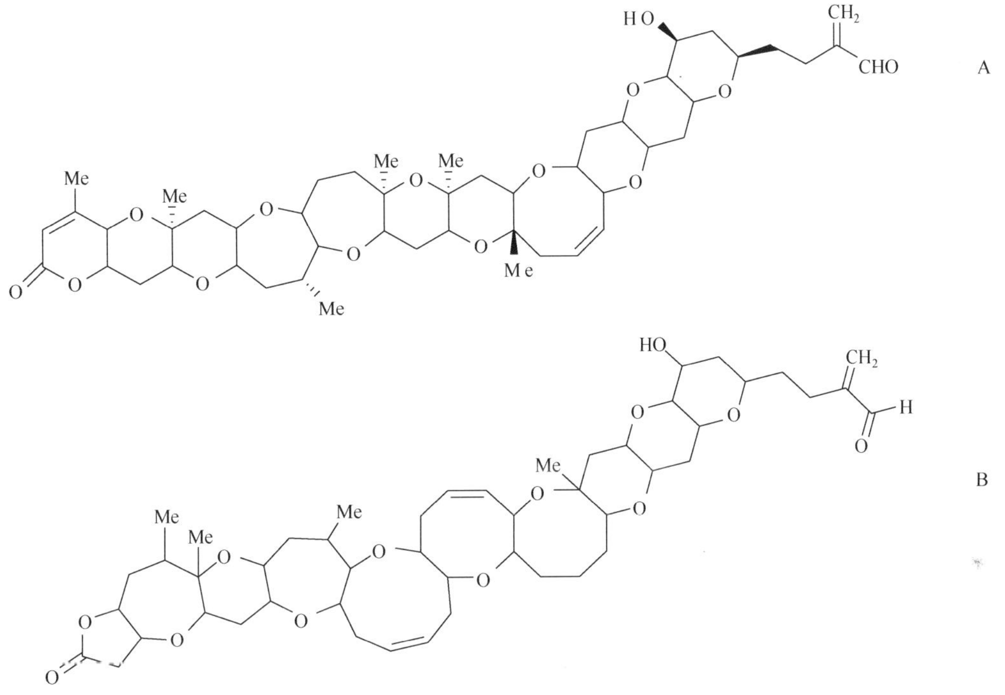

图 4-170 短裸甲藻毒素主链化学结构

PbTX 是一类典型的梯形稠环聚醚海洋生物毒素，性质稳定，为低熔点耐热固体，具高度脂溶性，在水溶液或有机溶剂中贮存数月仍保持毒性。PbTX 可以在各种滤食生物体内积聚，对鱼类及人类毒性较高，可以引起鱼类的大量死亡，当在赤潮区周围吸入含有有毒藻类的气雾时，也会引起气喘、咳嗽和呼吸困难等中毒症状。其作用机制是在相当负电位时选择性地开放钠通道，并且抑制快速钠离子的失活而使细胞膜去极化。该毒素的 LD_{50} 为 0.5mg/kg bw（小鼠 ip）。中毒特点为潜伏期短，一般数分钟至数小时发病，主要表现有唇、舌、喉、头及面部有麻木感与刺痛感，肌肉疼痛、头晕等神经症状及某些消化道症状。病程可持续数日，致死者极罕见。此类中毒对人毒害的途径与麻痹性贝毒相似，只不过其发病率低。

3）NSP 毒素的检测

（1）免疫学检测方法：现已制备出可靠的用于测试 NSP 组分检测的 ELISA 单克隆抗体。把这种单克隆分子与短裸甲藻毒素（PbTX）相连，由于它们表现出与 CTX 的一些交叉反应，可被用于非定量检测毒素的归属。检测 PbTX 的放射免疫分析（RIA）技术是根据从复杂组分竞争替换〔^3H〕-PbTX-3 的抗体。Poli 用 RIA 法分析贝类提取液和 NSP 感染的患者尿液，发现 4 个主峰，其中一个峰经 HPLC-MS 鉴定是 PbTX-3，而另三个分析不出来的峰则是含量更高的 NSP。Garth 提出了一套针对 NSP 毒素的酶联免疫吸附（ELISA）检测法，对于 PbTX-3 的检测限为 0.53ng/mL，其优势是可以直接分析海水，而且有潜力作为鉴别有毒鞭毛藻的工具。

（2）液质联用（LC-MS）法：液质联用技术几乎可以分析所有的贝毒。液质联用依赖于高效液相色谱把贝毒成分通过界面装置带到质谱中。有两种界面技术可用，一种是电喷雾电离（ESI），另一种是大气压化学电离（AP-CI），这两种技术都已经应用于贝毒分析。

4.5.3.4 西加鱼毒

1）CFP 毒素的来源

西加中毒（又名雪卡中毒）是热带和亚热带珊瑚礁发达海域有毒鱼类引起的食物中毒。最初因人食用加勒比海一带名为“Cigug”的一种海生软体动物引起中毒而得名，现在此类中毒泛指西加毒素（Ciguatoxin，CTX）（图 4-171）、刺尾鱼毒素（maitotoxin，MTX）（图 4-172）和鹦嘴鱼毒素（scaritoxin，SXT）引起的中毒。

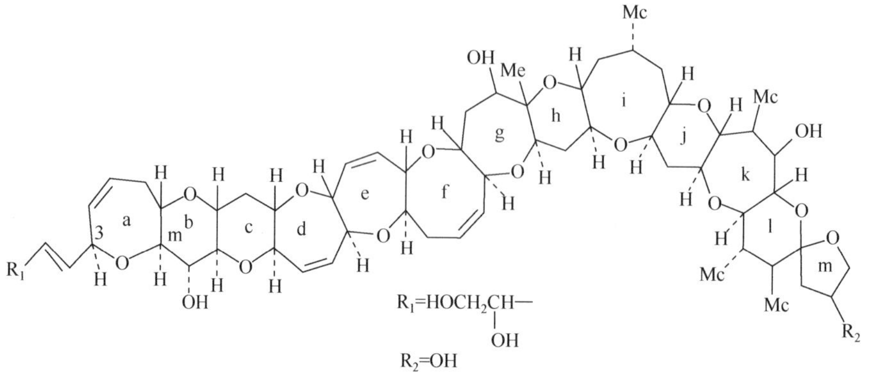

图 4-171　西加毒素的化学结构

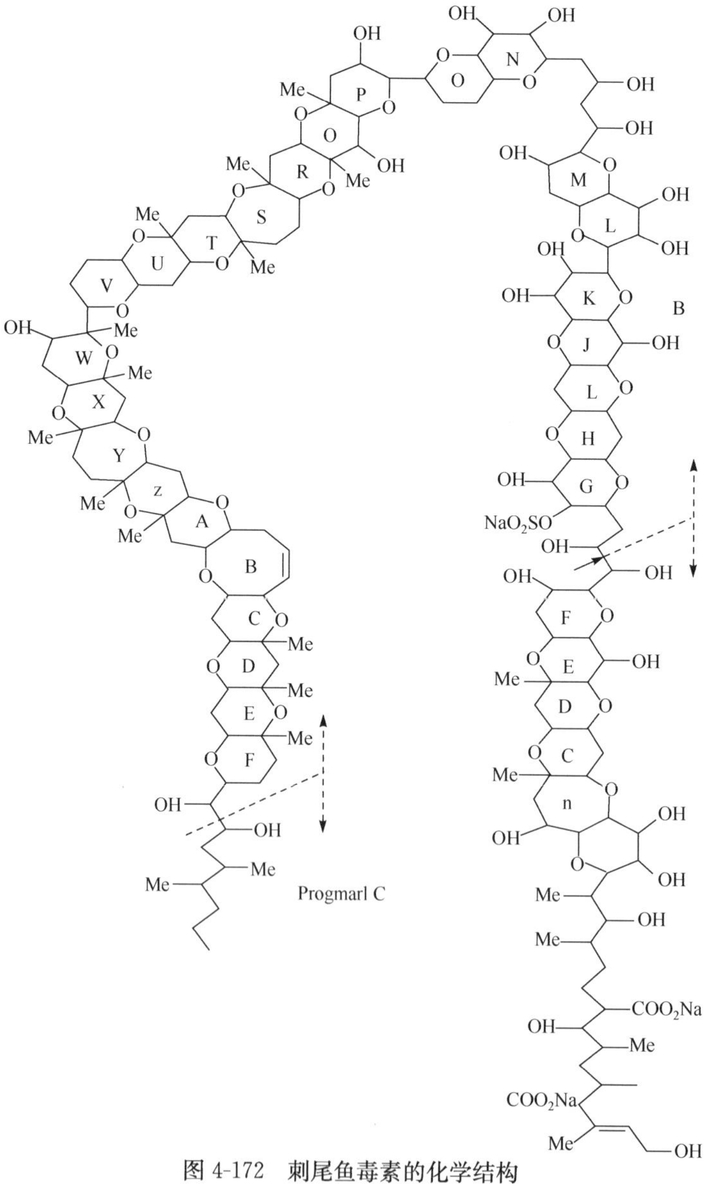

图 4-172　刺尾鱼毒素的化学结构

西加中毒多发生在热带及亚热带地区，导致西加中毒的鱼类具有明显的地域性。有些鱼类在甲地是无毒的，在乙地则成为有毒的；有的仅在生殖期毒性增强；有的幼体无毒，大型个体却有毒。对其毒性的形成，目前较为公认的看法是与鱼类摄食有关。通过对法属波利尼西亚甘比尔群岛鱼的食饵及肠内容物分析发现，具毒甘比甲藻（*Cambierdiscus toxicus*）是导致西加中毒的起因生物。据记载，甘比尔群岛常常发生大量西加中毒的病例。此种毒藻在适宜气候及理化条件下，可以形成“水华”，通过食物链而使鱼类被毒化。迄今已发现，有400多种鱼类可被此毒藻所毒化，其中多数为底栖鱼类及珊瑚礁鱼类。经常引起中毒的食用鱼有：双棘石斑鱼（*Grouper*）、梭鱼（*Barracuda*）、鲷（*Red snapper*）及黑鲈（*Seabasses*）等。被毒化的鱼肝、卵巢及性腺的毒性大于肌肉。

2）CFP 毒素性质及致病性

CTX为脂溶性毒素，LD_{50}为0.45μg/kg bw（小鼠ip），毒性比TTX强20倍。其主要毒理作用是在神经和肌肉细胞膜上选择性地增加钠离子通透性，促使Na^+大量流入细胞内，该作用恰与TTX相反，并对其有拮抗作用。MTX为水溶性毒素，LD_{50}为0.17μg/kg bw（小鼠ip），毒性比TTX强50倍，是目前已知毒素中毒性最强的一种。该毒素能选择性地活化钙离子通道，促使Ca^{2+}流入细胞内，并因此引起细胞膜去极化。药理学试验证明，MTX可引起血管和消化道平滑肌持续性收缩。鹦嘴鱼毒素为一种脂溶性毒素，其某些化学性质和色谱性质方面与西加毒素相似。

CTX死亡率较低，但每年中毒者却高达数万人。此类中毒的主要症状为神经功能失调，口唇麻木，温度感觉逆转，肌肉及关节痛、呕吐、腹泻，常伴有脉搏变慢，血压下降等循环系统障碍，严重者可出现共济失调，瞳孔散大和呼吸肌麻痹。神经症状持续时间长短不一，长者可达数月或数年之久。不经治疗者其自然死亡率为17%～20%，经积极抢救死亡者不足1%，死因多为呼吸肌麻痹所致。

3）CFP 毒素的检测

西加鱼毒素检测同其他海洋毒素一样除生物法等常规检测外，免疫学检测法在西加鱼毒素方面显示出了明显的优势，如已经发展起来放射免疫法（RIA）、酶联免疫吸附法（ELISA）、基于单抗的免疫测定法、固相免疫磁珠法等均是适于现场检测的快速方法。化学方法如色谱法、核磁共振法、毛细管区带电泳等。HPLC-FLD方法是利用分子结构上的羟基与1-蒽羰化氰反应生成荧光性物质，然后在FLD下检测，其检测结果ng/kg级，线性较好。

预防CFP的最好办法是减少进食珊瑚鱼，每次只吃少量，避免进食珊瑚鱼的卵、肝、肠、鱼头或鱼皮；进食珊瑚鱼或已中西加鱼毒时，切忌饮用含乙醇的饮品或吃花生或豆类食品。

4.5.3.5　氨代螺旋酸贝类中毒

1）AZP 毒素的来源

AZP是一种人类新的贝类中毒。1995年，在爱尔兰由于人们食用了一种在Killary港培育的贻贝（*Mytilus edulis*）而使至少8人患病。其症状与DSP极为相似，但所采集的样品中DSP毒素的含量却极低，也未检测到任何已知产DSP毒素的有机体，而且所产生的神经症状与DSP有很大的不同，鉴别毒素成分是氨代螺旋酸（azaspiracid），以前称为Killary Toxin-3或KT3，也称为原多甲藻酸，产生的新中毒症状称为氨代螺旋酸贝类中毒。后来又发生了多起AZP事件，但关于azaspiracid的起源生物知之甚少，最近研究资料表明，*Protoceratum crassipes*是AZP的起源甲藻，但有关该藻的详细资料很少。原多甲藻属为甲藻门、横裂甲藻纲、多甲藻目、多甲藻科成员。

2）AZP 毒素的性质及致病性

1998年Satake等阐明了氨代螺旋酸的结构，是一种无色非结晶固体，波长210nm以上的紫外光范围内均无吸收。此外氨代螺旋酸（AZA）还具有其他4个同系物AZA2～AZA5，它们的化学结构如图4-173所示。Ofuji等先后证实了AZA2～AZA5的化学结构，AZA2是8-methyl azaspiracid，AZA3是22-demethylazaspiracid，AZA4是3-hydroxy-22-demethylazaspiracid，AZA5是23-hydroxy-22-demethylazaspiracid。目前还不知这些化合物在贝体内是如何或是否经过结构调节，通过对pectenotoxins and yessotoxins的分析推断，可能是通过羟基化作用来实现的。AZA4、AZA5可能是AZA3被

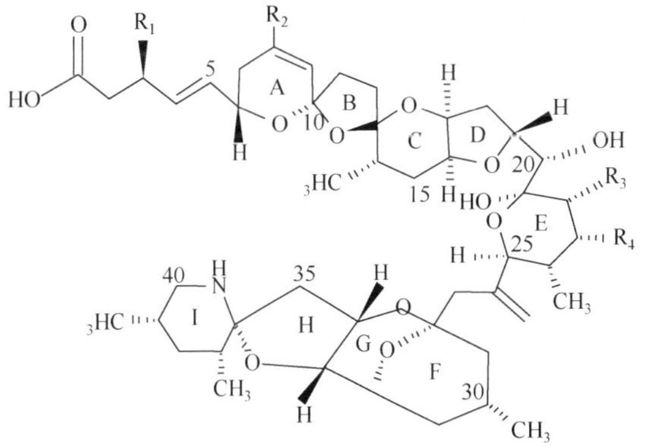

	R_1	R_2	R_3	R_4
azaspiracid(AZA)	H	H	CH_3	H
azaspiracid-2(AZA2)	H	CH_3	CH_3	H
azaspiracid-3(AZA3)	H	H	H	H
azaspiracid-4(AZA4)	OH	H	H	H
azaspiracid-5(AZA5)	H	H	H	OH

图4-173　氨代螺旋酸的化学结构

氧化的代谢产物，因此 AZA、AZA2、AZA3 才是海洋有机体分泌的导致中毒的真正产物。AZA 不同于以前已知含氮贝类毒素，含有独特的螺旋环，环状的胺代替了环状的亚胺，没有碳环或内酯环。

AZA 是一个较稳定化合物，在 1.0mol/L 乙酸、甲醇及 1.0mol/L 铵的氢氧化物，5℃，150min 毒性不减，在溶液中贮存毒力不发生明显变化。AZA 不像聚醚类毒物那样常集中于贝类的消化腺，而却分布于整个贝组织。其中毒机制不明，症状包括恶心、呕吐、严重腹泻、胃痛性痉挛等 DSP 症状。神经中毒症状极为明显，对肠、肝、脾具有严重的损伤。

3）AZP 毒素的检测

（1）生物测试法：同 DSP 测试法一样将贝类的甲醇抽提物注射小鼠后观察死亡现象，小鼠表现极为不安、搔抓、进行性麻痹等 DSP 非典型反应，最短死亡时间是 35min（6 倍致死剂量），最长时间可超过 30h。由于 AZA 分布于整个贝组织，使用传统 DSP 检测方法（只用腺体做测试），在总 AZA 含量中只有最多 40%的毒物被测，因此存在一定误差。而大鼠生物测试法是将可疑贝样混于饮食中饲喂大鼠，诱导腹泻，观察 16h 内腹泻、粪便的黏度和拒食情况。此法是最好的半定量法，现仍在荷兰常规使用，在欧盟例法中是官方允许使用的程序。此外利用哺乳动物细胞培养测试法，依据细胞形态学的变化，也可判断毒物的存在与否。

（2）化学测试法：光谱测定法（MS）最初定量测定 AZA 的方法是 Ofuji 等 1999 年建立的基于 SIM（selected ion monitoring）的 LC-MS 法，James 等 2001 年开始应用这一技术检测 AZA。2000 年 Draisci 等又发展了一种测试 AZA 的 micro-LC-MS 方法，是一种定性的技术。由于使用了 micro-LC（1.0mm I. D. column）一种浓度依赖性电喷射质谱（electrospray-MS）探测器，敏感性很好。在此基础上又发展了多种测试 AZA 的方法，如 LC-ESI-MS 法，其回收率及重复率很好。由于在检测 AZA 时要注意与 OA、PTX 和 YTX 等其他毒物的共存现象，因此，建议检测 AZA 时使用 LC 或 LC-MS。

4.5.4 甲藻贝毒素的综合防制

1）科学、实时、合理地限制上市和解除禁令，将损失减至最低

贝毒预报是在对各海区贝毒情况进行监测的基础上进行预报，使政府有针对性地限制贝毒超标的某一海区或某一种贝类上市，贝毒消失后又及时解除限制允许上市，这样一来，既保证了消费者免于赤潮毒素中毒，又避免了巨大经济损失，使政府的限制行为更科学化，避免了盲目限制所有海区及贝毒没有超标的贝类上市。为此，开展贝毒监测与预报工作，必要又迫切。欧盟规定起指导作用的 ASP 毒素食用标准是每克鲜肉含 20μg 以下。PSP 毒素的使用标准为每 100g 贝肉低于 80μg（相当于 4MU/g），DSP 毒素的食用标准为 1g 可食部分允许含 0.2～0.6μg OA 等价物。目前条件下避免损失的最好办法就是成立贝类季节性专卖中心。该中心对贝类实行集中暂养、贝毒检验等卫生检疫，对外出售符合食用标准的贝类。对检验出贝毒等不符合食用标准的贝类，进行排毒转化处理，并及时将信息反馈给产地，令其停止采捕该种贝类。

2）及时监测与预报

贝毒监测与预报以赤潮监测、预警、预报工作为基础，又不同于赤潮监测、预警、预报，目前贝毒预报方法主要有利用指标生物预报及通过回归分析，对贝毒的发生进行数值模拟等几种方法。

3）利用指标生物预报贝毒

同一海区环境条件下，贝类体内的贝毒产生时间并不同步，寻找先于经济贝类产生贝毒的生物，以此为指标生物，就可以成功地预报贝毒。例如，在日本茨城县鹿岛滩，日本学者发现了海区中的一种生物，在同样环境条件下，产生贝毒的时间比文蛤等经济贝类要早 7～25d，因而监测此种生物，就可以成功地预报赤潮毒素。

4）利用数值模拟方法预报赤潮毒素

利用产生赤潮毒素浮游植物的分布和数量与环境的相关性，进行回归分析，得出回归方程，以此预报贝毒的发生。例如，日本利用喷火湾 14 年间的资料（PSP），得出的回归模型，在预报贝毒发生的季节方面，与实测值非常接近，但在预报有毒藻类峰值出现的时间方面，与实测值有较大的误差，现在正在改进模型，以使达到更高的精度。日本的山崎诚教授用降雨量和气温等环境因子对赤潮毒素预报进行了研究，也取得了较满意的结果。

4.5.5 硅藻（*Diatom*）及其毒素

4.5.5.1 食品卫生学意义

有毒赤潮藻的研究长期以来都集中于甲藻和蓝藻上，但是，1987 年 11 月在加拿大发生的一次大规模拟菱形藻（*Pseudo-nitzschia*）赤潮造成了至少三人死亡，上百人中毒患病的严重后果。经研究发现，这次危害的罪魁祸首是神经性毒素——软骨藻酸（domoic acid，DA），是由拟菱形藻产生后，经过滤食性动物积累并进入食物链，进而影响海洋生物和人类的健康。这是人们第一次发现硅藻也能产生毒素。此后的研究发现多种拟菱形藻均可引起赤潮。随着世界生态环境的恶化及水污染的日益加剧，赤潮频繁发生，相继在世界不同地区发现有软骨藻酸的污染。我国有丰富的海洋资源和淡水资源，如何控制赤潮、免受软骨藻酸等污染及避免其毒害的发生也是目前面临的一项重要课题。因此有必要加大对硅藻及软骨藻酸的研究力度，加强对海产品中软骨藻酸的监测，预防食物中毒的发生并为保护海洋生态环境提供有效的途径。

4.5.5.2 生物学特性

硅藻属于植物界硅藻门（Bacillariophyta），为单细胞群体，具有高度硅质化的细胞壁，壳体上由上下两个半壳套合而成，套在上面的称为上壳，下面称为下壳，上壳的盖板称为盖板，下壳的称为底板，缘板部分称为壳环带，简称壳环。

硅藻的形态：中心纲有圆形、三角形、椭圆形、卵形、羽形等，羽纹纲有线形、披针形、菱形、舟形、新月形、“S”形、提琴形等。壳面有各种细微的花纹，壳面中部或偏一侧有一中轴区，包括中心区和中央节。壳缝两端的壳内壁增厚，形成“极节”，有的没有壳缝仅有较窄的中轴区，称为假壳缝，有些种类的壳缝是一条纵走或围绕壳缘的管沟，以极窄的裂缝与外界相通，以许多小孔与外相连称为管壳缝。壳缝与原生质相连。

细胞色素体为黄褐色，色素主要有叶绿素 a、叶绿素 c、β胡萝卜素等，贮藏物质为脂肪小球体。繁殖方法是细胞分裂，产生复大孢子、小孢子和休眠孢子。

硅藻中拟菱形藻属的一些种类能产生软骨藻酸，引起记忆缺失性贝毒（ASP）。拟菱形藻是一种常见的海洋微型藻类，属于硅藻门、羽纹纲、管壳缝目、菱形藻科。细胞呈披针形或菱形，细胞长度为 74～142μm，宽度为 34～45μm。藻体细长，两端尖，两侧对称，末端 1/4～1/3 相互重叠成直链状群体。单个细胞和群体都有运动能力，可以纵向滑动。运动方式是先朝一个方向滑动几秒，接着朝相反方向滑动。船骨点数目相等。细胞内有两个色素体，位于细胞核两侧，有中央核区。最常见已报道的可引起 ASP 的拟菱形藻有：尖刺拟菱形藻（*Pseudo-nitzschia pungens*，也称 *Nitzschia pungens*）、多裂拟菱形藻（*Pseudo-nitzschia multiseries* 或 *Pseudo-nitzschia fraudulenta*）及多列尖刺菱形藻（*Nitzschia pungens-forma multiseries*）（图 4-174）。

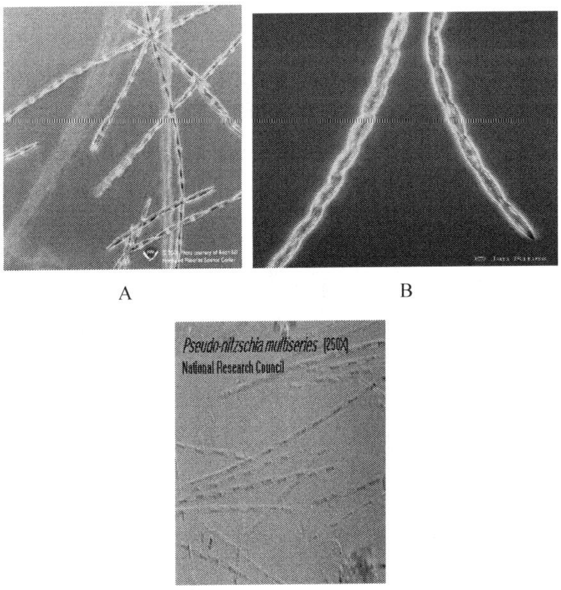

图 4-174　几种重要的有毒拟菱形藻

A. *Pseudo-nitzschia australis*；B. *Pseudo-nitzschia fraudulenta*；C. *Pseudo-nitzschia multiseries*

本属可以广泛分布在两极、温带、亚热带和热带等地区，是广温性的近海种类，主要分布在沿岸水域、欧洲各海、加利福尼亚海峡、日本等都有出现。渤海、黄海、东海、台湾海峡、南海、海南岛沿岸等皆有分布，是我国沿岸海域常见的硅藻类赤潮生物。

4.5.5.3　硅藻毒素

1）记忆丧失性贝毒（amnesic shellfish poisoning，ASP）——软骨藻酸（DA）的来源

硅藻也是海洋中最为丰富的微藻，但它的代谢产物除色素、类脂、糖脂等普通产物外研究不多，目前研究较多的是 DA，它是记忆丧失性贝中毒（ASP）的致毒成分。1987 年 11～12 月，加拿大大西洋沿岸的爱德华王子岛发生一起因食用养殖紫贻贝而引起的食物中毒，中毒 156 人，死亡 3 人。中毒者症状奇特，多数在食后 3～6h 发病，主要表现为腹痛、腹泻、呕吐、流涎，同时出现记忆丧失、意识混乱、平衡失调、不能辨认家人及亲朋好友等严重精神症状。严重者陷于昏睡状态，重症者多为老人，并伴有肾损害，其中 12 人病愈后记忆丧失长达 18 个月之久。由于其他贝类中毒未见类似症状，因此将这种中毒暂定为记忆丧失性贝毒中毒。后经加拿大国立大西洋研究中心的专家确定，中毒物质为软骨藻酸，并肯定该物质来源于经常在加拿大东海岸形成赤潮的一种长链羽状硅藻多列尖刺菱形藻（*Nitzschia pungens forma multiseries*）。该物质最初由竹本常松教授从红藻类树枝软骨藻（Chondria armata）中分离出来，并确定其结构。从引起中毒的紫贻贝中检出的软骨藻酸含量高达 0.3～0.9mg/g。1991 年日本从由美国进口的一种大型蟹（*Cancer magister*）的内脏中检出软骨藻酸，这说明硅藻不仅可以毒化双壳贝，还可毒化其他甲壳类动物。毒化贝类的硅藻在加拿大、日本等许多国家都曾引起过赤潮。除硅藻外，东南亚海域不同季节产的树枝软骨藻该物质含量均高达 1000μg/kg。从该海域采集的其他红藻类 *Jania capillacea*、*Coelothrixirregularis* 等也含有大量的软骨藻酸。

2）软骨藻酸的性质及致病性

软骨藻酸是一种由硅藻产生的强烈的神经毒性非蛋白氨基酸，结构与红藻氨酸和谷氨酸相似，可随海洋食物链传递而被不断浓集，毒素浓度可达相当高的水平。人或动物食用被污染的水产品即可引起中毒。软骨藻酸能够作用于谷氨酸受体丰富的神经细胞、特别是海马和锥体细胞，导致大量细胞外 Ca^{2+} 内流，细胞钙稳态发生异常改变，信号转导紊乱，可引起能量代谢障碍，从而引起神经细胞发生退行性变化。中毒症状主要以胃肠道症状及罕见的神经系统症状为主，包括呕吐、腹部痉挛、头痛、癫痫发作、短时间记忆丧失（图 4-175）。

3）ASP 毒素的检测

ASP 毒素的分析方法主要有薄层色谱法、气相色谱法、液相色谱法和毛细管电泳法及液相色谱/四极杆-飞行时间质谱测定等。虽然 ASP 毒素发现的较晚，但 HPLC 对其进行分析测试却很成功，是 HPLC 对贝毒素的分析应用最成功的例子。HPLC 法已被澳洲规范为国

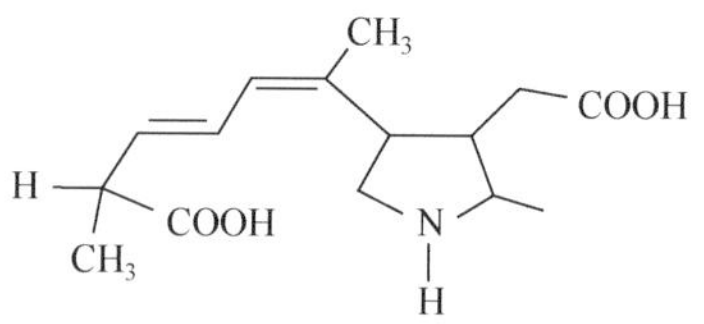

图 4-175 软骨藻酸的化学结构图

家标准方法。在所发表的有关文献中，Michael 等的方法论述的较详细，他们采用了 AOAC 中对 PSP 的规范提取方法提取 ASP 毒素，经 SPE 纯化后，利用一般 C18 反相柱以乙腈/水/四氢呋喃作为流动相，紫外检测器（UV）检测可获得在 242nm 处的分离分析谱图，此方法的检测极限为 20μg/kg，最低回收率为 93%。澳大利亚食品卫生标准法规将此法列为国标。为正确分析回收率，在样品处理时，应尽可能减少酸性溶液在空气中的暴露时间。

4.5.5.4 硅藻贝毒的综合防治

由于 ASP 毒素（DA）对人群健康和水产养殖业存在严重威胁，促使很多国家制定措施，投入大量资金，对海产品中藻毒素及贝毒素进行定期监测，前者主要是对藻样离心浓缩；后者取一定量的贝肉，分别经过处理，用 HPLC 等各种检测方法测定 DA 的量是否超标，预防食物中毒事件的发生。加拿大制定的法规规定在贝肉中，DA 含量不得超过 20μg/g。

4.5.6 蓝藻（*Cyanophyta*）及其毒素

4.5.6.1 食品卫生学意义

蓝藻是最大的一群光合自养原核生物，与人类的关系非常密切，它适应性广，在各种水体中都能生长，多喜生于含氮量较高、有机质丰富的碱性水体中。一般喜较高的温度，有的种类可在 70～80℃ 的温泉中生长，在夏秋季节，由于化学肥料、人畜粪便及含磷洗衣废水污染水体，造成水体富营养化，湖泊池塘中蓝藻可大量繁殖，形成大量水华或赤潮，造成水体感观性状的恶化，而且有些有毒藻类放出毒素，造成鱼、贝类死亡，严重影响了水产养殖业的发展，对人类的健康也造成了一定的危害。

4.5.6.2 生物学特性

蓝藻又称蓝细菌（*Cyanobacteria*）或蓝绿藻（blue-green algae），为单细胞、丝状或非丝状的群体，非丝状群体为板状、中空球状、立方形等各种形状，但大多数为不定形群体，群体常具一定形态和不同颜色的胶被。丝状群体由相连的一列细胞——藻丝（trichom）组成，藻丝具胶鞘或不具胶鞘，薄丝和胶鞘合称丝体（filament），每条丝体中包含一至多条藻丝。藻丝直径一致或一端或两端明显尖细，藻丝具真分枝或假分枝，假分枝由藻丝的一端穿出胶鞘延伸生长而形成（图 4-176，图 4-177）。

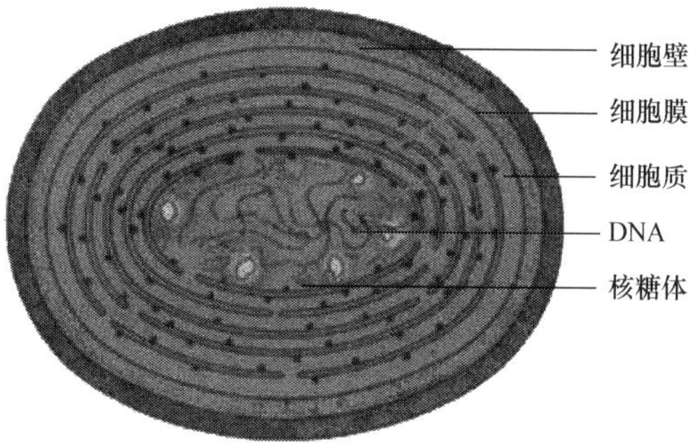

图 4-176 蓝藻细胞结构

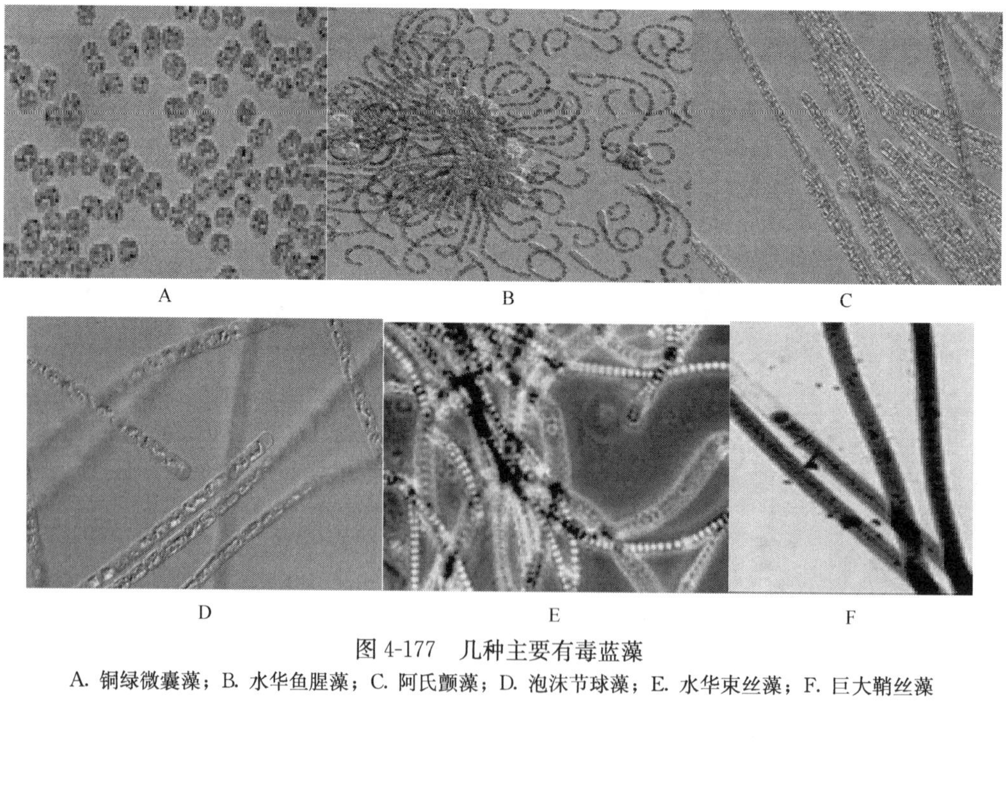

图 4-177 几种主要有毒蓝藻

A. 铜绿微囊藻；B. 水华鱼腥藻；C. 阿氏颤藻；D. 泡沫节球藻；E. 水华束丝藻；F. 巨大鞘丝藻

蓝藻细胞无色素体、细胞核等细胞器，原生质分为外部色素区和内部五色中央区，含有的色素除叶绿素、胡萝卜素外还含有大量藻胆素（藻蓝素及蓝红素），同化产物以蓝藻淀粉为主，并含有藻毒素，颗粒体五色中央区仅含有相当于细胞核的物质，无核膜和核仁。

细胞壁常由外层果胶质、内层纤维素二层组成，单细胞及非丝状群体常具个体或群体胶被。丝状种类细胞壁外常有胶鞘，有时具分层和颜色。有些科属的少数营养细胞分化形成异形胞（heterocyst），有的种类含有伪空泡，主沉浮及遮光。蓝藻生殖一般分为细胞分裂，或以段殖体（hormogonia）生殖，也有的形成各种孢子，不产生具有鞭毛的生殖细胞，没有有性生殖。

近年来，随着工农业的发展和环境的变化，排入水体的各种污染物不断增加，从而加速了湖泊富营养化的进程，使得浮游藻类大量繁殖。淡水藻类中，毒性最强、污染范围最广且最严重的藻类多为蓝绿藻（*Cyanobacteria* 或 *blue-green algae*），有蓝藻门的颤藻属、尖头藻属、鞘丝藻属、微囊藻属、鱼腥藻属、细小隐球藻属，其他还有甲藻门的裸甲藻属、裸藻属及绿藻门部分藻种。包括明胶颤藻（*Oscillatoria agardlii*）、念珠藻（*Nostoc*）、泡沫节球藻（*Nodularia spumigena*）、水华鱼腥藻（*Anabaena flosaguae*）、铜绿微囊藻（*Microcystis auerogenosa*）、水华束丝藻（*Aphanizomenon flosaguae*）等种类。根据美国环境保护署公布的资料，中国科学院水生生物研究所采集的数百个蓝绿微囊藻藻样，经检测，其中 80% 以上均能产生毒素。蓝藻毒素毒力存在种群差异，同一种群内不同生态环境下也表现出毒力差异。常见有毒蓝藻主要有以下几种。

铜绿微囊藻（*Microcystis aeruginosa*）又称 *Microcystis flosaquae*。属于色球藻目微囊藻属，细胞球形，多数具有气泡，可向三个方向进行分裂，常由几个到上百个细胞形成克隆群体，是水华形成的主要藻类，常见于营养丰富的淡水小溪或河口，在夏季的中下旬易形成水华。水华期间，大量的藻覆盖在水面，一尺之下不见手指。在平静的水面仿佛像有人倒了一层油漆。若被风或其他气流吹到高盐水溪，藻便不能存活，死的藻体呈黄绿色。夏季在营养丰富的水中大量繁殖，形成水华，并可产生微囊藻毒素，危害人及水生动物。

巨大鞘丝藻（*Lyngbya majuscula*）。颤藻科（Oscillatoriaceae）藻体黑褐色或蓝绿色，丝状体，有一明显无色的厚鞘，约 1μm 厚。细胞扁平，直径 10～50μm，宽度为高度的 6～15 倍，单列排列，簇生，高 2～5cm。只有无性生殖，利用细胞分裂以增长，或断裂成数段，以增加数量。生长于潮间带上、中部石沼或泥地上，7～12 月为生长期。属于热带性海藻，广布中国台湾、中国大陆（厦门）、菲律宾、马来西亚、印度尼西亚、夏威夷、斯里兰卡等地。可产生溴化海兔毒素（aplysiatoxin）和脱溴海兔毒素（debromoaplysiatoxin），引起中毒。另外，水华鱼腥藻、阿氏颤藻、泡沫节球藻、水华束丝藻等均是引起水华的常见藻种。

4.5.6.3 蓝藻毒素

1）毒性分类

目前，已发现的藻毒素种类已逾 40 种之多。按其毒性可以分为如下几类。

（1）肝毒素（hapatotoxins）：肝毒素为铜绿微囊藻（*Microcystis auerogenosa*）、水华鱼腥藻（*Anabaena flosaguae*）、泡沫节球藻（*Nodularia spumigena*）、明胶颤藻（*Oscillatoria agardlii*）及念珠藻（Nostoc）等产生，它是由 7 个或 5 个氨基酸组成的环肽。现已知有 60 多种异构体，其中具代表性且分布最为广泛的为微囊藻毒素（mycrocystin，MC），它有 MC-LR、MC-RR、MC-YR、MC-LW、MC-LF、3-去甲基 MC-LR、3-去甲基 MC-RR 等衍生物。此类毒素水溶性强且较能耐高温，可抑制和控制许多生化过程中的生物体蛋白磷酸酶 1 和蛋白磷酸酶 2A 的生成；能够作用于肝细胞表面的特异性受体，作用机制为肝细胞骨架受损，微丝向细胞中心收缩，肝原有的组织结构变形，血液汇集向肝而使体循环缺血。大剂量作用将直接导致急性肝损伤，小剂量的慢性刺激将可诱发肝癌，并且和其他一些肝肿瘤促进剂具有协同作用。50～70μg / kg 的微囊藻毒素腹腔注射小白鼠，2h 内可致其低血容量死亡。

（2）神经毒素（neurotoxins）：类毒素-A（anatoxin-A）为水华鱼腥藻、水华囊丝藻（*Aphanizomenon flosaguae*）及螺旋颤藻（*Oscillatoria spirulina*）所产生。化学成分为仲胺生物碱，这是一种强烈的神经肌肉兴奋阻滞剂，对小白鼠的半数致死量 LD_{50} 为 200μg/kg，中毒动物因呼吸肌瘫痪而死亡。类毒素-AS（anatoxin-AS）也是水华鱼腥藻所产生，为带鸟嘌呤的有机磷酸酯，对胆碱酯酶有很强的不可逆抑制作用。对小鼠的 LD_{50} 为 20μg / kg。这类毒素的致死作用很快，常使饮用含毒素水的牲畜死在水边。

石房蛤毒素（saxitoxin）及新石房蛤毒素（neosaxitoxin）都是水华束丝藻（*Aphanizomenon flosaguae*）所产生，结构为生物碱，即以前所发现的蛤麻痹毒素（paraiytic sheiifish poison，PSP）。为蛤类吞食藻类后富集在体内的藻毒素，其作用为阻滞细胞膜上的钠通道，对小鼠的 LD_{50} 为 10μg/ kg。

（3）细胞毒素：藻类次级代谢物中已发现多种细胞毒素，具有很强的杀细胞作用，有的还有促进癌变的作用。有关研究用叙利亚金黄地鼠胚胎细胞（SHE），通过 Admas 试验和体外微核试验研究微囊藻素的遗传毒性，推测毒素可能在染色体水平上或基因调控过程中影响细胞的分裂，而对 DNA 本身无直接损害。能产生这些种类毒素的藻种属范围很广，其毒性作用及其机制尚待进一步研究。

在所有的淡水藻类中，毒性最强、污染范围最广且严重的就是蓝藻门的一些种类，在其 50 多个属中，至少有 20 个属的 50 多种可以产生毒素，其中较为常见，研究较多的主要有铜绿微囊藻（*Microcystis aerugino-*

sa)、水华鱼腥藻（*Anabaena flos-aquae*）、水华束丝藻（*Aphanizomenon flos-aquae*）、阿氏颤藻（*Oscillatoria agardhii*）、颤藻（*Oscillatoria rubescens*）和泡沫节球藻（*Nodularia spumigena*）等。这些藻产生的毒素按其结构可分为肝毒素（多肽毒素）、神经毒素、其他毒素三类。此外，少数蓝藻种类又可产生 SXT 和 neo-SXT 等 PSP 毒素。

2）毒素的性质及致病性

（1）多肽毒素的性质及致病性：多肽毒素可由微囊藻、鱼腥藻、节球藻、念珠藻、颤藻等产生，是蓝藻毒素中较为重要、研究较多的毒素，主要由铜绿微囊藻、水华鱼腥藻等产生的微囊藻毒素和泡沫节球藻产生的节球藻毒素（nodularin，NODLN）组成。由于是以肝毒性为主，因此又称肝毒素。有资料表明，饮水中的藻类肝毒素污染可能是除肝炎病毒和黄曲霉毒素以外导致肝癌的第三种原因。

微囊藻毒素（图 4-178）是由 Bishop 首先于 1959 年发现，1988 年 Rinehart 确定其分子结构。MCYST 为一环形七肽。结构中有一 Adda 结构，它为一特殊的 β 氨基酸（3-氨-9-甲氧基-2，6，8-三甲基-10 苯基-4，6-二烯酸），该结构是所有已知蓝藻肝毒素的共同结构，对毒素的生物活性有很大影响。研究发现，去除 Adda 后毒素的毒性降低。目前已知 MCYST 有 20 多种，其中研究较详细的有 MCYST-LR、MCYST-RR、MCYST-YR，急性毒性以 MCYST-LR 最强，经口喂饲，小鼠 $LD_{50}=42\mu g/kg$。MCYST 能抑制蛋白磷酸酶 PP1 和蛋白磷酸酶 PP2A 的活性，有极强的促肿瘤作用。因此，即使是低浓度的 MCYST，长期存在于饮用水中，也可能使人患上慢性肝病。它还是至今所知的最烈的致肝癌物。鉴于它的巨大危害，WHO 制定了饮用水中 MCYST 的控制标准（$1\mu g/L$），目前英国、美国等多个发达国家已采用此标准。

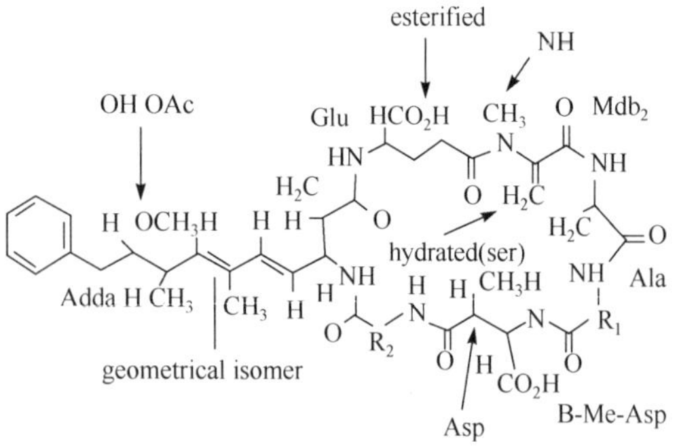

图 4-178　微囊藻毒素化学结构

另一种蓝藻肝毒素为节球藻毒素（nodularin，NODLN）（图 4-179），是最先发现的蓝藻毒素，由泡沫节球藻产生。它是单环五肽，结构与 MCYST 相似，含有 Adda，也是蛋白磷酸酶 PP1 和蛋白磷酸酶 PP2A 的烈性抑制剂。节球藻毒素的 LD_{50} 为 $60\mu g/kg$ bw。

除了以上两种，还有一种称为拟筒孢藻毒素或简胞藻素（cylindrospermopsin）的毒素，有时也被归为肝毒素。它能以渐近的方式损伤包括肝在内的大多数器官，最早是在澳大利亚的热带水华蓝藻（*Cylindrospermopsis raciborskii*）中发现的，后来，又陆续从日本及以色列的其他蓝藻中得到。它是带有环状胍基的生物碱类物质，不抑制蛋白磷酸酶 PP1、蛋白磷酸酶 PP2A 和蛋白磷酸酶 PP3，中毒症状也与 MCYST 不完全相同。

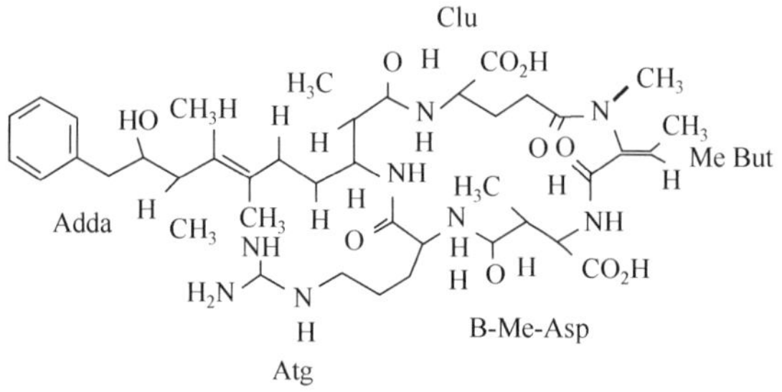

图 4-179　节球藻毒素化学结构

实验表明，在小鼠肝的细胞液成分中 NODLN 和 MCYST 均能增强蛋白磷酸化，降低体外蛋白磷酸酶的活性，抑制大田软海绵酸与其受体的结合。由于大田软海绵酸是蛋白磷酸酶 PP1 和蛋白磷酸酶 PP2A 的强抑制剂，因此推测 NODLN 和 MCYST 也是蛋白磷酸酶 PP1 和蛋白磷酸酶 PP2A 抑制剂。体外试验发现，MCYST 和 NODLN 可抑制蛋白磷酸酶 PP1 和蛋白磷酸酶 PP2A 的活性，从而提高磷酸化蛋白质的量，导致原代培养肝细胞的形态发生改变，并认为这可能是肝毒性的过程。MCYST 和 NODLN 对肝的毒性效应基本相同。腹腔注射 MCYST 可使小鼠和大鼠在 1～3h 内死亡，小鼠腹腔注射 NODLN 后 2～3h 内死亡，LD_{50} 为 $50\mu g/kg$。死前出现嗜睡、竖毛、苍白、耳朵及脚趾和尾部冰冷、后肢瘫痪、呼吸急促等症状。大体可见肝充血、肿胀，占体重的 8%～10%（正常对照为 4%～5%）。组织病理学检查可见肝大面积出血，相应部位的肝血窦破坏，并可观察到这些部位坏死的早期征象。

（2）生物碱毒素的性质及致病性：生物碱毒素也称神经毒素，由鱼腥藻、束丝藻、颤藻和束毛藻（*Trichodesmium*）等产生。已知的神经毒素主要有以下 5 种：anatoxin-α、homoanatoxin、anatoxin-α（s）、saxitoxin 和 neosaxitoxin。它们的化学成分是生物碱，因此，作用时间非常快。

1977 年 Denlin 首先从水花鱼腥藻 NRC-44-1 中分离出了鱼腥藻毒素-α（anatoxin-α，图 4-180），证明它是一种神经毒碱，分子质量为 166kDa，小鼠的 90% 致死剂量为 0.3mg/kg。鱼腥藻毒素-α 是低分子量的仲胺，结构为带鸟嘌呤的有机磷酸酯，具有很强的烟碱样神经肌肉去极化阻断作用，动物中毒后出现角弓反张、流涎、呼吸停滞，动物在几分钟内死亡。对小鼠的 LD_{50} 为 $250\mu g/kg$。鱼腥藻是第一个报道产生鱼腥藻毒素的蓝藻，现已从水华束丝藻、颤藻、铜绿微囊藻等中分离出来。

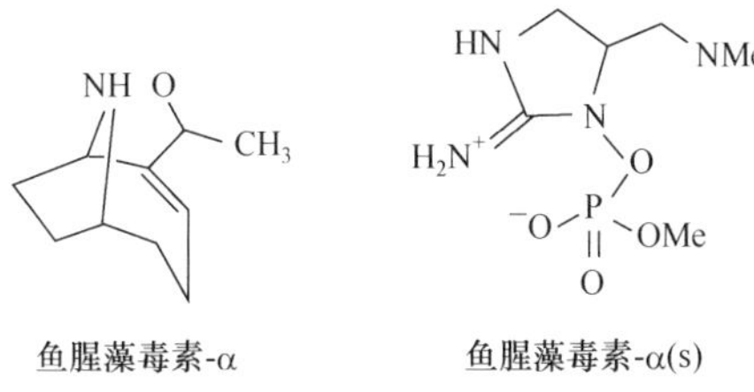

图 4-180　鱼腥藻毒素-α 和鱼腥藻毒素-α（s）化学结构

从水华鱼腥藻 NTL-527-17 中提取出一种致死作用比鱼腥藻毒素-a 强 10 倍的神经毒素，并同时观察到流涎现象，将它命名为鱼腥藻毒素-α（s）[anatoxin-α(s)]。中毒症状与鱼腥藻毒素-α 相似，但结构完全不同。它为 *N*-羟基谷氨酸甲基磷酸酯，是乙酰胆碱酯酶的烈性抑制剂。

homoanatoxin 与鱼腥藻毒素-α 是同系物，从一种颤藻（*Oscillatoria rubescens*）中得到，也是烈性的神经肌肉阻断剂。毒性比鱼腥藻毒素-α 稍低，LD_{50} 为 250μg/kg bw。

saxitoxin 和 neosaxitoxin 最初在水华束丝藻（*Aphanizomenon flos-aquae*）中发现，因而，被称为 aphanotoxinⅠ和Ⅱ。后来证实它们就是已知的海洋甲藻麻痹性贝毒毒素 saxitoxin 和 neosaxitoxin。saxitoxin 也在鞘丝藻（*Lyngbyawollei*）、鱼腥藻及一株颤藻中检测到。经研究发现，用 saxitoxin 给动物染毒后出现共济失调、呼吸困难、肌肉痉挛颤动，最终因呼吸肌瘫痪而死亡。

（3）其他毒素及其致病性：除以上两类毒素外，还有叶嘌啶类、脂多糖类毒素。不同藻种分离出的脂多糖类物质，其组成和性质不同，可能与人群胃肠炎暴发有关。此外，还发现多种细胞毒素均有很强的杀细胞作用和抗生物作用，有的还有促癌作用。从巨大鞘丝藻（*Lyngbya majuscula*）中分离出溴化海兔毒素（aplysiatoxin）和脱溴海兔毒素（debromoaplysiatoxin），该毒素最早发现自食藻软体动物长尾背肛海兔（*Styocheilus longicauda*）的消化腺，因此命名为海兔毒素。此外，从墨绿颤藻（*Oscillatoria nigriviridis*）和钙生裂须藻（*Schizothrix calcicola*）中也分离到上述两种毒素。Stallard 和 Faulkuer 认为，海兔能浓集溴元素，且其消化腺的各种组分中已鉴定为溴化倍半萜。慢性溴中毒的特征表现为共济失调、震颤及幻觉等，溴在血浆中的半衰期长达 12d，故海兔致人类的食物中毒可能是一种亚急性有机溴中毒。此类中毒主要表现为全身刺痛、发热、呕吐、腹泻，继而面部、肢体和手足的肌群出现自发性收缩、震颤、共济失调等神经系乱症状，最严重时出现呼吸困难，极度烦躁及视物扭曲。患者最后病愈出院，但留有口周肌肉抽搐的后遗症。

4.5.6.4　蓝藻毒素的检测

（1）生物学测定：生物测试主要采用毒理学的测定方法。生物学方法包括两种，一是根据微囊藻毒素和节球藻素对蛋白磷酸酶的抑制作用进行毒素含量测定，二是利用毒素的毒性直接进行动物试验。生物学测定被认为是筛选水华物质和实验培养藻株提取物的首选典型测定方法。其优点是：比较便宜，能够在几小时内测出结果，并可对测定物质进行毒性定性和定量分析，从中毒症状区分是肝毒素还是神经毒素，甚至是不同的神经毒素。缺点是不能检测到低含量的毒素，特别是对处理过的饮水；不能区分不同毒素的同系物；另外，还需要应用一定量的动物，特别是哺乳动物。

（2）毒素化学分析和结构鉴定：迄今为止，已发现的蓝藻毒素几乎都是水溶性毒素。应用红外吸收光谱法、质谱法和核磁共振法是确定化合物相对分子质量和结构式的强有力工具，获得的毒素物理性状为其他化学分析方法提供了依据。化学检测法主要有 TLC 法、HPLC 法、GC-ECD 法等。HPLC 是蓝藻毒素分离和鉴定的必要手段之一。紫外检测器是 HPLC 应用最普遍的检测器。微囊藻毒素和节球藻素的最大吸收波长分别为 238nm 和 227nm。采用 HPLC，微囊藻毒素的检测限为 10～20μg/L。

（3）免疫检测：最有可能成为检测蓝藻毒素的方法是免疫检测方法。目前只有肽类毒素能够应用免疫检测方法。由于肽类毒素是半抗原，只具有免疫反应性，但没有免疫原性，不能激发机体免疫应答，产生的抗体既能够与肽类毒素结合，也能与载体结合。应用微囊藻毒素-乙二胺-牛血清白蛋白免疫兔子产生的多克隆抗体采用酶联免疫吸附法（ELISA），可检测到 0.05～1.0ng/mL 的微囊藻毒素，此多克隆抗体与所有微囊藻毒素和节球藻素具有良好的交叉反应，因此能够测定出所测目标中肽类毒素的总量。吉林大学较早地研究出微囊藻毒素单抗，并建立了 ELISA 快速检测方法，对水样品检测效果很好。

另外，1995 年 Dermott 从免疫鸡的鸡蛋中提取抗体，此抗体能够识别 MCYST-LR、MCYST-RR 和其他形式的肝毒素，在水中能够检测的最低浓度为 95pg/mL。Yoshio 应用 MCYST-LR 白蛋白、卵清蛋白连接作为免疫原生产单克隆抗体和产单克隆抗体杂交瘤细胞，此单克隆抗体与 MCYST-LR 和其他微囊藻毒素反应，同时也与有毒或无毒的铜绿微囊藻提取液发生反应，有可能是此单克隆抗体能够识别微囊藻毒素的一般结构。日本 MBS 公司现已将单克隆抗体制成微囊藻毒素的 ELISA 试剂盒，可检测到 0.05～1.0μg/mL 的微囊藻毒素，其灵敏度可达 HPLC 的 1000 倍。ELISA 已成功地用于检测饮水和动物脑组织中微囊藻毒素的含量，它有可能发展成为检测蓝藻肽类毒素的快速、简便、高效的免疫方法。Mercodia 公司已在我国销售微囊藻毒素、节球藻毒素、柱孢藻毒素 ELISA 快速检测试剂盒，由伊普瑞斯公司代表；金达清创独立研发制造的微囊藻毒素检测试剂盒、博奥通科科技（北京）有限公司微囊藻毒素检测试剂盒等多家商售。

4.5.6.5 蓝藻水华的控制

由于饮用水源水的富营养化，多数水源水中发现了产毒素的藻类。饮水中的藻毒素严重威胁人类健康，而常规的水处理方法不能有效去除藻毒素。因此，应采取补救方法以减少饮水者的发病风险。

（1）控制湖水中氮和磷含量，是控制湖泊藻类繁殖的根本措施。加强水环境管理，改变湖泊水环境管理的混乱局面，对湖泊资源开发、利用、保护中的有关立法，规划、监测、科研实行统一领导和管理，建立水环境保护的权威机构，由按行政区划分块管理过渡到以流域为单元的综合防治和管理。另外，制定实施环境管理、保护的法律、法规，提高群众的环境意识及加强公众参与等有利于环境保护的措施。鼓励和宣传湖泊周围居民尽量使用无磷洗涤剂，也是极为重要的。

（2）应用外源污染的处理技术，实行截污工程，将工业废水、生活污水收集起来，集中处理后排放。常见的污水除磷技术有化学沉淀法、晶析法、生物法。尤其是生物法是目前被认为是最有前途的措施而被研究应用。氮的去除法有硝化、脱氮组合的生物处理法（如A/O、A2/O法及SBR法）、氨气提取法、离子交换法、反渗透法、电渗析法等物化处理法等。

（3）湖内污染消减，湖泊底泥是湖水中营养盐的另一重要来源，在减少外源性营养盐入湖后，浅型湖泊较深型湖泊更难恢复，其中磷浓度的回弹主要来自湖泊底泥的磷释放。清除湖泊底质沉积物及抑制泥中氮、磷的释放是控制内负荷的有效途径。常规方法有：疏浚底泥、引水稀释、全层曝气复氧防止磷从底泥中溶出或投加化学药剂固定、惰化底泥中的磷。其他消减湖泊内负荷的方法有集水区绿化、改善土地利用方式、设置前置库、半自然湿地系统、水陆交错带，以及水生植被恢复、生物操作、化学除藻、紫外线杀藻等，目的是控制水源污染和加快湖泊生态系统恢复速度。

（4）改进水厂净水工艺富营养化水源地的治理，是一个长期而复杂的过程，对已被藻类污染的饮用水源水，除采取以上的环境治理措施外，还应积极开发有效地净水工艺，消除藻类污染的危害，保证发生水华地区的公众健康。目前应用的方法有气浮技术、氧化法生物预处理、吸附、膜法，如反渗透（RO）、超滤（UF）、微滤（MF）和纳滤（NF）。膜过滤工艺能有效地去除水中嗅味、色度，显著减少细菌在供水系统中繁殖。

采用什么方法应根据具体情况，如自然条件、经济力量、环境目标等。

4.6 食物中毒性毒蕈（蘑菇）

蘑菇，或称为蕈，为担子菌亚门、层菌纲、伞菌目真菌的俗称，现已知约有3250种。因为多数个体像个小伞故称伞菌。蘑菇的生长环境多种多样，几乎在能生长绿色植物的地方都可以找到一定种类的蘑菇，草原和树林中蘑菇生长较为集中。一年四季除早春及冬季外，其他季节都有相应种类的蘑菇出现，以八九月最为多见。蘑菇在自然界分布广，种类多，无毒的蘑菇口味鲜美，是人们桌上佳肴；有毒的蘑菇食用后能引起中毒，甚至死亡。有毒蘑菇世界范围估计在1000种以上，我国也在500种以上，其大小、形状、颜色、花纹千变万化，尤其是野生蘑菇，没有经验的人很难分清哪些是有毒的蘑菇，容易误食中毒。有的毒蘑菇外观与无毒蘑菇非常相似，采摘时混杂在一起，食用后也会引起中毒。不同毒蘑菇含有多种类型的剧毒毒素，即使是微量吸收入血也很危险。毒素主要损害肝、肾、心脏和大脑，比其他食物中毒来势凶猛，更具致命性。世界上许多民族都有采摘野菇食用的习惯，主要是因为采摘蘑菇的快乐和诱人的美味。蘑菇现在已成为许多国家普通的健康食品。毒菇与食用蘑菇形态相近，鉴别方法是根据形态学特征分类鉴定。

常引起中毒的蘑菇含有以下毒素：①毒肽，主要为肝毒，毒性强，作用缓慢；②毒伞肽，肝、肾毒性，作用强；③毒蝇碱，作用类似于乙酰胆碱；④光盖伞素，引起幻觉和精神症状；⑤鹿花毒素，导致红细胞损坏。

在我国每年均有毒蘑菇引起的重大中毒事件，例如，1997年南方某省一次有200多人中毒，死亡73人，2008～2012年我国食物中毒中毒蘑菇死亡人数最多。

根据图力古尔等2014年在菌物学报上发表的综述，明确国内435种有毒蘑菇如下，仅供参考。

（1）*Acetabula leucomelas* 短梗柄盘菌

（2）*Agaricus abruptibulbus* 紫红蘑菇（路基蘑菇、球基蘑菇）：胃肠炎型

（3）*Agaricus bernardii* 白鳞蘑菇（白鳞菇）

（4）*Agaricus californicus* 加州蘑菇（加里蘑菇）：胃肠炎型

（5）*Agaricus dulcidulus*（*Agaricuspur purellus*）紫色蘑菇

（6）*Agaricus moelleri*（*Agaricus praeclaresquamosus*） 细褐鳞蘑菇：胃肠炎型

（7）*Agaricus pequinii*（*Clarkeinda pequinii*） 包脚蘑菇（包脚黑褶伞）：鹅膏毒肽、鬼笔毒肽

（8）*Agaricus placomyces* 双环林地蘑菇：胃肠炎型

（9）*Agaricus radicatus* 假根蘑菇

（10）*Agaricus semotus* 小红褐蘑菇：胃肠炎型

（11）*Agaricus xanthodermus* 黄斑蘑菇（黄斑伞、黄斑黑伞）：胃肠炎型

（12）*Agrocybe farinacea* 无环田头菇：色胺衍生物中吲哚类衍生物

（13）*Agrocybe tibetensis*（*Psilocybe tibetensis*） 西

藏田头菇（西藏裸盖伞）

（14）*Albatrellus dispansus*（*Polypus dispansus*）散放地花菌（散放多孔菌）：胃肠炎型

（15）*Aleuria aurantia*　网孢盘菌（橙黄网孢盘菌）

（16）*Amanita bisporigera*　双孢鹅膏

（17）*Amanita castanopsidis*　污白鳞鹅膏：胃肠炎型

（18）*Amanita cheelii*（*Amanitavaginata* var. *Punctata*）暗灰鹅膏：胃肠炎型、神经精神型

（19）*Amanita chepangiana*　白条盖鹅膏

（20）*Amanita citrina*　橙黄鹅膏（柠檬黄毒伞、柠檬黄伞、淡黄毒伞、黄臭伞、白橙黄盖鹅膏菌）：鹅膏毒肽、鬼笔毒肽、毒蝇碱、噁唑衍生物、异噁唑衍生物、色胺类化合物

（21）*Amanita exitialis*　致命鹅膏（毁坏鹅膏）：鹅膏毒肽、鬼笔毒肽；胃肠炎型、肝损害型

（22）*Amanita farinosa*　小托柄鹅膏；胃肠炎型、神经精神型

（23）*Amanita flavipes*　姜黄鹅膏（黄柄基鹅膏、姜黄柄鹅膏菌）：胃肠炎型、神经精神型

（24）*Amanita fritillaria*　格纹鹅膏：鹅膏毒肽、鬼笔毒肽

（25）*Amanita fuliginea*　灰花纹鹅膏（黑鹅膏菌、黑毒伞、暗黑鹅膏）：鹅膏毒肽、鬼笔毒肽；胃肠炎型、溶血型、肝损害型、呼吸循环衰竭型、多脏器损伤型

（26）*Amanita griseofarinosa*　灰絮鳞鹅膏（灰褶鹅膏菌、灰绒鹅膏）：鬼笔毒肽；胃肠炎型、神经精神型

（27）*Amanita griseoverrucosa*　灰疣鹅膏：鹅膏毒肽

（28）*Amanita gymnopus*　裸托鹅膏（赤脚鹅膏、裸柄鹅膏、光柄白鹅膏、光柄白毒伞）；胃肠炎型、肾损伤型

（29）*Amanita incarnatifolia*　粉褶鹅膏

（30）*Amanita japonica*　日本鹅膏：鹅膏毒肽

（31）*Amanita kotohiraensis*　异味鹅膏：鹅膏毒肽；胃肠炎型、肝损害型

（32）*Amanita longistriata*　长条棱鹅膏（长棱鹅膏、长纹鹅膏、红褶鹅膏）：胃肠炎型、溶血型、肝肾损害型

（33）*Amanita melleiceps*　小毒蝇鹅膏（小毒蝇伞、小毒蝇菇）：噁唑衍生物、异噁唑类衍生物；胃肠炎型、神经精神型

（34）*Amanita multisquamosa*　多鳞豹斑鹅

（35）*Amanita muscaria*（*Amanita muscaria* var. *formosa*）毒蝇鹅膏（美丽毒蝇鹅膏、毒蝇鹅膏菌黄色变种、毒蝇伞、捕蝇菌、蟾斑红毒伞、蛤蟆菌、毒蝇菌、鹅膏）：毒蝇碱、异噁唑衍生物、色胺类衍生物蟾蜍素、豹斑毒伞素；胃肠炎型、神经精神型、溶血型、肝损害型、呼吸功能衰竭型

（36）*Amanita neo-ovoidea*　拟卵盖鹅膏（新卵状鹅膏）：胃肠炎型、神经精神型、肾损害型、溶血型

（37）*Amanita oberwinklerana*　欧氏鹅膏：鹅膏毒肽、鬼笔毒肽；溶血型、肝肾损害型、呼吸循环衰竭型

（38）*Amanita pallidorosea*　淡玫红鹅膏（玫瑰红鹅膏菌、淡斑红鹅膏）：鹅膏毒肽、鬼笔毒肽；胃肠炎型、肝损害型

（39）*Amanita pantherina*　豹斑毒鹅膏（豹斑毒伞、斑毒伞、满天星、假芝麻菌、白芝麻菌、豹斑鹅膏、蹬腿蘑）

（40）*Amanita phalloides*（*Amanita phalloides* var. *striatula*）绿盖鹅膏（毒鹅膏、条纹毒鹅膏菌、毒伞、绿帽菌、蒜味菌、鬼笔鹅膏）：胃肠炎型、神经精神型、溶血型、肝肾损伤型、呼吸循环衰竭型、多脏器损伤型

（41）*Amanita pseudopantherina*　拟豹斑毒鹅膏（假豹斑鹅膏）：胃肠炎型、神经精神型

（42）*Amanita pseudoporphyria*　假褐云斑鹅膏（假褐斑鹅膏）：胃肠炎型、神经精神型、肝肾损害型

（43）*Amanita pseudovaginata*　假灰鹅膏

（44）*Amanita rubrovolvata*　红托鹅膏：胃肠炎型、神经精神型

（45）*Amanita rufoferruginea*　土红鹅膏（土红粉盖鹅膏）：胃肠炎型

（46）*Amanita sepiacea*　暗盖淡鳞鹅膏：鹅膏毒肽、鬼笔毒肽

（47）*Amanita subfrostiana*　黄鳞鹅膏

（48）*Amanita subglobosa*　亚球基鹅膏

（49）*Amanita subjunquillea*（*Amanitasubjunquillea* var. *alba*）黄盖鹅膏（白黄盖鹅膏菌、芥橙黄鹅膏菌白色变种、黄盖鹅膏白色变种、浅黄毒鹅膏菌、芥橙黄鹅膏菌、芥黄鹅膏）；鹅膏毒肽、鬼笔毒肽；胃肠炎型、神经精神型、肝损害型、呼吸循环衰竭型

（50）*Amanita sychnopyramis*（*Amanita sychnopyramis* F. *subannulataHongo*）残托斑鹅膏（残托斑毒伞、残托斑毒鹅膏）：鬼笔毒肽、鹅膏毒肽

（51）*Amanita tenuifolia*　薄褶鹅膏：鹅膏毒肽、鹅膏肽类毒素

（52）*Amanita tomentosivolva*　绒托鹅膏

（53）*Amanita vaginata*（*Amanita vaginata* var. *alba*）灰鹅膏（雪白鹅膏菌、灰托柄菇、松柏菌、松果伞、大水菌）：鹅膏毒肽、异噁唑衍生物；胃肠炎型、神经精神型、溶血型

（54）*Amanita verna*　春生鹅膏（白毒伞、白毒鹅膏菌、白罗伞、白鹅膏、白帽菌、白帽蕈）：鹅膏毒肽、鬼笔毒肽、毒伞毒肽、毒蕈溶血素和毒蕈毒素；胃肠炎型、神经精神型、溶血型、肝损害型、呼吸循环衰竭型、多脏器损伤型

（55）*Amanita verrucosivolva*　疣托鹅膏

（56）*Amanita virgineoides*　锥鳞白鹅膏：鹅膏毒

肽；胃肠炎型、神经精神型

(57) *Amanita virosa* 鳞柄白鹅膏（鳞柄白毒鹅膏菌、鳞柄白毒伞、毒鹅膏、毒伞、森林妖精、致命小天使）：鹅膏毒肽、鬼笔毒肽、毒伞毒肽、环肽；胃肠炎型、神经精神型、溶血型、肝肾损伤型、多脏器损伤型

(58) *Amanita volvata* 苞脚鹅膏：胃炎型、神经精神型、肝肾损害型

(59) *Ampulloclitocybe clavipes* (*Clitocybe clavipes*) 棒柄瓶杯伞（棒柄杯伞）：disulfiram-like reaction（戒酒硫样反应）、鬼伞素；神经精神型、呼吸循环衰竭型

(60) *Armillaria tabescens* (*Armillariella tabescens*) 假蜜环菌（假小蜜环菌）：胃肠炎型

(61) *Bolbitius demangei* 粉粘粪锈伞

(62) *Bolbitius titubans* (*Bolbitiusvitellinus*) 粪锈伞（粪伞、犬尿苔）

(63) *Bolbitius yunnanensis* 云南粪锈伞

(64) *Boletellus ananaeceps* 凤梨盖条孢牛肝菌

(65) *Boletellus ananas* 厚鳞条孢牛肝菌（凤梨条孢牛肝菌、凤梨小牛肝菌）：胃肠炎型

(66) *Boletinus punctatipes* (*Boletinuspinetorum*) 松林小牛肝菌（松林假牛肝菌）：胃肠炎型

(67) *Boletus badius* (*Xerocomus badius*) 褐牛肝菌（褐绒盖牛肝菌、松毛菌）：肝肾损害型、胃肠炎型

(68) *Boletus calopus* 丽柄牛肝菌：胃肠炎型、神经精神型

(69) *Boletus erythropus* 红柄牛肝菌

(70) *Boletus luridus* 红网牛肝菌（红网柄牛肝、褐黄牛肝菌）：毒蝇碱、肠道刺激物、鬼伞素；胃肠炎型、神经精神型

(71) *Boletus magnificus* 华丽牛肝菌（美丽牛肝菌）：幻觉诱发物；神经精神型

(72) *Boletus nigromaculatus* (*Xerocomus nigromaculatus*) 芝麻牛肝菌（黑斑绒盖牛肝菌）：胃肠炎型

(73) *Boletus pulverulentus* (*Xerocomuspulverulentus*) 细粉牛肝菌（粉状绒盖牛肝菌、细点牛肝）

(74) *Boletus purpureus* 紫红牛肝菌

(75) *Boletus queletii* 削脚牛肝菌（红脚牛肝）

(76) *Boletus radicans* 拟根牛肝菌

(77) *Boletus satanas* 细网牛肝菌（细网柄肝菌、魔王牛肝菌、红毒牛肝菌、仔牛犊）：毒性糖蛋白成分、胃肠道反应毒素；胃肠炎型、溶血型、肝肾损害型、神经精神型、肝损害型

(78) *Boletus sinicus* 中华牛肝菌：神经精神型

(79) *Boletus speciosus* 华美牛肝菌（风手青、粉盖牛肝菌、小美牛肝菌）：幻觉诱发物；神经精神型

(80) *Boletus subpaludosus* (*Xerocomus subpaludosus*) 酒红牛肝菌（酒红绒盖牛肝菌）

(81) *Boletus subvelutipes* 亚绒柄牛肝菌（近绒柄牛肝菌）

(82) *Boletus venenatus* 毒牛肝菌：胃肠炎型

(83) *Bulgaria inquinans* 污胶鼓菌（猪拱咀蘑、猪嘴蘑、猪咀蘑、胶陀螺、胶鼓菌、木海螺、污胶陀螺菌）：卟啉类毒素；光过敏性皮炎型、肾损伤型、溶血型

(84) *Calocera viscosa* 鹿胶角菌（黏胶角菌）：胃肠炎型

(85) *Cantharellula umbonata* 脐形鸡油菌：胃肠炎型

(86) *Chlorophyllum molybdites* 大青褶伞（大青褶皱伞、铅绿褶菇、毒绿褶菇）：胃肠道反应毒素；胃肠炎型、溶血型

(87) *Chlorophyllum neomastoideum* (*Macrolepiota neomastoidea*) 拟乳头状青褶伞（拟乳头状大环柄菇）：胃肠炎型

(88) *Clathrus archeri* 佛手笼头菌

(89) *Clathrus ruber* 红笼头菌

(90) *Clavariadelphus pistillaris* 棒瑚菌（杵棒、棒锤菌）：胃肠炎型

(91) *Claviceps purpurea* 麦角菌：神经精神型

(92) *Clitocybe bresadolana* 赭黄杯伞

(93) *Clitocybe candicans* 小白杯伞（变白杯伞）：胃肠炎型、呼吸循环衰竭型、神经精神型

(94) *Clitocybe dealbata* 白霜杯伞：毒蝇碱、胃肠刺激物；神经精神型、肝肾损害型

(95) *Clitocybe fragrans* 芳香杯伞：胃肠炎型、神经精神型

(96) *Clitocybe gibba* 深凹杯伞：胃肠炎型、神经精神型、呼吸循环衰竭型

(97) *Clitocybe maculosa* 斑杯伞：胃肠炎型

(98) *Clitocybe obsoleta* 林地杯伞

(99) *Clitocybe ornamentalis* 波边杯伞

(100) *Clitocybe phyllophila* (*Clitocybe cerussata*) 落叶杯伞（白杯伞、毒杯伞、毒银盘）：毒蝇碱；神经精神型

(101) *Clitocybe rivulosa* 环带杯伞：毒蝇碱；神经精神型

(102) *Clitocybe sudorifica* (*Clitocybedealbata* var. *sudorifica*) 粉白霜杯伞

(103) *Conocybe apala* (*Conocybelactea*) 乳白锥盖伞

(104) *Conocybe tenera* 柔锥盖伞（柔弱锥盖伞、脆锥盖伞）

(105) *Coprinellus domesticus* (*Coprinus domesticus*) 家园小鬼伞（家园鬼伞）

(106) *Coprinellus micaceus* (*Coprinus micaceus*) 晶粒小鬼伞（晶粒鬼伞、晶鬼伞、犬尿苔）：胃肠炎型、神经精神型

(107) *Coprinopsis atramentaria* (*Coprinus atramentarius*) 墨汁拟鬼伞（墨汁鬼伞、柳树钻、柳树菇、犬尿苔、鸡腿菇）

（108）*Coprinopsis insignis*（*Coprinus insignis*）疣孢拟鬼伞

（109）*Coprinopsis picacea*（*Coprinus picaceus*）斑拟鬼伞：胃肠炎型

（110）*Coprinus comatus*（*Coprinus ovatus*） 毛头鬼伞（鸡腿菇、毛鬼伞、小孢鬼伞、卵状鬼伞）：鬼伞素

（111）*Cordierites frondosa* 叶状耳盘菌：卟啉毒素；胃肠炎型、光敏感性皮炎型

（112）*Cortinarius bolaris* 掷丝膜菌：胃肠炎型

（113）*Cortinarius callochrous* 托柄丝膜菌

（114）*Cortinarius castaneus* 栗色丝膜菌

（115）*Cortinarius cinnamomeus* 黄棕丝膜菌

（116）*Cortinarius gentilis* 尖顶丝膜菌：奥来毒菌素（丝膜菌素）（orellanine）、orellinine；胃肠炎型、神经精神型、肝肾损害型、呼吸循环衰竭型

（117）*Cortinarius hemitrichus* 半被毛丝膜菌

（118）*Cortinarius orellanus* 毒丝膜菌（奥来丝膜菌、奥德丝膜菌、趙子蘑）：奥来毒菌素（丝膜菌素）（orellanine）、orellinine；胃肠炎型、神经精神型、溶血型、肝肾损害型、呼吸循环衰竭型

（119）*Cortinarius rubellus*（*Cortinariusspeciosissimus*） 细鳞丝膜菌：奥来毒菌素、*orellinine*；胃肠炎型、神经精神型、溶血型、肝肾损害型、呼吸循环衰竭型

（120）*Cortinarius salor* 荷叶丝膜菌（蓝紫丝膜菌）

（121）*Cortinarius sanguineus* 血红丝膜菌（红丝膜菌）：emodin、胃肠道刺激物；胃肠炎型、神经精神型

（122）*Cortinarius trivialis* 环带丝膜菌（环带柄丝膜菌）

（123）*Cortinarius vibratilis* 黏液丝膜菌（苔丝膜菌）

（124）*Daldinia concentrica* 黑轮层炭壳（炭球菌）

（125）*Dictyophora multicolor* 黄裙竹荪（杂色竹荪、仙人伞）

（126）*Discina ancilis*（*Discina perlata*） 珠亮平盘菌（宽亚盘菌）：胃肠炎型、神经精神型

（127）*Discina fastigiata* 寻状平盘菌（褐鹿花菌、寻状鹿花菌）：鹿花菌素或马鞍菌酸的水解产物甲基联肢（MMH）；溶血型

（128）*Disciotis venosa* 肋状皱盘菌

（129）*Echinoderma asperum*（*Lepiota acutesquamosa* 或 *Amanita aspera* Pers.） 锐鳞棘皮菌（锐鳞环柄菇、灰鳞伞、灰鳞鹅膏伞、灰鳞鹅膏菌、尖鳞环柄菇）：胃肠炎型

（130）*Entoloma album*（*Rhodophyllus murrayi* f. *albus*） 白粉褶菌（白方孢粉褶菌）

（131）*Entoloma chalybeum*（*Rhodophyllus lazulinus*） 暗蓝粉褶菌

（132）*Entoloma clypeatum* 盾状粉褶菌（盾形赤褶菇、红盾赤褶菇、盾状红褶伞、晶蓝粉褶菌、晶盖粉褶菌、红质赤褶菇）：胃肠炎型

（133）*Entoloma incanum*（*Leptonia incana*） 变绿粉褶菌

（134）*Entoloma opacum*（*Clitocybe opaca*） 水银粉褶菌（水银杯伞、合生杯伞）

（135）*Entoloma rhodopolium*（*Rhodophyllus nidorosus*） 臭粉褶菌（臭赤褶菇、褐盖粉褶菌）：神经精神型

（136）*Entoloma sinuatum* 毒粉褶菌（毒粉褶蕈、毒赤褶菇、土生红褶菇、内缘菌）：胃肠道反应毒素；胃肠炎型、呼吸循环衰竭型、神经精神型、肝肾损害型

（137）*Exidia glandulosa* 黑耳（黑胶耳、胶黑耳）：胃肠炎型

（138）*Flavoscypha cantharella*（*Otidea concinna*）优雅侧盘菌

（139）*Frostiella russellii*（*Boletellus russellii*） 棱柄条孢牛肝菌（棱柄小牛肝）：胃肠炎型

（140）*Fuscoboletinus spectabilis*（*Suillus spectabilis*） 美色褐孔小牛肝菌：胃肠炎型

（141）*Galerina fasciculata* 丛生盔孢菌（簇生盔孢伞）：鹅膏毒肽；肝损伤型

（142）*Galerina filiformis* 细条盔孢菌

（143）*Galerina helvoliceps* 黄褐盔孢菌

（144）*Galerina heterocystis* 异囊盔孢菌

（145）*Galerina hypnorum* 苔藓盔孢菌

（146）*Galerina marginata*（*Galerina autumnalis* 或 *Galerina unicolor*） 纹缘盔孢菌（纹缘盔孢伞、单色盔孢菌、秋生盔孢菌、焦脚菌、秋生鳞耳）：毒伞毒肽、鹅膏毒肽、环肽、鬼笔毒肽、鹅膏肽类毒素；胃肠炎型、溶血型、肝肾损害型、呼吸循环衰竭型

（147）*Galerina megalocystis* 大囊盔孢菌

（148）*Galerina oregonensis* 俄勒冈盔孢菌

（149）*Galerina perplexa* 紊纹盔孢菌

（150）*Galerina pistillicystis* 盖条盔孢菌

（151）*Galerina subpectinata* 细条盖盔孢菌：鹅膏毒肽；溶血型、肝肾损害型、呼吸循环衰竭型、胃肠炎型

（152）*Galerina sulciceps* 条盖盔孢菌（条盖盔孢伞）：鹅膏毒肽、鬼笔毒肽；溶血型、肝损害型、呼吸循环衰竭型、胃肠炎型

（153）*Galerina venenata* 毒盔孢菌（毒盔孢伞）：鹅膏毒肽、毒伞肽毒素、鹅膏肽类毒素、环肽；溶血型、肝肾损害型、呼吸循环衰竭型

（154）*Galerina vittiformis* 沟条盔孢伞（带状盔孢伞）：肝损伤型、呼吸循环衰竭型

（155）*Galiella javanica* 爪哇盖尔盘菌

（156）*Gliophorus irrigatus* 亮灰湿伞（亮灰褐湿伞、油光蜡伞、长柄湿盖伞）

（157）*Gliophorus psittacinus*（*Hygrocybe psittacina*） 青绿湿伞（青绿蜡伞、鹦鹉色湿盖伞、鹦鹉绿蜡

伞、鹦鹉蜡伞)：神经精神型

(158) *Gomphus floccosus* 喇叭钉菇(喇叭陀螺菌)

(159) *Gomphus kauffmanii* 富士山钉菇(富士山陀螺菌)：norcaperati acid；胃肠炎型、神经精神型

(160) *Gomphus orientalis* 东方钉菇(东方陀螺菌)：胃肠炎型

(161) *Grifola gigantea* 大刺孢树花(亚灰树花、巨大多孔菌、大奇果菌)：胃肠炎型

(162) *Gymnopilus aeruginosus* 绿褐裸伞(铜绿菌)：色胺衍生物吲哚类衍生物；胃肠炎型、神经精神型

(163) *Gymnopilus dilepis* 变色龙裸伞

(164) *Gymnopilus fulgens* 发光裸伞(亮褐裸伞)

(165) *Gymnopilus junonius* 橙裸伞(橙鳞伞、橙环锈伞、橙环鳞伞)

(166) *Gymnopilus liquiritiae* 条缘裸伞(条纹裸伞)：色胺衍生物吲哚类衍生物；神经精神型

(167) *Gymnopilus penetrans* 赭黄裸伞(赭裸伞)

(168) *Gymnopilus purpuratus* (*Gymnopilus purpuratus* var. *croceescens*) 紫色裸伞

(169) *Gymnopilus spectabilis* 橘黄裸伞(橘黄裸伞、红环锈伞、大笑菌)：色胺类衍生物吲哚类衍生物、毒性(致幻)成分 cerevisterol(啤酒甾醇)；神经精神型、胃肠炎型

(170) *Gymnopus dryophilus* (*Marasmius dryophilus*) 栎裸菇(栎金钱菌、栎小皮伞、嗜栎金钱菌)：胃肠炎型

(171) *Gymnopus peronatus* (*Marasmius peronatus*) 盾状裸菇(盾状小皮伞、靴状金钱菌、毛脚金钱菌)：神经精神型

(172) *Gyromitra ambigua* 疑鹿花菌(含糊鹿花菌、拟鹿花菌)：鹿花菌素(MMH)；溶血型

(173) *Gyromitra esculenta* 鹿花菌(鹿花蕈、河豚菌、鹿花蕈)：鹿花菌素或马鞍菌酸的水解产物甲基联胺(MMH)；胃肠炎型、肝损害型、溶血型、呼吸循环衰竭型、神经精神型、多脏器损伤型

(174) *Gyromitra gigantea* 大鹿花菌：鹿花菌素(马鞍菌素)；溶血型

(175) *Gyromitra infula* 赭鹿花菌：马鞍菌素(鹿花菌素)

(176) *Gyromitra splendida* 亮鹿花菌

(177) *Gyroporus castaneus* 褐圆孔牛肝菌(褐圆孢牛肝菌、栎牛肝菌、褐空柄牛肝菌)

(178) *Gyroporus purpurinus* 紫红圆孔牛肝菌(紫红圆孢牛肝菌、紫褐空柄牛肝菌)

(179) *Hebeloma crustuliniforme* 大毒黏滑菇(大毒滑锈伞)：大毒滑锈伞醇、胃肠道反应毒素、毒蝇碱、胃肠道刺激物；胃肠炎型、神经精神型

(180) *Hebeloma crustuliniforme* f. *Microspermum* 大毒黏滑菇小孢变型(大毒滑锈伞小孢变型)

(181) *Hebeloma fastibile* 毒黏滑菇(毒滑锈伞)：毒蝇碱；胃肠炎型、神经精神型

(182) *Hebeloma radicosum* 长根黏滑菇(长根滑锈伞)

(183) *Hebeloma sacchariolens* 大孢黏滑菇(大孢滑锈伞、笑菌)：胃肠炎型、神经精神型

(184) *Hebeloma sinapizans* 大黏滑菇(芥味滑锈伞)：大毒滑锈伞醇；胃肠炎型

(185) *Hebeloma sinuosum* 波状黏滑菇(荷叶滑锈伞)：胃肠炎型

(186) *Hebeloma vinosophyllum* 酒红黏滑菇(酒红滑锈伞)：hebevinoside(葡萄毛菇甙)Ⅰ、hebevinoside Ⅱ、hebevinoside Ⅳ、hebevinoside Ⅴ、hebevinoside Ⅵ；胃肠炎型、神经精神型

(187) *Heimioporus retisporus* (*Strobilomyces retisporus*) 网孢海氏牛肝菌(圆花孢牛肝菌、网孢松塔牛肝菌、网孢小牛肝)

(188) *Heimioporus subretisporus* (*Heimiella subretisporus*) 近网孢海氏牛肝菌

(189) *Helvella acetabulum* (*Acetabulasulcata*) 碟状马鞍菌(碟形马鞍菌小棱柄盘菌)

(190) *Helvella crispa* 皱柄白马鞍菌(白马鞍菌、皱马鞍菌、棱柄马鞍菌)：鹿花菌素；胃肠炎型、溶血型

(191) *Helvella elastica* 马鞍菌(弹性马鞍菌)：鹿花菌素(马鞍菌酸)的水解产物甲基联胺(MMH)；胃肠炎型、肝肾损害型

(192) *Hemistropharia albocrenulata* (*Pholiota albocrenulata*) 白褐半球盖菇(白褐环锈伞、白小圈齿鳞伞、白圆齿鳞伞)

(193) *Humidicutis calyptriformis* (*Hygrocybe calyptraeformis*) 粉灰紫湿伞

(194) *Hygrocybe conica* 变黑湿伞(变黑蜡伞、变黑湿盖伞、橙黄蜡伞)：胃肠炎型、神经精神型

(195) *Hygrocybe flavescens* 浅黄湿伞(浅黄褐湿伞、艳黄湿盖伞、黄湿伞、金黄湿伞、淡黄湿伞、淡黑湿伞)

(196) *Hygrocybe mucronella* (*Hygrocybe reae*) 条缘湿伞(雷蜡伞、雷湿伞)

(197) *Hygrocybe ovina* 羊湿伞

(198) *Hygrophoropsis aurantiaca* 金黄拟蜡伞(金黄鸡油菌)

(199) *Hygrophorus pudorinus* 粉红蜡伞

(200) *Hypholoma capnoides* 烟色垂暮菇(烟色沿丝伞)

(201) *Hypholoma cinnabarinum* 红垂幕菇(红鳞花边伞)：胃肠炎型

(202) *Hypholoma dispersum* (*Naematoloma dispersum*) 单生垂幕菇(单生沿丝伞、单生韧伞)

(203) *Hypholoma fasciculare* (*Naematoloma fasciculare*) 丛生垂暮菇(簇生黄韧伞、丛生沿丝伞、簇

生沿丝伞、黄香杏、苦栗菌、包谷菌）：甾烯类、fasciculol E、fasciculol F、沿丝伞菌素、萜类毒素；肝肾损害型、呼吸循环衰竭型、胃肠炎型

（204）*Hypholoma lateritium*（*Naematoloma sublateritium*）砖红垂幕菇（亚砖红沿丝伞、砖红韧伞、砖红韧黑伞）：胃肠炎型

（205）*Infundibulicybe geotropa* 肉色漏斗伞（肉色杯伞）

（206）*Inocybe asterospora* 星孢丝盖伞（星孢毛锈伞、星孢裂丝盖菌）：毒蝇碱；神经精神型、肝功能损伤型、多功能损伤型

（207）*Inocybe auricoma* 小黄褐丝盖伞

（208）*Inocybe bongardii* 多毛丝盖伞：神经精神型

（209）*Inocybe brunnea* 褐丝盖伞

（210）*Inocybe calamistrata* 粗鳞丝盖伞（翘鳞毛锈伞、翘鳞丝盖菌）：神经精神型

（211）*Inocybe cincinnata* 小褐丝盖伞：神经精神型

（212）*Inocybe cookei* 亚黄丝盖伞

（213）*Inocybe decipientoides* 空柄丝盖菌

（214）*Inocybe erubescens*（*Inocybe patouillardii*）变红丝盖伞（发红丝盖伞）：毒蝇碱；神经精神型

（215）*Inocybe flavobrunnea* 黄褐丝盖伞：毒蝇碱；神经精神型

（216）*Inocybe flocculosa* 鳞毛丝盖伞（卷毛丝盖伞）

（217）*Inocybe geophylla*（*Inocybe geophylla* var. *violacea*，*SaccInocybe lilacina*）污白丝盖伞（淡紫丝盖伞、绵白丝盖伞、土味丝盖伞）：异噁唑类衍生物、毒蝇碱；神经精神型

（218）*Inocybe godeyi* 土黄丝盖伞

（219）*Inocybe lacera* 暗毛丝盖伞：神经精神型

（220）*Inocybe lanuginosa* 绵毛丝盖伞（棉绒毛锈伞、绒毛丝盖伞）：神经精神型

（221）*Inocybe maculata* 斑纹丝盖伞：神经精神型

（222）*Inocybe napipes* 尖顶丝盖伞：神经精神型

（223）*Inocybe nitidiuscula*（*Inocybe friesii*）红褐丝盖伞

（224）*Inocybe pallidicremea* 苍白丝盖伞：神经精神型

（225）*Inocybe praetervisa* 土黄丝盖伞（疏生丝盖伞、疏忽丝盖伞）：神经精神型

（226）*Inocybe pyriodora* 梨香丝盖伞

（227）*Inocybe radiata* 肝褐丝盖伞（肝褐毛锈伞）：神经精神型

（228）*Inocybe repanda* 毛脚丝盖伞：神经精神型、胃肠炎型

（229）*Inocybe rimosa*（*Inocybefastigiata*，*Inocybe fastigiata* f. *subcandida* Malencon，*Inocybe umbrinella*）裂丝盖伞（茶褐丝盖伞、茶褐毛锈伞、黄丝盖伞、裂盖毛锈伞、裂丝盖菌、裂丝丝盖伞、草蘑、黄毛锈伞、浅黄丝盖伞）：毒蝇碱；神经精神型、呼吸循环衰竭型

（230）*Inocybe whitei*（*Inocybe pudica*）羞丝盖伞

（231）*Inonomidotis fulvotingens* 黑皱盘菌：胃肠炎型、光过敏性皮炎型

（232）*Inonomidotis sprucei*（*Cordierites sprucei*）斯氏耳盘菌

（233）*Kobayasia nipponica* 日本小林块腹菌（日本考巴菌）

（234）*Lacrymaria lacrymabunda*（*Psathyrella velutina*）疣孢花边伞（毡毛小脆柄菇）：胃肠炎型

（235）*Lactarius blennius* 黏绿乳菇

（236）*Lactarius chrysorrheus* 鲑黄色乳菇（黄汁乳菇）：胃肠炎型

（237）*Lactarius lignyotus* 黑褐乳菇

（238）*Lactarius necator* 橄榄褶乳菇（茶绿乳菇）：胃肠炎型

（239）*Lactarius piperatus* 辣味乳菇（白乳菇、白奶浆菌）：胃肠炎型

（240）*Lactarius pubescens* 绒边乳菇：胃肠炎型

（241）*Lactarius pyrogalus* 灰褐乳菇：胃肠炎型

（242）*Lactarius repraesentaneus* 黄毛乳菇（复生乳菇）：胃肠道反应毒素；胃肠炎型

（243）*Lactarius rufus* 红褐乳菇（红乳菇）：胃肠炎型

（244）*Lactarius scrobiculatus* 窝柄黄乳菇（黄乳菇）：胃肠道反应毒素；胃肠炎型

（245）*Lactarius subzonarius* 亚轮纹乳菇（香亚环乳菇、小环纹乳菇）

（246）*Lactarius torminosus* 毛头乳菇（疝痛乳菇）：胃肠道刺激物、胃肠道反应毒素、毒蝇碱；胃肠炎型

（247）*Lactarius uvidus* 潮湿乳菇（变紫乳菇）：胃肠道刺激物；胃肠炎型

（248）*Lactarius vellereus* 绒盖乳菇（绒白乳菇）：胃肠炎型

（249）*Lactarius zonarius* 轮纹乳菇（劣味乳菇、环轮苦乳菇、环纹苦乳菇）：胃肠炎型

（250）*Lactifluus subvellereus* 亚绒盖乳菇（亚绒白乳菇）：胃肠炎型

（251）*Laetiporus miniatus*（*Laetiporus sulphureus* var. *miniatus*）红硫磺菌（朱红硫磺菌）：胃肠炎型

（252）*Laetiporus sulphureus* 硫磺菌（硫磺多孔菌、硫色多孔菌）：胃肠炎型、神经精神型

（253）*Laternea columnata*（*Linderiella bicolumnata*）双柱小林鬼笔（蟹爪菌、钳子菌）

（254）*Leccinum scabrum* 褐疣柄牛肝菌：胃肠炎型

(255) *Lepiota brunneo-incarnata* 肉褐鳞环柄菇(肉褐环柄菇、肉褐鳞小伞):鹅膏毒肽、鬼笔毒肽、鹅膏肽类毒素;肝肾损害型、呼吸循环衰竭型、胃肠炎型

(256) *Lepiota castanea* 栗色环柄菇:鹅膏毒肽、鹅膏肽类毒素;肝肾损害型、呼吸循环衰竭型

(257) *Lepiota clypeolaria* 细鳞环柄菇(细环柄菇、盾形环柄菇)

(258) *Lepiota cristata* 冠状环柄菇(小环柄菇)

(259) *Lepiota helveola* 褐鳞环柄菇(褐鳞小伞):鹅膏毒肽、鬼笔毒肽、毒伞毒肽、鹅膏肽类毒素、环肽;肝肾损害型、呼吸循环衰竭型、胃肠炎型、多脏器损害型

(260) *Lepiota subincarnata* 近肉红环柄菇:肝肾损害型

(261) *Lepista irina* 肉色香蘑

(262) *Leratiomyces squamosus* (*Naematoloma squamosum*) 多鳞沿丝伞(鳞盖韧伞、多鳞韧伞、鳞盖垂幕菇):胃肠炎型

(263) *Leucoagaricus americanus* (*Lepiota americana* 或 *Leucoagaricus bresadolae*) 美洲白环菇(美洲环柄菇、暗鳞白鬼伞、变红环柄菇):胃肠炎型

(264) *Leucoagaricus leucothites* (*Leucoagaricus naucinus*) 粉褶白环菇(粉褶环柄菇、白环蘑):胃肠道反应毒素

(265) *Leucocoprinus birnbaumii* 纯黄白鬼伞(黄环柄菇)

(266) *Leucocoprinus cepistipes* 肥脚白鬼伞(肥环柄菇):胃肠道反应毒素;胃肠炎型

(267) *Leucocoprinus cygneus* (*Lepiota cygnea*) 天鹅色白鬼伞(天鹅色环柄菇)

(268) *Leucopaxillus albissimus* 纯白桩菇

(269) *Leucopaxillus giganteus* 大白桩菇(青腿子、大青蘑、大白桩蘑、雷蘑):胃肠炎型

(270) *Lycoperdon marginatum* 棱边马勃(周边少鳞马勃)

(271) *Lyophyllum connatum* 银白离褶伞(丛生离褶伞、白色离褶、丛生杯伞):胃肠炎型、神经精神型

(272) *Lyophyllum leucophaeatum* 白褐离褶伞

(273) *Lysurus mokusin* (*Lysurus mokusin* f. *sinensis*) 五棱散尾菌(中华散尾鬼笔、散尾鬼笔、五棱鬼笔、棱柱散尾菌)

(274) *Macrolepiota excoriata* (*Leucoagaricus excoriatus*) 裂皮高大环柄菇(裂皮白环菇、裂皮环柄菇)

(275) *Macrolepiota procera* 高大环柄菇(高环柄菇、高柄环菇):胃肠炎型、神经精神型、呼吸循环衰竭型

(276) *Marasmius cohaerens* 红绒小皮伞(深山小皮伞)

(277) *Megacollybia clitocyboidea* 宽褶大金钱菌(宽褶拟口蘑、宽褶菇、宽褶奥德蘑):胃肠道刺激物;胃肠炎型、肝肾损害型

(278) *Mutinus caninus* 蛇头菌

(279) *Mycena pelianthina* 暗花纹小菇

(280) *Mycena pura* 洁小菇(粉紫小菇、紫菇):毒蝇碱、鹅膏毒素;胃肠炎型、神经精神型、呼吸循环衰竭型

(281) *Naematoloma gracile* 土黄沿丝伞(土黄韧伞)

(282) *Neobulgaria pura* 紫螺菌

(283) *Neoclitocybe acromelalga* 红褐新杯伞(红褐杯伞):*acromelic acid A*、*acromelic acid B*、*acromelic acid C*,clitidine;胃肠炎型

(284) *Neolentinus lepideus* 洁丽新香菇(豹皮香菇、洁丽香菇、豹皮菇):胃肠炎型

(285) *Omphalia lapidescens* 雷丸菌(竹苓、雷实、竹铃芝)

(286) *Omphalotus japonicus* (*Lampteromyces japonicus*) 日本类脐菇(月夜菌、毒侧耳、日本侧耳、日本亮耳菌、发光菌、月光菌、亮菌):isoilludine S、dihydrolludin S、illudin S、illudin M、imilludin S、胃肠道刺激物;胃肠炎型、神经精神型

(287) *Omphalotus olearius* 发光类脐菇(发光脐菇、发光侧耳、奥尔类脐菇):毒蝇碱、麦斯卡松毒素、胃肠道刺激物;胃肠炎型、神经精神型

(288) *Otidea cochleata* 褶侧盘菌(褐侧盘菌、褐地耳)

(289) *Panaeolina foenisecii* 黄褐疣孢斑褶菇(黄褐花褶伞):神经精神型

(290) *Panaeolus acuminatus* 锐顶斑褶菇

(291) *Panaeolus alcidis* 小型斑褶菇

(292) *Panaeolus antillarum* (*Anellaria antillarum*) 安蒂拉斑褶菇(白斑褶菇、无环斑褶菇):色胺衍生物中吲哚类衍生物、致幻觉物质;胃肠炎型、神经精神型

(293) *Panaeolus ater* (*Panaeolus fimicola* var. *ater*) 黑斑褶菇(粪生斑褶菇黑色变种)

(294) *Panaeolus bisporus* 双孢斑褶菇

(295) *Panaeolus cinctulus* 环带斑褶菇

(296) *Panaeolus cyanescens* 蓝灰斑褶菇(暗蓝斑褶菇、暗蓝花褶伞、暗蓝裸盖伞、暗蓝光盖伞):裸盖菇素;神经精神型

(297) *Panaeolus fimicola* 粪生斑褶菇(粪生花褶伞):色胺衍生物;神经精神型

(298) *Panaeolus papilionaceus* (*Panaeolus retirugis* 或 *Panaeolus sphinctrinus*) 蝶形斑褶菇(大孢斑褶菌、钟形花褶伞、粪菌、笑菌、舞菌、网纹斑褶菇、紧缩斑褶菇、紧缩花褶伞、紧缩斑褶伞、花褶伞、网纹花褶伞、牛屎菌、犬尿苔、钟形斑褶菇、蝶形花褶伞、大孢花褶伞、大孢斑褶菇):毒蝇碱、异噁唑类衍生物、

色胺类衍生物（吲哚类衍生物）、幻觉诱发物；胃肠炎型、神经精神型

（299） *Panaeolus semiovatus* （*Anellaria semiovata* 或 *Panaeolus phalenarum*） 半卵形斑褶菇（大花褶伞、牛屎菌、半卵形小环菇、大斑褶菇、黏盖花褶伞、黏盖斑褶菇）：幻觉诱发物；神经精神型

（300） *Panaeolus sepulchralis* 环斑褶菇

（301） *Panaeolus solidipes* 硬柄斑褶菇（硬腿花褶伞、硬腿斑褶菇）：神经精神型、胃肠炎型

（302） *Panaeolus subbalteatus* 红褐斑褶菇（暗缘斑褶菇、褐红花褶伞、红褐花褶伞）：色胺衍生物吲哚类衍生物

（303） *Panaeolus tropicalis* 热带斑褶菇（热带灰斑褶菇）

（304） *Panellus stipticus* 鳞皮扇菇（止血扇菇、山葵菌）：胃肠炎型

（305） *Panellus tuberculosporus* 疣孢扇菇

（306） *Paxillus involutus* 卷边网褶菌（卷边桩菇、卷边伞、杨树蘑）：胃肠炎型、溶血型、肝损伤型

（307） *Paxillus rubicundulus* 绒毛网褶菌

（308） *Paxina macropus* （*Acetabula macropus*） 长棱柄盘菌

（309） *Peziza arvernensis* （*Pezizasilvestris*） 林地盘菌（森林盘菌、林地碗）

（310） *Peziza badia* 疣孢褐盘菌（疣孢褐地碗）：马鞍菌酸、鹿花菌素的水解产物甲基联胺（MMH）；胃肠炎型、肝肾损害型、溶血型

（311） *Peziza repanda* 波缘盘菌（盘菌）

（312） *Peziza vesiculosa* 泡质盘菌

（313） *Phaeocollybia columbiana* 哥伦比亚暗金钱菌

（314） *Phaeocollybia jennyae* 詹尼暗金钱菌

（315） *Phaeocollybia similes* 相似暗金钱菌

（316） *Phaeogalera stagnina* 隐杆褐环柄菇（隐杆盔孢菌）

（317） *Phaeolepiota aurea* 金盖暗环柄菇（金盖环锈伞、金褐伞、金盖鳞伞）：胃肠炎型

（318） *Phallus rubicundus* 红鬼笔（深红鬼笔）

（319） *Phallus tenuis* 细黄鬼笔

（320） *Pholiota alnicola* （少鳞黄鳞伞、桤生环锈伞）

（321） *Pholiota flammans* 黄鳞伞（黄鳞环锈伞）

（322） *Pholiota highlandensis* （*Pholiota carbonaria*） 烧地鳞伞（烧地环锈伞、烧迹环锈伞）：胃肠炎型

（323） *Pholiota lubrica* 黏皮鳞伞（黏皮伞、黏盖环锈伞、橘黄环锈伞）

（324） *Pholiota piceina* 杉木黄鳞伞

（325） *Pholiota pudica* （*Leucoagaricus pudicus*） 羞鳞伞（纯鳞伞、纯白环菇）：胃肠炎型

（326） *Pholiota squarrosa* 翘鳞伞（翘鳞环锈伞）：鬼伞素、胃肠道反应毒素；胃肠炎型、神经精神型

（327） *Pholiota squarrosoides* 尖鳞伞（尖鳞黄伞、尖鳞环锈伞、锐鳞环柄菇、刺儿蘑）：胃肠炎型

（328） *Pholiota terrestris* 地鳞伞（鳞环锈伞、土生环锈伞、土环锈伞、金囊环锈伞、土生鳞伞）：胃肠炎型

（329） *Phylloporus bellus* 美丽褶孔牛肝菌：胃肠炎型

（330） *Pluteus salicinus* 柳生光柄菇（柳木光柄菇）：神经精神型

（331） *Podostroma cornu-damae* 红角肉棒菌：satratoxin H（黑葡萄穗霉毒素 H）；光敏感性皮炎型、肝损害型、胃肠炎型、呼吸循环衰竭型

（332） *Psathyrella candolleana* 黄盖小脆柄菇（黄白小脆柄菇、白黄小脆柄菇）：色胺衍生物吲哚类衍生物；神经精神型

（333） *Psathyrella castaneifolia* （*Panaeolina castaneifolia*） 栗褶小脆柄菇（栗褶疣孢斑褶菇）

（334） *Pseudoarmillariella ectypoides* （*Clitocybe ectypoides*） 异常假小蜜环菌（异常杯伞）

（335） *Pseudomerulius curtisii* （*Paxillus curtisii*） 覆瓦网褶菌（波纹桩菇）：胃肠炎型

（336） *Psilocybe argentipes* 银柄裸盖菇（阿根廷裸盖菇、阿根廷光盖伞、褐光盖伞）：色胺衍生物中吲哚类衍生物、致幻觉物质；神经精神型

（337） *Psilocybe baeocystis* 鳞柄裸盖菇

（338） *Psilocybe coprophila* 喜粪裸盖菇（喜粪光盖伞、粪生裸盖伞、粪生光盖伞）：色胺类衍生物中吲哚类衍生物、致幻觉物质；神经精神型

（339） *Psilocybe cubensis* 古巴裸盖菇（古巴光盖伞、古巴裸盖伞、裸头蕈、裸头菌）：色胺类化合物；神经精神型

（340） *Psilocybe cyanescens* 暗蓝裸盖菇（暗蓝光盖伞、暗蓝裸盖伞、暗蓝花褶伞）：色胺类衍生物；神经精神型

（341） *Psilocybe fasciata* 黄裸盖菇（黄褐光盖伞、黄光盖伞、黄褐裸盖伞）：色胺类衍生物、致幻性毒素；神经精神型

（342） *Psilocybe merdaria* 粪生裸盖菇（粪生光盖伞、粪生裸盖伞）：色胺类衍生物、致幻觉物质；神经精神型

（343） *Psilocybe mexicana* 墨西哥裸盖菇（墨西哥裸盖伞）：色胺类化合物

（344） *Psilocybe mongolica* 蒙古裸盖菇

（345） *Psilocybe ochreata* 赭色裸盖菇

（346） *Psilocybe samuiensis* 苏梅岛裸盖菇（苏梅岛光盖伞）：神经精神型

（347） *Psilocybe semilanceata* 半裸盖菇（半光盖伞）

（348） *Psilocybe subcaerulipes* 近蓝盖裸盖菇：色

胺衍生物吲哚类衍生物、致幻觉物质

(349) *Psilocybe venenata* 毒裸盖菇（毒光盖伞、毒裸盖伞）：色胺类衍生物；神经精神型、胃肠炎型

(350) *Psilocybe wayanadensis* 拟变蓝裸盖菇

(351) *Psilocybe yungensis* 央葛斯裸盖菇

(352) *Pulveroboletus icterinus* 疸黄粉牛肝菌

(353) *Pulveroboletus ravenelii* 黄粉牛肝菌（黄肚菌、黄粉末牛肝菌）：胃肠炎型

(354) *Ramaria aurea* 金黄枝瑚菌

(355) *Ramaria flaccida* 萎垂枝瑚菌（小孢白丛枝、小孢白枝瑚菌）

(356) *Ramaria flava* 黄枝瑚菌（疣孢黄枝瑚菌、疣孢枝瑚菌）：胃肠炎型

(357) *Ramaria formosa* 美丽枝瑚菌（粉红枝瑚菌、粉红丛枝菌）：胃肠道反应毒素；胃肠炎型

(358) *Ramaria fumigata* 烟色枝瑚菌（暗灰枝瑚菌、暗灰丛枝菌）

(359) *Ramaria gelatinosa* var. *oregonensis* 胶质枝瑚菌俄勒冈变种（黄胶质枝瑚菌）

(360) *Ramaria mairei* 梅尔枝瑚菌（紫丁香枝瑚菌）：胃肠炎型

(361) *Ramaria neoformosa* 拟美丽枝瑚菌（拟粉红枝瑚菌）

(362) *Ramaria rufescens* 红枝瑚菌（红顶黄丛枝）

(363) *Retiboletus nigerrimus*（*Tylopilus nigerrimus*）黑网柄牛肝菌（黑粉孢牛肝菌）：胃肠炎型、神经精神型

(364) *Rhizina undulata* 波状根盘菌：胃肠炎型

(365) *Rhodophyllus murraii* 方孢赤褶菌

(366) *Rhodophyllus salmoneus* 赭红赤褶菌（赭红粉褶菌、朱顶红褶伞）

(367) *Russula aeruginea* 铜绿红菇（铜绿菇）：胃肠炎型

(368) *Russula alutacea* 大红菇（革质红菇）：胃肠炎型

(369) *Russula densifolia* 密褶红菇（密褶黑菇、黑菇、火炭菌、小叶火炭菇、密褶黑菰）：胃肠道刺激物；胃肠炎型、肝损害型

(370) *Russula emetica*（*Russulaemetica* var. *gregaria* 或 *Russula emetica* var. *fageticola*）毒红菇（小红脸菌、呕吐红菇、毒红菇群生变种、毒红菇山毛榉变种）：毒蝇碱、胃肠道刺激物、胃肠道反应毒素；胃肠炎型、溶血型、神经精神型

(371) *Russula farinipes* 粉柄红菇（粉柄黄红菇、土黄菇、臭辣菇、鸡屎菇）

(372) *Russula fellea* 苦红菇（土黄褐红菇）

(373) *Russula flavida* 淡黄红菇（姜黄红菇）

(374) *Russula foetens* 臭红菇（牛犊菌、臭黄菇、腥红菇、油辣菇）：胃肠道反应毒素；胃肠炎型、神经精神型、溶血型

(375) *Russula fragilis* 脆红菇（小红盖子、小棺材盖、小毒红菇、脆弱红菇）：胃肠道反应毒素；胃肠炎型

(376) *Russula grata*（*Russula laurocerasi*）可爱红菇（拟臭黄菇）

(377) *Russula japonica* 日本红菇：胃肠炎型

(378) *Russula luteotacta* 触黄红菇（红黄红菇、土黄红菇）

(379) *Russula nigricans* 黑红菇（稀褶黑菇、稀褶黑红菇、稀褶黑菇、黑菇、火炭菇、猪仔菇、老鸦菇、菌子王）：胃肠炎型、溶血型、肝损害型、呼吸循环衰竭型

(380) *Russula queletii* 凯莱红菇（褐紫红菇）

(381) *Russula senecis* 点柄黄红菇（点柄臭黄菇、鱼鳃菇）：胃肠炎型

(382) *Russula subnigricans* 亚黑红菇（亚稀褶黑菇、亚稀褶红菇、亚稀褶毒黑菇、亚稀褶黑红菇、火炭菌、假炭菇、毒黑菇）：鹅膏毒肽、鬼笔毒肽、红菇素、亚稀褶黑菇毒素；溶血型、呼吸循环衰竭型、胃肠炎型、神经精神型、肾损害型、多脏器损伤型、横纹肌溶解症型

(383) *Russula tenuiceps* 薄盖红菇

(384) *Sarcodon imbricatus*（*Sarcodona spratus*）翘鳞肉齿菌（褐紫肉齿菌、香肉齿菌、香茸）

(385) *Sarcoscypha coccinea* 绯红肉杯菌（红白毛杯、红白毛杯菌）

(386) *Sarcosphaera coronaria* 冠裂球肉盘菌（紫星菌、紫星裂盘菌）

(387) *Scleroderma areolatum* 网状硬皮马勃（马勃状硬皮马勃、马皮泡、灰包）：神经精神型

(388) *Scleroderma aurantium* 金黄硬皮马勃（黄硬皮马勃）：胃肠炎型

(389) *Scleroderma cepa* 光硬皮马勃：胃肠炎型

(390) *Scleroderma citrinum* 橙黄硬皮马勃：胃肠道反应毒素；胃肠炎型

(391) *Scleroderma flavidum* 黄硬皮马勃：胃肠炎型、神经精神型

(392) *Stropharia aeruginosa* 铜绿球盖菇（黄铜绿球盖菇、绿蘑）

(393) *Stropharia coronilla* 冠状球盖菇（齿环球盖菇）

(394) *Stropharia semiglobata* 半球盖菇（半球盖菌、半球假黑伞、半球假鬼伞）：神经精神型

(395) *Stropharia yunnanensis* 云南球盖菇

(396) *Suillus granulatus*（*Suilluslactifluus*）点柄乳牛肝菌（乳黄黏盖牛肝菌、栗壳牛肝菌、点柄黏盖牛肝菌）：胃肠炎型

(397) *Suillus luteus* 褐环乳牛肝菌（土色牛肝菌、褐环黏盖牛肝菌、黄浮牛肝菌）：胃肠炎型、溶血型

(398) *Suillus pictus* 虎皮乳牛肝菌（虎皮黏盖牛

肝菌）：胃肠炎型

（399）*Suillus placidus* 琥珀乳牛肝菌（黄白黏盖牛肝菌、黄黏盖牛肝菌）：胃肠道反应毒素；胃肠炎型

（400）*Sutorius eximius*（*Tylopilus eximius*） 紫盖铅紫牛肝菌（紫盖粉孢牛肝菌、紫盖牛肝菌、羊肝菌）：胃肠炎型

（401）*Tapinella atrotomentosa*（*Paxillus atrotomentosus*） 毛柄网褶菌（黑毛桩菇）：胃肠炎型、肝肾损害型

（402）*Tapinella panuoides*（*Paxillus panuoides*） 耳状网褶菌（耳状桩菇）：胃肠炎型

（403）*Tricholoma acerbum* 酸涩口蘑（苦口蘑、苦白蘑、苦蘑）

（404）*Tricholoma albobrunneum* 白棕口蘑（淡褐白蘑、淡褐口蘑、白褐口蘑）：胃肠道刺激物；胃肠炎型

（405）*Tricholoma album*（*Inocybe caesariata*） 白口蘑（臭白蘑、苦口蘑、苦白蘑、苦白口蘑、乳白口蘑、白丝盖伞、白毛锈伞）：神经精神型

（406）*Tricholoma equestre*（*Tricholoma flavovirens*） 油口蘑（黄白蘑、黄荞面菌、荞麦蘑、油黄口蘑、油蘑、黄丝菌、黄缘口蘑、黄茅草、松毛菇）：神经精神型、横纹肌溶解症型

（407）*Tricholoma fulvum* 黄褐口蘑（黏黄白蘑）：胃肠炎型

（408）*Tricholoma japonicum* 日本口蘑（土豆口蘑）

（409）*Tricholoma lascivum* 草黄口蘑（茂状蘑）：胃肠炎型

（410）*Tricholoma muscarium* 毒蝇口蘑：异噁唑衍生物、噁唑衍生物；神经精神型

（411）*Tricholoma pardinum* 豹斑口蘑：胃肠道反应毒素、胃肠道刺激物；胃肠炎型

（412）*Tricholoma pessundatum* 锈口蘑（米汤菌、锈色口蘑、锈蘑）：胃肠道反应毒素

（413）*Tricholoma saponaceum* 皂味口蘑（皂腻口蘑）：saponaceolode A

（414）*Tricholoma scalpturatum* 雕纹口蘑

（415）*Tricholoma sciodes* 褶缘黑点口蘑

（416）*Tricholoma sulphureum* 硫色口蘑（硫磺色口蘑）：毒蝇碱；胃肠炎型、神经精神型、呼吸循环衰竭型

（417）*Tricholoma tigrinum* 虎斑口蘑（虎皮蘑、虎斑蘑）：胃肠炎型

（418）*Tricholoma ustale* 褐黑口蘑（絮柄白蘑、黑褐口蘑）：胃肠炎型

（419）*Tricholoma virgatum* 条纹口蘑（条纹白蘑、突顶口蘑、凸顶口蘑、尖顶口蘑、突顶蘑）：胃肠炎型

（420）*Tricholomopsis bambusina* 竹林拟口蘑

（421）*Tricholomopsis rutilans* 赭红拟口蘑（赭红口蘑）：胃肠炎型

（422）*Trogia venenata* 毒沟褶菌（云南小白菇）：非蛋白氨基酸

（423）*Tylopilus felleus* 苦粉孢牛肝菌（老苦菌、闹马菌、苦牛肝）：环亚胺盐毒素；胃肠炎型、神经精神型

（424）*Tylopilus ferrugineus*（*Tylopilus felleus* var. *Minor*） 浅棕粉孢牛肝菌（苦粉孢牛肝小变种）

（425）*Tylopilus microsporus* 小孢粉孢牛肝菌

（426）*Tylopilus otsuensis* 大津粉孢牛肝菌

（427）*Tylopilus virens* 绿盖粉孢牛肝菌（棕绿牛肝菌）

（428）*Verpa bohemica*（*Ptychoverpa bohemica*） 波地钟菌（皱盖钟菌）：鹿花菌素（MMH-甲基联胺或单甲基肼）；胃肠炎型、溶血型

（429）*Verpa digitaliformis* 指状钟菌

（430）*Vibrissea lutea*（*Cudonia lutea*） 黄地锤菌

（431）*Volvariella speciosa* 美丽草菇

（432）*Volvopluteus gloiocephalus*（*Volvariella gloiocephala*） 黏盖包脚菇（白草菇）：胃肠炎型、神经精神型

（433）*Wynnea americana* 美洲丛耳菌

（434）*Wynnea gigantea* 大丛耳菌（兔耳朵、从耳菌）：胃肠炎型

（435）*Xanthoconium affine* 栗金孢牛肝菌：毒蛋白；肝损害型、胃肠炎型、溶血型

4.6.1　毒蕈中毒类型

一种毒蕈可含多种毒素，多种毒蕈也可含有一种毒素。毒素的形成和含量常受环境影响。中毒程度与毒蕈种类、进食量、加工方法及个体差异有关。

毒蕈中毒多因误食引起。全世界已知的毒蕈约千余种，目前在我国已发现的约 450 余种，明确的 435 种。以南方湿润气候地区居多，如云南、广东、湖南等地区较多，仅广东已知毒种 112 种。各种毒蕈所含的毒素不同，引起中毒的临床表现也各异。按各种毒蕈中毒的主要表现，大致分为 6 种类型。

1）胃肠炎型

由误食毒红菇、红网牛肝菌及墨汁鬼伞等毒蕈所引起。潜伏期 0.5～6h。发病时表现为恶心、剧烈呕吐、腹痛、腹泻等。引起此型中毒的毒素尚未明了，可能由类树脂物质、胍啶或毒蕈酸等毒素引起。但经过适当的对症处理中毒者即可迅速康复，死亡率甚低，病程短，预后良好。

2）神经型

由误食毒蝇伞、豹斑毒伞等毒蕈所引起。其毒素为毒蝇碱、蟾蜍素和幻觉原等类似乙酰胆碱的毒蕈碱（muscarine）类毒性物质。潜伏期 1～6h。发病时除肠胃炎的症状外，尚有交感神经兴奋症状，如多汗、流涎、流泪、脉搏缓慢、瞳孔缩小等。阿托品对控制交感

神经兴奋症状有较好的效果，用阿托品类药物治疗效果甚佳。少数病情严重者有谵言、幻觉、呼吸抑制等表现，个别严重病例死亡。误食角鳞次伞菌及臭黄菇等除引起肠胃炎症状外，还伴有头晕、精神错乱、昏睡等症状。即使不治疗，1～2d也可康复。死亡率甚低。

另外由误食牛肝菌引起者，除肠胃炎等症状外，多有幻觉（矮小幻视）、谵妄等症状。部分病例有迫害妄想等类似精神分裂症的表现。经过适当治疗也可康复，死亡率也低。

3）溶血型

因误食鹿花蕈等引起。鹿蕈素及马鞍蕈毒等毒素为中毒物质。潜伏期6～12h。发病时除肠胃炎症状外，并有溶血表现，可引起贫血、肝脾肿大等病征。此型中毒对中枢神经系统也常有影响，可有头痛等症状。给予肾上腺皮质激素及输血等治疗多可康复，死亡率不高。

4）中毒性肝炎型（肝病型）

这种类型的毒蕈中毒因误食毒伞、白毒伞、鳞柄毒伞等所引起。其所含毒素包括毒伞毒素及鬼笔毒素，两大类共11种，主要由毒伞七肽、毒伞十肽等引起。鬼笔毒素作用快，主要作用于肝。毒伞毒素作用较迟缓，但毒性较鬼笔毒素大20倍，能直接作用于细胞核，有可能抑制RNA聚合酶，并能显著减少肝糖原而导致肝细胞迅速坏死。此型中毒病情凶险，如无积极治疗死亡率甚高。

中毒性肝炎型的临床经过可分为6期，初多为胃肠炎表现，部分患者可有一假愈期，后出现以肝、脑、心、肾等器官损害的表现，但以肝损害最为严重，部分患者可有精神症状。

5）呼吸与循环衰竭型

引起这种类型的毒蘑菇主要是亚稀褶黑菇，死亡率较高。

6）光过敏性皮炎型

我国目前发现引起此类症状的是叶状耳盘菌。

预防毒蕈中毒的措施有：①一定要有经验的人采摘野生蘑菇，其他人不要随意采摘野生蘑菇，以免误食后中毒；②食用市售蘑菇（特别是野生菇干品）时，如发现异样者应挑除；③对可食但含毒的种类，一定要严格按照这种蘑菇的食用方法烹调和就餐。

4.6.2 蕈的基本形态

蕈或蘑菇的基本形态见图4-181～图4-190。

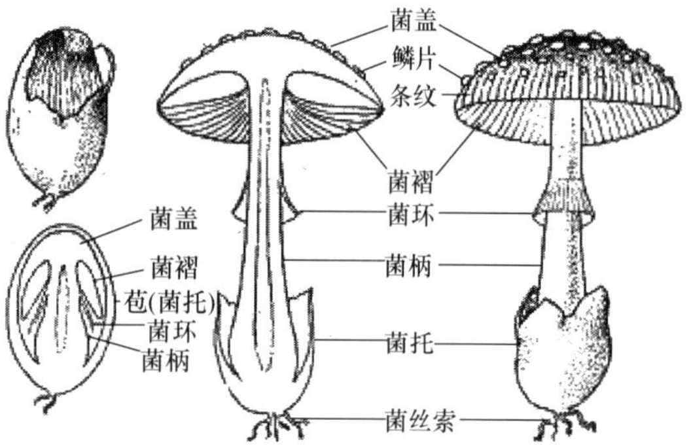

图4-181 蘑菇的形状

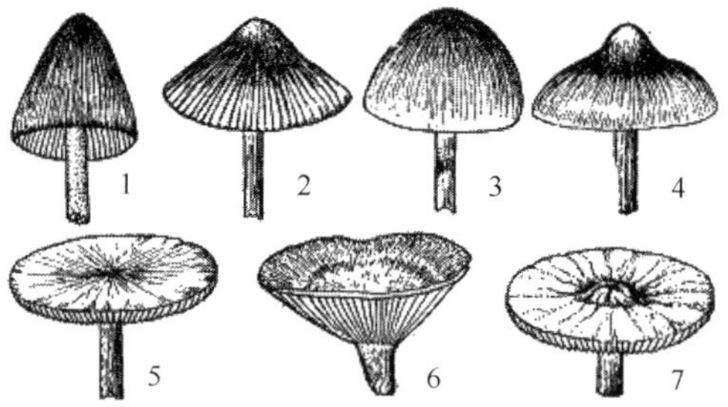

图4-182 菌盖的形状

1. 钟形；2. 斗笠形；3. 半球形；4. 中央突起；5. 平展；6. 漏斗形；7. 中央脐状

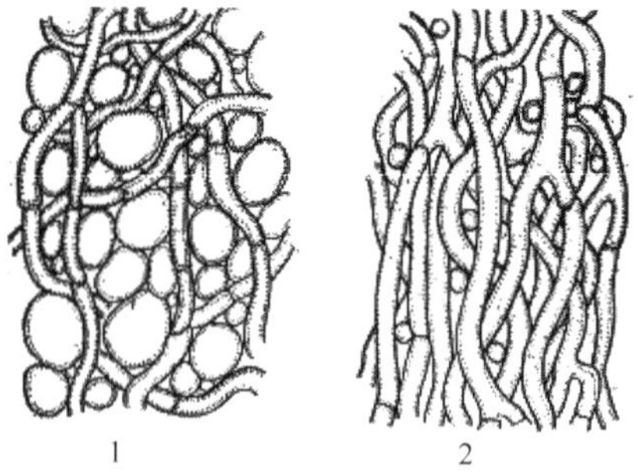

图4-183 菌肉组织

1. 泡囊状菌丝组成；2. 丝状菌丝组成

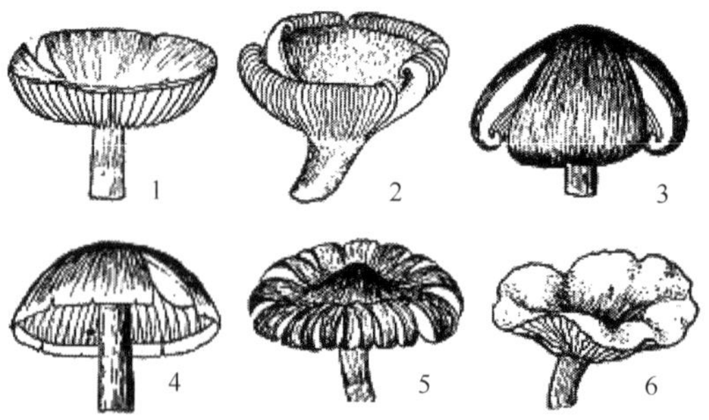

图4-184 菌盖边缘特征

1. 上翘；2. 反卷；3. 内卷；4. 边缘延伸；5. 边缘撕裂；6. 边缘波状

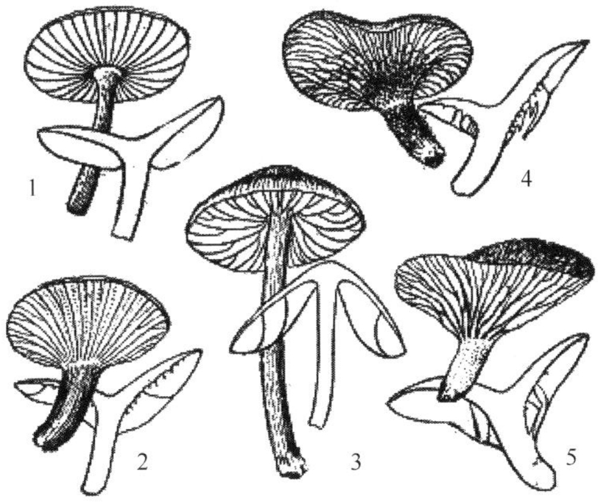

图 4-185　子实层（菌褶）形状

1. 等长；2. 褶间有横脉；3. 不等长；4. 网状；5. 分叉

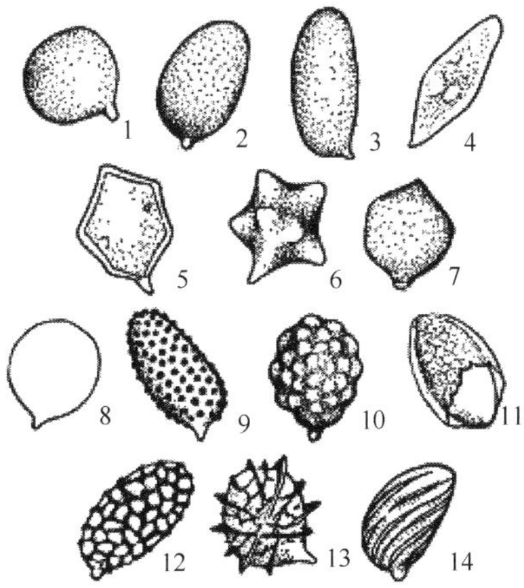

图 4-186　孢子的形状和特征

1. 近球形；2. 卵圆形；3. 椭圆形；4. 纺锤形；5. 角形；6. 星状；7. 柠檬形；8. 光滑；9. 具联点；10. 具小瘤；11. 具外孢膜；12. 具网纹；13. 具刺破；14. 具纵条棱

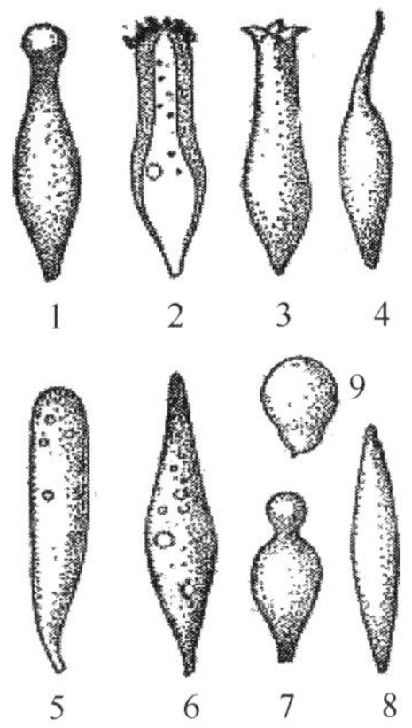

图 4-187　囊状体形状和特征

1. 顶端头状；2. 顶端有结晶；3. 顶端有角；4. 尖头纺锤形；5. 棒状；6. 梭形；7. 瓶状；8. 纺锤形；9. 梨形

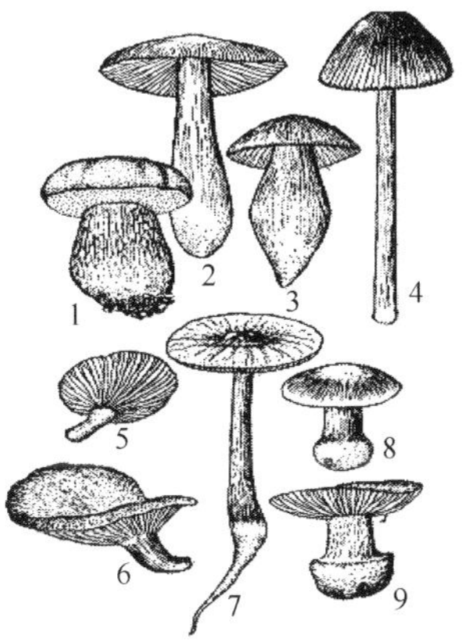

图 4-188　菌柄形状和特征

1. 粗筒状；2. 柱状；3. 纺锤状；4. 圆柱状；5. 柄衍生；6. 柄扇生；7. 基部延伸呈假根状；8. 基部变大呈球形；9. 基部呈杵状

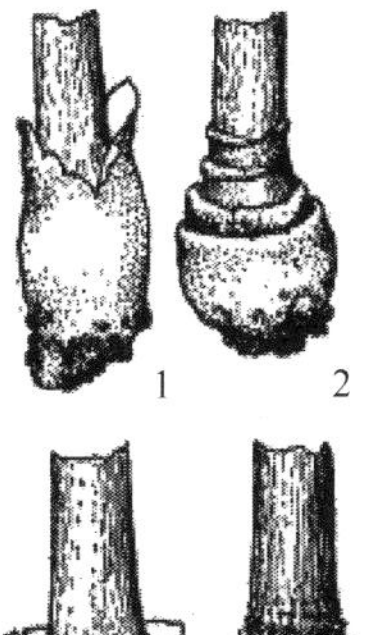

图 4-189　菌托

1. 苞状；2. 环带；3. 杯状；4. 由数圈颗粒组成

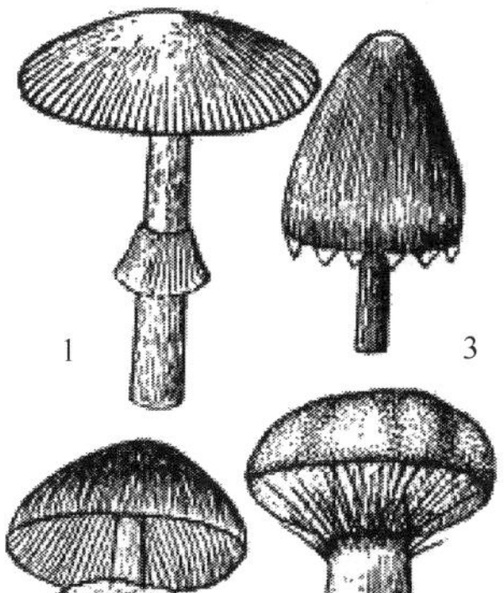

图 4-190　菌环的形状

1. 单层环；2. 双层环；3. 菌盖边缘附菌膜残片；4. 菌膜蛛网状

5

食物感染性病原微生物

在人类食品中，来自动物的食品占有重要比例，是人体营养和必需成分的重要来源。往往由于动物在生活过程中感染某些疫病，致使在其肉和产品中带有病原微生物。人们通过生产加工、运输、贮藏、销售、烹调等过程接触到这些病原微生物，或进食了未经彻底加热的带有病原微生物的食品而发生人类的感染，称为食物感染。由于食物感染主要发生在动物性食品，因此又称为肉源性食物感染或食肉感染。发生食物感染的微生物主要是人畜共患疫病病原微生物。

世界上已证实的人畜共患病有400多种，随着对疾病和病原认识的加深，人畜共患病还将不断增加。国内目前调查资料表明，共有人畜共患病196种，其中细菌病53种，病毒病36种，立克次体病7种，衣原体病2种，支原体病1种，真菌病6种，寄生虫病91种。

人畜共患传染病主要是由动物传染给人，患病动物既是某些病原体的贮藏库，也是人类某些疫病的传播者。人畜共患病感染给人的途径是多方面的，据调查通过食物传播的人畜共患病占半数以上。发生食物感染的主要因素有：缺乏食品卫生知识和加工烹调、饮食习惯带来的感染。

人畜共患病病原微生物污染食品后，除了对人体健康产生严重危害外，对畜牧业的发展也将产生严重危害。为了保证人们身体健康，促进畜牧业发展，必须加强食品中病原微生物、特别是人畜共患病病原微生物的检验工作。

5.1 霍乱弧菌（*Vibrio cholera*）

5.1.1 食品卫生学意义

霍乱弧菌是弧菌属中对人致病最强的一种，1854年意大利解剖学教授帕西尼最早对此菌做过描述，1883年柯赫从埃及患者粪便中首先分离到本菌。为了纪念帕西尼教授，正式命名该菌为霍乱弧菌。

霍乱弧菌（*V. cholera*）是弧菌属的一个种，是烈性传染病霍乱的病原菌。此菌包括两个生物型：古典生物型（classical biotype）和埃尔托生物型（eltor biotype）。这两种型别除个别生物学性状稍有不同外，形态和免疫学特性基本相同，在临床病理及流行病学特征上没有本质的差别。自1817年以来，全球共发生了7次世界性大流行，前6次病原是古典型霍乱弧菌，第7次病原是埃尔托型所致。

1992年10月在印度东南部又发现了一个引起霍乱流行的新血清型菌株（O139），它引起的霍乱在临床表现及传播方式上与古典型霍乱完全相同，但不能被O1群霍乱弧菌诊断血清所凝集，抗O1群的抗血清对O139菌株无保护性免疫。在水中存活时间较O1群霍乱弧菌长，有可能成为世界性霍乱流行的新菌株。

霍乱弧菌对人引起的疾病称为霍乱。霍乱是人类传染病，动物不发生，患者和带菌者是传染源。霍乱弧菌存在于含有一定盐分和有机营养物质的水体、海湾沿岸、江河出海口的海水中，当水中含有贝壳类、桡足类水生物时，有利于该菌的贮存。流行一般在5～11月，高峰为7～9月，但全年均可流行。在人群分布上主要与生活习惯有密切关系，如渔民、流动人口患病率较高。霍乱的传播途径：①经水传播，水是霍乱最主要的传播途径；②食源性传播，食物在生产、运输、加工、贮存和销售中可能被污染的水或被患者、带菌者污染，这些受污染的食物在霍乱的传播甚至暴发中起重要作用，婚宴或聚餐发生霍乱是食物型霍乱感染的主要形式之一；③经生活必需品接触传播，与患者、带菌者或被该菌污染的物品接触而感染；④经苍蝇等昆虫传播，昆虫将病菌带到食物上，起传播作用。本菌在水中可生存1～3周，在鱼、鲜肉和贝壳类上可存活1～2周，在蔬菜、水果上可存活1周，加工食品如条件适当，可能有利于菌体繁殖和产毒（图5-1）。

潜伏期1～2d，短的为数小时至5d，主要表现为头昏、疲倦、腹胀、腹泻，强烈腹泻和严重脱水是霍乱的主要特征。

5.1.2 生物学特性

5.1.2.1 形态与染色特征

霍乱弧菌菌体弯曲呈弧状或逗点状，长 1～3μm，宽 0.3～0.6μm。新分离到的菌株形态比较典型，经人工培养后失去弧形而成杆状。取患者米泔水样粪便做涂片镜检，可见菌体排列如“鱼群样”。菌体一端有单根鞭毛和菌毛，运动活泼，呈穿梭状，无荚膜与芽胞。革兰氏染色阴性（图 5-2）。

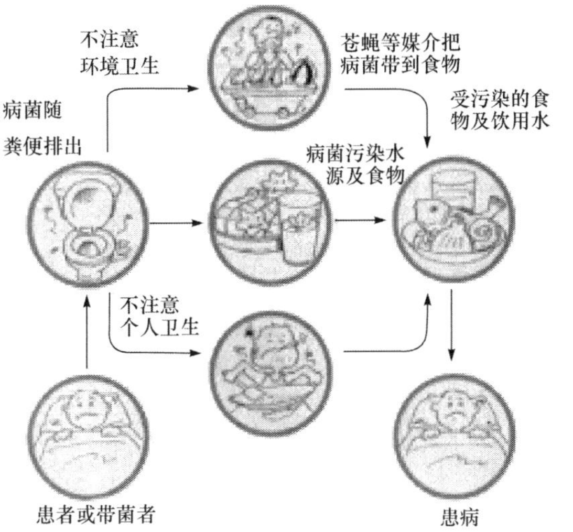

图 5-1 霍乱传染途径

5.1.2.2 培养特性

营养要求不高，属兼性厌氧菌，生长温度为 16～42℃，最适生长温度 37℃，在 pH8.8～9.0 的碱性蛋白胨水或平板中生长良好。因其他细菌在这一 pH 不易生长，故碱性蛋白胨水可作为选择性增殖霍乱弧菌的培养基。在碱性平板上菌落直径为 2mm，圆形、光滑、透明。霍乱弧菌是生长最快的细菌之一，在固体培养基上，一般呈无色、圆形、透明、光滑、湿润、扁平或稍凸起、边缘整齐的菌落（图 5-3）。

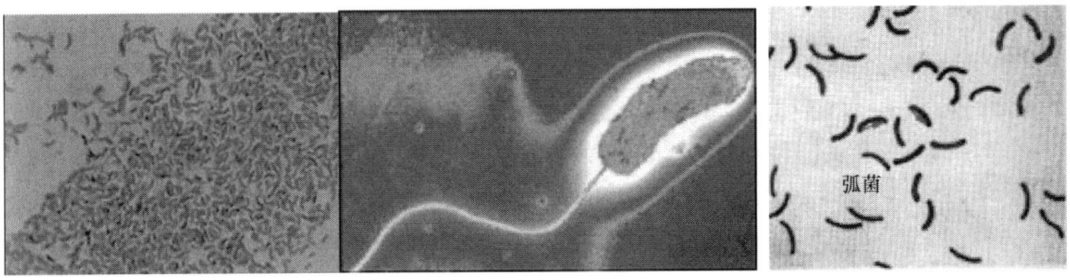

图 5-2 霍乱弧菌

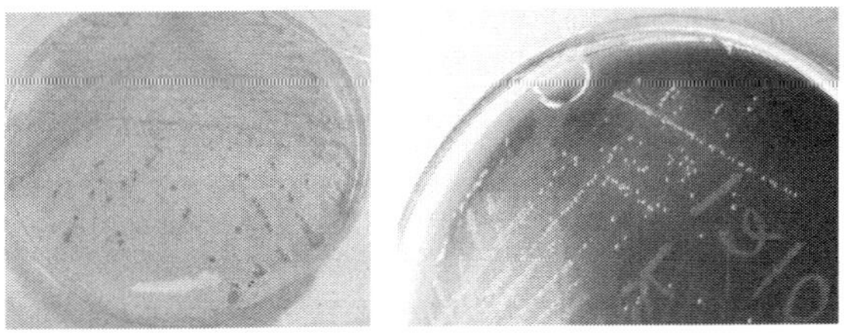
图 5-3 TCBS 琼脂上的霍乱弧菌

5.1.2.3 生化特性

霍乱弧菌能还原硝酸盐为亚硝酸盐，靛基质反应阳性，对葡萄糖、麦芽糖、甘露醇、蔗糖、半乳糖产酸产气，迟缓发酵乳糖，不发酵阿拉伯糖、卫茅醇、水杨素、木糖、侧金盏花醇和肌醇。当培养物在含硝酸盐及色氨酸的培养基中产生靛基质与亚硝酸盐，在浓硫酸存在时生成红色，称为霍乱红反应，但其他非致病性弧菌也有此反应，故不能凭此鉴定霍乱弧菌。埃尔托型霍乱弧菌与古典型霍乱弧菌生化反应有所不同。前者 V-P 阳性而后者为阴性。前者能产生强烈的溶血素，溶解羊红细胞，在血平板上生长的菌落周围出现明显的透明溶血环，古典型霍乱弧菌则不溶解羊红细胞。个别埃尔托型霍乱弧菌株不溶血。

5.1.2.4 抗原构造与分型（表 5-1）

表 5-1 两种生物型的鉴别（抗原构造分型）

鉴别试验	O1 群霍乱弧菌生物型	
	古典	埃尔托
第Ⅳ组霍乱弧菌噬菌体裂解	+	－（+）
多黏菌素 B 敏感	+	－（+）
鸡红细胞凝集	－（+）	+（－）
V-P	－	+（－）
溶血	－	+，－

注：+．阳性；－．阴性；－（+）．多数阴性，少数迟缓阳性；+（－）．多数阳性，少数迟缓阴性

根据弧菌 O 抗原不同，分成Ⅵ个血清群，第Ⅰ群包括霍乱弧菌的两个生物型。第Ⅰ群 A、B、C 三种抗原成分可将霍乱弧菌分为三个血清型：含 A、C 者为原型（又称稻叶型），含 A、B 者为异型（又称小川型），A、B、C 均有者称中间型（彦岛型）。B、C 抗原因子为型特异性抗原。

5.1.2.5 致病性

致病因素：霍乱弧菌进入人体小肠以后，在细菌定居因子及黏附因子的共同作用下，黏附于肠道上皮，大量繁殖并产生致泻性极强的肠毒素。

所致疾病：人类在自然情况下是霍乱弧菌的唯一易感者，主要通过污染的水源或食物经口传染。在一定条件下，霍乱弧菌进入小肠后，依靠鞭毛运动，穿过黏膜表面黏液层，可能借助菌毛作用黏附于肠壁上皮细胞上，在肠黏膜表面迅速繁殖，经过短暂潜伏期后便急骤发病。该菌不侵入肠上皮细胞和肠腺，也不侵入血流，仅在局部繁殖和产生霍乱肠毒素，此毒素作用于肠黏膜上皮细胞与肠腺使肠液过度分泌，从而使患者出现上吐下泻，泻出物呈“米泔水样”并含大量弧菌，此为本病典型的特征。

霍乱肠毒素本质是蛋白质，不耐热，56℃经30min即可破坏其活性。对蛋白酶敏感而对胰蛋白酶抵抗。该毒素属外毒素，具有很强的抗原性。现已能将该毒素高度精制成晶状，仍保持极强的生物学活性。

霍乱肠毒素致病机制：毒素由A和B两个亚单位组成，A亚单位又分为A1和A2两个肽链，两者依靠二硫键连接。A亚单位为毒性单位，其中A1肽链具有酶活性，A2肽链与B亚单位结合参与受体介导的内吞作用中转位作用。B亚单位为结合单位，能特异地识别肠上皮细胞上受体。一个毒素分子由一个A亚单位和5个B亚单位组成多聚体。B亚单位与肠细胞膜表面上的受体结合，使毒素分子变构，A单位进入细胞，A1肽链活化，进而激活腺苷环化酶（AC），使腺苷三磷酸（ATP）转化为环磷酸腺苷（cAMP），细胞内cAMP浓度增高，导致肠黏膜细胞分泌功能大为亢进，使大量体液和电解质进入肠腔而发生剧烈腹泻，由于大量脱水和失盐，可发生代谢性酸中毒，血循环衰竭，甚至休克或死亡。

5.1.2.6 抵抗力

霍乱弧菌古典生物型对外环境抵抗力较弱，埃尔托生物型抵抗力较强，在河水、井水、海水中可存活1～3周，在鲜鱼、贝壳类食物上存活1～2周。对热、干燥、日光、化学消毒剂和酸均很敏感，耐低温，耐碱。湿热55℃，15min或100℃，1～2min可被杀死，水中加0.5ppm氯15min可被杀死。0.1%高锰酸钾浸泡蔬菜、水果可达到消毒目的。在正常胃酸中仅生存4min。

5.1.3 检验和控制

由于霍乱流行迅速，且在流行期间发病率及死亡率均高，危害极大，因此早期迅速和正确的诊断，对治疗和预防本病的蔓延有重大意义。可参考国家传染病诊断标准WS289-2008进行检验。

1）直接镜检

采取患者“米泔水样”大便或呕吐物。镜检（涂片染色及悬滴法检查）观察细菌形态，动力特征。

2）细菌分离培养

可将材料接种至碱性蛋白胨水37℃培养6～8h后，取生长物做形态观察，并转种于碱性平板做分离培养，取可疑菌落做玻片凝集，阳性者再做生化反应及生物型别鉴定试验。

3）特异性检验

取检材或新鲜碱性蛋白胨水培养物一滴，置于载玻片上，再加霍乱弧菌多价诊断血清，加盖玻片，用暗视野镜观察，3min内运动被抑制的即为阳性，此法优点是快速而特异，操作简便，但必须有数量较多的弧菌才能检出。

4）免疫荧光法检验

除一般免疫荧光法检测外，还可用荧光菌球法检查。

平时注意饮食卫生，尤其是饮水卫生，不喝生水。

5.2 炭疽杆菌（*Bacillus anthracis*）

5.2.1 食品卫生学意义

炭疽杆菌是引起动物和人炭疽的病原菌。炭疽是人畜共患的急性、热性、败血性传染病。屠畜炭疽可分为败血型和局限型两类，绵羊、牛和马最易感，常呈超急性、急性和亚急性经过，病畜突然倒地、呼吸困难、全身痉挛、高热、天然孔出血、血凝不全，迅速死亡。

猪对本病有较强抵抗力，常呈慢性经过，表现为咽峡炎型、肠型和肺型。

人多为局限性感染，主要表现为局限型，分为皮肤炭疽、肠炭疽和肺炭疽。人感染炭疽的主要途径：①通过破损皮肤和外表黏膜，在宰杀病畜、剥取兽皮、皮毛加工、照料病畜或搬运肉品过程中，接触了炭疽杆菌，可发生皮肤炭疽；②病畜肉加工的肉制品中带有炭疽芽胞，虽经过一般烹调烧煮但未能将其杀死，因进食这些食品发生肠型感染；③在处理畜产品，如皮张、鬃毛等时，吸入含有炭疽芽胞的尘埃，发生肺炭疽。但经过这些途径感染人或畜的事件现在已比较少见，多呈散发。

5.2.2 生物学特性

5.2.2.1 形态与染色特征

本菌为一种长而粗的革兰氏阳性大杆菌，长4～8μm，宽1～3μm，在人和动物体内常呈单个散在或呈短链。在菌体周围形成黏液样肥厚的荚膜。荚膜是一种大分子多肽，由D-谷氨酸组成，荚膜比菌体对腐败作用的抵抗力大，因此在腐败材料制成的涂片中，往往可以看到无菌的菌影，这个菌影就是荚膜。荚膜有时呈规则性，与菌体形态一致，有时呈不规则形态，与菌体形态不尽一致，表现为许多变异形态，细菌分节不清，菌体呈扭转状或卷曲状，菌体粗细不等，荚膜有时很厚，检验时容易漏掉。在染色标本中，两菌相接的菌端平截或稍凹陷，以致菌体连接起来颇似竹节状（图 5-4，图 5-5）。

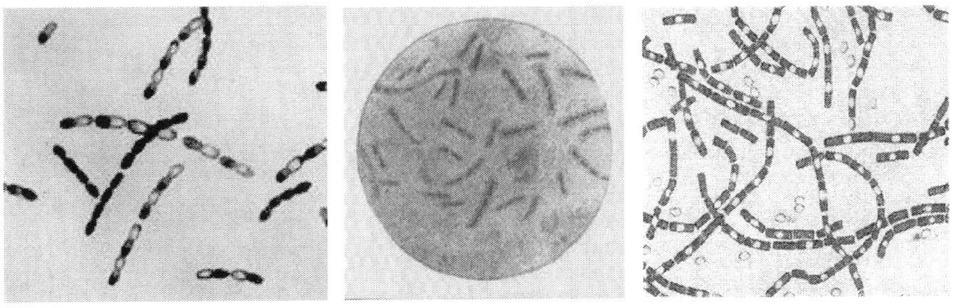

图 5-4　炭疽杆菌芽胞

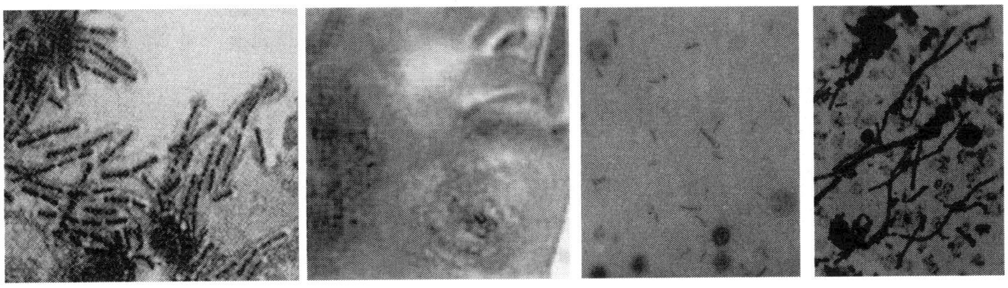

图 5-5　炭疽杆菌荚膜和人的局限性感染

在人工培养基内或在自然界中的炭疽杆菌，菌体粗而长，菌端直截状如刀切，几十个或上百个菌体连接呈长链条状，一般不产生荚膜，能形成卵圆形、折光性强、位于菌体中央、不大于菌体的芽胞。在不解体的尸体中是不形成芽胞的。

5.2.2.2　培养特性

本菌是需氧菌，在有氧条件下发育最好。对营养要求不严格，在一般培养基上即可生长，在 14～44℃下均能繁殖，最适生长温度为 37℃。pH6.0～8.5 均能生长，最适 pH7.2～7.6。

普通琼脂：培养 18～24h，形成直径 2～3mm，大而扁平、粗糙、灰白色、不透明、边缘不整齐的火焰状菌落。用低倍显微镜观察，菌落边缘呈卷发状。

血琼脂平板：不溶血或轻度溶血。

碳酸盐琼脂：在含 0.5%～0.75%碳酸氢钠琼脂平板上，置 5%～10%二氧化碳环境培养，强毒株能产生荚膜，形成圆形凸起、光滑湿润并有闪光的黏液型菌落。

明胶：细菌除沿穿刺线生长外，并向四周呈直放射状生长，且在培养基上部放射状生长较长，越向下越短，因此长成的培养物好似倒立的棕榈树状。

普通肉汤：管底有棉絮状沉淀物，整个培养液澄清，如轻轻摇动试管，可见沉淀物卷绕成团，向上升起，不形成菌膜。

如将炭疽杆菌接种在每毫升含 0.05 单位的青霉素的固体或液体培养基中培养时，由于细胞壁中的黏肽合成被抑制，则形成原生质体，因而菌体膨胀，互相连接一起，呈串珠状，称此为“串珠反应”，这是炭疽杆菌所特有的，可作为与其他需氧性芽胞杆菌的鉴别依据之一。

5.2.2.3　生化特性

本菌分解葡萄糖、麦芽糖和蔗糖，产酸不产气，不分解乳糖和水杨苷，不产生靛基质和硫化氢，V-P 试验不定。能还原硝酸盐为亚硝酸盐，在牛乳中生长，2～4d 后凝固，然后缓慢胨化。不能利用枸橼酸盐和尿素，不还原美蓝，卵磷脂酶反应弱。

5.2.2.4　抗原构造与分型

炭疽杆菌主要有 4 种抗原：荚膜多肽抗原，有抗吞噬作用；菌体多糖抗原，有种特异性；芽胞抗原；保护性抗原，为一种蛋白质，是炭疽毒素的组成部分。有毒株产生的毒素有三种，除保护性抗原外，还有水肿毒素，致死因子。

（1）荚膜多肽抗原：是一种半抗原，由 D-谷氨酸组成的一种多肽类，是炭疽杆菌的重要毒力成分，在动物体内能抵抗吞噬作用。当发生变异失去荚膜时，毒力随之消失。荚膜抗原所产生的抗体对机体无保护作用。

（2）菌体多糖抗原：系由乙酰氨基葡萄糖和半乳糖所组成的一种多糖类，也是一种半抗原。有种的特异性，但与毒力无关。耐热，在腐败尸体中虽经较长时间，或加热煮沸，甚至高压蒸汽处理后，抗原性也不被破坏，仍可与特异性免疫血清发生沉淀反应，这就是炭疽热沉淀反应的抗原处理的原理。

(3) 芽胞抗原：炭疽杆菌芽胞的外膜层有抗原决定簇，它与皮质一起组成炭疽芽胞的特异性抗原，该抗原有免疫原性和血清学活性。

(4) 保护性抗原：是炭疽杆菌生活过程中产生的一种细胞外成分，也可在含牛乳的培养基中产生，是一种蛋白质，或糖与蛋白质相结合的复合物，为炭疽毒性的组成成分之一，具有免疫原性，能保护动物抵抗炭疽杆菌感染。

5.2.2.5 致病性

炭疽杆菌的致病因素主要有荚膜和毒素两个成分。荚膜物质能抑制抗体的作用，对抗吞噬细胞的吞噬，使细菌易于向外扩散繁殖。炭疽毒素可增加微血管的通透性，改变血液循环正常进行，损害肾功能，干扰糖代谢，最后导致动物死亡。

炭疽毒素由三种成分构成：EF，水肿因素，为脂蛋白，在毒性复合物中起结合作用，能抑制豚鼠白细胞的吞噬作用；PA，保护性抗原，为蛋白质，具有抗吞噬作用和免疫原性，可保护豚鼠抗炭疽感染；LF，致死因素，也为蛋白质，无免疫原性。以上三种成分单独对动物均无毒性表现，至少要有两种以上有关的毒素成分，才能引起动物发病，如将 EF 与 LF 混合注射于家兔或豚鼠皮下，可引起皮肤水肿。PA 和 LF 混合注射，可引起大鼠肺部出血水肿，并能使小鼠致死。三种成分混合注射可出现炭疽的典型症状。

炭疽杆菌主要引起草食动物发病，以绵羊、牛、马、鹿等最易感，猪、山羊易感性差，禽类一般不感染。人对炭疽的易感性仅次于牛、羊。实验动物中，小鼠、豚鼠和家兔对本菌都非常敏感。

炭疽的发病原理：炭疽杆菌从损伤的皮肤、胃肠黏膜及呼吸道进入人体后，首先在局部繁殖，产生毒素而致组织及脏器发生出血性浸润、坏死和高度水肿，形成原发性皮肤炭疽、肠炭疽及肺炭疽等。当机体抵抗力降低时，致病菌即迅速沿淋巴管及血管向全身扩散，形成败血症和继发性脑膜炎。皮肤炭疽因缺血及毒素的作用，真皮的神经纤维发生变化，故病灶处常无明显的疼痛感。炭疽杆菌的毒素可直接损伤血管的内皮细胞，使血管壁的通透性增加，导致有效血容量减少，微循环灌注量下降，血液呈高凝状态，出现 DIC 和感染性休克。

本病主要病理改变为各脏器、组织的出血性浸润、坏死和水肿。皮肤炭疽呈痈样病灶，皮肤上可见界限分明的红色浸润，中央隆起呈炭样黑色痂皮，四周为凝固性坏死区。镜检可见上皮组织呈急性浆液性出血性炎症，间质水肿显著，组织结构离解，坏死区及病灶深处均可找到炭疽杆菌。肠炭疽病变主要在小肠。肠壁呈局限性痈样病灶及弥漫出血性浸润。病变周围肠壁有高度水肿及出血，肠系膜淋巴结肿大，腹膜也有出血性渗出，腹腔内有浆液性含血的渗出液，内有大量致病菌。

肺炭疽呈出血性气管炎、支气管炎、小叶性肺炎或梗死区。支气管及纵隔淋巴结肿大，均呈出血性浸润，胸膜与心包也可受累。

脑膜炭疽的软脑膜及脑实质均极度充血、出血及坏死。大脑、脑桥和延髓等组织切面均见显著水肿及充血。蛛网膜下腔有炎性细胞浸润和大量菌体。炭疽杆菌败血症患者，全身各组织及脏器均为广泛性出血性浸润、水肿及坏死，并有肝、肾细胞肿胀和脾肿大。

5.2.2.6 抵抗力

炭疽杆菌繁殖体的抵抗力与一般非芽胞菌大致相同。60℃经 30～60min 或 75℃经 5～15min 即可被杀死。常用消毒药在一般浓度下，短时间内即可使其死亡。

炭疽杆菌的芽胞具有很强的抵抗力，在自然条件下，土壤中的芽胞传染性可保持 20～30 年，在皮毛上能存活数年。煮沸 15min，160℃干热 1h，121℃高压蒸汽灭菌 5～10min，流通蒸汽 30～60min 均可杀死芽胞。−10～−5℃冰冻状态可活 4 年。芽胞对各种消毒药的抵抗力是不同的，对碘特别敏感，1：2500 碘液 10min 即可杀死芽胞。但在有机物存在时，其作用受到很大影响。新配置的 20%石灰乳，20%漂白粉浸泡 48h，3%过氧化氢，4%高锰酸钾 15min 或 1：2000 升汞水 40min 均可杀死芽胞。环氧乙烷对炭疽芽胞有很好的杀灭作用，可作为疑似感染炭疽兽皮和毛及其制品的消毒剂。

5.2.3 检验和控制

炭疽病虽然是一种非常危险的感染症，但不会经由人传人，因此与炭疽病患接触的家人或一般人无需实施预防性处置。但是和病患一样具有感染危险性的人则必须服用预防性抗生素。人在自然界少有感染炭疽杆菌的机会，因此除特殊情况（如发生生物恐怖事件）或处理畜产物或与兽类接触（台湾地区的动物至目前为止并未发现有感染的状况）之外，否则通常无需实施日常检验。

炭疽杆菌检验方法有染色法、培养法、基因诊断法（检测病原体相关基因）三种，但由于炭疽病致死率高，因此必须采取最快速而且精确方法以便迅速取得正确结果，以便正确使用有效药物。如疑为炭疽病发生，这一地区要封锁并上报，待处理完后再解除封锁。死于炭疽的尸体严禁剖检，只能自耳根部采血，或切开肋间采脾；如为皮肤炭疽，可采取病灶水肿液或渗出物等；如为肠炭疽可采取粪便。检验时要穿工作服、口罩、手套等防护装备。

1）镜检

以待检材料制成涂片，用荚膜染色法及革兰氏染色法进行染色后，进行镜检。观察是否有典型的炭疽杆菌及荚膜。并结合临床症状，提出初步诊断。

注意猪及人皮肤炭疽的细菌形态往往极不一致，有的呈“S”形、“J”形、“O”形或成堆排列等非典型菌体形态，有的有荚膜，有的荚膜表现极厚。常可见到“菌影”及菌体碎片。革兰氏染色也不正常。

确切的诊断必须经过培养和鉴定后方可最后判定。

2）分离培养

（1）因败血型炭疽死亡的动物，用白金耳蘸取切开耳根部皮肤渗出的血液少许，接种在血琼脂平板或选择性平板上。如为猪的局限性炭疽，则取局部病变组织，外表用灼烙法消毒后，剪出断面，用断面印压在血琼脂平板或选择性平板上，再用白金耳划线培养。

（2）其他可疑含有炭疽芽胞的材料应先行处理，将检样放在灭菌试管或锥形瓶内，加适量无菌生理盐水，振荡1～2min，60℃加热30min或80℃加热10min，杀死杂菌，再接种于血琼脂平板或选择性平板上，用曲玻璃棒将检样涂匀。

接种后的平板经37℃培养18～24h，进一步观察菌落，挑选可疑菌落进行其他鉴别试验。

3）鉴别试验

（1）噬菌体裂解试验：炭疽噬菌体对炭疽杆菌有较高的特异性，可作为鉴别炭疽杆菌的重要依据。

（2）串珠试验：利用炭疽杆菌对青霉素敏感的特性，在含0.05～0.5u/mL青霉素的培养基中，炭疽杆菌可发生形态变异，形成大而均匀的圆球形，生长成串形似串珠。而其他类炭疽杆菌则无此现象。串珠试验分为肉汤法和琼脂薄片法两种。此试验具有较高的鉴别价值。

（3）动物试验：取待检菌37℃，18～24h肉汤培养物0.1mL，接种于小鼠皮下，一般在接种后24～96h，试验动物发病死亡，剖检时在接种部位皮下，可见有严重胶样浸润，然后取小鼠心脏或脾进行涂片染色镜检，并接种血琼脂平板培养证实。

（4）Ascoli氏沉淀反应：本法适用于对疑似炭疽死亡动物的各种材料，以及干的皮毛，陈旧或严重污染、或已经腐败的材料检查。反应现象清晰。

4）其他检验方法

（1）重碳酸盐试验：将待检菌接种于0.5%～0.75%碳酸氢钠普通琼脂平板，或者0.5%碳酸氢钠、10%马血清琼脂平板上，置10%～20%二氧化碳条件下，37℃培养18～24h，肉眼观察菌落。有毒力的炭疽杆菌为黏液型（M型）菌落，菌体带荚膜，无毒力的炭疽杆菌及其他需氧性芽胞杆菌均为粗糙型（R型）菌落。

（2）荚膜肿胀试验：将检样给小鼠腹腔内注射，每只0.5mL，6～12h后，抽取腹腔液，滴于载玻片上，再滴加一白金耳抗炭疽荚膜血清，混匀后，作用2～3min，镜检。若于单在或短链状排列的粗大杆菌周围看到界限清晰的肥厚荚膜时，则为阳性。而在滴加正常血清的对照湿片标本中，则不应看到肿胀的荚膜。

（3）青霉素抑菌试验：将分离菌接种于每毫升含10u青霉素的琼脂平板上，于37℃培养18h，炭疽杆菌一般不生长或仅有少量生长，凡在此培养基上生长的细菌，即可否定为炭疽杆菌。

5）快速检验方法

（1）荚膜荧光抗体染色：涂片用火焰固定，再用10%中性甲醛溶液浸泡10～15min，水洗，然后往涂片上滴加炭疽荚膜荧光血清，置37℃温箱中染色30min，倾去染色液，用pH8.0的缓冲液浸泡3min，用蒸馏水轻轻冲洗、晾干，镜检。若在不染色的粗大菌体周围看到发明亮黄绿色荧光荚膜时，即为阳性。

（2）串珠荧光抗体染色法：检查时，取串珠肉汤培养物一白金耳滴于预先涂有薄层甘油蛋白的载玻片上，置37℃温箱中烘干，再放入无水乙醇中浸泡15min，取出后放37℃温箱中烘干，往涂片处滴加炭疽荧光血清，放在湿盒中，在37℃下染色10min，倾去荧光血清，在pH8.0缓冲液中浸泡10min，再用蒸馏水水洗、干燥、镜检。如看到具有明亮黄绿色荧光的典型串珠，即为阳性。

5.2.4 卫生评价与处理

1）预防

炭疽的预防应将重点放在消灭畜间炭疽和传染源，一般不主张采用药物预防和广泛菌苗接种，只对炭疽老疫区、常发地区人群和密切接触牲畜人员实施菌苗预防。疫情发生时，宜应急接种菌苗。

（1）管理传染源：患者应隔离和治疗。对患者的用具、被服、分泌物、排泄物及患者用过的敷料等均应严格消毒或烧毁，尸体火化。对可疑病畜、死畜必须同样处理。禁止食用或剥皮。

（2）切断传播途径：对可疑污染的皮毛原料应消毒后再加工。牧畜收购、调运、屠宰加工要有兽医检疫证明。防止水源污染，加强饮食、饮水监督。

（3）保护易感者：对从事畜牧业、畜产品收购、加工、屠宰业、兽医等工作人员及疫区的人群，可给予炭疽杆菌减毒活菌苗接种，每年接种一次。与患者密切接触者，可以应用药物预防。

2）发生炭疽时的卫生处理

（1）宰后发现炭疽时，应立即停止生产，封锁现场，进行会诊和细菌学检查，其同群牲畜或与病畜接触过的牲畜，必须进行系统检查及逐头测温，如发现可疑病畜及体温升高的牲畜，应立即隔离治疗或处理。

（2）为了防止病原菌扩散，应将所有未与炭疽畜肉接触的肉尸和内脏，迅速由车间运走。

（3）屠宰车间地面、设备和离地2m以内的墙壁，炭疽病畜停留、经过的畜圈和场院，应用20%的漂白粉溶液（漂白粉应含有25%的有效氯、澄清的溶液应含5%以上的有效氯，使用量为1kg/m²）或10%烧碱热溶液或5%甲醛溶液进行彻底消毒，清除所有的粪便、污物，并焚毁。金属器械和用具应用0.5%碱水在有盖的消毒锅内煮沸30min。必须注意，所有消毒工作应于宰后6h内完成。

（4）与炭疽病畜或畜肉接触过的人员，必须受到卫生上的护理。同时其工作服、胶鞋等立即消毒处理。

（5）当发现炭疽时，只有在保证消灭传染源的一切措施实行后，方能恢复屠宰，在未达到彻底消毒之前，不得继续屠宰。

5.3 结核分枝杆菌（*Mycobacterium tuberculosis*）

5.3.1 食品卫生学意义

结核分枝杆菌是引起人和动物结核病的病原菌。结核病是人畜共患的一种慢性传染病。目前我国人的结核病流行情况和动物的感染率非常不乐观，也是一种严重的食源性感染性疾病。人结核病由于患者的痰或排泄物干燥后散布于空气中，患者打喷嚏的飞沫，经呼吸道感染；通过动物性食品经消化道感染；接触患病动物而感染。有的病畜肉结核杆菌分离率为62.8%。

牛对结核杆菌最易感，尤其是奶牛。猪和家禽也常发生结核病。绵羊、山羊较少发病，马更少。牛常见肺结核、乳房结核、淋巴结核，有时见有肠结核、生殖器结核、浆膜结核及全身性结核等。猪主要表现为淋巴结核。禽结核主要侵害肝和其他脏器。人感染结核病的一个主要途径是饮用带菌牛奶灭菌不恰当所致。对人类致病的有人型结核杆菌和牛型结核杆菌，非典型分枝杆菌也可引起类似结核样病变，在临床上非结核性分枝杆菌病可能的发病率与结核杆菌相当。结核杆菌分5个类型，即人型、牛型、鸟（禽）型、鼠型和冷血动物型。其中对人致病的主要是人型菌，牛型菌感染较少见，鸟（禽）型菌感染更少见。

5.3.2 生物学特性

5.3.2.1 形态与染色特征

结核杆菌属于放线菌目、分枝杆菌科、分枝杆菌属。结核杆菌细长略弯曲，端极钝圆，大小为（1～4）μm×0.4μm，呈单个或分枝状排列，无荚膜、无鞭毛、无芽胞。在陈旧病灶和培养物中形态常不典型，可呈颗粒状，串珠状，短棒状，长丝形等。结核杆菌一般常用萋尼氏（Ziehl-Neelsen）抗酸性染色法染色，结核杆菌染成红色，其他非抗酸性细菌及细胞质等呈蓝色（图5-6）。结核杆菌的抗酸性取决于细胞壁内所含分枝菌酸残基和细胞壁固有层的完整性。涂片染色具有抗酸性，对苯胺染料、特别是石炭酸品红具有独特亲和力，一经染色，再用酸性乙醇冲洗无法使之脱色，故又称为抗酸杆菌。

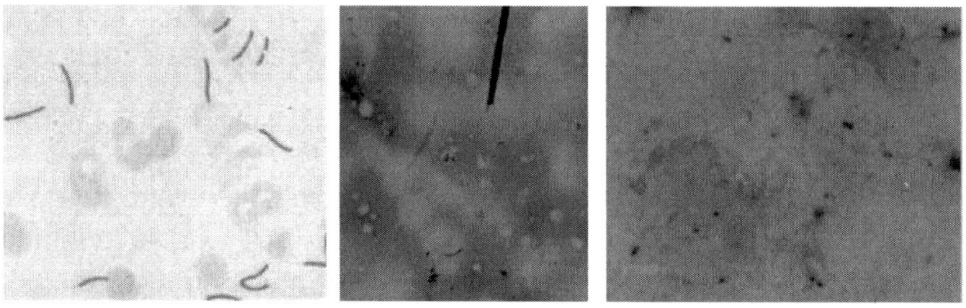

结核杆菌抗酸染色　　乳汁中结核杆菌　　乳汁中副结核杆菌

图5-6　结核杆菌

5.3.2.2 培养特性

结核杆菌为专性需氧菌。营养要求高，在含有蛋黄、马铃薯、甘油和天门冬素等的固体培养基上才能生长。最适pH6.5～6.8，最适温度为37℃，生长缓慢，接种后培养3～4周才出现肉眼可见的菌落。菌落为干燥、坚硬、表面呈颗粒状、乳酪色或黄色，形似菜花样。在液体培养基内呈粗糙皱纹状菌膜生长，若在液体培养基内加入水溶性脂肪酸，如Tween-80，可降低结核杆菌表面疏水性，使呈均匀分散生长，此有利于做药物敏感试验等。

5.3.2.3 抵抗力

结核杆菌对某些理化因子抵抗力较强。在干痰中存活6～8个月，若黏附于尘埃上，保持传染性8～10d。在3% HCl或NaOH溶液中能耐受30min，因而常以酸碱中和处理严重污染的检材，杀死杂菌和消化黏稠物质，提高检出率。但对湿热、紫外线、乙醇的抵抗力弱，在液体中62～63℃加热15min，直射日光下2～3h，75%乙醇内数分钟即死亡。

变异性：结核杆菌对链霉素、利福平、异烟肼等抗结核药物较易产生耐药性。耐药菌株常伴随活力和毒力减弱。例如，异烟肼耐药菌株对豚鼠的毒力消失，但对人仍有一定致病性。

5.3.3 致病性

5.3.3.1 菌体成分与作用

结核杆菌无内毒素，也不产生外毒素和侵袭性酶类，其致病作用主要靠菌体成分，特别是细胞壁中所含的大量脂质。脂质含量与结核杆菌的毒力呈平行关系，含量越高毒力越强。

（1）脂质（lipid）：脂质占菌体干重的20%～40%，占细胞壁干重的60%，主要是磷脂、脂肪酸和蜡质，它们大多与蛋白质或多糖结合成复合物存在。①磷脂能刺激单核细胞增生，并可抑制蛋白酶的分解作用，使病灶组织溶解不完全，形成干枯样坏死。②脂肪酸在脂质中比例较大，其中6，6-二分枝酰-a，a′-海藻糖（6，6-dimycocyl-a，a′-D-trehalose）具有破坏细胞线粒体膜、毒害微粒体酶类、抑制中性粒细胞游走和吞噬作用，引起慢性肉芽肿。具有该物质的结核杆菌毒株，在液体培养基中能紧密黏成索状，故称为索状因子（cordfactor）。③蜡质D为细胞壁中的主要成分，是一种肽糖脂（piptidoglycolipids）与分枝菌酸（my-colic acid）复合物，能引起迟发型变态反应，并具有佐剂作用。④硫酸脑苷脂（salfatides）和硫酸多酰基化海藻糖（multiasiylated trehalose salfate），在结核杆菌毒株细胞壁中含有这两种物质，能抑制吞噬细胞中的吞噬体并与溶酶体融合，使结核杆菌在细胞内存活。这一类糖脂能结合中性红染料，产生中性红反应，借此可鉴定结核杆菌有无毒力。

（2）蛋白质：结核杆菌菌体内都含有数种蛋白质，其中重要的蛋白质是结核菌素（tuberculin）。结核菌素与蜡质D结合，能引起较强的迟发型变态反应。其他蛋白质可引起机体产生相应的抗体，但无保护作用。

（3）多糖：多糖常与脂质结合存在于细胞壁中，主要有半乳糖、甘露醇、阿拉伯糖等。多糖质可使中性粒细胞增多，引起局部病灶细胞浸润。

（4）核酸：结核杆菌的核糖体核糖核酸是本菌的免疫原，刺激机体产生特异性细胞免疫。

5.3.3.2 致病作用

结核杆菌的致病作用可能与细菌在组织细胞内顽强增殖引起炎症反应，以及诱导机体产生迟发型变态反应性损伤有关。结核杆菌可通过呼吸道、消化道和破损的皮肤黏膜进入机体，侵犯多种组织器官，引起相应器官的结核病，其中以肺结核最常见。人类肺结核有两种表现类型。

1）原发感染

原发感染是首次感染结核杆菌，多见于儿童。结核杆菌随同飞沫和尘埃通过呼吸道进入肺泡，被巨噬细胞吞噬后，由于细菌细胞壁的碳酸脑苷脂抑制吞噬体与溶酶体结合，不能发挥杀菌溶菌作用，致使结核杆菌在细胞内大量生长繁殖，最终导致细胞死亡崩解，释放出的结核杆菌或在细胞外繁殖侵害，或被另一巨噬细胞吞噬再重复上述过程，如此反复引起渗出性炎症病灶，称为原发灶。原发灶内的结核杆菌可经淋巴管扩散至肺门淋巴结，引起淋巴管炎和淋巴结肿大，X线胸片显示哑铃状阴影，称为原发复合征。随着机体抗结核免疫力的建立，原发灶大多经纤维性钙化而自愈。但原发灶内可长期潜伏少量结核杆菌，不断刺激机体已建立起的抗结核免疫力，也可作为以后内源性感染的来源。只有极少数免疫力低下者，结核杆菌可经淋巴、血流扩散至全身，导致全身粟粒性结核或结核性脑膜炎。

2）继发性感染

继发性感染也称原发后感染，多见于成年人。大多为内源性感染，极少由外源性感染所致。继发性感染的特点是病灶局限，一般不累及邻近淋巴结，主要表现为慢性肉芽肿性炎症，形成结核结节，发生纤维化或干酪样坏死。病变常发生在肺尖部位。

3）免疫与变态反应

结核杆菌的免疫原rRNA和变应原结核菌素可诱发机体产生由T淋巴细胞介导的两种免疫应答反应，即细胞免疫和迟发型变态反应。

（1）免疫性：人类对结核杆菌的感染率很高，但发病率却较低，这表明人体感染结核杆菌可获得一定的抗结核免疫力。抗结核免疫力的持久性依赖于结核杆菌在机体内的存活时间，一旦体内结核杆菌消亡，抗结核免疫力也随之消失，这种免疫称为有菌免疫或传染性免疫。

抗结核免疫主要是细胞免疫，包括致敏T淋巴细胞和被激活的巨噬细胞。致敏T淋巴细胞可直接杀死带有结核杆菌的靶细胞，同时释放多种作用于巨噬细胞的淋巴因子，使巨噬细胞聚集在病灶周围形成以单核细胞为主的增生性炎症。被激活的巨噬细胞极大地增强对结核杆菌的吞噬消化，抑制繁殖，阻止扩散，甚至销毁能力，充分发挥细胞免疫作用。

（2）免疫与变态反应的关系：在结核杆菌感染时，细胞免疫与迟发型变态反应同时存在，可用郭霍氏现象（Koch′s phenomenon）说明：①在健康豚鼠皮下首次注射一定量结核杆菌，10～14d后注射部位缓慢地出现溃疡，深而不易愈合，邻近淋巴结肿大，细菌扩散至全身，此时结核菌素测试为阴性；②用相同等量的结核杆菌注入曾感染已康复的豚鼠皮下，在1～2d内即迅速发生溃疡，但溃疡浅而易愈合，邻近淋巴结不肿大，细菌也很少扩散，结核菌素测试为阳性；③在康复的豚鼠皮下注射大量结核杆菌，则引起注射局部及全身严重的迟发型变态反应，甚至导致动物死亡。上述三种现象表明，首次感染出现的炎症反应偏重于免疫预防，溃疡浅而愈合，细菌不扩散，说明机体尚未建立起抗结核免疫力；再次感染发生的炎症反应溃疡浅而愈合，细菌不扩散，说明机体对结核杆菌已具有一定的细胞免疫力，而溃疡迅速形成，则说明在产生免疫的同时有迟发型变态反应，表现出对机体有利的一面；用过量的结核杆菌进行再次感染，则引起剧烈的迟发型变态反应，说明迟发型变态反应对机体不利的一面。人类的原发性肺结核、继发性肺结核、严重而恶化的肺结核相当于郭霍氏现象的三种情况。

结核菌素试验一般使用旧结核菌素（old-tubercein，OT），是结核杆菌在肉汤中的培养物经加热浓缩的滤液。主要成分是结核蛋白，也含有结核杆菌的其他代谢和培养基成分。稀释1万倍，0.1mL内含有1个单位（稀释1000倍，0.1mL有10个单位），OT结核蛋白纯化后称为精制纯蛋白衍生物（PPD），0.00 002mL作为一个结核菌素单位，是现今国际制造的标准PPD，称为PPD-S。试验法常规使用5个单位OT（2000倍稀释0.1mL）或PPD-S 0.0001mg注入受试者前臂掌侧皮内，48～72h内出现红肿硬节，直径大于5mm者为阳性，虽有红肿但无硬结或硬结直径不到5mm者为阴性。应注意受试者处于原发感染早期，变态反应尚未发生，或正患严重的结核病如全身粟粒性结核和结核性脑膜炎时机体无反应能力，或患其他严重疾病（麻疹、结节病、恶性肿瘤），如用过免疫抑制剂时，结核菌素反应均可转为阴性。

5.3.4 检测和控制

根据结核菌感染的类型，应采取病灶部位的适当标本。例如，肺炎结核有采取咳痰（最好取早晨第一次咳痰，挑取带血或脓痰）；肾或膀胱结核以无菌导尿或取中段尿液；肠结核采取粪便标本；结核性脑膜炎进行腰脊穿刺采取脑脊液；脓胸、肋膜炎、腹膜炎或骨髓结核等则穿刺取脓汁。

1）直接涂片染色

咳痰可直接涂片。用萋尼氏法染色，若镜检找到抗酸性杆菌，可能是结核杆菌，但通常应报告“查到抗酸性杆菌”，因标本中可能混杂有非致病性抗性抗酸杆菌，单凭形态染色不能确定是结核杆菌，需进一步分离培养鉴定。如标本中结核杆菌量少，杂菌和杂质多时，直接涂片不易检出（一般需要每毫升痰液含有结核杆菌10万个以上才能检出），应浓缩集菌后，再涂片染色镜检，以提高检出阳性率。

无菌直接采取的脑脊液、导尿或中段尿可直接用离心沉淀集菌。咳痰和粪便标本浓缩集菌因含杂菌多，需用4% NaOH或3% HCl或6% H_2SO_4处理，然后用离心沉淀法将结核杆菌浓缩聚集于管底，再取沉淀物涂片做抗酸染色检查、分离培养或动物试验。

2）分离培养

结核杆菌生长缓慢，培养期长，当以酸碱中和浓缩集菌的沉淀物接种于固体培养基上，以蜡封口防止干燥。37℃培养4～6周后检查结果。根据生长缓慢，菌落干燥、颗粒状、乳酪色像菜花状，菌体染色抗酸性强，多数为结核杆菌。如菌落、菌体染色都不典型，则可能为非典型分枝杆菌，应进一步做鉴别试验。

3）动物试验

常用豚鼠或地鼠鉴别疑似结核杆菌的分离培养物和毒力测定。取经浓缩集菌处理标本1.0mL注射于豚鼠腹股沟皮下，经3～4周饲养观察，如出现局部淋巴结肿大，消瘦或结核菌素试验阳性，可及时剖检；若观察6～8周后，仍未见发病者，也要剖检。剖检时应注意观察淋巴结、肝、脾、肺等脏器有无结核病变。

4）防治原则

（1）预防接种：卡介苗接种是预防结核病的有效措施之一，广泛接种卡介苗能大大地降低结核病的发病率。据统计调查未接种组的发病率比接种组高4～5倍，婴儿因免疫力低，为卡介苗接种的主要对象。6个月以内健康儿童可直接接种，较大儿童须做结核菌素试验，阴性者接种。一般在接种后6～8周如结核菌素试验转阳，则表示接种者已产生免疫力。试验阴性者应再行接种。皮内接种卡介苗后，结核菌素试验转阳率可达96%～99%，阳性反应可维护5年左右。

（2）控制传播途径：所食用的牛奶要经彻底加热后方能食用；接触牛等易感动物或接触其产品后，要充分洗净手才能吃饭；对肉等产品在食用前要充分加热或充分烹调，保证将菌杀死。

5.3.5 卫生评价和处理

（1）患全身性结核病，肉尸非常消瘦者，肉尸和内脏做工业用或销毁。

（2）患全身性结核病而肉尸不消瘦者，将病变部分割做工业用或销毁，其余部分高温处理后出厂。

（3）肉尸局部淋巴结有结核病变时，将病变淋巴结割除，做工业用或销毁，割下淋巴结周围部分肌肉高温处理后出厂，其余部分不受限制出厂。

（4）肋膜或腹膜局部发现结核病变时，将病变浆膜割下做工业用或销毁，其余部分不受限制出厂。

（5）内脏或内脏淋巴结发现结核病变时，整个内脏做工业用或销毁，其余部分不受限制出厂。

（6）发现骨结核时，肉尸剔骨，肉尸内脏经高温处理后出厂，骨骼做工业用或销毁。

5.4 布鲁氏菌（*Brucella*）

5.4.1 食品卫生学意义

布鲁氏菌病（brucellosis）又称地中海弛张热、马耳他热、波浪热或波状热，是由布鲁氏菌引起的人畜共患性全身传染病。临床特点为长期发热、多汗、关节痛、早产、不孕、睾丸炎及肝脾肿大等。牛、羊、猪等动物最易感染，引起母畜传染性流产。人类接触带菌动物或食用病畜产品及其乳制品，均可被感染，由于该菌为细胞内寄生菌，因此，人布鲁氏菌病长期迁延不愈。布鲁氏菌病广泛分布世界各地，我国部分地区曾有流行，在20年前已基本得到控制，但现在部分省区却又重新流行。布鲁氏菌也是失能性生物战剂之一。布鲁氏菌属分为羊布鲁氏菌、牛布鲁氏菌、猪布鲁氏菌、鼠布鲁氏菌、绵羊布鲁氏菌及犬布鲁氏菌6种，还有水源性布鲁氏菌，20个生物型。我国流行的主要是羊布鲁氏菌（*B. melitensis*）、牛布鲁氏菌（*B. bovis*）、猪布鲁氏菌（*B. suis*）三种布鲁氏菌，其中以羊布鲁氏菌病最为多见。牲畜是布鲁氏菌病的唯一传染源，病原体可通过患者的尿及乳汁排出，但人传染人的病例极其罕见。动物传染人的途径有：①经皮肤黏膜传染，与病畜密切接触的饲养、屠宰、挤乳等从业人员由于未采取必要的个人防护，皮肤或黏膜直接与病原体接触引起传染；②经食物传染，人吃下带有病菌而未煮熟的肉、乳或乳类制品时，可经消化道传染；③经气溶胶的呼吸道途径传播，羊、牛饲养场所、集市贸易等环境，产生的气溶胶通过呼吸道感染人。病菌也可通过污染的手、食具等间接污染食物而侵入人体。该病一年中都有病例发生，而人群发病高峰则往往在动物发病一个月左右后出现。

5.4.2　生物学特性

5.4.2.1　形态与染色特征

布鲁氏菌为球形、卵圆形或球杆形。大小为0.6～2.5μm，各种布鲁氏菌略有差异，猪布鲁氏菌稍大，其次是流产布鲁氏菌，马耳他布鲁氏菌稍小。布鲁氏菌的形态易受环境因素的影响，在机体中和新鲜培养物中多表现为球形，而在机体外、尤其是在陈旧培养物中可见到较多的杆状形态。在涂片标本上用普通显微镜观察，常呈单个排列、极少数呈两个相连或短链。用电镜观察，菌体表面呈脑回状，菌体细胞超薄切片检查时，可看到三层细胞壁。外层为脂多糖成分，中层为硬质的细胞层，内层为软质的胞浆膜。在菌体形态上，不易分辨光滑型和粗糙型。布鲁氏菌没有鞭毛，不形成芽胞（图5-7）。

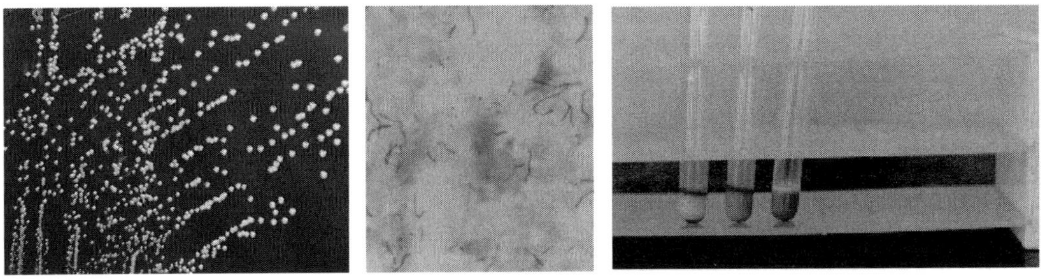

图5-7　布鲁氏菌（血琼脂上菌落和乳汁中染成红色菌体）乳环状反应

从左到右依次为阳性、中阳性、阴性

布鲁氏菌可被所有碱性染料着色，革兰氏染色阴性，吉姆萨染色呈紫色。柯氏染色法对鉴别具有重要意义，该菌染成红色，其他为蓝色。

5.4.2.2　培养和生化特性

布鲁氏菌为需氧菌，在严格厌氧条件下不生长。能在弱酸或弱碱性培养基上生长繁殖，适宜的pH为6.6～7.4。生长温度范围为20～40℃，适宜温度为37℃。本菌生长对营养要求较高，目前实验室研究多用牛、羊新鲜胎盘加10%兔血清制作培养基，其效果较好。但即使在良好培养条件下生长仍较缓慢，在不良环境如抗生素的影响下，本菌易发生变异。当细菌壁脂多糖（LPS）受损时细菌菌落即由S型变为R型。当细胞壁肽聚糖受损时，则细菌失去细胞壁或形成细胞壁不完整的L型布鲁氏菌。这种表型变异形成的细菌可在机体内长期存在，环境条件改善后再恢复原有特性。

5.4.2.3　抗原构造与分型

布鲁氏菌有A、M和G三种抗原成分，G为共同抗原，一般牛源菌株以A抗原为主，A与M之比为20∶1；羊源菌株以M为主，M比A为20∶1；猪源菌株A∶M为2∶1。制备单价A、M抗原可用其鉴定菌种。布鲁氏菌的抗原与伤寒沙门菌、副伤寒沙门菌、霍乱弧菌、变形杆菌OX19等抗原有某些共同成分。本菌致病力与各型菌新陈代谢过程中的酶系统，如透明质酸酶、尿素酶、过氧化氢酶、琥珀酸脱氢酶及细胞色素氧化酶等有关。细菌死亡或裂解后释放内毒素是致病的重要物质。

5.4.2.4　致病性与发病机制

病菌自皮肤或黏膜侵入人体，随淋巴液到达淋巴结，被吞噬细胞吞噬。如吞噬细胞未能将菌杀灭，则细菌在细胞内生长繁殖，形成局部原发病灶。此阶段有人称为淋巴源性迁徙阶段，相当于潜伏期。细菌在吞噬细胞内大量繁殖导致吞噬细胞破裂，随之大量细菌进入淋巴液和血循环形成菌血症。在血液里细菌又被血流中的吞噬细胞吞噬，并随血流带至全身，在肝、脾、淋巴结、骨髓等处的单核-吞噬细胞系统内繁殖，形成多发性病灶。当病灶内释放出来的细菌，超过了吞噬细胞的吞噬能力时，则在细胞外血流中生长、繁殖，临床呈现明显的败血症。在机体各因素的作用下，有些遭破坏死亡，释放出内毒素及菌体其他成分，造成临床上不仅有菌血症、败血症，而且还有毒血症的表现。目前认为内毒素在致病理损伤、临床症状方面起着重要作用。机体免疫功能正常时，通过细胞免疫及体液免疫清除病菌而获痊愈。如果免疫功能不健全或感染的菌量大、毒力强，则部分细菌逃脱免疫，又可被吞噬细胞吞噬带入各组织器官形成新感染灶，称为多发性病灶阶段。经一定时期后，感染病灶的细菌生长繁殖再次入血，导致疾病复发，所造成的组织病理损伤广泛，临床表现也就多样化，如此反复成为慢性感染。

机体各组织器官及网状内皮系统因细菌、细菌代谢产物及内毒素不断进入血流，反复刺激使敏感性增高，发生变态反应性改变。近期的研究表明，Ⅰ、Ⅱ、Ⅲ、Ⅳ型变态反应在布鲁氏菌病的发病机制中可能都起一定作用。疾病早期人体的巨噬细胞、T细胞及体液免疫功能正常，它们联合作用将细菌清除而痊愈。如果不能将细菌彻底消灭，则细菌、代谢产物及内毒素反复在局部或进入血流刺激机体，致使T淋巴细胞致敏，当致敏淋巴细胞再次受抗原作用时，释放各种淋巴因子，如淋巴结通透因子、趋化因子、巨噬细胞移动抑制因子、巨噬细胞活性因子等。致以单核细胞浸润为特征的变态反应性炎症，形成肉芽肿、纤维组织增生等慢性病变。

本病病理变化广泛，受损组织不仅为肝、脾、骨髓、淋巴结，而且还累及骨、关节、血管、神经、内分泌及生殖系统；不仅间质细胞，而且还损伤器官的实质细胞。其中以单核-吞噬细胞系统的病变最为显著。病灶的主要病理变化：①渗出变性坏死改变，主要见于肝、脾、淋巴结、心、肾等处，以浆液性炎性渗出，夹杂少许细胞坏死；②增生性改变，淋巴、单核-吞噬细胞增生，疾病早期尤显著，常呈弥漫性，稍后常伴纤维细胞增殖；③肉芽肿形成，病灶里可见由上皮样细胞、巨噬细胞及淋巴细胞、浆细胞组成的肉芽肿，肉芽肿进一步发生纤维化，最后造成组织器官硬化。三种病理改变可循急性期向慢性期依次交替发生和发展。例如，肝，急性期内可见浆液性炎症，同时伴实质细胞变性、坏死；随后转变为增殖性炎症，在肝小叶内形成类上皮样肉芽肿，进而纤维组织增生，出现混合型或萎缩型肝硬化。

5.4.2.5 抵抗力

布鲁氏菌在自然环境中活力较强，在病畜的分泌物、排泄物及死畜的脏器中能生存4个月左右，在食品中约生存2个月。加热60℃或日光下曝晒10～20min可杀死此菌，对常用化学消毒剂较敏感。对消毒剂抵抗力不强，2%苯酚、来苏尔、氢氧化钠溶液或0.1%升汞，可于1h内杀死本菌；5%新鲜石灰乳2h或1%～2%甲醛溶液3h可将其杀死；0.5%洗必泰或0.01%度米芬、消毒净或新苯扎氯铵，5min内即可杀死本菌。

5.4.3 检验和控制

5.4.3.1 布鲁氏菌病的检验

1）流行病学调查

是否有流行地区居留史与病畜接触史，进食未严格消毒的乳制品及未煮熟的畜肉史。

2）临床表现

反复发作的发热，伴有多汗、游走性关节痛。查体发现肝脾及淋巴结肿大，如有睾丸肿大疼痛，神经痛，则基本可确诊。

3）实验室检查

血象：白细胞半数正常或轻度减少，淋巴细胞相对或绝对增多，分类可达60%以上。血沉在各期均增速。久病者有轻或中度贫血。

细菌学检查：患者血液、骨髓、母畜的乳汁、子宫分泌物均可做细菌培养。因牛源菌株初分离困难，要求严格的环境，故各种标本最好采集两份，一份用含肝浸液的肉汤做培养基，在CO_2培养箱中培养；另一份放一般环境中培养，培养时间不得短于2周。急性期阳性率高，慢性期低。骨髓标本较血液标本阳性率高。有人建议用慢性布鲁氏菌病患者的血液接种到鸡胚卵黄中可获较高阳性率。

4）免疫学检查

（1）血清凝集试验（Wright试验）：试管法较灵敏。患者多在第二周出现阳性反应，凝集效价在1∶100以上有诊断价值。病程中效价递增4倍及以上意义更大。**乳环状试验**是对奶牛乳中布鲁氏菌抗体检查方法，用标准布鲁氏菌抗原加入乳中，温箱孵育一段时间后，在乳上层出现颜色环即为阳性（图5-7）。

（2）补体结合试验：补体结合抗体主要为IgG，出现较迟，持续较久，一般1∶16以上即为阳性。对慢性患者有较高特异性。

（3）抗人球蛋白试验（Coombs′test）：用于测定血清中的不完全抗体。不完全抗体可阻断完全抗体与抗原的凝集反应，使凝集试验呈假阴性。Coombs试验是使不完全抗体与不可见抗原结合的复合物通过抗人球蛋白血清结合成块，直接可见。故凝集试验阴性者可做此检查，1∶160以上为阳性。

（4）ELISA：1∶320为阳性。此法比凝集法敏感100倍，特异性也好。目前又发展有Dot-ELISA、生物素-亲和素ELISA法检测，特异性更好。

（5）皮肤试验：为细胞介导的迟发型变态反应，一般发生在发病20d以后。其方法是以布鲁氏菌抗原做皮内试验，阴性有助于排除布鲁氏菌感染。阳性仅反映过去曾有过感染。接种疫苗也可呈阳性，所以对无症状的阳性者可视为本病患者。

（6）其他实验室检查：琼脂扩散、对流免疫电泳、被动血凝试验、放射免疫及免疫荧光抗体试验等均可应用。

（7）特殊检查：并发骨关节损害者可行X线检查；有心脏损害可做心电图；有肝损伤做肝功能检查。对于肿大的淋巴结必要时可做淋巴结活检，镜下看有无特异的肉芽肿。有脑膜或脑病变者可做脑液检查及脑电图。脑脊液变化类似结核性脑膜炎者，应当注意。

5.4.3.2 卫生评价与处理

(1) 患布鲁氏菌病的患畜宰前发现症状或宰后发现病变的，其肉尸和内脏高温处理或腌制 60d 后出厂，但生殖器官及乳房须做工业用或销毁，毛皮盐渍三个月出厂，内分泌腺和血液不得药用或食用。

(2) 宰前诊断为阳性而无症状，宰后检验无病变的家畜，其生殖器官及乳房做工业用或销毁。公牛、阉牛及猪的肉尸和内脏不受限制出厂；母牛、羊的肉尸和内脏高温处理后出厂。

5.4.3.3 预防措施

在我国推广以“检疫、隔离、免疫、捕杀病畜”的综合性防治措施，同时针对疾病流行的三个环节采取相应措施。

1) 控制传染源

对牧场、乳品加工厂和屠宰场的牲畜定期卫生检查。检出的病畜，及时隔离治疗，必要时宰杀。病畜的流产物及死畜必需深埋。对其污染的环境用 20%漂白粉或 10%石灰乳消毒。病畜乳及其制品必须煮沸消毒。皮毛消毒后还应放置三个月以上，方准其运出疫区。

病、健畜分群分区放牧，病畜用过的牧场需经三个月自然净化后才能供健康畜使用。

切断传播途径，加强对畜产品的卫生监督，禁食病畜肉及乳品。防止病畜或患者的排泄物污染水源。对与牲畜或畜产品接触密切者，要进行宣传教育，做好个人防护。

保护易感人群及健康家畜，除注意防护外，重要措施是进行菌苗免疫。

2) 防疫措施

加强牲畜检疫、免疫，发现病牲畜马上宰杀，防止病畜外流。畜牧兽医部门要严格执行检、免、隔、杀综合措施，切断传染源；卫生部门要向群众宣传布鲁氏菌病防治知识，加强重点人群免疫；市场不得出售带有病菌的肉、乳及其乳类制品，把好“病从口入”这一关。同时，特别强调与牲畜密切接触从业人员要采取必要的个人防护，防止经皮肤黏膜传染，羊等饲养场所保持湿润，戴口罩等防止气源性传染，以保障群众健康。

对接触羊、牛、猪、犬等牲畜的饲养员、挤奶员、兽医、屠宰人员、皮毛加工员及炊事员等，均应进行预防接种。

5.5 鼻疽杆菌(*Bacillus mallei*)

5.5.1 食品卫生学意义

鼻疽杆菌为假单胞杆菌属成员，是马、骡、驴等单蹄兽鼻疽病的病原菌，其中驴最易感，常呈急性经过，马次之，多呈慢性感染。病的特征是上部呼吸道黏膜、肺、皮肤或其他实质器官中形成特异性的鼻疽结节和溃疡。野兽中虎、狼等也有感染的报道。在自然条件下，牛、羊、猪不感染鼻疽。鼻疽也可感染人，感染途径主要是接触感染，经常接触病畜、病料或实验室鼻疽培养物，或屠宰、处理病马肉和内脏而被感染。人经食物或饮水发生感染较少见，但也有因吃病马肉而发生感染的事件发生。

人感染鼻疽可呈急性或慢性过程，急性鼻疽的潜伏期一般为一周，通常突发高热，在感染局部先发生炎性硬结，继而在颜面、躯干、四肢等处皮肤出现类似天花样的疹。四肢深部肌肉发生结节肿、贫血、黄疸、肝脾肿大。在患者常呈脓毒败血症而死亡。慢性鼻疽潜伏期很长，有的可达数年之久。病变可见于呼吸道、关节和内脏。20 世纪以前本病曾广泛流行于世界，目前虽然很多国家已经消灭了本病，但仍发生或局部流行。本病目前在各国仍属进出口马属动物必须检疫的主要动物病。

本菌也列入生物武器的候选名单之一。

5.5.2 生物学特性

5.5.2.1 形态与染色特征

鼻疽杆菌为革兰氏阴性菌，无荚膜、无鞭毛、无芽胞。大小为(2～5) μm×(0.5～2) μm。在病灶及分泌液中为直而两端钝圆的杆菌，老龄培养菌常呈多形性，如棒状、分枝状或长丝状等。应用甘油肉汤玻片培养研究，至 48h 才呈现典型一致的形态。在固体培养基上，菌体较短但形态比较一致。用稀释石炭酸复红或碱性美蓝染色，菌体着色不均，浓淡相间呈颗粒状(图 5-8)，这是由于原生质中含有分布不均的多戊-羟丁酸盐。

5.5.2.2 培养特性

本菌为专性需氧菌，能在 25～40℃的环境中生长，最适生长温度为 37～38℃，适宜 pH 为 6.6～6.8。在普通培养基上生长较慢，在含有 3%～5%的甘油、血液、葡萄糖的培养基上生长良好。

甘油琼脂培养 24～48h，形成灰白色至淡黄色、湿润黏稠、边缘整齐、圆形隆起中等大菌落。加促进物质如血红蛋白，则菌落显著增大。在血液琼脂平板上不溶血。**甘油肉汤中呈均匀轻度混浊，逐渐形成灰白色黏稠沉淀物，轻微摇动可见发辫样菌体沉淀物徐徐升起，这是一个比较特征性的现象。**培养 10～15d 可见液面形成菌膜。马铃薯斜面培养 48h 形成黄色蜂蜜样黏稠菌苔，随培养时间延长黄色逐渐加深。孔雀绿酸性复红琼脂上，菌落呈淡绿色。硫堇葡萄糖琼脂上，菌落呈淡黄绿色到灰黄色。

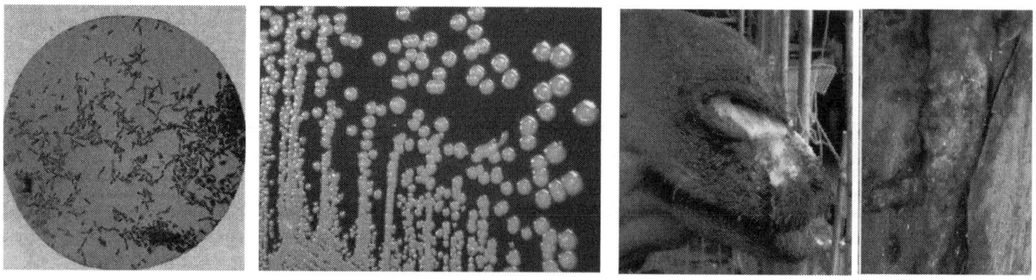

鼻疽杆菌　　羊血琼脂上的菌落　　鼻疽病例(A)和病理变化(B)

图 5-8　鼻疽杆菌的形态、菌落特征及病理变化

5.5.2.3　生化特性

本菌对糖类分解能力很弱，部分菌株能分解葡萄糖和半乳糖，少数菌株可以分解蔗糖或甘露醇，产酸不产气。能还原硝酸盐，产生少量硫化氢，不产生靛基质。缓慢液化明胶；V-P 试验和 MR 试验均为阴性。鼻疽杆菌的生化反应见表 5-2。

表 5-2　三株分离的鼻疽杆菌的生化特性

性质	1 型分离株（*N*=9）	2 型分离株（*N*=4）	3 型分离株（*N*=1）
氧化酶	+	+	+
催化酶	+	+	+
吲哚	−	−	−
硝酸盐还原	−	−	微量
甲基红和 V-P	−	−	−
H_2S 产生	微量	微量	微量
NH_3 产生	微量	微量	微量
明胶液化	−	−	−
运动性试验	−	−	−
葡萄糖	+	+	+
果糖	+	+	缓发酵
甘露糖醇	+	+	+
甘露糖	+	+	缓发酵
乳糖	+	+	缓发酵
蔗糖	−	−	−
麦芽糖	+	−	−
甘露醇	+	+	+
精氨酸脱水酶	+	+	+

注：+. 阳性；−. 阴性

5.5.2.4　抗原构造与分型

鼻疽杆菌不形成鞭毛（无 H 抗原），有 K、O、M 及 R 抗原。实验证明鼻疽杆菌 O-特异性多糖具有一定的免疫原性。

5.5.3　致病性

在自然条件下，主要感染马属动物，人也有一定的易感性。在实验动物中以猫、豚鼠、地鼠最易感，小白鼠感受性较弱，大白鼠不易感。本菌不产生外毒素，仅产生内毒素。内毒素耐热，120℃加热 1.5h 不被破坏。鼻疽杆菌的荚膜多糖是其主要毒力因子。**马鼻腔黏膜呈冰花样溃疡为其典型特征**。

5.5.4　抵抗力

本菌对外界因素抵抗力不强。在水中能存活 2～3 周，在尿中能存活 40h，干燥 1～2 周，日光照射 24h 死亡。煮沸数分钟即死，55℃加热 5～15min 即可杀死。一般消毒药如 2%甲醛溶液、2%苯酚、3%来苏尔均可在 1h 内杀死本菌。

5.5.5　细菌学检验

1）检样采取

生前采取病畜脓性鼻汁、溃疡分泌物或脓肿穿刺物。宰后可采取肺、淋巴结、肝、脾等病变组织。

2）镜检

鼻疽杆菌为革兰氏染色阴性杆菌，**用碱性亚甲蓝染色时，鼻疽杆菌呈着色不均浓淡相间或两极着染杆菌**，在诊断上有一定的意义。

3）分离培养

常用甘油琼脂、孔雀绿酸性复红琼脂或血液硫堇葡萄糖琼脂进行分离培养。当检样中菌量很少时，可用甘油肉汤增菌培养。经 2～3d 后呈均等混浊，再用固体培养基作分离培养。

4）生化反应

根据分离培养的菌落特征，将可疑菌落接种在马铃薯培养基上，同时做部分生化试验鉴定。如靛基质阴性，硫化氢微量，石蕊牛乳变红凝固。长时间培养，能分解葡萄糖及杨苷产酸。

5）动物试验

实验动物中对鼻疽杆菌最敏感的是猫，其次是豚鼠。由于猫感染之后，多发生鼻疽，能在打喷嚏时散布鼻疽杆菌，所以一般都用雄性豚鼠进行试验。即以检样制备 1∶10 悬浮液，于腹腔或股内侧皮下注射 1mL。于注射后 4～5d 或稍晚，发生特征性睾丸炎，阴囊红肿，称为 Straus 氏反应。随后化脓、破溃，豚鼠多于 2～3 周左右死亡。死亡后剖检，同时做细菌分离。

5.5.6 卫生评价与处理

（1）患鼻疽家畜的肉尸、内脏、血液和皮肤全部做工业用或销毁。

（2）可疑被鼻疽污染的肉尸及内脏，高温处理后出场，皮张及骨骼等消毒后利用。

（3）宰前发现鼻疽病畜，不得屠宰加工，应采用不放血的方法捕杀后做工业用或销毁。

（4）宰后发现鼻疽时，应立即停止生产，将全部鼻疽肉尸、内脏及皮张从车间装入密闭容器运走。工作人员及其工作服、胶靴、屠宰车间及工具应施行严密消毒。

5.6 土拉杆菌（*Francisella tularense*）

5.6.1 食品卫生学意义

土拉杆菌又称土拉弗朗西斯杆菌，能引起人和多种动物的热性传染病，称为土拉杆菌病，也称为野兔热。本菌属有两个种，即土拉弗朗西斯菌（*F. tularensis*）和新凶手弗朗西斯菌（*F. novicida*），前者是人和动物野兔热的病原菌，后者仅能引起实验动物感染。

本病主要传染源为野兔和啮齿动物，其他野生动物、家畜、家禽感染后也可成为传染源。人对本菌高度敏感，虽少量细菌进入体内即可致病。

本菌传播途径一般以直接接触和吸血昆虫叮咬较多见。直接与感染动物接触或被染菌昆虫叮咬；摄入污染食物和水；吸入污染空气均可使人感染土拉杆菌病。

人体感染后，潜伏期 3～5d，突然发病、寒战发热、伴有剧烈头痛、盗汗、食欲减退，少数可见皮疹，多数有肝脾肿大，一般病程 2～3 周。

本病分布甚广，主要见于欧、美各国。我国自 1957 年首次从黄鼠体内分出本菌后，又从野兔和患者体内分离证实。目前许多省市都已发现病例。

5.6.2 生物学特性

5.6.2.1 形态与染色特征

本菌大小0.2μm×(0.2～0.7)μm。在固体培养基上的幼龄培养物形态一致，陈旧培养物中呈多形性，有球形、杆形、长丝形。在动物组织内呈球状或杆状，并在菌体周围有一层较薄的类荚膜样透明带。无鞭毛或芽孢，革兰氏染色阴性，亚甲蓝染色呈两极着染(图 5-9)。

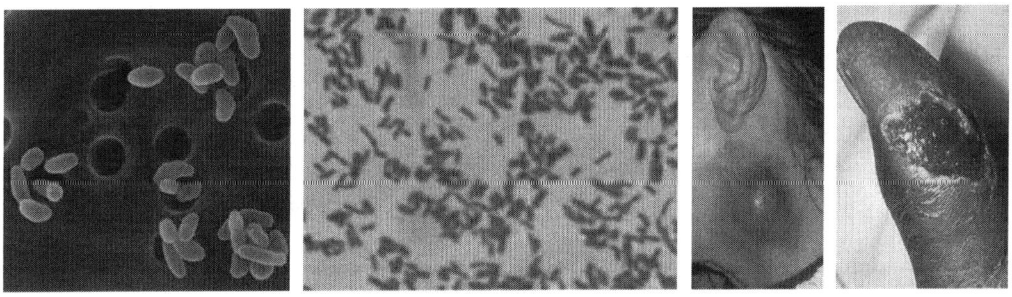

图 5-9 土拉杆菌及病例

5.6.2.2 培养特性

本菌为专性需氧菌，营养要求较高，在普通培养基中不能生长，需要加入血液、卵黄、葡萄糖胱氨酸等营养丰富的物质才能生长。最适生长温度 37℃，最适 pH 为 6.9～7.2。

在含血液的葡萄糖胱氨酸培养基上生长较慢，3～4d后菌落如黏液状水滴，灰白色、光滑、圆形，菌落周围有绿色变色区，但非真正溶血。

5.6.2.3 生化特性

本菌发酵糖类和醇的能力较弱，能发酵葡萄糖产酸不产气；在含有半胱氨酸的培养基中能产生硫化氢，不形成靛基质；能分解尿素，还原亚甲蓝、孔雀绿；不还原刚果红；不能还原硝酸盐为亚硝酸盐。

5.6.2.4 抗原构造与分型

土拉杆菌只有一个免疫型，有三种主要抗原。多糖抗原，在患者康复后注入该抗原至皮内，能即刻引起风团和红疹性皮肤反应。细胞壁和包膜抗原，具有内毒素活性，与免疫保护有关。蛋白抗原与迟发型变态反应有关，与布鲁氏菌抗原有交叉反应。

5.6.2.5 致病性

土拉杆菌对多种动物和人具有病原性。其致病性与动物有关，菌的自溶物有毒性，可使动物死亡。但人与人之间的传染罕见，人感染通常是动物接触所致，细菌穿入没有破损的皮肤和黏膜而引起感染。在人和动物器官和组织中出现腹股沟淋巴结炎和坏死的区域。对豚鼠或小白鼠高度敏感，1个菌即可引起感染。人皮内感染剂量为10个菌；气雾途径感染剂量为10～50个菌(图5-9)。

5.6.2.6 抵抗力

本菌对外界抵抗力较强，于冻结的组织内能存活12个星期，在4℃水或潮湿土壤中可存活4个月以上，且毒力不降低。死于该菌感染动物的尸体在低温下可存活6～9个月，在腌肉中可存活31d。对热抵抗力不强，56℃，10min即可被杀死；日光直射可存活20～30min；紫外线照射立即死亡。对一般消毒药抵抗力也不强，2%～3%来苏尔、1‰升汞5min死亡；对甲醛、乙醇均无耐受性。对链霉素、氯霉素和四环素敏感。

5.6.3 细菌学检验

1）分离培养

检样直接接种于葡萄糖胱氨酸血液琼脂或凝固卵黄培养基上，37℃温箱中培养，形成圆形、光滑、灰色、突起、有黏性的菌落；与此同时，制备涂片，做亚甲蓝染色和革兰氏染色进行镜检。

2）动物试验

将检样稀释制成（1∶5）～（1∶10）乳剂，接种于豚鼠腹腔内，剂量4～8mL，一般于5～10d动物死亡，病变明显，脏器中有大量病原菌存在且可分离纯培养。

3）血清学试验

人的土拉杆菌病诊断主要靠血清学试验。其中定量凝集反应应用普遍，准确率高，不仅用于确定诊断，也可用于家畜和某些低敏感野生动物的检查。因高敏感动物一般不产生凝集素抗体，故不能用此法检测。

4）分子生物学检测方法

分子生物学技术和对土拉杆菌的进一步认识为研究高度特异、灵敏、快速和方便的诊断方法提供了可能性。目前快速诊断方法有以下几种：各种ELISA、免疫印迹、脉冲电泳和各种PCR。

5.6.4 卫生评价与处理

（1）割除病变部，废弃病变器官，肉尸及其内脏经高温处理后出场。

（2）血液和全部废弃物做工业用或销毁。皮张消毒后出场。

（3）屠宰可疑患野兔热的病畜时，工作人员应严格执行个人防护措施。

（4）发现病畜后，立即向有关部门报告疫情。

5.7 单核细胞增多性李氏杆菌（*Listeria monocytongenes*）

5.7.1 食品卫生学意义

李氏杆菌属包括7个种：单核细胞增多性李氏杆菌（*L. monocytogenes*）、绵羊李氏杆菌（*L. ivanovii*）、威尔斯李氏杆菌（*L. welshimeri*）、赛林格李氏杆菌（*L. seeligeri*）、无害李氏杆菌（*L. innocua*）、格氏李氏杆菌（*L. grayi*）、默氏李氏杆菌（*L. murrayi*）。其中前两种有致病性，但仅有单核细胞增多性李氏杆菌可引起人的疾病。李氏杆菌属的代表种为单核细胞增多性李氏杆菌，该菌是人和动物李氏杆菌病的病原体，是致死性食物源性条件致病菌。怀孕妇女、新生儿、老年人和免疫力低下者易感染此病。人和家畜感染后主要表现为脑膜炎、败血症和流产；家禽和啮齿动物表现为坏死性肝炎和心肌炎。

单核细胞增多性李氏杆菌（以下简称李氏杆菌）广泛分布于自然界，在土壤、健康带菌者、动物的粪便、江河水、污水、蔬菜、青贮饲料及多种食品中分离出该菌，患病动物和带菌动物是本菌的主要传染源，患病动物的粪尿、精液及眼、鼻、生殖道的分泌液都含有本菌，一旦污染到食品上，当人们接触和食人，即可发生感染。一般认为，李氏杆菌传播给人的主要途径是通过从水源到厨房的食物链中任何一个环节上的食品原料污染。人主要通过食人软奶酪、未充分加热的鸡肉、未再次加热的热犬、鲜牛奶、巴氏消毒奶、冰淇淋、生牛排、羊排、卷心菜色拉、芹菜、番茄、法式馅饼、冻猪舌等而感染，占85%～90%的病例是由被污染的食品引起的，生鲜蔬菜及乳制品风险更大一些。李氏杆菌在4～6℃低温下繁殖较快，对一般冷藏食品不能保证其安全性。

消毒牛奶污染率为21%，肉制品为30%，国内冰糕、雪糕中检出率为17.39%，家禽15%，水产品为4%～8%。由于本菌能在冰箱冷藏条件下生长繁殖，因此，冷藏对李氏杆菌并不是最好的抑制方法。销售、食品从业人员也可能是传染源，人粪便分离率为0.6%～1.6%，人群中短期带菌者占70%。虽然李氏杆菌食物感染或中毒的事件发生的较少，但其致死率较高，平均达33.3%，是细菌中致死率较高的一种。例如，2006年法国因食物感染引起67例死亡。

5.7.2 生物学特性

5.7.2.1 形态与染色特征

本菌大小为（0.4～0.5）μm×（0.5～2）μm。革兰氏染色阳性，老龄培养物呈阴性。形态与培养时间有关，37℃培养3～6h，菌体主要呈杆状，随后则以球形为主；3～5d的培养物学形成6～20μm的丝状；不产生芽胞。室温（20～25℃）时为4根鞭毛的周毛菌，运动活泼，呈特殊的滚动式；37℃时只有较少鞭毛或1根鞭毛，运动缓慢。将细菌接种于半固体琼脂培养基，置于室温孵育，由于动力强，细菌自穿刺接种线向四周弥漫性生长，在离琼脂表面数毫米处出现一个倒伞形的“脐”状生长区，是本菌的特征之一（图5-10）。

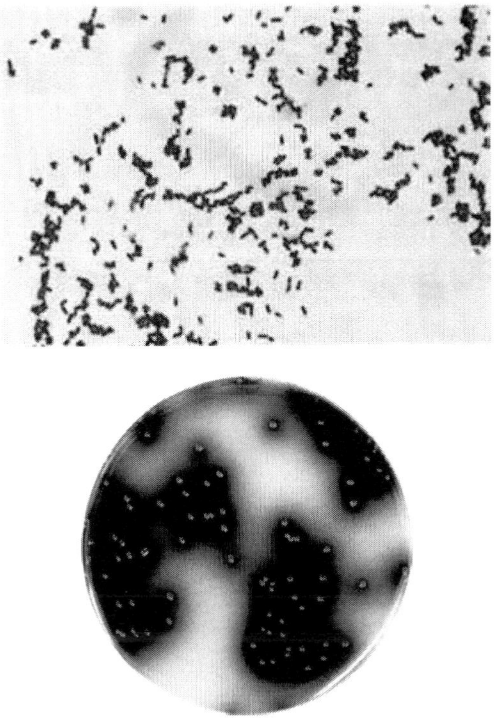

图5-10 李氏杆菌革兰氏染色和在0.1%亚碲酸钾培养基上的菌落

5.7.2.2 培养特性

本菌为需氧和兼性厌氧菌，在22～37℃均能生长良好，生长温度为1～45℃，在4℃中也能生长。根据此特性，可将污染众多杂菌的标本置4℃进行冷增菌，有利于本菌的分离。营养要求不高，普通培养基上均可生长，如加入少许葡萄糖、血液、肝浸出物则生长更好，最适pH为7.0～7.2。

血液琼脂：形成表面光滑、透明圆形的小菌落。绵羊血琼脂平板上菌落周围有狭窄的β溶血环。

肝汤琼脂：形成圆形、光滑、透明的小菌落。

血清肉汤：光滑型均匀混浊，粗糙型颗粒状生长。

在含有0.1%亚碲酸钾培养基上，菌落较小，呈黑色，边缘发绿（图5-10）。

5.7.2.3 生化特性

本菌能发酵葡萄糖、麦芽糖、果糖、海藻糖、杨苷酸，产酸不产气。在3～10d内可发酵乳糖、蔗糖、阿拉伯糖、半乳糖、山梨醇和甘油，产酸。不液化明胶；不还原硝酸盐为亚硝酸盐；MR试验和V-P试验均为阳性，不产生靛基质和硫化氢。

5.7.2.4 抗原构造与分型

李氏杆菌属具有菌体抗原和鞭毛抗原，菌体抗原以Ⅰ、Ⅱ、Ⅲ………Ⅻ表示，鞭毛抗原以A、B、C、D表示。不同的菌体抗原及鞭毛抗原组合成16个血清变种（表5-3）。

表5-3 单核细胞增多性李氏杆菌血清变种及抗原构造

血清变种	菌体抗原	鞭毛抗原
1/2a	Ⅰ、Ⅱ、(Ⅲ)	A、B
1/2b	Ⅰ、Ⅱ、(Ⅲ)	A、B、C
1/2c	Ⅰ、Ⅱ、(Ⅲ)	B、D
3a	Ⅱ、(Ⅲ)、Ⅳ	A、B
3b	Ⅱ、(Ⅲ)、Ⅳ、(Ⅷ、Ⅻ)	A、B、C
3c	Ⅱ、(Ⅲ)、Ⅳ、(Ⅷ、Ⅻ)	B、D
4a	(Ⅲ)、(Ⅴ)、Ⅶ、ⅨA	B、C
4ab	(Ⅲ)、Ⅴ、Ⅵ、Ⅶ、Ⅸ、Ⅹ	A、B、C
4b	(Ⅲ)、Ⅴ、ⅥA	B、C
4c	(Ⅲ)、Ⅴ、Ⅶ	A、B、C
4d	(Ⅲ)、(Ⅴ)、Ⅵ、Ⅷ	A、B、C
4e	(Ⅲ)、Ⅴ、Ⅵ、(Ⅷ)、(Ⅸ)	A、B、C
5	(Ⅲ)、(Ⅴ)、Ⅵ、(Ⅷ)、Ⅹ	A、B、C
7	(Ⅲ)、Ⅷ、Ⅻ	A、B、C
6a (4f)	(Ⅲ)、Ⅴ、(Ⅵ)、(Ⅶ)、(Ⅸ)	A、B、C
6b (4g)	(Ⅲ)、(Ⅴ)、(Ⅵ)、(Ⅶ)、Ⅸ、Ⅹ、Ⅺ	A、B、C

注：括号表示此抗原不常有

李氏杆菌有12个血清变种：1/2a、1/2b、3a、3b、3c、4a、4ab、4b、4c、4d、4e和7。其中人和动物感染李氏杆菌病90%以上由1/2a、1/2b、4b三种血清型引起，其他血清型经常从污染的食物中分离到。

5.7.2.5 致病性

1）致病作用

李氏杆菌所引起疾病可分为中毒型和侵袭型两种，中毒型主要表现为腹泻、腹痛及发热；侵袭型可引起脑膜炎、大脑炎、败血症，心内膜炎、流产、脓肿或局部性损伤等，且许多病症已证实是致死性的。免疫系统有缺陷、婴儿等易出现败血症、脑膜炎。孕妇可流产、死胎或婴儿健康不良，幸存的婴儿也易患脑膜炎，导致智力缺陷或死亡。少数患者仅表现为流感样表现。李氏杆菌是典型细胞内寄生菌，感染并侵入单核细胞和巨噬细胞内，也能侵入许多非吞噬性哺乳动物细胞内。侵入宿主细胞以后，在细胞与细胞之间扩散（图5-11）。李氏杆菌的这种致病方式是由基因组编码的毒力因子所决定的，这些毒力因子包括李氏杆菌溶血素、磷脂酶 C、内化素、触酶、SOD 等。

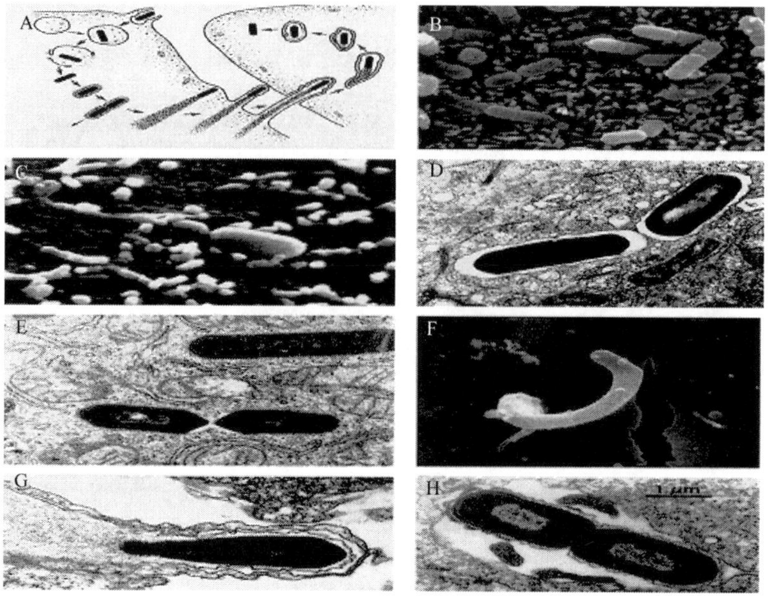

图 5-11　单核细胞增多性李氏杆菌的致病机制

A. 李氏杆菌细胞内寄生感染示意图；B. 李氏杆菌吸附在细胞表面；C. 李氏杆菌吸附在细胞表面并侵入细胞膜；D. 李氏杆菌在侵入细胞的吞噬泡内；E. 李氏杆菌释放入细胞质；F. 李氏杆菌侵入细胞膜；G. 李氏杆菌在肌动蛋白推动下侵入下一个细胞；H. 在侵入细胞内包涵体菌体二分裂

2）致病机制

李氏杆菌的感染模式：主要通过肠道感染，从肠道进入后第一侵害的靶器官——肝，在肝中李氏杆菌能大量繁殖，直到细胞免疫反应强烈后才停止。而对于免疫力低下的患者，李氏杆菌长期在肝中，造成菌血症，导致侵入第二个靶器官——脑和怀孕的生殖道，直到引起临床疾病。李氏杆菌和绵羊李氏杆菌是专性巨噬细胞内寄生，并可侵袭各种吞噬细胞，如上皮细胞，直接扩散到临近细胞，完成一个侵袭过程。这个过程包括：从吞噬泡中逃逸—快速在细胞质内繁殖—诱导肌动蛋白运动—直接扩散到临近细胞，然后再启动另一个循环。

从统计学观察，食源性菌株与临床来源菌株的毒性粒子之间有明显差异，临床来源菌株有较低的致死剂量。另一方面，有大量证据表明李氏杆菌抗原成分和致病性之间有相互联系。最明显的例子是 L. ivanovii 血清型 5 能在所有反刍动物中见到，尤其是羊。在这些动物中，血清型 5 菌株引起产期感染，而不是脑炎，最典型例子是羊的李氏杆菌感染表现。进一步证据是人和动物超过 90%的病例是由 1/2a、1/2b、4b、4b 型引起的，但菌株 1/2（1/2a、1/2b、1/2c）主要见于污染的食品中。

许多观察提出了李氏杆菌菌株之间的致病趋向性的差别。在人病例中，血清型 4b 常发生于胎儿，但与怀孕没有任何关系，在绵羊李氏杆菌感染具有两种临床表现形式：脑膜脑炎和流产，没有倾向于同时发生。从分子流行病学角度和血清学分组情况看可大致分成三组：第一组（血清型 1/2b、4b）包含所有食源性分离株，人和动物流行株；第二组（血清型 1/2a、1/2c、3a）包含从人和动物分离株，但不包含食源性分离株；第三组（血清型 4a）从动物分离株。

在第一组中有一个特殊的核型，所有血清型 4b 菌株都与食源性疾病流行有关，很少从反刍动物中分离出，从中可看出这种菌趋向于对人的致病性。

宿主易感性在李氏杆菌病中起到重要作用，许多病例中都存在 T 细胞介导的免疫学生理或病理缺陷。由此可以判断李氏杆菌属于条件致病菌。最危险人群是怀孕妇女和新生儿、老弱（55～60 岁或更老）、免疫缺陷患病衰弱者。

李氏杆菌把 M-肠上皮细胞作为进入口，直接证据是镜下见有李氏杆菌通过 M-细胞穿过肠壁，通过淋巴、血液到肠系膜淋巴结、脾、肝。如上所述，初期李氏杆菌在宿主组织中的居化作用快，口服后，由于此过程至发病时具有较长时间的潜伏期。对鼠试验性静脉感染，李氏杆菌被肝、脾中的巨噬细胞快速地从血流中清除掉，大约 90%的菌体聚集在肝中，主要是被窦状隙中 Kupffer 细胞捕获，大多数菌体被这些细胞杀死，并不是所有的李氏杆菌都能被破坏，也有的在体内器官中生长、繁殖。

在肝中细菌主要增殖的地点是肝细胞，这种观点否定了长期以来一直认为李氏杆菌增殖地点是巨噬细胞的观点。经过肠道屏蔽异位运动后，经肝门或动脉血流接近肝实质的最可能的途径是Kupffer细胞——细胞到细胞途径。经窦状隙以后，经狄氏腔隙直接侵入肝细胞。电镜观察肝组织：在肝细胞中李氏杆菌完成细胞内感染循环，包括肌动蛋白菌体尾部聚集及胞内运动扩散。从肝细胞到肝细胞直接胞内感染方式导致感染病灶的形成。李氏杆菌扩散进肝实质未经过免疫系统体液效应，这就解释了在李氏杆菌免疫中抗体并不起主要作用的原因。

3）毒性因子

（1）溶血素（hemolysin）：李氏杆菌溶血素（LLO）是一种多功能毒性粒子，在宿主寄生物的反应中比吞噬泡破裂具有更加重要的作用。外源性和内源性接触LLO能诱导宿主细胞许多反应，如细胞增殖，转染纤维细胞中心形成作用，肠细胞中黏膜细胞外渗作用，经钙信号的内化作用调节，在巨噬细胞中细胞因子的表达，树突细胞中的凋亡，磷脂代谢等作用。在对李氏杆菌感染的保护性免疫反应中LLO起到关键作用，方式有两种：第一种是LLO介导细菌向泡液中释放和随后的胞内增长，对于主要的组织相容复合物（MHC）第Ⅰ型限制李氏杆菌抗原的存在，并能诱导特异性保护性细胞毒CD8＋T细胞产生；第二种是LLO本身就是CD8＋李氏杆菌特异性识别的保护性抗原。

（2）磷脂酶（PLc）：李氏杆菌具有三种主要磷脂酶即PLcA、PLcB、SMcl。无溶血素（Hly）的李氏杆菌能逃逸吞噬泡进入胞质，并在人一定的上皮细胞内生长，说明李氏杆菌膜活性能产生破坏吞噬泡更强的活性，它能用磷脂酶将吞噬泡膜破坏。Hly能有效破坏第一次吞噬泡的膜。PLcB也可以介导细胞中吞噬泡中李氏杆菌的逃逸，它能将第二个空泡膜溶解，从而对李氏杆菌细胞-细胞之间的传播起到关键作用。从巨噬细胞扩散到不同哺乳动物胞内扩散，PLcB是必需的，包括微血管内皮细胞。PLcB毒性作用相对较小，仅在从吞噬泡中逃逸时起到一定作用。SMcL介导第一次空泡破裂和将菌体释放到胞质中。PLc对李氏杆菌选择适应宿主细胞、菌体胞内生长时的组织炎性反应和宿主组织居住化等过程中具有重要作用。PLc能破坏宿主细胞信号通道。

（3）肌动蛋白调节因子（ActA）：在宿主细胞内李氏杆菌利用ActA将细胞内的肌动蛋白汇聚于自己菌体尾部，变成菌体的前进动力，使菌体向前运动，并顶着宿主细胞膜镶嵌入另一个细胞内，从而使下一个细胞形成吞噬泡，菌体进入下一个细胞内。因此，ActA是细胞内寄生菌必不可少的侵袭性元素之一。

（4）内化素（internalin，InI）：李氏杆菌的内化素有InIA和InIB两种，能够使菌体内化入宿主细胞内。

其他毒性因子还有IP60、抗氧化因子、铁还原酶应急反应介质、PrfA等。

4）抵抗力

本菌在青贮饲料、干草、干燥土壤和粪便中能长期存活。对碱和盐耐受性较大，在pH9.6的10%食盐溶液中能生存。在4℃时于20%食盐溶液内可存活8周。对温度和一般消毒药抵抗力不强，85℃经40s，59℃经10min死亡。3%苯酚，70%乙醇及其他常用消毒药的一般浓度均能杀死。对氨苄西林、先锋霉素、氯霉素、红霉素等敏感。

5.7.3 细菌学检验

1）镜检

采取检样直接涂片，进行革兰氏染色，镜检如发现散在的、呈"V"形排列的或并列的革兰氏阳性的小杆菌，可以作出初步诊断。

2）分离培养

取上述检样划线接种于0.5%～1%葡萄糖琼脂或0.05%亚碲酸钾胰蛋白胨琼脂平板上，37℃培养后挑取典型菌落进行鉴定。

3）免疫学检测

1992年Bessesen等利用淋巴细胞杂交瘤技术，首次制备了一株能稳定分泌抗李氏杆菌特异单克隆抗体的细胞株EM-7G1，建立的夹心ELISA方法能于20～24h内检测出8～10个菌体/mL，第一次利用免疫学方法把李氏杆菌与非致病性李氏杆菌分开。此后Katharion等于1994年报道三株李氏杆菌4b血清型的高度特异单克隆抗体。

4）聚合酶链反应（PCR）和连接酶链反应（LCR）

Bessesen等利用已克隆出的溶血素基因片段（606bp），设计出长度为24bp的引物，扩增30个循环。扩增后，PCR产物的量从扩增前的18ng提高至1.8μg。Wiedman等利用连接酶链反应（LCR）来检测此菌，利用LCR检测李氏杆菌属内的不同种，证实LCR对李氏杆菌有高度的特异性，且12h内能报告LCR结果。Fluit建立了一种新的检测系统——磁免疫PCR（MIPA），以李氏杆菌单抗MAb55包被磁珠，直接从样品中分离以上两种细菌，经裂解，细菌释放出DNA，以溶血素O基因和迟发型变态反应（DTH）基因来设计引物，可得到李氏杆菌PCR产物，灵敏度高，特异性强，检测时间短。

5.7.4 卫生评价与处理

（1）动物头和其他所有患病部分剔除做工业用或销毁，肉尸高温处理后出场。

（2）出现李氏杆菌病症状的牲畜，一般不能作为食用，但恢复健康的允许宰杀。

(3) 对于生鲜蔬菜特别是有机蔬菜一定要洗净；使用乳制品要注意灭菌是否彻底。

5.8 猪丹毒杆菌（*Erysipelothrix rhusiopathiae*）

5.8.1 食品卫生学意义

猪丹毒杆菌是引起猪丹毒的病原体，也是一种人畜共患病病原体。猪丹毒是猪的一种急性传染病和常发病，其主要临床特征为败血症（急性）、皮肤疹块（亚急性）、疣性心内膜炎与多发性关节炎（慢性）。

猪丹毒杆菌广泛分布于自然界，如猪、羊、鸟类和鱼类体表及黏膜上常带有本菌，主要致猪发病。健康猪的扁桃体、肠黏膜及胆囊内也带有此菌，病猪和带菌猪是本病传染源。

人对猪丹毒杆菌易感，症状为局限型（皮肤型）或败血型。猪丹毒是一种职业病，多发于兽医、屠宰加工人员、渔民等。感染猪丹毒主要是由于处理病猪的产品、废物，或者因为剖检猪时不慎而被感染。另外，屠宰加工病畜和出售病畜肉及内脏，也是造成人感染猪丹毒的重要原因。猪丹毒杆菌在腌肉中能存活较长时间，应引起注意。有报道人吃了带有猪丹毒杆菌的腌肉，几小时后开始发热，不适，多处发痒，不久耳和面颊出现红斑块，几周后出现全身症状，严重贫血，在血液中找到了猪丹毒杆菌，两个月后患者死亡。

海鱼常带染该菌，人由于皮肤损伤而发生感染，常局限于手指或手部，通常称为类丹毒。感染的部位肿胀、发硬、暗红、灼热、疼痛，但不化脓。

5.8.2 生物学特性

5.8.2.1 形态与染色特征

本菌为革兰氏阳性，正直或微弯曲的细长小杆菌，大小为（0.2～0.4）μm×（0.3～2.5）μm。自然材料中常单在、成对或成丛排列；在白细胞内一般成丛排列；在老龄培养菌和慢性猪丹毒心内膜炎的疣状物中多为长丝状，菌体内有明显颗粒。不形成芽胞和荚膜，无鞭毛；容易为一般染料所着染，但老龄菌往往呈革兰氏染色阴性(图 5-12)。

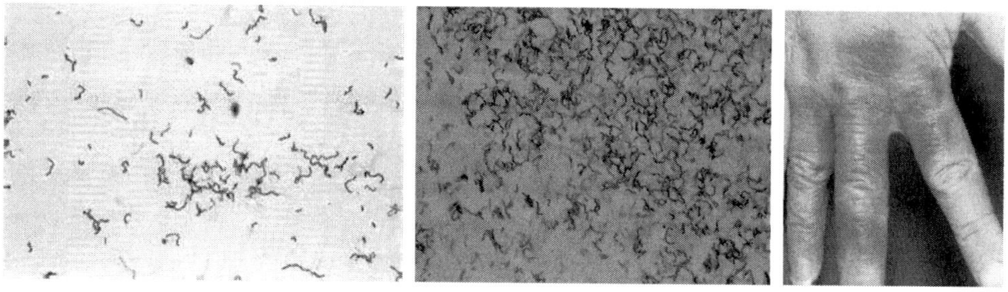

图 5-12 猪丹毒杆菌革兰氏染色和病例

5.8.2.2 培养特性

本菌为需氧或兼性厌氧菌。在普通培养基上可以生长，培养的最适温度为 35～37℃，最适 pH 为 7.2～7.4。在含有血液或血清的培养基上生长较好。

血液琼脂：培养 24～48h 后，形成针尖大露滴样小菌落。菌落呈圆形，灰白色透明，一般均可形成狭窄的绿色溶血环（α 型溶血）。

肉汤：培养 24h 后，呈均匀一致的微混浊，不形成菌膜，管底有少量白色沉淀，将之振摇，沉淀物上升为絮片状。老龄增菌时，多呈絮块或絮条样生长，常悬浮于试管中央或沉于管底。

明胶培养基：**沿穿刺线向侧方呈放射状生长，试管如毛刷状**，具有鉴别意义。不液化明胶。

5.8.2.3 生化特性

本菌能发酵葡萄糖、乳糖、果糖、木胶糖、伯胶糖、单奶糖等产酸不产气。但由于菌种来源和品系不同，细菌对糖类分解能力差异很大，故鉴别意义不大。能产生硫化氢，不产生靛基质，不还原硝酸盐为亚硝酸盐，V-P 试验和甲基红试验均为阴性，接触酶试验阴性，石蕊牛乳微变酸或无变化。不分解尿素。

5.8.2.4 抗原构造与分型

猪丹毒杆菌的抗原构造是复杂的，以不同的血清型将其分为 A、B、C、D、E、F、G 和 N 群。1970 年，匈牙利学者利用琼脂扩散反应，将全世界各地分离到的猪丹毒杆菌分为 16 个血清型。1978 年，美国学者报道，在全世界范围内有 20 个血清型。我国由于猪丹毒杆菌的标准血清不全，不能对全国各地分离的所有菌株进行鉴定，因此猪丹毒杆菌血清型在我国分布情况不明，只知来源于猪的菌株有 A、B 和 N 型。由败血型病猪分离的菌株多属 A 型；由疹块型和关节炎病猪分离的菌株多为 B 型；从疣性心内膜炎病猪分离的菌株 A、B 型均有，不属于 A、B 型的为 N 型；由健康猪扁桃体分离的大多数为B型和N型。

5.8.2.5 致病性

自然条件下，本菌主要使猪发病。偶尔对人致病，引起类丹毒。家兔较少感染；豚鼠抵抗力较强。

5.8.2.6 抵抗力

本菌抵抗力在无芽胞细菌当中最为强大。对盐腌、火熏、干燥、腐败和日光均有较强的抵抗力。肉内细菌经盐腌或熏制之后，尚能存活3～4个月之久，病猪尸体掩埋后（已经腐败），细菌经7～10个月不死，暴露于日光下能存活10d。在干燥状态下可存活3周。但对热抵抗力较差，50℃加热15～20min，70℃加热5min即可杀死。热力杀菌的效果与菌材料大小厚薄及和细菌所在的基质组成有关，在15cm厚猪肉块须煮沸2.5h，煎炒或炖煮不能杀死肉块深部的猪丹毒杆菌。本菌对化学消毒药的抵抗力不强，5%苯酚、3%来苏尔、0.1%升汞、5%石灰乳等均能很快将其杀死。

5.8.3 细菌学检验

1）检样采取

（1）急性败血型猪丹毒可采取肝、脾、肾、心血、淋巴结等进行检查。如无法取得上述检样时，可取管状骨的骨髓作为检样。

（2）亚急性疹块型猪丹毒主要采取肉尸有界限性的疹块皮肤。

（3）慢性猪丹毒采取肿胀关节的关节液及心内膜上疣状物。

（4）对熏制或腌制的肉类食品，应采取其深层淋巴结、管状骨的骨髓进行检验。

2）镜检

取可疑检样制成涂片或触片，用革兰氏染色法染色后镜检。染色镜检以败血型猪丹毒的效果最好；疹块型、慢性及加工肉品材料，因细菌数不多，效果甚差，还需进行培养物及动物试验。

3）分离培养

败血型猪丹毒的实质淋巴结等检样，表面经无菌处理后，用剪刀剪取深层组织一块，直接涂抹接种在血琼脂平板上，经37℃培养24～48h后进行检查。

疹块型猪丹毒的病损皮肤、慢性猪丹毒病损组织及肉类加工品的检样，表面经无菌处理后，采取内部组织直接涂抹接种血平板上，经37℃培养24～48h，观察结果。与此同时，将检样在肉汤内增菌培养，经37℃培养24h，观察生长情况。同时将肉汤增菌培养物移种至血液琼脂平板上，进行分离培养。

4）明胶穿刺培养

取细菌纯培养物穿刺于明胶高层培养基，经22℃，24h培养，猪丹毒杆菌可沿穿刺线向侧方生长，呈“试管刷状”。

5）动物试验

动物试验是猪丹毒杆菌检验的重要方法。主要用于含菌量极少或已被污染检样的确诊，直接进行细菌分离培养较为困难时。

动物接种可利用上述原始检样制成1∶10生理盐水混悬液，或挑取血琼脂平板上所生长的猪丹毒菌落接种于肉汤，将37℃培养24h培养物接种动物。实验动物中以小鼠与鸽最为易感。接种剂量为：小鼠皮下或腹腔内接种0.2mL，鸽胸肌接种1mL。动物在接种后3～5d发病死亡。小鼠接种后出现眼结膜炎，起初有浆液性分泌物，后变脓性，拱背，最后死亡。鸽接种后麻痹、毛乱、呼吸困难、终因患败血症而死亡。

5.8.4 卫生评价与处理

（1）胴体及内脏有显著病变的猪，其胴体、内脏和血液炼制或销毁。

（2）有轻微病变的胴体及内脏，割除病变部位，24h内高温处理后出场，超过24h者，应延长高温处理时间0.5h，内脏炼制或销毁。

（3）血液炼制或销毁，猪皮消毒后利用。

（4）恢复期的猪丹毒猪，皮肤上仅显黑灰色痕迹，皮下无病变者，可将其病变部割除后出场、炼制后食用。规定高温处理的肉尸和内脏，应在24h内处理完毕。

5.9 钩端螺旋体属（*Leptospira*）

5.9.1 食品卫生学意义

钩端螺旋体能引起人畜共患自然疫源性传染病，通称为钩端螺旋体病病原体。钩端螺旋体属包括两个种，即问号钩端螺旋体（*L. interrogans*）和双曲钩端螺旋体（*L. biflexa*），前者为致病性的，后者为非致病性的。钩端螺旋体在自然界中分布很广泛，尤以水中为多，在人和动物体内也有寄生。

钩端螺旋体的宿主动物是非常广泛的，几乎所有的温血动物都可以感染，其中以鼠类为最主要储存宿主。鼠类感染本病后，大都呈健康带菌。不同鼠类带菌率不尽一致，一般野鼠约在20%，家鼠较低，为1%～2%。鼠类中以黄胸鼠、沟鼠、黑线姬鼠、罗赛鼠、鼷鼠带菌较多，分布范围广。鼠类带菌时间长达1～2年，甚至终身。在畜禽中的猪、牛、犬、羊、骆驼、马、兔、猫和猴，以及鸡、鸭、鹅、水禽、野禽和猛禽都可感染，并长期带菌，特别是猪，感染率为25%以上，某些地区可高达80%以上。带菌时间长，据报道为194d，甚至一年以上。排菌量大，污染环境严重，是最危险的传染源。

钩端螺旋体除了广泛感染家畜、家禽，影响畜牧业生产外，尤其严重的是往往由动物传染给人，危害人们身体健康。本菌主要是通过接触病畜尿液、污染水而感染。也可由于肢解畜体和剖检病畜而发生感染，因此它是屠宰加工人员、饲养和兽医职业病之一。除此之外，由于鼠尿污染的食品，包括各种动物性食品，也是重要感染来源，据报道，1942 年圣彼得堡发生的钩端螺旋体病大流行，就是由于鼠类污染肉品被人食用而引起的。感染钩端螺旋体的患者呈现突然发热、头痛、全身不适、无力，体温达 39～40℃，肌肉疼痛，尤以腓肠肌疼痛并有压痛为特征，腹股沟淋巴结肿痛，有蛋白尿及黄疸等症状。但有的症状较轻或无症状。

在家畜中，由于感染菌型与动物种类不同而症状各异。急性病例主要呈现短期发热、黄疸、贫血、血红蛋白尿、流产、黏膜和皮肤坏死等。但大多数家畜呈隐性感染，缺乏症状。

5.9.2 生物学特性

5.9.2.1 形态与染色特征

本菌非常纤细，大小为（6～20）μm×（0.1～0.2）μm，一端或两端弯曲呈钩状，具有细密而规则的螺旋。普通显微镜下难以看见，特殊染色后在暗视野显微镜下，可见钩体像一串发亮的微细珠链。本菌能活泼运动，且当绕长轴旋转或摇摆时，整个菌体可呈“C”、“S”形等字样。

钩端螺旋体革兰氏染色法不易着色。用镀银染色法较好，菌体成棕褐色，但染色后因螺旋过于致密，经硝酸银沉淀后菌体变粗，细密的螺旋看不清楚，有时只呈现略变曲的杆状。在电镜下，可见菌体有两根轴丝，各从螺旋的一端开始在菌体中央重叠，外周有细胞壁（图 5-13～图 5-15）。

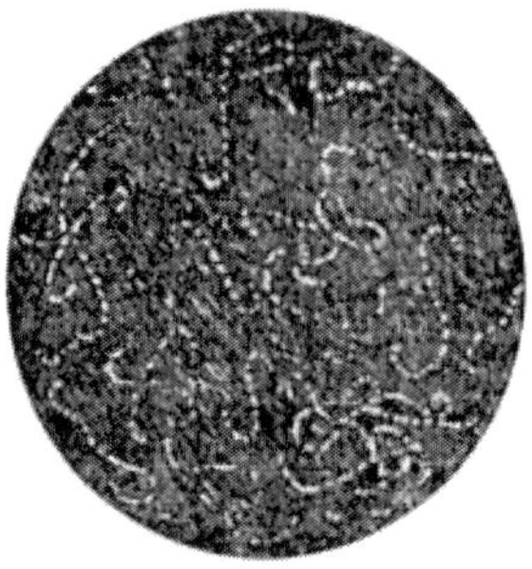

图 5-13 钩端螺旋体（暗视野显微镜下）

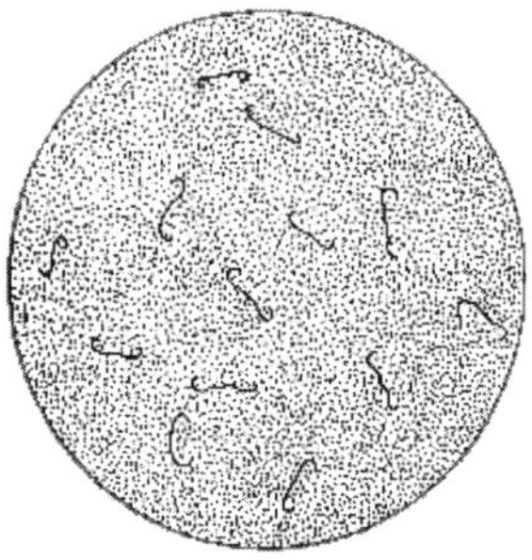

图 5-14 钩端螺旋体（镀银染色法）

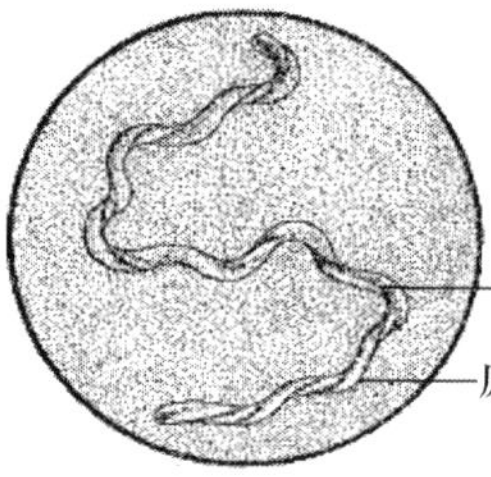

图 5-15 钩端螺旋体

5.9.2.2 培养特性

钩端螺旋体为需氧性菌，营养要求不高，常用柯氏（Korthof）培养基进行培养。最适宜生长温度为 28～30℃，最适 pH 为 7.2～7.4，但从感染组织中进行初次分离培养时最好在 37℃条件下。该菌生长缓慢，接种后 3～4d 开始生长，2～3 周才能形成肉眼可见的扁平、透明、圆形菌落。一般用含 0.2%～0.5%琼脂的半固体培养基。有些菌株在固体培养基上生长不好，甚至不生长。

5.9.2.3 生化特性

钩端螺旋体的生化反应极不活泼，不分解糖类和蛋白质。

5.9.2.4 抗原构造与分型

现已公认的钩端螺旋体属中包括 4 种特异性抗原，即属特异性抗原、种特异性抗原、群特异性抗原和型特异性抗原。致病性钩端螺旋体的抗原有表面抗原和内部抗原两种。表面抗原为型特异性的，存在于菌体表面，是蛋白质多糖复合物。内部抗原具有属特异性，为本属所共有，位于菌体内部，其成分为类脂多糖复合物。

钩端螺旋体按其表面抗原可分为若干血清型，目前全世界已发现 23 个血清群，205 个血清型，而新的血清型还在不断被发现。钩端螺旋体的各个菌型，在形态和培养特性上没有什么区别，主要依据其抗原构造不同分为若干血清型。于恩庶等将我国各疫区分离的钩端螺旋体按国际标准鉴定，共发现 19 个菌群，74 个菌型。目前，国内应用的参考株为其中的 15 群 15 型（表 5-4）。

表 5-4 我国已经发现的钩端螺旋体菌群和菌型（1995）

菌群	菌型数及菌型
黄疸出血群（Icterohaemorrhagiae）	6，哥本哈根、黄疸出血、纳姆、赖、红河、南溪
萨明群（Sarmin）	1，威维里
爪哇群（Javanica）	7，爪哇、德宏、勐腊、勐润、雅安、镇康、勐玛
赛尔东尼群（Celledoni）	4，恩霍、海南、怀特康、勐定
犬群（Canicola）	4，频德吉、犬、琼斯、渡口
拜伦群（Ballum）	2，拜伦、广东
致热群（Pyrogenes）	4，阿不赖姆斯、致热、蔡升尼、孟连
秋季热群（Autumnalis）	7，秋季、斑金南、福特-布拉格、摩乐斯、拉赫马特、苏门答腊、南腊
澳洲群（Australis）	2，澳洲、乳山
波摩那群（Pomona）	2，波摩那、昆明
流感伤群寒群（Grippotyhosa）	3，流感伤寒、两广、临海
七日热群（Hebdomadis）	4，七日热、曼庄、龙南、南定
赛罗群（Sejroe）	8，巴尔干、溶血、哈焦、棉兰、萨可斯可宾、屈林台德、乌尔夫、金
明尼群（Mani）	4，明尼、云南、河口、南定
巴达维亚群（Bataviae）	2，巴达维亚、巴叶赞
塔拉索夫群（Tarassovi）	8，哥埃达、摩尔达维亚、塔拉索夫、云县、宁夏、版纳、耿马、勐腊
蛙群（Ranarum）	1，平昌
四川群（Sichuna）	1，四川
曼耗群（Manhao）	5，曼耗、临沧、绿水、清水、黎川

5.9.2.5 致病性

钩端螺旋体存在于多种动物，以鼠和猪为主要传染源和储存宿主。动物感染后多不发病，但钩端螺旋体在肾长期繁殖，并随尿排出，污染环境，人类可通过接触而感染。钩端螺旋体致病物质有溶血素、细胞毒因子、内毒素样物质等。可引起钩体血症，患者出现高热、乏力、头痛、腓肠肌痛、皮肤结膜充血、浅表淋巴结肿大等症状。由于所感染钩端螺旋体的型别、毒力、数量及个体免疫状态不同，其病程发展和临床表现有很大差异，轻者似感冒，仅出现轻微的自限性发热；重者可出现休克、DIC、黄疸、肺出血、心功能不全、脑膜炎等。

病后或隐性感染后可获对同型钩端螺旋体的持久免疫力，但对异型无抵抗力。

5.9.2.6 抵抗力

钩端螺旋体对于各种理化因素抵抗力较强。能耐低温，在−70℃下使培养物速冻，可保持其毒力达一年以上，在水中能生活数月。对热、酸及普通消毒剂均较敏感。在含氯3‰的水中3min；直射日光2h；60℃，1min，均可被杀死。消毒剂中，1∶2000升汞、0.5%来苏尔、75%乙醇、2%盐酸、1%苯酚、0.25%甲醛溶液，可在10min内将其杀死。病畜肉经盐渍（含盐5%）需10d以上能达到消毒的目的。本菌对青霉素敏感。

5.9.3 细菌学检验

5.9.3.1 检样采取

发病1周内采取血液，2周后采取尿液。有脑膜炎症状时取脑脊髓液。死亡或屠宰动物主要采取膀胱内尿液及肾。

血液：取血液1mL，加入含有2mL枸橼酸钠盐的小管中，以1000r/min离心10min，取上清液于另一试管中，再用3000～3500r/min离心30～60min，弃去上清，取沉淀检查。

尿液：方法同血液，也可直接检查。

脏器悬液：取动物尸体的肾、肝、肺等制成10%悬液，先以1000r/min离心10min，吸取上清液3000～3500r/min离心1h，检查沉淀物。

脑脊髓液：以3000～3500r/min离心1h，检查沉淀物。

5.9.3.2 镜检

1）暗视野活体检查法

取处理后的检样一滴于洁净载玻片上，加盖玻片后，置于暗视野显微镜下观察。钩端螺旋体在暗视野显微镜下细长，两端弯曲呈钩状，并具有活泼的运动性。

2）染色方法

处理后的检样，也可制成涂片，染色后镜检。常用的染色方法有方登纳氏（Fontana）镀银染色法，克拉基安（Krajian）氏改良法和吉姆萨染色法。

5.9.3.3 分离培养

钩端螺旋体常用的培养基有柯索夫氏（Korthof）培养基、希夫纳氏（Schüffner）培养基和振氏（Tepckuŭ）培养基三种。

将处理的检样沉淀接种在上述任意一种培养基中，置于28～30℃温箱内培养，每隔5～7d检查一次，钩体生长后，培养基略呈乳白色混浊，钩体主要生长在培养基的1/3部分。对光摇动试管，可见云雾样物向下移动。连续观察一个月以上，如无钩端螺旋体生长方可判断为阴性。

5.9.3.4 动物试验

最常用的实验动物为豚鼠（120～200g）或金黄地鼠（50～60g）。未接种前应先测体温和体重，体温正常，方可供分离接种用。

采取静脉血2mL（不加抗凝剂）或尿液3～5mL、脑脊髓液（2mL）、肾组织悬液（10%悬液，自然沉降后取上清）1～1.5mL，立即接种于豚鼠腹腔内或皮下。

接种2d后开始每日喂食前检测体温和体重，如体温高于注射前1℃以上，且体重减轻、活动迟缓、体毛松散、厌食者为发病标志。如发现体温骤然下降，而低于正常体温者，为濒死征兆。对死亡、发病和濒死的应随即解剖、培养和传代。传代用肾制备悬液后，重新接种，同上观察，经2～3代盲传仍无发病，即为阴性。

5.9.3.5 凝集溶解试验

凝集溶解试验是钩端螺旋体血清学检验方法之一，也是较常用的方法之一，特异性高，既可区分群和型，又可用以诊断疾病，但是操作较繁，所用抗原是活菌液，不易保存。

钩端螺旋体凝集溶解试验与其他细菌凝集反应不同，当抗体浓度大，即血清稀释倍数低时则发生溶菌现象。相反，当抗体浓度小，即血清稀释倍数高时，则钩端螺旋体互相凝集成团。

（1）抗原：用国内15群15型标准菌株分别接种于柯索夫培养基或希夫纳培养基上，经5～7d培养生长良好，在高倍镜下（400倍）每个视野内菌体50条以上，运动活泼而无自凝现象者，即可使用。

（2）血清稀释：分离的血清经56℃，30min灭活，从1∶50倍开始倍比稀释至1∶6400。如果初筛可用两个稀释度，如1∶50及1∶200。

（3）操作步骤：用多孔塑料板或有机玻璃板，各孔内加入0.1mL稀释血清，再加入0.1mL各抗原液，另取0.1mL生理盐水作为对照。摇匀后，盖上玻璃板，放37℃温箱中1～2h观察结果。

（4）结果判定：在显微镜暗视野下检查，如果凝集，常见到形态似小蜘蛛状，或较大的葵花状凝块。如未见菌体或菌体残缺不全，表示溶解。

凝集强度以“＋”表示，根据其强度分别以“♯”、“＋＋＋”、“＋＋”、“＋”“－”表示。

“♯”表示几乎全部菌体发生溶解呈蝌蚪状或折光率高的团块及点状，偶见极少数活菌体游离。

“＋＋＋”表示75%以上的菌体凝集或溶解，呈蜘蛛状、蝌蚪状或团块状，残存活菌体在25%左右，运动不活泼，折光力低。

“＋＋”表示约50%菌体呈典型的蜘蛛状凝集团块，团块边缘有活动的菌体。

“＋”表示偶见菌体凝集成蜘蛛状，75%左右残存的活菌体，运动活泼。

“－”表示全部菌体正常、分散、无凝集现象，与对照相同。

血清效价按最终血清稀释度计算。以出现“＋＋”凝集的血清最高稀释度为该血清的凝集效价，凝集效价在1∶300以上有诊断价值。

5.9.4 卫生评价与处理

（1）处于急性期并且发热和高度衰弱的病畜，不准屠宰。

（2）宰后发现黄疸症状，肉尸黄色在一昼夜内不能消失者，肉尸及内脏做工业用或销毁。宰后未见黄疸或黄疸病变轻微，经一昼夜后基本消失或仅留痕迹者，肉尸及内脏高温处 理后出场，肝则应废弃。

（3）皮张用浸渍法加工或盐腌，或保持干燥状态两个月后送皮革厂。

（4）接触水源时应注意钩端螺旋体的感染。

5.10 假单胞菌属（*Pseudomonas*）

5.10.1 食品卫生学意义

假单胞菌属细菌是腐生性细菌，广泛存在于自然界，也是常见食物腐败菌。与食品卫生有关的主要有铜绿假单胞菌（*P. aeruginosa*）、恶臭假单胞菌、腐败假单胞菌。铜绿假单胞菌是人和动物常见感染菌，我国1989～2011年共发生12起，占所有细菌性食物中毒和食物感染事件的0.78%（居第13位），主要是铜绿假单胞菌。1986年广州36名婴儿食用牛奶后发生中毒，潜伏期5～10h，严重腹泻，大便呈水样，呈黏液样，奇臭。发热，无呕吐，由铜绿假单胞菌、汤卜逊沙门菌、奇异变形杆菌混合污染牛奶引起的。1987年大连发生一起 61 人铜绿假单胞菌引起的食物中毒，有恶心、腹痛、腹泻、呕吐、发热、头痛、乏力等症状。1996 年济南某高校就餐 242 人，发病 108 人。2011 年山东荣成因铜绿假单胞菌污染桶装水导致 27 名学生发病，腹泻、腹痛，水样便。原因食品包括水、肉类、消毒牛奶、酱油、馅包子、花生米等。国外调查瓶装水该菌污染为 1.2%～23.6%。1998 年济南某食堂就餐 305 人，97 人引起恶臭假单胞菌中毒，主要是水样便，潜伏期最短 4h，最长 17.5h；2006 年 9 月昆明某幼儿园 617 名儿童中有 66 名食物中毒，呕吐、腹泻。

5.10.2　形态特征和培养特性

铜绿假单胞菌是一种常见条件致病菌，属于非发酵革兰氏阴性杆菌。菌体细长且长短不一，大小为（0.5～1.0）μm×（1.5～3.0）μm，有时呈球杆状或线状，成对或短链状排列。菌体一端有单鞭毛，显微镜暗视野或相差显微镜下观察可见细菌运动活泼（图 5-16）。

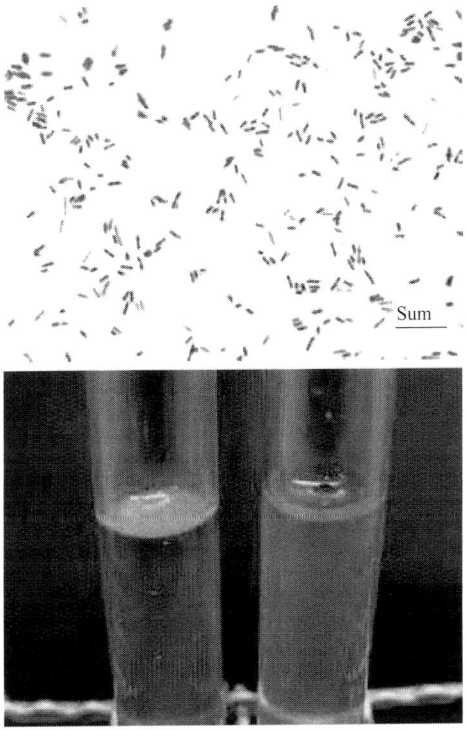

图 5-16　铜绿假单胞菌革兰氏染色及肉汤培养（绿色环状）

铜绿假单胞菌为专性需氧菌，生长温度为 25～42℃，最适生长温度为 25～30℃，特别是该菌在 4℃不生长而在 42℃可以生长的特点可用以鉴别。在普通培养基上可以生存并能产生水溶性的色素，如绿脓素（pyocynin）与带荧光的水溶性荧光素（pyoverdin）等。血平板上会有透明溶血环。对营养要求不高，对有正常菌群存在的临床标本或采自环境中标本应接种选择性培养基如麦康凯琼脂，对无正常菌群存在的临床标本如血液、脑脊液、穿刺液等可接种普通或血琼脂培养基。在普通琼脂上生长 18～24h 可以见到扁平、湿润的菌落，该菌所产生的带荧光水溶性青脓素与绿脓素相结合将使得培养基呈亮绿色；在血琼脂平板上菌落周围有溶血环，菌落呈金属光泽；液体培养基中则呈混浊状生长，在培养基底部细菌生长不良。

恶臭假单胞菌大小为（0.7～1.1）μm×（2.0～4.0）μm，鞭毛 1 根以上，能产生紫外光下荧光色素。适宜生长温度 23～27℃。发育盐分 0～6.5%，适宜盐分 1.5%～2.5%。菌落与铜绿假单胞菌相似，但只产生荧光素（青脓素），不产生绿脓素，借此可与铜绿假单胞菌区别，其陈旧培养物有腥臭味。

5.10.3　生化特性

铜绿假单胞菌氧化酶阳性，能氧化分解葡萄糖和木糖，产酸不产气，但不分解乳糖和蔗糖。液化明胶、可分解尿素，还原硝酸盐为亚硝酸盐并产生氮气，吲哚阴性，利用枸橼酸盐，精氨酸双水解酶阳性。

该菌含有 O 抗原和 H 抗原。O 抗原包含两种成分：一种是其外膜蛋白，为保护性抗原；另一种是脂多糖，有特异性。O 抗原可用以进行如下分型。

（1）噬菌体分型：所应用的噬菌体现有 24 株，分型率达 90%。

（2）血清学分型：利用 O 抗原进行分型，可分 20 个血清型。

（3）质粒指纹图分析：此项技术是对同种细菌的不同株进行同源性分析的一种方法。根据细菌携带质粒的情况进行分析。

恶臭假单胞菌对生长因子泛酸盐、生物素、维生素 B_{12}、甲硫氨酸、胱氨酸阴性，精氨酸水解、氧化酶阳性，不能水解淀粉，不利用海藻糖、肌醇、牦牛二醇，多数能利用肌酸。通常对诺氟沙星、妥布霉素、卡那霉素、庆大霉素、头孢霉素、头孢曲松、头孢哌酮、链霉素、阿米卡星、多黏菌素 B 敏感；对呋喃妥因、苯唑西林、青霉素、复方新诺明、四环素、万古霉素、先锋噻肟、氨苄西林、头孢呋辛、头孢唑啉、氯霉素、头孢他啶、红霉素等敏感。

5.10.4　抵抗力

在自然界分布广泛，为土壤中最常见的细菌之一。各种水、空气、正常人皮肤、呼吸道和肠道等都有该菌存在，存在的重要条件是潮湿环境。对紫外线不敏感，对干燥有抵抗力，对热抵抗力不强。能耐受多种消毒剂。对青霉素 G、氨苄西林、头孢霉素、链霉素、四环素、氯霉素、红霉素、万古霉素、新生霉素等有抗性。

5.10.5　致病性

能引起食物中毒，但更多的是感染，特别是伤口、烧伤感染居多。主要以胞外酶、内毒素和外毒素为主要致病因子。菌毛附着、局部侵入的酶和毒素作用导致感染。

恶臭假单胞菌（*P. putida*）为鱼的一种致病菌，常从腐败的鱼中检出，可作为人类咽部的正常菌群，是人类少见的条件致病菌，偶从人类感染的尿道、皮肤和骨髓炎标本中分离出，分泌物有腥臭味。

腐败假单胞菌（*P. putrefaciens*）为腐物寄生菌，分布非常广泛，河水、污水、海水、土壤、牛奶、鸡蛋等均有存在。可引起奶油、鱼、肉变质并产生 H_2S。可引起人类中耳炎、创伤后溃疡、败血症、呼吸道感染，以及糖尿病或体弱患者的皮肤化脓性溃疡。1999 年引起过一起食物中毒。

5.10.6 细菌学检验

铜绿假单胞菌检验：矿泉水中铜绿假单胞菌检验参照 GB/T 8538—2008（滤膜法）标准执行。

恶臭假单胞菌鉴定中注意与其他假单胞菌区别，只产生荧光素不产生绿脓素，42℃不生长可与铜绿假单胞菌区别；不液化明胶、不产生卵磷脂酶、陈旧培养物上有腥臭味，有别于荧光假单胞菌。

腐败假单胞菌鉴定需要做动物的致病性试验。

5.11 粪产碱杆菌（*Alcaligenes faecalis*）

5.11.1 食品卫生学意义

粪产碱杆菌是产碱杆菌科、产碱杆菌属成员，粪产碱杆菌包含粪产碱杆菌粪亚种（*Alcaligenes faecalis* subsp. *faecalis*）、粪产碱杆菌副粪亚种（*Alcaligenes faecalis* subsp. *parafaecalis*）。粪产碱杆菌在一定条件下引起感染性疾病，如炎性感染和败血症，易发院内感染，也有食物中毒症状。动物致病少见，可见鹅及养殖蟹感染该菌。

1980～2000 年我国共有三起食物感染的报告，占所有细菌性食物中毒和食物感染事件的 0.19%（居第 18 位）。三起事件均是由单独粪产碱杆菌引起，共涉及 89 人，感染 68 人，无死亡病例。1996 年北京某工地食堂因剩米饭引起 5 人出现胃部不适、恶心、呕吐、腹痛、腹泻等症状。患者恢复期血清抗体效价为（1∶40）～（1∶80），较急性期或健康对照有明显增高。1998 年 9 月河南平顶山某食堂 1500 人就餐，52 人出现胃部不适、恶心、呕吐、腹痛、水样腹泻等症状，潜伏期 1～12h，病程 1～2d，因馒头内含粪产碱杆菌毒素。1983 年湖南省安仁县因粪产碱杆菌引起 144 名学生中的 29 名出现腹泻。粪产碱杆菌引起的食源性疾病因发生较少，更多的是引起败血症等其他感染，在常规实践中容易被忽视。

5.11.2 形态特征和培养特性

粪产碱杆菌呈球状或球杆状，大小为 0.5μm×（0.5～2.0）μm，通常单在，1～18 根周生鞭毛，能运动。无芽胞。适宜生长温度 20～37℃。在营养琼脂上菌落无色素，营养要求不高。专性需氧，革兰氏阴性（图 5-17）

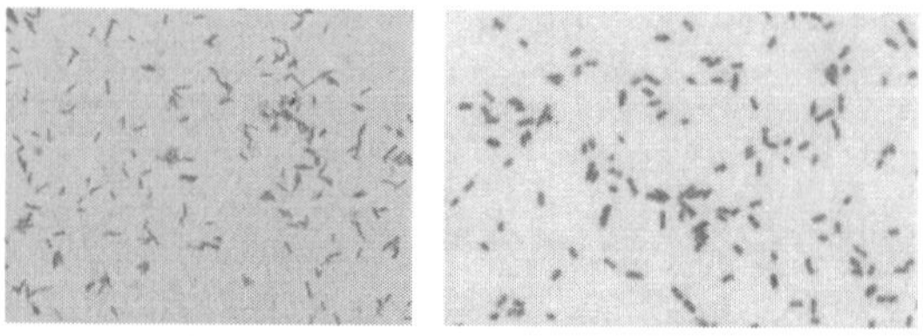

图 5-17 粪产碱杆菌革兰氏染色

5.11.3 生化特性

氧化酶、过氧化氢酶阳性，不产生吲哚，一般不分解纤维素、七叶苷、明胶和 DNA。能利用乙酸盐、丙酸盐、丁酸盐和一些其他有机酸，天冬氨酸、组氨酸、谷胱甘肽和一些有机氮化合物；一般不能利用碳水化合物和氢气。能利用硝酸盐和亚硝酸盐、一些氨基酸及其他有机含氮化合物。石蕊牛乳为产碱反应，但有些菌株能利用葡萄糖和木糖产酸并作为碳源。

5.11.4 抵抗力

粪产碱杆菌在食品中大量繁殖的同时所产生的毒素耐热性较强。广泛存在于水、土壤中，某些粪产碱杆菌为脊椎动物肠道常见寄生菌，可以从血液、尿、粪、化脓性分泌物、耳部、胸水、腹水、脊髓液和伤口处分离到，偶尔作为人的条件致病菌。

5.11.5 致病性

国外报道更多的是人败血症、脑膜炎、心内膜炎、肺炎、产后脓毒症等全身症状，也可以引起颈部脓肿、中耳炎、眼结膜炎、尿路感染等局部感染。国内报道较多的是败血症、发热、呼吸道症状（如咳嗽）、消化道症状、关节炎、泌尿道症状、神经症状等。

5.11.6 细菌学检验

1）标本采集

根据临床疾病不同采集不同标本，如血、尿、痰、脓汁、脑脊液等。

2）显微镜检查

脑脊液、尿液离心取沉淀涂片，脓汁和痰液可直接涂片革兰染色镜检，本菌为革兰阴性短杆菌，有周鞭毛。

3）分离培养

食物样品、血液、脑脊液标本需肉汤增菌后再转种固体培养基，脓汁、分泌物、尿液可直接接种血平板和麦康凯平板。经18～24h培养后，在血平板上可形成大小不等、灰白色、扁平、边缘稍薄的湿润菌落，粪产碱杆菌部分菌株有水果香味；在麦康凯平板和SS平板上形成无色透明菌落；在液体培养基中呈均匀混浊生长，表面形成菌膜，管底有黏性沉淀。

4）鉴定与鉴别

本属细菌与产碱假单胞菌极为相似，二者主要区别在于前者为周毛菌而后者为极端单鞭毛菌；在含有蛋白胨的肉汤培养基中产氨，使pH上升至8.6，为本菌鉴别特征。木糖氧化产碱杆菌木糖氧化亚种通过使OF葡萄糖和OF木糖产酸而很容易和其他产碱杆菌区别；粪产碱杆菌在碳水化合物培养基上呈强烈的产碱反应，大部分菌株形成细小、边缘不规则菌落，某些菌株产生特征性水果味并使血平板呈绿色，**一个重要生化特征是能还原亚硝酸盐而不能还原硝酸盐**。皮氏产碱杆菌（*A. piechaudii*），通过还原硝酸盐和能在6.5% NaCl中生长可与其他产碱杆菌区别；木糖氧化产碱杆菌脱硝亚种较少从临床分离到。

5.12 黏质沙雷氏菌（*Serratia marcescens*）

5.12.1 食品卫生学意义

黏质沙雷氏菌又称灵杆菌，属于肠杆菌科沙雷氏菌属。一般见于水、土壤、腐烂的蔬菜、肉（特别是冷藏和冷冻的肉）和富含淀粉的食品上，是条件致病菌或机会致病菌。通过人与人接触、吸入、医院环境中污染水传播。偶尔见于私人场所、运输工具和环境、浴盆、瓶装水，易在潮湿的器械、制冰机和设备上生成菌落。偶然能引起食物中毒或食物感染。是食品常见的腐败菌，能在肉或面包等食品生长，呈现红色菌落，并产生黏性，使食品质量下降。

5.12.2 形态特征与培养特性

黏质沙雷氏菌为细菌中最小者，大小为0.5μm×（0.5～1.0）μm。近球形的短杆菌，但形态多样。革兰氏阴性，周身鞭毛，能运动。无荚膜，无芽孢。生长温度为10～40℃（最适37～40℃），pH5～9，NaCl（W/V）浓度0～7%（最适0.5%），在普通琼脂平板上25～30℃培养1～2d出现黏性、中心颗粒状、有恶臭的菌落。约半数菌株能产生红色灵菌素（prodigiosin），灵菌红素生理作用不明。在室温条件下易促进色素的生成，因本菌小且有色素，常用于检定滤菌器的质量。厌氧条件下也可以生长，但不产生色素（图5-18）。

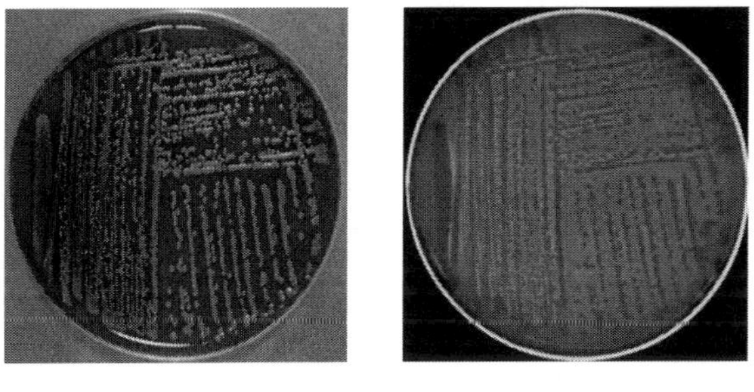

图5-18 血琼脂上的黏质沙雷氏菌（非溶血）

5.12.3 生化特性

与同属中其他种的主要区别是阿拉伯糖阴性，棉子糖阴性，木糖阴性，苯丙氨酸阴性，氧化酶阴性；葡萄糖发酵，硝酸盐还原、葡萄酸盐、动力、山梨醇、DNA酶均为阳性。约半数菌能产生红色灵菌素，室温下易促进色素生成，但临床分离菌株大部分不产色素。鸟氨酸脱羧酶和DNA酶阳性。按Bergey氏分类法，属于肠道细菌类。有46个血清型，血清型与色素产生无关。

5.12.4 致病性

黏质沙雷氏菌一般不致病，为弱毒机会致病菌，在机体抵抗力降低或环境污染时，可引起原发性或不同程度的继发感染，是重要的医源性感染之一。长期被认为是水和土壤中的常居菌群，对人体无害，只是近年来才发现可致人体感染，包括泌尿道、呼吸道、脑膜和伤口感染，可引起菌血症、内毒素休克和心内膜炎。近年来由黏质沙雷氏菌所致的院内感染、尤其是引起伤口感染有上升趋势，应引起临床医务人员的高度重视。美国CDC对32名儿童感染黏质沙雷氏菌调查，发现有两名死亡。人食物中毒较少见。沙雷氏菌属其他种虽也偶尔分离，但是否为病原菌尚未确定。在牛乳房炎能够见到该菌，家畜和野生动物也出现不常见感染，如禽的败血症、蜥蜴和乌龟的感染。

5.12.5 抵抗力

黏质沙雷氏菌对环境有一定抵抗力，对红霉素、四环素、环丙沙星、庆大霉素、哌拉西林、复方新诺明、头孢噻吩不敏感。对46株黏质沙雷氏菌进行14种抗生素药物敏感试验，结果表明黏质沙雷氏菌对多种抗生素均表现出较高耐药率。能在自来水中存活100d，蒸馏水中室温能存活48d。对洗手液瓶调查，16/52阳性；水也是常见污染源，在小水池沉淀中常见。

5.12.6 细菌学检验

在普通琼脂平板上 25～30℃培养 1～2d 出现黏性、中心颗粒状、有恶臭的红色菌落。然后经过生化和 PCR 方法鉴定。镜下呈现最小菌体，红色菌落，易于区别。

5.13 阴沟肠杆菌（*Enterobacter cloacae*）

阴沟肠杆菌为肠杆菌科成员，是人与动物共感染病原之一。能在一定条件下引起人组织器官感染甚至败血症，也是院内感染的病原之一，偶有消化道感染发生。

5.13.1 食品卫生学意义

我国 1996～2012 年共发生 9 起食物感染或食物中毒事件，占所有食物中毒菌相关事件的 0.59%（居第 15 位）。由阴沟肠杆菌单独引起的事件 8 起，与金黄色葡萄球菌共感染 1 起。9 起事件共 361 人，无死亡发生。1995 年秦皇岛某疗养院因食用配餐的蛋糕和火腿肠 38 人，18 人中毒，潜伏期 3～7h，表现腹泻（水样便）、腹痛、呕吐、头晕、恶心、四肢酸痛。病程 2d，全部治愈。2003 年山东滕州某婚宴进餐 85 人，26 人发病，由烧鸭污染阴沟肠杆菌引起；某校食堂 252 人中毒，表现同样症状，但有发热。2008 年厦门家庭 4 人因食用姜母鸭被阴沟肠杆菌和金黄色葡萄球菌混合污染引起，呈典型食物中毒症状。阴沟肠杆菌食物中毒并不常见，由水引起的食物中毒也有报道，安徽泾县 2004 年发生一起水感染事件，71 名中 37 名患病，呈食物中毒症状。

阴沟肠杆菌引起其他感染可能更为多见，如引起人的呼吸道感染、败血症、尿路与伤口感染，也有菌血症、心室炎及脑膜炎、脓毒症等，院内感染也呈上升趋势。脑膜炎等主要发生于婴幼儿。动物中也有阴沟肠杆菌感染的报道，如鸡的感染，主要是腹泻症状。

5.13.2 形态特征与培养特性

该菌为革兰阴性粗短杆菌，宽 0.6～1.1μm，长 1.2～3.0μm，有周身鞭毛（6～8 条鞭毛），动力阳性，无芽胞，无荚膜，最适生长温度为 30℃，兼性厌氧。在普通培养基上就能生长，形成大而湿润的黏液状菌落，在血琼脂上不溶血，在伊红亚甲蓝琼脂上为粉红色且呈黏稠状。麦康凯琼脂上为粉红色或红色，呈黏稠状。在 SS 琼脂上若生长则呈白色或乳白色，不透明黏稠状。

5.13.3 生化特性

在糖类发酵中：乳糖、蔗糖、山梨醇、棉子糖、鼠李糖、蜜二糖均阳性，不能产生黄色色素。鸟氨酸脱羧酶试验阳性，精氨酸双水解酶试验阳性，赖氨酸脱羧酶试验阴性，吲哚阴性。阴沟肠杆菌具有 O、H 和 K 三种抗原成分。大多数菌株培养物 100℃煮沸 1h 后能强烈地与同源 O 血清发生凝集。而活菌与其凝集微弱或不凝集，表明具有一个 K 抗原，在 O 血清中不凝集的活菌培养物经 100℃加热 1h，菌悬液经 50%乙醇或 1mol/L 盐酸处理，37℃，18h 变为可凝集，但在 60℃加热 1h 后仍不失其 O 不凝集性，用煮沸加热菌悬液制备的抗血清不含 K 凝集素。由阪崎建立的阴沟肠杆菌抗原表由 53 个 O 抗原群、56 个 H 抗原及 79 个血清型所组成。

5.13.4 抵抗力

广泛存在于自然界，常见于腐物、土壤、植物、蔬菜、动物及人类粪便、水、食品中；也存在于皮肤、呼吸道、泌尿道等部位。对氨苄西林、头孢呋辛、头孢噻肟、头孢他啶、培氟沙星、氯霉素、左氧沙星敏感；对头孢哌酮、头孢舒巴坦、哌拉西林、他唑巴坦、头孢唑林较为敏感。

5.13.5 致病性

该菌引起的感染性疾病常累及多个器官系统，包括皮肤软组织感染、泌尿道感染、呼吸道感染、中枢神经系统、胃肠道和其他器官的感染，以及败血症等。由于阴沟肠杆菌能产生超广谱 β-内酰胺酶和 Amp C 酶耐药情况严重，给临床治疗带来了新的挑战。除了胃肠道的食物中毒表现外，在人更常见于如下表现。

（1）败血症：多发生在老人或新生儿中，有时伴有其他细菌混合感染，在成人和儿童中常伴发热，可为稽留热、间歇热、弛张热等，可伴低血压或休克，患者多表现为白细胞增多，也有少部分患者表现为白细胞减少。大多同时有皮肤症状如紫癜、出血性水疱、脓疱疮等。

（2）下呼吸道感染：患者多有严重基础疾病，尤以各种因素所致的免疫能力低下如使用免疫抑制剂、激素应用、化疗放疗等。可有呼吸急促，心动过速，感染可以表现为支气管炎、肺炎、肺脓肿、胸腔积液。

（3）伤口感染：常见于烧伤创口、手术切口感染。

（4）软组织感染：是感染的常见形式，如指甲下血肿、摔伤后软组织感染。

（5）心内膜炎：危险度最高的是中心静脉置管、人工瓣膜术后、心脏手术后等。

（6）腹部感染：由于该菌的迁徙或肠道穿孔到达腹膜或其他脏器而发病，目前胃肠源性的感染中该菌渐受重视，尤其在肝移植相关性感染者中更为多见，其他如肝气性坏疽等。

（7）泌尿道感染：从无症状性细菌尿到肾盂肾炎均有报道。

（8）中枢神经系统感染：阴沟肠杆菌可引起脑膜炎、脑室炎、脑脓肿等。

（9）眼部感染：眼部手术是常见诱因，白内障手术多在老年人中进行，因而成为此类感染常见原因。

5.13.6 细菌学检验

以细菌分离鉴定为主，以分子生物学为确定手段。以普通培养基分离培养，对优势菌落以16S rRNA进行鉴定。

5.14 慢生黄分枝杆菌（*Mycobacterium lentiflavum*）

5.14.1 食品卫生学意义

慢生黄分枝杆菌为放线菌纲、放线菌目、分枝杆菌科、分枝杆菌属细菌，是人的水源性致病菌，该菌引起人的疾病主要来自于水源，特别是瓶装水风险更高，瓶装水是人慢生黄分枝杆菌来源之一，是巴西马苏祖里拉芝士奶酪安全风险的重要因素之一。

澳大利亚从206处饮用水源分离出13株慢生黄分枝杆菌，该国水源分离率6.3%。芬兰的饮用水源分离也是较为普遍，水源分离率达38%；韩国水源平均污染率达26%，最高水源分离率达65%。

慢生黄分枝杆菌对人致病罕见，这种非结核分枝杆菌只有26.6%有临床症状。其感染途径主要有以下几种。

（1）环境感染人：是主要的公认感染途径，NTM（非典型分枝杆菌）广泛存在水、土壤与灰尘中，水发生的气雾颗粒，土壤与灰尘颗粒，都可能形成带菌颗粒，被健康人群吸入，进入人体的通道是上呼吸道，从咽淋巴组织中NTM分离而得到证实。在水池、海洋和自来水中也已分离出（鸟）胞内分枝杆菌（*M. intracellulare*）、戈登分枝杆菌（*M. gordonae*）、蟾型分枝杆菌（*M. xenopi*）和堪萨斯分枝杆菌（*M. kansasii*），所以NTM又曾命名为环境分枝杆菌（environmental mycobacteria，EM）。

（2）动物感染人：从巴斯德法消毒的奶中分离出堪萨斯分枝杆菌、鸟胞内分枝杆菌、戈登分枝杆菌和淋巴结分枝杆菌，从感染鸟胞内分枝杆菌的母鸡所生的蛋中分离出鸟胞内分枝杆菌，从动物的肉或体内，如牛、猪、鸡、马、鼠、类人猿等能培养出鸟胞内分枝杆菌，家禽饲养者患鸟胞内分枝杆菌病较多，但也有人持不同意见。

（3）人感染人：有报道称感染堪萨斯分枝杆菌而发病的患者，其接触者对堪萨斯菌素（PPD-Y）反应的阳性率升高，也有指出在同一家庭中有相互传染的病例，有的认为不存在人与人之间感染的更多确切证据。

从现有资料看，已经发现NTM有154种。NTM发病率和患病率在一些国家和地区呈增高趋势，甚至有可能超过结核病。加拿大安大略省的NTM患病率从1997年的9.1/10万增加到2003年14/10万，远超过该省的结核病患病率；美国11个州的国立医院1998～2005年住院NTM肺病患者随年龄增加呈增多趋势，佛罗里达州男女患病率分别为每年3.2%和6.5%，纽约女性NTM肺病患病率为每年4.6%。2000～2008年台湾NTM病发病率从2.7/10万增至10.2/10万。NTM病占所有分枝杆菌病的比率从2000年的32.3%升至2008年的49.8%。在致病的NTM中MAC（胞内分枝杆菌）占首位（30.0%），其次为脓肿分枝杆菌（*M.* abscessus，17.5%）和偶发分枝杆菌（*M.* foruitum，13.0%）。东亚地区以MAC肺病最常见（67%），其次为快生长分枝杆菌病（16%）；而我国上海的一组资料显示，NTM病中以龟分枝杆菌、戈登分枝杆菌和脓肿分枝杆菌病常见；丹麦人群的研究结果显示，1997～2008年NTM病年发病率平均为1.08/10万，2003～2008年发病率从0.58/10万增至1.5/10万；美国俄勒冈州的一项研究结果表明，2006年NTM患病率为7.2/10万，而当年该地区2006年肺结核的患病率仅为2.2/10万。在NTM病患者中NTM肺病占多数（5.6/10万），其次为皮肤和软组织疾病（0.9/10万）；在NTM肺病中MAC病最常见（4.7/10万），女性患病率（6.4/10万）明显高于男性（4.7/10万），50岁以上的人患病率最高（15.5/10万）。NTM病发病率增加的原因不明，可能与实验室培养技术与方法的改进、对NTM病认识的提高、人口老龄化、免疫抑制人群增多，以及环境暴露增加等均有一定关联。我国1990年NTM发生率为4.9%，2000年11.1%，2010年为22.9%，呈明显上升趋势，水源性或食源性应该是重要渠道。

5.14.2 形态特征与培养特性

慢生黄分枝杆菌是杆状到球杆状的抗酸菌，革兰氏染色阳性，不形成芽孢、荚膜或气生菌丝，为1～2 mm大小、产生金黄色色素的光滑型菌落。22℃和37.8℃在Lowenstein-Jensen培养基上均能缓慢生长，在45℃不生长。

5.14.3 生化特性

半定量触酶、耐热触酶和吡嗪酰胺酶反应不定，烟酸试验、硝酸盐还原、吐温-80水解、芳香硫酸脂酶和尿素酶阴性。不分解各种脂肪酸和分枝菌酸。

其DNA的G+C含量为（菌株439/93）66.8mol%，分枝菌酸和细胞脂肪酸的谱型与其他分枝杆菌不同。慢生黄分枝杆菌能合成α分枝菌酸、α′分枝菌酸和酮基分枝菌酸，基于系统发育和16S rRNA测序，慢生黄分枝杆菌处于快速生长分枝杆菌和缓慢生长分枝杆菌之间的位置，与猿分枝杆菌（*Mycobacterium simiae*）和日内瓦分枝杆（*M. genavense*）菌密切相关。根据DNA的同源性研究与其他分枝杆菌进行区分。

5.14.4 致病性

在年轻人常见颈淋巴结炎，免疫抑制人群常见感染。在澳大利亚昆士兰非结核分枝杆菌引起36人患病，4个有明显临床症状。另外，饮用污染NTM的水，也可侵入扁桃体、咽淋巴结及颈淋巴结，引起非结核分枝杆菌扁桃体炎，咽淋巴结炎及颈淋巴结炎，海分枝杆菌（*M. marinum*）侵入皮肤的小伤口也可引起皮肤非结核分枝杆菌病。从胆汁、痰液和尿中分离出该菌，土壤和水环境更是普遍存在。

在人类非结核分枝杆菌病中，以鸟胞内分枝杆菌引起者最为多见，主要为肺部感染，好发于慢性肺疾患者（如尘肺、肺结核、慢性支气管炎、支气管扩张等）。英国89例鸟胞内分枝杆菌病中，约50%为尘肺患者。日本肺结核患者的鸟胞内分枝杆菌病的发病率为18.7/10万/年，比正常人群约高10倍。此外，鸟胞内分枝杆菌可引起儿童的颈淋巴结炎、泌尿系统感染、脑膜炎及全身播散性感染。鸟分枝杆菌感染小鸡后，可于4个月内使小鸡死亡，肝出现病变。小鼠感染后引起脾肿大，使脾重与体重之比（SBR）从正常的0.3%上升至2.25%以上，少数菌株对家兔及小牛也可致死，肺部有病变，并可分离出同型菌株。

5.14.5 抵抗力

对一般的抗结核药均耐受，对克拉霉素、乙胺丁醇、异烟肼、链霉素、利福布汀、环丝氨酸和特立齐酮敏感。对利福平、阿米卡星、卡那霉素、吡嗪酰胺和氧氟沙星耐药。属于腐物寄生菌，对消毒剂和重金属耐受。在137株院内感染分离的肺炎克雷伯氏菌中产ESBLs（extended spectrum beta-lactamases）有46株阳性率为33.6%。产ESBLs株对氨苄西林、氨曲南、头孢唑啉等均表现为耐药。产ESBLs菌对第一、第二代头孢菌素耐药，对碳青霉烯类抗生素（如亚胺培南）全部敏感，对β-内酰胺酶抑制剂耐药性较低，后两种药物是治疗产ESBLs菌引起感染的首选药物。对环丙沙星、庆大霉素、诺氟沙星、头孢呋辛、头孢唑啉、阿米卡星均敏感，对氨苄西林耐药。

5.14.6 细菌学检验

慢生黄分枝杆菌可引起人类各种感染，包括呼吸道感染、皮肤软组织感染等，可采取血液、痰、脓汁、支气管灌洗液等标本进行培养。人的样品用4% NaOH消化和去污染，用磷酸中和后，离心浓缩抗酸性分枝杆菌，涂片和抗酸性染色，将沉淀接种至Lowenstein-Jensen培养基；血液样品接种至Septi-Chek AFB培养基，脓汁、支气管灌洗液、水、环境样品等接种至Lowenstein-Jensen培养基。于37℃进行培养，生长后可根据表型特性进行初步鉴定，并与相关分枝杆菌进行鉴别。

对未知菌株必须鉴定到种的水平，如果按照上述表型鉴定有困难时，要进行基因鉴定，应用显色法芯片技术快速鉴定分枝杆菌，也可应用遗传学分类鉴定方法，鉴定非结核分枝杆菌，即DNA-DNA杂交和16S rDNA基因序列分析，也可测定16S rRNA和65kDa热休克蛋白基因序列。因与鸟胞内分枝杆菌接近，没有分子水平的鉴定往往难以区分，PCR方法可区分不同种。

上述细菌是食品安全的常见或偶然病原，除这些细菌性病原与食品安全有关外，还有些属于条件致病菌，也偶尔与食品安全相关联，包括交替单胞菌（*Alteromonas*）、环丝菌属或索丝菌属（*Brochothrix*）、肉食杆菌属（*Carnobacterium*）、欧文氏菌属（*Erwinia*）、库克菌属（*Kocuria*）、明串珠菌属（*Leuconostoc*）、莫拉菌属（*Moraxella*）、类芽胞杆菌属（*Paenibacillus*）、泛菌属（*Pantoea*）、片球菌属或小球菌属（*Pediococcus*）、冷杆菌属（*Psychrobacter*）、希瓦氏菌属（*Shewanella*）、漫游球菌属（*Vagococcus*）、魏斯氏菌属（*Weissella*）、辛辛那提弧菌（*Vibrio cincinnatiensis*）、鲨鱼弧菌（*Vibrio carchariae*）、麦氏弧菌（*Vibrio metschnikovii*）等菌属中的一些细菌，目前还了解得不多，多数为条件致病菌，在食品安全上需要注意。

5.15 食品传播性病毒概述

与细菌和真菌相比，人们对食品中病毒的情况了解还比较少，这有多方面原因。首先，病毒必需依赖于活的细胞方能生存与繁殖，否则，生命将停止。食品这种媒介对于病毒来说既适合生长繁殖，又不适合生长繁殖，在食品处于活鲜阶段是有生命的，非常适合病毒存活，也就是动物在宰杀前染病毒是正常的。第二，并不是食品微生物专家关心的所有病毒都能用现有的技术进行培养。例如，诺如病毒（诺瓦克病毒）现在还难以人工培养，即现有技术还难以满足对一些食品中病毒的检测需要。第三，作为完全寄生性的微生物，病毒并不像细菌和真菌那样能在培养基上生长，培养病毒需要组织培养和鸡胚培养。第四，因为病毒不能在食品中繁殖，它们的可检出数量要比细菌少得多，所以提取病毒必须采用一些分离和浓缩方法，因此目前还难以有效地从食品（如绞碎牛肉）中提取50%以上的病毒颗粒。第五，科研实验室中的病毒技术还难以应用到食品微生物检测实验室中。但随着分子生物学技术的快速发展，有些技术还是可以尝试的，如反向转录聚合酶链反应检测方法（RT-PCR）能直接检测一些食品（如牡蛎和蛤类组织）中存在的病毒。据已有的证据确认任何肠道病原细菌都是在卫生条件不良的情况下进入食品的，所以也可以推测肠道病毒的感染途径也是如此，即使它们在食品中不能繁殖，尤其是病毒性肝炎的传播主要就是通过粪-口传播模式，因此，粪-口模式对病毒通过食品媒介传播是非常重要的。病毒通过吸收进入人体，在肠道中繁殖，从粪便中排出。非肠道病毒也可能出现在食品中，但由于病毒具有组织亲和性，因此食品只能作为肠道病毒或肠道病毒传播的载体。这些病毒可以在某些贝壳类海产品中积累达到900倍的水平。可能发生于食品中的病毒见表5-5。

表5-5 可能发生于食品中的病毒

病毒	引起疾病
脊髓灰质炎病毒1-3型	脊髓灰质炎、运动障碍
柯萨奇病毒A1-24型	脑炎、肌炎等
柯萨奇病毒B1-6型	脑炎、肌炎等
ECHO病毒B1-6型	脑炎、肌炎等
肠病毒68-71	呼吸道、消化道疾病
A型肝炎病毒	肝炎等
呼肠孤病毒	
呼肠孤病毒1-3型	呼吸道和胃肠炎
轮状病毒	呼吸道和胃肠炎
细小病毒	
人胃肠道病毒	消化道疾病
乳头多瘤空泡病毒	
人BK和JC病毒	致癌等
腺病毒	
人腺病毒1-33型	胃肠炎等

从病毒在食品和环境中的分布发生频率看，胃肠炎病毒最常见于贝类食品中。甲壳类动物不能浓缩病毒，但作为软体动物的贝类可以浓缩进入其体内的病毒，因为它们对食物有筛滤作用。当1型脊髓灰质炎病毒存在于水中时，蓝蟹会被感染，但是它们并不能浓缩这种病毒。人为感染脊髓灰质炎病毒的牡蛎，保存于冷藏条件下30～90d后，病毒存活率为10%～13%。当水中病毒浓度低于0.01pfu/mL时，牡蛎和蛤类不太可能吸收这些病毒。分离方法可以检出每只贝中1.5～2.0pfu病毒。

大肠菌群数难以反应食品中病毒的污染状况，因此，细菌学卫生指标不能作为病毒的参考指标。

病毒在食品中存活能力表现各异。肠病毒在绞碎牛肉中于23℃或24℃下可存活8d，存活状态不受污染细菌生长的影响。蔬菜在自然状态下都没有发现活的病毒，也就是说病毒难以在蔬菜等样品中存活。而水产品如贝壳类较多见到污染病毒。猪霍乱病毒和非洲猪瘟病毒在肉类加工制品中存活状况是不一样的，在腌肉罐头、香肠中未检出病毒，但在猪肉被腌制后检出了病毒，而在加热后则不能检出病毒。在香肠原料肉中添加腌制调料和发酵菌种之后，非洲猪瘟病毒能够存活，在发酵30d后全部死亡，猪霍乱病毒却能存活，在发酵22d后仍能保持其活性。在肉加热93℃时，立即被杀死，口蹄疫病毒感染的淋巴组织在90℃加热15min能存活，但加热30min后就不能存活。水产品中的病毒在煮熟后一般病毒均能被杀死，偶有个别能检出，在炖煮、油炸、烘烤或蒸煮的牡蛎中发现一种脊髓灰质炎病毒。烘烤较轻的汉堡包（内部温度60℃），分离出肠道病毒。面板中诺如病毒可存活7～10d。

总的来说，食品中病毒的存在或污染是相当少的。

5.16 诺如病毒（*Norovirus*，*Norwalk virus*，NV）

5.16.1 食品卫生学意义

诺如病毒，也称诺瓦克样病毒，感染的患者、隐性感染者及健康携带者均可作为传染源。

传播途径主要是粪—口传播。原发场所包括学校、家庭、旅游区、医院、食堂、军队等，食用被病毒污染的食物如牡蛎、冰、鸡蛋、色拉及水等常引起暴发性胃肠炎流行。生吃贝类食物和瓶装水是导致诺如病毒胃肠炎暴发流行的最常见原因。1987～1992年日本Kyushu地区暴发急性诺如病毒胃肠炎中，有4次被证实与生食牡蛎密切相关。Schwab等用RT-PCR方法证实诺如病毒可以在贝类生物体内累积，且用消灭大肠杆菌方法不能将该病毒净化。此外人-人接触传播、空气传播也是诺如病毒传播的途径，可由患者周围人吸入含病毒的微粒（患者排出的呕吐物在空气中蒸发）而传播。暴发期间经常发生最初病例接触被污染的媒介物（食物或水）引起，而第二、第三代病例由人-人传染引起。

易感人群中诺如病毒多侵袭成年人和较大年龄儿童，具有症状较轻、自限性、易引起暴发和无明显季节性等特点。

美国等发达国家诺如病毒不但是造成急性胃肠炎暴发的首要病原，而且是儿童和成人散发病例的常见病因。在美国诺如病毒胃肠炎已占到42%，1996年1月至2000年11月，美国CDC报告诺如病毒胃肠炎暴发348起，经食物传染占39%，人与人接触传染占12%，经水传染占3%，还有18%不能与特定传染方式相联系，还有28%无资料。在美国每年约有2300万人感染该病毒，占腹泻患者的40%。1990年1月至1991年5月，海湾战争中美国“沙漠风暴”行动中驻中东883支部队中61%出现过至少一次急性胃肠炎流行。用诺如病毒抗原对不同症状个体进行抽样检测，发现抗体阳性率分别为：无症状者3.0%，有症状者9.5%，其中单纯呕吐者23.5%，既呕吐又腹泻者12.0%，单纯腹泻者6.5%。在日本，冬季儿童病毒性胃肠炎病原体主要是诺如病毒和轮状病毒，近年来，流行病学调查显示诺如病毒感染率已超过轮状病毒。我国1996年和1997年分别在北京和太原开展人群血清标本诺如病毒特异性IgG抗体检测表明，北京市诺如病毒抗体总检出率为88.8%以上，2007年年初发现有病例报道。太原市总检出率在78.6%以上。1998～2002在福州地区用RT-PCR方法对288份腹泻患者粪便标本诺如病毒病原检测显示，诺如病毒基因组Ⅰ的阳性率为11.1%，主要是7岁以上儿童及成人；诺如病毒基因组Ⅱ的阳性率为28.8%，主要是6月龄至3岁婴幼儿。2010年12月广州从化市由于水污染诺如病毒而致429人感染发病，2013年4月广东揭阳职业技术学院约400名学生感染诺如病毒新变异株"悉尼2012"，2013年1月广州、佛山和深圳三市480人感染，3月广州大学城200多人感染，多数与饮食有关。随着交通发达，国际贸易频繁，也使我国时刻面临食源性病毒境外传播的威胁，如2014年2月美国游轮700多人、日本高中265名学生、香港游韩国105人感染食源性或水源性诺如病毒。紧接着国内就有同样事件发生，2014年2月浙江省嘉兴市海宁、海盐的多所学校陆续发生学生诺如病毒感染性腹泻疫情。疫情涉及海宁市、海盐县的10所学校、3家幼儿园，累计报告发病人数共511人，患者临床表现以呕吐、恶心为主，无重症和死亡病例，由饮用不洁桶装水引起的诺如病毒疫情。

各种诺如病毒胃肠炎临床表现与轮状病毒相似。潜伏期24～48h，可短至18h，长至72h。起病突然，主要症状为发热、恶心、呕吐、腹部痉挛性疼痛及腹泻。大便为稀水便或水样便，无黏液脓血，2h内4～8次，持续12～60h，一般48h。儿童一般呕吐多见，而年长者腹泻症状更严重。可伴有头痛、肌痛、咽痛等症状。病情多呈自限，不需用抗生素，预后较好。对儿童及病情较重者，需住院补液、对症治疗。Nakamura等报道，在日本暴发的一次644例成人诺如病毒胃肠炎中，有15人出现眼睛不适。该病毒可在面板上存活8d。

5.16.2 主要特征

1968年Kapikian等在美国Norwalk（诺瓦克）镇暴发的一次急性胃肠炎患者粪便中发现一种直径约为27nm的病毒样颗粒，将之命名为诺瓦克病毒（*Norwalk virus*，NV）。此后，世界各地陆续自胃肠炎患者粪便中分离出多种形态与之相似但抗原性略有差异的病毒样颗粒，均以发现地点命名。例如，美国的*Hawaii virus*（HV）、*Snow Mountain virus*（SMV），英国的*Taunton virus*、*Southampton virus*（SV）等，日本的SRSV 1-9等，统称为诺瓦克样病毒（*Norwalk-like viruses*，NLVs），诺如病毒是这组病毒的原型株。1993年通过分析其cDNA克隆的核酸序列，将诺如病毒归属于杯状病毒科（Caliciviridae）。诺瓦克样病毒成员庞杂，目前已对其100多个分离株进行基因测序。根据RNA聚合酶区或衣壳蛋白区核甘酸和氨基酸序列的同源性比较，将诺瓦克样病毒分为两个基因组：基因组Ⅰ，代表株NV，包括SV、*Desert Shield virus*（DSV）等；基因组Ⅱ，代表株SMV，包括HV、*Mexio virus*（MX）等。诺瓦克样病毒有许多共同特征：①直径26～35nm圆形结构病毒，无包膜；②分离自急性胃肠炎患者的粪便；③不能在细胞或组织中培养；④基因组为单股正链RNA；⑤在CsCl密度梯度中的浮力密度为1.36～1.41g/cm³；⑥电镜下缺乏显著的形态学特征(图5-19)。

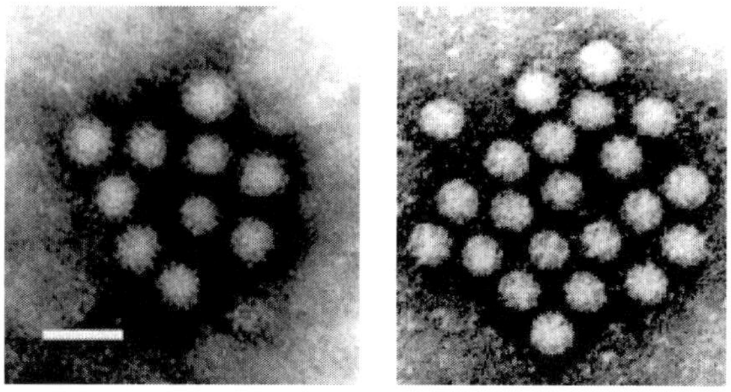

图5-19 诺瓦克样病毒

5.16.3 微生物学检测

1）抗原检测

（1）电镜（EM）：诺如病毒被发现后很长一段时间内，电镜一直是检测的主要手段，具有直接、可靠的优点。但由于诺如病毒在电镜下缺乏显著形态学特征，且敏感性低、价格昂贵、技术条件要求高，因此不适于大规模流行病学调查。

（2）ELISA：此法特异性强，灵敏度高，诊断迅速，且较经济，是目前可广泛应用的检测方法。由于诺如病毒培养还未成功，原来用作试剂的病毒抗原数量受到限制。现在，用分子生物学技术已经可以人工重组NV的衣壳蛋白，ELISA的发展不再受粪便标本中病毒数量的影响。

（3）杂交技术和RT-PCR：除了能更准确、灵敏地检测标本中诺如病毒，尤其是低浓度诺如病毒感染外，最大优点在于可以进一步对病毒进行血清型和基因型研究，不会受获得分型单克隆抗体限制，对流行病学研究具有重要意义。

2）血清学检测

（1）免疫电镜法（IEM）：同样可检测出恢复期患者血清中病毒，但灵敏度仍较低，限制了它的使用。

（2）放射免疫法（RIA）和生物素-亲和素法：RIA法检测抗原与IEM法相比，在灵敏度上没有明显差异，但用RIA法检测出急性期和恢复期之间抗体升高4倍以上，对流行病学调查更有意义。RIA法实验时间需6d，同时还需要放射性同位素标记。美国疾病与控制中心建立的生物素-亲和素免疫法，简化了实验方法，且灵敏度与RIA相当，成为检测诺如病毒抗原和抗体的标准方法。

5.16.4 预防

加强水源、食物管理，切断粪-口途径等防治肠道传染病综合措施是预防诺如病毒胃肠炎暴发或流行的重要措施。所有进食了污染病毒食品的人均可致病，常见于成人或年龄较大儿童。因此，预防的主要手段就是避免吃污染的食品。

诺如病毒的疫苗研制已取得重大进展。用重组杆状病毒表达的诺如病毒的病毒样颗粒作为疫苗，免疫小鼠和志愿者，均产生可检测的血清抗体。应用转基因植物（烟叶、番茄或土豆）表达诺如病毒样颗粒，志愿者食用后，也能检测到针对诺如病毒的 IgG 和 sIgA，提示这种转基因植物可作为口服疫苗候选物。

5.17 轮状病毒（*Rota virus*，RV）

5.17.1 食品卫生学意义

人轮状病毒（HRV）最早 1973 年由澳大利亚学者 Bishop 从澳大利亚腹泻儿童肠活检上皮细胞内发现，形状如轮状，故命为轮状病毒。

轮状病毒性肠炎是波及全球的一种常见疾病，主要发生在婴幼儿，同时可以引起成人腹泻，发病高峰在秋季，故又名婴幼儿秋季腹泻。全球每年因轮状病毒感染导致约 1.25 亿婴幼儿腹泻和 90 万婴幼儿死亡，其中大多数发生在发展中国家，如在越南每年因轮状病毒引起儿童死亡人数为 2700～5400 人，而在美国每年因轮状病毒引起儿童死亡人数为 20～40 人，并由此给全球带来巨大的疾病负担。1981 年在美国科罗拉多州发生了一起团体饮水感染事件，在 128 人有 44%患病，其中多数为成人。至今尚无特效药物进行治疗，只能对症补液进行救治，因此，预防轮状病毒性肠炎特别重要。

人类轮状病毒感染常见于 6 个月至 2 岁婴幼儿，成人中也有暴发流行病例。主要在秋冬季流行，可延长至春季，世界各地均有发病。除粪-口传播外，证实可经呼吸道空气传播，在呼吸道分泌物中测得特异性抗体。感染的从业人员在食品操作时可以再污染食品，不经过进一步烹调的食品或即食食品（ready-to-eat），如沙拉、水果都可造成感染。病毒侵入小肠细胞绒毛，潜伏期 2～4d。病毒在胞质内增殖，受损细胞可脱落至肠腔而释放大量病毒，并随粪便排出。感染后血液中很快出现特异性 IgM、IgG 抗体，肠道局部出现分泌型 IgA，可中和病毒，对同型病毒感染有作用。一般病例病程 3～5d，可完全恢复。隐性感染产生特异性抗体。由于病毒流行株在各个地区及各个地区不同时期都会发生变化，具有多变性。中国重庆 1998～2000 年监测结果显示当地流行株从 G1 型转变为 G3 型，在澳大利亚 1973～1989年的监测结果显示流行株从 G1 型转变为 G2 型，并在 1999～2000 年首次检出 G9 型，其所占比例逐渐增加至 10%，泰国调查也发现近年 G9 比例在增加，印度监测结果显示以前从未测到的 G9 占 1993 年分离 RV 病毒株的 22%。由此可见 RV 流行具有多变性，有必要建立广泛 RV 监测网，动态监测 RV 流行株变化，并为制定有效疫苗提供依据。

患者最主要症状是腹泻，其原因可能是病毒增殖影响了细胞搬运功能，妨碍钠和葡萄糖吸收。严重时可导致脱水和电解质平衡紊乱，如不及时治疗，可能危及生命。

5.17.2 主要特征

轮状病毒归类于呼肠孤病毒科、轮状病毒属。病毒核心为双股 RNA，由 11 个不连续的 RNA 节段组成，纯化的病毒在电子显微镜下呈球状，具有双层衣壳，每层衣壳呈二十面体对称，其中内膜衣壳子粒围绕中心呈放射状排列，类似辐条状，病毒外形类似车轮（图 5-20，图 5-21）。病毒颗粒在大便样品和细胞培养中以两种形式存在，一种是含有完整外壳的实心光滑型颗粒，70～75nm，另一种是不含外壳仅含有内壳的粗糙型颗粒，50～60nm，具双层衣壳的实心病毒颗粒具有传染性。轮状病毒在环境中相当稳定，蒸气浴样品中都曾检测到病毒颗粒，普通对待细菌和寄生虫的卫生措施似乎对轮状病毒没有效果，因此，卫生水平高低似乎影响不大。轮状病毒的寄主细胞受体蛋白也能作为 β-肾上腺素的受体。一旦进入细胞后，轮状病毒能转移到溶酶体中，在溶酶体中脱去外壳。

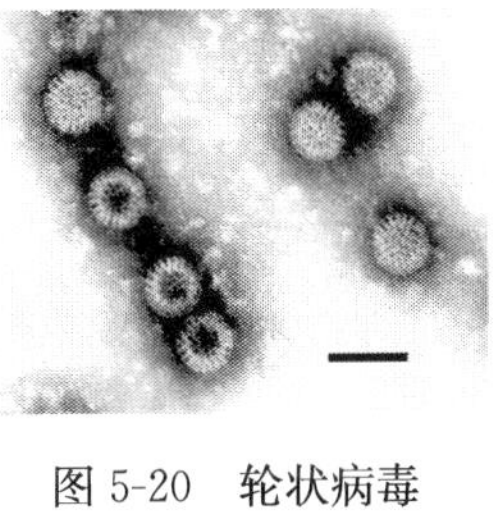

图 5-20 轮状病毒
注：图中“—”为 1nm

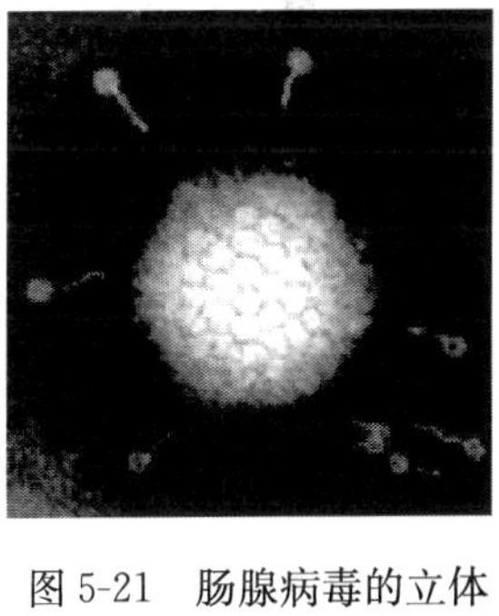

图 5-21 肠腺病毒的立体结构示意图

在抗原与分型上，RV 内壳蛋白 VP6 为群和亚群的特异性抗原，根据 VP6 抗原性的不同，目前将 RV 分为 A、B、C、D、E、F、G 7 个群，A 群主要感染婴幼儿，B 群主要感染成人，C 群主要引起散发病例，D、E、F、G 群主要感染各种动物。RV 的外壳结构蛋白 VP4、VP7 具有中和抗原活性，刺激机体产生中和抗体，VP7 为糖蛋白，依其抗原性不同区分的血清型称为 G 型，G1、G2、G3、G4 最常见而被用于制备疫苗；VP4 为蛋白酶敏感蛋白，按其抗原性区分的血清型称为

P 型。在轮状病毒外衣壳上具有型特异性抗原，在内衣壳上具有共同抗原。根据病毒 RNA 各节段在聚丙烯酰胺凝胶电泳中移动距离的差别，可将人轮状病毒至少分为 4 个血清型，引起人类腹泻的主要是 A 型和 B 型。

5.17.3 微生物学检测

通过检测患者腹泻粪便可以明确诊断，对食物样品等可用酶免疫分析（EIA）法进行筛选，对 A 型轮状病毒已有几种诊断试剂盒；应用反向 RT-PCR 可确诊三种血清型的轮状病毒。胶乳凝集法也可进行分析诊断，而电子显微镜仍然是检测的主要或基本工具。但目前还没有常规的食品中病毒检测方法。

预防措施主要是控制好粪-口传播途径，对即食食品把好卫生关，加热要彻底。

5.18 肠腺病毒（*Enteric adenovirus*）

5.18.1 食品卫生学意义

肠腺病毒胃肠炎是肠腺病毒最常见病症，肠腺病毒是婴幼儿腹泻的重要病原体。主要感染婴幼儿，通过人与人的接触传播，也可经粪——口途径及呼吸道传播。本病无明显季节性，夏秋季略多，可呈暴发流行。临床表现为较重腹泻，稀水样便，每日 3～30 次不等。常有呼吸道症状，如咽炎、鼻炎、咳嗽、手足口病等，发热及呕吐较轻，可有不同程度脱水症。病程 8～12d。多数患儿病后 5～7 个月内对蔗糖不耐受，并可伴有吸收不良。诊断根据免疫电镜检测粪便中肠腺病毒颗粒或用免疫荧光法等检测粪便中肠腺病毒抗原（图 5-22）。引起感染的食品多为水产品中的贝类，食品中检出率还不是十分清楚。

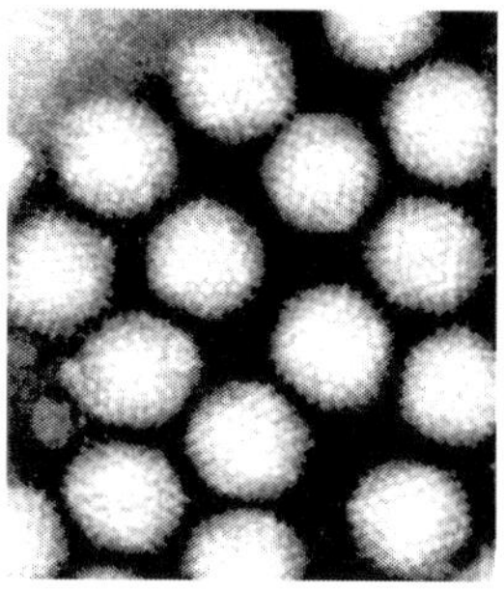

图 5-22　肠腺病毒

在世界各地报道的儿童腹泻病例中，肠腺病毒占 2%～22%，仅次于轮状病毒，占病毒腹泻病原第二位。肠道腺病毒腹泻主要传播方式为直接接触传染，潜伏期较其他病毒性腹泻稍长，临床症状也较轻。除发热、呕吐和水样腹泻外，一般没有腺病毒感染的眼结膜及呼吸道症状。我国台湾地区报道肠腺病毒 40 型及 41 型引起年幼儿童严重急性腹泻，多数（76.6%）为小于 2 岁的儿童。也能在呼吸道、眼、消化道、尿道及膀胱等引起不同疾病。可根据其病毒结构多肽、血凝特性、DNA 同源性等分为 A～F 6 个亚属，47 个血清型。

5.18.2 主要特征

肠腺病毒属于普通腺病毒的 40 血清型、41 血清型，外形与普通腺病毒相同，为直径 70～100nm 双链 DNA 病毒，末端有重复序列。为二十面体对称无包膜，病毒表面衣壳由 252 个亚单位组成，其中 240 个为六邻体，12 个为五邻体，每个五邻体上有底部向外延伸一个末端为球形的纤突。腺病毒科由两个属组成，其中禽腺病毒属仅包括致禽类疾病的腺病毒，而哺乳动物腺病毒属包括对人、猴、牛、马、猪等 47 个型，分为 6 个亚属。型特异抗原主要由六邻体及纤突上末端“球体”部分决定，亚属根据腺病毒血凝性不同而划分。能引起人类腹泻者仅为 F 组的 40 型和 41 型，主要感染两岁以下儿童。

5.18.3 微生物学检测

诊断主要依据电镜直接查找病毒。新的诊断方法是从粪便抽提病毒 DNA，进一步作探针杂交或序列分析。另已发展针对腺病毒 40 型及 41 型的单克隆抗体，建立了对粪便进行免疫检测方法。肠腺病毒感染后常获得一定的免疫力，因而重复感染较少见。目前尚未见有研制疫苗的报道。

5.19 嵌杯样病毒（*Calicivirus*）

5.19.1 食品卫生学意义

嵌杯样病毒或杯状病毒在世界范围内流行仅次于轮状病毒，这与水源性和食源性胃肠炎暴发和散发有着密切关系。其自身毒性较弱，且发病过程具有自限性，但传染性较强，如不能及时治疗可导致患者死亡。杯状病毒中 *Lagovirus* 和 *Vesivirus* 能感染动物；而诺瓦克样病毒（NLV）和札幌病毒（SaV）则主要感染人，二者合称为人类杯状病毒（HuCV）。除了人群，NoV 和 SaV 也在猪、鼠、水貂等多种动物中被检测到，这也引发了二者是否均为人畜共患病病原的讨论。HuCV 是引起儿童和成人非细菌性胃肠炎主要病原之一，常在医院、餐馆、学校、托儿所、孤儿院、养老院、军队、家庭及其他人群中引起暴发。

1952年在鲜猪肉中发现有嵌杯状病毒，原因是一位旅客从芝加哥和洛杉矶带回蔬菜放在猪肉上后废弃，然后喂猪，引起传染。1976年Madeley等和Flewett等在急性腹泻婴幼儿粪便标本中分别发现此病毒，此后英国、加拿大和日本等国先后报告一些婴幼儿暴发嵌杯状病毒性胃肠炎，进一步证实嵌杯状病毒与小儿胃肠炎的关系。国内于1984年由婴幼儿腹泻粪便中查出此病毒，但检出率很低，迄今为止未见与杯状病毒相关的急性胃肠炎暴发。近年智利已报道其为儿童散发性急性腹泻的重要病原之一。在流行监测中，约占腹泻病例的3%。嵌杯状病毒临床症状与其他病毒性腹泻无法区别，其流行多发生在学校或孤儿院。儿童时期感染发展的抗体可持续到成人，并具有一定免疫保护作用，此点与其他腹泻病毒不同。2011～2012年广州哨点医院调查札幌病毒成人检出率为2.4%（3/127）。上海452份儿童粪样没有检出札幌病毒，2008年南宁412例成人腹泻，阳性率为4.61%（19/412），2009～2011年浙江3153份成人腹泻样本，札幌病毒阳性为6.06%（130/2144）。

以荧光定量PCR检测牡蛎，检出率为4.72%。

5.19.2 主要特征

迄今对嵌杯状病毒认识尚较少。杯状病毒科或嵌杯病毒科（*Caliciviridae*）分为4个属，分别是：① *Lagovirus*，以兔出血病病毒（*Rabbit hemorrhagic disease virus*）为代表；②诺瓦克样病毒，以诺如病毒（*Norwalk virus*）为代表；③札幌病毒，以*Sapovirus*为代表；④*Vesivirus*，以猪水疱疹病毒（*Swine vesicular exanthem virus*）为代表，属单股正链RNA病毒，直径27～40nm，无包膜，衣壳呈二十面体对称结构（图5-23）。1981年国际病毒分类委员会将此类病毒提升，定名为杯状病毒科。在电镜下可见病毒表面呈杯状凹入或内陷，形成特殊的形态而得名。病毒核心为单链RNA，能用免疫电镜检查与诺如病毒相区分。但两者也有一定的交叉免疫反应。国内检出的毒株为GⅠ-2、GⅠ-1、GⅡ-1、GⅢ。

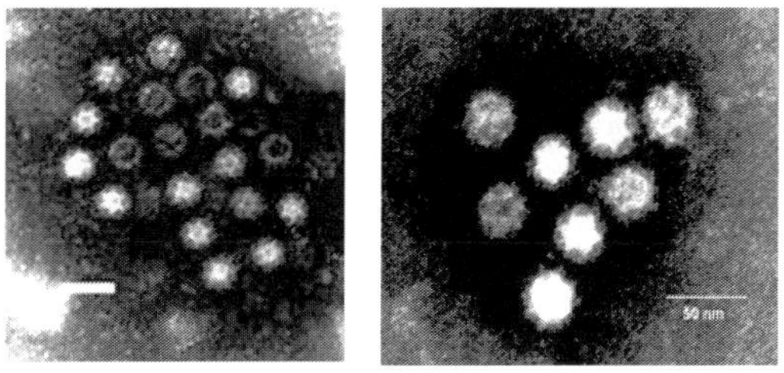

图5-23 嵌杯状病毒

5.19.3 微生物学检测

除电镜外已发展免疫检测方法诊断，可从粪便中直接检测病毒抗原。以PCR或荧光定量PCR方法快速检出腹泻物或食品中的病毒。治疗和预防也与其他病毒性腹泻相同。

5.20 冠状病毒（*Coronavirus*）

5.20.1 食品卫生学意义

冠状病毒病是由冠状病毒引起的一群疾病，是一种典型的人畜共患病。冠状病毒有15种引起各种动物冠状病毒病的病毒，4种为人冠状病毒病。其中动物冠状病毒病包括禽传染性支气管炎（IB）、猪传染性胃肠炎（TGE）、猪流行性腹泻（PED）、猪血凝性脑脊髓炎（PHE）、初生犊腹泻（BC）、幼驹胃肠炎（FGE）、猫传染性腹膜炎（FIP）、猫肠道冠状病毒病（FEC）、犬冠状病毒病（CC）、鼠肝炎（MH）、大鼠冠状病毒病（RC）、火鸡蓝冠病（TC）等；4种人冠状病毒病是人呼吸道冠状病毒病、人肠道冠状病毒病、新发现的SARS（severe acute respiratory syndrome）和中东呼吸综合征（MERS）。

冠状病毒感染在世界上非常普遍。人群中10%～30%的冬季上呼吸道感染是由冠状病毒引起的，是普通感冒中居第二位病因。冠状病毒主要发生于冬季和初春，并且在一个流行季节，通常只由单一血清型引起。冠状病毒传播方式可分为两种：侵犯呼吸道的冠状病毒是通过呼吸道飞沫传播；侵犯肠道的冠状病毒经口传播，并且排毒时间较长。冠状病毒在人群中可引起隐形感染，人能排出病毒，这更促进潜在性传播。约45%感染者出现临床症状，呼吸道混合感染多见，冠状病毒感染中也有这种现象，可以在同份标本中与其他病毒同时分出。急性上呼吸道感染一般在4～10岁的儿童最为常见，在成年人则多为普通感冒，常在一个家庭内传播。

动物体内冠状病毒带毒现象非常普遍，常常在无临床表现的动物呼吸道、粪便中发现病毒粒子存在。它们通常具有很强宿主特异性，只感染相应动物并引起特定疫病；有些冠状病毒也可感染其他种类动物，并在这些动物体内引起或不引起相应临床症状。但由于动物冠状病毒经济学意义，特别是感染非常规宿主时不引起明显临床表现，目前对各种冠状病毒宿主范围的了解仍然很少。已经证实，TGEV和PRCV可感染猪、猫、犬、狐狸、小鼠、豚鼠、仓鼠和兔；PEDV只感染各种日龄的猪；MHV感染小鼠、豚鼠、仓鼠和大鼠；CCV感染犬、猫、狐狸和猪；FIPV感染猫和猪；人呼吸道冠状病毒 OC43 株则能感染人和小鼠；其他种类的动物冠状病毒多数都只能感染相应的动物。

冠状病毒病流行具有明显特点，如鸡传染性支气管炎属于高度接触性传染病，主要感染 2 月龄内雏鸡，在鸡群中传播速度很快（2 周内可波及全场），潜伏期短（平均 3d），但该病的发病率和死亡率与毒株的毒力和环境因素（如气温、通风、饲养密度、健康状况、日粮配合、应激等）有很大关系。人与动物接触，与动物产品或食品接触，食用动物性产品，如果子狸肉等途径可获得此病，因此，具备食源性感染的特点。SARS 病毒对人的危害巨大，仅 2003 年就使全球 8098 人受到感染，774 人丧生，造成全球经济损失约 800 亿美元，我国损失约百亿美元左右。由于其病原体持续时间的不确定性，仍然具有暴发的可能性。

5.20.2 主要特征

1）病原体

冠状病毒为 RNA 病毒，因在电子显微镜下发现表面有形状似日冕的棘突犹如王冠而得名。各种动物冠状病毒在分类上属于冠状病毒科（*Coronaviridae*）、冠状病毒属（*Coronavirus*）。冠状病毒科下设 2 个属，即冠状病毒属和隆病毒属，两者在基因组结构及复制策略上有许多共同特点。隆病毒属及动脉病毒科家族的所有成员都只感染动物，但是病毒粒子形态及基因组长度不同。最近几年又发现了水貂冠状病毒（ECV）、兔冠状病毒等新成员。此外，其他动物（包括各种水生脊椎动物和陆生脊椎动物）也陆续发现由冠状病毒所致疾病，但因大部分冠状病毒的分离鉴定困难，很少有报道。隆病毒属病原学意义迄今尚未充分阐明，目前主要包括伯尔尼病毒（*Bernevirus*）、布里达病毒（*Bredavirus*）和人类隆病毒等。

冠状病毒颗粒多为圆形、椭圆形或轻度多形性，直径为 60～220nm，表面有多个稀疏的棒状突起，长约 20nm。病毒包膜是长花瓣形状的突起，使冠状病毒看起来像王冠（拉丁语，corona），核衣壳是可变的长螺旋。冠状病毒科其他特征还包括 3′端成套结构 mRNA，独特的 RNA 转录策略和基因组结构，核苷酸序列同源性及其结构蛋白质的特点，病毒颗粒内有由病毒 RNA 和蛋白质组成的核心，外面有脂质双层膜。此病毒对理化因素的抵抗力不强。

病毒粒子内是大小为 27～32kb 单链正义基因组 RNA，是所有 RNA 病毒基因组中最大的。RNA 基因组与 N（核衣壳）磷蛋白（50～60kDa）相结合以形成一个可变的长螺旋核衣壳。当从病毒粒子释放时，核衣壳是直径为 14～16nm 延伸的管状链。近来研究表明，在至少两种冠状病毒（TGEV 和 MHV）中，螺旋状核衣壳包裹于直径为 65nm、球形、并且可能形式上是二十面体的“内部核心结构”内。核心由 M（膜）糖蛋白（并且可能还有 N 蛋白）组成。病毒核心包裹于脂蛋白包膜中，在病毒从细胞内膜出芽时形成。两类显著的突起排在病毒粒子外部。由 S（突起）糖蛋白组成的长突起（20nm）存在于所有冠状病毒；短突起，包括 HE（血凝素一脂酶）糖蛋白，仅存在于某些冠状病毒。包膜还含有 M 糖蛋白，横穿过脂双层三次；因此很明显 M 蛋白质既是内部核心结构又是包膜的成分。包膜还含有 E（包膜）蛋白质，其数量远少于其他病毒包膜蛋白质（图 5-24，图 5-25）。

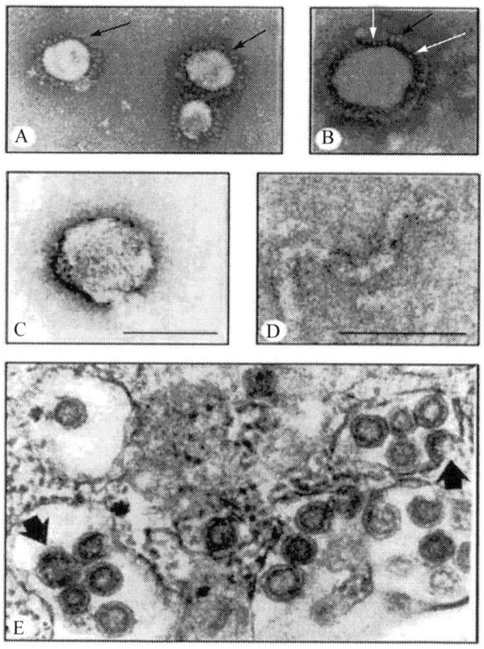

图 5-24 冠状病毒

负染制备的人呼吸道冠状病毒 HCoV-OC43（原始放大 90 000 倍）；A. 火鸡肠道冠状病毒 TCoV；B. 在这两种病毒包膜上可见由 S 糖蛋白组成的大的花瓣样突起（黑箭头），使它们区别于其他有包膜的病毒，某些冠状病毒还显现一种由血凝素-脂酶（HE）糖蛋白（白箭头）组成的短突起；C. 猪传染性胃肠炎病毒（TGEV）的内核，该核心是用 NP40 处理去除包膜后得到的，呈现为球形的对称结构；D. 用 Triton X-100 处理从 TGEV 核心结构释放的螺旋核衣壳，比例尺为 70nm；E. 人呼吸道冠状病毒 HCoV-229E 感染的人细胞，可见球形病毒粒子在内质网膜和滑壁小体上出芽生殖（箭头），可见在病毒粒子中电子致密（electron-dense）螺旋核衣壳是可变的细管，某些冠状病毒的病毒颗粒将进一步成熟成为电子密度颗粒（215）（原始放大 60 000 倍）

2）致病机制

一般认为冠状病毒的复制首先是病毒颗粒经受体介导吸附于敏感细胞膜上，一些包膜上含有 HE 蛋白的冠状病毒则通过 HE 或 S 蛋白结合于细胞膜上的糖蛋白受体，而不含 HE 蛋白的冠状病毒则以 S 蛋白直接结合细胞膜表面的特异糖蛋白受体。然后吸附在敏感细胞膜上的病毒颗粒通过膜融合或细胞内吞侵入，其膜融合的最适 pH 一般为中性或弱碱性。病毒感染敏感细胞后经过 2～4h 潜伏期，开始出现增殖，培养 10～12h 就完成一

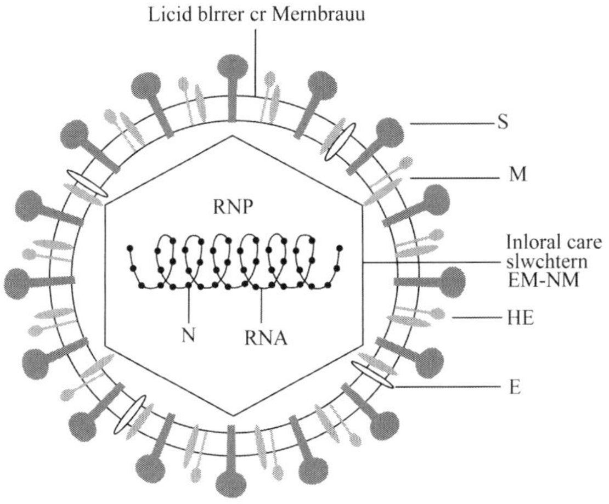

图 5-25 冠状病毒结构模式图

S. 突起糖蛋白；M. 膜糖蛋白；E. 小包膜蛋白；HE. 血凝素-脂酶糖蛋白；N. 核衣壳磷蛋白；ICS，M. 糖蛋白组成的内部核心壳

步生长曲线，感染后细胞刚出现病变时，病毒增殖已达高峰。冠状病毒引起疾病不仅决定于病毒的生物学特性，也与宿主生理状态有关。

人肠道冠状病毒选择性地感染肠黏膜中起吸收作用的细胞，引起绒毛萎缩，不同毒株可选择性地侵袭小肠、大肠或结肠，表现的临床严重程度也很不一致，可从轻型一时性的肠炎至快速进展致死性腹泻；主要依靠局部免疫反应克服肠道感染。

3）抗原性

由于人冠状病毒分离较难，对器官培养分出的毒株缺乏简便定型方法，而冠状病毒抗原性又较弱，不易制出高效价特异性免疫血清，因此人冠状病毒有多少血清型别，至今还不清楚。

S糖蛋白在病毒粒子表面形成大的花瓣样突起。这种强糖基化蛋白质的分子质量为150～180kDa。S糖蛋白分为三个结构域（从N-端到C-端）：一个大的胞外域进一步分为两个亚结构域S1和S2；一个跨膜结构域以及一个短羧基末端的胞质结构域。S1结构域的氨基酸序列能够决定动物中的冠状病毒的靶细胞特异性。

S糖蛋白还引起病毒包膜与宿主细胞膜融合，有时是细胞与细胞的融合。单独冠状病毒S糖蛋白的表达就能够引起含有受体的细胞融合。最有可能是S2内部的亲水序列提供的膜融合活性。然而，融合活性可受S2及S1中多个位点序列影响。

4）主要临床表现

动物冠状病毒具有胃肠道、呼吸道和神经系统嗜性，特别是鼠肝炎病毒JHM毒株可以引起小鼠脱髓鞘性脑脊髓炎。潜伏期短，如鸡传染性支气管炎的潜伏期为18h～3d，能在2～3d内迅速传播蔓延至全群；猪传染性胃肠炎潜伏期为18～72h，感染后很快传遍整个猪群，大部分猪2～3d内发病；犬冠状病毒感染的自然病例潜伏期1～3d，人工感染24～48h，传播迅速，数日内即可蔓延全群。

冠状病毒引起的人类疾病有两类，首先是呼吸道感染，其次是肠道感染。冠状病毒感染的潜伏期一般为2～5d，平均为3d。典型的冠状病毒感染呈现流涕、不适等感冒症状。不同型别病毒的致病力不同，引起的临床表现也不尽相同。有报道冠状病毒感染可以出现发热、寒战、呕吐等症状。病程一般在一周左右，临床过程轻微，没有后遗症。冠状病毒可以引起婴儿、新生儿急性肠胃炎，主要症状是水样便、发热、呕吐，每日10余次，严重者可以出现血水样便。

5.20.3 微生物学检测

（1）病毒的分离和培养：一般用鼻分泌物、咽漱液混合标本分离病毒阳性率较高，用人胚器官培养或细胞培养后分离病毒，电镜检查病毒颗粒。中和试验、补体结合试验和血凝抑制试验等测定患者急性期和恢复期血清中的抗体滴度。由于病毒抗原的免疫原性较弱，约有50%的人感染后可能检测不出抗体。

（2）间接ELISA法：采用双倍细胞接种229E，上清液为抗原，包被苯乙烯板，血清从1∶50起做连续二倍稀释，反应完毕后在405nm波长测定各孔OD值，以S2/S1≥2为抗体阳性判定。

（3）放射免疫测定法：该法与间接ELISA法同样为诊断冠状病毒感染的较优方法。

（4）免疫荧光法：该法是目前常用的病毒快速诊断方法，细胞培养感染冠状病毒，在胞质中出现免疫荧光，在核周最强，并随着培养时间的延长，荧光细胞增多，呈局灶状，可以计数进行病毒定量，比镜检细胞病变及蚀斑试验敏感。

5.20.4 控制策略

人类冠状病毒肠道感染主要来源是野生动物，最好不吃或少吃，烹调时一定要加热彻底；接触野生动物时也要注意自身防护措施。

5.21 口蹄疫病毒（*Foot and mouth disease virus*，FMDV）

5.21.1 食品卫生学意义

口蹄疫病毒是引起偶蹄动物急性、热性、接触性传染病，即口蹄疫（FMD）的病原体。分类上属于小RNA病毒科、口蹄疫病毒属，有7个型（O、A、C、SATⅠ、SATⅡ、SATⅢ和AsiaⅠ）近80种亚型。其易感宿主包括家养和野生的牛、猪、羊、驼、鹿等。口蹄疫呈世界性分布，各大洲都曾发生过大流行，对畜牧业造成了极其严重的损失，并可影响农业生产及人类生活和健康。

患病动物主要症状是发热、口腔黏膜、乳房及蹄部皮肤上出现水泡（包括舌面、鼻镜、乳头、蹄叉、蹄冠及附蹄周围皮肤），水泡破溃可造成烂斑。严重者蹄壳边缘溃裂甚至脱落。猪患病时除鼻、唇、母猪乳头有水泡外，还可因蹄痛而跛行，甚至跪地爬行；仔猪多急性死亡，反刍兽口涎较明显。恶性口蹄疫主要侵害心脏，引起急性死亡，新生幼畜的急性死亡也是心肌炎所致。

病变特征性地出现于皮肤、黏膜上的泡状斑疹（或称鹅口疮），心肌有局部病灶性变化——“虎斑心”。

在口蹄疫传播中空气传播有重要意义，并常通过畜产品（肉、乳、毛皮等）及家畜为媒介而引起国际间的流行。人感染口蹄疫时，与动物症状类似，以幼龄儿童较为严重。人口蹄疫病可能呈地方性流行，主要是由于饮食病乳、挤奶、处理病畜肉尸及其产品，通过直接接触或经外伤而感染。患者发热、呕吐、口舌干燥、舌唇和颊内侧及齿龈黏膜发生水疱，有时指尖、手掌、足趾、鼻翼和面部也见水疱。儿童发生胃肠卡他，严重时因心脏停搏而死亡。

5.21.2　主要特征

FMDV为单股正链RNA，大小为8.5kb。病毒粒子无囊膜，对脂溶剂不敏感；对酸、碱较敏感，1%～2%的氢氧化钠溶液、4%碳酸钠1min可灭活病毒，但对其他化学消毒剂有抵抗力。对热较敏感，60℃加热15min、70℃加热10min和80℃加热1min即可杀灭病毒。

病毒粒子直径20～25nm，呈大致圆形或六角形（图5-26），沉降系数140S，具有感染性、型特异性和免疫原性，能诱导中和抗体、沉淀抗体。有4种结构蛋白：VP1～VP4，其中VP1是诱导中和抗体主要蛋白。

口蹄疫病毒极易发生变异，新的亚型不断出现。病毒各主型之间无交叉免疫性，同一主型内的各亚型之间交叉免疫力也较微弱。

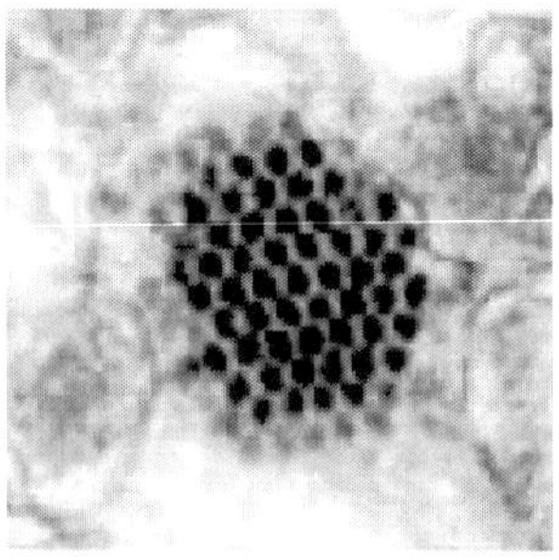

图5-26　口蹄疫病

FMDV细胞受体是：αvβ1、αvβ、αvβ6、α5β1、ibpegrin、硫酸乙酰肝素。常用BEIH（犊牛甲状腺细胞系）、IBRS-2（仔猪肾传代细胞系）、BHK-21（幼仓鼠肾细胞系），也可用小鼠和豚鼠及鸡胚进行病毒的培养与分离。

FMDV基因组基本结构：FMDV为单股正链RNA病毒，基因组全长约8500个核苷酸，由5′端非编码区（5′-UTR）、开放阅读框（ORF）和3′-UTR及Poly（A）尾巴组成。5′-UTR长约1.2kb，含有S片段、Poly（C）和IRES等，并在其5′端连有一个VPg。ORF由L基因、P1结构蛋白基因、P2和P3非结构蛋白基因及起始密码子和终止密码子组成，长约6.5kb，编码一个大的聚合蛋白。此蛋白随后被逐级降解为病毒所需的各个组分L/L′、P1（1A、1B、1C和1D）、P2（2A、2B和2C）和P3（3A、3B、3C和3D）。3′-UTR长约92bp。Poly（A）尾巴长约100 bp，基本阅读框架见。

5.21.3　检测和控制

1）检样采取和处理

（1）水疱皮：患牛应采取舌面水疱皮，也可采蹄叉及蹄冠部水疱皮；猪采取蹄叉间、蹄冠部或鼻盘部水疱皮，要求新鲜成熟，不要破裂、溃疡、易碎或腐败的。

（2）水疱液：从灭菌注射器自溃破的水疱中抽取疱液，置灭菌玻璃瓶或试管中，加入双抗。

（3）屠宰病畜：采取肌肉、淋巴结、骨髓及内脏。

（4）检样处理：将检样称重后，放在灭菌乳钵中剪碎，加入玻璃砂研磨，再用生理盐水制成1∶3的混悬液，再加入双抗，放室温或4℃，2h，每隔10min振荡一次，然后3000r/min离心沉淀10～15min，上清即为检样。

2）病毒的分离

（1）豚鼠接种试验：①取500g以上的健康豚鼠4～6只，剪去后肢掌部被毛，用湿棉花球洗净，再用70%酒精棉消毒；②将掌部皮肤或口腔黏膜划破，把感染用病料涂擦于划破处；③第二天如局部见有水疱，即可确诊。

（2）乳鼠接种试验：①选择3～7日龄乳鼠5只，其中4只接中检样，1只作为对照；②每只于颈部皮下接中0.1mL，观察1周；③如有死鼠，皮应及时拣取，解剖采取检样按上述法进行处理后，继续传代接种；如无死鼠，则于接种后第4天取活鼠2只冻死，无菌取样，制成悬液同前处理后，继续传代接种，传2～3代后死亡，即阴性。

3）免疫学检测

可用很多免疫学方法检测：免疫电泳技术包括对流免疫电泳、火箭免疫电泳、单辐射溶血技术，ELISA包括竞争法（competitive ELISA）、捕获法（trapped ELISA）、Dot－ELISA，反向间接血凝试验，琼脂扩散试验等。这些方法都必须具有标准病毒、免疫血清。

4）分子生物学方法

RT-PCR方法：上游引物5′-TACTACTTCTCT-GACTTGGA-3′，位于*VP1*基因的后段；下游引物5′-GAAGGGCCCAAGGTTGGACTC-3′，位于*VP1*基因的尾部，引物之间的跨度为480bp。荧光RT-PCR方法

的上游引物为 5′-TCCACTAGC-GAGTGTTAGTAGC-3′，下游引为 5′-GCCTGT-CACCAGTGTTTGAGTA-3′；CT 值无数值的样本为阴性样本，CT 值≤40.0 的样本为阳性样本；同时，阴性对照的检测结果为阴性，阳性对照的检测结果为阳性。

5）口蹄疫检测试剂盒

除上述各种检验病毒的方法外，也可用中和试验来滴定病毒。荧光抗体试验、cDNA 探针技术和基因芯片技术也可用于病毒的检查。

6）预防措施

对肉食动物，主要是偶蹄动物加强检疫，对可疑肉品加强监测，食品在烹调时要充分加热，接触肉用动物、尤其是患病动物时要注意自身防护。

7）卫生评价和处理

（1）发现口蹄疫病毒时，应将该批屠畜全部屠宰，病畜停驻的场所立即进行消毒。

（2）体温升高的患病畜肉尸、内脏及副产品等高温处理后出场。

（3）体温正常的患畜，剔骨后的肉尸及内脏经产酸无害化处理后出场。

（4）口蹄疫病畜的头（包括脑）、蹄、肠、食道、膀胱、血、骨骼、角和肉屑等，经高温处理后出场。毛皮消毒后出场。

5.22　甲型肝炎病毒（*Hepatitis virus* A，HAV）

5.22.1　食品卫生学意义

甲型病毒性肝炎简称甲型肝炎，是由甲型肝炎病毒（HAV）引起的一种肠道传染病，是全世界较为普遍的由病毒引起的肝炎感染，我国为高发区。现在，这种传染病已经可通过安全而有效的免疫注射来预防。甲型肝炎病毒是一种攻击肝的病毒，但和乙型肝炎、丙型肝炎不同，因它不会引起慢性感染或肝癌，或慢性肝衰竭，甲肝急性发病有发烧、怕冷、食欲下降、无力、肝肿大及肝功能异常。大部分人没有症状，只有少数人出现黄疸，一般不转为慢性和病原携带状态。传染途径是经由饮水、吃了煮得不够熟或生的食物，特别是贝壳类食物、或被感染人粪便污染了的食物。感染儿童粪便通常是在社区中彼此传染的根源，这些儿童通常是没有症状的。甲肝患者自潜伏末期至发病后 10d 传染性最大。甲肝一般发生于儿童和青少年，在成人中较少见，一般潜伏期为 2～6 周。冬春季节是甲肝发病高峰期。病毒在水产品中能存活 3 个月左右，在一般环境中它只能存活 1 个月。不少居民爱吃生猛海鲜，如蛤类、牡蛎、毛蚶、泥蚶和蟹类，这些生物可将水中各类颗粒物截留在消化腺中，积聚在肝中，滤过的甲肝病毒进入海鲜内脏，可以浓缩到 5～15 倍。长期蓄积于体内，仅用开水冲烫，不能充分杀死甲肝病毒，因此生食这些海鲜，极易引起感染。

美国在 1973～1975 年分别发生了 5 起、6 起和 3 起感染事件，其感染人数为 425 人、282 人、173 人，色拉、三明治和挂糖衣面包圈是病毒的载体；上海市 1989 年初暴发的 30 余万人甲型肝炎，由毛蚶引起；英国约 25%甲型肝炎与吃贝壳类动物有关；德国 19%的传染性肝炎是由于食用了污染的软体动物引起的。甲型肝炎涉及食品包括凉拌菜、水果及水果汁、乳及乳制品、冰淇淋、饮料、水生贝壳类食品等。

甲型肝炎病毒经粪-口途径进入消化道后，首先在肠上皮和局部淋巴结细胞内繁殖，然后进入血液形成病毒血症，经血液循环到达其靶器官——肝细胞中定居繁殖，引起肝功能异常，出现发热、巩膜黄染、小便浓茶色、恶心、厌油腻、血清转氨酶升高等症状或体征。

5.22.2　主要特征

1）病毒特征

甲型肝炎病毒为单股正链 RNA 病毒，为小核糖核酸病毒，直径约 27nm、呈二十面立体对称的球形颗粒，有空心和实心两种颗粒，无囊膜（图 5-27）。1982 年国际病毒分类委员会曾将其分类为微小 RNA 病毒科肠病毒 72 型。随着对 HAV 的不断深入研究，发现其与肠病毒属成员有很多不同之处，国际病毒分类委员会于 1991 年将 HAV 重新分类为小 RNA 病毒科肝病毒属，也有人建议命名为肝 RNA 病毒属，它既强调了 HAV 的嗜肝性，又突出了 HAV 的基因是 RNA，同时又与 HBV 嗜肝 DNA 病毒属相对应。

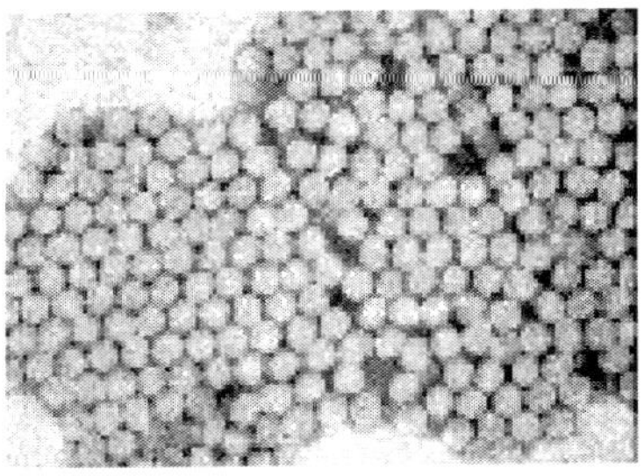

图 5-27　甲型肝炎病毒

2）肠道病毒属的特征

肠道病毒（*Enterovirus*）群属 RNA 病毒类的小 RNA 病毒科（*Picornaviridae*），包括脊髓灰质炎病毒（*Poliomyelitis virus*，PV），柯萨奇病毒（*Coxsackie virus*）、埃可病毒（*Enteric cytopathic human orphan virus*，ECHO virus）、甲型肝炎病毒（*hepatitis virus* A，HAV）及 1968 年以来新发现的肠道病毒 68～72 型（从 68 型开始新鉴定的型别统称为肠道病毒，不再划入柯萨奇病毒或埃可病毒）。肠道病毒主要通过粪便传染，细胞内吞是病毒进入细胞的一个主要方式，复制主要发生在呼吸道和消化道组织中；它们具有许多共同特点：①属 RNA 病毒类，病毒颗粒核酸内核为单股正链 RNA，核酸相对分子质量为 $2\times10^6\sim2.8\times10^6$，具有6～9个基因；②病毒颗粒体积极小，为球形，直径20～30nm,有 32 个壳微粒形成的衣壳，呈二十面体，立体对称，病毒颗粒裸露无包膜；③对一般理化因素抵抗力强，抗乙醚、乙醇、煤酚皂液等一般消毒剂，耐低温、耐酸；而对氧化剂（游离氯、高锰酸钾等）很敏感，对热、干燥和紫外线也较敏感；阳离子（Mg^{2+}、Ca^{2+}、Na^{+}）可以增加病毒对温度的稳定性；④除柯萨奇 A 组病毒的大多数血清型以外，肠道病毒都能在组织培养中引起特殊的细胞病变；⑤肠道病毒存在于许多动物体内，如人、牛、猪和鼠；⑥在人类肠道中此类病毒属暂居性，与偶然经过肠道的病毒及始终寄生于肠道的病毒不同；⑦本类病毒感染遍及世界各地，散发或引起局部流行或大流行，北半球多见于夏秋季节，小儿发病较成人为多，因成人一般已具有抗体，多数经人至人直接传播，也可经水、食物、苍蝇等间接传染；⑧病毒可侵犯人体不同器官，引起临床表现复杂多样，病情轻重悬殊，但以轻型、隐性为多。见表 5-6。

表 5-6　肠道病毒的分类及相关的临床疾病

种类（血清型）	临床疾病
Poliovirus 脊髓灰质炎病毒（3）（*PVs*）	
人脊髓灰质炎病毒（Human polioviruses）1～3	脊髓灰质炎，小儿麻痹症
Human enterovirus A（12）（HEV-A）	
人柯萨奇病毒（Human coxsackieviruses）A2～A8，A10～A14，A16	脑（脊）膜炎，麻痹
Human enterovirus 71	心肌炎，疹
Human enterovirus B（37）（HEV-B）	
人柯萨奇病毒（Human coxsackieviruses）B1-B6	脑（脊）膜炎，麻痹
人柯萨奇病毒（Human coxsackievirus）A9	心肌炎
人埃可病毒（Human echoviruses）1～7，9，11～21，24～27，29～33	肠胃炎
Human enteroviruses 69，73	呼吸道感染
Human enterovirus C（11）（HEV-C）	
人脊髓灰质炎病毒（Human coxsackieviruses）A1，A11，A13，A15，A1～A22，A24	结膜炎
Human enterovirus D（2）（HEV-D）	
Human enteroviruses 68，70	结膜炎

3）分子生物学特征

（1）HAV 基因组：HAV 全基因约为 7500bp，各 HAV 株间序列中的核苷酸数略有不同。5′端非编码区是 HAV 基因组中最保守的部分，其株间核苷酸序列一致性达 96%～99%，此区共有 734bp。开放阅读框架区编码 2227 个氨基酸的多聚蛋白，被一个天门冬酰胺密码子分开的两个甲硫氨酸密码子中的任何一个可能是翻译的起点；其编码多聚蛋白的基因从 5′端开始可分为三个区，即 P1 区、P2 区和 P3 区。P1 区位于 HAV RNA735～3107 位核苷酸区域，为 HAV 衣壳蛋白编码区，可编码 791 个氨基酸。从 5′端开始按其次序分别称为 VP4（735～803）、VP2（804～1469）、VP3（1470～2207）、VP1（2208～3107）；P1 区编码 4 个衣壳蛋白 1A～1D，通常称为 VP1、VP2、VP3 和 VP4，VP1 最大可能和 VP3 一起构成抗原的免疫决定簇；P2 区是转录及基因调控区；P3 区编码非结构蛋白 3A、3B、3C 和 3D，HAV 蛋白 3B 可共价结合于 HAV RNA 5′端，与启动 RNA 的生物合成或与病毒的装配有关；HAV 3D 蛋白为依赖 RNA 的 RNA 多聚酶，代表了多聚酶的活性部位。

（2）HAV RNA 的基因型：HAV 只有一个血清型，有 7 个基因型。1991 年 Robertson 用 HAVP1 区 VP1 基因的不同片段作为分型标准，将 22 株来自世界不同地区的 HAV 分为三个基因型（Ⅰ～Ⅲ型），1992 年他又对全球 29 个国家的 152 株 HAV，以 VP1 和 P2 区的不同序列作基因分型，根据基因分型标准，把核苷酸序列差异<15%的划为同一基因型，从而将 HAV 分为 7 个基因型（Ⅰ～Ⅶ型），人类 HAV 有 4 个型（Ⅰ、Ⅱ、Ⅲ、Ⅶ），非人灵长类也有 4 个型（Ⅲ、Ⅳ、Ⅴ、Ⅵ），其中Ⅲ型为人类和非人灵长类所共有的混合型；人类 HAV 各基因型间，核苷酸异源性为15%～20%。

（3）基因变异：HAV 的变异主要有自然变异、生物学变异和细胞培养变异及减毒变异。自然变异主要发生在 P1 区，其中 VP1 和 VP3 区变异较多见；HAV 氨基酸变异常发生在 VP3 的 65、70 位和 VP1 的 102、105、174、178 和 221 位，而 VP3 的 70 位几乎在所有 HAV 株中都存在变异。

5.22.3　检测和控制

商品化配套试剂盒的供应可方便检测各类样品，如 ELISA 试剂盒、免疫电镜法观察、RT-PCR 方法等。

预防措施主要是切断传染途径，控制传染源，加强饮水、饮食、环境卫生包括粪便管理，养成良好的个人习惯。烹调食品要彻底加热，对海产品、尤其是吃火锅时要特别注意，要防止海产品交叉污染。

5.23　戊型肝炎病毒（*Hepatitis virus* E，HEV）

5.23.1　食品卫生学意义

戊型肝炎是一种经粪-口传播的急性传染病，自1955年印度由于水源污染第一次戊型肝炎大暴发以来，先后在印度、尼泊尔、苏丹、苏联及我国新疆等地都有流行。1989年9月东京国际HNANB及血液传染病会议正式将其命名为戊型肝炎。

HEV传播途径主要是通过水、食品造成的。水是主要途径之一，常发生于卫生条件不好的热带、亚热带地区，水生贝壳类食品是主要累及的食品，如意大利曾发生戊型肝炎病毒感染就与水产品有关。HEV随患者粪便排出，通过日常生活接触传播，并可经污染食物、水源引起散发或暴发流行，发病高峰多在雨季或洪水后。潜伏期2～11周，平均6周，临床患者多为轻中型肝炎，常为自限性，不发展为慢性HEV。主要侵犯青壮年，65%以上发生于16～19岁年龄组，儿童感染表现亚临床型较多，成人病死率高于甲型肝炎，尤其孕妇患戊型肝炎病情严重，在妊娠后三个月发生感染，病死率达20%～30%。HEV感染后可产生免疫保护作用，防止同株甚至不同株HEV再感染。有报道称绝大部分患者康复后血清中抗HEV抗体持续4～14年。

HEV在核苷酸和氨基酸水平和高度同源基础上，具有广泛的地理分布和一定遗传异质性。在猪、牛、绵羊、山羊和大鼠等动物中分离到HEV样病毒，表明HEV为一种人畜共患病病毒。

5.23.2　生物学主要特征

1）形态结构

戊型肝炎病毒是单股正链RNA病毒，呈球形、直径27～34nm，无囊膜，核衣壳呈二十面体立体对称（图5-28）。目前尚不能在体外组织培养，但黑猩猩、食蟹猴、恒河猴、非洲绿猴、须狨猴对HEV敏感，可用于分离病毒。HEV在碱性环境中稳定，有镁离子、锰离子存在情况下可保持其完整性，对高热敏感，煮沸可将其灭活。HEV基因组长7.5kb，ssRNA，在氯化铯

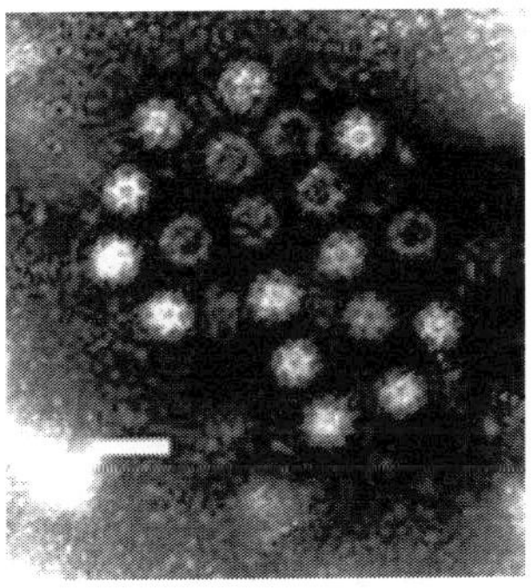

图5-28　戊型肝炎病

分离的高盐液中稳定，3′端有poly A尾，有三个开放阅读框（ORF），*ORF1*位于5′端（约2kb）是非结构蛋白基因，含依赖RNA的RNA多聚酶序列，*ORF2*位于3′端（约2kb）是结构蛋白的主要部分，可编码核衣壳蛋白，*ORF3*与*ORF1*和*ORF2*有重叠（全长369bp），也是病毒结构蛋白基因，可编码病毒特异性免疫反应抗原，可用于血清学诊断。

2）基因型分类

根据HEV各分离株核苷酸、氨基酸同源性大小及系统进化树分析，将目前世界上已有的HEV分为7个基因型。①基因型1（原称基因型Ⅰ），即缅甸类似株群，以缅甸株为代表，包括中国的新疆株、缅甸株、巴基斯斯坦株、吉尔吉斯斯坦株、印度株及非洲株，各HEV分离株总的核苷酸同源性皆在92%以上。Arankalle等又将此型分为4个亚型，即：ⅠA、ⅠB、ⅠC和ⅠD亚型。ⅠA包括大部分印度株、缅甸株和尼泊尔株，IB包括中国新疆株、巴基斯坦株、前苏联株和两个印度株，ⅠC包括非洲各株，ⅠD包括三个印度株。②基因型2（原称基因型Ⅱ），代表株为墨西哥株。与基因型1各株之间的核苷酸同源性小于76.1%。Buisson等对从尼日尔分离的7个HEV毒株进行序列分析，显示其与墨西哥株最为接近。③基因型3（原称基因型Ⅲ），包括分离自美国的HEV US-1株和US-2株及猪HEV株。此型各株与缅甸类似株及墨西哥株之间的核苷酸同源性小于74.3%。在核苷酸和氨基酸水平上，三株间*ORF2*同源性分别为92%和98%～99%，*ORF3*同源性分别是95%～98%和93%～97%。④基因型4，包括分离自中国台湾、北京、辽宁、广州、厦门等地的HEV分离株，目前划归基因型4-中国/台湾基因型。早在1995年Huang等就发现广州分离的两株HEV G-9和G-20的部分核苷酸序列与缅甸株、墨西哥株差异较大。⑤基因型5，主要是意大利分离株。对最近分离的意大利株HEV进行系统进化树分析，属于一独立分枝，证实为新基因型。意大利株*ORF2*与缅甸株、墨西哥株、美国各株之间核苷酸同源性分别为：83.3%、79.7%和87.7%。⑥基因型6和基因型7，分别包括希腊分离株1和希腊分离株2。其*ORF1*、*OFR2*同源性分别为84.4%和87.2%。利用种系遗传树分析进而确定其为新的基因型。它们与缅甸株、墨西哥株、意大利株的核苷酸同源性为76.3%～86.8%。另外，有学者将阿根廷株划为基因型8，其理由是从该国无旅行史的急性肝炎患者粪便样品中扩增得到部分HEV基因，对其*ORF1*和*ORF2*进行不完全序列分析，结果表明其与以

往的任何分离株都有很大差异。

在这几个基因型之间，以基因型1最为保守，其各株间*ORF1*、*ORF2*氨基酸同源性都在91.2%以上。基因型1各株和墨西哥株*ORF1*的氨基酸同源性为93.5%～95.1%。希腊株、意大利株、美国株之间*ORF1*和*ORF2*核苷酸同源性分别为81.9%～86.8%和82.4%～87.8%。

对HEV基因型研究显示如下特点：①不同基因型间遗传距离相差较大；②来自同一地区的HEV序列相对保守；③分离自非流行区毒株与分离自流行区的毒株不同；④不同基因型的各株在氨基酸水平相对保守，这支持HEV只存在一个血清型的假设。

目前HEV分型尚无统一的标准，对基因型的分类也存在分歧。

5.23.3 微生物学检测

(1) 血清学方法：用患者恢复期血清作为抗体，检测急性期患者粪便及胆汁中病毒抗原；或用已知病毒检测患者血清中相应抗体。

(2) 免疫荧光法：检测肝组织中戊肝病毒抗原。

(3) 酶联免疫吸附法：检测血清抗-HEV。

(4) 应用基因重组肝病毒多肽作为抗原，建立蛋白印迹法（WB）：检测血清抗-HEV。

(5) RT-PCR和套式反转录聚合酶链反应：检测胆汁、血清和粪便及食物样品的戊肝病毒核糖核酸。

5.24 脊髓灰质炎病毒（*Poliomyelitis virus*，PV）

5.24.1 食品卫生学意义

脊髓灰质炎是一种古老疾病，脊髓灰质炎病毒能够侵染中枢神经系统引起急性传染病，多见于儿童，因脊髓前角运动神经受损而造成肌肉迟缓性麻痹，又称为小儿麻痹症。该病流行于全世界，曾严重威胁人类健康。20世纪初期，在世界各地大多数呈零星发病状态，很少见大范围的流行。20世纪50年代末出现疫苗以后，脊髓灰质炎才逐渐得到控制。1955年Jonas Salk成功研制注射用脊髓灰质炎灭活疫苗，标志着人类战胜脊髓灰质炎的开始，1961年Albert Sabin研制的口服脊髓灰质炎灭活疫苗问世。1988年WHO发起世界范围灭脊髓灰质炎运动，目标是在2005年让全球人类都不再遭受脊髓灰质炎侵害，2001年10月WHO在全面审查了西太平洋地区37个国家和地区有关脊髓灰质炎证实报告，作出了脊髓灰质炎已在包括中国在内的西太平洋地区被消灭的结论，但也应看到与西太平洋接壤一些国家仍然存在着脊髓灰质炎野生病毒的传播。

骨髓灰质炎一年四季均可发生，但流行多在夏秋季。一般以散发为多，带毒粪便污染水源可引起暴发流行。引起流行的病毒型别以Ⅰ型居多。潜伏期通常为7～14d，最短2d，最长35d。在临床症状出现前后患者均具有传染性。

海蟹、贻贝中都可检测到，在海蟹中每克组织可达10 000个空斑单位。Ⅰ、Ⅱ、Ⅲ型在牡蛎中都能见到，毛蚶中可检出Ⅰ、Ⅱ型；在去壳的冰冻牡蛎中污染有Ⅰ型。在冰冻牡蛎中脊髓灰质炎病毒可活存30～90d，虾仁于−20℃时可生存超过300d。在蟹体内可延长其生存期。据报道4种常见加工方法，即蒸气、干炸、烘烤和炖煮加热后，牡蛎中脊髓灰质炎病毒仍有7%～13%存活。牡蛎中Ⅰ型脊髓灰质炎病毒对γ射线有较高的抵抗力，如果要灭活90%以上至少需要400千拉德。

5.24.2 主要特征

1）形态结构及分子生物学基础

脊髓灰质炎病毒属微小RNA肠道病毒，呈球形，直径24～30nm，无包膜，衣壳呈二十面体对称（图5-29）。由细胞膜上的小孔直接侵染细胞。

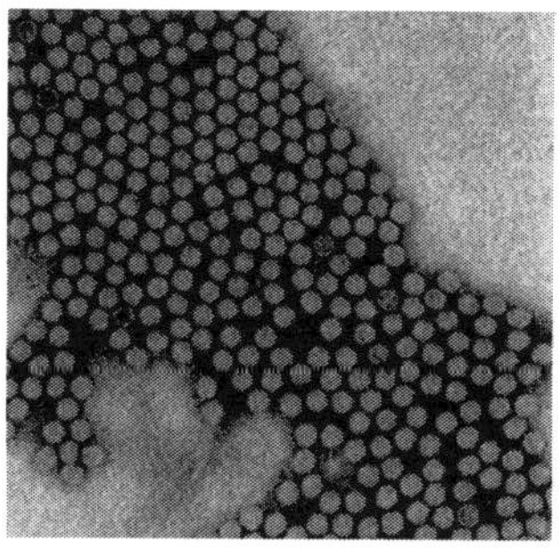

图5-29 脊髓灰质炎病毒

病毒基因为单股正链RAN，长约7.5kb。RNA的3′端有polyA序列，在维持病毒RNA的感染性上起到重要的作用，缺少polyA尾巴的RNA分子是没有感染性的；5′端有一个公共结合的小分子碱性蛋白VPg（只有22个氨基酸），为病毒RNA的引物，与病毒RNA的合成及基因组装配有关，而VPg蛋白对于感染则不是必须的；在RNA分子两端各有一段保守的非编码区bpr，在肠道病毒中同源性非常显著。RNA分子中间主要由三个基因构成的开放读码框（*P1*、*P2*、*P3*），编码全部的病毒蛋白；病毒的结构蛋白由*P1*区基因编码，

P2 和 *P3* 区编码蛋白酶、VPg、RAN 聚合酶等非结构蛋白。病毒 RNA 直接被当作 mRNA，RNA 5′端有一个长序列，能够折叠成茎环结构，以允许真核细胞核糖体的结合，病毒 RNA 是一单顺反子能将所有的蛋白质编码成一个大分子的多聚蛋白，分子质量大约 240kDa，继而自我剪切成 20 个小蛋白，其中包括结构蛋白、与 RNA 相连的 VPg 蛋白、RNA 聚合酶及至少一种病毒编码的蛋白酶（其行使剪切功能）。5′端编码衣壳蛋白，3′端编码复制所需的蛋白，整个复制过程在细胞质中进行。

病毒衣壳由 VP_1、VP_2、VP_3 和 VP_4 4 种多肽组成，暴露于病毒衣壳表面的主要是 VP_1，其次是 VP_2 和 VP_3，VP_4 在衣壳内部与 RNA 相连接；VP_1 是病毒与宿主细胞受体相结合的部位，也是中和抗体的主要结合点；VP_4 在维持病毒构型中起到重要作用，但与中和试验无关。已知脊髓灰质炎病毒有三个血清型，这三型病毒的核苷酸序列已经清楚，虽然有 71%左右的核苷酸为三型脊髓灰质炎病毒所共有，但不相同的核苷酸序列却都位于编码区内，因此三型病毒间试验无交叉反应。预防接种时，三型疫苗均需应用。

病毒 RNA 复制时，有与细胞膜连接的复制复合结构。复制时，病毒 RNA 呈现玫瑰花样复杂结构；病毒诱导产生囊膜，由病毒蛋白和宿主细胞蛋白组成的复制复合体，在病毒 RNA 5′端的三叶草结构处开始复制，病毒的 3D 以 5′端带有 VPg 的（＋）RNA 为模板合成（－）RNA，再以（－）RNA 合成基因组（＋）RNA。

脊髓灰质炎病毒三型的细胞受体是：CD155，PVR。

2）培养特征

脊髓灰质炎病毒仅能在灵长类动物细胞中增殖，常用猴肾、人胚肾及人羊膜细胞等进行体外培养。病毒在胞质中增殖后出现典型的溶细胞型病变，细胞变圆、坏死、脱落，病毒粒子从溶解的细胞中大量释放。

3）抗原性

应用 ELISA 或补体结合试验可以将脊髓灰质炎病毒分成三个血清型。所有型别的脊髓灰质炎病毒都具有两个不同的抗原，即 D（dense）抗原和 C（coreles）抗原。电镜下观察，D 抗原具有病毒的 RNA，是完整的病毒颗粒，又称 N（native）抗原；C 抗原不含 RNA，是 D 型颗粒经 56℃灭活后，RNA 释放出来所形成的无核酸空心衣壳，故又称 H（heated）抗原。不同型病毒之间的 C 抗原可能发生交叉反应，但 D 抗原无交叉反应发生。

4）抗性

PV 对外界抵抗力强，在污水和粪便中可存活数日，－70℃中可存活数年；对乙醚和去污剂不敏感；在 pH3～9时稳定，能耐受胃酸、蛋白酶和胆汁的作用，对湿热敏感，在 56℃条件下可迅速灭活病毒，但一定浓度的 $MgCl_2$ 和其他二甲氧离子能显著提高该病毒对热抵抗能力，对脂溶剂有抵抗力。用中和试验可把脊髓灰质炎病毒分成三个抗原型：1 型称为 Brunhild；2 型为 Lansing 型；3 型为 Leon 型。三型之间无交叉反应。

5）致病性

脊髓灰质炎在任何年龄都可以发病，但主要的患病群体是 3 岁以下的儿童，所占比例超过 50%。脊髓灰质炎最终多数是导致终生瘫痪，严重时患者可因窒息致死。人类是脊髓灰质炎病毒的唯一宿主，这是因为在人细胞膜表面有一种受体，与病毒衣壳上的结构蛋白 VP1 具有特异的亲和力，使病毒得以吸附到细胞上。受病毒感染后，绝大多数人（90%～95%）呈隐性感染，而显性感染者也多为轻症感染（4%～8%），只有少数患者（1%～2%）发生神经系统感染，引起严重的症状和后果。通过患者的粪便或口腔分泌物传染。

病毒感染首先从口进入，在咽、肠等部位繁殖，随后进入血液，侵犯中枢神经系统，沿着神经纤维扩散。病毒破坏了刺激肌肉使之保持活力的神经细胞，这些神经细胞不能再生，从而使其控制肌肉失去正常功能。而腿部肌肉比手臂肌肉更容易受到影响。有时，病毒对神经系统的破坏影响了躯干和胸部腹部肌肉的正常功能，会导致四肢瘫痪。在严重的情况下，病毒攻击脑干神经细胞，使患者呼吸困难，无法正常说话和吞咽。如果没有外在设备帮助患者正常呼吸，将有生命危险。

脊髓灰质炎典型的临床经过依次为潜伏期、前驱期、瘫痪前期、瘫痪期、恢复期和残留麻痹 6 个阶段。潜伏期一般为 5～14d；前驱期有 1～3d 的低热及咽痛、咳嗽、腹泻等症状；瘫痪前期病毒已侵犯神经系统，由于病损广泛而轻微，患者表现不安、嗜睡、多汗、脑膜刺激征、肌肉疼痛、皮肤感觉过敏，维持时间较短；瘫痪期多发生在病程 2～7d，发热及肌肉疼痛达到高峰时，突发急性弛缓性麻痹，热退后瘫痪停止进展；恢复期 1～2 年，仍不恢复视为残留麻痹。

5.24.3　微生物学检测

（1）病毒分离：可取检测样本加抗生素处理后，接种于人胚肾或猴肾细胞培养，出现细胞病变者表明有可疑病毒，需要中和试验做进一步鉴定。近年来，应用转脊髓灰质炎病毒受体基因小鼠 La 细胞做病毒分离，特异性更高，适合混有多种肠道病毒的分离，可减少病毒定型的复杂性。

（2）血清学诊断：使用中和试验、补体结合试验、ELISA 等方法检测样品中病毒。

（3）核酸杂交及 PCR 技术：近几年，根据脊髓灰质炎病毒基因组序列保守区及可变区的核酸序列差异性，设计出相应的核酸探针和引物，进行核酸杂交或 PCR 技术检测脊髓灰质炎病毒。

5.25 柯萨奇病毒（*Coxsackie virus*）

5.25.1 食品卫生学意义

柯萨奇病毒通过粪、口途径感染后，多数人不呈现明显症状，呈隐性感染，只有极少数人发病。对热敏感，50℃能迅速灭活病毒，低温较长期存活，对环境的抵抗力较强。1983 年在天津发生的由柯萨奇病毒 A_{16} 引起的手足口病，5 个月发生 7000 余例。1986 年又暴发，感染者粪中可排出大量的病毒。在自来水中可存活 2～168d，土壤中存活 2～130d，在牡蛎中超过 90d，水也是常见传播途径之一。柯萨奇病毒可分成 A、B 两组，A 组病毒大约为 24 个血清型，B 型为 6 个血清型，牡蛎中见有 CoxB_2、CoxB_3、CoxB_4、CoxA_{18}、CoxA_{13}、CoxA_3，蚝中为 CoxA_{18}。柯萨奇病毒是一种以引起病毒性心肌炎为主，同时还可引起疱疹性咽峡炎、急性淋巴性或结节性咽炎、无菌性脑膜炎、麻痹症、皮疹、手足口病、婴幼儿肺炎、普通感冒、肝炎、婴儿腹泻、急性出血性结膜炎、肋肌痛等多种疾病。

5.25.2 主要特征

1）病原体特征

柯萨奇病毒为肠道病毒属，其基因结构具有小 RNA 病毒科的共同特征，病毒呈球形，多为 28nm，一般 17～30nm（图 5-30）。病毒核衣壳呈二十面立体对称，无胞膜，由 60 个蛋白质亚单位构成，每个亚单位由 Vp_1、Vp_2、Vp_3 和 Vp_4 条多肽形成。单股 RNA 可分为 A、B 两组。柯萨奇病毒可分为衣壳蛋白基因区、无性繁殖功能区和非编码区，其 5′端即位于衣壳蛋白基因外的碱基序列同其他小 RNA 病毒具有较高的交叉性。

柯萨奇病毒 A_{13}、A_{18}、A_{21} 型的细胞受体是 ICAM-1（ibpercellular adhesion molecule-1）。柯萨奇病毒 B_1～B_6 型的细胞受体是 CAR（coxsackievirus-adenovirus receptor）。柯萨奇病毒 A_{21}、B_1、B_3、B_5 型的第二细胞受体是 CD55，DAF（decay accelerating factor）。柯萨奇病毒 A_9 型一般以 αvβ3 和 αvβ6 ibpegrin 为第一受体，β2 microglobulin（β2m）为第二受体。

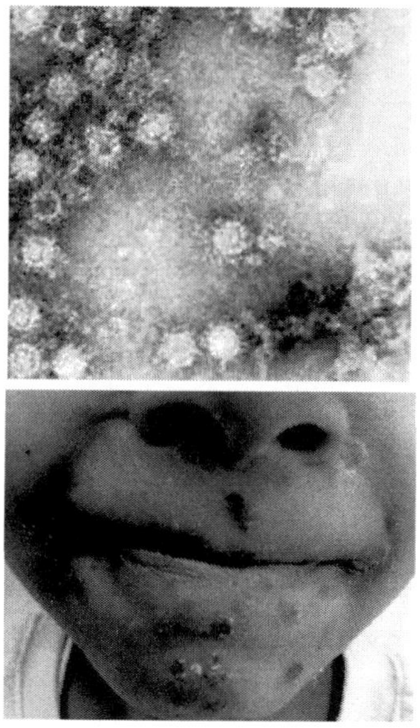

图 5-30 柯萨奇病毒及临床表现

2）致病性及临床表现

该病毒引起的主要临床症状见表 5-7 和表 5-8。

表 5-7 柯萨奇病毒感染引起的主要临床症状

主要临床症状	组别	主要型别
无菌性脑膜炎	A	2，4～7，9，10，12，16
	B	所有型别
疱疹性咽峡炎	A	1～6，8～10，16，21，22
急性上感	A	2，10，21，24
	B	2～5
手口足病	A	16
流行性胸痛	A	4，6，8～10
	B	1～5
心肌炎	B	2～5
心包炎	B	1～5
麻痹疾病	A	4，7，9
	B	3～5

表 5-8 柯萨奇病毒和埃可病毒相关临床症状及病毒血清型

临床综合征	柯萨奇病毒		埃可病毒及新型肠道病毒（e）
	A 组	B 组	
无菌性脑膜炎	2，4，7，9，10	1，2，3，4，5	4，6，9，11，16，30，e70，e71
肌无力和麻痹	7，9	2，3，4，5	2，4，6，9，11，30；e71
皮疹、黏膜疹	4，5，6，9，10，16	2，3，4，5	2，4，6，9，11，16，18，25
心包膜炎、心肌炎	4，16	2，3，4，5	1，6，8，9，19
流行性肌痛、睾丸炎	9	1，2，3，4，5	1，6，9
呼吸道疾病	9，16，21，24	1，3，4，5	4，9，11，20，25
结膜炎	24	1，5	7；e70
全身性感染（婴儿）	—	1，2，3，4，5	3，6，9，11，14，17，19
疱疹性咽峡炎	2，6，8，10，16	—	—

5.25.3 微生物学检测

利用PCR和RT-PCR方法检测人柯萨奇病毒，按常规方法收集鼻咽分泌物、粪便、心肌活检材料及脑脊髓液等标本后，应在0～4℃条件下立即送实验室，分装保存于－20℃或提取模板，进行PCR检测。

柯萨奇病毒检测试剂盒：SECIRON ELISA classic抗体检测试剂盒，可对柯萨奇病毒抗体分型检测。

预防措施主要是饮水卫生，海产品要熟吃。

5.26 埃可病毒（*Enteric cytopathogenic human orphan virus*，ECHO virus）

5.26.1 食品卫生学意义

埃可病毒通常经口侵入机体，少数也可以通过呼吸道感染，主要引起新生儿和儿童发病。

1991年埃可病毒30型引起的病毒性脑炎和脑膜炎在上海流行，引发2000余人发病。1991年7月云南楚雄由B_4和B_6型引起病毒性心肌炎，发病60余人，死亡13人。带病毒的粪便可通过污染手指、餐具、食物经口进入消化道后，在咽和肠道淋巴结组织中初步增殖，潜伏期7～14d，然后进入血液，乃至扩散到全身，最后进入靶器官（脊髓、脑、脑膜、心肌和皮肤等），表现肠道以外症状。埃可病毒感染所累及的食品主要有牡蛎、毛蚶等。

5.26.2 主要特征

1）病原体

埃可病毒特性基本同柯萨奇病毒和脊髓灰质炎病毒，属小RNA病毒。病毒呈球形，大小为17～30nm，二十面立体对称，无包膜，衣壳由60个蛋白质亚单位或原粒构成。每个原粒由VP_1、VP_2、VP_3及VP_4 4个多肽组成。单股正链RNA，病毒基因长约7.5kb；埃可病毒目前有29个血清型（1～9、11～21、24～27、29～33），在牡蛎中见有1、2、3、9、13、15、20、23及30等型。对人除产生溶细胞性感染外，还存在着持续性感染，但多数人感染后呈现隐性感染，只有极少数表现有临床症状。该病毒对热敏感，对低温稳定，对去污剂等化学试剂耐受性较强，对外界环境有较强的抵抗力。

埃可病毒无易感动物，对乳鼠不致病，只能在人及灵长类动物组织细胞内增殖。在29个血清型中，有11个血清型的病毒具有血凝素，能凝聚人的O型红细胞，但血凝的最适温度随病毒的型别不同而异。

埃可病毒衣壳由60个互相嵌合的结构单元组成，VP_1～VP_4各一种衣壳蛋白组成一个结构单元，5个结构单元聚合成一个五聚体，12个五聚体组成一个病毒衣壳。VP_1、VP_2和VP_3在衣壳的外表面，VP_4在内表面并连接在VP_2的氨基端上。

当病毒基因组进入宿主细胞质中，通过降解细胞成分抑制其蛋白质合成，VPg被切割，非帽子型依赖翻译由于病毒IRES的存在而进行，（＋）RNA直接作为mRNA翻译成一个前体聚合蛋白，然后切割成P_1、P_2和P_3三种前体蛋白，P_1进一步切割成结构蛋白VP_1～VP_4。用于蛋白质的水解、蛋白质翻译、RNA复制的非结构蛋白，分别来源与P_2（2A，2B和2C）和P_3（3A，3B，3C和3D）的进一步切割，3D是RNA依赖型聚合酶，在VPg存在时专一性复制病毒RNA；2A和3C承担蛋白酶的作用，病毒的整个复制过程见图5-31。

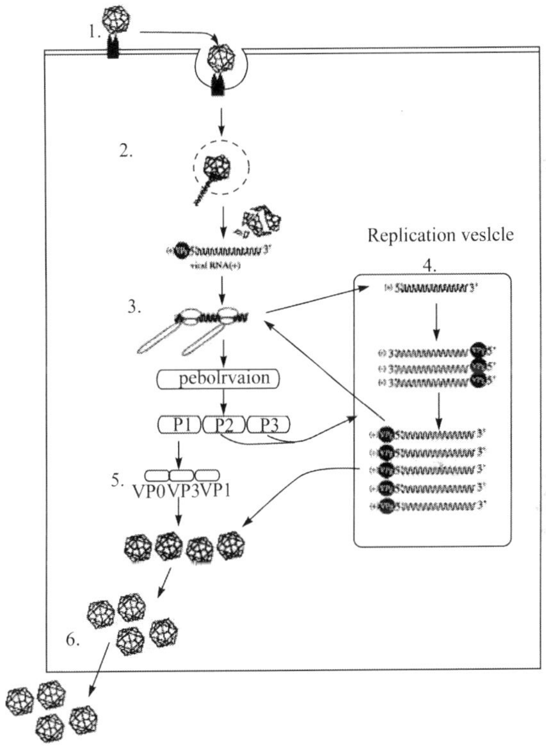

图5-31 埃可病毒的整个复制过程

1. 吸附；2. 进入脱壳；3. 转录；4. 复制；5. 装配；6. 释放

2）致病性

埃可病毒多为隐性感染，严重感染者少见。较重要的有无菌性脑膜炎、类脊髓灰质炎、瘫痪、心肌炎、肌无力等中枢神经系统疾病；有些型别病毒可引发疹性发热、呼吸道感染和婴幼儿腹泻等，感染后机体可产生特异性中和抗体，对同型病毒感染具有持久性免疫力。

5.26.3 检测和控制

检验以分离病毒、免疫电镜法和RT-PCR、抗体检测（ELISA classic埃可病毒IgG/IgM/IgA试剂盒）为常见方法。

预防措施主要是针对海产品加工、烹调等方面，加热要彻底，防止交叉污染。

5.27 禽流感病毒（*Avian influenza virus*，AIV）

5.27.1 食品卫生学意义

流行性感冒病毒引起的流行性感冒（简称流感），是指由正黏病毒科中的病毒引起的人类快速传播的卡他热性流行病。现今正粘病毒被认为是人类、马、猪和各种禽类多种自然感染和疾病的病因，通常侵害上呼吸道，在水貂和各种海生哺乳动物则为自然发生的散发病例。

此病在动物间存在历史已久。1878 年意大利即报道发生真性鸡瘟，即今天的高致病性禽流感，该病后来在世界各地发生多次流行；1918 年猪流感在美国大流行，此后几乎每年都有发生，很快蔓延到许多国家。1955 年瑞典、东欧各国流行马的呼吸道感染时，首次从马分离到流感病毒，其后在美国、西欧、大洋洲都有马的流感流行。动物流感中唯有高致病性禽流感是 OIE（世界动物卫生组织）动物疾病分类中的 A 类病或通报性疫病，而且自 1997 年香港暴发禽流感起，陆续有高致病性禽流感直接从鸡传染人并引起死亡的报道。人流感的流行迄今已有百余次之多，20 世纪有详细记载的世界大流行就有三次。第一次是发生于 1918～1919 年的西班牙流感，死亡人数至少达 2100 万，第二次和第三次是 1957～1958 年的亚洲流感和 1968～1969 年的香港流感，死亡人数虽较第一次大为减少，但仅美国这两次的死亡人数就分别有 7 万人和 3.4 万人。在我国本病在人群中大流行已有多次，在猪、马群中也有暴发流行。2015 年第一季度香港禽流感死亡人数超过 480 人。

一般说，流感病毒显示有宿主种类适应性，在同一宿主的个体之间传播发生最频繁也最容易，偶尔在亲缘关系近的种之间发生种间传播。

在动物流感中，猪流感被认为具有人畜共患病的性质。包括 H1～H15、N1～N9 在内各种亚型的 A 型流感病毒几乎都已在家禽和野禽中分离到，但其分布依年份、地理位置和宿主种类而异，雁形目和鸻形目中的禽类是主要健康带毒者。

迄今为止，对禽类呈高致病性 AIV 都是属于 H5 和 H7 两个 HA 血清亚型，而所有其他 HA 亚型的毒株对禽类均为低致病性（MP）。OIE、欧盟和美国动物保健协会均制定了区分 HPAIV（高致病性禽流感病毒）和 MPAIV（低致病性禽流感病毒）的标准。虽然 H5 和 H7 亚型中的病毒只有一小部分是 HP，但是这些 MP 病毒在合适的条件下是很容易变为 HP 病毒的，因此对分离到这两个亚型病毒的个案必须给予特别的关注。

MPAI 可以由 H5 和 H7 亚型中非 HP（高致病性）毒株引起，也可由其他 HA 亚型病毒引起，在前者引起的流行中往往可以演变为 HPAI。在其他亚型 AIV 引起的 MPAI 中，自 1990 年以来 H9 亚型 AIV 受到特别的重视，在一些亚洲国家的鸡群中成为占优势的血清亚型。

病禽和带毒禽是主要传染源。鸭、鹅等家养水禽和野生水禽在本病传播中起重要作用，候鸟也可能起一定作用。禽流感的传播方式有感染禽和易感禽的直接接触和与病毒污染物的间接接触传播两种。可以直接通过接触活的禽类动物、可能的污染禽类产品传播，但禽流感病毒可在污染的禽肉中存活很长时间，可以通过污染食品传播，如冻禽肉。

禽流感病毒主要存在于病禽或感染禽的消化道和呼吸道，也存在于病禽的所有组织中。急性流感病禽的血液中大多含有高滴度病毒，因此，病禽血液有极高感染性，即使稀释几亿倍，仍可使易感成年鸡发病死亡。病禽各组织中大多含有高滴度的病毒，病毒可随眼、鼻等分泌物及粪便排出体外。因此，被含毒分泌物及粪便污染的任何物体，如饲料、水、房舍设施、笼具、衣物、空气、运输车辆和昆虫等，都具有机械性传播作用。A 型流感病毒在鸭类中除经粪便-水-口途径传播外，口-水-口也是主要的传播途径之一。禽流感病毒能否通过禽卵垂直传播的问题还未有大量资料能证实，但有从流感病禽卵中分离出禽流感病毒的报道，在美国宾夕法尼亚州暴发禽流感期间也从鸡蛋中分离出 H5N2 病毒。用宾夕法尼亚 H5N2 毒株人工感染母鸡，在感染后 3d 和 4d 几乎所产的蛋全部都含有流感病毒。食用污染的禽蛋是危险的；污染鸡群的种蛋是不能用于孵化的。本病发生虽无明显季节性，但常常以冬春季气温较低时多发。病毒在 37℃的粪便中可存活 6d，4℃的粪便中可存活 35d。因此，普通的食品保藏方法对病毒损伤不大。

流行病学和病理变化、禽类感染谱表明，鸭流感病毒对鸭的致病力随着流行时间的推移，显示出不断增强，由原来以减蛋而不引起死亡为特征的流行特点，经短短数年的流行已能引起大批致死。鸭源分离人工感染鸡引起 100%致病的结果，充分说明鸭源毒株是鸡高致病力毒株流行的重要传染源之一。野生鸟类也是常见的带毒者或传播者，鲜活禽市场作为重要的传播场所，禽类分泌病毒至少 10d 以上，经口腔、粪便及设备进一步扩散。

禽流感能够突破种间屏障，直接感染人并可造成死亡。AIV 是高致病性（HP）或是低致病性（MP）对临诊表现有很大作用，但是禽流感的临诊症状还受宿主种类、年龄、性别、并发感染、获得性免疫和环境因素等其他因素的影响，因此异常多变。另外，屠宰、脱毛、分离内脏等加工过程都有可能因接触而感染。虽然没有直接的证据因食品而感染的实际传播病例，但接触禽类或畜产品如冻肉或融化的禽肉就有可能感染。在禽卵的内部和表面都能检出病毒，卵清和卵黄均能含有病毒，且病毒在卵内可存活时间很长。

低致病性禽流感（MPAI）：由MPAI病毒在野禽中引起的大多数感染都不产生临床症状，但人工感染1周时间可使野鸭T细胞功能抑制和产蛋下降。鸡和火鸡的表现为呼吸、消化、泌尿和繁殖器官的异常，以轻度乃至严重的呼吸症状最为常见，如咳嗽、打喷嚏、罗音、喘鸣和流泪等。产蛋期的鸡蹲窝延长而产蛋下降。此外还有一般性症状，如堆挤一起、羽毛松乱、精神不振、活动性差、饲料和饮水消耗减少，并且间或发生下痢。有并发或继发感染时症状加重，如由H9N2亚型病毒在肉鸡引起的MPAI，有时死亡率可高达20%～30%，这显然是由混合感染所致，因为从暴发中分离的H9N2亚型AIV人工感染SPF鸡时则不产生明显疾病。

高致病性禽流感（HPAI）：野禽和家鸭通常不产生显著临诊症状，但不同毒株存在差异，一般认为H5和H7亚型是高致病性的毒株。产蛋期感染禽均表现产蛋下降。鸡和火鸡等的症状则反映病毒复制破坏多种内脏器官，心血管系统和神经系统。鸡和火鸡在大多数情况下呈最急性，在观察到任何症状之前已发现有些禽只死亡。如病情较最急性的缓一些，病禽存活3～7d则有些鸡出现头颈震颤、不能站立、头颈歪斜、角弓反张、头和肢翅等其他异常的姿势等。精神沉郁常见，水和饲料消耗显著下降。发病率和死亡率很高（50%～89%），有的鸡群可达100%。鸵鸟对MPAI和HPAI病毒都易感，通常表现为中度的发病率和低度的死亡率，但小于3月龄幼龄禽的死亡率可达30%，而小于1月龄的禽死亡率甚至可高达80%。H5N1的快速突变及高度的从人流感病毒获得基因能力使其变得十分危险，极容易变成人传人的病毒，而且，目前发现对人的致病性越来越强，几乎几大洲都有发生的报道，人发病死亡率约为60%，其潜伏期最长为21d。因此，H5N1具有重要的兽医公共卫生意义，并且涉及食品安全问题。历史上禽流感发生比较大的暴发的频率在20～30年一个循环。

人患禽流感主要表现为高热、咳嗽、流涕、肌肉疼痛等，多数伴有严重的肺炎，严重者心、肾衰竭而死亡。

5.27.2　主要特征

1）病原体

流感病毒分为A、B、C三型，分别属于正黏病毒科的A型流感病毒属、B型流感病毒属和C型流感病毒属。A、B、C型流感病毒的内部核蛋白（NP）和基质蛋白（M）的抗原性有很大不同，通过琼脂扩散等试验可将它们区分开来。这三型病毒在基因组结构和致病性方面也存在很大差异。

A型流感病毒粒子呈多形性，直径20～120nm，也有呈丝状者。基因组含有由8个节段组成的单股RNA，分别编码PB_2、PB_1、PA、HA、NP、NA、M_1、M_2、NS_1和$NS_2$10种蛋白质。图5-32为A型流感病毒结构

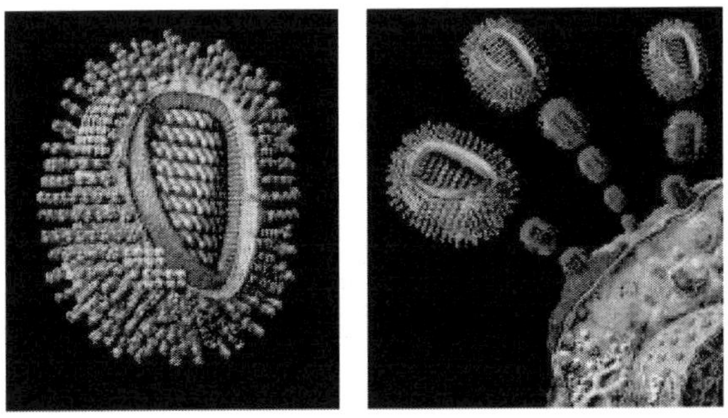

图5-32　禽流感病毒

模式图。核衣壳呈螺旋对称，外有囊膜，囊膜上有呈辐射状密集排列的两种穗状突起物（纤突），一种是血凝素（HA），可使病毒吸附于易感细胞的表面受体上，诱导病毒囊膜和细胞膜的融合，另一种是神经氨酸酶（NA），可水解细胞表面受体特异性糖蛋白末端的*N*-乙酰基神经氨酸，当病毒在细胞表面成熟时，NA可以除去细胞膜出芽点上的神经氨酸。HA和NA都是糖蛋白。A型和B型流感病毒均有内部抗原和表面抗原。内部抗原为核蛋白（NP）和基质蛋白（M_1），很稳定，具有种特异性，用血清学试验可将两型病毒区分开；表面抗原为HA和NA。A型流感病毒的HA和NA容易变异，已知HA有15个亚型（H 1～H 15），NA有9个亚型（N 1～N 9），它们之间的不同组合，使A型流感病毒有许多亚型（如H1N1、H2N2、H3N2、H5N1、H5N2等），各亚型之间无交互免疫力，而B型流感病毒的HA和NA则不易变异，无亚型之分。HA能凝集马、驴、猪、羊、牛、鸡、鸽、豚鼠和人的红细胞，不凝集兔红细胞。HA和NA都有免疫原性，血凝抑制抗体能阻止病毒的血凝作用，并中和病毒的传染性；NA抗体能干扰细胞内病毒的释放，抑制流感病毒的复制，有抗流感病毒感染的作用。血凝素（HA）、神经氨酸酶（NA）和少量离子通道蛋白M_2为三种膜蛋白。病毒子基质蛋白（M_1）位于脂类双层膜的里面，但也与螺旋状的核糖核蛋白（RNP）相互作用。囊膜内只含有一种糖蛋白，具有血凝、与*N*-乙酰基神经氨酸结合、破坏受体及诱导膜融合等功能。

流感病毒对环境抵抗力相对较弱，热、高或低pH、非等渗环境和干燥均可使病毒灭活。低温能够增加病毒的稳定性，在－70℃稳定，冻干可保存数年，4℃在粪便中可存活35d，37℃可存活6d，在禽舍环境表面可存活几星期。由于禽流感病毒的这种存活能力，常规的食品保藏如冷冻并不能减少污染肉中的病毒数量。60℃加热20min可使病毒灭活，因此，常规的食品烹饪加工（70℃以上）完全能够灭活其中的病毒，也没有证据证实病毒通过完全烹饪的食品传播。但处理冰冻或融化的鲜禽肉就比较危险。

病毒感染能力的微小差异可能源于猪和禽呼吸道上皮具有对A型流感病毒不同的细胞受体特异性。禽类的细胞受体为神经氨酸α2，3－半乳糖连接受体，人的

细胞受体为神经氨酸 α2，6-半乳糖连接受体，而猪兼有 α2，3 和 α2，6 半乳糖连接两种受体。在 1997 年香港禽流感事件前的近 40 年中曾报道 5 次 AI 病毒感染人，这些病毒都是 H7N7 亚型，无论是高致病性还是低致病性，均未致死人。1997 年香港禽流感事件，报道有 18 人感染 H5N1 亚型 AIV，其中有 6 人死亡，这引起了全世界对该亚型病毒公共卫生意义的关注。2003 年和 2004 年，在香港、越南、泰国等地又发生该亚型病毒感染并致死人的报道。上述在高致病性禽流感（HPAI）流行时与病禽接触，H5N1 亚型 HPAI 病毒从家禽直接传播给人，导致人发病或死亡的个案。虽然总体来说这种家禽—人类的种间传播发生概率很低，但至少说明这样的种间传播在某些条件下是可能发生的，而且后果是严重的。就目前的知识而言，还不能说 H5N1 亚型病毒的变化已完全突破种间屏障，虽然最近的研究结果显示有些毒株对哺乳动物的感染力和致病力增强。

2）病理变化

自然发病的病变因宿主种类、病毒致病性和存在继发病原体而有很大差异。

MPAI：病变主要在禽呼吸道，尤其是窦的损害，以卡他、纤维性、脓性或纤维脓性为特征。气管黏膜水肿、充血并间有出血。气管渗出物从浆液性到干酪性不等，有时可造成阻塞，导致呼吸困难。眶下窦肿胀，有浆液性到浆液脓性渗出物，如存在细菌继发感染则可导致纤维脓性支气管肺炎，腹腔有卡他性到纤维素性炎症，并可看到卵黄性腹膜炎。盲肠和小肠可见卡他性到纤维素性炎症，产异形和淡色蛋。有些鸡肾肿胀，伴有尿酸盐沉积，胰腺带白斑。家鸭 MPAI 也可发生窦炎、结膜炎和其他呼吸道损害。

HPAI：家禽的 HPAI 在内脏器官和皮肤有各种水肿、出血和坏死，但最急性型可能无大体病变。病鸡因皮下水肿常导致头部、颜面、上颈和脚部肿胀，并可以伴有点状到斑块状出血，眶周水肿常见。无羽毛处皮肤，尤其是肉冠和肉髯，常可看到坏死、出血和发绀。内脏器官的病变随毒株而异，但最恒定的是浆膜或黏膜面出血和实质的坏死灶。出血在心外膜、胸肌、腺胃和肌胃的黏膜尤其突出。坏死灶在胰腺、脾脏和心脏常见，在肝和肾偶尔也可看到。肺充血或出血，有局灶性到弥漫性肺炎并伴有水肿，法氏囊和胸腺通常萎缩。

3）对人致病性

自 1959 年以来，H5、H7、H9 和 H10 等亚型病毒已多次跨越物种障碍感染人类。现在已经确认能够感染人的禽流感病毒共有 8 种，包括 H5N1、H5N2、H7N2、H7N3、H7N7、H9N2、H10N7，以及最近的 H7N9。

2003～2013 年的统计数据显示，人类感染 H5N1 禽流感死亡率近 60%。2012 年 3 月台湾岛内暴发首宗 H5N2 高致病性禽流感，台湾农业部门紧急扑杀 5.3 万余只鸡，曾有接触鸡只的人员，被检测出体内含 H5N2 禽流感抗体，显示 H5N2 禽流感可以传给人，只是症状并不明显。H5N1 病毒亚型目前仍是流感病毒中具有大流行潜质的一种，1997 年在香港首次感染人类，共有 18 个人感染，其中 6 人死亡。接着，H5N1 在 2003 年和 2004 年再次大范围出现，9 个亚洲国家相继出现 H5N1 型禽流感暴发，这一禽流感病毒接着从亚洲传播到欧洲和非洲，导致数百万禽类感染，数百人感染、死亡。2004 年 4 月加拿大不列颠哥伦比亚省曾暴发 H7N3 型禽流感疫情，1700 万只家禽被扑杀，另有两名养鸡工人出现感冒症状，被确诊为感染 H7N3 禽流感病毒。2013 年 2 月 19 日上海市 1 名患者感染 H7N9 死亡，此次人感染的 H7N9 禽流感病毒，是全球首次发现的新亚型流感病毒。随后，上海、安徽、江苏、浙江 4 省市均发现或增加病例，全国共报告 28 例确诊病例，其中死亡 8 例，尚未发现人传人。2003 年 2 月荷兰家禽暴发 H7N7 亚型禽流感，致使 89 人受到感染，一名兽医死亡。2007 年 5 月英国威尔士一个小型农场暴发 H7N2 禽流感，4 人感染，未出现死亡病例。1998 年在广东省韶关、汕头市分别发现 4 例和 5 例 H9N2 禽流感病毒感染，为全球首次发现人 H9N2 感染病例。2003 年 12 月香港一名 5 岁男童感染 H9N2 甲型禽流感，患儿住院后康复。2004 年在埃及首次报道 H10N7 引起两个 1 岁婴儿的感染。2009 年墨西哥猪流感引起 81 人死亡。

5.27.3 微生物学检测

分析或通过检测 AI 抗体可以做出初步诊断。泄殖腔和气管拭子是通常的样品来源，应置于含高浓度抗生素的无菌运输培养液中。内脏器官样品应无菌采集，应与肠道和呼吸道样品分开保存。内脏器官含有病毒是全身感染的标志，尤其是 HPAI 的特征。这里要注意的是，我国实验室安全相关规定，涉及禽流感病毒的操作需要在高级别安全实验室中操作和采取高级别安全防护措施。

直接检测 AI 病毒抗原的方法有抗原捕捉 ELISA、荧光抗体法、免疫酶组化法等；直接检测 AI 病毒基因的方法有标记核酸探针原位杂交法、RT-PCR 法等。目前这些方法还没有用于日常诊断，但将对流感的诊断和监控带来革命性变化。

AI 病毒的分离鉴定时，首先测定分离的病毒是否有血凝性；其次用 ND 等抗血清做 HI 试验以排除其他血凝性病毒的可能性；然后用对型特异性的 NP 或 M 蛋白做琼脂扩散试验等方法确定是否为 A 型流感病毒。最后确定 HA 和 NA 的亚型。亚型鉴定是流感病毒参考实验室的工作，而不是日常诊断实验室的工作。

关于 HPAI 的诊断，OIE 诊断和疫苗手册中有标准方法。OIE 判断 HPAIV 的标准如下。

（1）任何流感病毒的感染性无菌尿囊液，做 1∶10 稀释，静脉内接种 8 只 4～8 周龄易感鸡，每只 0.2mL，如在 10d 内死亡 6 只、7 只或 8 只，则该流感病毒为 HPAIV。

（2）如果在试验（1）中流感病毒致死 1～5 只易感

鸡，而且又不是 H5 或 H7 亚型，则将其接种至鸡胚成纤维细胞（CEF）或 MDCK 细胞，在没有胰酶的情况下观察是否产生细胞病变，如不产生病变，该流感病毒就不是 HPAIV。

(3) 对于所有低致病性 H5 和 H7 亚型病毒和其他流感病毒，如果在没有胰酶条件下在细胞培养能生长，则必须测定血凝素裂解部位的氨基酸顺序，如果相似于其他的 HPAIV，存在多个碱性氨基酸序列，则该受检病毒被视为高致病性。

欧盟对 HPAI 的判断标准与 OIE 的相类似，但是用静脉内接种指数（IVPI）的方式表达为由对 6 周龄鸡的 IVPI>1.2 的 A 型流感病毒引起的家禽感染或由血凝素裂解部位存在多个碱性氨基酸的 H5 或 H7 亚型 A 型流感病毒引起的任何感染，均称为 HPAI。尽管目前已证实的 HPAI 均为 H5 和 H7 亚型，但迄今至少有两株 H10 亚型（H10N4，H10N5）病毒符合 OIE 和欧盟规定的 HPAI 标准，静脉接种分别杀死 10 只鸡中的 7 只和 8 只，其 IVPI 值均大于 1.2。

5.27.4 防疫措施

对于禽流感尤其是 HPAI，首先是依靠严格的生物安全措施防止引进；如不幸被引进则应阻止扩散，果断采取隔离封锁、扑杀销毁、环境消毒等措施，做到早、快、严、小。这些原则对很多烈性传染病都是适用的。防止引进和阻止扩散都涉及很多因素，包括技术因素和非技术因素。技术因素主要是有能做出快速准确诊断的技术支撑；非技术因素主要是完善的法律法规和政府兽医机构行政执法的有效运转。当然养禽业从业人员的配合和社会公众的配合也很重要。

良好的卫生操作实践可以避免病毒以食品传播该病毒：生鲜肉与熟食品避免混放，防止交叉污染；不要用同一个案板或刀具切生鲜肉与熟食品；接触生鲜肉后一定要洗手；不要吃没有煮熟的鸡蛋。烹调时温度至少要70℃以上，病毒对热抵抗力较差。接触疑似禽流感禽只可能是最危险途径，近几年我国采取在流行期间关闭活的禽类市场的做法很有效。

5.28 朊病毒（朊蛋白颗粒，prion）

5.28.1 食品卫生意义

朊病毒，是一类能引起哺乳动物和人中枢神经系统变性疾病的传染性病原因子。Prusiner（1982）将此种蛋白质单体称为朊病毒（prion）或朊病毒蛋白、朊蛋白颗粒（prion protein，PrP）；至今尚未彻底弄清楚与通常人们熟悉的病毒和类病毒都很不相同的一种蛋白质传染源。现今的朊病毒假说是唯蛋白说，即大量的实验仍未查到任何核酸。根据临床病例分析与随访，发现这类退行性神经系统的疾病可分为传染性、散发性及遗传性（家族性）基因突变三种类型。Prion 颗粒能引起人和动物互相传递的海绵脑病（spongiform 或 encephalopathies）或白质脑病，病变主要是蛋白质淀粉样变性，而许多疾病与淀粉样变性有关。PrP^{sc}是没有核酸的病原体，这一发现对生物学的传统观念，即核酸作为各种病原体的传染性基础提出了挑战；而且，PrP^{sc}的扩增和致病与分子生物学的中心法则和蛋白质折叠的 Anfinsen 原理相抵触，对其进行更为深入的研究具有重大理论意义。PrP^{c}（细胞朊病毒蛋白）向 PrP^{sc}（羊瘙痒病朊病毒蛋白）转变而引起 Prion 病，表明蛋白质一级结构相同而空间结构发生异常变化时会引起病变。从而为蛋白质结构生物学提供了新的理论依据，也为临床病因学开辟了一个新领域。

从实践上讲，朊蛋白研究为保证人畜健康、为揭示与痴呆有关的疾病（如帕金森病）的生物学机制、诊断与防治提供了信息，并为今后的药物开发和新的治疗方法的研究奠定了基础。现在已知的人和动物朊病毒病包括：颤抖病或库鲁（Kuru）病；传染性病毒痴呆病或克雅氏病（Creuzfeldt-Jacob disease，CJD，又称早老性痴呆病 presenile demen-tia）；吉斯特曼-斯召斯列综合征（Gerstamann-straussler syndrome，GSS）；致死性家族失眠症（fatal familial insomnia，FFI）；绵羊瘙痒病（scrapie of sheep）；山羊瘙痒病（scrapie of goats）；大耳鹿慢性消耗病（chronic wasting disease of mule deer，CWD）；牛海绵状脑病（bovine spongiform enccphalopathy，BSE），通常称疯狀牛病（mad cow disease）；猫海绵状脑病（feline spongiform encephalopathy，BSE）；传染性雪貂白质脑病（transmissble mink encephalopathy，TME）。朊病毒病的共同特征是均能引起致死性中枢神经系统的慢性退化性疾患，病理学特点是大脑皮质的神经元退化、空泡变性、死亡、消失，被星状细胞取而代之，结果为海绵状态。大脑皮质变薄，白质相对增加，临床上相应出现痴呆、共济失调、震颤等症状。

1986 年 11 月至 1995 年 5 月，英国饲养的大约 15 万头牛感染了这种疾病，至今累加至 18 万头，推测疾病来源于用动物尸体制作的饲料，经过加工后进入牛的食物链，引起疯牛病，进而再通过食物链而感染人，已经有 143 人感染。但现在还没有充分证据证实通过食物传播给人，多数患者有与牛接触史，但食物链的传播途径是多数科学家认可的。最可能的来源是牛脑、脊髓、牛肉、牛肠道，专家推测，疯牛病蛋白对人的毒性比牛低10～100 000倍。在20世纪70年代肉品加工业处理死亡、无劳动能力的病畜作为饲料，以增加饲料中蛋白质含量，饲喂牛、猪、羊和禽，结果导致疯牛病的传播和发生。通过切断饲料途径现在已经将该病在欧洲传播趋势完全控制了。英国超过140人因吃牛肉而感染克-雅氏病（vCJD）。含有朊病毒颗粒的组织除神经系统外，还可能包括热犬、碎肉、香肠和其他含明胶的产品等。但由动物传播给人的途径已由多数专家认可，尤其是医源性传播，如角膜移植。已经从英国、美国、日本等国的牛中检出阳性，已有25个国家发现该病。英国已先后有多名克-雅氏病患者死亡，年龄在42岁以下，平均27.5岁。现在已知感染朊病毒后潜伏期长，潜伏期一般最低10年以上，多数10～20年，平均20年，最长可达50年。疯牛病同种即反刍兽种间及人可传播，但种间传播具有种属障碍，种间障碍也延长了潜伏期。

5.28.2 主要特性

1）理化性质

目前研究证明：朊病毒是一种不含核酸的抗蛋白酶蛋白，分子质量为33～35kDa，是宿主*PrP*基因编码的蛋白经构象改变而成的，PrP^{sc}抗蛋白酶蛋白为其主要成分并在朊病毒病病理发生中起主导作用。复制和分离物（毒株）的不同特性都由其自身和宿主的PrP相互作用决定，而不依赖于核酸。

经典的Anfinsen原理认为蛋白质的氨基酸序列是决定其高级结构的唯一因素，PrP^{c}和PrP^{sc}的一级结构相同，氨基酸序列上完全一致，但二者构象不同，而且某些理化性质也有差异，如表5-9所示。

表5-9 PrP^{c}与PrP^{sc}比较

比较项目	α螺旋	β折叠	对蛋白酶抗性	分子质量/kDa	Triton X-100中的相分配	与特异抗体的反应	糖基化比例	细胞中存在位置	致病性	对去污剂（SDS）溶解
PrP^{c}	43%	3%	弱	33～35	在水相	无反应	高	细胞膜上	无	可溶
PrP^{sc}	34%	43%	强	27～30	在Triton X-100相	有血清反应	低	胞质中或胞质外	有	不可溶

随后研究证明，PrP 27～30kDa是PrP 33～35kDa（即PrP^{c}）被蛋白酶K不完全消化的产物，PrP 27～30kDa或PrP^{sc}是痒病病原因子的主要成分。CJD、GSS、库鲁病、FFI和BSE的PrP^{sc}与痒病PrP^{sc}抗体有高度交叉反应，SAF也能与抗PrP 27～30kDa抗体发生反应。

2）结构特点

朊病毒蛋白有两种：PrP^{c}是细胞PrP，它是由人和动物细胞DNA中基因编码的细胞组成型基因表达产物；另一种为PrP^{sc}，来自正常细胞的PrP^{c}与羊瘙痒病的PrP^{sc}两者之间是同分异构体。20世纪80年代Merz等在电子显微镜下发现了羊瘙痒病相关纤维，也是至今朊病毒唯一的可见形态。它是一种特殊纤维结构，有两种存在形式，Ⅰ型纤维直径为11～14nm，由两根直径为4～6nm原纤维相互螺旋盘绕而成，螺距为40nm不等；Ⅱ型纤维由4根相同原纤维组成，每两根之间间隙为3～4nm；Ⅱ型纤维直径为27～34nm，每100～200nm即出现一个狭窄区，狭窄区直径9～11nm。

朊病毒蛋白基因结构及转录：朊病毒蛋白主要是由宿主单拷贝染色体基因的外显子所编码的，分布于动物神经元细胞表面，是机体正常表达的一种糖蛋白，在脑、脾、肠、唾液腺、胎盘及所有神经元、淋巴细胞、单核细胞和血小板等中均可找到。朊病毒蛋白mRNA并不是由一个外显子组成，鼠、牛和羊的*PrP*基因是由3个外显子和2个内含子组成，而人的*PrP*基因是由2个外显子和1个内含子组成。广泛存在于哺乳动物细胞中的朊蛋白基因（*PRNP*）分别定位于人类、小鼠和牛的第20、第2和第13号染色体的短臂上，在人类的*PRNP*中，密码子135～231位可形成3个α螺旋及2个β折叠，102（Pro Leu）、117（Ala Val）及198（Phe Ser）可发生引起GSS的点突变。

5.28.3 致病性

1）致病机制

对PrP^{sc}导致朊病毒病的详细机制虽不完全清楚，但目前普遍认为朊病毒病发生基本原理是：以α螺旋为主的、对蛋白酶敏感的、不具有感染能力的PrP^{c}转变成以β片层为主的对蛋白酶抵抗具有感染能力的不溶性PrP^{sc}。即朊病毒蛋白有细胞型（正常型PrP^{c}）和瘙痒型（致病型PrP^{sc}）两种有差异的空间构象，主要区别在于PrP^{c}存在较多α螺旋，而PrP^{sc}有多个β折叠存在，后者溶解度低，且抗蛋白酶。一方面，PrP^{sc}可胁迫PrP^{c}转化为PrP^{sc}，实现可产生病理效应的自我复制；另一方面，基因突变也可导致细胞型PrP^{sc}中的α螺旋结构不稳定，当累积至一定量时就会产生伴随β片层增加的自发性转化，最终变为PrP^{sc}型并通过多米诺效应倍增致病。结构的改变导致致病作用发生改变的确切机制目前并不十分清楚，这里涉及PrP蛋白是正常的组织蛋白，还是从外源来的传染粒的问题。

对于人类而言，朊病毒病传染有两种方式。其一为遗传性的，即人家族性朊病毒传染；其二为医源性的，如角膜移植、脑电图电极的植入、不慎使用污染外科器械及注射取自人垂体的生长激素等；可能的第三种方式是食物传播。

2）朊病毒的多样性

各种朊病毒病的朊蛋白生物学特性不同，痒病、CJD、TME等朊病毒病具有不同生物学特性的不同毒株。英国已分离到20个不同表现型的痒病朊病毒毒株。

朊病毒所致的疾病类型和主要特征如表5-10所示。

表5-10 朊病毒所致主要疾病类型和特征

类别		主要特征
人类疾病	库鲁病/颤抖病（Kuru）	由生吃人脑所致（现已因遏制此恶习而基本无此病）。有传染性，症状不典型，步态不稳，影响下肢，站立不稳尤为严重。手、眼震颤，但不伴有发热。晚期为麻痹性瘫痪，并影响脑干。3～9个月死亡
	克雅氏病（Creutzfeldt-Jakobb disease，CJD）	散发性、医源性（如因植入角膜、器官等手术传染）或食用被朊病毒感染的动物所致。也由家族性（因发生基因突变）所致。起病缓慢，主要是行为改变，发展为进行性痴呆，一般病后1年死亡。患者中10%有家族性染色体遗传缺损
	吉斯特曼-斯召斯列综合征（Gershmann-Strausser Scheinker，GSS）	家族性，可类似老年性痴呆，在西欧家族中发现可因某一特定氨基酸突变而产生不同症状
	致死性家族性失眠症（fatal familialin somania，FFI）	严重睡眠失常，最终死亡
动物疾病	羊痒疫（scrapie）	羊群中慢性进行性致死性运动失调、麻痹、瘫痪
	大耳鹿慢性消耗病（chronic wasting Disease，CWD）	临床及病理学类似羊痒疫
	传染性雪貂白质脑病（transmissible mink encephalopathy，TME）	类似羊痒疫。经口传播，可传递给松鼠、猴等（可能因喂食羊尸或内脏而受感染），临床及病理学类似羊痒疫
	牛海绵状脑病（bovine spongiform encephalopathy，BSE）	动物运动失调，最终麻痹瘫痪，脑组织有海绵状病变
	猫海绵状脑病（feline spongiform encephalopathy，FSE）	猫可因食用被朊病毒感染的牛肉或骨粉所致，症状类似羊痒疫

3）朊病毒生物学特性

唯蛋白学说认为：朊病毒被视为在自然界中交叉进化，它诱发朊病毒病主要依赖一个蛋白分子（而非核酸）中编码遗传信息来实现自我复制。朊病毒蛋白基因和相应的良性朊病毒蛋白广泛存在于哺乳动物，且朊病毒疾病具有自发性、遗传性及传染性三大特征，故朊病毒在脊椎动物体中的出现是必然的；另外，朊病毒除具有常规病毒的一些如传染性、种属特异性、菌株特异性、滤过性、致病力及在某些物种对易感性的控制能力等典型特征外，还可以造成不表现出免疫原性的慢病毒性感染，巨噬细胞虽能降低甚至灭活朊病毒的感染性，但使用免疫学技术不能检测出有特异性抗体存在；在病变脑组织中也不出现伴随的免疫卫士白细胞，即免疫系统不能识别相同序列但构象不同的两种朊病毒 PrP^{c} 和 PrP^{sc}。

朊病毒或朊蛋白颗粒与一般生物体或病原最大不同点是对外界抵抗力极强。朊病毒经高压蒸汽134～138℃，18min不完全灭活，其经典测定方法是用注射器插入感染鼠的脑内，取出后高压，然后再插入正常鼠脑内，正常鼠能够发病。对紫外线、离子辐射、超声波等抵抗力极强，尤其是对波长为254nm紫外线的抵抗力是一般病毒的40～200倍，对250nm和280nm紫外线抵抗力也很强；37℃以200mL/L甲醛溶液处理18h不能使其完全失活，室温下可在100～200mL/L甲醛溶液存活28个月。朊病毒不具免疫原性：对通常用于灭活病毒的理化因子，如蛋白酶、核酸酶、EDTA、戊二醇等有较大的抗性；对核酸变性剂不敏感（如高温、核酸酶等），但蛋白质变性剂却可使其失活（如 SDS、尿素等）；免疫抑制剂和免疫增强剂不能改变 BSEs 的发生和发展过程；不破坏宿主 B 细胞和 T 细胞的免疫机能，也不引起宿主的免疫反应；含 2%有效氯的次氯酸钠 1h 或 90%的苯酚 24h 处理可使动物组织中的病原灭活，比较危险的是经过油脂提炼后仍有部分存活，病原在土壤中可存活 3 年。

4）病理变化

朊病毒可以感染多个器官，已知的主要为脑、脊髓，但在潜伏期内除中枢神经系统外，各种组织器官均有感染。该病的共同特征是：均引起致死性中枢神经系统的慢性退化性疾患。病理特点基本是脑组织广泛萎缩，涉及大脑、丘脑、脑干和脊髓，特征的病理改变为弥散性非炎症性的神经元变性或丧失，星形胶质细胞增生，神经元和星形细胞的胞内有空泡形成，使病灶区呈现显著的空泡化或海绵状，故称为海绵状脑病。海绵状病变稀疏地分布于整个大脑皮层，神经元消失，星状细胞增生，典型为融合性海绵状。临床上相应出现痴呆、共济失调、震颤等症状（图 5-33～图 5-35）。

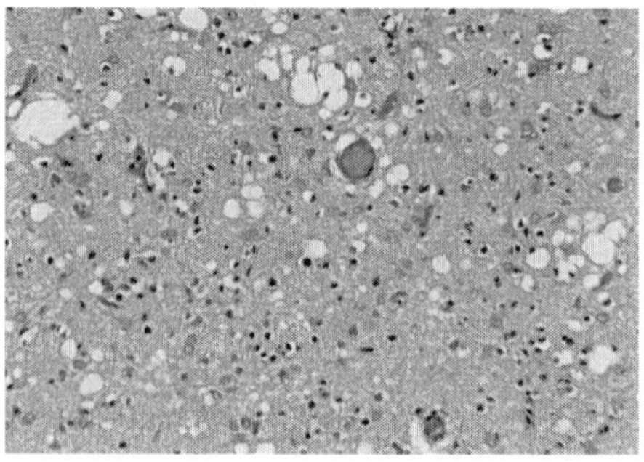

图 5-33　海绵状变化（神经细胞周围空泡）

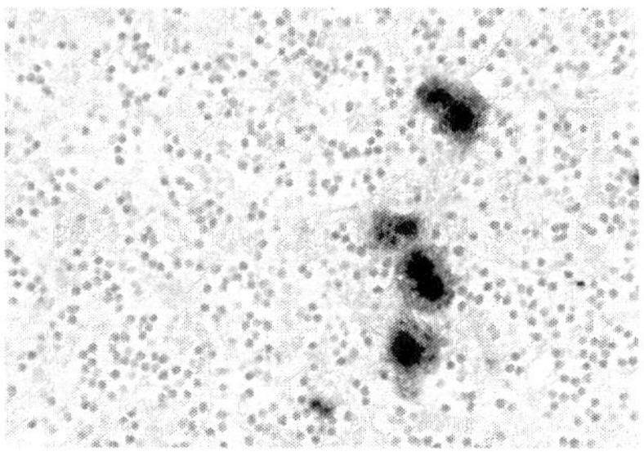

图 5-34　海绵状变化（小脑的小空泡化）

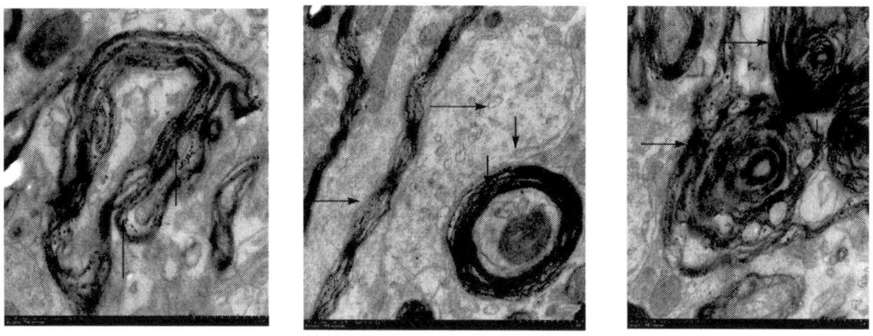

图 5-35　脑神经髓鞘分裂增生及毒聚合（箭头处）

CJD（克雅氏病）表现为脑海绵样变以基底神经节、丘脑最明显，多见于大脑皮层。PrP 斑块具有一个致密的嗜酸性中心，外周嗜酸性稍弱，斑周有海绵状病变且广泛分布于大脑和小脑，基底神经节、丘脑和下丘脑数量相对较少。这一病理变化是 CJD 病种所特有的。

5.28.4　微生物学检测

目前诊断有无患朊病毒病依据为检测 PrP^{sc}，兼或有渐进加重性痴呆及典型的 EEG（脑电图）改变。此外，至少符合肌阵挛症、神经和中枢症状、锥体/锥体外功能障碍和运动不能性缄默症中的两种相关症状，也可判定为朊病毒病。就预防治疗的方法而言，凡能使蛋白质消化、变性、修饰而失活的方法，均可能使朊病毒失活；凡能作用于核酸并使之失活的方法，均不能导致朊病毒失活。

1）脑组织、扁桃体活检

病理检查是诊断本病的主要依据。病理诊断率达 95%。病灶区神经元丧失，脑组织空泡化，星状神经胶质细胞增生，无炎症反应；病毒包涵体及原纤维阳性，均是病理诊断依据。

2）朊病毒的检测方法

（1）动物传递法：早期判断机体是否感染朊病毒、测定感染滴度、研究朊病毒传染性的主要手段。

（2）免疫学检测方法：①组织印迹法，灵敏度高，特异性很高（>99.99%），组织病理学结果阴性或含糊的情况下检出 PrP^{sc}，具有早期确诊价值，已经成朊病毒研究中最常用的方法；②免疫组化法，为确诊传染性海绵状脑病的金指标，免疫化学检查表明斑块部位 PrP 呈阳性，一些较小的斑也呈阳性，小斑单个或多个分布，PrP 沉积可分布在大脑皮质的细胞周围及小脑的分子层，斑和细胞周围 PrP 沉积遍布于大脑和小脑，在基底神经节和丘脑能见到围绕着空泡的 PrP 沉积，在灰质内呈线性隧道状，也能见到 PrP，但比小脑和大脑阳性表达少；③ELISA，检测患者脑脊液、血液及尿液等标本 PrP^sc^，适合大批量标本的普查筛选。

3）其他

（1）荧光标记肽链的毛细管电泳免疫测定法：灵敏，能检测到 135pg 的 PrP^{sc}，可用于检测朊病毒水平很低的脑外组织（如血液等）。

（2）双色强荧光目标扫描法：该法是运用共聚焦双色强荧光相关的分光镜技术检测极其微量朊病毒。

（3）电子显微法：电镜检测相关纤维（SAF）是朊病毒检测的另一种方法。

4）CT 与 MRT 检查

CT 表现多为脑萎缩，无特异性。

5）脑电图检查（EEG）

早期的脑电图检查大多数正常，晚期具有周期性高波幅棘-慢波综合特点。

5.29 肾综合征出血热（hemorrhagic fever with renal syndrome，HFRS）病毒

5.29.1 食品卫生学意义

肾综合征出血热是由 HFRS 病毒引起，由鼠类等传播的自然疫源性急性病毒性传染病。1980 年 WHO 将其命名为肾综合征出血热。

HFRS 病毒首先由韩国李镐汪等在 1978 年从该国疫区捕获的黑线姬鼠肺组织中分离出，并根据分离地点称为汉坦病毒（*hantaan virus*）。根据病毒形态学和分子生物学特征将其归入布尼亚病毒科（*Bunyaviridae*），汉坦病毒属（*Hantavirus*）。出血热（hemorrhagic fever）不是一种疾病的名称，而是一组疾病，或一组综合征的统称，以发热、皮肤和黏膜出现瘀点或瘀斑、不同脏器的损害和出血，以及低血压和休克等为特征。引起出血热的病毒种类较多，它们分属于不同的病毒科（表 5-11）。目前在我国已发现的有肾综合征出血热病毒、新疆出血热病毒和登革病毒。

表 5-11 人类出血热病毒及相关其所致疾病

病毒种属	病毒	媒介	所致疾病	分布
披膜病毒	Chikungunya 病毒	蚊	Chikungunya	亚洲、非洲
黄病毒	黄热病病毒	蚊	黄热病	非洲、南美洲
	登革病毒	蚊	登革热	亚洲、加勒比海地区
	Kyasanur 森林病病毒	蜱	Kyasanur 森林病	印度
	Omsk 出血热病毒	蜱	Omsk 出血热	俄罗斯
布尼亚病毒	肾综合征出血热病毒	啮齿动物为主	肾综合征出血热	亚洲、欧洲、非洲、美洲
	Rift 山谷热病毒	蚊	Rift 山谷热	非洲
	克里米亚-刚果出血热病毒	蜱	克里米亚-刚果出血热	非洲、中亚
沙拉病毒	新疆出血热病毒	蜱	新疆出血热	中国新疆
	Junin 病毒	啮齿动物	阿根廷出血热	阿根廷
	Machupo 病毒	啮齿动物	玻利维亚出血热	玻利维亚
	Lassa 病毒	啮齿动物	Lassa 热	非洲
丝状病毒	Marburg 病毒	猴、蚊	Marburg 出血热	非洲、德国

目前世界上已发现能携带本病毒的鼠类等动物百余种，疫源地遍及世界五大洲。我国是 HFRS 疫情最严重的国家之一，现已波及 28 个省、市、自治区。其中在我国黑线姬鼠为野鼠型出血热的主要宿主和传染源，褐家鼠为城市型（日本、朝鲜）和我国家鼠型出血热的主要传染源，大林姬鼠是我国林区出血热的主要传染源。自 20 世纪 80 年代中期以来，年发病人数超过 10 万，病死率为 3%～5%。主要与食品卫生有关。

黑线姬鼠和褐家鼠是我国各疫区 HFRS 病毒的主要宿主动物和传染源。此病有明显的地区性和季节性，这种地区性和季节性与鼠类的分布与活动有关。Ⅰ型 HFRS 发病多集中于秋冬之间，Ⅱ型则多集中于春夏之间。HFRS 传播途径尚未完全肯定，认为可能的途径有三类 5 种，即动物源性传播（包括通过呼吸道、消化道和伤口三种途径）、虫媒传播和垂直传播。其中动物源性传播是主要传播途径，即携带病毒的动物通过唾液、尿、粪排出病毒污染环境或食物，人或动物通过呼吸道、消化道摄入或直接接触感染动物受到传染。螨类也可能是传播媒介。

5.29.2 主要特征

1）病原体

病毒体呈圆形或卵圆形，直径 90～110nm，有囊膜，囊膜上有突起（图 5-36）。HFRS 病毒的核酸为单股负链 RNA，分为 L、M、S 三个片段。分子质量分别为 2.7×10^6 Da、1.4×10^6 Da 和 0.6×10^6 Pa。三个片段

的碱基序列互不相同，但都具有同样的3′端，为“3′AUCAUCAUCUG”，这一序列不同于布尼亚病毒科的其他属病毒。HFRS病毒由4种蛋白质组成，即N、G1、G2和L。N为核蛋白，由S片段编码，其主要功能是包裹病毒RNA的三个片段，该蛋白免疫原性强。G1和G2均为糖蛋白，由M片段编码，上面有中和抗原位点和血凝活性位点。这两种抗原位点是独立存在的，但也可部分重叠。L为RNA多聚酶，由L片段编码，在病毒复制中起重要作用。HFRS病毒的成熟方式为芽生成熟，其成熟过程与细胞的高尔基体和内质网有关。病毒在pH5.6～6.4时可凝集鹅红细胞。

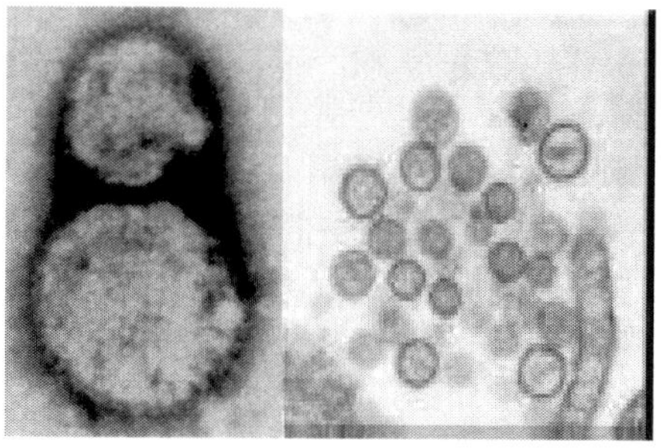

图5-36　肾综合征出血热病毒的形态特征

2）病毒型别

HFRS病毒与其他出血热病毒无关，与布尼亚病毒科其他4个属的病毒也无血清学关系。采用血清学方法（主要是空斑减少中和试验）及RT-PCR技术和酶切分析方法，可将HFRS病毒分为不同型别，即汉坦病毒（Ⅰ型，又称野鼠型）、汉城病毒（Ⅱ型，又称家鼠型）、普马拉病毒（Ⅲ型，又称棕背鼠型）、希望山病毒（Ⅳ型，又称草原田鼠型）、泰国病毒（Ⅴ型）、Dobrava病毒（Ⅵ型）、Thottapalaym病毒（Ⅶ型）及1993年在美国西南部暴发的汉坦病毒肺综合征的病原。其中前4型经世界卫生组织汉坦病毒参考中心认定的，而后4型则尚未最后认定。从我国不同疫区、不同动物及患者分离出的HFRS病毒，分属于Ⅰ型和Ⅱ型，两型病毒的抗原性有交叉。

3）抵抗力

HFRS病毒抵抗力强。对酸（pH3）和丙酮、氯仿、乙醚等脂溶剂敏感。一般消毒剂如来苏尔、新洁尔灭等也能灭活病毒。病毒对热的抵抗力较弱，56～60℃加热30min可灭活病毒。

4）致病性

潜伏期一般为两周左右，起病急，发展快。典型病例具有三大主症，即发热、出血和肾损害。临床经过分为发热期、低血压休克期、水尿期、多尿期和恢复期。HFRS的发病机制很复杂，有些环节尚未完全搞清。目前一般认为病毒直接作用是发病的始动环节，而免疫病理损伤也起重要作用。病毒感染造成病毒血症及全身毛细血管和小血管损伤，引起高热、寒战、乏力、全身酸痛、皮肤和黏膜出现出血点或出血斑，重者还可有腔道或各脏器出血、肾损害出现血尿、蛋白尿，电解质紊乱。广泛的毛细血管和小血管损伤引起出血、血浆渗出和微循环障碍等造成低血压或休克。病程早期血液中IgE水平增高，提示Ⅰ型变态反应可能通过血管活性物质的作用，使小血管扩张，渗出增加。另外在早期患者体内即可出现大量循环免疫复合物，在血管壁、血小板、肾小球及肾小管上有免疫复合物沉积，血清补体水平下降；血清中也可检出抗基底膜和抗心肌抗体，这些现象表明Ⅲ型和Ⅱ型变态反应造成的免疫病理损伤也参与了HFRS的致病。

HFRS病后可获持久免疫力，一般不发生再次感染发病，但隐性感染产生的免疫力多不能持久。

5.29.3　检测和控制

1）病毒分离

患者急性期血液、尸检组织或感染动物的肺、肾等组织均可用于病毒分离，组织需研磨成悬液。常用Vero-E6细胞分离培养，培养7～14d后，用免疫荧光染色法检查细胞内是否有病毒抗原，胞质内出现黄绿色颗粒荧光为阳性。也可取检材接种易感动物来分离病毒，常用小白鼠乳鼠，通过腹腔或脑内接种，接种后逐日观察动物有无发病或死亡，并定期取动物脑、肺等组织，冰冻切片或将组织研磨成悬液后分别用免疫荧光法或ELISA检查是否有病毒抗原。此外在进行动物实验时采取严格的隔离及防护措施，以防止发生实验室感染。

2）血清学检查

（1）检测特异性IgM抗体：此抗体在发病后第1～2d即可检出，急性期阳性率可达95%以上，因此检测此抗体具有早期诊断价值。根据情况可选用间接免疫荧光法（IFAT）和ELISA，后者又可分为IgM捕捉法和间接法，其中以IgM捕捉法的敏感性和特异性为最好。

（2）检测特异性IgG抗体：病后特异性IgG抗体出现较早，维持时间很长，因此需检测双份血清（间隔至少一周），恢复期血清抗体滴度比急性期升高4倍以上可确诊。常用检测方法为IFAT和ELISA。

（3）检测血凝抑制抗体：采用血凝抑制试验检测患者血清中的特异性血凝抑制抗体，在辅助诊断和流行病学调查中也较常用。

预防措施是主要采取灭鼠、防鼠、灭虫、消毒和个人防护等措施；特异预防方面，目前国内外已初步研制出三类HFRS疫苗，即纯化鼠脑灭活疫苗（分别由朝鲜、韩国及我国研制）、细胞培养灭活疫苗（包括Ⅰ型疫苗和Ⅱ型疫苗，均由我国研制）和基因工程疫苗（由美国研制）。最近我国研制的二类疫苗已在不同疫区进行大量人群接种，预防效果正在观察监测之中。对食品保藏方式要注意，不要使食品受到鼠的侵害而造成污染。

5.30 立克次体（*Rickettsia*）

5.30.1 食品卫生学意义

立克次体（*Rickettsia*）是一类严格细胞内寄生的原核细胞型微生物，是介于最小细菌和病毒之间的一类，为斑疹伤寒、恙虫病、Q热等传染病的病原体。立克次体病多数是人畜共患的自然疫源性疾病，在我国除斑疹伤寒、恙虫病外，已证明有Q热、斑点热疫源地存在。它与一些昆虫关系密切，如森林蜱、体虱，都可以是立克次体的宿主或储存宿主，通过它们作为传播媒介而感染人。立克次体能够通过牛奶等食品污染、进而传播感染人，引起Q热病的发生。因此，立克次体、尤其是Q热也是一种重要的食源性病原微生物。此病原存于尿液、粪便、乳汁及特别是有蹄类家畜的胎衣，一般为无症状感染。感染的母羊胎盘每克组织含有达 10^9 个病原体，而乳汁每克含 10^5 个病原体。Q热由立克次体病原（*Coxiella burnetii*）引起。*C. burnetii* 分布遍及全世界，永存于两个交叉循环感染——家畜及野生动物和壁虱。感染在家畜内广泛的循环，包括绵羊、山羊、牛、猫、犬和家禽也会感染。在美国绵羊感染的流行率是相当高的，且绵羊是实验动物中发生这种疾病最主要的动物。请注意，曾经因接触感染Q热的临盆母猫及其小猫引起人类死亡病例；接触实验兔子也使人感染该病，提醒人们实验室环境也是不容忽视的感染来源。

立克次体病呈世界性发病。在1918～1922年，俄国和东欧有3000万人曾患本病，约300万人死亡。我国1850～1934年，由于灾荒、战争等原因曾发生15次较大流行，波及全国大部分地区，近年来仅寒冷地区的郊区、农村等有散发或小流行。

5.30.2 主要特征

1）形态特征

Rickettsia 呈多形态，主要为球杆状和杆状，还有时出现长丝状体，长（0.3～0.6）μm×（0.8～2）μm，宽0.3～0.5μm，丝状体长可达2μm，在光学显微镜下观察到，图5-37。其中柯克斯体最小，平均大小为0.25μm×1μm，多形性更突出；最大者为斑点热群，为0.6μm×1.2μm。立克次体革兰氏染色为阴性，但一般着染均不明显。常用 Giemnez、Giemsa 或 Macchiavello 法染色，且以 Gimenez 法最好。Gimenez 法着染后，除恙虫病立克次体呈暗红色外，其他立克次体均呈鲜红色；而 Giemsa 法和 Macchiavello 法则分别将立克次体染成紫或蓝色和红色。目前，原有的 Macchiavello 法已逐步地被 Gimenza 法所取代。

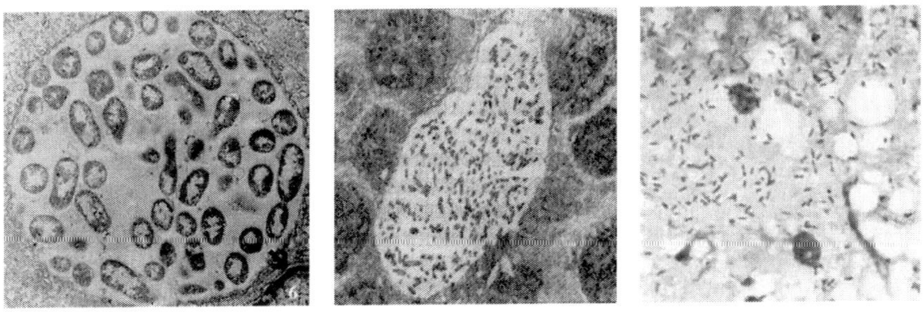

图5-37 立克次体显微镜下的照片

Rickettsia 在形态结构、化学组成及代谢方式等方面均与细菌类似。例如，具有细胞壁并以二分裂方式繁殖；含有RNA和DNA两种核酸；可在细胞内专性寄生，均与节肢动物关系密切，尤其是在吸血节肢动物体内，使其成为寄生宿主或储存宿主，兼或同时作为为传播媒介；虽有多种形态，但主要为革兰染色阴性的球杆状，大小介于细菌和病毒之间；由于酶系不完整需在活细胞内寄生及对多种抗生素敏感等特点。

立克次体科中对人类致病的有5个属，包括立克次体属（*Rickettsia*）、柯克斯体属（*Coxiella*）、东方体属（*Orientia*）、埃立克体属（*Ehrlichia*）和巴通体属（*Bartonella*）。其中立克次体属又分成两个生物型：斑疹伤寒群和斑点热群。根据对16S rRNA序列分析结果，立克次体可分为两个亚群：亚群Ⅰ包括立克次体、埃立克体、巴通体、埃菲比体（*Afibia*）和考德里体（*Cowdria*）；亚群Ⅱ包括贝纳柯克斯体（*Coxiella burnetii*）和活巴哈体（*Wolbachia persica*）。还有许多新的种属被陆续发现，如日本立克次体（*R. Japonica*）、查非埃立克体（*E. chaffeensis*）等。

在感染细胞内立克次体常聚集成致密团块状，但也可成单或成双排列。不同立克次体在细胞内的分布不同，可供初步识别。例如，普氏立克次体常散在于胞质中，恙虫病立克次体在胞质近核旁，而斑点热群立克次体则在胞质和核内均可发现。

2）结构与组成

立克次体具有细胞壁和细胞膜，其结构与革兰阴性菌相似。除恙虫病立克次体外，细胞壁中有肽聚糖和脂多糖。细胞质内有核糖体（由30S和50S两个亚单位组成），核质内有双链DNA，核质集中于中央但无核仁和核膜。

3）培养特性

立克次体具有相对较完整的能量产生系统，能氧化三羧酸循环中的部分代谢产物，有较独立的呼吸与合成能力，但仍需从人宿主细胞中取得辅酶A、NAD及代谢中所需的能量才能生长繁殖。大多数立克次体只能在活细胞内生长，以二分裂方式繁殖，繁殖一代需时6～10h。除战壕热罗沙利马立克次体外，其他立克次体都为严格的真核细胞内寄生。五日热巴通立克次体在无细胞培养基中也可以生长。

常用的培养方法主要有动物接种、鸡胚接种及细胞培养三种。在豚鼠、小鼠等动物体内多种病原性立克次体也可以有不同程度的繁殖，像在豚鼠睾丸内保存的立克次体能保持致病力和抗原性不变。而立克次体在鸡胚卵黄囊中繁殖时常用作制备抗原或疫苗的材料，尤其广泛地用于立克次体的传代。目前常用的组织培养系统有鸡胚成纤维细胞、L929细胞和Vero单层细胞，孵育最适温度为37℃。常用的细胞培养系统有敏感动物的骨髓细胞、血液单核细胞和中性粒细胞等，一般不产生细胞病变。

4）抗原结构

立克次体有两种主要抗原，一种为可溶性（醚类）抗原，耐热，与细胞壁表面的黏液层有关，为群特异性抗原；另一种为颗粒（外膜）性抗原，不耐热，与细胞壁成分有关，为种特异性抗原。

在斑疹伤寒群，群特异性抗原在普氏、莫氏及加拿大立克次体中均存在，与其他属的立克次体很少交叉或不交叉，而种特异性蛋白抗原在上述三个种间互不交叉。斑点热群的情形与此相似，有共同群特异性抗原及各个种特异性抗原，后者在某些种间有一定的交叉。恙虫病群中只有恙虫病立克次体一个种，其群特异性抗原即种特异性抗原，根据恙虫病立克次体种特异性抗原性的差异，可分为若干血清型。斑疹伤寒等立克次体具有与变形杆菌某些X株的菌体抗原（O）共同的耐热多糖类抗原，见表5-12。因而临床上常用以代替相应的立克次体抗原进行非特异性凝集反应，作为人或动物血清中相关抗体的检查。这种交叉凝集试验称为外斐反应（Weii-Felix reaction），作为辅助诊断方法。

5）抵抗力

除贝钠（Q热）柯克斯体外，立克次体对理化因素的抵抗力与细菌繁殖体相似。56℃加热30min死亡；室温放置数小时即可丧失活力。对低温及干燥的抵抗力强，在干燥粪中能存活数月。对一般消毒剂敏感，对四环素和氯霉素敏感。磺胺类药物不仅不能抑制反而促进立克次体的生长、繁殖。

表5-12　主要立克次体与变形杆菌菌株抗原交叉现象

立克次体	变形杆菌菌株		
	OX_{19}	OX_2	OX_K
普氏立克次体病	++++	++	--
莫氏立克次体	++++	++	--
恙虫病立克次体	-	-	+++
Q热柯克斯体	-	-	-
战壕热罗沙利马立克次体	-	-	-

6）致病性与免疫性

（1）感染途径：人类感染立克次体主要通过节肢动物如人虱、鼠蚤、蜱或螨的叮咬而传播。人虱、鼠蚤在叮咬处排出含有立克次体的粪便而污染伤口侵入人体；以蜱、螨为媒介的传播途径是在叮咬处立克次体直接进入人体；Q热立克次体的传播可经接触、呼吸道或消化道途径感染人类。已经有充分证据证明Q热立克次体可通过牛奶污染而感染人，因而立克次体也是一种食源性感染的病原体，但这种途径较少见。

（2）致病机制：立克次体的致病物质主要有内毒素和磷脂酶A两类。内毒素的主要成分为脂多糖，具有肠道杆菌内毒素相似的多种生物学活性，如致热原性，损伤内皮细胞，致微循环障碍和中毒性休克等；磷脂酶A能溶解宿主细胞膜或细胞内吞噬体膜，以利于立克次体穿入宿主细胞并在其中生长繁殖。此外，立克次体表面黏液层结构有利于黏附到宿主细胞表面和抗吞噬作用，增强其对易感细胞的侵袭力。

立克次体侵入皮肤后与宿主细胞膜上的特异受体结合，然后被吞入宿主细胞内。不同立克次体在细胞内有不同增殖过程。普氏立克次体在吞噬体内，依靠磷脂酶A溶解吞噬体膜的甘油磷脂而进入胞质，并进行分裂繁殖，大量积累后导致细胞破裂。立克次体通过丝状伪足（filopodia）离开细胞；恙虫病立克次体通过出芽方式释放；柯克斯体则主要在有吞噬溶酶体性质的膜性液泡中生长，然后使细胞破裂和释放柯克斯体；五日热巴通体在细胞表面生长释放（图5-38）。

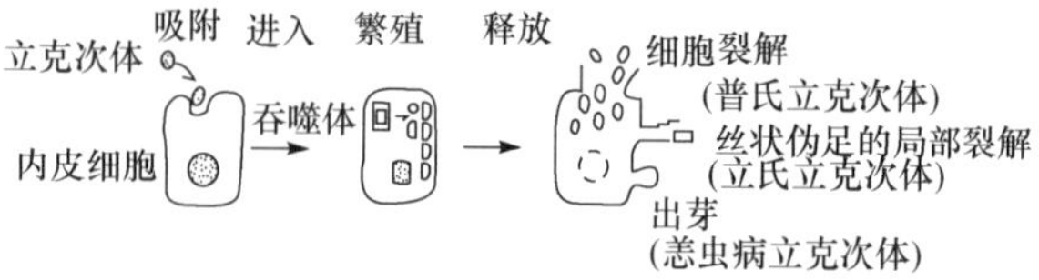

图5-38　立克次体致病机制

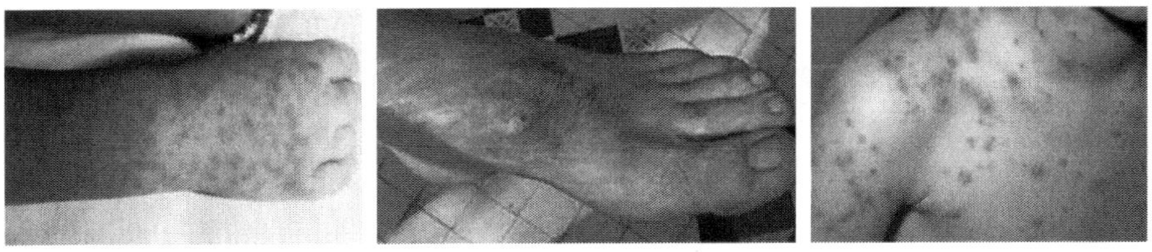

图 5-39 立克次体感染病例

由立克次体产生的内毒素等毒性物质随血流波及全身，引起毒血症。基本机制：立克次体先在局部淋巴组织或小血管内皮细胞中增殖，产生初次立克次体血症；再经血流扩散至全身器官的小血管内皮细胞中繁殖后，大量立克次体释放入血导致第二次立克次体血症。立克次体损伤血管内皮细胞，引起细胞肿胀、组织坏死和血管通透性增高，导致血浆渗出，血容量降低及凝血机制障碍、DIC 等。在体内细胞因子（如 IFN 等）和 CTL 的作用下，立克次体感染的宿主细胞被溶解。

当人受到感染后，经 10～14d 的潜伏期，骤然发病，有剧烈头痛、周身痛和高热，4～7d 后出现皮疹，严重的为出血性皮疹（图 5-39）。有的还伴有神经系统、心血管系统等症状和其他实质器官损害。

不同种类的立克次体的致病特点有所不同，但其基本病理改变部位在血管，主要病变是血管内皮细胞大量增生，血栓形成及血管壁有节段性或圆形坏死等。此外，还伴有全身实质性脏器的血管周围广泛性病变，常见于皮肤、心脏、肺和脑。感染立克次体后，体内可形成抗原抗体免疫复合物，进而加重病理变化及临床症状。严重者可因心、肾衰竭而死亡（表 5-13）。

表 5-13 对人类致病的立克次体分类及病学特点

属	生物型	种	G+C/%	细胞内定位	抗原类型		媒介	储存宿主	所致疾病	外斐反应
					可溶性	颗粒性				
立克次体属	斑疹伤寒群	普氏立克次体	29	胞质内	群特异性	种特异性	虱	人	流行性斑疹伤寒	OX_{19}
		莫氏立克次体	29	胞质内	群特异性	种特异性	蚤	鼠类	地方性斑疹伤寒	OX_{19}
		加拿大立克次体	29	核内	群特异性	种特异性	蜱	兔	类似斑点热	不明
	斑点热群	立氏立克次体	33	胞质内和核内	群特异性	种特异性	蜱	各种啮齿类、犬、鸟类	落基山斑点热	OX_{19}，OX_2
		西伯利亚立克次体	33	胞质内和核内	群特异性	种特异性	蜱	啮齿类、家畜、鸟类	北亚热	OX_{19}，OX_2
		康氏立克次体	33	胞质内和核内	群特异性	种特异性	蜱	啮齿类、犬	纽扣热	OX_{19}，OX_2
		澳大利亚立克次体	33	胞质内和核内	群特异性	种特异性	蜱	啮齿类、有袋动物、家鼠、田鼠	昆士兰热	OX_{19}，OX_2
		小株立克次体	33	胞质内和核内	群特异性	种特异性	革螨	啮齿类、有袋动物、家鼠、田鼠	立克次痘	阴性
	恙虫病群	恙虫病立克次体	/	胞质内	株特异性	种与型特异性	恙螨	各种啮齿类、小哺乳类	恙虫病	OX
柯克斯体属		贝纳氏柯克斯体	43～45	胞质空泡内	无	种特异性	蜱	野生小动物、羊、牛	Q 热	阴性
罗沙利巴体属		战壕热罗沙利马体	39	胞外	种特异性	种特异性	虱	人	战壕热	阴性

（3）免疫性：立克次体是严格细胞内寄生的病原体，故体内抗感染免疫以细胞免疫为主，体液免疫为辅。机体感染后产生的群特异性抗体和种特异性抗体，有促进巨噬细胞的吞噬及中和毒性物质的作用。由细胞免疫产生的细胞因子，有激活、增强巨噬细胞杀灭细胞内立克次体的作用。病后可获得较强的免疫力。

5.30.3　检测和控制

1）微生物学检查法

因立克次体特别容易引起实验室感染，必须严格遵守实验室操作规程，注意防止感染事故的发生。

（1）标本的采集：主要采集患者的血液以供病原体分离或做免疫学试验。流行病学调查时，尚需采集野生小动物和家畜的器官，以及节肢动物等。一般在发病初期或急性期和应用抗生素前采血，否则很难获得阳性分离结果。血清学试验需采集急性期与恢复期双份血清，以观察抗体滴度是否增长。

（2）分离培养：由于检材中立克次体含量较低，直接镜检意义不大。可将检材（食品、血液、血块或其他组织悬液）接种至易感动物腹腔。除恙虫病立克次体和小蛛立克次体（*Rickettsia akari*）接种小鼠外，其他均用雄性豚鼠分离。若接种后豚鼠体温>40℃，同时有阴囊红肿，表示有立克次体感染，应进一步将分离出的毒株适应于鸡胚或细胞培养，用免疫荧光试验加以鉴定。感染组织和皮肤病变活检标本可用免疫荧光法、免疫蛋白印迹法、蛋白质指纹图谱分析法等鉴定。

2）血清学试验

非特异性外斐反应是用普通变形杆菌的菌株抗原代替立克次体抗原检测患者血清中有无立克次体抗体的凝集试验。如滴度≥1∶160或随病程延长而血清滴度增长≥4倍，为阳性反应。流行性和地方性斑疹伤寒、恙虫病患者可出现阳性反应。由于该试验为非特异性，必须同时结合流行病学和临床症状才能作出正确诊断。此外，还可以采用ELISA法或免疫荧光法检测血清中特异抗体。

3）免疫学检测

立克次体的免疫学检测方法有外斐反应、间接血凝法、凝集法、ELISA法、间接免疫荧光法、补体结合法等。

4）预防

立克次体病预防关键在于防虱、灭虱和广泛开展群众卫生运动。预防本病的重点是控制和消灭其中间宿主及储存宿主，如灭鼠、杀灭媒介节肢动物，加强个人自身防护，能有效防止斑疹伤寒、恙虫热、斑点热的流行。尤其是近年来又证明能通过一些种类食品传播给人，也应注意食品卫生方面的控制。牛奶等食品应注意卫生，保藏时应注意温度及保藏时间，确保安全；加工时要加热彻底，杀灭其中的微生物。

5.31　爱知病毒（*Aichi virus*，AiV）

1989年在日本爱知（Aichi）县因食用海鲜牡蛎暴发肠胃炎患者粪便标本中发现一种新型RNA病毒，根据发现地点命名为爱知病毒（*Aichi virus*，AiV），1997年通过基因分析证实爱知病毒是一种新型的小RNA病毒，并确定为小RNA病毒科（*Picornaviridae*）、脊病毒属（*Kobuvirus*）RNA病毒。国外相关研究表明爱知病毒在世界范围内都有检出，因病毒粒子电镜下崎岖不平呈嵴状，又称为嵴病毒，“Kobu”一词也是由日语派生而来。牛嵴病毒（*Bovine kobu virus*，BKV）于2003年在表型健康牛体内被发现，以被牛嵴病毒污染的Hela细胞培养液接种Vero细胞，观察到细胞病变，从而首次分离出牛嵴病毒U-1毒株。Kobu病毒属有两个公认的种：人爱知病毒（*Aichi virus*，AiV）和牛嵴病毒（*Bovine kobuvirus*，BKV），另有一候选种，猪嵴病毒（*Porcine kobuvirus*，PKV）；此外，最近嵴样病毒也在绵羊、大鼠体内检测到（图5-40）。

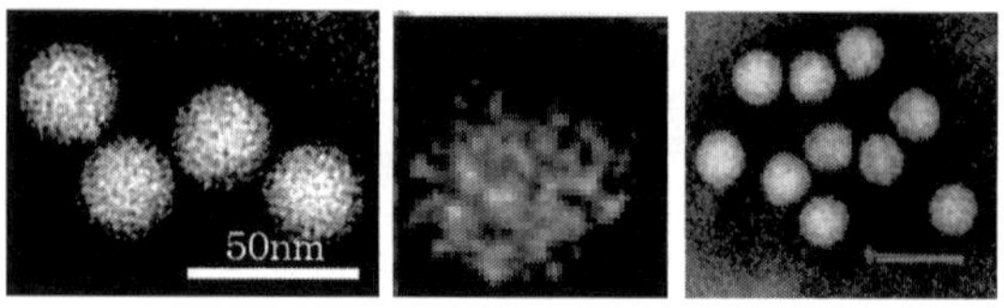

图5-40　爱知病毒照片

5.31.1　食品卫生学意义

嵴病毒对公共卫生安全带来严重威胁，爱知病毒已经证实与人腹泻疾病相关，并且在不同人群中广泛流行。Yamashita等首先于1989年在日本从一名因食用牡蛎引起急性非细菌性胃肠炎的患者粪便中分离到AiV。此后，亚洲一些国家及巴西、德国、法国、突尼斯、匈牙利、中国、荷兰和芬兰等国相继有该病毒的报道。截至目前，AiV在所有大洲都检测到，大部分在亚洲检测到。2013年柳彩霞对新疆315份小儿腹泻粪便进行RNA反转录检测，结果爱知病毒阳性为18.41%，90%以上为24月龄以下幼儿。日本流行病学调查显示：19岁人群爱知病毒抗体阳性率为50%，39岁人群抗体阳性率高达83%；德国19岁人群抗体阳性率高达86%；法国972个调查对象中，7～9岁儿童抗体阳性率为25%，30～39岁人群阳性率为85%。AiV在胃肠炎散发病例中发病率很低。巴基斯坦和法国儿童胃肠炎患者中AiV的发病率分别为2.3%（5/222）、0.9%（4/457）。另一研究报道，从日本、孟加拉国、泰国、越南4个国家采集了912份腹泻患者（成人和儿童）粪便样品进行AiV检测，有28份阳性样品，阳性率为3.1%。对65名患有未知病原腹泻病的匈牙利儿童进行AiV检测，1名检测出AiV感染，感染率为1.5%。芬兰在 68 份腹泻样品中没有检测到 AiV，但在 1063 份儿童粪便中检测到 5 份 AiV 阳性，发病率为 0.5%。采用 RT-PCR 方法扩增 AiV 3CD 片段，阳性产物经测序确定。从兰州腹泻和正常儿童粪便标本中检测 AiV，结果在 46 份腹泻住院患儿粪便标本和 299 份腹泻门诊就诊患儿标本中各检出 1 例 AiV，总检出率为 0.06% ，正常对照儿童中未检测到 AiV。2 株病毒 3CD 区基因与已知参考株核苷酸序列同源性均为 97% ，系统进化分析显示这两株病毒属于 B 基因型。1987～2012 年荷兰调查了污水和表面水，该类病毒 100%存在，证明在人群中该类病毒是循环流行的。另外在蝙蝠体内也检测出类似嵴病毒。

爱知病毒的临床表现包括腹泻、腹痛、恶心、呕吐、发烧、反射性胃肠炎。

5.31.2　主要特征

嵴病毒为单股正链 RNA 病毒，是极小的球形病毒。病毒粒子直径为 20～30nm，无囊膜，呈二十面体对称。可以分为 A、B、C 三个基因型，A 和 B 两个亚型之间的同源性约 90%。

猪嵴病毒在匈牙利、中国、泰国、日本和韩国等国家相继被报道。目前关于动物嵴病毒的研究相对较少，嵴病毒与人和动物各种疾病的关系还有待进一步研究。BKV 血清学调查表明，日本 59.7%的牛血清针对 U-1 株的中和抗体阳性，然而针对 U－1 株的抗体在人、猴子、猪、马、犬和猫上并未检测到。日本、泰国、匈牙利 BKV 感染率分别为 16.7%、8.3%、6.25%。上述结果表明，BKV 已造成牛的普遍感染，且呈地方性流行。印度对 2004～2008 年的 1240 份粪便样品调查表明 BKV 与胃肠炎疾病有关，在儿童等人群中循环。Barry 等对巴西不同年龄段猪群（哺乳仔猪、保育猪和生产母猪）的 115 份粪便样品进行了 PKV 感染率调查，结果阳性率为 53%；而荷兰保育猪 PKV 的阳性率为 6.7%。同时，对巴西不同日龄（3d、21d、36d、60d、75d、180d）的猪采集 30 份血清进行 PKV 检测，结果检出 23 份阳性，总阳性率达 76.7%。Khamrin 等于 2009 年从日本 28 个猪场的健康猪群采集了 293 头份粪便样品进行 RT-PCR 检测，PKV 阳性率为 45.4%，其中 124 份阳性样品采集于 6 月龄以下猪群，9 份阳性样品来自 6 月龄以上猪群。PKV 感染率随着猪年龄的增加而降低。

5.31.3　检测和控制

1）病毒分离培养

AiV 分离培养是鉴定金标准，但分离周期长，需要 4～6 周，此外，易感细胞选择也是一个难题。AiV 能在 BS-C-1 和 Vero 细胞上增殖且有细胞病变，在 Hela、HEL、RD 细胞及乳鼠上不能增殖。BKV 和 PKV 还不能很好的培养。

2）电子显微镜技术

电子显微镜技术可以提供病毒快速的鉴定和诊断，可以直接看到病毒的微观结构，但不易和其他球形病毒区别，容易造成错误分类。

3）血清学/免疫学方法

日本学者用 ELISA 方法检测粪便中 AiV，此方法比病毒分离更敏感，但没有商业化试剂盒。

4）分子生物学方法

根据 3C/3D 连接区设计引物进行 RT-PCR 检测，可以检测到 AiV 和 BKV 及 C 基因型，但不能检测到 PKV。目前，根据 3D 区 216 个核苷酸的保守区设计引物，能成功检测到三种基因型病毒。VP1 序列可以分类该类病毒。爱知病毒与相近病毒的关系见图 5-41。

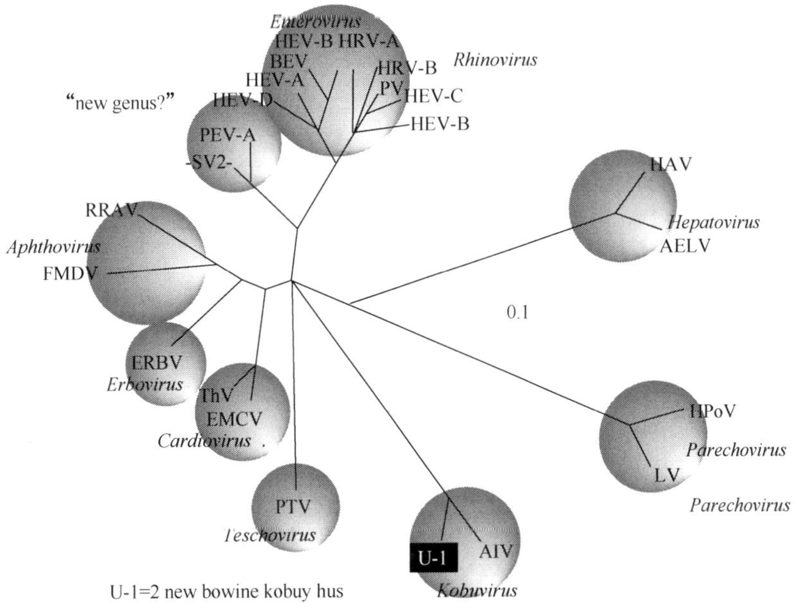

图 5-41　牛嵴病毒 U-1 与其他成员的关系

6

食物感染性寄生虫

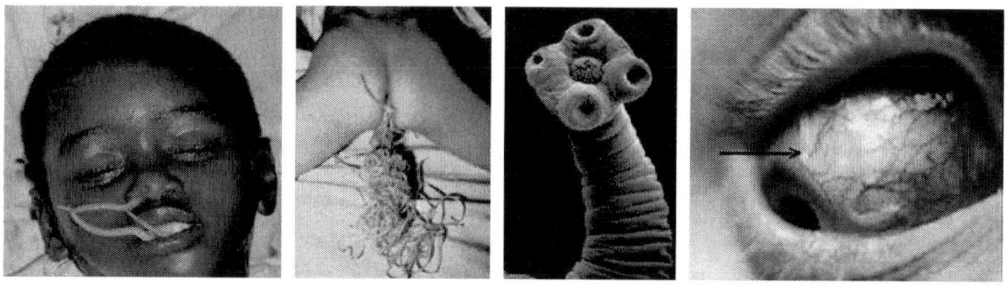

6.1 食源性寄生虫概述

寄生虫通过食品感染人的原因很复杂，如国际旅行、饮食多样化和食品全球化等，感染的结果严重威胁人类身心健康，尤其是食品卫生工作者不注意或还不太明了的寄生虫，对食品安全构成威胁更大。寄生虫是一种从其他活的生物获得自己食物的生物。适应寄生生活的寄生虫并不杀死其宿主，因为它要长期稳定依赖其宿主为其供应食物。通常情况下寄生虫明显小于其寄生宿主，一些寄生虫仅寄生一种宿主，而多数为完成其生命过程要经过两个或更多宿主。据估计，以人类为宿主的蠕虫有300多种，原虫有70多种。这些寄生虫有些是食源性的，有些甚至十分罕见。

机会致病性寄生虫病，如隐孢子虫病、弓形虫病、粪类圆线虫病引发的疾病时有报道，且逐渐增加。目前，由于市场开放、家畜和肉类、鱼类等商品供应渠道复杂；城乡食品卫生监督制度不健全；绿色食品或有机食品观念的扩展，生食、半生食的人数增加等，使一些食源性寄生虫病的流行程度在部分地区有不断扩大和多样化趋势，如旋毛虫病、带绦虫病、华支睾吸虫病、异尖线虫病的流行。

原虫是单细胞生物，比细菌大，结构复杂，大多数对抗生素不敏感，但也有些治疗寄生虫病的特效药物。存在于新鲜水源中的原虫，可能是受到含虫卵的人和动物粪便污染造成，用污染的水浇灌蔬菜和水果，使这些寄生虫寄生在其表面或成为感染的来源。弓形虫有时存在于生鲜肉中，尤其是猪肉，需要通过充分的烹调消灭它们。一些原虫非常特殊，仅存活在一种动物中，有些在人、动物中都能存在，人和动物也可能是其宿主。

食源性寄生蠕虫主要包括绦虫和线虫，肉和鱼内可能含有蚴绦虫，在人肠道中能够发展为成虫。除猪和牛是绦虫的宿主外，鱼也是某些绦虫的主要宿主。一些寄生于鱼肠道的寄生虫不进入肌肉，远海捕捞的鱼需要冷藏或冷冻，当温度逐渐降低的时候，这些寄生虫就向温度尚高的肌肉中移动，因此，对这类鱼的产品检验时也要注意其肉中寄生虫的检验。绦虫卵可以存在于施过肥的水果或蔬菜中；或者是用污染的水源清洗也可使其感染寄生虫。如果人消化了含猪绦虫或牛绦虫的肉，蚴虫从卵囊中孵化出来，穿过肠道、游动到肌肉、脑和身体其他部位，再成囊，可引起严重后果。线虫包括旋毛虫、蛔虫、异尖线虫、广州管圆线虫、脊形管圆线虫和有脊颚口线虫等。一些线虫如蛔虫只有简单的生活史，并不要求中间宿主；有些如旋毛虫、颚口线虫和异尖线虫等，在肉中形成包囊，当人吃了含包囊的肉后在人体内发育成成虫；广州管圆线虫、脊形管圆线虫利用两个宿主，分别存在于蜗牛和蔬菜叶子上。

肠道原虫和蠕虫感染威胁着人类的健康，有些是食源性的，其中重要种类有：全球性阿米巴病、蓝氏贾第鞭毛虫病、蛔虫病、鞭虫病、钩虫病、蛲虫病等；一些地方性肠道蠕虫病，如猪带绦虫、牛带绦虫等。Peters（1989）估计全世界蛔虫、鞭虫、钩虫、蛲虫感染人数分别为12.83亿、8.7亿、7.16亿和3.60亿。在亚洲、非洲、拉丁美洲，特别是农业区，以污水灌溉，施用新鲜粪便，有利于肠道寄生虫病的传播；在营养不良的居民中，肠道寄生虫病更加严重影响其健康。在不发达地区，尤其农村的贫苦人群中，多种寄生虫混合感染常见。有人称寄生虫病是“乡村病”、“贫穷病”，它与社会经济和文化的落后互为因果。

吸虫通常有两个或更多宿主，有些存在于水生蔬菜或用污染水源清洗的食物中，有些存在于鱼或蛤等水产品中。在世界范围内，寄生虫可造成上百万人感染，在一些发展中国家，可引起儿童腹泻，发育不良，造成严重的经济损失并威胁着人类健康。增加蔬菜、水果和民众喜爱食品的进口，进口国并没有现代的卫生设备和检验系统，有可能引入相关的寄生虫。从不发达国家移民，可能在移民当中带染寄生虫，并通过食品传播给其他人。生食或轻微烹调，可能增加与寄生虫接触的机会。缺乏相应的免疫系统的人群，寄生虫感染可能造成严重后果，如隐孢子虫病暴发。在美国等国家寄生虫感染并不多见，但一些感染引起后果严重，如猪囊虫引起神经症状，华支睾吸虫引起肝癌。有些随温度升高而增加发病，这与生物性病原特性是一致的。朝鲜等一些国家在海岸线周围居民喜欢生吃鱼片等，因此而感染一些从来没有发生在人类寄生的寄生虫病，从而也使人们认识了一些新的人源性寄生虫或食源性寄生虫。最近江苏出台新标准《即食生食动物性水产品　食品安全地方标准》，在生鲜鱼片中不得检出吸虫囊蚴、线虫幼虫、绦虫裂头蚴三种寄生虫，以鲜、活、冷藏、冷冻的鱼类、甲壳类、贝类等动物性水产品为原料，未经热加工的可以直接食用的水产品，主要是生鱼片、醉虾、醉蟹等食品。

6.1.1 控制食源性寄生虫病的措施

一些提高卫生条件和对食品适当烹调的基本战略对所有寄生虫都是十分有用的，其他的方式仅对部分寄生虫有用，而不是全部。食源性寄生虫病按食物来源一般可分为6大类：①植物源性寄生虫病，如姜片吸虫病；②肉源性寄生虫病，如旋毛虫病、牛带绦虫病、弓形虫病；③螺源性寄生虫病；④淡水甲壳动物源性寄生虫病，如肺吸虫病；⑤鱼源性寄生虫病，如肝吸虫病；⑥水源性寄生虫病，如隐孢子虫病等。直接和最危险的引起食源性寄生虫病的方式是生吃肉源性食品和鱼源性食品，如生吃小牛肉、白斩鸡、生鱼片、清蒸海螺、生鸡蛋等，生吃蔬菜也是一个重要传染途径。

6.1.1.1 强化卫生条件

(1) 适当的处理人和动物排泄物，以减少食品和水源污染，是一种防止粪-口传播最好和最基本的战略。然而，在发展中国家，这些废弃物却作为作物的肥料，如果这个阶段适当的处理可杀死寄生虫卵。

(2) 控制苍蝇、蟑螂和其他昆虫可防止寄生虫污染食品。

(3) 通过洗刷生鲜蔬菜和水果可除去卵囊、包囊和寄生虫卵，但难以彻底去掉一些带叶蔬菜和草莓上的寄生虫或卵。经常洗手，清洁食用器皿，食品加工过程中防止交叉污染，尤其是生熟食品的交叉污染。

6.1.1.2 加强畜牧养殖业管理和强化检测手段

(1) 良好的饲养实践可减少猪等对污染饲料和粪便的接触，做好源头控制，在发达国家已经证明能够明显减少人类旋毛虫和猪绦虫感染。

(2) 啮齿动物的控制对预防啮齿动物所携带的寄生虫引起的猪感染非常有用。

(3) 已经感染的食用动物用药物处理可杀死寄生虫，疫苗也可以预防一些寄生虫感染。

(4) 良好检测系统可以检测猪肉、牛肉、鱼的寄生虫，达到所食用的肉类无寄生虫。

6.1.1.3 卤汁、腌渍、烟熏和发酵

(1) 热熏加工能够杀死异尖线虫，但在冷熏加工条件下能够存活。

(2) 腌制在2.6%乙酸和8%～9%盐浓度下6周后能杀死异尖线虫，如果盐浓度在5%～6%则需要12周的时间。

(3) 传统的腌渍方法可杀死带状绦虫。

(4) 发酵肉生产干制香肠和火腿也可灭活原虫和寄生蠕虫的蚴虫，低pH和低水分活性联合使用也能灭活寄生虫。

6.1.1.4 烹调和热处理

对于感染阶段的寄生虫可以用适当烹调和煮沸可破坏寄生虫。微波烹调对肉和鱼中所有寄生虫并不可靠，因为加热不均匀和冷点可能有寄生虫存活。建议充分加热烹调猪肉，内部温度必须达到71℃，烹调鱼60℃、10min或70℃、7min就能杀死异尖线虫。

6.1.1.5 冷冻

对于生食食品如鱼和一些肉类，冷冻几天能灭活或杀死一些寄生虫。鱼在−30℃、15h以上或−20℃、7d以上可杀死异尖线虫。其他寄生虫时间或长或短。在−17℃、20d，−23.3℃、10d或−29℃、6d可破坏猪肉中的旋毛虫，但对于野生动物感染旋毛虫并不合适。在北极熊和大灰熊肉冰冻24个月后仍可发现具有感染力旋毛虫。

6.1.1.6 过滤、氯化和其他消毒

(1) 过滤系统能除去水中原虫包囊和卵囊，但几个隐孢子虫病暴发例子说明过滤措施并不是始终有效的。

(2) 氯化作用可以除去水中细菌和一些寄生虫，但包囊和卵囊对氯有抵抗力。

(3) 1.5%漂白溶液、醋、饱和冷盐能够破坏感染性线虫和吸虫蚴虫。但在盐腌一星期的鱼中还可发现活吸虫。

(4) 10%氢氧化氨3h能杀死94%华支睾吸虫，但对其他寄生虫并不有效。

6.1.1.7 其他物理加工

(1) 辐射能够破坏生鲜食品中寄生虫，低剂量辐射(0.5～0.7kGy)可以损伤蚴虫和阻止感染，但大剂量(6～7kGy)可杀死肉中所有旋毛虫。0.1～0.15kGy辐射剂量能杀死鱼中吸虫包囊，但原虫卵囊完全灭活却需要5kGy。

(2) 高静压能够非热性杀死异尖线虫。

(3) 紫外线能消毒水中的贾第虫包囊。

(4) 臭氧能杀死水中原虫。

(5) 超声可杀死水中隐孢子虫卵囊。

6.1.1.8 生活史的靶向控制

控制寄生虫的另一种好的方式是找出寄生虫生活史中薄弱环节，并破坏其生活史。例如，感染带状绦虫成虫可用驱肠虫药，去除其产生的卵。寄生虫以包囊或卵的形式在环境中存活很长时间，这需要抵抗干燥和其他不利因素。例如，肝片吸虫包囊在流水中可存活 122d，在腐殖质中存活一年，贾第虫包囊在冷水中存活几个月。许多寄生虫在不同生活阶段寄生在一个或多个动物体内，控制这些动物可潜在减少寄生虫数量。

完全除去野生动物是不可能的，试图消灭中间宿主也是不实际的，如甲壳类和蜗牛存在于每个水源中。一些寄生虫在其他动物中完成其生活周期，包括在家畜、野生肉食动物和草食动物，如狼、熊、食鱼哺乳动物和鸟等都能作为鱼绦虫的限定宿主；有报道犬和熊可作为猪绦虫的中间宿主；海狸和其他野生动物、家畜可作为原虫感染人的中间宿主。

6.1.2 寄生虫的生活史

寄生性蠕虫通常有两个阶段即蚴虫和成虫，两个阶段中生活在不同种类的动物中，作为成虫的宿主称为限定宿主；作为蚴虫的宿主称为中间宿主。寄生虫也可能存在于其他宿主中，称为转运宿主，但在这些宿主中并不等于经历生长或发育。有的寄生虫具有复杂生活史，包括几个宿主动物，而其他一些情况是一个动物或人具有不良生活习惯，可能自身直接再感染。许多寄生虫具有抗性，在休养阶段（卵或包囊）的环境中可存活很长时间，甚至卫生处理也能存活，存在于肉、鱼或贝壳类中的蚴虫对热具有耐受性，轻微热烹调并不能杀死它们。原虫体细胞在生活的不同阶段有差别，有些并没有限定宿主和中间宿主。

6.1.2.1 直接再感染

肠道寄生虫→粪中卵或包囊→污染于手上、水中、新鲜水果或蔬菜上的卵或包囊被食进，如异尖线虫、隐孢子虫、环孢子虫、贾第虫、肠阿米巴等。

6.1.2.2 在一个宿主中完成生活史

吃进感染肉包囊性蚴虫，在人的 GI（胃肠）产生蚴虫并扩散到肌肉中，包囊化。当另一动物再食进时就发展为成虫，如旋毛虫。

6.1.2.3 一个中间宿主

蜗牛/蛞蝓作为唯一的宿主：在人肠道或肺寄生虫→从粪或痰排出卵→在水中卵变为蚴虫→蚴虫进入蜗牛后再发展为①来自于蜗牛的蚴虫和水中的包囊→进入污染的水或植物，如肝片吸虫；②人吃了生或轻微烹调或含有蚴虫的蛞蝓，如线虫。

贝壳类作为宿主：寄生于人肠道→粪便中包囊或冲进水中→包囊被蛤、牡蛎、蚌类等食入→人再食进生的或未熟的污染贝壳类，如隐孢子虫。

哺乳动物作为唯一中间宿主：寄生在人肠道→粪中卵或包囊扩散进环境中→被猪或牛消化卵或包囊→蚴虫或原虫移动进入肌肉→人食入感染肉，如绦虫、弓形虫。

6.1.2.4 两个中间宿主

蜗牛、甲壳类和鱼作为中间宿主：寄生虫在人的肠道或肺→卵从粪便或痰中释放→卵在水中发育为蚴虫→蚴虫进入蜗牛并继续发育→蚴虫从蜗牛中出来，进入甲壳类（蟹、虾或小龙虾）或鱼中→人生吃或轻微烹调的鱼或甲壳类。

哺乳动物作为中间宿主：寄生虫在人肠道或肺→粪便中包囊扩散到环境中→包囊被猪或其他动物吃到→感染肉被猫吃到→猫粪中的卵囊→被人吃到或吸到，如弓形虫。

6.2 溶组织内阿米巴（*Entamoeba histolytica*）

6.2.1 食品卫生学意义

溶组织内阿米巴在人误食被成熟包囊污染的食物或饮用污染水时传播，如冰淇淋和水果，因此具有重要的食品卫生学意义。我国对 30 个省（市、自治区）的调查，溶组织内阿米巴感染呈全国性分布，平均感染率为 0.95%。西南 5 个省的感染率在 2%以上，12 个县感染率超过 10%。感染呈明显的家庭聚集性，调查仅为一次粪检结果，感染率肯定比实际水平为低，在我国溶组织内阿米巴感染仍是重要的公共卫生问题。传染源主要为慢性和恢复期患者粪便排包囊者和带虫者。由于滋养体抵抗力弱，急性患者不起传染源作用。溶组织内阿米巴呈世界性分布，主要流行于热带、亚热带地区，尤其是经济发展滞后、营养匮乏、卫生条件差的地区，病情严重及并发症患者也多见于这些地区，如印度、印度尼西亚、撒哈拉沙漠和热带非洲、中南美洲，这个分布特点主要是气候条件、卫生条件和营养条件差的结果。温带地区较少流行，大多数为无症状带虫者。在欧美，高发人群主要为男性同性恋者和旅游者，如美国有 30%有男性同性恋者感染溶组织内阿米巴，该病在欧美国家被列为性传播疾病。溶组织内阿米巴感染的高危人群包括旅游者、流动人群、同性恋者（尤其是男性同性恋者）、弱智人群、免疫功能低下者及并发感染的儿童、孕妇等。另外营养不良或恶性肿瘤的患者，长期应用肾上腺皮质激素的患者。

其他辅助因素则为高碳水化合物饮食、酒精中毒、遗传性、肠道细菌感染或结肠黏膜局部损伤等。肠道阿米巴病无性别差异，阿米巴肝脓肿男性较女性多，可能与饮食、生活习惯和职业等有关，但是确切的原因有待探讨。溶组织内阿米巴主要寄生于结肠，是阿米巴痢疾和阿米巴性结肠炎（amoebic colitis）的病原体，并可侵犯肝、肺、脑等其他器官，引起肠外阿米巴病。它可在人和动物间自然传播，是一种人畜共患病原虫病。在动物中，尤其是和人接触十分密切的家畜，可能成为人阿米巴病的保虫宿主。

其发病率和死亡率与虫株、地理位置、宿主的免疫状态等因素有关。随着现代分子生物学和酶学技术的应用，成功地对与溶组织内阿米巴形态上相似的、一种肠腔共栖型阿米巴——迪斯帕内阿米巴（*Entamoeba dispar*）进行了分离和鉴定，澄清了多年来认为迪斯帕内阿米巴是溶组织内阿米巴非致病型的误解。阿米巴病的传染源为粪便中持续带包囊的携带者。溶组织内阿米巴除了人感染外，犬、猫、猪、猴、猩猩等均有自然或可实验感染，但作为保虫宿主意义不大，人自身是重要的感染来源。包囊的抵抗力较强，在适当温湿度下可生长数周，并保持有感染力，通过蝇或蟑螂的消化道仍具感染性。但对干燥、高温的抵抗力不强。溶组织内阿米巴的滋养体抵抗力极低，可被胃酸杀死，无传播作用。人体感染主要是经口感染，食用含有成熟包囊的粪便污染的食品、饮水或使用污染的餐具为感染方式；食源性暴发流行则发生于不卫生的用餐习惯或食用由包囊携带者制备的食品；蝇或蟑螂的携带包囊也可造成传播。另外，口-肛性行为的人群，粪便中的包囊可直接经口侵入。

6.2.2 生物学特性

溶组织内阿米巴在分类上属肉足鞭毛门（Phylum Sarcomastigophora）、肉足亚门（Subphylum Sarcodina）、叶足超纲（Superclass Rhizopoda）、叶足纲（Class Lobosea）、阿米巴目（Amoebida）、内阿米巴科（Entamoebidae）、内阿米巴属（Entamoeba）。

6.2.2.1 形态特征

溶组织内阿米巴形态可分为滋养体（trophozoites）、囊前期（precyst）、包囊（cyst）和囊后期（postcyst）4个阶段。在粪便中常见滋养体和包囊，在组织中仅有滋养体阶段。

1）滋养体

滋养体是活动、摄食和增殖阶段，也是致病阶段。活的滋养体大小不一，直径为12～60μm，在痢疾患者的黏液血便或组织中较大，平均直径约30μm。未染色滋养体胞质内常见被摄入的红细胞、白细胞和细菌等。在肠腔内新鲜不成形的粪便及有菌培养基中的滋养体大小常为10～30μm，不含红细胞。滋养体外质透明，内质颗粒状，分界明显，透明外质形成伪足，呈宽指状。滋养体借助于伪足呈活跃进行性定向运动，即外质形成舌状或指状伪足；颗粒状内质缓慢流入其内，使阿米巴向伪足形成的方向移动。内质中含被吞噬的红细胞，呈浅绿色，有较强折光性。细胞核一般不易看清。死亡后的虫体团缩，胞质内有空泡形成，极难辨认。

在铁苏木素染色标本中，细胞核1个，呈球形、泡状，占滋养体直径的1/6～1/5，核膜清晰，核膜内缘有大小一致、分布均匀、排列规则的核周染色质粒（peripheral chromatin）。核仁清晰，位于中心。吞噬的红细胞被染成蓝灰色，被消化的红细胞着色浅，呈灰白色，内质中见到被吞噬的红细胞是与其他肠道内非致病性阿米巴滋养体鉴别的重要依据。

2）包囊

包囊为不摄食、不繁殖的静止阶段。圆球形，直径10～20μm。未染色包囊囊壁折光性强，内含1～4个细胞核，核呈圆形的反光体。拥有4核者为成熟包囊，拟染色体棒状透明，糖原泡一般看不见。碘液染色的包囊呈棕黄色，核膜与核仁均为浅棕色，较清晰。拟染色体不着色，核膜与核仁清晰，细胞核结构类似于滋养体；胞质中可见棒状的，两端钝圆、蓝褐色的拟染色体，后者于成熟包囊形成中逐渐消失。糖原泡在染色过程中被溶解，故不着色，呈空泡状（图6-1）。

6.2.2.2 生活史

溶组织内阿米巴生活史比较简单，包括滋养体和包囊两个阶段。生活史基本过程为包囊—肠腔内滋养体—包囊，感染阶段为4核成熟包囊。人是溶组织内阿米巴的适宜宿主，虽然某些动物如猫、犬、鼠等可作为偶尔宿主，但动物与人之间相互传播的可能性极小，因此动物保虫宿主在传播上的意义不大。

当人误食被成熟包囊污染的食物或饮用污染水时，包囊通过胃和小肠，在小肠环境及消化酶的作用下，囊壁变薄，形成囊后期。随着囊内虫体伸缩活动，含有4核的滋养体脱囊而出，并迅速分裂形成8个单核滋养体。这些滋养体逐渐向结肠移行，在结肠上端以细菌和肠内容物为食，以二分裂方式增殖。在结肠中随着肠内容物继续下行，由于肠内环境改变，如水分被吸收等可刺激虫体排出未消化的食物，体形变圆，形成囊前期，后者分泌囊壁成囊，早期包囊只有1个核，囊内含有拟染色体和糖原泡，经两次有丝分裂形成4个核包囊，成熟包囊因在分裂时期消耗了营养物质，囊内的拟染色体和糖原泡均消失，大量包囊随粪便排出。

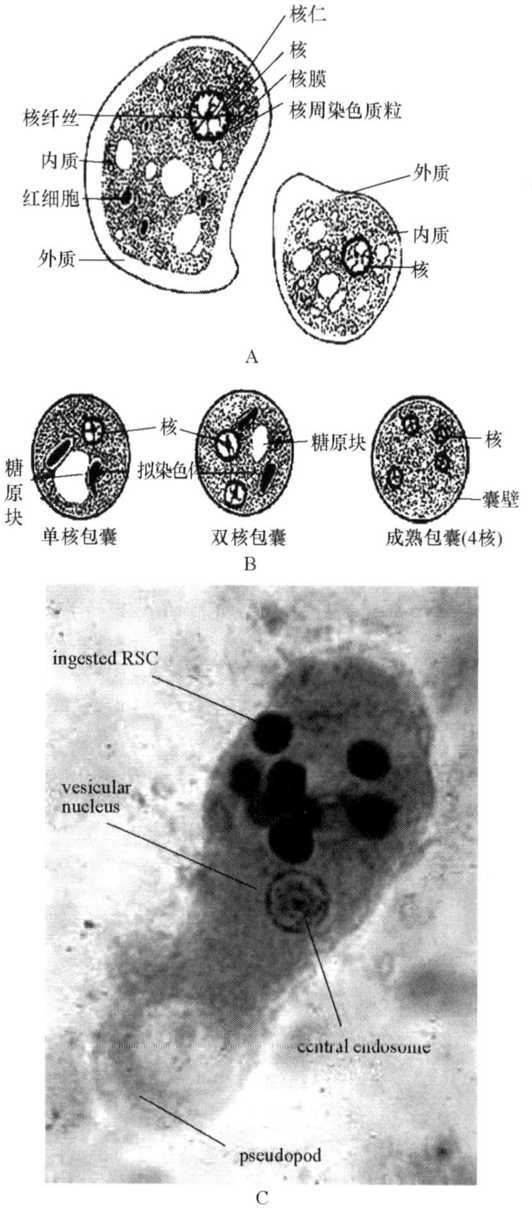

图 6-1 溶组织内阿米巴滋养体和包囊的形态

A、B：滋养体；C：包囊 ingested RSC. 吞噬泡；central endosome. 中心内体；vesicular nucleus. 泡状核；pseudopod：伪足

滋养体在外界存活时间短暂，即使被吞食，通过消化道时也会被消化液杀死。包囊抵抗力强，在外界环境中存活时间较长（数日至数月），但于干燥环境中极易死亡。

在一定条件下，滋养体可侵入肠黏膜，破坏肠壁组织，吞噬红细胞，引起组织溶解和肠壁溃疡，产生原发病灶；侵入肠组织的滋养体也可进入肠壁血管，随血流播散至其他脏器如肝、肺、脑等；也可随坏死的肠壁组织脱落至肠腔，随肠内容物排出体外。在组织中的滋养体不能形成包囊。

6.2.3 致病性

本病发生有一定的季节性，秋季较多，夏季次之，冬季少发。当前本病在医学上的重要性已被认为仅次于疟疾和血吸虫病。凡是从粪便中排出阿米巴包囊的人和动物，都可成为感染源。急性阿米巴痢疾患者以排滋养体为主，在疾病传播上的意义不大。人和动物间可以互相传播，但阿米巴由动物向人传播的确切病例至今尚无定论。

宿主的免疫状态与阿米巴的致病关系密切，如免疫抑制、营养不良、长期服用皮质激素、晚期肿瘤等，有利于溶组织内阿米巴的侵入。此外，肠道的损伤、并发其他细菌或某些鞭毛虫感染，造成肠道抵抗力下降，也有利于原虫的侵入。

宿主肠道内环境，尤其是共生菌群的作用对溶组织内阿米巴致病的影响非常显著。动物试验表明，用产气荚膜杆菌等多种细菌的阿米巴感染较无菌对照组高，致病更严重。细菌可以增强阿米巴的侵袭力或造成有利的侵入条件。

溶组织内阿米巴接触肠黏膜，分泌半乳糖乙酰氨基半乳糖凝集素、阿米巴穿孔蛋白和半胱氨酸蛋白酶等，通过接触性溶解，侵入组织。由于黏膜肌层为天然屏障，一般情况下阿米巴侵入在此停止，病变向两侧延伸或扩大，形成底宽、口小的溃疡，呈“烧瓶”样。病情严重时，阿米巴可穿破肌层或随血液、淋巴液扩散至深部组织和其他脏器，造成肠穿孔和继发性损伤。肠阿米巴病常累及回盲部、阑尾、乙状结肠等。感染严重的急性患者，滋养体可突破黏膜肌层，形成的溃疡可深及肌层，并与邻近坏死组织融合，形成大片黏膜脱落。肠壁组织纤维化后，形成肉芽肿，又称阿米巴肿（ameboma）。阿米巴肿呈结节状、质硬、可移动，以回盲部和乙状结肠多见，其内可查出滋养体，应与肿瘤区别。

肠外阿米巴病以阿米巴肝脓肿最常见，是虫体穿过肠壁沿肝门脉途径到达肝，早期引起肝性坏死小病灶，急性炎症反应，中央液化坏死明显，淋巴细胞浸润；随着病程的发展，多个小病灶可融合成大的肝脓肿，脓液中含有肝细胞、红细胞、脂肪颗粒、坏死组织及阿米巴滋养体等。

由于致病力强弱和感染者状况不同，临床表现也不一样。

无症状带虫者，这部分人可作为阿米巴原虫包囊的携带者，占大多数；国外常见于同性恋者。

肠阿米巴病，溶组织内阿米巴可引起阿米巴性结肠炎、肠阿米巴肿和一些相关的并发症。

（1）阿米巴性结肠炎：临床上可分为急性和慢性阿米巴性结肠炎。急性期常见的临床表现阿米巴痢疾，典型的阿米巴痢疾常伴有腹痛、腹泻、里急后重、黏液血便，每天数次（4～6次），持续1～3周，血便腥臭味、内含黏膜坏死组织和阿米巴滋养体。其他症状包括恶心、呕吐、腹部不适、胀气等，如果肠穿孔引起腹膜炎等症状。

(2) 并发症：常见的并发症有肠阿米巴肿、中毒性巨结肠（toxic megacolon）和阿米巴性腹膜炎（amoebic peritonitis）等。

肠外阿米巴病（extra-intestinal amoebiasis）有以下几种。

(1) 阿米巴肝脓肿为肠外阿米巴病最常见的类型，约占全部阿米巴病例的10%，以青壮年多见，男女发病率之比为9：1。常累及肝右叶（>80%），感染主要从肠道病灶经血流播散所致。临床症状有发热、寒战、厌食、右上腹疼痛并向右肩放射；体征有肝肿大、黄疸、体重下降等。

(2) 阿米巴性肺脓肿：阿米巴性肺脓肿通常由肝脓肿中滋养体通过横膈入侵至肺部，也可以从肠壁病灶经血流扩散至肺。肺脓肿病灶常见于右下肺叶，主要症状为发热、胸痛、咳嗽、咳痰，痰呈咖啡色、果酱状。病变还可累及支气管，导致支气管瘘形成，脓液可排入气管，随痰咳出体外。

(3) 其他肠外阿米巴病：阿米巴脑脓肿，常呈现中枢皮质单一性脓肿，临床症状有头痛、呕吐、眩晕和精神异常。皮肤阿米巴病，常因直接接触阿米巴滋养体而引发，如直肠病灶滋养体接触到会阴部皮肤，造成会阴皮肤阿米巴病，并可扩散至阴道、阴茎等处；以及肝脓肿穿孔部位皮肤阿米巴病等。其他的异位损伤还有脾阿米巴病、肾阿米巴病、心包阿米巴病、生殖器阿米巴病等。

6.2.4 检测和控制

根据流行病学、临床症状和病理变化仅能做出初步推断，而病原体的检查是确诊的依据。

6.2.4.1 病原学检查

从患者的脓血便、稀便和病灶组织内检测阿米巴滋养体，以及从慢性患者和带虫者的成形粪便中检测包囊是确诊最可靠的依据。辨别虫体时需注意与其他非致病性阿米巴相区别。

1）粪便检查

(1) 生理盐水涂片法：涂片法是诊断急性阿米巴痢疾患者有效的方法之一，检查目标为阿米巴滋养体。从急性阿米巴痢疾患者脓血便或阿米巴肠炎的稀便中挑选黏液部分，用生理盐水直接涂片镜检。在合适温度（25～30℃）下，观察活动滋养体。镜下可见溶组织内阿米巴滋养体运动活跃，内含被吞噬的红细胞，后者是重要的诊断依据。黏液里常含有夏科雷登结晶，可作为与细菌性痢疾鉴别诊断的依据。在检查活滋养体时应注意，标本必须新鲜，送检快速，容器清洁，注意保温，否则影响检出率。

(2) 碘液涂片法：从包囊携带者或慢性患者的粪便中检查包囊。轻度感染可用硫酸锌漂浮法或用甲醛乙醚沉淀法检查包囊以提高检出率。因粪便排出的包囊数量变化很大，需多次粪检；对于某些慢性患者，粪检应持续数周，以避免漏诊。

2）培养

如以上方法查不到阿米巴，可用人工培养法进行培养。常用Robinson’s培养基。无论哪一种培养基都必须加入血清和米粉两种成分。培养1～2d即可观察。该法检出率虽然较高，但对实验条件的要求也很高，不宜用于常规检查。

6.2.4.2 血清学诊断

血清学诊断可作为阿米巴病尤其是肠外阿米巴病的辅助诊断，目前常用的方法有ELISA、IFA、IHA和对流免疫电泳等。

6.2.4.3 核酸诊断

PCR结合特异性引物对来自患者排泄物、脓肿穿刺物、活体组织等提取的DNA进行扩增反应。

6.2.4.5 控制

控制阿米巴病的传染源和切断其传播途径是预防本病的关键。

(1) 应对人群中的带囊者进行定期检查和及时治疗，尤其是对饮食业及炊管人员应更加重视。

(2) 自然感染阿米巴原虫的家畜和实验动物，虽然其流行病学重要性尚不十分明确，但应引起密切关注并做深入调查。

(3) 保护水源，避免污染，是切断阿米巴病传播的主要环节。

(4) 管理粪便，对垃圾和粪便进行无害化处理，杀灭粪便中的包囊，防止粪便污染水源及食物。

(5) 提倡良好的卫生习惯，注意饮食卫生、饮水卫生和个人卫生，防止病从口入。

(6) 整治卫生环境，加强饮食服务行业卫生管理；消灭苍蝇、蟑螂等传播媒介。

6.3 迪斯帕内阿米巴（*Entamoeba dispar*）

6.3.1 食品卫生学意义

迪斯帕内阿米巴过去也称为不等内阿米巴。世界性分布，感染人数众多，感染后一般无临床症状。在食品、水中污染的情况是溶组织内阿米巴的10倍之高。再者，两种虫体形态非常相似，又常混合存在，因此，是食品卫生检测中经常遇到的问题。WHO/PAHO/UNESCO（1997年）认为迪斯帕内阿米巴感染者不需治疗。被粪便污染的食品、饮水中的感染性包囊经口摄入，食品加工人员感染也是常见原因之一。以热带和亚热带地区多见，与文化水平低、卫生状况差密切有关。在发达国家的高发人群主要为男性同性恋者、旅游者和移民。在国内猪也可作为传染源值得重视。迪斯帕内阿米巴包囊经口传染是主要的传播途径，包囊污染水源是酿成地区性暴发流行和高感染率的主要原因，其次是污染的手、食物或用具，苍蝇、蟑螂等可携带包囊传播疾病；在欧美国家男性同性恋者肛-口接触或性行为是很重要的传播方式。

6.3.2 生物学特性

本虫的形态与生活史几乎与溶组织内阿米巴完全一致。生活史有滋养体和包囊两个期。滋养体是迪斯帕内阿米巴的寄生型，可分为小滋养体和大滋养体。小滋养体是肠腔共栖型滋养体，不侵袭组织，伪足不明显，运动缓慢，内质含较多细菌而无红细胞。大滋养体是组织致病型滋养体，内外质分明，外质透明，内质呈颗粒状，可见被吞噬的红细胞和食物。食物泡内可见细菌颗粒。大滋养体常伸出伪足做定向变形运动侵袭组织，排出体外后迅速死亡。

包囊由肠腔内小滋养体形成，能起传播作用。包囊对外环境抵抗力强，可污染外环境，传播本病。目前常借助PCR方法加以鉴别，如一对迪斯帕内阿米巴特异性引物为5′-TCGGATCCTCCAAAAAATAAAGTTT-3′和5′-ACAGAACGATATTGGATACCTAGTA-3′。单克隆抗体技术对两种原虫特异性抗原的检测也可以达到鉴别目的。

迪斯帕内阿米巴和溶组织内阿米巴是形态上相似的虫种，但具完全不同的生理和病理特征，抗原性和基因完全不同。

6.3.3 致病性

一般认为迪斯帕内阿米巴滋养体为肠腔共栖，并不侵入肠壁，而且仅发现在肠道内，没有在人体其他部位出现。经常与溶组织内阿米巴混合出现，因此，检测时经常需要鉴别。

6.3.4 检测和控制

参考溶组织内阿米巴（图6-2，图6-3）。

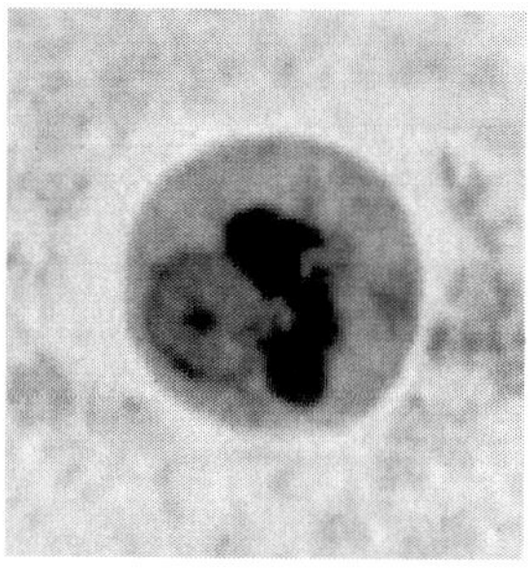

图6-2 迪斯帕内阿米巴

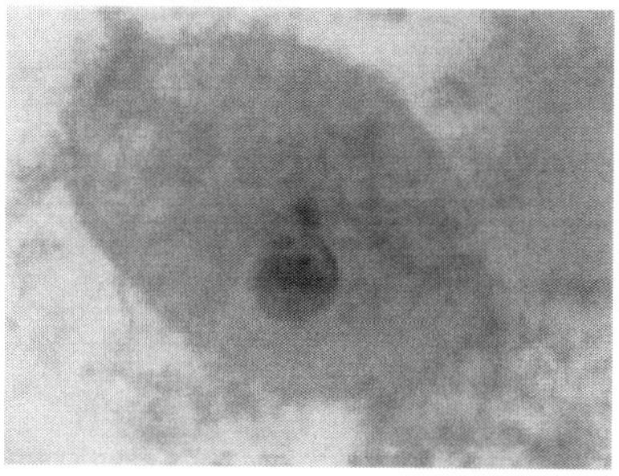

图6-3 结肠内阿米巴滋养体

6.4 小频犬内阿米巴（*Entamoeba chattoni*）

6.4.1 食品卫生学意义

小频犬内阿米巴与溶组织内阿米巴为相近种，灵长类是该虫的主要保存宿主，寄生于脊椎和非脊椎动物肠道，主要感染猴、猪，也可感染人类。在猴子中检出率为2.8%，在乌干达猴中检出率高达70.3%，是对人类构成巨大潜在威胁的虫种。在食品加工者腹泻患者肠道中曾分离出该虫。

6.4.2 生物学特性

滋养体大小为9～25μm，含1个核，并具有可变化的特性（含多个核）；包囊大小为6～18μm，含1个核，也具有可变的特性，即含多个核的包囊，可寄生于盲肠和结肠。也认为其是*E. polecki*（波列基阿米巴）和猪阿米巴的同种。与溶组织内阿米巴的三种同工酶：glucose-phosphate isomerase[(GPI) E. C. 5. 3. 1. 9]、phospho glucomutase[(PGM) E. C. 2. 7. 5. 1]和L-malate-NADP+oxidoreductase（oxaloacetate-decarboxylating）[(ME) E. C. 1. 1. 1. 40]明显不同。为裸阿米巴，没有线粒体，在核膜内表面具有滴状染色质（图6-4，图6-5），是单核阿米巴的变种，为肠阿米巴属。

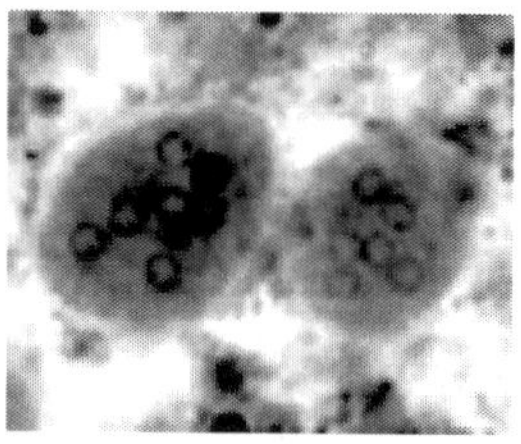

图6-4 小频犬内阿米巴

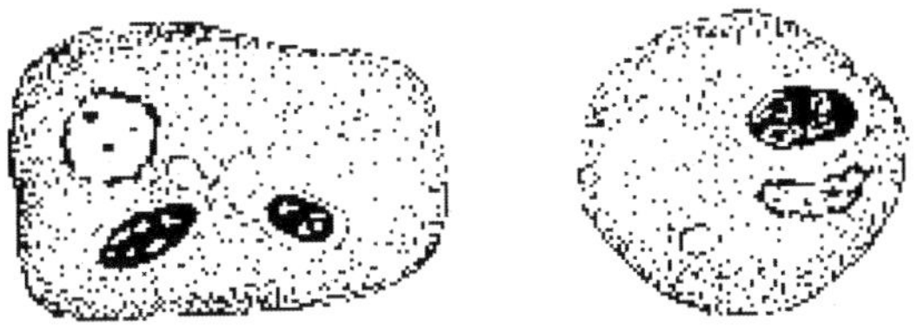

图 6-5　小颊犬内阿米巴滋养体

6.4.3　致病性

滋养体可感染猴、猪，也可感染人类。本虫体在猴子等死后能够侵入到其盲肠黏膜中。图 6-4 和图 6-5 就是从食品加工者的腹泻者肠道中分离出来的，表现为周期性阵发性腹泻，寄生性包囊大小变化较大，为 20～30μm，含有 8～16 个核。

6.4.4　检测和控制

形态与溶组织内阿米巴相同，但要与其区别。现在已经能够用核酸（PCR）进行与其他阿米巴虫种的区别（图 6-6，表 6-1，图 6-7）。

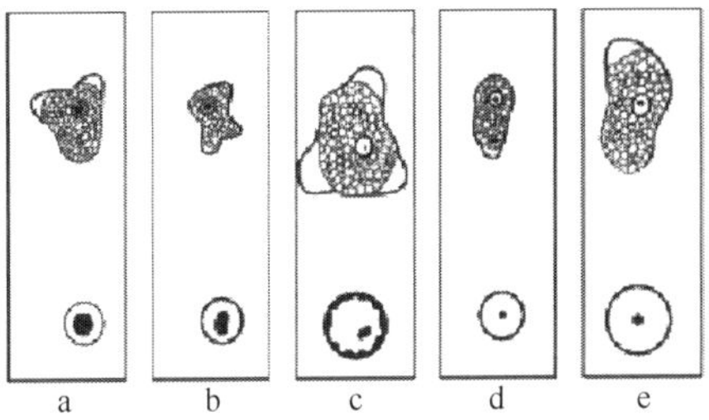

图 6-6　肠内阿米巴核形态的比较

a. 溶组织内阿米巴；b. 哈氏内阿米巴；c. 结肠内阿米巴；d. 微小内蜒阿米巴；e. 小颊犬内阿米巴

表 6-1　肠道内寄生阿米巴原虫的形态特征

	滋养体（未染色）					包囊（未染色）					滋养体（铁苏木素染色）				
	大小/μm	运动	细胞外质	伪足	食物泡	细胞核	大小/μm	形状	囊壁	糖原块	拟染色体	细胞质	细胞膜	核周染色质粒	核仁
溶组织内阿米巴	12～60	非常活泼	丰富	指状，清晰	可见被消化的红细胞	一般不可见	10～20	球形	薄	偶尔出现	偶尔出现	黑色（包括 RBC）	清晰	清晰，颗粒状	小，中心位
迪斯帕内阿米巴	12～60	活泼	丰富	指状，清晰	无红细胞	一般不可见	10～20	球形	薄	偶尔出现	偶尔出现	浅蓝灰和黑色	清晰	清晰，颗粒状	小，中心位
结肠内阿米巴	15～50	迟缓	少	形钝，颗粒状	有食物颗粒，细菌等	折光环状	10～30	球形	厚	弥散状	通常无	浅蓝灰和黑色	厚	粗糙	大，偏于一侧
哈氏内阿米巴	4～12	活泼	丰富	指状，清晰	无红细胞	一般不可见	4～10	球形	薄	偶尔出现	偶尔出现	浅蓝灰和黑色	清晰	清晰，颗粒状	小，中心位
微小内蜒阿米巴	6～12	迟缓	少	形钝，颗粒状	有食物颗粒，细菌等	一般不可见	5～10	卵圆形	薄	无	无	浅蓝灰和黑色	薄	无	大，不规则
布氏嗜碘阿米巴	8～20	较活泼	少	形钝	细菌等	一般不可见	5～10	不规则	薄	显著，泡状	无	浅蓝灰和黑色	厚	偶为颗粒状	大，偏位

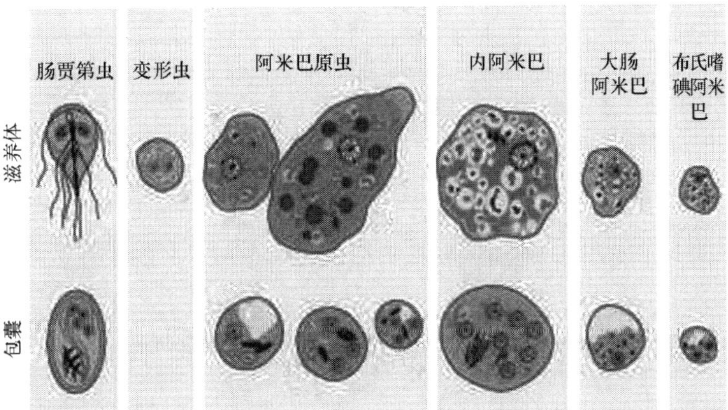

图 6-7　阿米巴的形态比较

6.5 侵袭性内阿米巴（*Entamoeba invadens*）

6.5.1 食品卫生学意义

侵袭性内阿米巴是龟类等水产动物一个非常重要的致病性寄生虫性病原，经常与有鳞动物疾病有关。同时也经常能够在食品、水和食品加工者中检测到。对龟类动物常具有致命作用，蛇体内也经常可检测到。

6.5.2 生物学特性

形态及生活史与溶组织内阿米巴基本一致。纯培养时不能像溶组织内阿米巴那样充分形成包囊。基因遗传区域与溶组织内阿米巴有 74%一致，基因间相似率为 50%。

6.5.3 致病性

在人体肠道中可引起与溶组织内阿米巴类似的疾病。

6.5.4 检测和控制

检测和控制基本同溶组织内阿米巴。

另外与内阿米巴形态和生物学特性都非类似的几个内阿米巴均为非致病性的，如莫氏内阿米巴（*E. moshkovskii*）、波列基内阿米巴（*E. polecki*）、哈特曼内阿米巴（*E. hartmanni*）等，在食品、水源和食品加工者均能见到污染或带染，属于无症状带虫者，由于一般认为是非致病性的，在这里不再赘述。

6.6 波列基内阿米巴（*Entamoeba polecki*）

6.6.1 食品卫生学意义

波列基内阿米巴多寄生在猪、猴、牛、山羊、绵羊及犬的结肠内，偶见人体感染，一般不致病，分布较广。国内曾有零星报导，国外报道人体感染 10 余例。在食品、水源和食品加工处理者中可检出。通常情况下寄居于猪和猴的大肠中，通过粪便污染食品和水源。热带的东南亚较为普遍。食品加工者手指接触污染的粪便或物体，则感染虫卵。人主要是通过吞咽食品或手指污染的虫卵而感染。

6.6.2 生物学特性

波列基内阿米巴的滋养体与结肠内阿米巴相似，直径 10～30μm，活动迟缓，细胞核的特征介乎结肠内阿米巴和溶组织内阿米巴二者之间，虫体易与溶组织阿米巴混淆。染色后，见细小且居中偏位的核仁及多数排列整齐的核固染粒，细胞质颗粒较粗，空泡多，食物泡内含细菌、酵母菌等。有时也出现大小排列不整或不均衡团块状类型，其包囊直径为 10～15μm，一般多为一核，核仁较大，拟染色体数目常较多，形状类似溶组织内阿米巴。约半数包囊可含 1～2 个圆形或卵圆形不很清晰的非糖原性包涵块（图 6-8，图 6-9）。

6.6.3 致病性

波列基内阿米巴对人体的侵害感染较少，有时也可引起人体腹泻，但临床症状较轻，如腹泻、血便、发热、恶心、呕吐、腹痉挛、呼吸促迫和体重降低。

6.6.4 检测和控制

检测粪便的虫卵形态。注意食品卫生，食品要经过充分烹调后才能食用。

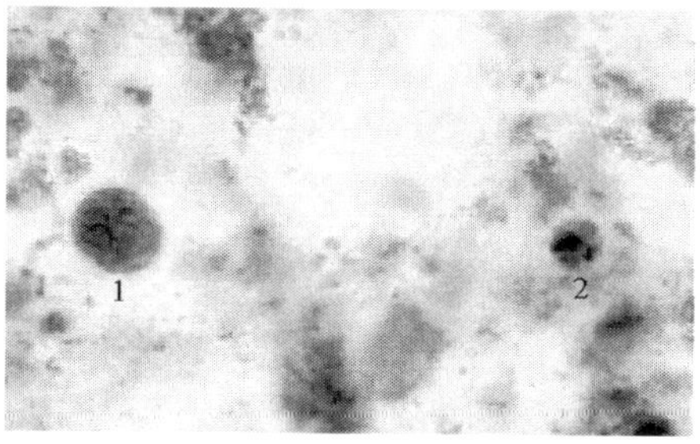

图 6-8 波列基内阿米巴滋养体和包囊

1. 滋养体；2. 包囊

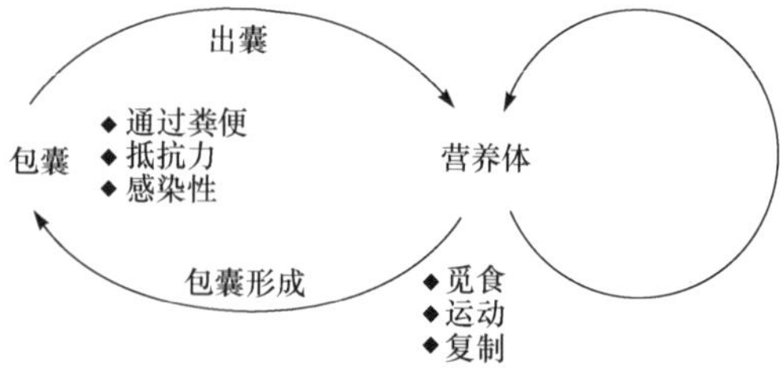

图 6-9 波列基内阿米巴生活史

6.7 迈氏唇鞭毛虫（*Chilomastix mesnili*）

6.7.1 食品卫生学意义

通常认为迈氏唇鞭毛虫寄生于人的肠道内，被认为不致病。但近10多年来国内外有关迈氏唇鞭毛虫感染人体的情况屡有报道。迈氏唇鞭毛虫在食品、水源和食品加工处理者身体上均能检出，除在蟹表面发现阿米巴包囊外，因水质肮脏及死蟹腐败感染，蟹也可能成为迈氏唇鞭毛虫等寄生虫滋生的"温床"。据了解，若寄生在蟹表面的迈氏唇鞭毛虫等原虫一旦大量繁殖的话，进入人体后也会引起病变，多表现为腹泻症状。很多地方吃香辣蟹很普遍，很多人因为香辣蟹已经高温烹制而掉以轻心。但高温绝不是万能的，类似现在各家餐馆里的香辣蟹，从活杀、清洗、烹制到上桌大多在15min内就速成了，绝对不能全部杀死寄生在蟹表面或寄养在蟹肌肉中的寄生虫。只有保证高温煮熟半小时以上，也只能认为是比较安全，因为蟹壳硬，不易煮透，寄生虫的存活率仍相当高。

6.7.2 生物学特性

迈氏唇鞭毛虫滋养体形状梨形，泪滴状，前端钝圆，末端尖锐，单核，20μm。具有细胞口（cytostome）的细胞嘴样结构。包囊也是单核，柠檬形，细胞质含颗粒状结构，12μm，有时可见支撑纤维（图6-10～图6-12）。

感染人的主要途径是通过粪-口途径。迈氏唇鞭毛虫滋养体寄生在人结肠中，主要寄生于回盲部。虫体前部有三个前鞭毛，有一个较长细胞口结构，是身体长度的1/3～1/2。

6.7.3 致病性

因食用了污染迈氏唇鞭毛虫的食品可使人发生腹痛、腹泻等消化道症状。发病主要是因为粪便污染和消化道状态不良。但致病情况不严重，发生概率较小。人感染率有的地方可高达8.7%～16.64%。

6.7.4 检测和控制

常用人粪便虫卵检查及食品虫体检查方法进行。染色或用像差显微镜观察。

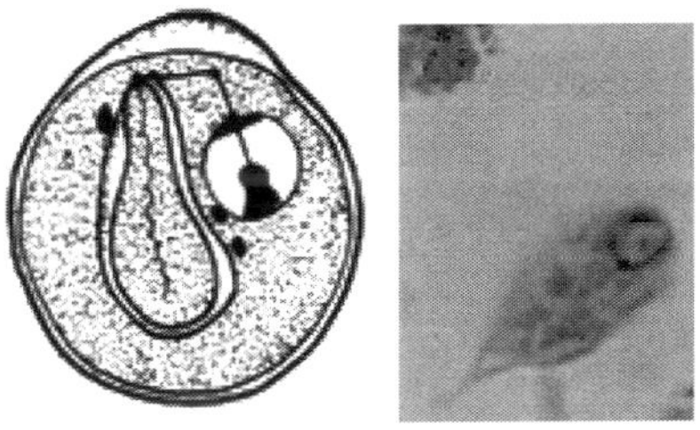

图6-10 迈氏唇鞭毛虫滋养体

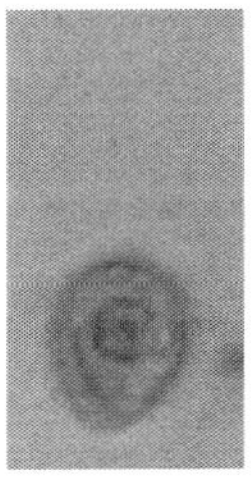

图6-11 迈氏唇鞭毛虫包囊

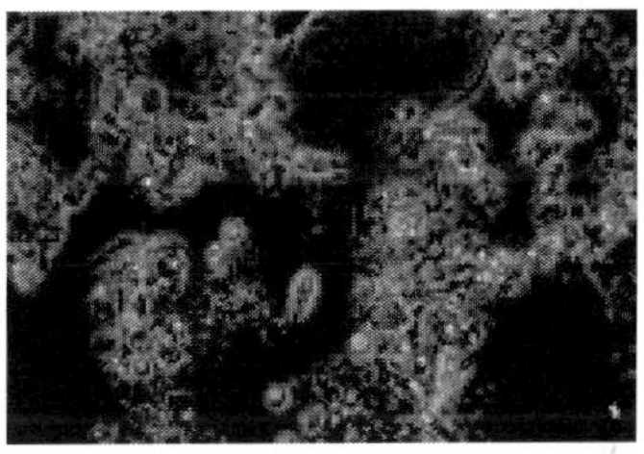

图6-12 粪便中的迈氏唇鞭毛虫

6.8 人肠滴虫（*Enteromonas hominis*）

6.8.1 食品卫生学意义

人粪便中有大量人肠滴虫存在，能够在食品、水源和食品加工者身体中检出。人肠滴虫病症状为腹泻、腹痛及便秘。传染源为人，我国许多地区都有人体感染的报道，感染率为1%～10%，台湾地区省猕猴粪检本虫感染率为8%。

6.8.2 生物学特性

滴虫病（trichomoniasis）由人肠滴虫引起，滴虫的生活史较简单，仅有滋养体，以二分裂法增殖。通过直接和间接方法传播。

滋养体小，滋养体都只有1个核在前部，呈梨形或球形，但人肠滴虫和中华内滴虫的核仁都较大，肠内滴虫的核较细小，人肠滴虫滋养体有4根鞭毛（3前1后），肠内滴虫和中华内滴虫滋养体都只有2根鞭毛（1前1后），肠内滴虫和中华内滴虫的核仁都较大，肠内滴虫的核较细小。包囊卵圆形，成熟后有4个核。一根纤细的轴柱由前向后贯穿整个虫体。胞质内有食物泡和细菌（图6-13）。

6.8.3 致病性

通过食品和水及食品加工人员传播，使人感染人肠滴虫病。本虫呈世界性分布，各地感染率不等，滋养体为感染阶段，随污染的食物、水或污染的手进入人体，在肠腔内以二分裂法繁殖。是条件性致病，该病的临床表现多为长期腹泻、稀便、腹痛、食欲减退、消瘦等。并可反复发作，迁延不愈。

6.8.4 检测和控制

检测时鉴别人的粪便中虫卵的形态，注意食品卫生，食品加工人员应定期检查。

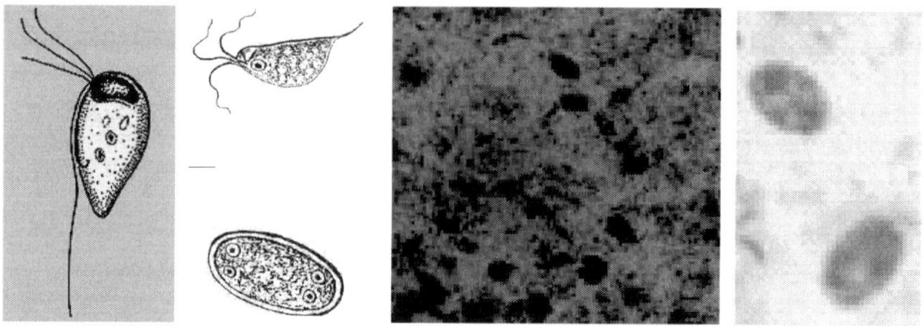

图 6-13 人肠滴虫（左两张）和其滋养体（右两张）

滋养体铁苏木素染色，虫体，可见有一个核，核仁较大，其他结构看不清楚（×815）

6.9 蓝氏贾第鞭毛虫（*Giardia lamblia*）

6.9.1 食品卫生学意义

蓝氏贾第鞭毛虫也称 *G. intestinalis* 或 *G. duodenalis*。主要寄生于人和某些哺乳动物的小肠，引起腹泻和消化不良等病症，也称蓝氏贾第鞭毛虫病。在食品、水源和食品加工者中都能检出。污染的水源、未煮熟的食品及粪便污染的食品都是蓝氏贾第鞭毛虫的传播途径。

贾第虫病呈全球性分布，人感染率为 1%～20%。一些家畜和野生动物也常为本虫的宿主，故贾第虫病也是一种人畜共患病。粪便中含有蓝氏贾第鞭毛虫包囊的人和动物均为本病的传染源。动物储存宿主包括家畜（牛、羊、猪、兔等）、宠物（猫、犬等）和野生动物（河狸）。水源传播是感染贾第鞭毛虫的重要途径。贾第鞭毛虫是水源中普遍存在的微生物。据 1991 年 3 月到 1993 年 4 月调查，美国 262 个原水水样中有 118 个水样有贾第鞭毛虫。食物污染主要来自食物加工者或管理者。此外，在儿童中间相互分享贾第虫污染的食物或水果也会造成传染，任何年龄的人群均易感。儿童、年老体弱者和免疫功能缺陷者尤其易感。本病多见于儿童和旅游者，故又称"旅游者腹泻"。如今贾第虫病已被列为全世界危害人类健康的十种主要寄生虫病之一。

6.9.2 生物学特性

滋养体呈纵切的半个梨形，长 9 ～21μm，宽 5 ～15μm，厚 2 ～4μm。两侧对称，前端宽钝，后端尖细，背部隆起，腹面扁平并形成两个大的吸盘，吸到肠腔的柱状细胞上。一对细胞核位于虫体吸盘的中央部位。有前、后侧、腹侧和尾鞭毛 4 对，均由位于两核间靠前端的基体发出。一对前鞭毛由此向前伸出体外，其余三对发出后在两核间沿轴柱分别向体两侧、腹侧和尾部伸出体外。鲜活的虫体借助鞭毛摆动做活泼的翻滚运动。一对平行的轴柱沿中线由前向后连接尾鞭毛，将虫体分为均等的两半（图 6-14）。

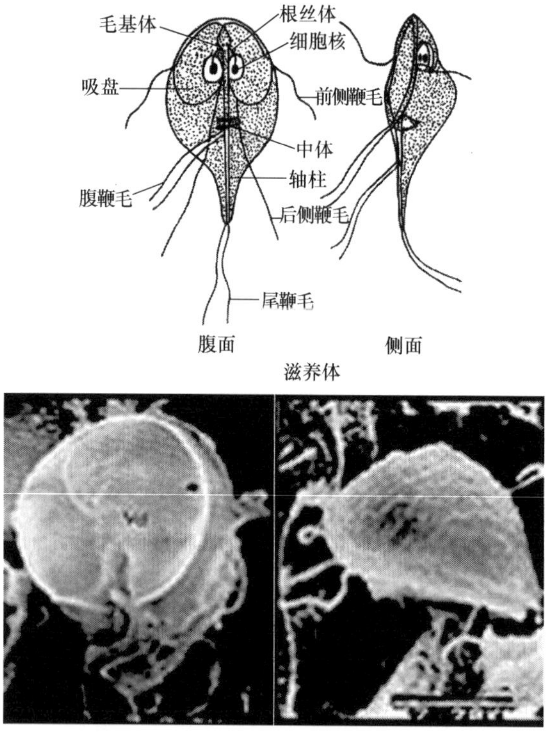

图 6-14 蓝氏贾第鞭毛虫滋养体及结构图

包囊呈椭圆形，长 8 ～14μm，宽 7 ～10μm。囊壁较厚，与虫体间有明显的间隙。未成熟的包囊内含两个细胞核，成熟包囊含 4 个核。胞质内可见中体和鞭毛的早期结构。

蓝氏贾第鞭毛虫的生活史有滋养体和包囊两个时期。滋养体为营养繁殖时期，包囊为传播时期。人或动物摄入被包囊污染的水源或食物而被感染。包囊在十二指肠脱囊形成两个滋养体，后者主要寄生于十二指肠或小肠上段。虫体借助吸盘吸附于小肠绒毛表面，以二分裂方式进行繁殖。在外界环境不利时，滋养体分泌囊壁形成包囊并随粪便排出体外。包囊在水中和凉爽环境中可存活数天至一月之久（图 6-15）。

6.9.3 致病性

寄生在人肠道绒毛表面。感染后多为无症状带虫者。临床症状主要表现为急性腹泻、慢性腹泻，吸收不良。后者常伴有吸收不良综合征。潜伏期一般为 1～2 周。

6.9.4 检测和控制

1）病原学检查

（1）粪便检查：直接涂片法检查急性期粪便中的滋养体；直接涂片碘液染色检查亚急性期或慢性期粪便中的包囊。

（2）小肠液检查：十二指肠引流检查滋养体。

（3）小肠活体组织检查：借助内窥镜取小肠黏膜组织，吉姆萨染色观察滋养体。

2）免疫学实验

用 ELISA、对流免疫电泳、间接荧光抗体等方法检测血清中的特异性抗体。

3）分子生物学方法

PCR 方法等。

消除传染源以积极治疗患者和无症状带包囊者为主。加强人和动物宿主粪便管理，防止水源污染。注意环境与个人卫生，预防感染。

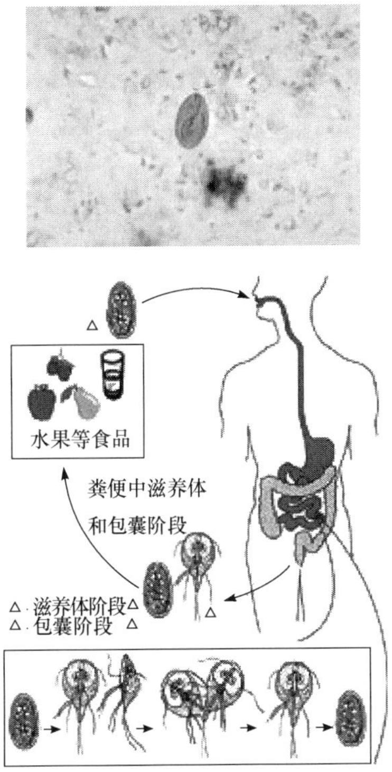

图 6-15　蓝氏贾第鞭毛虫包囊和生活史

6.10 结肠小袋纤毛虫（*Balantidium coli*）

6.10.1 食品卫生学意义

结肠小袋纤毛虫侵入肠壁引起动物源性寄生虫病，寄生于人体的结肠引起以腹泻为主要症状的肠道原虫病——结肠小袋纤毛虫痢疾（balantidial dysentery）。本虫是人体内最大的寄生原虫，猪是主要传染源。由结肠小袋纤毛虫引起的疾病呈世界性分布，主要分布在热带和亚热带地区，其中以菲律宾、新几内亚、中美洲等地区最为常见。我国的云南、广西、广东等省（自治区），有散发病例报告。饮水污染，如猪圈与水井距离较近或雨水冲刷猪圈流入水井后，人直接饮用生水所致。食物污染主要是因为利用猪粪作为蔬菜肥料或在猪圈旁从事食品加工业造成的。也可通过家蝇携带滋养体或包囊污染食品，都有可能感染本病。

6.10.2 生物学特性

本虫属纤毛虫门、动基裂纲、小袋纤毛虫科。生活史包括滋养体和包囊两期。滋养体呈长圆形，无色透明，或淡灰略带绿色，大小为（30～150）μm×（20～120）μm。全身披有纤毛，活的滋养体可借纤毛摆动呈迅速旋转式运动。虫体极易变形，前端略小，向体表凹陷形成漏斗状胞口和胞咽，后端较圆，有一小的胞肛，在胞口处的纤毛较长，摆动时食物沿口沟进入胞口和胞咽，在底部形成圆形食物泡，食物在其中消化，不能消化的废物从胞肛排出体外。虫体中、后部各有一伸缩泡，具有调节渗透压的功能，结肠小袋纤毛虫有两个细胞核，大核呈肾形，位于虫体中央，小核呈圆形，位于大核凹陷处。包囊呈圆形或卵圆形，直径 40～60μm，囊壁厚而透明，两层呈淡黄色或绿色。人体肠内滋养体较少形成包囊，而猪肠内虫体可大量形成包囊。滋养体随粪便排出体外后也能成囊。包囊污染食物和饮水经口进入宿主体内，在胃肠道脱囊逸出滋养体并下移至结肠内寄生，以淀粉颗粒、细菌及肠壁脱落的细胞为食，迅速生长，经二分裂繁殖，有时也行接合生殖（图 6-16）。

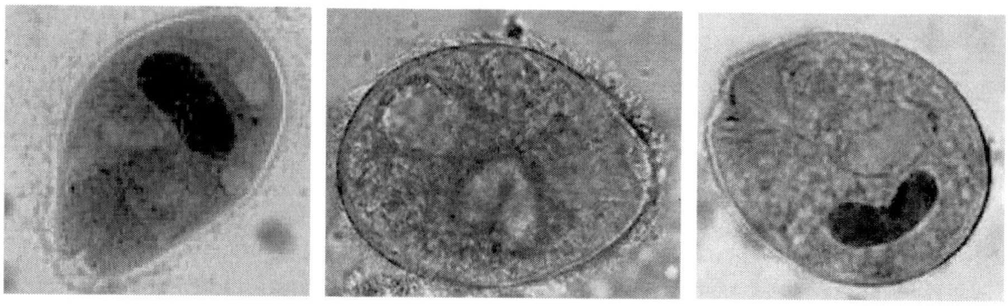

图 6-16　结肠小袋纤毛虫

6.10.3　致病性

临床表现和症状主要分为以下三型。

（1）无症状型：即潜伏初期，从排出的粪便中可找到本虫，而临床上无症状表现。

（2）慢性型：是最常见的类型，此期患者具有较轻的症状，如嗜酸性粒细胞增多、局限性结肠炎等。短期轻度腹泻呈周期性，粪便呈粥样或水样，上腹部有阵发性疼痛，回盲部及乙状结肠部有压痛，体重轻度下降。

（3）急性型：发病突然，较慢性型腹泻次数增加，且伴有里急后重。严重的可伴有脱水、营养不良及显著消瘦。

6.10.4　检测和控制

粪便检查是用生理盐水涂片法检查新鲜粪便中的滋养体和包囊，以获确诊。由于虫体排出呈间歇性，故需反复检查提高检出率。对虫体鉴定有疑问时，可用苏木素染色，以助鉴别。病理检查是在乙状结肠镜帮助下取病变组织切片镜检。鉴别特征是虫体呈椭圆形，前端右纵裂的胞口，有一个大核和一个小核。诊断上需与阿米巴痢疾、细菌性痢疾及肠炎鉴别。

防治原则与溶组织内阿米巴相同。因本病的发病率不高，重点应以预防为主，加强卫生宣传教育，注意个人卫生和饮食卫生，加强人粪、猪粪的管理，避免虫体污染食物与水源。

6.11　贝氏等孢球虫（*Isospora belli*）

6.11.1　食品卫生学意义

由于宿主食入成熟卵囊污染的食物和饮水而感染。人体感染贝氏等孢球虫的报告日趋增多，传染源为猫、犬和食肉野生动物，人群感染率在热带地区比温带地区高，我国台湾地区普查 980 人，感染率低于 1%。在美国艾滋病患者中的感染率为 15%；国内有多起病例报告。常见于新鲜食品、水源和食品加工处理者中，其来源主要是由于动物粪便污染了水源或食品，而使水源或食品感染虫卵。

6.11.2　生物学特性

等孢球虫属真球虫目、艾美耳科的球虫，广泛存在于哺乳类、鸟类和爬行类动物的肠道内。一般认为寄生于人体的等孢球虫有贝氏等孢球虫（*I. belli*）和纳塔尔等孢球虫（*I. natalensis*）。

贝氏等孢球虫卵囊为长椭圆形，大小为（20～33）μm×（10～19）μm，未成熟卵囊内含一个大而圆的细胞，成熟卵囊内含两个孢子囊，每个孢子囊含有 4 个半月形的子孢子和一个残留体，无囊塞。纳塔尔等孢球虫的卵囊呈球形，大小为（25～30）μm×（21～24）μm，其形态特点类似于贝氏等孢球虫，其卵囊内含两个孢子囊，无囊塞（图 6-17）。

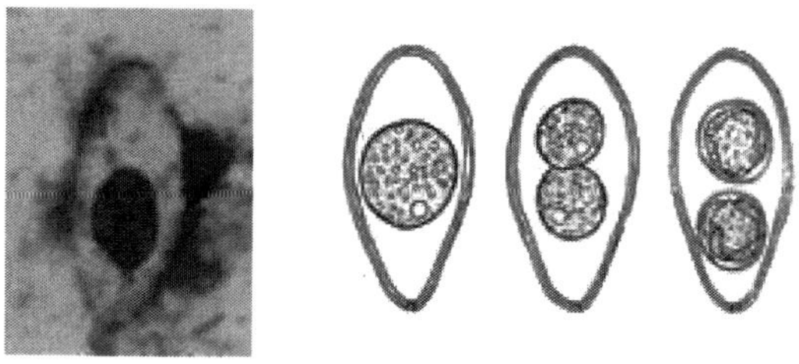

图 6-17　贝氏等孢球虫卵囊

生活史：本虫经口感染，在肠上皮细胞内发育，生活史不需中间宿主。由于宿主食入成熟卵囊污染的食物和饮水，卵囊进入消化道后，子孢子在小肠逸出并侵入肠上皮细胞发育为滋养体。滋养体经裂体增殖发育为裂殖体，产生的裂殖子再侵入附近的上皮细胞继续进行裂体增殖，部分裂殖子形成雌、雄配子体，两性配子结合形成合子，发育成卵囊，卵囊落入肠腔随粪便排出体外。

6.11.3　致病性

贝氏等孢球虫感染常无症状或具自限性，但也可出现慢性腹泻、腹痛、厌食等症状。有时引起严重的临床症状，起病急、发热、持续性或脂肪性腹泻、体重减轻等，甚至可引起死亡。患者在恢复期中，卵囊排出可持续120d。发病具有一定地方性，在正常人多引起暂时性自限性腹泻。

6.11.4 检测和控制

粪检发现该虫卵囊，即可确诊。因卵囊微小，常易漏检。做十二指肠活组织检查，可提高检出率。

预防本病应注意饮食卫生。

6.12 刚地弓形虫（*Toxoplasma gondii*）

6.12.1 食品卫生学意义

刚地弓形虫是一种广泛寄生于人和动物的原虫，能引起人畜共患的弓形虫病。这一病原体于1908年由Nicolle和Manceaux在北非突尼斯的啮齿类梳趾鼠（*Ctenodactylus gondii*）体内发现，并正式命名，属名源自希腊单词“Toxon”，“弓”形的意思，取意于弓形虫速殖子在细胞外的形态。几乎同时，Splendole也于1908年在巴西一个实验室的家兔体内发现了弓形虫。自此以后，陆续在世界各地的人和动物中发现弓形虫病。我国于20世纪50年代由于恩庶首先在福建猫、兔等动物体内发现了本虫，但直至1977年后才陆续在上海、北京等地发现过去所谓的“无名高热”是由弓形虫引起的，并引起普遍的重视。

本虫呈世界性分布。宿主种类十分广泛，人和动物的感染率都很高。人群感染相当普遍，许多哺乳类、鸟类及爬行类动物均有自然感染。特别是一些与人关系密切的家畜（牛、羊、猪、犬、兔等）感染率相当高，可达10%以上，是人体弓形虫感染的重要传染源。人可因食入了感染性卵囊污染的食物或饮用污染水等途径而感染，因此具有重要的食品卫生学意义。

弓形虫是一种非常重要的机会性致病病原虫，在某些情况下可以引起严重的疾病，如孕妇感染弓形虫，则可能影响胎儿的发育，严重者致畸甚至死亡，同时可使孕妇流产或早产；对于免疫抑制或免疫缺陷的患者（如器官移植或艾滋病患者），弓形虫更是一个主要的机会致病因素。据报道有6%～10%的艾滋病患者并发弓形虫病，而艾滋病患者所患脑炎中有50%是由弓形虫所引起。

6.12.2 生物学特性

弓形虫属真球虫目、弓形虫科、弓形虫属。目前，多数学者认为发现于世界各地人和动物的弓形虫都是同一种，但有不同的虫株。弓形虫在全部生活史中可分为5个形态阶段：速殖子、包囊、裂殖体、配子体和卵囊。

滋养体（trophozoites）：又称速殖子（tachyzoite），呈香蕉形或半月形，一端较尖，一端钝圆，一边较扁平，一边较弯曲。大小为（4～7）μm×（2～4）μm。运动方式多变、或滑动、或翻筋斗、或沿螺旋路线转动（见图6-18）。用吉氏染液或瑞氏染液染色后核呈红色，位于虫体中央，细胞质呈蓝色，在核与尖端之间有染成浅红色的颗粒称为副核体。用苏木素染色时可见到核膜和核仁。

滋养体主要发现于急性病例，在腹腔渗出液及血流中，单个或成对排列，在有核细胞内还可见到正在繁殖的虫体，其形状是多样的，有圆形、卵圆形和正在出芽的不规则形状等，有时在宿主细胞的胞质里，许多滋养体簇集在一个囊内，但没有真正的囊壁而称为假包囊（pseudocyst）。假包囊内的虫体为速殖子，吞噬细胞核常被挤在一边。由于个体发育不同步，假包囊内虫体通常排列凌乱，但也常见到发育同步个体形成玫瑰花结样。假包囊破裂后，虫体在短期内仍聚集在一起。

包囊（又称组织囊）：组织中包囊呈圆形或椭圆形，具有一层由虫体分泌而成的嗜银性和富有弹性坚韧囊壁。囊内虫体反复增殖，包囊体积逐渐增大，小的直径仅5μm，内含数个虫体；大的直径可达100μm，内含数百个虫体。囊内虫体又称为缓殖子（bradyzoite）。缓殖子形态与速殖子区别很小，仅虫体较小，核稍偏钝端。包囊多见于脑、眼、骨骼肌、心肌和其他组织内，是虫体在宿主体内休眠阶段，见于慢性病例。

裂殖体：在终宿主猫的肠绒毛上皮细胞内，早期可见其含有多个细胞核，成熟时则含新月状裂殖子，前端较大，后端较钝，大小为(3.5～4.5)μm×1μm。其数目不定，由4～29个，但以10～15个居多，呈扇形排列。

配子体：在猫肠细胞内进行有性繁殖期虫体，有雄配子体和雌配子体。雄配子体呈圆球形，直径约10μm。用姬氏染色后核呈淡红色而疏松，细胞质呈淡蓝色。发育成熟的雄配子体可形成12～32个雄配子，新月形，长约3μm。雄配子体数量很少，占雌配子体总数的2%～4%。雌配子体呈圆形，成熟后称为雌配子，在生长过程中形态变化不大，仅体积增大，可达15～20μm。

卵囊：出现于猫肠道中，随粪便排到外界。刚从猫粪排出的未孢子化卵囊，呈圆形或椭圆形，有双层囊壁，表面光滑，大小为（11～14）μm×（9～11）μm，平均12μm×10μm。在适宜温度和湿度下，卵囊发育迅速，数小时后开始孢子化，此时囊内颗粒收缩成圆球状，与两端囊壁形成半月状空隙，24h后发育为两个孢子囊。其大小约为8μm×6μm，每个孢子囊内含有4个长形弯曲的子孢子，互相交错挤在一起，呈新月状，一端较尖，一端较钝，大小为(2～6)×8μm，一个核居中或在亚末端。

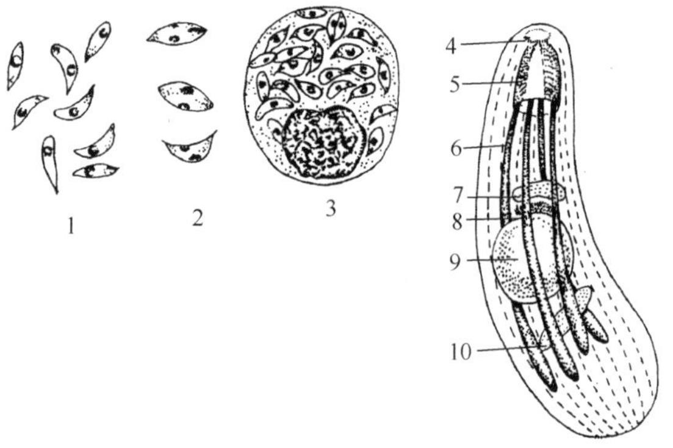

图 6-18　弓形虫速殖子及电镜结构图

1. 游离于体液；2. 在分裂中；3. 寄生于细胞内；
4. 极环；5. 锥体；6. 微线；7. 高尔基体；
8. 高尔基附加体；9. 细胞核；10. 线粒体

生活史：整个生活史发育过程需要两种宿主。猫科动物如家猫为终末宿主，弓形虫在终末宿主肠上皮细胞内进行无性和有性生殖。有性生殖只限于猫小肠绒毛上皮细胞内，而无性生殖既可在小肠上皮细胞，又可在小肠外其他器官组织内进行。弓形虫对中间宿主的选择极不严格，无论哺乳类、鸟类和人都可作为中间宿主，猫既可作为终末宿主又可作为中间宿主。对组织选择也不严格，除红细胞外，任何有核细胞都可侵犯。在中间宿主体内，弓形虫在肠外组织器官内进行无性生殖。

1）在终末宿主体内发育

当猫科动物吞食卵囊或含有包囊、假包囊的其他动物肌肉组织后，子孢子、缓殖子或速殖子在宿主体内孵出，到达小肠时，则侵入其小肠上皮细胞内发育，形成裂殖体，裂殖体成熟以后就破裂释放出裂殖子，再侵入新的肠上皮细胞内继续重复上述过程。这个过程称为裂体增殖时期。猫科动物同时也是中间宿主，部分子孢子或缓殖子、速殖子也可经肠壁淋巴和血流侵入全身其他组织。

经过数代裂体增殖以后，部分裂殖子侵入肠上皮细胞发育，形成大（雌）、小（雄）配子体。雄配子体经过发育，核和胞质分裂，形成多个雄配子；雌配子体发育形成一个雌配子。雌、雄配子结合形成合子，合子发育为卵囊。卵囊随终宿主粪便排出，新排出的卵囊不具感染性，必须在外界经一段时间的发育，最终形成含有两个孢子囊（共含有 8 个子孢子）的成熟卵囊才有感染性。

卵囊孢子化所需时间视温度及空气条件而有差别。在外界环境中，在适宜的温度、湿度和充足氧气条件下，2～4d 发育为感染性卵囊。在室温（28～32℃）时发育迅速，数小时后囊内颗粒样物质收缩成球状，24h 后发育为两个孢子囊，每个孢子囊内分化发育为 4 个子孢子。

猫吞食不同发育期的弓形虫后，排出卵囊的时间不一样。通常吞食包囊后 3～5d、假包囊后 5～10d、卵囊后 20～24d 排出卵囊。吞食包囊后，几乎所有感染猫均排出卵囊，而吞食假包囊或卵囊的猫只有 50% 排出卵囊。

2）在中间宿主（其他动物）体内的发育

弓形虫滋养体可以通过口、鼻、咽、呼吸道黏膜和伤口处侵入各种动物和人体内。例如，当动物吃到另一动物的肉或乳中的滋养体或包囊而感染。动物的普遍感染途径是动物食入了感染性卵囊污染的食物、饲草、饮水等。弓形虫卵囊中的子孢子主要是通过淋巴、血液循环带到全身各处，钻入各种类型的细胞内进行繁殖。在感染的急性阶段，尚可在腹腔渗出液中找到游离的滋养体。当感染进入慢性阶段时，在动物细胞内形成包囊。包囊有较强的抵抗力，在动物体内可存活数年之久。

弓形虫除了主要的细胞质内繁殖外，也能侵入细胞核内繁殖。在胞质或核内进行二分裂和内芽生殖过程中，可形成各种各样的群落，环形、半环形、多环形、长队形、玫瑰花形和蜂窝形等。当宿主细胞破裂后，速殖子又侵入新宿主细胞，继续不断地发育和增殖。

弓形虫毒力与机体的免疫力之间始终处于一种动态平衡，从而造成急性期和慢性期可以互相转变的状态。在机体免疫力正常时，速殖子侵入宿主细胞后，特别是在脑、眼及骨骼肌等组织的细胞内时，虫体不再迅速增殖，而是分泌物质形成囊壁，虫体在囊内进行缓慢增殖，直到涨破宿主细胞而形成独立包囊。包囊最终也可破裂放出缓殖子，再侵入其他健康有核细胞内继续缓慢重复上述过程。如果机体抵抗力较差、免疫缺陷或使用了各种免疫抑制剂及虫株毒力较强时，则在细胞内形成假包囊。假包囊内速殖子增殖非常迅速，细胞很快被涨破放出速殖子侵入其他正常细胞，迅速造成全身感染。

6.12.3　致病性

本病分布于世界各地。动物的感染很普遍，但多数为隐性感染。感染的动物已知有猫、犬、猪、羊、牛、兔、鸽、鸡等 40 余种。主要为病畜和带虫动物，猫和猫科动物等为重要传染源。因为它们体内带有弓形虫的速殖子、包囊。已证明病畜的唾液、痰、粪、尿、乳汁、腹腔液、眼分泌物、肉、内脏、淋巴结及急性病例的血液中都可能含有速殖子，如果外界条件有利于其存在，就可能成为传染来源。

病猫排出的卵囊及被其污染的土壤、牧草、饲料、饮水等也是重要的传染来源，吞食了患弓形虫病的动物特别是鼠类尸体的猫，经 3～20d 的潜隐期后，从其粪便中排出大量的卵囊，每天排出 10～100 万个，并持续 5～14d。这些卵囊在外界短期发育使其具有感染各种动物（包括猫）的能力。卵囊抵抗力很强，在低温情况下，未成熟卵囊的存活时间在 4℃为 90d，－5℃为 14d，－20℃为 1d。成熟（孢子化）卵囊－5℃为 120d，－20℃为60d，－80℃为 20d。干燥对卵囊损害很大。弓形虫对消毒剂抵抗力很强。

昆虫如蝇类、蟑螂等可机械携带本虫而起传播作用。

感染途径：①经口感染是本病最主要的感染途径，人、各种动物吞入猫粪中的卵囊或带虫动物的肉、脏器及乳、蛋中的速殖子、包囊都能引起感染。②经胎盘感染，孕妇及怀孕的母畜感染弓形虫后，通过胎盘使其后代发生先天性感染。③经皮肤、黏膜感染，速殖子可通过损伤的黏膜、皮肤进入人、畜体内。有人认为速殖子经口感染时，也是由损伤的消化道黏膜进入血液或淋巴而感染的。

易感人群：人类对弓形虫普遍易感，尤其是胎儿、婴幼儿、肿瘤和艾滋病患者更易感染，长期应用免疫抑制剂及免疫缺陷者可使隐性感染急性发作。此外，感染率与职业、生活方式、饮食习惯密切相关。

发病季节：一般说来，弓形虫病流行没有严格的季节性，但秋冬季和早春发病率最高，可能与动物机体抵抗力因寒冷、运输、妊娠而降低及此季节时外界条件适合卵囊生存有关。据调查，猫在7～12月排出的卵囊较多，温暖潮湿地区感染率也高。

致病作用：弓形虫的侵袭力与虫体毒力及宿主的免疫状态有关。

弓形虫的侵袭力：弓形虫是由虫体前端接触并钻入细胞。在电镜下观察虫体以前端类锥体和极环接触宿主细胞膜，使细胞出现凹陷，在棒状体分泌酶（穿透增强因子）和虫体旋转运动的作用下，经1～2s虫体钻入细胞内发育。虫体与细胞核的关系比较密切，进入细胞后有向核趋势，贴在细胞核边缘，有少数虫体在核内寄生。

虫株毒力：根据虫株的侵袭力、繁殖速度、包囊形成与否及对宿主的致死率等，弓形虫可分为强毒株和弱毒株。强毒株的弓形虫繁殖快（RH株在小鼠体内增殖一代经3～5h），可致宿主迅速死亡。目前国际上公认的强毒株代表为RH株。弱毒株的弓形虫增殖缓慢，受机体免疫力的影响形成包囊，以Beverley株为其代表。

危害宿主的因素：弓形虫毒素可引起健康小鼠惊厥和后肢麻痹，几分钟后死亡，是感染鼠死亡原因之一。弓形虫素（toxoplasmin）是弓形虫虫体提取物，对鸡胚有明显致畸作用，可能与胚胎发育异常有关。弓形虫因子（toxofactor）是弓形虫的培养上清中有一种毒性物质，将其注入健康小鼠腹腔或静脉内，可使小鼠出现懒动、耸毛、体重减轻、肝脾肿大、胸腺缩小、流产、发育停滞、中枢神经系统受损等。

速殖子期是弓形虫的主要致病阶段，虫体侵入有核细胞后迅速发育繁殖，导致细胞破裂，逸出的虫体重新侵入新的细胞，刺激淋巴细胞、巨噬细胞的浸润，导致组织的急性炎症和坏死。

包囊内缓殖子是慢性感染的主要形式，包囊可因缓殖子的增殖而体积增大，压迫器官，引起功能障碍。当包囊增大到一定程度或因其他因素破裂，游离的虫体诱发迟发型变态反应，形成肉芽肿，纤维钙化等，这些病变多见于脑、眼等部位。

患病者多数是无症状的隐性感染。临床上弓形虫病可分为先天性和后天性两类。先天性感染只发生在妇女孕期，即怀孕妇女感染后，虫体经胎盘感染胎儿，可引起流产、死产或产后婴儿出现弓形虫病症状。常见的有脑积水、小脑畸形、脑钙化灶、精神障碍、眼球畸形、脉络膜网膜炎和肝脾肿大合并黄疸等。后天性感染最常见，表现为淋巴结肿大、较硬、有橡皮样感，伴有长时间的低热、疲倦、肌肉不适，部分患者暂时性脾肿大，偶尔出现咽喉肿痛，头痛和皮肤出现斑疹和丘疹。如弓形虫侵入其他器官则出现相应症状，如心肌炎、肺炎、脑炎等。

6.12.4 检测和控制

人弓形虫病其临床症状、剖检变化与很多疾病相似，在临床上容易误诊。对于水源和食品样品主要以集虫法检查为主。

1）病原学诊断

（1）脏器涂片检查：取肺、肝、淋巴结做涂片，干燥、固定，然后染色镜检；生前血涂片检查；淋巴结穿刺液涂片检查。

（2）集虫法检查：取水源和食品用10倍生理盐水滤过，500r/min离心3min，取上清液再1500r/min离心10min，取沉渣涂片，染色镜检。

（3）动物接种：将受检材料接种于实验动物后，再在实验动物体内找虫体的方法来诊断，以小白鼠腹腔接种较为方便。

2）血清学诊断

血清学检查仍是目前广泛应用的重要诊断参考依据。

（1）染色试验：取自小白鼠腹水或组织培养所得的游离弓形虫，分别放在正常血清和待检血清中，经1～2h后，取出虫体各加碱性亚甲蓝染色。正常血清中的虫体染色良好，而待检血清中的虫体染色不良则为阳性。这是因为阳性血清中含有抗体，使虫体的胞质性质有了改变，以致染不上色。这个试验要倍比稀释血清、1∶16稀释度认为有诊断意义。镜检时60%虫体不着色者为阳性，反之为阴性。此法可用于早期诊断，因为在感染后两周就呈阳性反应，且持续多年。

（2）间接血凝试验：猪于发病后一周抗体明显上升，发病后16～21d达高峰，一个月后，抗体逐渐下降，但在4个月后仍可检出阳性反应。

（3）间接荧光抗体试验：与染色试验相比符合率较高，反应灵敏，制备的抗原可长期保存，操作也较简便，是一种较好的诊断方法。其中IgM的检测具有早期诊断价值。

（4）ELISA是目前最常用的方法之一，现有多种改良法通过检测宿主体内的特异性循环抗原或抗体，用以早期诊断急性感染和先天性弓形虫病。目前，临床上多采用同时检测IgM和IgG的方法来诊断感染。此外还有补体结合反应、皮内反应及中和试验等均可采用。

3）基因诊断

近年来，将PCR及DNA探针技术应用于检测弓形虫感染，更具有灵敏性、特异性、早期诊断的意义，并开始试用于临床。

另外，在孕妇怀孕期间，进行B超检查、羊水或胎血检查，可以了解弓形虫抗体水平的动态变化、胎儿是否在子宫内受感染及受损情况，以便采取相应措施，预防或减少不良后果的发生。

4）预防措施

（1）畜舍保持清洁，定期消毒。

（2）阻断猫及鼠粪便污染饲料及饮水。

（3）流产胎儿及其他排泄物，包括流产的场地均需进行严格消毒处理。

（4）对死于本病和可疑的动物尸体严格处理，防止污染环境，禁止用上述物品喂猫、犬或其他动物。

（5）人特别是孕妇应避免和猫接触，如家养宠物猫，以防感染。

（6）加强对家畜、家禽和可疑动物的监测和隔离。

（7）加强肉类检疫、饮食卫生和养猫的管理，不吃生或半生的肉、未消毒的奶制品，并对孕妇定期做弓形虫常规检查，以防止先天性弓形虫病的发生。

6.13 环孢子虫（*Cyclospora*）

6.13.1 食品卫生学意义

环孢子虫病是一种新出现的人畜共患寄生性原虫病，主要引起宿主胃肠炎和慢性腹泻。从蛇、食虫动物和啮齿动物中分离到，其传播方式可能与饮用或食入污染环孢子虫卵囊的水或食物有关。近年来，环孢子虫引起的严重腹泻病例不断增多而引起医学界的高度重视。曾经认为环孢子虫病是发展中国家地方病，现在发现也可引起旅游者腹泻。1996～1999年，美国和加拿大相继暴发了大规模食源性环孢子虫病，美国11个州1000多人发病，感染肠道并引起腹泻、体重下降和疲劳无力。寄生虫成为食源性大流行病的原因是罕见的，出现这种流行病是最近几年来首次出现的全国性大流行病。随着世界范围内食品贸易往来和国际旅游的增加，使得环孢子虫病更易于在全球传播，因此需要人们更加关注环孢子虫病。我国迄今也报道了多起环孢子虫感染的病例，累及的食物有木莓、草莓、莴苣、牛奶等类食品。

6.13.2 生物学特性

环孢子虫首先由Elimer在1870年从鼹鼠肠道中分离到，1881年Schneider建立环孢子虫属（*Cyclospora*）。Schaudinn等（1902）对寄生于鼹鼠的*C. caryolytica*的生活史进行了详细观察，发现该虫是在宿主小肠上皮细胞中发育并引起严重肠炎。1977年Ashford在详细观察了三位患者排泄物中先前未被确认的球虫卵囊后，首先报告在人类粪便中发现环孢子虫。16年之后，Ortega等对寄生于人体的环孢子虫进行了详细描述，并将其命名为一新种卡宴环孢子球虫（*C. cayetanensis*）。在自然界中，*C. cayetanensis*比其他种类环孢子虫要小，曾被认为是一种蓝绿藻单细胞体，或是一种类似球虫或隐孢子虫的生物体（图6-19～图6-21）。

越来越多的证据表明环孢子虫18S rDNA与艾美耳球虫具有较高同源性，故认为环孢子虫应归属于艾美耳球虫，但在形态学上又与艾美耳球虫有所不同。目前认为环孢子虫属于顶复亚门（Apicomplexa）、孢子虫纲（Sporozoa）、球虫亚纲（Coccidiasina）、真球虫目（Eucoccida）、艾美球虫科（Eimeriidae）、环孢子虫属（*Cyclospora*）。已报道环孢子虫生活史中有卵囊、滋养体和裂殖子阶段。

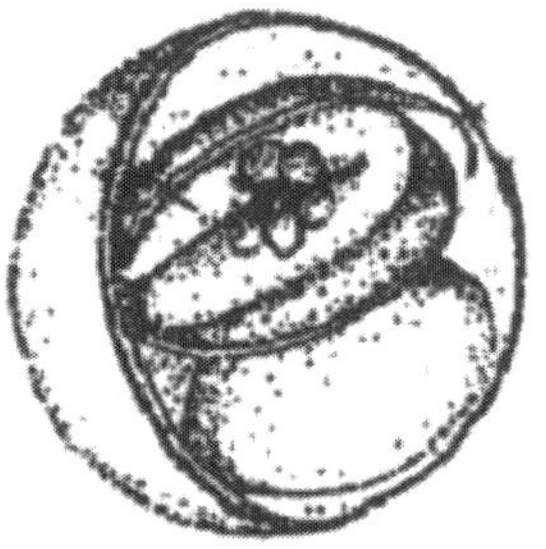

图6-19 环孢子虫卵囊模式图

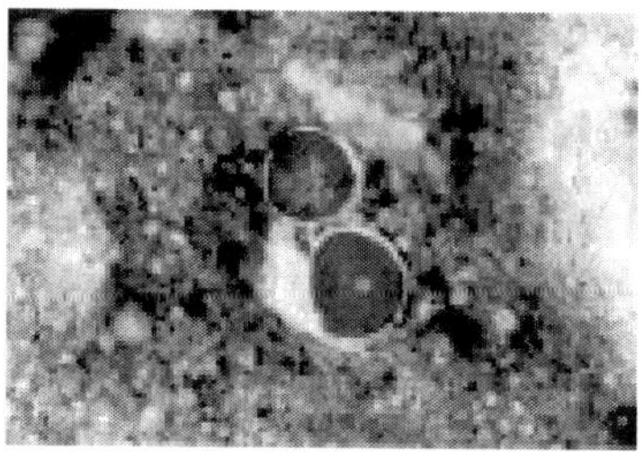

图6-20 环孢虫孢子化卵囊

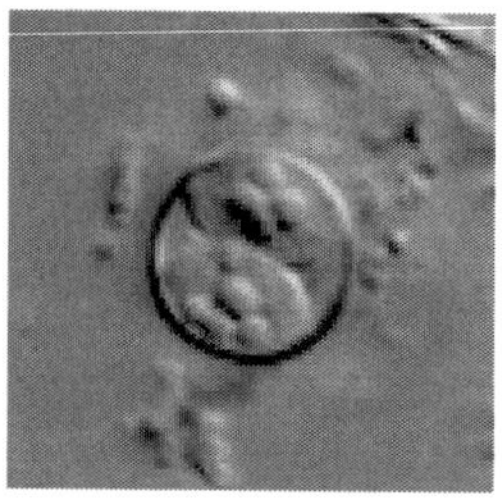

图6-21 环孢虫孢子染色

在光学显微镜下，可以从感染环孢子虫患者的十二指肠活检组织、腹泻物中或经固定的大便中观察到该虫卵囊，新鲜腹泻物中卵囊为圆形，内含成团可反光的包在膜内小体，除个别卵囊外，绝大多数卵囊仍未孢子化。卵囊孢子形成需要1～2周时间，如果暴露在干燥环境15min，卵囊壁就可能破裂。卵囊直径为8.6μm，囊壁由内外两层组成，厚约113nm，外壁厚约63nm，较粗糙，内膜厚约50nm，较平滑。环孢子虫卵囊有两个孢子囊，且每个孢子囊有两个子孢子，孢子囊大小为4.0μm×6.3μm，囊壁厚约62nm，而每个子孢子宽约1.2μm，长约9μm。具极体和卵囊余体。孢子囊余体为数个大型的小球体。子孢子有一个膜包被的核和一个棒状体，这是顶复门典型特征。

肠上皮细胞的细胞质内，可见到细长的子孢子(1～2)μm×6μm、卵圆形的滋养体2μm×4μm、裂殖子1μm×2μm及裂殖体。不成熟的裂殖体含有2～4个核，成熟者则含有10～16个裂殖子。环孢子虫的胞质中含有细胞核、棒状体（rhoptries）和管状细胞器（micronemls），同时也可见到有粗面内质网，其顶端复合体包含有极环、类锥体（conoid）和管状细胞器小管，这些进一步证实环孢子虫的分类是属于顶复门孢子虫纲。

生活史：对人环孢子虫生活史的研究较少，其生活史尚未阐明。卵囊随食物或水经口感染，进入肠道后，子孢子释出并侵入肠道细胞，最初是小肠细胞。在肠细胞内的感染包括两个阶段即裂殖生殖和孢子生殖。裂殖生殖阶段包括裂殖子在感染细胞内的裂殖、复制、成熟和发展过程。这个无性繁殖阶段在宿主即使没有重复感染的情况下，仍使感染扩散到其他肠道细胞。孢子生殖阶段包括卵囊成熟和发展。感染细胞死亡后，卵囊即从细胞内释出，进入肠腔，然后随粪便排出体外。

6.13.3 致病性

目前已从爬行动物、食虫动物、啮齿动物及人的粪便中分离到环孢子虫。尽管 *C. cayetanensis* 在全世界都有发现，但病例大多来自发展中国家（如尼泊尔、海地、墨西哥、危地马拉、波多黎各、摩洛哥、柬埔寨、巴基斯坦、印度、印尼及所罗门群岛等）的居民或因旅游等曾到过这些国家的人。流行病学资料主要来自对海地、尼泊尔和秘鲁感染病例的研究，在这三个国家环孢子虫病似乎已成为一种地方流行病。我国云南、安徽、浙江等地也曾有个别环孢子虫感染病例报告，但我国环孢子虫感染情况不清。特别是地处热带和亚热带的南方诸省，环孢子虫感染不能忽视。2007年郑州地区调查人群总体感染率为0.62%。

流行季节：环孢子虫病的暴发多发生在温暖季节。

传播途径：一般认为环孢子虫的传播途径是经水源或水果、蔬菜等食物传播。美国1990年首次环孢子虫病暴发与饮用水有关。在尼泊尔感染环孢子虫的腹泻患者比无腹泻患者更习惯于饮用未经处理的水和本地牛奶，而本地牛奶多用未经处理的水稀释。美国芝加哥一医院员工发生的环孢子虫病暴发，经查与该医院提供的饮用水有关。也有证据表明，环孢子虫病也可经食物传播，美国1996年发生的环孢子虫病暴发流行，被确认为是进食了从危地马拉进口的山草莓所致。有关的食物有木莓、草莓、莴苣、罗勒等。

致病作用：认为与其他球虫一样，环孢子虫是通过不断侵入和破坏宿主的小肠上皮细胞而使宿主产生临床症状。引起腹泻的确切机制尚不清楚。

临床症状：环孢子虫病患者绝大多数有腹泻的典型临床症状，且腹泻的轻重和病程长短与其体质有关。不易与隐孢子虫或其他肠道病原微生物所引起的腹泻相区别。环孢子虫病的潜伏期是2～11d，最短12～24h，之后绝大多数患者可出现急性腹泻。在正常宿主环孢子虫所引起的腹泻平均可持续3～25d，甚至更长，也可伴有如厌食、食欲下降、恶心、呕吐、乏力、体重减轻、发热、寒战等。环孢子虫引起的腹泻转变为慢性迁延性较为常见，但也有自限性。

实验动物对于 *C. cayetanensis* 来说都不易感，人类有可能是其完整生活史的唯一必需宿主，也可能还有尚未发现的宿主。

6.13.4 检测和控制

人环孢子虫病可根据临床症状，结合当地流行病学资料进行初步诊断，确诊有赖于实验室诊断。

对于环孢子虫感染者，肠道活组织检查具有一定的辅助诊断价值。

(1) 直接涂片法：目前诊断环孢子虫感染主要依靠显微镜检查粪便中环孢子虫卵囊，多采用新鲜粪便直接涂片镜检。通常需要间隔2～3d留三个以上标本进行检验。

(2) 染色法：改良抗酸染色法，经该方法染色后，卵囊多呈深红色，带有斑点。根据染色程度的不同卵囊颜色从亮粉红色到深紫红色不等。

(3) 孢子化试验：室温下环孢子虫卵囊于2.5%重铬酸钾溶液中，经7～13d可完成孢子化。镜检可见两个孢子囊，每个孢子囊含两个子孢子。

(4) PCR技术：Relman等利用 *C. cayetanensis* 的18S rDNA基因序列设计引物，建立巢式PCR，随后研究证明这些引物可成功地检测 *C. cayetanensis*。Orlandi和Lampel利用这些引物可成功地检测木莓中的 *C. cayetanensis* 卵囊，灵敏度可达30个卵囊/100g；Marina等用PCR检测木莓、罗勒、莴苣中的 *C. cayetanensis* 卵囊，灵敏度可分别达到40～100个/100g。

(5) 预防：美国自从1996年暴发食源性环孢子虫病之后采取了积极的措施。1997年美国FDA和CDC只允许安全的木莓进口，到1998年春天完全禁止从危地马拉进口鲜木莓，使得美国环孢子虫病病例数大幅度下降。而加拿大未采取有效措施，环孢子虫病感染仍未明显下降，因此采取预防措施十分必要。

加强水源卫生监控，减少环境污染非常重要。生活中要养成良好的卫生习惯，蔬菜、水果吃前应该彻底清洗或去皮；饭前便后、食品加工、接触宠物和家畜后要洗手，可减少感染的机会。

6.14 微孢子虫（*Microsporidia*）

6.14.1 食品卫生学意义

微孢子虫是专性细胞内寄生原虫，导致的疾病称微孢子虫病（microsporidiosis）。宿主范围广泛，常见于节肢动物和鱼类，也感染人类和其他哺乳动物。目前已发现至少有 6 个属，约 14 种微孢子虫能感染人。一般认为引起哺乳动物和人疾病的有下列几种：脑炎微孢子属的兔脑炎原虫（*Encephalitozoon cuniculi*）、荷兰脑炎原虫（*E. hellem*）、肠上皮细胞微孢子属的双年肠孢虫（*Enterocytozoon bieneusi*）及微粒子属（*Nosema*）、匹里虫属（*Pleistophora*）的某些种。对于其动物宿主资料不多，但这类寄生虫的孢子对外界环境抵抗力非常强，因此，相信能够通过污染的食品和（或）水源传播。

有关人感染微孢子虫的最早报道是在 1959 年。1985 年 Desportes 在法国 HIV 感染的患者中发现微孢子虫 *E. bieneusi*，之后，全球有关艾滋病患者感染微孢子虫的报道逐渐增多。微孢子虫、兔脑炎原虫、双年肠孢虫和荷兰脑炎原虫等均能通过水源和食品、食品加工者等途径传播，经动物途径传播更为常见。污染食品后生存能力强，因此，食品必须经过充分加工后才能食用。

6.14.2 生物学特性

微孢子虫属微孢子虫纲、微孢子虫目。现已报道的微孢子虫有 150 多属，包括 1000 多种，统称微孢子虫。本虫是原始真核生物，虫体内无线粒体，无中心粒，含有类原核的微粒体，但仍具有原核生物的某些特点。由于其独特结构及特殊生物学特性，将其列为一独立原生动物门——微孢子门（Phylum Microspora）。

成熟孢子呈椭圆形（图 6-22，图 6-23），其大小随虫种不同而异，一般 1～3μm，用韦伯氏染色孢子染成红色具折光性，孢壁着色深，中间淡染或苍白。许多孢子还可呈现典型的带状结构，即呈对角线或者垂直红染的腰带状包绕。孢子壁内的细胞核被螺旋形的极丝（或称极管）围绕，极丝缠绕圈数随虫种不同而异。孢子前端有一固定盘或称极盘形成突出结构，与极丝相连，后端有一空泡。

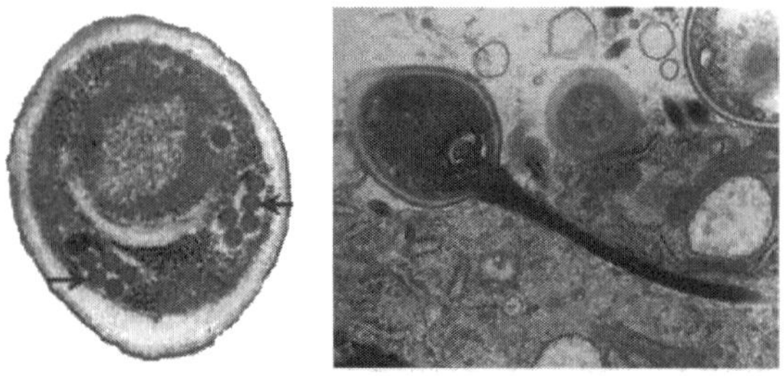

图 6-22 双年肠孢虫电镜下孢子形态

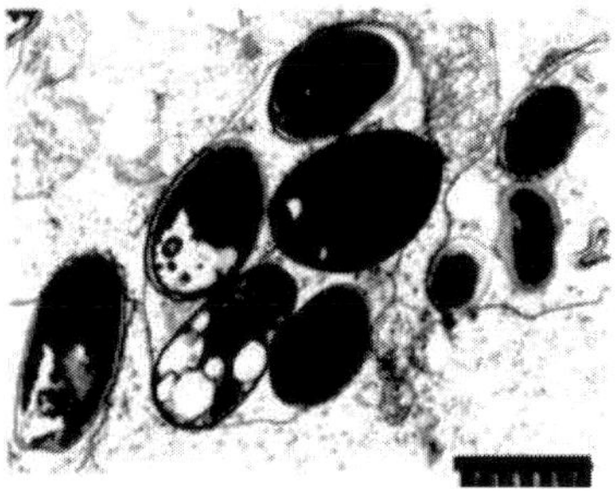

图 6-23 水产品中虫体

生活史：不同微孢子虫发育周期有所不同，但一般认为，生活史主要包括裂体生殖和孢子生殖两个阶段，且在同一宿主体内进行，无有性生殖。生活史周期一般为 3～5d。有的微孢子虫是在宿主细胞的胞质中的纳虫泡（parasitophorous vacuole，也称围虫泡）内生长繁殖，有的则直接在宿主细胞的胞质中生长。匹里虫属的微孢子虫就是在宿主细胞内在该虫体分泌的厚壁纳虫泡内生长，微粒子属的微孢子虫则是直接与宿主细胞质接触生长发育。

生活史第一阶段是裂体生殖时期，具感染性成熟孢子被宿主吞食。孢子侵入细胞方式特殊，先伸出极丝穿入宿主细胞，然后孢子质通过中空的极丝注入宿主细胞的胞质内。孢子质在靠近宿主细胞核的空泡内发育为分裂体，以二分裂或多分裂方式增殖，并扩散到其他细胞。第二阶段是孢子生殖时期，形成大量孢子，并逐渐发育成熟为感染性孢子。这些孢子可感染宿主的其他细胞并开始新的生活周期。当宿主死亡或被其他宿主吞食后，孢子被释出并感染新宿主。肠道微孢子虫常寄生于空肠和十二指肠的肠绒毛顶部。某些微孢子虫在外界环境中能存活 4 个月以上。

流行病学：微孢子虫病是一种人畜共患寄生虫病，它广泛分布于亚、非、欧、美各地，我国香港、广州也已发现人体微孢子虫病。世界上以艾滋病患者伴发微孢子虫病的病例为多，其中不明原因的腹泻病例有 10%～30%是由该虫引起。免疫功能正常的小儿和非 HIV 感染的老年人也可感染微孢子虫。

6.14.3 致病性

不同种微孢子虫对人体致病性有所不同。作为机会致病病原体，微孢子虫感染的临床表现轻重与人体免疫状况密切相关。

临床症状依感染部位不同而异，感染好发于空肠及十二指肠，虫体聚集在病变部位，病理变化通常较轻，可见肠绒毛轻度低平，变钝，严重时萎缩，肠上皮细胞退化，坏死，脱落，晚期形成肠囊肿。患者症状主要是慢性腹泻、水样便，腹泻可引起脱水、低钾低镁血症，常有D-木糖和脂肪吸收不良。其他部位感染则是微孢子虫经消化道进入人体后，通过血循环扩散或向周围细胞扩散而致，常可至肝、肾、脑、肌肉、角膜等其他组织器官，并导致相应病变和临床症状，如角膜炎、肝炎、胆囊炎、尿道炎、肾炎、膀胱炎和肌炎等。

6.14.4　检测和控制

电镜检查病原体是目前诊断本病最可靠的方法，并可确定其种属。利用光镜检测粪便、尿液、十二指肠液、胆汁液及其他体液，组织活检染色标本也具有诊断价值，且易于推广应用。目前主要采用韦伯氏 Chromotrop（改良三色）染色法，粪便中的细菌及食物残渣染成绿色，孢子染成红色，背景反差大，检出率较高。尚可采用吉氏、甲苯胺蓝等染色法。免疫学检测微孢子虫抗体已开始应用，可使用 IFAT、ELISA、PAP 等技术。PCR 检测 *E. bieneusi* 的特异 DNA 研究已获得成功，有望用于诊断。免疫荧光法检查抗体（以组织培养的虫体作为抗原），或用皮内试验检查。皮内试验即将经过灭活的兔脑原虫作为抗原，皮内注射后观察待检测兔有无过敏反应。有脑炎原虫的兔对皮内试验很敏感。

6.15　肉孢子虫（*Sarcocystis*）

6.15.1　食品卫生学意义

肉孢子虫属于顶复门孢子虫纲（Class Sporozoa），可感染多种动物，也可寄生于人。目前已知可寄生于人体的肉孢子虫有三种：林氏肉孢子虫（*S. lindemanni*），也称为人肌肉肉孢子虫；牛-人肉孢子虫（*S. bovihominis*），也称为人肉孢子虫（*S. hominis*）和猪-人肉孢子虫（*S. suihominis*），也称为人猪肉孢子虫。因人肉孢子虫和人猪肉孢子虫均寄生于人体小肠组织，故有人将其统称为人肉孢子虫。肉孢子囊寄生于中间宿主体内，多见于横纹肌和心肌，当人作为终宿主吞食中间宿主牛或猪肌肉中的肉孢子囊后，卵囊在人小肠逐渐发育成熟。此外，人可作为中间宿主食入肉孢子虫粪便污染的食物和饮用被污染水源而得人肌肉肉孢子虫病。因此本虫威胁到食品卫生安全和人类健康，加强肉类卫生检疫是预防人肠肉孢子虫病的重要一环，同时也要保护水源和防止食品污染肉孢子虫卵囊。因此防治本虫具有重要的食品卫生学意义。

6.15.2　生物学特性

肉孢子虫在生活史中有卵囊、孢子囊（sporocyst）和肉孢子囊（sarcocyst）三种主要形态。成熟卵囊为椭圆形，囊壁较薄，内含两个孢子囊。因卵囊壁薄而脆，常在小肠内自行破裂，释放出孢子囊而随粪便排出。孢子囊呈卵圆形或椭圆形，壁双层而透明，内含4个子孢子，大小为（13.6～16.4）μm×（8.3～10.6）μm。人肉孢子虫的孢子囊较猪人肉孢子虫的孢子囊稍大 19μm×13μm（图6-24）。

虫体寄生于中间宿主肌肉组织间，与肌纤维平行的包囊状物-肉孢子虫囊称为米氏囊（Miescher's tube），呈纺锤形、圆柱状或卵圆形等形状，颜色灰白至乳白；包囊大小差别很大，大的长径可达 5cm，横径可达 1cm，通常其长径约 1cm 或更小，小的需在显微镜下才能看到。其大小、色泽与宿主种类、寄生部位、虫体和虫龄有关。囊壁由两层构成，内壁向囊内延伸，构成很多中隔，将囊腔分成若干小室。发育成熟的包囊，小室中含有许多肾形或香蕉形的缓殖子（滋养体），又称为南雷氏小体（Rainey's corpuscle），长 10～12μm，宽 4～9μm，一端稍尖，一端偏钝。

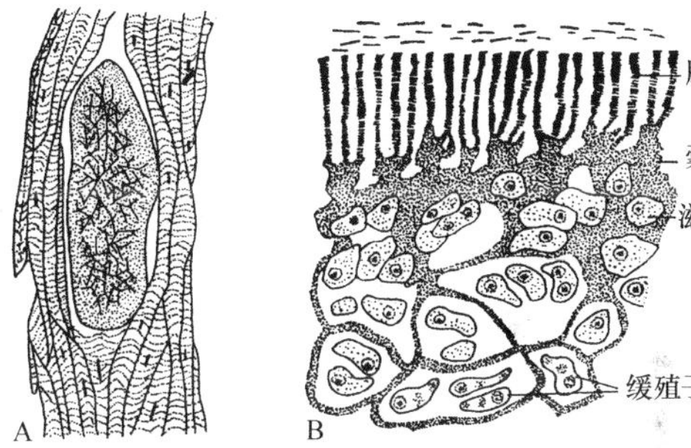

图6-24　寄生于牛体内的肉孢子虫详细结构
A. 整体结构（纵切面）；B. 详细结构

肉孢子虫生活史为双宿主型。人、猕猴、黑猩猩等食肉类动物为人肠肉孢子虫终宿主，猪人肉孢子虫中间宿主是猪；人肉孢子虫中间宿主是牛。当中间宿主（食草类）食入终宿主（食肉类）粪便中的孢子囊或卵囊后，在其小肠内子孢子逸出，穿过肠壁进入血液，在多数器官血管内皮细胞中发育为裂殖体，经数代裂体增殖，产生大量裂殖子，后者再侵入肌肉组织而发育为肉孢子囊，其中含有许多缓殖子。肉孢子囊多见于横纹肌和心肌。

此外，人肌肉肉孢子虫以人为中间宿主，在人肌肉内形成肉孢子囊，其终宿主可能为食肉类哺乳动物或爬行类等。当终宿主吞食中间宿主肌肉中肉孢子囊后，囊中缓殖子释放出并侵入小肠固有层，直接形成配子。雌、雄配子结合发育为卵囊，卵囊在小肠逐渐发育成熟。

6.15.3 致病性

各种家畜肉孢子虫的感染情况国内外均有报道，但其感染率差异很大。总的流行情况是：越是交通发达、家畜及其产品流动量大的地区，其感染率越高；丘陵地区较山区高发，平原地区较丘陵地区高发。对肉孢子虫的致病作用目前尚无权威的一致意见。一般认为致病性非常低，犊牛、猪及羔羊经口感染犬粪中相应种类的肉孢子虫的孢子囊后，出现一定临床症状。

肌肉的肉孢子囊可破坏所侵犯的肌细胞，当长大时可造成邻近细胞的压迫性萎缩，一旦肉孢子囊破裂，可释放出一种毒性很强的肉孢子虫毒素（sarcocystin），作用于神经系统、心、肾上腺、肝和小肠等，大量时可致死。注射 0.005mg/kg 肉孢子虫毒素即能使家兔迅速死亡。感染肉孢子虫的牛、猪和羊肉对小白鼠、家兔有毒性，最毒的是牛肉和猪肉，中等毒的是羊肉。

如用枯氏肉孢子虫（*S. cruzi*）感染犊牛，可引起厌食、发热、贫血、恶病质和体重减轻等急性症状，犊牛可在虫体裂殖增殖期内死亡。猪肉孢子虫对猪有较强致病力，可致猪腹泻、肌炎、发育不良和跛行。绵羊肉孢子虫可引起羔羊厌食、虚弱以至于死亡，使孕羊呈现高热、共济失调和流产等症状。有的绵羊出现呼吸困难，甚至死亡。

人群因生吃含肉孢子虫囊的牛肉可引起感染（表 6-2）。人体感染人肠肉孢子虫后，可出现食欲减退、恶心、间歇性腹痛、腹泻等症状，或伴有贫血、外周嗜酸粒细胞增多。人被肉孢子虫囊寄生后，症状不明显，囊壁周围组织也缺乏炎症反应，多在组织活检或尸检时才偶尔发现。

表 6-2 肉孢子虫的宿主与寄生部位

	中间宿主	终宿主	在人体寄生部位	俗称
林氏肉孢子虫	（人）	食肉类哺乳动物、猛禽或爬行类?	肌肉	人肌肉孢子虫
人猪肉孢子虫	猪	犬、猫（人）	小肠	人肠肉孢子虫
人肉孢子虫	牛	犬、猫（人）	小肠	人肠肉孢子虫

动物感染病理变化主要在骨骼肌和心肌，特别是后肢、侧腹及腰部肌肉。严重感染时，肉眼可见大量顺肌纤维方向着生的白色条纹。

6.15.4 检测和控制

对于牛或猪肉孢子虫病以死后诊断比较容易，可根据在肌肉组织中发现米氏囊而确诊。肉眼可见与肌纤维平行的白色带状包囊。制作涂片时可取病变肌肉压碎，在显微镜下检查香蕉状的缓殖子。近年有人应用枯氏肉孢子虫作为抗原，进行间接血凝诊断牛肉孢子虫病，血清滴度超过 1∶162 认为是特异性的。

人肉孢子虫病诊断主要通过以下几步。

（1）当人作为终宿主时，肉孢子虫卵囊随宿主粪便排出，可用硫酸锌漂浮法查卵囊或孢子囊。

（2）当人作为中间宿主时，可采用组织活检查肉孢子囊。

预防人肠肉孢子虫病主要是在屠宰时将寄生有肉孢子虫的肌肉、脏器和组织剔除烧毁；加强肉类的卫生检疫检验，不食未熟肉类，切生、熟肉的砧板要分开。

需加强终宿主的调查，防止其粪便污染食物和水源。

6.16 微小隐孢子虫（*Cryptosporidium parvum*）

6.16.1 食品卫生学意义

隐孢子虫是一种重要的机会性致病原虫，隐孢子虫病是一种人畜共患病，呈世界性分布。在多种脊椎动物包括哺乳动物、鸟类、爬行类和鱼类中分离出 20 余种隐孢子虫，其中感染人及多数哺乳类动物的为微小隐孢子虫。它能引起哺乳动物（特别是犊牛和羔羊）的严重腹泻，也能引起人（特别是免疫功能低下者）的严重疾病。隐孢子虫卵囊污染土壤、水源、饲草及空气等周围环境，通过消化道传染。卵囊污染水源是国际间旅行者感染的主要因素之一，特别是 1993 年在美国威斯康星州的 Milwaukee 多达 403 000 人由于水源污染暴发隐孢子虫病；1987 年美国佐治亚州的 Carrollton 发生 13 000 人的隐孢子虫病，这是第一次报道城市供水系统引发的该病发生。食品也是其重要传播途径，水生贝壳类生物如牡蛎、蛤蛎、贻贝等体内都能检出卵囊；在市场销售的蔬菜表面也发现有隐孢子虫卵囊，冷、湿润的蔬菜提供了一个最适合其生存的环境，在蔬菜叶子、根、生菜、萝卜、番茄、黄瓜、卷心菜、芹菜、辣椒、韭菜等蔬菜中都发现过隐孢子虫的卵囊。蔬菜可以被来自动物的肥料或人粪便污染，用于灌溉或湿润产品的污染水污染，被农场工人、生产操作者、食物生产者的脏手污染，蔬菜包装、销售或贮藏过程中污染的表面而污染。因此本虫具有重要的经济与公共卫生学意义，加强隐孢子虫病的防治研究具有重要意义。曾涉及 50 个学校儿童的隐孢子病暴发与牛奶有关，英国因农场的牛奶污染引起暴发；美国缅因州的新鲜苹果汁引起 160 人的暴发。在美国的明尼苏达州一次联欢活动的 50 人因吃鸡肉色拉集体感染；在华盛顿因吃了未完全烹调熟的绿葱导致 51 人发病。媒介食品主要是生鲜蔬菜、牛奶、新鲜腊肠等，都是危险的传播媒介。

我国自 1987 年由韩范和祖述宪分别在南京和安徽发现病例并报道。其后在福州、重庆、山东、天津、西安、呼和浩特等地陆续有病例报道。隐孢子虫是水源中普遍存在的微生物。

6.16.2　生物学特性

隐孢子虫 1907 年由 Tyzer 首先发现并描述，首次在小鼠胃肠黏膜切片中发现，定名为鼠隐孢子虫（*C. muris*），当时认为它不引起宿主发病。1912 年 Tyzzer 又报道了微小隐孢子虫，它仅侵害小肠，但未见明显症状，直到 1955 年才被确定为引起动物腹泻的重要病原。1976 年 Nime 报道了首例人体隐孢子虫病例。

隐孢子虫在分类上属原生动物界、顶复门（Apocomplexa）、孢子虫纲（Sporozoa）、球虫亚纲（Coccidia）、真球虫目（Eucoccidiorida）、艾美耳球虫亚目（Eimeriorina）、隐孢科（Cryptosporididae）、隐孢子虫属（Cryptosporidium）。

感染人体的微小隐孢子虫经口食入卵囊后，在小肠内子孢子自囊内逸出，子孢子侵入肠黏膜上皮细胞，发育为滋养体后进行无性繁殖，形成成熟的含 8 个裂殖子的Ⅰ型裂殖体，裂殖子释出后再侵入其他肠上皮细胞，经滋养体再发育为成熟的含 4 个裂殖子的Ⅱ型裂殖体，裂殖子释出分化成雌、雄配子体，经有性生殖形成卵囊。隐孢子虫各发育阶段的形态构造和艾美耳球虫亚目的其他球虫相似，生活史中有子孢子、滋养体、裂殖体、裂殖子、配子体、雌雄配子、合子和卵囊等发育阶段，其中卵囊为本虫唯一感染阶段。

微小隐孢子虫寄生于哺乳动物（牛、羊、猪、犬、鼠等）小肠上皮细胞上。卵囊呈圆形或卵圆形，较小，其大小为 5.0μm×4.5μm。卵囊壁光滑，无色，在卵囊壁的一端有一条缝线，卵囊壁上无卵膜孔。卵囊内有 4 个裸露的、呈香蕉形的子孢子，围绕着一个较大的残体。卵囊有两种，一种为薄壁卵囊，其子孢子可在肠道内直接孵出侵入肠黏膜上皮细胞，导致宿主体内重复感染；另一种为厚壁卵囊，经粪便排出后再感染人或其他哺乳动物。残体呈颗粒状。卵囊内无极粒和孢子囊。用改良抗酸法染色后，虫体被染成玫瑰色，镜下观察时囊内子孢子呈不规则排列，残体暗黑色或棕色颗粒状，未经染色卵囊不易识别（图 6-25，图 6-26）。

隐孢子虫的生活史简单，整个发育过程无需宿主转换。繁殖方式包括无性生殖（裂体增殖和孢子增殖）及有性生殖（配子生殖），两种方式在同一宿主体内完成。虫体各发育期均在由宿主小肠上皮细胞膜与胞质间形成的纳虫空泡内进行。

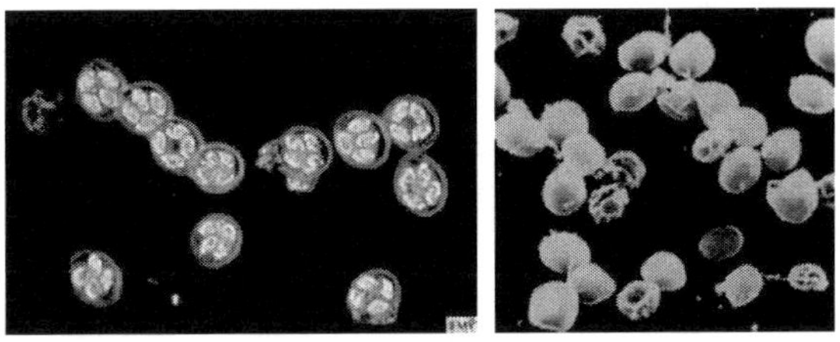

图 6-25　隐孢子虫

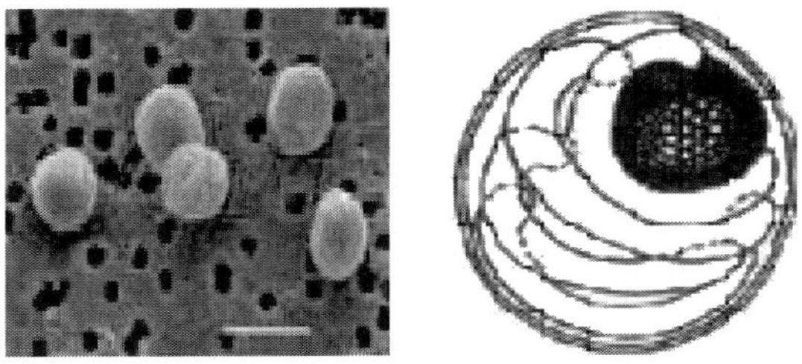

图 6-26　隐孢子虫卵囊及模式图

6.16.3　致病性

1）传播途径

人和畜禽主要感染方式是由粪便中的卵囊污染食物和饮水经口而感染。经口吃入卵囊是隐孢子虫的主要感染途径。人隐孢子虫感染主要是由牛传播的，在城市居民中，有发现同一家庭或邻居同时发病的现象，证明隐孢子虫可在人群间传播。水源污染是造成隐孢子虫病在人群中暴发流行的主要原因。医务人员、实验室工作者、与牲畜密切接触者如兽医、屠宰工及同性恋肛交者均有较多的感染机会。由于隐孢子虫在发育过程中能产生薄壁型卵囊，因而隐孢子虫可发生自身感染。

卵囊是通过粪便到口途径从感染宿主传播到易感宿主。传播途径可以是：①通过直接或间接接触的人与人之间的传播，可能包括性行为；②动物与动物；③动物与人；④通过饮水或娱乐用水传播；⑤食物传播；⑥可能的空气传播。主要传染源和传播途径分为三大类：动物性传播、环境造成的传播和人与人之间的传播。或许这些传播途径间的区别会有一定的人为因素，它只是简要反映可能的宿主范围而不是必然的传染源和传播途径。

2）易感宿主

微小隐孢子虫不具有明显的宿主特异性。宿主范围很广，已发现至少有 150 种哺乳动物可感染微小隐孢子虫。除感染人外，已报道的有黄牛、水牛、奶牛、马、绵羊、山羊、猪、犬、猫、鹿、猴、兔、大鼠、小鼠、豚鼠等哺乳动物均可感染。发病取决于动物的种类、年龄和免疫状态；反刍动物似乎最为易感。人类以婴幼儿、接受免疫抑制剂治疗者、免疫功能低下者易感，尤以大量使用多种抗生素、患水痘、麻疹和经常感冒者更为多见。

3）流行特征

隐孢子虫病呈世界性分布，在澳大利亚、美国、中南美洲、亚洲、非洲和欧洲均有该病流行。各地腹泻患者中隐孢子虫检出率不等，低者仅为0.6%，高者可达10.2%。国内于1987年首次报道两例隐孢子虫病后，有关江苏南京、福建福州、福建漳州、江苏徐州、江苏徐淮、河南开封、湖南湘中、山东青岛、江西赣州、福建南平、江苏海安等地区腹泻患者隐孢子虫病感染率也有报道。

隐孢子虫可单独致病，导致黏膜上皮细胞广泛损伤及微绒毛萎缩。隐孢子虫病的发病率取决于隐孢子虫感染力和宿主免疫状况，除多数浅表上皮细胞外，隐孢子虫不感染深层组织。组织学异常表现在滤泡和绒毛结构，包括绒毛萎缩和滤泡增生，常伴有混合型炎性细胞浸润，隐孢子虫诱发的腹泻损害了肠道的吸收。隐孢子虫卵囊感染人体后，虫体寄居于小肠上皮细胞刷状缘部位的纳虫空泡内，以空肠近端数量为最多。轻度感染者，肠黏膜病理变化并不明显。严重感染者，小肠绒毛表面可出现凹陷、萎缩、变短变粗或融合、移位、脱落；由于肠黏膜病变破坏了小肠正常生理功能，因此导致消化吸收障碍和腹泻。

正常人感染隐孢子虫多表现为自限性腹泻，主要发生于婴幼儿和免疫力低下者，也可表现为慢性间隙性腹泻。人隐孢子虫病的病情与宿主免疫功能有关。免疫功能正常时，主要表现为急性胃肠炎症状，每日腹泻4～6次带黏液的水样便，有的伴有明显腹痛。此外，尚有恶心、呕吐、低热及厌食，水泻一周即可恢复。当免疫功能抑制时，则表现为慢性腹泻，水泻难以控制，日泻6～25次不等，病程有长达数月，并伴有呕吐、上腹痉挛、体重减轻等。儿童患者还表现为生长迟缓和发育不良。此类患者从粪便持续排出大量卵囊。部分患者可表现为胆囊炎，出现上腹部疼痛、恶心、呕吐，同时伴有严重肠炎。

6.16.4 检测和控制

粪检卵囊，可用改良Kinyoun抗酸染色，国内韩范报道用改良金胺-酚染色效果较好，卵囊染成玫瑰红色，直径4～6μm，成熟卵囊内含4个月牙形子孢子。由于卵囊排出不规则，因此应多次粪检。

目前，用于鉴定*C. parvum*基因型所用基因序列种类见表6-3。

表6-3 用于鉴定*C. parvum*基因型所用基因序列种类

基因型	鉴定位点	宿主
牛	18S rRNA、AcetylCoA、β-tubulin、COWP、Cp15、Cp11、dhfr、hsp70、ITS1、5.8S、ITS2、rRNA、poly（T）、RNP、TRAPC1、TRAPC2	家畜、人
人/猴	18S rRNA、AcetylCoA、β-tubulin、COWP、Cp15、Cp11、dhfr、hsp70、ITS1、5.8S、ITS2、rRNA、poly（T）、RNP、TRAPC1、TRAPC2	人
鼠	18S rRNA、AcetylCoA、COWP、dhfr、hsp70、ITS1、5.8S、ITS2、rRNA	猴、鼠、蝙蝠
猪	18S rRNA、COWP、dhfr、hsp70、5.8S、ITS、rRNA	猪
有袋属	18S rRNA、dhfr、hsp70、ITS1、5.8S、ITS2、rRNA	考拉、大袋鼠
犬	18S rRNA、hsp70	犬
猫	18S rRNA、hsp70	猫

6.16.4.1 病原学检查

主要是应用组织切片染色、黏膜涂片染色、粪便集卵法或新鲜黏膜涂片染色直接观察各发育阶段虫体，由此可作出确切诊断。

（1）黏膜涂片查活虫：在动物死前或死后6h尸体尚未发生自溶之前，取相应器官黏膜刮取物涂片，加生理盐水于室温下用微分干涉显微镜或普通光镜观察各发育阶段虫体。用NIC观察新鲜标本时，可清楚地看到香蕉状的裂殖子或子孢子。此法简便易行，诊断准确率高。

（2）黏膜及粪便涂片染色法：在动物死前或死后36h内，取相应器官黏膜涂片或用新鲜稀粪涂片，自然干燥后用甲醇固定10min，然后以改良姜尼氏染色法或改良抗酸染色法染色，染色后隐孢子虫卵囊在蓝色背景下为淡红色球形体，外周发亮，内有红褐色小颗粒。

（3）粪便集卵法：主要适用于感染强度小、排卵囊量少的动物，此法在流行病学调查上具有一定的实用意义。已报道的主要有漂浮法和沉淀法（醛醚沉淀法）。用该法观察卵囊时，可在显微镜下（放大1000倍）发现卵囊呈球形，无色壁薄，表面光滑，外围似有一折光环带。

6.16.4.2 动物试验

要求所用动物为1～5日龄的易感动物，主要用于进一步确诊经集卵法和染色法认为可疑的病例。

6.16.4.3 免疫学检测

已经发展的免疫学技术包括ELISA、免疫荧光法（IFA）、单克隆抗体（McAb）技术、免疫印迹法、免疫酶染色技术（IEST）、间接血凝法（RPH）、流式细胞仪（FC）免疫检测、分子生物学方法。

6.16.4.4 环境样本检测法

美国环保局（USEPA）在专门用于检测隐孢子虫的1622方案中采用IMS（immunomagnetic separation）纯化卵囊。IMS对隐孢子虫有很好的捕获能力，可以捕获水样中较少量的隐孢子虫，且有商品化试剂盒可用，是一种可以替代离心浮集纯化环境中隐孢子虫的较好方法。两种商品化IMS试剂盒为Dynal试剂盒和Crypto-Scan试剂盒。

卵囊的检测与计数：可采用免疫荧光检测、流式细胞仪与细胞分类法和PCR。对处理后饮用水隐孢子虫的检测，除了确定卵囊的含量外，更应证实其有无感染性。鉴定隐孢子虫活性的方法较多，主要包括动物感染试验、体外脱囊技术、荧光原位杂交（FISH）、荧光活体染色、RT-PCR、细胞培养技术等，分辨卵囊的死活已成为判断消毒效果所急待解决的问题。

6.16.4.5 预防措施

以下措施有助于预防本病。

（1）加强对患者和病畜的粪便管理。应隔离隐孢子虫病患者和病畜，其粪便可用10%甲醛溶液或5%铵水消毒处理。

（2）加强个人卫生。不吃不干净的食物，不喝生水，不饮生奶，不吸吮手指，饭前便后洗手。接触有腹泻和呼吸道症状动物的人要洗手。家中有宠物时，应保持其清洁，并定期请兽医检查宠物粪便中是否有隐孢子虫卵囊。

（3）医疗人员严格遵守卫生措施。护理隐孢子虫病患者、接触隐孢子虫病患者或动物标本的兽医、医护人员和实验室工作人员应严格遵守卫生措施。

（4）加强水源管理。隐孢子虫的厚壁卵囊对环境和消毒剂的抵抗力远比其他原虫强，居民供水系统如果受到污染可能引起该病的暴发。不要直接饮用湖水或河水，不要去有可能污染的水域游泳，在游泳或嬉水时注意不要呛水。

（5）加强食品卫生管理。加强肉类、蔬菜、奶类等食品的卫生管理，防止食物被隐孢子虫卵囊污染。

6.17 十二指肠钩虫（*Ancylostoma duodena*）

6.17.1 食品卫生学意义

钩虫病是由钩虫寄生人体小肠引起的肠道寄生虫病。在我国寄生于人体的钩虫主要是十二指肠钩虫和美洲钩虫。钩虫感染几乎遍及全球，在我国除少数气候干燥、寒冷地区外，其他各省均有钩虫感染或流行，以海南、四川、云南、广东、广西、福建、浙江、江苏、湖南、安徽等地较严重。人们常因从事田间种菜、耕作等劳动活动时，脚或手部皮肤直接接触含有钩虫幼虫的泥土或农作物后感染。也可因生食含有钩虫幼虫的不洁蔬菜、瓜果而受到感染。

钩虫病在临床上表现为贫血、营养不良、胃肠功能失调等，可减弱患者体力，降低其工作效能，严重者可导致发育障碍及心功能不全，甚至危及生命。据估计目前全世界钩虫感染人数已超过9亿，其中有临床表现的有2000万左右。在我国，除少数高原地区外，大部分省、市、自治区皆有该病存在和流行，全国钩虫感染者约2亿，出现严重或比较严重临床症状的患者有数百万之多。

6.17.2 生物学特性

成虫：钩虫头端向背面作不同程度的仰曲，呈小钩状而得名。虫体圆柱形，活时淡红色，半透明，死后灰白色。虫体长约10mm，宽0.3～0.6mm。体前端为口囊，是一卵圆形角质的坚硬组织，口囊腹侧具有二对钩齿或一对切板，是附着于宿主肠壁的器官。咽管较长，管壁肌肉发达，肌细胞的交替收缩与松弛能将食物吸进并挤入肠道。虫体前段有头腺、咽腺等腺体，能分泌抗凝素及乙酰胆碱酯酶等酶类，具有有利于虫体固着、取食、消化食物等多种功能。雌虫较大，尾端圆锥形，有尾刺一根或无，阴门开口于体中部前后腹面。雄虫较小，尾端的角皮膨大为交合伞，内有辐肋支持，可以张开或闭合，并有交合刺一对及调节交合刺运动的交合刺引带一个（图6-27，图6-28）。

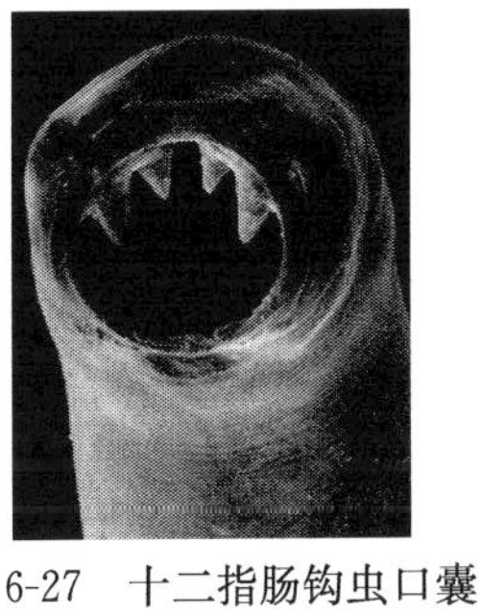

图6-27 十二指肠钩虫口囊

虫卵：椭圆形，大小（57～76）μm×（36～40）μm，无色透明，壳很薄，外层为酰质层，其内的脂层在正常情况下不易看见，只有当渗透压改变而皱缩时才能见到。随粪便排出时，卵内多数含2～8个卵细胞，以4个细胞多见，细胞与卵壳之间有明显的空隙。便秘患者或粪便搁置过久，卵细胞可发育为多细胞或胚胎期，甚至发育为幼虫（图6-29）。

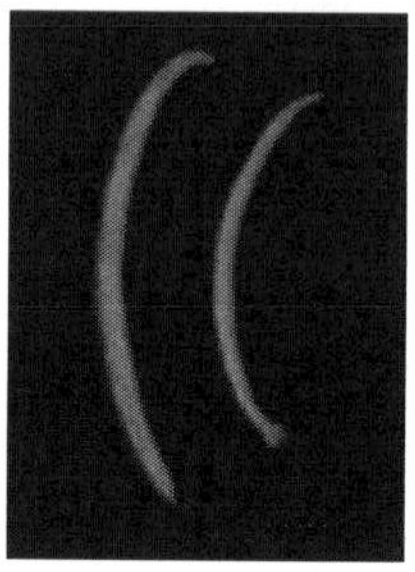

图6-28　十二指肠钩虫

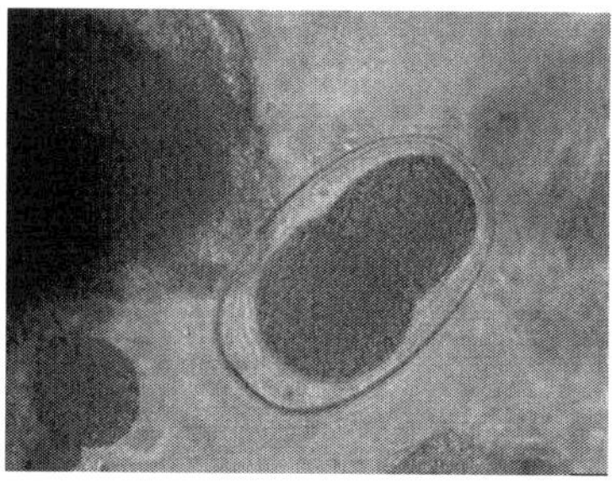

图6-29　十二指肠钩虫虫卵

幼虫：分杆状蚴和丝状蚴两个阶段。杆状蚴有二期，其头端钝圆，尾端尖细，口腔细长，能进食。咽管前端较粗，中段较细，后端膨大呈球状。第一期杆状蚴体长为0.22～0.4mm；蜕皮后成为第二期，大小约0.5mm×0.29mm。丝状蚴体长0.5～0.7mm；口腔封闭，不能进食；口腔壁背、腹面有称为咽管矛结构；咽管细长；体表多覆有鞘膜，为二期杆状蚴在蜕皮过程中残留下的外皮层，有保护虫体的作用。

生活史：成虫寄生于人体小肠，以小肠上段为多，雌虫排卵于肠腔内，每日平均产卵10 000～30 000个。有时冬季出现短期停止排卵现象。虫卵随粪便排出体外，在未经稀释的粪便中发育缓慢，如经稀释，特别是和泥土混合后，即很快发育。在温度适宜（25～30℃），潮湿荫蔽，不受阳光直射、含氧充分的疏松泥土中，卵内细胞不断分裂，1～6d卵内幼虫即可孵出。刚孵出的第一期杆状蚴虫体很小，它在土壤里以细菌和有机物为食，生长很快，3d后蜕皮成为第二期杆状蚴，其生活习性与第一期相同。再经5～6d，蜕皮后变为具感染性的丝状蚴。在感染季节里，泥土中的丝状蚴可存活两周或更久，如干燥气候或强烈的阳光，则加速其死亡。丝状蚴多分布于距地面约6cm以内的土层中，以土壤表层最多，当地面温湿度增高时，它向上移行，聚集子土粒、有机物上的水膜表面或草叶等处。丝状蚴有向温性，当接触皮肤时，尤以手指、足趾间皮肤较薄处或破损部位，即可钻入。十二指肠钩虫丝状蚴还可通过口腔黏膜侵入人体。丝状蚴侵入皮肤数小时后进入微血管或淋巴管，随血液经右心到肺，穿过肺微血管进入肺泡，并循支气管、气管上行至会厌部，然后经过吞咽而入小肠。在人体内移行时间7～10d。幼虫到达小肠后，再蜕皮两次，约两周后发育为成虫。钩虫除主要经皮肤或口腔黏膜感染人体外，实验证明十二指肠钩虫丝状蚴如被吞食，少数未被胃酸杀死，可直接在肠腔里发育成熟。自感染性幼虫侵入人体，至成虫产卵，一般需5～7周。钩虫成虫一般多在1～2年内被排出体外，但长者可生存10多年。

6.17.3　致病性

人体感染钩虫后是否出现症状，与感染程度和身体营养状况有关。感染较轻、寄生虫数少时，虽可引起一定病变，但常不表现临床症状，称为钩虫感染。如寄生虫数较多，则常出现临床症状，即为钩虫病。感染性幼虫侵入皮肤引起机械性损伤，约一小时之内即感觉局部皮肤有烧灼、针刺、奇痒感，继则出现斑疹或丘疹，在1～2d内可形成水疱，称为钩蚴皮炎。幼虫移行至肺部（在侵入皮肤后3～7d内），穿过肺微血管进入肺泡时，可引起局部出血和炎症，如感染较重，可出现与蛔虫幼虫移行至肺部时相类似的咳嗽、含血丝痰等症状，重者可表现为嗜酸性粒细胞增多性哮喘。

钩虫对人的损害主要由成虫期引起。成虫以口囊内的钩齿或切板咬附肠壁引起局部损伤，可出现散在性出血点或小溃疡，组织中有嗜酸性粒细胞及淋巴细胞浸润。感染后1～2个月逐渐出现消化道功能紊乱，上腹部隐痛或不适，食欲减退、消化不良、腹泻或腹泻与便秘交替出现等。成虫吸血时可分泌抗凝素，使血液不易凝固，伤口不断渗血。钩虫还经常更换吸血部位，原有伤口仍继续溶血，更增加了血液的丢失。长期慢性失血使体内铁和蛋白质不断耗损，缺铁使血红蛋白合成发生障碍而致低色素性小红细胞型贫血。患者表现为皮肤苍白或蜡黄、眩晕、乏力、劳动后心悸、气促，面部及下肢水肿，进一步可发展为贫血性心脏病。少数重感染者出现异嗜症。钩虫病对儿童可因长期营养不良影响发育，妇女可引起停经、流产等。

6.17.4　检测和控制

6.17.4.1　病原检查

从粪便中检出钩虫卵或孵出钩蚴是确诊的依据。

（1）直接涂片法：每克粪便中虫卵数如少于400个时，常不易检出。镜检时钩虫卵应与东方毛圆线虫（*Trichostrongylus orientalis*）卵相区别。

（2）饱和盐水浮聚法：此法是检查钩虫卵的常用方法，检出率远较直接涂片法为高。

（3）钩蚴培养法：此法检出率与饱和盐水浮聚法相

近，且镜下可鉴别虫种。

(4) 感染度测定：对了解患者感染度、流行病学调查和疗效考核等均有意义，可采用粪便内虫卵计数法。

6.17.4.2 免疫诊断

多用于钩虫产卵前期，结合病史等进行早期诊断。皮内试验诊断钩虫感染虽较敏感，但假阳性率也高。间接荧光抗体试验以钩蚴作为抗原，有一定的敏感性，但特异性低。

6.17.4.3 预防和控制

粪便管理在钩虫病的防治上有重要意义。粪尿混合贮存可加速虫卵的杀灭。密封式沼气池和三坑式沉淀密封粪池也有效。不用新鲜人粪施肥。我国流行区采用每年冬、春季进行普查、普治，收到明显效果。

防止感染，注意个人防护。提倡穿鞋下地劳动，手、脚易与泥土接触的部位，涂抹护肤剂，如1.5%左旋咪唑硼酸乙醇溶液等。用机械代替手工操作，避免感染。

6.18 异尖线虫（*Anisakis* spp.）

6.18.1 食品卫生学意义

异尖线虫是一类成虫或第三期幼虫寄生于某些海洋哺乳动物（鲸、海犬、海豹）的线虫，可引起人体异尖线虫病，1959年首次在荷兰发现在人体感染病例。人不是异尖线虫的适宜宿主，但幼虫可寄生于人体消化道各部位，也可引起内脏幼虫移行症。人感染主要是食入了含活异尖线虫幼虫的海鱼和海产软体动物而引起。例如，在吉林省口岸的长胴鱼检出异尖线虫。异尖线虫有30个属，可引起人体异尖线虫病的虫种主要有5属：异尖线虫属、海豹线虫属、钻线虫属、对盲囊线虫属和鲔蛔线虫属。我国报道的主要是异尖线虫属和鲔蛔线虫属虫种。对人致病最常见为简单异尖线虫（*A. simplex*）和典型异尖线虫（*A. typica*）。

异尖线虫中间宿主多为海洋鱼类，分布遍及全球。人因生食海鱼寄生幼虫而感染，可引起剧烈腹痛和过敏症。东海与黄海的25种鱼、北部湾的15种鱼有异尖线虫幼虫感染。而人体内首次发现异尖线虫幼虫感染是在荷兰一个患者因生食鲱鱼引起肠梗阻小肠切除，在检查切除的小肠标本时，发现了异尖线虫幼虫。

近年来，饭桌上经常可见生或半生的海鱼片，价格不菲，不少人还以吃生鱼片为时尚。宁波市对部分菜场和饭店出售的海鱼进行随机抽样调查中，共检查海鱼63条，其中18条鱼体内分离到异尖线虫幼虫，有一条海鱼体内分离到129条异尖线虫幼虫，为感染最多的一条海鱼；最少的查到1条幼虫。日本、西欧（特别是斯堪的纳维亚）和拉丁美洲的太平洋沿岸地区，因习惯于食用生的或半熟的海鲜，大多数该线虫病患者源于此地区。生的或半熟的（腌渍、酒渍、烟熏或冷冻）的章鱼、墨鱼和海鱼（如三文鱼）常见。

6.18.2 生物学特性

成虫虫体稍粗短，头部细，向尾部渐渐变粗，体长65mm，宽2mm，白色略带黄，雄虫肛门乳头数为7对，2交合刺长度不等，胃呈长方形。幼虫虫体呈长纺锤形，无色微透明，体长12.5～30mm，两端均较细，头部为融合的唇块。唇瓣前区具中等略为双叉齿状嵴，间唇付缺，食道长方形，腺质之后端膨大，无膨大部的突起或盲肠。雄虫尾部钝圆，锥形，有许多肛前乳突和数对肛后乳突。交合刺等长或不等长。雌虫阴门位于体前部，卵较小。中肠部体宽为430～550μm，无侧翼。在人体寄生的均为第三期幼虫。常见的是简单异尖线虫，黄白色，体长60mm，宽2.5mm（图6-30～图6-33）。

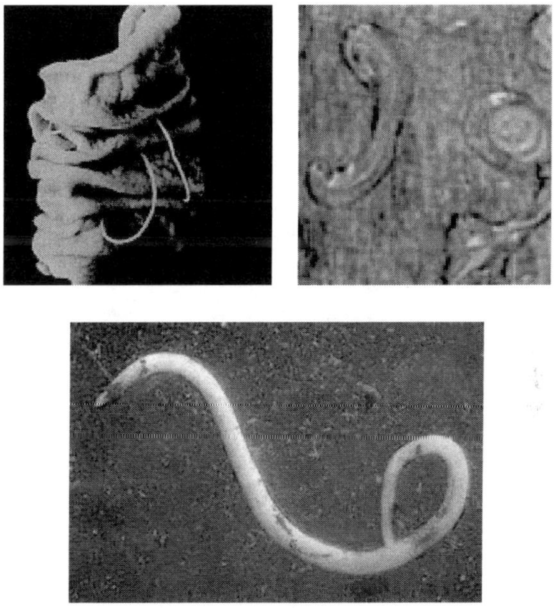

图6-30 异尖线虫

6.18.3 致病性

成虫寄生在鲸、海豚等海洋哺乳动物的胃内形成肿物，成熟后产卵，幼虫寄生在海鱼或鱿鱼体内，人们在进食不熟的带幼虫的海鱼肉后受感染。进食可疑污染食品后，通常在6h内出现症状。人体感染本虫后，幼虫钻入胃或小肠黏膜而形成酸性粒细胞性肉芽肿，但不能发育成熟，主要寄生于胃肠壁。轻者仅有胃肠不适，重者发病急骤，酷似外科急腹症，表现为在进食后数小时上腹部突发剧痛伴恶心、呕吐、腹泻，纤维胃镜可见胃黏膜水肿、出血、糜烂、溃疡，晚期患者可见胃肠壁上有肿瘤样物。还可引起过敏症。

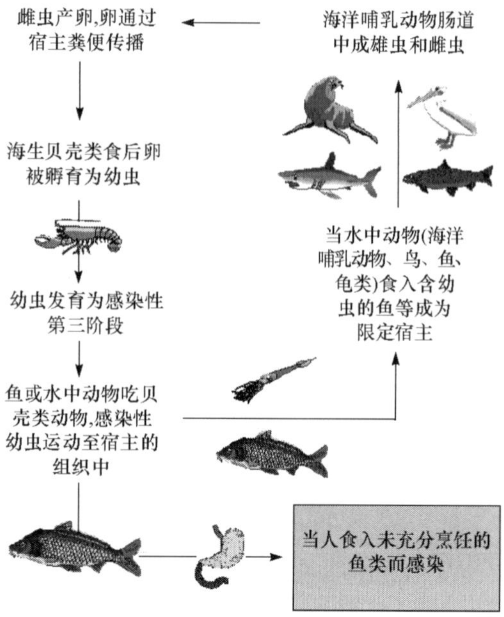

图 6-31 异尖线虫的生活史

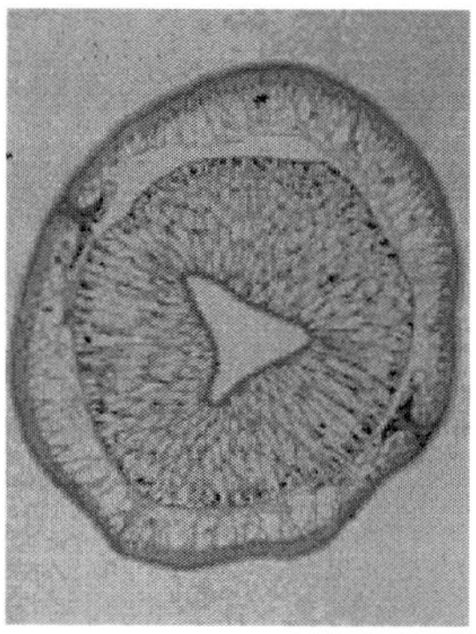

图 6-32 简单异尖线虫

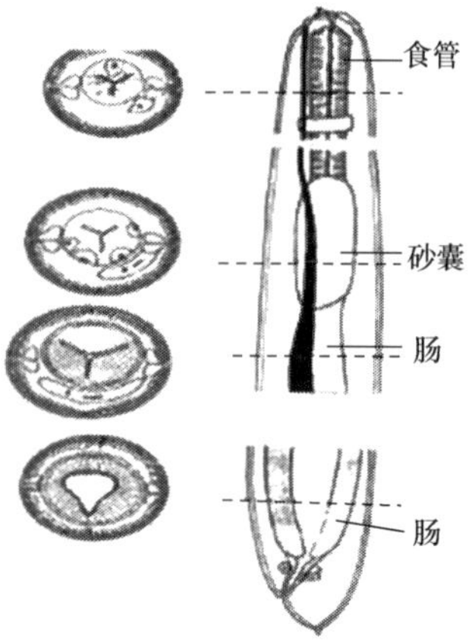

图 6-33 简单异尖线虫各阶段形态

6.18.4 检测和控制

从胃内检获幼虫。检测患者血清中特异性抗体，是本病的重要辅助诊断方法。将鱼烹熟后食用是预防异尖线虫病最好的方法，但这对喜食生鱼的居民往往比较困难。试验证明，海鱼体内异尖线虫幼虫对热和低温抵抗力很差，在－20℃冷冻 24h 后异尖线虫幼虫可全部死亡，可避免感染的危险。荷兰（1968）曾立法规定海鱼必须在－20℃冷冻 24h 后才允许进入市场，当年患病人数即明显减少，此后在荷兰几乎再也见不到异尖线虫病病例的报告，这种冷冻杀虫措施得到 WHO 的赞许。慎食生鱼片，将鱼烧熟后食用，是预防异尖线虫病最有效的方法。海鲜类食品应煮熟或冷冻，感染性幼虫经 60℃高温 10min 以上可被消灭，如冷冻，海鱼应在－4℃冷冻 5d 以上，以保证杀灭寄生虫。捕获的或购买的海鱼，应尽快处理，以减少幼虫移行入鱼肉内的机会。

6.19 广州管圆线虫（*Angiostrongylus cantonensis*）

6.19.1 食品卫生学意义

广州管圆线虫主要寄生于啮齿类动物，尤其是鼠类的肺部血管。人因食或半生食含感染性幼虫的中间宿主和转续宿主而感染，生吃被感染性幼虫污染的蔬菜、瓜果或喝生水也可被感染。感染后可引起嗜酸性粒细胞增多性脑膜脑炎或脑膜炎。广州管圆线虫病由广州管圆线虫偶尔寄生于人体引起。该虫是陈心陶（1933）首先在广州捕获的家鼠和褐家鼠体内发现，命名为广州肺线虫。后由 Matsumoto（1937）在台湾报道，到 1946 年才由 Dougherty 订正为本名。

6.19.2 生物学特性

成虫细长，呈线状，体表光滑具微细环状横纹。头端钝圆，头顶中央有一小圆口，缺口囊，食道棍棒状，肛孔位于虫体末端。雄虫长 11～26mm，宽 0.21～0.53mm，尾端略向腹面弯曲，交合伞对称，呈肾形。雌虫长 17～45mm，宽 0.3～0.66mm，尾端呈斜锥形，子宫双管型，白色，与充满血液的肠管缠绕成红白相间的螺旋纹，颇为醒目，阴门位于虫体尾端，开口于肛孔之前（图 6-34～图 6-37）。

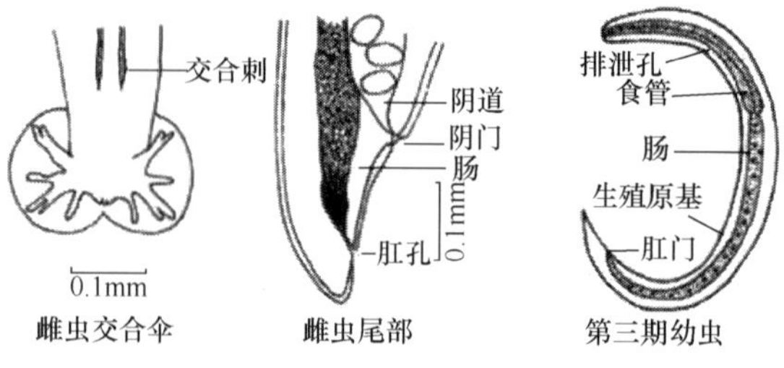

图 6-34 广州管圆线虫

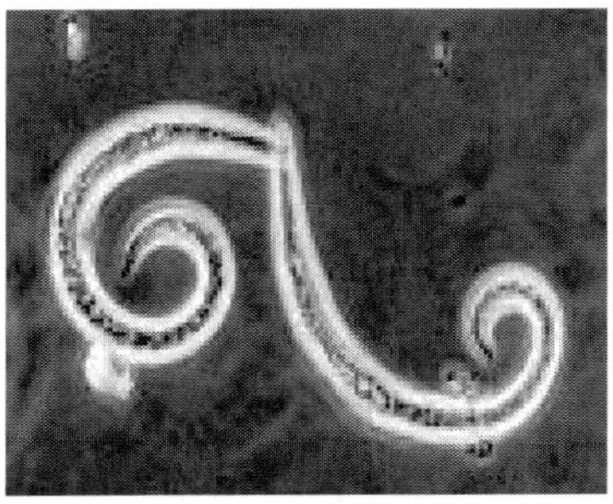

图 6-35 广州管圆线虫第一期幼虫

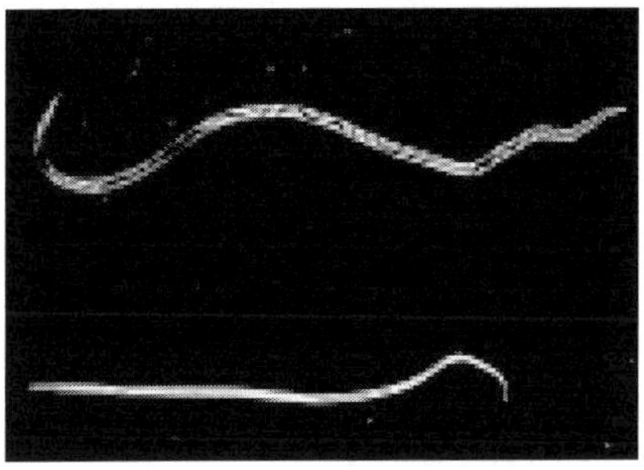

图 6-36 广州管圆线虫成虫

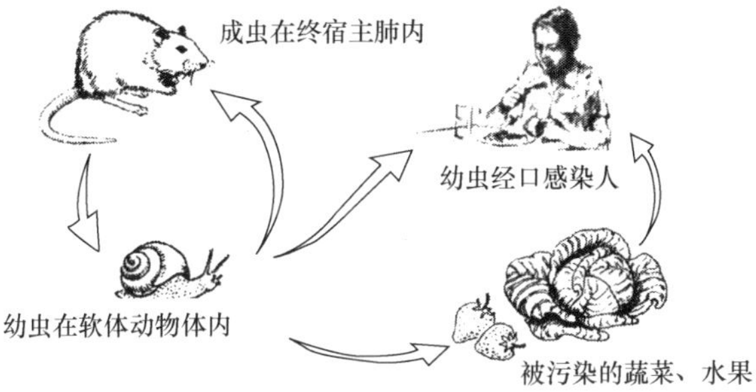

图 6-37 广州管圆线虫生活史

成虫寄生于终宿主褐家鼠及家鼠的肺动脉内。雌虫在肺动脉内产卵，虫卵随血流入肺毛细血管，孵出第一期幼虫，此幼虫穿破肺毛细血管进入肺泡，沿呼吸道上行至咽，再被吞入消化道，随宿主粪便一起被排出。第一期幼虫在体外潮湿或有水的环境中可活 3d，但不耐干燥。当此幼虫被吞入或主动侵入中间宿主（螺类及蛞蝓）体内后，在其组织内经两次蜕皮发育为第三期幼虫，即为感染性幼虫。

鼠类等终宿主因吞食含有感染性幼虫的中间宿主、转续宿主及被感染性幼虫污染的食物而受感染。感染性幼虫经终宿主胃到达小肠，穿过肠壁，入血循环，经肝、心到肺。多数幼虫沿颈总动脉到达脑部，经两次蜕皮发育为第四期幼虫，再由静脉到达肺动脉，发育成熟。从第三期幼虫感染终宿主至其粪便中出现第一期幼虫需 6～7d。

动物试验证明感染性幼虫可经损伤或完整皮肤主动侵入宿主。人是广州管圆线虫的非正常宿主，本虫在人体内的移行、发育大致与鼠类相同。但幼虫一般只停留在脑和脊髓，不在肺血管完成发育。故在人体内虫体停留在第四期幼虫或成虫早期（性未成熟）阶段。但当机体免疫力低下时，虫体可移入肺动脉以完成发育。在我国发现的本虫中间宿主有褐云玛瑙螺、皱疤坚螺、短梨巴蜗牛、中国圆田螺、方形环棱螺、福寿螺和蛞蝓，其中褐云玛瑙螺和福寿螺对管圆线虫幼虫的自然感染率为 29.76%和 69.5%；转续宿主有蟾蜍、蛙、咸水鱼、淡水虾、蟹、陆栖蜗牛等。广州管圆线虫可寄生于几十种哺乳动物，包括啮齿类、犬类、猫类和食虫类。终宿主以褐家鼠和黑家鼠较多见。

6.19.3 致病性

潜伏期 20～47d，人的感染通常是自限性的，症状不明显，但具有致命结果。主要症状是头痛，也有其他症状，包括痉挛、呕吐、面瘫、机能异常、颈部僵硬和发热。人体广州管圆线虫主要侵犯中枢神经系统，认为与幼虫嗜神经的向性有关。幼虫侵犯人体中枢神经系统后，在脑和脊髓内移行造成组织损伤及其死亡后引起的炎症反应，可导致嗜酸性粒细胞增多性脑膜脑炎或脑膜炎。病变集中在脑组织，除大脑和脑膜外，还可波及小脑、脑干和脊髓。

6.19.4 检测和控制

仅少数病例的脑脊液中能找到幼虫，查不到幼虫者可依据以下资料诊断：①有脑膜炎和脑膜脑炎的症状和体征；②近期在流行区内生食或接触过螺或蛙等，或在流行区饮用过生水；③外周血白细胞特别是嗜酸性粒细胞增多（>10%），脑脊液中白细胞计数增多，嗜酸性粒细胞增多为主（0.15～0.98），脑脊液压力增高；④免疫学检测（ELISA）结果阳性；⑤脑部 CT 扫描，少数患者有脑水肿病变，儿童可有交通性脑积水。

本病的诊断主要依据有吞食或接触含本虫的中间宿主或转续宿主史。典型症状与体征，如脑脊液压力升高，外观混浊或乳白色，白细胞总数明显增多，其中嗜酸性粒细胞超过 10%；免疫学检查阳性或从脑脊液中、眼或身体其他部位查出幼虫、幼龄成虫或成虫，但病原检出率很低，仅为 2.5%左右。

加强宣传教育，使群众了解广州管圆线虫病的危害和感染途径，提高防病意识。对广州管圆线虫的中间宿主和转续宿主必须熟食，洗干净并去除附着在蔬菜上的小型软体动物，不喝生水，加工螺类、虾及蟹类时注意防护和防止污染厨具。积极灭鼠，消灭传染源。

6.20 脊形管圆线虫（*Angiostrongylus costaricensis*）

6.20.1 食品卫生学意义

脊形管圆线虫又称为哥斯达黎加管圆线虫，脊形管圆线虫移行症是由寄生于鼠类的本虫幼虫侵入人体后所致的疾病。脊形管圆线虫移行症多见于中美洲、南美洲，非洲也有该病患者。第一次报道是 1971 年，人感染最常见于哥斯达黎加。脊形管圆线虫成虫寄生在鼠类回肠小动脉内，虫卵沉积在肠壁组织引发该病，主要通过食品（钉螺）、水和蔬菜传播给人。

6.20.2 生物学特性

虫卵卵圆形，大小为 90μm，壁薄。成年雌虫 42mm×300mm，雄虫 22mm×140mm。生活史基本同广州管圆线虫，但与广州管圆线虫不同的是脊形管圆线虫的幼虫能够穿过肠壁，引起炎症，这里是生活史的末端（图 6-38，图 6-39）。

6.20.3 致病性

最常见的症状是疼痛和轻微发热、呕吐及腹泻。有明显的肿瘤样物质，而且通常是恶性的。虫体经常在淋巴结中发现，在精动脉破坏精索结构，并引起坏死。偶而幼虫可到达肝，嗜酸性粒细胞增多。

6.20.4 检测和控制

检测和预防、控制参考广州管圆线虫。

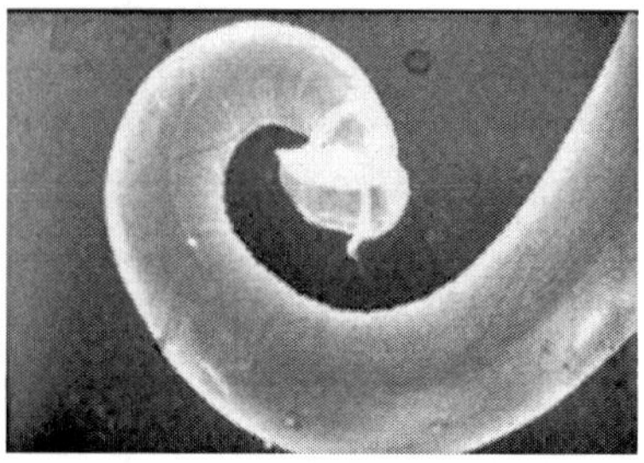

图 6-38 雄成虫尾部交合伞

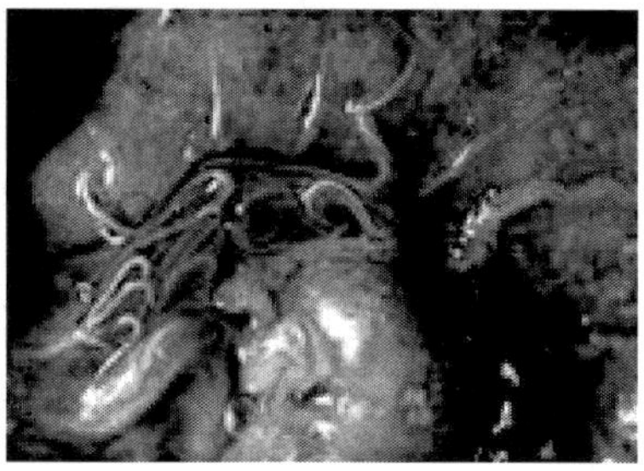

图 6-39 成虫寄生在大白鼠肠道

6.21 人蛔虫（*Ascaris lumbricoides*）

6.21.1 食品卫生学意义

人蛔虫也称为似蚓蛔线虫，寄生于小肠，是人体常见的寄生虫，引起蛔虫病（Ascariasis）。蛔虫是危害地域最广、感染人数最多的病原生物之一，全球蛔虫感染者约 14 亿，我国感染人数近全国人口的一半，遍及各省。蛔虫成虫在小肠寄生，可引起营养不良导致发育障碍。可通过食品、水和蔬菜（新鲜的卷心菜）等感染给人。蛔虫具有高度的宿主特异性，人是人蛔虫的唯一宿主，人体感染是因经口食入感染期蛔虫卵所致。

6.21.2 生物学特性

成虫：长圆柱形，活时略带粉红色或微黄色，体表有横纹，两条侧线明显。口孔位于虫体顶端，被排列成“品”字形的三个唇瓣围绕，其内缘具细齿。雌虫长 200～350mm，宽 3～6mm，尾端钝圆，肛门位于末端，生殖器官为双管型，阴门位于虫体腹面中部之前。雄虫长 150～310mm，宽 2～4mm，尾端向腹面弯曲，在肛门前后有许多对乳突，生殖器官为单管型，有交合刺一对。

虫卵：有受精卵和未受精卵二种。受精卵宽椭圆形，大小为（45～75）μm×（35～50）μm。卵壳由外向内分为三层：受精膜，极薄，与卵壳外面凹凸不平的、被胆汁染成棕黄色的蛋白质膜紧密相连；壳质层，无色，厚而均匀；蛔甙层薄，紧贴壳质层。卵内含有一个大而圆形的卵细胞，两端与卵壳之间留有月牙形的空隙。未受精卵一般为长椭圆形，大小为（88～93）μm×（38～44）μm，卵壳和蛋白质膜均较薄，无蛔甙层，卵内含有反光性较强、大小不等的屈光颗粒。不论受精卵或未受精卵，其蛋白质膜有时均可脱落，此时卵壳为无色透明，易与其他种虫卵混淆（图 6-40）。

生活史：成虫寄生于小肠，以肠内半消化的食物为营养。雌、雄虫交配后，雌虫产卵，卵随粪排出体外，受精卵在温暖（20～30℃）、潮湿和有氧环境，经 20d 左右发育为幼虫，并在卵内蜕皮一次，发育为感染性虫卵。此卵被人吞食后，进入小肠，幼虫分泌含有酯酶、壳质酶及蛋白酶的孵化液，消化卵壳，幼虫孵出。幼虫孵出后侵入小肠黏膜和黏膜下层，而后侵入小静脉，循门静脉系统到肝，经右心至肺，穿过肺毛细血管进入肺泡。幼虫也可侵入肠壁淋巴管，经胸导管入静脉而达肺部。在肺内幼虫蜕皮两次，发育为第四期幼虫，然后沿支气管、气管向上移行至咽，随吞咽动作经食道再到小肠，经第4次蜕皮后，逐渐发育为成虫。从感染性虫卵进入人体到雌虫产卵，需60～75d。成虫可在人体存活一年左右。每条雌虫每日排卵约20万个。宿主体内的成虫数目一般是一至数十条，个别有上千条的。

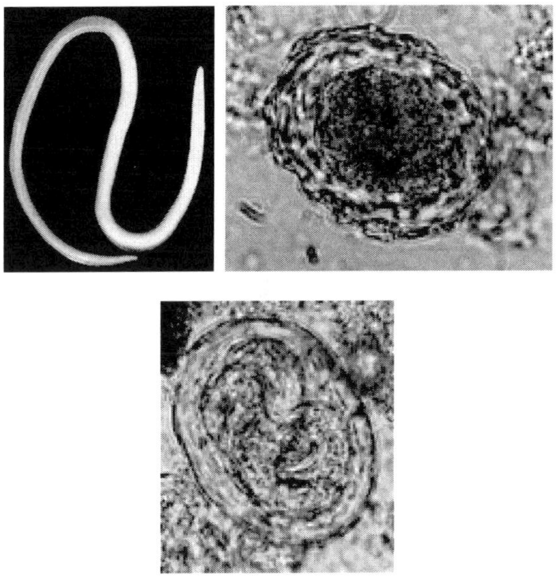

图 6-40　人蛔虫及虫卵

6.21.3　致病性

幼虫移行过程中穿破肺毛细血管进入肺泡，可造成点状出血，引起炎症和嗜酸性粒细胞浸润。大量感染时，可导致蛔虫性肺炎，出现咳嗽、胸痛、哮喘、呼吸困难、痰中带血丝，有时可从痰中查见幼虫。成虫在肠内以消化食物为自己的食物，不仅掠夺营养，并影响宿主对蛋白质的消化、吸收。寄生的虫数较多时，可出现腹部不适、脐周围阵发性疼痛、消化不良、恶心、呕吐、腹泻或便秘等。如虫体受到某些因素的刺激而扭结成团，可导致肠梗阻。蛔虫有钻孔习性，若服用驱虫药物剂量不当时，可促使蛔虫剧烈活动并钻孔窜扰。如钻入胆道、肝、胆管、阑尾及腹腔等处，引起胆道蛔虫症、蛔虫性阑尾炎、肠穿孔、腹膜炎等。以上各种并发症中，以肠梗阻和胆道蛔虫症较常见。

6.21.4　检测和控制

在粪便中查见虫卵是确诊的主要依据。因雌虫产卵量大，一般用粪便直接涂片法检查即可。一片检出率约为80%，二片92.6%，三片可达95%。必要时可采用沉淀法或浮聚法检查，若仅有雄虫寄生（占蛔虫感染者的3.5%～5%）或虫体未发育成熟，粪便中查不到虫卵时，可参考临床征象或进行试验性驱虫。随粪便排出或吐出及从其他部位取出的虫体，可根据其形态特征进行鉴定而确诊。

在早期感染及做蛔虫病流行病学调查以判定人群中的蛔虫感染状况，也可应用免疫诊断方法，如皮内试验、间接血凝试验、对流免疫电泳、免疫荧光抗体试验等。

加强卫生宣教，注意饮食卫生。妥善处理粪便，改善环境卫生。注意个人卫生和饮食卫生习惯，防止感染。治疗患者及带虫者是控制传染源的重要措施，常用的驱蛔虫药物有哌嗪、左旋咪唑、甲苯达唑、噻嘧啶、阿苯达唑等，中药川楝素及使君子有一定的驱蛔效果。

6.22　肝毛细线虫（*Capillaria hepatica*）

6.22.1　食品卫生学意义

肝毛细线虫病（hepatical capillariasis）是由肝毛细线虫寄生于宿主的肝引起的人畜共患病。肝毛细线虫寄生于鼠类和多种哺乳动物肝，偶尔感染人体，导致人体患肝毛细线虫病，迄今全世界确诊为肝毛细线虫病的患者共25例，但多数引起死亡。通过鱼类、蔬菜等食品中污染的虫卵而感染人。

6.22.2　生物学特性

肝毛细线虫是线形动物门、线虫纲、无尾感器亚纲、嘴刺目、毛细科一个属，虫体细长、体前部狭小，后部膨大粗厚，末端钝圆。雄虫体长为53～78mm，宽为0.11～0.20mm。食管占体长的1/3，在食管稍后方为生殖孔开口，有膜状舌瓣覆盖。雌虫体长为24～37mm，宽0.07～0.10mm，食管占体长的1/2。雄虫在突出的鞘膜内有一个纤细的交合刺，长0.43～0.50mm，刺鞘无棘。虫卵形态与鞭虫卵相似，椭圆形，大小为(51～68)μm×(27～35)μm。卵两端具有黏液栓状物、不突出于卵壳外。卵壳上有放射状条纹（图6-41）。

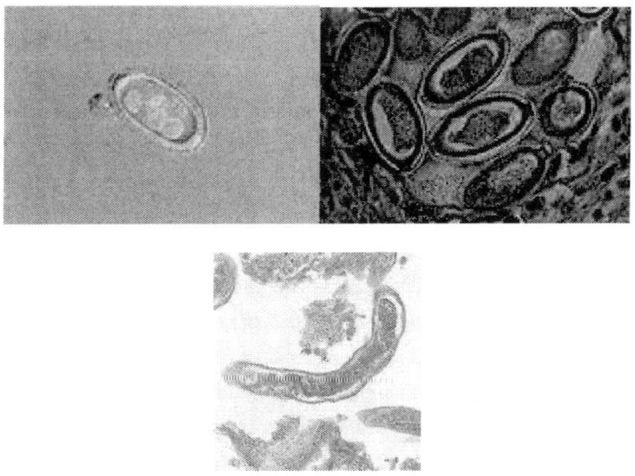

图 6-41　肝毛细线虫虫卵和肝中虫体

成虫寄生在宿主肝中，产出的虫卵也多聚集在肝组织中，仅少数随宿主的粪便排出体外。虫卵在肝组织中不发育，经过7个月仍有10%保持生活力。动物宿主的肝被其他肉食动物食入，肝被消化，虫卵随吞食者的粪便排出体外，或者患本病的动物死亡，虫卵从腐烂的尸体中释出。排至土壤中的虫卵在30℃下经4周或在23℃下经7周发育为感染性虫卵。这种卵在−15℃条件下可存活两个月以上。终宿主因食入被感染期卵污染的食物或水而感染。经24h幼虫在肠中孵出，虫体大小为(140～190)μm×(7～11)μm。孵出的第一期幼虫在6h内侵入肠黏膜，经过肠系膜静脉、门静脉，约经52h到达肝。在肝中生长发育，于感染后第3～4天第一次蜕皮成为第二期幼虫。脱下的外皮仍留在体表成为鞘。这期主要是食管部分增长，出现了食管前部的肌质部和后部细胞部的原基。感染后第5～7天第二次蜕皮为第三期幼虫，第9～16天进行第三次蜕皮，成为第四期幼虫。虫体大小为（110～360）mm×（0.023～0.038）mm。雌雄分化，生殖器官逐渐形成、第四期雄性幼虫在第18天、雌性在第20天蜕皮。成为第五期幼虫或称童虫。感染后第21天雌雄性成熟。雄虫寿命约40d，雌虫寿命约59d。

6.22.3 致病性

成虫寄生于肝，产出的虫卵多数沉积在肝实质里，引起肝肉芽肿病变。肉眼可见肝表面有许多点状珍珠样白色颗粒，或灰黄色小结节，其大小为0.1～0.2cm。有时可出现几个小结节融合成为不规则的灰白区，质硬。肝实质内为多发性脓肿样灶性坏死，继而肉芽肿形成。脓肿的中心部位由成虫、虫卵和坏死细胞组成。虫体体壁完整或部分崩解，虫卵内的组织结构大部分变性、死亡或钙化，部分卵内可见分裂的卵细胞。虫体和虫卵周围有嗜酸性粒细胞、浆细胞、巨噬细胞、类上皮细胞浸润。形成的肉芽肿相互间可融合。偶尔可见肉芽肿中心为干酪样坏死，不含虫卵或成虫。由于肝中虫卵肉芽肿的形成，引起肝细胞损害，肝硬化形成，最后可导致肝功能衰竭。

6.22.4 检测和控制

本病罕见，所以临床上诊断很困难。在报告的病例中，半数系在病死后尸检时发现，有的病例是在剖腹术中或通过肝活检证实，患者因不能及时给予适当的治疗，可导致死亡。由于肝内存在大量虫卵，粪检却不易发现虫卵，因此肝组织活检是可靠的诊断方法。嗜酸性粒细胞增多，伴有肝肿大是具有诊断意义的重要临床特征。免疫学方法如免疫荧光试验、间接血凝试验对诊断有参考价值。

注意居住环境卫生和个人卫生。消灭鼠类，避免病原传播。防止婴幼儿食土及脏物，避免生吃保虫宿主的肝，以防感染本病。

6.23 菲律宾毛细线虫（*Capillaria philippinensis*）

6.23.1 食品卫生学意义

菲律宾毛细线虫病（Capillariasis philippinensis）又称肠毛细线虫病（intestinal capillariasis），是由菲律宾毛细线虫寄生于人体小肠而引起的疾病，临床上以慢性腹泻及吸收不良综合征为主要表现。其虫卵通过污染食品而传播给人，主要是生吃鱼类或未完全烹调好的鱼类食品而致，也可因吃或饮入污染患者粪便中幼虫的食物或饮料而受感染。泰国和我国台湾的一些食鱼鸟类也可感染本虫，因此它们在自然界中对菲律宾毛细线虫的传播也可能具有重要意义。鱼作为中间宿主，主要是咸水鱼，鸟类吃了这些鱼而携带虫体或虫卵，也是一种中间宿主。

6.23.2 生物学特性

菲律宾毛细线虫是线形动物门、线虫纲、无尾感器亚纲、嘴刺目、毛细科的一个属，成虫细小，雄虫长2.3～3.2mm，宽30μm，雌虫长2.5～4.3mm，宽45μm。本虫寄生在人体小肠，特别是空肠内，虫体前端插入肠黏膜内。虫体的前部为食管所占，具有短的肌肉部分，随之为一串杆状细胞，虫体后部与前部等长或略短，含有肠管及生殖器官。雌虫的阴门开口在食管终端的紧后方，雄虫具有一个0.2～0.3mm长的交合刺，并有0.4mm交合刺鞘，尾端腹侧部膨大，形成两对乳突。成熟的雌虫子宫内含有虫卵、幼虫，或含有虫卵和幼虫。在宿主粪便中见到的虫卵呈柱状，有带条纹的厚壳，类似花生，两端有扁平的透明塞状物，大小为(36～45)μm×20μm。虫卵在水中经5～10d发育为含胚胎的卵，被淡水鱼吞食后，在鱼肠管内发育为感染性幼虫（图6-42，图6-43）。

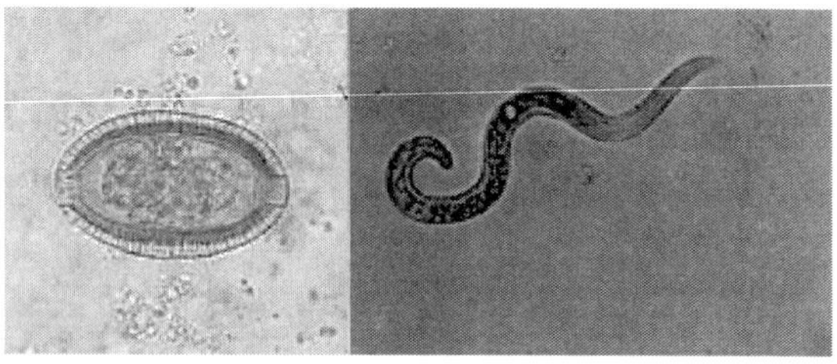

图6-42 菲律宾毛细线虫的虫卵和成虫

6.23.3 致病性

本病发现于世界各地，美国、墨西哥、巴西、印度、土耳其、南非等均有病例报告。贮存宿主以家鼠的感染率最高，可达48%～90%，家畜中则以猪、猫、犬

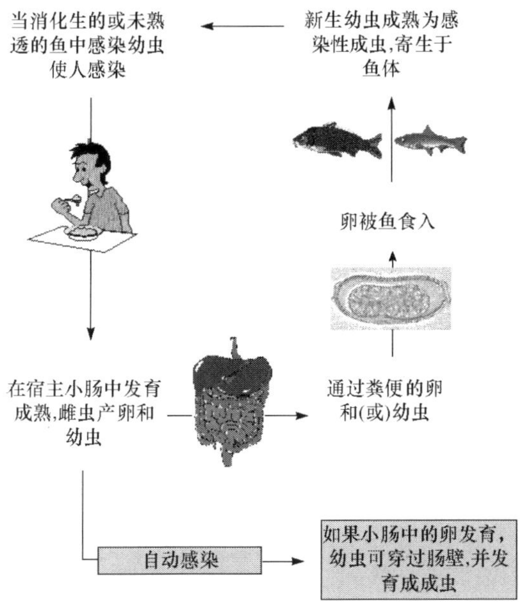

图 6-43 菲律宾毛细线虫生活史

感染较多，中国鼠类感染也较普遍。菲律宾毛细线虫系1963年在菲律宾人体发现，1967年菲律宾吕宋岛曾发生暴发流行，造成数百人死亡。泰国和中国台湾也曾发现本病。本病的主要病理变化在小肠，特别是空肠，肠壁增厚，肠腔及黏膜内可见到大量各期虫体包括成虫及幼虫，部分虫体埋在黏膜内。有些患者1L空肠液中有10 000～20 000条成虫和幼虫。组织学检查，在十二指肠下端空肠及上部，肠的黏膜和腺体内，可见到大量成虫、幼虫和虫卵。肠绒毛变平，腺体扩张，少数腺体萎缩，间质液体增多。固有膜毛细血管扩张、充血，细胞间隙增宽、淋巴管扩张、充满淋巴液，并可见到水肿。肠固有膜有浆细胞、淋巴细胞、巨噬细胞及中性粒细胞的浸润，有些肠腺内充满嗜酸性粒细胞的碎屑。

6.23.4 检测和控制

在患者粪便中找到虫卵或幼虫即可确诊为本病，但虫卵常易与鞭虫卵相混淆，必须加以鉴别。鞭虫卵较大，且外形呈桶状，两端有黏液塞状物。有些患者需多次检查粪便，才能找到虫卵。在小肠吸取物或黏膜活检中也可发现虫体。皮内试验及间接血凝试验曾用于临床诊断或流行病学调查，但后者常有交叉反应，仅有参考价值。

主要是不要吃生的或不熟的鱼。由于传统习惯的影响，必须加强健康教育，让流行区群众知道本病发生的原因，将鱼煮熟后即可杀死幼虫。例如，吃生鱼或不熟的鱼得本病。本病应于早期诊断及治疗，以防疾病的恶化和患者的死亡。此外，加强粪便管理及无害化处理也很重要。

6.24 对盲囊虫属（*Contracaecum* spp.）

6.24.1 食品卫生学意义

太湖的鲶、黄颡鱼的体腔内有此属虫种的寄生记录；黑龙江鳇鱼食道壁上也有此属的寄生报告。对人还没有感染的报道，但作为一种潜在的食物感染性寄生虫应引起食品卫生工作者注意。鳜对盲囊线虫（*C. sinipercae*）寄生于鳜肠，分布于黑龙江流域；有钩对盲囊线虫（*C. aduncum*）寄生于大马哈鱼和乌苏里白鲑，分布于黑龙江流域。在湖北的鲤、鲫、鲢、泥鳅、鲶的肝、脾及肠系膜，辽河流域的泥鳅的肠系膜，刀鲚、赤眼鳟的腹腔和肠系膜及太湖的鲫和江西的鲫上均有其幼虫寄生的报告。

海产鱼的寄生记录有厦门对盲囊线虫（*C. amoyensis*）寄生于海鳗胃、肠，分布于厦门、福州。牙鲆对盲囊线虫（*C. paralichthydis*）寄生于尖吻黄盖鲽、宽体舌鳎的胃，分布于山东青岛，并在福建厦门见于寄生在大眼鲷、小三线鳎、叫姑鱼、真鲷等肠系膜上；棒形对盲囊线虫寄生于断斑石鲈的胃中，分布于福建及寄生于大眼鲷胃、小三线鳎、叫姑鱼、真鲷肠系膜上；加州海狮胃部寄生对盲小口线虫（*Contracaecum osculatum*）。

6.24.2 生物学特性

对盲囊线虫属是线形动物门、线虫纲、尾感器亚纲、蛔目、异尖科的一属。盲囊线虫口有锯齿的嵴，间唇通常很发达。腺食道缩小，腺食道无后端附属物，存在肠盲囊，有一盲突。雄虫交合刺等长，阴门在体中部附近，无翼膜，肛后突7对，一部分位于腹面，另一部分在侧面，肛前突数对。交合刺长，具翼，等或不等长，卵生，寄生于脊椎动物，引带付缺（图6-44）。

6.24.3 致病性

目前还没有对人致病的报道。

6.24.4 检测和控制

尽量不吃生的或未完全烹调好的鱼类。

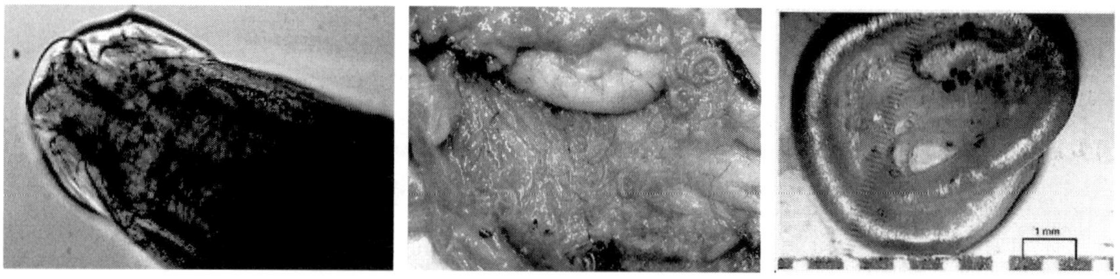

图 6-44 对盲囊线虫

6.25 肾膨结线虫（*Dioctphyme renale*）

6.25.1 食品卫生学意义

肾膨结线虫病（dioctophymiasis renale）是由肾膨结线虫（*Dioctphyme renale*）引起的一种人畜共患寄生虫病。肾膨结线虫俗称巨肾虫，属膨结目、膨结科、膨结属，分布广泛，寄生于犬、水貂、狼、褐家鼠等动物的肾及腹腔内，主要寄生于猪、貉和犬的肾或腹腔内，偶尔可寄生于人体的肾或其他部位。存在于鱼类体内，因吃生的或未熟的鱼类而感染。泥鳅感染率达 70%。

6.25.2 生物学特性

成虫活时呈血红色，固定后呈灰褐色。虫体圆柱形，似蚯蚓，两端稍细，体表具有不等距横纹。虫体两侧各有一行乳突，体中部稍稀疏，越向后乳突排列越紧密。口孔呈圆形，位于体前端，其周围有两圈乳突，内圈 6 个乳突较小，外圈 6 个乳突高大，呈半球形隆起。口腔浅，直接与食管相连。雌虫长 23～110cm，宽 0.6～1.3cm。阴门开口于体前端腹面中线上，距前端 4～8cm，呈长椭圆形。虫体末端略膨隆而钝圆。雄虫长 15～49cm，宽 0.4～0.8cm。尾端有钟形无肋的肉质交合伞，向腹侧倾斜开口。交合伞腹侧缘明显短于背侧缘，其边缘和内壁有许多小乳突，中间有一个锥状隆起。交合刺一根，长 5～8mm，表面光滑，从锥状隆起顶端的泄殖孔伸出。在不同宿主体内，虫体大小可有差别，寄生于犬肾、腹腔中的虫体长而粗大，体表横纹极为明显；而在鼬、家鼠及人体内的虫体较小（图 6-45，图 6-46）。

图 6-45 肾膨结线虫

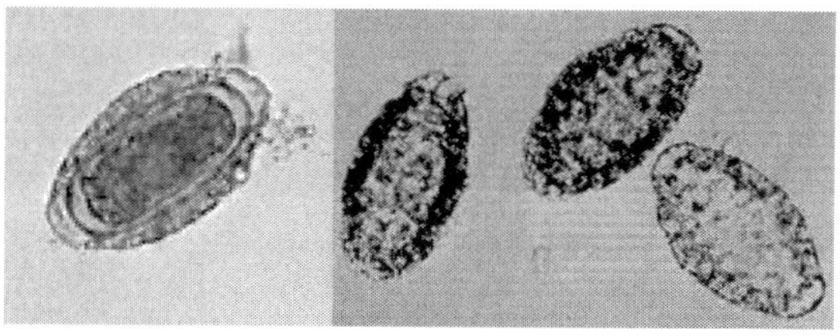

图 6-46 肾膨结线虫的虫卵

成熟虫卵椭圆形，棕黄色，大小为（60～82）μm×（38～46）μm。卵壳甚厚，表面密布大小不等的球状突起，卵的两极有明显的透明栓样结构，卵内含 1～2 个细胞。未成熟卵呈椭圆或圆形，不见透明栓样结构。未受精卵多为长椭圆形，卵壳上的突起变化多样，卵内含大量屈光颗粒。

生活史：成虫主要寄生在宿主的肾，虫卵经尿液排出体外，受精卵进入水中，在 14～30℃ 条件下，经 15～102d发育为含有第一期幼虫的卵。含蚴卵被中间宿主蛭蚓科和带丝蚓科的寡毛类环节动物摄食后，在其前肠孵出第一期幼虫。幼虫长 15.7μm，宽 3μm。具有口刺，借此穿过宿主肠壁，侵入腹部血管中进行发育，在 20℃时于感染后 50d 和 100d 虫体进行第一、第二次蜕皮。以感染的寡毛环节动物经口感染犬和貂。感染期幼虫在宿主的胃或十二指肠破囊逸出，穿过胃壁或肠壁进入体腔，移行至肝或肝组织内寄生，在终宿主体内经两次蜕皮，发育成熟。幼虫也常随血液移行至胃壁、肝、体腔、肾。在生活史中鱼、蛙被认为是第二中间宿主，实际上是转续宿主。感染期幼虫在组织内被包围。虽然虫体略增大，但并不进一步发育。可作为转续宿主的淡水鱼和蛙类有犬鱼、鲈鱼、鲇鱼、鲟鱼、赤梢鱼、雅罗鱼、角桑鱼、拟鱼、卡拉白鱼、欧飘鱼、白鱼、食蚊鱼、娩仔鲴鱼、黑色鲴鱼、美洲鲴鱼和湖蛙等。兽类的感染主要是由于生食或半生食含有第四期幼虫的鱼肉或蛙类，食草动物则因吞食了生水中的或水生植物上的寡毛环节动物而感染。人和猪的感染可能兼有上述两种方式。

6.25.3 致病性

肾膨结线虫主要寄生于宿主的肾，尤其右肾较常见。也可寄生于腹腔、肝、卵巢、子宫、乳腺、膀胱、心包及心房等。感染性幼虫在终宿主的胃或十二指肠内逸出后，穿过肠壁侵入肾内或腹腔内寄生。由于水貂等动物的十二指肠紧贴于右肾，而犬的右肾距十二指肠较远，故水貂右肾发病率高，而犬的右肾发病率较低。人体由于寄生的虫体发育差，个体小，被寄生的脏器损害较轻，患者有腰痛、肾绞痛、反复血尿、尿频，可并发肾盂肾炎、肾结石、肾功能障碍等表现。当虫阻塞尿路，也有急性尿中毒症状。

6.25.4 检测和控制

临床上对于有生食或半生食鱼肉史，反复出现肾盂肾炎症状，而久治不愈的患者，应考虑有感染本虫的可能。在尿液沉渣中检出虫卵，或发现从尿道排出虫体即可确诊。如果仅有雄虫寄生，或输尿管发生阻塞，在尿中就不能检到虫卵。寄生在腹腔或其他部位的虫体，只有在手术探查或活检时才能发现。有生食或半生食鱼或食蛙史，从尿液中发现虫体或查见虫卵是确诊本病的依据。

加强卫生宣传教育，不生食或半生食鱼肉，不饮生水，在本病呈地方性流行的地区，尤其要加强本病的预防。

6.26 麦地那龙线虫（*Dracucculus medinesis*）

6.26.1 食品卫生学意义

麦地那龙线虫病（dracanculiasis 或 dracontiasis）是由麦地那龙线虫寄生于人体所引起的。麦地那龙线虫对人体造成的损害被人们了解的时代可谓久远而古老，在古罗马和希腊时代，埃及的牧师就注意到该虫感染是重要的疾病。红海区域的犹太人曾将该虫想象为火样的巨蛇给人类带来瘟疫。通过饮用污染的水而使人感染，可以感染人、犬、猫及其他一些哺乳动物。主要流行于非洲和南亚，我国有犬感染的报道。

6.26.2 生物学特性

该虫属旋尾目（Spirurata）、龙线虫科（Dracunculidae）、龙线虫属（*Dracunculus*），麦地那龙线虫雌性孕虫发育成熟后为大型线虫，体长为 70～120cm，宽为 0.7～1.70mm。头端钝圆，尾端略向腹面呈 90°的弯曲。体表光滑，乳白色，镜下可见体表布有细环纹，其环纹间距约为 10.5μm。头顶端被有角皮层板构成卵圆形的盾状物，其正中在成虫早期有一个小而呈三角形的口，而 8 个月后口孔消失。盾状物外侧有 6 个内环乳突，两个侧乳突位于左右两侧。背腹乳突各两个，有时两个乳突可靠近，形成孪生乳突；外环乳突 4 对，亚背侧和亚腹侧乳突各两对。头感器一对，较为显著，位于侧乳突的外侧，几乎与外环乳突在同一环位上。颈乳突一对，较小，据王增贤文献，测自扬州猫体感染的麦地那龙线虫成熟的孕虫，其颈乳突直径约 10μm，位于头端后约 1mm 处的颈部两侧。该虫食管较长，其长度随发育过程虫体长度变化而不同。食管分肌质部和腺质部两部分组成，前端为肌质部很短，其后为腺质部较粗而长。神经环横交于腺质部并在此处形成一个明显的狭窄部。成熟的雌虫生殖系统为双管型，卵巢、输卵管及子宫均为双套，分别向虫体前后分布。妊娠后期雌虫（虫龄约 1 年），阴门萎缩不易见到，且无功能，卵巢也退化，雌虫的假体腔被前后两支子宫所充满，子宫内含有大量第一期幼虫。这时的食管与肠管结合点位于虫体中间稍后，食管无色，而肠内充满棕黑色物。而于感染后 3 个月的雄虫平均长 30mm，宽 0.23mm；雌虫平均长为 12.5cm，宽 0.5mm。食管的肌质和腺质的两部分界清楚，食管与肠管的结合点在靠近虫体中间部位。阴门开口于虫体前 4/7 处的腹侧。雄虫睾丸发育较好，在肠管的一边。交合刺两根近等长，分别为 0.54mm 和 0.40mm。肛前生殖乳突 4 对，肛后为 6 对，另在肛后两侧有一对尾感器。尾部向腹面卷曲一至数圈。雌虫肠管扁，无定向附在虫体一边。肛门位于尾端弯曲的内侧，肛后两侧也有一对尾感器。

雌虫交配后在人等终宿主腹股沟或腋窝等处组织内发育成熟后，接着移行到四肢、腹部、背部等皮下组织，头端伸向皮肤。此时子宫内由于大量幼虫致使孕虫体内压力增高，加上虫体成熟后其头端体壁衰老退化，发生自溶，导致孕虫前端体壁和子宫破裂，释放出大量第一期幼虫，这些幼虫引起宿主强烈免疫反应，结果在其皮肤表面形成水疱，水疱最后破溃。当破溃处与冷水接触时，虫体因受刺激，其伸缩性加强，虫体自宿主皮肤破溃处伸出，而子宫可从虫体前端破裂口处脱垂，排出数以万计活泼的第一期幼虫（杆状蚴）。如此间歇性的将幼虫产入水中，每次产出的幼虫可多达 50 万条以上。当伸出的子宫内幼虫全部产出后，这部分子宫与体壁即崩解，还有部分虫体可从伤口缩回皮下。当患者再次接触冷水，又重复上述过程。直至虫体内幼虫全部产出后，雌虫体随着不断从伤口排出，最后伤口愈合。

杆状蚴在水中不停地活动，可存活 4～7d，但经 3d 后其感染力下降。若被中间宿主剑水蚤吞食，幼虫借其运动和头端齿状突的作用，在 1～4h 内穿过剑水蚤的肠壁，到达血腔，大多在肠的背面。在 25℃时，经 12～14d 在剑水蚤体内发育并经二次蜕皮，而变为感染期幼虫。在 19℃以下时，幼虫发育停止。幼虫低温保存于 −78℃，6 个月甚至 40 个月，对剑水蚤仍具感染性，并可发育为感染期幼虫。含感染期幼虫的剑水蚤被终宿主

（人、犬、猫等）饮水食入后经消化作用，幼虫逸出到十二指肠。此时虫体平均长度仅 590μm，21d 移行至皮下结缔组织。第三次和最后一次蜕皮约在感染后的第 20 天和第 43 天。雌、雄虫于感染后的三个半月之内达腋窝和腹股沟部位。这时雌虫阴道内已有黏液塞，证明已经受精，雌虫受精时间约在感染后的第三个月。雄虫于感染后 3～7 个月死亡，或被吸收或留下纤维化。成熟的孕虫于感染后第 8～10 个月移行至终宿主肢端的皮肤。此时孕虫子宫内的幼虫有的已发育成熟。在实验中，感染恒河猴于第 321～371 天，雌虫即从宿主皮肤溃破处暴露，遇水产出幼虫。根据流行病学证据，人体感染后第 10～14 个月，皮肤上出现水泡，接着破溃。这时雌虫即可从溃疡处钻出，产幼虫入水。

成虫除寄生于人体外，还可寄生于犬、猫、马、牛、狼、豹、猴和狐等多种动物贮存宿主。

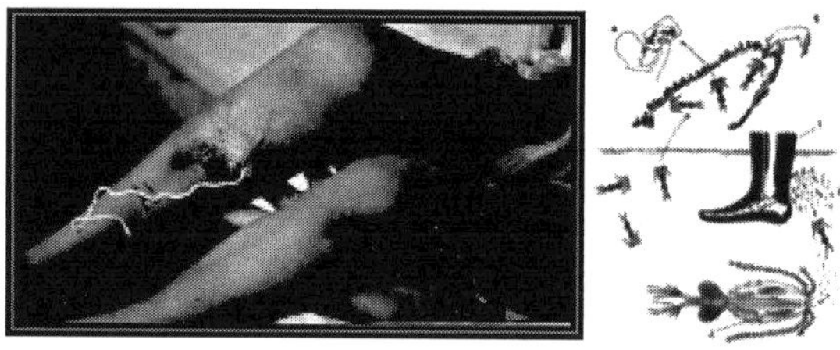

图 6-47　麦地那龙线虫生活史和成虫

6.26.3　致病性

本虫主要致病作用是由成熟后的孕虫所引起的。当成熟后的孕雌虫移行至皮肤时，由于虫体前端体壁组织衰退或溶解、释放出大量的代谢物进入宿主组织内，可引起宿主强烈的变态反应。患者可出现皮疹、红斑、瘙痒、腹泻、恶心、呕吐、呼吸困难、头晕、晕厥及局部水肿等症状：虫体在皮下约停留一个月后，大量幼虫即从虫体前端破裂处逸出，在局部皮肤表面出现一个微红色丘疹，继而发展成水疱，水疱可大至数厘米。最常见部位多在腿的下端和足部，但身体其他各部皮肤也可发生（图 6-47）。水疱内无菌的黄色浆液含有大量巨噬细胞、淋巴细胞、嗜酸性粒细胞、中性粒细胞及一些幼虫。水疱形成时常伴局部瘙痒和剧烈的灼痛，水疱一旦破裂，变态反应随即减退，继而脓肿形成，若无继发细菌感染，脓肿逐渐缩小。留下一个雌虫伸出缩回的小孔。当雌虫被取出或全部排出后，伤口即可完全愈合。虫体若在组织内破裂则能引起严重蜂窝织炎或局部脓肿。我国首例患者为安徽省一农村 12 岁男童，其病变部位为左侧腹壁的皮下肿块。手术从肿块内取出一条雌性麦地那龙线虫片段。经检查该虫头、尾端已蜕变而溶解，仅剩下大小为 166.0mm×1.3mm 的一段虫体，其脓肿壁经病理学检查表明有炎性细胞反应，伴有强度嗜酸性粒细胞和中度巨噬细胞的浸润。

6.26.4　检测和控制

本虫感染后有一个相当长的潜伏期，一般为 8～12 个月，潜伏期内诊断该病较为困难。

对可疑病例诊断时，注意检查皮肤上的典型水疱，水疱破溃后从伤口上检出第一期幼虫杆状蚴即可确诊。幼虫在低倍镜下运动活泼，十分醒目，很易查出。如果见到雌虫从皮肤溃疡处显露，也是确定诊断的依据。再从雌虫伸出端涂片检出杆状蚴即可确诊。对皮下肿块或深部脓肿可行试验性穿刺，涂片检出幼虫也可确诊。有的患者在潜伏期最后阶段丘疹形成之前，可触摸到皮下细绳样虫体或见到皮肤内的条索状虫体，但要注意与皮下寄生的裂头蚴加以区别。

预防感染是防治麦地那龙线虫病的重要环节。重点在农村，大力开展卫生宣教工作，不要饮用沟、塘、坑井中生水。因为水中有麦地那龙线虫的中间宿主剑水蚤，被吃下有感染的可能。国外的流行国家和地区，为控制消灭该种寄生虫病，常将饮用水先采取经布过滤法，除去剑水蚤可防止感染。而夏秋季节人们到沟、池塘中游泳，剑水蚤也可随水进入口中，以致造成感染，也值得注意提防。

6.27　棘头线虫属（*Echinocehpalus* spp.）

6.27.1　食品卫生学意义

猪巨吻棘头虫（*Macracanthorhynchus hirudinaceus*）属于棘头动物门（Phylum Acanthocephala）、后棘头虫纲（Class Metacanthocephala）、原棘头虫目（Order Archiacanthocephala）、稀棘棘头虫科（Family Oligacanthorhynchidae）、巨吻棘头虫属（*Genus Macracanthorhynchus*）。成虫主要寄生于猪小肠，也能在鱼和水生贝壳类动物中寄生，偶尔寄生于人，人偶尔因吞食含棘头体的甲虫而感染，引起人体棘头虫病。在人体不易成熟，故粪便中难找到虫卵。我国自 1964 年首次报告人体感染以来，相继在许多省、市、自治区发现人体病例。此病属人畜共患寄生虫病之一。

6.27.2　生物学特性

成虫乳白色或淡红色，圆柱形，腹背略扁平，体表有明显横纹。雄虫长 5～10cm，宽 3～5mm；雌虫长 20～65cm，宽 4～10mm。前端有一可伸缩的球形吻突（图 6-48，图 6-49），上有倒钩 5～6 行。雄虫后端有钟状交合伞，在交配时突出体外，平时缩入假体腔的后端。卵(89～100)μm×(42～56)μm，黑褐色，卵壳由三层外壳及一层胚膜组成，外壳的内、外层薄，中层厚，一端闭合不全，产出时内有发育完全、具小钩的胚胎(图 6-49)。猪及野猪是其主要终宿主，天牛及金龟子是其中间宿主。成虫寄生于猪小肠，虫卵随粪便排出。中间宿主为甲虫类，如金龟子、天牛等。卵被甲虫类幼虫吞食后，在肠内发育为棘头体。猪因吞食含感染性棘头体的甲虫而感染，并在猪小肠内发育为成虫。

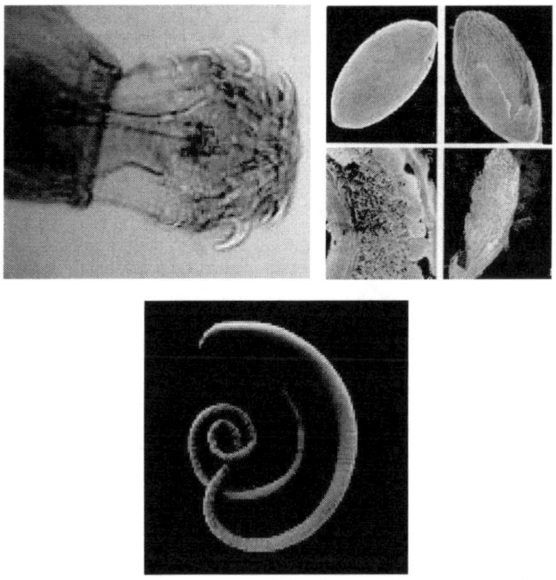

图 6-48 猪巨吻棘头虫及其虫卵

6.27.3 致病性

成虫以吻突倒钩附于肠壁，引起出血，形成溃疡，加上虫体代谢产物等毒素作用，可引起消化道等症状。吻突穿过肠壁可致肠穿孔。

6.27.4 检测和控制

根据流行病学资料、临床症状和粪便中检出虫卵即可确诊。卵呈长椭圆形，深褐色，两端稍尖，大小为(89～100)μm×(42～56)μm。

预防措施包括定期驱虫，消灭感染源；对粪便进行生物热处理；切断感染途径；改放牧为舍饲，消灭环境中的金龟子。

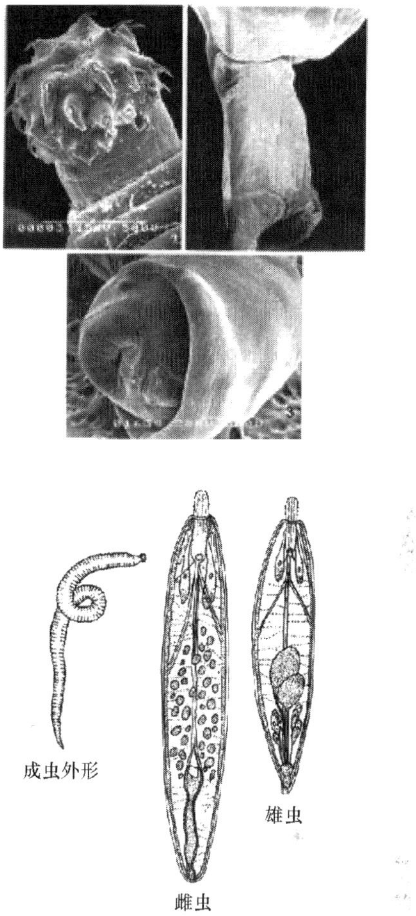

图 6-49 猪巨吻棘头虫的成虫

6.28 蛲形住肠线虫（*Enterobius vermicularis*）

6.28.1 食品卫生学意义

蛲形住肠线虫也称蛲虫，寄生于盲肠、阑尾、结肠、直肠及回肠下段，引起蛲虫病（enterobiasis）。在食品、水和食品加工者中均能检出。本虫呈世界性分布，儿童感染较为普遍，由于侵入蛲虫卵而引起的疾病。

6.28.2 生物学特性

蛲形住肠线虫为胞管肾纲（Secernentea）、蛔虫目(Ascaridida)、尖尾线虫科（Oxyuridae）、蛲虫属（*Enterobius*），成虫细小，乳白色，体前端两侧的角皮膨大成头翼，口腔不明显。口孔周围有三个唇瓣，咽管末端膨大呈球状，称咽管球。雌虫较大，长 8～13mm，宽 0.3～0.5mm，虫体中部较粗，尾部长而尖细。生殖器官双管型，阴门开口于体前 1/3 和中 1/3 交界处的腹面。雄虫小，长 3～5mm，宽 0.1～0.2mm，虫体后端向腹侧卷曲，尾端较钝，有一交合刺。虫卵，无色透明，大小 (50～60)μm×(20～30)μm，为不对称的长椭圆形，一侧较平，一侧稍凸，卵壳厚，内含一卷曲的蝌蚪样胚胎，在外界与空气接触后，很快发育为幼虫(图 6-50)。

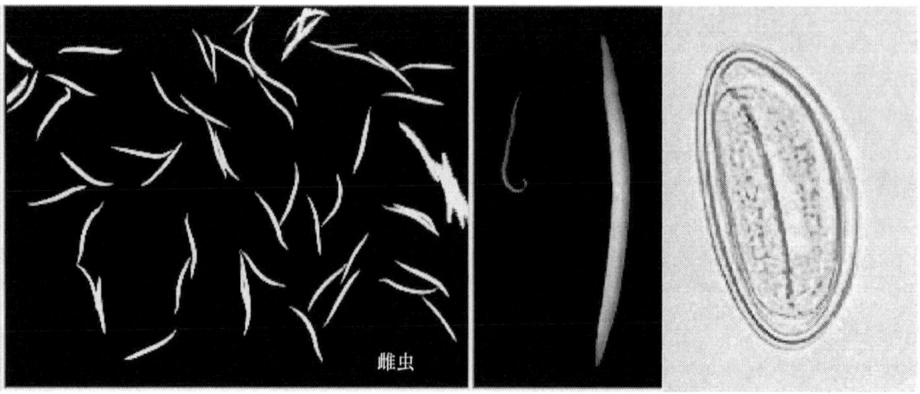

图 6-50　蠕形住肠线虫及其虫卵

生活史：成虫在其富居部位可游离于肠腔或借其唇瓣和咽管球的收缩作用附着于肠黏膜，以肠腔内容物、组织或血液为食。雌、雄虫交配后，雄虫很快死亡而被排出体外，成熟的雌虫子宫内充满了虫卵，由于含卵子宫压迫咽管球，雌虫不能牢固地附着在肠壁而向宿主消化道的后部移动，经结肠至直肠，一部分雌虫在夜间宿主睡眠后肛门括约肌较松弛时移行至肛门外，在肛门周围皮肤上产卵，因卵壳具有黏性，大多黏在皮肤上。每一雌虫平均产卵约 1 万个，产卵后的雌虫多数枯萎死亡，有少数排出体外的雌虫可再爬进肛门或进入阴道、尿道等处，引起异位损害。虫卵在适宜温湿度（34～36℃、相对湿度 90%～100%）下，经 6h 左右即发育为含幼虫的虫卵，此卵即具有感染性。虫卵经口被咽下后，在小肠内受消化液的作用，卵内幼虫孵出，逐渐发育并向结肠移行，感染后一个月左右发育为成虫并产卵。雌虫在人体内可存活 2～4 周。

6.28.3　致病性

一般无明显症状，雌虫产卵所引起的肛门和会阴部皮肤瘙痒及炎症是蛲虫病的主要症状。患者常有烦躁不安、失眠、食欲减退、消瘦、夜间磨牙及夜惊等症状。反复感染而长期不愈可影响儿童身心健康。虫体附着处有轻度损伤，可致慢性炎症，消化功能紊乱。若有异位寄生时可致严重后果，如成虫侵入女性生殖系统，可致阴道炎、子宫内膜炎、输卵管炎等。美国曾一次检出 294 名儿童感染。

6.28.4　检测和控制

根据蛲虫在肛门周围产卵的特点，检查虫卵应在肛门周围皮肤上取材，时间宜在清晨解便前，检查方法为肛门拭子法，现多用透明胶纸法，也可用棉拭子法，在粪便中或夜间在肛门周围检出雌虫也可确诊。

注意公共卫生和个人卫生，勤剪指甲，饭前便后洗手，勤换洗内衣裤，纠正吮指的习惯。不吃生食，注意饮水卫生，游泳水是重要传播途径。

6.29　颚口线虫属（*Gnathostoma* spp.）

6.29.1　食品卫生学意义

颚口线虫属的雌雄成虫多寄居于终宿主的胃壁内，并可导致虫体周围患部产生炎性反应、溃疡和纤维增生。在我国已发现的有棘颚口线虫（*G. spinigerum*）、刚棘颚口线虫（*G. hispidum*）和多氏颚口线虫（*G. doloresi*）。在食品和软体动物中发现。在犬、猫等肉食动物常见，人感染已经报道于中国、日本、泰国、远东区域和菲律宾等国。人感染主要是因食用生鲜鱼类而得。

6.29.2　生物学特性

颚口线虫属于线形动物门（Nematoda）、旋尾目（Spirurida）、颚口科（Gnathostomatiidae），成虫较粗壮，生活时鲜红色，略透明，常一至数条虫体盘绕在胃壁的瘤块内。雄虫长 11～25mm，雌虫长 25～54mm，小型宿主体内虫体相应较小。头部球形，上有 8 环小钩，口周为一对肉质唇，颈部狭窄。头后两端均向腔面弯曲。虫体前半部有叶状小棘，后半部基本无棘，仅在尾端、尤其是腹面，有很微细的小棘。雄虫这个微棘区内的泄殖孔周围有一个“Y”形无棘区，泄殖孔之后有一二列弧形排列微棘。体棘形状与大小因部位而异，在分类学上甚为重要，接头部之后的体棘短而宽，其游离端为锯齿状，往后体积增长，并分裂成三个小齿（中间一个略长于两侧的），这部分体棘分类意义最大，再向后达到体中央，不但体棘数目减少，其游离端的小齿也随之消失。

消化管由食管、肠及小锥形直肠构成。食管长可达虫体长度之半，食管两旁的两对颈囊各有管道通出，双双汇合开口于唇部。雄虫末端膨大成假交合伞，后端有4对柄乳突，交合刺一对，不等长，左 0.9～2.1mm，右 0.4～0.5mm。雌虫阴门在虫体中部的稍后方。虫卵椭圆形，大小为（62～79）μm×（36～42）μm，平均 69.5μm×38.5μm，表面粗糙不平，一端有帽状隆起。在子宫内的卵无色透明，进入宿主肠腔后被染成黄至棕色，随宿主粪便排出外界时，卵内仅 1～2 个细胞。第二期幼虫长 0.3～0.4mm，全身被有微棘，头球上有 4 环小钩，每环平均小钩数目自前向后分别为 43.2、44.8、46.7 和 52.3，这些数目在鉴别虫种时有重要意义。

第三期幼虫长度 2.59～3.14mm，但可达 4mm，头球上也有 4 环小钩，其数目和形状同样有重要鉴别意义。在大多数标本中，每环的头钩数均超过 40，自前向后逐渐增多，平均数为 44.3、47.3、49.6 和 52.0，几乎与第二期幼虫是一致的。小钩基部椭圆形，第一环和第 4 环的小钩较其他两环的略小。幼虫虫体被有 200 列以上的单齿皮棘，体前部的棘长 10μm，排列紧密，往后逐渐变小、变稀，长度仅 2μm，易被忽视。幼虫体内有 4 个肌质的管状颈囊，各自开口于头球内的气室中，内含浆液，这 4 个构造对头球的膨胀和收缩似有重要作用。食管分为肌性和腺性两部分，后者进一步分为一个背腺和两个亚腹腺，它们的导管在腺性部前缘附近开口入食管腔内。幼虫含有血红色的体腔液，这种颜色来自液体内的氧化血红蛋白，在恒温动物体内寄生的要比在变温动物体内寄生的深很多（图 6-51）。

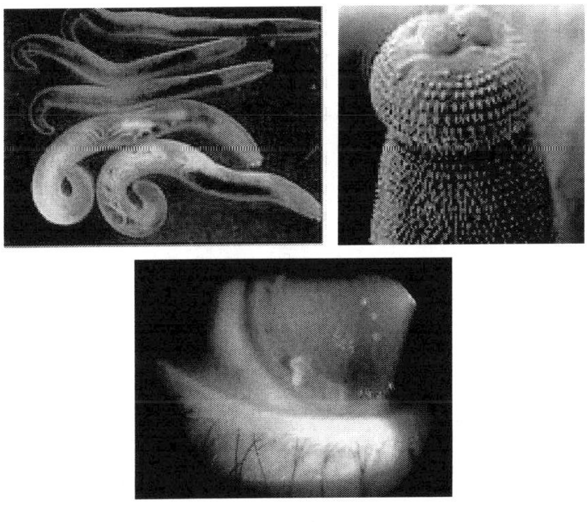

图 6-51 有棘颚口线虫及眼部寄生病例

生活史：有棘颚口线虫在发育过程中，需要两个中间宿主和一个终宿主。终宿主是犬、猫或虎、豹等；第一中间宿主是剑水蚤，第二中间宿主主要是淡水鱼，如乌鳢和泥鳅等。近年来，在动物棘颚口线虫病严重流行的江苏洪泽地区，发现有 14 种经济鱼类自然感染本虫，以乌鳢、黄鳝、鳜、黄颡鱼、沙鳢感染最重，感染率达 35.5%～69.4%。鱼、蛙、蛇、鹭、鸟、鸡、鸭和黄鼬等也可作第二中间宿主，美国蝲蛄、蟹鱼、鲑、龟、蛇、鸡、夜鹰、鼠及猪等 30 多种动物可能是其转续宿主。

虫卵随粪便排出，受精卵在 27℃水中经过 5d，发育成为含有第一期幼虫的卵，7d 后幼虫开始孵出。第一期幼虫带有鞘膜，长约 0.3mm，在水中行动活泼。此时，如被第一中间宿主吞食，即可脱去鞘膜，钻进宿主胃壁到达体腔，经 7～10d，成长为第二期幼虫。

当含有成熟的第二期幼虫的剑水蚤被第二中间宿主吞食时，幼虫穿透后者的胃壁，大部分移行至肌肉，一个月后长成第三期幼虫，两个月后开始结囊，囊的直径约 1mm。当第二中间宿主或转续宿主被终宿主犬、猫或虎、豹等吞食后，第三期幼虫穿过终宿主的胃壁，少数穿过肠壁进入肝，然后游移于肌肉或结缔组织间，逐渐长大。在将近成熟时，虫体返回宿主胃壁，形成特殊的瘤块。每个宿主通常只有一个这样瘤块，少数有两个或更多。典型瘤块具有洞穴，由一个小孔与胃腔相通。成虫匿居于这类洞穴中，以体前端埋入增厚的胃壁，产下的卵通过小洞排出。最早在感染后两个月，终宿主粪便即可出现虫卵。

除上述感染方式外，终宿主还可由活跃的第三期幼虫穿透皮肤，或经胎盘和口腔得到感染。与人感染关系最为密切的鳢属淡水鱼，无论在日本或泰国感染都是很严重的。在我国此类淡水鱼感染率也很高，唯有幼虫进入鱼体后情况与日本的不同，多在肝寄居，在肌肉中发现者极少。

6.29.3 致病性

人并非是颚口线虫的适宜宿主，除个别病例外，可见的虫体多为第三期幼虫或未完全成熟的早期成虫。其致病性是由于虫体机械损伤及其分泌的毒素所致。进一步研究证明颚口线虫毒素是由食管分泌的，其分泌物成分含有类乙酰胆碱、透明质酸酶和蛋白水解酶等物质。在人体的寄居方式可分为静止型和移行型两种，致病部位极为广泛，几乎遍及全身各处。从其引起的病变部位分为皮肤型颚口线虫病和内脏型颚口线虫病两种。

皮肤型颚口线虫病：颚口线虫侵入人体后，穿过胃壁或肠壁，进入肝，暂时停留后在肌肉或皮肤出现。幼虫入侵后 3～4 周（有时在 2 个月以上），患者开始有食欲缺乏、恶心、呕吐，特别是上腹部疼痛等前驱症状。在很多情况下，身体各部分也可发生皮肤肿块。由于虫体有游移的特性，在皮肤的表皮和真皮之间或皮下组织内形成隧道，引起皮肤幼虫移行症，周身可间歇地出现移行性肿块，并伴有轻度发红、水肿、疼痛和痒感，有些病例只痒不痛，少数病例不痒不痛。虫体如近于体表，则发生皮肤硬结、线状疹或点状疹，伴有剧痛。有时也可形成脓肿，或以脓肿为中心的硬结节。患者可出现血沉增快，有时虫体会自动从皮肤脓肿逸出。肿块移行速度、发现次数、方向均不定，一般初期频繁，随时间推移虫体越向远方移行。肿块大小或如蚕豆、或如鸡蛋，肿块发生部位包括额、面、枕、胸、腹、手臂、乳房、颈、背、腋下、面颊等部位。泰国有由于吃鸡肉感染该虫发生指头肿块的病例。

内脏型颚口线虫病：此型病例在各脏器均有报告，包括肺、气管、胃肠道、尿道、子宫、阴茎、眼、耳、脑和脊髓等。其临床表现随寄生部位而异，除出现间歇性移行性肿块，局部水肿和疼痛外，一般损害部位常出现急性和慢性炎症，并有大量嗜酸性粒细胞、浆细胞、中性粒细胞和淋巴细胞积聚。也常有并发出血、组织坏死和纤维化形成等，甚至在结肠壁上形成类似恶性肿瘤的包块。在人体，幼虫进入眼、脑的比例相当惊人，并以嗜酸性粒细胞增多性脑脊髓炎的后果最为严重，可有严重的神经根痛、四肢麻痹，或突然从昏睡到深度昏迷导致死亡。

6.29.4 检测和控制

病原检查：人体皮肤型颚口线虫病以外科手术取得虫体而确诊。陈清泉等（1992）报告了对棘颚口线虫、刚棘颚口线虫和杜氏颚口线虫第三期幼虫形态的比较观察，认为其头球的4排小钩数目和形态，颈乳突和排泄孔的位置，体脊的环数是鉴别虫体的重要依据。

免疫诊断：不是所有皮肤型颚口线虫病患者都能取出虫体，而内脏型颚口线虫病大部分是幼虫寄生所致，目前还没有专一的诊断方法，因此常用免疫诊断技术，作为试验诊断的重要手段。常用的有皮内试验、沉淀反应、对流免疫电泳试验、酶联免疫吸附试验、间接荧光抗体试验等。

根据本虫的生活史，人因生食鱼、鸡、鸭和猪的肉而感染。因此，不吃生的或未煮熟的上述肉类是预防本虫的首要措施。实验表明，鱼体内的颚口线虫蚴在70℃下5min或在浓醋中浸5.5h可被杀死，故在烹调时可采用相应的方法以保证安全食用。此外，还应防止切鱼所用的刀具、砧板、餐具及手等的污染，以免感染。

由于幼虫可穿透皮肤进入体内，因此建议常用肥皂洗手或戴橡皮手套进行作业。此外饮水卫生也是十分重要的，在流行区未经处理的水，特别是取自浅井或地表蓄水池的水，是有机会受到中间宿主或转续宿主尸体崩解后释出的活虫污染的。

在发现淡水鱼自然感染本虫的地区，应加强对犬、猫等的普查和管理，调查一些地区的家猫发现感染率颇高，这些猫多因吞食未经处理的鱼类内脏得到感染，而其粪便又可不断污染周围水源。

6.30 兽比翼线虫（*Mammomonogamus* spp.）

6.30.1 食品卫生学意义

本类线虫是线形动物门（Nematoda）、尾感器纲（Phasmildia）、小杆目（Rhabdtia）、圆线总科（Strongyloidea）比翼线虫科（Strongyloidea）、兽比翼线虫属（*Mammomonogamus*）的虫种。寄生于家畜和数十种哺乳动物的消化道、呼吸道中，可偶尔感染人体。国外病例报告已超百例，包括加勒比海各国、朝鲜、泰国、菲律宾等，均由喉比翼线虫（*M. larygeus*）感染所引起。该虫体是草食动物如牛、羊和绵羊等的常见寄生虫。国内自1997年才陆续报道人体感染该虫病例，李道宁（1998）发现一新虫种感染人体，命名为港归兽比翼线虫（*M. gangguiensis*），病例多为吃生的或半生不熟的龟血、龟内脏而引起。龟是否是该类虫的中间或终末宿主，还是该类虫的感染性虫卵或感染性幼虫污染龟血、龟内脏而引起，有待证实。在水源和蔬菜中也常能检出。

6.30.2 生物学特性

本科线虫的特征是：有一很发达的口囊。其口孔前缘形成一个厚的花瓣样的几丁质唇瓣（六瓣或无）。而在囊的底部有放射状排列的齿样突起，称为小齿，其数目与虫种有关。雄虫明显比雌虫小，雄虫交合伞一旦与雌虫交配，整个生命期间永不分离，而呈典型的“Y”形、短小的一侧为雄虫，粗长的一侧为雌虫。交合刺有或无，有些种类还只有导刺带。雌虫尾端圆锥状，末端尖、阴门在体前部或中部，子宫平行排列。虫卵呈椭圆形，中等大小，卵两端或一端具塞样盖，或两端无盖。卵壳表面具皱样花纹，卵内为多细胞期（图6-52）。

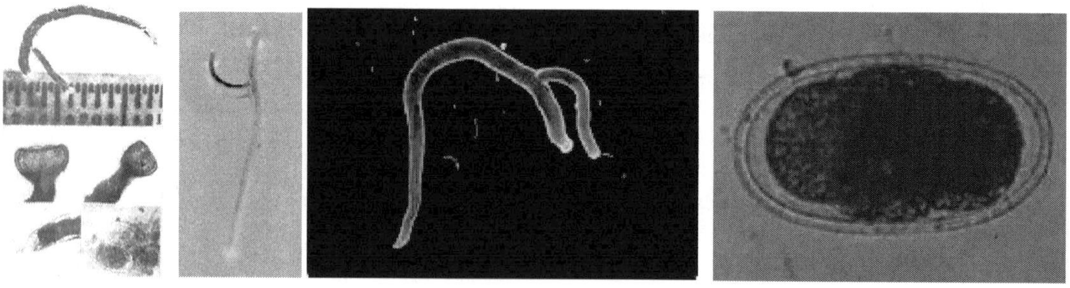

图6-52　兽比翼线虫及其虫卵

喉兽比翼线虫：该虫常寄住在黄牛和水牛咽喉部，故而得名。雄虫活时鲜橙红色，体长2.6～6mm，体宽0.42mm。口囊深0.23～0.26mm，口囊底部有8个小齿，食管长0.66～0.69mm，膨大部宽0.07～0.25mm。交合伞半圆形。伞上肋条左右不对称，背肋分二支与外背肋在基部连在一起，侧肋分外侧肋、中侧助和后侧肋三支；腹肋与侧腹肋连在一起。交接刺小，长为25μm，雌虫活时鲜血红色，体长5～23mm，体宽0.67mm。雌虫阴门体前端，它至顶端距离与雌虫体长的比例为(1∶4.64)～(1∶4.69)。卵呈椭圆形，两端无卵盖，卵内为细胞期，大小为(42～54)μm×(78～95)μm。

港归兽比翼线虫：成虫活时，雌虫呈鲜血红色，雄虫呈鲜橙红色，雌雄虫交配呈“Y”形，短细的一侧为雄虫，长粗的一侧是雌虫。角皮薄而透明，能清楚看到其体内弯曲的生殖器官和消化系统浸泡在血红色的体液中，该液从食管膨大处起，止于体末端。口囊呈杯状，壁厚，由几丁质组成，其前方有几丁质样的唇瓣6片，一对明显宽大，其余两对大小略异，互相对称排列呈花瓣状，其围绕的中心为口孔，唇瓣之间凹处没有乳突。口囊几丁质内壁有8个隔嵴，底部与8个小齿相连，呈辐射状均匀排列。口囊后部紧接肌性的食管，向后逐渐膨大呈棒球棍状。雄虫体长2.248～4.826mm，体宽0.334～0.456mm。口囊直径0.311mm，内腔直径为0.241mm，口孔直径0.190mm。口孔至囊底为0.199mm，口囊几丁质壁最厚处为0.028mm，食管长0.536mm，最宽处为0.138mm。交合伞半圆形，伞的外边缘具有边，边宽约为0.026mm，伞内腹助两条，基部连在一起，后部分开呈叉状，侧肋三条，基部相连，外侧肋最长，中侧肋最短小，后侧肋比外侧肋稍短；外背肋和背肋无法看清；无交合刺。虫卵极似钩虫卵，但卵壳较厚，外层透明具有皱纹。卵呈椭圆形，两端无卵盖，卵内为细胞期，大小为(38.82～51.76)μm×(71.17～82.492)μm。

本虫生活史尚未完全阐明。一般认为成虫寄生在终宿主气道内，虫卵随口腔分泌物或粪便排出体外，发育为感染期虫卵，当人和动物误食被此期虫卵污染的水或食物时而获得感染。龟和鳖可能是其转续宿主或中间宿主，幼虫寄生在其肝、胆、肌肉等部位。当人生食或半生食龟蛋及龟、鳖的肝、胆和血时也可获得感染。感染期虫卵被食入，在消化道孵出幼虫，继而侵入肠黏膜，穿过肠壁，经血流到达肺部，穿过肺泡上行至气管，于支气管、气管和咽喉部发育为成虫。

6.30.3 致病性

大量感染时，由于在幼虫自毛细血管钻入肺泡的移行过程中造成机械性损伤可引起肺出血、水肿和大叶性肺炎。咳出的痰中，往往伴有淡红色血液或血丝；幼虫移行到支气管和气管壁上，把宿主气管壁的黏膜层吸入口囊以固着寄生，造成机械性损伤，口囊底部的8个小齿和分泌的酶将使组织及毛细血管破裂和损伤，利于虫体吸取血液和组织液，发育成长。虫体的排泄物和分泌物排泄到气道里，对宿主也有一定的刺激和损伤作用，引起一系列呼吸道症状。虫体寄生在气管里，影响呼吸畅通，虫体蠕动使患者咽喉有虫爬感和干咳，呼吸困难及哮喘。还有一种寄生在猫耳鼓室里的耳兽比翼线虫(*M. auris*)。

6.30.4 检测和控制

本虫寄生在气管、支气管内壁上，绝大多数患者只感染一对虫，在痰中不易查见虫卵，粪检更难找到，虫体未达到成熟期，痰、粪中更不可能有虫卵。感染严重时（多对虫时），痰、粪、支气管内镜冲洗液中均有可能找到虫卵。一般涂片即可发现，卵少时可采用浓集法检查。支气管纤维镜检查气管和支气管发现虫体可确诊。

本虫感染的预防最关键是守住口这一关，但似乎很不容易。因各国各地区各民族都有生吃或半生吃各种动物肉的习惯，目前还盛行生吃各种蔬菜和凉拌生菜的嗜好；有些人喜饮生水，尤其是野外作业的人，更是走到哪里喝到哪里等都是感染本虫的途径。应利用传播媒介提高广大群众的认识，自觉地改变这些不良的习惯，搞好个人卫生和环境卫生，防止本病传播。

6.31 艾氏同小杆线虫(*Rhabditis rhabditella*)

6.31.1 食品卫生学意义

艾氏同小杆线虫病(Rhabditelliasis)是由艾氏同小杆线虫偶然侵犯人体泌尿系统或消化系统引起的一种寄生虫病。食品、水源和蔬菜上能够检出，食用了污染虫卵的食品、蔬菜或饮用污染的水即可感染。人感染主要是吃生鱼或未完全烹调熟透的鱼类食品，犬、牛、马中均见感染，人少见。个别可引起死亡。

6.31.2 生物学特性

艾氏同小杆线虫属于小杆总科的小杆科(Rhabditidae)虫体，成虫纤细，圆柱状，表皮光滑。虫体前端有6个唇片，每个唇片有两个乳突，头感器两个。口腔深长，食管呈杆状，具有前后两个食管球，神经环位于两个食管球之间。虫体后部细长，末端尖细。雄虫体长1.18～1.30mm；生殖器官为单管型，睾丸位于虫体后部；交合伞狭小，伞上具有9对乳突，交合刺一对等长，尾刺引带呈船形。雌虫长1.38～1.83mm；生殖器官为双管型，子宫内含虫卵4～6个，生殖孔位于虫体中部稍前；虫卵呈椭圆形，大小为(48～52)μm×(28～32)μm，无色透明，卵壳薄而光滑，与卵内细胞之间有明显的空隙（图 6-53）。

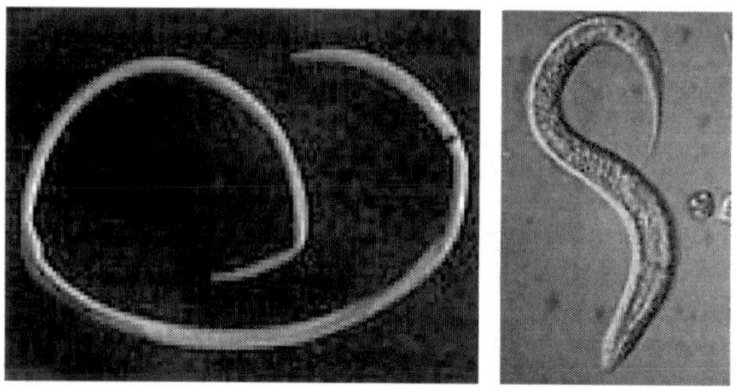

图 6-53 艾氏同小杆线虫

本虫常生活在腐败的有机物内或出现于污水中，雌雄虫交配产卵，孵出的杆状蚴经 4 次蜕皮发育为成虫。生长发育的速度受温度的影响。在适宜的条件下从卵孵出幼虫，经 2～3d 可发育为成虫。虫体的寿命从孵出到成虫死亡为 10～22d，平均 14.6d。本虫在肾炎、肾病或乳糜尿患者的尿液中能生长发育，在人工胃液内（pH 1.4）成虫和幼虫 10min 后死亡，虫卵经 24h 仍保持生活力；在人工肠液内（pH8.4）本虫各期均显示较高的耐受性。

6.31.3 致病性

本虫可侵犯人体泌尿系统和消化系统，泌尿系统感染可引起发热、虚弱、头痛、腰痛、血尿、尿频或尿痛等症状，消化道感染者可表现出顽固性的腹痛及腹泻。在哺乳动物的肾和腹腔能够发现。

6.31.4 检测和控制

本病缺乏特异的临床表现，明确诊断主要依据实验室检查。从患者尿液或粪便中检出虫体或虫卵即可确诊。本虫卵形态与钩虫卵相似，成虫大小类似于粪类圆线虫及钩虫幼虫，故应注意加以鉴别。预防本病应注意避免饮用或接触污水及腐败植物。

6.32 犬弓首蛔虫（*Toxocara canis*）和猫弓首蛔虫（*Toxocara cati*）

6.32.1 食品卫生学意义

弓首蛔虫属于蛔目（Ascarididea）、弓首科（Toxocaridae）、弓首属（*Toxocara*）。犬弓首蛔虫寄生于犬、狼、美洲赤狐、獾、啮齿类和人（引起人的内脏幼虫移行症）。猫弓首蛔虫主要宿主为猫，也寄生于野猫、狮、豹，偶尔寄生于人体。狮弓首蛔虫寄生于猫、犬、狮、虎、美洲狮、豹等猫科及犬科的野生动物，幼虫可在人体内引起内脏幼虫移行症，但不能发育为成虫。这三种虫体均为世界性分布，在我国也十分普遍，是犬、猫及野生动物主要的寄生性线虫，也是重要的人畜共患寄生虫，和人类卫生关系密切。犬、猫蛔虫病是由弓首科的犬弓首蛔虫、猫弓首蛔虫和狮弓首蛔虫（*T. leomina*）寄生于肉食兽小肠内引起的常见寄生虫病。常引起幼犬和猫发育不良，生长缓慢，严重时可导致死亡。犬弓首蛔虫、猫弓首蛔虫在食品、蔬菜和水源中发现和检出，人食用了污染的食品、蔬菜和饮用水可引起人食源性感染。

6.32.2 生物学特性

6.32.2.1 病原形态（图 6-54）

1）犬弓首蛔虫

头端有三片唇，虫体前端两侧有向后延展的颈翼膜。食道与肠管连接部有小胃。雄虫长 5～11cm，尾端弯曲，有一小锥突，有尾翼。雌虫长 9～18cm，尾端直，阴门开口于虫体前半部，虫卵呈亚球形，卵壳厚，表面有许多点状凹陷，大小为（68～85）μm×（64～72）μm。

2）猫弓首蛔虫

外形与犬弓首蛔虫近似，颈翼前窄后宽，使虫体前端如箭头状。雄虫长 3～6cm，雌虫长 4～10cm，虫卵大小为 65μm×70μm，虫卵表面有点状凹陷，与犬弓首蛔虫卵相似。

3）狮弓首蛔虫

头端向背侧弯曲，颈翼发达无小胃。雄虫长 3～7cm；雌虫长 5～10cm，阴门开口于体前 1/3 与中 1/3 交界处。虫卵扁卵圆形，卵壳光滑，大小为（49～61）μm×（74～86）μm。

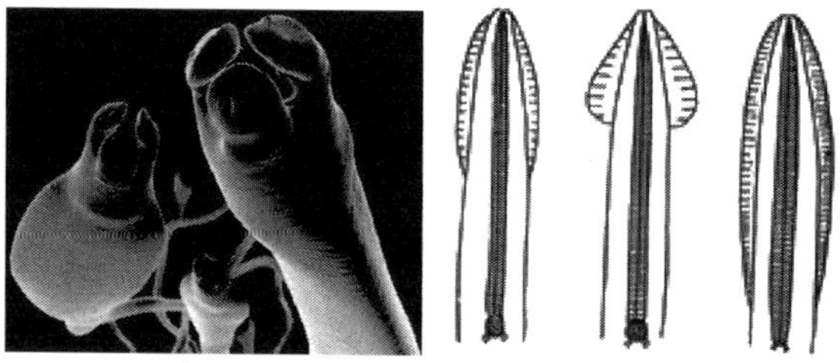

图 6-54 弓首属几种蛔虫的形态特性
A. 犬弓首蛔虫；B. 犬弓首蛔虫；
C. 猫弓首蛔虫；D. 狮弓首蛔虫

6.32.2.2 生活史

犬弓首蛔虫的生活史是蛔科线虫中最复杂的一种，传播方式多样。基本生活史为典型的蛔虫生活史。虫卵随粪便排出体外，在适宜条件下，经 10～15d 发育为感染性虫卵。

（1）含有第二期幼虫的感染性虫卵被犬吞入，在小肠内孵出幼虫。幼虫随血流经肝进入肺，第二次蜕皮后变为第三期幼虫。第三期幼虫进入气管，逆行到咽，被咽下进入食道、胃再到达小肠，经两次蜕皮发育为成虫。共需时4～5周。此种感染方式一般只在3月龄以内的犬体发生。3月龄以上的犬幼虫经肝、肺、气管的迁移较少出现；6月龄的犬体内，此迁移过程则完全停止。第二期幼虫则迁移至广泛的组织，包括肝、肺、心、脑、骨骼肌和消化道壁形成包囊，但不继续发育（包囊幼虫被其他肉食兽摄食后，可发育为成虫）。

（2）在妊娠母犬，出现产前感染。产前三周，母犬组织中的第二期幼虫活跃起来，迁移到胎犬肺部，出生前蜕皮变为第三期幼虫，产出的新生犬，第三期幼虫经气管逆行到咽最后被吞咽到达小肠，最后两次蜕皮变为成虫，完成生活史。一只母犬一旦感染犬弓首蛔虫，母犬组织内活动起来的幼虫只有少数进入子宫，多数在母犬体内完成正常的迁移过程，形成成虫，母犬在产仔后数周内，其粪便中虫卵数量明显增加。

（3）哺乳的前几周内母乳内含有第三期幼虫，可感染幼犬，在其体内不经移行直接在小肠内发育为成虫。

（4）啮齿类或鸟类吞食感染性虫卵后，第二期幼虫在它们组织中保持存活，犬捕食到含有第二期幼虫的动物而被感染，直接在小肠内发育为成虫。幼犬在出生后23～40d内小肠内已有成虫，粪便中含有大量虫卵。

猫弓首蛔虫虫卵在外界环境中发育为感染性虫卵，经口感染后，幼虫在体内移行的途径和猪蛔虫相似；鼠类可以作为它的转续宿主，也可经哺乳感染，这时幼虫在其体内无移行过程直接在小肠内发育为成虫。猫弓首蛔虫不出现产前（出生前）感染。

狮弓首蛔虫成虫寄生于小肠，虫卵在外界环境中发育为感染性虫卵。宿主吞食感染虫卵或鼠类组织中的幼虫被感染。其后的发育完全局限在肠壁和肠腔内，无体内移行过程。

6.32.3　致病性

人体感染后主要引起内脏幼虫移行症，其特征是慢性的嗜酸性粒细胞增加，肝肿大并有肉芽性损害。肺部有细胞浸润，血液中球蛋白增加，特别是γ球蛋白增加。此外还有皮肤红疹，其他症状包括间歇性发热，食欲减退、体重减轻、咳嗽、肌痛及关节痛。幼虫最常侵害的器官是肝、肺、脑及眼部。幼虫侵入眼部，在视网膜上围绕幼虫形成芽肿，影响视力甚至失明。由于该病变与视网膜真性瘤极相似，患者常被摘除眼球。

6.32.4　检测和控制

根据临床症状和粪检中发现虫卵即可确诊。人体幼虫移行病诊断较为困难。可凭有关病史和与犬、猫等动物的密切接触史，凭如下症状和体征：持续性白细胞增多及嗜酸性粒细胞增加；γ球蛋白增加；肝肿大；肺部症状；眼疾等征候则怀疑为本病。对人的内脏幼虫移行症，必须在确诊的基础上采取相应的治疗措施。犬、猫应定期驱虫。注意环境卫生和个人卫生，防止感染性虫卵污染环境，犬猫粪便及时清扫并堆积发酵。不玩弄犬、猫，尤其应避免儿童与犬、猫接近。

6.33　旋毛虫（*Trichinella*）

6.33.1　食品卫生学意义

人类主要通过生食或半生食含有旋毛虫的肉类而发病。目前我国已发现12种动物感染旋毛虫病，分别为猪、犬、牛、猫、羊、鼠、狐狸、黄鼠狼、貂、貉、熊及鹿。除海南和台湾尚无报道外，其他省份均已成为动物旋毛虫病疫区。截止2002年我国已暴发流行人旋毛虫病500余起，发病2万余人，死亡200余人；发病病例呈全国性分布，但主要分布于云南、广西、河南、湖北、吉林（东北）、西藏等具有生食或半生食肉类习惯的地区，95%源于猪肉，其余为犬肉及熊肉等。

旋毛虫是一类细胞内的寄生性线虫，广泛发现于包括人、各种家畜在内的哺乳动物，其中伪旋毛虫 *T. pseudospiralis* 还可以感染鸟类，巴布亚旋毛虫 *T. papuae* 和津巴布韦旋毛虫 *T. zimbabwensis* 还可以感染爬行类动物。我国已经报道的旋毛虫种有旋毛虫 *T. spiralis*（主要感染猪）和固有旋毛虫 *T. nativa*（主要感染犬），其中 *T. spiralis* 呈全国性分布，*T. nativa* 主要分布于东北地区，见图6-55。

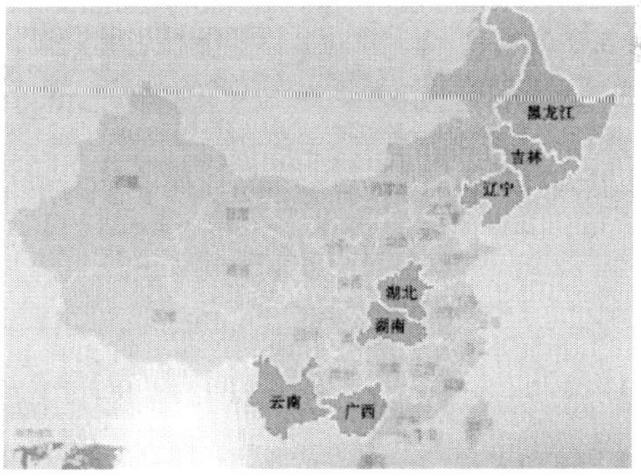

图6-55　旋毛虫在全国各地的分布图

6.33.2　生物学特性

旋毛形线虫（简称旋毛虫）属线形动物门、线虫纲、毛尾目、毛形科、毛形属。目前共发现8个种（即旋毛虫 *T. spiralis*，T1；固有旋毛虫 *T. nativa*，T2；布氏旋毛虫 *T. britovi*，T3；伪旋毛虫 *T. pseudospiralis*，T4；米氏旋毛虫 *T. murreli*，T5；纳氏旋毛虫 *T. nelsoni*，T7；巴布亚旋毛虫 *T. papuae*，T10；津巴布

韦旋毛虫 *T. zimbabwensis*，T11）和三个分类地位尚未确定的基因型（即 *Trichinella* T6，T8 和 T9）。感染人的主要是旋毛虫（*T. spiralis*）。

旋毛虫成虫细小，为一种很小的线虫，虫体呈毛发状。成虫寄生在小肠的肠壁上，虫体前半部为食道，食道前部为一空管，其后侧由一串单行的细胞所构成，虫体后部较粗。雌雄异体。雄虫长 1～1.8mm，宽 0.03～0.05mm，雌虫长 1.3～3.7mm，宽 0.05～0.06mm。新生幼虫为圆柱状或棒状，两端钝圆，长 78～124μm。感染性第一期幼虫（肌幼虫）寄生在同一动物的横纹肌细胞之间，长为 1～1.14mm，宽约 0.036mm，周围可形成梭形包囊，包囊由内外两层构成，外层薄，主要由结缔组织构成，是机体炎性反应的结果；内层厚，是机体对被损伤细胞修复中由成肌细胞转化而成。虫体卷曲在包囊内，包囊呈椭圆形或圆形，连同两端的囊角呈梭形，长 0.5～0.8mm。生殖器官为单管型，阴门位于食道部中央，胎生（图 6-56～图 6-59）。

图 6-56　横纹肌中的旋毛虫及包囊

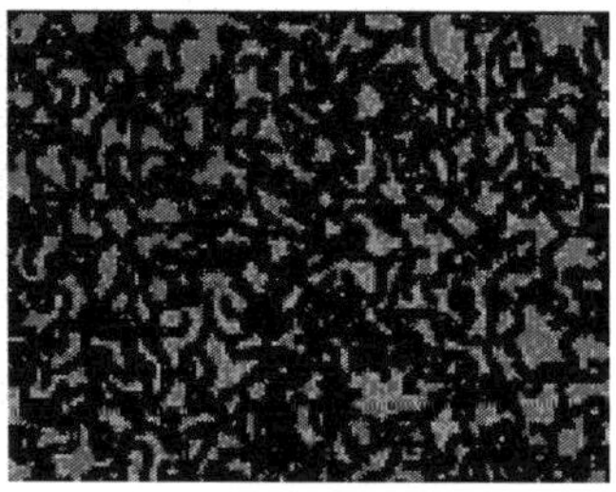

图 6-57　显微镜下的旋毛虫图片

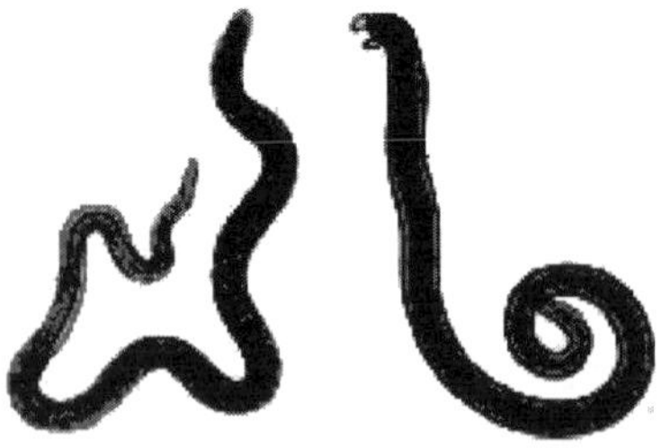

图6-58　旋毛虫的雄虫（左）和雌虫（右）

图 6-59　电镜下放大的旋毛虫

生活史：旋毛虫成虫和幼虫寄生于同一个宿主；宿主感染时，先为终末宿主，后变为中间宿主。当宿主生食或半生食含有旋毛虫的肉类后，旋毛虫在宿主胃液作用下被消化脱囊释放出来，随即侵入肠黏膜，36h 内发育成成虫。雌雄交配，感染 96h 后开始产新生幼虫。新生幼虫通过毛细血管及淋巴管经血液循环移行分布于全身，但只有进入横纹肌纤维内才能进一步发育至肌幼虫，主要寄生部位为骨骼肌细胞幼虫，在感染骨骼肌细胞后 14d 已具有感染性。新生幼虫在感染骨骼肌细胞后第17～20天开始蜷曲盘绕起来并发育为肌幼虫，其外围由被寄生的肌肉细胞形成包囊。

6.33.3　致病性

旋毛虫可引起被感染者终身带虫，通常表现为原因不明的常年肌肉酸痛，重者丧失劳动能力。急性期患者主要表现为发烧、面部水肿、肌痛、腹泻；症状往往持续数周从而造成机体严重衰弱，重度感染者可造成严重的心肌及大脑损伤并可造成死亡（图 6-60，图 6-61）。

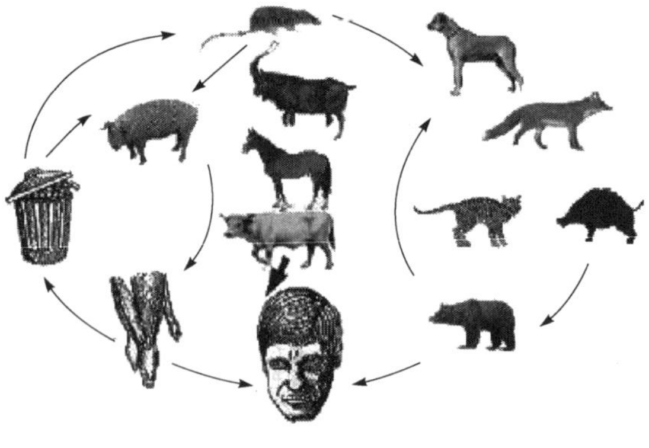

图 6-60　人和动物感染旋毛虫病的链式反应

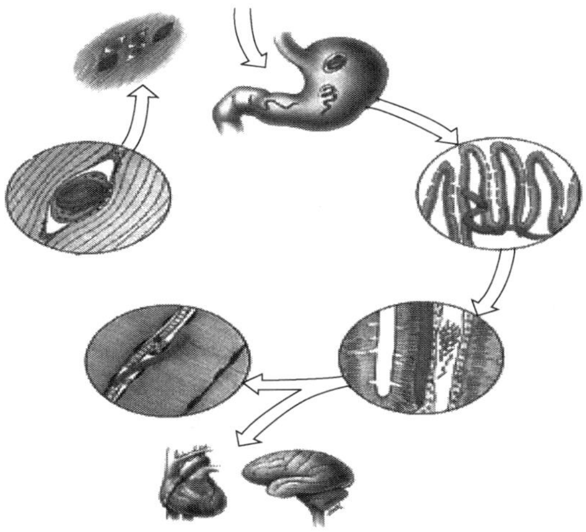

图 6-61 旋毛虫在人体内的生活史

旋毛虫依温度而流行，主要与饮食习惯和猪的饲养条件有关（图 6-62）。

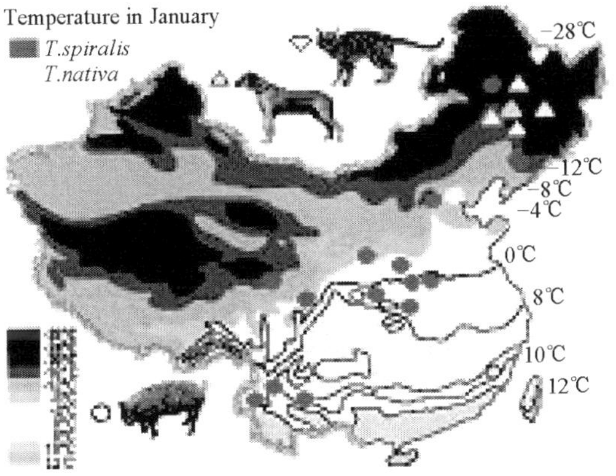

图 6-62 旋毛虫依温度流行情况

6.33.4 检测和控制

本病致死率并不是很高（1%～2%），然而由于虫体可在机体内长期寄生，对人类身体健康构成了巨大威胁。目前世界各国均把屠宰动物旋毛虫病检验作为首检、必检和强制性检验项目，以此来切断其由动物向人的传播，因此旋毛虫病也成了目前世界范围内投入控制费用最高之一的食源性人畜共患寄生虫病。我国食品安全法已与国际法规接轨，要求对于检出旋毛虫的屠宰动物一律销毁。

6.33.4.1 病原分离与鉴定技术

旋毛虫法规检验方法为压片镜检法和人工胃液集样消化法，旋毛虫法定检验部位为横膈膜肌脚。

1）压片镜检法

撕去横膈膜肌肌膜，剪取 24 个肉粒，制成肌肉压片，置低倍显微镜下逐一检查，观察有无包囊及虫体。此法费时费力且敏感性差，其敏感性为肉中虫体密度达到每克肉中三个虫体时方可检出（图 6-63）。而且对不形成包囊的旋毛虫种（伪旋毛虫、巴布亚旋毛虫、津巴布韦旋毛虫）检出比较困难，因此在欧盟国家压片镜检法已逐渐被禁止使用并被集样消化法所取代。

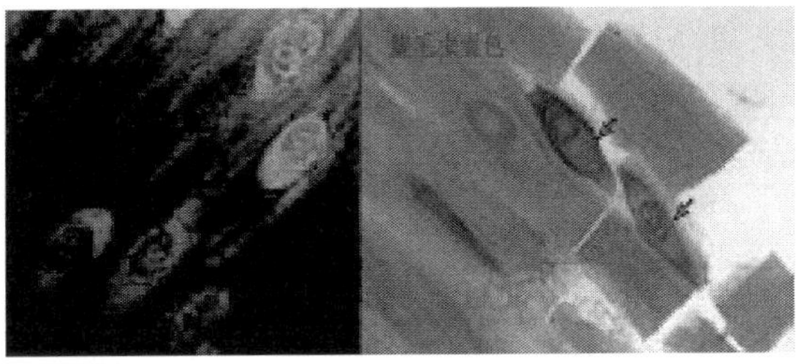

图 6-63 肌肉压片

2）人工胃液集样消化法

集样消化法虽可大大提高检出率，将虫体检出率提高至每克肉一个虫体，但该方法仍十分繁琐，因为在发现阳性样品时仍需对阳性组采用镜检法进行逐头镜检。操作方法：每头猪的采样量为 5g，20 头为一组。肉样搅碎后放入酸化胃蛋白酶溶液［1%胃蛋白酶（单位为 1∶10 000），1%浓盐酸］进行搅拌消化。肉样与消化液的比例为 1∶30，(45±2)℃，30～60min。消化后的溶液放在分液漏斗中沉淀 30min，对沉淀物进行镜检，发现旋毛虫后对 20 头猪进行逐一镜检或消化以确诊患病猪只。目前国内外学者正在致力于研制自动化消化与镜检一体机。

6.33.4.2 病原的免疫检测技术

旋毛虫病诊断采用的血清学方法有间接免疫荧光试验、免疫电泳转移印迹法、间接血凝试验、ELISA、酶联免疫组化法、RIA、琼脂扩散试验、基因 PCR 方法等，主要使用旋毛虫肌幼虫的排泄-分泌抗原（ES）或合成的泰威糖为检测抗原。由于排泄-分泌抗原及泰威糖存在非特异性等问题，目前尚未被列为屠宰动物旋毛虫病检验的法规方法，国际旋毛虫委员会建议血清学方法用于流行病学检测。目前国内外学者正在致力于旋毛虫期特异、敏感诊断抗原基因的筛选，以期解决旋毛虫病的免疫学诊断问题。

6.34 毛首毛首线虫（*Trichuris trichiura*）

6.34.1 食品卫生学意义

毛首毛首线虫又称为鞭形蠕虫，哺乳动物的鞭形蠕虫大约有60种，其中只有两个种对人构成危害，毛首毛首线虫就是最主要的一种，另一个是犬毛首毛首线虫（*Trichuris vulpis*）。这两种虫种具有高度寄生种属特异性，但犬毛首线虫偶尔也感染人。毛首毛首线虫利用其前端特有结构寄生在大肠黏膜细胞上，每个雌虫每天可产生超过10 000个虫卵，蠕形虫可存活几年。虫卵通过粪便排出体外，具有感染性大约三周。当人食用了污染有此虫卵的食品、蔬菜和水源而感染本病。在亚洲热带、非洲和南美洲流行。

6.34.2 生物学特性

毛首毛首线虫为毛首科、毛首属虫种，成虫为鞭样结构，雄虫30～45mm，雌虫35～50mm，成虫寄生在较薄的前半部肠黏膜中。盲肠和结肠是最经常寄生的部位，缺乏组织移行阶段。从摄入卵到发育为成虫大约需三个月，成熟雌性虫可排卵5年。卵具有两端的楔形物结构，长为50μm，见图6-64～图6-66。

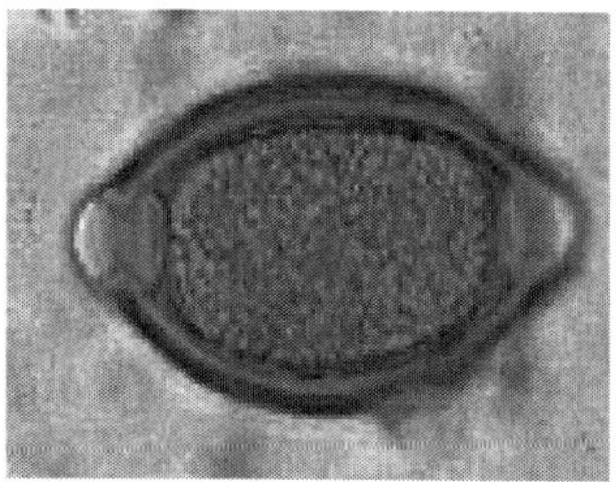

图6-64 毛首毛首线虫卵

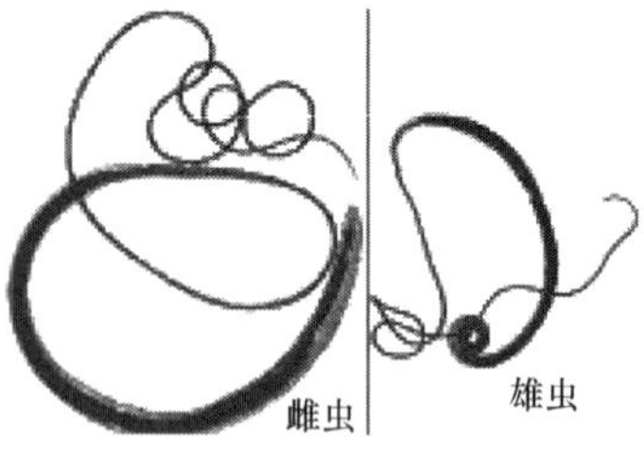

图6-65 毛首毛首线虫成虫

6.34.3 致病性

多数感染者不表现症状，但由于此虫可较长期寄生

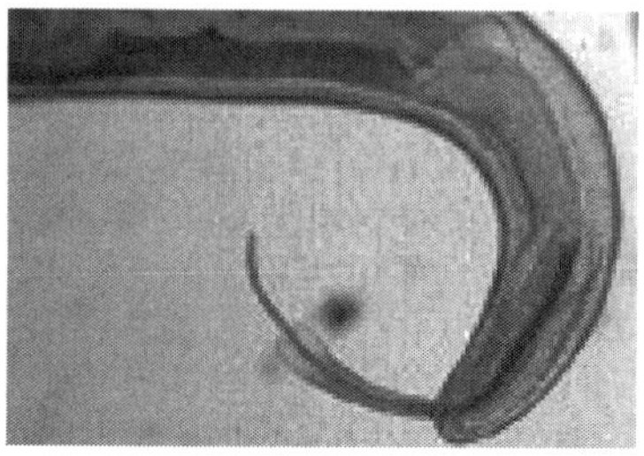

图6-66 毛首毛首线虫的交合刺

或反复感染人体，临床表现也可进一步发展。包括腹痛、腹泻和贫血，偶引起嗜酸性粒细胞肉芽肿。儿童的中毒感染有神经症状。全球大约超过5亿人感染，其生活史如图6-67所示。

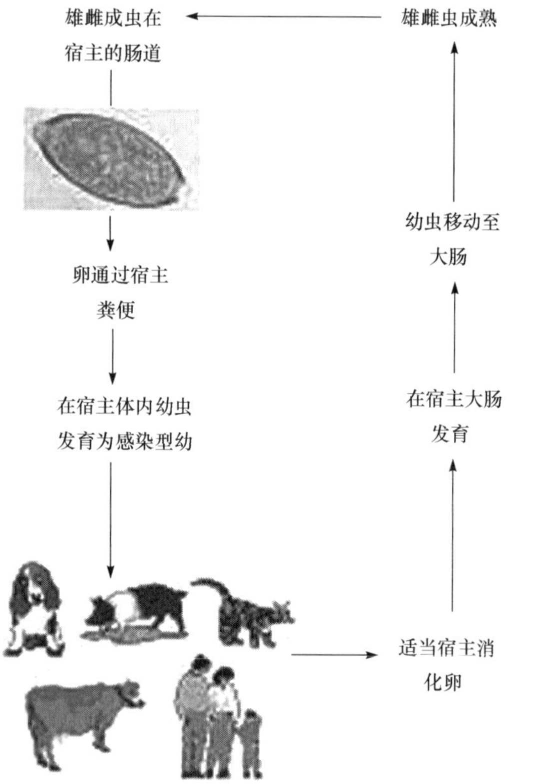

图6-67 毛首毛首线虫的生活史

6.34.4 检测和控制

主要是检查虫卵，根据特殊形态进行鉴别。注意饮食卫生。

6.35 毛圆线虫（*Trichostrongylus* spp.）

6.35.1 食品卫生学意义

毛圆线虫（又称为黑痢蠕虫）是人畜共患寄生虫。毛圆线虫感染遍布全世界，中国也有发现，四川的涪江下游如潼南、铜梁、合川等县及福建的寿宁县感染率都很高，但临床症状都不明显。食品与蔬菜是毛圆线虫传播给人的主要途径。

6.35.2 生物学特性

毛圆线虫为毛圆科、毛圆亚科、毛圆属成员，毛圆线虫成虫纤细，呈线状，白色透明，大小为(4.3～6.5)mm×(0.072～0.079)mm。毛圆线虫没有中间宿主，成虫主要寄生在草食兽的胃和十二指肠内，虫卵随粪便排出后，在温暖潮湿土壤中发育，经24～36h幼虫孵出，经过两次蜕皮后，4d发育成感染性幼虫丝状蚴，丝状蚴随食物进入宿主消化道，第三次蜕皮后侵入胃和十二指肠黏膜发育，经过4d自黏膜下层逸出，进行第4次蜕皮，然后以前端插入肠黏膜，附着于肠壁，经25～30d发育成熟、产卵。虫卵长椭圆形，一端钝圆，另一端稍尖，大小为(80～100)μm×(40～47)μm。其中含有12～20个细胞(图6-68,图6-69)。

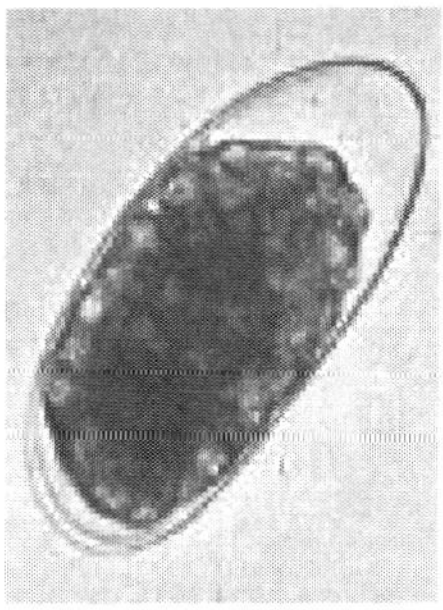

图 6-68 毛圆线虫虫卵

图 6-69 毛圆线虫成虫

6.35.3 致病性

自然宿主为草食动物，主要经口感染，也可经皮肤感染。感染性幼虫经皮肤入侵，其移行路线与钩虫相似，随血液至肺，经气管、咽、食道、胃到达寄生部位。自感染至排卵所需时间：经口为16～36d，经皮肤为28～36d。

广泛施用生粪肥地区易流行。人感染轻度者，常无任何症状；感染严重者，可出现胃肠道症状，表现恶心、呕吐、食欲缺乏、腹部不适、腹泻、头痛、乏力、易疲劳、贫血（血红蛋白低）等。

动物感染多无明显表现，仅少数严重感染的，表现消化不良、黏液便、消瘦等。

6.35.4 检测和控制

该虫不需要中间宿主或媒介昆虫传播，即可直接经口或皮肤感染。因此应注意个人和环境卫生，饭前洗手，特别是施用生粪肥地区，更应注意防护，施粪后彻底消毒，或戴防护手套等。彻底治疗患者和带虫动物，减少传染源，有助于减少感染。

6.36 美洲重翼吸虫（*Alaria americana*）

6.36.1 食品卫生学意义

美洲重翼吸虫（又称为犬重翼吸虫）在人体引起变态反应和肺气肿症状。患者有发热、呼吸和脉搏增快，颜面部和躯干、腿部出现小紫癜，胸部X线呈弥漫性结节浸润。在死者肺及其他组织中发现本虫中尾蚴。通常寄生在野生肉食动物（如狐狸）和蛙肠道中。人因食用未充分烹调好的蛙等动物而感染。人感染非常少见，目前只有三例报道。

6.36.2 生物学特性

美洲重翼吸虫为扁形动物门、复殖吸虫目、双穴科、双穴吸虫属（*Diplostomum*）虫种，虫体前端扁平，后端圆锥状。属小型吸虫，0.5mm。卵呈卵圆形，浅棕色，大小为120～65μm。有着非常复杂的生活史，首先是狐狸等粪便虫卵发育为可游泳的毛蚴阶段，然后被水中钉螺摄入，继续发育为尾蚴离开钉螺，感染蝌蚪；继续发育，然后感染青蛙。当狐狸等肉食动物食入了带虫的蛙，发育为中蚴，进入体腔和肺。几个星期后肺的虫体再进入肠道，在这里发育为成虫（图 6-70）。蛇也可感染。

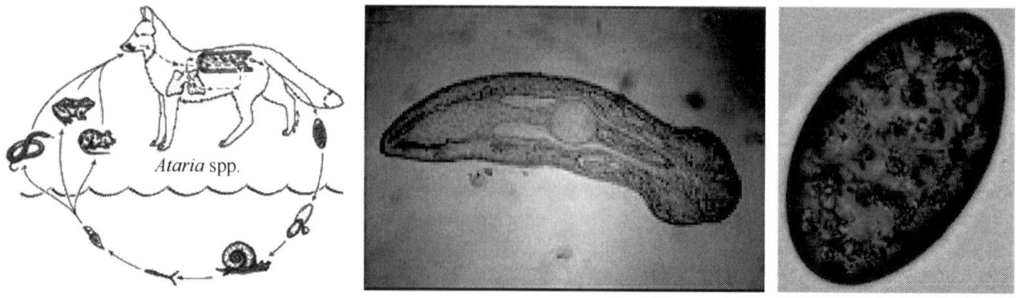

图 6-70　美洲重翼吸虫的生活史、中蚴及虫卵

6.36.3　致病性

人感染病例可在腹腔、支气管、脑、心、肾、肝、肺、淋巴结、胰腺、脊髓、脾和胃中见到上千只虫体。患者有发热、呼吸和脉搏增快，颜面部和躯干、腿部出现小紫癜，胸部 X 线呈弥漫性结节浸润。视网膜炎和视神经视网膜炎。在死者肺及其他组织中发现本虫中尾蚴。

6.36.4　检测和控制

通过虫卵进行鉴别。注意不食生或未烹调好的蛙类动物。

6.37　齿形背茎吸虫（*Appophalus donicus*）

6.37.1　食品卫生学意义

人感染主要是美国报道，感染食品主要是鱼类及虫体的保藏宿主，如犬、猫、鼠、狐狸和兔子等动物。

6.37.2　生物学特性

齿形背茎吸虫为后睾目、异形科、缺茎吸虫属，虫体微小，成虫体长为 0.3～0.5mm，大的也不超过 2～3mm，体表具有鳞棘。呈椭圆型，前半略扁，后半较肥大，除口、腹吸盘外，生殖吸盘或单独存在或与腹吸盘相连构成腹殖吸盘复合器。前咽明显，食管细长，肠支长短不一。睾丸 1～2 个，贮精囊明显，卵巢位于睾丸之前，受精囊明显。卵小，自宿主体内排出时卵内已含成熟的毛蚴。

生活史：成虫寄生于终宿主鸟类及哺乳动物肠道，产出的虫卵随宿主粪便进入水里。虫卵被第一中间宿主淡水螺类吞食，毛蚴在其体内孵出，历经胞蚴、雷蚴（1～2 代）和尾蚴阶段后，尾蚴从螺体逸出，侵入第二中间宿主鱼或蛙体内，发育为囊蚴。终宿主吞食含有囊蚴的鱼或蛙而获感染，囊蚴在终宿主消化道内脱囊，在小肠发育为成虫并产卵。鉴别有一定困难。

6.37.3　致病性

成虫体小，在肠道寄生时有钻入肠壁的倾向，虫卵可进入肠壁血管。齿形背茎吸虫在小肠一般只引起轻度炎症反应，如侵入肠壁则可造成组织脱落、压迫性萎缩与坏死，可导致腹泻或其他消化功能紊乱，重度感染者可出现消化道症状和消瘦。成虫深入组织时，肉眼可见到微小的充血及黏膜下层淤点。齿形背茎吸虫成虫寄生的周围组织可见炎症反应，出现组织增生和不同程度纤维化过程。进入肠黏膜下层肠壁血管的虫卵有可能进入小静脉，也可能从门静脉通过肝小叶叶间小静脉进入血窦，经血流进入体循环，虫卵也就可被带至人体各种组织或器官，如脑、脊髓、肝、脾、肺、心肌等，引起急性或慢性损害。

临床表现因寄生虫数多少及是否有异位寄生而异。虫数少时症状轻微甚或无明显表现，虫数多时可引起消化功能紊乱，如有异位寄生则视虫卵沉积的部位而定。若虫卵沉积于脑、脊髓，则可有血栓形成、神经细胞及灰白质退化等病变，甚至血管破裂而致死；如虫卵沉积在心肌及心瓣膜，可致心力衰竭。

6.37.4　检测和控制

常规病原学检查方法是用粪便涂片法及沉渣法镜检虫卵。对生吃或未完全烹调熟透鱼类食品要注意。

6.38　台湾棘带吸虫（*Centrocestus formosanus*）

6.38.1　食品卫生学意义

属异形吸虫，感染人的台湾棘带吸虫主要存在于鱼类及其鱼卵中，人生吃或吃不熟的这类食品而感染。

6.38.2　生物学特性

台湾棘带吸虫为吸虫纲、复萌亚纲、复殖目、异形科、棘带属小型吸虫，成虫呈长梨形，体长仅 0.39～0.5mm，最大者也不超过 29～3mm。虫体微小，呈椭圆形，前半略扁，后半较肥大，体表具有鳞棘。除口、腹吸盘外，有的种类还有生殖吸盘。前咽明显，食管细长，肠支长短不一。睾丸 1～2 个，卵巢位于睾丸之前，受精囊和贮精囊明显，卵小（图 6-71）。

生活史：成虫寄生于鸟类及哺乳动物的肠道，第一中间宿主为淡水螺类，第二中间宿主包括鱼和蛙。在螺体内经过胞蚴、雷蚴（1～2 代）和尾蚴阶段后，尾蚴从螺体逸出，侵入鱼或蛙体内发育成囊蚴，终宿主吞食囊蚴后成虫在小肠寄生。

6.38.3　致病性

成虫体小，在肠道寄生时有钻入肠壁的倾向，虫卵可进入肠壁血管，并随血流到达脑、脊髓、肝、脾、肺、心肌等组织或器官，造成严重后果。重度感染者可出现消化道症状和消瘦。

6.38.4　检测和控制

常规病原学检查方法是粪便涂片及沉渣镜检虫卵。若能获得成虫，可根据成虫形态进行判断。注意饮食卫生，不吃未煮熟的鱼肉和蛙肉是避免异形吸虫感染的重要方法。

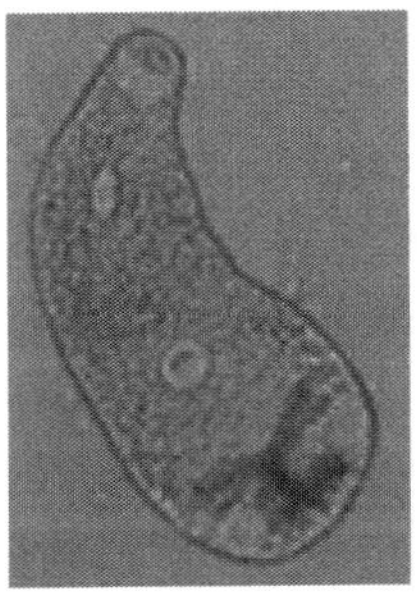

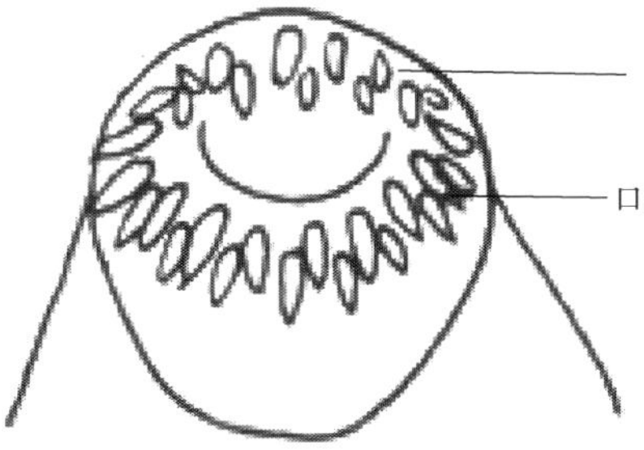

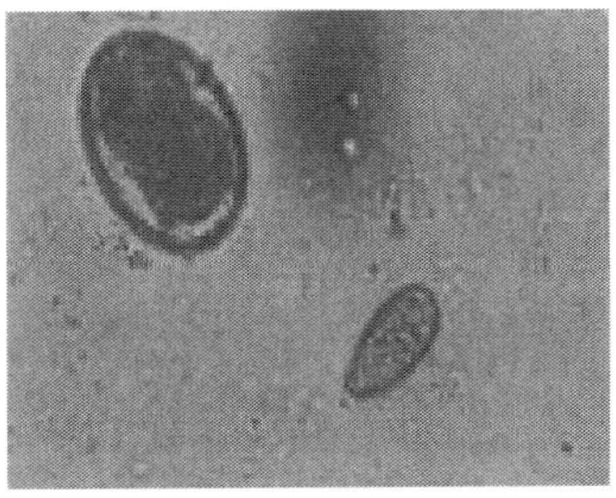

图 6-71　台湾棘带吸虫和虫卵

6.39　中华分支睾吸虫（*Clonorchis sinensis*）

6.39.1　食品卫生学意义

华支睾吸虫病（Clonorchiasis）是由中华分支睾吸虫成虫寄生在人体肝、胆管内引起的。本虫于 1874 年首次在加尔各答一华侨胆管内发现，1908 年才在我国证实该病存在。1975 年在我国湖北江陵西汉古尸粪便中发现本虫虫卵，继之又在该县战国楚墓古尸见到该种虫卵，从而证明华支睾吸虫病在我国至少已有 2300 年以上的历史。中华分支睾吸虫人体感染主要分布于远东，如中国、日本、朝鲜、越南和中南亚国家。我国除青海、宁夏、新疆、内蒙古、西藏等尚无报道外，已有 24 个省、市、自治区有不同程度流行，人群感染率为 1%～30%。而保虫宿主动物感染的地区范围更广，感染率与感染度多比人体感染高，对人群的感染具有潜在的威胁。存在于鱼类和食品中，人因食用含囊蚴的鱼而感染。

6.39.2　生物学特性

中华分支睾吸虫为扁形动物门、吸虫纲，成虫体形狭长，背腹扁平，前端稍窄，后端钝圆，状似葵花子，体表无棘。虫体大小一般为(10～25)mm×(3～5)mm。口吸盘略大于腹吸盘，前者位于体前端，后者位于虫体前1/5处。消化道简单，口位于口吸盘的中央，咽呈球形，食道短，其后为肠支。肠支分两支，沿虫体两侧直达后端，不汇合，末端为盲端。排泄囊为一略带弯曲的长袋，前端到达受精囊处，并向前端发出左右两支集合管，排泄孔开口于虫体末端。雄性生殖器官有睾丸一对，前后排列于虫体后端1/3，呈分支状。两睾丸各发出一条输出管，向前约在虫体中部汇合成输精管，通过贮精囊，经射精管入位于腹吸盘前缘的生殖腔，缺阴茎袋、阴茎和前列腺。雌性生殖器官有卵巢一个，边缘分叶状，位于睾丸之前，输卵管发自卵巢，其远端为卵膜，卵膜周围为梅氏腺。卵膜之前为子宫，盘绕向前开口于生殖腔。受精囊在睾丸与卵巢之间，呈椭圆形，与输卵管相通。劳氏管位于受精囊旁边，与输卵管相通，为短管，开口于虫体背面。卵黄腺呈滤泡状，分布于虫体两侧，在腹吸盘向下延至受精囊的水平线，两条卵黄腺管汇合后，与输卵管相通。虫卵形似芝麻，黄褐色，一端较窄且有盖，卵盖周围卵壳增厚形成肩峰，另一端有小瘤。卵甚小，大小为(27～35)μm×(12～20)μm。从粪便中排出时，卵内已含有毛蚴(图6-72～图6-74)。

图 6-72　中华分支睾吸虫

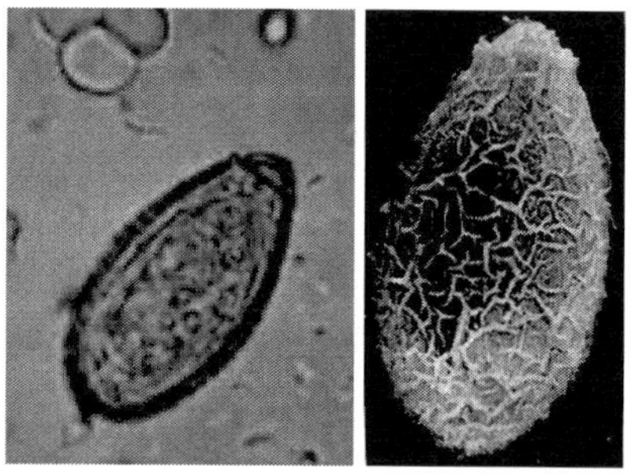

图 6-73　中华分支睾吸虫的卵及其扫描电镜图

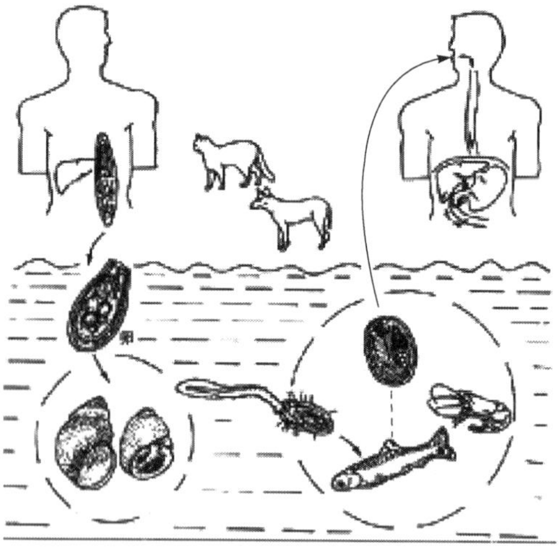

图 6-74　中华分支睾吸虫的生活史

6.39.3　致病性

本虫是厌氧性吸虫。华支睾吸虫病的危害性主要是患者肝受损。虫体在胆道寄生时代谢产物和机械刺激引起机体损伤，病变主要在肝次级胆管，轻度感染或感染初期病变并不明显。重度感染并经过相当长时间后，胆管出现局限性扩张，管壁增厚。大量虫体可引起阻塞、胆汁滞留，如合并细菌感染可引起胆管炎和胆管肝炎。慢性感染可有大量结缔纤维组织增生，附近肝实质可见明显萎缩。虫卵、死亡虫体及其碎片、脱落的胆道感染，破坏了胆道上皮正常结构及功能，导致胆汁中细菌性β-葡萄糖醛酸苷酶活性升高，其结果有利于难溶性胆红素钙形成；胆道分泌糖蛋白增多，并附着于虫卵表面作为结石核心，起支架和黏附剂作用，促进胆红素钙沉积，最后导致色素类结石（即肝内多发性结石）出现。此外，国内外一些资料不断提示华支睾吸虫感染与胆管上皮癌、肝细胞癌的发生有一定关系。

临床症状以疲乏、上腹不适、厌食、消化不良、腹痛、腹泻、肝区隐痛、头晕等较为常见，但许多感染者并无明显症状。对人体比较大危害是衰弱和体重减轻，黄疸，肝门压力增高；腹水，胃肠道出血，胆结石，胆管纤维组织沉积，侵害胰管的患者病情重，毛细胆管癌。常见的体征有肝肿大，脾肿大较少见，偶见发育欠佳类似侏儒症者。严重感染者在晚期可造成肝硬化腹水，甚至死亡。

华支睾吸虫病在一个地区流行的关键因素是当地人群有吃生的或未煮熟鱼肉的习惯。由于各地吃鱼方法不同，感染方式和对象也不一样。在广东主要通过吃鱼生、鱼生粥或烫鱼片而感染，男性成年人的感染率较高；在东北地区，特别是朝鲜族居民主要是通过生鱼佐酒而感染，以男性成年人较多；此外一些地区，如北京、山东、河北、四川等地多以从河沟、池塘捉的鱼烧吃或烤吃而感染，主要为 20 岁以下青少年和儿童；抓鱼后不洗手或用口叼鱼也是感染的原因；使用切过生鱼的刀及砧板切熟食物品，用盛过生鱼的器皿盛熟食物品也有使人感染的可能。

在厚度约 1mm 的鱼肉片内含有的囊蚴，在 90℃的热水中，1s 即能死亡，75℃时 3s 内死亡，70℃及 60℃时分别在 6s 及 15s 内全部死亡。囊蚴在醋（含乙酸浓度 3.36%）中，可活 2h；在酱油中（含 NaCl 19.3%）5h 全部死亡。但在烧、烤、烫或蒸全鱼时，可因温度不够、时间不足或鱼肉过厚等原因，未能杀死全部囊蚴。

我国食用的鲤科鱼类和一些小杂鱼和豆螺、沼螺、涵螺生活在同一水域中，若人或动物粪便污染水域，而当地又有吃生的或半生的鱼虾习惯，本病就可能在人群中流行。例如，广东的珠江三角洲鱼类养殖业发达，长期以来人粪又常作为养鱼的饲料及居民吃鱼习惯等是该病在当地流行的原因。

6.39.4　检测和控制

检测主要观察其虫卵的特异形态。大力做好卫生宣传教育工作，提高群众对本病传播途径的认识，自觉不吃生的或不熟的鱼虾。改进烹调方法和改变饮食习惯，注意分开使用切生、熟食物的菜刀、砧板及器皿。也不用生鱼喂猫、犬。合理处理粪便，改变养鱼习惯，都是预防华支睾吸虫病传播的重要措施。此外，结合生产的需要，清理塘泥、消毒鱼塘，对杀灭螺类有一定效果。

6.40 舌隐穴吸虫（*Cryptocotyle lingua*）

6.40.1 食品卫生学意义

主要存在于东太平洋的海鱼中，所涉及的鱼类为海水鱼。欧洲的钉螺也是人感染的食品之一。狐狸带染率为 3.6%。

6.40.2 生物学特性

舌隐穴吸虫为复殖目、异形科虫种，非限定性宿主是海鸟，典型的是海鸥，中间宿主是软体动物，如螺类和鱼。海鸥是因为吃了螺类和鱼（如青鲈，一种食用小鱼）而感染（见图 6-75）。

6.40.3 致病性

在鱼类主要涉及皮肤呈现黑斑病。通过中间宿主可以传播给动物和人，但一般并不引起疾病。人感染一般不表现明显症状，但能检出虫体。

6.40.4 检测和控制

目前国内还没有见该虫。

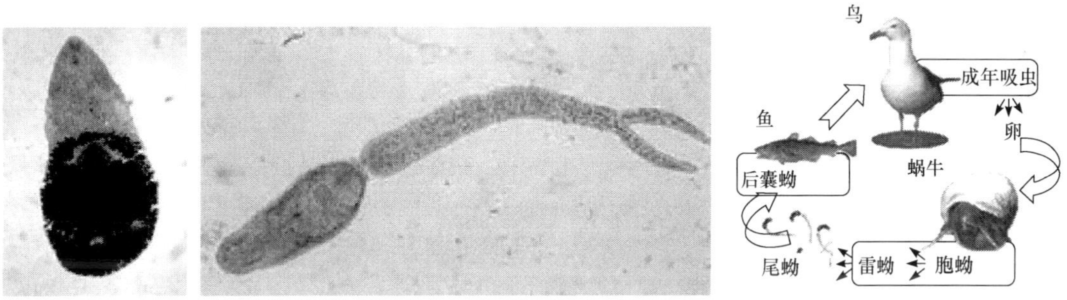

图 6-75 舌隐穴吸虫、雷蚴及其生活史

6.41 伊族棘口吸虫（*Echinostoma ilocanum* 或 *iliocenum*）

6.41.1 食品卫生学意义

伊族棘口吸虫是常见的人类肠道吸虫，在东南亚流行（感染率为 1%～30%）。主要是因为常生吃或未完全烹调好的污染伊族棘口吸虫后囊蚴的淡水螺类动物、鱼和蛤等而感染。

6.41.2 生物学特性

伊族棘口吸虫为复殖目、棘口亚科、棘口属虫体，成虫(2.5～10)mm×(0.5～1.5)mm，寄生在鸟和哺乳动物的肠道内，特征是在头部环盘绕有1～2排交合刺环，共51个交合刺。螺类是伊族棘口吸虫的中间宿主。卵通常80～140μm(图6-76)。

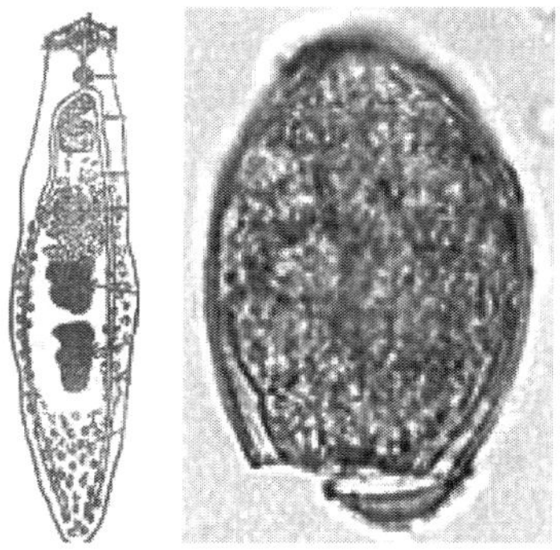

图 6-76 伊族棘口吸虫及其虫卵

6.41.3 致病性

人感染后通常无症状，重度感染可引起肠壁的炎性反应和溃疡，腹泻、血便及腹痛。

6.41.4 检测和控制

检测粪便中的卵。控制鱼类、蚌类等食品烹调温度和时间，充分烹调，保证安全。

6.42 林多恩斯棘口吸虫（*Echinostoma lindoense*）

6.42.1 食品卫生学意义

林多恩斯棘口吸虫（*E. lindoense* 或 *echinatum*）成虫主要发现在印度尼西亚的鸭和水禽中，这些动物主要是吃了作为中间宿主的贻贝而感染。属人体常见寄生虫，但多数为偶然感染，传播食品为犬、肉、鱼和软体动物如贻贝等，因为饮食习惯，生食鱼类等最易感染。流行地区台湾感染率高达 65%，大陆为 5%，菲律宾为 44%。

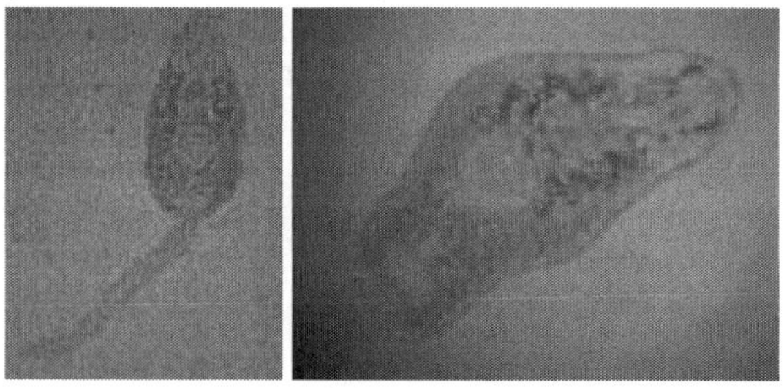

图 6-77 林多恩斯棘口吸虫

6.42.2 生物学特性

林多恩斯棘口吸虫为复殖目、棘口亚科、棘口属虫体，虫体长 3～10mm，宽 1～3mm；大的腹吸盘和环形交合刺，在口吸盘的侧面和腹侧具有马蹄形交合刺环形结构，身体较长，表面具有小的交合刺样鳞状片(图 6-77，图 6-78)。生活史类似后睾吸虫，螺为第一中间宿主，鱼、犬、软体动物等作为第二中间宿主(图 6-79)。

尾蚴长 873μm，具有 6 个孔状排泄管，在口吸盘和吸盘之间有 16～20 个腺体，雷蚴较短，且容易成堆，咽非常小。林多恩斯棘口吸虫的终宿主是哺乳动物。

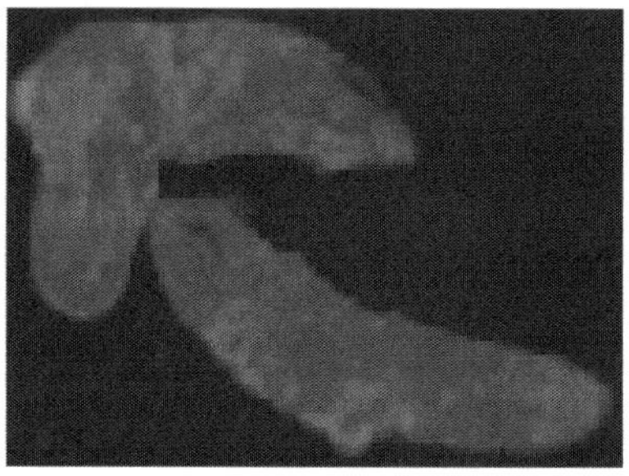

图 6-78 林多恩斯棘口吸虫的雷蚴

6.42.3 致病性

潜伏期有长有短，多数不表现症状。临床症状依据感染虫量多少表现不同，中度为贫血、头痛、眩晕、胃痛，重度的有嗜酸性粒细胞症、腹痛、水样腹泻、贫血、水肿和厌食。引起肠道广泛性炎症损伤。

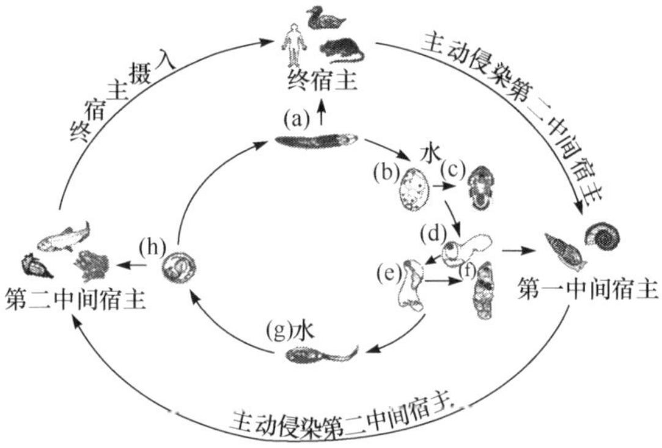

图 6-79 林多恩斯棘口吸虫传染

6.42.4 检测和控制

改变饮食习惯，少吃生鱼等可减少或终止本病的发生。

6.43 矛形双腔吸虫（*Dicrocoelium dendriltium*）

6.43.1 食品卫生学意义

矛形双腔吸虫又称为枝歧腔吸虫，属复殖目、双腔科、双腔亚科、双腔属。虫体寄生于牛、羊等反刍兽及猪、马、兔的肝、胆管和胆囊内，偶尔也寄生于人体内。通过食品、蔬菜和转运宿主感染人。

6.43.2 生物学特性

比片形吸虫小，色棕红，扁平而透明；前端尖细，后端较钝，因呈矛形而得名。虫体长 5～15mm，宽 1.5～2.5mm。矛形双腔吸虫在发育过程中需要两个中间宿主，第一中间宿主为多种陆地螺（包括蜗牛），第二中间宿主为蚂蚁。当易感反刍兽吃草时，食入含有囊蚴的蚂蚁而感染，幼虫在肠道脱囊，由十二指肠经胆总管到达胆管和胆囊，在此发育为成虫。两个睾丸前后排列或斜列在腹吸盘后方呈团块状，边缘不整齐或分叶(图 6-80)。

病畜肝内成虫排出的虫卵随胆汁进入肠道，随粪便排出体外，被陆地螺吞食后，在其体内经毛蚴、母胞蚴、子胞蚴及尾蚴等发育阶段，成熟尾蚴自螺体逸出后黏在植物上，被蚂蚁吞食后形成囊蚴，牛、羊等吃草时吞食了含囊蚴的蚂蚁而受感染。感染终末宿主牛、绵羊、山羊、羚羊、马、驴、骆马、骆驼、赤鹿等并寄生于肝胆管，幼虫由十二指肠到胆总管（在人即为胆管）内寄生，经 72～85d 发育为成虫。

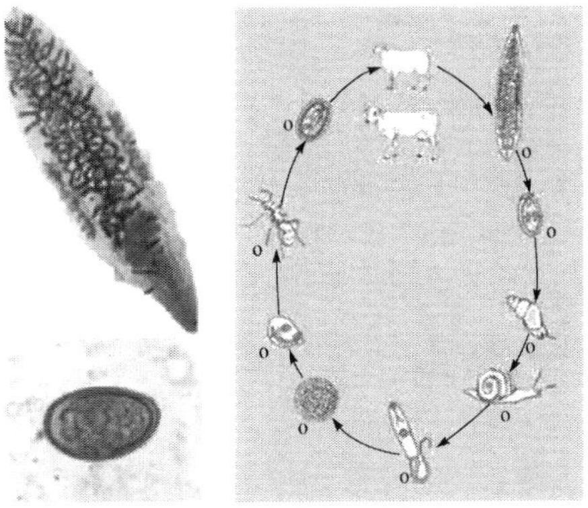

图 6-80 矛形双腔吸虫、虫卵及其生活史

6.43.3 致病性

无特异性临床表现。疾病后期可出现可视黏膜黄染，消化功能紊乱，慢性消耗性腹泻或便秘，右上腹痛，逐渐消瘦，皮下水肿，最后因体质衰竭而死亡。病理特征是慢性卡他性胆管炎及胆囊炎。本病的分布几乎遍及全世界，多呈地方性流行。在我国动物疾病主要分布于东北、华北、西北和西南等省（自治区），尤其以西北各省（自治区）和内蒙古较为严重。宿主动物极其广泛，哺乳动物达 20 余种，除牛、羊外，马、骆驼、鹿、兔等家畜和许多野生偶蹄动物均可感染。随动物年龄的增长，其感染率和感染程度也逐渐增加，感染的虫体数可达数千条，甚至上万条。虫卵对外界的抵抗力较强，可越冬。在温暖潮湿的南方地区，第一、第二中间宿主蜗牛、蚂蚁可全年活动，因此，动物几乎全年都可感染；而在寒冷干燥的北方地区，中间宿主需要冬眠，动物的感染明显具有春秋两季特点，但动物发病多在冬春季节。

6.43.4 检测和控制

虫卵检查。不要生吃蔬菜和食品。

6.44 曲领棘口吸虫（*Echinoparyphium recurvatum*）

6.44.1 食品卫生学意义

曲领棘口吸虫病主要见于亚洲东部和东南亚，以日本、朝鲜和我国报道的病例较多，多数是散发病例。在我国主要分布于福建、江西、湖北、云南、海南、安徽、新疆、广东、湖南等地。棘口吸虫是人畜共患病，在我国动物体内很常见，因此具备感染人的可能性，实际上的病例可能更多。人多因食入含囊蚴的鱼、蛙及螺类而感染。

6.44.2 生物学特性

曲领棘口吸虫为复殖目、棘口科、棘口亚科、棘缘属虫种，虫体长形，体表有棘。口吸盘位于体前端亚腹面，周围有环口圈或头冠，环口圈或头冠之上有 1～2 圈头棘。腹吸盘发达，位于体前部或中部的腹面。睾丸两个，一般前后排列在虫体的后半部。卵巢位于睾丸之前。卵大，椭圆形，壳薄，有卵盖。成虫寄生于肠道，偶尔也可侵入胆管。第一中间宿主为淡水螺类，毛蚴侵入螺体后经胞蚴和 2 代雷蚴阶段后发育成尾蚴。第二中间宿主包括鱼、蛙或蝌蚪。但棘口吸虫对第二中间宿主的要求不很严格，尾蚴也可在子雷蚴体内结囊，或逸出后在原来的螺体内结囊，或侵入其他螺蛳或双壳贝类体内结囊，有的还可在植物上结囊（图 6-81）。

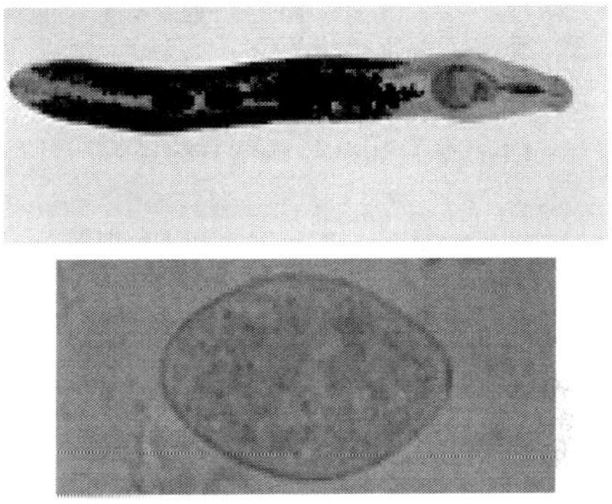

图 6-81 曲领棘口吸虫及其虫卵

6.44.3 致病性

成虫多寄生于小肠上段，以头部插入黏膜，引起局部炎症，轻度感染者常无明显症状，或者仅出现腹痛、腹泻或其他胃肠道症状，严重感染者可有厌食、下肢水肿、贫血、消瘦、发育不良，甚至死亡。

6.44.4 检测和控制

实验室诊断常用粪便检查方法，如直接涂片法、沉淀法等，但由于多种棘口吸虫的卵在形态上都很相似，因此不易区分，若能获得成虫，则有助于定种。不吃生鱼类控制该病发生。

6.45 卷棘口吸虫（*Echinostoma revoltum*）

6.45.1 食品卫生学意义

卷棘口吸虫呈世界性分布，宿主种类多，特别在鸟类和哺乳类中多见。人体寄生病例首先由穴泽（1929）报道，他在我国台湾地区一妇女体内用绵马浸膏驱出虫18条，并认为是因吃蚬而感染。云南大理白族居民中也曾发现本虫。食用蜗牛和蚌类是人感染的主要来源。

6.45.2 生物学特性

卷棘口吸虫为复殖目、棘口科、棘口亚科、棘口属虫种，虫体呈淡红色，长叶状，体表有小刺。虫体大小为（7.6～12.6）mm×（1.26～1.6）mm。头襟发达，具有头棘。口吸盘位于虫体前端。两个椭圆形睾丸前后排列于体中部后方，生殖孔位于肠管分叉后方、腹吸盘前方。虫卵呈金黄色、椭圆形，大小为（114～126）μm×（64～72）μm，一端有卵盖，内含一个胚细胞和很多卵黄细胞（图6-82）。

分布于世界各地，营寄生生活，终末宿主为巴西鸭、针尾鸭、琵嘴鸭、绿翅鸭、罗纹鸭、花脸鸭、赤颈鸭、绿头鸭、家鸭、斑嘴鸭、紫膀鸭、澳洲鸭、白眉鸭、灰雁、家鹅等并寄生于直肠、盲肠和小肠。卷棘口吸虫的发育需要两个中间宿主，第一中间宿主为折叠萝卜螺、小土蜗和凸旋螺，第二中间宿主除上述三种螺外，尚有半球多脉扁螺、尖口圆扁螺和蝌蚪。

成虫在禽的直肠或盲肠内产卵，虫卵随粪便排到外界，落入水中的卵在31～32℃条件下仅需10d即孵出毛蚴；毛蚴进入第一中间宿主后，约经32d先后形成胞蚴、雷蚴、尾蚴；尾蚴离开螺体，游于水中，遇第二中间宿主即钻入其体内形成囊蚴。终末宿主禽类吃入含囊蚴的螺蛳或蝌蚪后而遭感染。囊蚴进入消化道后，囊壁被消化，童虫逸出，吸附在肠壁上，经16～22d即发育成成虫。

6.45.3 致病性

卷棘口吸虫有头棘和体棘，对肠黏膜可造成机械性损伤；肠绒毛、固有层、黏膜及其下层因损伤而引起炎症；局部有嗜酸性粒细胞、淋巴细胞及浆细胞浸润。加上虫体代谢产物的毒性作用，可使消化系统发生障碍。卷棘口吸虫病，患者出现腹痛、排黄白色粪便。卷棘口吸虫日本变种所致人患病，患者表现食欲缺乏、腹痛、腹胀、头晕。严重感染者可有厌食、下肢水肿、贫血、消瘦、发育不良，甚至合并其他疾病而死亡。

6.45.4 检测和控制

生前检查粪便发现虫卵并结合症状可确诊；死后剖检在肠道内发现虫体可确诊。

勤清除粪便，堆积发酵，杀灭虫卵；对患禽群定期驱虫；用化学药物消灭中间宿主。

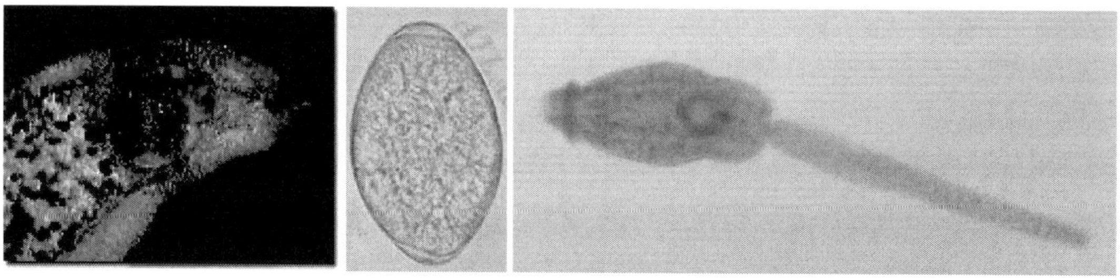

图6-82 卷棘口吸虫的成虫、卵和尾蚴

6.46 胰阔盘吸虫（*Eurytrema pancreaticum*）

6.46.1 食品卫生学意义

胰阔盘属吸虫在我国已发现6种，其中只有胰阔盘吸虫能引起人和动物发生共患病。本虫分布在亚洲、巴西和委内瑞拉。我国及日本曾有人体感染报告，主要是因为生吃鱼类或其他食品而感染。胰阔盘吸虫成虫寄生于猪、绵羊、黄牛、水牛、骆驼、山羊、兔、河麂、猕猴及人的胰管中。感染人和动物出现胰管炎和胰功能失常，甚至严重威胁生命。

6.46.2 生物学特性

胰阔盘吸虫为复殖目、双腔科、双腔亚科、阔盘属，呈长椭圆形，新鲜时为棕红色，固定后灰白色。胰阔盘吸虫卵小，棕褐色，卵膜较厚，卵盖清晰，内含一毛蚴。胰阔盘吸虫成虫宽厚，边缘不平。口吸盘大于腹吸盘。睾丸深刻痕，卵巢小，也具刻痕，位于虫体中部一侧（图6-83）。

生活史：虫卵随胰液到消化道中后随粪便排出体外。虫卵被第一中间宿主陆生蜗牛巴蜗牛（*Bradybae-*

na）和小丽螺（*Canesella*）等吞食后，在其肠管中孵出毛蚴，穿过肠壁到肠结缔组织中发育为母胞蚴、子胞蚴和尾蚴。包裹有尾蚴的成熟子胞蚴经呼吸孔排出到外界，被第二中间宿主草螽（*Conocephalus*）吞食，在其血腔中发育为囊蚴。终末宿主吞食到含有囊蚴的草螽而被感染。

6.46.3 致病性

由于虫体刺激胰腺而产生炎症反应，结缔组织增生。分泌机能紊乱，使动物消化障碍、营养不良、下痢、贫血和水肿，逐渐消瘦。重度感染时可因衰竭而死亡。

6.46.4 检测和控制

在低湿、低洼草地放牧的牛、羊易发。根据病状、粪便检查或剖检结果确诊。粪便检查可用沉淀法。剖检变化为尸体消瘦，胰脏表面不平，呈紫红色；胰管壁增厚，黏膜表面有小结节，胰腺萎缩硬化；在胰管中见有虫体。对病畜和带虫畜应定期驱虫；粪便发酵处理；科学放牧；保持饲草及饮水卫生；消灭中间宿主等。注意饮食卫生，不吃生鲜或未熟透的鱼类等食品。

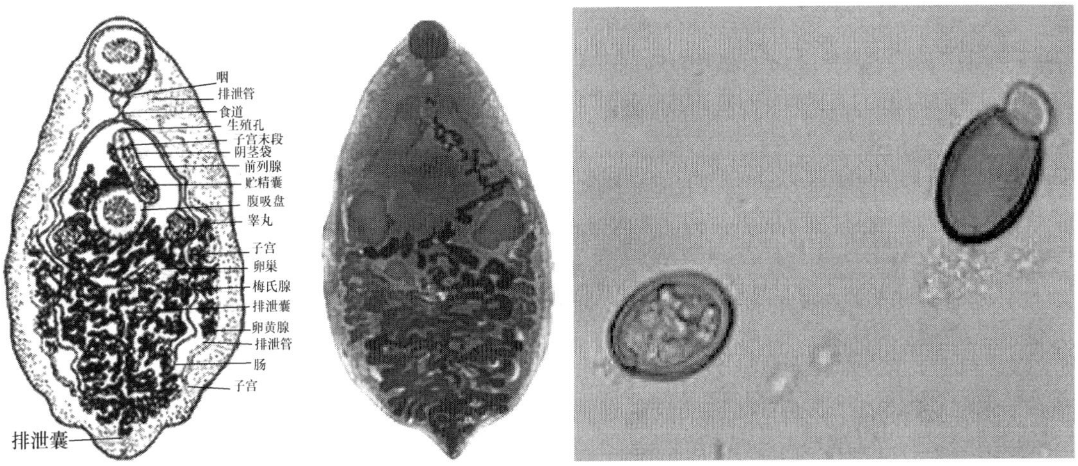

图 6-83 胰阔盘吸虫的成虫和虫卵

6.47 大片形吸虫（*Fasciola gigantica*）

6.47.1 食品卫生学意义

寄生于牛、羊等反刍动物的肝胆管中，也寄生于人体。本虫能引起肝炎和胆管炎，并伴有全身性中毒现象和营养障碍，危害相当严重，尤其对幼畜和绵羊，可引起大批死亡。在其慢性病程中，使动物瘦弱，发育障碍，乳牛产奶量减少，毛、肉产量减少和质量下降，严重威胁人类和动物健康。狐狸检出率为 1.5%，人和动物因吃附着在植物上的囊蚴而感染，如水生植物。通过污染的水，吃牛、羊的肝等也能感染。由动物可以传给人，但是尚无由人传给动物的病例报告。

6.47.2 生物学特性

大片形吸虫为片形科、片形属虫种，虫体呈长叶状，大小为(25～75)mm×(5～12)mm，体长与宽之比约为5∶1。虫体两侧缘较平行，后端钝圆，“肩”部不明显。腹吸盘较口吸盘约大1.5倍。肠管和睾丸的分枝更多且复杂。虫卵为黄褐色、长卵圆形，大小为(150～190)μm×(75～90)μm(图6-84)。

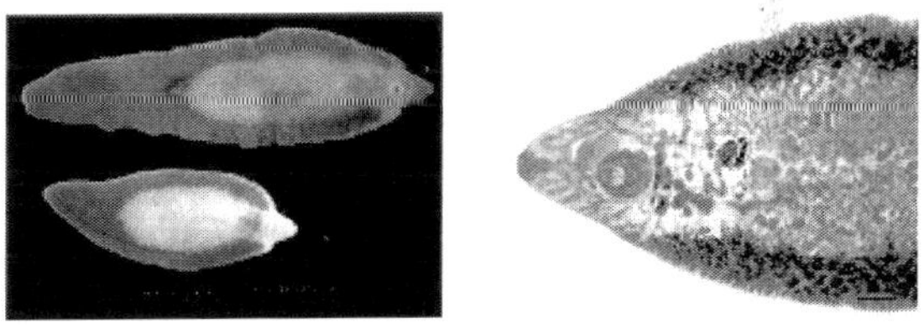

图 6-84 大片形吸虫与肝片形吸虫比较

左图：上为大片形吸虫，下为肝片形吸虫；右图：大片形吸虫

生活史：大片形吸虫的终末宿主为反刍动物，中间宿主是螺类。特别是黄牛，成虫寄生于牛的胆管内，幼虫寄生于肝实质中。生活史与肝片吸虫相似，但其寄生期较长，潜伏期 13～16 周（图 6-85）。

6.47.3 致病性

当一次感染大量囊蚴时，幼虫在向肝实质内移行过程中，可机械地损伤和破坏肠壁、肝包膜和肝实质及微血管，导致急性肝炎和内出血。成虫虫体进入胆管后，由于虫体长期的机械性刺激和代谢产物的毒性物质作用，引起慢性胆管扩张，增厚，变粗甚至堵塞；胆汁停滞而引起黄疸。此外，幼虫移行时从肠道带进微生物如诺维氏梭菌，引起坏死性肝炎，使病势加剧。

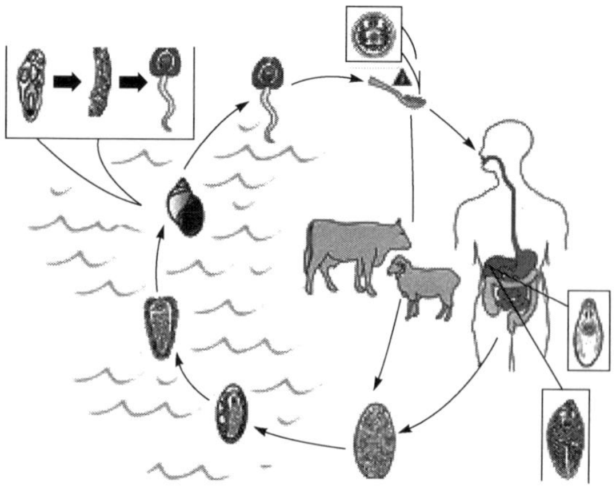

图 6-85　大片形吸虫生活史

6.47.4　检测和控制

根据临床症状、流行病学资料、粪便检查和死后剖检等进行综合判定，粪便检查可用反复水洗沉淀法或尼龙绢袋集卵法，只见少数虫卵而无症状出现，只能视为“带虫现象”。急性病例时，在粪便中找不到虫卵，此时可用皮内变态反应、间接血凝试验或酶免疫吸附试验等免疫学方法进行诊断。也可用血浆酶含量检测法诊断。在急性病例时，由于幼虫损伤肝实质细胞，使谷氨酸脱氢酶（GDH）升高；慢性病例时，成虫损伤胆管上皮细胞，使 γ-谷氨酰转肽酶上升，持续时间可长达 9 个月之久。死后剖检，急性病例可在腹腔和肝实质中发现幼虫及幼小虫体；慢性病则可在胆管内检获成虫。

加强动物的饲养管理，注意饮食习惯。

6.48　肝片形吸虫（*Fasciola hepatica*）

6.48.1　食品卫生学意义

肝片吸虫是牛、羊及其他哺乳动物胆道内的常见寄生虫，人体也可感染。肝片形吸虫呈世界性分布。在我国，人群感染率为 0.002%～0.171%，散发于 15 个省、市。据报道，国外城市人口中也有相当多的人感染，因为生吃患病牛的肝和胃肠，因其中含有肝片形吸虫的幼虫而引起的。另外，在蔬菜上也能见到肝片形吸虫的虫卵，人吃了后也能感染本虫。

6.48.2　生物学特性

肝片形吸虫为吸虫纲、片形科(Fasciolidae)的一种大型吸虫。虫体大小为(2～5)cm×(0.8～1.3)cm，头锥明显，口吸盘位于头锥的前端，腹吸盘较小，位于头锥基部，肠支呈树枝状。睾丸两个，高度分支，前后排列，位于虫体中部。虫卵椭圆形，淡黄褐色，(130～150)μm×(62～90)μm，卵壳薄，一端有小盖，卵内充满卵细胞和卵黄细胞(图6-86)。

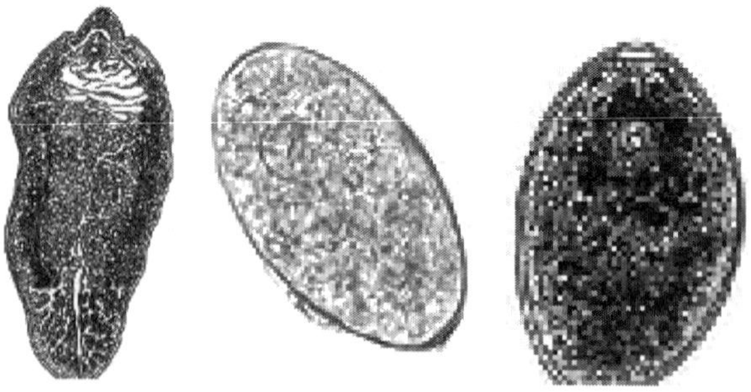

图 6-86　肝片吸虫及其虫卵

生活史：肝片形吸虫成虫寄生在终宿主的肝胆管内，中间宿主为椎实螺类，在我国已证实的有：截口土蜗（*Galba truncatula*）、小土蜗（*G. pervia*）、耳萝卜螺（*Radix auriculata*）及斯氏萝卜螺（*R. swinhoei*）。生活史包括胞蚴 1～2 代和雷蚴 1～3 代。尾蚴自螺体逸出后在水草等水生植物上形成囊蚴。囊蚴被终宿主食入后，在肠中脱囊的后尾蚴穿过肠壁，经腹腔侵入肝而转入胆管，也可经肠系膜静脉或淋巴管进入胆管。在移行过程中，部分幼虫可停留在各种脏器如肺、脑、眼眶、皮下等处异位寄生，造成损害。自感染囊蚴至成虫产卵最短需 10～11 周。成虫每个可产卵约 20 000 个。在绵羊体内寄生的最长纪录为 11 年，在人体可达 12～13 年。羊为终宿主（图 6-87）。

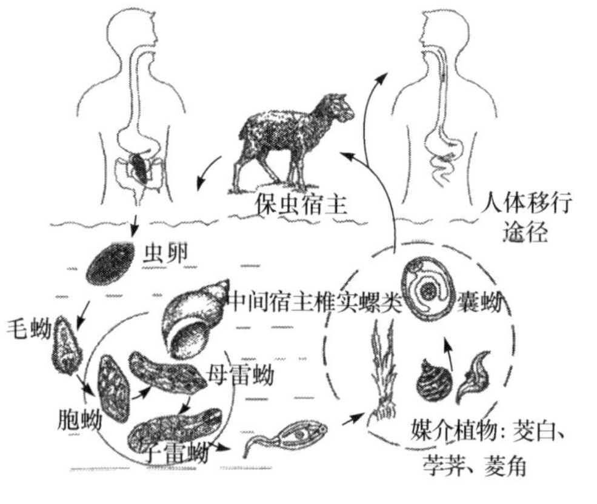

图 6-87　肝片形吸虫的生活史

6.48.3　致病性

肝片形吸虫的致病性主要表现在两个方面。

（1）幼虫移行期对各脏器特别是肝组织的破坏，引起肝的炎症反应及肝脓肿，出现急性症状如高热、腹痛、荨麻疹、肝肿大及血中嗜酸性粒细胞增多等。

（2）成虫对胆管的机械性刺激和代谢物的化学性刺激而引起胆管炎症、胆管上皮增生及胆管周围的纤维化。胆管上皮增生与虫体产生大量脯氨酸有关。胆管纤维化可引起阻塞性黄疸，肝损伤可引起血浆蛋白的改变，胆管增生扩大可压迫肝实质组织引起萎缩、坏死以至肝硬化，还可累及胆囊引起相应的病变。

肝片形吸虫感染者的临床表现可分为急性、潜隐和慢性三个时期。也有少数为无症状带虫者。

(1) 急性期（相当于幼虫在组织中的移行过程，也称侵袭期)：发生在感染后2～12周不等，突发高热、腹痛，并常伴有胀气、呕吐、腹泻或便秘、肝肿大、贫血和血中嗜酸性粒细胞明显增高等表现，有些患者还可出现肺部和皮肤变态反应症状。此期持续2～4周。

(2) 潜隐期（通常在感染后4个月左右，相当于虫体已进入胆管)：患者的急性症状减退或消失，在数月或数年内无明显不适，或稍有胃肠道不适症状，而病变在发展之中。

(3) 慢性期（为成虫在胆管内寄生引起胆管炎和胆管上皮增生阶段，也称阻塞期)：主要有乏力、右上腹疼痛或胆绞痛、恶心、厌食脂肪食物、贫血、黄疸和肝肿大等表现。

(4) 异位损害（又称肝外肝片形吸虫病)：幼虫在腹腔中移行时可穿入或随血流到达肺、胃、脑、眼眶及皮下等处。常在手术后始获确诊。在有生食牛、羊肝习惯的地方，虫体可寄生在咽部，引起咽部肝片形吸虫病。

该病的动物症状表现因感染强度（有约50条虫会出现明显症状)、家畜的抵抗力、年龄、饲养管理条件等不同而异，幼畜轻度感染即表现症状。

急性型症状多发生于夏末秋初，多因在短时间内遭受严重感染所致。慢性型症状较多见于患病羊耐过急性期或轻度感染后，在冬春转为慢性。

急性型病羊，初期发热、衰弱、易疲劳、离群落后；叩诊肝区半浊音界扩大，压痛明显；很快出现贫血、黏膜苍白、红细胞及血红素显著降低；严重者多在几天内死亡。慢性型病羊，主要表现消瘦、贫血、黏膜苍白、食欲缺乏、异嗜，被毛粗乱无光泽、且易脱落，步行缓慢；眼睑、颌下、胸下、腹下出现水肿；便秘与下痢交替发生；肝肿大。病情逐渐恶化，最后可因极度衰竭死亡。剖检或屠宰检验时，病理变化主要呈现在肝，其变化程度与感染虫体的数量及病程长短有关。在大量感染、取急性死亡的病例中，可见到急性肝炎和大出血后的贫血现象，肝肿大，包膜有纤维沉积，有2～5mm长的暗红色虫道，虫道内有凝固的血液和少量幼虫。腹腔中有血红色液体，有腹膜炎病变。

慢性病例主要呈慢性增生性肝炎，在肝组织被破坏的部位呈现淡白色索状瘢痕，肝实质萎缩，退色，变硬，边缘钝圆，小叶间结缔组织增生。胆管肥厚、扩张呈绳索样突出于肝表面；胆管内有磷酸钙和磷酸镁等盐类沉积而使内膜粗糙，刀切时有沙沙声；胆管内有虫体和污浊稠厚液体。病畜出现消瘦、贫血和水肿现象，胸腹腔及心包内蓄积着透明液体。

6.48.4 检测和控制

简单有效的方法是水洗沉淀法，即由直肠取粪5～10g，加入10～20倍清水混匀后用纱布或通过40～60目筛子过滤；滤液经静置或离心沉淀，倒去上层混浊液体并再加入清水混匀沉淀，反复进行两三次，直至上层液体清亮为止，最后倒去上层液体，吸取沉淀物，用显微镜观察有无虫卵。虫卵应注意与前后盘吸虫卵相区别。

对急性病例，因虫体未发育成熟，粪便检查无虫卵时，必须结合病理剖检，在肝和胆管中查找是否有大量幼虫存在。

此外，应用免疫诊断法，如沉淀反应、补体结合反应、酶联免疫吸附试验、对流免疫电泳和间接血凝等，也可取得较好的诊断效果。

对该病必须采取综合性防治措施，才能取得较好成效，如果动物患病数少了，人感染自然就会减少。其主要措施有以下几种。

(1) 动物的定期驱虫：驱虫是预防和治疗的重要方法之一。驱虫的次数和时间必须与当地的具体情况及条件相结合。每年如进行一次驱虫，可在秋末冬初进行；如进行两次驱虫，另一次驱虫可在翌年的春季。

(2) 粪便处理：及时对畜舍内的粪便进行堆积发酵，以便利用生物热杀死虫卵。

(3) 饮水及饲草卫生：不在沼泽、低洼地区放牧，以免感染囊蚴。饮水最好用自来水、井水或流动的河水，并保持水源清洁卫生。有条件的地区可采用轮牧方式，以减少感染机会。

(4) 消灭中间宿主：肝片形吸虫的中间宿主椎实螺生活在低洼阴湿地区。消灭中间宿主可结合水土改造，以破坏螺蛳的生活条件。

(5) 食用牛羊肝时一定要充分烹调。蔬菜要洗净。

6.49 布氏姜片形吸虫（*Fasciolopsis buski*）

6.49.1 食品卫生学意义

布氏姜片吸虫属肠道寄生最大的吸虫，人体感染是因生食水生植物茭白、荸荠和菱角等所致。感染主要引起消化道症状，如腹痛、腹泻，营养不良等。

6.49.2 生物学特性

布氏姜片吸虫为片形科、姜片属虫种，虫体呈长椭圆形、肥厚、新鲜虫体呈肉红色，背腹扁平，前窄后宽，长20～75mm，宽8～20mm，厚0.5～3mm，体表有体棘，为人体中最大的吸虫。口吸盘近体前端，直径约0.5mm，腹吸盘靠近口吸盘后方，漏斗状，肌肉发达，较口吸盘大4～5倍，肉眼可见。咽和食管短，肠支呈波浪状弯曲，向后延至虫体末端；睾丸两个，高度分支，前后排列于虫体的后半部。阴茎袋呈长袋状，卵巢具分支，子宫盘曲在卵巢和腹吸盘之间。缺受精囊，有劳氏管，卵黄腺颇发达，分布于虫体的两侧，生殖孔位于腹吸盘的前缘。

卵呈椭圆形，大小为(130～140)μm×(80～85)μm，淡黄色，卵壳薄，一端有不明显的卵盖。卵内含卵细胞一个，卵黄细胞20～40个。布氏姜片虫的中间宿主为扁卷螺，国内查见有本虫幼虫期感染的扁卷螺类常见的有：尖口圆扁螺、半球多脉扁螺、凸旋螺、大脐圆扁螺等。以前两种分布较广。终宿主是人、家猪、野猪等。成虫寄生在小肠，严重感染时可扩展到胃和大肠，虫体数目可多达数千条，通常仅数条至数十条。寿命一般为数年。产卵数因受虫数、虫龄和其他因素的影响变化很大(图6-88)。

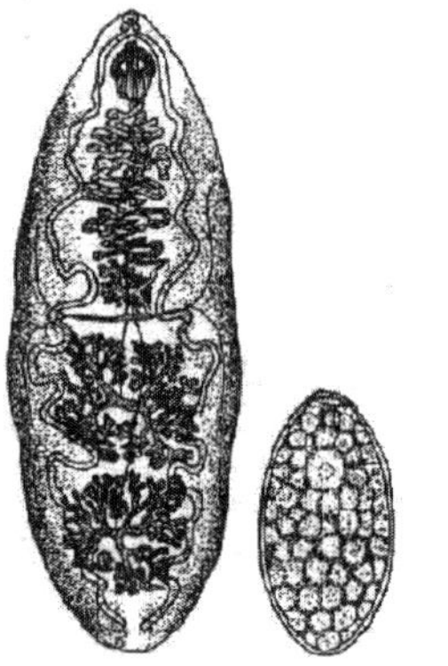

图6-88 布氏姜片吸虫及其虫卵

受精卵随终宿主粪便排出，如到达水中，在适宜温度（26～32℃）条件下经3～7周发育成熟，孵出毛蚴。毛蚴侵入扁卷螺的淋巴间隙中，经1～2个月完成胞蚴、母雷蚴、子雷蚴与尾蚴阶段的发育繁殖。成熟的尾蚴从螺体逸出，在水中寄生于水生植物如水红菱、荸荠、茭白等及其他物体的表面，分泌出成囊物质包裹其体部，脱去尾部形成囊蚴。尾蚴也可不附着在媒介植物或其他物体上，而能在水面结囊。终宿主食入囊蚴后，在消化液和胆汁的作用下后尾蚴脱囊，经1～3个月的发育变成成虫。有人以尾蚴试验感染猪获得成虫，说明尾蚴也有感染性。猪是很重要的宿主（图6-89）。

6.49.3 致病性

布氏姜片吸虫成虫的致病作用包括机械性损伤及虫体代谢产物引起的变态反应。布氏姜片吸虫的吸盘发达、吸附力强，可使被吸附的黏膜坏死、脱落，肠黏膜发生炎症、点状出血、水肿以至形成溃疡或脓肿。病变部位可见中性粒细胞、淋巴细胞和嗜酸性粒细胞浸润，肠黏膜分泌增加，血中嗜酸性粒细胞增多。感染轻度者

图6-89 布氏姜片吸虫的生活史

可无明显症状。寄生虫数较多时常出现腹痛和腹泻，并表现消化不良，排便量多，稀薄而臭，或腹泻与便秘交替出现，甚至发生肠梗阻。在营养不足、又反复中度感染的病例，尤其是儿童，可出现低热、消瘦、贫血、水肿、腹水及智力减退和发育障碍等，少数可因衰竭、虚脱而死。

6.49.4 检测和控制

检查粪便中虫卵是确诊布氏姜片吸虫感染的主要方法。因姜片虫卵大，容易识别，用直接涂片法检查三张涂片，即可查出绝大多数患者，但轻度感染的病例往往漏检。应用浓集方法可提高检出率，常用的有离心沉淀法及水洗自然沉淀法；定量透明厚涂片法（即改良加藤氏法）的检出效果与沉淀法相仿，既可定性检查，又可进行虫卵记数，以了解感染度。

布氏姜片吸虫卵与肝片形吸虫卵和棘口类吸虫卵的形态十分相似，应注意鉴别。有时少数患者的呕吐物或粪便中偶可发现成虫。

用免疫学方法对早期感染或大面积普查，有较好的辅助诊断价值。常用的有ELISA和IFA等。

（1）加强粪便管理，防止人、猪粪便通过各种途径污染水体。

（2）关键的措施是勿生食未经刷洗及沸水烫过的菱角等水生果品，不喝河塘里的生水，勿用被囊蚴污染的青饲料喂猪。

（3）在流行区开展人和猪的姜片吸虫病普查普治工作。

6.50　长菲策吸虫（*Fischoederius elongates*）

6.50.1　食品卫生学意义

长菲策吸虫是食草动物胃中常见的寄生虫。牛、羊吞食附有囊蚴的水草而获得感染。人偶然感染，很可能是误食了附于螺体和蔬菜表面的囊蚴或接触附有囊蚴的水草或饮用了囊蚴污染的生水而受染。

6.50.2　生物学特性

长菲策吸虫为复殖目、腹袋科、菲策属虫种，主要寄生在反刍动物的瘤胃上，有时在网胃和重瓣胃也可发现。羊可大量寄生本虫体，但一般危害并不大。如果有很多幼虫寄生在真胃、胆管、胆囊和小肠时，可以引起严重的寄生虫病。虫体为深红色，长圆筒形，前端稍尖，长为10～23mm，宽为3～5mm。卵黄腺呈小颗粒状，散布在虫体的两侧。子宫沿虫体中线向前通到生殖孔，开口于肠管分叉处的前方（图6-90）。

生活史与肝片吸虫基本相同，所不同的是中间宿主为小椎实螺或尖口圆扁螺。

6.50.3　致病性

羊感染囊蚴后，蚴虫先在真胃、胆管、胆囊、小肠中寄生3～8周，最后返回到瘤胃中发育为成虫。主要是侵害肠道，使动物和人消瘦、贫血、血便、下痢和水肿，厌食。

图6-90　长菲策吸虫

6.50.4　检测和控制

虫卵检测，最常用的鉴别诊断方法是实验室的HE染色制片。控制措施参考肝片吸虫。

6.51　拟人腹盘吸虫（*Gastrodiscoides hominis*）

6.51.1　食品卫生学意义

拟人腹盘吸虫是人的一种肠道寄生性吸虫，引起肠道炎症、腹泻、腹痛、水肿等病症，还表现营养不良和贫血等特征。在蔬菜、螺类等食品和饮水中常能检出其虫卵。在印度、菲律宾等东南亚国家流行。

6.51.2　生物学特性

拟人腹盘吸虫为腹盘科、拟腹盘属虫种，成虫为鲜红的椎体形或金字塔形，大小为(4～6)mm×(5～10)mm，前部有一个球状的口吸盘和一个突出的生殖椎体。腹部后部有一个凹进很深的腹吸盘。虫卵大小为(146～170)μm×(60～75)μm，椭圆形或斜椭圆形，浅土黄色；卵盖小；内含一个卵细胞和许多卵黄细胞(图6-91，图6-92)。

6.51.3　致病性

为不常发生的人寄生虫病，人感染主要表现为胃肠道炎症、腹痛、腹泻。

6.51.4　检测和控制

常规的检查为检测粪便中的虫卵。注意饮水、食品主要是蔬菜、螺类的卫生。

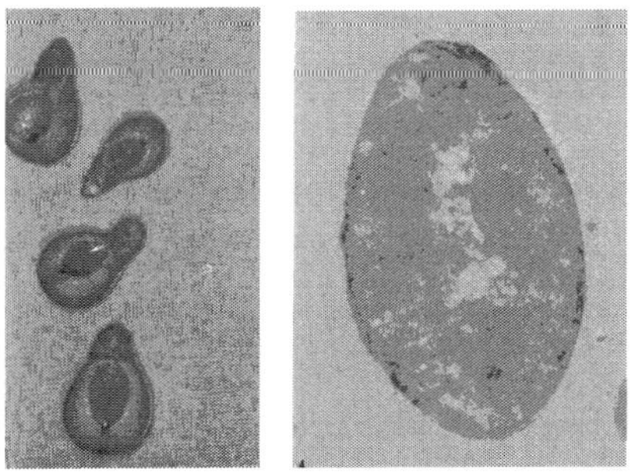

图6-91　拟人腹盘吸虫的成虫及其虫卵

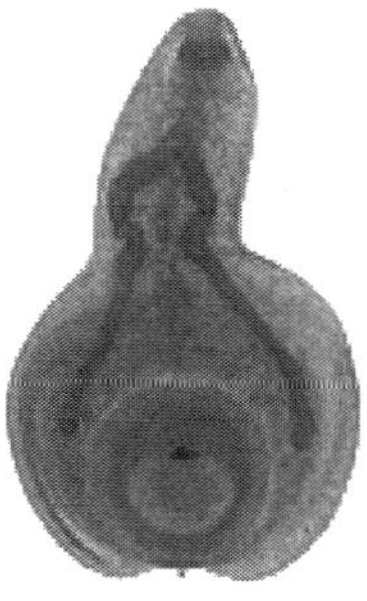

图6-92　拟人腹盘吸虫的成虫

6.52 徐氏拟裸茎吸虫（*Gymnophalloides seoi*）

6.52.1 食品卫生学意义

徐氏拟裸茎吸虫为复殖目、拟裸茎科，在 1988 年首次于韩国一例诊断为急性胰腺炎的妇女中被发现，引起拟裸茎吸虫病，此病仅发现于朝鲜半岛，在流行区域的居民有 72%的感染率，韩国人体总感染率 3.8%。感染者腹痛、消化不良、发热、厌食、消瘦、易疲劳和衰弱。

6.52.2 生物学特性

成虫非常小，是人肠道寄生虫最小的一种，长为 0.4～0.5mm，宽为0.2～0.3mm。具有大的口吸盘，小的腹吸盘，盲肠短，两个质密的卵巢，一个腹部凹陷。卵为椭圆形，(20～30)mm×(11～15)mm，卵壳薄，透明。第一中间宿主现在还不知道；但第二中间宿主为蜗牛、牡蛎，貉是重要传播媒介动物，还有猫和禽，人、猫和牡蛎捕获者是天然的限定性宿主(图6-93，图6-94)。

6.52.3 致病性

徐氏拟裸茎吸虫寄生于大巨蛎（太平洋）牡蛎中被人食用而感染，感染者为消化道病症表现，腹痛、消化不良、发热、厌食、消瘦、易疲劳和衰弱。

6.52.4 检测和控制

检测虫卵，但常规检测方法不易检测到。主要是不生吃牡蛎等海产品就会很好控制。

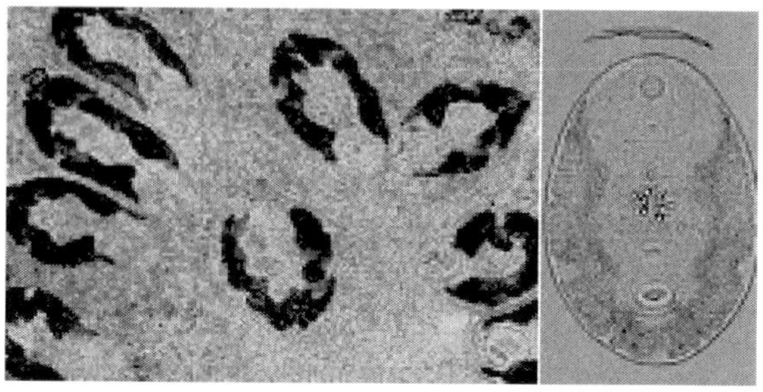

图 6-93 徐氏拟裸茎吸虫中蚴和虫卵

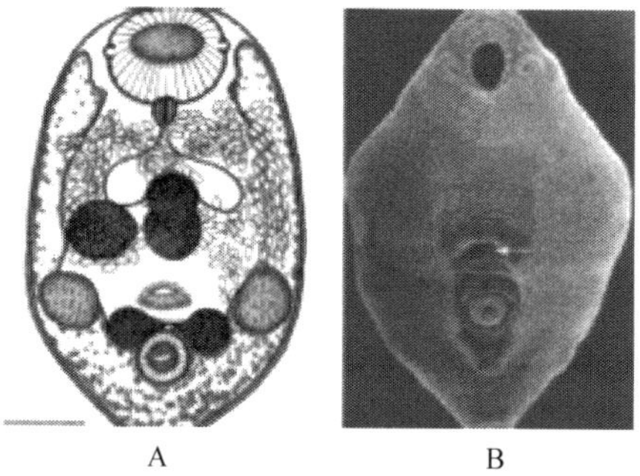

图 6-94 徐氏拟裸茎吸虫成虫

A. 模式图；B. 虫体

6.53 异形异形吸虫（*Heterophyes heterophyes*）

6.53.1 食品卫生学意义

异形异形吸虫属于异形科（Heterophyidae）、异形属（*Heterophyes*）的小型吸虫，在我国常见的异形异形吸虫有 10 多种，已有人体感染报告的共 5 种，包括本种。在鸡蛋的卵清、食品和鱼类中能够检测到。人感染主要是吃了未烹调透的鱼等食品。

6.53.2 生物学特性

虫体微小，成虫体长一般为 0.3～0.5mm，大的也不超过 2～3mm，虫体呈长梨形或椭圆形，前半略扁，后半较肥大，体表具有鳞棘。除口吸盘、腹吸盘外，有的种类还有生殖吸盘，口吸盘较小、腹吸盘大，其左前方有一生殖吸盘。虫体中后部两侧有少量卵黄腺，子宫较长曲折。前咽明显，食管细长，肠支长短不一。睾丸 1～2 个，卵巢位于睾丸之前，受精囊和贮精囊明显。卵小，卵长为 29μm，宽为 18μm，卵盖明显，肩峰不明显，与华支睾吸虫卵在形态上难以鉴别（图 6-95）。

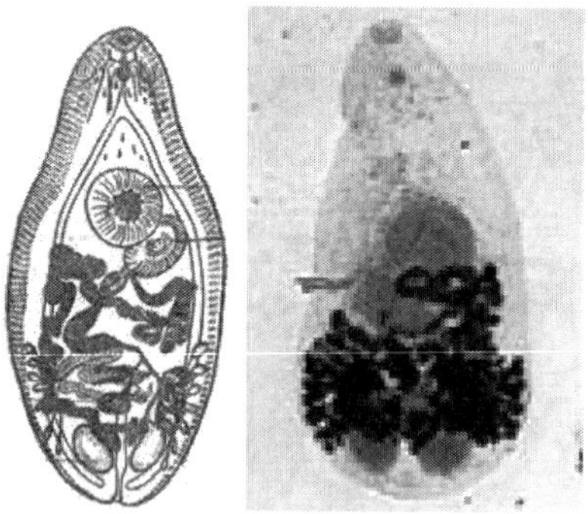

图 6-95 异形异形吸虫

异形异形吸虫的成虫寄生于鸟类、哺乳动物和人的肠道，第一中间宿主为淡水螺类，第二中间宿主包括鱼和蛙。在螺体内经过胞蚴、雷蚴（1～2 代）和尾蚴阶段后，尾蚴从螺体逸出，侵入鱼或蛙体内发育成囊蚴，终宿主吞食囊蚴后成虫在小肠寄生。

6.53.3 致病性

成虫体小，在肠道寄生时有钻入肠壁的倾向，因而虫卵可进入肠壁血管，并随血流到达脑、脊髓、肝、脾、肺、心肌等组织或器官，造成严重后果。重度感染者可出现消化道症状和消瘦，引起肠道的浅溃疡、轻度炎症和表层坏死。严重的心力衰竭而死亡。

6.53.4 检测和控制

常规的病原学检查方法是粪便涂片及沉渣镜检虫卵。若能获得成虫，可根据成虫形态进行判断。注意饮食卫生，不吃未煮熟的鱼肉和蛙肉是避免异形吸虫感染的重要方法。

6.54 诺氏异形线虫（*Heterophyes nocens*）

6.54.1 食品卫生学意义

本病流行于朝鲜的西南海岸线地区，流行地区居民感染率为 75.0%，人感染主要是因为生吃鱼和鱼卵及其他相关食品而引起，如蝦虎鱼、鲱鲵鲣。

6.54.2 生物学特性

本虫种为异形科、异形属，虫体长梨形，大小为(1～1.7)mm×(0.3～0.4)mm，有腹吸盘和生殖吸盘，圆形生殖吸盘位于身体前1/3处，睾丸两个，位于肠支末端内侧。贮精囊弯曲，卵巢在睾丸之前紧接卵膜。子宫很长，曲折盘旋，向前通入生殖吸盘。虫卵大小为(28～30)μm×(15～17)μm，棕黄色，有卵盖。螺是中间宿主，多种鱼是第二中间宿主。毛蚴从水中的卵孵出后进入螺体内，后尾蚴感染鱼类，人吃了这样的鱼类食品被感染，在人主要寄生于肠道中(图6-96)。

6.54.3 致病性

患者主要表现胃肠道症状，上腹痛和消化不良，腹泻、腹痛，有心脏损伤，如心律不齐等症状。

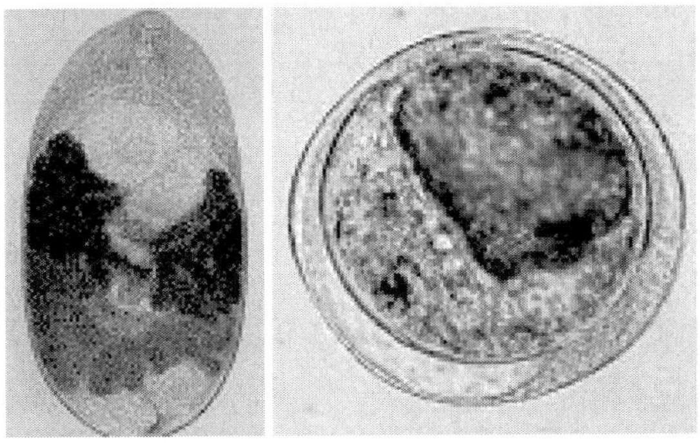

图 6-96 诺氏异形线虫及其虫卵

6.54.4 检测和控制

主要是检查虫卵。不要吃未煮熟的鱼肉和蛙肉，以防感染。

6.55 拟异形吸虫（*Heterophyopsis continua*）

6.55.1 食品卫生学意义

拟异形吸虫通过咸水鱼、淡水鱼而感染，引起异形线虫病，临床表现为上腹痛、厌食、易疲劳。在中国、日本和韩国等东南亚地区流行。

6.55.2 生物学特性

属于异形科虫种，成虫较长，长为 2.7～2.8mm，宽为 0.5～0.6mm，在身体中间肠分叉处后有较大的、肉性的腹吸盘。生殖吸盘突出，交合伞呈单排排列，共有 92～115 个交合伞。在身体后 1/3 处有两个卵巢，呈球形，子宫内的卵较粗，小，壳厚，长为 24～28mm，宽为 16～19mm。第二中间宿主是鲱鲵鲣、鲈鱼、鲱鱼类及甜鱼类，鸭、猫和海鸥是天然的限定性宿主，人也有感染的报道（图 6-97，图 6-98）。

6.55.3 致病性

拟异形吸虫引起人的感染主要是胃肠道症状，如上腹痛、腹泻、厌食、易疲劳等表现。目前只发现 5 例左右。

6.55.4 检测和控制

检查虫卵。不吃生的鱼类食品是控制该病发生的最好办法。

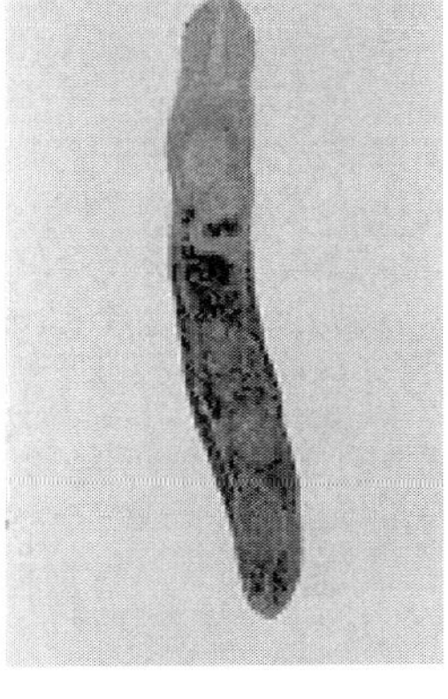

图 6-97 拟异形吸虫

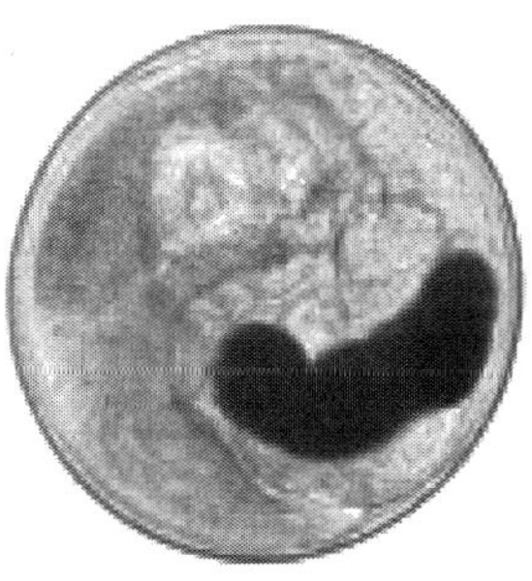

图 6-98 拟异形吸虫后囊蚴

6.56 锥状低颈棘口吸虫（*Hypoderaeum conoideum*）

6.56.1 食品卫生学意义

锥状低颈棘口吸虫（似锥低颈吸虫）在环境中分布很广，在禽类、狐狸、哺乳动物普遍存在，包括人。人主要是因为吃了蚌类和蜗牛、海产品才感染了锥状低颈棘口吸虫病。本病在泰国东北地区流行较多，中国台湾地区也有人的感染。

6.56.2 生物学特性

锥低颈吸虫为复殖目、棘口科、低颈属虫种，长形或香肠形，向后渐窄，尾端有一小突起，大小为(5.2～11.8)mm×(0.83～1.79)mm。腹吸盘比口吸盘大3～4倍。头冠不发达，无明显界限。有交合伞两排交错排列，50个左右，腹侧两边各5个，其余40个分两行环列。体棘自头冠后开始，呈鳞片状排列，向后渐稀疏，自睾丸部位后体表平滑无棘。卵巢两个，前后列于虫体中部稍后，呈腊肠形。卵巢圆形，位于虫体中央。子宫在卵巢与腹吸盘之间。卵黄腺发达，分布于两体侧，前自腹吸盘后缘开始至虫体亚末端。睾丸后方的卵黄腺至虫体中央汇合(图6-99)。

淡水蜗牛作为天然第一中间宿主，螺类和蝌蚪作为第二中间宿主。成虫寄生在鹅、鸭中。分布于越南、老挝、柬埔寨、泰国、俄罗斯、德国、法国、英国、意大利、保加利亚、非洲、墨西哥、中国台湾地区及中国大陆的江苏、浙江、福建、江西、安徽、贵州、云南、四川、陕西、北京等地，营寄生生活，宿主针尾鸭、琵嘴鸭、绿翅鸭、红嘴鸭、罗纹鸭 、赤颈鸭、绿头鸭、家鸭等，寄生于小肠中下部。

图 6-99 锥状低颈棘口吸虫

6.56.3 致病性

寄生在人小肠，临床表现症状不明显，多为亚临床症状。即使有症状，也只是轻微的胃肠道不舒适的感觉。

6.56.4 检测和控制

检查虫卵。不生吃蜗牛和蚌类水产品。

6.57 横川后殖吸虫（*Metagonimus yokogawai*）

6.57.1 食品卫生学意义

人因食用淡水鱼如鲑鱼而感染，因虫体较小，可进入血液，分布到身体的各个器官，对人造成较为严重的危害。

6.57.2 生物学特性

横川后殖吸虫为异形科、后殖吸虫属虫种，虫体微小，成虫体长一般为0.3～0.5mm，呈椭圆形，口吸盘一般位于体前顶端，腹吸盘位置偏于右方，睾丸两个在肠支末端附近。虫卵大小为(28～30)μm×(15～17)μm，棕黄色，有卵盖，椭圆至卵形。卵壳相当厚，表面光滑，肩峰不明显。内含毛蚴，但常看不清。成虫寄生在鸟类与哺乳动物的肠管中。第一中间宿主为淡水螺，种类很多。第二中间宿主为鱼类，包括鲤科与非鲤科鱼类，偶也可寄生在蚌类中。生活史包括毛蚴、胞蚴、雷蚴(1～2代)、尾蚴与囊蚴(图6-100，图6-101)。

6.57.3 致病性

人因食用淡水鱼而感染，成虫很小，在肠管寄生时可侵入肠壁，虫体和虫卵通过血液到达其他器官。曾在心肌中发现成虫，脑、脊髓、肝、脾、肺、心肌见有虫卵，可能造成严重后果。一般表现消化道症状。

6.57.4 检测和控制

检查虫卵。不吃生鲑肉等鱼肉，是最好的控制本病发生的办法。

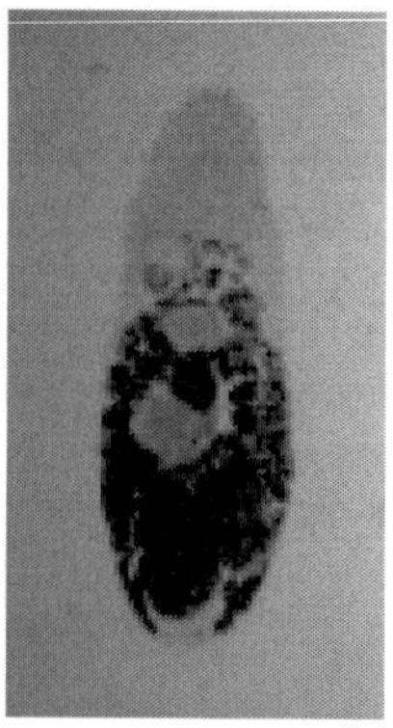

图 6-100 横川后殖吸虫成虫

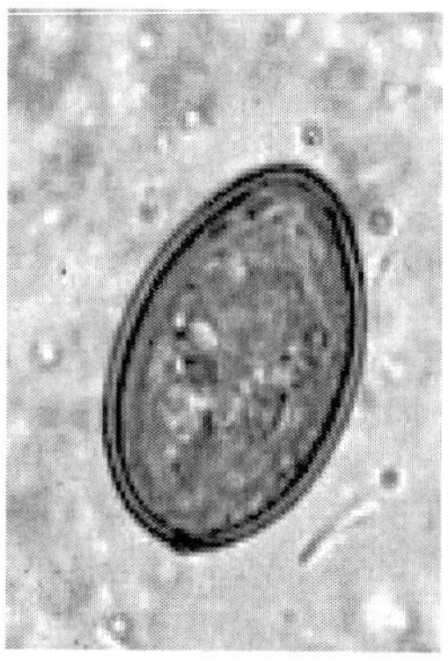

图 6-101 横川后殖吸虫卵

6.58 并殖吸虫属（*Paragonimus*）

6.58.1 食品卫生学意义

并殖吸虫病（paragonimiasis）又称并殖病、肺吸虫病，是由并殖吸虫属的虫体寄生于人体引起的。为并殖科、并殖亚科、狸殖属虫种，目前世界上报道的并殖吸虫有50多种，中国报道的有28个种，其中有些是同物异名或异物同名者。在中国能成为致病者的可归纳为两个类型，以卫氏并殖吸虫为代表的人畜共患型和以斯氏狸殖吸虫为代表的畜主人次型。人感染多因吃进生或半生熟的含活囊蚴溪蟹或蝲蛄而感染，一些动物如野猪、猪、兔、鼠、蛙、鸡、鸟等多种动物可作为转续宿主，人吃进这些动物的肉也可能获得感染。

卫氏并殖吸虫病在世界各地分布较广，日本、朝鲜、俄罗斯、菲律宾、马来西亚、印度、泰国及非洲、南美洲均有报道。在我国，目前除西藏、新疆、内蒙古、青海、宁夏未报道外，其他23个省（市、自治区）均有报道。疫区类型依第二中间宿主种类可分为两种：溪蟹型流行区及只存在于东北三省的蝲蛄型流行区。目前溪蟹型流行区的特点是疫区患者不多，呈点状分布，一经发现，很容易得到控制。蝲蛄型流行区则因当地居民对蝲蛄及其制品特殊的爱好，虽经多年努力，尽管患者人数有明显减少，但在某些地区仍是当地的多发病与常见病。

能排出虫卵的人和肉食类哺乳动物是本病传染源。本虫的保虫宿主种类多，如虎、豹、狼、狐、豹猫、大灵猫、果子狸等多种野生动物皆可感染此虫。而在某些地区，如辽宁宽甸县，犬是主要传染源。感染的野生动物则是自然疫源地的主要传染源。

6.58.2 生物学特性

卫氏并殖吸虫（*P. westermani*）是人体并殖病主要病原，也是最早被发现的并殖吸虫。卫氏并殖吸虫成虫虫体肥厚，体长7.5～12mm，宽4～6mm，厚3.5～5.0mm，宽长之比约1∶2，背侧稍隆起，腹面扁平。活体红褐色，不停做伸缩运动。固定后染色虫体在光镜下可见体表面布满小棘，大多为单生型，偶尔可见簇生及混生型。口、腹吸盘大小略同，腹吸盘约在虫体中部。消化器官包括口、咽、食管及两支弯曲的肠道。卵巢与子宫并列于腹吸盘之后，卵巢6叶，两个睾丸分支如指状，并列于虫体后1/3处。虫卵呈椭圆形，卵盖大且常略倾斜（图6-102）。

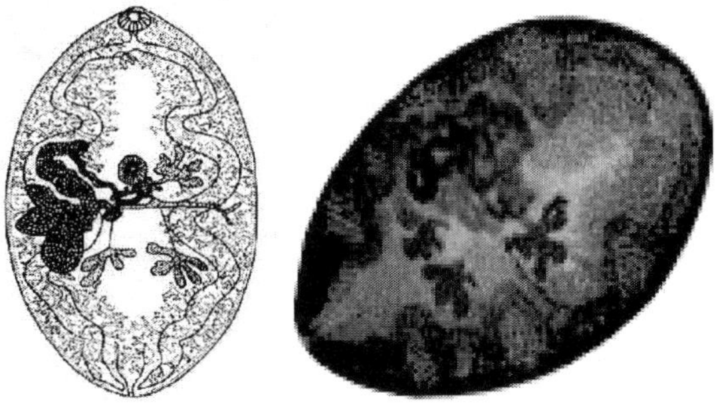

图6-102 卫氏并殖吸虫

斯氏狸殖吸虫（*P. skrjabini*），1959年由我国陈心陶首次报道，是中国独有虫种。成虫虫体窄长，虫体最宽处约在前1/3或稍后，大小为（3.5～6.0）mm×（11.0～18.5）mm，腹吸盘位于体前约1/3处，略大于口吸盘。卵巢位于腹吸盘的后侧，其大小及分支情况与虫龄有密切关系，虫龄高者分支数也多，形如珊瑚。睾丸两个，左右并列，分叶数变异较大，长度占体长的1/7～1/4，甚至可达1/3。虫卵椭圆形，大多数形状不对称，壳厚薄不均匀，大小平均71×48mm，在不同地区、宿主等存在一定差异（图6-103）。

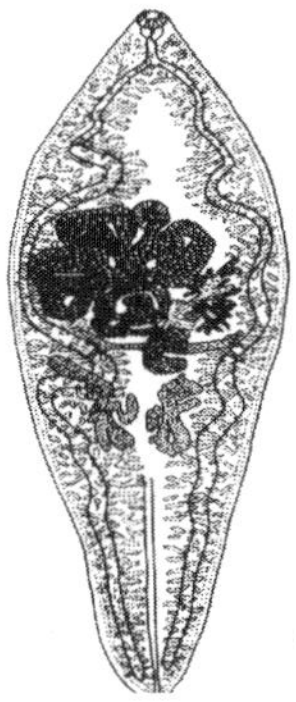

图6-103 斯氏狸殖吸虫

卫氏并殖吸虫终末宿主为人及多种肉食类哺乳动物。第一中间宿主为淡水螺类蜷科（Thiaridae）和黑贝科（Pleuroceridae）中的某些螺，如川卷螺，第二中间宿主为甲壳纲的淡水蟹或蝲蛄。成虫寄生于肺，因所形成虫囊与支气管相通，虫卵可经气管排出或随痰吞咽后随粪便排出。卵入水中在适宜温度下约经三周孵出毛蚴，遇到川卷螺主动侵入，发育经由胞蚴、母雷蚴、子雷蚴、尾蚴。成熟的尾蚴从螺逸出。在水中主动侵入或被溪蟹蝲蛄吞食，在这些第二中间宿主体内形成囊蚴。囊蚴呈球形，具囊壁两面层，直径300～400μm。人或其他终末宿主因食入含有活囊蚴的溪蟹、蝲蛄而感染。

囊蚴进入终末宿主消化道后，在消化液作用下，后尾蚴脱囊而出。幼虫靠两个吸盘做强有力的伸缩运动，在前端腺液作用下幼虫在组织移行并来回于各脏器及腹腔间。经1～3周徘徊后由肝表面或直接从腹腔穿过膈肌进入胸腔而入肺，最后在肺中结囊产卵。有些幼虫可终生穿行于组织间直至死亡。自囊蚴进入终宿主到成熟产卵，一般约需两个多月。成虫在宿主体内一般可活

5～6年，长者可达20年（图6-104）。

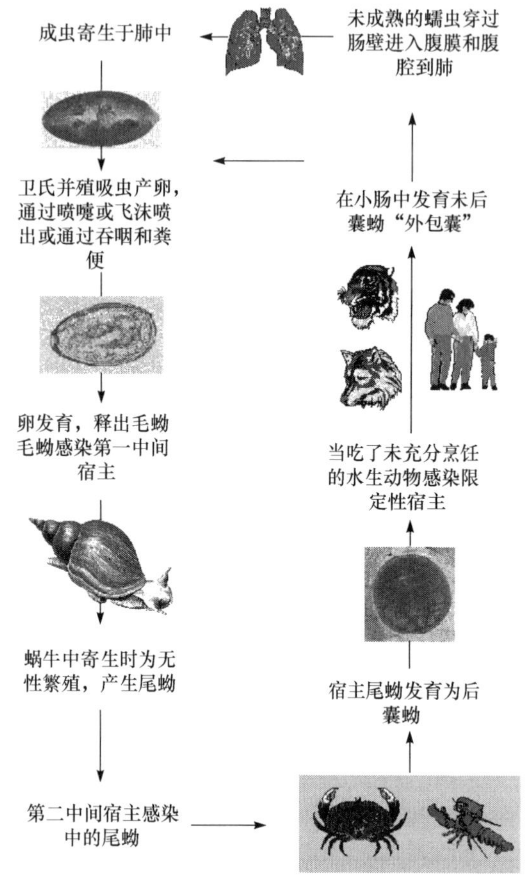

图6-104 卫氏并殖吸虫的生活史

感染方式：以各种方式吃进生的或半生的含活囊蚴的溪蟹或蝲蛄而感染。腌、醉等生吃，烤、煮若时间不足也不能将囊蚴全部杀死，视为半生吃。东北地区的蝲蛄豆腐，是将生蝲蛄磨碎、挤汁，后加石膏等物凝固而成，当地居民视为美食。这样的食物中含大量活囊蚴，食之感染的机会极大。中间宿主死后，囊蚴脱落水中，漂浮水面或沉于水底，若生饮含尾蚴的水，这些尾蚴在终宿主体内也有可能发育。

野猪、猪、兔、鼠、蛙、鸡、鸟等多种动物可作为转续宿主。人吃进这些动物的肉也可能获得感染。

6.58.3 致病性

卫氏并殖吸虫的致病主要由幼虫、成虫在组织器官中移行、窜扰、定居所引起。

急性期：主要由幼虫移行所致。脱囊后的后尾蚴穿过肠壁黏膜形成出血性或脓性窦道。虫体进入腹腔可引起混浊或血性积液，内含大量嗜酸性粒细胞。虫体进入腹壁可致出血性或化脓性肌炎。当侵入肝时，在经过处有纤维蛋白附着，肝表面呈“虫蚀”样，若虫体从肝穿过，则表面呈针点状小孔。肝局部有时出现硬变。若虫体在横隔、脾等处穿刺，该处也可形成点状出血、炎症。急性期症状多出现于吃入囊蚴后数天至一个月左右，也有在第二天即出现症状者。急性期表现轻重不一，轻者仅表现为食欲缺乏、乏力、腹痛、腹泻、低烧等非特异性症状。重者可有全身过敏反应、高热、腹痛、胸痛、咳嗽、气促、肝肿大并伴有荨麻疹。血相细胞数增多，嗜酸细胞升高明显，一般为20%～40%，高者超过80%。

慢性期：虫体进入肺后引起的病变，其过程大致可分为三期。①脓肿期：虫体移行引起组织破坏、出血及继发感染。肉眼可见病变处呈窟穴状或隧道状，内有血液，随之出现炎性渗出，继之病灶四周产生肉芽组织而形成薄膜状囊肿壁。②囊肿期：由于渗出性炎症，大量细胞浸润、聚集、死亡、崩解、液化，脓肿内充满赤褐色果酱样液体。内容物镜下检查可见坏死组织、夏科雷登结晶和大量虫卵。囊壁因肉芽组织增生而肥厚，肉眼可见边界清楚的结节状虫囊，呈紫色葡萄状。囊肿壁上皮本身就是细支气管上皮，故有人认为囊肿是虫体穴居引起细支气管扩张及炎性增厚所致。③纤维疤痕期：由于虫体死亡或转移至其他地方，囊肿内容物通过支气管排出或吸收，囊内由肉芽组织填充，纤维化，最后形成疤痕。

以上三期可同时存在于同一器官中。在慢性期由于多个器官可受损害，受影响程度又轻重不一，故表现较复杂，临床上按器官损害主要可分为以下几种类型。

胸肺型：以咳嗽、胸痛、咳出果酱样或铁锈色血痰等为主要症状。血痰中可查见虫卵。当虫体在胸腔窜扰时，可侵犯胸膜、导致渗出性胸膜炎、胸腔积液、胸膜粘连、心包炎、心包积液等。

腹型：虫体穿过肠壁，在腹腔及各脏器间游窜，出现腹痛、腹泻、大便带血等症状。腹痛部位不固定，多为隐痛。也可引起腹部器官广泛炎症、粘连，偶可引起腹膜炎，出现腹水。当虫体侵及肝时可致肝损害或肝肿大。

皮下包块型：以游走性皮下包块为主要表现。包块大小不一，表面皮肤正常，肿块触之可动，常呈单个散发，偶可见多个成串。一处包块消失后，间隔一些时日又在附近或其他部位出现。常发部位为腹壁、胸背、头颈等。几乎所有人体表面各处，都有出现肿块的可能。

脑脊髓型：虫体移行或定居成囊造成的脑脊髓损害。虫体破坏脑组织，早期为渗出性炎症，后出现水肿，继而形成囊肿。由于虫体游窜，造成多处损伤，病变位置、范围多变，症状很复杂，往往难以用一个病灶解释。患者常出现阵发性剧烈头痛、癔症发作、癫痫、瘫痪。也可表现颅内占位性病变、脑膜炎、视神经受损、蛛网膜下腔出血等症状。若虫体侵犯脊髓则主要表现为脊髓受压、下肢运动或感觉障碍，甚至截瘫等。

6.58.4 检测和控制

病原诊断：粪便或痰中找到虫卵、摘除的皮下包块中找到虫体或虫卵即可确诊。

免疫试验：皮内试验常用于普查初筛，阳性符合率高者可达95%以上，但假阳性和假阴性均较高。ELISA阳性符合率可达90%～100%。

注意不要生吃相关的中间宿主和肉食产品。

6.59 麝猫后睾吸虫（*Opisthorchis viverrini*）

6.59.1 食品卫生学意义

后睾吸虫病是由后睾科猫后睾吸虫和麝猫后睾吸虫所引起的。麝猫后睾吸虫寄生于猫、犬等动物的肝胆管内。麝猫后睾吸虫病流行于南欧、中欧、东欧及土耳其、泰国、印度和日本也有报道。麝猫后睾吸虫寄生于猫、犬、狐、猪和其他哺乳动物及人的肝胆管中。人因食用含有囊蚴的鱼类和动物的肉制品而感染。严重危害着人、畜的健康，引起消化道和肝胆疾病。

6.59.2 生物学特性

麝猫后睾吸虫的成虫形态与猫后睾吸虫相似，体长6.0mm，体宽2.0mm。口吸盘直径0.23mm，腹吸盘大小近似口吸盘，位于虫体前1/3与体中1/3的交界处。食道长为咽的三倍，肠支盲端达体后端。生殖孔开口于腹吸盘前，睾丸分为4叶，前后排列，位于体后部。受精囊位于卵巢侧方，梅氏腺轮廓不清，卵黄腺在肠支外侧，其前缘于腹吸盘之后的一定距离，后界止于卵巢稍前。子宫位于体中1/3处。卵呈卵圆形（图6-105～图6-107）。

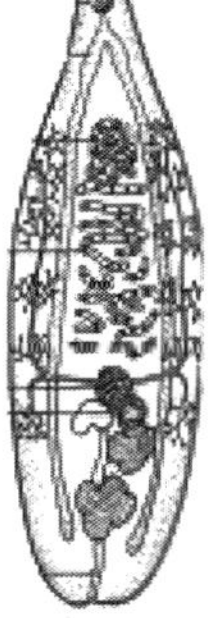

图6-105 麝猫后睾吸虫模式图

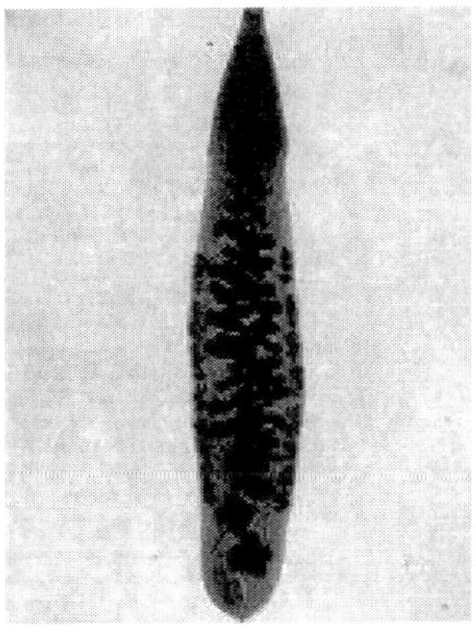

图6-106 麝猫后睾吸虫

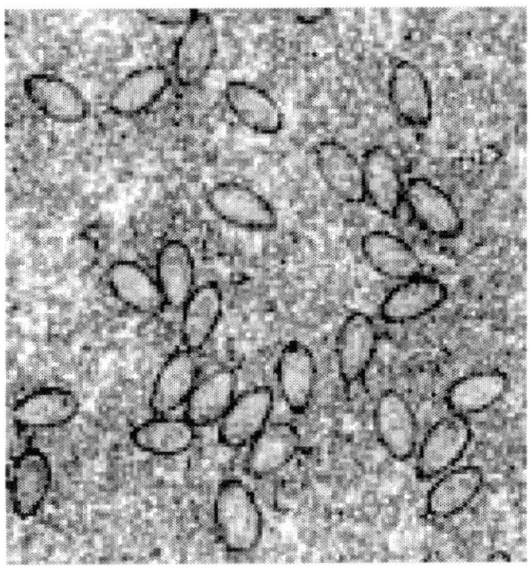

图6-107 麝猫后睾吸虫卵

本虫的虫卵随宿主粪便排出后，被数种豆螺所吞食，在其消化道内孵化为幼虫。幼虫期包括毛蚴、胞蚴、雷蚴及尾蚴。尾蚴的一般构造及姿态，与华支睾吸虫和猫后睾吸虫的尾蚴很相似。其总长为0.490～0.565mm，体大小为(0.14～0.183)mm×(0.061～0.096)mm，尾长为0.35～0.437mm。身体表面有小刺。口吸盘呈卵圆形，大小为(36～37)μm×(34～51)μm。腹吸盘不明显，位于排泄囊的稍前方，排泄囊呈圆形。

第二中间宿主为若干淡水鱼，其中最重要的是*Puntens orphoides*、*Hampula dispar* 和 *Cyclocheilicthys siaia*。尾蚴侵入鱼的组织内变为囊蚴。囊蚴呈卵圆形或圆形，大小平均为0.201mm×0.168mm，囊壁薄，分内外两层，外层厚为3～8μm，内层只有当囊蚴逸出后才能看到。囊蚴的排泄囊呈卵圆形，内含黑色颗粒团块，其口吸盘和腹吸盘可以看到。脱囊后的后尾蚴呈长椭圆形，大小平均为0.558mm×0.145mm，全身被小刺，口吸盘大小平均为0.06mm×0.067mm，腹吸盘为0.073mm×0.077mm。食道相对较长。人因食用含有囊蚴的鱼类而感染。

6.59.3 致病性

成虫寄生于胆道，可以引起胆管上皮细胞的炎症反应与增生，以致胆管纤维化，严重时可以波及胆囊，并由于压迫性坏死而导致门静脉周围肝硬化。

一般患者症状：腹痛、腹胀、嗳气、恶心、呕吐、食欲减退、无力、消瘦及经常有腹泻或便秘。轻度感染临床表现无症状，而重度感染时，在胆管内有大量虫体、虫卵及分泌物、代谢物及脱落的上皮细胞的刺激使胆管肿胀，妨碍胆汁流出，有时候完全淤滞，胆管呈囊状肿大、肝肿大，黄疸。进一步发展肝纤维化、肝硬化。个别的可发展为癌症。胆管内如有虫卵，常以它为核心形成结石，进一步发展为胆结石。

食肉动物如患本病，食欲下降，有时呕吐、便秘或腹泻，逐渐消瘦，被毛逆立。结膜呈黄疸。腹部因腹水而明显增大，常蹲坐不动，头部下垂。解剖观察肝增大，表面有很多不同形状和大小的结节。

6.59.4 检测和控制

应考虑本病特有的症状及体征或有无生吃或半生吃鱼的习惯，均可以作为诊断的参考。但发现虫卵才是确定本病的依据。

病原检查：由于虫卵小且混在大量粪便中，用直接涂片检查容易漏检，故常用清洗沉淀集卵法、甲醛乙醚浓集法、硫酸锌漂浮法等进行检查。为提高检出率也可应用十二指肠引流胆汁进行离心沉淀检查。

免疫诊断：皮内试验、间接血凝试验、酶联免疫吸附试验、对流免疫电泳等都可以应用，但只能作为辅助诊断。

防治对策与措施：后睾吸虫在生活史中需要第一、第二中间宿主。第一中间宿主分布广泛不易消灭。因此，防治本虫应注意如下两点：①在疫区应普查普治患者及食肉家畜，抓住经口感染这一环节，做好宣传工作，提高对本病传播途径的认识，不吃生的或不熟的鱼，这是预防本病的重要环节；②注意切生鱼的刀和砧板，防止囊蚴污染而误食感染，喂给宠物的鱼类也应该煮熟。

结合生产情况清理塘泥，清毒鱼塘，这对消灭尾蚴、灭螺均有一定的效果。此外也要禁止在水塘上修建厕所防止污染。

6.60 猫后睾吸虫（*Opisthorchis felineus*）

6.60.1 食品卫生学意义

猫后睾吸虫病呈地区性流行，分布于欧洲、西伯利亚、印度等地。寄生于猫、犬、狐、猪和其他哺乳动物及人的肝胆管中。严重危害人、畜的健康。本病除寄生于猫、犬和狐、猪獾等，也可寄生于人体内，流行于南欧、中欧和东欧，土耳其、印度和日本也有报告。在上述地区，估计约有一亿人受猫后睾吸虫感染。在自然界此虫虫卵的存活期受环境因素影响而很不稳定。大便和土壤中的虫卵，在平均温度为 26℃时，其生存不超过 11d；温度在－22℃时，虫卵在 1d 内死亡。而河水中的虫卵，当平均温度为 19℃时，可生活 70d 以上。因此，春季宿主排出的虫卵污染环境，在流行病学中起着主要作用。

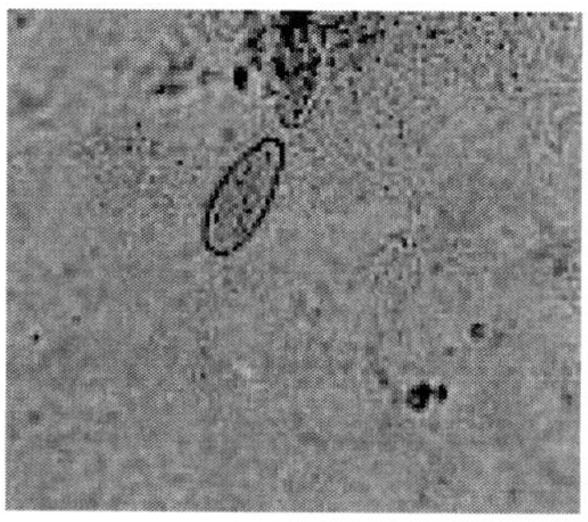

图 6-108　猫后睾吸虫虫卵

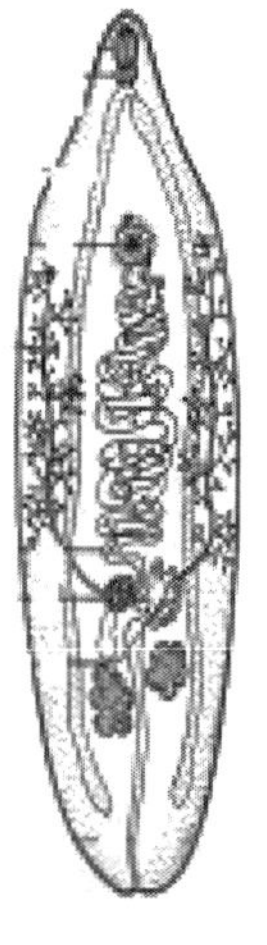

图 6-109　猫后睾吸虫

6.60.2 生物学特性

猫后睾吸虫为后睾科、后睾吸虫属虫种，成虫体长 7～12mm，宽2～3mm。体表无棘；但未成熟的成虫有时还可以见到尾蚴所具有棘的痕迹。口吸盘与腹吸盘的直径等长。睾丸两个，呈浅裂状分叶，前后斜列于虫体后 1/4处。卵巢小，呈卵圆形，轻度分叶，恰位于排泄囊的前端，虫卵大小为(26～32)μm×(11～15)μm，黄褐色，长椭圆形，壳厚，有的虫卵不对称，一侧略圆，有卵盖，无肩峰，小棘很少见到。卵黄腺由许多横列的腺泡组成，位于虫体两侧中1/3处。子宫从卵膜开始盘绕而上，开口于生殖腔。虫卵呈浅黄色，长椭圆形，与华支睾吸虫卵相似，但是长宽比例稍有不同，平均3μm×11μm，卵壳内含有一个成熟的毛蚴(图6-108，图6-109)。

本虫的虫卵随宿主粪便排出后，被数种豆螺所吞食，在其消化道内孵化为幼虫。幼虫期包括毛蚴、胞蚴、雷蚴及尾蚴。尾蚴的一般构造及姿态，与华支睾吸虫和猫后睾吸虫的尾蚴很相似。其长度为0.490～0.565mm，尾长为 0.35～0.437mm。身体表面有小刺。口吸盘呈卵圆形，大小为(36～37)μm×(34～51)μm。腹吸盘不明显，位于排泄囊的稍前方。排泄囊呈圆形。

生活史：成虫寄生于猫、犬及人胆道中，排出的虫卵随胆汁进入小肠，经粪便排出体外。此时虫卵内含有已经发育的毛蚴，但它不能在水中孵出。当中间宿主吞食该虫卵后，在其肠道内孵出毛蚴。毛蚴呈梨形，大小为(25～33)μm×(9～12)μm，纤毛长10～12μm。毛蚴穿过螺的肠壁进入螺的体腔，在此大约经过一个月的发育成含有雷蚴的胞蚴，雷蚴自胞蚴逸出进入螺的肝内。此后，雷蚴体内发育成尾蚴。尾蚴为冠尾蚴，固定标本体长0.145～0.188mm，尾长0.375～0.465mm。体前端密布细棘，体后端无；体侧缘具6对长毛。口吸盘大小为(43～48)μm×(22～24)μm，两眼点位于咽之前。成囊细胞主要分布于眼点至体后端的体侧部。咽之后有20个穿刺腺，其后为腹吸盘原基，横径为25μm，其背侧为生殖原基。排泄囊较大在体后部。虫体尾长为0.44～0.50mm，表皮有环纹及颇似华支睾吸虫的背、腹鳍。从虫卵发育至成熟尾蚴约两个月。逸出的尾蚴在水中游动，如果遇到第二中间宿主——鱼类，便脱掉尾部经皮钻入鱼的组织内，大约经过15min 到达皮下脂肪及肌肉内，经过2～3d，尾蚴体部被包膜包围，当温度在18～20℃的情况下，经过6周后形成能够感染终宿主的囊蚴。囊蚴类圆形大小为(0.252～0.320)mm×(0.165～0.225)mm(包括宿主外膜)，两极厚度为23μm，两侧厚度为15μm。镜下可见后尾蚴的口、腹吸盘及排泄囊等构造。当终宿主生食或半生食感染猫后睾吸虫囊蚴的鲤科鱼时，囊蚴经胃肠液的作用，后尾蚴自囊逸出，经胆管和胆囊钻入肝的胆管内，经3～4周即发育至成虫。从虫卵至成虫的全部发育约需4个月。终宿主因吃入含有活囊蚴的鱼而感染(图6-110)。

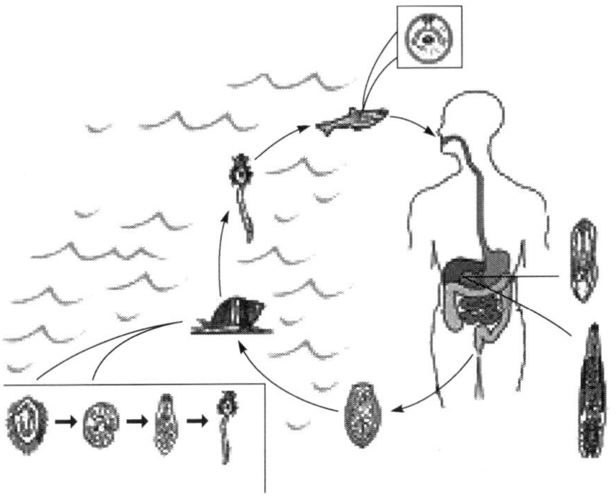

图 6-110　猫后睾吸虫生活史

6.60.3　致病性

基本同麝猫后睾吸虫。

6.60.4　检测和控制

基本同麝猫后睾吸虫。

6.61　珍珠新穴吸虫（*Neodiplostomum seoulensis*）

6.61.1　食品卫生学意义

由珍珠新穴吸虫引起的人类疾病目前仅发现于朝鲜和中国。流行病学目前也没有详细的研究。人的感染主要是因为食用生的和半生不熟的蛇和蛙所引起。

6.61.2　生物学特性

为双新穴科虫种，成虫呈勺形，长 0.8～1.2mm，宽 0.4～0.5mm，腹侧面凹槽发育良好，吸盘类似圆形或椭圆形，位于虫体的1/3处，正好是腹吸盘后缘的后边。卵为金黄色，不对称椭圆形，卵壳半透明，无皱。卵长 86～99mm，宽 55～63mm（图 6-111，图 6-112）。

生活史：第一中间宿主是淡水螺、圆扁螺和隔扁螺，如尖口圆扁螺（*Hippeutis cantori*）、半球多脉扁螺［*Segmentina*（*Polypylis*）*hemisphaerula*］；第二中间宿主是蝌蚪和青蛙。家鼠和蛇是终末宿主。豚鼠也易感。

6.61.3　致病性

与其他吸虫病比较症状轻微，一般为轻微的胃肠炎。人感染发病后的主要症状为：头痛、上腹部痉挛、发胀和不适及突然高热。

6.61.4　检测和控制

检测的主要依据是回收的虫卵。

预防措施主要是禁止食用生的和半生不熟的蛇和蛙。

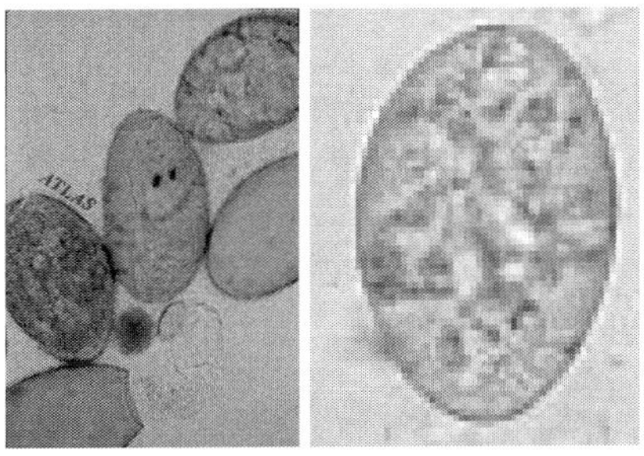

图 6-111　珍珠新穴吸虫虫卵（Seo1988）

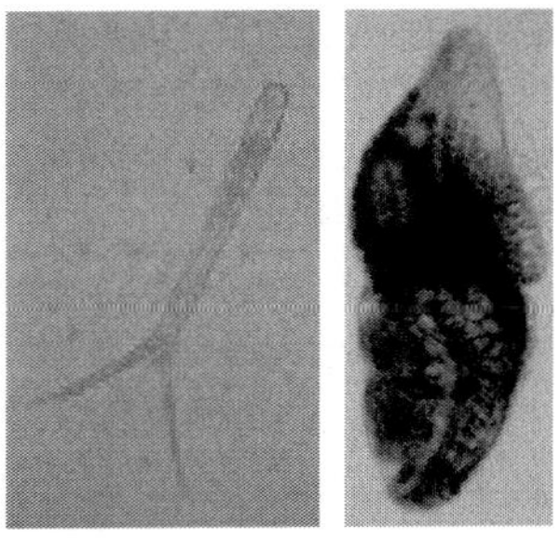

图 6-112　珍珠新穴吸虫尾蚴及成虫（Seo 1988）

6.62 斜睾吸虫属（*Plagiorchis* spp.）

6.62.1 食品卫生学意义

斜睾吸虫的分布地区很广，人体感染报告见于日本、北美、爪哇、菲律宾及泰国东北部。人体因食生螺蛳而被感染；也可能由于吞入或饮用含摇蚊幼虫的水而被感染。菲律宾某些地区的土著人有食用昆虫幼虫（蛴螬）的习惯，也可成为本虫感染源。*P. javensis*、*P. harinasutai*、*P. muris* 等斜睾吸虫在泰国和印度尼西亚的患者中发现。在我国已发现鲱斜睾吸虫（*P. glyptothoraxis*）寄生于宽鳍纹胸兆鱼肠中，如广东韶关市；鳜斜睾吸虫（*P. sinipercae*）寄生于鳜鱼，分布于江西。此外还有一种摩林后斜睾吸虫（*Metaplagiorchis molin*），寄生于缨口鳅，分布于福建。河南蝙蝠中朝鲜斜睾吸虫感染率为25.4%，蝙蝠斜睾吸虫感染率为3.39%。

6.62.2 生物学特性

斜睾科成员，体为卵圆形，具棘，长为 2.9mm，宽为 0.9mm。有咽，肠支可伸至体后端，睾丸一对，前后排列。阴茎囊发达，没有受精囊。生殖孔开口于肠支分叉与腹吸盘之间，卵巢位于睾丸之前，卵黄腺起自腹吸盘之前，可延伸至体末端，排泄囊囊状（图 6-113）。

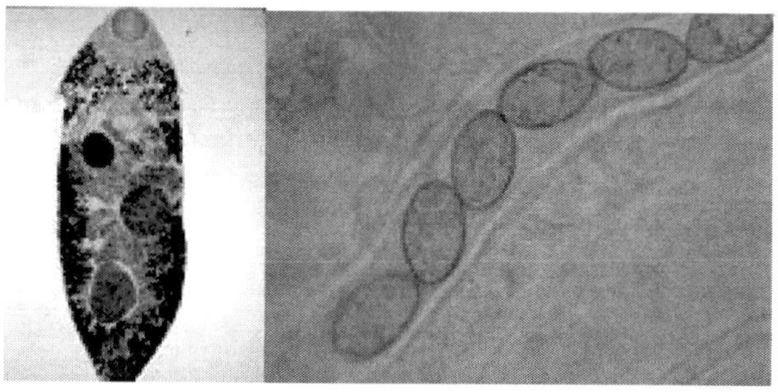

图 6-113 斜睾吸虫和虫卵

成虫寄生于人和动物的小肠。有的种还寄生于动物的胆囊、输尿管和泄殖腔。离开人畜宿主的虫卵如鼠斜睾吸虫（*P. muris*）的虫卵随宿主粪便排出，在水中发育需 24d，被第一中间宿主椎实螺（*Lymnaea emarginata*）吞食后孵化出毛蚴。经母胞蚴、子胞蚴产生尾蚴。一些尾蚴有早熟现象，在第一中间宿主螺体内的子胞蚴中结囊为囊蚴。其他尾蚴从第一中间宿主逸出，侵入第二中间宿主摇蚊幼虫、淡水虾和某些椎实螺（*Lymnaea stagnalis*、*L. auricularia*、*L. pereger*）发育为囊蚴。鸟、犬和鼠也可作为第二中间宿主。

6.62.3 致病性

成虫寄生于人和动物的小肠。有的种还寄生于动物的胆囊、输尿管和泄殖腔。对终末宿主的损害不清楚，致病力不强或不致病，很多混合感染性疾病中能够见到本虫，如麝猫后睾吸虫病。

6.62.4 检测和控制

成虫长形、梨形或卵圆形。睾丸位于体后 1/3 处，斜列。卵巢于睾丸前，通常近腹盘。尾蚴具口剑。粪检虫卵，驱虫鉴定。生吃昆虫等食品应注意。

6.63 原角囊吸虫属（*Procerovum* spp.）

6.63.1 食品卫生学意义

原角囊吸虫属包含哥氏原角囊吸虫（*Procerovum calderoni*）、施氏原角囊吸虫（*P. sisoni*）和陈氏原角囊吸虫（*P. cheni*）。人感染见于中国、非洲和菲律宾等，主要是因为食用了未充分烹调鱼类而感染。

6.63.2 生物学特性

成虫腹吸盘发育不全，睾丸单个，贮精囊远端囊壁增厚成驱出管。虫体微小，成虫体长一般为 0.3～0.5mm，大的也不超过 2～3mm，体表具有鳞棘。呈椭圆形，前半略扁，后半较肥大，除口吸盘、腹吸盘外，很多种类还有生殖吸盘。生殖吸盘或单独存在或与腹吸盘相连构成腹殖吸盘复合器。前咽明显，食管细长，肠支长短不一。睾丸 1～2 个，贮精囊明显，卵巢位于睾丸之前，受精囊明显。卵小，原角囊属与各种异形吸虫的虫卵形态相似，自宿主体内排出时卵内已含成熟的毛蚴（图 6-114）。

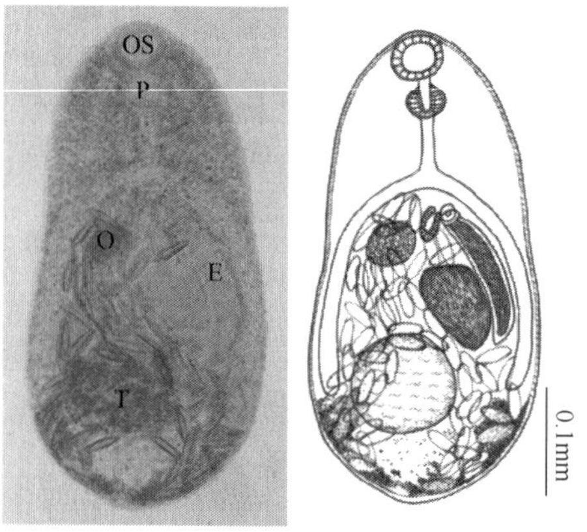

图 6-114 多变原角囊吸虫成虫

OS. 口吸盘；P. 咽；E. 排泄口；O. 球形卵巢；T. 球形睾丸

各种原角囊吸虫与其他异形吸虫的生活史基本相同，成虫寄生于终宿主鸟类及哺乳动物的肠道，产出的虫卵随宿主粪便进入水里。虫卵被第一中间宿主淡水螺类吞食，毛蚴在其体内孵出，历经胞蚴、雷蚴（1～2代）和尾蚴阶段后，尾蚴从螺体逸出，侵入第二中间宿主鱼或蛙体内，发育为囊蚴。终宿主如鸡、鸭和鼠类吞食含有囊蚴的鱼或蛙而获感染，囊蚴在终宿主消化道内脱囊，在小肠发育为成虫并产卵。

6.63.3　致病性

临床表现因寄生的虫数多少及是否有异位寄生而异。虫数少时症状轻微甚或无明显表现，虫数多时可引起消化功能紊乱，主要表现为腹痛、腹泻。

6.63.4　检测和控制

检查虫卵。不吃生鱼是防止本虫感染的最好办法。

6.64　斑皮吸虫（*Stictodora fuscata*）

6.64.1　食品卫生学意义

斑皮吸虫属异形科异形吸虫，是一种猫肠道寄生的吸虫，亚洲较为普遍，中间宿主包括蜗牛、软体动物贝类等、淡水鱼，限定性宿主包括猫、人和貉。体形较小，常寄生于脊椎动物宿主的肠道中，在人类寄生虫病中并不常见。*Stictodora* spp. 的另一组也属于异形科，有记载的来源于食鵖和哺乳动物，来自于常吃咸水鱼的青年人粪便中。患者习惯于吃生鲜鲱鲵鲣、鲈鱼和蝦虎鱼等，这些鱼类被认为是 *Stictodora* spp. 的传染源。该病病例于1988年在韩国首次报道。

6.64.2　生物学特性

虫体长为0.9～0.98mm，宽为0.38mm，口腔吸器圆形，直径为0.08mm，前咽短，咽直径0.07mm；食管细长，0.07mm；盲肠宽，壁厚，分叉后有个卷曲，延伸至虫体末端，生殖盘下软组织中有腹吸盘。生殖盘卵形结构，并未遮盖生殖窦，直径为0.08mm，有12～15个刺状物。睾丸斜形排列，0.07～0.15mm与0.12～0.17mm两种大小，半囊缩成3～4个小囊，壁厚，位于吸盘和卵巢之间。射精管短，开口于生殖腔而与子宫腔分开，子宫腔短，腹部朝向射精管。子宫长，分布于体腔的后半部，有许多卷曲，卵巢发暗，壳厚，从0.020～0.23mm到0.34～0.38mm。卵巢以0.04～0.05mm与0.09～0.11mm两种大小并行排列，直接位于右睾丸前方。半收集管球形，位于中间靠右侧睾丸，有劳氏管和甲壳腺。卵黄腺分布在后睾区的周围，分泌泡为“Y”形。特殊结构包括带刺腹殖盘（有12～15个刺状突起），并未遮盖生殖孔（图6-115）。

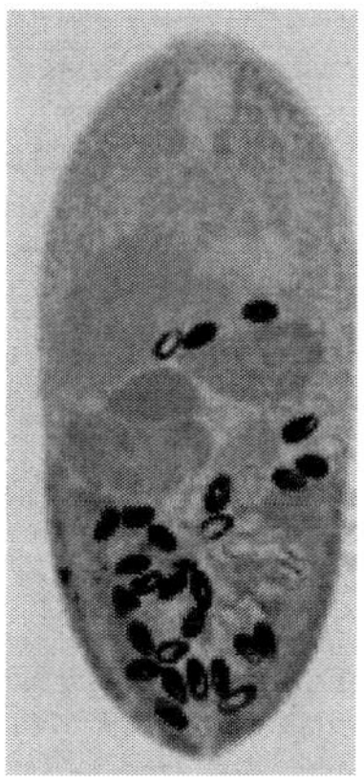

图6-115　斑皮吸虫

6.64.3　致病性

患者表现疲劳、衰弱、消化不良、心悸。在粪样中见有卵，患者常吃鲱鲵鲣、鲈鱼和蝦虎鱼等。

6.64.4　检测和控制

对生吃或烧烤鱼类食品要非常注意其卫生状况，最好熟透再吃。

6.65　大复殖孔绦虫（*Diplogonoporus grandis*）

6.65.1　食品卫生学意义

大复殖孔绦虫为绦虫纲、双叶槽属、复殖孔绦虫属虫种，是鲸常见的寄生虫，海鱼为第二宿主。人体感染日本报告200多例，主要是因为吃了没有充分烹调好的鱼类食品而感染。

6.65.2　生物学特性

此虫每个节片有一套生殖器官，成虫全长为273cm，虫卵(63～68)μm×50μm。虫卵前端厚，后端薄，卵壳较厚。大复殖孔绦虫成熟节片宽大于长，每节内含两套或两套以上的雌雄生殖器官。睾丸和卵黄腺分布于中线和两侧，雄茎、阴道和子宫开口于子宫纵行上。卵巢在腹侧后方，呈叶状横列。卵黄腺泡状，于子宫处间断。子宫盘曲紧密(图6-116～图6-119)。

6.65.3　致病性

成虫主要寄生于人的小肠，引起人的胃肠道症状，腹痛、腹泻、便秘、贫血。

6.65.4 检测和控制

检测粪便中的节片和虫卵。不吃生鱼类食品就能很好预防。

图 6-116 大复殖孔绦虫的头节

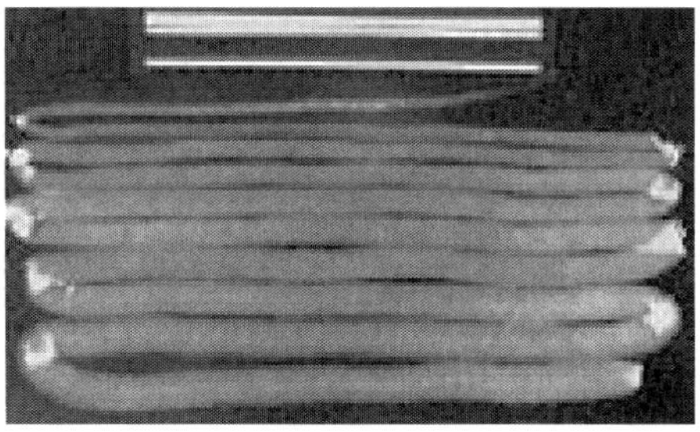

图 6-117 大复殖孔绦虫

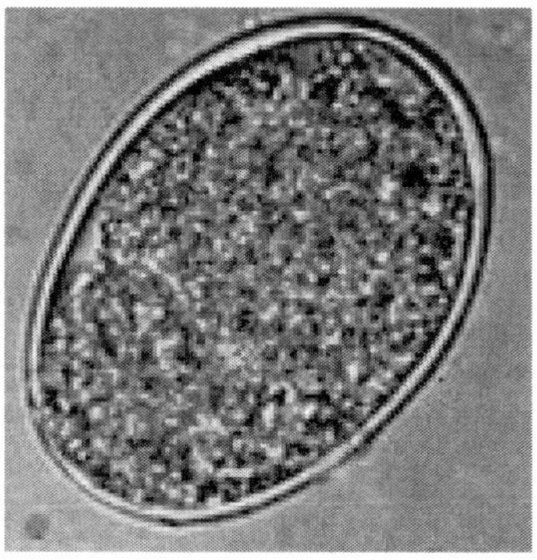

图 6-118 大复殖孔绦虫的虫卵

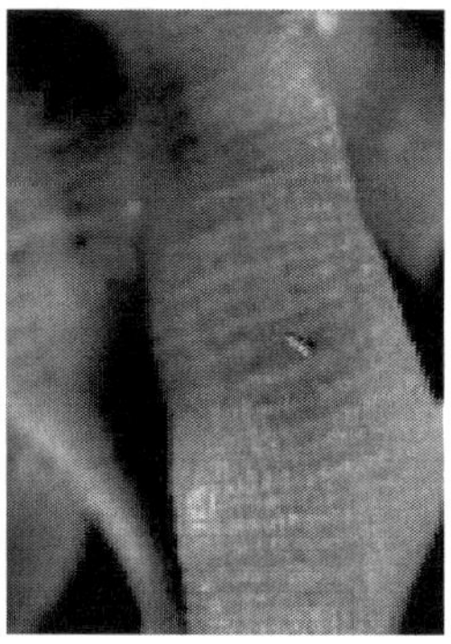

图 6-119 大复殖孔绦虫的节片

6.66 阔节裂头绦虫（*Diphyllobothrium latum*）

6.66.1 食品卫生学意义

寄生于人和多种食鱼动物，如犬、猫、狐、熊、狼、狮、虎等动物，成虫主要寄生于犬科食肉动物，也可寄生于人，裂头蚴寄生于各种鱼类。人感染多由于食用了没有熟透的鱼类食品，人体感染多无明显症状，有些患者有轻度腹痛、腹泻，自感疲乏、无力和肢体麻木等。严重的引起贫血，贫血占人数一半以上。在人群中感染率最高的是北加拿大的爱斯基摩人（83%），其次是前苏联（27%）和芬兰（20%～25%）。我国仅在黑龙江和台湾地区有数例报道。

人体感染都是由于误食了生的或未熟的含裂头蚴的鱼所致。不同国家和民族虽食鱼方式不同，但喜吃生鱼及鱼片，或用少量盐腌、烟熏的鱼肉或鱼卵、果汁浸鱼及在烹制鱼过程中尝味等都极易受感染。流行地区人类污染河湖等水源也是一重要原因。阔节裂头绦虫主要分布在欧洲、美洲和亚洲的亚寒带和温带地区，以俄罗斯患者最多。

6.66.2 生物学特性

为假叶目、裂头科、裂头属虫种，成虫虫体较长大，可长达10m，最宽处20mm，具有3000～4000个节片。头节细小，呈匙形，长2～3mm，宽0.7～1.0mm，其背、腹侧各有一条较窄而深凹的吸槽，颈部细长。成节的宽度显著大于长度，为宽扁的矩形。睾丸数较多，为750～800个，雄生殖孔和阴道外口共同开口于节片前部腹面的生殖腔。子宫盘曲呈玫瑰花状，开口于生殖腔之后，孕节长2～4mm，宽10～12mm，最宽20mm，但末端孕节长宽相近。孕节的结构与成节基本相同（图 6-120）。

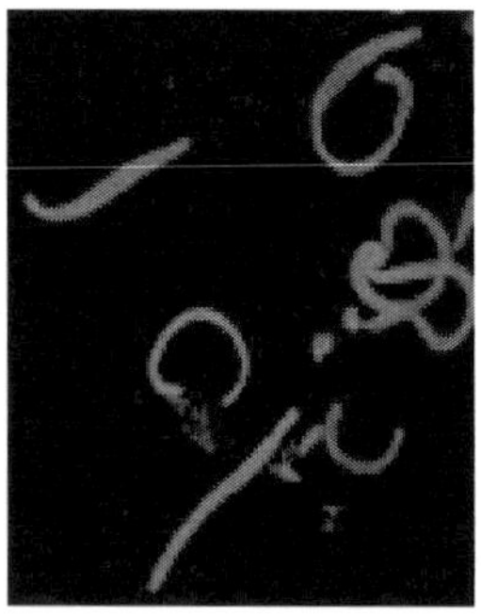

图 6-120 鱼体内的阔节裂头绦虫

虫卵近卵圆形，长55～76μm，宽41～56μm，呈浅灰褐色，卵壳较厚，一端有明显的卵盖，另一端有一小棘；虫卵排出时，卵内胚胎已开始发育（图 6-121）。

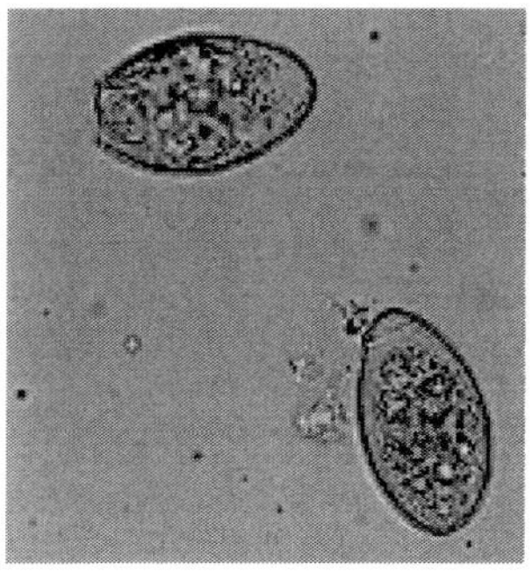

图 6-121 阔节裂头绦虫虫卵

虫卵随终末宿主粪便排出，必须在水中发育，1～2周内成熟，孵出钩球蚴被第一中间宿主桡足类，如剑水蚤吞食，进入其体腔发育为原尾蚴。感染性桡足类被第二宿主鱼类吞食，原尾蚴钻入鱼的肠壁，可在鱼肌肉、性腺、卵及肝等内脏发育为裂头蚴，裂头蚴可随着鱼卵排出，经1～4周发育为裂头蚴。当大的肉食鱼类吞吃感染性小鱼或鱼卵时，裂头蚴侵入大鱼的肌肉和组织。人是主要终宿主，直到终宿主食入带裂头蚴的鱼时，裂头蚴方能在其肠内经5～6周发育，长为成虫。成虫在终宿主体内估计可活5～13年。

6.66.3 致病性

成虫寄生于人、兽宿主小肠。人体感染多无明显症状，有些患者有轻度腹痛、腹泻，自感疲乏、无力和肢体麻木。由于虫体夺取宿主的维生素 B_{12}，引起相似于恶性贫血的大红细胞贫血，并常发生感觉异常、运动失调、深部感觉缺陷等神经症状。动物临床表现与人相似，主要为呕吐、腹痛和轻度慢性肠炎。被毛粗硬、蓬乱，皮肤干燥，有的出现贫血神经症状。

6.66.4 检测和控制

成虫长可达2m，头节无钩，有两个肉质纵吸槽。成节和孕节方形，生殖孔位于中部。

检查粪便中的虫卵和节片。卵盖若不易看清，可轻敲湿片的盖玻片，使卵爆开，便于观察。节片常呈链状随粪便排出。孕节宽度大于长度。子宫卷曲呈玫瑰花状。

加强卫生宣传教育，改变食鱼习惯，不食生的和不熟的鱼肉，也不要用生鱼或其废料饲喂犬、猫。避免粪便污染河湖。在本病流行区，特别是在嗜食生鱼的地区，供应市场的鱼类事先做冷冻处理可降低人群感染率。

6.67 犬复孔绦虫（*Dipylidium caninum*）

6.67.1 食品卫生学意义

犬复孔绦虫属双壳科（Dilepididae）（囊宫科）、复孔属虫种，寄生于犬、猫、狼、獾、狐的小肠中，是犬和猫常见的寄生虫，人体偶尔感染，特别是儿童，主要还是因为吃了没有熟透的鱼类食品引起。主要表现为食欲缺乏、腹部不适、腹泻等，常被临床忽略和误诊。世界性分布，在我国各地均有报道。犬复孔绦虫在犬、猫中感染率较高，狼、狐等野生动物也感染。本虫分布于世界各地如安哥拉、阿根廷、肯尼亚等，全世界人患病例数已达数百例。究其分布广的原因，可能与临床上对本病不够重视外，儿童与犬、猫等观赏动物亲昵有关。据我国各地的调查，黑龙江犬的感染率为25.6%，吉林33.8%，四川52.3%，山西16%，武汉市的猫的感染率达到58.77%。

6.67.2 生物学特性

虫体活时为淡色，固定后为乳白色，最长可达50cm，约由200个节片组成，宽约3mm。头节小，呈亚梨形，上有4个杯状吸盘，顶突可伸缩，上有4～5行小钩。每一成节内含两套生殖系统。睾丸100～200个，位于排泄管的内侧。体两侧各有一卵巢和卵黄腺，形似葡萄。生殖孔开口于体两侧的中央稍后。成节与孕节均长大于宽，形似黄瓜子，故又称瓜子绦虫。孕节内子宫分为许多贮卵囊，每个贮卵囊内含虫卵数个至30个以上。虫卵呈球形，直径为35～50μm，内含六钩蚴（图6-122～图6-127）。

图6-122 犬复孔绦虫的头节

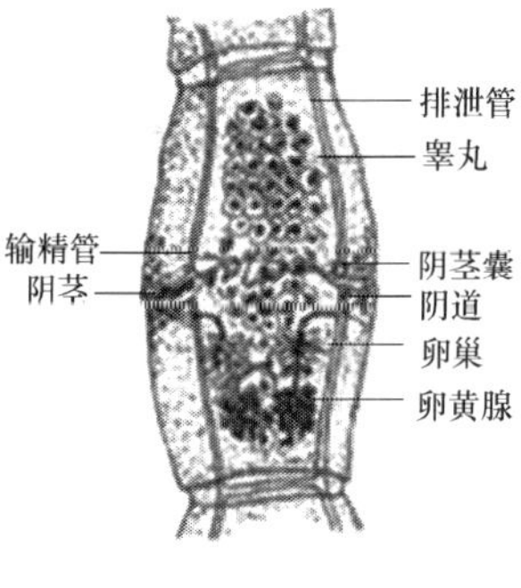

图 6-123 犬复孔绦虫的节片

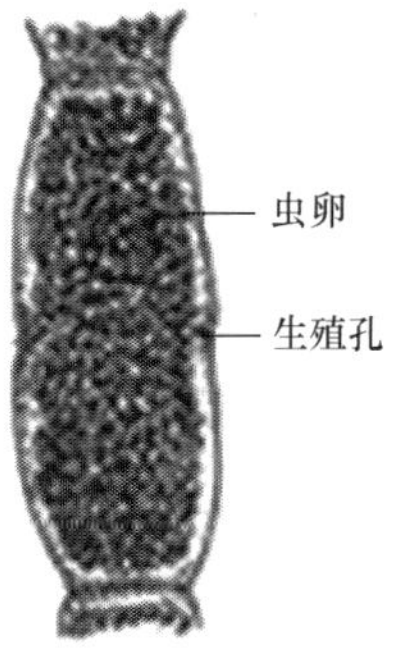

图 6-124 犬复孔绦虫的孕节

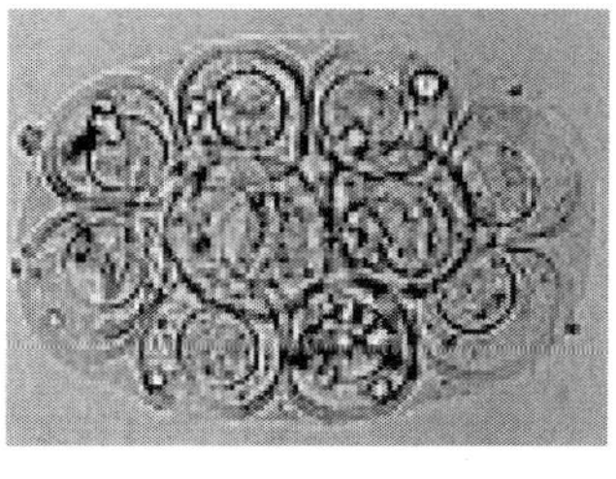

图 6-125 犬复孔绦虫的卵囊

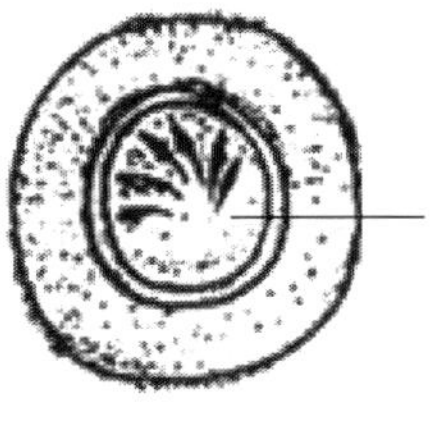

图 6-126　犬复孔绦虫的虫卵

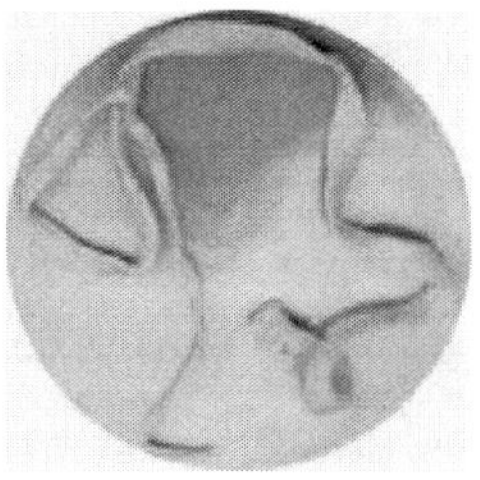

图 6-127　布氏双线绦虫

生活史：犬复孔绦虫的中间宿主为犬、猫蚤和犬毛虱。蚤为刺吸式口器，不能食入虫卵，只有其幼虫具有咀嚼式口器，因而幼虫才能食入绦虫卵，到成蚤时即在其体内发育为似囊尾蚴，终末宿主因舐毛吞入含似囊尾蚴的蚤、虱而受感染。在动物小肠内经三周发育为犬复孔绦虫，孕节主动爬出犬肛门或随粪便排出体外，破裂后虫卵逸出。人的感染主要是儿童，系因喜玩犬、猫，偶尔误食被感染的昆虫所致。

6.67.3　致病性

轻度感染的犬、猫一般无症状。幼犬严重感染时可引起食欲缺乏、消化不良、腹泻或便秘、肛门瘙痒等症状。个别的可能发生肠阻塞。人主要表现为食欲缺乏、腹部不适、腹泻等，常被临床忽略和误诊。

6.67.4　检测和控制

参考临床症状，并在犬粪中找到孕节后，在显微镜下可观察到具有特征性的卵囊，内含数至 30 个以上的虫卵，依此而确诊。

对犬、猫应定期选用适宜的杀虫剂，消灭虱和蚤类。带入室内玩赏动物必须进行定期驱虫。驱虫后的粪便应做无害化处理，防止虫卵污染周围环境。不生吃鱼类食品。

6.68　布氏双线绦虫（*Digramma brauni*）

6.68.1　食品卫生学意义

布氏双线绦虫隶属绦虫纲、裂头科、双线绦虫属，在鱼体内发育，对人的感染或寄生非常少见，是一种机会感染寄生虫。人因食用了未熟透的鱼类食品而感染，引起人的贫血等病症。

6.68.2　生物学特性

第一中间寄主为桡足类（如各种剑水蚤），钩球蚴进入其体腔中经过 9～10d 的发育，变为成熟的原尾蚴。第二中间寄主为鱼类，鱼吞食了感染原尾蚴的桡足类，原尾蚴在鱼类体腔内发育，通常要到第二年才能达到侵袭期。主要对一种鲢鱼种造成较大危害，感染强度最高时，每尾鲢鱼体腔内有 13 个裂头蚴。终寄主为食鱼鸟类，原尾蚴在终寄主的肠内发育，很快就变为成虫（图 6-127）。

6.68.3　致病性

布氏双线绦虫的幼虫寄生在鱼的体腔内，人因食用这些含该寄生虫的没有熟透的鱼类食品偶然感染，一般引起腹泻、贫血等损害。

6.68.4　检测和控制

虫体和节片作为检测依据。不吃生鱼类是控制本病最好的方式。

6.69　多房棘球绦虫（*Echinococcus multilocularis*）

6.69.1　食品卫生学意义

多房棘球绦虫成虫主要寄生在狐狸的小肠中，呈扁平多带状小型寄生虫，中间宿主是啮齿类或食虫类动物，幼虫期是多房棘球蚴（又称泡球蚴），可在人体引起严重的泡球蚴病（alveococcosis），也称泡型包虫病（alveolar hydatid disease）或多房性包虫病（multilocular hydatid disease），是一种极为重要的人畜共患寄生虫病，病理特征与肝癌颇相似，病程长达数年。在多种食品、水源、食品加工者和快餐中均能分离到，人因误食虫卵而感染。仅幼虫期可寄生于人体引起泡球蚴病。多房棘球绦虫隶属于动物源性寄生虫，通过啮齿类在野生动物间传播。随着人类活动范围的逐步扩大，如人的狩猎、旅游活动及某些地区的特殊风俗习惯，增加了人与野生动物及其生活环境接触的机会，经猎狐、养狐、制备狐皮或饮水而感染。多房棘球绦虫分布地区比细粒棘球绦虫局限，主要流行在北半球高纬度地区，从加拿大北部、美国阿拉斯加州，直至日本北海道、俄罗斯西伯利亚，遍及北美、欧、亚三洲的寒冷地区和冻土地带。在我国自 1958 年首例报道以来，该病已成为我国西部严重危害农牧民健康的疾病之一。

6.69.2　生物学特性

多房棘球绦虫属于扁形动物门、圆叶目（Cydophyllidea）、带科（Taenidae）、棘球属（*Echinococcus*）。由于多房棘球绦虫成虫外形和结构都与细粒棘球绦虫相似，其独立性到 20 世纪的 50 年代才被肯定。多房棘球绦虫虫体更小，长仅为 1.2～3.7mm，平均 2.13mm，头节、顶突、小钩和吸盘等都相应偏小，顶突小钩为26～36个。虫体常有4～5个节片，倒数第三节为成节，成节生殖孔位于节片中线偏前，睾丸数较少为17～26个，都分布在生殖孔后方。孕节子宫为简单的囊状，无侧囊，内含虫卵187～404个。虫卵大小为(30～38)μm×(29～34)μm。虫卵形态和大小均与细粒棘球绦虫难以区别(图6-128～图6-130)。与细粒棘球绦虫形态特征比较见表6-4。

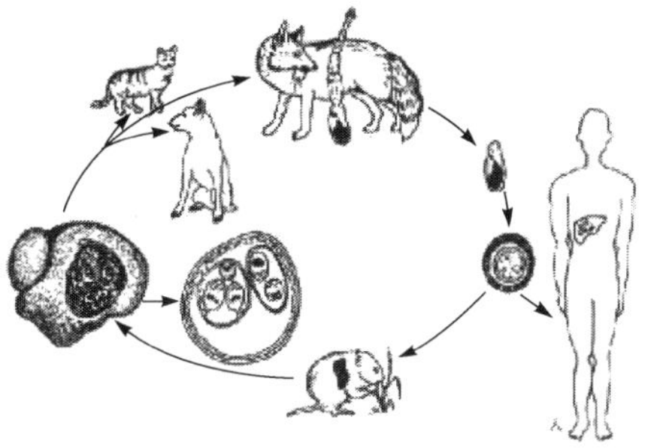

图 6-128 多房棘球绦虫的生活史

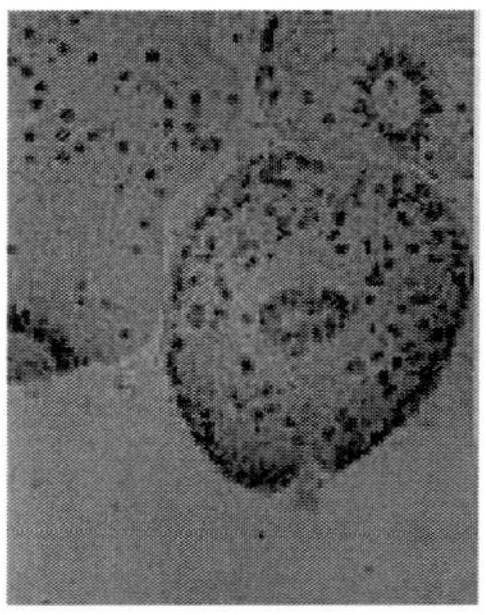

图 6-129 多房棘球绦虫的包囊

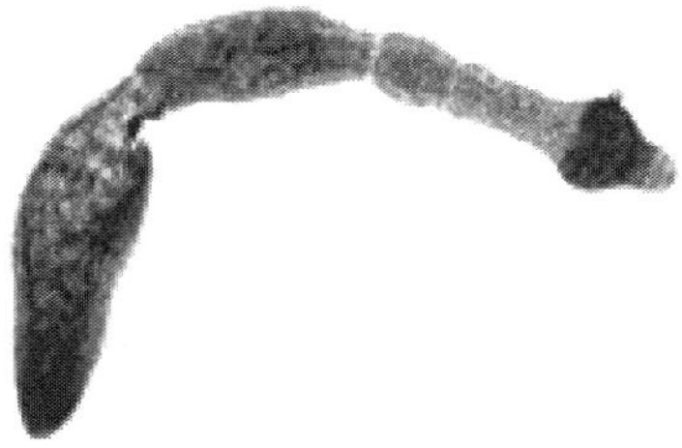

图 6-130 多房棘球绦虫

表 6-4 多房棘球绦虫和细粒棘球绦虫的形态特征比较

区别	细粒棘球绦虫	多房棘球绦虫
体长	2～7mm	1.2～3.7mm
节片数	3～4	4～5
顶突钩数	28～46个，大钩长310～490μm，小钩长220～390μm	26～36个，大钩长249～328μm，小钩长204～260μm
成节的位置	倒数第二个节片	倒数第三个节片
睾丸数及在成节内的分布	45～65个，平均分布于生殖孔前、后	17～26个，主要分布于生殖孔后部
生殖孔在成节位置	体侧中部或偏后	体侧中部偏前
孕节子宫形状	有侧囊	简单的囊状，无侧囊
主要终宿主	犬、狐等食肉动物	狐、犬、狼、獾、猫等
主要中间宿主	反刍动物（家畜、鹿科）、马、猪、啮齿类、灵长类及人	啮齿类（田鼠科）、食虫目（鼩青科）

多房棘球绦虫的泡球蚴为淡黄色或白色的囊泡状团块，常见无数大小不等的囊泡相互连接、聚集而成。囊泡圆形或椭圆形，直径为0.1～0.7cm，三五成群，形状极不规则。内含透明囊液和许多原头蚴，或含胶状物而无原头蚴。囊泡外壁角皮层很薄且常不完整，整个泡球蚴与宿主组织间无纤维组织被膜分隔。泡球蚴多以外生性出芽生殖不断产生新囊泡，长入组织，少数也可向内芽生形成隔膜而分离出新囊泡。一般1～2年即可使被寄生的器官几乎全部被大小囊泡占据。呈葡萄状的囊泡裙带可向器官表面蔓延至体腔内，犹如恶性肿瘤。除此之外，泡球蚴的外生性子囊可经血流及淋巴传播到其他部位，发育为新的泡球蚴。

在寄生有多房棘球绦虫的终宿主体内也可同时有细粒棘球绦虫寄生。多房棘球蚴主要寄生在野生啮齿类动物如田鼠、麝鼠、旅鼠、仓鼠、大沙鼠、小家鼠及褐家鼠体内。在我国见于报道的有黄鼠、鼢鼠、长爪沙鼠、小家鼠、鼠兔及牦牛、绵羊等，寄生部位主要是肝。人因误食虫卵而感染，由于人是多房棘球绦虫的非适宜中间宿主，人体感染时囊泡内只含胶状物而无原头蚴。鼠类常因食入终宿主粪便而受感染，当体内带有泡球蚴的鼠或动物脏器被狐、犬和狼等终宿主吞食后，一般经45d原头蚴可以发育为成虫并排出孕节和虫卵。地甲虫可起转运虫卵的作用，由于地甲虫喜食狐粪而在消化道和体表携带虫卵，麝鼠又喜捕食地甲虫因而受染。

6.69.3 致病性

泡球蚴生长缓慢，潜伏期长，病程多在1～5年，患者多为20～40岁的青壮年，人体被感染后，多房棘球绦虫呈肿瘤样无性繁殖，最终导致人体脏器功能障碍（多为肝），致死率高，如不及时治疗，10 年死亡率可高达 90%。由于该病隐匿起病，通常在初次感染 10 年或 10 年以上才出现明显的临床症状，因此早期诊断、早期治疗对降低该病的死亡率至关重要。

人泡球蚴病通常比细粒棘球蚴病更严重，病死率较高。泡球蚴病几乎 100% 原发于肝、肺、脑等其他部位的继发感染多由肝通过血循环转移而来。由于泡球蚴在肝实质内呈弥漫性浸润生长，并逐渐波及整个肝，对肝组织的破坏特别严重，可引起肝功能衰竭而导致昏迷，或诱发肝硬化而引起门静脉高压，并发消化道大出血而致死亡。

致病机制主要包括泡球蚴直接侵蚀、毒性损害和机械压迫三个方面。由于泡球蚴在肝实质内芽生蔓延，直接破坏和取代肝组织，可形成巨块状的泡球蚴，其中心常发生缺血性坏死、崩解液化而形成空腔或钙化，呈蜂窝状大小囊泡内含胶状物或豆渣样碎屑，无原头蚴，故肉眼难以与肝癌鉴别。此过程中产生的毒素又进一步损害肝实质。四周的组织则因受压迫而发生萎缩、变性甚至坏死，由此肝功能严重受损。若胆管受压迫和侵蚀，可引起黄疸。泡球蚴如侵入肝门静脉分支，则沿血流在肝内广泛播散，形成多发性寄生虫结节，出现肉芽肿反应，可诱发肝硬化和胆管细胞型肝癌；侵入肝静脉则可随血循环转移到肺和脑，引起相应的呼吸道和神经系统症状如咯血、气胸和癫痫、偏瘫等。

6.69.4 检测和控制

体检时发现肝肿块，特别是触诊时发现肿块质地坚硬又有结节感时更应高度警惕。各种免疫学试验都适用于泡球蚴病诊断。由于泡球蚴周围缺纤维组织被膜，虫体抗原很容易进入血液，因此免疫诊断效果更好。

灭狐和消灭野鼠是根除传染源的主要措施。实施中要注意将动物尸体焚烧或深埋，野犬也应杀灭或控制，对家犬则应定期驱虫。

加强卫生宣传教育，使群众认识和了解泡球蚴病的危害和预防方法。流行区应对人群进行普查。注意个人防护，讲究个人及饮食卫生，生产及生活中注意防止虫卵污染。因虫卵耐寒而怕热，对污染的器具物品可用热力消毒。

6.70 细粒棘球绦虫（*Echinococcus granulosus*）

6.70.1 食品卫生学意义

细粒棘球绦虫又称包生绦虫，种类较多，是一类重要的人畜共患寄生虫病。成虫寄生于犬科食肉动物的小肠中，幼虫（棘球蚴）寄生于人和多种食草类家畜及其他动物，称棘球蚴病或包虫病（echinococcosis，hydatid disease，hydatidosis）。该病分布地域广泛，随着世界畜牧业的发展而不断扩散，现已成为全球性重要的公共卫生和经济问题。在我国细粒棘球绦虫较多见，在多种食品、水源、食品加工者和快餐制品中均能分离虫卵和孕节片。

细粒棘球绦虫的中间宿主范围广泛，一般为羊、牛、骆驼、猪和鹿等偶蹄类，偶可感染马、袋鼠、某些啮齿类、灵长类和人。流行病学上重要的是绵羊（成年羊），其感染率最高，因其本身是细粒棘球绦虫最适宜的中间宿主，同时放牧羊群经常与牧羊犬接触密切，吃到虫卵的机会多，而牧羊犬又常可以吃到绵羊的内脏，犬为限定性宿主，因而造成本虫在绵羊与犬之间的循环感染。

细粒棘球绦虫是人与动物囊性包虫病的直接病原体，其分布几乎遍及全球。我国是世界上棘球蚴病流行最严重的国家之一，主要流行区在我国西部和北部广大农牧地区，即新疆、青海、甘肃、宁夏、西藏、内蒙古和四川 7 省，其次是陕西、山西和河北部分地区。另外，在东北三省、河南、山东、安徽、湖北、贵州和云南等省有散发病例。

6.70.2 生物学特性

细粒棘球绦虫属带科、棘球属。成虫很小，是绦虫中最小的虫种之一，体长仅有2～7mm 长，平均3.6mm。由头节、幼节、成节和孕节各一节组成，偶或多一节。头节略呈梨形，上有顶突和4个吸盘，顶突富含肌肉组织，伸缩力很强，上有两圈大小相间的小钩共28～46个，呈放射状排列。顶突顶端有一群梭形细胞组成的顶突腺（rostellar gland），分泌物可能具有抗原性。各节片均为狭长形，成节内含一套雌雄同体的生殖器官，睾丸数45～65个，均匀地散布在生殖孔水平线前后方。生殖孔位于节片侧缘的后半部，结构与带绦虫略相似。最后一个节片为孕卵节片，其中仅有子宫，长度约占虫体全长的一半，子宫由主干分支分出许多袋形侧枝，子宫侧枝为12～15对，其中充满虫卵，虫卵大小为（32～36）μm×（25～30）μm，被覆着一层辐射状线纹的胚膜，内为六钩蚴。虫卵与猪、牛带绦虫卵在光镜下难以区分（图6-131）。

幼虫即棘球蚴，为圆形单房性囊球体，其大小随寄生时间长短、寄生部位和宿主不同而异，直径不足 1cm 至数十厘米。棘球蚴由囊壁、囊液和内含物三个部分组成，有的还有子囊和孙囊，囊壁外有宿主的纤维组织包绕。①囊壁由两层组成，外层为角皮层，乳白色，半透明，似粉皮状，较松脆，易破裂，厚约 1mm，光镜下无细胞结构而呈多层纹理状。内层为生发层也称胚层，由单层细胞组成，具有细胞核，厚约 20μm，紧贴角皮层，具有生发功能。②囊腔内充满囊液，也称棘球蚴液。囊液无色透明或微带黄色，内含多种蛋白、肌醇、

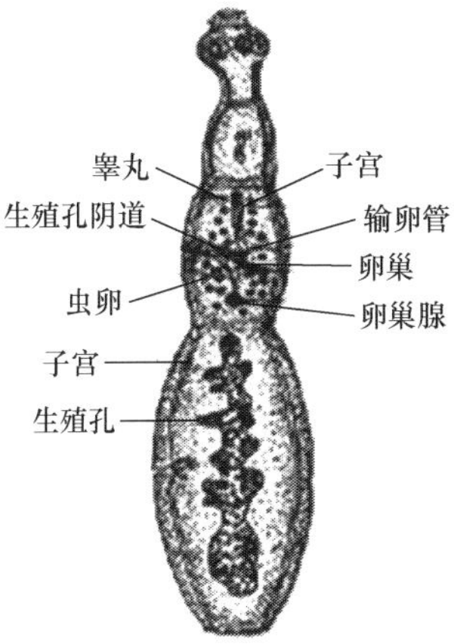

图 6-131 细粒棘球绦虫成虫

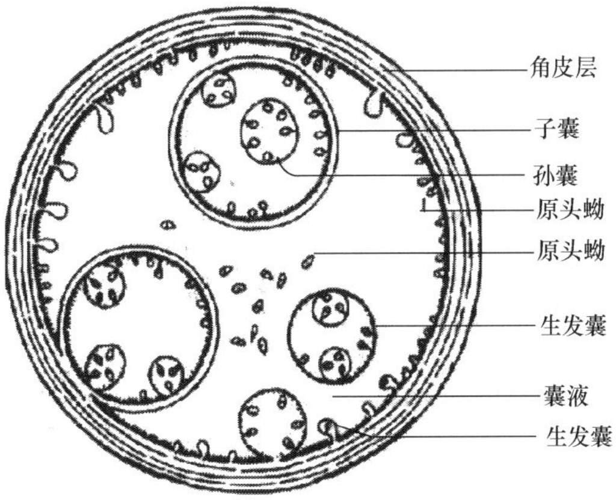

图 6-132 细粒棘球绦虫的棘球蚴模式图

卵磷脂、尿素及少量糖、无机盐和酶，对人体有抗原性。③内含物：由生发层向囊内长出许多原头蚴和生发囊。原头蚴圆形或椭圆形，大小为 170μm×122μm，为向内翻卷收缩的头节；其顶突和吸盘内陷，保护着数十个小钩。此外，还可见石灰小体等。原头蚴与成虫头节的区别在于其体积小和缺顶突腺。生发囊也称育囊，是具有一层生发层的小囊，直径约 1mm，由生发层的有核细胞发育而来。据观察最初由生发层向囊内芽生成群的细胞，这些细胞空腔化后，形成小囊并长出小蒂与胚层连接。在小囊壁上生成数量不等的原头蚴，多者可达 30～40 个。原头蚴可向生发囊内生长，也可向囊外生长为外生性原头蚴。随着棘球蚴生存时间的增长，母囊的生发层、原头蚴或生发囊可进一步发育成子囊，子囊结构与母囊相似，其内也可生长原头蚴、生发囊及与子囊结构相似的小囊，称为孙囊。有的母囊无原头蚴、生发囊等，称不育囊。原头蚴、生发囊和子囊可从母囊胚层上脱落，悬浮在囊液中，称为囊砂或棘球蚴砂。

细粒棘球绦虫终末宿主为犬和狐等食肉兽，成虫寄生在终宿主的小肠上段，以顶突上的小钩和吸盘固着在肠绒毛基部隐窝内，孕节或虫卵随宿主粪便排出。孕节有较强的活动能力，可沿草地或植物蠕动爬行，致使虫卵污染动物皮毛和周围环境（如牧场、畜舍、蔬菜、土壤及水源等）。当牛、羊等偶蹄类中间宿主吞食虫卵后感染，在肠内孵出六钩蚴，然后钻入肠壁经血流或淋巴散布到体内各处，以肝、肺最多。经 3～5 个月生长为具感染性的棘球蚴，它的生长可持续数年，直径可达 20cm 以上。随棘球蚴囊的大小和发育程度不同，囊内原头蚴可由数千至数万，甚至数百万个。原头蚴在中间宿主体内扩散形成新的棘球蚴，在终宿主体内可发育为成虫，棘球蚴被犬、狼等终宿主吞食后，其所含的每个原头蚴都可发育为一条成虫。故犬、狼肠内寄生的成虫也可达数千至上万条。从感染至发育成熟排出虫卵和孕节约需 8 周时间。大多数成虫寿命 5～6 个月（图 6-132～图 6-136）。

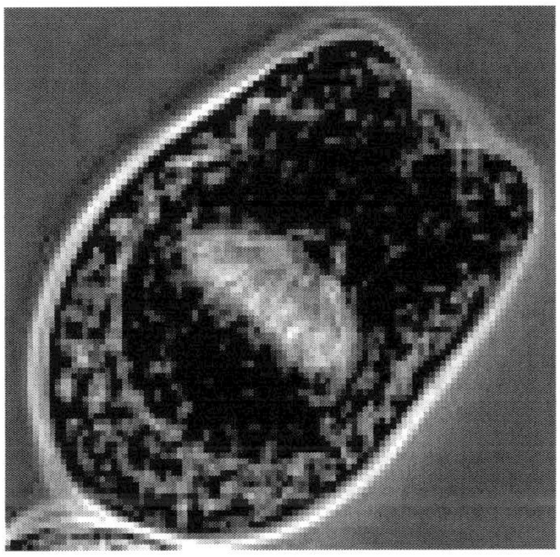

图 6-133 细粒棘球绦虫的棘球蚴包囊

图 6-134 细粒棘球绦虫的包囊母囊

图 6-135 细粒棘球绦虫的包囊子囊

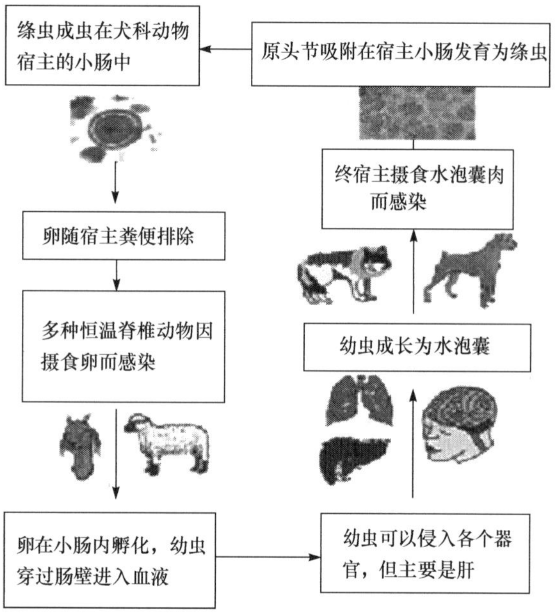

图 6-136　细粒棘球绦虫的生活史

6.70.3　致病性

以机械损害为主，致病严重程度与棘球蚴体积、数量、寄生时间、寄生部位密切相关。局部压迫和刺激症状与寄生部位有关；过敏症状有荨麻疹、过敏性休克等；中毒和胃肠功能紊乱。

6.70.4　检测和控制

根据虫卵、孕节片、棘球蚴进行鉴定。

免疫学试验：卡松尼皮试、IHA、ELISA、Dot-ELISA 等。

加强宣传，普及棘球蚴病知识，提高全民的防病意识，在生产和生活中加强个人防护，杜绝虫卵感染。结合必要的法规强化人的卫生行为规范，主要是根除以病畜内脏喂犬和乱抛的陋习，加强对屠宰场和个体屠宰的检疫，及时处理病畜内脏。定期为家犬、牧犬驱虫，捕杀牧场周围野生食肉动物。

6.71　缩小膜壳绦虫（*Hymenolepis diminuta*）

6.71.1　食品卫生学意义

缩小膜壳绦虫在鼠类中感染极为普遍，人体感染比较少见。人体感染主要是因误食了含有似囊尾蚴的昆虫而引起。缩小膜壳绦虫的中间宿主种类较多，分布广泛，特别是它的最适中间宿主大黄粉虫和谷蛾等都是常见的仓库害虫，生活在仓库、商店和家庭的粮食中。这些地方又有多种家鼠栖息活动，因此易造成鼠类的高度感染。而鼠类又容易将虫卵扩散到各种食品中。该虫的流行主要与个人卫生习惯有关。虫卵自孕节散出后便具有感染性，在粪尿中能存活较长时间，但虫卵对干燥抵抗力较弱，在外环境中不久即丧失感染性。因此，虫卵主要通过直接接触粪便或通过厕所、便盆的污染再经手到口而进入人体，特别在儿童聚集的场所更易互相传播。偶然误食了含有似囊尾蚴的昆虫也是流行的原因之一。

据 1988～1992 年全国人体寄生虫学分布调查结果，共查到感染者 904 例，全国平均感染率为 0.061%，经加权处理，感染率为（0.045±0.005）%，估计中国感染人数 51 万，在北京、天津、陕西、山西、山东、河南、江苏、湖北、辽宁、吉林、青海、广东、新疆、西藏及台湾等 17 省（市、自治区）查到感染者，其中天津、河南、西藏、新疆等 4 个省（市、自治区）的感染率超过全国加权感染率，新疆的感染率为 2.201%（乌鲁木齐为 8.78%，伊宁为 11.38%），最高；其次西藏，为 1.495%。台湾地区 1977～1990 年全省小学生调查 21 个县、市，除台北市、南投县未查外，其他 19 县、市除云林县都有感染者，感染率为 0.13%～18.99%。

6.71.2　生物学特性

缩小膜壳绦虫，又称长膜壳绦虫，为膜壳科、膜壳属虫种。主要流行于鼠类，偶然寄生于人体，引发人群中的膜壳绦虫病（*hymenolepiasis diminuta*），主要特征见表 6-5。成虫与微小膜壳绦虫基本相同，但虫体较微小膜壳绦虫大。与微小膜壳绦虫的生活史相似，但发育必须经过昆虫中间宿主。中间宿主包括蚤类、甲虫、蟑螂、倍足类和鳞翅目昆虫等 20 余种，以大黄粉虫、谷蛾、具带病蚤和印鼠客蚤多见。成虫寄生在终宿主小肠中，脱落的孕节和虫卵随粪便排出体外。虫卵被中间宿主吞食后，在其肠中孵出六钩蚴，然后穿过肠壁至血腔内经 7～10d 发育成似囊尾蚴，鼠类或人吞食了带有似囊尾蚴的昆虫后，似囊尾蚴在肠腔内经 12～13d 发育为成虫（表 6-5，图 6-137 和图 6-138）。

表 6-5　缩小膜壳绦虫与微小膜壳绦虫形态区别

区别	微小膜壳绦虫	缩小膜壳绦虫
虫体	小型绦虫，长 5～80mm	中型绦虫，长 200～600mm
节片数	100～200 节	800～1000 节
头节	顶突发育良好，可自由伸缩，上有小钩 20～30 个	头节呈球形，直径 0.2～0.5mm，顶突发育不良，凹入，不易伸缩，无小钩

续表

区别	微小膜壳绦虫	缩小膜壳绦虫
孕节	子宫袋状	子宫袋状，但四周向内凹陷呈瓣状
虫卵	较小，圆形或近圆形，(40～60)μm×(36～48)μm，无色透明，卵壳较薄，胚膜两端有4～8根丝状物	稍大，多为长圆形，(60～79) μm×86μm，黄褐色，卵壳较厚，胚膜两端无丝状物，但卵壳与胚膜间有透明的胶状物

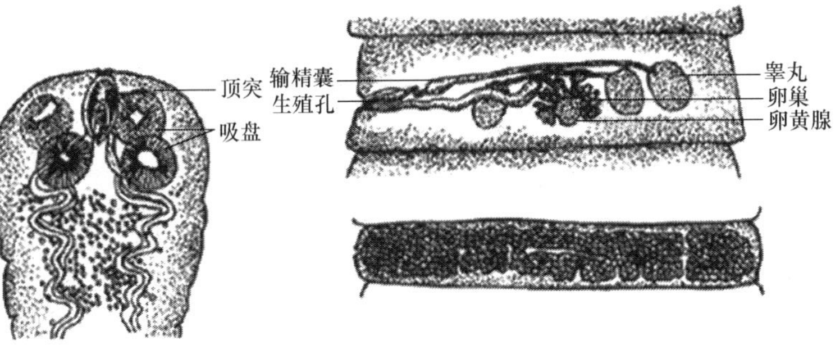

图 6-137 缩小膜壳绦虫的成虫

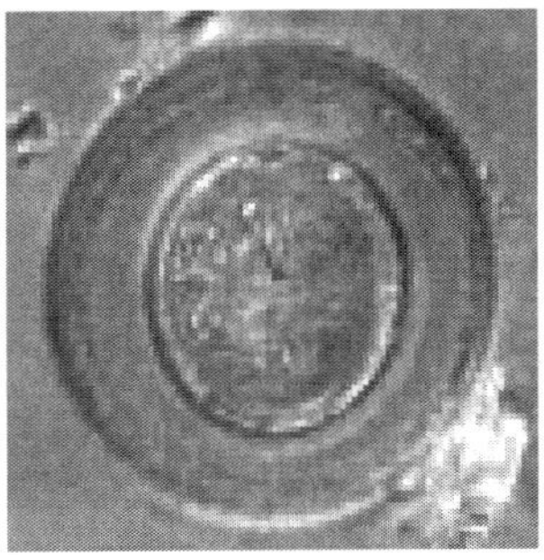

图 6-138 缩小膜壳绦虫的虫卵

6.71.3 致病性

感染者一般无明显的临床症状，或仅有轻微的神经和胃肠症状，如头痛、失眠、磨牙、恶心、腹胀和腹痛等，严重者可出现眩晕、精神痴呆或恶病质。

6.71.4 检测和控制

用定量透明法（即改良加滕氏厚涂片法）易检出，且可定性和定量。

应注意个人卫生和饮食卫生，积极消灭仓库害虫等中间宿主和作为保虫宿主的鼠类，杜绝传染源。

6.72 微小膜壳绦虫（*Hymenolepis nana*）

6.72.1 食品卫生学意义

微小膜壳绦虫又称短膜壳绦虫，是寄生于人或鼠类的小肠而引起的一种人畜共患病的肠道寄生虫病。本虫发育无需中间宿主，或通过昆虫（鼠蚤和面粉甲虫）作为中间宿主。

微小膜壳绦虫在食品、水源和食品加工者中均能分离到，呈世界性分布，在温带和热带地区较多见。美洲、大洋洲、非洲、欧洲、亚洲及太平洋各岛屿都有流行的报道。国内分布也很广泛，有北京、天津、陕西、山西、山东、河南、江苏、湖北、辽宁、吉林、青海、广东、新疆、西藏及台湾等 17 省（市、自治区）查到感染者，各年龄组人群都有受感染记录，但以 10 岁以下儿童感染率较高。

由于微小膜壳绦虫生活史可以不需中间宿主，由虫卵直接感染人体，故该虫的流行主要与个人卫生习惯有关。虫卵自孕节散出后便具有感染性，在粪、尿中能存活较长时间，在抽水马桶内可存活 8.5h，但虫卵对外界的干燥抵抗力较弱，在外环境中不久即丧失感染性。因此，虫卵主要通过手-口的方式进入人体，特别在儿童聚集的场所更易互相传播。偶然误食到带有似囊尾蚴的昆虫也可导致感染。另外，由于自体重复感染造成顽固性寄生，也具有一定的流行病学意义。

鼠体微小膜壳绦虫与人体微小膜壳绦虫在形态上极为相似，以往学者认为二者是不同的亚种或不同的生理系。但实验证实在改变宿主的情况下，人类和鼠类的微小膜壳绦虫可以改变其生理原型，相互转变。因此，鼠类在本病的流行上起着贮存和传播病原体的作用。

6.72.2 生物学特性

属圆叶目、膜壳科、膜壳属，为小型绦虫，成虫大小为(5～80)mm×(0.5～1)mm，平均长度为20mm。头节呈球形，直径0.13～0.4mm，具有4个吸盘和一个短而圆可自由伸缩的顶突，顶突上有一圈小钩20～30个排成单环状。颈部较长而纤细，链体由100～200个节片组成，最多者可达1000个节片，所有节片均宽大于长并由前向后逐渐增大，孕节最大，达(0.15～0.30)mm×(0.8～1.0)mm，各节片生殖孔都位于虫体同一侧。成节有三个较大的椭圆形睾丸，横线排列，贮精囊较发达。卵巢呈分叶状，位于节片中央，卵黄腺球形，在卵巢后方的腹面。孕节子宫呈袋状，充满虫卵并占据整个节片(图6-139)。

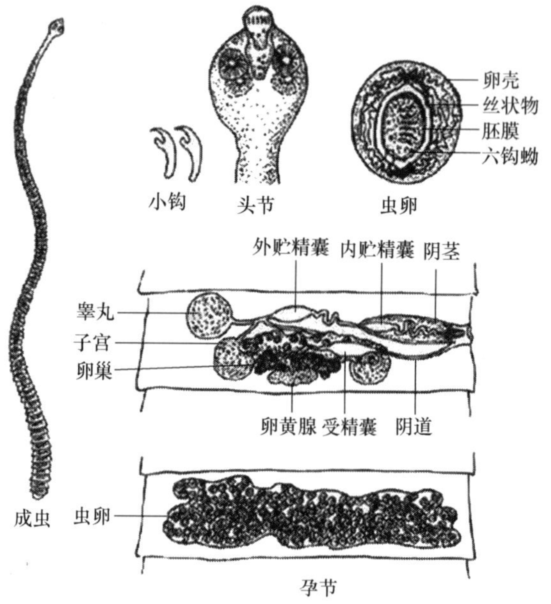

图 6-139　微小膜壳绦虫

虫卵椭圆形或圆形，(48～60)μm×(36～48)μm，无色透明，卵壳很薄，其内有较厚的胚膜，胚膜两端略凸起并由该处各发出4～8根丝状物(极丝)，弯曲地延伸在卵壳和胚膜之间，胚膜内含有一个六钩蚴。微小膜壳绦虫的发育分为不经过中间宿主和经过中间宿主两种不同方式而完成其生活史(图6-140)。

成虫寄生在鼠类或人的小肠内，脱落的孕节或虫卵随宿主粪便排出体外，若被另一宿主吞食，虫卵在其小肠内孵出六钩蚴，然后钻入肠绒毛，约经 4d 发育为似囊尾蚴，6d 后似囊尾蚴突破肠绒毛回到肠腔，以头节吸盘固着在肠壁上，发育为成虫。从虫卵被吞食到发育至成虫产卵共需时 2～4 周，成虫寿命仅数周。

若虫卵在宿主肠道内停留时间较长，也可直接孵出六钩蚴，然后钻入肠绒毛经似囊尾蚴发育为成虫，即在同一宿主肠道内完成其整个生活史，称自体感染，并可在该宿主肠道内不断繁殖，造成自体内重复感染。我国曾有一患者连续三次驱虫共排出完整成虫 37 982 条，这显然是自体重复感染所致。

经中间宿主发育：印鼠客蚤、犬蚤、猫蚤和致痒蚤等多种蚤类幼虫和面粉甲虫（*Tenebrio* sp.）和拟谷盗（*Tribolium* sp.）等均可作为微小膜壳绦虫的中间宿主，虫卵可在昆虫血腔内发育为似囊尾蚴，鼠和人若食入此种昆虫，即可获得感染。

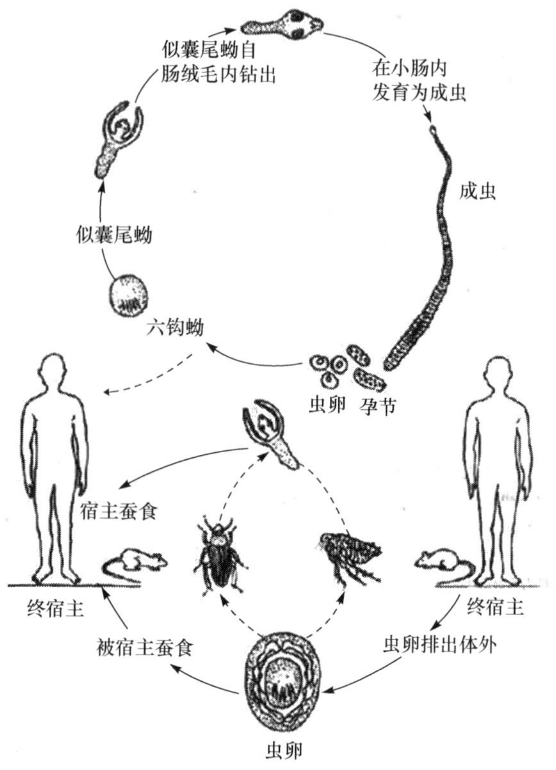

图 6-140　微小膜壳绦虫的生活史

成虫除寄生于鼠和人体外，还可感染其他啮齿动物如旱獭、松鼠等。另外，曾有报告在犬粪便中发现过微小膜壳绦虫卵。

6.72.3　致病性

该虫的致病作用主要是由于成虫头节上的小钩和体表微毛对宿主肠壁的机械损伤及虫体的毒性分泌物所致。在虫体附着部位，肠黏膜发生充血、水肿甚至坏死，有的可形成深达肌层的溃疡，并有淋巴细胞和中性粒细胞浸润。人体感染虫数少时，一般无明显症状，感染严重者特别是儿童可出现胃肠道和神经症状，如恶心、呕吐、食欲缺乏、腹痛、腹泻及头痛、头晕、烦躁和失眠，甚至惊厥等，少数患者还可出现皮肤瘙痒和荨麻疹等过敏症状。除寄生于肠道外，微小膜壳绦虫还可侵犯其他组织。当宿主的免疫系统受到抑制时，可引起似囊尾蚴的异常增生和播散。因此在临床进行免疫抑制治疗前应先驱除该虫。

6.72.4　检测和控制

从患者粪便中查到虫卵或孕节为确诊的依据。采用水洗沉淀法或浮聚浓集法均可增加检出虫卵的机会。彻底治疗患者，以防止传播和自身感染；加强健康教育、养成良好的个人卫生习惯、饭前便后洗手；注意环境卫生、消灭鼠类、蚤类；注意营养、提高个体抵抗力是预防本病的重要措施。

6.73 猪带绦虫（*Taenia solium linnaeus*）

6.73.1 食品卫生学意义

猪带绦虫病和猪囊尾蚴病是由链状带绦虫寄生人体引起。链状带绦虫又称猪带绦虫、猪肉绦虫或有钩绦虫，是我国主要的人体寄生绦虫之一，古代医籍中称之为寸白虫或白虫。人是猪带绦虫的终宿主，但也可成为中间宿主，分别可引起猪带绦虫病和猪囊尾蚴病。

该虫为绦虫纲、圆叶目虫种，猪囊尾蚴病的病原体是寄生在人体内的猪带绦虫（*Taenia solium*）的幼虫——猪囊尾蚴，在分类学上猪带绦虫属于带科（Taeniidae）的带属（*Taenia*）。猪与野猪是最主要的中间宿主，犬、骆驼、猫及人也可作为中间宿主；人是猪带绦虫的终末宿主，因吃了感染猪囊尾蚴猪肉而感染。囊尾蚴寄生于人、猪各部横纹肌及心脏、脑、眼等器官，引起的危害十分严重，不仅影响养猪业的发展，造成重大经济损失，而且给人体健康带来严重威胁，是肉品卫生检验的重点项目之一。

本病广泛流行于以猪肉为主要肉食品的 18 个国家和地区，我国大多数省、自治区均有发生，尤其以北方较为严重。全国每年因囊尾蚴病造成的经济损失可达 8000 万元以上。1980 年以来，相继开展“驱绦灭囊”工作后，对 23 个省（市）1980～1989 年商品屠宰猪统计，检出率为 0.44%，达到历史最低水平。但仍有数据表明，在海南、广东、贵州、内蒙古等地发生较为严重，西藏有上升趋势。

本病流行具有以下特点。

(1) 猪感染与不合理的饲养管理方式和不良卫生习惯密切相关。有些地方猪不用圈，或是仔猪放养；居民无卫生保肥的厕所或使用连茅圈，猪可以直接吃到患者的粪便而感染，成为感染环。

(2) 人感染与个别地区居民喜吃生的猪肉或野猪肉有关。也有用热汤烫生肉吃的习惯，若温度不够高未将囊尾蚴杀死则可感染猪带绦虫；大锅烧大块肉，或是炒菜时搅拌不匀；砧板切生肉和生菜与熟食交叉污染；也可导致感染。

(3) 感染无明显季节性，但在适合虫卵生存、发育的温暖季节呈上升趋势。

(4) 多为散发性，有些地区呈地方性流行，其严重程度与当地绦虫患者的多少呈正相关。

(5) 自然条件下，猪是易感动物，囊尾蚴可在猪体内存活 3～5 年。野猪、犬、猫也可感染，人虽然可作为中间宿主，但常是致命感染。

6.73.2 生物学特性

成虫呈乳白色，扁长如带，薄而透明，长 2～4m，前端较细，向后渐扁阔。头节近似球形，直径 0.6～1mm，除有 4 个吸盘外，顶端还具顶突，其上有两圈小钩共 22～36 个。颈部纤细，直径仅约头节之半。链体上的节片数 700～1000 片，近颈部的幼节、节片短而宽，中部的成节近方形，末端孕节则为长方形。每一节片的侧面有一生殖孔，略突出，不规则地分布于链体两侧。每一成节具雌雄生殖器官各一套。睾丸 150～200 个。卵巢在节片后 1/3 的中央，分为三叶，除左右两大叶外，另有一中央小叶。卵黄腺位于卵巢之后。孕节中充满虫卵的子宫向两侧分支，每侧 7～13 支，每一支又继续分支，呈现不规则的树枝状。每一孕节中约含 4 万个虫卵。

虫卵呈球形或近似球形，直径 31～43μm。卵壳很薄，内为胚膜。虫卵自孕节散出后，卵壳多已脱落，称为不完整虫卵。胚膜较厚，棕黄色，由许多棱柱体组成，在光镜下呈放射状条纹。胚膜内含球形六钩蚴，直径 14～20μm。

猪囊尾蚴（cysticercus cellulosae）俗称猪囊虫。成熟的猪囊尾蚴，外形椭圆，约黄豆大，为半透明的包囊，大小为（6～10）mm×5mm，囊内充满液体，囊壁是一层薄膜，壁上有一个圆形黍粒大的乳白色小结，其内有一个内翻的头节，囊壁分两层，外为皮层，内为间质层，有一向内翻卷收缩的头节，头节上有 4 个圆形吸盘，最前端的顶突上有许多个角质小钩，分两团排列（图 6-141～图 6-146）。

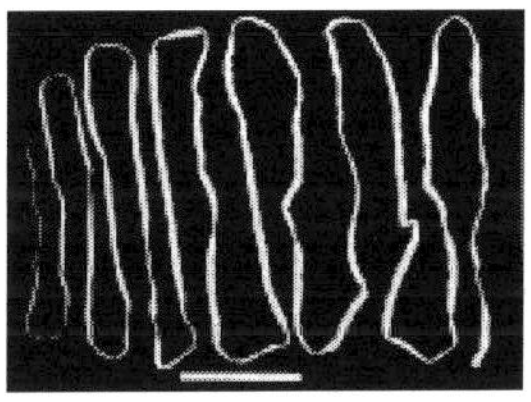

图 6-141 猪带绦虫成虫

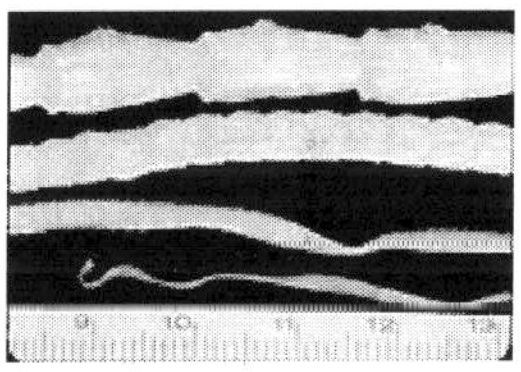

图 6-142 猪带绦虫成虫

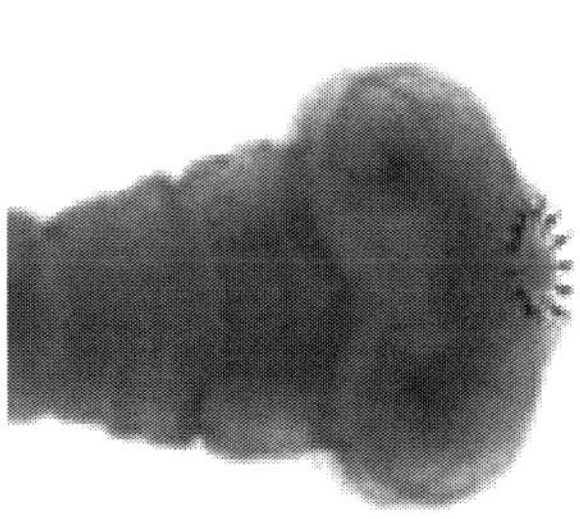

图 6-143 猪带绦虫

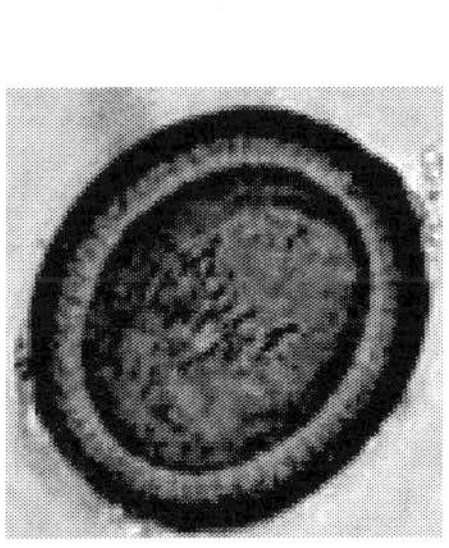

图 6-144 猪带绦虫的虫卵

6.73.3 致病性

随猪囊尾蚴寄生的数目和寄生部位不同而有很大差异。初期由于六钩蚴在体内移行，引起组织损伤，有一定致病作用。成熟囊尾蚴的致病作用常取决于寄生部位，数量居次要。如寄生在脑部时，能引发神经症状，

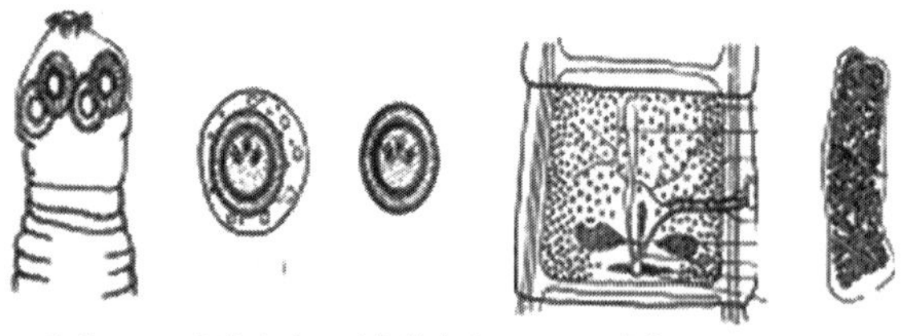

图 6-145　猪带绦虫的节片和虫卵

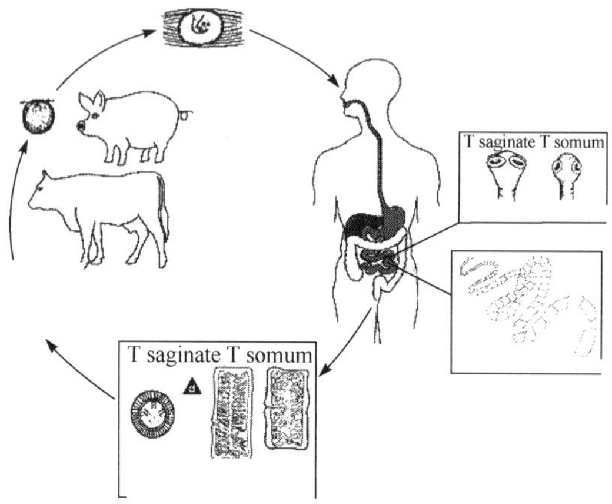

图 6-146　猪带绦虫的生活史

还可破坏大脑的完整性而降低机体的防御能力；脑部病变发展严重时可致患畜死亡。寄生在眼内时，无疑会引起视力障碍，甚或失明。寄生在肌肉与皮下，一般无明显致病作用。

一般无明显症状，极严重感染的猪可有营养不良、生长受阻、贫血和肌肉水肿等。由于病猪不同部位的肌肉水肿，或两肩显著外展，或臀部异常肥胖宽阔，或头部呈大胖脸形或前胸、后躯及四肢异常肥大，体中部窄细，整个猪体从背面观呈哑铃状或葫芦形，前面看呈“狮子头”形。病猪走路前肢僵硬，后肢不灵活，左右摇摆，似“醉酒状”，不爱活动，反应迟钝。某些器官严重感染时可出现相应的症状，如呼吸困难、声音嘶哑与吞咽困难，视力消失及一些神经症状，有时产生急性脑炎而突然死亡。

严重感染的猪肉呈苍白色而湿润。除在各部分肌肉中可发现囊尾蚴外，也可在脑、眼、肝、脾、肺甚至淋巴结与脂肪内找到；初期囊尾蚴外部有细胞浸润现象，继而发生纤维性变，约半年后囊虫死亡并逐渐钙化。

人感染与猪的症状相似，因寄生部位而异。

6.73.4　检测和控制

生前诊断比较困难，只有当舌部浅表寄生时，触诊可发现结节，但阴性者不能排除感染。免疫学检查方法有多种，有些已在实践中应用，如碳凝集反应快速、简便，若囊液抗原提纯后，敏感性可显著提高，诊断符合率达 60%～84.4%，误诊率 2.6%。间接血凝试验检出率达 90%。酶联免疫吸附试验的阳性检出率达 98.8%，且与猪蛔虫、细颈囊尾蚴、棘头虫无交叉反应。此外还有用变态反应、环状沉淀试验、对流免疫电泳等方法。群众对此病的诊断经验是看外形、翻眼皮、看眼底、看舌根，即可确诊。商检或肉品卫生检验时，如在肌肉中，特别是在心肌、咬肌、舌肌及四肢肌肉中发现囊尾蚴，即可确诊，尤以前臂外侧肌肉群的检出率最高。对于冷冻处理的肉是否安全，可以取其囊尾蚴在 50%盐水＋50%胆汁中 30℃孵育 2h，如果是活的，可见头节伸出。对食用猪肉要充分烹调，高温，即能保证安全。

6.74　牛带绦虫（*Taenia saginata*）

6.74.1　食品卫生学意义

牛带绦虫又称肥胖带绦虫、牛肉绦虫或无钩绦虫，为绦虫纲、圆叶目虫种，在我国古籍中也称为白虫或寸白虫，形态和发育过程与猪带绦虫相似，由牛带绦虫的成虫寄生于人体小肠引起的寄生虫病。成虫较猪带绦虫为长，孕卵节片也较之为长。人是其唯一终宿主，孕卵节片随粪便排出，为中间宿主黄牛、水牛等吞食后，在其体内形成囊尾蚴，人们进食不熟的带囊尾蚴的牛肉后受感染。

牛带绦虫病为世界性分布，其成虫主要寄生在人的小肠，幼虫寄生于黄牛、水牛、羊、鹿等动物的肌肉内。当牛食草时吞食虫卵后，卵在其十二指肠内孵化为六钩蚴虫，该幼虫穿过肠壁随血流或淋巴管带至肌肉，两个月后发育为牛囊尾蚴。人吃未煮熟含有牛囊尾蚴的牛肉而被感染。一般来讲，除了少数病例是被囊尾蚴污染的炊具及其他食物偶然感染外，大多是因进食生的或未煮熟含活囊尾蚴的牛肉而感染。这通常是由于购买了病牛牛肉；烹调加工时肉块切的过大、搅拌不匀、煮得不透；为追求鲜嫩缩短烹煮时间等原因造成。特别是目前流行的烤肉串、涮肥牛、半生牛排、爆炒牛柳、生食肉靡等时尚菜肴，由于加热时间短，一旦牛肉内含囊尾蚴就很容易感染牛带绦虫病。在人体内三个月左右即可变为成虫。人食入含囊尾蚴的牛肉或被囊尾蚴污染的食物后，三个月囊尾蚴即可在小肠内发育为成虫，成虫寿命较长，最长可长达 60 年以上。

6.74.2　生物学特性

外形与猪带绦虫很相似。但虫体结构和大小有差异，两种带绦虫的虫卵在形态上难以区别。

牛带绦虫体型大，成虫寄生于人的小肠，人是它唯一的终宿主，其形态扁长如链带状，一般长 5～10m，最长的可达 25m，后端的孕节不断随粪便排出，新的节片又不断从颈部长出，使虫体保持相对长度。体长 1000～1200mm，最大宽度 7mm，共有 1000～2000 个节片（图 6-147）。生殖孔位于节片的边缘中部。头节近方型，具 4 个吸盘（图 6-148）。睾丸数约 300 个，卵巢由左右两瓣组成，子宫具 15～30 个两侧分支，卵与六钩蚴均呈球形。

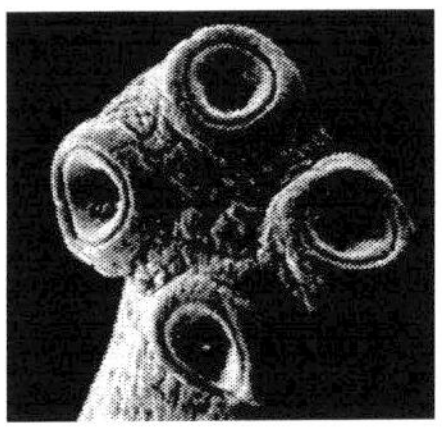

图 6-147 牛带绦虫的头节

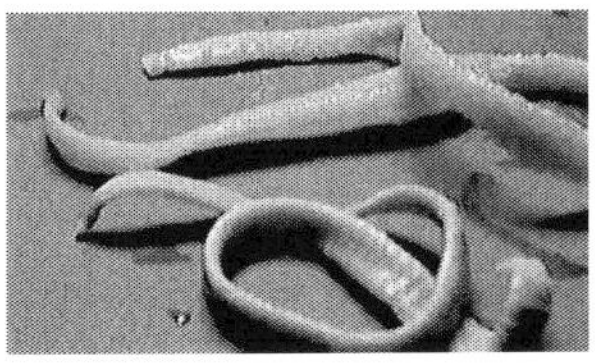

图 6-148 牛带绦虫

6.74.3 致病性

牛带绦虫病的临床症状一般是在绦虫发育成熟尤其是在开始排卵时发生，且症状可轻重不一。最突出的症状是孕节从肛门自动逸出或随粪便排出，导致肛门瘙痒及不适。此外还多见乏力、体重减轻、儿童发育迟缓、贫血、腹泻、腹痛等症状，严重时可引起阑尾炎、肠梗阻、肠穿孔等并发症。

6.74.4 检测和控制

虫卵和节片是检测依据。熟食牛肉即可杜绝此病发生。不买未经检验的牛肉；切肉后洗烫砧板和刀具；不吃生的或未煮熟的牛肉（牛肉要加热到 60～70℃以上囊尾蚴才被杀死，大块牛肉需延长加热时间）；牛肉最好冷冻后食用（小于 2kg 的牛肉在－7℃下的冰箱内冷冻 24h 囊尾蚴即被冻死）。饮食不要过分追求鲜、生、嫩，还是熟透的食物最安全。

6.75 曼氏迭宫绦虫（*Spirometra mansoni*）

6.75.1 食品卫生学意义

曼氏迭宫绦虫病和曼氏裂头蚴病（sparganosis mansoni）是由曼氏迭宫绦虫寄生于人体引起的。曼氏迭宫绦虫又称孟氏裂头绦虫，成虫主要寄生在猫科动物，偶然寄生人体，引起曼氏迭宫绦虫病。但中绦期裂头蚴可在人体寄生，导致曼氏裂头蚴病，其危害远较成虫为大。国内分布于青海、西藏、广西、贵州、福建、广东、浙江等沿海各省。此外，吉林、四川、江西、河南、湖南等地也均有发现。国外分布在世界各地区。人体感染途径主要有两种：裂头蚴或原尾蚴经皮肤或黏膜侵入，或误食裂头蚴或原尾蚴。主要感染方式如下：①生食或半生食蛙、蛇、鸡或猪肉，近些年我国零星报道因食用蛙而引起严重感染的几个病例；②局部贴生蛙肉，在我国某些地区，民间传说蛙有清凉解毒作用，因此常用生蛙肉敷贴伤口，若蛙肉中有裂头蚴即可经伤口、正常皮肤或黏膜侵入人体；③误食感染的剑水蚤，游泳时或饮用生湖水、塘水等，误食入感染的剑水蚤。

6.75.2 生物学特性

孟氏裂头绦虫为假叶目、裂头科、迭宫属，大型个体，成虫体长 60～100cm，宽 0.5～0.6cm。头节细小，呈指状，其背腹面各有一条纵行的吸槽。颈部细长，链体有节片约 1000 个，节片一般宽度均大于长度，但远端的节片长宽几近相等。体呈淡黄色。成节和孕节均具有发育成熟的雌雄生殖器官各一套，结构基本相似。肉眼即可见到节片中部凸起的子宫，在孕节中更为明显生殖孔位于节片的边缘中部。头节近方型，具 4 个吸盘。睾丸数约 300 个。卵巢由左右两瓣组成。子宫具 15～30 个两侧分支。卵与六钩蚴均呈球形。

睾丸呈小泡状，有数百个，散布在节片中部，由睾丸发出的输出管在节片中央汇合成输精管，然后弯曲向前并膨大成贮精囊和阴茎，再通入节片前部中央腹面的圆形雄生殖孔。卵巢分两叶，位于节片后部，自卵巢中央伸出短的输卵管，其末端膨大为卵膜后连接子宫。卵膜外有梅氏腺包绕。阴道为纵行小管，其月牙形外口位于雄性生殖孔之后。卵黄腺散布在实质表层。子宫位于节片中部，螺旋状盘曲，紧密重叠，基部宽大而顶端窄小，略呈发髻状，子宫孔开口于阴道口之后。

虫卵椭圆形，两端稍尖，长 52～76μm，宽 31～44μm，呈浅灰褐色，卵壳较薄，一端有盖，内有一个卵细胞和若干个卵黄细胞。

裂头蚴长带形，白色，约 300mm×0.7mm，头部膨大，末端钝圆，体前端无吸槽，中央有一明显凹陷，是与成虫相似的头节。体不分节但具横皱褶。虫体活时伸缩和移动能力很强（图 6-149，图 6-150）。

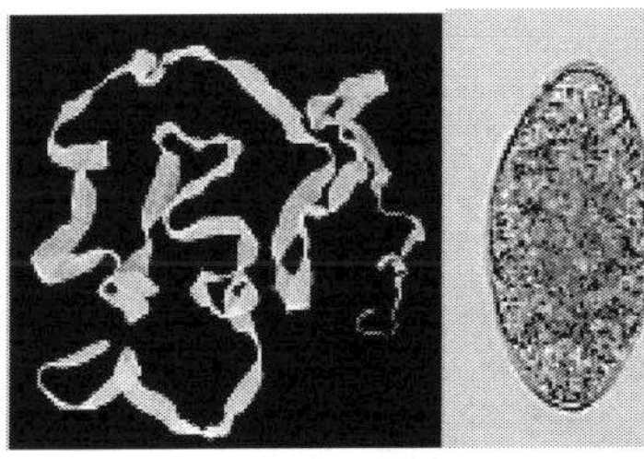

图 6-149 曼氏迭宫绦虫及其虫卵

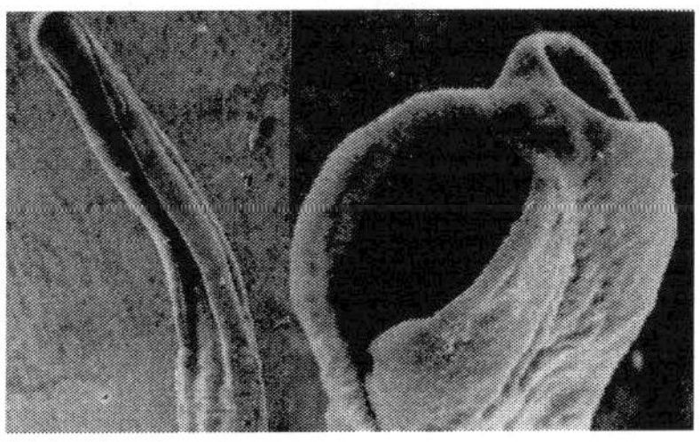

图 6-150 曼氏迭宫绦虫头节吸槽和吸槽顶面

6.75.3 致病性

成虫感染：曼氏迭宫绦虫成虫偶尔寄生于人体小肠，虫体机械性和化学性刺激可引起腹部不适、微痛、恶心、呕吐等消化道症状。

裂头蚴病：裂头蚴寄生于人体引起裂头蚴病，较多见。被寄生部位可形成嗜酸性肉芽肿囊包，致使局部肿胀，甚至发生脓肿。囊包直径 1～6cm，具囊腔，腔内盘曲的裂头蚴 1～10 条。常见的有眼裂头蚴病；皮下裂头蚴病，可形成游走性皮下结节，多见于四肢、胸部、颈部等处；口腔颌面部裂头蚴病；脑裂头蚴病；内脏裂头蚴病。幼虫还可以寄生在人的四肢、皮肤、口腔和内脏。

由于吃青蛙的人越来越多，被寄生虫感染的患者也逐年增加，现在每年全国大约有几千例被曼氏裂头蚴感染的患者。幼虫寄生在眼睛里，严重的可以引起失明；寄生在脑部可以引起瘫痪。

6.75.4 检测和控制

检测其虫卵和节片。不生食或半生食蛙、蛇、猪等肉，不用蛙肉贴敷伤口，不饮用生水等以防感染。

6.76 多头绦虫（*Multiceps multiceps*）

6.76.1 食品卫生学意义

多头绦虫主要危害牛、羊等草食动物和犬、狐、狼等肉食动物，引起这些动物严重的脑病，给畜牧业生产带来巨大的经济损失。人误食虫卵而受寄生时，引起失语、癫痫等脑部症状。

6.76.2 生物学特性

绦虫纲、带形科虫种，多头绦虫体长 40～100cm，最宽处为 5mm，子宫有 9～26 对侧枝。节片 200～250 个，头节有 4 个吸盘，顶突上有 22～32 个小钩，分两圈排列；成熟的节片呈方形，长大于宽，睾丸约 200 个左右。卵巢分两叶，大小几乎相等；孕节片长 8～10mm，宽 3～4mm，内含充满虫卵的子宫，子宫每例有 18～26 个侧枝，并有再分枝，但数目不多。卵为圆形，直径 20～37μm。中间宿主为牛和羊，幼虫为多头蚴（脑共尾蚴），寄生于中间宿主脑内，有时也见于延脑或脊髓中。多头蚴呈囊泡状，囊内充满透明的液体。外层为角质膜，囊的内膜（生发膜）上生出许多头节。多头蚴上的每个原头蚴均可发育成一条绦虫。

多头绦虫的孕卵节片随犬的粪便块排到外界环境中，羊、牛、犬吞食了虫卵而感染。进入羊消化道的虫卵，卵膜被溶解，六钩蚴逸出，并钻入肠黏膜的毛细血管内，而后随血流被带到脑内，继续发育成囊泡状的多头蚴（图 6-151）。由感染到发育成多头蚴需 2～3 个月。寄生于大小肠内的多头绦虫可以生存数年之久，它们不断地排出孕卵节片，成为羊感染多头蚴病的来源。犬、狐等吞食含多头蚴的脑而被感染，经 41～73d 发育为成虫。

6.76.3 致病性

人除了偶然地排出成熟节片之外，轻度感染通常并不引人注意。重症感染时，主要呈现食欲反常（贪食、异嗜）、呕吐、慢性肠卡他、便秘与腹泻交替发生、贫血、消瘦、容易激动或精神沉郁。有的病犬呈现假性狂犬病症状，病犬扑人，或发生痉挛或四肢麻痹。

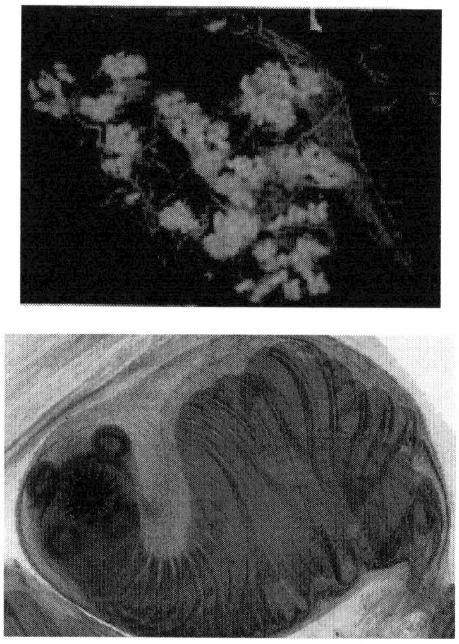

图 6-151 羊脑中的多头绦虫多头蚴

患畜感染后 1～3 周，即六钩蚴在脑内移行时，呈现类似脑炎或脑膜炎病状，严重感染的动物常在此时期死亡。感染较轻的动物类似脑炎或脑膜炎的症状不久消失，而在数月内表现健康状态。以后开始出现典型症状，呈现异常运动或异常姿势。其症状取决于虫体的寄生部位和大小。虫体常寄生于某一侧脑半球的颞叶表面，患畜将头倾向患侧，并向患侧做屈曲运动，对侧的眼常失明；虫体寄生在脑的前部（额叶）时，患畜头部低垂，抵于胸前，步行时高抬前肢或向前方猛冲，遇到障碍物时倒地或静立不动；虫体在小脑寄生时，患畜表现感觉过敏，容易惊恐，行走时出现急促步样或蹒跚步态，以后逐渐严重而衰竭卧地，视觉障碍、磨牙、流涎、痉挛；腰部脊髓有虫体寄生时，引起渐进性后躯麻痹，患畜不吃不喝，离群，最后高度消瘦；当虫体在脑表面时，颅骨萎缩甚至穿孔，触诊时容易发现压迫患畜鼻部有疼痛感。

6.76.4 检测和控制

在粪便中发现绦虫节片或在肛门口挂着尚未落地的孕卵节片即可确诊。用饱和盐水漂浮法可检查粪便中的虫卵。实验室诊断可用变态反应诊断法，即用多头蚴的囊壁和原头蚴制成乳剂变应原，注入羊的眼睑内；如果是患羊，于注射 1h 后皮肤出现直径 1.75～4.2cm 肥厚肿大，并保持 6h 左右。

防止犬感染。应把死于该病的羊头割掉、深埋，或用火烧掉，这是最有效的预防办法。广泛进行宣传，向群众进行预防教育，每年给看羊的犬进行驱绦虫工作。这样可以避免羊群采食犬的绦虫卵，是防止羊只感染的有效方法。加强对犬猫的饲养管理，每年最好定期进行 3～4 次预防性驱虫，平时饲喂的肉制品一定要煮熟，带犬外出时严禁其乱吃地上的东西。不准以肉品加工厂的废弃物（内有各种绦虫蚴）、特别是未经无害化处理的非正常的肉食品饲喂动物；肉用羊应在身体情况良好时进行宰杀。

6.77 中殖孔绦虫属（*Mesocetoides* spp.）

6.77.1 食品卫生学意义

中殖孔绦虫属圆叶目、中殖孔科（Mesocestoididae），寄生于犬、猫和野生食肉动物（狐狸、浣熊、郊狼等）的小肠中，线中殖孔绦虫（*Mesocestoides lineatus*）是食肉动物的绦虫，偶见于人体。欧洲、亚洲、非洲及北美洲等地均有分布，在我国的北京、长春、浙江、黑龙江、甘肃及新疆的犬体内、黑龙江的猫及人体内均有发现。人体一般只有通过非正常饮食习惯才能感染，感染是由于食入有四盘蚴的第二中间宿主的肉、血、胆和其他脏器所致。

6.77.2 生物学特性

虫体乳白色，长30～250cm，最宽处3mm。头节大，顶端平而稍凹陷，具有4个长圆形吸盘，无顶突和小钩。颈节很短，成节近方形，睾丸分布于排泄管两侧。子宫为盲管，位于节片中央，卵巢与卵黄腺均分两叶，位于节片后部，生殖孔位于腹面正中。孕节似桶状，其内有子宫和一卵圆形的副子宫器，副子宫器内有一成熟的卵。卵长圆形，(40～60)μm×(35～43)μm，有两层薄膜，内含六钩蚴。头节上无顶突和小钩，有4个长圆形的吸盘。颈节很短，成节近似方形，每节有一套生殖系统（图6-152，图6-153）。

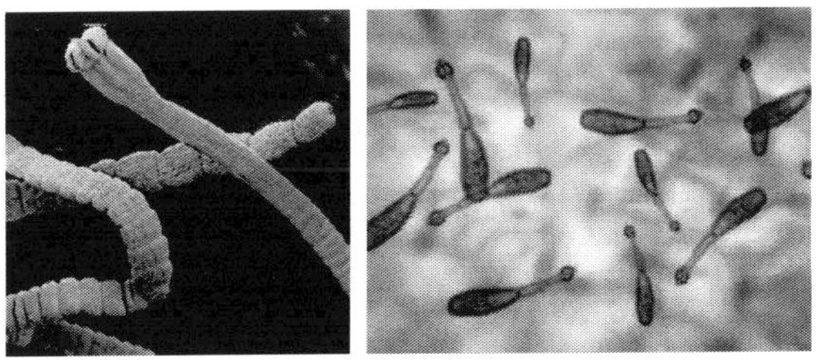

图 6-152 中殖孔绦虫虫体与头节

生活史尚未完全阐明，一般认为整个生活史需要三个宿主才能完成。多数中殖孔绦虫需啮齿类、爬行类、鸟类或哺乳类（绵羊、犬）作为第二中间宿主，在这些动物体内发现的幼虫称为四盘蚴。有人实验用虫卵感染犬、猫、豚鼠、兔、羊、马、大白鼠、鸡、鸭、鸽和蛙等均未成功。哺乳类和爬行类或其他脊椎动物都不能直接被虫卵或孕节直接感染，因此肯定还有第一中间宿主存在，但是目前这样的宿主尚未得到确认。Witenberg 实验证明四盘蚴并非从虫卵直接发育而来，而是从第一中间宿主如粪食性昆虫或螨类体内发育形成。人们分别于爬行类和鸡、猫、犬腹腔中发现幼虫的头节与狐狸、犬、猫小肠内成虫的头节相似。以后分别经实验证实自小鼠和蛇类腹腔得到的四盘蚴感染猫后获得成虫，中间宿主后感染。四盘蚴在终宿主或保虫宿主小肠内生长发育为成虫，约两周后即可在粪便中排出孕节。有些研究观察到生活史中有一种有趣的现象是此虫可在第二中间宿主和终末宿主体内进行无性繁殖，这种无性繁殖并不像棘球绦虫或多头绦虫的芽生生殖，而是通过头节顶部特殊部位的二分裂来完成，这种现象实属罕见。四盘蚴还可在体外实验于人血浆中进行无性繁殖，在响尾蛇、犬、鼬鼠和小白鼠体内都观察到这种现象。本属绦虫孕节有一特殊器官即副子宫器，在孕节中此器官包绕所有虫卵于其内，虫卵卵壳极薄，据此推测单个虫卵可能不是此类绦虫的自然传播单位，而是整个孕节。副子宫器在宿主间传播中起保存和保护虫卵的作用。中殖孔绦虫的生活史和发育规律的研究仍需进一步深化。

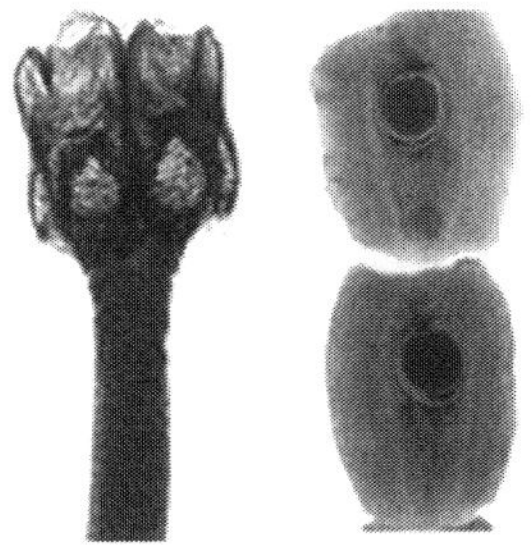

图 6-153 线中殖孔绦虫节片

6.77.3 致病性

人或其他终宿主食入感染期幼虫四盘蚴受到感染。人体感染时呈现食欲缺乏、消化不良、精神烦躁、体渐消瘦等。病畜呈现食欲缺乏、消化不良、被毛无光泽。严重感染时有腹泻。在腹腔内可引起腹膜炎及腹水等。

6.77.4 检测和控制

粪便检查时，发现极活跃的 2～4mm 长呈桶状的孕节即可作出诊断。人感染后 3～4 个月后开始自粪便中排出米粒大小的“白点”状物，即为孕节。熟食第二中间宿主可防止感染。

6.78 德墨拉瑞列绦虫（*Raillietina demeraiensis*）

6.78.1 食品卫生学意义

德墨拉瑞列绦虫寄生于人、野生啮齿类和猴类，可引起人畜共患的德墨拉瑞列绦虫病。分布地区为南美北部、西印度群岛、圭亚那、厄瓜多尔、古巴和巴西。人感染主要是生吃鱼类食品造成的。

6.78.2 生物学特性

瑞列绦虫属（*Raillietina*）是绦虫纲（Cestoidea）、多节亚纲（Eucestoda）、圆叶目（Cyclophyllidea）、戴维绦虫科（Davaineidae）的一个属。成虫长 10～20cm，宽 3cm。有 5000 个节片，节片宽大于长。头节具有卵圆形的吸盘 4 个，每个吸盘上有 8～10 排小钩，顶突具有两圈小钩，成节有睾丸 26～46 个。卵巢位于节片中央，椭圆形，有 10～15 个分瓣。孕节长稍大于宽，每节含 200～250 个贮卵囊。卵的直径为 25～30μm（图 6-154，图 6-155）。

6.78.3 致病性

德墨拉瑞列绦虫可感染鸟类、家禽和哺乳动物，人类也有被感染的报道。在亚洲、非洲、澳洲、南美广泛地区均有寄生于人体的报告，而在东南亚各国尤为普遍，但其感染方式未见报道。法国蠕虫学者 Blanchard 认为蟑螂可能是本类绦虫中间宿主，但仅是一种推论，没有流行病学和实验根据。目前，对影响该虫的进一步研究因素主要存在以下几点：①这种绦虫病的发生系散发性，因而分布地区难于确定；②本病发生与动物宿主关系问题；③中间宿主种类和感染方式。被感染者表现为消化系统紊乱，如轻度腹泻等。

6.78.4 检测和控制

虫体和节片是检测依据。不生吃鱼类食品是防止本病发生的最好办法。

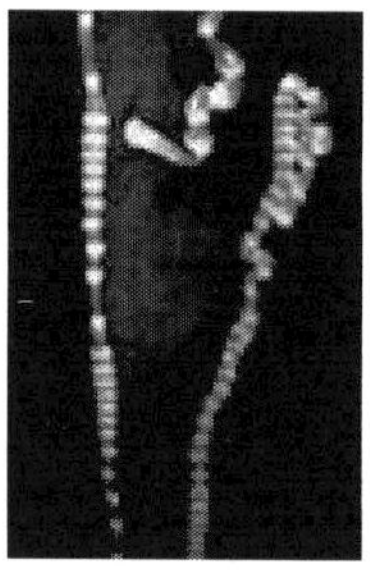

图 6-154 肠道德墨拉瑞列绦虫

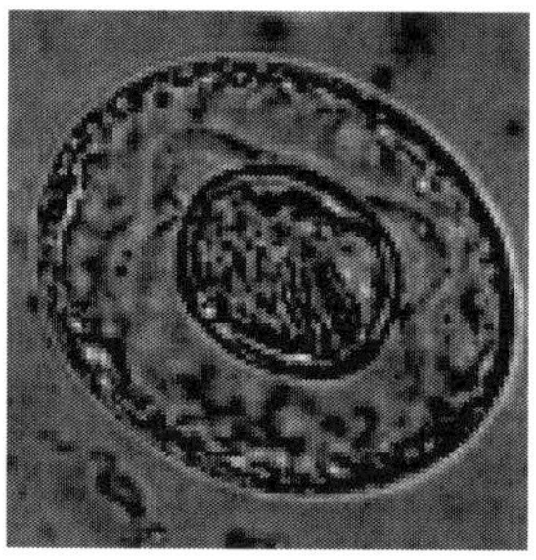

图 6-155 德墨拉瑞列绦虫的虫卵

7

食品病原微生物检验的理论基础

7.1 食品卫生微生物检验的特点和基本要求

食品中病原微生物的种类和特性比较复杂，有原核的病毒、细菌和寄生虫等病原体，也有真核的霉菌和寄生虫等，而且性质千差万别，在食品卫生与安全检测、评价中即要鉴定样品中的病原体，也要对病原体进行适时监控和预防，以保证食物来源的安全性，还要对病原产生的毒素进行监测；即要对活体食品源进行检测、监控和安全性评价，也要对食物样品进行准确鉴定。这就要求食品安全工作者既要有充分的病原学知识，也要具备较好的检验基础知识。食品卫生微生物检验的主要任务是对食品中的食物中毒菌、食物中毒性藻类毒素、食品感染性微生物、畜禽疫病病原菌、微生物毒素、食源性寄生虫等进行检测。

微生物检验工作是食品卫生检验的重要工作和主要组成部分，它对评价食品卫生质量，保证人们饮食安全有着极为重要意义。由于它与人们饮食安全性有直接关系，因此，对其要求也十分严格。食品卫生微生物检验涉及的学科比较广泛，具有自己独特的特点。

1）食品卫生微生物检验涉及的微生物种属多

大量的微生物广泛存在于土壤、水、食品、空气、工具、人和动植物体上，通过食品的生产、加工、运输、贮藏、销售等环节污染到食品上。因此，环境条件、食品加工条件及肉用动物的健康状况都影响食品中微生物数量和种类。经食物传播的病原微生物，它们是人类疫病病原微生物，如痢疾杆菌、霍乱弧菌、单核细胞增多性李氏杆菌、肝炎病毒等；畜禽固有疫病病原微生物，如马立克氏病病毒、猪瘟病毒等；人畜共患疫病病原微生物，如炭疽杆菌、结核杆菌、布鲁氏菌等，这几类微生物达数百种。引起人类食物中毒的微生物及其毒素，如沙门菌、蜡样芽胞杆菌、肉毒毒素、黄曲霉毒素等几十种之多，而且逐年又发现一些新的中毒性微生物如藻类及其毒素等。近些年来人们对于生吃或生鲜口味的动物性食品，如海产鱼、蛤、贝及野生动物的烧烤类制作十分流行，也发生了一些较为少见的食源性寄生虫感染，而且种类也十分繁杂。

由于食品加工条件不同，食品中出现的微生物类群也是十分复杂的。在检验时要考虑到食品加工的特点和微生物的适应特性两方面因素，如嗜冷性细菌、耐热性细菌、抗热性霉菌及其毒素等。因此，食品加工的特点是食品卫生微生物检验必须考虑的条件之一。这方面对加工过的食品中受伤细菌的检验尤为重要。

2）食品中目的菌少，污染的杂菌多

食品中污染的杂菌多，目的微生物少，这对微生物检验工作的干扰比较严重。食品在生产加工、贮藏、运输、销售和烹调等过程中污染的致病性微生物和食物中毒性微生物及其毒素，一般来讲，其数量是很少的，与其同时污染的是大量的非致病性微生物，两者之间比例悬殊。这一特点决定了食品微生物检验采用选择性培养基、增菌培养等特殊检验方法。没有选择性增菌这一步骤，检出目的菌是十分困难的，同时也延长了检验周期。这一步骤是检验的关键环节，是快速准确的决定因素。

3）必须分离到目的微生物为检出依据

对食品中致病性微生物的检验，必须通过分离的手段把目的菌分离出来，只有分离到目的菌，才能作为阳性结果的确定依据。非分离性质的一些快速检测方法，如核酸检测法、免疫学检测方法等只能作为筛选方法，不能作为确定方法。因此，目前虽然许多快检方法发展迅速，但都未能取代常规分离培养方法。食品是直接入口并和人直接发生关系的，其卫生程度及好坏直接关系到人们的身体健康，因此，对其要求十分严格，在检验时必须分离到目的菌或病原或毒素才能作为确定依据，这在实际工作中是一件非常困难的事。

4）微生物的数量观念强

有些致病菌在检测的同时需要测定其数量，如蜡样芽胞杆菌、变形杆菌等致病力较弱的菌，只有超过一定数量后才能引起人的疾病。因此，在检测时要进行菌数测定，以它的数量作为食品卫生评价的依据。各国对致病菌的检验数量概念是不得检出。在食品卫生评价指标中有两个重要的数量指标：细菌菌落总数和大肠菌群近似数（MPN），是食品安全评价的一般性指标或常规指标。这一特定要求使食品微生物检验工作对检验样品要求冷藏，防止微生物数量的改变，从而防止出现结果“失真”。这些特点与医学微生物检验和动物微生物检验是明显不同的。

5）食品微生物检验具有一定的法律性质

对食品中微生物的检验，尤其是致病菌的检验，世界各国均制定有检验法规。在国际贸易往来中也有明确的检验法规，如 WTO 的 SPS；军队中也有相应的检验法规。我国有食品检验标准，进出口有商检标准。在国际上食品法规委员会（CAC）也制定了一系列检验方法。作为食品微生物检验人员，在进行食品卫生微生物检验时，均应按规定要求实施，不得任意更换其他方法。

6）准确性与快速性

食品生产加工后，为了保持其新鲜度，一般要求尽快进入市场。这就要求检验工作尽快获得结果，保证食品的安全性。检验结果的快速与否，准确与否，都与经济效益直接相关，结果不准确，则会造成经济损失和健康威胁。因此，对检验方法和检验人员的素质都有较高要求。

7）对检验样品有特殊要求

食品的生产一般都具有工业化规模，在进行微生物检验采样时，每批要有一定数量的样品（大或小样本），每个样品也有数量规定，采集的样品要能代表每批生产的食品，要无菌操作取样、送检和处理。

7.2 食品卫生微生物检验的质量控制

虽然科学技术以前所未有的速度向前发展，微生物检验技术和手段也得到了迅速的发展，但目前各检验室的微生物检验仍以手工操作为主。这种检验手段受到各种主客观因素的影响，致使检测或试验结果不稳定或不准确，甚至发生错误，直至影响生产和贸易的正常进行。为此，必须对检验工作的影响因素采取相应的控制措施，即检验工作的质量控制，使微生物检验工作保持稳定的、准确的水平。下面几点是影响食品卫生微生物检验因素的主要方面。

1）检验人员的素质

熟练操作技术，同时应不断学习新理论、新方法和新技术。

2）规范的操作程序和方法的建立

虽然国家和商检部门都制定了一系列统一的标准检验方法，但每个检验单位和实验室要根据这些标准方法，结合本室的具体条件，制定检验程序和操作规范，以及检验室的各项管理制度。每个检验室必须制定固定的程序，才能使工作正规化、标准化。

3）仪器和设备性能的完好与准确性

卫生微生物检验工作中，经常使用各种仪器设备，这些仪器设备对检验工作质量控制有着直接的关系，如培养箱温度不稳定，将会影响微生物的正常生长；灭菌器灭菌效果不好，不能保证培养基等无菌；天平、酸度计不精确，配制的溶液、培养基就达不到标准要求，直接影响菌的检出。高效液相色谱仪、质谱仪等仪器都要定期进行标定，移液器等也要进行标定。因此，实验室必须保持仪器设备性能的完好，并建立定期的仪器性能监测及校验制度。

4）试剂和培养基的质量

食品的细菌学、病毒学检验中，培养基、生化反应试剂、染色液及诊断试剂等是不可缺少的常用物品，也是影响检验结果的重要因素，要严格控制其质量标准。

培养基的质量控制，一般应注意制备培养基的原料，配制记录，培养基外观及无菌检查，应检查其颜色和透明度，有无混浊或沉淀。

7.3 食品卫生微生物检验样品的采取、送检和处理

7.3.1 检验样品的采取

1）肉和肉制品

（1）生鲜肉：从胴体两后腿内侧肌肉或背最长肌采样，每头猪 100g。

（2）脏器：根据检验目的而定。

（3）肉制品：小酱牛肉、肴肉及灌肠类检样一般不少于 200g；烧烤制品可取 50g。

（4）光禽：采取腿肌肉或胸肌 50g。

（5）以上肉和肉制品也可用灭菌棉拭子涂擦不同部位，涂擦面积为 50～100cm^2。

（6）肉松、香肚和罐头等；根据生产批量抽取完整包装。

2）乳和乳制品

（1）鲜乳：在畜牧场直接取样，先将牛的乳头进行表面消毒，再用灭菌容器接取挤出的乳汁，如混合乳样则用灭菌器具从不同部位采取乳样，采样量为 200mL 左右。

（2）消毒乳：按生产数量取小包装。

（3）乳制品（包括奶粉、奶油、酸奶、炼乳等），最好采取原装密封的样品，如包装过大，可用灭菌容器从不同部位采取具有代表性的检样 200g。

上述检样采取后，作为微生物检验样品均不得加入任何防腐剂。

3）蛋和蛋制品

（1）鲜蛋：取完整的鲜蛋装入无菌袋内。

（2）蛋制品（包装全蛋粉、蛋黄粉、蛋白片），将包装罐（筒）开口处用 75%乙醇消毒后，无菌地从上、中、下各部位采取检样 200g。

（3）冰蛋（冰全蛋、冰蛋黄、冰蛋白）从不同部位采取检样 200g。

4）水产品

（1）鱼：鱼重每条不超过 100g 者，可采取数条，但检样总重不超过 1kg。鱼重每条在 2kg 以下时取 1～2 条作为检样。鱼重为 2～5kg 时，取 1～2 条鱼的一侧肌肉作为检样。超过 5kg 以上的鱼，从头、中、尾分别

采样。

(2) 虾：一般采取200g左右。

(3) 蟹：根据蟹的数量和检样目的，采取一定数量的整蟹。

7.3.2 检样采取的要求和注意事项

(1) 所采取的样品能够代表该批食品的真实状况，即必须具有代表性。应从多部位采取检验样品。液体样品先混合均匀后采取检样。

(2) 为防止检样受到外源性污染，采样时必须在无菌条件下进行。所用采样用具及盛装物品必须是灭过菌的。

(3) 生产的小包装食品，如小袋、瓶、罐等，应取完整未开封的。

(4) 采样的同时做好记录，每件样品必须标记清楚品名、批号、来源、数量、采样地点、采样方式、采样人、采样时间及需要记录的有关事宜。

(5) 采样一般分为大样、中样和小样。大样系指一整批；中样是指从食品各部分采取的混合样品；小样系指做检验分析用，一般为25～50g。

(6) 食品检样如果是冷冻状态，应继续保持在冷冻状态，可放在冰箱内保存。非冷冻食品的检样需保存0～5℃的条件下。

7.3.3 检样的送检

(1) 食品检样采取后，应尽快送到食品微生物检验室，一般不超过3h。

(2) 采样后非冷冻食品检样应保持0～5℃环境中送往检验室。冷冻食品则需保存在泡沫塑料隔热箱内送检。

(3) 送检时，必须认真填写送检单，送检单填写包括样品种类、来源、编号说明、采样日期、运送条件、采样人员、联系方式等，以供检验人员参考。

7.3.4 检验与处理

(1) 食品微生物检验室接到检样及送检单后，应立即进行登记，编入检验序号。然后按检验目的要求，尽快进行检验或放置适当保存条件下暂时保存。

(2) 对不合要求的检样，应立即通知送检人员，以便重新按要求采样。

(3) 检验过程中，检验人员应按规定方法进行检验，细心观察检验结果，并认真做好记录，以备查证。

(4) 样品经检验后，凡阴性样品可及时处理。一般阳性样品，发出报告后保留3d（特殊情况可适当延长），再将检样处理。如为进口食品的检样，需保存6个月，方能处理。

(5) 检验完毕后，检验人员应及时填写报告单，签名后，送主管人员核实签字，加盖单位印章，以示生效。

7.4 食品加工中受伤病原细菌检验的有关问题

受热、冷藏、冻结、干燥、射线处理过的食品和其他高渗压或水活性低的食品，以及经过消毒的设备，其表面均可能含有因细胞遭受外界环境抑制而在生理状态上有缺陷的细菌，即受伤细菌。在适当的条件下，它们能修复自己或能从抑制状态中恢复，并具有危害公共卫生的潜在危险。因此，最好要了解食品的来历和加工过程的影响，采取适当方法，把这一部分菌检出来。

1）受伤细菌修复的方法和有关问题

现代研究表明，无论细菌遭受损伤是什么类型，在适当培养基和适宜的温度下，都能很快得到修复；修复过程先于菌体细胞的繁殖；完全修复的细菌对用于检出该菌而加到培养基中的选择剂反应正常。经实践证明，在营养丰富的培养基中进行前增菌一段时间，可使受伤菌修复损伤，从而提高卫生指标菌的检出率。前增菌时间多为4h左右，在这样的条件下，受伤的细菌能完全修复，其他菌又不至于大量繁殖。前增菌后，再进行增菌，就可以把受伤菌检出。

沙门菌的检出，冷冻加工食品用缓冲蛋白胨水、其他加工食品用乳糖肉汤进行前增菌。冷冻食品中小肠结肠耶尔森氏菌修复检出用胰蛋白胨水。金黄色葡萄球菌用胰化大豆肉汤与搅拌均匀后培养2h。大肠杆菌的冷冻食品也用胰化大豆肉汤混匀，37℃，1h培养。也可用受伤样品的稀释液通过微孔滤器过滤，再将滤膜贴在琼脂平板上或将滤膜放在胰化大豆肉汤中，37℃，1～4h，然后再将滤膜贴在选择性琼脂平板上进行培养检查。

2）注意事项和方法的使用限度

想要检出受伤细菌，必须考虑到几种限制性的抑制因素。这些抑制因素的发生是食品加工引起的结果，或是细菌受到使其衰弱的操作处理的结果。

首先要考虑到受伤细菌可能在选择性培养基中不能生长，原因大概为选择剂浓度太高或是在加工处理中这些细菌受损害程度严重。另外，可能选择剂对受伤菌有毒性作用。在受伤菌恢复初期，选择剂发生部分致死作用时，可能出现细菌数不真实地降低。因此恢复培养时，尽量选用非选择剂的培养基。

7.5　致病和产毒微生物检测培养

致病菌检出的国家卫生标准是不得检出，因此在分离培养时需注意挑选可疑菌落。每种致病菌都有国家标准或行业标准，按其方法检测即可。对于产毒微生物需要鉴定其产毒状态，一般用实验动物、肠袢试验、毒素基因检测、与毒素相关酶的检测、与毒素对应血清检测等。这些试验方法分别见于各自章节。

7.6　动物和动物产品食源性病原采样技术

在动物及动物性食品采样前要考虑预期食源性病原风险、潜在的混合状态或非随机分布（包括地理和生物学方面）等，以及病原体含量等因素。病原体含量特别低的情况多见一些。例如，蛋中污染肠炎沙门菌；还有一些要求不同采样方式的病原也要考虑到。例如，加工禽体上的空肠弯曲菌的采样。动物和动物产品的不同生产阶段可能影响食源性病原的流行率。例如，大肠杆菌O157：H7在饲养场阶段牛表现的较多，但加工牛肉阶段则较少见。采样计划也应强调动物胴体粪便污染的常见病原问题，这在采样和食品病原检测上是一个极为常见且十分重要的问题。最后要考虑样品中病原含量与风险高低的关系。例如，大肠杆菌O157：H7在食品中即使有少量存在也能引起严重的卫生问题，而产气荚膜梭菌则要求含量很高的芽胞菌体才能引起人类疾病。

群体采样或大批量采样技术可以分成4类：①简单随机采样；②分层次随机采样；③系统采样；④集成或两阶段采样。要注意这4种基本采样技术及对食源性病原菌采样的效果和可操作性。每一种技术所包含的讨论包括重要假设、特征描述和食源性病原菌的应用（表7-1）。

表7-1　4种基本采样技术的优缺点

采样技术	优点	缺点
SRS	简单，非偏差性估计，常用公式计算	需要完整的列表框架，费用可能较大，对估计误差数据变化修正意义不大
STRS	子群的无偏估计量，样品量估计相对简单，在可靠性方面测量是均质化时比固定化样品量的SRS差异性要小得多，子群评估时很方便	同一个样品层次和更多层次内如果变换较小可能会产生比SRS更大的差异；子群估计是群体系数的偏差估计；样品太小的计算依赖于各层次内差异变化，可能难以获得
SS	可以后分层次，非偏差估计，估计公式相对最熟悉，简单方便（比SRS便宜），不采用采样列表计划，如果相关元素之间的关系是无关的则比SRS好，估计公式同SRS	如果数据是系统性结构则实施效果不好（如线性趋势或周期性），估计可能是偏差的，尤其是小样品量组内相关性可能影响变化
CS	如果集群内测定是异质的，而且集群是类似的话，就错误而言，可能比SRS或STRS更好，可进行单阶段或多阶段采样	在一个集群内测定时类似，存在高标准误；如果忽略的话，非传统估计可能会导致不正确估计；样品量大小的确定和实际设计可能是复杂的，需要估计集群内样品量的大小和集群采样数

7.6.1　简单随机采样（SRS）

简单随机采样（simple random sampling，SRS）是最基本的采样技术，也是其他采样技术的基础。当一个群的大小为N时采样量为n，凡是n大小的样品量都有被采集的可能，也就是群体中对同等大小样品量有同样（等）被采集的机会，但也同样具有被漏检的可能。SRS的应用依赖于系列因素，即选择样品群体的部分系列因素，根据随机原则选择采集样品。在每一次随机选择过程中，群体的每个因素都会具有独特特征，应注意对这些特征的利用。随后随机选择数量或类似方法中选择随机数量。根据选择的随机数量有关的选择因素而选择采样，如果目的是从一个100头牛的饲养场选择10头牛采粪样，那么就要求涉及一个动物列表框架，每个动物作为 1～100 的唯一一个数，1～100 的 10 个独特数将从其随机列表中选出。这些随机数量表挑选出来的 10 头牛构成该次采集的样品。

比例估计（如牛携带抗四环素抗性基因的细菌百分率）可以使用如下方程：

$$\hat{p}=\frac{X}{n}$$

式中，$\hat{p}$ 为感兴趣的比例，X 为感兴趣状况的采样元素的数量，n 为采样的大小。

如果从 10 头牛中采样 4 头（$X=4$）携带抗四环素抗性微生物是阳性，而后这 10 头牛携带抗性基因微生物的比例估计是 0.4。

SRS 的估计是没有偏差的估计。偏差是估计平均值之间的差别，就是在经过了必要程序后所获得估计和真实群体值之间的差别。如果偏差存在，估计过程的均值将会不同于群体值。简言之，无偏差估计适合于靶向群体的靶向值。

正如上述例子中，如果选择了 10 头不同牛，这 10 头牛可能携带了不同抗性基因的微生物或细菌。因为所有群体元素不可能都被检测到，多数只关心感兴趣的结果，因此采取的措施要有选择并加以合并，这种方差称为估计比例的方差。在简单随机采样情况下，比例方差 V_p 的公式如下：

$$V_p=\frac{\hat{p}\ (1-\hat{p})}{n}\left(\frac{N-n}{N}\right)$$

式中，N 为群体的大小。另一个术语是有限群体修正因子，如果 $n\leqslant 0.05N$，这个有限修正因子可以忽略。在牛饲养场采样时，$\hat{p}=0.4$，$n=10$，则估计方差为 0.02。标准误就是方差的平方根，为 0.15，这个标准误可代表在假定群体中采样的相关方差，这个过程称为置信区间。置信区间是指在此区间内反复取样所得真值在其界限的比值。假定是正态分布，SRS 的置信区间应该是：

$$\mathrm{CI}=\hat{p}\pm z_{1-\alpha}se\ (\hat{p})$$

式中，CI 为置信区间，$z_{1-\alpha}$ 为在 α 水平的标准正常值，$se\ (\hat{p})$ 为比例的标准误。

构建一个牛饲养场采样的 95% 置信区间，使用 $z_{1-\alpha}=1.96$ 来获得一个 0.11，0.69 置信区间。结果，$z_{1-\alpha}se\ (\hat{p})\ z_{1-\alpha}$ 涉及误差界限。区间可以解释为：如果在牛饲养场 SRS 采样的样本量在 10 头左右，在 95% 的时间里，携带抗四环素抗性基因细菌的牛的真正比例将为 0.11～0.69。

在 SRS 研究设计中重要的一个步骤就是确定在期望误差范围内估计流行所需要的采集样本大小，采样大小的方程式如下：

$$n=\frac{Np\ (1-p)}{(N-1)\ \dfrac{B^2}{4}+p\ (1-p)}$$

式中，N 为群体的大小，p 为估计的比例，B 为误差界限。例如，假定要评估一个 500 头乳牛饲养场奶牛携带副结核分枝杆菌的百分比，先前的研究估计饲养场内流行大约 5%（p），需要错误界限 2%（B）。用上述的方程计算，样本的大小应该是 244。如果没有先前估计比例信息可用，保守的方式就是 p 为 0.5 这个值。

其他系数如平均值（如每个平板上的菌落数）和总数（如粪便中每克细菌数）都可以通过 SRS 进行评估。例如，美国农业部对生鲜碎牛肉中产气荚膜梭菌芽胞体和菌体调查就是采用以产品 25g 二次抽样样品（subsample）直接平板计数进行的，这些样品的采样是随机选取牛肉加工厂中牛肉中的单个样品。因为从一个加工厂仅取一份样品，相当于 SRS 是在工厂水平上取得的。10 倍样品稀释后菌落形成单位（CFU/g）即为总的计数结果。这次试验共计 453 份样品，389（85.9%）没有检测到产气荚膜梭菌，64 份阳性样品，数量范围 10～≥100CFU/g。

除了对可检测微生物采样百分比计算外，数量资料也可用于每克菌落形成单位平均数的计算。为计算平均值和标准差，假定 CFU/g 测得数是 0（$n=389$），10（$n=30$），20（$n=14$），30（$n=4$），40（$n=3$），50（$n=1$），60（$n=4$），70（$n=1$），80（$n=3$），90（$n=1$），100（$n=3$），得出的平均值为：

$$\bar{x}=\frac{\sum_{i=1}^{n}x_i}{n}=\frac{\sum_{i=1}^{11}n_ix_i}{n}=\frac{1180}{453}=3.996\ \mathrm{CFU/g}$$

标准差计算结果为：

$$\hat{S}=\sqrt{\frac{\sum_{i=1}^{n}(x_i-\bar{x})}{n-1}}=\sqrt{\frac{\sum_{i=1}^{11}n_i(x_i-\bar{x})}{n-1}}=\frac{888867.99}{452}=14.022\ \mathrm{CFU/g}$$

式中，x_i 为每个平板上 CFU 数；n 为采样数（平板数）。标准误等于样本大小平方根除以标准差（SE=0.659）。菌落形成单位经常转为正态假设，常见方法是对数变换（自然对数 $X+1$）。计数的对数转换产生一个 0.432 平均值和 1.10 标准差（SE=0.052）。转换资料的 95% 置信区间是（0.330，0.5333）。在原始规模针对转换平均值和标准误产生的置信区间的数据，而后转换（幂）成可信限后再回到原始规模，产生的置信区间是（0.391，0.704）。

因为各种因素都是随机选择的，子群系数估计如不同重量组的牛都是可以计算出来的。SRS 的应用受限于两个因素，尤其是食源性病原菌的大量调查活动中。简单随机采样依赖于列表的存在，典型的情况是食用动物或动物产品各种因素列表在一般情况下是不存在的，实践当中也不需要制作这样的列表，主要是群体太大，而且经常波动，在实际工作中制作列表是 ·件十分困难的事。即使建立了特殊食用动物操作列表也是代价很高的，消费巨大精力和需要经常更新等。组内数据存在差异时，SRS 内部就没有办法改变采样方式以减少变化的程度。

7.6.2 分层次随机采样

分层次随机采样（stratified random sampling，STRS）也是常用采样策略之一。当使用SRS在一个群体中的不同亚群采样时就会使用STRS技术。分层次随机采样原则包括层次内类似优先、层到群和分层水平估计差别在后的序列进行。分层次随机抽样法在同样大小样品量中会产生比简单随机采样法更精确的估计，尤其是在层次内的测定均质化的情况下。对一个国家的两个区域进行病原流行估计时，一个区域为高流行，而另一个区域是低流行，STRS随机采样应该是选择每个区域来测定病原的流行情况，分别对每个区域病原流行情况进行评估、把两个区域合并进行评估。如果在层次内差异相对较大，层次间差异相对较小，对同样大小样品量来说STRS就要比SRS的差异要大一些。这种差别的测定（设计相对于SRS的差异率）称为设计效应（design effect）。

STRS群体比例估计类似于SRS，除非分层群体大小和样本大小是基本加权公式计算，群体比例估计计算公式如下：

$$\hat{p}=\frac{1}{N}\sum_{i=1}^{k}N_i\hat{p}_i$$

式中，N 为整个群体大小，N_i 为分层次的群体大小，$\hat{p}_i$ 为分层次比例估计（相同于SRS）。两个群体例子的病原，假定在第一个和第二个群体中分别有5000和10 000个动物（$N=15000$），如果第一和第二群体中估计流行率分别是5%和40%，那么整个群体流行率估计是0.283，差异如下：

$$\hat{V}_{st}=\frac{1}{N^2}\sum_{i=1}^{k}N_i^2\hat{V}(\hat{p}_i)\left(\frac{N_i-n_i}{n^i}\right)$$

式中，$\hat{V}_i$ 为基于SRS计算公式的群体分层变化，k 为分层数。在正常假定情况下构建置信区间，就如SRS使用的这种差异估计一样。因为依赖于分层内差异知识，素以样品大小的计算有时比SRS中使用的要复杂一些。在每个分层中依采样的费用来分配采样行动。研究者而后要平衡费用和最佳设计差异等情况，计算公式如下：

$$n=\frac{\sum_{i=1}^{k}N_i^2p_i(1-p)_i/w_i}{N^2\frac{B^2}{4}+\sum_{i=1}^{k}N_i^2p_i(1-p)_i}$$

式中，W_i 为分配于每个层次样品大小的分割。最小成本的近似分配方案放在上面的公式中得到如下公式：

$$n_i=\frac{N_i\sqrt{p_i(1-p)_i/c_i}}{\sum_{i=1}^{k}N^i\sqrt{p_i(1-p)_i/c_i}}$$

式中，C_i 为分层 i 中一个采样的花费。为说明这个方程式，假定从上述例子中区1流行的最基本估计是0.1，在每个样品花费1.5＄情况下，而区2的每个样品花费是1.25＄，估计流行率是0.5，总群体是一样的（$N_1=5000$，$N_2=10\ 000$）。区1比例分配将是0.215，区2将是0.785。这些都是现有方程 W_i 值。如果要计算0.05界限内错误的样本大小，整个样本是295，从第一个群体随机选择63，那么从第二个群体将随机选择232个。

分层或子群和群体系数估计是无偏差的，如果采样者知道可能导致偏差估计的话（如一组比例过高），再次分层是可能的。尽管是小组内代表的无偏差估计，但子群估计是群体系数的偏差估计。

7.6.3 系统性采样

系统性采样（systematic sampling，SS）是这样的过程：从列表或有序分组的第一部分随机选择一个元素所获得采样，而后在一个特殊初始区间的列表中的每个元素采样。例如，如果区间是20，框架中前20个元素之一将被随机选择，而后对框架中每个第20个元素都将被选择。采样率决定间隔区间，这是整个群体所要求采样量的比率。在每天能够屠宰1000头的屠宰场中，如果从100个胴体的特殊点采样的话，就可得要求的间隔区间SS（1000/100＝10）。这10个间隔表明每天第10个胴体都将被采样。最后将采集100个胴体。

如在SRS中使用的一样用同样的公式计算比例估计（如具有抗四环素抗性基因细菌胴体污染百分比）和SS的差异。在假定正态分布情况下以同样的方式构建置信区间。类似的对于SS采样大小的计算如SRS一样。

各元素之间如果存在负相关性，SS较SRS有更低的变化倾向，但数据为系统性结构的话SS执行起来效果并不好。通过如下方程式检验可看到这种相关性：

$$v(\bar{y})=(\sigma^2/n)[1+(n-1)\rho]$$

式中，σ^2/n 为SRS的方差，ρ 是组内相关系数（1和1之间元素限定配对之间相关性测定），如果相关性是正的，方差将增加，如果相关性是负的，则方差将减少。如果群体是随机排列的，ρ 将接近于零，使用SS影响不大。如果元素是有序排列的，可看到异质性，ρ 将低于零，也就是固定样品量SS将比SRS更有效。如果群体的排列是周期性的，使用SRS将比期望更多异质化结果。在生产动物采样时，研究者应该意识到各种因素的潜在影响和对现状的评价。

系统性采样（SS）简单方便，但其中最难的事情是没有列表。关于生产动物采样这种特性可能是至关重要的，尤其是被采样动物通过滑道或沿着加工线运行等情况更是如此。

7.6.4 集成采样或两阶段采样

集成采样或两阶段采样（cluster sampling or two-stage sampling，CS）是第4种采样技术。家畜中食源性病原菌方面、牧群和畜禽群中的小群中经常见到感兴趣元素（如肉用公牛、母猪或鸡等元素）。这些组别中的动物、也涉及多组动物，典型的处理都有类似过程，而且可能有类似的接触病原的暴露过程。集成采样主要用于动物组群的调查，这种采样类型中的基本采样单位是成组的，如牧群。在成组采样中，集群内所有单位都是要采样的；而两个阶段采样仅仅是选集群中的亚单位再次取样。如SRS和STRS一样，集群也是随机采样。采样集群可以在集群间或集群内层次方面考虑食源性病原存在的影响因素，再行采样计划。

集群采样有这样的优点，就是不需要群体的各因素列表，在动物生产中这是重要特点和优势，因为在动物层次上建造列表是很困难的，但这是可能实现的，随着工作的进展，可建造可操作水平的列表或一些地理群体类型。如果群体是自然的地理类型，像乡村中的牧群，CS就可能因减少旅途和回见（访）等活动而降低成本。如果测定在群内是异质化且群组平均值类似的话，集成采样要比SRS或STRS有较低的错误率。在动物生产中人们希望是相反的结果：群内同质化，而群间异质化，这样在许多应用中CS就比SRS可能有更高的方差。

对群内疾病相似性测定上（或健康动物）就是群内相关性方面，$\rho=0$，疾病在群内是随机分布的，一个牧群内动物患病的几率没有在全部群体（更大群体）中的动物高。当$\rho=1$时，牧群内所有动物都处于相同状态。当群采样时，如ρ方法1中，牧群的行为更像一个个体，牧群中只需要很少动物就可以评价牧群的状态。这种状态下，采集更多的牧群和每个牧群中较少动物就是最好的方法。当ρ接近0时，动物行为在全群中是随机分布的，更适合采取较少牧群和每个牧群中较多动物，ρ在0.0017和0.46之间变化。

CS采样的比例估计类似于SRS，计算公式如下：

$$\hat{p}=\frac{\sum_{i=1}^{l}x_i}{\sum_{i=1}^{l}m_i}$$

式中，x_i为第一群中的阳性数，l为1群数，m_i为第一群中元素的全部数量。

估计方差如下：

$$\hat{V}=\left(\frac{N-n}{Nn\overline{M}^2}\right)^{\frac{\sum_{i-1}^{l}(x_i-\hat{p}m_i)^2}{n-1}}$$

式中，$\overline{M}$为一个群中元素的平均数，采样元素总数计算如下：

$$n=\frac{n\sigma_c^2}{N\frac{B^2\overline{M}^2}{4}+\sigma^2}$$

式中，σ^2近似于：$s_c^2=\frac{\sum_{i=1}^{1}(x_i-\hat{p}m_i)^2}{n-1}$

许多统计学方式都可用于食源性病原研究。上面讨论了4种基本采样方法，采样方法依据目的、列表可利用性及相关资源而灵活运用。病原分布的复杂性和潜在环境的多样性（如动物生产系统、动物加工设备、食品种类、人），在采样时都要仔细考虑，还要考虑方法合适与否。

主要参考文献

白迪奇. 2005. 因地制宜采取措施缓解藻类繁殖引起的水质问题. 城镇供水，(5)：4-8.

毕志树，郑国杨，李泰辉. 1994. 广东大型真菌志. 广州：广东科技出版社.

陈丙卿，刘志诚，王茂起. 2005. 现代食品卫生学. 北京：人民卫生出版社.

陈炳清. 2000. 营养与食品卫生学. 北京：人民卫生出版社.

陈贵连. 1994. 食品微生物学. 中国人民解放军农牧大学.

房海，陈翠珍. 2014. 中国食物中毒细菌. 北京：科学出版社.

光明日报出版社编委会. 2004. 2004 食品卫生检验新技术标准规程手册. 北京：光明日报出版社.

黄年来. 1993. 中国食用菌百科. 北京：中国农业出版社.

纪明侯. 1997. 海藻化学. 北京：科学出版社.

江汉湖. 2005. 食品微生物学. 北京：中国农业出版社.

雷祚荣. 1993. 细菌毒素分子生物学. 北京：中国科学技术出版社.

李道宁，李卓雅，何蔼，等. 1998. 发现首例人体感染港归兽比翼线虫病. 中国医科大学学报，4：246-249.

李茹光，王策箴，杨成录，等，1992. 东北食用、药用及有毒蘑菇. 长春：东北师范大学出版社.

林永成，周世宁. 2002. 海洋微生物及其代谢产物. 北京：化学工业出版社.

柳增善. 1997. 食品微生物检验学. 中国人民解放军农牧大学.

马学成，泰松，马家海，等. 2005. 海藻遗传学. 北京：中国农业出版社.

卯晓岚. 1998. 中国经济真菌. 北京：科学出版社.

倪宏波，何宏轩，乔军. 2002. 预防兽医学技术. 长春：吉林人民出版社.

齐祖同. 1997. 中国正菌志曲霉菌及其相关性型. 北京：科学出版社.

史志诚. 2001. 动物毒物学. 北京：中国农业出版社.

孙鹤龄. 1987. 医学真菌鉴定初编. 北京：科学出版社.

闻玉梅. 1999. 现代医学微生物学. 上海：上海医科大学出版社.

吴永宁. 2003. 现代食品安全科学. 北京：化学工业出版社.

武汉医学院. 1983. 营养与食品卫生学. 北京：人民卫生出版社.

许实波. 2000. 海洋生物制药. 北京：化学工业出版社.

杨本升. 1995. 动物微生物学. 长春：吉林科学技术出版社.

杨松涛. 2004. 野外生存指南. 北京：军事科学出版社.

杨新美. 2001. 中国菌物学传承与开拓. 北京：中国农业出版社.

易杨华. 2004. 海洋药物导论. 上海：上海科学技术出版社.

殷震，刘景华. 1997. 动物病毒学. 北京：科学出版社.

张朝武. 2003. 卫生微生物学. 北京：人民卫生出版社.

张雪岳. 1998. 食用菌学. 重庆：重庆大学出版社.

赵慰光. 1994. 人体寄生虫学. 北京：人民卫生出版社.

中国科学院微生物研究所等. 1976. 真菌名词及名称. 北京：科学出版社.

郑明光. 1999. 动物性食品卫生学. 长春：吉林科学技术出版社.

周正任. 2004. 病原生物学. 北京：科学出版社.

Anderus C F，Harter L L：1933. Morphology of reproduction in Ceratostomella fimbriata. J Agricultural Research，46 (12)：1059-1078.

Cotruvo J A ，Dufour A ，Rees G，et al. 2004. Waterborne Zoonoses：Identification，Causes and Control. London，UK：IWA Publishing.

Ellin D. 2003. Foodborne Parasites. FRI Briefings.

Elliott R C. 1991. Marine toxins，origin，structure，and molecular pharmacology：Edited by Sherwood Hall and Gary Strichartz. Pp. 377. Symposium418. American Chemical Society，Washington D. C. 1990. Endeavour，15：144.

Government of Canada. 2006. Federal-Provincial-Territorial Committee on Drinking Water of the Federal-Provincial-Territorial Committee on Health and the Environment，Health Canada Ottawa，Ontario：Bacterial Waterborne Pathogens-Current and Emerging Organisms of Concern.

Harrigan W F. 2004. 食品微生物实验室手册. 北京：中国轻工业出版社.

James M J. 2001. 现代食品微生物学. 北京：中国轻工业出版社.

Palmer A. 2002. Orlandi：parasites and the food Supply. Food Technology，56 (4)：72-81.

Seo BS，Lee SH，Chai JY，et al. 1988. The life cycle and larval development of Fibricola seoulensis (Trematoda；Diplostomatidae). Korean J Parasitol，26：179-188.

Torrence M E，Isaacson R E. 2003. Microbial food safety in animal agriculture：Current Topics.

USA Food and Drug Administration. 2006. Foodborne Pathogenic microorganisms and Natural Toxins Handbook. “Bad bug boo”.

WHO/FAO. 2002. Report：Food-borne trematode infections in Asia.